有色金属资源循环

——创新研究及应用

郭学益　田庆华　李栋　等 著

中南大学出版社
www.csupress.com.cn
·长沙·

图书在版编目(CIP)数据

有色金属资源循环：创新研究及应用 / 郭学益，田庆华，李栋等著. —长沙：中南大学出版社，2021.1

ISBN 978-7-5487-4215-9

Ⅰ.①有… Ⅱ.①郭… ②田… ③李… Ⅲ.①有色金属－资源利用－循环使用－研究 Ⅳ.①TG146

中国版本图书馆 CIP 数据核字(2020)第 261946 号

有色金属资源循环——创新研究及应用

YOUSE JINSHU ZIYUAN XUNHUAN——CHUANGXIN YANJIU JI YINGYONG

郭学益　田庆华　李　栋　等著

□责任编辑	史海燕　伍华进
□责任印制	易红卫
□出版发行	中南大学出版社
	社址：长沙市麓山南路　　　　邮编：410083
	发行科电话：0731-88876770　　传真：0731-88710482
□印　　装	湖南省众鑫印务有限公司

□开　　本	787 mm×1092 mm 1/16　□印张 35.75　□字数 938 千字
□版　　次	2021 年 1 月第 1 版　□2021 年 1 月第 1 次印刷
□书　　号	ISBN 978-7-5487-4215-9
□定　　价	265.00 元

图书出现印装问题，请与经销商调换

　　有色金属资源循环是指从各类二次物料中回收金属、制备高价值产品并实现资源高效利用的过程，是有色金属冶金学科前沿和发展方向，是解决资源–能源–环境约束问题、促进有色金属工业可持续发展的有效途径。

　　有色金属资源循环利用对象包括各种含有色金属二次资源，如电子废弃物、失效电池等"城市矿产"、选冶过程产生的各类废渣以及工业生产产生的中间废料、废催化剂等，因其产生量大、金属含量高，具有重要的回收利用价值。但与一次原生矿产资源不同，有色金属二次资源存在来源多样、组分高度复杂等特征，决定了常规的冶金分离提取方法难以适应该类物料的处理。因此，针对其特殊性，需要进行二次资源循环利用从基础理论到应用技术全链条创新研究，建立高效清洁分离提取理论与方法，实现资源的高效循环利用。

　　本书作者及其团队一直从事有色金属资源循环领域人才培养、科学研究和工程实践工作，针对资源循环关键科学及技术问题，围绕"城市矿产"绿色循环、二次资源清洁回收、资源循环过程强化和先进材料循环再造领域开展了系统深入研究，构建了有色金属绿色循环理论与方法，研发了系列原创性技术，并实现了工程应用，为我国有色金属行业绿色转型和资源循环战略性新兴产业发展作出了应有的贡献。

　　围绕有色金属资源循环创新研究及应用，根据学科及行业发展需要，作者汇集了近十年来在有色金属资源循环领域系列研究成果，出版了此书。本书共分为六部分。《有色金属资源循环研究应用进展》，系统介绍了有色金属资源循环的学科和理论基础，详细阐述了有色金属资源循环方法，分析对比了国内外资源循环技术的应用进展，整体介绍了中南大学资源循环研究院在有色金属资源循环领域的创新研究工作。"城市矿产资源循环利用"，重点介绍了城市矿产大数据及典型电子废弃物回收利用技术开发及应用。"稀贵金属资源循环利用"，重点介绍了从二次资源中分离回收稀散金属和贵金属的创新方法及关键技术。"冶金过程强化及协同冶炼"，重点介绍了冶金过程尤其是富氧底吹冶炼过程相场强化以及二次物料与原生资源搭配协同熔炼研究与应用。"其他资源循环利用"，重点介绍了铝灰(渣)、铜冶炼渣、分银渣、浸金渣、电镀污泥等二次资源循环利用技术。"二次资源高值化利用与粉体制备"，重点介绍了从二次资源中提取有价金属并制备钴/镍氧化物及高品质银粉的关键技术及应用。

本书涵盖了典型有色金属二次资源的回收利用，内容丰富，创新性强，反映了作者及其科研团队人员近十年来在有色金属资源循环领域的学术成就和研究成果，是团队集体智慧的结晶。

全书由郭学益、田庆华、李栋负责组织，确定整体结构及内容范围。中南大学资源循环研究院王亲猛、于大伟、夏阳老师等作为重要人员参加了本书的资料收集和审核工作。研究院师生黄凯、杨英、许志鹏、童汇、黄国勇、崔富晖、苏鹏、冀树军、石文堂、郭秋松、杜广荣、梁莎、易宇、刘静欣、严康、辛云涛、邓多、徐润泽、闫书阳、田苗、秦红、张磊、张婧熙、王松松、董朝望、韩翌、李琛、冯庆明、钟菊芽、郑磊、肖彩梅、李菲、李晓静、焦翠燕、程利振、袁廷刚、王琛、石靖、李宇、刘旸、廖立乐、曹笑、王双、江晓健、刘子康、张静、张镇、洪建邦、邹艾玲、黎邹江、李俊，以及企业合作单位的朱刘、李伟、王智、侯鹏、彭国敏、王拥军等，他们的论文研究成果为本书的成稿提供了充足的素材，对他们的贡献表示感谢。

诚挚感谢各位老师、同事和朋友，正因为大家一直的鼓励支持和指导，激励着作者及其研究团队在有色金属资源循环领域不断前行。面向新时代发展的要求，我们将不忘初心，牢记使命，只争朝夕，砥砺奋进，为我国有色金属行业绿色低碳循环发展做出更大的贡献。

由于作者水平有限，书中难免有疏漏和不妥之处，敬请读者批评指正。

目 录

冶金过程强化及协同冶炼

其他资源循环利用

二次资源高值化利用与粉体制备

有色金属资源循环研究应用进展

摘要： 有色金属是国民经济发展的基础性材料，是国防军工和新科技革命的战略性物资。有色金属冶金面临严重的资源、能源和环境问题，成了我国有色金属工业可持续发展的瓶颈。有色金属资源循环是国家战略性新兴产业发展的重要组成，是促进有色金属工业可持续发展的有效途径。本文系统介绍了有色金属资源循环的学科和理论基础，详细阐述了有色金属资源循环方法，并分析对比了国内外资源循环技术的应用进展。针对我国有色金属资源循环专门性科研机构——中南大学资源循环研究院，详细介绍了其在"城市矿产"绿色循环、稀贵金属清洁回收、资源循环过程强化和材料循环再造等方面的创新研究工作。最后，对有色金属资源循环未来发展前景和方向进行了展望。

1 有色金属概况

有色金属（non-ferrous metal）又称非铁金属，是铁、锰、铬以外所有金属的统称。有色金属材料广泛应用于现代建筑、交通运输、机械制造、电力工程、电子信息、国防军工和航空航天等行业（见表1）。有色金属已成为社会经济发展、人民日常生活的基础性材料，是国防军工、新科技革命发展必不可少的战略性物资，有色金属生产量和消费量标志着一个国家和地区的综合实力和经济发展水平。

我国有色金属工业发展迅速，2018年十种有色金属产量达5688万t，自2002年以来连续17年居世界第一。然而，我国有色金属资源保障形势严峻，原生矿产资源经历年开采，矿石品位下降，资源日渐枯竭，原料保障严重依赖国外进口。我国有色金属为高耗能产业，每年消耗大量化石燃料，产生大量温室效应气体。有色金属工业是典型的重污染行业，产生大量废渣、废水和废气，对环境造成严重危害。有色金属冶金面临严重的资源、能源和环境问题，成了制约我国有色金属工业发展的瓶颈。

1.1 我国有色金属生产消费情况

随着我国经济的快速发展，有色金属需求量日益增长。巨大的市场需求刺激着有色金属产业的发展，我国已成为世界最大的有色金属生产国和消费国[2]。

改革开放前30年（1949—1978），我国有色金属生产及消费量增长极其缓慢，共生产铜、电解铝、铅、锌、镍、锡、锑、镁、钛等常用有色金属1310万t。改革开放后22年（1979—2000），随着国民经济的稳步发展，我国有色金属生产与消费量开始较快增长，

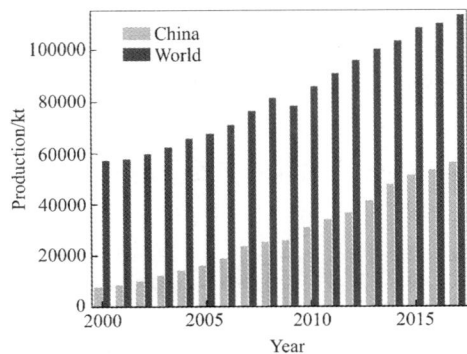

图1 世界及中国十种常用有色金属产量[3-20]

共生产十种常用有色金属6930万t，是此前30年生产总和的5.3倍[21]。

本文发表在《中国有色金属学报》，2019(9)：1859-1901。合作者：刘咏、闫红杰、王亲猛、张佳峰。

进入 21 世纪后(2001—2018 年),我国有色金属生产及消费开始进入高速增长阶段(见图 1)。2002 年我国十种有色金属产量超过 1000 万 t 大关,达到 1012 万 t,并首次超过美国跃居世界第一位;2007 年超过 2000 万 t 大关,达到 2370 万 t;2010 年超过 3000 万 t 大关,达到 3136 万 t;2012 年超过 4000 万 t 大关,达到 4025 万 t;2015 年超过 5000 万 t 大关,达到 5159 万 t。2018 年我国十种常用有色金属产量达到 5688 万 t,连续 17 年位居世界第一。

表 1　我国十种常用有色金属的应用[1]

Industry	Application
Construction industry	Large quantities of copper, lead, zinc, magnesium and their alloys are needed for building frames, doors, windows, etc.
Civilian industry	Manufacturing of household appliances, flexible packaging, door lock and key.
Electric power industry	Large amounts of copper, aluminum and their alloys are needed for generators, electric motors, power transmission and transformation equipment, etc.
Transportation	Large quantities of copper, lead, zinc, magnesium and their alloys are needed in the manufacture of trains, automobiles, ships, airplanes, etc.
Metallurgical industry	Used for producing various alloy steel, precision alloys, instruments, control equipment, electronic components, etc.
Communications industry	Large quantities of copper, aluminum, lead, zinc, tin, gold and other non-ferrous metals are needed in the manufacture of communication equipment, cables and wires.
Electronic industry	Copper, aluminum, tin, gold, silver, platinum group metals, as well as high purity silicon, germanium, gallium, indium, arsenic, tantalum, niobium are the main materials.
Defense industry and high-tech industries	It is used as raw material of high and new technology such as ship, atomic bomb, rocket, large-scale integrated circuit, aerospace, artificial intelligence technology, biological engineering and so on.
Others	Rare earth metals have been widely used in petroleum, chemical industry, glass, ceramic, leather, textile and other industries.

由图 2 可知,2000 年我国铜、铝、铅、锌、镍、锡、锑、汞、镁、钛十种常用有色金属的产量分别为 137.11、298.92、109.99、195.70、5.09、11.24、9.93、0.02、14.21、0.19 万 t,到 2017 年我国十种常用有色金属的产量分别增长至 891.51、3518.90、472.62、614.39、20.29、17.84、9.77、0.36、90.46、6.96 万 t,各金属的年平均增长率分别达到 13.22%、15.61%、8.95%、6.96%、8.47%、2.75%、-0.10%、18.38%、11.50%、23.59%。

21 世纪以来,随着经济的快速发展,城镇基础设施快速建设以及制造业向我国的转移,我国成为有色金属消费增长的集中地。我国主要有色金属消费领域占比情况如图 3 所示。2000 年我国铜、铝、铅、锌、锡、镍六种常用有色金属的消费量分别为 114.76、352.27、66.00、140.20、5.16、5.76 万 t,2017 年各金属消费量分别增长至 1179.05、3190.80、479.46、696.47、98.20、18.34 万 t。当前,我国有色金属生产量大,但同时消费量也急剧攀升,有色金属的需求缺口呈现逐年扩大的趋势。因此,亟须通过进一步扩大产能,填补需求缺口,为国家经济社会发展提供有力保障。

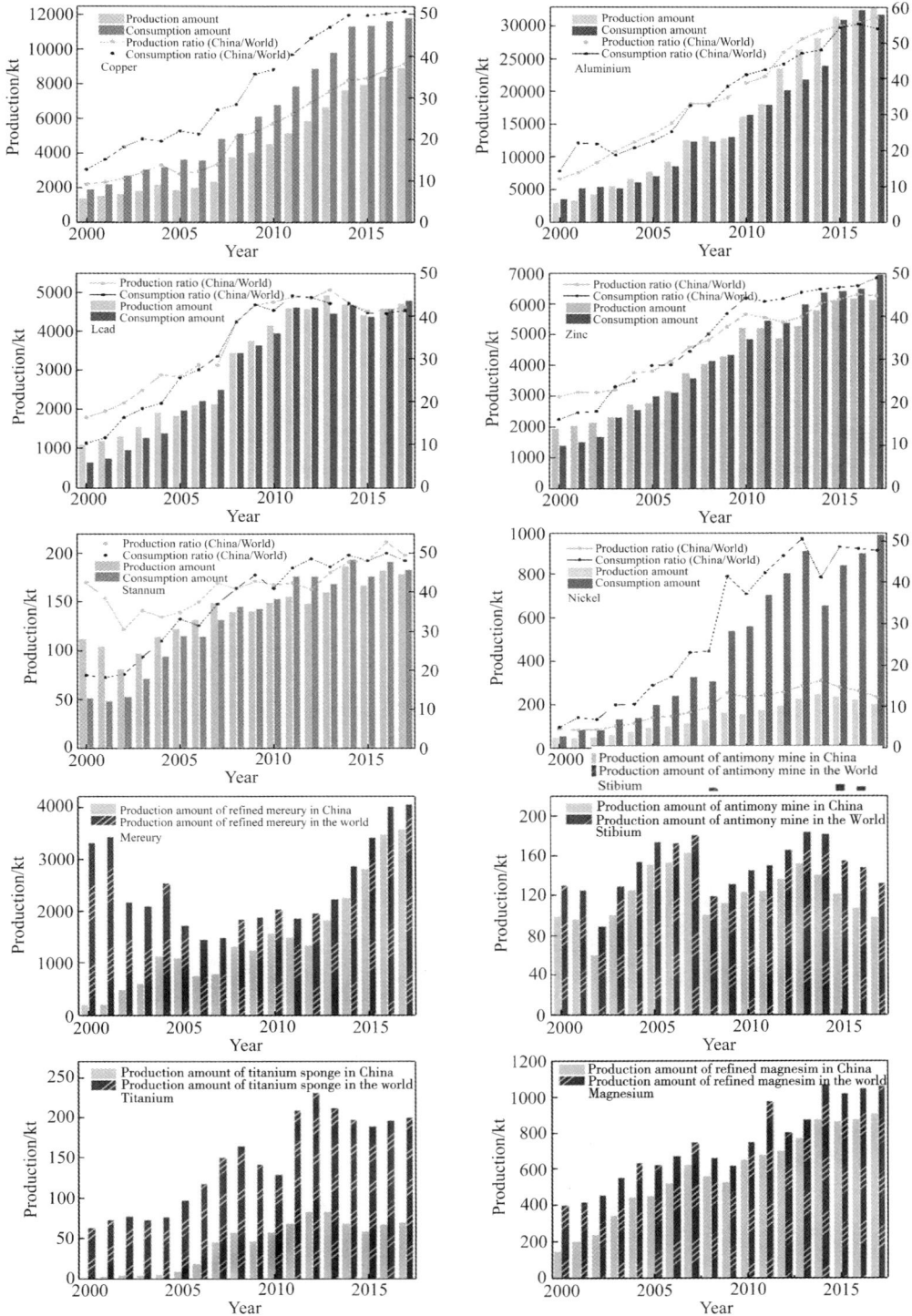

图 2 2000—2017 年我国十种有色金属产消态势[3-20]

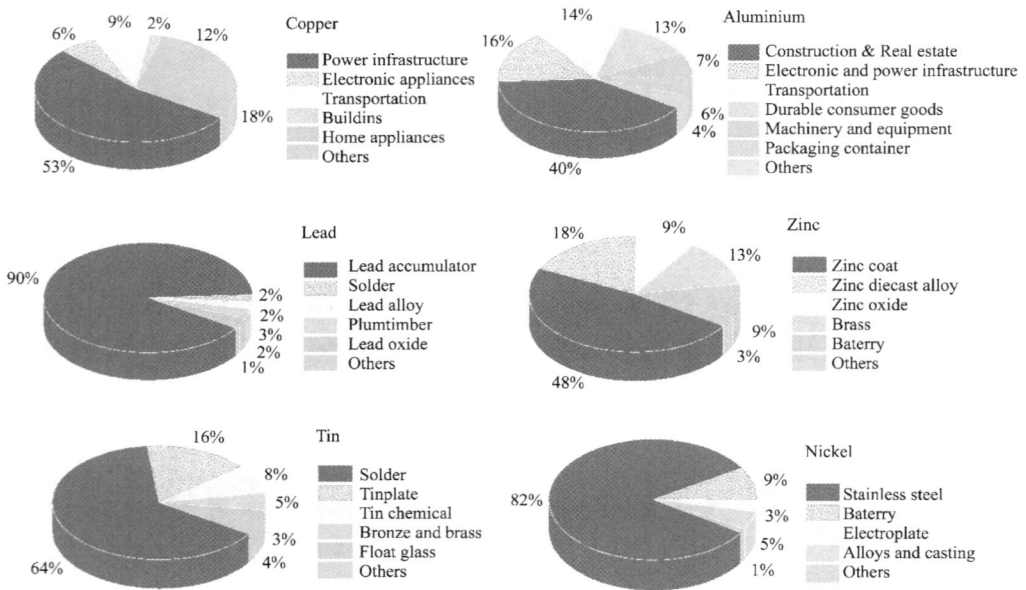

图3 我国主要有色金属消费领域占比[22]

1.2 我国有色金属工业面临的问题

我国有色金属产业规模不断扩张的同时，面临的问题和矛盾也日益突出。特别是资源、能源、环境问题，已经对可持续发展构成了严重威胁，成为制约我国有色金属工业发展的瓶颈。

1.2.1 资源保障形势严峻

我国有色金属原生矿产资源经过历年的开采，矿石品位下降，资源日趋枯竭，许多有色金属资源开采的动态保证年限已非常有限，有色金属生产原料供应不足，对外依存度较高。现在我国有色金属生产产能与自给资源供应的矛盾相当突出，大部分有色金属生产的正常进行只能依靠国外原料进口，如我国铜、铝资源的外依存度分别高达到60%和50%。因此，亟待转变资源供给形式以应对资源枯竭的严重问题。

1.2.2 能源消耗巨大

我国有色金属工业一直是高能耗行业，单位产品能耗较国外先进水平高出数倍，每年消耗大量化石燃料，产生大量的温室效应气体，尽管近年部分产品单位能耗有所降低，但有色金属工业总能耗仍呈持续增长势头。因此，亟待系统提高有色金属冶金过程的能源利用率，降低单位产品生产能耗并转变能源利用形态以适应低碳发展模式。

1.2.3 环境污染问题依然突出

有色金属工业是典型的重污染行业，生产过程产生大量废渣、废水和废气，对环境造成严重危害。在有色金属采矿、选矿、冶炼及加工过程中排出的大部分工业固体废物，尤其是有毒、有害物质，未有效利用与无害化处理。目前我国有色金属工业用水量较大，其中有色冶炼及压延加工业用水量占比较高。有色金属工业排放的废气成分复杂，含有硫、氟、氯、汞、镉、砷等污染物，治理非常困难。

总而言之，面对危机和挑战，我国有色金属产业需要转变传统方式，构建新的发展模式。有色金属资源循环是促进我国有色金属产业转型发展的有效途径，是我国循环经济的重要组成。有色金属资源循环对促进高效、低碳、无污染、综合利用有色金属二次资源，确保我国有色金属产业的可持续发展，具有重要的积极作用。

2 我国有色金属资源循环总体情况

2.1 有色金属资源循环基本概念

资源循环是研究如何利用自然资源过程中所产生的废弃物，以最大限度地减少自然资源损失和环境生态破坏的科学。资源循环是循环经济的重要内涵，是促进社会经济可持续发展的有效途径。资源循环既是一门前沿学科，又是一种善待地球的新发展模式。

有色金属资源循环从各类废旧二次资源中回收有价金属并制备产品的过程，是解决行业面临的资源-能源-环境问题的重要措施。现在数十亿吨的有色金属已进入人类社会系统，历史堆存和每年大量生产消费产生的有色金属废料为行业提供了可循环利用的资源。然而，与一次原生矿产资源不同，有色金属二次资源存在来源的多样性、组分的高度复杂性，这决定了常规的冶金分离提取方法难以适应该类物料的处理。因此，针对其特殊性，亟须进行二次资源循环利用基础研究，建立高效清洁分离提取方法，实现资源的高效循环利用。

2.2 有色金属资源循环的意义

有色金属资源循环利用对象包括各种含有色金属的二次资源，如电子废弃物"城市矿产"、冶金废渣、废催化剂等，因其产生量大、金属含量高，具有重要的回收利用价值。有色金属资源循环的意义主要如下。

2.2.1 弥补原生矿产资源不足

我国经济发展迅速，长期以来依靠粗放型经济增长方式，对资源需求量较大，然而资源紧缺制约了我国国民经济的发展[23]。在矿物资源越来越少的同时，社会积存的各种金属废品、边角料和含有色金属的各种溶液、残渣等有色金属二次资源却越来越多。这些资源金属含量通常比原矿高，对这些资源进行回收利用，能够节约大量的原生矿产，减少对自然资源的消耗。目前，发达国家资源循环利用率为70%以上，我国仅为30%，差距明显[24]。如果能很好地利用这部分二次资源，就可能取代大部分原生矿石，这是解决原生资源短缺的有效途径。

2.2.2 减少环境污染

传统有色金属工业属于高污染行业，其排放污染物总量呈逐年上升的趋势，对生态环境造成了严重破坏。有色金属资源循环过程应用生态学的规律，把生产链条组成一个"资源-产品-再资源"的反馈式流程，从而把经济活动对自然环境的影响降低到尽可能小的程度，从源头上控制污染[25]。目前，有色金属工业产生的三废大部分来源于矿石本身，如果我国有效提高有色金属资源循环比例，冶炼加工过程废水、废气和废渣将大大减少，硫、砷、氟、汞、镉、铅等有毒元素的排放量也将明显下降，有色金属工业对环境造成的污染将从根本上得以改善。有色金属资源循环倡导减量化、资源化和无害化，强调过程清洁环保，有效控制污染源排放，有利于实现资源与环境的协调发展，在满足社会经济发展需求的同时，减少了对环境的危害。

2.2.3 实现节能减排

有色金属是高能耗工业，随着有色金属产量的不断增加，有色金属工业能耗以每年8.8%的速度不断上升[26]。在能源变得越来越紧张的今天，有色金属资源循环过程中降低的生产能耗，是一般的工艺和装备进步所无法比拟的。据估算，每生产1 t原生有色金属，平均需要开采70 t原生矿物，而利用有色金属二次资源，可节约能源85% ~ 95%，降低生产成本50% ~ 70%。例如，再生铝生产的能耗仅为原铝生产能耗的4%，再生铜生产的能耗也仅为原生铜生产能耗的16%。因此资源循环的节能潜力非常明显，加大资源循环力度，有色金属工业单位产量能耗及总能耗将大大降低。

2.3　有色金属资源循环发展情况

在原生矿产资源日益紧缺的背景下，有色金属二次资源地位日渐突出，在全球有色金属工业生产中扮演着越来越重要的角色，重视利用有色金属资源循环利用是有色金属工业得以持续发展的重要条件。近年来，我国有色金属循环产业规模发展迅速。由图4可知，我国有色金属资源循环产量从2000年的71.72万t增长至2017年的1191.58万t[3-20]。

由图5可知，2000年，我国铜、铝、铅、锌这4种常用有色金属循环再生量分别为34.77、14.52、10.20、6.98万t，到2017年各有色金属的循环再生量分别增长至230.08、690.42、204.92、65.9万t，各金属的循环再生量年平均增长率分别为11.76%、25.50%、19.30%、14.13%[3-20]。2005—2017年间，我国再生精炼铜产量占精炼铜总产量的比例进入世界先进国家梯队，高于世界平均水平10% ~ 15%。2000—2017年间铅循环再生产量翻了20倍，并在2010年一举超越美国成为世界再生铅产量第一大国。

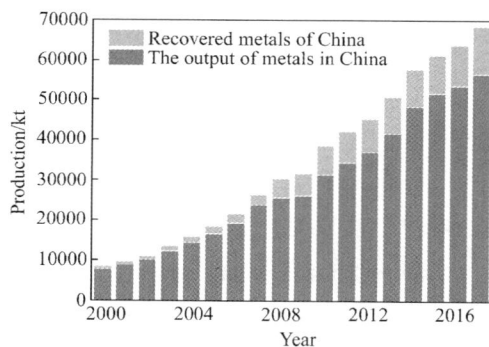

图4　我国十种有色金属生产原料来源分布情况

我国铅、锌、锡等再生有色金属产量虽然在全球占有明显优势，但在资源循环利用水平方面与国外仍存在较大差距。2017年再生铅产量占全国铅产量的比例达43.36%，但平均低于西方发达国家的46%[27]；2017年再生锌产量占锌总产量比例仅为10.73%，而美国的再生锌产量占到了锌总产量的50%以上[20]；目前我国再生锡循环利用暂未形成一定规模，而工业发达国家已实现再生锡量相当原生锡产量的60%以上。我国铅、锌、锡等资源的循环利用亟须进一步提升。

当前，我国有色金属资源循环产业既面临着难得的发展机遇，也面临着严峻的挑战。总体来看，我国有色金属资源循环产业已具备一定的规模，但我国有色金属循环再生产量占总产量的比例不到30%，与保障产业可持续发展的目标要求还有较大差距，与发达国家相比产业竞争力还亟待提高，有色金属资源循环发展模式及发展路径仍需要积极调整。

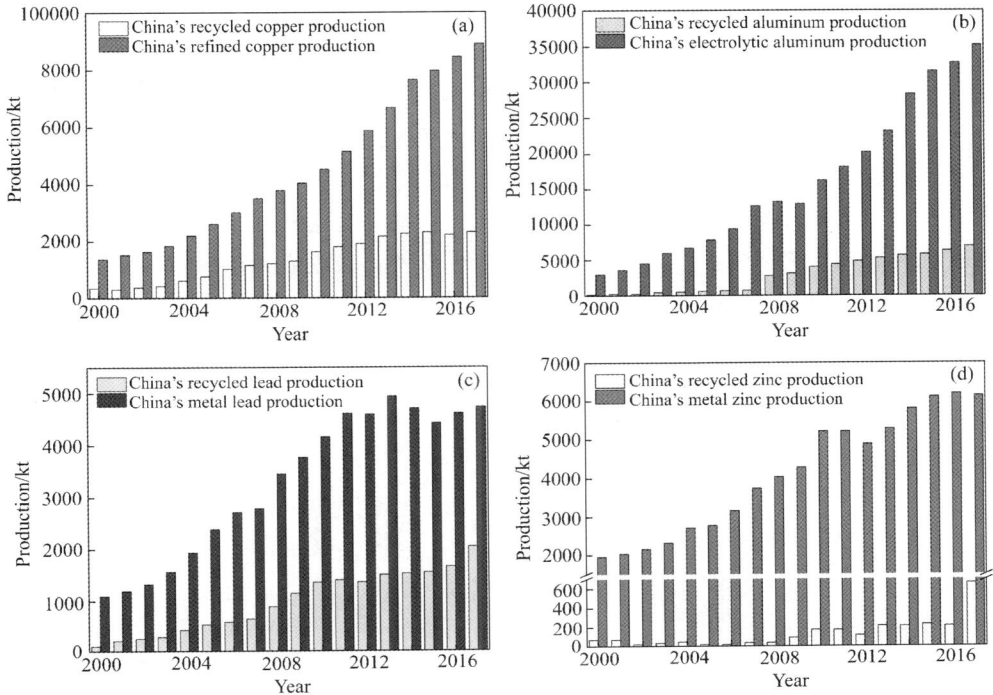

图5 我国铜、铝、铅、锌循环再生金属产量与原生金属产量对比

3 有色金属资源循环理论与方法

3.1 有色金属资源循环学科基础

有色金属资源循环是以有色金属二次资源为对象，通过创新理论、方法和技术，采用清洁短流程工艺，高效分离提取其中有价金属并制备出高价值产品。有别于原生矿产资源开发利用，有色金属资源循环作为新兴学科方向，通过多学科交叉融合发展。

众所周知，有色金属原生资源的开发过程包括资源勘探、矿物开采、资源富集、金属提取及产品加工，在原生矿产资源开发技术的发展历程中，逐渐形成了由地质、采矿、矿物加工、冶金、材料等学科组成的传统学科链，完成有色金属原生资源由原料到产品制造的全流程。

与原生矿产资源相比，有色金属二次资源具有以下特殊性：原料来源的不确定性、资源的丰富性和多样性、组分的高度复杂性、组元含量的高波动性、材料的高致密性和复合性、高的综合回收利用价值。这些特殊性导致现有学科体系难以适应有色金属二次资源循环利用的需求。因此，针对有色金属二次资源特征，需构建新的学科体系，支撑资源循环方向创新发展[28]。

有色金属二次资源，特别是城市矿产资源，因其蕴藏于社会系统中，资源的形成规律和分布特征不明确,资源的开采过程也有别于原生矿产资源,资源中有价金属提取及高价值利用亦非常规工艺可以实现。因此,有色金属城市矿产等二次资源开发利用,包括明确资源特征与分布流向、资源富集、精细分选、金属提取和材料循环再制造等5个部分(见图6),具体为:①通过多模型集成物质流分析方法,定量化评估二次资源形成规律、社会蓄积量、时空分布特征及演化趋势,明确城市矿产中有色金属物质流向、开采潜力以及资源环境效益,为有色金属二次资源循环利用提供指导。②利用"互联网+"技术,构建回收网络体系,实现二次资源的有序收集、分类回收与集中处置。③通过自动化智能识别与精细分选技术,实现二次资源的智能识别、快速分类及自动拆解,获得不同类型二次资源初级产品。④采用高温熔炼、强化浸出、电化学提取等创新技术,从二次资源初级产品中提取有价金属。⑤根据二次资源组成特点,开发资源循环与材料制备一体化技术,构建多金属的短流程提取方法与装备,提高产品附加值,如高端新能源材料再制造、高纯金属及光电材料制备、精细粉体材料制备等。

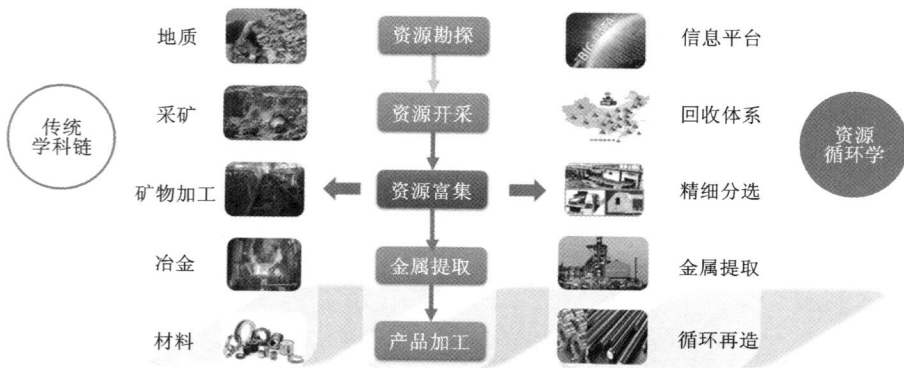

图6 有色金属资源循环学科创新链示意图

由此可见,有色金属资源循环开发利用,需要冶金、能源、化学、化工、材料、环境、生态、信息、物理、机电和管理等多种学科交叉融合、协同创新,构建有色金属资源循环学科链,形成有色金属资源循环学科体系与系统技术与理论体系。

3.2 有色金属资源循环理论基础

3.2.1 基本理论

有色金属二次资源的循环利用以物质守恒定律为基础,在资源的回收分离方面则遵循基本的物理化学热力学和动力学原理。

1)物质守恒定律

物质守恒定律表明:物质既不能凭空创造(如生产),又不能任意消灭(如消费),只是物质形态的转换。因此,根据物质守恒定律,一定时期内输入一个系统的物质量等于同时期该系统的存储量与输出该系统的物质量的总和。对于社会经济系统来说,自然环境所提供的输入物质(input)进入该系统,经过加工、贸易、使用、回收、废弃等过程,一部分成为系统内的存储(net accumulation),其余部分输出物质(output)返回到自然环境中去,而整个过程中的输入量恒等于输出量与存储量之和，即 input＝output+net accumulation，计算公式可表示为"输入＝输出+累积−释放"。

有色金属资源是可再生资源，在整个生态系统中，有色金属通过人类的经济活动由岩石圈流入人类社会经济系统，经由加工、贸易、使用、回收、废弃等过程，一部分通过使用和循环再生而存储在系统内，其他部分则通过废弃处理及少量的环境流失而重新回到自然环境中去，即有色金属在开采使用和再生循环过程中始终留存在整个生态系统中，遵循物质守恒定律。同时，有色金属无论经历多少次生命周期，其元素性质稳定，不会因为使用而发生衰变。对于二次资源，只要经过必要的物理化学过程，其所含的有色金属元素都可转变还原为纯物质态，这是有色金属资源循环的前提和基础。

2）基本热力学

在实现有色金属二次资源的循环过程中，有效分离和提取废弃物中的金属物质及非金属物质是至关重要的一环，其中必然涉及物质分选、高温挥发、化学溶出和元素分离等一系列物理化学过程，如：某一反应在给定的条件下能否自发向预期的方向进行；某反应在理论上能够达到何种程度，即分离提取过程的反应率（或转化率）能达到多少；为促使某分离反应进一步向有利的方向进行从而提高反应效率应采取何种措施。

作为有色金属资源循环科学的重要理论基础，热力学三大定律等基本理论可为这些过程提供有力的理论支持，通过计算给定条件下反应的吉布斯自由能变化值 $\Delta_r G_m$ ，根据其正值或负值的数值大小可判断给定条件下该反应能否自发地向预期方向进行，以及反应发生的趋势大小；通过计算反应的平衡常数，判断反应进行的限度即反应转化率的大小；通过热力学理论分析，研究该反应标准吉布斯自由能变化值 $\Delta_r G_m^{\ominus}$ 和平衡常数的影响因素，进而开发出具体途径和措施促使反应向有利方向进行，提高分离效率，指导有色金属资源循环工艺的开发。

3）基本动力学

热力学理论为有色金属资源循环中各个分离提取工艺的可行性和最大反应限度提供了理论支持，但只解决了反应的平衡问题，不能解释反应达到平衡所经历的反应过程以及速度。即使反应发生的趋势很大，还必须有足够并且合适的效率，才能确保反应发生。因此要对反应速率的各种影响因素进行深入研究，找出限制环节，优化工艺参数，提高或控制反应过程的强度及生产率。因此，对于有色金属资源循环而言，动力学理论具有极其重要的实际意义。

微观动力学从分子理论微观地研究了反应的速度和机理，宏观动力学则在有流体流动、传质及传热条件下研究反应的机理，从而确定物理因素在反应过程中的作用。通过动力学研究可以知道，各种因素如浓度、压力、温度和催化剂等如何影响有色金属资源循环过程中各过程的反应速率；反映实际进行过程中要经历哪些步骤；如何控制反应条件以提高主反应的速率并增加产量；如何抑制或减慢副反应的速率以减少原料和能量消耗，减轻分离操作的负担。另外，通过反应速度的定量化研究，动力学理论还能为有色金属资源循环提供最佳的工业化设计和控制，为实际生产选择最适宜的操作条件。

3.2.2 应用理论

1）生态设计理论

生态设计（eco-design，ED）又称为生命周期工程设计（life cycle engineering design，LCED）、绿色设计（green design，GD），是指在材料和产品的设计中将保护生态、人类健康和安全的意识融入其中的设计方法，最终实现人类社会的可持续发展。

生态设计以产品的生命周期为中心,包括3个要素:生产成本、环境影响和材料性能。通过采用先进技术、工艺并采用可循环材料以降低对生态环境的破坏,明显地减少材料制造前的隐性材料物质流和能源流,在材料循环的前端废弃物的产生,实现产品的再循环(design for recycle-ability,DFR)、易拆解(design for disassembly,DFD)和材料选择性设计(design for material selection,DFMS)。生态设计包括设计需求分析、设计类型选择、设计过程实施和设计目标完成四个阶段。此外,生命周期评价和生态设计管理始终贯穿于整个生态设计全过程,并根据实际需求和效果不断改进。因此,生态设计过程是一个动态过程。

以生态冶金思想为指导,利用有色冶金生态设计方法,建立有色金属资源循环的清洁生产技术与工业系统,构筑与自然生态相协调的清洁生产-生态工业新模式,通过生态设计可从根本上解决资源环境与可持续发展问题。

2)环境材料理论

环境材料是环境科学与材料科学相结合形成的一门新兴交叉学科,其研究目的是在材料的环境负荷与材料性能之间寻找合理的平衡点。环境材料不仅追求材料的先进性和舒适性,而且力求材料与环境的协调性。

在有色金属循环领域,"环境材料"是根据环境生命周期工程设计或用LCA进行评价的新有色金属材料,具有先进性、环境协调性、舒适性和可循环再生四大特征。基于环境材料设计的有色金属材料对资源和能源消耗少、对生态和环境污染小、再生利用率高、可降解化和可循环利用,而且在材料制造、使用、废弃直至再生利用的整个生命周期中与环境有着协调共存性。环境材料设计是促进可持续发展的材料设计,也是未来设计的必然趋势,它可以提高环境和资源的利用率用环境材料来改善生态环境,是历史发展的必然,也是材料科学的进步,实现人类社会文明与环境协调发展。

3)清洁循环理论

清洁循环是一种新的创造性思想,指既可满足人们的需要又可合理使用自然资源和能源并保护环境的实用生产方法和措施,其实质是一种物料和能耗最少的人类生产活动的规划和管理,将废物减量化、资源化和无害化,或消灭于生产过程中。同时,对人体和环境无害的绿色产品的生产,也将随着可持续发展进程的深入而日益成为今后生产的主导向。

清洁循环的具体内容包括三大方面:①节能减耗,有效使用能源,降低"三废"的排放量;②开发环境友好的新工艺、新技术、新设备;③废物的回收综合利用。合理利用有色金属资源,更多地回收有色金属二次资源,降低有毒害原材料的使用量,并加强生产过程的末端治理,以环境可接受的清洁方式处置残余的废弃物,最大限度地减小污染排放。清洁循环技术主要包括预防污染的少废或无废的工艺技术和产品技术。清洁循环是一种持续地将污染预防战略应用于生产过程和服务中的生产模式,强调从源头抓起,着眼于生产过程控制,不仅能最大限度地提高资源能源的利用率和原材料的转化率,减少资源的消耗和浪费,保障资源的永续利用,而且能把污染消除在生产过程中,最大限度地减轻环境影响和末端治理的负担,改善环境质量。因此,清洁循环是实现经济与环境协调可持续发展的有效途径和最佳选择。

4)材料循环再造理论

材料循环再造的实质是通过一系列工艺手段使受损材料的微观结构恢复至初始状态,进而实现材料的可重复利用和资源成本的节约。有色金属材料大量使用和废弃,通过材料的循环再造是实现有色金属资源短流程、高效循环利用的优选途径。材料循环再造通常采用物理或化学等方法对受损材料的微观结构进行修复,如采用电化学或可控的热处理来进行材料的修复再造。

一般材料生产往往存在多种元素,这使材料再造循环变得困难,从易于循环再造的角度出发,材料在制造阶段需:尽可能用单一组分代替多相组分,减少掺杂元素而保持高性能;以调整显微组织作为加入合金元素的替代方法来获得所需性能;循环再生过程中易于分离和无二次污染。

5)过程强化理论

冶金过程通常通过反应条件的"三高一强"即高温、高压、高浓度和强搅拌实现冶金反应过程的强化,近年来,过程强化的概念已扩展为在实现既定生产目标的前提下,通过大幅度减小生产设备的尺寸、减少装置的数目、减低能耗和减少废料的生成,达到提高生产效率、降低生产成本、提高安全性和减少环境污染的目的。

有色金属资源循环涉及多金属复合循环资源选择性化学溶出、多金属复合体系高效分离及产品的制备等系列的物理化学过程,过程强化对于提高生产效率、优化工艺意义重大。过程强化技术针对复杂的反应步骤和反应条件参数进行优化,以节能、降耗、环保、集约化为目标,对各冶炼过程适用广泛,湿法冶炼过程中升高温度、压强、反应浓度,加强溶液搅拌可以提高各反应进行的程度和反应速率;火法过程中优化气体鼓吹位置、提高气体浓度、改变熔体搅动方式可降低反应对原料的要求,提高产物品位,减少废渣量和渣中有价金属含量,降低能耗,减少污染。另外,过程强化还包括生产设备的强化,通过对生产中设备尺寸的优化,结合反应过程强化可减少冶炼步骤和装置的数目,使工厂布局更加紧凑合理,单位能耗更低,废料、副产品更少。

3.3 有色金属资源循环方法

3.3.1 大数据分析方法

1)生命周期评价(LCA)

生命周期评估(life cycle assessment,LCA),是评估产品从原料获取,经生产和使用,到废物管理,整个生命周期阶段所产生的资源、能源及环境影响的工具。旨在全面识别和评价环境影响,避免环境问题的转移或重复计算[29]。生命周期评价广泛用于各行各业的资源、能源及环境管理和战略规划决策,包括生态辨识、清洁生产审核、替代产品或工艺的比较、废弃物管理等方面。

目前,LCA研究比较广泛的工业领域主要包括有色金属行业[30-31]、能源行业、建筑行业[32]、天然气[33-35]以及新型煤化工[36-38]等方面。洪静兰等[39]采用生命周期评价方法研究了电子废弃物在回收处理过程对环境的影响。本文作者采用LCA分析方法评估了帝国熔炼锌铅冶炼厂CO_2和SO_2排放情况,并指出减少一次金属的用量,并对二次铅锌材料进行有效回收,是控制二氧化硫排放的主要途径[40]。

生命周期评价既是一种环境管理工具,也是一种预防性的环境保护手段。通过对有色金属产品"从摇篮到坟墓"的全过程分析和评价,筛选出合理可行的包括减量化、资源化和无害化处置的关键技术和综合管理方案,注重经济、社会和环境效益的统一,体现出废物全过程管控和可持续发展的要求。生命周期评价将成为推动我国有色金属资源循环产业结构调整、转型升级、提质增效的有力推手。

2）物质流分析（MFA）

物质流分析（material flow analysis，MFA）是以系统内物质守恒为基本原则，以质量为单位，通过追踪经济–环境系统中某特定物质的输入、消耗、贮存、输出等过程，量化经济系统中该物质流动与资源利用、环境效应之间的关系，可以为环境政策制定提供新方法，为该系统的资源环境优化管理提供科学依据[41]。物质流分析可分为三类：①环境影响分析，对环境造成污染物质（如有毒有害金属元素、有机物等）进行迁移路径追踪和定量分析；②资源代谢分析，对金属或战略性材料在国家层面进行全生命周期解析；③社会蓄积量分析，明确社会经济系统中某物质的社会蓄积程度。

物质流分析是研究有色金属资源代谢状况的有效手段。有色金属作为国民经济发展不可或缺的基础性材料，现阶段如何提高有色金属特别是战略性金属的资源利用效率、环境效率、循环效率，是有色金属工业可持续发展面对的现实问题。我们可通过物质流分析方法分析系统内金属的物质流动情况、明确金属资源的利用效率、识别金属在社会经济系统中的各个阶段的污染物形态，为提高有色金属资源循环提供支撑。

陆钟武[42]进行了钢铁全生命周期铁的物质流分析，明确了铁资源的投入量与废铁排放量之间的关系，为钢铁工业可持续发展过程中的资源与环境的问题提供了解决思路。陈伟强等[43-44]采用金属物质流分析对1991—2007年我国铝工业全生命周期的物质流动情况进行了定量化分析，明确了我国铝产品进出口规模与形态结构。本文作者采用金属物质流分析模型研究了我国铜、铅、锌、钴、钒等金属及废旧"四机一脑"等产品的物质流动情况，为我国有色金属的循环利用提供了数据理论支撑[45-49]。

3）社会蓄积量

物质的社会蓄积是指物质经提取–使用过程，大量物质从原生资源形态通过该过程进入社会经济系统，并形成物质的社会蓄积量[50]。社会蓄积量分析主要包括："自上而下"和"自下而上"两种方法，可基于大规模的历史统计数据及各子系统的相关系数来估算物质的社会蓄积量，非常适用于有色金属资源赋存分析。岳强等[51]分析了我国铝资源的社会蓄积量，指出随着未来我国铝消费量增速的降低，铝社会蓄积量回收率会逐步提高。对有色金属进行社会蓄积量分析，有助于衡量社会经济系统中资源的存量，为有色金属资源循环工业的资源战略、产业政策和环境政策的制定提供基础数据。

4）时空分布

时空分布特征引进了时间的概念，即表示某一事物的空间分布在时间维度上的变化特点。根据地理现象的空间分布状况，可以用不同的空间维度来表达。而空间维度则是根据地理对象的实际分布特征以及地图表达的需要来确定的，根据地理现象的空间维度，地理现象可分为点状分布、线状分布、面状分布和体状分布。通过分析有色金属循环资源的时空分布特征，可明确不同地区有色金属循环资源的赋存种类、赋存量及其随时间推移的变化情况，为有色金属资源循环合理利用及产业布局提供重要依据。

3.3.2 "互联网+回收"模式

1）"互联网+回收"发展背景

当前我国有色金属城市矿产等二次资源回收处理存在回收网络不健全、回收模式不完善、相关标准不健全、运营成本过高、效率低的情况[52]。大多回收处理企业尚未建立起自己的回收体系。在城市矿产废弃物量大量产生，再生资源逆向物流回收处理体系尚未健全的情况下，为实施可持续发展战略，坚持节约资源和保护环境，实施绿色低碳循环发展，建立生活、工业废弃物回收处理网络体系非常有必要。

"互联网+"时代赋予了资源回收新的活力，OTO（online to offline）模式，利用互联网技术，例如微信小程序，相关 App 等产品，通过线上预约，线下上门回收等途径，让废弃物回收更加便捷，OTO 模式回收为资源再利用提供了一种有效的解决方案[53]。

2)"互联网+回收"研究进展

关于互联网技术在有色金属资源循环回收中的应用研究，国内学者主要集中于如何利用互联网技术来规范再生资源回收流程，同时运用互联网技术来构建相应的回收模型。例如：周永生等[54]基于 O2O 视角搭建了一种由资源出售者、网络回收运营商、资源回收者相互配合的线上信息集中、线下支付交易的回收平台；李春发等[55]基于 C2B 推广模式，通过将消费者和生产者有机联系起来，构建一种消费者驱动的电子废弃物网络回收模式；邓旭[56]提出建立互联网线上服务平台和线下回收服务体系，通过开发手机 App 实现线上投废，线下通过在全国范围内设立回收服务网点以及区域性的回收网点集中处理线上收集到的废弃物。刘从虎等[57]构建了一个基于应用服务提供商（ASP）网络化的回收服务平台，由用户层、功能层和支撑层组成的多方共赢回收模式。城市矿产资源循环示范企业格林美公司，开发了回收哥"互联网+回收"微信平台，实现了电子废弃物的高效收集和集中处置。

3)"互联网+回收"模式构架

资源循环"互联网+回收"模式的构建思路是：建立以调动社会各界积极性和主动性为基础，以可再生资源的高效回收为目标，以资源最大化利用为归宿，以实现绿色、循环、可持续发展为宗旨，将二次资源回收和现代信息技术有机结合，以线上交易、线下物流的有偿模式来引导和鼓励社会各界的共同参与[58]。资源循环"互联网+回收"模式，通过有效利用现代信息网络技术，创新可再生资源回收的产业生态链。将再生资源线下的逆向回收需求通过互联网平台进行信息发布，专门回收企业通过互联网平台获得相关信息，实现与资源拥有方的线上交流、交易和线下物流运输，使得再生资源线上线下交易通过互联网平台有机地连接在一起，最终实现再生资源的线上发布信息、线上交易和线下物流的交易流程，具体运作流程如图 7 所示[59]。

3.3.3 智能识别与精细分选方法

有色金属二次资源的智能识别与精细分选，是基于二次资源不同物质理化性质的差异，开发自动化处置技术，实现资源智能识别、快速分类、自动拆解与分选，得到初级产品的系统技术。

如电子废弃物等二次资源，经过分类、自动拆解、破碎、分离等预处理后，根据金属与塑料、塑胶的比重不同，采用水选–筛分–空气分选–涡电流多级分选工艺和系统设备，实现不同种类物料的智能识别分选，得到金属富集物与塑料。采用有色金属 X 射线感应–同步线扫描识别系统，实现铜、锌、铝高纯度精准分离和紫铜、黄铜的分类回收。采用磁性吸附含铁物质–空气脱除轻质惰性物料的分选纯化技术与装备，实现磁性、非磁性组元的高纯度分离及钢铁的高品质回收。针对塑料、塑胶等有机组分，采用红外智能识别等方式，分选出不同颜色的塑料颗粒，可制造不同类型的再生塑料产品。中南大学与格林美股份有限公司开发了电子废弃物、报废汽车智能识别与绿色循环技术，创建了电子废弃物与报废汽车拆解的自动

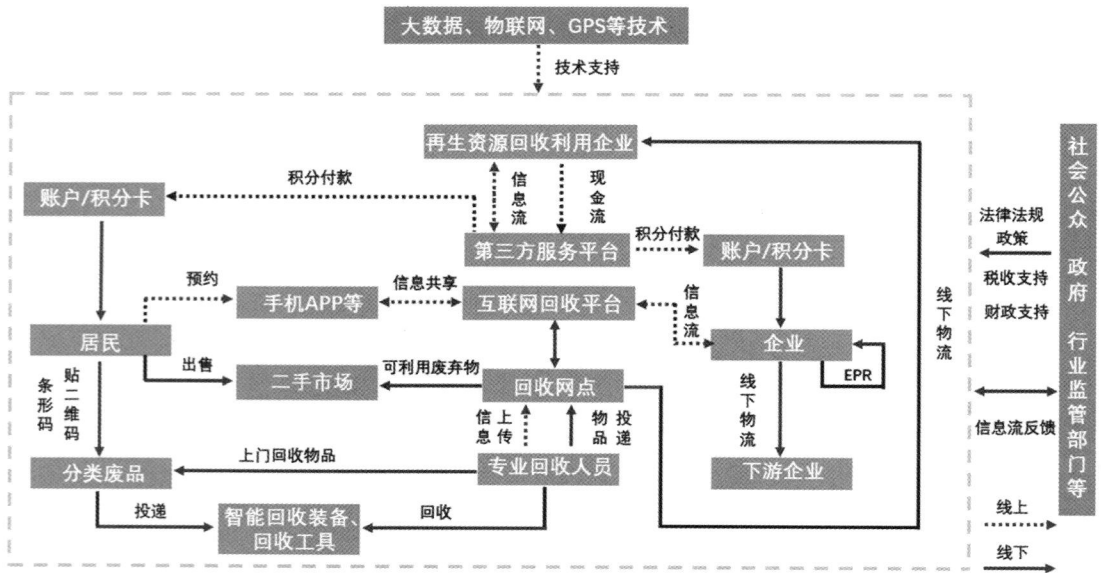

图 7 "互联网+回收"模式[59]

化处置全套生产线,实现了电子废弃物与报废汽车中二次资源的智能识别与精细分选。

3.3.4 高效清洁分离回收方法

1)火法处理方法

火法冶金技术是成熟有效的有色金属二次资源回收方法,利用铜、铅等重金属对稀贵金属的捕集作用,将有色金属与二次资源中的有机物、难熔氧化物等杂质分离,获得高稀贵金属含量的粗铜、粗铅等,之后进一步通过火法或湿法的方式进行分离、提纯和产品制备[60]。火法冶金创新技术主要包括强化熔炼法、碱性熔炼法、熔体萃取法等。

①强化熔炼

在有色金属二次资源回收技术方面,富氧强化熔炼技术具有原料适应性强、处理能力大、稀贵金属捕集率高、过程控制技术成熟、环境友好等优点,广泛用于电子废弃物、废杂铜、废催化剂、冶炼废渣的回收处理。有色金属二次资源的富氧强化熔炼工艺主要有两种:二次资源单独熔炼[61]或与原生矿搭配熔炼。单独熔炼工艺是利用二次资源中的铜、铅等重金属捕集稀贵金属,在还原熔炼过程产出富集多金属的黑铜,黑铜经氧化工序脱除杂质,产出粗铜[62]。搭配熔炼工艺是将二次资源搭配至硫化铜矿(或硫化铅)熔炼过程,用铜锍(或粗铅)捕集废电路板中的有价金属,玻璃纤维等杂质进入熔炼渣,有机物高温分解,铜锍吹炼脱杂后产出粗铜。强化熔炼产出的粗铜(粗铅)经火法精炼-电解精炼回收有价金属,脱除杂质,稀贵金属进入电解精炼阳极泥,在后续阳极泥综合处理工序分步回收稀贵金属[63]。

②碱性熔炼

碱性熔炼是指以碱性熔盐为介质,在远低于传统火法冶金冶炼温度下(一般不超过900℃)进行熔炼,得到相应金属单质或盐的过程。碱性熔炼过程不同于传统火法熔炼过程,其熔炼温度较低,不产生熔融渣,有液、固两相存在,其中液态相包括熔盐与液态金属两相[64]。根据熔炼体系的不同,可将低温碱性熔炼分为直接熔炼、氧化熔炼和还原熔炼。目前，直接熔炼主要用于从复杂资源中提取高纯材料，如 SiO_2、ZnO 等，氧化熔炼研究集中在废旧电路板、铝灰、阳极泥等含金属单质或氧化物的二次资源回收利用方面，还原熔炼主要用于铋、锑、铅等原生及二次资源的处理[65-67]。

③熔体萃取

熔体萃取法是利用一元或多元低温金属熔体高效、高选择性的特性，来处理废旧合金短流程分离回收金属的方法，该法有望被用于回收废旧高温合金中的有价金属。高温合金是指以铁、镍、钴为基，具有优异的高温强度和良好的抗疲劳、断裂韧性等综合性能的先进高温材料。这类废旧材料的传统回收工艺采用强酸或高温等极端条件，使高温合金结构完全破坏后再进行分离回收，工艺复杂，能耗高。熔体萃取法中，作为萃取剂的金属熔体可与高温废旧合金中的某些有价金属结合形成低熔点共熔体，破坏高温合金结构，并将目标金属富集至共熔体合金液中，再利用共熔体中不同金属饱和蒸气压的差异，真空蒸馏分离合金中不同有价金属[68-69]。

2）湿法处理与电化学处理方法

湿法冶金和电化学技术是有色金属二次资源处理有效的方法，由于学科间的交叉与相互渗透，湿法冶金技术得以迅速发展。湿法与电化学处理法常结合用于提取有价金属，创新性方法包括控电位浸出、超级活化浸出、离心萃取、旋流电积等。

①控电位浸出

控电位浸出是湿法冶金一个重要过程，控电位浸出可利用不同的金属在同一介质或同一金属在不同的介质体系中氧化还原电位的差异进行分离。可在有氧化剂/还原剂存在的条件下，严格控制加入量，以保证体系氧化还原电位维持在最佳控制范围内，高效浸出主金属的同时提高浸出剂稳定性，控电位浸出多应用于处理含贵金属的复杂二次资源。

②超级活化浸出

超级活化浸出（简称超浸法）是指在超级场力作用下实现强化浸出的方法，将被处理物料、浸出介质和磨料一起加入反应腔体中，在高速运动下，磨料与被处理物料不断碰撞清新物料的表面，加速有价组分浸出，该法具有环保、高效等特点[70]。如复杂含金二次资源中，金多以微细粒金或次显微金呈包裹或浸染状嵌布于硫化物、硅酸盐或碳酸盐等矿物中，矿石采用常规的破碎、细磨（$P_{80} = 53 \sim 75~\mu m$）或破碎、细磨、浮选工艺很难使包裹金解离，导致浸金剂与金无法接触，难以实现金的提取。用超浸法处理复杂金二次资源，物料粒度为 $P_{80} = 8 \sim 12~\mu m$，有效改善浸出的动力学特性，减少浸出过程中含金物料表面的钝化和二次浸金作用，有效提高金的浸出速率和效率。

③离心萃取

溶剂萃取法通过将含金属离子的溶液（水相）和含萃取剂的油相（有机相）均匀地混合，使金属离子进入有机相并与萃取剂中的结合位点发生配位反应，实现金属离子的高效提取，具有处理量大、选择性高的优点，已广泛用于水溶液体系中金属离子的分离[71]。但同时由于萃取剂本身的特性和工艺流程的制约，溶剂萃取法也存在萃取剂易乳化、流失、自动化程度低等缺点。离心萃取技术是有色金属资源循环有效方法，已被用于电子废弃物、废催化剂、废动力电池等金属二次资源中有价金属的分离富集[72]。

④吸附分离

吸附法是一种采用吸附剂从溶液中回收金属的方法，具有效率高、操作简单、流程短、适用性强的优点，尤其在处理低浓度金属含量的溶液中呈现显著优势[73]。目前，吸附法已成功应用于工业废水中重金属离子的去除，例如 Cd、Pb、Cu、Zn、Hg、Ni 等[74-79]。在金属循环领域，吸附法主要被用于溶液中低浓度、高价值金属的回收[80-81]。

⑤ 旋流电积

旋流电积是指通过电解液的循环流动加强液相传质，有效消除浓差极化，实现从低浓度、复杂溶液中高效选择性提取目标金属的一种新型有色金属分离电化学提取技术[83]。旋流电积设备，一般由旋流电积槽、驱动装置、电力装置、电解液分配装置和连接装置组成，其中旋流电积槽是整个设备的核心系统，设备工作时，以钛薄片或不锈钢薄片为阴极插入柱状电积槽，以涂钛层碳棒为阳极，流动的电解液高速通过电积槽，在电积槽内实现金属的沉积。

旋流电积对电解液要求低、适用性广，相比传统工艺，旋流电积效果明显，主元素回收率高且安全环保，在复杂二次资源回收中有着无可比拟的优势，旋流电积技术已成功应用于复杂溶液中铜、镍、钴等金属的回收。

3.3.5 材料循环再制造方法

1）有色金属产品梯次利用

梯次利用是指对一个已经达到原生设计寿命的产品，通过某种方法使其功能全部或部分恢复，达到继续使用的目的。该过程属于基本同级或降级应用的方式，最大限度地利用了产品，延长了产品的设计周期。梯次利用已广泛应用于军工、电池、汽车、机床零件等领域，对资源进行了充分利用并降低了成本，减少了资源浪费，是现代社会大力推行

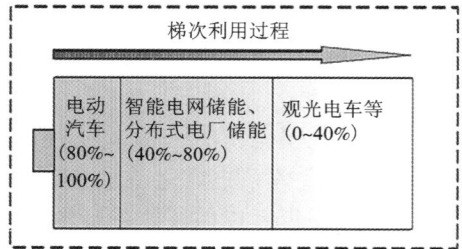

图 8　动力电池梯次利用[85]

的一种循环性、低碳型生产方式。电动汽车动力电池的梯次利用是有色金属资源循环的典型案例（见图 8）。车用动力电池能量大，从电动汽车中退役下的锂电池容量仅下降到原容量的80%，外观完好、功能元件有效的电池可应用于智能电网储能、光伏和风力发电系统，待电池容量进一步下降后，可继续用于移动光源、观光电车等性能要求较低的设备中。退役电动汽车动力电池梯次利用，可降低锂电池生产成本，有利于节能减排[84]。

2）金属零部件的修复再造

再制造技术是一种零部件功能性恢复技术，对未完全损坏的零部件使用先进表面工程等在内的一系列新技术、新工艺进行再加工再制造，使其恢复到与原产品相当甚至高于原产品的性能与质量总和的过程（见图 9）。该技术可针对不同的失效原因制定相应的措施，最大限度地挖掘废弃产品潜在附加值、延长其使用寿命[86]，减少生产过程对环境的

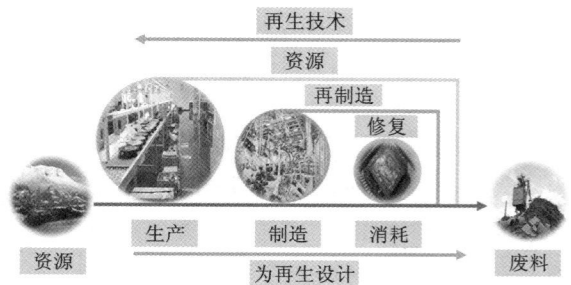

图 9　有色金属零部件修复、再制造与资源循环

负面影响[87]，被认为是先进制造技术的补充和发展，是 21 世纪极具潜力的新型产业。

再制造产业主要集中在汽车零部件、工程机械设备、废旧电子产品等方面。汽车零部件

再制造成本不到新品的 50%，节省能耗 40%，节材 70% 以上。利用激光熔覆再生技术，对报废汽车曲轴、凸轮轴和气缸等典型零部件绿色再制造，促进报废机动车辆零部件资源的再生和循环利用，打通"资源−产品−报废−再制造产品"的循环型产业链条，构筑节能、环保、可持续的工业绿色发展模式。

3）有色金属资源循环的增材制造

增材制造又称"3D 打印"技术[88]，是以材料技术为基础，信息网络技术、先进材料技术、数字制造技术之间相互交叉融合形成的一项新型技术。因其能快速、自由制造三维结构，被广泛应用于机械加工、汽车制造、航空航天以及军事国防领域。

增材制造技术基于离散−堆积原理，将复杂结构的零件变成无数层二维的平面图叠加，依据零件三维数据逐渐累加材料制造实体零件。与传统切削加工制造零件相比，是一种"自上而下"的制造方法，在加工制造尺寸大、结构复杂、性能要求高的零件时，具有加工周期短、节省材料、加工方便等优点。增材制造的技术内涵和分类如图 10 所示。

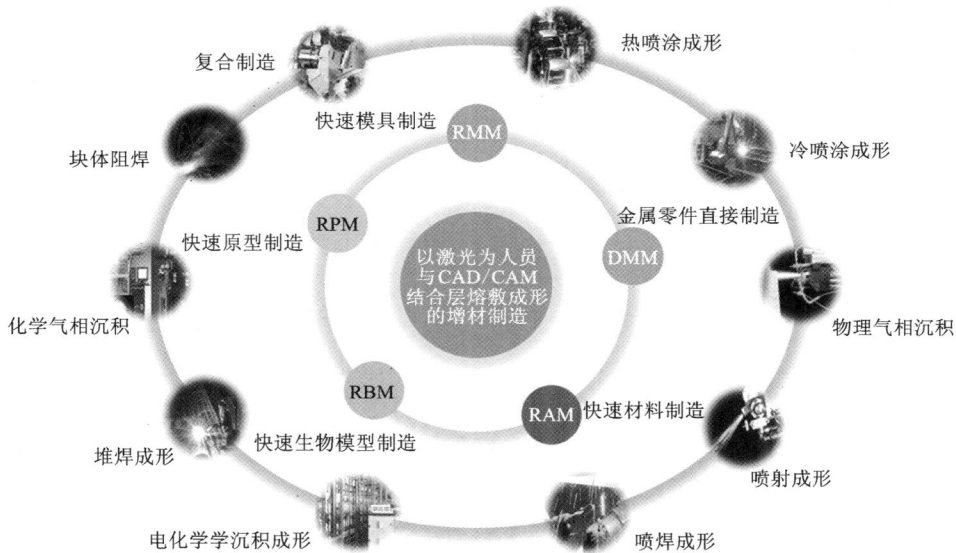

图 10　广义增材制造的技术内涵与分类[89]

有色金属是材料领域的重要组成部分，资源种类繁多，有色金属资源循环在增材制造领域应用广泛。在报废汽车整体资源化领域，基于关键零部件不同损伤类型和材料修复原理，利用增材制造技术实现电子电器零部件的铜基等离子增材修复，保证了有色金属资源循环过程工艺可靠、低碳节能环保。

4　有色金属资源循环技术应用进展

4.1　国外资源循环技术应用进展

1）比利时优美科公司

优美科公司是比利时具有百年历史的跨国冶炼公司，旗下电子垃圾处理厂是全球最大的废弃物金属及贵金属提取企业，可实现废触媒、废电池、电子废料等复杂二次资源中有价金属的高效回收。

优美科公司开发了 Val'Eas 工艺，该工艺以石墨和有机溶剂为燃料，采用高温冶金法从锂离子电池中回收制得 $Co(OH)_2$ 和 $CoCl_2$ 产品，工艺流程如图 11 所示。该工艺与常规电池回收工艺相比优势明显：①无电池解体破碎预处理工序，避免了电池解体过程破碎困难、安全风险高的问题；②回收得到的钴、镍化合物产品纯度高，可直接应用于电池材料生产；③充分利用塑料与石墨碳自身燃烧热，高温熔炼过程能耗低、流程短、炉渣清洁无污染，实现了钴、镍、锰、铜等有价金属绿色高效回收。

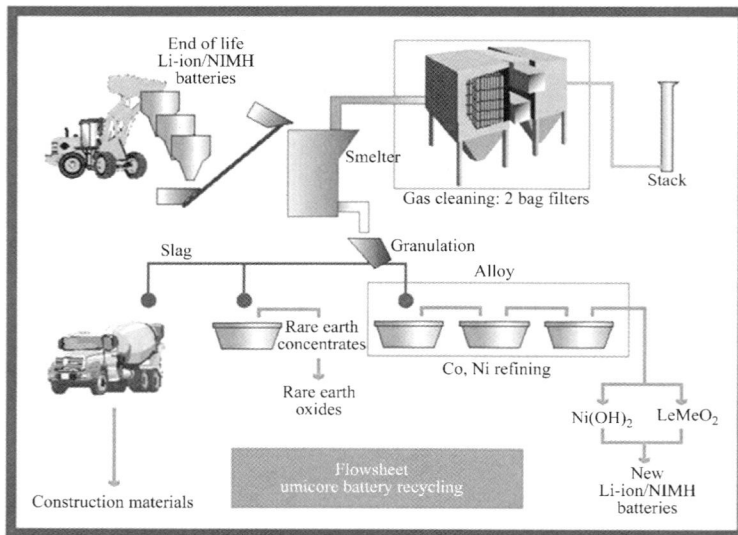

图 11　优美科公司回收锂离子电池工艺流程图[90]

该工艺将废弃锂离子和镍氢电池搭配熔渣协同处理，富氧熔炼温度为 1100~1200℃，熔炼结束产出高价值合金材料（Co、Cu、Ni、Fe）和炉渣（Al_2O_3、Li_2O_3、MnO），熔炼过程产生的有害气体经吸收塔无害化处理后达标排放。合金材料（Co、Cu、Ni）经酸浸处理后，采用化学沉淀方法以金属盐沉淀形式回收，该工艺回收处理 1 t 电池需消耗 5000 MJ 热量。Val'Eas 工艺已成功应用于比利时安特卫普的霍博肯工厂，锂回收量为 92% 以上，年处理废旧锂离子电池量高达 7000 t[91]。

比利时优美科电子废弃物资源化回收流程，如图 12 所示。废电路板先经破碎与其他金属二次资源（如：废催化剂、阳极泥、废杂铜等）搭配进行 ISA 顶吹熔炼。在熔炼过程中，电子废弃物中的有机组分可为高温过程提供部分热能，并转化成烟气；贵金属和稀有金属在熔炼过程主要被铜、铅等捕集，进入铜锍相中，在后续的电解过程被富集于阳极泥中，再进行湿法的分离回收，如图 13 所示[91-92]。由于该工艺所处理原料全部为二次资源，其中有机组分成分复杂且含量较高，熔炼烟气及过程废气均采取了严格的控制及处理措施，防止二噁英的生成对环境造成危害。目前，优美科已成为世界上电子废弃物火法处理的代表性企业，年处理 25 万 t 以上二次金属料，回收铜、铅、锌、锡、金、银、铂等数十种有色金属[93-94]。

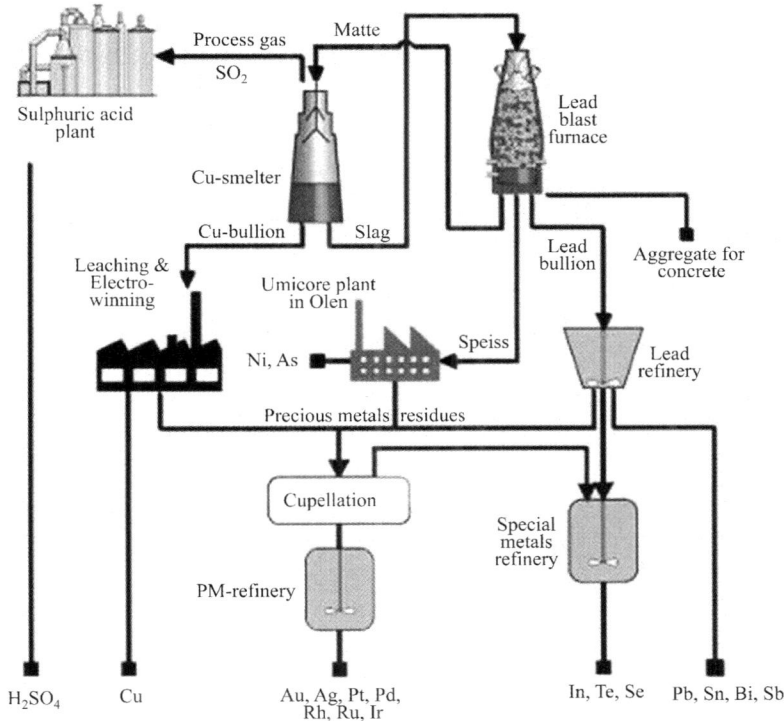

图 12　比利时优美科电子废弃物资源化回收流程[94]

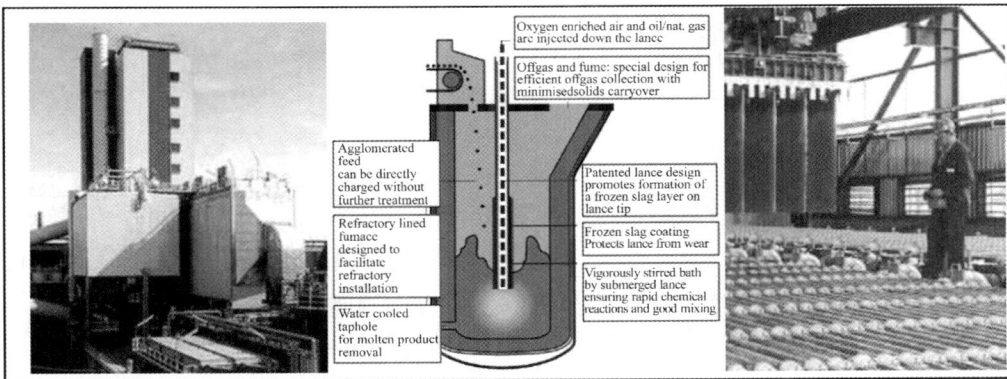

图 13　比利时优美科-艾萨顶吹熔炼工艺示意图[92]

2) 美国 Toxco 公司

美国 Toxco 公司成立于 1984 年，主要从事各种类型的电池回收。该公司 1993 年就开始商业化的电池回收，累计回收锂电池量超过 1.1 万 t。

Toxco 公司开发了 Toxco 工艺，该工艺采用湿法浸出方法从废旧锂离子电池中回收锂、铜、铝等有价值的金属，工艺流程如图 14 所示。该工艺以锂含量为 1.2%~2% 的废旧锂离子电池为原料，对原料进行液氮低温冷却（-196℃）预处理，有效降低了电池内部的锂元素活

19

性。而后将粉碎后的电池粉末浸入水中，金属锂与水反应生成氢氧化锂和氢气，氢气在上方收集燃烧。该工艺具有流程短、废气排放量少、能耗低等优点。Toxco 湿法工艺已成功应用于英属哥伦比亚工厂，可回收 70% 以上的电池组材料，年处理废旧锂电池量达 5000 t。

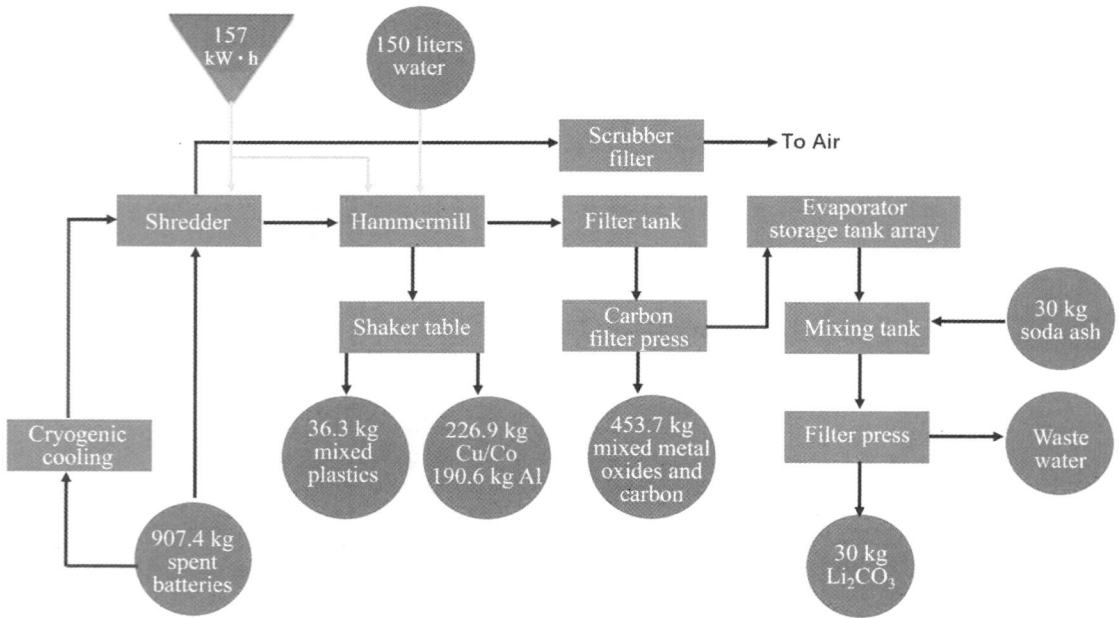

图 14   Toxco 公司回收锂离子电池工艺流程图[95]

3）日本同和公司

日本同和公司是一家以冶炼、环境及循环再利用、电子材料、金属加工为主要研究方向的日本典型循环企业，数种循环再利用产品产量占有世界第一的市场份额，在世界循环产业领域占有重要的地位。

同和公司开发了 Dowa 工艺，针对不同电子废弃物原料分别采用湿法浸出和火法熔炼工艺从中回收铜、金等金属，工艺流程如图 15 和 16 所示。湿法回收工艺中，使用自动剥离设备对基板等电子废弃物进行剥离预处理，剥离得到的残渣用作铜原料回收，剥离液中金通过电解精炼高效回收，金纯度为 99.995% 以上。此外，部分含铜较高的 CPU 直接用王水处理，含铜较高残渣用作铜原料进一步回收，尾液经无害化处理后达标排放。火法回收工艺中，使用粉碎机对基板等电子废弃物进行深度破碎预处理后投入熔炉中，富氧熔炼温度控制在 1100℃ 左右，熔炼过程采用先进滤袋式集尘器高效去除粉尘，应用急速冷却技术有效抑制了二噁英的产生，产生的有毒有害气体经喷淋塔和活性炭吸收处理后达标排出。该工艺铜回收率为 90% 以上，流程短，环境友好，实现了电子废弃物中有价金属的高效回收，有良好的经济效益。Dowa 工艺已成功应用于旗下小坂冶炼公司，主金属回收率为 90% 以上，年处理电子废弃物量为 5 万 t 以上。

4）瑞士 Xstrata 公司

Xstrata 公司总部位于瑞士，是全球大型矿业公司之一，集团旗下公司和项目遍及全球四大洲 20 多个国家，公司自 2002 年开始致力于电子废弃物等复杂二次资源循环应用研究。

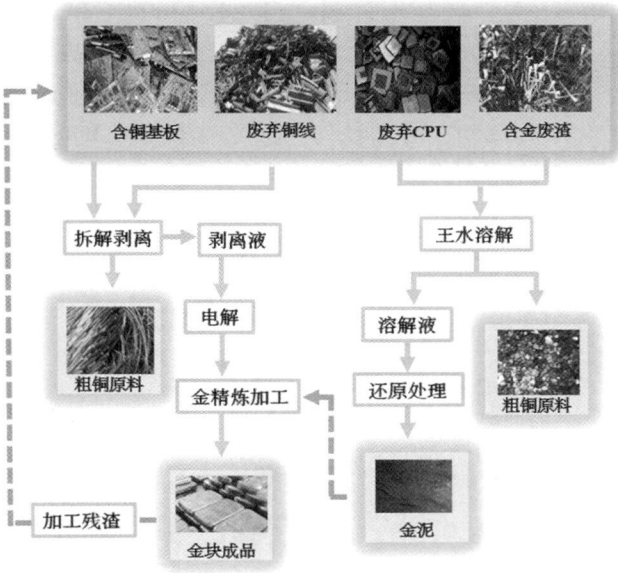

图 15　同和公司电子废弃物湿法回收流程图[93]

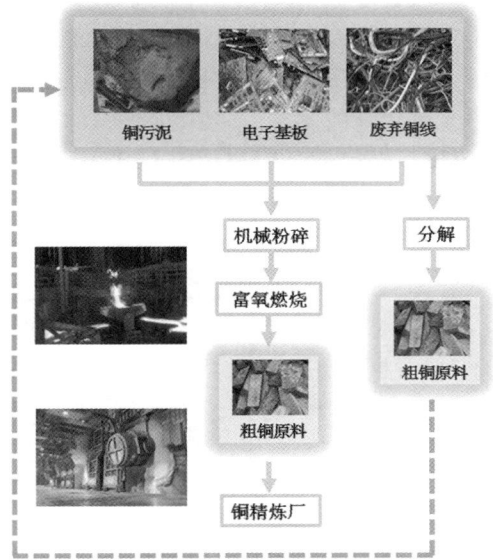

图 16　同和公司电子废弃物火法回收流程图[93]

Xstrata 公司开发了 Xstrata-Noranda 工艺,该工艺采用高温冶金法从电子废弃物中分离回收铜、镍、硒等有价金属,工艺流程如图 17 所示。高温回收工艺中,将电子废弃物与铜精矿按 1∶3 比例搭配加入 Noranda 炉中,富氧熔炼温度控制在 1200~1250℃,贵金属被铜捕集进入铜锍相,经吹炼-精炼-电解等工序实现铜、镍、贵金属间的分离回收。铁、铅、锌等金属被氧化溶于硅渣中,硅渣经冷却破碎后进一步回收其中有价金属。由于铜精矿熔炼后生成的高浓度 SO_2 对二噁英的生成有较强的抑制作用,该熔炼烟气处理方法与一般铜冶炼烟气处理方法基本一致,未添加复杂的二噁英抑制工艺及设备。

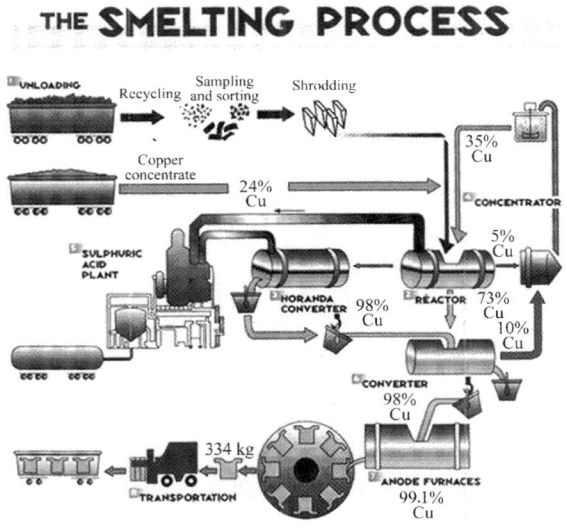

图 17　Xstrata 公司电子废弃物资源化回收流程[96]

Xstrata-Noranda 法已成功应用于旗下澳大利亚和秘鲁等分公司,主金属回收率为 88% 以上,年处理电子废弃物量达 10 万 t。

5)瑞典 Boliden 公司

Boliden 公司总部位于瑞典,是瑞典重要冶炼企业之一。Boliden 公司旗下 Ronnskar 冶炼厂自 1980 年起就开始商业化处理电子废弃物,已累计处理废弃电子废弃物 30 多万 t。

Boliden 公司开发了 Boliden-Kaldo 工艺,该工艺采用高温熔炼法从电子废弃物中分离回收铜、镍、锌等有价金属,工艺流程如图 18 所示。该工艺将电子废弃物与铅精矿按 1∶4 配比投入 Kaldo 熔炼炉，高铜废料加入传统铜熔炼工序，熔炼温度控制在 $1000\sim1300℃$，熔炼产出的合金进入铜吹炼工序进一步回收铜、镍、硒、锌等有价金属，烟灰中铅、硒、铟、镉等有价金属采用湿法工艺进回收。该工艺尾气中 SO_2 经 $1200℃$ 高温处理后可回收制硫酸，对于卤素含量较高的尾气，采用石灰吸收氟形成惰性沉淀物，尾气经处理后达标排放。Boliden-Kaldo 工艺已成功应用于旗下 Ronnskar 冶炼厂，主金属回收率为 92%，目前年处理电子废弃物量为 1.2 万 t。

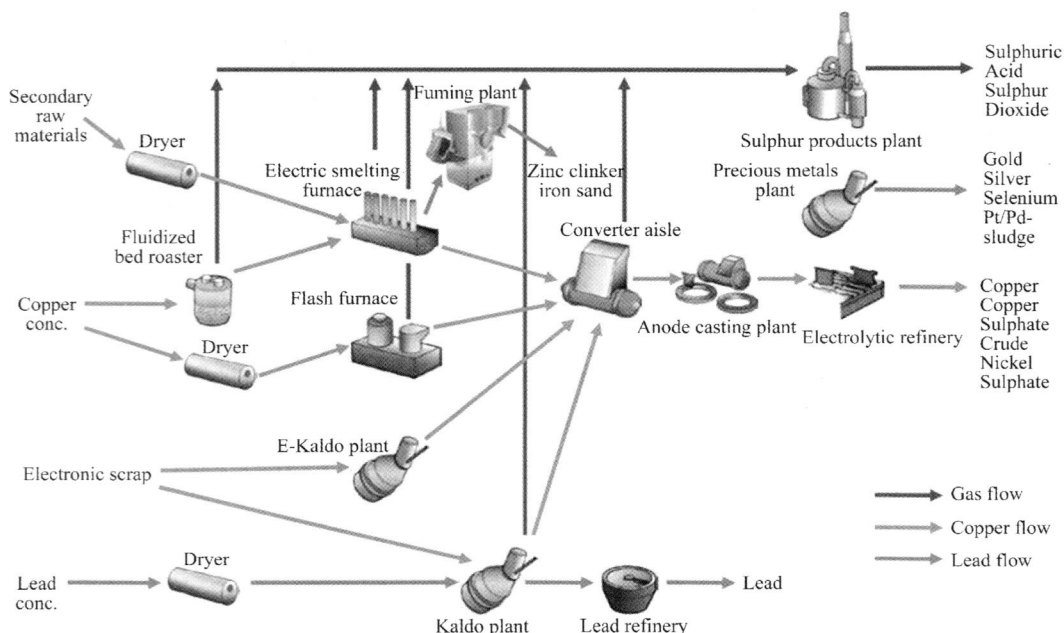

图 18　Boliden 公司电子废弃物等二次资源回收流程示意图[92]

4.2　国内资源循环技术应用进展

4.2.1　格林美股份有限公司

格林美股份有限公司(格林美公司)于 2001 年在深圳成立，十多年来已建成覆盖我国广东、湖北、江西、河南、天津、江苏、山西、内蒙古、浙江、湖南、福建十一省与直辖市的十六大循环产业园，是国内从事废旧电池及电子废弃物回收的龙头型企业。

格林美公司开发了 Green Eco-Manufacture 工艺，该工艺结合火法和湿法冶金方法，从电子废弃物中分离回收铜、铝、金等有价金属，工艺流程如图 19 所示。针对电子废弃物分布广泛、形成规律不明确、回收网络不健全、回收过程效率低等问题，构建了典型城市矿产大数据系统，创建了"互联网+分类回收"运营模式，开发了物联网全程可追溯信息化平台。针对废旧家电拆解自动化程度低、处理环境差、塑料资源化率低等问题，研发了废旧家电自动化立体式拆解系统，开发了电子废弃物控制性破碎与智能识别分选系统，发明了电子废弃物中非金属物料直接生产塑木型材新技术；针对电子废弃物处理过程各阶段产生的不同类型和纯度的金属物料，发明了电子废弃物金属分拆件短流程再造高品质合金新技术、低温热解高效清洁处理废旧电路板技术，开发了含铜混杂物料高效精炼新技术，发明了控电位氧化-配合浸出−协同萃取分离贵金属新工艺；Green Eco-Manufacture 工艺已成功应用于旗下各循环产业园区，年回收处理废弃物资源总量 400 万 t 以上，回收铜、镍、钴、铝、金、银、铂、钯等二十多种金属，实现了城市矿产二次资源中有价金属综合回收和全组元的高值化利用。

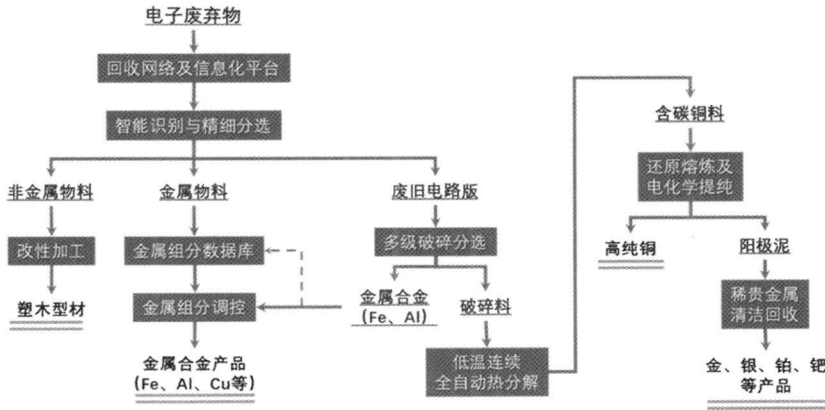

图 19 格林美公司电子废弃物回收流程图

4.2.2 中国节能环保集团有限公司 (中节能公司)

中节能公司成立于 2010 年，是一家以节能环保为主的集团公司，旗下拥有 500 余家下属企业，业务分布在国内各省市及境外约 110 个国家和地区，旗下中节能汕头再生资源技术有限公司是国内火法处理废旧电路板典型企业。

中节能公司开发了熔池熔炼处理废旧电路板新工艺，该工艺采用富氧顶吹熔池熔炼法从废弃线路板中分离回收铜、金、银等有价金属，工艺流程如图 20 所示。该工艺将经拆解破碎预处理后的废旧电路板搭配造渣剂一同加入顶吹熔池熔炼炉中，补充适量焦炭同时利用废旧电路板的自身燃烧热控制熔池温度在 1000 ~ 1300℃。原料中有价金属以粗铜合金形式回收，余热由余热锅炉吸收循环利用，废烟气经二次燃烧处理后二噁英等有毒有害气体含量显著降

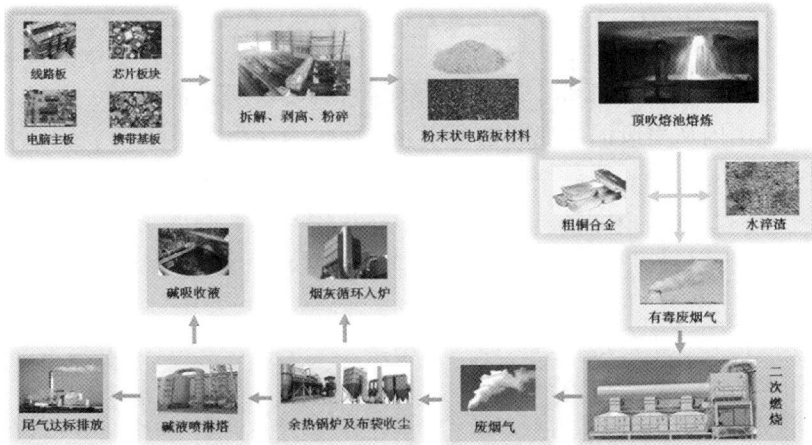

图 20 中节能公司废旧电路板火法回收工艺示意图

低,尾气经布袋收尘和碱液吸收后达标排放。该工艺产出粗铜合金含 Cu 85%～95%、Au 30～200 g/t、Ag 300～3000 g/t、Pd 5～38 g/t,主金属的回收率为95%,尾气中二噁英含量低于 0.1 ng/m³。熔池熔炼处理废旧电路板新工艺已成功应用于汕头子公司,年处理废旧电路板量达 1 万 t。

4.2.3 桑德集团有限公司

桑德集团始建于 1993 年,是生态型环境与新能源综合服务商,在环境及新能源产业中处于国际领先地位。旗下湖南鸿捷新材料有限公司一直致力于废旧电池等有色金属废料回收与循环再造及再生资源综合利用,在锂电池资源循环领域有重要影响。

桑德集团开发了 Sander 工艺,该工艺将物理分选与化学提取相结合从废旧电池中分步回收锂、钴等有价金属[97],工艺流程如图 21 所示。废旧电池经放电、拆解、剥离预处理后得到粉末状电池正极材料,用醋酸等 pH 在 4 至 6 之间弱酸浸出后固液分离得到含钴渣和含锂溶液;利用 pH 低于 1.0 的硫酸、硝酸等强酸浸出含钴渣后固液分离得到酸浸渣和含钴溶液。含锂溶液和含钴溶液加入适量碳酸钠,水浴加热至60℃以上分别得到碳酸钴和碳酸锂。该工艺通过控制浸出体系 pH,实现了废旧锂电池中锂和钴的梯级回收,得到的碳酸钴和碳酸锂纯度高,锂和钴回收率分别高

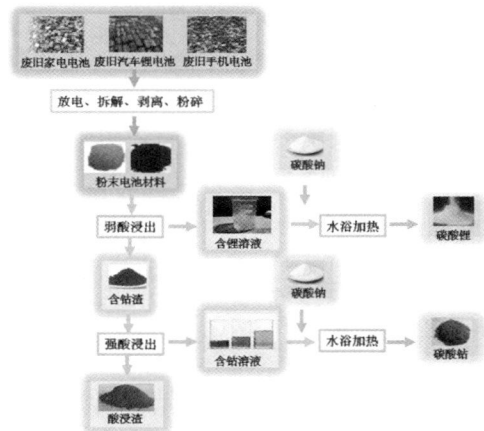

图 21 桑德集团废旧锂电池回收示意图

于同行水平 10% 和 2% 以上。Sander 工艺已成功应用于湖南鸿捷新材料有限公司,具有年处理 10 万 t 废旧电池的能力。

4.2.4 湖南金源新材料股份有限公司

湖南金源新材料股份有限公司成立于 2003 年,是专业从事钴废料及废旧锂电池综合回收处理并生产高端电池材料的高新技术企业。金源公司致力于废旧锂离子电池资源化清洁利用技术研究,实现了废旧锂离子电池资源的高值化与精细化再生。

湖南金源新材料股份有限公司开发了湿法回收废旧锂电池工艺,该工艺通过控制湿法浸出除杂后硫酸盐反萃液浓度值,利用硫酸盐的溶解度差异,结晶出硫酸盐产品,工艺流程如图 22 所示[98]。废旧电池浸出除杂得到的滤液经有机溶剂萃取和硫酸反萃后,硫酸盐浓度增加至 180～200 g/L。该条件下硫酸盐溶液继续升温至 100℃,通过蒸发结晶和离心过滤可得到镍、钴、锰硫酸盐产品。该方法生产所得硫酸盐纯度高、质量好、适用性强、成本低,达到电池级要求,有效提升了生产过程母液回收利用率,降低了生产成本,提高了企业生产效益。

4.2.5 邦普循环有限公司(邦普公司)

邦普公司创立于 2005 年,集团总部位于广东佛山,是一家专业从事再生资源高新科技企业,集团在湖南长沙设有全国最大的废旧电池循环基地,是全球专业的废旧电池及报废汽车资源化回收处理和高端电池材料生产企业。

邦普公司开发了 Bomp 工艺,该工艺将高温热解与湿法浸出相结合从废旧电池中分步回收镍、钴、锰氢氧化物,工艺流程如图 23 所示。该工艺通过拆解剥离废旧电池回收金属外壳,电池主体经高温热解处理去除有机溶剂,热解过程产生的有毒烟气经旋风除尘、碱液喷淋吸收工艺处理后达标排放。热解后电池主体经破碎和机械分选后,分离出塑料外壳、正极、负极和隔膜等材料。正极材料酸浸液经 P204、P507 萃取铜、铁、铝后得到纯度较高的镍、钴、锰萃余液,萃余液通入适宜浓度的氨水碱化沉淀后生成镍、钴、锰氢氧化物,镍、钴、锰氢氧化物可作为原料供应到三元材料前驱体的制备当中,继续添加碳酸锂经烧结处理后可制备三元材料。Bomp 工艺已成功应用于旗下长沙废旧电池回收基地,年处理废旧电池数量达 2.4 亿只。

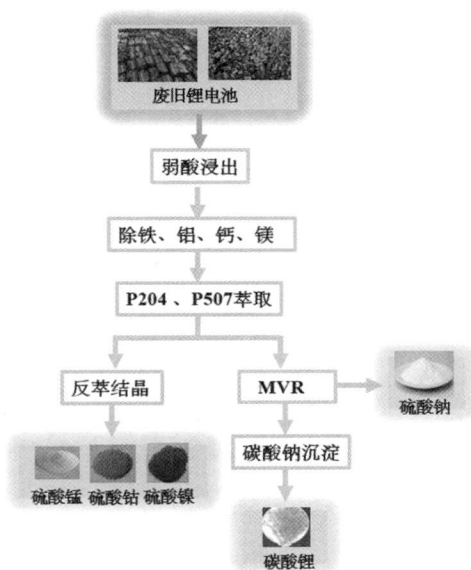

图 22　金源公司废旧电池制备硫酸镍、锰、锂、钴产品工艺流程图[22]

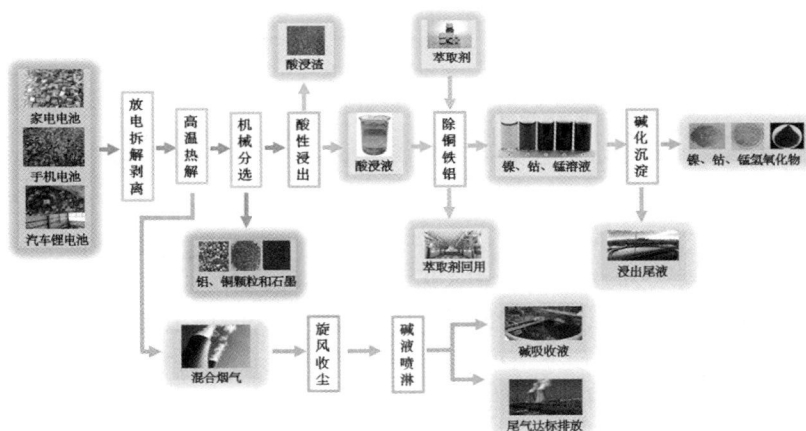

图 23　邦普公司废旧电池回收工艺流程图

4.3　国内外典型循环企业技术对比

近年来,在国家科技创新及产业发展政策支持下,国内有色金属二次资源综合回收利用技术不断创新,产业快速发展,形成了有重要影响力的资源循环战略性新兴产业。格林美公司开发了 Green Eco-Manufacture 新工艺,有效解决了电子废弃物回收过程中拆解自动化程度低、处理环境差、资源化利用率低、回收效率低等问题,处于国内领先水平。国外在回收废旧电池、电子废弃物等复杂二次资源过程中火法冶炼工艺应用较多,以优美科公司最为典型,该公司 Val'Eas 工艺技术[90-91]具有主金属回收率高、能耗低、流程短、炉渣清洁无污染等优点,目前处于国际领先水平。国内外典型循环企业各技术指标对比如表 2 所示。

表 2　典型循环企业各技术指标对比

Company/Technique	Materials	Recovery technology	Flow	Energy consumption	Pollutant	Recovery rate/%	Annual handling capacity/kt
Val'Eas	Lithium battery	High temperature oxygen enrichment smelting	Brief	Low	Sulfur fumes	>92	7
Toxco	Lithium battery	Liquid nitrogen cooling/water immersion	Brief	Low	Waste residue and liquid waste	>70	5
Dowa	Electronic waste	High temperature oxygen enrichment melting/acid leaching	Long	High	Dioxin exhaust	>90	50
Xstrata-Noranda	Electronic waste	High temperature oxygen enrichment smelting	Brief	High	Dioxin exhaust	>88	100
Boliden-Kaldo	Electronic waste	High temperature oxygen enrichment smelting	Brief	High	Fluorinated tail gas	>92	12
Green Eco-Manufacture	Waste resources	Low temperature pyrolysis and reduction melting	Brief	Low	Dioxin exhaust	>90	4000
Zhongjie neng	Circuit board	Oxygen enriched air top blowing bath smelting	Brief	High	Sour gas	>95	10
Sander	Battery	Acid leaching and sodium carbonate precipitation	Long	Low	Waste residue and liquid waste	>80	100
Jinyuan	Lithium battery	Acid extraction and crystallization concentration	Long	Low	Waste residue and liquid waste	—	100
Bomp	Battery	High temperature pyrolysis and ammonia alkalization	Long	Low	Waste residue and liquid waste	—	24①

注：①单位：亿个。

　　国外复杂二次资源综合回收技术较国内更为先进和完善，与国外复杂二次资源回收利用技术相比[99-100]，我国仍存在一定差距，需尽快建立健全相关法律法规，在技术层面做出明确要求和规范，同时加大国内技术研发力度，开发普适性的自动化拆解破碎成套装备与分选技术、有价金属分离富集技术、有机电解质无害化处理技术、锂高效回收技术和介质循环利用技术等，提高废旧电池、电子废弃物等复杂二次资源回收利用率的同时，解决回收过程中产生的三废问题，朝着高效清洁的新型绿色循环产业方向发展。

5　中南大学资源循环研究院相关研究工作

5.1　中南大学资源循环研究院简介

　　中南大学资源循环研究院是集有色金属资源循环人才培养、科学研究、社会服务于一体的综合性研究机构，是我国最早成立的围绕有色金属资源循环利用开展系统研究的专门性科研机构之一。研究院前身是以郭学益教授为学术带头人的中南大学资源循环与环境材料研究室，于2003年成立。经逐步发展壮大，2010年成立中南大学资源循环与环境材料研究中心，

2014 年，组建成立中南大学资源循环研究院。

　　研究院依托中南大学有色金属冶金国家重点学科和冶金工程国家"世界一流"建设重点学科，设有有色金属资源循环、清洁冶金、资源循环过程强化、新能源材料及材料循环再造等研究方向。建有有色金属资源循环利用国家地方联合工程研究中心、有色金属资源循环利用湖南省重点实验室、中国有色金属工业清洁冶金工程研究中心等 8 个国家和省部级科研平台。

5.2　中南大学资源循环研究院创新研究工作

　　近年来，中南大学资源循环研究院针对有色金属冶金过程面临的"资源–能源–环境"约束问题，重点以电子废弃物、废旧铅酸蓄电池、冶金废渣为对象，针对废弃物循环利用、冶金废渣高效清洁处理、高温熔炼过程强化、先进材料循环再造等方向的基础理论及技术工艺难题开展了深入的系统研究，初步建立了典型有色金属资源循环利用理论与方法体系框架。主要研究方向与内容如图 24 所示。

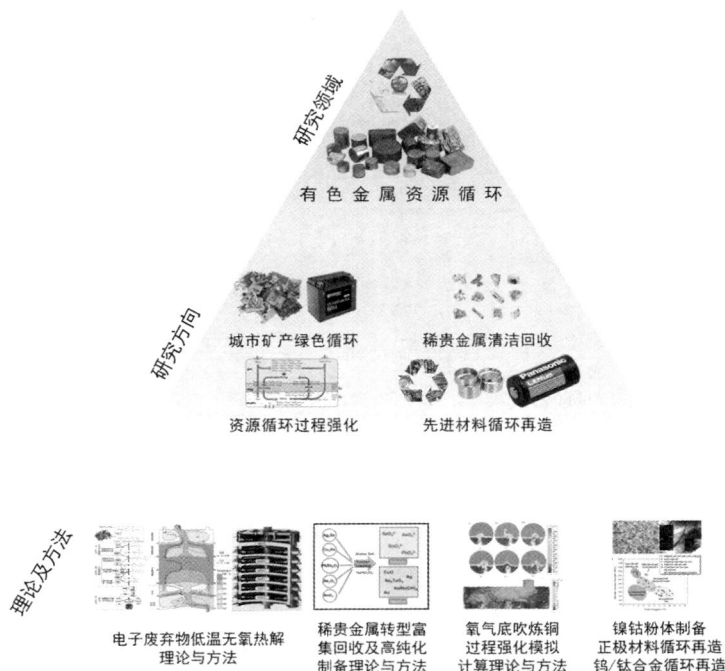

图 24　中南大学资源循环研究院主要研究工作

5.2.1　"城市矿产"绿色循环

　　电子废弃物与废旧铅酸蓄电池是广泛蓄积在社会系统中"城市矿产"资源，是一类典型的电子废弃物。在其循环利用过程中面临形成规律不明确、回收效率低、能耗高、存在二次污染等难题。

　　电子废弃物形成规律及资源特征[45-46, 101-108]。针对上述难题，首先采用 Logistic 模型，定量化分析了我国典型电子电器产品产生量、保有量、报废量及社会蓄积量，预测了典型电子废弃物循环利用形式及数量。采用改进了群体平衡模型，明确了典型电子废弃物形成规律，并阐明了铜、铅、锌、镍、钴等典型有色金属物质流向及资源特征。采用基于空间拓扑与度量关系模型，定量化评估了我国典型电子废弃物时空分布特征、演化趋势。综合上述研究，构建了适应我国典型电子废弃物资源特征的量化评价体系，可以有效指导构建适用于我国的电子废弃物采集回收网络系统，对实现电子废弃物的集中处置具有重要参考价值(见图25)。

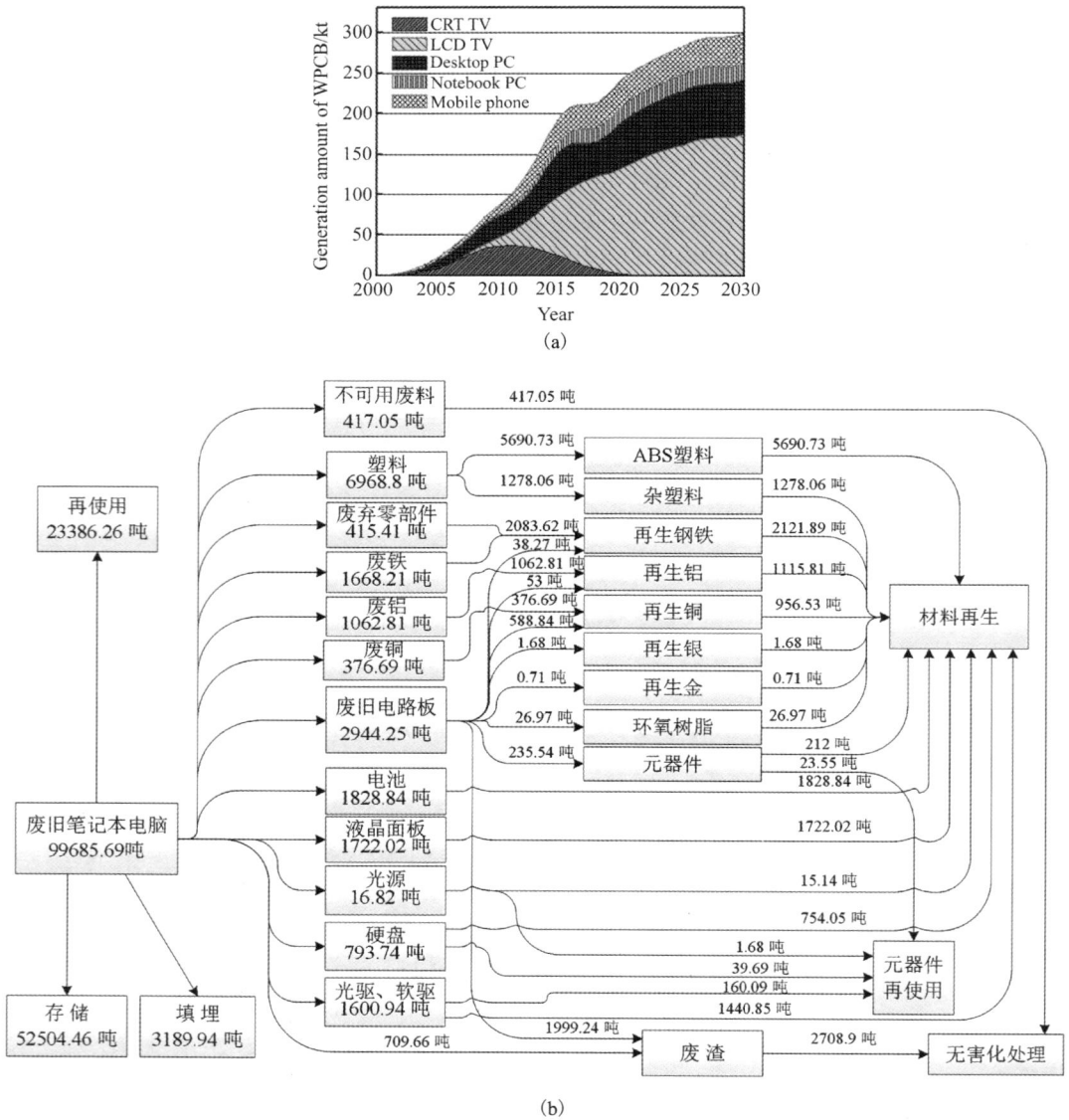

(a)

(b)

图 25　(a)电子电器产品中的废旧线路板产生量；(b)我国废旧电脑物质流向及流量

废旧电路板清洁处理理论与方法。废旧电路板中组元深度混杂，在处理过程中极易产生有机污染物，难以清洁处理。针对废旧电路板的资源特点与特征，发明了低温无氧热解预处理方法，抑制了废旧电路板中有机污染物的产生。通过研究废旧电路板低温无氧热解过程机理，明确了废旧电路板中有机组元在低温无氧热解过程中(300~600℃)历经小分子脱除、主链裂解和碳化 3 个阶段。在小分子脱除阶段，废旧电路板中的有机组元中全部—OH 和

—O—键受热断裂生成水，活泼侧基消除，生成小分子物质，有机组元的主链结构发生显著改变；在主链裂解阶段，烷基取代后，主链裂解，生成卤代烷烃(烷基溴)，卤代烷烃中的醚键进一步断裂生成溴代苯酚，溴代苯酚进一步分解生成溴化氢和苯酚；在碳化阶段，溴代苯酚和溴代脂肪族产物发生二次裂解，生成热解碳，附着在含铜物料上。在理论研究的基础上，进一步开发了低温连续化热解方法[109-116]。通过优化进料轨迹，控制热解气氛、路径区域温度及阶段反应时间，实现了热解过程的精确控制。经低温无氧热解处理后，废弃电路板整体减量 30% 以上。热解产物中铜含量超过 30%，产生的小分子有机气体量少，过程清洁。

针对废旧电路板多金属富集粉末中两性金属含量高，难以分离等问题，开发了 NaOH-Air-NaNO$_3$ 碱性氧化熔炼处理体系。该体系以 NaOH 为反应介质，NaNO$_3$ 为氧化剂，并鼓入空气。在 O$_2$ 作用下，NaNO$_3$ 分解产生的 NaNO$_2$ 再次转化为 NaNO$_3$，同时气流对熔体强烈的搅拌作用使得活性氧和碱与金属间的接触碰撞更加充分，大幅度降低了 NaNO$_3$ 消耗量。O$_2$ 通过 NaNO$_3$、NaNO$_2$、各类活性氧转化过程中的 O 原子传递对原料中金属进行氧化。应用分形模型(Fractal Model)对 NaOH-Air-NaNO$_3$ 体系熔炼产物水浸出过程反应动力学进行研究，确定了 Pb 和 Sn 浸出过程表观活化能分别为 E_{Pb} = 15.15 kJ/mol 和 E_{Sn} = 24.31 kJ/mol，浸出过程速率方程分别为 K_{Pb} = 4.25×10$^{-1.82×10^3/T}$ 和 K_{Sn} = 175.94×10$^{-2.92×10^3/T}$。通过以上研究，明确了碱性熔炼介质耦合作用机理与两性金属转化机制，形成了碱性熔炼梯级回收废电路板有价金属的理论与方法，实现了废旧电路板中有价金属的高效分离回收(见图 26)。

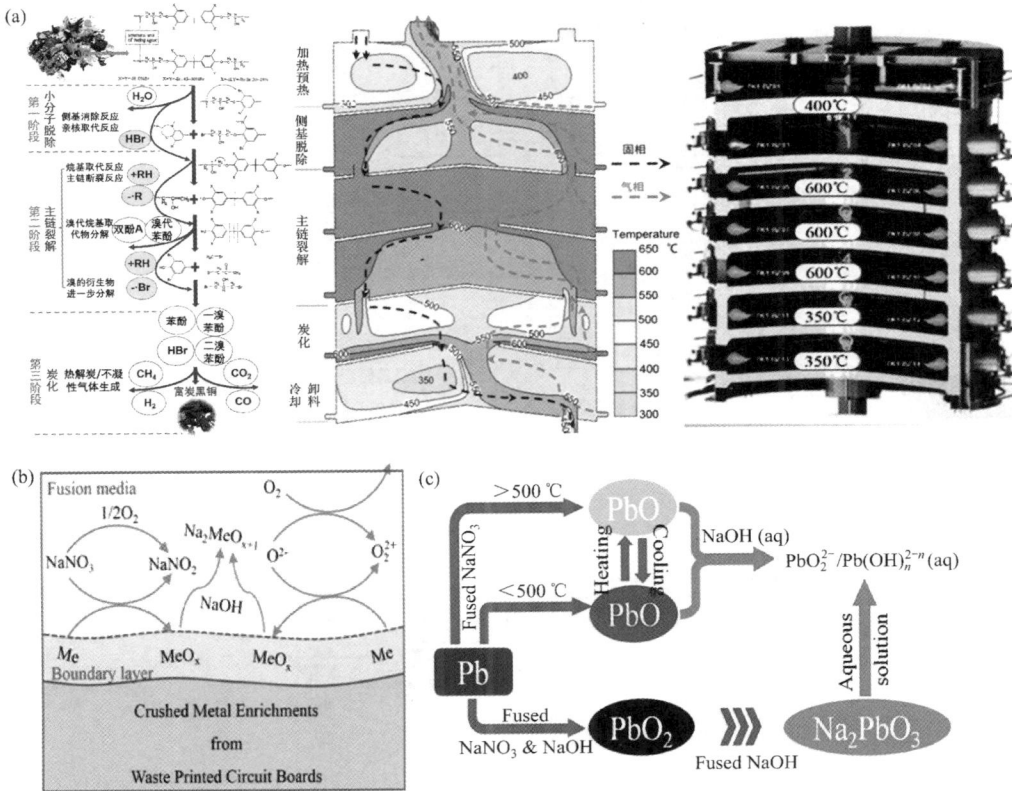

图 26　(a)低温无氧热解预处理机制及热解装置；(b)两性金属熔炼转化机理；(c)有价金属浸出分离机制

创新技术在荆门格林美股份有限公司实施应用，近三年累计生产各类产品近 50 万 t，烟气中二噁英含量仅为 0.012 TEQ/m³，显著低于国家标准（小于 0.5 TEQ/m³）和欧盟标准（小于 0.1 TEQ/m³）。

铅二次资源与原生资源搭配处理清洁冶金方法。废旧铅酸蓄电池是一类污染大、难以清洁处理的典型"城市矿产"。开发了废旧铅酸蓄电池铅膏、含铅废渣与硫化铅精矿混合搭配熔炼的方法，实现了对废旧铅酸蓄电池的清洁回收，如图 27 所示[116-120]。研究过程中，阐明铅二次资源与原生铅精矿协同熔炼交互作用机制，建立了原料搭配结构与熔炼效果间的"构效关系"。利用铅精矿中金属硫化物氧化发热来维持底吹炉内熔炼反应进行，通过控制混合矿含硫实现了炉内热平衡，铅膏的配入比例达到 40%，铅回收率达 97.5%，渣含硫小于 0.5%。烟气中 SO₂ 浓度稳定在 10% 左右，满足双转双吸制酸要求，可充分回收 SO₂，硫的综合回收

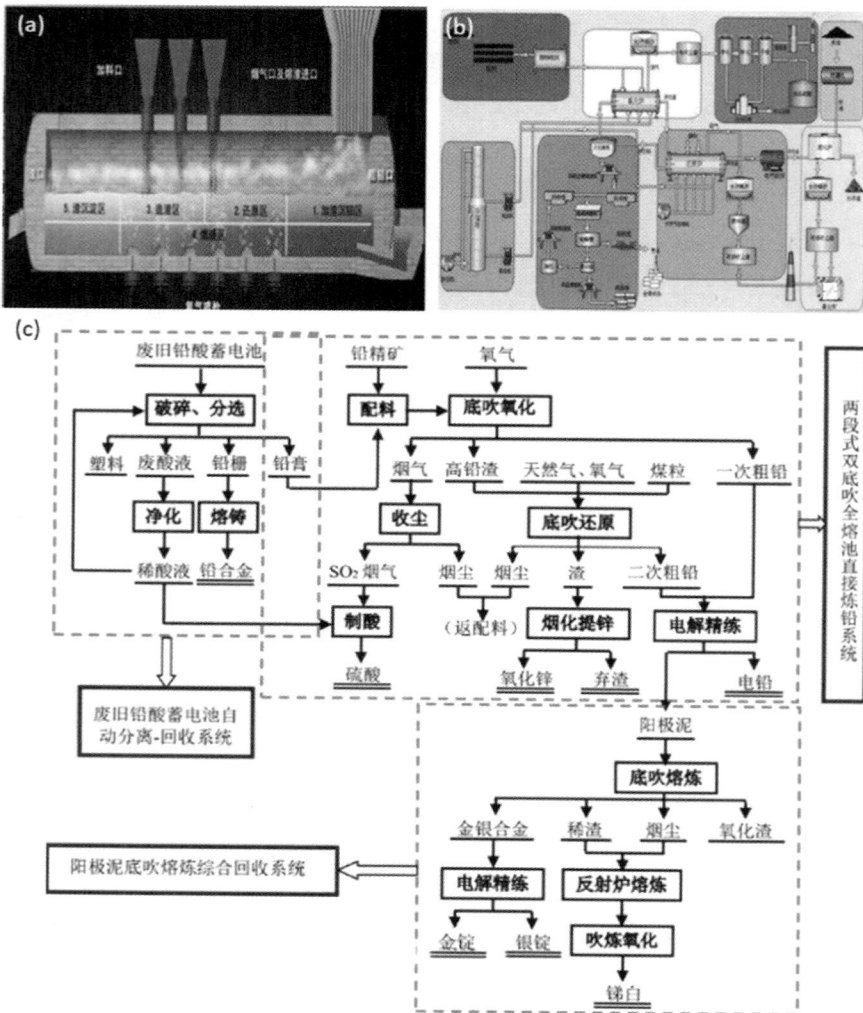

图 27　（a）协同熔炼交互作用机理；（b）铅二次物料-原生矿物协同冶炼装置体系示意图；
（c）铅二次物料-原生矿物搭配处理工艺流程图[117-120]

率高于 96.8%，排放烟气含尘小于 120 mg/m³。将铅膏配入原生铅精矿进行氧气底吹熔炼，高温脱硫，优化了原料结构，提高了铅二次资源的回收利用率，为二次含铅物料的清洁、高效综合利用提供了有效途径。相关技术在豫光金铅实施应用，建成年处理含铅二次资源 54 万 t、年产再生铅 20 万 t 生产线。

5.2.2　稀贵金属清洁回收

含稀贵金属的中间物料和冶金废渣是一类重要的有色金属二次资源。由于经过传统冶金工艺的处理，这些物料成分复杂、元素分散、结构稳定，导致稀贵金属的分离回收困难。

稀贵金属二次资源碱法转型富集机理[121-130]。开发了低温碱性熔炼富集分离新方法，该方法通过碱法预处理对原料进行晶型重构，实现了稀贵金属二次资源中有价金属转型富集和高效浸出。研究了低温碱性熔炼过程热力学及熔体物理化学性质，测定了熔炼过程 Na_2PbO_2、Na_2SnO_3、$NaSbO_3$、Na_2TeO_3 等物质的生成自由能，测定了 Na_3AsO_4、Na_2SeO_4、Na_2TeO_4 等物质在碱性溶液中的溶解度，探讨了 $NaNO_3$ 在熔炼过程中的氧化分解行为。研究了两性金属 Pb、Sn、Sb、Te、Se、As 及其他金属 Cu、Bi、Ni、Fe、Au、Ag、Pt 在低温碱性熔炼过程中的元素行为，阐明了各有价组分在 NaOH、NaOH−NaNO₃、NaOH−Na₂CO₃ 等一元或多元体系中的演变规律和耦合作用机理，如图 28(a) 所示。

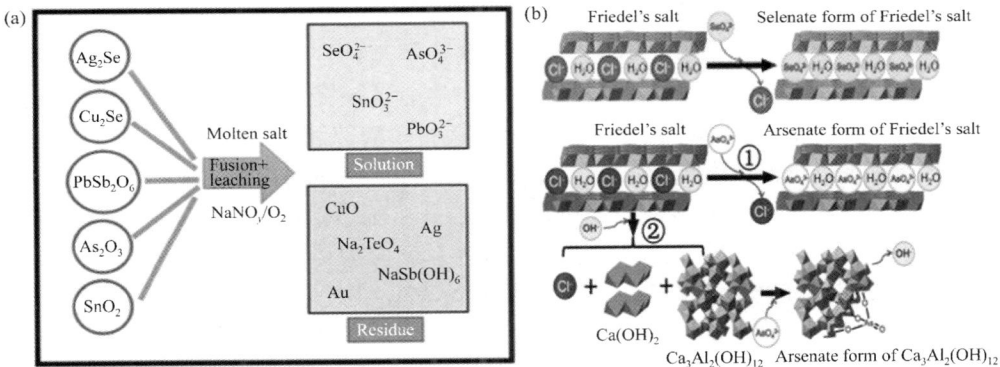

图 28　(a) 有价金属转型富集示意图；(b) 硒、砷吸附分离机理示意图

稀散金属高效分离及高纯化制备[131-136]。低温碱性熔炼浸出过程产生高碱度的含硒溶液，硒的有效分离和碱的回用成为难题。开发了吸附分离碱性溶液中硒的新方法，制备了多种层状双金属氢氧化物(LDHs)吸附剂，重点研究了 LDHs 对硒的吸附机理，揭示了吸附剂组成结构与硒吸附容量的"构效关系"，通过设计与优化合成，获得了高吸附容量、高交换速率、结构稳定的 LDHs 吸附剂，如图 28(b) 所示。其中，Ca−Al−Cl 型吸附剂对高碱度溶液中 Se(Ⅵ) 的吸附容量可达 188.6 mg/g，Se(Ⅵ) 浓度可从 2.0 g/L 降低至 0.1 g/L。开发了控电位还原硒的方法，研究了电化学还原硒的反应机理，确定了硒的还原转化历程，实现了溶液中微量硒的高效选择性分离，溶液中硒最低浓度可降至 $0.5×10^{-6}$。针对含碲多金属物料，研究了碲还原过程反应机理，提出了硫化转型-定向还原回收碲的方法，实现了碲短流程分离回收。在 Na_2S 浸出−Na_2SO_3 还原体系中，碲浸出率达 97.46%，碲还原率达 98.84%，还原产物为单质碲。在高纯稀散金属制备方面，基于杂质赋存机理及物理化学性质差异，提出了稀散金属梯级深度除杂方法，设计了化学分离–物理提纯的组合型除杂工艺方法及技术路线；开发了多段连续真空精馏炉、还原气氛涡流区域熔炼系统和静态分布定向结晶系统等高纯化专用装置，实现了 5~7 N 硒、碲、镓、铟、锗等高纯稀散金属规模化制备。

化学改性生物吸附剂处理多金属废水[137-146]。湿法冶金过程不可避免的产生大量含重金属的废水。为降低稀贵金属二次资源回收过程中的二次污染，开发了化学改性生物吸附处理多金属废水新方法，阐述了生物吸附剂化学改性与水溶液中金属离子吸附的作用机制。基于配位化学、分子结构理论和吸附理论，通过皂化交联、接枝共聚、巯基配合改性和黄原酸化等改性手段在果胶、纤维素等高分子上引入羧基（—COOH）、巯基（—SH）或金属离子等，制备了具有高吸附容量的选择性生物吸附剂，用于吸附处理废水中的重金属。相比原始生物原料，化学改性后的生物吸附剂使铜、镉、铅、锌、镍等重金属离子的吸附容量提高为之前的 6~21 倍。生物吸附技术的应用，实现了稀贵金属废水的高效清洁处理。

整体技术在大冶有色集团、广东先导稀材、鑫裕环保等企业实施应用，建立了稀贵金属高效分离及高纯化制备示范工程。

5.2.3　资源循环过程强化

以复杂原生资源及二次资源为对象，进行高温冶金过程多相平衡热力学与多尺度强化传质传热反应工程学研究，实现了有色金属资源循环过程强化。

富氧强化高温冶金理论与方法[147-157]。针对高温熔炼过程多组元造锍造渣、富氧熔炼多相平衡、相场协同耦合等行为规律不明，氧气底吹炼铜基础理论体系不完善问题，构建了富氧强化熔炼机理模型，明晰了底吹炉内横向、纵向功能区域多组元界面传质行为和氧势、硫势梯度变化规律，如图 29 所示；开展了多组元造锍行为规律和造渣行为规律研究，构建了铜锍组元、炉渣组元映射关系模型；分析了铜高温熔炼过程杂质元素热力学行为，构建了多相平衡热力学模型，形成了富氧熔炼多相平衡理论；分析了熔池内部气泡形状、生长频率、直径以及变形、融合、破裂等过程，研究了气泡行为对反应炉传热传质的影响，形成了多相多场协同耦合数值模拟理论，建立了富氧强化高温冶金理论与方法。

富氧强化熔炼多相多场耦合强化调控机制[158-162]。针对高温冶金过程相场作用机制不明晰、调控手段缺乏问题，提出了富氧熔炼多尺度相场协同耦合全息仿真方法，形成了以数值模拟可视化为核心的高温冶金过程多相多场耦合强化调控机制。优化了底吹熔炼炉内熔池深度、沉降区长度、各功能区域氧势硫势，提高了炉内造锍造渣反应强度、氧气利用率，同时保持炉内液相较好的流动性，保证了铜锍和炉渣良好分离效果，降低了熔炼渣含铜；优化了喷吹流量、氧枪倾角、氧枪直径、氧枪间距等参数，提高了熔池气含率、熔体平均速度、熔体平均湍动能，强化了富氧底吹熔炼过程，提高了铜协同清洁处理能力（见图 30）。

富氧强化熔炼杂质元素定向分配富集调控机制[163-169]。针对复杂资源富氧熔炼过程伴生杂质元素多相分散问题，基于富氧熔炼多相平衡理论，以及最小吉布斯自由能热力学原理，开发了氧气底吹炼铜模拟软件（SKS simulation software, SKSSIM）。根据实际生产数据，对该软件进行验证和校准；使用校准后的软件，准确模拟了入炉物料成分、氧矿比、富氧浓度、铁硅比等工艺参数变化，对杂质元素在铜锍、粗铜、冶炼渣、烟气等多相间分配比例的影响。研究形成了富氧强化熔炼杂质元素定向分配调控技术，优化了入炉物料成分和操作工艺参数，实现了 Pb、Zn、As、Sb、Bi 等伴生元素定向分配富集，提高了有价金属回收率和富氧底吹物料适应能力（见图 31）。

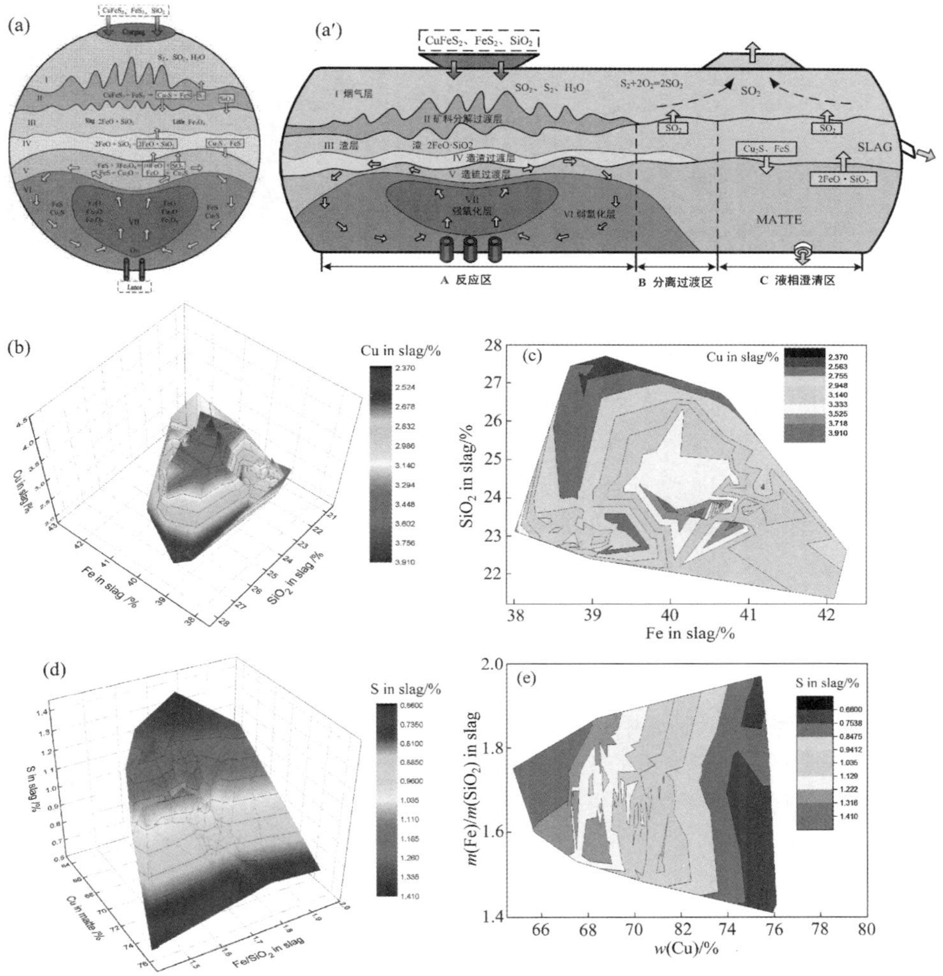

图 29　铜富氧底吹熔池熔炼机理模型[（a），（a'）]以及铜渣多组元复合映射关系[（b），（c），（d），（e）]

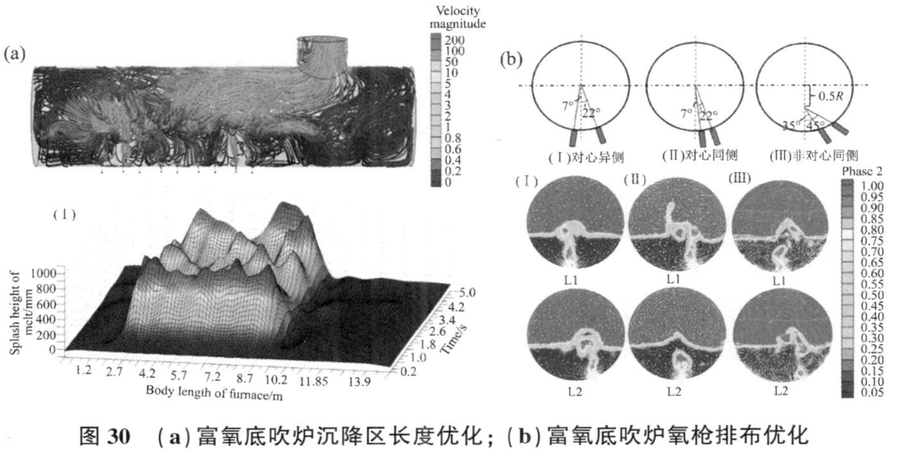

图 30　（a）富氧底吹炉沉降区长度优化；（b）富氧底吹炉氧枪排布优化

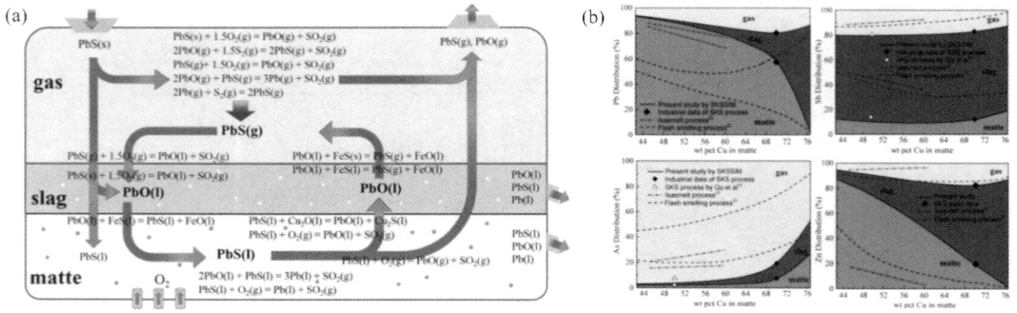

图31　(a)底吹炉中铅元素多相分配规律；(b)杂质元素三相分布与铜锍品位关系

上述研究通过强化物质传递及调控杂质元素等手段，有效提高了富氧底吹炼铜的效率及能源利用率。

5.2.4　材料循环再造

建立了有色金属资源循环与先进材料制备理论与方法，制备了高品质粉体材料、新能源材料、钛粉末合金、梯度结构硬质合金，实现了工程化应用。具体内容如下。

溶液化学制备高品质金属及化合物材料[170-182]。针对冶金初级产品性能及附加值低的问题，采用湿法冶金浸出液经深度除杂后直接制备了高品质、高性能粉体材料。研究了溶液组分行为在材料成核-生长过程中对热力学和动力学的影响，阐明了溶液体系中金属-配体组元结构及演变行为对产物特征的影响机制，建立了组分含量与材料表观性能的映射关系，提出了配体转型-爆发成核-可控生长的纳米颗粒合成路径，开发了适用于过渡金属单质及化合物的通用合成方法，制备了系列高质量金属及其化合物粉体材料，如 MFe_2O_4(M = Fe、Co、Ni、Mn、Zn、Mg 等)、M_xS(M = Cu、Cd、Ag、Zn 等)、Ag、Co、Ni 等(见图32)。

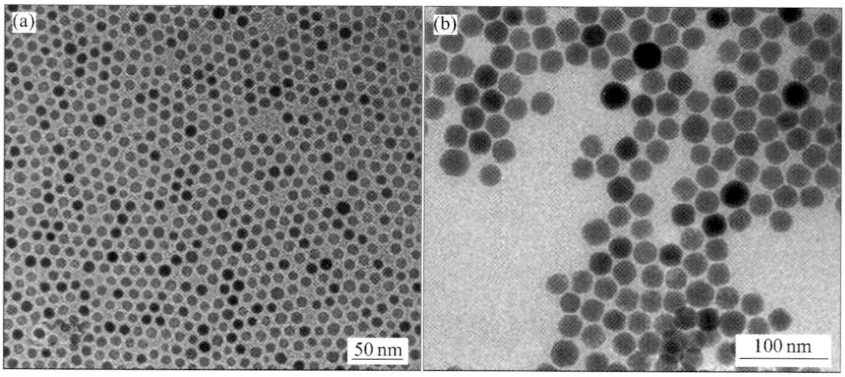

图32　溶液化学法制备的过渡金属粉体材料的 TEM 像

新能源材料循环再造[183-199]。建立了资源循环与新能源材料制备一体化理论与方法，阐明了资源化过程多金属组元定向迁移演变规律，揭示了多金属无污染再生的热力学规律和动力学强化机制，提出了过渡金属多元"交联式"复相理论，构建了"组分-结构-电化学性能"多角度协同作用技术框架，实现了多金属材料的精准设计与有效调控，促进了新能源材料功能化导向制备以及循环增值利用(见图33)。

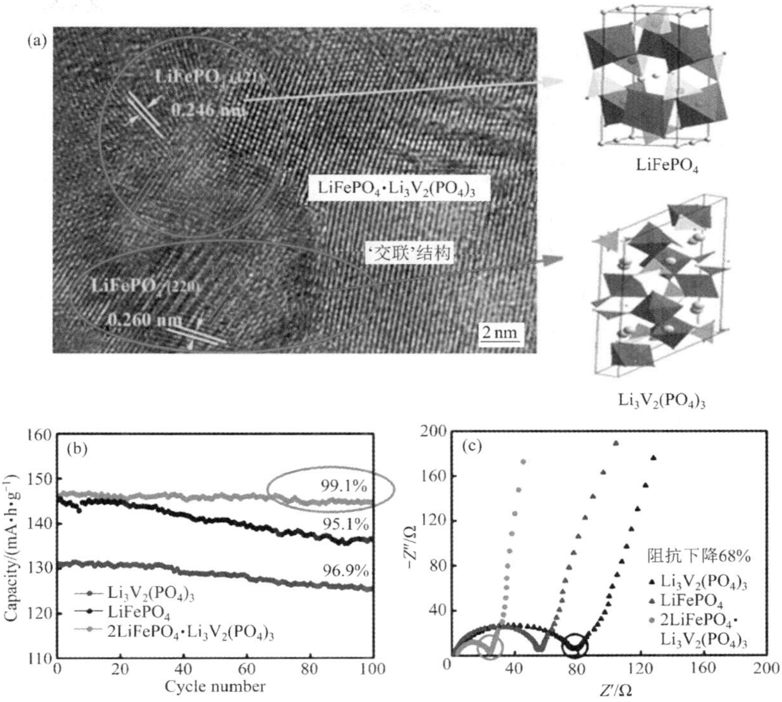

图 33　过渡金属多元"交联式"复相理论

钨基、钛基合金循环再造[200-206]。针对回收利用的碳化钨硬质合金性能较低难题，提出了基于碳、氮扩散的硬质合金梯度结构调控理论与方法，建立了硬质合金梯度结构的演化模型，构建了完整的梯度结构硬质合金材料制备技术框架，实现了高硬度、高韧性的硬质合金产品循环再造。针对钛二次资源制备粉末钛合金高氧和难烧结难题，提出了稀土微合金化新型粉末钛合金成分体系，阐明了稀土元素与基体钛及其他合金元素的交互作用机制（见图 34），构建了基于成分-工艺-结构多环节控制的技术框架，形成了高性能新型粉末钛合金的制备理论与方法。

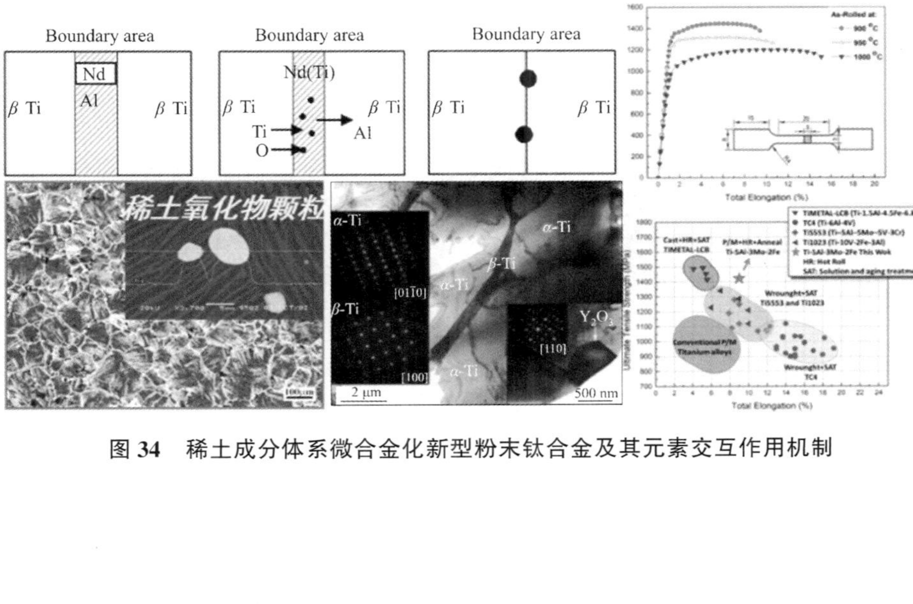

图 34　稀土成分体系微合金化新型粉末钛合金及其元素交互作用机制

6 有色金属资源循环未来展望

6.1 有色金属资源循环的发展前景

有色金属资源循环是循环产业发展的重要方向，为循环经济的重要构成，我国已将资源循环列为国家战略性新兴产业，有色金属资源循环发展前景广阔。

《"十三五"国家战略性新兴产业发展规划》明确指出要深入推进资源循环利用，树立节约集约循环利用的资源观，大力推动共伴生矿和尾矿综合利用、"城市矿产"开发和新品种废弃物回收利用，发展再制造产业，完善资源循环利用基础设施，提高政策保障水平，推动资源循环利用产业发展壮大。

2017年，我国14部委联合印发《循环发展引领行动》（以下简称行动），推动有色金属产业废弃物循环利用，《行动》明确指出要以资源高效和循环利用为核心，大力发展循环经济，加快形成绿色循环低碳产业体系，推动产业废弃物循环利用，促进再生资源回收利用提质升级，并重点实施资源循环利用产业示范基地建设行动、工业资源综合利用产业基地建设行动、资源循环利用技术创新行动等十大专项行动，引领形成绿色生产方式和生活方式，促进经济绿色转型。

发展循环经济是时代的需求，是世界有色金属冶金行业发展的一种大趋势，是相对于粗放的传统有色金属工业生产模式的一种新方式，概括地说就是低消耗、低污染、高产出，它是实现经济效益、社会效益与环境效益相统一的21世纪有色金属工业生产的基本模式。有色金属资源循环是实施可持续发展的必然选择和重要保障，是促进循环产业发展的重要措施，也是防治工业污染的必然选择和最佳模式，可有效促进经济增长方式的转变，提高经济增长的质量和效益。

根据新时代"创新、协调、绿色、开放、共享"的发展要求，对有色金属资源循环开展系统性科学研究，开发资源利用率高、能耗低、环境污染少的有色金属资源循环技术，改造传统有色金属产业，发展有色金属资源循环战略性新兴产业，已成为我国国民经济和社会发展的必然选择和重大需求。

6.2 新要求、新挑战

虽然我国有色金属资源循环利用体系框架基本形成，但新方法和新技术的应用和覆盖面有待扩展，核心关键技术的突破仍需进一步加强。我国有色金属产业对原生矿产的依赖度依然较强，二次资源循环利用比例与发达国家相比仍有相当差距，进一步提高我国资源循环利用率、摆脱对原生矿产资源的依赖度仍然是未来的主要方向。有色行业能源消耗和环境污染虽然得到一定的控制，但节能减排和环境保护的压力依然巨大。因此，新时期有色金属资源循环面临新的要求和挑战。

环保新政实施，环保要求更严格。自2015年新环境保护法实施以来，国家陆续出台多项与环保相关的法律法规，严格的环保要求已成为重要国策。对于有色金属资源循环产业来说，严格的环保要求对资源循环产业具有长期和积极的推动作用，但同时也提出了新的要求。有色金属资源循环是解决环境污染和能源过度消耗的重要途径之一，但由于二次资源和

"城市矿产"本身特征，循环利用过程中非金属组元分解过程、金属组元深度分离及纯化过程不可避免产生二次污染。同时，资源循环过程的二次污染形式相比原生资源冶炼过程的形式更复杂、覆盖面更广。因此，如何在严格的环保要求下实现有色金属资源循环全流程低环境负荷化，甚至是全闭合循环利用是未来面临的主要挑战之一。

资源形式多样化，资源形态更复杂。随着优质原生矿产的逐渐枯竭，低品位复杂原生资源将成为有色金属冶金行业的主要处理对象，而冶金废渣的组元成分、物相结构的复杂程度也将相应大幅提高，冶金废渣等二次资源的处理难度将成幂级提高。而随着新技术新产品的广泛应用，蓄积在社会系统中的"城市矿产"的复杂程度也将逐步升高，产品中有机−无机−金属组元混合深度逐渐由块体材料界面向晶体晶界和单原子水平发展，导致产品循环利用难度显著增加。因此，面对更为复杂的资源形式，如何提出新的有色金属资源循环利用模式是未来面临的主要难题之一。

高性能产品需求量大，产品高性能化导向更强烈。有色金属作为重要的战略性材料物资在国民经济和国防军工等众多领域的需求量大。随着未来材料多功能化和高性能化的发展趋势，对初级原材料的要求也逐步提高。而随着对高性能材料加工过程中的能源消耗以及污染控制要求的严格，从冶金过程直接制备高性能基体材料是未来的发展趋势。但目前有色金属资源循环过程生产的产品仍以传统初级预原材料为主。因此，未来如何提高有色金属资源循环产品的性能及价值，减少下游材料加工过程的能耗和污染，是未来面临的又一挑战。

6.3 未来发展方向

1）现代资源循环清洁体系构建理论与方法

有色金属多元二次物料协同冶炼。针对新型电子废弃物、氰化含金银尾渣、多元二次金属废料等，结合现行的铜、铅、镍等高温冶金过程，研究多相平衡过程组元演变行为规律，研究熔体捕集稀贵金属作用机制，探明有毒有害组元反应过程及抑制措施，建立组元结构与协同冶炼效果"构效关系"，形成多元二次物料协同冶炼理论与方法。

冶金废渣矿相重构组元强化分离。针对铜、镍、钨等有色金属冶金废渣结构稳定、有价组元深度束缚等难题，建立冶金废渣矿相重构过程热力学和分子动力学模型，考察重构过程元素分配行为及调控措施，明确外场、界面特性与矿相强化重构的相互作用规律，建立重构产物高效分离富集方法，形成冶金废渣回收利用新技术原型。

复杂二次资源湿法分离提取。针对多金属复杂二次资源，研究外场强化浸出过程有价金属热力学行为及动力学调控措施，探讨多金属强酸/强碱溶液中有价金属分离富集机制，建立相似元素高效分离新方法；考察碲、铟、锡旋流电解制备过程目标金属及杂质元素行为规律，建立强流场下有价金属电沉积过程机理及调控措施。

2）基于相场协同过程强化理论与方法

相界面传输机制与多尺度数值模拟研究。针对有色金属资源循环复杂多相流动过程，研究微、介尺度下相界面传递行为规律，确定不同化学与物理势场条件下多相间质量、动量与能量传输机制，建立微观相界面传递、反应行为与宏观冶炼效果的映射关系，构建二次资源循环利用过程的多尺度数值模拟方法。

复杂冶炼过程多相多场协同机制研究。围绕典型火法、湿法冶炼过程，研究不同反应需求下反应区各相温度场、速度场、浓度场等分布与反应动力学间的耦合规律，建立多相、多物理场分布与冶炼过程强化的映射模型，确立以强化元素定向分离过程为目标的多相多场协同作用机制与方法。

资源循环利用过程精细调控方法研究。研究典型冶炼过程不同结构参数、操作参数变化对多相、多物理场时空分布的影响机制，探索宏观参数对多尺度条件下冶炼过程多相多场的精细调控效果与规律，以相场协同强化为目标，形成资源循环利用过程的精细调控方法与技术。

3）高性能材料绿色再造理论与方法

失效材料性能识别与修复。针对废旧磷酸铁锂二次电池、失效催化剂等，研究其晶格缺陷及组元缺失与性能的关系，建立失效材料性能衰减及判断标准，探索晶格重构、表面积碳净化和金属晶粒再弥散机理，形成失效材料直接活化再生新方法。

动力电池正极材料绿色再造。针对失效锂离子动力电池，研究高电压、高能量密度镍钴基正极材料循环再造理论与方法，研究多元物料"选择性浸出-组元调配-精确共沉淀"过程行为及调控机制，实现高性能镍钴正极材料绿色再造。

高性能材料短流程循环再造。针对有色金属二次资源，开展溶液化学、高温还原、熔体合成等循环利用过程研究，形成高品质金属及合金粉末短流程制备方法。针对资源深部开采、航空航天等重大需求，开展材料循环利用成分设计和结构优化研究，建立难熔、稀有金属材料基体纯净化新理论，构筑弥散、梯度分布等特殊结构，形成高性能粉末冶金材料循环再造新技术。

参考文献

[1] 郭学益，田庆华. 有色金属资源循环理论与方法[M]. 长沙：中南大学出版社，2008.

[2] Wang M, Feng C. Decomposing the change in energy consumption in China's nonferrous metal industry: An empirical analysis based on the LMDI method[J]. Renewable and Sustainable Energy Reviews, 2018, 82: 2652-2663.

[3] 中国有色金属工业年鉴编辑委员会. 中国有色金属工业年鉴[M]. 北京：中国有色金属工业协会，2000.

[4] 中国有色金属工业年鉴编辑委员会. 中国有色金属工业年鉴[M]. 北京：中国有色金属工业协会，2001.

[5] 中国有色金属工业年鉴编辑委员会. 中国有色金属工业年鉴[M]. 北京：中国有色金属工业协会，2002.

[6] 中国有色金属工业年鉴编辑委员会. 中国有色金属工业年鉴[M]. 北京：中国有色金属工业协会，2003.

[7] 中国有色金属工业年鉴编辑委员会. 中国有色金属工业年鉴[M]. 北京：中国有色金属工业协会，2004.

[8] 中国有色金属工业年鉴编辑委员会. 中国有色金属工业年鉴[M]. 北京：中国有色金属工业协会，2005.

[9] 中国有色金属工业年鉴编辑委员会. 中国有色金属工业年鉴[M]. 北京：中国有色金属工业协会，2006.

[10] 中国有色金属工业年鉴编辑委员会. 中国有色金属工业年鉴[M]. 北京：中国有色金属工业协会，2007.

[11] 中国有色金属工业年鉴编辑委员会. 中国有色金属工业年鉴[M]. 北京：中国有色金属工业协会，2008.

[12] 中国有色金属工业年鉴编辑委员会. 中国有色金属工业年鉴[M]. 北京：中国有色金属工业协会，2009.

[13] 中国有色金属工业年鉴编辑委员会. 中国有色金属工业年鉴[M]. 北京：中国有色金属工业协会，2010.

[14] 中国有色金属工业年鉴编辑委员会. 中国有色金属工业年鉴[M]. 北京：中国有色金属工业协

会，2011.

[15]中国有色金属工业年鉴编辑委员会. 中国有色金属工业年鉴[M]. 北京：中国有色金属工业协会，2012.

[16]中国有色金属工业年鉴编辑委员会. 中国有色金属工业年鉴[M]. 北京：中国有色金属工业协会，2013.

[17]中国有色金属工业年鉴编辑委员会. 中国有色金属工业年鉴[M]. 北京：中国有色金属工业协会，2014.

[18]中国有色金属工业年鉴编辑委员会. 中国有色金属工业年鉴[M]. 北京：中国有色金属工业协会，2015.

[19]中国有色金属工业年鉴编辑委员会. 中国有色金属工业年鉴[M]. 北京：中国有色金属工业协会，2016.

[20]中国有色金属工业年鉴编辑委员会. 中国有色金属工业年鉴[M]. 北京：中国有色金属工业协会，2017.

[21]周京英，孙延绵，付水兴. 中国主要有色金属矿产的供需形势[J]. 地质通报，2009，28（2/3）：171-176.

[22]金属百科[EB/OL]. http://baike.asianmetal.cn/.

[23]殷光胜. 发展循环经济的必然性及其理论基础[J]. 再生资源与循环经济，2010，3(4)：16-19.

[24]舒强. 我国城市矿产发展现状、问题及对策研究[J]. 中国市场，2016(43)：174-176.

[25]刘昌文. 发展循环经济是解决环境污染的根本途径[J]. 环境研究与监测，2008，21(1)：59-60.

[26]邱定蕃，吴义千，符斌，等. 我国有色金属资源循环利用[J]. 有色冶金节能，2005(4)：6-13.

[27]顾亚，王建平，王修，等. 我国铅资源开发现状和可持续发展建议[J]. 资源与产业，2018，20(1)：39-46.

[28]Li Q H, Guo X Y, Xiao S W, Huang K, Zhang D M, et al. Life cycle inventory analysis of CO_2 and SO_2 emission of imperial smelting process for Pb-Zn smelter[J]. Journal of Central South University of Technology, 2003, 10(2)：108-112.

[29]Hellweg S, Canals L M I. Emerging approaches, challenges and opportunities in life cycle assessment[J]. Science, 2014, 344(6188)：1109-1113.

[30]许海川，张春霞. LCA 在钢铁生产中的应用研究[J]. 中国冶金，2007，17(10)：33-36.

[31]刘颖昊，沙高原，黄志甲，彭新. 产品生命周期评价在钢铁行业中的应用和前景[J]. 环境工程，2008，26(1)：81-84.

[32]Ding N, Liu J, Yang J, Yang D. Comparative life cycle assessment of regional electricity supplies in China[J]. Resources, Conservation & Recycling, 2017, 119：47-59.

[33]Joseck F, Wang M, Wu Y. Potential energy and greenhouse gas emission effects of hydrogen production from coke oven gas in U. S. steel mills[J]. International Journal of Hydrogen Energy, 2008, 33(4)：1445-1454.

[34]付子航. 煤制天然气碳排放全生命周期分析及横向比较[J]. 天然气工业，2010，30(9)：100-104.

[35]唐玉婷，马晓茜，廖艳芬，等. 煤制取天然气全生命周期评价分析[J]. 环境工程，2013，31(5)：139-142.

[36]武娟妮，张岳玲，田亚峻，等. 新型煤化工的生命周期碳排放趋势分析[J]. 中国工程科学，2015(9)：69-74.

[37]魏迎春，邓蜀平，蒋云峰. 煤基甲醇和柴油生命周期温室气体排放评价[J]. 煤炭转化，2007(4)：80-85.

[38]Liang X, Wang Z, Zhou Z, Huang Z, Zhou J, Cen K. Up-to-date life cycle assessment and comparison study of clean coal power generation technologies in China[J]. Journal of Cleaner Production, 2013, 39：29-31.

［39］Hong Jinglan, Shi Wenxiao, Wang Yutao. Life cycle assessment of electronic waste treatment［J］. Waste Management, 2015, 38: 357-365.

［40］Li Qihou, Guo Xueyi, Xiao Songwen, Huang Kai, Zhang Duomo. Life cycle inventory analysis of CO_2 and SO_2 emission of imperial smelting process for Pb-Zn smelter［J］. Journal of Central South University of Technology, 2003, 10(2): 108-112.

［41］张玲, 袁增伟, 毕军. 物质流分析方法及其研究进展［J］. 生态学报, 2009, 29(11): 6189-6198.

［42］陆钟武. 钢铁产品生命周期的铁流分析——关于铁排放量源头指标等问题的基础研究［J］. 金属学报, 2002, 38(1): 58-68.

［43］陈伟强, 石磊, 常晶宇, 等. 1991—2007年中国铝物质流分析(Ⅰ): 全生命周期进出口核算及其政策启示［J］. 资源科学, 2009, 31(11): 1887-1897.

［44］陈伟强, 石磊, 钱易. 1991—2007年中国铝物质流分析(Ⅱ): 全生命周期损失估算及其政策启示［J］. 资源科学, 2009, 31(12): 2120-2129.

［45］Guo X Y, Song Y. Substance flow analysis of copper in China［J］. Resources Conservation & Recycling, 2008, 52(6): 874-882.

［46］Song Yu, Guo Xueyi, Zhong Juya, Tian Qinghua. Substance flow analysis of zinc in China［J］. Resources Conservation & Recycling, 2010, 54(3): 171-177.

［47］郭学益, 钟菊芽, 宋瑜, 田庆华. 我国铅物质流分析研究［J］. 北京工业大学学报, 2009, 23(11): 665-673.

［48］段炼, 田庆华, 郭学益. 我国钒资源的生产及应用研究进展［J］. 湖南有色金属, 2006, 22(6): 17-20.

［49］严康, 郭学益, 田庆华, 李栋. 中国锂离子电池系统钴代谢分析［J］. 中南大学学报(自然科学版), 2017, 48(1): 25-30.

［50］郭学益, 严康, 田庆华. 城市矿产大数据应用展望［J］. 有色金属科学与工程, 2016, 7(6): 94-99.

［51］岳强, 陆钟武. 我国铝的社会蓄积量分析［J］. 东北大学学报(自然科学版), 2011, 32(7): 944-947.

［52］梁千. 拓展物流发展空间背景下对电子产品回收物流模式的探究［J］. 电子测试, 2013, (20): 283-284.

［53］李向红. 电子商务商业新模式OTO的研究与分析［J］. 现代管理科学, 2012(8): 119-120.

［54］周永生, 高山. 创新驱动下基于O2O视角的城市矿产"互联网+回收"模式构建研究［J］. 开发研究, 2015, 179(4): 29-32.

［55］李春发, 韩芳旭, 杨琪琪. 基于C2B的WEEE网络平台回收模式及运行机制分析［J］. 科技管理研究, 2015(6): 168-174.

［56］邓旭. "互联网+回收"的新模式将促进传统回收行业转型升级［J］. 资源再生, 2015(4): 64.

［57］刘从虎, 王志国, 费志敏, 唐娟, 陈幼明. 基于ASP网络化汽车废旧零部件绿色回收模式研究［J］. 中国科技论坛, 2012(1): 49-54.

［58］王珠, 李莉, 王岩, 庄铁军. 探索城市再生资源回收利用的新型模式［J］. 再生资源与循环经济, 2011, 4(6): 23-27.

［59］郗永勤, 张大涛. 再生资源"互联网+回收"模式的构建［J］. 科技管理研究, 2018(23): 260-267.

［60］Cui Jirang, Zhang Lifeng. Metallurgical recovery of metals from electronic waste: A review［J］. Journal of Hazardous Materials, 2008, 158(2/3): 228-256.

［61］Wood J, Creedy S, Matusewicz R, Reuter M, et al. Secondary copper processing using Outotec Ausmelt TSL technology［J］. Proceedings of MetPlant, 2011: 460-467.

［62］Anindya A, Swinbourne D R, Reuter M A, Matusewicz R W, et al. Distribution of elements between copper and FeO-CaO-SiO slags during pyrometallurgical processing of WEEE［J］. 2013.

［63］Nakajima Kenichi, Takeda Osamu, Miki Takahiro, Matsubae Kazuyo, Nagasaka Tetsuya, et al.

Thermodynamic analysis for the controllability of elements in the recycling process of metals[J]. Environmental Science & Technology, 2011, 45(11): 4929−4936.

[64]唐谟堂, 唐朝波, 陈永明. 一种很有前途的低碳清洁冶金方法——重金属低温熔盐冶金[J]. 中国有色冶金, 2010, 39(4): 49−53.

[65]刘旸, 刘静欣, 秦红. NaOH−NaNO₃−Air 体系低温碱性熔炼处理废弃电路板多金属粉末[J]. 中南大学学报(自然科学版), 2015(8): 2804−2811.

[66]Liu Jingxin, Guo Xueyi. Conversion and distribution of lead and tin in NaOH−NaNO₃ fusion process[J]. Metallurgical and Materials Transactions B, 2017, 48(2): 819−826.

[67]胡宇杰, 唐朝波, 唐谟堂, 杨建广, 陈永明, 杨声海, 何静. 一种再生铅低温清洁冶金的绿色工艺[J]. 有色金属(冶炼部分), 2013(8): 1−4.

[68]Atkinson G B, Nicks L J. Leaching aluminum− superalloy melts with hydrochloric and sulfuric acids[J]. Conservation & Recycling, 1986, 9(2): 197−209.

[69]胡宇杰, 孙培梅, 李洪桂, 陈爱良. 废硬质合金的回收再生方法及研究进展[J]. 稀有金属与硬质合金, 2004, 3: 53−57.

[70]Wu, Ling Z. Sulfide minerals bio-oxidation of a low−grade refractory gold ore[J]. Materials Science Forum, 2018, 921: 157−167.

[71]汪家鼎, 陈家镛. 溶剂萃取手册[M]. 北京: 化学工业出版社, 2001.

[72]Zhang Lingen, Xu Zhenming. A review of current progress of recycling technologies for metals from waste electrical and electronic equipment[J]. Journal of Cleaner Production, 2016, 127: 19−36.

[73]Tan K L, Hameed B H. Insight into the adsorption kinetics models for the removal of contaminants from aqueous solutions[J]. Journal of Taiwan Institute Chemical Engineers, 2017, 74: 25−48.

[74]Feng N C, Fan W, Zhu M L, Guo X Y. Adsorption of Cd^{2+} in aqueous solutions using $KMnO_4$−modified activated carbon derived from Astragalus residue[J]. Transactions of Nonferrous Metals Society of China, 2018, 28(4): 794−801.

[75]Tian Q H, Wang X Y, Mao F F, Guo X Y. Absorption performance of DMSA modified $Fe_3O_4@SiO_2$ core/shell magnetic nanocomposite for Pb^{2+} removal[J]. Journal of Central South University, 2018, 25(4): 709−718.

[76]Feng N C, Guo X Y. Characterization of adsorptive capacity and mechanisms on adsorption of copper, lead and zinc by modified orange peel[J]. Transactions of Nonferrous Metals Society of China, 2012, 22(5): 1224−1231.

[77]Tong Q Y, Tang J D, Liu F, Cheng C T. Preparation of graphene oxide modified rice husk for Cr(Ⅵ)removal[J]. Journal of Nanoscience and Nanotechnology, 2019, 19(11): 7035−7043.

[78]Fan L, Zhou A L, Zhong L R, Zhang Z, Liu Y. Selective and effective adsorption of Hg(Ⅱ)from aqueous solution over wide pH range by thiol functionalized magnetic carbon nanotubes[J]. Chemosphere, 2019, 226: 405−412.

[79]Kumar R, Sharma R K, Singh A P. Grafting of cellulose with N−isopropylacrylamide and glycidyl methacrylate for efficient removal of Ni(Ⅱ), Cu(Ⅱ) and Pd(Ⅱ) ions from aqueous solution[J]. Separation and Purification Technology, 2019, 219: 249−259.

[80]Syed S. Recovery of gold from secondary sources—A review[J]. Hydrometallurgy, 2012, 115/116: 30−51.

[81]Das N, Das D. Recovery of rare earth metals through biosorption: An overview[J]. Journal of Rare Earths, 2013, 31(10): 933−943.

[82]王成彦, 邱定蕃, 张寅生, 江培海. 矿浆电解法处理铋精矿的研究[J]. 有色金属, 1995(3): 55−60.

[83]吴青谚, 张贵清. 从镍电镀污泥回收的硫酸镍溶液的深度净化[J]. 有色金属科学与工程, 2016, 7(5): 26−32.

[84]孙冬. 锂离子电池梯次利用关键技术研究[D]. 上海：上海大学，2016.

[85]郑旭，林知微，郭汾，等. 动力电池梯次利用研究[J]. 电源技术，2019(3)：702-706.

[86]姚江梅，黄裕锋. 基于云服务平台的再制造技术 RTS 系统开发研究[J]. 计算机产品与流通，2019：94-201.

[87]徐滨士，刘世参，史佩京，邢忠，谢建军. 汽车发动机再制造效益分析及对循环经济贡献研究[J]. 中国表面工程，2005，18(1)：1-7.

[88]李明琨，陈民昌，何资帜. BC-MIG 焊在铝/钢异种金属增材制造工艺中的应用[J]. 中国设备工程，2019(5)：151-154.

[89]关桥. 广义增材制造[J]. 机械工程导报，2012(11/12)：11-14.

[90]Lakeman64. 动力电池回收特别急迫，国外的经验能给我们哪些启示[EB/OL]. http://www.360doc.com/content/16/0106/06/22446303_525806061.shtml. 2016-01-06.

[91]Hagelühen C. Recycling of electronic scrap at Umicore precious metals refining[J]. Acta Metallurgica Slovaca, 2006, 12：111-120.

[92]Hagelüken C. Recycling of electronic scrap a tumicore's integrated metals smelter and refinery[J]. World of Metallurgy-Erzmetall, 2006, 59(3)：152-161.

[93]Reuter M A, Hudson C, VAN S A, Heiskanen K, Meskers C, Hagelven C. Metal recycling：Opportunities, limits, infrastructure[J]. A Report of the Working Group on the Global Metal Flows to the International Resource Panel, 2013.

[94]Buekens A, Yang J. Recycling of WEEE plastics：A review[J]. Journal of Material Cycles & Waste Management, 2014, 16(3)：415-434.

[95]Balde C P, Forti V, Gray V, Kuehr R, Stegmann P. The global e-waste monitor 2017：Quantities, flows and resources[Z]. United Nations University, International Telecommunication Union, and International Solid Waste Association, 2017.

[96]Hoang J, Reuter M A, Matusewicz R, Hughes S, Piret N. Top submerged lance direct zinc smelting[J]. Minerals Engineering, 2009, 22(9/10)：742-751.

[97]桑德集团服务领域. 桑德系生态链[EB/OL]. http://www.sound group.com/? service/type/271/id/280.html. 2015-07-15.

[98]Leirnes J S, Lundstrom M S. Method for working-up metal-containing waste products[Z]. Google Patents, 1983.

[99]Theo L. Integrated recycling of non-ferrous metals at Boliden Ltd. Ronnskar smelter：Proceedings of the 1998 IEEE International Symposium on Electronics and the Environment. ISEE-1998 (Cat. No. 98CH36145)[Z]. IEEE, 1998, 42-47.

[100]Chancerel P, Rotter S. Recycling-oriented characterization of small waste electrical and electronic equipment[J]. Waste Management, 2009, 29(8)：2336-2352.

[101]Guo Xueyi, Yan Kang. Estimation of obsolete cellular phones generation：A case study of China[J]. Science of the Total Environment, 2017, 575：321-329.

[102]Xueyi Guo, Songwen Xiao, Xiao Xiao, Qihou Li, Ryoichi Yamamoto. LCA case study for lead and zinc production by an imperial smelting process in China[J]. Int J LCA, 2002, 7(5)：276.

[103]Xiao Xiao, Songwen Xiao, Xueyi Guo, Kelong Huang, Ryoichi Yamamoto. LCA case study of zinc hydro and pyro-metallurgical process in China[J]. The International Journal of Life Cycle Assessment, 2003, 8(3)：151-155.

[104]郭学益，严康，张婧熙，黄国勇，田庆华. 典型电子废弃物中金属资源开采潜力分析[J]. 中国有色金属学报，2018(2)：365-376.

[105]郭学益,张婧熙,严康,田庆华. 中国废旧电脑产生量及其金属存量分析研究[J]. 中国环境科学, 2017(9):3464-3472.

[106]江晓健,刘静欣,严康,郭学益. 中国电子废弃物产生量预测及金属积存量特征分析[J]. 有色金属科学与工程, 2016(5):104-109.

[107]Deng Min, Li Zhilin, Chen Xiaoyong. Extended hausdorff distance for spatial objects in GIS[J]. Int J Geogr Inf Sci, 2007, 4(21):459-475.

[108]郭学益,宋瑜,王勇. 我国铜资源物质流分析研究[J]. 自然资源学报, 2008(4):665-673.

[109]Chen Mao, Jiang Yang, Cui Zhixiang, Wei Chuandong, Zhao Baojun. Chemical degradation mechanisms of magnesia-chromite refractories in the copper smelting furnace[J]. JOM, 2018, 70(11):2443-2448.

[110]Ma Xiaodong, Zhu Jinming, Xu Haifa, Wang Geoff, Lee HaeGeon, Zhao Baojun. Reactions in the tuyere zone of ironmaking blast furnace[J]. Metallurgical and Materials Transactions B, 2018, 49(1):190-199.

[111]Guo Xueyi, Liu Jingxin, Qin Hong, Liu Yang, Tian Qinghua, Li Dong. Recovery of metal values from waste printed circuit boards using an alkali fusion-leaching- separation process[J]. Hydrometallurgy, 2015, 156:199-205.

[112]Shui Lang, Cui Zhixiang, Ma Xiaodong, Rhamdhani M. Akbar, Nguyen Anh V, Zhao Baojun. Understanding of bath surface wave in bottom blown copper smelting furnace[J]. Metallurgical and Materials Transactions B, 2016, 47(1):135-144.

[113]Guo Xueyi, Liu Jingxin. Optimization of low-temperature alkaline smelting process of crushed metal enrichment originated from waste printed circuit boards[J]. Journal of Central South University, 2015, 22(5):1643-1650.

[114]田庆华,李宇,邓多,郭学益. 电子废弃物中贵金属回收技术进展[J]. 贵金属, 2015(1):81-88.

[115]刘旸,刘静欣,江晓健,郭学益. 废弃电路板中非金属组分的回收利用[J]. 有色金属科学与工程, 2015(2):1-7.

[116]郭学益,田庆华,刘静欣. 废弃电路板多金属粉末低温碱性熔炼——理论及工艺研究[J]. 北京:冶金工业出版社, 2016.

[117]Chen Mao, Hou Xinmei, Chen Junhong, Zhao Baojun. Phase equilibria studies in the SiO_2-K_2O-CaO system [J]. Metallurgical and Materials Transactions B, 2016, 47(3):1690-1696.

[118]Liu Jingxin, Guo Xueyi. Conversion and distribution of lead and tin in $NaOH-NaNO_3$ fusion process[J]. Metallurgical and Materials Transactions B, 2017, 48(2):819-826.

[119]娄永刚,郭学益,田庆华. 中国铅锌工业发展探析[J]. 世界有色金属, 2015(4):50-54.

[120]Hou X, Chou K, Zhao B. Reduction kinetics of lead-rich slag with carbon in the temperature range of 1073 to 1473 K[J]. Journal of Mining and Metallurgy, Section B: Metallurgy, 2013, 49(2):201-206.

[121]Li Dong, Guo Xueyi, Xu Zhipeng, Tian Qinghua, Feng Qiming. Leaching behavior of metals from copper anode slime using an alkali fusion-leaching process[J]. Hydrometallurgy, 2015, 157:9-12.

[122]Li Dong, Guo Xueyi, Xu Zhipeng, Xu Runze, Feng Qiming. Metal values separation from residue generated in alkali fusion-leaching of copper anode slime[J]. Hydrometallurgy, 2016, 165:290-294.

[123]Guo Xueyi, Xin Yuntao, Wang Hao, Tian Qinghua. Leaching kinetics of antimony-bearing complex sulfides ore in hydrochloric acid solution with ozone[J]. Transactions of Nonferrous Metals Society of China, 2017, 27(9):2073-2081.

[124]Guo Xueyi, Xin Yuntao, Wang Hao, Tian Qinghua. Mineralogical characterization and pretreatment for antimony extraction by ozone of antimony-bearing refractory gold concentrates[J]. Transactions of Nonferrous Metals Society of China, 2017, 27(8):1888-1895.

[125]Guo Xueyi, Xu Zhipeng, Tian Qinghua, Li Dong. Optimization on lithium from the effluent obtained copper

anode slime by low-temperature alkali fusion process[J]. Journal of Central South University, 2017, 24(7): 1537-1543.

[126] Tian Qinghua, Xin Yuntao, Yang Li, Wang Xuehai, Guo Xueyi. Theoretical simulation and experimental study of hydrolysis separation of SbCl₃ in complexation-precipitation system[J]. Transactions of Nonferrous Metals Society of China, 2016, 26(10): 2746-2753.

[127] Tian Qinghua, Wang Hengli, Xin Yuntao, Yang Ying, Li Dong, Guo Xueyi. Effect of selected parameters on stibnite concentrates leaching by ozone[J]. Hydrometallurgy, 2016, 165: 295-299.

[128] Guo Xueyi, Yi Yu, Shi Jing, Tian Qinghua. Leaching behavior of metals from high-arsenic dust by NaOH-Na₂S alkaline leaching[J]. Transactions of Nonferrous Metals Society of China, 2016, 26(2): 575-580.

[129] Tian Qinghua, Wang Hengli, Xin Yuntao, Li Dong, Guo Xueyi. Ozonation leaching of a complex sulfidic antimony ore in hydrochloric acid solution[J]. Hydrometallurgy, 2016, 159: 126-131.

[130] 田庆华, 洪建邦, 辛云涛, 郭学益. 基于人工神经网络模型的含锑硫化矿氧化浸出行为预测[J]. 中国有色金属学报, 2018, 28(10): 2103-2111.

[131] Li Dong, Guo Xueyi, Tian Qinghua, Xu Runze, Xu Zhipeng, Zhang Jing. Dearsenization of caustic solution by synthetic hydrocalumite[J]. Hydrometallurgy, 2016, 161: 1-6.

[132] Guo Xueyi, Xu Zhipeng, Li Dong, Tian Qinghua, Xu Runze, Zhang Zhen. Recovery of tellurium from high tellurium-bearing materials by alkaline sulfide leaching followed by sodium sulfite precipitation[J]. Hydrometallurgy, 2017, 171: 355-361.

[133] Li Dong, Guo Xueyi, Tian Qinghua, Xu Zhipeng, Xu Runze, Zhang Lei. Synthesis and application of friedel's salt in arsenic removal from caustic solution[J]. Chemical Engineering Journal, 2017, 323: 304-311.

[134] Tian Qinghua, Deng Duo, Li Yu, Guo Xueyi. Preparation of ultrafine silver powders with controllable size and morphology[J]. Transactions of Nonferrous Metals Society of China, 2018, 28(3): 524-533.

[135] 郭学益, 田庆华. 高纯金属材料[M]. 北京: 冶金工业出版社, 2010.

[136] 郭学益, 许志鹏, 李栋, 田庆华, 张镇. 从碲渣中选择性分离与回收碲的新工艺[J]. 中国有色金属学报, 2018, 28(5): 1008-1015.

[137] Gong Q Q, Guo X Y, Liang S, Wang C, Tian Q H. Study on the adsorption behavior of modified persimmon powder biosorbent on Pt(IV)[J]. International Journal of Environmental Science and Technology, 2016, 13(1): 47-54.

[138] Liang Sha, Guo Xueyi, Lautner Silke, Saake Bodo. Removal of hexavalent chromium by different modified spruce bark adsorbents[J]. Journal of Wood Chemistry and Technology, 2014, 34(4): 273-290.

[139] 冯宁川, 郭学益, 梁莎, 田庆华, 朱颜姝, 刘建平. 皂化改性橘子皮生物吸附剂对重金属离子的吸附[J]. 环境工程学报, 2012, 6(5): 1467-1472.

[140] 郭学益, 公琪琪, 梁沙, 田庆华, 肖彩梅. 改性柿子生物吸附剂对铜和铅的吸附性能[J]. 中国有色金属学报, 2012, 22(2): 599-603.

[141] 冯宁川, 郭学益, 吕大雷. 橘子皮皂化交联改性及其对重金属离子的吸附[J]. 环境污染与防治, 2013, 35(9): 19-23, 27.

[142] 郭学益, 肖彩梅, 梁莎, 田庆华. 改性柿子粉吸附剂对Cd²⁺的吸附性能[J]. 中南大学学报(自然科学版), 2012, 43(2): 412-417.

[143] 郭学益, 梁莎, 肖彩梅, 田庆华. MgCl₂改性柑橘皮对水溶液中重金属离子的吸附性能[J]. 中国有色金属学报, 2011, 21(9): 2270-2276.

[144] 郭学益, 梁莎, 肖彩梅, 李晓静, 田庆华. MgCl₂改性橘子皮对水溶液中镉镍的吸附性能[J]. 中南大学学报(自然科学版), 2011, 42(7): 1841-1846.

[145] 李晓静, 梁莎, 郭学益. 生物吸附法从电子废弃物中回收贵金属的研究进展[J]. 贵金属, 2010, 31

（3）：64-69.

[146]梁莎，郭学益，田庆华，冯宁川. 化学改性橘子皮对 Pb^{2+} 的吸附性能[J]. 北京工业大学学报，2010，36(4)：528-533.

[147]Liu Liu, Keplinger Olga, Ziegenhein Thomas, Shevchenko Natalia, Eckert Sven, Yan Hongjie, Lucas Dirk. Euler-euler modeling and x-ray measurement of oscillating bubble chain in liquid metals[J]. International Journal of Multiphase Flow, 2019, 110：218-237.

[148]郭学益，王亲猛，田庆华. 氧气底吹炼铜基础[M]. 长沙：中南大学出版社，2018.

[149]Wang Qinmeng, Guo Xueyi, Wang Songsong, Liao Lile, Tian Qinghua. Multiphase equilibrium modeling of oxygen bottom-blown copper smelting process[J]. Transactions of Nonferrous Metals Society of China, 2017, (11)：2503-2511.

[150]Shui L, Cuiz, Ma X, Rhamdhani A, Nguyen A, Zhao B. Mixing phenomena in a bottom blown copper smelter：A water model study[J]. Metallurgical and Materials Transactions B, 2015, 46(3)：1218-1225.

[151]Liu H, Cui Z, Chen M, Zhao B. Phase equilibrium study of the $ZnO-FeO-SiO_2-Al_2O_3$ system at pO_2 10^{-8} atm[J]. Metallurgical and Materials Transactions B, 2015, 47(2)：1113-1123.

[152]Jiang X, Cui Z, Chen M, Zhao B. Study of plume eye in the copper bottom blown smelting furnace[J]. Metallurgical and Materials Transactions B, 2019, (50)：781-789.

[153]郭学益，王双，王亲猛，闫书阳，田庆华. 氧气底吹熔池熔炼过程气泡生长行为仿真研究[J]. 中国有色金属学报，2018, 28(6)：1204-1215.

[154]Tian Miao, Guo Xueyi. Thermodynamic considerations of coppercomplex resources smelting process[J]. Minerals Metals and Materials Series, 2018(1)：585-597.

[155]Wang Qinmeng, Guo Xueyi. Investigation of the oxygen bottom blown copper smelting process[J]. Minerals Metals and Materials Series, 2018(1)：445-461.

[156]Wang Songsong, Guo Xueyi. Thermodynamic modeling of oxygen bottom-blowing continuous converting process[J]. Minerals Metals and Materials Series, 2018(1)：573-583.

[157]郭学益，闫书阳，王双，王亲猛，田庆华. 数值模拟氧气底吹熔炼工艺参数优化[J]. 有色金属科学与工程，2017(5)：21-25.

[158]Zhou Jun, Zhou Jieming, Chen Zhuo, Mao Yongning. Influence analysis of air flow momentum on concentrate dispersion and combustion in copper flash smelting furnace by cfd simulation[J]. JOM, 2014, 66(9)：1629-1637.

[159]Liu Hongquan, Cui Zhixiang, Chen Mao, Zhao Baojun. Phase equilibria study of the $ZnO-FeO-SiO_2-MgO$ system at pO_2 10^{-8} atm[J]. Mineral Processing and Extractive Metallurgy, 2018, 127(4)：242-249.

[160]Wang Qinmeng, Guo Xueyi, Tian Qinghua. Copper smelting mechanism in oxygen bottom-blown furnace[J]. Transactions of Nonferrous Metals Society of China, 2017, 27(4)：946-953.

[161]郭学益，王亲猛，田庆华，Zhao Baojun. 氧气底吹铜熔炼工艺分析及过程优化[J]. 中国有色金属学报，2016, 26(3)：689-698.

[162]王亲猛，郭学益，田庆华，廖立乐，张永柱. 氧气底吹铜熔炼渣中多组元造渣行为及渣型优化[J]. 中国有色金属学报，2015, 25(6)：1678-1686.

[163]Wang Qinmeng, Guo Xueyi, Tian Qinghua, Jiang Tao, Chen Mao, Zhao Baojun. Effects of matte grade on the distribution of minor elements (Pb, Zn, As, Sb, and Bi) in the bottom blown copper smelting process[J]. Metals, 2017, 7(11)：0-502.

[164]Wang Qinmeng, Guo Xueyi, Tian Qinghua, Jiang Tao, Chen Mao, Zhao Baojun. Development and application of SKSSIM simulation software for the oxygen bottom blown copper smelting process[J]. Metals, 2017, 7(10)：0-431.

［165］Wang Qinmeng, Guo Xueyi, Tian Qinghua, Chen Mao, Zhao Baojun. Reaction mechanism and distribution behavior of arsenic in the bottom blown copper smelting process［J］. Metals, 2017, 7(8): 0-302.

［166］Xiang Yang, Bai Zhiming, Zhang Shufang, Sun Yan, Wang Shunlan, Wei Xiaobin, Mo Wenshi, Long Jiale, Liu Zhenxiang, Yang Chao, Zheng Linlin, Guo Xueyi, Wang Xiaoyang, Mao Fangfang, Feng Ningchuan. Lead adsorption, anticoagulation and in vivo toxicity studies on the new magnetic nanomaterial $Fe_3O_4@SiO_2@DMSA$ as a hemoperfusion adsorbent［J］. Nanomedicine: Nanotechnology, Biology and Medicine, 2017, 13 (4): 1341-1351.

［167］Yu Dawei, Chattopadhyay K. Numerical simulation of copper recovery from converter slags by the utilisation of spent potlining (SPL) from aluminium electrolytic cells［J］. Canadian Metallurgical Quarterly, 2016, 55: 251-260.

［168］郭学益, 闫书阳, 王亲猛, 王松松, 田庆华. 富氧熔炼烟气中三氧化硫的形成与抑制［J］. 中国有色金属学报, 2018, 28(10): 2077-2085.

［169］王亲猛, 郭学益, 廖立乐, 田庆华, 张永柱. 氧气底吹炼铜多组元造锍行为及组元含量的映射关系［J］. 中国有色金属学报, 2016, 26(1): 188-196.

［170］Wang Jiawen, Liu Bin, Liu C T, Liu Yong. Strengthening mechanism in a high-strength carbon-containing powder metallurgical high entropy alloy［J］. Intermetallics, 2018, 102: 58-64.

［171］Zhou Rui, Chen Gang, Liu Bin, Wang Jiawen, Han Liuliu, Liu Yong. Microstructures and wear behaviour of $(fecocrni)_{1-x}(WC)_x$ high entropy alloy composites［J］. International Journal of Refractory Metals and Hard Materials, 2018, 75: 56-62.

［172］Liu Yong, Li Xiaofeng, Zhou Jianhua, Fu Kun, Wei Wei, Du Meng, Zhao Xinfu. Effects of Y_2O_3 addition on microstructures and mechanical properties of WC-Co functionally graded cemented carbides［J］. International Journal of Refractory Metals and Hard Materials, 2015, 50: 53-58.

［173］Cao Yuankui, Liu Yong, Liu Bin, Zhang Weidong. Precipitation behavior during hot deformation of powder metallurgy Ti-Nb-Ta-Zr-Al high entropy alloys［J］. Intermetallics, 2018, 100: 95-103.

［174］Guo Xueyi, Cao Xiao, Huang Guoyong, Tian Qinghua, Sun Hongyu. Recovery of lithium from the effluent obtained in the process of spent lithium-ion batteries recycling［J］. Journal of Environmental Management, 2017, 198: 84-89.

［175］Huang Guoyong, Guo Xueyi, Cao Xiao, Tian Qinghua, Sun Hongyu. 3D network single-phase Ni0.9Zn0.1O as anode materials for lithium-ion batteries［J］. Nano Energy, 2016, 28: 338-345.

［176］Guo Xueyi, Wang Weijia, Yang Ying, Tian Qinghua. Designing a large scale synthesis strategy for high quality magnetite nanocrystals on the basis of a solution behavior regulated formation mechanism［J］. Cryst Eng Comm, 2016, 18(47): 9033-9041.

［177］Wang Yiqiang, Liu Bin, Yan Kun, Wang Minshi, Saurabh Kabra, Yulung, Chiu, David Dye, Peter D Lee, Liu Yong, Cai Biao. Probing deformation mechanisms of a FeCoCrNi high-entropy alloy at 293 and 77 K using in situ neutron diffraction［J］. Acta Materialia, 2018, 154(1): 79-89.

［178］Zhu Yirong, Huang Zhaodong, Hu Zhongliang, Xi Liujiang, Ji Xiaobo, Liu Yong. 3D interconnected ultrathin cobalt selenide nanosheets as cathode materials for hybrid supercapacitors［J］. Electrochimica Acta, 2018, 269(10): 30-37.

［179］Cai Biao, Liu Bin, Kabra S, Wang Yiqiang, Yan Kun, Lee P D, Liu Yong. Deformation mechanisms of Mo alloyed FeCoCrNi high entropy alloy: In situ neutron diffraction［J］. Acta Materialia, 2017, 127(1): 471-480.

［180］Zhao Yingxin, Fang Qihong, Liu Youwen, Wen Pihua, Liu Yong. Creep behavior as dislocation climb over NiAl nanoprecipitates in ferritic alloy: The effects of interface stresses and temperature［J］. International

Journal of Plasticity, 2015, 69: 89-101.

[181]Guo Xueyi, Wang Weijia, Yang Ying, Tian Qinghua, Xiang Yang, Sun Yan, Bai Zhiming. Magnetic nano capture agent with enhanced anion internal layer diffusion performance for removal of arsenic from human blood [J]. Applied Surface Science, 2019, 470: 296-305.

[182]Guo Xueyi, Wang Weijia, Yuan Xiuhong, Yang Ying, Tian Qinghua, Xiang Yang, Sun Yan, Bai Zhiming. Heavy metal redistribution mechanism assisted magnetic separation for highly-efficient removal of lead and cadmium from human blood[J]. Journal of Colloid and Interface Science, 2019, 536: 563-574.

[183] Zheng Junchao, Yang Zhuo, He Zhenjiang, Tong Hui, Yu Wanjing, Zhang Jiafeng. In situ formed $LiNi_{0.8}Co_{0.15}Al_{0.05}O_2@Li_4SiO_4$ composite cathode material with high rate capability and long cycling stability for lithium-ion batteries[J]. Nano Energy, 2018, 53: 613-621.

[184] Guo Xueyi, Yang Chenlin, Huang Guoyong, Mou Qinyao, Zhang Hongmei, He Bingkun. Design and synthesis of $CoFe_2O_4$ quantum dots for high-performance supercapacitors [J]. Journal of Alloys and Compounds, 2018, 764: 128-135

[185]Gao Jing, Yang Ying, Yan Jingyuan, et al. Graphene oxide as stable electrocatalytic substrate for solid-state bifacial dye-sensitized solar cells[J]. Journal of Alloys and Compounds, 2018, 764: 482-498

[186]Guo Xueyi, Yang Chenlin, Huang Guoyong, He Bingkun. High-performance supercapacitors based on flower-like $Fe_xCo_{3-x}O_4$ electrodes[J]. Journal of Alloys and Compounds, 2018, 735: 184-192.

[187]Tian Qinghua, Wang Xiang, Huang Guoyong, Guo Xueyi. Nanostructured (Co, Mn)$_3O_4$ for high capacitive supercapacitor applications[J]. Nanoscale Research Letters, 2017, 12(1): 214.

[188]Huang Guoyong, Guo Xueyi, Cao Xiao, Tian Qinghua, Sun Hongyu. Formation of graphene-like 2D spinel $MnCo_2O_4$ and its lithium storage properties[J]. Journal of Alloys and Compounds, 2017, 695: 2937-2944.

[189]Si Xiao, Cui Jiarui, Yi Pengfei, Yang Ying, Guo Xueyi. Insight into electrochemical properties of Co_3O_4-modified magnetic polymer electrolyte[J]. Electrochimica Acta, 2014, 145: 335.

[190] Zhang Jiafeng, Wang Jianlong, Chen Hezhang, Zhang Bao, Guo Xueyi, Zheng Junchao, Shen Chao. Preparation and characterization of $LiFePO_4/C$ composite doped with various metals[J]. Rare Metal Materials and Engineering, 2014, 43(1): 172-177.

[191]Huang Qun, Liu Jiatu, Zhang Li, Xu Sheng, Chen Libao, Wang Peng, Ivey D G, Wei Weifeng. Tailoring alternating heteroepitaxial nanostructures in Na-ion layered oxide cathodes via an in-situ composition modulation route[J]. Nano Energy, 2018, 44: 336-344.

[192]Ma Cheng, Dai Kuan, Hou Hongshuai, Ji Xiaobo, Chen Libao, Ivey D G, Wei Weifeng. High ion-conducting solid-State composite electrolytes with carbon quantum dot nanofillers[J]. Advanced Science, 2018, 1700996 (1-9).

[193]Ding Zhengping, Zhang Datong, Feng Yiming, Zhang Fan, Chne Libao, Du Yong, Ivey D G, Wei Weifeng. Tuning anisotropic ion transport in mesocrystalline lithium orthosilicate nanostructures with preferentially exposed facets[J]. NPG Asia Materials, 2018, 10: 606-617.

[194] Wei Weifeng, Chen Libao, Pan Anqiang, IVEY D G. Roles of surface structure and chemistry on electrochemical process in lithium-rich layered oxide cathodes[J]. Nano Energy, 2016, 30: 580-602.

[195]Zhao Ying, Liu Jiatu, Wang Shuangbao, Ji Ran, Xia Qingbing, Ding Zhengping, Wei Weifeng, Liu Yong, Wang Peng, Ivey D G. Surface structural transition induced by gradient polyanion-doping in Li-rich layered oxides: Implications for enhanced electrochemical performance[J]. Advanced Functional Materials, 2016, 26: 4760-4767.

[196] Wang Xiaowei, Guo Haipeng, Liang Ji, Zhang Jiafeng, Zhang Bao, Wang Jiazhao, Luo Wenbin, Liu Huakun, Dou Shixue. An integrated free-standing flexible electrode with holey-structured 2D bimetallic

phosphide nanosheets for sodium-ion batteries[J]. Advanced Functional Materials, 2018, 28: 1801016.

[197]Zhang Jiafeng, Wei Hanxin, Cao Yang, Peng Chunli, Zhang Bao. Hierarchical $LiMnPO_4 \cdot Li_3V_2(PO_4)_3/C/$ rGO nanocomposites as superior-rate and long-life cathodes for lithium ion batteries[J]. Journal of Alloys and Compounds, 2018, 769: 332-339.

[198]Zhang Jiafeng, Wang Xiaowei, Zhang Bao, Tong Hui. Porous spherical $LiMnPO_4 \cdot 2Li_3V_2(PO_4)_3/C$ cathode material synthesized via spray-drying route using oxalate complex for lithium-ion batteries[J]. Electrochimica Acta, 2015, 180: 507-513.

[199]Zhang Jiafeng, Wang Xiaowei, Zhang Bao, Peng Chunli, Tong Hui, Yang Zhanhong. Multicore-shell carbon-coated lithium manganese phosphate and lithium vanadium phosphate composite material with high capacity and cycling performance for lithium-ion battery[J]. Electrochimica Acta, 2015, 169: 462-469.

[200]Guo Xueyi, Deng Duo, Tian Qinghua, Jiao Cuiyan. One-step synthesis of micro-sized hexagon silver sheets by the ascorbic acid reduction with the presence of H_2SO_4[J]. Advanced Powder Technology, 2014, 25(3): 865-870.

[201]Zhang Weidong, Liu Yong, Liu Bin, Li Xiaofeng, Wu Hong, Qiu Jingwen. A new titanium matrix composite reinforced with Ti-36Nb-2Ta-3Zr-0.35O wire[J]. Materials & Design, 2017, 117(5): 289-297.

[202]Huang Qianli, Li Xuezhong, Elkhooly T A, Liu Xujie, Zhang Ranran, Wu Hong, Feng Qingling, Liu Yong. The Cu-containing TiO_2 coatings with modulatory effects on macrophage polarization and bactericidal capacity prepared by micro-arc oxidation on titanium substrates[J]. Colloids and Surfaces B: Biointerfaces, 2018, 170: 242-250.

[203]Cao Yuankui, Zeng Fanpei, Liu Bin, Liu Yong, Lu Jinzhong, Gan Ziyang, Tang Huiping. Characterization of fatigue properties of powder metallurgy titanium alloy[J]. Materials Science and Engineering A, 2016, 654: 418-425.

[204]Yang Chao, Song Min, Liu Yong, Ni Song. Evidence for a transition in deformation mechanism in nanocrystalline pure titanium processed by high-pressure torsion[J]. Philosophical Magazine, 2016, 96(16): 1-11.

[205]Liu Yanbin, Liu Yong, Zhao Zhongwei, Chen Yanhui, Tang Huiping. Effect of addition of metal carbide on the oxidation behaviors of titanium matrix composites[J]. Journal of Alloys and Compounds, 2014, 599: 188-194.

[206]Zhang Tuoyang, Liu Yong, Sanders D G, Liu Bin, Zhang Weidong, Zhou Canxu. Development of fine-grain size titanium 6Al-4V alloy sheet material for low temperature superplastic forming[J]. Materials Science and Engineering A, 2014, 608: 265-272.

城市矿产资源循环利用

城市矿产大数据应用展望

摘要：介绍大数据的基本概念与应用现状，分析我国城市矿产产业在发展过程中存在的问题。针对城市矿产产业发展的本质问题，提出亟须依托现代化信息技术，建立准确、高效、可追溯的城市矿产大数据共享平台。通过对城市矿产大数据进行生命周期评价、物质流分析、社会蓄积量分析可以获得我国城市矿产产业发展所需的基础信息。城市矿产大数据为城市矿产资源的开发利用提供理论依据，对推动我国城市矿产资源循环产业的科学发展具有积极意义。

城市矿产是指蕴藏于城市之间具有载能性、循环性、战略性可回收利用的重要资源，是相对于蕴藏于地下原生矿产资源的另一种资源，是工业化、城镇化的产物。城市矿产资源包含两类：一类是指进入现代社会领域生命周期终结后的各种制品（如：废旧机电、设备、电线电缆、通信工具、汽车、家电、电子产品等）；另一类是指城市生产及建设过程中产生的各种含有较高利用价值的物料。这两类城市矿产资源中含有可循环利用的钢铁、有色金属、稀贵金属等资源。

随着工业化、城镇化进程的不断推进，矿产资源已从矿区逐渐转移到城市[1-2]。由于产品生命周期的不断循环，城市矿产社会蓄积量正以废弃物形态在不断增加，是取之不尽、用之不竭的资源。据相关数据显示，废旧线路板和手机分别含金 200 g/t 和 300 g/t，我国金矿品位一般为 3~6 g/t，经选矿得到的金精矿约 70 g/t，显然 1 t 电子废弃物中的金含量是金矿石的 40~60 倍[3]。城市矿产已经成为有色金属资源储量丰富的宝藏，城市矿产资源的循环利用可以提高资源利用率，减轻资源约束和环境压力，推进资源节约和环境友好"两型"社会建设，意义重大。

在互联网、物联网、云计算、移动互联网等新一代信息技术发展的推动下，正在进入一个大数据时代[4]。大数据具备高效捕捉、发现和分析数据的能力，它是一种海量、多样、高增长率的信息资产[5]。城市矿产资源在社会经济发展中的地位越来越重要，在资源战略中的作用越来越明显。城市矿产资源来源广泛、成分复杂、涉及面广，具有时空分布特征，迫切需要采用大数据等新技术来创新管理。文中依据大数据的基础理论，借鉴其在其他领域的应用与实践，探讨其在城市矿产资源管理中的应用前景。

1　城市矿产资源管理发展现状

借鉴发达国家城市矿产回收利用的成功经验，自"十一五"以来，国家采取一系列措施来推进城市矿产资源循环产业的发展。2010 年我国已开始加快推进城市矿产资源发展战略，至 2015 年，国家已累积批复 6 批共计 49 个"城市矿产"示范基地。我国城市矿产资源回收循环利用现状如表 1 所列。城市矿产资源作为原生资源的重要补充，资源使用比例正在不断提

本文发表在《有色金属科学与工程》，2016，7（6）：94-99。合作者：严康。

高。据《中国再生资源回收行业发展报告（2015）》显示，到 2014 年，我国废钢铁、废有色金属、废塑料、废轮胎、废纸、废弃电器电子产品、报废汽车、报废船舶、废玻璃，废电池等十类再生资源回收总量 2.45 亿 t；回收总价值 6446.9 亿元，与 2013 年同比增长 5.96%。

但在城市矿产发展稳步前行的实践过程中，对于城市矿产资源管理与利用还存在如下不足：①城市矿产的成矿条件、演化规律不明；②城市矿产资源产生量、社会蓄积量、金属流失量等基础性数据不全、缺失；③信息共享互通不畅、流向监控困难、支撑体系不完善等问题，未形成良性发展的产业链。以上原因导致城市矿产资源开发整体缺乏规划，不利于资源回收利用体系建设。对于城市矿产资源利用中存在的诸多问题，究其本质原因是信息不畅。城市矿产发展亟须依托现代化信息技术，建立准确、高效、可追溯的城市矿产数据共享大平台。

2 大数据技术

2.1 大数据定义

大数据本身是一个抽象的概念，对于其概念定义有多种解析，但其核心和实质内容是一致的。大数据主要指从大规模、多样化的海量数据中通过高速捕获、发现、提取和分析等技术挖掘数据的价值[6]。大数据的 4 V 特征：Volume（容量）、Variety（多样性）、Velocity（速度）、Value（价值）。数据和能源、矿产资源一样，正成为一种重要的战略性资源。由于大数据是互联网、物联网、云计算之后信息行业的又一新技术，潜在价值大、应用前景广，已引起国内外政府、学术界、产业界的广泛关注。

2.2 大数据应用

大数据是一个将数据整个生命周期（从产生到消亡）不同阶段数据处理的系统[7]。随着大数据的不断研究与发展，其应用价值亦在不断被挖掘。各国对于大数据的研究与应用都高度重视。目前，大数据已成功应用于矿产资源评价、国土资源信息化、商业、金融、通信、能源、医疗等领域[8-13]。2012 年奥巴马成功赢得总统选举，归因于奥巴马及其团队通过 2 年搜集、存储海量数据并进行分析挖掘，创新性地将大数据应用于竞选活动，成为大数据应用于电子政务的成功典范[14]。基于大数据的商业智能应用，可以对通信运营商业业务进行监控、预警、跟踪、反馈等，为通信运营企业带来巨大的信息资源。此外，大数据亦为医疗行业带来前所未有的机遇与挑战，可以将医疗卫生服务过程中所产生的海量数据进行分析，让医生的诊断变得更为精准。

表 1 我国城市矿产资源回收利用现状

年份	废钢铁 /万 t	废有色金属 /万 t	废塑料 /万 t	废纸 /万 t	废玻璃 /万 t	废轮胎 /万 t		废弃电子电器产品		报废汽车		报废船舶	
						翻新	利用	数量 /万台	质量 /万 t	数量 /万辆	质量 /万 t	数量 /艘	质量 /万 t
2010	8310	405	1200	3695	76	39.7	295	12317	284.3	257.2	473.0	286	187.9
2011	9100	455	1350	4347	97	34.0	295	16058	370.6	149.6	285.0	317	225.2
2012	8400	530	1600	4472	135	45.3	325	8264	190.7	132.2	249.0	340	255.0
2013	8570	666	1366	4377	849	50.0	325	11430	268.3	187.5	274.4	65	52.0
2014	8830	791	2000	4419	855	50.0	380	13583	313.5	220.0	322.0	142	109.0

数据来源：《中国再生资源回收行业发展报告（2015）》

大数据正在给各行业带来新的变革机会，但与国外相比，国内大数据的研究与应用还处在发展初级阶段。王登红等[15]综合大数据思维与成矿规律、成矿系列研究相关地质专业特点，分析了矿产资源领域地质大数据的 10 个特点。刘予伟等[16]探讨了大数据在水资源管理领域的应用前景。周峰等[17]基于数据收集分析平台，从网络上抓取茶叶相关信息，以期利用大数据分析技术以评估和预测茶产品质量。严正伟[18]将大数据技术应用于国土资源信息化，挖掘其巨大潜在价值，为国土决策、宏观调控提供参考。为了全面推进大数据发展与应用，加快建设数据强国，国务院《促进大数据发展行动纲要》要求推动政府信息系统和公共数据互联共享，促进大数据在各行业创新应用。同时，为了加大传统产业与互联网的融合，国家相继出台一系列政策以促进"互联网+产业"的发展，这为城市矿产资源循环产业发展带来新的机遇。对于城市矿产资源鼓励利用互联网、大数据、物联网、信息管理公共平台等信息化手段，开展信息采集、数据分析、流向监测、优化逆向物流网点布局，实现线上回收、线下物流融合，提高城市矿产资源回收信息化、自动化和智能化水平，提升废旧资源回收的智能化识别、定位、跟踪、监控和管理能力。

目前，对于城市矿产的社会蓄积量和金属物质流向并无准确数据，使得对城市矿产的时空分布规律及其具体区域的城市矿产规模难以进行精确判断或测算，导致城市矿产的开发利用布局规划缺乏理论依据。城市矿产在时空分布上变化大、成分复杂、影响因素多。在城市矿产资源管理上涉及面广、关联领域多、信息量大、管理决策难度大，亟须通过大数据信息技术以获得城市矿产资源管理基础性数据，通过生命周期评价、物质流分析、社会蓄积量分析等分析手段，明确城市矿产资源成矿规律、时空分布、物质流向、社会蓄积量、资源替代效应等信息，为城市矿产资源管理提供技术支撑。

3 城市矿产大数据

3.1 城市矿产大数据技术框架

城市矿产大数据是信息时代背景下大数据的理念、技术和方法在资源循环领域的应用与实践。利用大数据的核心预测思维可以有助于城市矿产资源预测评价。大数据系统可分解为 4 个阶段：数据获取、数据存储与管理、数据分析、数据应用。城市矿产大数据技术框架如图 1 所示。城市矿产大数据系统构建核心是围绕数据，包括数据来源、数据质量控制、数据处理与分析、数据的应用。数据获取主要围绕城市矿产资源形成的 4 个阶段产品生产、消费、使用(再使用)、废弃而展开。数据来源通过对各阶段的资源使用效率、废弃率、回收率等得到数据处理所需相应的参数。

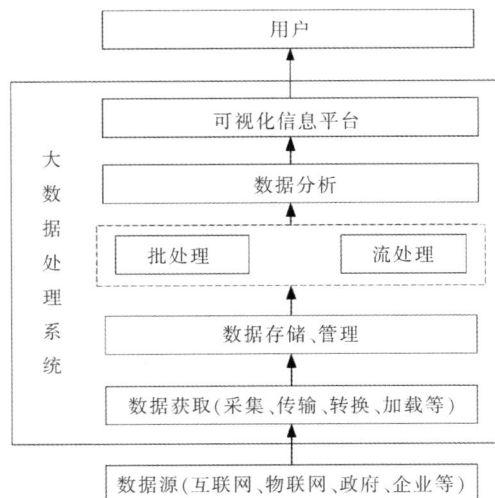

图 1 城市矿产大数据技术框架

数据质量控制通过理论与实际相结合的对比分析，同时做不确定性分析及处理。数据处理与分析主要通过统计学、数据挖掘、机器学习等方法构建数学分析模型，根据数据的应用需求对数据进行相应的处理。

3.2 城市矿产大数据处理流程

为实现对城市矿产资源的合理开发、优化配置、综合利用、清洁回收的目的，需建立城市矿产大数据信息平台，应掌握城市矿产资源开发、利用现状，准确把握构建城市矿产资源大数据系统所需基础数据。根据城市矿产资源形成过程的生产、消费、使用、废弃 4 个阶段，对城市矿产大数据平台构建所需的不同阶段的数据性质进行剖析，4 个阶段的数据种类及来源包括：

（1）城市矿产资源中各分类产品生产阶段原材料基本组成、各生产阶段能耗、资源利用率、物质输入与输出等数据。这些数据主要来源于企业或产品质量管理部门；

（2）城市矿产资源中所涉及产品逐年的生产量、进口量、出口量、库存量、各地区销售量等数据。这些数据主要来源于工信部门。

（3）城市矿产资源中各产品消费者行为数据，包括使用寿命、平均使用寿命、报废行为比例、再使用比例、再次使用年限、废旧资源物质流向等数据。这些数据主要来源于消费者使用行为调查或产品定位跟踪管理。

（4）城市矿产资源回收利用数据，包括每年回收量、处理量、二次资源回收利用率等数据。这些数据主要来源于环保与资源循环管理相关部门。

由于城市矿产资源种类多，成分复杂，涉及的管理部门多，我国现有的管理部门主要是环保、工信等其他政府部门兼有职责。在数据提供方面，还必须有管理者、生产者、消费者、回收者等共同参与。通过网络渠道如网站、微博、微信、论坛等方式发布相关信息，并借助于互联网、云计算等技术构建城市矿产资源大数据云计算平台，通过数据共享以提高数据量。通过云平台对各部门和行业的数据进行关联、提取、转换、装载、清洗、挖掘、存储，建立一个高效、适用的资源数据库。面对海量的城市矿产资源数据，以大数据作为支撑平台，在互联网平台架构中，能够在短时间内对数据进行及时反馈并准确汇总，而这种海量数据的处理也是城市矿产大数据平台面临的挑战之一。城市矿产大数据分析在建模、可视化、预测和优化等不同层次能高效地挖掘数据以提高决策效率。当用户提出查询请求时，能迅速地进行数据分析、建模，并将结果反馈给用户。

3.3 城市矿产大数据分析应用

城市矿产资源作为原生资源的重要补充，已成为社会发展所需资源的重要组成部分，随着原生资源的不断枯竭，城市矿产资源利用比例将不断提高。城市矿产资源种类繁多，成分复杂，时空分布极具地域性；随着生产技术的不断进步，产品使用寿命的缩短，城市矿产资源储量变化受多因素影响。城市矿产资源作为战略资源的组成部分，是主要国情信息之一。城市矿产大数据系统将来源广泛、种类繁多、格式复杂的海量数据，进行采集、提取、筛选等工作，并可为城市矿产资源的生命周期评价、物质流分析、社会蓄积量分析提供基础数据，从而提高评价准确性。同时，生命周期评价、物质流分析、社会蓄积量分析对城市矿产大数据体系提供数据分析支撑，整个城市矿产大数据体系可以支撑资源形式综合研判、再生资源政策措施制定、提高再生资源利用过程环境管理水平，提升国家对于城市矿产资源宏观调控的能力。

3.3.1 生命周期评价

生命周期评价（life cycle assessment，LCA）是一种对产品或工艺过程的整个生命周期包括从原材料的采集、加工、生产、运输、销售、使用、回收、循环利用和最终处理的全系统有关的环境负荷潜在影响的评估[19]。随着 LCA 研究方法的不断成熟，研究范围被不断拓展，应用领域亦在不断扩大。LCA 方法已经成功应用于工业、农业、能源、资源及再生领域，并在废物管理领域做出大量贡献。洪静兰等[20]采用生命周期评价方法研究了电子废弃物在回收处理过程中对环境的影响。

城市矿产大数据可以为城市矿产资源生命周期评价提供符合我国国情的废旧产品生命周期清单数据。城市矿产作为典型的二次资源，在进行资源化处理过程中利用生命周期评价方法来定量评价城市矿产开发的生态价值，对城市矿产中金属生命周期的物料消耗、各环节的环境影响进行评价，并判断各重点污染环节及重点污染物，总体评价城市矿产资源利用过程中的消耗、污染物排放的各项指标，揭示城市矿产资源循环规律，同时通过评价不同回收策略及管理体系，优化政府对城市矿产资源的管理体系的规划，为城市矿产资源的环境管理决策提供科学依据。此外，还可以将废旧产品生命周期评价结果与产品的绿色设计、清洁生产相结合。从源头上降低和消除污染，真正实现从"摇篮到摇篮"的产品设计理念。

3.3.2 物质流分析

物质流分析（material flow analysis，MFA）是从物质的角度出发，在某一范围内对某种物质（如元素、化合物等）从开采、生产、转移、分配、消耗、循环、废弃等一系列过程进行定量化分析[21]。城市矿产物质流分析重点在于：①城市矿产的形成规律、产生量及社会蓄积量分析；②城市矿产资源利用过程资源利用评价。

社会蓄积量（social stock，SS）是指社会经济系统中，正处于使用阶段的蓄积量，包括正在使用的建筑、基础设施、交通工具、机械设备、电器及电子产品等[22]。目前，对于城市矿产社会蓄积量分析多采用文献数据挖掘，运用数理统计方法进行分析计算，由于数据的缺失或可获得性，只能得出部分或某一类城市矿产资源的社会蓄积量。城市矿产社会蓄积量计算方法可分为"由上至下（top-down）"和"由下至上（bottom-up）"[23-24]。前者是通过估计流入量与流出量的差来计算，后者是通过最终产品中的资源含量最后累加后的总量计算。对于金属的社会蓄积量分析已有大量研究[25-27]。Graedel[28]将社会蓄积量的 2 种计算方法相结合，估算了城市矿产资源的开发潜力。城市矿产在富集程度、构成成分及时间分布上均受不同区域工业化和城市化进程以及居民消费水平等多种因素影响，因此不同区域存在差异。

城市矿产形成及社会蓄积量分析框架如图 2 所示。产品社会蓄积量受产品的销售量、使用寿命、平均使用寿命、回收率、再利用率等因素影响，金属社会蓄积量还与各部门产品中金属的使用强度相关。城市矿产社会蓄积量决定可供回收资源的数量，结合产品的资源构成可以得出可供回收再生资源的变化情况。中国作为一个资源使用大国，同时也是一个资源极其缺乏的国家，人均资源拥有量较低。城市矿产社会蓄积量决定再生资源的可开采潜力，能在很大程度上替代原生资源，可以为国家资源战略的制定提供一定的依据。

城市矿产大数据为进行城市矿产资源社会蓄积量分析提供基础数据，查明城市矿产中金属及有用成分的累积量，探明我国城市矿产资源储量及其时空分布格局，预测城市矿产未来的开发前景，这将突破由于基础数据缺乏而出现产业规划和政策制定有失科学性、严谨性的问题，为城市矿产基地和回收网络的空间布局、产业发展规划及相关产业政策的制定提供基础数据。

城市矿产资源化过程物质流分析关注的是产品在废弃后成为二次资源，在进行处理、循环的一系列过程。通过城市矿产物质流分析可以确定城市矿产资源中金属及有用成分的基本组成，明确循环利用过程中的再利用量、再利用率、资源化量、资源化率等指标。基于城市矿产物质流分析可以建立循环经济评价体系，资源化率可作为监测国家可持续发展战略中资源利用效率情况的重要指标。城市矿产资源化利用过程物质流分析框架如图3所示。由图3可知，城市矿产资源化利用全生命周期主要包括城市矿产资源的回收、再利用、再加工，最终形成再生产品。

城市矿产大数据可以为不同层面的城市矿产物质流分析提供基础数据，全面了解国家、区域经济城市矿产资源的开发现状及趋势。通过对社会经济系统中城市矿产资源物质流动的流量和路径的分析，建立城市矿产资源物质投入和产出账户，控制物质的投入与流向。通过生态设计、再利用、再制造、高值化等新技术以提高城市矿产资源利用效率；开发资源节约型的新型材料，使新材料性能更好、寿命更长，以提高资源、能源利用效率。

4 城市矿产大数据体系建设

全面推进大数据发展和应用，加快数据强国，已经成为我国的国家战略。为了加快我国城市矿产资源信息化管理进程，搭建城市矿产大数据信息监管平台，对于城市矿产大数据体系建设提出以下建议与措施。

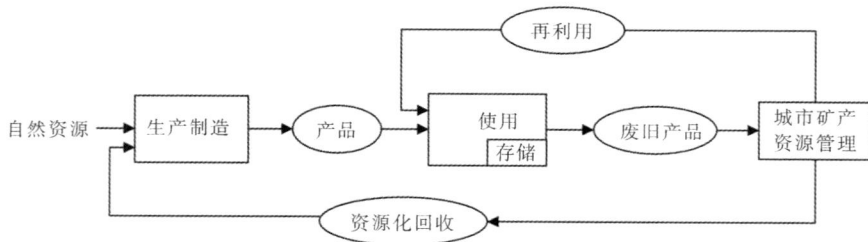

图2 城市矿产形成过程及社会蓄积量分析框架

(1)加强顶层设计、应用导向。围绕城市矿产资源的信息化管理和提高资源利用水平开展大数据顶层设计，必须对整个系统架构、计算框架、处理方法等进行设计，创新应用及灵活基础框架，以适应城市矿产资源信息化管理的新要求。

(2)建立开放、共享信息平台。城市矿产包含种类繁多，来源广泛，涉及面广，数据产生于多个数据源，数据结构不尽相同。统筹不同渠道数据资源，提高数据收集与数据质量控制能力，提高数据共享管理水平。

(3)分阶段实施、重点突破。大数据技术应用在我国仍处于初级阶段，我国城市矿产大数据建设需分阶段实施，选择具有代表性的地区、省市开展城市矿产资源大数据创新应用，

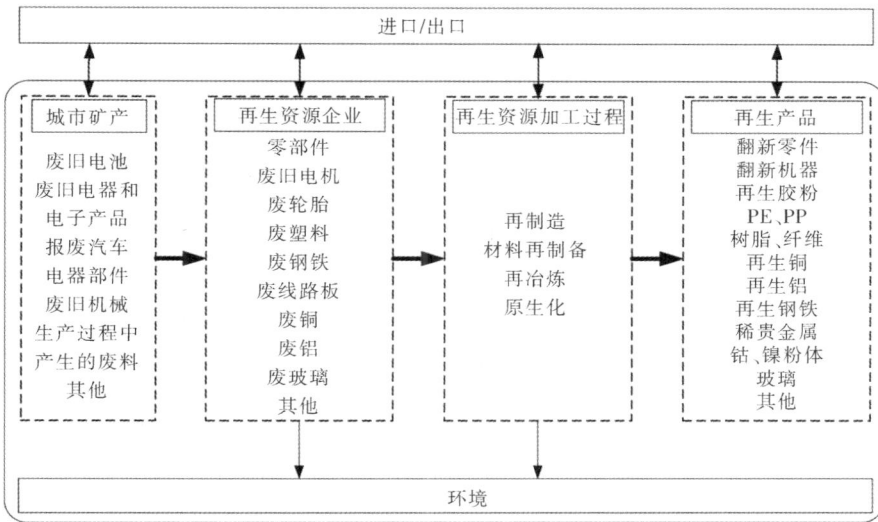

图3 城市矿产资源化利用过程物质流分析框架

探索应用模式,再进行国家层面的推广与应用。

(4)规范化管理、安全保障。建立城市矿产大数据管理工作机制,完善大数据标准及规范体系,依托专业的运营队伍,对城市矿产大数据的网络、计算、存储等基础性设施进行统一运营管理,提高大数据安全保障。

5 结束语

大数据作为一门新兴信息技术,其应用领域已在不断被拓展。随着信息采集技术的不断发展,城市矿产资源基础数据、业务数据、管理数据和监测数据都在快速增长,各类生产数据、消费使用数据、回收数据、资源利用率等数据都具有大数据特征。大数据在城市矿产资源中的应用,能更有效地实现对资源替代效应、环境效应的评估,可以实现对不同区域、不同时间的城市矿产资源变化趋势分析,为城市矿产资源管理研究、信息监管、决策和政策评估提供强有力的信息和技术支撑。将大数据技术引入至城市矿产资源信息化管理建设中,将产生显著的社会效益和经济效益。

参考文献

[1]周永生,章昌平. 国内外"城市矿产"研究与实践综述[J]. 学术论坛,2012(4):118-124.

[2]王昶,徐尖,姚海琳. 城市矿产理论研究综述[J]. 资源科学,2014,36(8):1616-1623.

[3]Marques A C, Cabrera J M. Printed circuit boards:A review on the perspective of sustainability[J]. Journal of Environmental Management,2013,131:298-306.

[4]李学龙,龚海刚. 大数据系统综述[J]. 中国科学(信息科学),2015,45(1):1-44.

[5]孟小峰,慈祥. 大数据管理:概念、技术与挑战[J]. 计算机研究与发展,2013,50(1):146-169.

[6]李芬，朱志祥，刘盛辉. 大数据发展现状及面临的问题[J]. 西安邮电大学学报，2013，18(5)：100-103.

[7]涂新莉，刘波，林伟伟. 大数据研究综述[J]. 计算机应用研究，2014，31(6)：1612-1624.

[8]孙艳秋，刘钢. 基于大数据分析的潜在高血压病预测研究[J]. 计算机仿真，2015，32(5)：386-389.

[9]肖克炎，孙莉，李楠，等. 大数据思维下的矿产资源评价[J]. 地质通报，2015，34(7)：1266-1272.

[10]于萍萍，陈建平，柴福山，等. 基于地质大数据理念的模型驱动矿产资源定量预测[J]. 地质通报，2015，34(7)：1333-1343.

[11]许多. 基于大数据分析的通信网络监控体系构建研究[J]. 通讯世界，2015(17)：57-59.

[12]冯芷艳，郭迅华，曾大军，等. 大数据背景下商务管理研究若干前沿课题[J]. 管理科学学报，2013，16(1)：1-9.

[13]刘琼. 专家解读大数据时代的美国经验与启示[EB/OL]. [2014-08-25]. 人民网(人民论坛)，http://theory. people. com. cn/n/2013/0521/c112851-21551972. html.

[14]黄少芳，刘晓鸿. 基于大数据的地质资源档案信息化与服务[J]. 资源与产业，2015，17(6)：56-61.

[15]王登红，刘新星，刘丽君. 地质大数据的特点及其在成矿规律、成矿系列研究中的应用[J]. 矿床地质，2015，34(6)：1143-1154.

[16]刘予伟，刘东润，陈献耘. 大数据在水资源管理中的应用展望[J]. 水资源研究，2015，4(5)：470-476.

[17]周峰，冯小萍. 基于大数据分析的茶叶质量评估[J]. 现代工业经济和信息化，2015(9)：92-93.

[18]严正伟. 基于大数据技术的国土资源信息化应用研究[J]. 信息化研究，2015，41(2)：1-4.

[19]洪梅，宋博宇，丁琼，等. 生命周期评价在电子废弃物管理中的应用前景[J]. 科技导报，2012，30(33)：62-67.

[20]Hong J L, Shi W X, Wang Y T. Life cycle assessment of electronic waste treatment[J]. Waste Management，2015(38)：357-365.

[21]陈长松，郗永勤. 改进的"城市矿产"物质流分析方法探究[J]. 技术与创新管理，2014，35(6)：657-662.

[22]岳强，王鹤鸣，陆钟武. 金属物质社会蓄积量理论分析模型[J]. 东北大学学报(自然科学版)，2012，33(2)：239-242.

[23]Murakami S, Oguchi M, Tasaki T, et al. Lifespan of commodities, part I: The creation of a database and its review[J]. Journal of Industrial Ecology，2010(4)：598-612.

[24]Oguchi M, Murakami S, Tasaki T, et al. Lifespan of commodities, part II: Methodologies for estimating lifespan distribution of commodities[J]. Journal of Industrial Ecology，2010(4)：613-626.

[25]郭学益. 有色金属资源循环理论与方法[M]. 长沙：中南大学出版社，2008.

[26]岳强，陆钟武. 我国铝的社会蓄积量分析[J]. 东北大学学报(自然科学版)，2011，32(7)：944-947.

[27]Zhang L, Yuan ZW, Bi J. Estimation of copper in-use stocks in Nanjing, China[J]. Journal of Industrial Ecology，2011，16(2)：191-202.

[28]Graedel T E. The prospects for urban mining[J]. The Bridge，2011，41(1)：43-50.

典型电子废弃物中金属资源开采潜力分析

摘要：采用 Logistic 模型、群体平衡模型、物质流分析方法分别对我国 5 种电器电子产品的平均拥有量和总拥有量、电子废弃物及废旧线路板的产生量、金属资源存量及开采潜力进行研究。结果表明：到 2030 年，我国电视机、电脑和手机的拥有量将分别达到 776.49 百万台、463.65 百万台和 1702.84 百万台。我国 5 种典型电子废弃物和废旧电路板总产生量将分别达到 280.73 和 29.92 万 t，废旧电路板中金、银、铜、锡、铅和锶的存量将分别达到 119.5、305.7、60915、7897、5189 和 101.5 t。2015—2030 年，我国典型电子废弃物及废旧电路板的产生量随着更新换代的速度加快、平均拥有量的增加、电器电子产品的使用寿命变短呈增长的趋势，但增长率较前 15 年（2001—2015）将放缓。

电子废弃物（waste electrical and electronic equipment，WEEE）是指电器电子产品在生产过程中产生的废弃物以及经使用后废弃的电器电子产品[1]。包括家用电器（如电视机、冰箱、空调、洗衣机、电脑等）、通讯及办公设备（如手机、电话、传真机、打印机等）。电器电子产品的快速普及与消费，电子信息技术的快速发展，导致电器电子产品的更新换代速度不断加快，产品的寿命不断缩短，电子废弃物的产生量急剧增加[2]。电子废弃物已成为全球增长速度最快的固体废弃物之一[3]。电子废弃物中含有几十种可回收利用的有价金属，同时，电子元器件中含有毒有害物质，若处理不当，将会对环境造成严重污染。电子废弃物的高增长性、高价值性和高污染性已在全球范围内引起广泛关注[4]。

中国是一个资源使用大国，但同时也是资源极其缺乏的国家。部分战略性金属资源（如铜、钴等）长期依赖进口。随着原生矿产资源的不断枯竭，大部分的金属资源蕴含于产品，已转移到城市之中，形成"城市矿产"。电子废弃物是典型的"城市矿产"资源。对电子废弃物进行资源化利用可以有效缓解资源压力和降低资源的对外依存度，还可以减轻环境压力。印刷线路板（waste printed circuit board，WPCB）是电器电子产品的重要组成部分，是各种电子元器件的重要载体，包含了所有的贵金属，极具回收价值[5]。电子废弃物中二次金属资源主要赋存于废旧线路板[6]，其资源化利用正成为一个全球性课题。

借鉴发达国家的废弃物回收利用的成功经验，我国已加快推进城市矿产资源发展策略[7]。到 2015 年底，已累计批复六批 49 个"城市矿产"示范基地，废弃电器电子产品处理基金补贴名单的处理企业达到 109 家，年处理能力已超过 1.5 亿台，但实际废弃电器电子产品回收处理量仅 7500 万台[8]。产能过剩严重，究其原因主要是电子废弃物的产生量和资源储量等基础信息缺失，未能对未来资源开采潜力进行预测分析，对其中蕴含的金属资源在多大程度上可替代原生资源等问题的认识不够清晰，导致企业产业规模与实际资源供给不匹配，资源配置不合理。要查明电子废弃物中金属资源储量，必须掌握电子废弃物的产生量、未来发展趋势等基本信息。

同时，由于未建立电器电子产品基础信息数据库，电子废弃物产生量主要采用数学模型

本文发表在《中国有色金属学报》，2018，28（2）：365-376。合作者：严康、张婧熙、黄国勇。

进行估算[9]。常用数学模型包括：市场供给模型（market supply model）、斯坦福模型（stanford method）、卡内基梅隆模型（Carnegie Mellon method）、时间梯度模型（time-step method）、时间序列模型（time-series method）、物质流分析模型（substance flow analysis method）等[10]。国内外对于电子废弃物产生量估算已有少量的研究[11-14]。张伟等[15]采用斯坦福模型对我国主要电子废弃物产生量进行了预测及特征分析。LIU 等[16]采用物质流分析方法对北京市"四机一脑"产生量进行了预测，到 2020 年，废旧"四机一脑"产生量将达到 282 万台。高颖楠等[17]采用市场供给 A 模型估算了我国废弃手机的产生量。从目前国内的研究来看，电子废弃物的研究主要集中在国家层面或区域层面，对某一种或几种电子废弃物的产生量进行估算，主要侧重于电子废弃物的管理，并未关注其中的资源存量及未来发展趋势，相关研究报道甚少。

因此，本文作者采用群体平衡模型和物质流分析方法估算典型电子废弃物及其中废旧线路板产生量，查明其中金属资源存量，并预测 2016—2030 年我国 5 种典型废旧电器电子产品产生的废旧线路板中金属资源的开采潜力，为废旧线路板的资源化技术的开发及管理提供基础数据。

1 研究方法

1.1 研究范围

由于电子废弃物种类多，基于消费使用情况，电子产品的报废高峰期存在差异。根据《废弃电器电子产品处理目录》（2014 年版）[18]，本研究选取已进入报废高峰期的典型的电器电子产品包括：CRT 电视机、LCD 电视机、台式电脑、笔记本电脑、手机。将电子废弃物中的废旧电路板作为金属资源开采潜力分析对象。金属开采潜力是指废旧线路板中可供回收利用的金属量。研究范围基于国家层面，估算 2000—2030 年废旧线路板的产生量，并测算其中金属资源的存量和开采潜力。废旧线路板产生量及其金属资源存量物质流分析框架如图 1 所示。

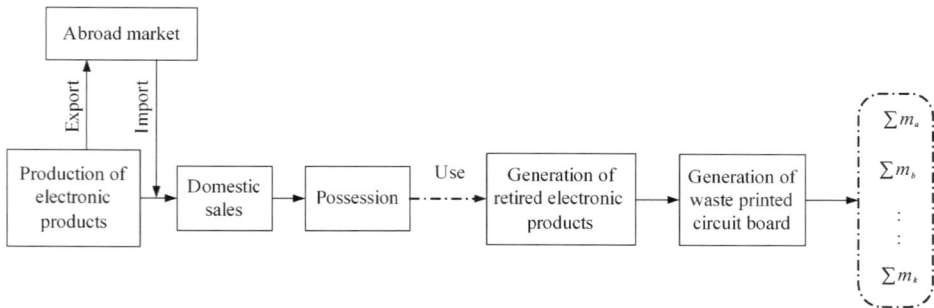

图1 废旧线路板产生量及其金属资源存量物质流分析框架

1.2 计算方法

本研究采用威布尔分布对产品进行寿命分析，采用群体平衡模型对废旧电器电子产品产生量进行估算，将物质流分析方法用于废旧线路板的产生量、金属资源的存量及开采潜力的分析。

1.2.1 产品拥有量估算

根据"生长理论"，电子产品的社会拥有量遵循"S"形增长曲线规律，产品的平均拥有量变化将经历 4 个不同阶段：投入期、生长期、成熟期和衰退期[19]。本研究采用 Logistic 模型对平均拥有量进行预测，通过式(1)计算；产品总拥有量可通过式(3)计算：

$$\overline{P}_t = \overline{P}_{max} / \{ 1 - a \cdot \exp[- b(t - t_0)] \} \tag{1}$$

$$a = - \exp[b(t_{1/2} - t_0)] \tag{2}$$

$$P_t = \overline{P}_t \times N_t \tag{3}$$

式中：$\overline{P}_t$ 为第 t 年每百户某产品拥有量；$\overline{P}_{max}$ 为每百户某产品拥有量最大极限值；t_0 为 Logistic 曲线回归计算初始年；$t_{1/2}$ 为每百户某产品均拥有量达到最大极限值中间值时的年份；b 为每百户某产品拥有量的增长率，通过对 2000—2015 年的数据拟合得到；参数 a 可以由式(2)计算；N_t 为第 t 年我国居民户数；P_t 为第 t 年某产品的总拥有量。其中手机的总拥有量以每百人拥有量计算。

1.2.2 产品寿命分布

产品寿命分布是研究电子废弃物产生量必不可少的参数[20]。产品寿命分析通常有两种处理方法[21]：一种是将产品的寿命设定为常数并假设平均寿命等于产品的使用寿命；另一种是将产品的寿命采用统计学方法进行寿命分布计算。常用的产品寿命概率统计分布包括：威布尔分布、对数分布、正态分布、δ 分布[22]。其中威布尔分布是最广泛应用于电器电子产品的寿命分布分析[23]。本研究中的电器电子产品寿命分布采用威布尔分布进行分析，累积威布尔分布函数如式(4)所示：

$$F_t(y) = 1 - \exp\left\{ -\left(\frac{y}{y_{av}}\right)^{\beta} \cdot \left[\Gamma\left(1 + \frac{1}{\beta} \right) \right]^{\beta} \right\} \tag{4}$$

$$y_{av} = \alpha \cdot \Gamma(1 + 1/\beta) \tag{5}$$

式中：y 为某产品的寿命；$F_t(y)$ 为产品使用 y 年后在第 t 年累积废弃率，由公式(4)计算而得；y_{av} 为产品的平均使用寿命，由公式(5)计算而得；β 为威布尔分布的形状参数，可由产品的历年累积废弃率曲线拟合而得；Γ 为伽马函数。

1.2.3 废弃物产生量计算

本研究采用群体平衡模型(population balance model，PBM)对电子废弃物的产生量进行估算。该模型由日本学者 TASAKI[24]设计，并广泛应用于电子废弃物的产生量的估算与预测。根据质量守恒定律，物质输入量等于输出量。典型电子废弃物产生量可由以下公式计算得到：

$$\hat{P}_t = S_t + \sum_i \{ S_{(t-i)} \cdot [1 - F_t(i)] \} \tag{6}$$

$$f_t(i) = F_t(i) - F_t(i - 1) \tag{7}$$

$$S_t = p_t - E_t + I_t \tag{8}$$

$$\hat{S}_t = P_t - P_{t-1} + G_t \tag{9}$$

$$G_t = \sum_{i=1} [S_{(t-i)} \cdot f_t(i)] \tag{10}$$

式中 $\hat{P}_t$ 为 t 年预测某产品的社会拥有总量，可由式（6）计算而得；$f_t(i)$ 为在 t 年产品寿命为 i 年的废弃率，可由式（7）计算而得；S_t 为某产品在 t 年的国内销售量，可由式（8）计算而得，其中 p_t 为 t 年的国内某产品的销售量，E_t 和 I_t 分别为 t 年某产品的进口量和出口量；$\hat{S}_t$ 为预测的销售量，可由式（9）计算而得；G_t 为 t 年的某废旧产品的产生量，根据销售量和废弃率，可由式（10）计算而得；预测的销售量可以通过产生量和拥有量进行循环代入计算得到。

1.2.4　废旧线路板产生量及其金属存量计算

电器电子产品在废弃前后质量基本保持不变，线路板在电子废弃物中占有一定的质量比。本研究采用物质流分析方法对废旧线路板的产生量及其金属存量进行计算分析，可由以下公式计算得到：

$$W_{t,\text{WPCB}} = \sum_{i=1} \left[S_{(t-i)} \cdot f_t(i) \cdot w \cdot C_{\text{WPCB}} \right] \tag{11}$$

$$W_{t,\text{TWPCB}} = \sum_{j=1} W_{j,t,\text{WPCB}} \tag{12}$$

$$\sum m_{k(t)} = \sum_{j=1} W_{t,\text{WPCB}} \cdot x_{j,k} \tag{13}$$

式中：$W_{t,\text{WPCB}}$ 为某产品在 t 年的废旧线路板产生量；C_{WPCB} 为某产品中废旧线路板占废弃物产生量的质量分数；$W_{t,\text{TWPCB}}$ 为 t 年各类产品废旧线路板产生量的总和；w 为某产品的平均质量；$x_{j,k}$ 为金属 k 在产品 j 的线路板中所占的质量分数；$\sum m_{k(t)}$ 为 t 年废旧线路板中金属 k 的质量总和。

1.3　数据来源

为了对典型电子废弃物（电视机、电脑、手机），废旧线路板进行产生量及金属存量分析，采用数学模型进行估算，其中数学模型中各参数的求解需要大量的基础数据作为支撑。2000—2014 年 CRT 电视机、LCD 电视机、台式电脑、笔记本电脑、手机的生产、销售、进出口数据来源于对应年份第二年的中国电子信息产业统计年鉴[25-39]。CRT 电视机、LCD 电视机、台式电脑、笔记本电脑的生产、销售、进出口数据，分别如表 1~4 所列。实际上，山寨手机占据手机销售量一定的份额[40]，这部分手机并未列入官方统计范畴，在对手机使用情况的调查问卷中也证实了这一点。因此，本研究将山寨手机的销售量考虑其中，山寨手机占手机销售量的 10%，但由于 2006—2011 年为山寨手机的快速发展时期，根据曹希敬等[41]的研究，将 2006—2011 年山寨手机销售量占比调整为 10.4%、19.6%、24.2%、24.8%、23.7% 和 15%，手机的总销售量为官方统计手机销售量与山寨手机销售量之和。2000—2014 年我国手机的生产、销售、进出口、山寨手机所占比例及实际销售量，如表 5 所列。2000—2030 年中国人口数量，如表 6 所列，其中 2000—2014 年中国人口数据来自中国统计年鉴[42]，2015—2030 年中国人口数据来源于孟令国等[43]的研究。各电器电子产品的平均质量和线路板所占质量分数数据来源于国内某电子废弃物拆解企业现场调研。典型电子废弃物的平均质量及线路板所占的质量分数，如表 7 所列。各电器电子产品中线路板中金属所占的质量分数数据来源于 OGUCHI 等[44]的研究，如表 8 所列。

表 1　CRT 电视机生产、销售、进出口情况　　　　　　　　万台

Year	Production	Export	Import	Sales
2000	5496. 70	1548. 5	18. 6	3966. 80
2001	6053. 80	1648. 9	19. 8	4424. 70
2002	6347. 40	1837. 9	20. 60	4530. 10
2003	6548. 90	2010. 82	12. 50	4550. 58
2004	7211. 80	2227. 31	9. 82	4994. 31
2005	7668. 00	2564. 29	18. 46	5122. 17
2006	7232. 96	2992. 20	28. 90	4269. 66
2007	6604. 64	2481. 07	100. 36	4223. 93
2008	5675. 83	2071. 80	41. 30	3645. 33
2009	2916. 06	1411. 81	17. 75	1522. 00
2010	2511. 69	1430. 20	10. 40	1091. 89
2011	1515. 23	1090. 10	6. 10	431. 23
2012	845. 74	622. 00	4. 60	228. 34
2013	287. 59	82. 70	2. 03	206. 92
2014	105. 19	52. 40	0. 6	53. 39

表 2　LCD 电视机生产、销售、进出口情况　　　　　　　　万台

Year	Production	Export	Import	Sales
2000	0. 22	0. 08	3. 56	3. 70
2001	0. 95	0. 24	10. 25	10. 96
2002	1. 85	0. 58	22. 34	23. 61
2003	31. 40	7. 82	58. 40	81. 98
2004	112. 69	12. 66	26. 61	126. 64
2005	529. 71	251. 64	7. 07	285. 14
2006	1062. 54	540. 69	7. 70	529. 55
2007	1866. 85	810. 52	11. 17	1067. 50
2008	3293. 36	1863. 30	22. 10	1452. 16
2009	6956. 36	4027. 28	7. 41	2936. 49
2010	9151. 64	5195. 30	2. 30	3958. 64
2011	10713. 08	5442. 40	2. 10	5272. 78
2012	11632. 24	5522. 50	3. 40	6113. 14
2013	12488. 48	5469. 90	4. 50	7023. 08
2014	14023. 67	6895. 40	6. 10	7134. 37

表 3　台式电脑生产、销售、进出口情况　　　　　　　　万台

Year	Production	Export	Import	Sales
2000	711.79	146.8535	2.69	567.63
2001	751.93	130.9091	2.98	624.00
2002	1463.27	222.91	3.35	1243.71
2003	1883.04	377.89	1.9	1507.05
2004	1762.40	492.36	2.07	1272.11
2005	3518.84	623.25	2.39	2897.98
2006	3424.57	815.3	2.3	2611.57
2007	3401.95	874.68	2.64	2529.91
2008	2807.90	768.2	5.2	2044.90
2009	3193.95	699.52	9.79	2504.22
2010	5008.02	1046.3	27.6	3989.32
2011	7974.82	974.3	39.5	7040.02
2012	6226.31	903.9	31.6	5354.01
2013	5603.10	1006.6	36.8	4633.30
2014	865.83	274.03	22.9	614.70

表 4　笔记本电脑生产、销售、进出口情况　　　　　　　　万台

Year	Production	Export	Import	Sales
2000	7.90	0.29	48.37	55.98
2001	28.25	5.0881	52.57	75.73
2002	117.00	32.96	60.11	144.15
2003	1387.42	1329.57	66	123.85
2004	2750.00	2532.24	85.71	303.47
2005	4564.99	3374.42	72.99	1263.56
2006	5911.87	4818.11	72.2	1165.96
2007	8671.43	7302.63	56.7	1425.50
2008	10858.70	9882.72	63.2	1039.18
2009	15009.47	12492.17	59.9	2577.20
2010	18584.12	13808.45	122.6	4898.27
2011	23897.38	16970.86	148.9	7075.42
2012	25289.36	20951.79	234.2	4571.77
2013	17444.31	14712.33	367.7	3099.68
2014	22728.81	14921.3	100.6	7908.11

表5 手机生产、销售、进出口情况 百万台

Year	Production	Export	Import	Sales	Shanzhai phones proportion/%	Shanzhai phones sales	Total sales
2000	38.52	9.51	6	35.01	10	3.50	38.51
2001	83.97	39.68	7.5	51.79	10	5.18	56.97
2002	120	41.09	17.2	96.11	10	9.61	105.72
2003	186.44	89.38	22.07	119.13	10	11.91	131.04
2004	233.45	146.05	12.72	100.12	10	10.01	110.13
2005	303.54	162.76	12.75	153.53	10	15.35	168.88
2006	480.14	385.72	28.92	123.34	10.40	12.83	136.17
2007	548.59	361.28	16.83	204.14	19.60	40.01	244.15
2008	559.64	314.29	17.72	263.07	24.20	63.66	326.73
2009	619.24	378.26	24.47	265.45	24.80	65.83	331.28
2010	998.27	497.93	18.65	518.99	23.70	123.00	641.99
2011	1132.58	507.81	9.25	634.02	15	95.10	729.12
2012	1181.54	496.23	9.59	694.9	10	69.49	764.39
2013	1455.61	729.12	8	734.49	10	73.45	807.94
2014	1627.2	880.12	10.12	757.2	10	75.72	832.92

表6 2000—2030年中国人口发展趋势 万人

Year	Total population	Year	Total population	Year	Total population
2000	126743	2011	134735	2022	140970
2001	127627	2012	135404	2023	141300
2002	128453	2013	136072	2024	141560
2003	129227	2014	136762	2025	141760
2004	129968	2015	136930	2026	141960
2005	130756	2016	137750	2027	142090
2006	131448	2017	138490	2028	142160
2007	132129	2018	139130	2029	142160
2008	132602	2019	139670	2030	142100
2009	133450	2020	140120		
2010	134091	2021	140580		

表 7　典型电子废弃物的平均质量及线路板所占的质量分数

Electronic product type	Average mass/kg	Massfraction of PCB/%
CRT TV	14.56	5.80
LCD TV	16.80	9.80
Desktop PC	12.60	9.00
Notebook PC	2.46	13.00
Mobile phone	0.125	30.30

表 8　各种废旧线路板中金属含量

Electronic product type	Metal content of WPCB/($mg \cdot kg^{-1}$)													
	Common metal						Precious metal			Less common metal				
	Al	Cu	Zn	Sn	Pb	Fe	Ag	Au	Pd	Ba	Bi	Co	Ga	Sr
CRT TV	62000	72000	5300	18000	14000	34000	120	5	20	2400	280	36	—	550
LCD TV	63000	180000	20000	29000	17000	49000	600	200	—	3000	—	—	—	300
Desktop PC	18000	200000	2700	18000	23000	13000	570	240	150	1900	50	48	11	380
Notebook PC	18000	190000	16000	16000	9800	37000	1100	630	200	5600	120	80	10	380
Mobile phone	15000	330000	5000	35000	13000	18000	3800	1500	300	19000	440	280	140	430

2　结果与讨论

2.1　各类电器电子产品社会拥有量预测

　　采用 Logistic 模型对电视机、电脑、手机的平均拥有量进行预测。结合发达国家日本电子电器产品消费水平[23]和我国电子电器产品发展情况调查，将城镇、农村居民每百户拥有彩色电视机的极大值分别设定为 250 台、180 台，将城镇、农村居民每百户拥有电脑的极大值分别设定为 120 台、80 台。城镇、农村居民每百户平均拥有彩色电视机和电脑台数预测结果如图 2 与图 3 所示。将每百人拥有手机的极大值设定为 121 台，每百人手机平均拥有量预测结果如图 4 所示。结果显示，3 种类型的电器电子产品的平均拥有量呈持续的增长趋势，但未来 15 年(2016—2030 年)的平均增长率较前 15 年(2001—2015 年)将放缓。

　　根据中国的人口发展水平情况，结合电器电子产品的平均拥有量，3 种电器电子产品的社会拥有量预测结果如图 5 所示。结果显示，2015 年我国电视机、电脑和手机的社会拥有量分别为 605.93、321.19 和 1307.68 百万台。由于电子信息技术的快速发展，我国电视机、电脑、手机的社会拥有量在未来 15 年还将保持持续的增长，到 2030 年，我国电视机、电脑和手机的社会拥有量将分别达到 776.49、463.65 和 1702.84 百万台。

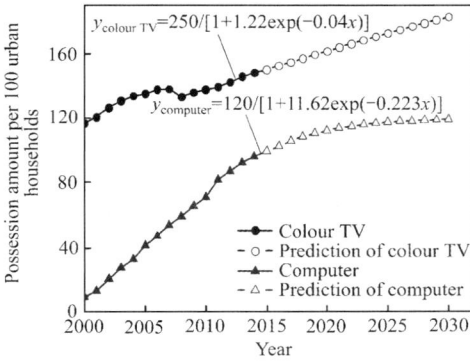

图 2　城镇居民每百户平均拥有
彩色电视机、电脑台数预测

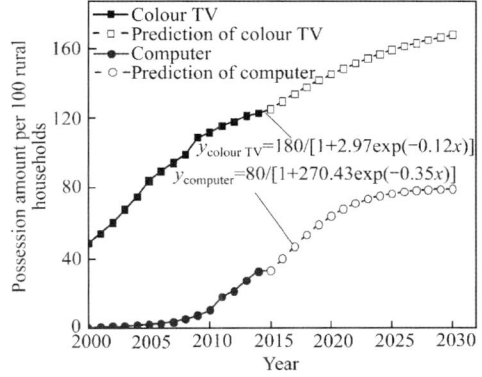

图 3　农村居民每百户平均拥有
彩色电视机、电脑台数预测

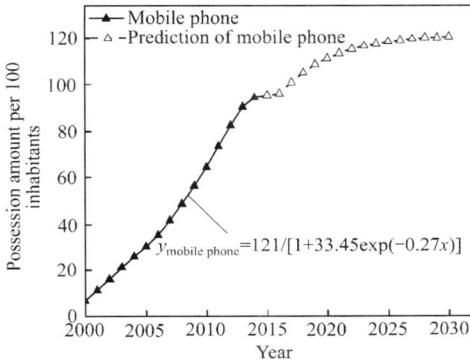

图 4　每百个居民手机平均拥有台数预测

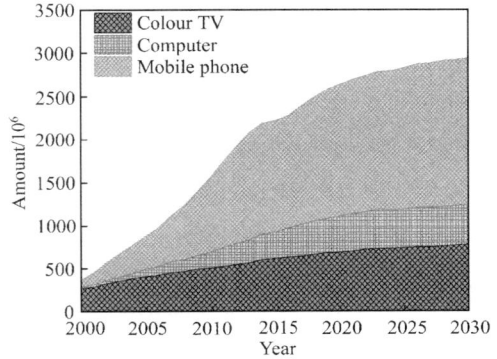

图 5　三类电器电子产品社会拥有量预测

2.2　典型电子废弃物产生量估算

2.2.1　电器电子产品的寿命分布

本研究采用问卷调查的方式对 5 种电器电子产品的使用寿命展开调查，5 种废旧电器电子产品的寿命分布情况如图 6 所示，采用累积威布尔分布对寿命进行拟合求解得到电子产品的寿命分布参数，结果如表 9 所列。结果显示，我国 CRT 电视机、LCD 电视机、台式电脑、笔记本电脑和手机的平均使用寿命分别为 6.36、4.52、3.56、4.64 和 1.74 年。各电子产品寿命的拟合相关性良好。Li 等[9] 2012 年采用问卷数据调查的方式获取基础数据，并估算我国手机的平均使用寿命为 1.9年，本研究对手机的使用寿命估算结果与之相契合，证实电子产品的使用寿命在逐渐缩短。

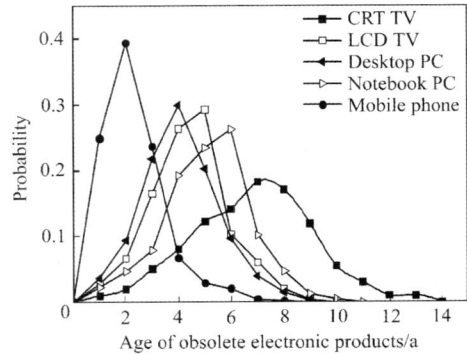

图 6　5 种电器电子产品的寿命分布

表9 产品寿命分布参数估算及相关系数(R^2)结果

Product	b	y_{av}	R^2
CRT TV	3.17	6.36	0.999
LCD TV	3.12	4.00	0.996
Desktop PC	3.56	2.81	0.999
Notebook PC	4.64	3.40	0.998
Mobile phone	1.76	1.73	0.995

2.2.2 产生量估算

本研究基于群体平衡模型对2000—2030年我国废旧CRT电视机、LCD电视机、台式电脑、笔记本电脑、手机的产生量进行估算。首先对5种电器电子产品的销售量进行预测，结果如图7所示。由图7可以看出，未来15年内，我国LCD电视机、台式电脑、笔记本电脑、手机的销售量还将呈缓慢增长趋势。随着液晶显示技术的发展，液晶电视机逐步取代了CRT电视机，导致CRT电视机的销售量在2016年逐渐减少至0，并随着CRT电视机的淘汰，液晶电视机的销售量呈快速增长趋势。到2030年，我国LCD电视机、台式电脑、笔记本电脑和手机的销售量将分别达到112.82、59.79、65.21和978.25百万台。

5种废旧电器电子产品的产生量估算结果如图8所示。由图8可以看出，2015年我国废旧CRT电视机、LCD电视机、台式电脑、笔记本电脑和手机分别为28.12、46.26、48.94、40.52和781.07百万台。预计到2030年，将分别达到0、106.41、58.66、64.62和972.13百万台。除CRT电视机外，其他4种电器电子产品的废弃量呈持续增长趋势，LCD电视机的增长率明显高于其他3种电器电子产品。由于电子信息技术的不断发展，电器电子产品的更新速度不断加快，产品的使用寿命逐年降低，导致废旧电器电子产品的产生量逐年增加。

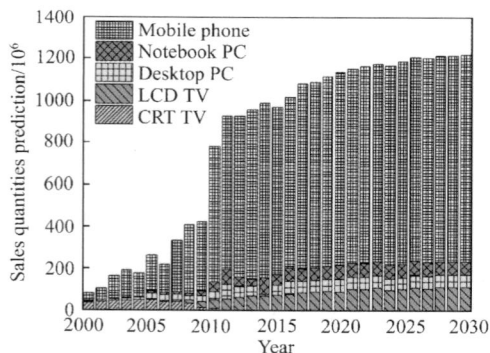

图7 5种电器电子产品销售量预测

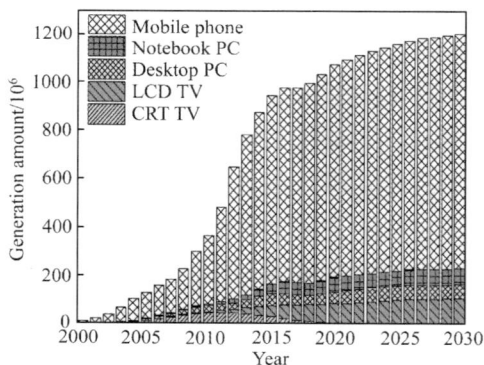

图8 5种废旧电器电子产品的产生量

2.3 废旧线路板产生量估算

采用物质流分析方法对5种废旧电器电子产品中的废旧线路板产生量进行估算，结果如图9所示。由图9可以看出，2015年，废旧CRT电视机、LCD电视机、台式电脑、笔记本电脑和手机中废旧线路板的产生量分别为 23743、76154、55493、12959 和 29583 t，废旧线路板的总产生量为 197933 t。废旧线路板的产生量在未来 15 年还将呈稳定的增长趋势，并趋于稳定。由于 CRT 电视机到 2017 年将完全被 LCD 电视机取代，到 2030 年，将不再产生废旧 CRT 电视机，那么废旧 LCD 电视机、台式电脑、笔记本电脑和手机中废旧线路板的产生量将分别达到 175196、66517、20665 和 36819 t，废旧线路板的总产生量将达到 29.92 万 t。废旧 LCD 电视机中废旧线路板的产生量远远高于其他 3 种废旧电器电子产品。

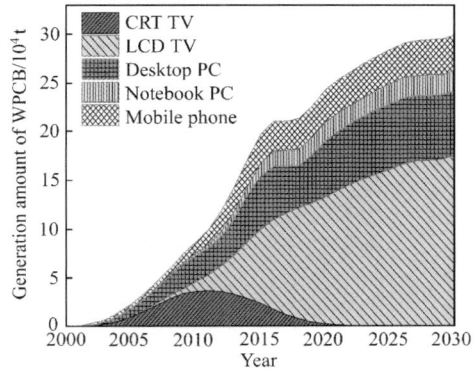

图 9　5 种废旧电器电子产品中的废旧线路板产生量

2.4　废旧线路板中金属资源存量及开采潜力

本研究采用物质流分析方法对废旧线路板中的金属资源存量及开采潜力进行分析研究。废旧线路板中的金属可分为：普通金属、贵金属、稀散金属，包括金、银、铜、锡等，不同电器电子产品中线路板所占的质量分数不同，线路板中所含的有价金属量存在差异。不同品牌，不同年代生产的电器电子产品线路板中金属含量同样存在差异。由于数据原因，采用电器电子产品线路板中常见金属组分对废旧线路板中金属存量进行计算分析。

考察了 5 种废旧电器电子产品中金、银、铜、锡、铅、锶的存量，分析结果如图 10 所示。由图 10 可以看出，废旧手机线路板中的贵金属金、银存量高，废旧 LCD 线路板中的铜、锡存量高。2015 年，废旧 CRT 电视机、LCD 电视机、台式电脑、笔记本电脑和手机中金存量分别为 0.119、15.23、13.32、8.16 和 44.37 t。5 种废旧电器电子产品废旧线路板中金总存量为 81.21 t。到 2030 年，除 CRT 电视机外，废旧 LCD 电视机、台式电脑、笔记本电脑和手机含金量将分别达到 35.04、15.96、13.02 和 55.23 t，金的总存量为 119.5 t。随着报废量的增加，各废旧电器电子产品中的含金量在未来 15 年将呈稳定的增长趋势。

到 2030 年，废旧 LCD 电视机、台式电脑、笔记本电脑和手机中银存量将分别达到 105.12、37.91、22.73 和 139.91 t；故银的总存量为 305.7 t。废旧 LCD 电视机、台式电脑、笔记本电脑和手机中铜存量将分别达到 31535、13303、3926 和 12150 t；故铜的总存量为 60915 t。废旧 LCD 电视机、台式电脑、笔记本电脑和手机中锡存量将分别达到 5080、1197、331 和 1289 t；故锡的总存量为 7897 t。废旧 LCD 电视机、台式电脑、笔记本电脑和手机中铅存量将分别达到 2978、1530、202 和 479 t；故铅的总存量为 5189 t。废旧 LCD 电视机、台式电脑、笔记本电脑和手机中锶存量将分别达到 52.56、25.28、7.85 和 15.83 t；故锶的总存量为 101.5 t。废旧手机中的银存量最大，明显高于其他 3 种废旧产品。废旧 LCD 电视机中铜、锡、铅、锶的存量最大。

由 5 种典型电子废弃物中的废旧线路板金属存量的发展趋势可知，5 种废旧线路板中贵金属金、银资源开采潜力大小依次为：手机、LCD 电视机、台式电脑、笔记本电脑、CRT 电视机；铜资源开采潜力大小依次为：LCD 电视机、台式电脑、手机、台式电脑、CRT 电视机；锡资源开采潜力大小依次为：LCD 电视机、手机、台式电脑、笔记本电脑、CRT 电视机。铅、锶资源开采潜力大小依次为：LCD 电视机、台式电脑、手机、笔记本电脑、CRT 电视机。由于信息技术的不断发展，生产者为了节约生产成本，已逐渐降低贵金属在元器件中的使用量[45]，将导致废旧线路板中的贵金属存量计算在一定范围内存在的波动。

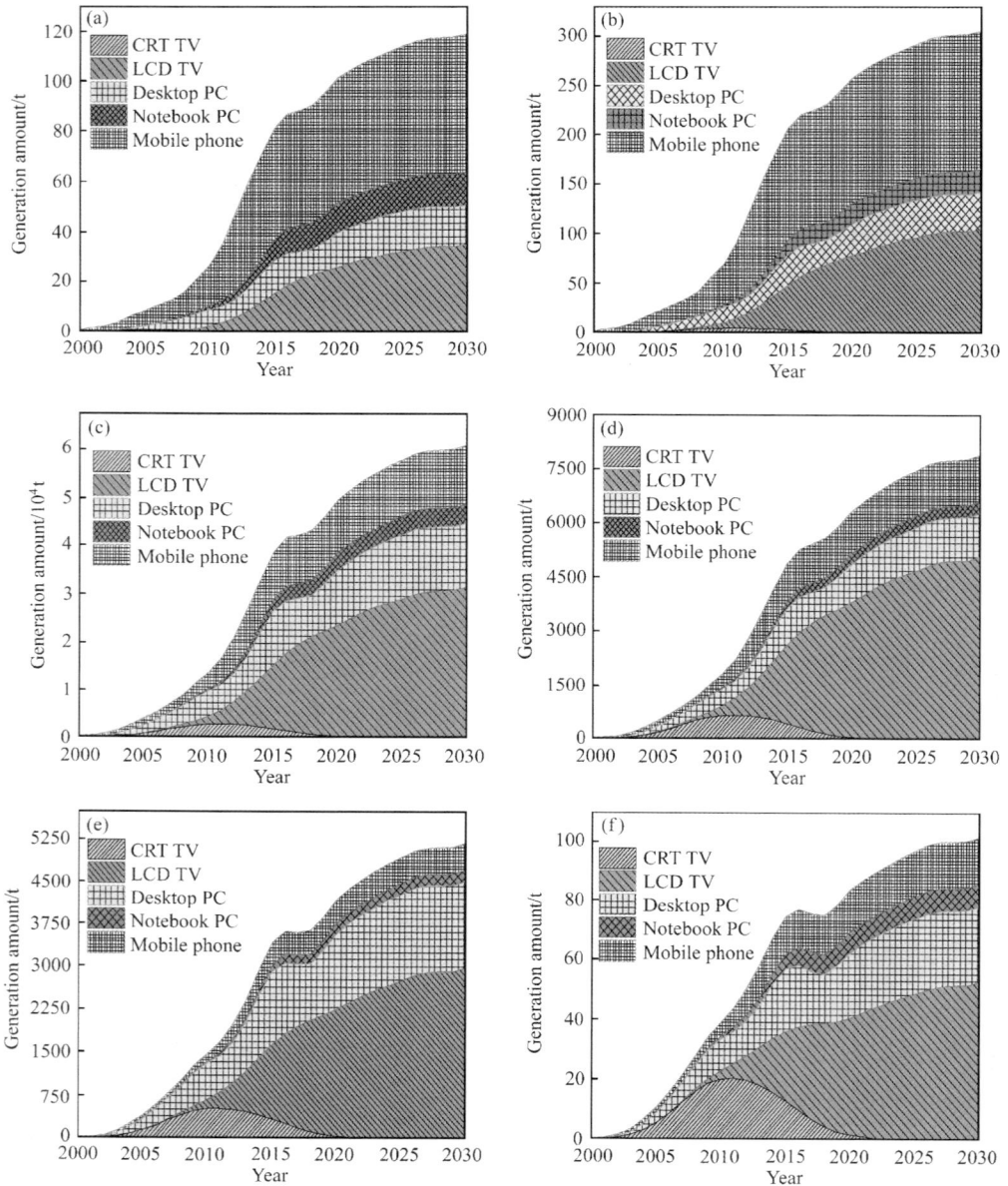

图10　5种废旧电器电子产品的废旧线路板中金属产生量

3　结论

（1）采用 Logistic 模型对我国电视机、电脑、手机的社会拥有量进行了预测分析。三类电器电子产品的社会拥有量在未来 15 年还将保持缓慢的增长。到 2030 年，我国电视机、电脑和手机的社会拥有量将分别达到 776.49、463.65 和 1702.84 百万台。

（2）采用群体平衡模型对我国废旧 CRT 电视机、LCD 电视机、台式电脑、笔记本电脑和手机的产生量及废旧线路板的产生量进行估算分析。到 2030 年，5 种废旧电器电子产品产生量将分别达到 0、106.41、58.66、64.62 和 972.13 百万台，废旧线路板的总产生量将达到 29.92 万 t。

（3）采用物质流分析方法对典型电子废弃物中的金属存量及开采潜力进行分析研究。预测未来 15 年 5 种废旧电器电子产品中废旧线路板中金属存量的增长趋势，到 2030 年，废旧线路板中金、银、铜、锡、铅和锶的存量分别为 119.5、305.7、60915、7897、5189 和 101.5 t。

参考文献

[1]郭学益，田庆华. 有色金属资源循环理论与方法[M]. 长沙：中南大学出版社，2008.

[2]郭学益，江晓健，刘静欣，刘旸，刘子康. 梯级碱溶分步提取废弃电路板中有价金属[J]. 中国有色金属学报，2017，27（2）：406-413.

[3]Dwivedy M，Mittal R K. Estimation of future outflows of e-waste in India[J]. Waste Management，2010，30：483-491.

[4]Dwivedy M，Mittal R K. An investigation into e-waste flows in India[J]. Journal of Cleaner Production，2012，37：229-242.

[5]刘静欣，郭学益，刘旸. 废弃电路板多金属粉末碱性熔炼产物分形浸出动力学[J]. 中国有色金属学报，2015，25（2）：545-552.

[6]郭学益，刘静欣，田庆华. 废弃电路板多金属粉末低温碱性熔炼过程的元素行为[J]. 中国有色金属学报，2013，23（6）：1757-1763.

[7]李金惠，宋庆彬. 中国城市矿产开发潜力、问题及对策研究[J]. 环境污染与防治，2014，36（12）：96-99.

[8]中华人民共和国商务部. 中国再生资源回收行业发展报告（2016）[EB/OL]. http://www.ezaisheng.com/ne.

[9]Li Bo，Yang Jianxin，Lü Bing，Song Xiaolong. Estimation of retired mobile phones generation in China：A comparative study on methodology[J]. Waste Management，2015，35：247-254.

[10]李博，杨建新，吕彬，宋小龙. 废弃电器电子产品产生量估算：方法综述与选择策略[J]. 生态学报，2015，35（24）：1-9.

[11]Araujo M G，Magrini A，Mahler c F，Bilitewski B. A model for estimation of potential generation of waste electrical and electronic equipment in Brazil[C]. Waste Management，2012，32：335-342.

[12]Rahmani M，Nabizadeh R，Yaghmaeian K，Mahvi A H，Yunesian M. Estimation of waste from computers and mobile phones in Iran[J]. Resources，Conservation and Recycling，2014，87：21-29.

[13]Habuer，Nakatani J，Moriguchi Y. Time-series product and substance flow analyses of end-of-life electrical and electronic equipment in China[J]. Waste Management，2014，34：489-497.

[14]阮久莉，郭玉文，刘景洋，乔琦. 我国打印机报废量预测研究[J]. 中国资源综合利用，2013，31（5）：32-35.

[15]张伟，蒋洪强，王金南. 我国主要电子废弃物产生量预测及特征分析[J]. 环境科学与技术，2013，36（6）：195-199.

[16]Liu Xianbin，Tanaka M，Matsui Y. Generation amount prediction and material flow analysis of electronic waste：A case study in Beijing，China[J]. Waste Management Research，2006，24：434-445.

[17]高颖楠，徐鹤，卢现军. 基于市场供给 A 模型的手机废弃量预测研究[C]// 中国环境科学学会 2010 年

学术年会论文集. 上海: 中国环境科学学会, 2010: 3597-3601.

[18]中华人民共和国工业和信息化部. 废弃电器电子产品处理目录(2014 年版)[EB/OL]. http://www. miit. gov. cn/n1146285/ n1146352/n3054355/n3057542/n3057544/c3649950/part/3649951. pdf, 2015-02-09.

[19]Kim S, Oguchi M, Yoshida A, Terazono A. Estimating the amount of WEEE generated in South Korea by using the population balance model[J]. Waste Management, 2013, 33: 474-483.

[20]Murakami S, Oguchi M, Tasaki T, Daigo I, Hashimoto S. Lifespan of commodities, Part Ⅰ The creation of a database and its review[J]. Journal of Industrial Ecology, 2010, 4: 598-612.

[21]Oguchi M, Murakami S, Tasaki T, Daigo I, Hashimoto S. Lifespan of commodities, part Ⅱ methodologies for estimating lifespan distribution of commodities[J]. Journal of Industrial Ecology, 2010, 14(4): 613-626.

[22]Yan Lingyu, Wang Anjian, Chen Qishen, Li Jianwu. Dynamic material flow analysis of zinc resources in China [J]. Resources, Conservation and Recycling, 2013, 75: 23-31.

[23]Ogchi M, Kameya T, Yagi S, Urano K. Product flow analysis of various consumer durables in Japan[J]. Resources, Conservation and Recycling, 2008, 52: 463-480.

[24]Tasaki T, Takasuga T, Osako M, Sakai S. Substance flow analysis of brominated flame retardants and related compounds in waste TV sets in Japan[J]. Waste Management, 2004, 24: 571-580.

[25]工业和信息化部运行监测协调局. 中国电子信息产业统计年鉴[M]. 北京: 电子工业出版社, 2001.

[26]工业和信息化部运行监测协调局. 中国电子信息产业统计年鉴[M]. 北京: 电子工业出版社, 2002.

[27]工业和信息化部运行监测协调局. 中国电子信息产业统计年鉴[M]. 北京: 电子工业出版社, 2003.

[28]工业和信息化部运行监测协调局. 中国电子信息产业统计年鉴[M]. 北京: 电子工业出版社, 2004.

[29]工业和信息化部运行监测协调局. 中国电子信息产业统计年鉴[M]. 北京: 电子工业出版社, 2005.

[30]工业和信息化部运行监测协调局. 中国电子信息产业统计年鉴[M]. 北京: 电子工业出版社, 2006.

[31]工业和信息化部运行监测协调局. 中国电子信息产业统计年鉴[M]. 北京: 电子工业出版社, 2007.

[32]工业和信息化部运行监测协调局. 中国电子信息产业统计年鉴[M]. 北京: 电子工业出版社, 2008.

[33]工业和信息化部运行监测协调局. 中国电子信息产业统计年鉴[M]. 北京: 电子工业出版社, 2009.

[34]工业和信息化部运行监测协调局. 中国电子信息产业统计年鉴[M]. 北京: 电子工业出版社, 2010.

[35]工业和信息化部运行监测协调局. 中国电子信息产业统计年鉴[M]. 北京: 电子工业出版社, 2011.

[36]工业和信息化部运行监测协调局. 中国电子信息产业统计年鉴[M]. 北京: 电子工业出版社, 2012.

[37]工业和信息化部运行监测协调局. 中国电子信息产业统计年鉴[M]. 北京: 电子工业出版社, 2013.

[38]工业和信息化部运行监测协调局. 中国电子信息产业统计年鉴[M]. 北京: 电子工业出版社, 2014.

[39]工业和信息化部运行监测协调局. 中国电子信息产业统计年鉴[M]. 北京: 电子工业出版社, 2015.

[40]Guo Xueyi, Yan Kang. Estimation of obsolete cellular phones generation: A case study of China[J]. Science of the Total Environment, 2017, 575: 321-329.

[41]曹希敬, 胡维佳. 中国山寨手机的演进及启示[J]. 科技和产业, 2014, 14(3): 35-39.

[42]中华人民共和国统计局. 中国统计年鉴[M]. 北京: 中国统计出版社, 2015.

[43]孟令国, 李超令, 胡广. 基于 PDE 模型的中国人口结构预测研究[J]. 中国人口·资源与环境, 2014, 24(2): 132-141.

[44]Oguchi M, Murakami S, Sakanakura H, Kida A, Kameya T. A preliminary categorization of end-of-life electrical and electronic equipment as secondary metal resources [J]. Waste Management, 2011, 31: 2150-2160.

[45]Vats M C, Singh S K. Assessment of gold and silver in assorted mobile phone printed circuit boards (PCBs): Original article[J]. Waste Manage, 2015, 45: 280-288.

中国电子废弃物产生量预测及金属积存量特征分析

摘要： 通过市场供给模型预测我国电视机、洗衣机、空调、电冰箱、电脑 5 种家用电器废弃量，并通过模块分析计算出其中所含金属量。市场供给模型预测结果表明：我国家用电器废弃量正进入一个快速增长阶段，到 2020 年，5 种主要家用电器废弃量预计将会是 2010 年的 3 倍，2010—2020 年，5 种废家用电器累计产生量将超过 18 亿台。模块分析结果显示，2000—2020 年，家用电器废弃物中铁、铝、铜积存量处于一个快速增长的阶段；其他重金属锡、铅、锌、钴积存量都呈现增长趋势；贵金属中，金呈增长趋势，银、钯呈先增加后减少的趋势。

电子废弃物，俗称"电子垃圾"，是指电子电器产品生产过程中产生的废弃物以及被废弃不再使用的电子电器设备[1]。随着电子产品更新换代速度加快，我国产生大量的电子废弃物。这些电子废弃物成分复杂，有毒化学物质含量较多，如表 1[2] 所列。如果直接填埋或者焚烧，其中重金属会对土壤或水质造成污染，有机物经过焚烧，释放出像二噁英、呋喃等有害气体，对自然环境和人体造成危害。此外，电子废弃物中含有大量的金属和塑料，这些金属元素种类丰富，品位高，极具回收价值。随着全球资源短缺，二次资源的回收利用逐渐成为关注的焦点。电子废弃物，作为重要的"城市矿山"，也越发受到人们的关注。目前，已有许多学者对电子废弃物资源化、无害化处理进行研究[3-5]。

表 1　电子废弃物中的污染成分

污染物	来源
氯氟碳化合物	冰箱
卤素阻燃剂	电路板、电缆、电子设备外壳
汞	显示器
硒	光电设备
镍、镉	电池及某些计算机显示器
铅	阴极射线管、电焊锡、电容器及显示屏
铬	金属镀层

中国电子电器设备生产量、需求量较大，据《中国统计年鉴》，2013 年，国内家用电冰箱、空调、洗衣机、电视机和个人电脑生产量分别为 9340.6 万台、14332.9 万台、7201.9 万台、14027 万台和 72916.6 万台。这些电子电器产品在达到使用寿命后，会产生大量的电子废弃物。此外，我国也是电子废弃物进口的主要地区之一，大量的电子废弃物通过各种渠道转运到中国。我国电子废弃物产生数量正进入一个快速增长的阶段，但我国电子废弃物管理体

本文发表在《中国有色金属学报》，2018，28（2）：105–109。合作者：江晓健，刘静欣，严康。

系还不够完善，大量的电子废弃物尚未建立有效的回收体系和利用方法。

对电子废弃物预测估算方法主要有市场供给模型、市场供给 A 模型、斯坦福模型、卡内基·梅隆模型、时间梯度模型、"估计"模型[6]。目前，有研究者对不同国家的电子废弃物产生量进行估测，如印度[7]、苏格兰[8]、美国[9]、智利[10]、韩国[11]、越南[12]和荷兰[13]。刘小丽等[14]选用斯坦福模型，对我国 2000—2010 年，5 类家用电器年度废弃量进行估算；梁晓辉等[15]选用卡内基·梅隆模型预测 5 种家用电器产品的废弃量。此外，也有研究者对我国不同省份的电子废弃物生产量进行研究，张相锋等[16]采用基于百户家庭家电拥有率的保有量系数法和关键系数法，对 2015 年河南省主要废弃电器电子产品产生量和回收量进行分析预测；张克勇[17]分别采用市场供给 A 模型和斯坦福模型，对山西省电子废弃物产生量进行估测。同时，有研究者对北京、广州、上海、南京等城市电子废弃物产生量进行研究[18-21]。然而，在这些现有研究中，仍存在一些问题：第一，简单的假设家用电器的寿命，对预测结果影响较大；第二，现有的大多数有关我国电子废弃物产生量的研究，预测年限较短；此外，目前还尚未有针对我国电子废弃物的有价成分的量化分析研究。我国是一个资源消耗大国，随着矿产资源的枯竭，从电子废弃物中提取回收有价金属，实现资源循环利用，具有重要的意义。本研究的目的是对家用电器废弃物产生量以及有价金属量进行分析计算，为加强电子废弃物的管理提供数据支持。

1　研究对象和方法

1.1　废家用电器产生量估测

家用电器物质流向图如图 1[22]所示。

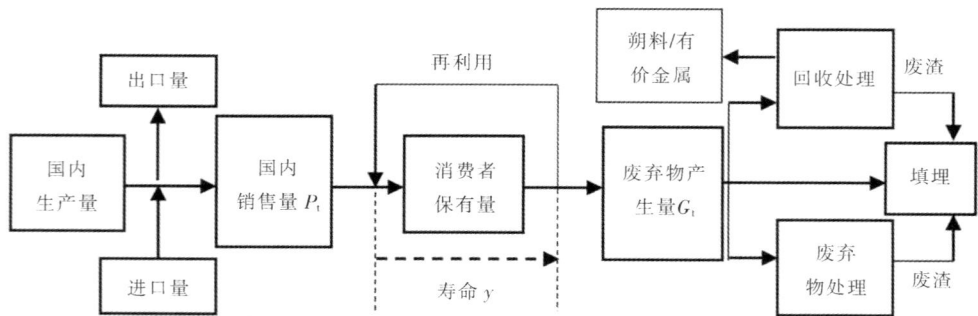

图 1　家用电器物质流向

选用更适于我国国情的"市场供给模型"估测家用电器废弃物产生量。通过产品销售量和产品寿命对家用电器废弃物产生量进行估算。计算式如式(1)[23]所示：

$$G_t = \sum_{i=1}^{\,} \left[P_{t-i} \cdot f_t(i) \right] \tag{1}$$

式(1)中：G_t 为 t 年国内电子废弃物产生量；P_{t-i} 为 $(t-i)$ 年国内销售量；$f_t(i)$ 为寿命分布函数。国内销售量可通过国内生产量、进口量与出口量的差值算得，5 种家用电器的国内生产量、进口量与出口量的数据可从中国统计年鉴[24]和信息产业年鉴[25]中获得。

$f_t(i)$可通过威布尔分布累加函数获得，如式（2）、式（3）所示[23]。

$$W_t(y) = 1 - \exp\left\{-\left(\frac{y}{y_{av}}\right)^b \cdot \left[\Gamma\left(1 + \frac{1}{b}\right)^b\right]\right\} \qquad (2)$$

$$f_t(i) = W_t(i + 0.5) - W_t(i - 0.5) \qquad (3)$$

式（2）、式（3）中：y为产品寿命；y_{av}为t年内平均寿命；b为表示偏差分布的威布尔分布参数；Γ为伽玛函数。

产品平均寿命y_{av}：Masahiro等[26]采用多元回归分析方法研究得到一些耐用品的特征与平均寿命的关系，张伟等[27]统计出主要电子产品使用寿命期，分析中，CRT电视机、空调、冰箱、洗衣机和电脑的参数y_{av}值分别为12、12.7、11.8、10.1和6.6。

威布尔分布函数参数b：电子耐用品参数b值在1.7至3.3之间[28-29]。在分析中，根据Masahiro等[26]，CRT电视机、空调、冰箱、洗衣机和电脑的参数b值分别为3.1、2.2、2.8、2.8和2.6。

一般来说，产品消费的增长分为4个阶段：初期阶段，快速增长阶段、饱和阶段、下降阶段。如果阶段性的下降不考虑的话，产品消费的增长数量呈"S"形曲线增长[28]。未来我国4大类家用电器（空调、洗衣机、电脑、电冰箱）的国内销售量呈先快速增加、后增长趋缓的发展趋势。研究是根据国内销售量数据（数据来源于中国统计年鉴和信息工业报告），代入市场供给模型公式（1）计算得到的家用电器废弃量。但2016—2020年的销售数据是未知的，采用对2000—2015年家用电器销售量的增长规律进行分析，拟定增长率，预测2016—2020年的销售数据，我国电冰箱、洗衣机、空调在"十三五"期间在3%左右。由于农村"电脑下乡"和企事业单位办公自动化需求，台式电脑"十三五"期间年均增长率在4%左右[27]。

1.2 废家用电器模块分析

主要对洗衣机、电脑、电冰箱、CRT电视机的模块组成和金属成分进行分析。家用电器被分解为不同模块，分别为钢材、铝材、铜材、线路板等，其中线路板模块由十几种元素组成，把不同模块中相同金属元素累加算得金属积存量。表2[30]所列为家用电器模块组成和平均质量，表3[28]所列为不同类型电路板中金属含量，计算CRT电视机废弃量时，需先统计出CRT电视机的市场销售量，CRT电视机的市场销售量为彩电销售总量与CRT电视机年销售份额乘积。数据来源主要来自中国统计年鉴[24]和信息工业报告[25]。

表2 主要家用电器模块组成和平均质量

产品类型	模块组成					平均质量/kg[26]
	钢材/%	铝材/%	铜材+铜电缆/%	塑料/%	线路板/%	
电冰箱	47.6	1.3	3.4	43.7	0.5	55.0
洗衣机	51.7	2.0	3.1	35.3	1.7	40.0
空调	45.9	9.3	17.8	17.7	2.7	50.0
CRT电视	12.7	0.1	3.9	17.9	8.7	23.9

表 3　电路板中金属含量 　　　　　　　　　　　　　　　　　　　　　　　　　　mg/kg

产品类型	黑色金属	轻金属			重金属						贵金属		
	Fe	Al	Ba	Sr	Cu	Pb	Zn	Co	Sn	Bi	Au	Ag	Pd
电冰箱	21000	16000	82	51	170000	21000	17000	120	83000	480	44	42	0
洗衣机	95000	1000	65	9	70000	2200	2400	16	9100	51	17	51	0
空调	20000	6900	320	26	75000	5800	4900	29	19000	0	15	58	0
CRT 电视	34000	62000	2400	550	72000	14000	5300	36	18000	280	5	120	20

　　模块分析时，选取在电子电器产品中应用较多的 13 种金属作为分析对象，按黑色金属（铁），轻金属（铝、锶、钡），重金属（铜、铅、锌、钴、锡、铋）和贵金属（金、银、钯）进行分类，家用电器废弃物的有价金属量按式(4)计算：

$$m_i(t) = \sum M_i(t) \cdot C_i \tag{4}$$

式(4)中：$m_i(t)$ 为家用电器废弃物中有价金属量；$M_i(t)$ 为家用电器废弃物模块含有价金属部分质量；C_i 为模块中有价金属含量。

　　家用电器废弃物模块的质量按式(5)计算获得：

$$M_i(t) = n(t) \cdot \overline{M} \cdot C \tag{5}$$

式(5)中：$n(t)$ 为家用电器废弃物数量；M 为家用电器废弃物平均质量；C 为模块组成。

2　结果与讨论

2.1　我国家用电器废弃物产生量

　　将相关统计数据代入式(1)～式(3)，可得到家用电器废弃物产生量和 CRT 电视机废弃量，如图 2 和图 3 所示，2016—2020 年中家用电器废弃物产生量是根据预测的国内销售数据

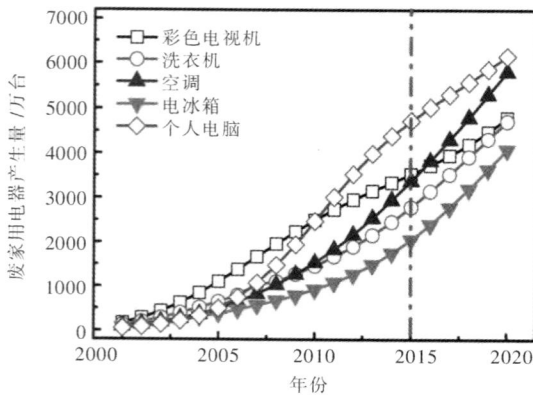

图 2　废家用电器产生量

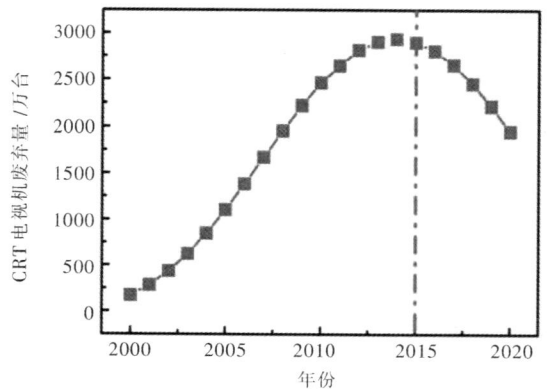

图 3　CRT 电视机废弃量

计算结果,为了便于分析比较,与2000—2015年数据一起处理(在图2、图3中用竖直点画线分隔开)。从图2可知,我国家用电器废弃物产生量将进入一个快速增长的阶段,尤其是空调和个人电脑废弃物产生量,据统计,2010年5种家用电器废弃总量为8902万台,到2020年彩色电视机、洗衣机、空调、电冰箱、个人电脑的废弃量分别达到4793万台、4718万台、5805万台、4089万台、6155万台;5种家用电器2020年总废弃量达到25560万台,是2010年该数值的3倍;此外,2010—2020年,5种家用电器废弃产生量累计超过18亿台。

彩色电视机包括CRT电视机、平板电视机(PDP电视机、LCD电视机),平板电视机从2005年开始进入我国市场,并逐渐取代CRT电视机,到2015年,CRT电视机将完全被取代。从图2可知2015年CRT电视机废弃量达到峰值2900万台,但2016—2020年,CRT电视机废弃量仍较大,2020年该数值为1950万台,2010—2020年,CRT电视机废弃量累计约4亿台。

2.2 家用电器废弃物中有价金属含量分析

在计算得到家用电器废弃量和CRT电视机废弃量的基础上,由式(4)、式(5)得到有价金属含量,如图4所示。从图4可知,在家用电器中应用最多的铁、铝和铜含量处于一个爆发式的增长阶段,2020年,洗衣机、空调、电冰箱、CRT电视机废弃物中,分别含铁344万t、铝34万t、铜68万t,2000—2020年,家用电器废弃物中累积含铁2672万t、铝261万t、铜540万t。

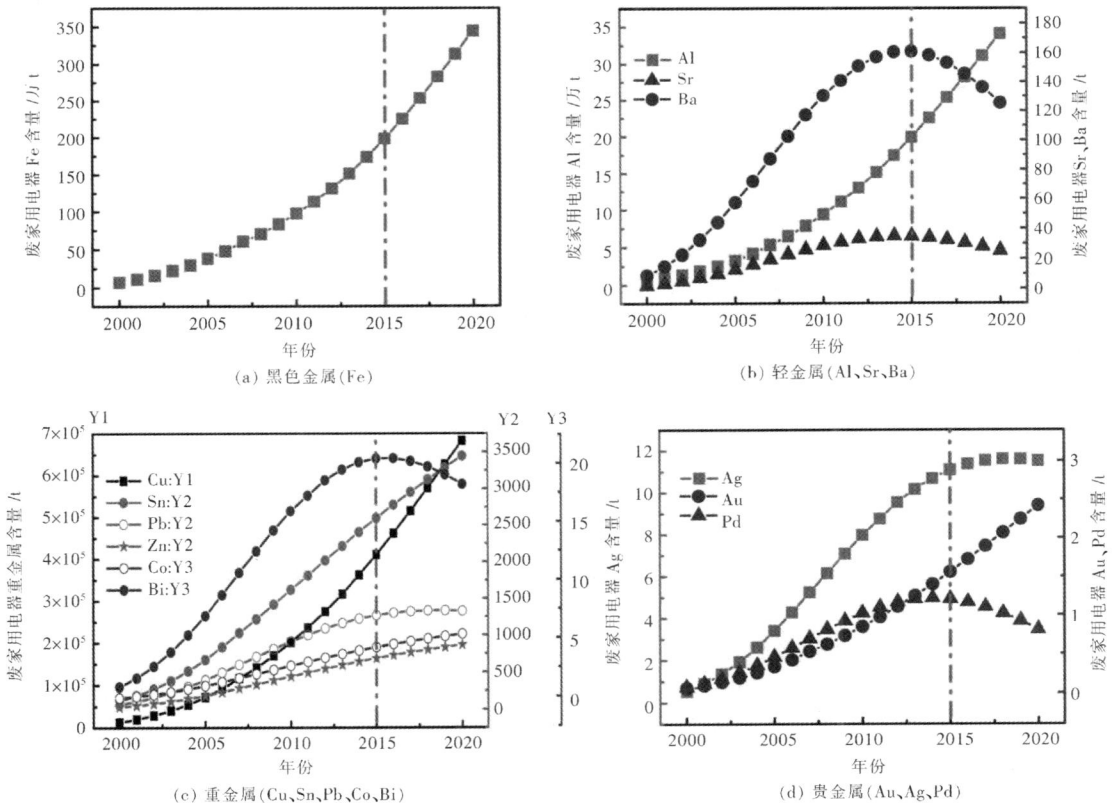

(a) 黑色金属(Fe)

(b) 轻金属(Al、Sr、Ba)

(c) 重金属(Cu、Sn、Pb、Co、Bi)

(d) 贵金属(Au、Ag、Pd)

图4 家用电器废弃物有价金属含量

锶、钡、铋的含量呈现一个先增加，后减少的趋势，2015 年达到峰值；因为锶、钡主要用于 CRT 电视机中阴极射线管玻璃，铋用于印刷线路板，而随着技术革新，阴极射线管电视机被平板显示电视机取代，这些金属的用量也会相应减少。

其他重金属锡、铅、锌、铋含量都呈现增长趋势，家用电器废弃物中锡、铅、锌的含量相对较多。据估测，2020 年，家用电器废弃量中锡、铅、锌的量分别为 3444 t、1329 t、867 t，2000—2020 年，其累加量分别为 34868 t、17126 t、9200 t，这些重金属具有持久性、毒性大、污染严重等特点，且成分复杂，如处置管理不当，会对人与自然环境造成严重的危害。

家用电器废弃物中贵金属回收极具经济价值，金呈现增长趋势，银、钯呈现先增长，后减少的趋势。2020 年家用电器废弃物中含金量超过 2 t，含银量超过 11 t。而 2000—2020 年家用电器废弃物中含金、银、钯累积量分别达到 21 t、150 t、16 t。

3 结论

对 2000—2020 年我国家用电器废弃物及其有价金属产生量进行分析。通过以上估测结果，主要结论如下：

（1）我国电视机、冰箱、空调、洗衣机、电脑等 5 种主要家用电器废弃量都进入一个快速增长的阶段。在 2020 年，5 种主要家用电器废弃量预计将会是 2010 年该数值的 3 倍。2010—2020 年，5 种废家用电器产生量累计超过 18 亿台。

（2）虽然由于技术革新，产品更新换代，CRT 电视机废弃量从 2015 年开始减少，但是废弃量仍非常大，2010—2020 年，CRT 电视机废弃量累计约 4 亿台。

（3）家用电器废弃物的模块分析结果表明：在家用电器中应用最多的铁、铝和铜含量较大，处于一个快速的增长阶段，其他重金属锡、铅、锌、钴含量都呈现增长趋势；贵金属金呈现增长趋势，银、钯呈现先增加，后减少的趋势。

虽然只对几种主要家用电器废弃物及其有价金属产生量进行了估测，但是研究方法对其他电子电器产品同样适用。家用电器废弃物处理回收，不仅缓解了生态环境压力，而且应对解决资源短缺问题，也是一个很好的途径。这项研究对政府和企业的决策者在考虑电子废弃物的有效管理时，能够提供一定的数据支持。

参考文献

[1]郭学益，田庆华. 有色金属资源循环理论与方法[M]. 长沙：中南大学出版社，2008.

[2]赵越民，段晨龙，何亚群. 电子废物的物理分选理论与技术[M]. 北京：科学出版社，2009.

[3]胡天觉，曾光明，袁兴中. 从家用电器废物中回收贵金属[J]. 中国资源综合利用，2000(7)：12-15.

[4]周全法，尚通明. 废电脑及配件与材料的回收利用[M]. 北京：化学工业出版社，2003.

[5]郭学益，刘静欣，田庆华. 废弃电路板多金属粉末低温碱性熔炼过程的元素行为[J]. 中国有色金属学报，2013，23(6)：1757-1763.

[6]Simon W, Noel D, Matt C. Waste from electrical and electronic equipmentin iriland: A status report[R]. Ireland: EPA Topic Report, 2001: 675.

[7]Dwivedy M, Mittal R K. Estimation of future outflows of e-waste in India[J]. Waste Management, 2010, 30: 483-491.

［8］Feszty K, Murchison C, Baird J, et al. Assessment of the quantities of waste electrical and electronic equipment (WEEE) in Scotland［J］. Waste Management and Research, 2003, 21: 207-217.

［9］Yang Y, Williams E. Logistic model-based forecast of sales and generation of obsolete computers in the US［J］. Technological Forecasting and Social Change, 2009, 76: 1105-1114.

［10］Steubing B, Böni H, Schluep M, et al. Assessing computer waste generation in Chile using material flow analysis［J］. Waste Management, 2010, 30: 473-482.

［11］Jang Y C. Waste electrical and electronic equipment (WEEE) management in Korea: Generation, collection, and recycling systems［J］. Journal of Material Cycles and Waste Management, 2010, 12: 283-294.

［12］Nguyen D Q, Yamasue E, Okumura H, et al. Use and disposal of large home electronic appliances in Vietnam ［J］. Journal of Material Cycles and Waste Management, 2009, 11: 358-366.

［13］Wang F, Huisman J, Stevels A, et al. Enhancing e-waste estimates: Improving data quality by multivariate input-output analysis［J］. Waste Management, 2013, 33: 2397-2407.

［14］刘小丽, 杨建新, 王如松. 中国主要电子废物产生量估算［J］. 中国人口·资源与环境, 2005, 15(5): 113-117.

［15］梁晓辉, 李光明, 贺文智, 等. 中国电子产品废弃量预测［J］. 环境污染与防治, 2009, 31(7): 82-84.

［16］张相锋, 于鲁冀, 张培. 2015年河南省主要废弃电器电子产品产生量及回收量预测分析［J］. 河南科学, 2013, 31(12): 2275-2279.

［17］张克勇. 山西省主要电子废弃物产生量估算研究［J］. 现代工业经济和信息化, 2014, 74(7): 156-158.

［18］Liu X, Tanaka M, Matsui Y. Generation amount prediction and material flow analysis of electronic waste: A case study in Beijing, China［J］. Waste Management and Research, 2006, 24: 434-445.

［19］洪鸿加, 彭晓春, 陈志良, 等. 系统动力学模型在电子废弃物产生量预测中的应用——以广州市废旧电脑为例［J］. 环境污染与防治, 2009, 31(10): 83-86.

［20］梁晓辉, 李光明, 黄菊文, 等. 上海市电子废弃物产生量预测与回收网络建立［J］. 环境科学学报, 2010, 30(5): 1115-1220.

［21］Zhang L, Yuan Z, Bi J, et al. Estimating future generation of obsolete household appliances in China［J］. Waste Management and Research, 2012, 30: 1160-1168.

［22］Tomohiro T, Takumi T, Masahiro O, et al. Subtance flow analysis of brominated flame retardants and related compounds in waste TV sets in Japan［J］. Waste Management, 2004, 24: 571-580.

［23］Tasaki T, Oguchi M, Kameya T, et al. A prediction method for the number of waste durable goods［J］. Journal of the Japan Society of Waste Manage Experts, 2001, 12: 49-58.

［24］国家统计局. 中国统计年鉴［R］. 北京: 中国统计出版社, 2000—2012.

［25］信息产业部. 中国信息产业年鉴［R］. 北京: 电子工业出版社, 2000—2010.

［26］Masahiro O, Takashi K, Suguru Y, et al. Product flow analysis of various consumer durables in Japan［J］. Resources, Conservation and Recycling, 2008, 52: 473-480.

［27］张伟, 蒋洪强, 王金南, 等. 我国主要电子废弃物产生量预测及特征分析［J］. 环境科学与技术, 2013, 36(6): 195-199.

［28］Tasaki T, Oguchi M, Kameya T, et al. A prediction method for the number of waste durable goods［J］. Journal of the Japan Society of Waste Management Experts, 2001, 12: 49-58.

［29］Oguchi M, Kameya T, Tasaki T, et al. Estimation of lifetime distributions and waste numbers of 23 types of electrical and electronic equipment［J］. Journal of the Japan Society of Waste Management Experts, 2006, 17: 50-60.

［30］Masahiro O, Shinsuke M, Hirofumi S, et al. A preliminary categorization of end-of-life electrical and electronic equipment as secondary metal resources［J］. Waste Management, 2011, 31: 2150-2160.

中国废旧电脑产生量及其金属存量分析研究

摘要：本研究基于对全国电脑消费者的调研，采用 Logistic 模型对我国电脑的销售量和平均保有量进行了预测，采用群体平衡模型估算了我国废旧电脑的产生量，采用质量守恒原理对废旧电脑中赋存的有价金属的量做了预测分析。结果表明，到 2030 年，我国废旧电脑的产生量约为 368 百万台，其中金的存量约为 157.74 t、银的存量约为 478.12 t、钯的存量约为 46.72 t，铜的存量约为 10.91 万 t。

随着科学技术的不断进步和生产效率的提高，电脑的性能愈来愈趋于网络化、微型化和智能化，电脑已成为更新速度快、使用寿命不断缩短的一类电子产品，因此我国废旧电脑的产生量正急剧增加。据相关文献报道，废旧电脑中含有大量铜、铁、铅、锡、镍、锑等有价金属以及金、银、钯、铂等稀贵金属[1-2]。但同时废旧电脑中也含有大量镍、镉、铍、锑、砷、铅、溴化阻燃剂等有毒有害物质，若不能得到合理的处理处置，将会对生态环境和人体健康造成严重的影响[3-4]。我国已超过美国成为世界最大的电子垃圾制造国，而随着我国城市化和人口密度的不断增加，我国的生态环境将愈发脆弱[5]。因此对废旧电脑中有价金属的综合回收不仅能够提高二次资源的压力，更能够减轻废旧电脑对环境的污染以及对人体健康的伤害[6]。

基于以上因素，我们迫切需要一种有效的、可定量化分析的工具来鉴别废旧电脑的产生量，从而在废旧电脑的回收处理和资源化再利用等方面取得最大的环境效益和经济效益，而对废旧电脑产生量的估算和对其中有价金属存量的估算可以很好地解决上述难题[7]。目前世界上有多种用于电子废弃物产生量估算的数学模型，国内使用较多的估算模型有市场供给模型[7]、市场供给 A 模型[8]、卡内基梅隆模型[9]、斯坦福模型[10]、时间梯度模型[11]和 IER 模型等。2016 年，Huabo Duan 等人[12]基于文献调研、ZDC 和太平洋电脑网的数据，采用 Sales Obsolescence 模型和 Monte Carlo 模型预测了我国 9 种典型电子废弃物的废弃量，并计算了其中线路板和锂离子电池的金属赋存量；2016 年，Zeng 等[13]基于专家访问及文献调研的数据，采用物质流分析模型和时间梯度模型，预测了我国 14 种典型电子废弃物的产生量及其中部分金属赋存量；2016 年，Song 等[14]采用斯坦福模型和 Gompertz 曲线模型预测了我国废旧打印机的产生量；李博等[15]、Oguchi 等[16]、Lin[17]、张默等[18]分别采用不同的分析预测模型，选择性的预测了电视机、电冰箱、洗衣机和空调的产生量。Zeng 等[19]、童昕等[20]、林逢春等[21]通过分析废旧电子电器产品的处理情况提出了许多有助于未来电子废物管理和处置的政策及建议。

由目前国内电子废弃物产生量的研究可知，研究主要采用市场供给模型、市场供给 A 模型、时间梯度模型进行估算，电子产品的使用寿命、总重量、各部件金属含量及分布情况等研究所需基础数据多来自文献，研究多侧重于电子废弃物的管理与政策等方面，对其中包含的有价金属信息及其资源效应关注较少。因此，基于对全国电脑消费者使用行为的问卷调查

本文发表在《中国环境科学》，2017，37(9)：3464-3472。合作者：张婧熙，严康。

以及国内某电子废弃物资源化利用公司的现场调研，本研究采用 Logistic 模型对我国电脑的销售量和平均保有量进行预测，并采用群体平衡模型估算了我国废旧电脑的产生量，同时基于质量守恒原理对废旧电脑中赋存的有价金属的量做了预测分析，为电子废弃物的资源化回收利用提供基础数据。

1　研究方法

对于电脑保有量和废旧电脑产生量的预测是进行有价金属预测和回收网络构建的基础和前提[22]。产品消费的增长可以根据"经济增长理论"分为 4 个阶段：初级阶段、快速增长阶段、饱和阶段以及下降阶段(即当产品变得过时、不再销售或被另一种产品取代时)[23]。某种产品平均保有量的增长曲线，若不考虑其下降阶段，将呈现一个"S"形。S 形的演变曲线能够清楚描述整个过程，同时展示整个过程中的典型特征，如增长能力、拐点和饱和点等[24]。因此本文使用 Yang 和 Williams 提出的 Logistic 函数模型进行预测[25]。

1.1　电脑销售量的计算方法

国内电脑的生产量、进口量和出口量是 3 个很重要的参数。国内电脑销售量可由公式(1)计算得到：

$$\text{Domestic sales } P(t) = \text{Domestic production}(t) + \text{Import}(t) - \text{Export}(t) \tag{1}$$

式中：$P(t)$ 表示第 t 年内电脑的国内销售量。

1.2　电脑社会保有量计算方法

本文采用 Logistic 函数模型对全国电脑的保有量进行预测，具体预测公式如下：

$$N_{au}(t) = N_{max-u} / \{1 - A_u \times \exp[-B_u(t - t_0)]\} \tag{2}$$

$$N_{ar}(t) = N_{max-r} / \{1 - A_r \times \exp[-B_r(t - t_0)]\} \tag{3}$$

$$N(t) = N_{au}(t) \times H_u(t) + N_{ar}(t) \times H_r(t) \tag{4}$$

式中：$N_{au}(t)$ 和 $N_{ar}(t)$ 分别为城镇和农村每百户居民电脑拥有量的预测量；N_{max-u} 和 N_{max-r} 分别为城镇和农村每百户居民电脑平均拥有量的最大值，t_0 表示 Logistic 回归线起点年份；A_u 和 A_r 分别等于 $-\exp[B_u(t_{1/2} - t_0)]$ 和 $-\exp[B_r(t_{1/2} - t_0)]$，其中 $t_{1/2}$ 为当保有量达到最大平均拥有量的二分之一时的年份；B_u 和 B_r 分别表示城镇和农村电脑拥有量的增长速度，分别由 2000 年到 2014 年的 $N_{au}(t)$ 和 $N_{ar}(t)$ 计算得到；$N(t)$ 为第 t 年内全国总的电脑保有量；$H_u(t)$ 和 $H_r(t)$ 分别表示第 t 年内的城镇和农村居民百户家庭的数量，可以通过城镇和农村的人口数分别除以城镇和农村居民家庭大小得到。在这些参数中，A_u、A_r、B_u 和 B_r 都是基于过去城镇和农村电脑平均拥有量的发展趋势，通过 Logistic 回归而得到。

Habuer 等[26]预测，到 2030 年中国城镇每百户电脑拥有量的最高水平为 98.75 台，中国农村每百户电脑拥有量的最高水平为 50 台。Dwivedy 等[11]预测，到 2030 年美国每百户电脑拥有量的最高水平为 120 台，最低水平为 100 台。由《中国统计年鉴》[27]可知，2014 年中国城镇每百户电脑的拥有量已达到 98.46 台。鉴于以上信息，本文假定中国城镇每百户电脑拥有量的极大值为 120 台。随着中国经济近年来的飞速发展，中国农村电脑的普及率越来越高，而目前农村电脑拥有量变化情况正处于上述"增长理论"的初级阶段或快速增长阶段，因此，本文假定到 2030 年中国农村每百户电脑拥有量的极大值为 80 台。

1.3   电脑使用寿命分布分析方法

产品寿命分析通常有多种处理方法[28]，本文采用应用最多 Weibull 分布来对废旧电脑的使用寿命进行预测[29]，其基本公式为：

$$F(t) = 1 - \exp\{-[(t - \gamma)/\alpha]^\beta\} \tag{5}$$

式中：$F(t)$ 为电脑使用第 t 年的累积废弃率；α 为范围参数，即 Weibull 寿命分布的特征参数；β 为形状参数；γ 为位置参数。在本研究中，由于位置参数对研究几乎不产生影响，因此设 $\gamma = 0$，即：

$$F(t) = 1 - \exp[-(t/\alpha)^\beta] \tag{6}$$

在两参数的情况下，平均值的计算公式如式（7）所示，其中 Γ 为伽马函数：

$$Av = \alpha \cdot \Gamma(1 + 1/\beta) \tag{7}$$

1.4   废旧电脑产生量预测方法

本研究采用群体平衡模型对废旧电脑的产生量进行估算，其产生量可以通过销售量和寿命分布计算得来，计算公式如下[30]：

$$G(t) = \sum_{i=1}^{t} [P(t - i) \cdot f(i)] \tag{8}$$

式中：$G(t)$ 为第 t 年废旧电子电器产品的产生量，百万台；$P(t - i)$ 为第 $(t - i)$ 年国内的销售量，百万台；$f(i)$ 表示寿命分布函数。未来国内销售量 $\dot{P}(t)$ 可以通过公式（9）预测得到，$f(i)$ 可通过 Weibull 分布函数计算得到，计算公式见式（10）：

$$\dot{P}(t) = N(t) - N(t - 1) + G(t) \tag{9}$$

$$f(i) = F(i) - F(i - 1) \tag{10}$$

1.5   废旧电脑中金属存量预测方法

废旧电脑的年产生量可以通过公式（11）计算得到，废旧电脑中金属存量的估算可以由公式（12）得到：

$$W_t = \sum_{i=1} \{S_{(t-i)} \cdot f_t(i) \cdot w_{t-i}\} \tag{11}$$

$$\sum m_{k(t)} = W_t \times \sum_j (C_j \times x_{j,k}) \tag{12}$$

式中：$\sum m_k(t)$ 为第 t 年元素 k 的总质量，t；W_t 为第 t 年废旧电脑的总质量，t；C_j 指组件 j 在废旧电脑中的质量百分比；$x_{j,k}$ 指组件 j 中元素 k 的质量百分比。

1.6   数据来源

本研究中，电脑的国内生产量、进口量和出口量的数据均来自《中国海关统计年鉴》[31]和《中国电子信息产业统计年鉴》[32]；2000—2014 年中国人口数量、平均家庭户规模以及城镇和农村每百户居民电脑拥有量数据来自《中国统计年鉴》[27]。

随着 2016 年 1 月 1 日全面二孩政策的推行，中国未来人口增长趋势将发生重大变化，因此作者采用孟令国等提出的中国人口结构预测中的高生育率方案作为本文 2015—2030 年人口数量的数据来源，具体人口发展趋势如表 1 所示[33]。

表 1　我国人口数量发展趋势

年份	人数/亿	年份	人数/亿
2000	12.674	2016	13.679
2001	12.763	2017	13.782
2002	12.845	2018	13.876
2003	12.923	2019	13.961
2004	12.999	2020	14.036
2005	13.076	2021	14.153
2006	13.145	2022	14.261
2007	13.213	2023	14.357
2008	13.280	2024	14.443
2009	13.345	2025	14.519
2010	13.409	2026	14.595
2011	13.474	2027	14.664
2012	13.540	2028	14.725
2013	13.607	2029	14.780
2014	13.678	2030	14.829
2015	13.569		

用于笔记本电脑、台式电脑和全国电脑的 Weibull 寿命分布参数分析的数据均来自问卷调研。由于本次问卷是针对全国电脑使用者设计，覆盖面较广，因此本研究采用网上发放调查问卷以及实地调研的方式来进行，历时 3 个月，共回收有效问卷 1022 份，调研数据如图 1 所示。

废旧电脑的质量组成以及各部件元素组成数据均来自某电子废弃物资源化公司的现场调研，并取该公司一年内拆解废旧电脑的生产数据的平均数作为本文的基础数据。所得废旧台式电脑显示器的平均质量为 13.80 kg，废旧台式电脑主机的平均

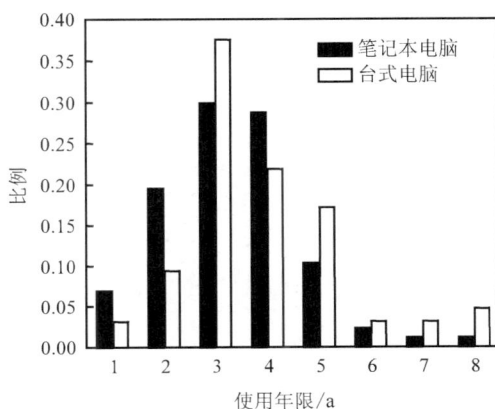

图 1　笔记本电脑及台式电脑使用寿命分布

质量为 6.55 kg，废旧笔记本电脑的平均质量为 2.26 kg。废旧电脑中各部件的金属含量如表 2 所示，电脑显示器的金属含量由于显示器的类型与尺寸不同而取其平均值。笔记本电脑各

部件的质量组成如表 3 所示，台式电脑显示器各部件的质量组成如表 4 所示，台式电脑主机各部件质量组成如表 5 所示。

表 2　废旧电脑各部件金属含量

类别	金属含量/(mg·kg⁻¹)										
	Cu	Au	Ag	Pd	Ni	Zn	Sn	Fe	Al	Pb	Mn
印刷电路板	200000.00	240.00	570.00	150.00	—	2700.00	18000.00	13000.00	18000.00	23000.00	—
硬盘	350.20	570.60	1482.60	18.30	6.20	35.80	12.50	7.80	20.80	4.60	0.40
CPU	363.00	1211.30	99.80	13.88	80.10	1.70	14.20	108.10	20.90	9.60	1.20
内存芯片	240.80	968.00	1,106.30	9.66	28.60	0.20	9.30	40.10	23.50	3.80	0.90
软盘驱动器	251.00	181.36	2,209.80	4.69	3.50	41.50	38.00	14.10	22.60	13.20	0.50
底板	293.80	—	56.11	—	0.30	0.20	3.30	2.80	36.20	4.70	0.20

注："—"表示未检测出。

表 3　笔记本电脑各部件质量组成　　%

铁材	铝材	铜线	塑料	印刷电路板	电池	液晶显示屏	其他
6.20	14.41	0.76	26.70	15.04	9.60	8.65	18.73

表 4　台式电脑显示器各部件质量组成　　%

铁材	铝材	铜线	塑料	印刷电路板	液晶显示屏	其他
25.81	4.37	1.23	25.67	8.50	11.57	22.85

表 5　台式电脑主机各部件质量组成　　%

印刷电路板	硬盘	CPU	内存芯片	电源	电池	软盘驱动器	铁材	线	其他
0.10	6.82	0.28	0.23	13.64	7.10	6.10	55.87	1.70	8.16

2　结果分析

电子产品的销售量是预测废旧电子产品总质量的前提。通过对销售量的分析能更好地掌握电子产品使用年限、报废比例等必要因素，并更为准确地获得各年废旧电子产品产生量的预测结果，因此本文采用电子产品销售量作为原始数据。根据《中国电子工业年鉴》[34]和《中国电子信息产业统计年鉴》[32]的数据，我们可以得到 2000—2014 年的国内电脑的销售情况，如表 6 所示。

将已知的 2000—2014 年中国城镇和农村每百户居民电脑拥有量数据、未来人口增长趋势以及平均家庭户规模增长趋势带入 Logistic 函数模型预测，计算出 2000—2030 年中国城镇和中国农村电脑拥有量的发展趋势，分别如图 2 和图 3 所示。由图可知，2016 年我国城镇和农村每百户电脑拥有量分别为 98.77 和 52.95 台。随着科学技术的快速发展，未来 15 a 内我国城镇和农村的电脑拥有量皆呈持续增长的趋势，但其平均增长率较前 15 a 的平均增长率都将放缓并趋于平稳，其中农村电脑拥有量的增长趋势较城镇更为明显。

表 6　中国电脑销售量

年份	销售量/百万台	年份	销售量/百万台
2000	5.76	2008	143.97
2001	6.47	2009	175.25
2002	14.49	2010	235.66
2003	28.54	2011	311.02
2004	49.02	2012	326.91
2005	90.60	2013	341.35
2006	99.54	2014	345.39
2007	121.29		

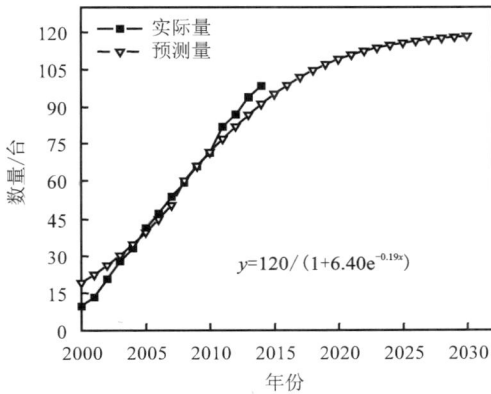

图 2　中国城镇每百户电脑拥有量发展预测　　　　图 3　中国农村每百户电脑拥有量发展预测

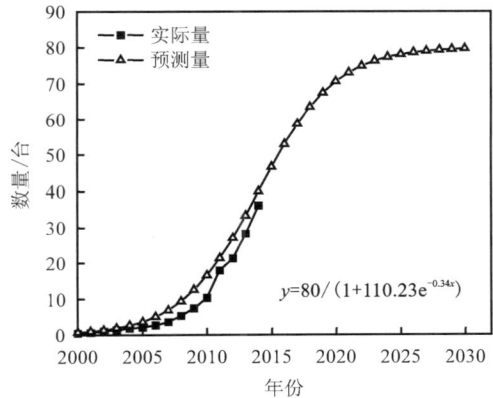

$$y=120/(1+6.40e^{-0.19x})$$

$$y=80/(1+110.23e^{-0.34x})$$

由式（4）可知，全国电脑保有量为城镇和农村的家庭电脑平均拥有量分别乘以城镇和农村家庭数量的总和。由图 4 可知，2015 年全国每百户电脑平均拥有量为 72.04 台，随着时间的推移全国电脑拥有量持续增长，到 2030 年全国每百户电脑平均拥有量为 102.76 台。由图 5 可知，根据预测得到的全国每百户电脑的平均拥有量，并结合我国未来 15 a 的人口发展预测情况，到 2030 年全国电脑的拥有量为 482.21 百万台，且 2025 年后我国电脑的拥有量将达到相对稳定水平，为 479 百万台。

产品寿命分布是研究电子废弃物产生量必不可少的参数[35]。用于笔记本电脑、台式电脑和全国电脑寿命分布分析的调研数据如图 1 所示。由图 1 可知，中国 85.06% 的笔记本电脑的使用年限在 5 a 以下，89.06% 的台式电脑的使用年限在 6 a 以下，明显低于笔记本电脑的设计使用年限 7~8 a 和台式电脑的设计使用年限 9~10 a。

将图 1 得到的数据代入 Weibull 分布函数进行预测，可得全国电脑的 Weibull 寿命分布参数，其中形状参数 b 等于 2.28，范围参数 α 等于 3.57，即全国电脑的 Weibull 寿命分布函数为：

$$F(t)=1-e^{-(0.28t)^{2.28}} \tag{13}$$

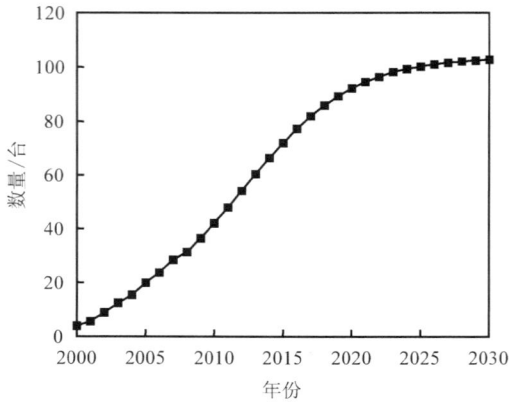

图 4　全国每百户电脑拥有量发展趋势

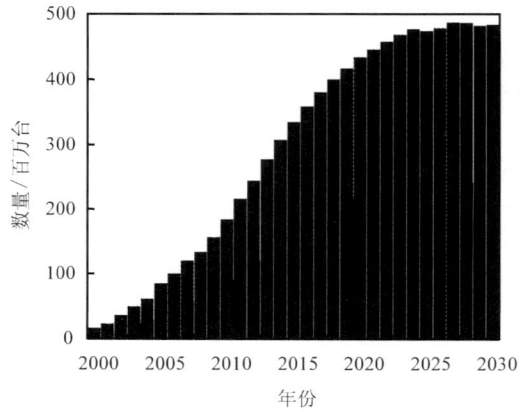

图 5　全国电脑拥有量发展趋势

由式(13)可得全国电脑的 Weibull 寿命分布图，如图 6 所示。由图可知，全国电脑的使用寿命为 3~4 a，且使用寿命在 5 a 以内的电脑占到了全国电脑的 88.39%。由表 7 可知，1993—2003 年中国电脑平均使用寿命为 3.50~5.20 a，2003—2010 年中国电脑平均使用寿命为 4.50 a，且随着信息技术的快速发展和人们生活水平的提高，电脑平均使用寿命在渐渐缩短。本研究中全国电脑的平均使用寿命为 3.66 a，符合电脑使用寿命的实际发展趋势。

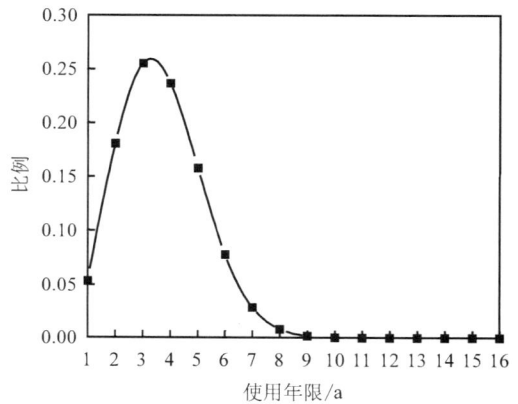

图 6　我国电脑 Weibull 寿命分布

将计算得到的 2000—2014 年我国电脑的销售量代入式(9)，可得到 2015 年中国废旧电脑的产生量为 300.68 万台。经循环计算，可得到 2000—2030 年我国电脑的销售量(见图 7)和我国废旧电脑的产生量(见图 8)。由图 7 可知，到 2030 年我国电脑的销售量约为 367 百万台，自 2025 年开始我国电脑的销售量将在 360 百万台左右波动。

表 7　中国电脑平均使用寿命比较

年份	平均寿命/a	预测方法	来源
1993—2003	3.50~5.20	问卷调查及报道	[36]
2003—2010	4.50	问卷调查	[37]
[2010—2020]~ [2020—2030]	4.00~5.00(城市) 6.00~8.00(农村)	预测模型	[38]
1995—2030	4	预测模型	[26]
2000—2030	3.66	预测模型	本文

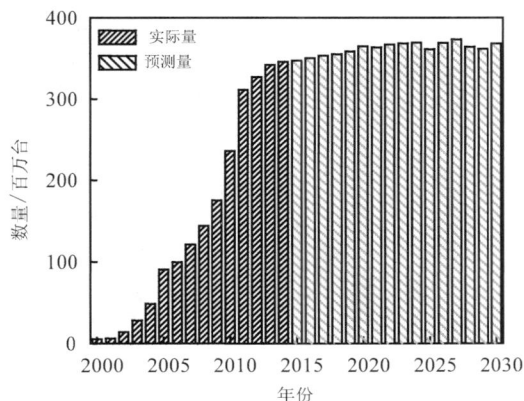

图 7 我国电脑销售量发展趋势

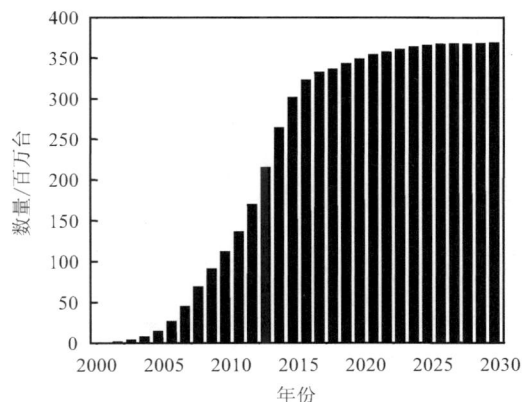

图 8 我国废旧电脑产生量发展趋势

由图 8 可知, 当假设到 2030 年我国电脑平均拥有量为 102.76 台每百户时, 我国废旧电脑的产生量约为 368 百万台。随着信息技术的快速发展, 电子产品的更新换代速度加快, 将对废旧电脑的产生量造成不确定的影响。其中两个显著的变化是, 智能手机功能性的提高对电脑产生了一定的代替作用, 以及近年来平板电脑普及率的提高, 在电脑市场的占有量逐渐提升, 将使得废旧电脑的类别更为复杂, 其产生量的预测更为困难。

将在某电子废弃物资源化企业调研得到的数据代入式 (11) 和式 (12), 计算

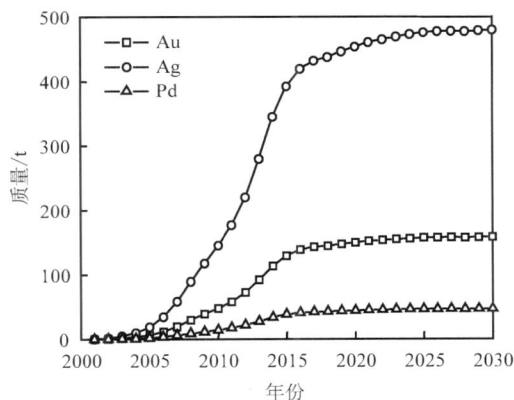

图 9 废旧电脑中典型贵金属存量

得到 2000—2030 年废旧电脑中典型贵金属存量如图 9 所示, 2015 年产生的废旧电脑中金的赋存量达到 130 t, 银的赋存量达到 392 t, 随着废旧电脑产生量的逐年增加, 废旧电脑中的有价金属赋存量将保持一定的增长速度。到 2030 年废旧电脑中将产生约 157.74 t 的金、478.12 t 的银以及 46.72 t 的钯, 若按国内 2016 年 6 月金的价格 263.16 元/g、银的价格 3.48 元/g 计算, 仅废旧电脑中金和银的收益就能分别达到 415 亿元和 16.6 亿元。

2000—2030 年废旧电脑中典型金属的存量由图 10 可知, 2015 年废旧电脑中典型金属铜、锡、铅的存量分别为 8.97 万 t、0.46 万 t 和 0.40 万 t。随着报废量的增加, 废旧电脑中的金属开采潜力在未来 15 a 将呈稳定的增长趋势, 但由于废旧电脑所含金属中锡和铅所占份额较小, 其开采潜力在未来 15 a 内的增长将不明显, 到 2030 年废旧电脑中铜的存量将达到 10.91 万 t、铅的存量将达到 0.56 万 t、锡的存量将达到 0.49 万 t。由图 11 可知, 到 2030 年废旧电脑中塑料的存量将达到 76.36 万 t。

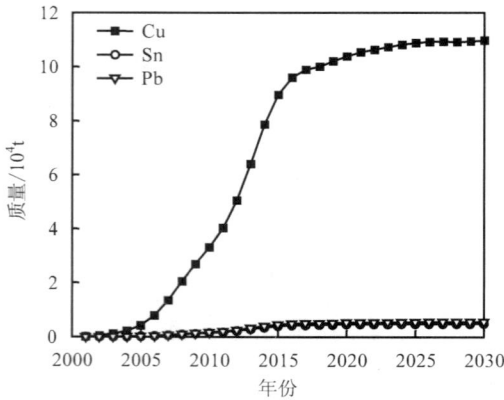

图 10　废旧电脑中典型金属存量

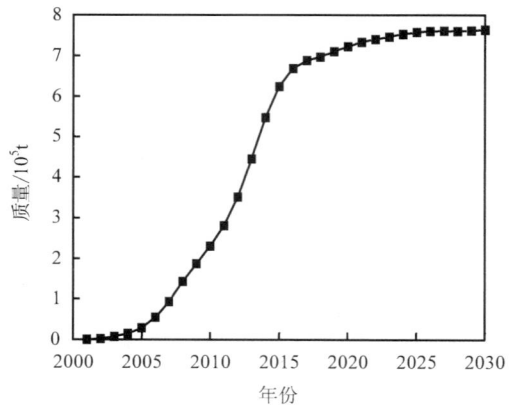

图 11　废旧电脑中塑料存量

3　结论

（1）由对全国电脑消费者的调研结果可知，我国 85.06% 的笔记本电脑的使用年限在 5 a 以下，89.06% 的台式电脑的使用年限在 6 a 以下。采用 Weibull 寿命分布模型预测到 2030 年全国电脑的平均使用寿命为 3.66 a。

（2）在 Logistics 模型的基础上，对我国电脑的平均拥有量、产生量、销售量及报废量进行预测，到 2030 年全国的电脑平均拥有量约为 102.76 台每百户，全国电脑拥有量约为 479 百万台。当不考虑不确定性因素时，预测得到 2030 年全国电脑的销售量约为 367 百万台，全国电脑的报废量约为 368 百万台。

（3）到 2030 年废旧电脑中将产生约 157.74 t 金、478.12 t 银以及 46.72 t 钯的典型贵金属，废旧电脑中铜的存量约为 10.91 万 t、铅的存量约为 0.56 万 t、锡的存量约为 0.49 万 t、塑料的存量约为 76.36 万 t。

参考文献

[1]陈和祥，秦玉芳，曾明敏，等.我国电子废弃物处理产业现状与前景探讨[J].中国环保产业，2011，（2）：37-39.

[2]Oguchi M, Murakami S, Sakanakura H, et al. A preliminary categorization of end-of-life electrical and electronic equipment as secondary metal resources [J]. Waste Management, 2011, 31: 2150-2160.

[3]洪梅，宋博宇，丁琼，等.生命周期评价在电子废弃物管理中的应用前景[J].科技导报，2012，30(33)：62-67.

[4]The Basel Action Network. Exporting harm：The high-tech trashing of Asia [R]. Seattle WA：Basel Action Network, 2002.

[5]Li J H, Zeng X L, Chen M J, et al. "Control-alt-delete"：Rebooting solutions for the e-waste problem [J]. Environmental Science & Technology, 2015, 49(12)：7095-7108.

[6]郭学益，田庆华.有色金属资源循环理论与方法[M].长沙：中南大学出版社，2008.

[7]尹建锋.废弃手机资源化的生命周期评价[D].天津：南开大学，2014.

[8]周全法.国内外电子废弃物处置现状与发展趋势[J].江苏理工学院学报，2006，12(2)：4-9.

[9]刘小丽，杨建新，王如松.中国主要电子废物产生量估算[J].中国人口·资源与环境，2005，15(5)：113-117.

[10]Wikinson S, Duffy N, Crowe M. Environmental protection agency of Ireland, waste from electric and electronic equipment in Ireland [Z]. A Status Report, Ireland, 2001：68-81.

[11]刘枚莲，钟海玲，王媛媛.基于GM(1，1)——斯坦福估算模型的电子废弃量预测研究[J].中国市场，2015，(12)：95-98.

[12]Duan H B, Hu J K, Tan Q Y, et al. Systematic characterization of generation and management of e-waste in China [J]. Environmental Science and Pollution Research, 2016, 23：1929-1943.

[13]Zeng X L, Gong R Y, Chen W Q, et al. Uncovering the Recycling Potential of "New" WEEE in China [J]. Environment Science and Technology, 2016, 50(3)：1347-1358.

[14]Song Q B, Li J H, Liu L L, et al. Measuring the generation and management status of waste office equipment in China：A case study of waste printers [J]. Journal of Cleaner Production, 2016, 112(5)：4461-4468.

[15]李博，杨建新，吕彬，等.中国废旧手机产生量时空分布研究[J].环境科学学报，2015，35(12)：4095-4101.

[16]Oguchi M, Kameya T, Yagi S, et al. Product flow analysis of various consumer durables in Japan [J]. Resources, Conservation and Recycling, 2008, 52(3)：463-480.

[17]Lin C. A model using home appliance ownership data to evaluate recycling Policy performance [J]. Resources, Conservationand Recycling, 2008, 52：1328-1332.

[18]张默，石磊.我国彩色电视机废弃量预测模型对比[J].环境与可持续发展，2007，(5)：53-54.

[19]Zeng X L, Duan H B, Wang F, et al. Examining environmental management of e-waste：China's experience and lessons [J]. Renewable and Sustainable Energy Reviews, 2016, 72：1076-1082.

[20]童昕，蔡一帆，颜琳.基于"家电以旧换新"回收数据评估电子废物产生量估算方法[J].生态经济，2013，(7)：38-42.

[21]林逢春，王珏.中国废旧电脑产生量预测及对策研究[J].上海环境科学，2003，22(7)：479-482.

[22]李博，杨建新，吕彬，等.废弃电器电子产品产生量估算：方法综述与选择策略[J].生态学报，2015，35(24)：1-9.

[23]江晓健，刘静欣，严康，等.中国电子废弃物产生量预测及金属积存量特征分析[J].有色金属科学与工程，2016，7(5)：104-109.

[24]Jarne G, Sánchez-Chóliz J, Fatás-Villafranca F. "S-shaped" economic dynamics：The logistic and gompertz curves generalized [J]. Electronic Journal of Evolutionary Modeling & Economic Dynamics, 2005, (3)：1-37.

[25]Yang Y, Williams E. Logistic model-based forecast of sales and generation of obsolete computers in the US [J]. Technological Forecasting and Social Change, 2009, (8)：1105-1114.

[26]Habuer, Nakatani J, Moriguchi Y. Time-series product and substance flow analyses of end-of-life electrical and electronic equipment in China [J]. Waste Management, 2014, 34(2)：489-497.

[27]中华人民共和国统计局.中国统计年鉴[M].北京：中国统计出版社，2001—2015.

[28]Parajuly K, Habib K, Liu G. Waste electrical and electronic equipment (WEEE) in Denmark：Flows, quantities and management [J]. Resources, Conservation and Recycling, 2016.

[29]Zhang L F, Xie M, Tang L C. Bias correction for the least squares estimator of Weibull shape parameter with complete and censoreddata [J]. Reliability Engineering & System Safety, 2006, 91(8)：930-939.

［30］Kim S, Oguchi M, Yoshida A, et al. Estimating the amount of WEEE generated in South Korea by using the population balance model［J］. Waste Management, 2013, 33：474-483.

［31］中华人民共和国海关总署. 中国海关统计年鉴［M］. 北京：中国海关出版社，2001—2015.

［32］工业和信息化部运行监测协调局. 中国电子信息产业统计年鉴［M］. 北京：电子工业出版社，2001—2015.

［33］孟令国，李超令，胡广. 基于 PDE 模型的中国人口结构预测研究［J］. 中国人口·资源与环境，2014，24(2)：132-141.

［34］中国电子工业年鉴编辑委员会. 中国电子工业年鉴［M］. 北京：电子工业出版社，2001—2003.

［35］Murakami S, Oguchi M, Tasakki T, et al. Lifespan of commodities, Part I The creation a database and its review［J］. Journal of Industrial Ecology, 2010, 4：598-612.

［36］Yang Y, Williams E. Forecasting sales and generation of obsolete computers in the U. S［A］//IEEE International Symposium on Electronics and the Environment［C］. IEEE, 2008：1-6.

［37］Liu X B, Tanaka M, Matsui Y. Generation amount prediction andmaterial flow analysis of electronic waste：A case study in Beijing, China［J］. Waste Management & Research the Journal of the International Solid Wastes & Public Cleansing Association Iswa, 2006, 24(5)：434-445.

［38］Zhang L, Yuan Z, Bi J, et al. Estimating future generation of obsolete household appliances in China［J］. Waste Management & Research the Journal of the International Solid Wastes & Public Cleansing Association Iswa, 2012, 30(11)：1160-1168.

废旧三元锂离子电池正极材料回收技术研究进展

三元锂离子电池因其性能优越，在国内外便携式电子设备和新能源汽车中得到广泛的应用。随着对锂离子电池需求的不断增长，大量的锂离子电池将迎来"退役"高峰期。为实现有价金属资源的循环利用，减少固体废物处理对环境的影响，废旧锂离子电池的回收利用受到了广泛的关注。

通过对三元锂离子电池进行资源化回收利用，可以获得有价金属或直接制备电池材料。为了提高物料的有效回收率，通常采用预处理的方法来分离集流体和正极活性材料，实现物料的有效分离及进一步的后处理。然后，采用冶金处理的方法从正极活性材料中提取金属和分离杂质，其包括高温冶金和湿法冶金处理工艺。最后，结合材料合成的方法进一步制备得到电池材料或化合物。在现阶段的研究中，高温冶金过程面临着物料损耗大、能耗高、环境不友好等问题；湿法冶金过程存在酸耗大、除杂效率低、工艺流程长等问题。正极材料的再生过程、回收成本以及再合成材料的性能是限制其应用的重要因素。

本文主要介绍了废旧三元锂离子电池回收过程及方法，包括预处理、高温冶金、湿法冶金、正极材料再生等，分析比较了其存在的主要问题，为废旧三元锂离子电池的资源化技术发展提供参考。最后，展望了废旧三元锂离子电池正极材料的回收应向绿色环保、短流程和低能耗的方向发展。

引言

锂离子电池具有工作电压高、能量密度高、无记忆效应、质量轻、体积小、自放电率低、循环寿命长、工作温度范围广等优势[1-3]，已经被广泛应用于便携式电子设备和新能源汽车[4]。近年来，随着新能源汽车行业的不断扩大，锂离子电池回收市场规模逐年增长，预计到 2024 年，全球锂离子电池市场将达到 560 亿美元；从 2016 年到 2024 年，其市场复合年增长率约为 10.6%，如图 1 所示[5]。锂离子电池的使用寿命为 3~5 年，预计到 2025 年，锂离子电池报废量将达到 111.7 GW·h，其中三元锂离子电池报废量为 101.40 GW·h，回收拆解价值将达到 177.96 亿元[2, 6-8]。

三元锂离子电池一般由正极、负极、电解液、集流体、隔膜以及外壳等组成[9]，经多次充放电后，电极材料结构被破坏导致容量衰减严重，当电池容量衰减到初始容量的 70%~80% 就需要对电池进行更换[10]。随着电池需求量不断上升，废旧三元锂离子电池处理量将迎来爆发式的增长[11]。大量的废旧三元锂离子电池将对环境带来潜在的威胁[12]，尤其是其中的重金属、电解质、溶剂及各类有机物辅料，如果不经合理处置而废弃，将对生态系统和人类健康等造成巨大危害[13-14]。废旧三元锂离子电池中含有大量的有价金属，通常含有 5%~20% 的钴（Co）、5%~10% 的镍（Ni）、5%~7% 的锂（Li）、5%~10% 的其他金属（如：铜（Cu）、

本文发表在《城市矿产资源循环利用》，2019（9）：91–109。合作者：邹艾玲、童汇、喻万景、张佳峰。

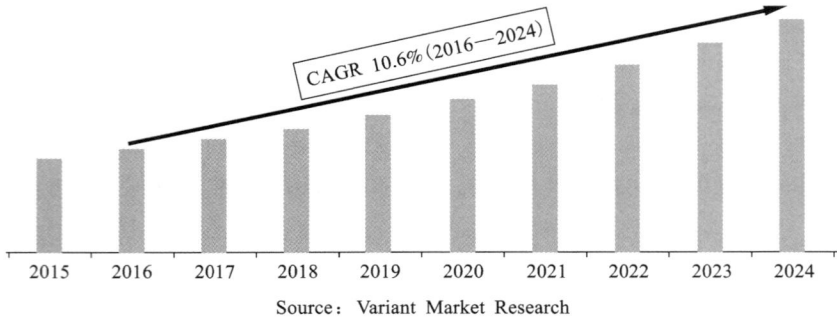

Global Lithium-Ion Battery Market Size and Forecast, 2015—2024(US$ Billion)

CAGR 10.6%(2016—2024)

Source：Variant Market Research

图1　全球锂离子电池市场和规模[5]

铝（Al）、铁（Fe）等）、15%的有机化合物和7%的塑料，具有显著的经济价值[15]。

从经济和环境保护的角度出发，为实现有价金属资源的循环利用，减少固体废弃物处理对环境的影响，开发废旧三元锂离子电池回收工艺受到了广泛关注[16-17]。到目前为止，已开发出许多以高温冶金和湿法冶金工艺为基础的废旧三元锂离子电池回收技术，一些公司（Umicore、Sony、OnTo、Accurec、Inmetco、Xstrata等）已经将高温冶金工艺商业化并加以利用[18]。高温冶金过程通常与湿法冶金过程相结合来回收有价金属。本文主要介绍了废旧三元锂离子电池回收技术的主要方法和过程（图2），包括预处理、高温冶金、湿法冶金、正极材料再生等技术，总结各种技术的优缺点，为废旧三元锂离子电池的资源化技术发展提供参考。

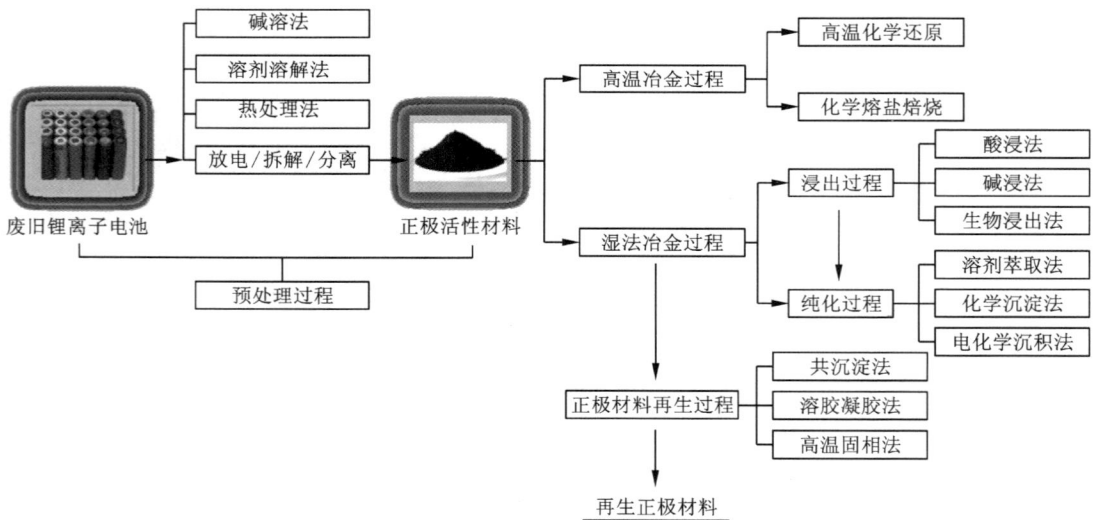

图2　废旧锂电池处理过程与方法

1 预处理过程

废旧三元锂离子电池的组成复杂，为了提高物料的有效回收率，采用预处理工艺来获得不同的物料流，确保正极活性材料的有效分离以进行进一步处理。通常，预处理过程包括以下步骤：放电、拆除、分离以及正极活性材料的分离。正极材料回收的首要问题是如何从铝集流器中分离出正极材料，常见的三种方法为碱液溶解法[19-21]、溶剂溶解法[22-24]、热处理法[25-27]。

1.1 碱溶法

碱液溶解法指的是正极活性材料不与碱发生反应，而铝箔溶于碱液中。基于此，采用氢氧化钠（NaOH）将废旧三元锂离子电池的正极集流体铝箔溶解，实现铝箔和正极活性物质的分离。Ferreira 等[28]采用 NaOH 对正极活性材料与铝箔进行分离，考察 NaOH 浓度（1%~15%（w/w））对铝分离效果的影响，实验表明，铝的溶解率随浓度的增加而增加，但当浓度超过 10%（w/w），溶液中会析出白色沉淀，故最佳的 NaOH 浓度为 10%（w/w）。铝箔溶解在 NaOH 中发生的反应如式（1）所示：

$$2Al(s)+2NaOH(aq)+6H_2O \longrightarrow 2Na[Al(OH)_4](aq)+3H_2(g) \tag{1}$$

Chen 等[20]用 NaOH 对铝箔进行溶解，以避免在接下来的分离步骤中引入 Al^{3+}。当液固比为 10:1，NaOH 的量为 5%（质量分数），时间为 4 h，在室温下铝的溶解率为 99.9%，达到了较好的分离效果。Sencanski[29]对直接煅烧法、用 NMP/DMF 溶解 PVDF、碱溶法三种方法进行比较，找出了使正极材料损失最小的方法，通过对实验结果的比较，可以得出用 NaOH 溶解铝箔后高温煅烧分离效果最好，即碱溶法分离效率最高达 100%，NMP 溶解法仅分离出 68% 的正极材料，直接煅烧法回收正极材料的回收率最低为 57%。碱溶法分离效率高、操作简单，但强碱易对设备造成腐蚀，对设备要求高。

1.2 溶剂溶解法

溶剂溶解法利用较强极性的有机溶剂溶解电池中黏结剂聚偏氟乙烯（PVDF），通常采用 N-甲基吡咯烷酮（NMP）、N-二甲基乙酰胺（DMAC）、N-二甲基甲酰胺（DMF）、二甲基亚砜（DMSO）等[30]将正极活性材料从铝箔中分离出来，其中最常用的有机溶剂是 NMP。Li 等[24]将电极浸入 NMP 中在 100℃溶解 60 min，结果证明，正极活性材料很容易从铝箔中脱落。Yang 等[31]提出超声波辅助溶解过程，将正极材料浸入 NMP 中，在室温下超声 3 min 来分离铝集流体上正极活性物质，分离效率达到 99%，超声波处理的加速效应得以验证。He 等[22]对超声波处理正极材料与铝箔的分离机理进行研究，指出铝箔与正极材料的有效分离是 PVDF 溶解和超声空化共同作用的结果，如图 3（a）所示，比较不同溶剂对正极材料的分离效率，得到 NMP>DMAC>DMF>DMSO>乙醇。实验结果表明，在温度为 70℃、240 W 超声功率和 90 min 超声波处理条件下，在 NMP 作用下，铝箔与正极材料的分离率达到 99%，且铝以金属形式回收，纯度较高。在超声处理下[22]，采用 NMP 分离铝箔和正极活性物质的方法非常有效[22, 24]，但有机溶剂不能去除所有的杂质，回收的正极活性材料需要进一步煅烧，才能燃烧掉碳、PVDF 等残留物，且有机溶剂价格昂贵，不适合大规模的回收处理。

1.3　热处理法

　　热处理法是利用有机黏结剂的热分解来降低涂层活性材料颗粒的黏聚力，去除正极材料中的碳和 PVDF 黏结剂，有效将正极活性材料从铝箔中分离出来的方法，热处理的优点在于操作简单方便。Yang[26]在高纯度氮环境下对正极材料进行热处理来提高有价金属的整体回收效率，通过控制热分解温度去除黏结剂和碳质导体，在 600℃下加热 15 min 后，铝箔与活性物质完全分离。此外，热处理工艺改变正极材料的分子结构，降低正极材料中过渡金属离子的电荷，有利于后续浸出过程回收有价金属。Chen 等[27]将回收的锂离子电池在 300℃下加热 60 min 以去除 PVDF，通过破碎和筛分分离正极活性材料与铝箔，进一步在马弗炉中于 550℃煅烧 30 min，采用 TG-DSC 对正极活性粉末的热行为进行了表征和分析，在图 3(b) 所示的 TG-DSC 曲线中，在 519.44 至 548.77℃之间出现明显失重现象，表明 PVDF 和碳的快速分解，确定热处理最适温度为 550℃。孙亮[32]采用真空热解的方法预处理废旧 LIBs 正极材料，当体系压强低于 1 kPa，在 600℃下热解 30 min 时，有机黏结剂基本除去，正极活性物质大部分从铝箔上脱落分离，铝箔保持完好。然而，热处理过程中能耗高且会排放有毒有害气体，因此有必要安装专门的设备来净化燃烧产生的气体和烟雾。

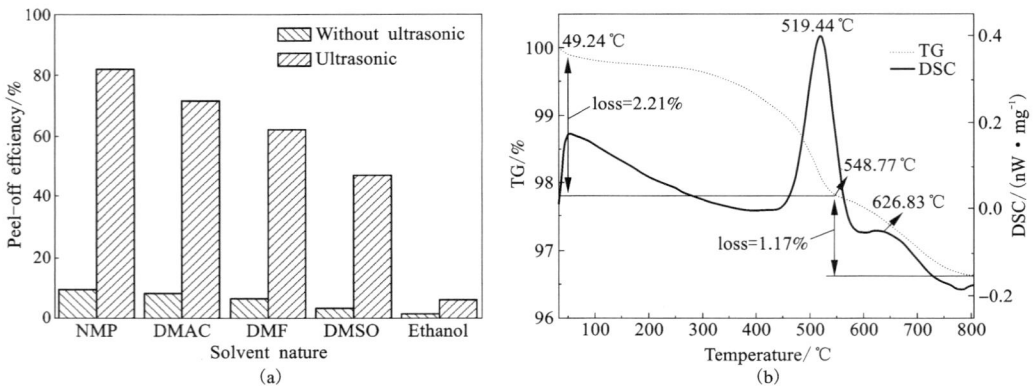

图 3

（a）不同溶剂对正极材料的分离效率[22]；（b）正极活性粉末在不同温度下焙烧的 TG-DSC 曲线[27]

　　表 1 为废旧锂离子电池预处理过程的研究结果总结。

表 1　废旧锂离子电池预处理过程的研究结果总结

Methods	Solution	Temperature/℃	Time/min	Separation efficiencies	Ref.
Alkali dissolving	2 mol/L NaOH	25	120	—	[28]
Alkali dissolving	5% NaOH	25	240	99.9%	[20]
Alkali dissolving	5 mol/L NaOH	25	30	100%	[29]
Dissolution process	NMP	25	60	68%	[29]
Dissolution process	NMP	70	90	99%	[22]
Thermal treatment	—	600	15	—	[26]
Thermal treatment	—	300	60	—	[27]
Thermal treatment	—	600	30	—	[32]

2 高温冶金过程

高温冶金过程一般指通过高温热还原、热分解及真空冶金技术将废旧锂离子电池中的金属分离回收，具有有价元素化学转化率高、回收流程短的优点，易于实现工业应用，相关技术得到广泛研究。

Ren 等[33]在预处理后的镍钴锰酸锂(NCM)中加入 CaO、SiO_2、锰矿和一些 Al 壳，提出了一种新的 $MnO-SiO_2-Al_2O_3$ 渣系。将混合料加热至 1475℃，维持 30 min，得到含 Co(99.03%)、Ni(99.30%)、Cu(99.30%)、MnO(47.03%)和 Li_2O(2.63%)富集渣的高纯度合金。Georgi-Maschler 等[34]提出了一种电弧炉选择性高温冶金处理技术，同时从废旧锂离子电池中回收钴和锂，可以将废旧锂电池的材料组分转化为钴合金和含锂精矿。此外，还可以得到铁镍馏分、铝馏分、铜馏分等其他材料馏分(图 4a)。

在典型的高温冶金过程中锂最终会进入渣相，需要进一步提取。碳热还原法作为一种回收锂等金属的高温冶金方法近年来备受关注。Liu 等[35]对 NCM 碳还原焙烧工艺进行了研究，指出此工艺能实现锂的选择性回收，利用 XRD 对碳还原焙烧产物进行分析。从图 4(b)可以看出，焙烧产物为 Li_2CO_3、MnO、NiO、Ni 和 Co。通过实验得到最佳焙烧条件：焙烧温度为 650℃，焦炭用量为 10%，焙烧时间为 30 min。焙烧产物进行后续处理优先回收锂后再对其他金属进行回收，焙烧过程反应式见式(2)：

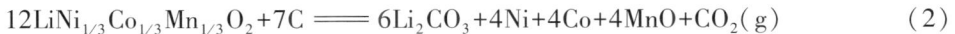

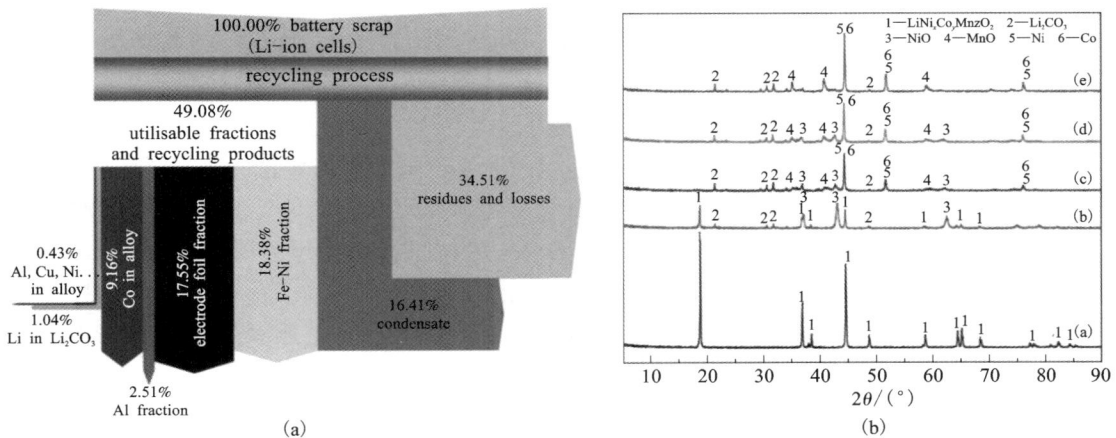

$$12LiNi_{1/3}Co_{1/3}Mn_{1/3}O_2+7C \Longrightarrow 6Li_2CO_3+4Ni+4Co+4MnO+CO_2(g) \qquad (2)$$

图 4

(a)便携式锂离子电池回收过程桑基图[34]；(b)废 NCM111 粉末及焙烧产物 XRD 图谱[35]

Xiao 等[36]开发了一种不添加任何添加剂回收废旧锂离子电池中有价金属的环保工艺。在 973 K，真空条件下将三元正极活性物质真空热解 30 min，由于氧骨架的坍塌，锂以 Li_2CO_3 的形式释放出来，正极活性材料原位转化为 Li_2CO_3 和过渡金属氧化物，锂的最大回收率为 81.90%。高温冶金技术目前面临着损耗大、能耗高、易产生有害气体(二噁英、呋喃等)和对处理设备的要求严格的问题，因此，未来需要采用回收率更高、能耗更低、环境危害更小的方法替代回收工艺来处理废旧锂离子电池。

3 湿法冶金过程

湿法冶金方法是回收三元锂离子电池最主要的方法，据报道超过一半的文献采用湿法冶金工艺回收 NCM。它包括浸出及纯化过程（例如溶剂萃取、化学沉淀、电化学沉积等），因其有价金属回收率高，污染小、易控制等优点而被广泛应用。

3.1 浸出过程

3.1.1 酸浸法

正极活性材料可采用 HCl[37]、H_2SO_4[38]、HNO_3[39]、H_3PO_4[40]等无机浸出剂和柠檬酸[41]、草酸[42]、甲酸[43]等有机浸出剂进行浸出[44]。酸浸法具有回收效率高、反应能耗低、反应速度快等特点，在三元锂离子电池回收过程中得到了广泛的应用。例如，Meshram 等[45]采用硫酸浸出法，在还原剂亚硫酸氢钠（$NaHSO_3$）作用下从正极活性材料中浸出有价金属。通过控制酸浓度、浸出时间、浸出温度和固液比等参数，经过 4 h 可回收 96.7% Li、91.6% Co、96.4% Ni 和 87.9% Mn。黄孝振等[46]采用正极材料 $LiNi_{0.5}Co_{0.2}Mn_{0.3}O_2$ 为原料，采用 $H_2SO_4+H_2O_2$ 浸出体系回收有价金属，金属 Li、Ni、Co 和 Mn 的浸出率均超过 98.5%。在无机酸浸取体系中以 H_2SO_4 作为浸取剂的溶剂体系较多，但也有研究者采用 HCl 和 HNO_3 作为浸取剂。Wang 等[37]采用 HCl 作为酸浸剂浸出 Co、Mn、Ni 和 Li 等金属。从图5（a）中可以得知，在最佳浸出条件下，Co、Mn、Ni 和 Li 的浸出率为 99%以上，但 HCl 具有挥发性且易产生有害气体 Cl_2，回收过程对环境造成污染较大，因此使用较少。Sencanski 等[29]采用 HNO_3 溶剂体系对正极活性物质进行浸取，但由于 HNO_3 具有强还原性，易将 Co^{2+} 和 Mn^{2+} 氧化成难被浸出的高价态 Co^{3+} 和 Mn^{4+}，影响金属的浸出效果。

近年来，一些研究人员利用天然有机酸作为浸出剂，与无机酸浸法相比，在保证金属元素浸出率的同时，避免了有毒气体对环境的不良影响，其浸出过程更环保。常用的有机酸包括柠檬酸、苹果酸、草酸、酒石酸等[47]，He 等[48]以酒石酸和 H_2O_2 为浸出剂，对废旧 NCM 正极材料进行浸出，在优化条件下，Mn、Li、Co 和 Ni 浸出效率为 99.9%以上。Chen 等[49]以柠檬酸和葡萄糖为浸出剂对废旧 NCM 正极材料进行浸出，可以实现有价金属的高效浸出。此酸浸过程反应式如式（3）所示：

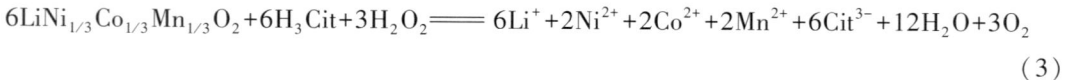

$$6LiNi_{1/3}Co_{1/3}Mn_{1/3}O_2+6H_3Cit+3H_2O_2 === 6Li^++2Ni^{2+}+2Co^{2+}+2Mn^{2+}+6Cit^{3-}+12H_2O+3O_2$$

（3）

Yao 等[50]以苹果酸、H_2O_2 为浸出剂和还原剂实现了 Li、Ni、Co、Mn 的高效浸出，同时苹果酸还可以作为后续反应的螯合剂（图 5c）。目前，因有机酸反应温和、绿色环保且浸出率高等优势而引起了广泛的关注和研究，但有机酸浸出只能在低固液比条件下进行，降低了渗滤液中 Li^+ 的浓度，限制了工业生产的处理能力，同时处理成本较高，未实现工业应用。

3.1.2 碱浸法

有效回收金属的难点之一是经浸出后从复杂溶液中分离出不同的金属，酸浸法不加选择的浸出行为会增加后期金属分离成本。近年来，氨浸因其在理想金属（Li，Ni，Co）和不理想

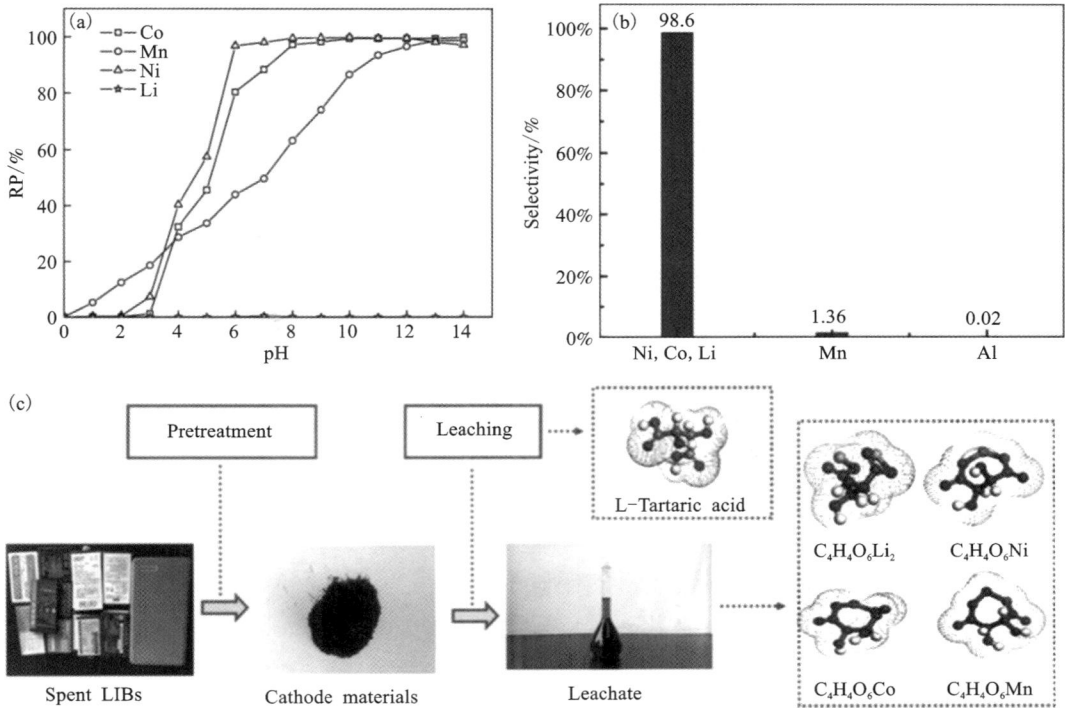

图 5

（a）pH 值对浸出液中钴、锰、镍和锂回收的影响[37]；（b）金属在浸出液中的选择性[61]；

（c）从 LIBs 中回收有价金属的流程图[48]

金属（Al，Fe，Mn）之间的选择性浸出特性而受到广泛关注。从 E_h-pH 图中可以看出，氨浸依赖于与氨络合能力较强的过渡金属 Li、Ni、Co 的热力学可行性。而回收价值低的金属，如 Mn、Fe 和 Al，由于它们与氨的络合能力差，不容易浸出。此外，氨作为浸出剂可以回收利用[62]，在相对较低（或中等）温度下可以形成稳定的金属-氨络合物[63]。

Wu[58]采用氨（$NH_3 \cdot H_2O$）、亚硫酸铵（NH_4HSO_3）、碳酸氢铵（NH_4HCO_3）三元浸出体系研究了 Li、Ni、Co、Cu、Al 的浸出行为，其中 NH_4HSO_3 作为提高 Li、Ni、Co 浸出效率的还原剂，NH_4HCO_3 在氨溶液中起缓冲作用。研究表明，浸出体系的最佳条件为 1.5 mol/L $NH_3 \cdot$ H_2O、1 mol/L NH_4HSO_3 和 1 mol/L NH_4HCO_3，浸出时间为 180 min，固液比为 20 g/L，温度为 60℃，镍、铜几乎完全浸出，Li（60.53%）和 Co（80.99%）浸出率适中。类似地，Ku 等[59]采用 $NH_3 \cdot H_2O$、$(NH_4)_2CO_3$、NH_4HSO_3 为浸出剂对三元正极材料进行浸出，采用最佳配比的浸出剂可充分浸出钴、铜，而锰、铝几乎不浸出，镍浸出率适中。通过氨化浸出选择性回收 Co，降低氢氧化钠成本、提高浸出液的 pH，又减少了 Mn 和 Al 的分离步骤。

同时，H_2O_2 和 Na_2SO_3 也被充当氨浸的还原剂。Wang 等[60]以 $NH_3 \cdot H_2O$ 和 NH_4HCO_3 为浸出剂，H_2O_2 为还原剂，形成 Co^{2+}-Ni^{2+}-Li^+-NH_4^+ 浸出液。结果表明，Ni、Co 和 Li 的浸出率分别达到 96.4%、96.3% 和 81.2%，而 Al 和 Mn 几乎不被浸出，后续再对 Ni、Co 和 Li 进行依次分离。其中，NH_4^+ 通过氨的蒸馏进一步循环进入浸出步骤，从而实现了浸出剂的闭环回收和目标金属的选择性浸出，从而获得目标产品。Zheng 等[61]以 $NH_3 \cdot H_2O$、$(NH_4)_2SO_4$ 为浸出剂，Na_2SO_3 为还原剂，在最佳条件下，经过两步浸出，Mn 的浸出率仅为 6.34%，Ni、Co 和 Li 的总浸出率分别达到 94.8%、88.4% 和 96.7%。金属在浸出液中的选择性图（图 5b）中，溶液中 Ni、Co 和 Li 的总选择性均大于 98%，有害杂质元素含量仅为 1.9%，Ni、Co 和 Li 以金属离子或氨络合物的形式留在溶液中，而锰在溶液的最初存在形式是 $Mn(NH_3)_x^{2+}$，随后由 Mn^{4+} 转变成 Mn^{2+}，最后以 $(NH_4)_2Mn(SO_3)_2 \cdot 2H_2O$ 沉淀形式析出导致 Mn 的浸出率降低。本研究团队采用氨浸法从 $LiNi_xCo_yMn_{1-x-y}O_2$（$x = 1/3$，0.5，0.8）正极材料中选择性提取有价金属[64]，以 $NH_3 \cdot H_2O$ 为浸出剂，Na_2SO_3 为还原剂，以络合物或金属离子的形式从溶液中浸出 Ni、Co 和 Li，采用两步浸出法可从 $LiNi_{1/3}Co_{1/3}Mn_{1/3}O_2$ 原料中分离出 93.3% Li、98.2% Co 和 97.9% Ni。其中锰主要以 Mn^{2+} 的形式浸出，随着 Na_2SO_3 含量的增加，析出的 Mn_3O_4 转变为 $(NH_4)_2Mn(SO_3)_2 \cdot H_2O$，生成的 $(NH_4)_2Mn(SO_3)_2 \cdot H_2O$ 不利于浸出过程。后期我们将重点研究 $(NH_4)_2Mn(SO_3)_2 \cdot H_2O$ 的晶体生长机制，控制 $(NH_4)_2Mn(SO_3)_2 \cdot H_2O$ 的晶体生长，使 $LiNi_xCo_yMn_{1-x-y}O_2$ 正极材料一步浸出。

氨浸法因选择性浸出特性受到关注，但仍然面临着 Ni、Co 和 Li 的回收及氨介质回收以及亚硫酸盐产生的硫酸盐废水额外排放等困难。

表 2 为不同浸出剂对废 LIBs 浸出过程的最佳实验条件总结。

表 2 不同浸出剂对废 LIBs 浸出过程的最佳实验条件总结

Type of LIBs	Leaching agent	Temperature /℃	Time /min	S/L ratio /($g \cdot L^{-1}$)	Leaching rate /%	Ref.
Mixture	1 mol/L H_2SO_4 +0.075 mol/L $NaHSO_3$	95	240	20	Li：96.7；Co：91.6；Ni：96.4；Mn：87.9	[45]
LNCM	2.5 mol/L H_2SO_4+3%(φ) H_2O_2	45	60	50	Total metals >98.5	[46]
Mixture	4 mol/L HCl	80	60	20	Total metals >99	[37]
LNCM	1.0 mol/L H_2SO_4+1%(φ) H_2O_2	40	60	40	Total metals >99	[51]
LNCM	1.5 mol/L TCA+4%(φ) H_2O_2	60	30	50	Li：99.7；Ni：93；Co：91.8；Mn：89.8	[52]
Mixture	4 mol H_2SO_4+30%(φ) H_2O_2	80	120	—	Co，Ni，Mn~100；Li~80	[53]
Mixture	1 mol/L H_2SO_4	95	240	50	Li：93.4；Co：66.2；Ni：96.3；Mn：50.2	[54]
Mixture	1.5 mol/L citric acid +0.5 g glucose	80	120	20	Li：99；Co：92；Ni：91；Mn：94	[41]
LNCM	2 mol/L tartaric acid +4%(φ) H_2O_2	70	30	17	Mn：99.3；Li：99.1；Co：98.6；Ni：99.3	[48]
LNCM	2.0 mol/L citric acid +2.0%(φ) H_2O_2	80	90	33	Li：99；Co：95；Ni：97；Mn：94	[49]

续表2

Type of LIBs	Leaching agent	Temperature /℃	Time /min	S/L ratio /(g·L^{-1})	Leaching rate /%	Ref.
LNCM	1.2 mol/L DL-malic acid +1.5%(φ) H$_2$O$_2$	90	30	40	Li: 98.9; Co: 94.3; Ni: 95.1; Mn: 96.4	[55]
LNCM	0.5 mol/L citric acid +1.5%(φ) H$_2$O$_2$	90	60	20	Li: 99.1; Co: 99.8; Ni: 98.7; Mn: 95.2	[28]
LNCM	2 mol/L maleic acid and 4%(φ) H$_2$O$_2$	70	60	20	Li: 98.2; Co: 98.4; Ni: 98.1; Mn: 98.1	[56]
LNCM	3.5 mol/L acetic acid +4%(φ) H$_2$O$_2$	60	60	40	Li: 99.9; Co: 93.6; Ni: 92.7; Mn: 96.3	[57]
LNCM	1.5 mol/L NH$_3$·H$_2$O+1 mol/L NH$_4$HSO$_3$+1 mol/L NH$_4$HCO$_3$	60	180	20	Ni: 约100; Li: 60.53; Co: 80.99	[58]
LNCM	3 mol/L NH$_3$·H$_2$O+1.5 mol/L (NH$_4$)$_2$SO$_3$+1 mol/L NH$_4$HCO$_3$	80	60	—	Co: 94	[59]
LNCM	NH$_3$·H$_2$O+NH$_4$HCO$_3$+H$_2$O$_2$	30	360	—	Ni: 96.4; Co: 96.3; Li: 81.2	[60]
LNCM	4 mol/L NH$_3$·H$_2$O+1.5 mol/L (NH$_4$)$_2$SO$_4$+0.5 mol/L Na$_2$SO$_3$	80	300	10	Ni: 94.8; Co: 88.4; Li: 96.7	[61]

3.2 溶剂萃取法

正极活性物质经浸出后，Li、Ni、Co、Mn、Cu、Al 和 Fe 等有价值的金属进入浸出液。为了从复杂溶液中分离出有价金属，提出了溶剂萃取、化学沉淀和电化学沉积等多种方法。溶剂萃取法因萃取剂对不同金属离子的选择性高已广泛应用于浸出液中金属的回收和分离，可快速、高效地分离浸出液中的有价金属。目前为止，常见的萃取剂有二(2-乙基己基)磷酸(D$_2$EHPA)[65]、二(2,4,4-三甲基戊基)膦酸(Cyanex 272)[66-67]、三辛胺(TOA)[68] 和 2-乙基己基膦酸单-2-乙基己基酯(PC-88A)[69]。

Chen 等[70]研究了用溶剂萃取法从废旧 NCM 回收金属的改进工艺，回收过程中浸出液采用 Na-Cyanex 272 为萃取剂将 Co 和 Mn 萃取到有机相中，再采用 D$_2$EHPA 对硫酸溶液中的 Co、Mn 进行了深度分离得到高纯度的 Co，利用 DMG 选择性析出镍，最后，通过化学沉淀法浸出液中剩余的 Li 以饱和 Na$_2$CO$_3$ 析出的 Li$_2$CO$_3$ 的形式回收，Co、Mn 和 Ni 以氢氧化物的形式回收。该工艺生产的 Co、Ni 和 Li 产品纯度为 99.5% 以上，Mn 的回收率为 93.3% 以上。其中 Na-Cyanex 272 与 Na-D$_2$EHPA 的提取机理可写成式(4)和式(5)：

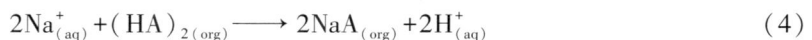

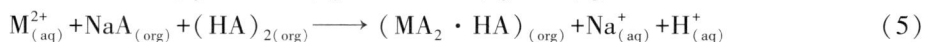

$$2Na^+_{(aq)}+(HA)_{2(org)} \longrightarrow 2NaA_{(org)}+2H^+_{(aq)} \tag{4}$$

$$M^{2+}_{(aq)}+NaA_{(org)}+(HA)_{2(org)} \longrightarrow (MA_2·HA)_{(org)}+Na^+_{(aq)}+H^+_{(aq)} \tag{5}$$

Vasilyev 等[71]模拟废旧锂离子电池正极材料浸出液中 Li、Co 和 Ni 的液-液萃取过程(图 6a),以 Cyanex 272 为萃取剂,建立了一种用于负载、洗涤和提馏阶段的相平衡新模型,为液-液分离提取过程的设计和优化提供了依据。首先,对 Co 和 Ni 进行选择性提取得到纯 Li 萃余液,其在分离步骤中作为纯产物分离,随后再选择性分离和纯化 Co 和 Ni,其中溶液中 Li 和 Co 的回收率达 99.9%。Nguyen 等[72]从 NCM 正极材料浸出液中萃取分离和选择性回收 Li、Co 和 Ni,以 Na-PC-88A 为萃取剂,在 60% Na-0.56 mol/dm³ PC-88A,O/A 相比为 3/1、pH 为 4.5 最优条件下萃取得到 99.8% Co,经两段洗涤得到 99.9% Ni 和 99.9% Li,该工艺保证了废旧 NCM 中有价金属的有效回收。

与单一萃取剂溶剂萃取法相比,两种或两种以上萃取剂的混合萃取法常被用于提高金属在萃取过程中的选择性。Wang 等[73]采用溶剂 D_2EHPA 和 PC-88A 萃取剂从主要含有 Co、Ni、Mn 和 Cu 的 LIBs 浸出液中两步萃取法回收 Co,先采用 D_2EHPA 萃取剂在 pH 分别为 2.7 和 2.6 时去除 Mn 和 Cu,随后 PC-88A 在 pH 为 4.25 的条件下对浸出液进行进一步的萃取,使 Co 和 Ni 得到有效分离,最后用草酸对钴离子进行分离得到 CoC_2O_4。Hong 等[74]采用 PC88A、Cyanex 272、D_2EHPA 等不同萃取剂进行溶剂萃取回收废 NCM 正极材料中的 Co、Ni 和 Mn,考察了 Co、Ni、Mn 的提取特性,确定了分离过程中溶液各金属离子的最佳比值,各金属得到了有效分离,其中 Co 的回收率达 99%。

溶剂萃取具有能耗低、分离效果好、操作条件简单等优点。然而,萃取剂价格昂贵且步骤复杂,会增加回收工业的处理成本。

3.3 化学沉淀法

在浸出液中加入 OH^-、$C_2O_4^{2-}$ 和 CO_3^{2-} 等特殊阴离子时,溶液中的有价金属会与阴离子结合形成沉淀物。因此,通常采用化学沉淀法根据析出物的溶度积控制离子浓度将有价金属从废 NCM 浸出液中析出分离。

Meshram 等[45]采用草酸沉淀法从浸出液中以 $CoC_2O_4 \cdot 2H_2O$ 的形式回收 96% 的 Co,随后分别在 pH 为 7.5 和 9.0 时以碳酸盐形式回收 Mn 和 Ni,最后在滤液中加入 Na_2CO_3 溶液析出纯度为 98% 的 Li_2CO_3,以碳酸盐和草酸盐的形式实现了 Li、Co、Mn 和 Ni 的高纯度回收。然而浸出液的组成非常复杂,很难用单一的方法分离出所有有价值的金属。因此,有必要使用两种或两种以上的方法从浸出溶液中分离有价值的金属,化学沉淀法也常与溶剂萃取相结合,从复杂的浸出液中回收有价值的金属。Chen 等[75]采用选择性沉淀法和溶剂萃取相结合的方法对废旧 NCM 的柠檬酸浸出液中的 Co、Ni、Mn 和 Li 进行有效的分离回收,如图 6b 回收流程图中所示,先选用二甲基乙二肟试剂($C_4H_8N_2O_2$)和草酸铵(($NH_4)_2C_2O_4$)分别对 Ni 和 Co 进行选择性沉淀分离,用 D2EHPA 萃取剂对 Mn 进行回收,用磷酸钠(Na_3PO_4)溶液沉淀回收锂,Li、Ni、Co 和 Mn 回收率分别为 89%、98%、97% 和 97%,此工艺流程绿色环保,浸出液中所有金属值均能有效分离回收,且 $C_4H_8N_2O_2$ 和 D_2EHPA 均能回收再利用。Sattar 等[76]从 NCM 正极材料硫酸浸出液回收 Co、Ni、Mn 和 Li 有价金属,用高锰酸钾盐($KMnO_4$)和 $C_4H_8N_2O_2$ 分别选择性沉淀 Mn 和 Co,随后在 pH=5.0 和油水比(O:A)为 1:1 时,采用 0.64 mol/L Cyanex 272(50% 皂化)两步溶剂萃取法回收高纯度 $CoSO_4$ 溶液,最后加入 Na_2CO_3 作为沉淀剂析出 Li,实现了 Li、Co、Mn 和 Ni 的回收。化学沉淀法具有成本低和能耗低的优点,但从复杂溶液中分离和回收的金属纯度不高,难以完全将各金属分离。

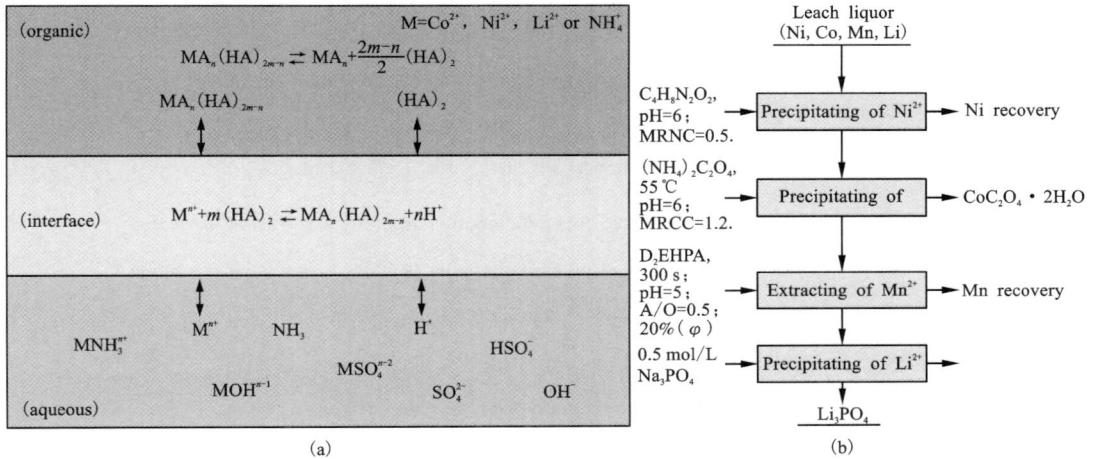

图 6

（a）在水/有机两相体系中，从含皂化磷酸的硫酸盐溶液中萃取 Li、Ni 和 Co 的液-液萃取机理[71]；

（b）在柠檬酸介质中有价金属的分离和回收过程[75]

3.4　电化学沉积法

电化学沉积是一种利用溶液中金属电极电位差来选择性分离金属的有效方法。电化学工艺简单，易于控制和规模化，清洁环保。由于 Co、Mn 和 Cu 在标准氧化还原电位上的差异，采用电化学方法对其进行浸出和分离是可行的，且在不损失其他金属离子（Co、Mn 和 Li），不需要任何额外的化学物质来回收。Prabaharan 等[77]采用电化学浸出法和电沉积法回收将废旧三元锂离子电池正极材料中的 Cu、Co 和 Mn 金属，Cu 与其他金属一起从阳极室溶解，在酸性环境下选择性地沉积在正极处，去除铝后，在电流密度为 $200\ A/m^2$、$pH=2\sim2.5$、温度为 $90℃$ 条件下从浸出液回收金属 Co 和电解二氧化锰，钴通过还原沉积在阴极，而 Mn 在阳极氧化形成电解二氧化锰（EMD），Co、Cu 和 Mn 的总回收率分别在 96%、97% 和 99% 以上，同时得到的 Co 金属、Cu 金属、MnO_2（EMD）等产品纯度分别为 99.2%、99.5% 和 96%。该过程清洁环保，容易控制和执行，适合于工业化生产且具有商业价值。Lupi 等[78]采用 Cyanex272 萃取分离 Co 和 Ni，经过活性炭处理后，在电流密度为 $250\ A/m^2$、温度为 $50℃$、pH 为 $3.0\sim3.2$ 条件下采用恒电流电积回收 Ni，电解效率为 87%，溶液中的镍含量低于 $100\ mg/L$。电化学沉积法可获得纯度高的金属，不需要引入其他物质避免杂质污染，但在这个过程中存在能耗高、影响因素多、条件难以控制等缺点。

表3   不同湿法回收过程得到的产品及其纯度

Type of LIBs	Obtained products	Purity	Recycling processes	References
LNCM	Li_2CO_3	>99.5%	Chemical precipitation after leaching and separation	[70]
	$Ni(OH)_2$	>99.5%	Chemical precipitation after leaching and selective precipitation	
	$Co(OH)_2$	>99.5%	Chemical precipitation after leaching and solvent extraction	
	$Mn(OH)_2$	>93.35	Chemical precipitation after leaching and solvent extraction	
LNCM	$NiSO_4$	99.9%	Solvent extraction after leaching process	[45]
	$CoSO_4$	99.9%	Solvent extraction after leaching process	
	Li_2SO_4	99.9%	Solvent extraction after leaching process	
Mixture	$CoSO_4$	99.9%	Chemical precipitation after leaching and solvent extraction	[72]
LNCM	$Ni(OH)_2$	96%	Chemical precipitation after leaching process	[74]
	Li_2CO_3	98%	Chemical precipitation after leaching process	
	$NiCO_3$	—	Chemical precipitation after leaching process	
	$MnCO_3$	—	Chemical precipitation after leaching process	
Mixture	$CoC_2O_4 \cdot 2H_2O$	97%	Chemical precipitation after leaching process	[75]
	$MnSO_4$	97%	Solvent extraction after leaching process	
	Li_3PO_4	89%	Chemical precipitation after leaching process	
	$NiCl_2$	98%	Selective precipitation after leaching process	
	MnO_2	62.36%	Selective precipitation after leaching process	
LNCM	$C_8H_{14}N_4NiO_4$	99%	Selective precipitation after leaching process	[76]
	$LiCO_3$	—	Chemical precipitation after leaching process	
	$CoSO_4$	88.2%	Solvent extraction after leaching process	
Mixture	Co	99.2%	Electrodeposition after leaching	[77]
	Cu	99.5%	Electrodeposition after leaching	
	MnO_2	96%	Electrodeposition after leaching	
Mixture	Ni	—	Electrodeposition after leaching and separation	[78]

4   正极材料的再合成

传统的分离提取技术，如溶剂萃取、化学沉淀、电沉积等，将金属以单质或者化合物进行回收利用。但由于回收路线复杂、化学试剂消耗高、废物排放量大等缺点，在工业生产中应用往往不具有经济性。因此，研究短而有效的废旧三元锂离子电池回收途径是必要的，为了缩短路线，避免金属离子相互分离，提高有价金属的回收效率，近年来研究了从浸出液一步制备再生材料的合成方法，主要是利用共沉淀法、溶胶凝胶法和高温固相法等技术短流程合成再生三元正极材料。

4.1 共沉淀法

为了避免金属离子分别回收，可加入氢氧化物和碳酸盐作为共沉淀剂，$NH_3 \cdot H_2O$ 作螯合剂得到三元材料前驱体，后经混锂、煅烧制备新的三元正极材料。共沉淀法的优点在于可以使制备的正极材料化学成分均一、粒度小而且分布均匀，是制备三元材料最常用的方法之一。但影响共沉淀法的因素众多，对条件控制要求高，且易产生其他的共沉淀物质。

Yang[79]提出了一种基于共萃取共沉淀法提取过渡金属及正极材料再合成的新工艺，如图 7(a)所示，先采用 D_2EHPA 萃取剂分离 Li 并萃取出 Mn、Co 和 Ni，以萃取液为原料调整溶液离子比后采用共沉淀法在 pH 为 8 的条件下生成三元前驱体，混锂后在 850℃ 下煅烧 10 h 生成正极材料 $LiNi_{1/3}Co_{1/3}Mn_{1/3}O_2$。元素分析表明，再生正极材料中所含的主要元素和杂质均符合 $LiNi_{1/3}Co_{1/3}Mn_{1/3}O_2$ 的生产标准，电化学测试表明，再生正极材料具有良好的循环性能，其初始放电容量可达 160.2 mA · h/g，库仑效率为 99.8%。Sa 等[80]采用硫酸浸出、共沉淀和热处理工艺再生了球形 $LiNi_{0.33}Mn_{0.33}Co_{0.33}O_2$ 正极材料，其电化学性能优越，在 0.1 C 下第一次放电容量为 158 mA · h/g，在 100 次和 200 次循环之后，仍然分别保留了 80% 和 65% 以上的容量。

加入氢氧化物作为共沉淀剂时，在共沉淀过程中产生 $Mn(OH)_2$，其中 Mn^{2+} 易氧化成 Mn^{3+} 和 Mn^{4+}，将对新制备的三元正极材料的电化学性能产生影响，而 $MnCO_3$ 较为稳定，所以形成碳酸盐沉淀可避免 Mn^{2+} 的氧化。He[81]提出了一种回收并制备 $LiNi_{1/3}Co_{1/3}Mn_{1/3}O_2$ 正极材料的新工艺，先将正极材料酸浸溶解，将浸出液镍钴锰的物质的量比调整为 1:1:1，将浸出液(1.8 mol/L)、Na_2CO_3(1.8 mol/L)和一定量的 $NH_3 \cdot H_2O$ 同时泵入共沉淀反应器，反应溶液的 pH 维持在 7.5，在 60℃ 下反应 12 h 得到 $Ni_{1/3}Co_{1/3}Mn_{1/3}CO_3$，洗涤干燥后将其在空气中 500℃ 下煅烧 5 h，得到 $(Ni_{1/3}Co_{1/3}Mn_{1/3})_3O_4$ 中间产物，其后混锂煅烧得到再生的 $LiNi_{1/3}Co_{1/3}Mn_{1/3}O_2$，该再生正极材料具有有序的层状结构、优异的循环性能和倍率性能，图 7(b)显示了再生 $LiNi_{1/3}Co_{1/3}Mn_{1/3}O_2$ 在不同速率下的放电容量，在 0.2 C、0.5 C、1 C 和 2 C 的第一次放电容量分别为 153.7 mA · h/g、144.6 mA · h/g、138.3 mA · h/g 和 128.1 mA · h/g。Zhang[82]采用碳酸盐共沉淀法制备了球形 $LiNi_{1/3}Co_{1/3}Mn_{1/3}O_2$ 正极材料，以氨为螯合剂，通入 CO_2 气体制备了前驱体 $Ni_{1/3}Co_{1/3}Mn_{1/3}CO_3$，将预焙烧过的 $Ni_{1/3}Co_{1/3}Mn_{1/3}CO_3$ 与 LiOH 混合，高温煅烧制得球形 $LiNi_{1/3}Co_{1/3}Mn_{1/3}O_2$。通过改变氨浓度、共沉淀温度、煅烧温度和物料比等实验条件，优化了 $LiNi_{1/3}Co_{1/3}Mn_{1/3}O_2$ 正极材料的物理和电化学性能，优化后的正极材料呈球形颗粒形状，层状结构有序[图 7(c)]，初始放电容量为 162.7 mA · h/g，电压范围为 2.8~4.3 V，100 次循环后容量保持率为 94.8%。

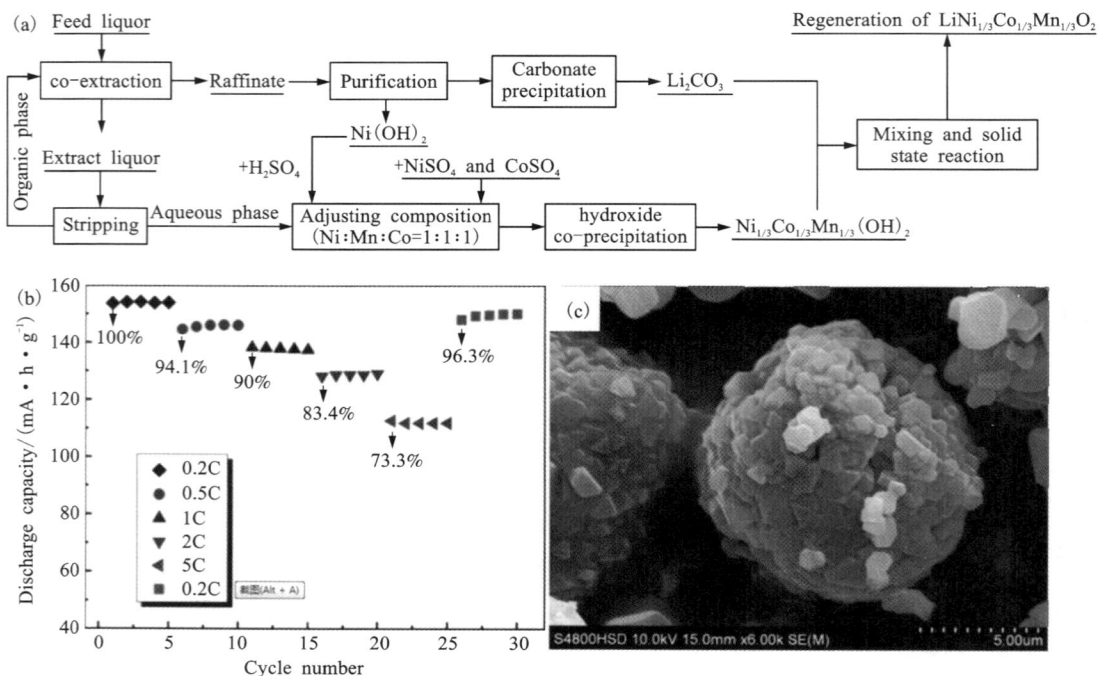

图 7

（a）回收过程简易示意图[79]；（b）在 2.7~4.3 V 下再生 $LiNi_{1/3}Co_{1/3}Mn_{1/3}O_2$ 的倍率性能[81]；

（c）制备的 $LiNi_{1/3}Co_{1/3}Mn_{1/3}O_2$ 在 850℃ 下煅烧后的扫描电镜图像[82]

4.2　溶胶凝胶法

溶胶凝胶法以有价金属浸出液为原料，加入柠檬酸、乳酸和苹果酸等有机酸作为螯合剂，控制适宜的反应条件进行水解、缩合化学反应，在溶液中形成稳定的透明溶胶体系，溶胶经陈化胶粒间缓慢聚合形成凝胶，凝胶经过干燥、烧结固化制备出三元正极材料。

Li 等[28]先采用柠檬酸和过氧化氢对正极材料进行浸出，所得浸出液中的柠檬酸可作为溶胶−凝胶法的螯合剂，加入相应的乙酸盐调整 Li：Co：Ni：Mn 的物质的量比为 3.15：1：1：1，调整总金属离子与螯合剂的物质的量比为 2：1，将溶液在 80℃ 下保持 6 h 制备非晶态凝胶前驱体，随后在 450℃ 下煅烧 5 h，900℃ 煅烧 12 h 制备了 $LiNi_{1/3}Co_{1/3}Mn_{1/3}O_2$ 材料。电化学性能测试表明，0.2C 时，再合成材料的初始放电容量（152.8 mA·h/g）高于直接由纯化学物质合成的材料（149.8 mA·h/g），循环 160 次后，其分别为 140.7 mA·h/g 和 121.2 mA·h/g，表明了新合成正极材料具有良好的电化学性能。Yao 等[83]将柠檬酸作为浸出剂和螯合剂，H_2O_2 为还原剂对三元正极材料进行浸出，通过加入相应的硝酸盐将 Li：Co：Ni：Mn 物质的量比例调整到 3.05：1：1：1，将溶液的 pH 调节至 8 后，水浴加热 80℃，获得透明凝胶，烘干后经两段煅烧得到 $LiNi_{1/3}Co_{1/3}Mn_{1/3}O_2$。如图 8(a)材料充放电曲线所示，在 1C 倍率初始放电比容量为 147 mA·h/g，循环 50 次后容量保持率为 93%。研究表明，柠檬酸作为螯合剂，一分子 $C_6H_8O_7$ 含有三个羧基，能促进溶胶凝胶过程，对电化学性能的提高有很好的促进作用。

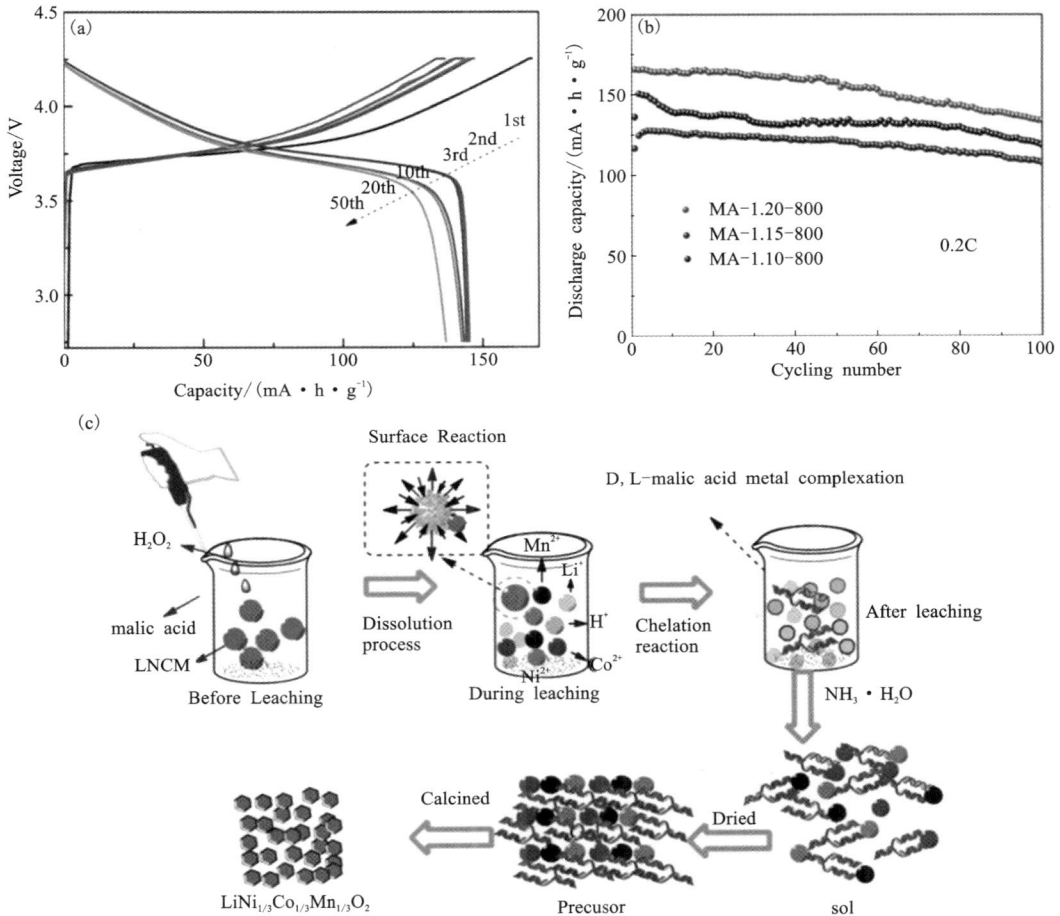

图 8

（a）在 1C 时再生材料的充放电曲线[83]；（b）在 2.7～4.3 V 下再生 $LiNi_{1-x-y}Co_xMn_yO_2$ 的循环性能[85]；

（c）LNCM 的浸出及金属离子与 D, L-苹果酸的配位示意图[84]

苹果酸也是较好的浸出剂和络合剂，Yao 等[84]以 D, L-苹果酸为浸出剂和螯合剂，通过调整浸出液的金属离子比、pH，通过溶胶凝胶过程再生锂离子电池正极材料 $LiNi_{1/3}Co_{1/3}Mn_{1/3}O_2$（图 8c），电化学测试表明，再生材料的初始充放电容量分别为 152.9 mA·h/g 和 147.2 mA·h/g（2.75～4.25 V，0.2C）。在第 100 个循环时，容量保持在初始值（2.75～4.25 V，0.5C）的 95.06%，再生 $LiNi_{1/3}Co_{1/3}Mn_{1/3}O_2$ 具有良好的电化学性能。溶胶凝胶法可以实现正极材料分子水平上的均匀混合，反应可以在较低温度下进行，但整个溶胶-凝胶过程所需时间较长，常需要几天且重复性较差，消耗的有机溶剂量大、成本高，不利于工业大规模生产。

4.3　高温固相法

采用共沉淀法和溶胶凝胶法再生的正极材料表现出较高的电化学性能，但在制备过程中工艺复杂且会产生重金属残留和废水，造成二次污染，因此可以采用无水技术代替化学溶解法进行再生，高温固相法是一种更环保、更经济的改进技术。

Meng 等[85]首次提出了一种采用机械化学活化和固相烧结方法结合直接再生废 NCM 正极材料的方法，采用焙烧法将 PVDF 和乙炔黑去除并分离出废正极材料粉末，对添加 Na_2CO_3 的正极粉末进行了强化球磨，机械化学过程目的是抑制废正极材料中锂离子和镍离子的混排，最后将混合物煅烧得到再生正极材料。在 Li/总金属离子比为 1.20/1，800℃下再生 NCM 材料表现出最佳的电化学性能，在 0.2C 时，第一个循环的放电容量可达 165 mA·h/g，100 次循环后可保持 80% 以上的放电容量[图8(b)]，该工艺在不引入杂质的情况下，恢复了废旧 NCM 材料的层状结构，并对制备的正极材料的电化学性能进行改善。Zhou 等[86]提供了一种绿色、简便的再生废 $LiNi_{0.5}Co_{0.2}Mn_{0.3}O_2$ 正极材料的方法，并对其再生机理进行了研究。先将废 $LiNi_{0.5}Co_{0.2}Mn_{0.3}O_2$ 正极材料在 400℃ 下加热 6 h 去除乙炔炭黑，以（Ni+Co+Mn）：Li = 1：1.05 的物质的量比加入适量的乙酸锂充分混合，再 500℃ 烧结 5 h，900℃ 烧结 12 h 得到再生 $LiNi_{0.5}Co_{0.2}Mn_{0.3}O_2$ 正极材料。研究表明，材料晶格中丢失的锂离子通过添加锂得到补充，同时颗粒表面的污物基本去除，再生过程中裂纹和破碎颗粒消失。电化学测试表明，再生材料的性能有了显著提高，0.1C 时的放电容量为 164.6 mA·h/g，1C 时的放电容量为 147 mA·h/g。材料在 1C 条件下循环 100 次后，仍有 131 mA·h/g 的放电容量，容量保留率为89.12%。

表 4　不同再生方法对锂离子电池电化学性能比较

Methods	re-synthesized sample type	Initial discharge Capacity/(mA·h·g^{-1})	Cycle discharge capacities/(mA·h·g^{-1})	Capacity retention/%	Ref.
Coprecipitation method	$LiNi_{1/3}Co_{1/3}Mn_{1/3}O_2$	160.2(0.1C)	—	—	[79]
Coprecipitation method	$LiNi_{0.33}Mn_{0.33}Co_{0.33}O_2$	158(0.1C)	126.4(100th)	80%	[80]
Coprecipitation method	$LiNi_{1/3}Co_{1/3}Mn_{1/3}O_2$	163.5(0.1C)	153.85(50th)	94.1%	[81]
Coprecipitation method	$LiNi_{1/3}Co_{1/3}Mn_{1/3}O_2$	162.7(0.1C)	154.24(50th)	94.8%	[82]
Sol-gel method	$LiNi_{1/3}Co_{1/3}Mn_{1/3}O_2$	152.8(0.2C)	140.7(160th)	92.8%	[28]
Sol-gel method	$LiNi_{1/3}Co_{1/3}Mn_{1/3}O_2$	147(1C)	136.71(50th)	93%	[83]
Sol-gel method	$LiNi_{1/3}Co_{1/3}Mn_{1/3}O_2$	150.1(0.5C)	143.6(100th)	95.5%	[84]
Solid-state sintering	$LiNi_{1/3}Co_{1/3}Mn_{1/3}O_2$	165(0.2C)	132(100th)	80%	[85]
Solid-state sintering	$LiNi_{0.5}Co_{0.2}Mn_{0.3}O_2$	147(1C)	131(100th)	89.12%	[86]

5　总结与展望

废旧三元锂离子电池的回收具有资源、经济和社会等多重效益。本文针对废旧三元锂离子电池回收现状进行综述，其中归纳的废旧锂离子电池三元正极材料的回收方法目前虽然得到了广泛研究和应用，但仍然存在一些弊端。废旧三元锂离子电池正极材料的回收应向绿色环保、短流程和低能耗的方向发展，从以下几个方面出发：

（1）选择性浸出。三元锂离子电池金属成分复杂，经浸出后需从复杂溶液中分离出不同的金属。酸浸法不加选择的浸出行为会增加金属分离难度和成本；氨浸法能够选择性浸出Li、Ni 和 Co 等金属，并将金属 Mn 进行分离。但是，目前缺乏对氨浸机理及氨浸后如何对金属高效提取利用的研究。此外，金属 Li 的选择性浸出国内外研究较少，研究选择性浸出分离Li 的方法将大大提高回收的经济效益。

（2）分离纯化。正极材料经浸出后金属性质相似，目前分离纯化过程中采用选择性沉淀法及溶剂萃取法分步将金属以化合物的形式分离，其流程冗长使得工业应用经济成本高，因此开发有效提取 Ni、Co 和 Mn 金属共萃剂将缩短分离过程并降低工业成本。

（3）材料再生。废旧三元锂离子电池循环主要基于湿法冶金工艺，该工艺涉及酸溶解和化学沉淀。然而，大量使用酸液会产生额外的废物，且制备得到的正极材料的电化学性能会受到影响。因此，需要开发出一种更方便和有效的工艺来回收再生三元正极材料。

参考文献

［1］Dehghani‐Sanij A R, Tharumalingam E, Dusseault M B, et al. Study of energy storage systems and environmental challenges of batteries［J］. Renewable and Sustainable Energy Reviews, 2019, 104（APR.）：192-208.

［2］Ordoñez J, Gago E J, Girard A. Processes and technologies for the recycling and recovery of spent lithium‐ion batteries［J］. Renewable and Sustainable Energy Reviews, 2016, 60：195-205.

［3］Yang Y, Song S, Lei S, et al. A process for combination of recycling lithium and regenerating graphite from spent lithium‐ion battery［J］. Waste Management, 2019, 85：529-537.

［4］Gu F, Guo J, Yao X, et al. An investigation of the current status of recycling spent lithium‐ion batteries from consumer electronics in China［J］. Journal of Cleaner Production, 2017, 161：765-780.

［5］https://www.variantmarketresearch.com/report‐categories/semiconductor‐electronics/lithium‐ion‐battery‐market.

［6］Miao Y, Hynan P, von Jouanne A, et al. Current Li‐ion battery technologies in electric vehicles and opportunities for advancements［J］. Energies, 2019, 12（6）：1074.

［7］Natarajan S, Aravindan V. Burgeoning prospects of spent lithium‐ion batteries in multifarious applications［J］. Advanced Energy Materials, 2018, 8（33）：1802303.

［8］Ojanen S, Lundström M, Santasalo‐Aarnio A, et al. Challenging the concept of electrochemical discharge using salt solutions for lithium‐ion batteries recycling［J］. Waste Management, 2018, 76：242-249.

［9］Swain B. Cost effective recovery of lithium from lithium ion battery by reverse osmosis and precipitation：a perspective［J］. Journal of Chemical Technology & Biotechnology, 2018, 93（2）：311-319.

［10］Xue Y, Wang Z, Zheng L, et al. Investigation on preparation and performance of spinel $LiNi_{0.5}Mn_{1.5}O_4$ with different microstructures for lithium‐ion batteries［J］. Scientific Reports, 2015, 5（1）：13299.

［11］Zenga X, Lia J, Singh N. Recycling of spent lithium‐ion battery：A critical review［J］. Environmental Science and Technology, 2014, 10（44）：1129-1165.

［12］Zhang W, Xu C, He W, et al. A review on management of spent lithium ion batteries and strategy for resource recycling of all components from them［J］. Waste Management & Research, 2018, 36（2）：99-112.

［13］Zheng Z, Chen M, Wang Q, et al. High performance cathode recovery from different electric vehicle recycling streams［J］. ACS Sustainable Chemistry & Engineering, 2018, 6(11)：13977-13982.

［14］Yun L, Sandoval J, Zhang J, et al. Lithium-ion battery packs formation with improved electrochemical performance for electric vehicles：Experimental and clustering analysis［J］. Journal of Electrochemical Energy Conversion and Storage, 2019, 16(2)：21011.

［15］Guo Y, Li F, Zhu H, et al. Leaching lithium from the anode electrode materials of spent lithium-ion batteries by hydrochloric acid (HCl)［J］. Waste Management, 2016, 51：227-233.

［16］Takacova Z, Havlik T, Kukurugya F, et al. Cobalt and lithium recovery from active mass of spent Li-ion batteries：Theoretical and experimental approach［J］. Hydrometallurgy, 2016, 163：9-17.

［17］Chu S, Cui Y, Liu N. The path towards sustainable energy［J］. Nature Materials, 2017, 16, 16-22.

［18］Barik S P, Prabaharan G, Kumar B. An innovative approach to recover the metal values from spent lithium-ion batteries［J］. Waste Management, 2016, 51：222-226.

［19］Weng Y, Xu S, Huang G, et al. Synthesis and performance of Li[(Ni$_{1/3}$Co$_{1/3}$Mn$_{1/3}$)$_{1-x}$Mg$_x$]O$_2$ prepared from spent lithium ion batteries［J］. Journal of Hazardous Materials, 2013, 246-247：163-172.

［20］Chen L, Tang X, Zhang Y, et al. Process for the recovery of cobalt oxalate from spent lithium-ion batteries［J］. Hydrometallurgy, 2011, 108(1-2)：80-86.

［21］Li L, Bian Y, Zhang X, et al. Process for recycling mixed-cathode materials from spent lithium-ion batteries and kinetics of leaching［J］. Waste Management, 2018, 71：362-371.

［22］He L, Sun S, Song X, et al. Recovery of cathode materials and Al from spent lithium-ion batteries by ultrasonic cleaning［J］. Waste Management, 2015, 46：523-528.

［23］Liu K, Zhang F. Innovative leaching of cobalt and lithium from spent lithium-ion batteries and simultaneous dechlorination of polyvinyl chloride in subcritical water［J］. Journal of Hazardous Materials, 2016, 316：19-25.

［24］Li L, Zhai L, Zhang X, et al. Recovery of valuable metals from spent lithium-ion batteries by ultrasonic-assisted leaching process［J］. Journal of Power Sources, 2014, 262：380-385.

［25］Hanisch C, Loellhoeffel T, Diekmann J, et al. Recycling of lithium-ion batteries：A novel method to separate coating and foil of electrodes［J］. Journal of Cleaner Production, 2015, 108(DEC. 1PT. A)：301-311.

［26］Yang Y, Huang G, Xu S, et al. Thermal treatment process for the recovery of valuable metals from spent lithium-ion batteries［J］. Hydrometallurgy, 2016, 165：390-396.

［27］Chen Y, Liu N, Hu F, et al. Thermal treatment and ammoniacal leaching for the recovery of valuable metals from spent lithium-ion batteries［J］. Waste Management, 2018, 75：469-476.

［28］Ferreira D A, Prados L M Z, Majuste D, et al. Hydrometallurgical separation of aluminium, cobalt, copper and lithium from spent Li-ion batteries［J］. Journal of Power Sources, 2009, 187(1)：238-246.

［29］Senćanski J, Bajuk-Bogdanović D, Majstorović D, et al. The synthesis of Li(Co Mn Ni)O$_2$ cathode material from spent-Li ion batteries and the proof of its functionality in aqueous lithium and sodium electrolytic solutions［J］. Journal of Power Sources, 2017, 342：690-703.

［30］Ahmed S, Nelson P A, Gallagher K G, et al. Energy impact of cathode drying and solvent recovery during lithium-ion battery manufacturing［J］. Journal of Power Sources, 2016, 322：169-178.

［31］Yang L, Xi G, Xi Y. Recovery of Co, Mn, Ni, and Li from spent lithium ion batteries for the preparation of LiNi$_x$Co$_y$Mn$_z$O$_2$ cathode materials［J］. Ceramics International, 2015, 41(9)：11498-11503.

［32］孙亮. 废旧锂离子电池回收利用新工艺的研究［D］. 长沙：中南大学, 2012.

［33］Ren G, Xiao S, Xie M, et al. Recovery of valuable metals from spent lithium ion batteries by smelting reduction process based on FeO-SiO$_2$-Al$_2$O$_3$ slag system［J］. Transactions of Nonferrous Metals Society of

China, 2017, 27(2): 450-456.

[34] Georgi-Maschler T, Friedrich B, Weyhe R, et al. Development of a recycling process for Li-ion batteries[J]. Journal of Power Sources, 2012, 207: 173-182.

[35] Liu P, Xiao L, Tang Y, et al. Study on the reduction roasting of spent $LiNi_xCo_yMn_zO_2$ lithium-ion battery cathode materials[J]. Journal of Thermal Analysis and Calorimetry, 2019, 136(3): 1323-1332.

[36] Xiao J, Li J, Xu Z. Novel approach for in situ recovery of lithium carbonate from spent lithium ion batteries using vacuum metallurgy[J]. Environmental Science & Technology, 2017, 51(20): 11960-11966.

[37] Wang R C, Lin Y C, Wu S H. A novel recovery process of metal values from the cathode active materials of the lithium-ion secondary batteries[J]. Hydrometallurgy, 2009, 99(3-4):194-201.

[38] Kang J, Sohn J, Chang H, et al. Preparation of cobalt oxide from concentrated cathode material of spent lithium ion batteries by hydrometallurgical method[J]. Advanced Powder Technology, 2010, 21: 175-179.

[39] Lee C K, Rhee K. Reductive leaching of cathodic active materials from lithium ion battery wastes[J]. Hydrometallurgy, 2003, 68(1-3):5-10. .

[40] Chen X, Ma H, Luo C, et al. Recovery of valuable metals from waste cathode materials of spent lithium-ion batteries using mild phosphoric acid[J]. Journal of Hazardous Materials, 2017, 326:77-86.

[41] Chen X, Fan B, Xu L, et al. An atom-economic process for the recovery of high value-added metals from spent lithium-ion batteries[J]. Journal of Cleaner Production, 2016, 112:247923-247923.

[42] Zeng X, Li J, Shen B. Novel approach to recover cobalt and lithium from spent lithium-ion battery using oxalic acid[J]. Journal of Hazardous Materials, 2015, 295:112-118.

[43] Gao W, Song J, Cao H, et al. Selective recovery of valuable metals from spent lithium-ion batteries-process development and kinetics evaluation[J]. Journal of Cleaner Production, 2018, 178:833-845.

[44] Yao Y, Zhu M, Zhao Z, et al. Hydrometallurgical processes for recycling spent lithium-ion batteries: A Critical Review[J]. American Chemical Society, 2018, 6(11): 13611-13627.

[45] Meshram P, Pandey B D, Mankhand T R. Hydrometallurgical processing of spent lithium ion batteries (LIBs) in the presence of a reducing agent with emphasis on kinetics of leaching[J]. Chemical Engineering Journal, 2015, 281: 418-427.

[46] 黄孝振,徐政,纪仲光,等. 废旧锂离子电池正极材料 $LiNi_{0.5}Co_{0.2}Mn_{0.3}O_2$ 中有价金属的浸出及其动力学研究[J]. 稀有金属, 2018: 1-9.

[47] Zheng X, Zhu Z, Lin X, et al. A mini-review on metal recycling from spent lithium ion batteries[J]. Engineering, 2018, 3(4): 361-370.

[48] He L, Sun S, Mu Y, et al. Recovery of lithium, nickel, cobalt, and manganese from spent Lithium-ion batteries using L-tartaric acid as a leachant[J]. ACS Sustainable Chemistry & Engineering, 2016, 5: 714-721.

[49] Chen X, Zhou T. Hydrometallurgical process for the recovery of metal values from spent lithium-ion batteries in citric acid media[J]. Waste Management & Research, 2014, 32(11): 1083-1093.

[50] Yao L, Yao H, Xi G, et al. Recycling and synthesis of $LiNi_{1/3}Co_{1/3}Mn_{1/3}O_2$ from waste lithium ion batteries using D, L-malic acid[J]. Royal Society of Chemistry advance, 2016: 17947-17954.

[51] He L, Sun S, Song X, et al. Leaching process for recovering valuable metals from the $LiNi_{1/3}Co_{1/3}Mn_{1/3}O_2$ cathode of lithium-ion batteries[J]. Waste Management, 2017, 64: 171-181.

[52] Zhang X, Cao H, Xie Y, et al. A closed-loop process for recycling $LiNi_{1/3}Co_{1/3}Mn_{1/3}O_2$ from the cathode scraps of lithium-ion batteries: Process optimization and kinetics analysis[J]. Separation and Purification Technology, 2015, 150: 186-195

[53] Zou H, Gratz E, Apelian D, et al. A novel method to recycle mixed cathode materials for lithium ion batteries

［J］. Green Chemistry, 2013, 15(5): 1183-1191.

［54］Meshram P, Abhilash, Pandey B D. Comparision of different reductants in leaching of spent lithium ion batteries［J］. The Minerals, Metals and Materials Society, 2016, 68(10): 2613-2623.

［55］Sun C, Xu L, Chen X, et al. Sustainable recovery of valuable metals from spent lithium-ion batteries using DL-malic acid: Leaching and kinetics aspect［J］. Waste Management & Research, 2018, 36(2): 113-120.

［56］Li L, Bian Y, Zhang X, et al. Process for recycling mixed-cathode materials from spent lithium-ion batteries and kinetics of leaching［J］. Waste Management, 2018, 71: 362-371.

［57］Gao W, Song J, Cao H, et al. Selective recovery of valuable metals from spent lithium-ion batteries – Process development and kinetics evaluation［J］. Journal of Cleaner Production, 2018(178): 833-845.

［58］Wu C, Li B, Yuan C, et al. Recycling valuable metals from spent lithium-ion batteries by ammonium sulfite-reduction ammonia leaching［J］. Waste Management, 2019, 93: 153-161.

［59］Ku H, Jung Y, Jo M, et al. Recycling of spent lithium-ion battery cathode materials by ammoniacal leaching［J］. Journal of Hazardous Materials, 2016, 313: 138-146.

［60］Wang H, Huang K, Zhang Y, et al. Recovery of lithium, nickel, and cobalt from spent lithium-ion battery powders by selective ammonia leaching and an adsorption separation system［J］. ACS Sustainable Chemistry & Engineering, 2017, 5(12): 11489-11495.

［61］Zheng X, Gao W, Zhang X, et al. Spent lithium-ion battery recycling – Reductive ammonia leaching of metals from cathode scrap by sodium sulphite［J］. Waste Management, 2017, 60: 680-688.

［62］Meng X, Han K N. The principles and applications of ammonia leaching of metals — a review［J］. Mineral Processing and Extractive Metallargy Review, 1996, 1(16): 23-61.

［63］Mishra D, Srivastava R R, Sahu K K, et al. Leaching of roast-reduced manganese nodules in NH_3-$(NH_4)_2CO_3$ medium［J］. Hydrometallurgy, 2011, 109(3-4): 215-220.

［64］Meng K, Cao Y, Zhang B, et al. Comparison of the ammoniacal leaching behavior of layered $LiNi_xCo_yMn_{1-x-y}O_2$ ($x=1/3$, 0.5, 0.8) cathode materials［J］. ACS Sustainable Chemistry & Engineering, 2019, 7: 7750-7759

［65］Zhang P, Yokoyama T, Itabashi O, et al. Hydrometallurgical process for recovery of metal values from spent lithium-ion secondary batteries［J］. Hydrometallurgy, 1998, 47(2): 259-271.

［66］Kang J, Senanayake G, Sohn J, et al. Recovery of cobalt sulfate from spent lithium ion batteries by reductive leaching and solvent extraction with Cyanex 272［J］. Hydrometallurgy, 2010, 100(3-4): 168-171.

［67］Mantuano D P, Dorella G, Elias R C A, et al. Analysis of a hydrometallurgical route to recover base metals from spent rechargeable batteries by liquid-liquid extraction with Cyanex 272［J］. Journal of Power Sources, 2006, 159(2): 1510-1518.

［68］Suzuki T, Nakamura T, Inoue Y, et al. A hydrometallurgical process for the separation of aluminum, cobalt, copper and lithium in acidic sulfate media［J］. Separation and Purification Technology, 2012, 98: 396-401.

［69］Wang F, He F, Zhao J, et al. Extraction and separation of cobalt(II), copper(II) and manganese(II) by Cyanex 272, PC-88A and their mixtures［J］. Separation and Purification Technology, 2012, 93: 8-14.

［70］Chen W, Ho H. Recovery of valuable metals from lithium-ion batteries NMC cathode waste materials by hydrometallurgical methods［J］. Metals, 2018, 8(5): 321.

［71］Vasilyev F, Virolainen S, Sainio T. Numerical simulation of counter-current liquid-liquid extraction for recovering Co, Ni and Li from lithium-ion battery leachates of varying composition［J］. Separation and Purification Technology, 2019, 210: 530-540.

［72］Nguyen V T, Lee J, Jeong J, et al. Selective recovery of cobalt, nickel and lithium from sulfate leachate of cathode scrap of Li-ion batteries using liquid-liquid extraction［J］. Metals and Materials International, 2014, 20(2): 357-365.

［73］Wang F, Sun R, Xu J, et al. Recovery of cobalt from spent lithium ion batteries using sulphuric acid leaching followed by solid-liquid separation and solvent extraction［J］. RSC Advances, 2016, 6(88),85303.

［74］Hong H S, Kim D W, Choi H L, et al. Solvent extraction of Co, Ni and Mn from NCM sulfate leaching solution of Li(NCM)O$_2$ secondary battery scraps［J］. Archives of Metallurgy and Materials, 2017, 62(2): 1011.

［75］Chen X, Zhou T, Kong J, et al. Separation and recovery of metal values from leach liquor of waste lithium nickel cobalt manganese oxide based cathodes［J］. Separation and Purification Technology, 2015, 141: 76-83.

［76］Sattar R, Ilyas S, Bhatti H N, et al. Resource recovery of critically-rare metals by hydrometallurgical recycling of spent lithium ion batteries［J］. Separation and Purification Technology, 2019, 209: 725-733.

［77］Prabaharan G, Barik S P, Kumar N, et al. Electrochemical process for electrode material of spent lithium ion batteries［J］. Waste Management, 2017, 68: 527-533.

［78］Lupi C, Pasquali M. Electrolytic nickel recovery from lithium-ion batteries［J］. Minerals Engineering, 2003, 16(6): 537-542.

［79］Yang Y, Xu S, He Y. Lithium recycling and cathode material regeneration from acid leach liquor of spent lithium-ion battery via facile co-extraction and co-precipitation processes［J］. Waste Management, 2017, 64: 219-227.

［80］Sa Q G E H M. Synthesis of high performance LiNi$_{1/3}$Mn$_{1/3}$Co$_{1/3}$O$_2$ from lithium ion battery recovery stream ［J］. Journal of Power Sources, 2015, 82: 140-145.

［81］He L, Sun S, Yu J. Performance of LiNi$_{1/3}$Co$_{1/3}$Mn$_{1/3}$O$_2$ prepared from spent lithium-ion batteries by a carbonate co-precipitation method［J］. Ceramics International, 2018, 44(1): 351-357.

［82］Zhang S, Deng C, Fu B L, et al. Synthetic optimization of spherical Li[Ni$_{1/3}$Mn$_{1/3}$Co$_{1/3}$]O$_2$ prepared by a carbonate co-precipitation method［J］. Powder Technology, 2010, 198(3): 373-380.

［83］Yao L, Fenga Y, Xi G. A new method for the synthesis of LiNi$_{1/3}$Co$_{1/3}$Mn$_{1/3}$O$_2$ from waste lithium ion batteries ［J］. RSC Advances, 2015, 5: 44107-44114.

［84］Yao L, Yao H, Xi G, et al. Recycling and synthesis of LiNi$_{1/3}$Co$_{1/3}$Mn$_{1/3}$O$_2$ from waste lithium ion batteries using D, L-malic acid［J］. Royal Society of Chemistry Advance, 2016: 17947-17954.

［85］Meng X, Hao J, Cao H, et al. Recycling of LiNi$_{1/3}$Co$_{1/3}$Mn$_{1/3}$O$_2$ cathode materials from spent lithium-ion batteries using mechanochemical activation and solid-state sintering［J］. Waste Management, 2019, 84: 54-63.

［86］Zhou H, Zhao X, Yin C, et al. Regeneration of LiNi$_{0.5}$Co$_{0.3}$Mn$_{0.2}$O$_2$ cathode material from spent lithium-ion ［J］. Electrochim Acta,2018, 291: 142-149.

有色金属复杂资源低温碱性熔炼原理与方法

摘要：低温碱性熔炼是一种有色冶金高效清洁生产方法，可处理复杂难处理原生资源和二次资源等。根据熔炼体系的不同，将低温碱性熔炼分为直接熔炼、氧化熔炼、还原熔炼三类，并阐述了该方法的相关理论、发展概况和研究进展，具体介绍了其在铝灰、废弃电路板等二次资源回收，铋精矿、锑精矿、铅精矿、再生铅物料、多金属复杂矿冶炼，以及二氧化硅、氧化锌材料制备等方面的应用。研究表明该方法具有金属直收率高、环保、节能等优点，具有广阔的应用前景。

低温碱性熔炼是一种绿色冶金方法，由苏联科学家 З А Сериковым 于 1948 年提出[1]，是指以碱性熔盐为介质，在远低于传统火法冶金冶炼温度下（一般不超过 900℃）熔炼金属资源，得到相应的金属单质或可溶盐的过程。该工艺具有金属直收率高、节能环保、适宜处理多金属复杂资源等诸多优点。近年来，我国冶金学者推广了低温碱性熔炼技术的应用范围，具有代表性的是翟玉春等[2-4]从硼精矿、红土镍矿、粉煤灰等结构复杂的资源中制备高纯材料，郭学益等[5-6]回收废弃电路板及铝灰中的有价金属，实现了二次资源循环利用，唐谟堂等[7-8]处理铅、铋等硫化精矿、再生铅物料，取得了良好的效果。

低温碱性熔炼属复杂多相反应过程，其熔炼温度较低，不产生熔融渣，有液、固两相存在，具有湿法冶金的特性，此外，熔炼过程形成的液态相包括熔盐与液态金属两相，又具有火法冶金特点。

1 基本原理

低温碱性熔炼过程中，物料与高活性熔融碱在添加剂作用下发生反应，得到所需金属盐或单质。常见的碱和添加剂为氢氧化钾、氢氧化钠及钾盐、钠盐，但由于钾产品价格通常远高于钠产品价格，一般选用钠系熔盐体系。

根据熔炼体系的不同，可将低温碱性熔炼分为直接熔炼、氧化熔炼和还原熔炼。目前，直接熔炼主要被用于从复杂资源中提取高纯材料，如 SiO_2、ZnO、Al_2O_3 等，氧化熔炼研究集中在铝灰、废弃电路板等含金属氧化物或单质的二次资源的回收利用方面，还原熔炼则主要用于处理铋精矿、锑精矿、铅精矿等原生硫化矿或多金属复杂矿物。

1.1 低温碱性直接熔炼

低温碱性直接熔炼利用了两性金属氧化物及 SiO_2 与碱反应生成可溶性钠盐的性质，实现从成分复杂的原料中选择性提取两性金属氧化物和 SiO_2 的目的，主要反应式如下：

$$MeO+2NaOH =\!=\!= Na_2MeO_2+H_2O$$
$$SiO_2+2NaOH =\!=\!= Na_2SiO_3+H_2O$$

本文发表在《有色金属科学与工程》，2013，4（2）：8-13。合作者：刘静欣。

采用碱性熔炼的方法，可在较低温度下破坏复杂矿物结构，实现矿相重构，同时避免引入杂质金属，使制备得到的材料具有高纯度，未参与反应的其他成分，如 Fe_2O_3、MgO 等，从复杂的结构中被释放，简化了后续提取工艺，易于实现综合利用。

1.2 低温碱性氧化熔炼

低温碱性氧化熔炼在处理金属单质或合金时，除碱性介质 $NaOH$ 外还需加入氧化剂 $NaNO_3$，在高温条件下 $NaNO_3$ 分解过程产生 Na_2O、高活性[O]及 N_2、O_2，Na_2O 为反应体系提供一定的碱性，高活性[O]快速氧化物料使其进一步与碱反应，N_2、O_2 的逸出过程对熔体起到了搅拌效果，熔炼过程可能发生的反应如下：

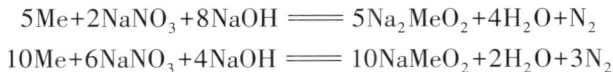

$$5Me+2NaNO_3+8NaOH \Longrightarrow 5Na_2MeO_2+4H_2O+N_2$$
$$10Me+6NaNO_3+4NaOH \Longrightarrow 10NaMeO_2+2H_2O+3N_2$$

氧化熔炼得到的可溶盐熔点低，与熔融碱介质形成熔盐相，可通过水浸与不参与反应的固态相分离。

1.3 低温碱性还原熔炼

低温碱性还原熔炼不仅可以处理 Pb、Bi、Zn、Cd、Sn、Sb 等低熔点重金属精矿，对于 Cu、Ni、Co 等高熔点金属的硫化物原料亦可进行分离和富集[9]。该过程可采用 $NaOH$ 为熔炼介质，也可采用更廉价的 Na_2CO_3 作介质，熔炼过程中，金属元素被 S^{2-} 还原成液态纯金属或合金，同时捕集贵金属，硫以 Na_2S、Na_2SO_4 形态得以固定，消除了低浓度 SO_2 排放问题，反应方程式如下：

$$4MeS+8NaOH \Longrightarrow 4Me+Na_2SO_4+3Na_2S+4H_2O$$
$$4MeS+4Na_2CO_3 \Longrightarrow 4Me+Na_2SO_4+3Na_2S+4CO_2$$

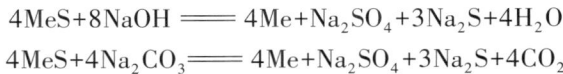

除固硫自还原熔炼外，低温还原熔炼过程中通常还外加煤粉强化还原或加入 ZnO 强化固硫效果，并加入添加剂 NaCl 降低熔盐熔点，增加流动性，促进反应进行及金属液沉降[10]。还原熔炼得到的液态金属单质密度大，聚集于熔体底层，熔盐漂浮于表层，固态不反应物集中于中间层。一步熔炼得到的粗金属中会带有少量杂质，通过电解精炼等方法处理即可得到纯度较高的产品。

2 研究进展及应用

2.1 低温碱性直接熔炼

2.1.1 二氧化硅的提取

二氧化硅是许多矿物中的主要成分，结构稳定，除游离态外，二氧化硅还可包覆、结合其他有价金属，形成难提取的复杂矿物，如蛇纹石（$Mg_3Si_2O_5(OH)_4$）、堇青石（$Mg_2Si_5Al_4O_{18}$）等橄榄石型硅酸盐。碱性熔炼过程中，发生如下反应：

$$Mg_3Si_2O_5(OH)_4+4NaOH \Longrightarrow 3Mg(OH)_2+2Na_2SiO_3+H_2O$$
$$Mg_2Si_5Al_4O_{18}+14NaOH \Longrightarrow 2Mg(OH)_2+5Na_2SiO_3+4NaAlO_2+5H_2O$$

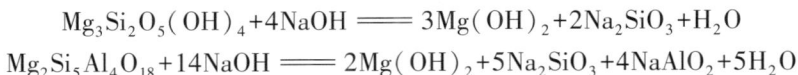

矿物中的硅与碱反应生成可溶性的硅酸钠，而镁则生成不溶的氢氧化镁沉淀。由于多数

矿物中都会含有少量铝，体系中溶解的 SiO_2 会与铝酸钠发生反应，生成水合铝硅酸钠，并沉淀析出。因此，SiO_2 提取率的高低取决于含硅矿物溶解与铝硅酸钠析出的竞争结果。

硼精矿、红土镍矿的碱性熔炼提取 SiO_2 实验均表明，碱矿比为 4∶1 时，550℃是比较适宜的熔炼温度，而熔炼时间仅需 20～30 min，SiO_2 提取率在 92%以上，镍、铁、镁等元素在渣中富集[2-3]。相对传统提取工艺对 SiO_2 的丢弃处理，本工艺在不影响其他金属提取的基础上开发了新产品，为有色金属资源的高附加值综合利用开辟了一条新途径。

2.1.2 氧化锌矿熔炼

氧化锌矿是锌的次生矿，是硫化锌矿长期风化的产物，成分复杂，品位低，冶炼较为困难，而随着硫化锌矿的日益枯竭，研究利用氧化锌矿的重要性日益凸显。氧化锌矿的存在形式主要有菱锌矿（$ZnCO_3$）、异极锌矿[$Zn_4Si_2O_7(OH)_2 \cdot H_2O$]、红锌矿等。

在碱性熔炼过程中，氧化锌矿中的有效成分 ZnO 及 PbO、SiO_2 等与碱反应生成 Na_2ZnO_2、Na_2PbO_2、Na_2SiO_3 等可溶盐，经溶出进入溶液，再分步碳分逐步分离 ZnO、SiO_2、PbO，原矿中的铁、钙等不与 NaOH 反应，富集于渣中。以碱矿比 6∶1 的比例混合氧化锌矿和 NaOH，在 400℃条件下熔炼 4 h 后，ZnO 提取率可达 82.4%[11]。

除天然氧化锌矿外，钢铁生产过程中产生的高炉瓦斯灰、转炉灰、电炉烟尘及有色金属高温冶炼炉烟灰中均含有大量 ZnO[12]，此部分二次锌资源若不回收利用，将造成大量资源的浪费，同时重金属锌在生产流程中循环富集，缩短炉衬寿命，影响正常生产运行[13]。目前采用低温碱性熔炼方法回收烟灰中氧化锌的研究正逐步开展。

2.2 低温碱性氧化熔炼

2.2.1 铝灰的回收

铝灰是铝工业生产中主要的副产品，产生于所有铝发生熔融的工序，其总量占铝生产使用过程中总损失量的 1%～12%[14-16]，主要成分为铝单质或氧化铝。

以含铝 37.5%的铝灰为原料，按照碱灰比 1.3∶1、盐灰比 0.7∶1（$NaNO_3$）或 0.4∶1（Na_2O_2）配制熔炼体系，在 500℃条件下熔炼 1.0 h，铝灰中 92.7%以上的 Al 可以 $NaAlO_2$ 形式得到回收，而 Mg、Ca、Si 等留于渣中与 Al 分离，熔炼过程发生的反应如下：

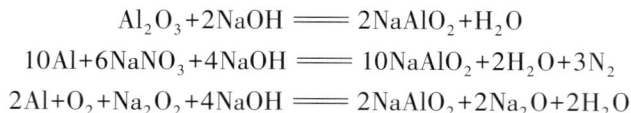

$$Al_2O_3 + 2NaOH = 2NaAlO_2 + H_2O$$

$$10Al + 6NaNO_3 + 4NaOH = 10NaAlO_2 + 2H_2O + 3N_2$$

$$2Al + O_2 + Na_2O_2 + 4NaOH = 2NaAlO_2 + 2Na_2O + 2H_2O$$

此外，该方法还可用于生产电解铝工艺所需的高活性高氟氧化铝及冰晶石、水玻璃等[17]，生产过程环境友好，能耗大大低于传统工艺，流程短，操作简单。

2.2.2 废弃电路板的回收

电子信息产业的快速发展大大加速了电子产品的更新换代，电子废弃物已成为目前世界上增长最快的垃圾[18]，给全球生态环境带来了巨大的威胁。与此同时，电子废弃物中蕴藏着大量的宝贵资源，是一座重要的"城市矿山"，其主要部件电路板经过机械拆解后，根据各组分间的物理特性差异，通过重选、磁选等技术分离富集，可得富含各类重金属及贵金属的多金属富集粉末，该粉末成分复杂，含量波动范围大，常规技术分离回收污染严重，金属回收率低[19-20]。

利用低温碱性熔炼技术，在低于 500℃条件下熔炼，Pb、Sn 及其他两性金属在氧化条件下与熔融碱反应，形成低熔点可溶性盐存在于熔体，而铜及贵金属不与碱反应、不熔化，以固态渣形式存在。通过水浸出，两性金属于溶液部分富集，稀释溶液，调节 pH 即可分步回收两性金属，溶液浓缩后可实现碱的循环利用；固态渣则为 Cu、Au、Ag 以及铂族金属的富集体，通过高效溶出后分步提取[21]。熔炼过程中的主要反应为：

$$5Sn+4NaNO_3+6NaOH \Longrightarrow 5Na_2SnO_3+3H_2O+2N_2$$

$$5Pb+2NaNO_3+8NaOH \Longrightarrow 5Na_2PbO_4+4H_2O+N_2$$

以主要成分为 Cu 50.02%、Fe 3.96%、Sn 20.03%、Pb 15.90%、Zn 6.11%、Sb 3.98%的废弃电路板多金属富集粉末为研究对象，探索实验表明，在碱料比加入量为 3 左右，400℃熔炼 90 min 后，通过水浸出，该方法可回收电路板中 95%以上的 Sn，90%左右的 Pb，此外，电路板中含量较少的 Zn、Al 反应率高达 98%以上，而 Cu 与贵金属不参与反应，在渣中富集，达到了深度分离有价金属的目的。此方法流程短，成本低，有效避免了传统电路板处理方法中二次污染严重、有价元素回收率低等缺点。

由于具有良好的资源化效果、环境效益、经济可行性及工业应用前景，低温碱性氧化熔炼处理阳极泥、分银渣、含锡渣及其他二次资源的研究也正在陆续开展[22]。

2.3 低温碱性还原熔炼

2.3.1 铋精矿冶炼

传统的铋精矿冶炼分为湿法和火法：湿法投资大、成本高，生产过程产生大量废渣和废水，污染严重；火法主要采用反射炉还原熔炼，1300～1350℃条件下与煤粉、铁屑等还原剂混合熔炼 10 h 以上，能耗大，且产出大量低浓度 SO_2 污染环境。低温碱性炼铋工艺以 NaOH 或 Na_2CO_3 为主要熔炼体系，在 600～900℃条件下熔炼，一步熔炼产出粗铋，进而球磨炉渣和锍，浸出回收钠盐[23]，反应如下：

$$4Bi_2S_3+24NaOH \Longrightarrow 8Bi+3Na_2SO_4+9Na_2S+12H_2O$$

$$4Bi_2S_3+12Na_2CO_3 \Longrightarrow 8Bi+3Na_2SO_4+9Na_2S+12CO_2$$

以 Bi 含量约 19.8%的铋精矿为原料，在 $NaOH-Na_2CO_3$ 熔盐体系中进行固硫自还原熔炼，在 $w(NaOH):w(Na_2CO_3)=20:133$、碱过量系数为 1.64、熔炼温度 780～830℃、熔炼时间 1.5 h 条件下，铋的直收率可达 96.5%，粗铋品位为 98%；加碳强化还原后，铋直收率提升至 98.9%，粗铋品位 97.7%。此外，铋精矿中常混有一定量的辉钼矿，在熔炼过程中亦可与 NaOH 或 Na_2CO_3 反应，生成易溶于水的钼酸钠，浸出后从溶液部分回收钼。

此方法经过一步低温熔炼便可达到既生成粗铋又回收钼的效果，大幅度降低了铋的冶炼温度，节约了大量能源，原料中的含铍矿物在低温碱性熔炼中结构不会被破坏，全部留在浸出渣中，不会对水体造成污染，同时彻底消除了低浓度 SO_2 烟气的污染，对铋冶炼技术的进步具有重大意义[24]。

2.3.2 锑精矿冶炼

金属锑与铋同为 VA 族元素，化学性质相似，传统冶炼方式基本一致。目前，锑生产的主要方法为鼓风炉挥发熔炼法，熔炼温度高(>1200℃)，低浓度 SO_2 烟气排放量大且难处理，操作条件恶劣，严重制约了锑工业的发展[25]。

锑精矿的低温碱性熔炼过程在 Na_2CO_3-NaCl 熔盐体系中进行，通过加入 C 或 CO 强化还原，同时加入 ZnO 在产出金属锑的同时实现碳酸钠的再生，即 Na_2CO_3 在低温碱性熔炼前后化学形态保持不变，此外，ZnS 的形成避免了 Na_2S 与 Sb_2S_3 生成锑锍，降低金属锑的直收率，反应式如下：

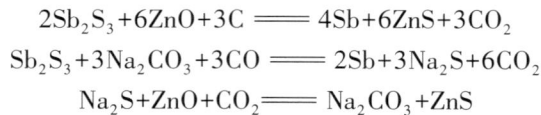

$$2Sb_2S_3+6ZnO+3C \Longrightarrow 4Sb+6ZnS+3CO_2$$
$$Sb_2S_3+3Na_2CO_3+3CO \Longrightarrow 2Sb+3Na_2S+6CO_2$$
$$Na_2S+ZnO+CO_2 \Longrightarrow Na_2CO_3+ZnS$$

以含锑量 37.21% 的硫化锑精矿为研究对象，配制锑精矿-NaCl-Na_2CO_3 质量比为 1:4.5:6 混合体系，在 850℃ 条件下熔炼 1 h，锑的平均直收率高达 84.42%，粗锑品位为 86.66%。该工艺解决了传统锑冶炼过程能耗高、污染重的问题，同时通过 ZnO 的加入，使得熔盐在熔炼中不发生物相变化，可循环使用，降低了生产成本。

2.3.3 铅精矿冶炼及再生铅回收

铅精矿的低温碱性熔炼研究起步最早，目前已形成较完整的熔炼体系，其基本反应如下：

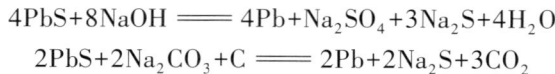

$$4PbS+8NaOH \Longrightarrow 4Pb+Na_2SO_4+3Na_2S+4H_2O$$
$$2PbS+2Na_2CO_3+C \Longrightarrow 2Pb+2Na_2S+3CO_2$$

将 NaOH 与铅精矿按质量比 0.7~1.0 混合后加入电炉，一步熔炼得到粗铅，97%~98% 的贵金属及 Bi 富集到粗铅中，Cu、S、As、Sb 等进入碱浮渣，采用湿法处理综合回收，同时实现碱再生[26]。进一步的研究发现，在氧化性气氛下对 PbS 进行碱性熔炼依然可以得到粗铅[27]，具体反应如下：

$$2PbS+3O_2+4NaOH \Longrightarrow 2Pb+2Na_2SO_4+2H_2O$$

以主要成分为 Pb 70.1%、Fe 6.1%、Zn 2.8%、S 15.0%、SiO_2 0.8% 的铅精矿为原料，经过碱性熔炼后，铅直收率为 94.1%，粗铅品位高于 98%，无须脱铜即可进行电解精炼；且低温操作减少烟气排放约 95%，改善了操作条件[28]。

在此基础上，中南大学公开了再生铅低温碱性熔炼的专利技术，处理废旧铅酸蓄电池等各类含铅二次资源。以 NaOH 为熔炼介质，以 PbS 或其他硫化物为还原剂，将再生铅原料中的 PbO、PbO_2、$PbSO_4$ 等还原成金属铅，熔炼温度由一般再生铅生产的 1350~1500℃ 降到 600~700℃，铅回收率为 95% 以上，且不需外加还原煤、石英砂等添加剂，不产生 SO_2，消除了铅蒸气和铅尘污染，实现了废水零排放。以色列学者 E V Margulis[29]采用类似方法得到了相同结果。

2.3.4 多金属复杂矿的处理

自然界中，金属矿床大多伴生在一起，特别是我国的有色金属矿产，多金属共生，矿相结构复杂，重、贵金属与稀散金属共存，如铅铋银复杂硫化矿等，其中的 Pb、Zn、Ag、Bi、Mo 等都均具有较高的利用价值，但其冶炼工艺复杂，各类传统冶炼方法均无法全面提取其中的有价金属[30]。现有方法在处理这些矿石时，首先经过破碎、浮选生产出普通精矿，再采用传统的火法-湿法联合工艺，依次提取有价金属[31]，生产流程长，工艺复杂。

由于地质形成过程的影响，有色金属矿产多为硫化矿，在碱性熔炼处理多金属复杂矿过程中，高浓度离子化的钠与矿物中的硫结合形成 Na_2S，与 Cu、Fe 等金属的硫化物形成低熔点铜锍，破坏了原矿结构，Pb、Bi 等被还原为液体金属，从硫化矿中游离出来，同时捕集贵金属形成合金，采用浮选法、磁选法、电解精炼等方法处理该合金，回收其中的有价金属，最终实现有价成分的综合利用。

徐盛明等[32]采用低温碱性熔炼处理含银铅精矿，扩大试验结果表明 Pb、Ag 的直收率分别高于 96% 和 92%，粗铅含 Pb 约 98%、含 Ag 约 1%；杨建广等[33-34]等在不高于 800℃ 温度条件下处理含铍硫化铋钼矿，Bi 直收率可达 99%，其中的 Mo 可回收 97% 左右，铍矿物结构未被破坏，不会对环境造成污染；杨天足等[35]开展了脆硫铅锑矿无污染冶炼工艺研究，在 980℃ 条件下，添加煤粉熔炼 60 min，得到 Pb、Sb 及贵金属合金，Zn、In 等伴生金属元素进入渣相被富集，硫全部以 Na$_2$S 形式被固定在熔炼渣中。实验表明，低温碱性熔炼在多金属复杂矿的处理方面具有独特的优势和良好的发展前景。

3 存在的问题

尽管低温碱性熔炼技术在各类有色金属复杂资源处理方面的前期研究取得了良好的效果，但作为一个全新的领域，其基础理论研究几乎全是空白，相关的科学问题尚不清楚，如：①低温碱性熔炼过程熔体性质和相关热力学数据；②低温碱性固硫还原熔炼过程中重金属硫化物、氧化物及液态单质金属的界面行为和演变规律；③低温碱性氧化熔炼过程中两性金属氧化物、钠盐以及对贵金属和铜等金属的界面行为和演变规律；④低温碱性熔炼过程中多金属元素的动力学特征与调控机制。因此，迫切需要开展系统深入的基础理论研究，建立低温碱性熔炼过程的理论体系，确立有色金属复杂资源处理新方法，为有色金属复杂资源的低温清洁冶金及二次资源中有价金属提取回收提供理论依据。

此外，目前尚没有专门适用于低温碱性熔炼的大型冶炼设备，制约了该技术的实际应用。

4 结束语

系列研究表明，低温碱性介质是一种高化学活性与高浓度离子化介质，具有低蒸汽压、高沸点、流动性好等优良物理化学特性，以及优异的反应/分离特性，可极大地强化传质、传热过程，促进反应进行。低温碱性熔炼具有低温节能、清洁高效等特点，在复杂资源处理和资源综合利用方面，展示了良好的应用前景，对有色冶金行业的清洁生产有重大意义。但其研究发展时间还较短，相关基础理论研究缺乏，制约了其推广应用，相关生产用设备也有待研究开发，这些方面还有待冶金界同行、相关领域学者的协作攻关，以及政府及行业相关部门的大力支持。

参考文献

[1] А Ю Шустров，Ю А Маценко. Low temperature process of lead extraction in accumulator battery scrap separation[J]. Цветные металлы，1999(8)：22-25.

[2] 吕晓妹，段华美，翟玉春，等. 碱熔法从硼精矿中提取硅的研究[J]. 材料导报 B：研究篇，2011，25(12)：8-11.

[3] 牟文宁，翟玉春，刘岩. 采用熔融碱法从红土镍矿中提取硅[J]. 中国有色金属学报，2009，19(3)：570-575.

[4] 吴艳, 翟玉春, 李来时, 等. 新酸碱联合法以粉煤灰制备高纯氧化铝和超细二氧化硅[J]. 轻金属, 2007
(9): 24-27.

[5] 郭学益, 田庆华, 石文堂, 等. 一种从印刷电路板中回收有价金属的方法: 中国: CN101787547A[P].
2010-02-09.

[6] 郭学益, 李菲, 田庆华. 二次铝灰低温碱性熔炼研究[J]. 中南大学学报(自然科学版), 2012, 43(3):
10-12.

[7] 唐谟堂, 彭长宏, 杨声海, 等. 再生铅的冶炼方法: 中国: ZL99115369.3[P]. 1999-05-13.

[8] 肖剑飞, 唐朝波, 唐谟堂, 等. 硫化铋精矿低温碱性熔炼新工艺研究[J]. 矿冶工程, 2009, 29(5):
82-85.

[9] 唐谟堂, 唐朝波, 陈永明, 等. 一种很有前途的低碳清洁冶金方法——重金属低温熔盐冶金[J]. 中国有
色冶金, 2010(4):49-53.

[10] 叶龙刚, 唐朝波, 唐谟堂, 等. 硫化锑精矿低温熔炼新工艺[J]. 中南大学学报, 2012, 43(9):
3338-3343.

[11] 陈兵, 申晓毅, 顾惠敏, 等. 碱焙烧法由氧化锌矿提取ZnO[J]. 化工学报, 2012, 63(2): 658-661.

[12] 佘雪峰, 薛庆国, 董杰吉, 等. 钢铁厂典型粉尘的基本物性与利用途径分析[J]. 过程工程学报, 2009,
6: 7-12.

[13] 姚金甫, 何平显, 田守信, 等. 宝钢炼钢尘泥再生利用的工艺试验研究[J]. 宝钢技术, 2008(3):
33-36.

[14] Quinkertz R, Rombach G, Liebig D. A scenario to optimise the energy demand of aluminium production
depending on the recycling quota[J]. Resources, Conservation and Recycling, 2001, 33(3): 217-234.

[15] Tan R B H, Khoo H H. An LCA study of a primary aluminum supply chain[J]. Journal of Cleaner Production,
2005, 13(6): 607-618.

[16] Shinzato M C, Hypolito R. Solid waste from aluminum recycling process: Characterization and reuse of its
economically valuable constituents[J]. Waste Management, 2005, 25(1): 37-46.

[17] 冀树军, 李菲, 郭学益, 等. 用铝灰连续生产铝电解原料高氟氧化铝及冰晶石和水玻璃的方法. 中国:
CN101823741A[P]. 2010-02-03.

[18] European Environment Agency. Waste from electrical and electronic equipment, quantities dangerous
substances and treatment methods[R]. Copenhagen: EEA, 2003.

[19] Veit H M, Diehl T R, Salami A P, et al. Utilization of magnetic and electrostatic separation in the recycling of
printed circuit board scrap[J]. Waste Management, 2005(25): 67-74.

[20] Brand H, Bosshard R, Wegmann M. Computer-munching microbes: Metal leaching from electronic scrap by
bacteria and fungi[J]. Hydrometallurgy, 2001(5): 319-326.

[21] 刘静欣, 田庆华, 程利振, 等. 低温碱性熔炼在有色冶金中的应用[J]. 金属材料与冶金工程, 2011, 39
(6): 26-30.

[22] 张荣良, 丘克强. 从含锡渣中提取锡制取锡酸钠的研究[J]. 矿冶, 2008, 17(1): 34-37.

[23] 唐朝波, 唐谟堂, 肖剑飞, 等. 一种低温碱性熔炼铋精矿提取铋的方法: 中国: CN101289710A[P].
2008-10-22.

[24] 肖剑飞. 硫化铋精矿低温碱性熔炼新工艺研究[D]. 长沙: 中南大学, 2009.

[25] 王成彦, 邱定蕃, 江培海. 国内锑冶金技术现状及进展[J]. 有色金属(冶炼部分), 2002(5): 6-10.

[26] 刘青. 电炉低温直接炼铅[J]. 湖南有色金属, 1996, 12(6): 45-46.

[27] 郭睿倩, 孙培梅, 任鸿九, 等. 碱法处理锡铁山铅精矿[J]. 中国有色金属学报, 2001, 11(1):
102-104.

[28] 徐盛明, 吴延军. 碱性直接炼铅法的应用[J]. 矿产保护与利用, 1997(6): 31-33.

[29]Margulis E V. Low temperature smelting of lead metallic scrap[J]. Erzmetall, 2000, 53(2): 85-89.

[30]李仕庆, 何静, 唐谟堂. 火法-湿法联合工艺处理铅铋银硫化矿综合回收有价金属[J]. 有色金属, 2003, 55(3): 39-40.

[31]车小奎, 董雍赓. 某多金属硫化矿选矿工艺及伴生金银的回收[J]. 矿产综合利用, 1995(1): 1-5.

[32]Xu Shengming, Zhang Chuanfu, Zhao Tiancong. Non-pollution processes for complex silver-gold concentrate [J]. Transactions of Nonferrous Metals Society of China, 1995, 5(4): 69-72.

[33]Yang Jianguang, He Dewen, Tang Chaobo, et al. Thermodynamics calculation and experimental study on separation of bismuth from a bismuth glance concentrate through a low-temperature molten salt smelting process [J]. Metallurgical and materials Transactions B, 2011, 42(4): 730-737.

[34]Yang Jianguang, Tang Chaobo, Chen Yongming, et al. Separation of antimony from a stibnite concentrate through a low-temperature smelting process to eliminate SO_2 emission [J]. Metallurgical and Materials Transactions B, 2011, 42B: 30-36.

[35]谢兆凤, 杨天足, 刘伟峰, 等. 脆硫铅锑矿无污染冶炼工艺研究[J]. 矿冶工程, 2009(8): 80-84.

NaOH–NaNO$_3$–Air 体系低温碱性熔炼

处理废弃电路板多金属粉末

摘要：研究 NaOH–NaNO$_3$–Air 体系低温碱性熔炼处理废弃电路板多金属粉末的工艺流程，在熔炼过程中对各因素对两性金属的影响进行系统研究，优化得到较为适宜的熔体组成与工艺条件：NaNO$_3$，NaOH 和多金属粉末质量比为 0.6∶2.5∶1.0，温度为 350℃，空气流量为 1.5 L/min，熔炼时间为 30 min。研究结果表明：在此条件下 Sn，Pb，Al 和 Sn 的转化率分别为 100%，83.99%，93.26% 和 91.97%。针对含两性金属的碱性浸出液，设计 Ca(OH)$_2$ 沉锡和 Na$_2$S·9H$_2$O 沉铅锌的分离工艺，得到纯度（质量分数）98% 以上的 SnO$_2$ 及 PbS–ZnO 混合物。

随着电子科技的高速发展及人们收入水平的不断提高，电子产品更新换代速度越来越快[1-4]，电子废弃物成为增长最快的垃圾之一[5-7]。联合国环境计划称全球每年产生的电子废弃物量高达 4000 万~5000 万 t，并预计仍以 5%~10% 的年增长率增加[8-10]。电子废弃物中含有大量有毒有害的物质，如果不合理地处理这些垃圾，将对环境产生巨大的危害。废弃电路板作为电子废弃物的重要组成部分，其质量占电子废弃物总质量的 3% 左右[11]，里面含有铅等易挥发的重金属及溴化物等在燃烧中会产生二噁英等物质。同时，废弃电路板中蕴藏着铜锡及贵金属等极具经济价值的金属，是一座潜力巨大的"城市矿山"[12]。如何合理地处理废弃电路板，对于实现环境保护与资源综合回收利用具有重要的意义。低温碱性熔炼是在碱性介质中在相对低的温度下进行熔炼的新方法。通过低温碱性熔炼处理，废弃电路板多金属粉末中的低熔点两性金属 Sn，Zn 和 Pb 等在氧化性气氛下与熔融态的碱反应生成可溶性钠盐，而铜及贵金属不与碱反应以固态形式存在于渣相，再通过水浸的方式溶解钠盐，从而实现两性金属与铜及贵金属的高效分离[13]。本文对 NaOH–NaNO$_3$ 体系中废弃电路板多金属粉末低温碱性熔炼[14]进行研究，以便提高两性金属 Sn，Zn，Pb 和 Al 等的转化率。本文探索 NaOH–NaNO$_3$–Air 体系低温碱性熔炼处理废弃电路板多金属粉末的工艺，同时，开发碱性浸出液处理工艺，得到二氧化锡和铅锌混合物 2 种产品。

1 实验原料及方法

1.1 原料

研究所用原料为电路板经过破碎、分选得到的多金属粉末。粉末经过球磨充分粉碎后，粒径在 74 μm 左右，成分（质量分数）如表 1 所示。从表 1 可以看出：本电路板中质量分数最高的是铜，达 54.86%，其次依次是锡、铅、锌和铝，这些元素都是以单质或合金的形态存在。

本文发表在《中南大学学报（自然科学版）》，2015，46(8)：2804-2811。合作者：刘旸、刘静欣、秦红、江晓健。

1.2　实验原理

实验工艺流程如图 1 所示。电路板多金属粉末中的两性金属 Sn，Pb，Zn 和 Al 等在氧化性气氛的低温碱性熔炼条件下先被氧化为金属氧化物，生成的金属氧化物再与熔融的碱反应，形成低熔点的钠盐，主要反应如下：

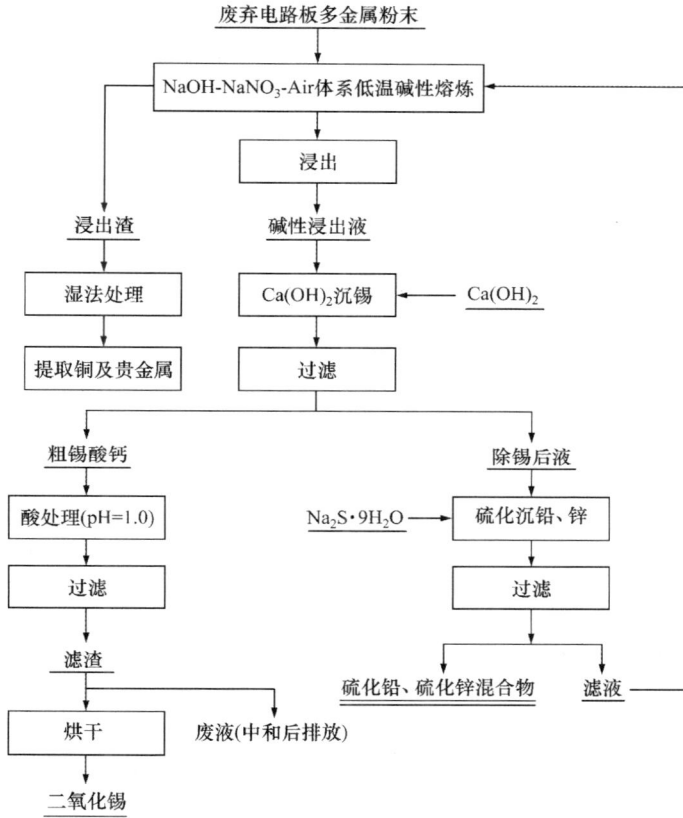

图 1　实验流程图

表 1　电路板多金属粉末的化学组成（质量分数）　　　　　　　　　　　　　%

Cu	Sn	Pb	Zn	Al
54.86	14.87	10.97	9.30	8.31

$$Sn+2[O]+4NaOH \Longrightarrow Na_2SnO_3+2H_2O \tag{1}$$

$$Pb+[O]+2NaOH \Longrightarrow Na_2PbO_2+H_2O \tag{2}$$

$$Zn+[O]+2NaOH \Longrightarrow Na_2ZnO_2+H_2O \tag{3}$$

$$2Al+3[O]+2NaOH \Longrightarrow 2NaAlO_2+H_2O \tag{4}$$

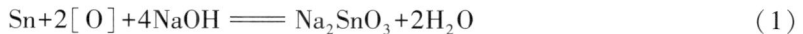

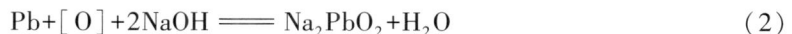

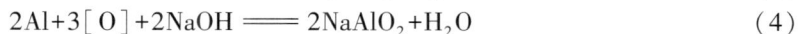

铜在熔炼过程中可被氧化为 CuO，但不与碱反应，且铜及其氧化物熔点高，在低温碱性熔炼体系下不熔化，以固态形式存在于渣中。熔炼产物通过水浸，两性金属形成的钠盐溶于水，过滤后可得碱性浸出液，固态渣中则富集了铜。

碱性浸出液中主要涉及 Sn，Pb，Zn 和 Al 共 4 种金属。通过查阅相关的热力学数据，计算推导并绘制了这 4 种金属在水溶液中的羟合配离子分布图，如图 2 所示。

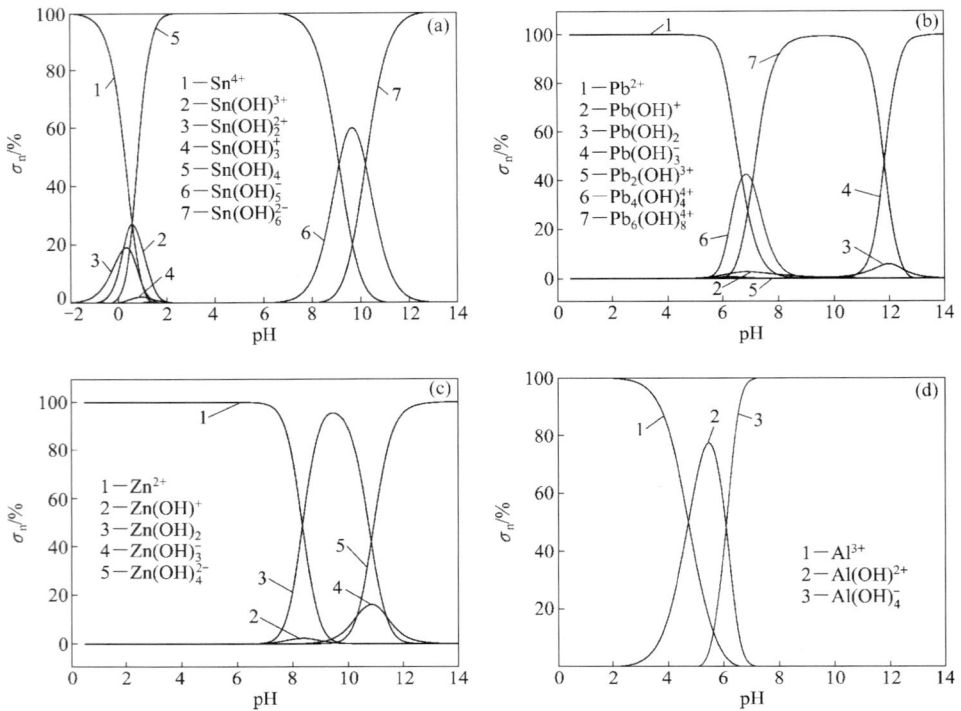

图 2　水溶液中羟合配离子分率 α_n-pH 图

（a）Sn 羟合配离子分率图；（b）Pb 羟合配离子分率图；（c）Zn 羟合配离子分率图；（d）Al 羟合配离子分率图

由图 2 可以看出：在 pH > 14 的碱性溶液中 Sn，Pb，Zn 和 Al 分别以 $Sn(OH)_6^{2-}$，$Pb(OH)_3^-$，$Zn(OH)_4^{2-}$ 和 $Al(OH)_4^-$ 形式存在。$Ca(OH)_2$ 可与溶液中 $Sn(OH)_6^{2-}$ 反应生成锡酸钙沉淀，而不与其他 3 种金属的羟和配离子反应[15]；$Na_2S \cdot 9H_2O$ 可与溶液中的 $Pb(OH)_3^-$ 和 $Zn(OH)_4^{2-}$ 反应生成硫化物沉淀而与 Al 分离，生成产物 NaOH 不会破坏原有体系，并且实现了 NaOH 的再生，主要的化学反应如下[16]：

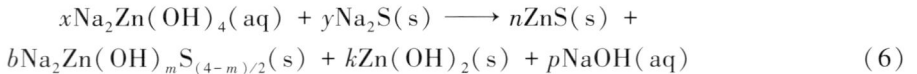

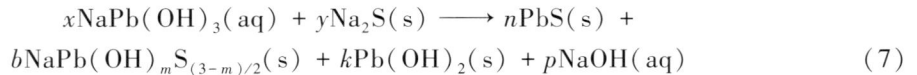

$$Na_2SnO_3 + Ca(OH)_2 \xrightarrow{\hspace{1cm}} CaSnO_3 \downarrow + 2NaOH \tag{5}$$

$$xNa_2Zn(OH)_4(aq) + yNa_2S(s) \longrightarrow nZnS(s) +$$
$$bNa_2Zn(OH)_mS_{(4-m)/2}(s) + kZn(OH)_2(s) + pNaOH(aq) \tag{6}$$

$$xNaPb(OH)_3(aq) + yNa_2S(s) \longrightarrow nPbS(s) +$$
$$bNaPb(OH)_mS_{(3-m)/2}(s) + kPb(OH)_2(s) + pNaOH(aq) \tag{7}$$

1.3　实验方法

将 50 g 废弃电路板多金属粉末与一定质量的 $NaNO_3$ 和 NaOH 充分混合后，装入特制坩埚，同时向坩埚中通入空气，置于坩埚电阻炉中恒温熔炼。熔炼结束后，熔炼产物速冷，磨碎后加水恒温搅拌冷却，加蒸馏水至液固质量比为 7 左右，于 40℃浸出 40 min。

浸出结束后抽滤，取滤液进行检测。通过测定滤液中金属离子质量浓度判断各金属的转化率(R)。

2 结果与讨论

2.1 NaOH-NaNO₃-Air 体系低温碱性熔炼

2.1.1 NaNO₃ 和电路板多金属粉末(CME)质量比对两性金属转化率的影响

研究结果表明，NaNO₃ 在 NaOH-NaNO₃-Air 体系中作为主要氧化剂，其用量对两性金属转化率影响较大，故实验首先对 NaNO₃ 和 CME 质量比对金属转化率的影响进行考察。将 NaOH 与 CME 以质量比 3.0∶1.0 混合，改变 NaNO₃ 和 CME 质量比，450℃，空气流量 0.9 L/min 条件下熔炼 60 min，实验结果如图 3 所示。

从图 3 可知：随着 NaNO₃ 和 CME 质量比的增加，Sn，Pb 和 Zn 这 3 种金属的转化率呈上升趋势，而当 NaNO₃ 与 CME 质量比大于 0.6 后，NaNO₃ 的加入量进一步增加对各金属转化率影响不大，Sn，Pb 和 Zn 的转化率分别维持在 91.07%，88.30% 和 93.43%，而 Al 的转化率始

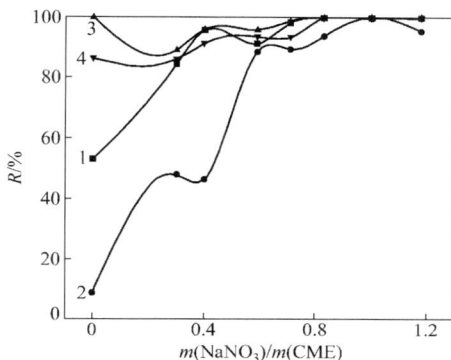

图 3　NaNO₃ 和 CME 质量比对两性金属转化率 R 的影响

1—Sn；2—Pb；3—Al；4—Zn

终高于 90.00%。增加 NaNO₃ 加入量增强了体系的氧化性气氛[17]，使得金属更易被氧化，进而提高了金属的转化率，其中 NaNO₃ 加入量对于 Pb 的转化率影响最明显。而 Al 与碱的反应对氧化性气氛的要求不高，故其转化率始终维持在较高值。综合考虑转化率及物料消耗等因素，选择 NaNO₃ 与废弃电路板粉末质量比为 0.6 比较合适。

2.1.2 NaOH 和 CME 质量比对两性金属转化率的影响

将 NaNO₃ 与 CME 以 0.6∶1.0 的质量比混合，改变 NaOH 和 CME 质量比，于 450℃、空气流量为 0.9 L/min 条件下熔炼 60 min，实验结果如图 4 所示。

从图 4 可知：随着 NaOH 和 CME 质量比的增加，各金属的转化率都呈上升趋势，而当 NaOH 与 CME 质量比大于 2.5 时，金属 Sn，Pb，Al 和 Zn 的转化率基本保持不变，分别可达 94.36%，84.77%，100% 和 100%。NaOH 在 NaOH-NaNO₃-Air 体系中主要起反应介质与提供碱性条件的作用，足够的 NaOH 能够保证液相层的厚度较大，通入空气的熔体搅动更

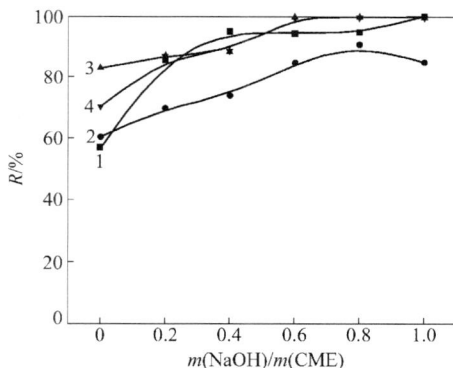

图 4　NaOH 和 CME 质量比对两性金属转化率 R 的影响

1—Sn；2—Pb；3—Al；4—Zn

加充分，从而增加了反应物之间的接触面积，强化了反应，提高了各金属的转化率。综合考

虑转化率及物料消耗,选择 NaOH 与 CME 质量比为 2.5 适宜。

2.1.3 空气流量对两性金属转化率的影响

按 NaNO$_3$,NaOH 与 CME 质量比为 0.6：2.5：1.0,改变空气流量,于 450℃ 条件下熔炼 60 min,实验结果如图 5 所示。

从图 5 可以看出：随着空气流量的增加,各金属的转化率均增加,但各金属增加的幅度不同。空气流量增加对 Sn 和 Al 的影响较其他 2 种金属的影响更为明显。空气流量的增加能够增强熔体搅动,使碱和游离的氧充分与两性金属反应,强化了冶炼过程。当空气流量 1.5 L/min 时熔体在坩埚中搅动十分剧烈,为防止空气流量进一步增加可能造成的熔体喷溅,选择空气流量为 1.5 L/min 比较合适。

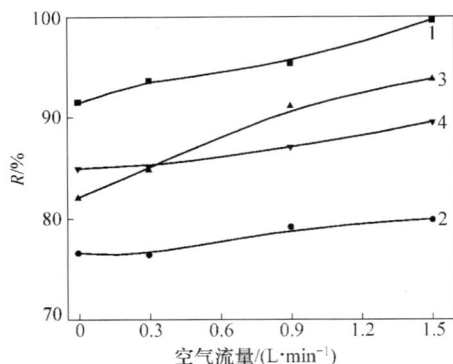

图 5　空气流量对两性金属转化率 R 的影响

1—Sn；2—Pb；3—Al；4—Zn

2.1.4 熔炼时间对两性金属转化率的影响

按 NaNO$_3$,NaOH 与 CME 质量比为 0.6：2.5：1.0,改变熔炼时间,在 450℃,空气流量为 1.5 L/min 条件下熔炼,实验结果如图 6(a)所示。同时,从图 5 可知：空气流量为 0 L/min 时两性金属的转化率已维持在比较高的水平。为了探究鼓气对熔炼时间的影响,在相同的配料及温度,空气流量为 0 L/min 的条件下,改变熔炼时间进行对比实验,实验结果如图 6(b)所示。

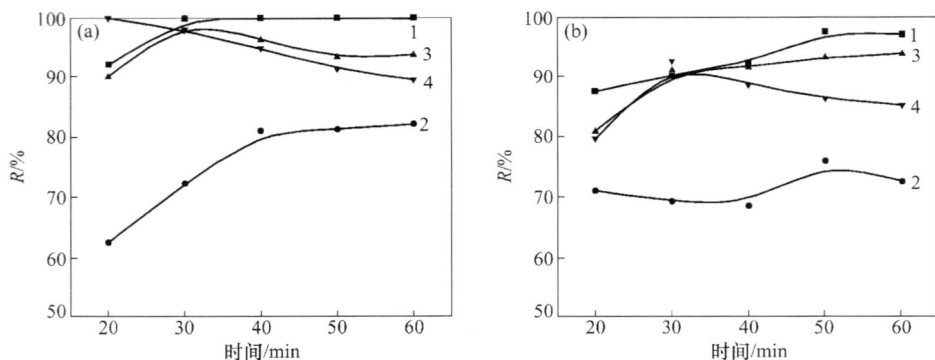

图 6　熔炼时间对两性金属转化率 R 的影响

空气流量/(L·min^{-1})：(a)1.5；(b)0

1—Sn；2—Pb；3—Al；4—Zn

从图 6(a)和 6(b)可知：增加熔炼时间能够使熔炼反应更充分,各金属的转化率均有所提高。对比图 6(a)和 6(b)可知,图 6(a)中各金属的转化率均高于图 6(b)中各金属的转化率。从图 6(a)可见：当熔炼时间为 30 min 时,金属的转化率分别为 100%,72.24%,100% 和 97.97%；而从图 6(b)可见：当熔炼时间为 30 min 时,各金属的转化率都低于图 6(a)中各金属的转化率。这说明鼓入空气可增加熔体的搅动,强化熔炼反应的传质过程,进而缩短反应达到平衡所需时间，即缩短了熔炼时间。同时，由于氧气的协同氧化作用，鼓入空气能够提高熔炼的氧化性气氛，使各金属的转化率有所提高。综合考虑能耗及各金属转化率，选择反应时间为 30 min。

2.1.5 熔炼温度对两性金属转化率的影响

按 NaNO$_3$，NaOH 与 CME 质量比为 0.6：
2.5：1.0，在改变熔炼温度，空气流量 1.5 L/
min 条件下熔炼 30 min。NaNO$_3$ 与 NaOH 在上
述配比恰好是 Na$_3$(OH)$_2$NO$_3$ 与 NaOH 的共晶
点，熔点仅为 258℃，一般熔炼温度高于熔体
温度 50℃ 左右，熔体即能保持较好的流动性与
传质速率，故选择实验的熔炼温度为 300～
450℃，实验结果如图 7 所示。

从图 7 可知：当温度低于 350℃ 时，随着
熔炼温度的增加，各金属的转化率均有所提
高；当温度高于 350℃ 时，温度继续升高，Sn

图 7　熔炼温度对两性金属转化率 R 的影响
1—Sn；2—Pb；3—Al；4—Zn

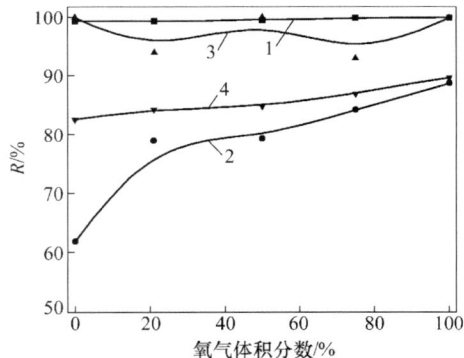

和 Al 的转化率基本不变，而 Pb 和 Zn 的转化率反而有所下降。这可能由于 Pb 和 Zn 的钠盐产物在熔体中不稳定，温度升高其有所分解所致[18]。NaOH-NaNO$_3$-Air 体系下熔炼，350℃各金属即能达到高的转化率，分别为 Sn 100%，Pb 83.99%，Al 93.26% 和 Zn 91.97%，故选择此温度为较优反应温度，NaNO$_3$，NaOH 和 CME 质量比为 0.6：2.5：1.0，温度为 350℃，空气流量为 1.5 L/min 条件下熔炼 30 min 即为 NaOH-NaNO$_3$-Air 体系的优化工艺条件。

2.1.6 氧气体积分数对两性金属转化率的影响

为了验证在 NaNO$_3$ 作为主要氧化剂的熔炼
体系中，鼓入的空气起协同氧化作用，实验研究
氧气体积分数对两性金属转化率的影响。按
NaNO$_3$，NaOH 与 CME 质量比为 0.6：2.5：1.9，
改变气体中的氧气体积分数，温度为 350℃，
气体流量为 1.5 L/min 条件下熔炼 30 min，实
验结果如图 8 所示。其中，氧气体积分数为 0
时，本实验向熔炼体系鼓入惰性气体 Ar。

由图 8 可以看出：随着氧气体积分数的升
高，Zn 和 Pb 的转化率呈上升趋势，其中 Pb
的转化率提升尤为明显，从氧气体积分数 0 至

图 8　氧气体积分数对两性金属转化率 R 的影响
1—Sn；2—Pb；3—Al；4—Zn

21%，转化率上升了 17%；Sn 的转化率由于一直接近 100%，变化并不明显；而 Al 的转化率在一定范围内波动。这说明在 NaNO$_3$ 作为主要氧化剂的体系，氧气作为鼓入空气的一部分对熔炼体系有着协同氧化的作用，氧气在碱性体系中的反应过程为[19]

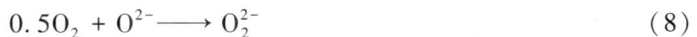

$$0.5O_2 + O^{2-} \longrightarrow O_2^{2-} \tag{8}$$

鼓入的氧气在气液界面扩散后，溶解于熔体界面而与金属粉末发生氧化反应。在氧气的协同氧化作用下，转化需较高氧化性气氛的 Pb 和 Zn 转化率提高明显。Sn 在 NaNO$_3$ 的氧化作用下即能达到理想转化率，故其转化率基本不变。Al 的转化对氧化性要求不高，亦不随氧

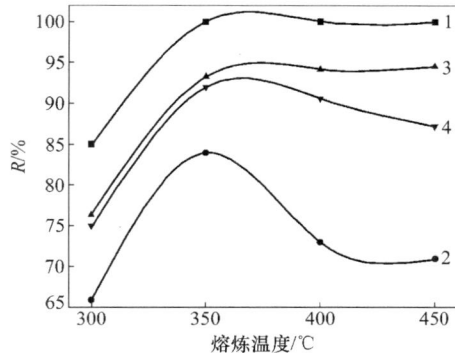

气体积分数的增加而变化。综合考虑成本及各金属转化率，选择氧气体积分数为21%的空气作为鼓入气体较为适宜。

2.2 碱性浸出液分步分离及产品表征

表2所示为废弃电路板 NaOH-NaNO$_3$-Air 体系低温碱性熔炼碱性浸出液中各物质质量浓度。取 NaOH-NaNO$_3$-Air 体系熔炼最佳条件的碱性浸出液(见表2)，在一定温度及搅拌条件下向浸出液中加入沉淀剂反应，从而分离浸出液中的金属[20]。通过大量实验，得到沉锡的较佳条件如下：反应温度为80℃，Ca(OH)$_2$ 加入量为理论量的3.0倍，反应时间为60 min。对酸处理烘干后的产品进行物相分析，可得产品为二氧化锡，如图9(a)所示。通过电感耦合等离子体-原子发射光谱仪(ICP-AES)所得检测结果如表3所示。从表3可知：产品的纯度达到98%以上。二氧化锡可作为透明导电材料，也可用于制造乳白玻璃、锡盐、瓷着色剂、织物媒染剂和增重剂、钢和玻璃的磨光剂等。

表2 废弃电路板 NaOH-NaNO$_3$-Air 体系低温碱性熔炼碱性浸出液中各物质质量浓度   g/L

NaOH	Sn	Al	Pb	Zn
80	4.70	2.70	3.20	3.00

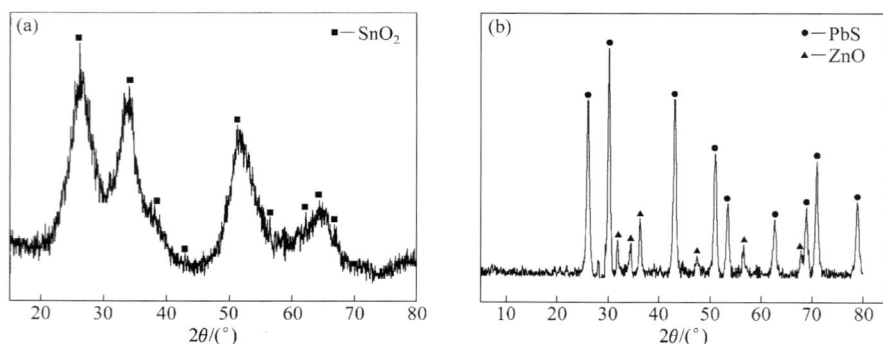

图9 产品 XRD 图
(a)二氧化锡的 XRD 图；(b)铅锌混合物的 XRD 图

沉锡后液中 Sn，Pb，Zn 和 Al 各离子质量浓度分别为0.50，3.20，3.00和2.30 g/L，碱质量浓度约80 g/L。该溶液作为 Na$_2$S·9H$_2$O 沉铅锌实验研究的原料。通过研究，得到 Na$_2$S·9H$_2$O 沉铅锌实验的较佳条件为：反应温度20℃，Na$_2$S·9H$_2$O 加入量为理论量，反应时间为15 min。表4所示为铅锌混合物的 X 荧光检测结果。从表4可以看出：混合物中的主要含有 Pb，Zn 和 S 3种元素，铅锌总含量(质量分数)达到55.74%。由图9(b)所示铅锌混合物的 XRD 物相可知：水洗烘干后的铅锌混合物中，主要由 PbS 和 ZnO 构成。ZnO 的生成主要是由于反应过程温度较低，使得 ZnS 结晶不够完全，在烘干时通过加 Na$_2$S 沉锌所得 ZnS 很容易被氧化为 ZnO[21]。铅锌混合物可作为铅锌冶炼企业的冶炼原料。

表 3 二氧化锡的 ICP-AES 检测结果(质量分数) %

Sn	Pb	Ca	Al	Zn	S	Cu	Si	Zn	Fe
77.10	0.71	0.09	0.06	0.11	0.23	0.18	0.16	0.21	0.22

表 4 铅锌混合物的 X 荧光检测结果(质量分数) %

Pb	Zn	S	O	Al	Sn
37.16	18.48	12.78	25.98	1.83	1.77
Cu	Ca	Si	Br	Fe	K
0.75	0.56	0.42	0.14	0.08	0.05

在沉铅锌后液中,Sn,Pb,Zn 和 Al 离子质量浓度分别为 0.30,0.05,0.03 和 2.00 g/L,碱质量浓度约为 80 g/L,该溶液将蒸发浓缩并返回至低温碱性熔炼步骤。溶液中 Al 在熔炼体系中进一步循环,待富集成高质量浓度的铝酸钠溶液后,通过拜耳法晶种分解,以氢氧化铝的形式回收。

3 结论

(1)通过考察 $NaOH-NaNO_3-Air$ 体系低温碱性熔炼中各因素对熔炼过程的影响,确定了处理废弃电路板多金属粉末的最佳工艺条件是:$NaNO_3$,NaOH 和多金属粉末混合体系质量比为 0.6:2.5:10,温度为 350℃,空气流量为 1.5 L/min,熔炼时间为 30 min,在此条件下金属 Sn,Pb,Al 和 Zn 的转化率分别为 100%,83.99%,93.26% 和 91.97%。

(2)在 $NaNO_3$ 和空气组成的协同氧化体系下,氧化性气氛的低温碱性熔炼体系使得两性金属得以高效转化。同时,鼓入的空气起到搅拌熔体的作用,强化熔炼反应的传质过程,缩短了熔炼时间。

(3)针对含两性金属的碱性浸出液,利用 $Ca(OH)_2$ 可以与碱性浸出液中的 Sn 反应生成锡酸钙沉淀的特性,与溶液中的 Pb,Zn 和 Al 等选择性分离,所得锡酸钙酸处理后制得纯度(质量分数)高于 98% 的二氧化锡;利用 $Na_2S \cdot 9H_2O$ 沉淀沉锡后液中铅锌得到铅锌混合物,可作为工业生产的原料;溶液中的铝也可在体系中循环富集后回收利用。

参考文献

[1] Yazici E Y, Deveci H. Extraction of metals from waste printed circuit boards(WPCBs) in $H_2SO_4-CuSO_4-NaCl$ solutions[J]. Hydrometallgy, 2013, 139: 30-38.

[2] Zhou Yihui, Qiu Keqiang. A new technology for recycling materials from waste printed circuit boards[J]. Journal of Hazardous Materials, 2010, 175(1): 823-828.

[3] Bizzo W A, Figueiredo R A, de Andrade V F. Characterization of printed circuit boards for metal and energy recovery after milling and mechanical separation[J]. Materials, 2014, 7(6): 4555-4566.

[4] He Yunxia, Xu Zhenming. The status and development of treatment techniques of typical waste electrical and

electronic equipment in China: A review[J]. Waste Management & Research, 2014, 32(4): 254-269.

[5]Luo Pei, Bao Lianjun, Wu Fengchang, et al. Health risk characterization for resident inhalation exposure to particle-bound halogenated flame retardants in a typical e-waste recycling zone[J]. Environmental Science & Technology, 2014, 48 (15): 8815-8822.

[6]Rajarao R, Sahajwalla V, Cayumil R, et al. Novelapproach for processing hazardous electronic waste[J]. Procedia Environmental Sciences, 2014, 21: 33-41.

[7]Zhu P, Chen Y, Wang L Y, et al. A new technology for separation and recovery of materials from waste printed circuit boards by dissolving bromine epoxy resins using ionic liquid[J]. Journal of Hazardous Materials, 2012, 239: 270-278.

[8]Zeng Xianlai, Zheng Lixia, Xie Henghua, et al. Current status and future perspective of waste printed circuit boards recycling[J]. Procedia Environmental Sciences, 2012, 16: 590-597.

[9]Guo Jiuyong, Guo Jie, Xu Zhenming. Recycling of non-metallic fractions from waste printed circuit boards: A review[J]. Journal of Hazardous Materials, 2009, 168(2): 567-590.

[10]Wang Ruixue, Xu Zhenming. Recycling of non-metallic fractions from waste electrical and electronic equipment (WEEE): A review[J]. Waste Management, 2014, 34(8): 1455-1469.

[11]Nasdere B, Seliger G. Disassembly factories for electrical and electronic products to recover resources in product and material cycles[J]. Environmental Science & Technology, 2003, 37(23): 5354-5362.

[12]Veit H M, Diehl T R, Salami A P, et al. Utilization of magnetic and electrostatic separation in the recycling of printed circuit board scrap[J]. Waste Management & Research, 2005, 25(1): 67-74.

[13]刘静欣, 田庆华, 程利振, 等. 低温碱性熔炼在有色冶金中的应用[J]. 金属材料与冶金工程, 2011, 39(6): 26-30.

[14]郭学益, 刘静欣, 田庆华. 废弃电路板多金属粉末低温碱性熔炼过程的元素行为[J]. 中国有色金属学报, 2013, 23(6): 1757-1763.

[15]程利振. 铜阳极泥分银渣综合回收新工艺研究[D]. 长沙: 中南大学, 2013.

[16]刘清, 赵有才, 招国栋. 氢氧化钠浸出-两步沉淀法制备铅锌精矿新工艺[J]. 湿法冶金, 2010, 29(1): 32-36.

[17]谭宪章. 冶金废旧杂料回收金属实用技术[M]. 北京: 冶金工业出版社, 2010.

[18]谢兆凤. 火法-湿法联合工艺综合回收脆硫铅锑矿中有价金属的研究[D]. 长沙: 中南大学, 2011: 44-48.

[19]Sun Zhi, Zhang Yi, Zheng Shili, et al. A new method of potassium chromate production from chromite and KOH-KNO$_3$-H$_2$O binary submolten salt system[J]. AIChE Journal, 2009, 55(10): 2646-2656.

[20]Wang Shaona, Zheng Shili, Zhang Yi. Stability of 3CaO·Al$_2$O$_3$·6H$_2$O in KOH+K$_2$CO$_3$+H$_2$O system for chromate production[J]. Hydrometallurgy, 2008, 90(2): 201-206.

[21]贾希俊. 氧化锌矿物碱法提取新工艺[D]. 长沙: 中南大学, 2009: 38-41.

梯级碱溶分步提取废弃电路板中有价金属

摘要：根据带元器件废弃电路板多金属料成分特点，采用梯级碱溶处理工艺，实现多金属料中有价金属选择性分离。该工艺由低碱浸出和高碱氧化浸出两级组成。第一段主要实现 Al 的选择性分离，最佳工艺条件：NaOH 溶液浓度 1.25 mol/L，与多金属料液固比为 10∶1，浸出温度 30℃，浸出时间 30 min；第二段主要实现 Zn、Pb、Sn 与 Cu 的选择性分离，最佳工艺条件：初始 NaOH 溶液浓度 5 mol/L，体系溶液（80%的碱溶液+20%的 H_2O_2 溶液）与低碱浸出渣液固比 10∶1，H_2O_2 溶液滴加速度 0.4 mL/min，浸出温度 50℃，浸出时间 60 min。在此优化工艺条件下，金属的浸出率依次为 Al 91.25%，Zn 83.65%，Pb 79.26%，Sn 98.24%；此外，98%以上的 Cu 和 100%的贵金属在高碱浸出渣中富集。

随着电子产品科技进步日新月异，电子产品生命周期逐渐变短，电子废弃物数量进入一个快速增长阶段，电路板作为其核心部件，产生量也在不断增加[1-2]。电路板主要由玻璃纤维、环氧树脂及多种金属构成，金属成分约占电路板质量分数的 40%，其中金属含量最多的是铜，此外还含有大量的铝、铅、锡、锌等常见金属和一定量贵金属，这些金属品位较高，具有较高的经济回收价值。

机械处理一般作为电路板的预处理工序，先将电路板破碎至一定粒径后，再根据不同材料的物理性质差异，如密度、磁性、导电性、色泽等，采用重选、磁选、涡流分选、色选等分选技术将非金属有机组分、铁镍磁性组分及多金属料分离[3-6]。火法处理具有处理规模大，原料适应性广等优点[7-10]，但熔炼处理需要有相应的装备系统。近年来，湿法处理成为研究的热点[11-13]，但大部分集中于对铜及贵金属的回收，对电路板中的其他金属研究较少。生物湿法冶金技术回收电路板具有环境友好的特点，但其对环境要求苛刻，金属浸出率低[14-16]。

本文作者根据废弃电路板多金属料成分含量特点，探索了一种梯级碱溶处理废弃电路板多金属料的新方法，详细探索各段工艺中不同工艺参数对金属浸出率的影响，得到较为适宜的工艺条件，为新方法的实际应用提供依据。

1 实验

1.1 实验原料和设备

本实验中所用原料为惠州某公司提供的 CRT 电视元器件电路板经破碎、粗选、磁选处理后的多金属料，多金属料经过球磨机磨碎混匀后，粒径在 74 μm 左右，成分如表 1 所列。多金属料中 Cu 含量最高，其值为 30.46%，两性金属中 Al、Pb、Sn 的含量较高，金属 Al 含量达25.08%。

实验所用氢氧化钠、30%过氧化氢均为分析纯，西陇化工股份有限公司生产。

本书发表在《中国有色金属学报》，2019，27（2）：406-413。合作者：江晓健，刘静欣，刘旸，刘子康。

表 1   废弃电路板多金属料化学组成 　　　　　　　　　　　　　　　　　%

Sn	Pb	Cu	Zn	Al	Au/$(g \cdot t^{-1})$	Ag/$(g \cdot t^{-1})$	others
22.68	16.92	30.46	3.78	25.08	50	176	1.08

主要设备为上海沪西分析仪器厂有限公司生产的 HL-2B 型恒流泵和金坛市大地自动化仪器厂生产的 JHH-S26 型双列六孔磁力搅拌水浴锅。

1.2　实验原理

在碱溶液中,当 pH>14 时,两性金属 Al、Zn、Pb、Sn 在溶液主要以 AlO_2^-、ZnO_2^{2-}、$HPbO_2^-$、$Sn(OH)_6^{2-}$ 形式存在[17-18],通过碱溶过程实现两性金属与 Cu 的分离;而两性金属中 Al 易与碱发生反应,Zn、Pb、Sn 在无氧化剂,低浓度碱溶液中较难浸出,通过低碱浸出,实现 Al 与 Zn、Pb、Sn 的分离,同时避免了高浓度碱液中,Al 与碱发生剧烈反应。实验流程

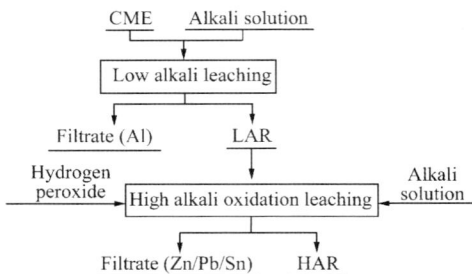

图 1　实验流程图

如图 1 所示,梯级碱溶工艺由低碱浸出和高碱氧化浸出两级组成,高碱氧化浸出过程中,Cu 有少量参与反应,以 CuO_2^{2-} 形式进入溶液中[19],反应式如式(1)~(5)所示。

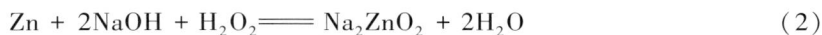

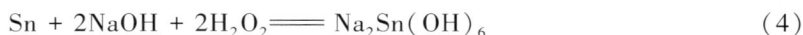

$$Al + NaOH + H_2O === NaAlO_2 + 3/2H_2 \tag{1}$$

$$Zn + 2NaOH + H_2O_2 === Na_2ZnO_2 + 2H_2O \tag{2}$$

$$Pb + NaOH + H_2O_2 === NaHPbO_2 + H_2O \tag{3}$$

$$Sn + 2NaOH + 2H_2O_2 === Na_2Sn(OH)_6 \tag{4}$$

$$Cu + 2NaOH + H_2O_2 === Na_2CuO_2 + 2H_2O \tag{5}$$

1.3　实验操作与分析方法

低碱浸出:取 10 g 多金属料,缓慢加入一定浓度的低碱溶液中,在恒温条件下搅拌浸出,反应一段时间后过滤,取滤液进行检测。

高碱氧化浸出:取 10 g 低碱浸出渣,用一定浓度的高碱溶液对其浸出,恒流泵控制双氧水的滴加速度,恒温条件下搅拌一定时间,反应一段时间后过滤,取滤液进行检测。

两种滤液的检测原理相同,即通过测定溶液中金属离子浓度判断金属的浸出率(R),计算公式见式(6)。

$$R = \frac{cV}{mw} \times 100\% \tag{6}$$

式中:R 为金属的浸出率,%;c 为金属离子浓度,g/L;V 为溶液体积,L;m 为多金属料或低碱浸出渣质量,g;w 为该金属在试样中所占质量分数,%。

滤液采用电感耦合等离子体-原子发射光谱仪(Optimal 5300DV, Perkin-Elmer Instruments)检测 Al、Zn、Pb、Sn、Cu 浓度。

2 结果与分析

2.1 低碱浸出过程行为

2.1.1 浸出温度对金属浸出率的影响

在 NaOH 溶液浓度 2 mol/L，碱溶液与多金属料液固比为 10∶1，浸出时间 120 min 条件下，考察浸出温度对金属浸出率的影响，实验结果如图 2 所示。

由图 2 可知，随着浸出温度升高，Al 的浸出率变化不大，浸出率均在 90% 以上；在低温条件下，Zn 的浸出率变化不大，当浸出温度超过 50℃ 时，随着浸出温度升高，Zn 的浸出率呈现上升的趋势。Pb、Sn、Cu 浸出率较低，基本不参与反应。Al 能直接跟 NaOH 溶液发生反应，高温条件下，反应较剧烈，过程主要受 OH⁻ 的传质影响，温度对其影响不占主导地位。Sn 在碱溶过程中，氢超电压大，反应进行缓慢，需添加氧化剂促进反应进行[20]。为了使金属达到选择性分离，同时避免反应过程中溶液溢出，选取 30℃ 作为低碱浸出的适宜温度。

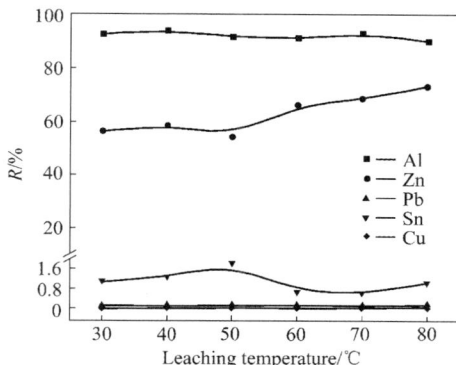

图 2 浸出温度对金属浸出率的影响

2.1.2 浸出时间对金属浸出率的影响

在 NaOH 溶液浓度为 2 mol/L，碱溶液与多金属料液固比为 10∶1，浸出温度为 30℃ 条件下，考察浸出时间对金属浸出率的影响，实验结果如图 3 所示。

由图 3 可以看出，随着浸出时间增加，Al 的浸出率变化基本保持不变，浸出率均在 90% 以上；在考察的时间范围内，Zn 的浸出率随着时间延长而不断增加，当浸出时间较短时，Zn 的浸出率较低，在浸出时间小于 30 min 时，其浸出率低于 15%，Pb、Sn、Cu 浸出率较低，基本不溶解。这说明可以在浸出时间较短的范围内，将 Al 从电路板中选择性分离出来，如图 3 所示，在反应时间为 30 min 时，绝大部分的 Al 被浸出，同时实现了与其他金属的较好分离，所以选择 30 min 为适宜的浸出时间。

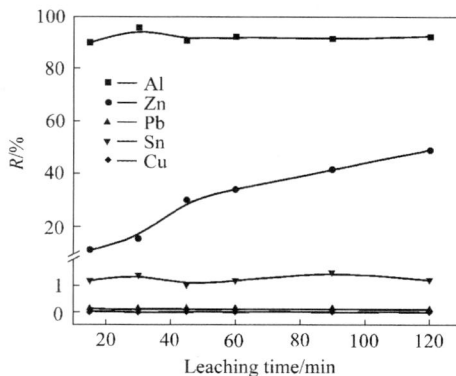

图 3 浸出时间对金属浸出率的影响

2.1.3 碱浓度对金属浸出率的影响

在碱溶液与多金属料液固比为 10∶1，浸出温度 30℃，浸出时间 30 min 条件下，考察 NaOH 溶液浓度对金属浸出率的影响，实验结果如图 4 所示。

图 4 表明，在考察的碱浓度范围内，Al 的浸出率略有增加，然后维持不变；Zn 的浸出率随着碱浓度升高而逐渐增加，但 NaOH 浓度较低，碱浓度在 1.0~1.5 mol/L 时，Zn 的浸出率

较低；Pb、Sn、Cu 浸出率很低，基本不参与反应。当碱浓度为 1.25 mol/L 时，Al 得到最大限度的浸出，浸出率为 93.02%，而 Zn、Pb、Sn、Cu 的浸出率依次为 5.33%、0.07%、0.83%、0.005%，达到了 Al 与其他金属选择性分离的目的，选取碱浓度 1.25 mol/L 较为合适。

2.1.4　液固比对金属浸出率的影响

在 NaOH 溶液浓度为 1.25 mol/L，浸出温度为 30℃，浸出时间为 30 min 条件下，考察碱溶液与多金属料液固比对金属浸出率的影响，实验结果如图 5 所示。

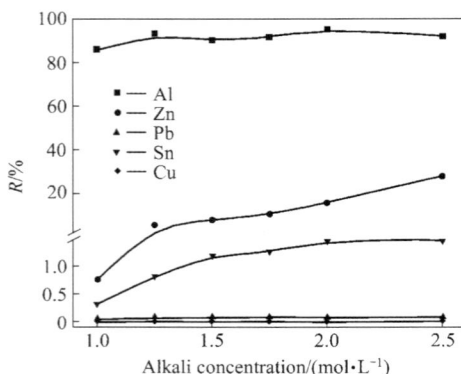

图 4　碱浓度对金属浸出率的影响

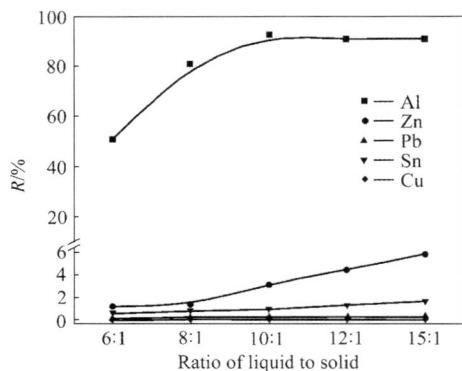

图 5　液固比对金属浸出率的影响

由图 5 可知，液固比对 Al 的浸出影响较为显著，当液固比从 6∶1 增至 10∶1 时，Al 的浸出率从 50.73% 提高至 91.25%，继续增大液固比，Al 的浸出率保持不变；Zn 的浸出率随着液固比的增加而增加，但增加的幅度较小，当液固比为 15∶1 时，Zn 的浸出率仅有 5.83%，Pb、Sn、Cu 的浸出率基本不随液固比的改变而变化，溶液中离子含量较少。在液固比为 10∶1 的条件下，其碱耗量与理论量接近，低碱浸出液成分简单，杂质含量少，选择液固比为 10∶1 为较优用量。

2.2　高碱氧化浸出过程行为

在用氧化剂 H_2O_2 溶液进行氧化碱浸的试验中，所用试样是低碱浸出最佳工艺条件得到的低碱浸出渣，即 NaOH 溶液浓度为 1.25 mol/L、碱溶液与多金属料液固比为 10∶1，浸出温度为 30℃，浸出时间为 30 min，低碱浸出渣中 Zn、Pb、Sn、Cu 含量分别为 4.06%、21.4%、27.2%、40.8%；试验每次称取低碱浸出渣 10 g，高碱氧化碱浸过程行为研究主要考察浸出过程各因素对金属浸出率的影响，包括浸出温度、碱浓度、H_2O_2 体积分数、液固比、H_2O_2 滴加速度。

2.2.1　浸出温度对氧化浸出过程影响

在初始 NaOH 溶液浓度为 4 mol/L，体系溶液（75% 的碱溶液 +25% 的 H_2O_2 溶液）与低碱浸出渣液固比为 10∶1，H_2O_2 溶液滴加速度为 0.4 mL/min，浸出时间为 120 min 条件下，考察浸出温度对氧化浸出过程金属浸出率的影响，实验结果如图 6 所示。

由图 6 可以看出，在温度低于 50℃ 时，随着温度升高，Sn 的浸出率逐渐增加，Pb 的浸出率呈现快速增长趋势，之后浸出率波动不大，在拐点温度 50℃ 时，Pb、Sn 的浸出率分别为 75.57%、100%；Zn 的浸出率随温度变化影响不大，维持在 77% 左右，Cu 有少量参与反应，

生成 $CuO_2^{2-[19]}$，但浸出率较低，最高浸出率只有 2.61%。Pb 在强碱溶液中以 $HPbO_2^-$ 形式存在，其溶解度随着温度的升高而升高[21]，同时升高温度，不仅利于克服反应过程所遇到的能量势垒，也有利于传质过程，从而提高金属的浸出率。为了得到较好的浸出效果，同时减少能量消耗，选择 50℃ 为合适的浸出温度。

2.2.2 碱浓度对氧化浸出过程影响

在体系溶液（75%的碱溶液+25%的 H_2O_2 溶液）与低碱浸出渣液固比为 10:1，H_2O_2 溶液滴加速度为 0.4 mL/min，浸出温度为 50℃，浸出时间为 120 min 条件下，考察初始 NaOH 溶液浓度对氧化浸出过程金属浸出率的影响，实验结果如图 7 所示。

图 7 表明，随着初始碱浓度升高，金属浸出率均呈现增长的趋势，当碱浓度大于 5 mol/L 后，提高碱浓度对金属浸出率的变化影响不大，Zn、Pb、Sn 浸出率维持在 79.34%、76.09%、100%；Cu 有少量参与反应。在碱溶液中，Zn、Pb 以络合阴离子的形式溶解进入溶液中，其溶解度随着氢氧化钠浓度的增加而逐渐增加[22-23]，同时 OH^- 浓度不断增加，增加了金属与活性氢氧根离子的有效接触面积，导致金属的浸出率逐渐增加。但碱浓度的增加，会使溶液黏度增加，减少传质速率，限制了浸出率进一步提升。综合考虑，选择碱浓度为 5 mol/L 为合适的用量。

2.2.3 H_2O_2 体积分数对氧化浸出过程影响

在初始 NaOH 溶液浓度为 5 mol/L，体系溶液与低碱浸出渣液固比为 10:1，H_2O_2 溶液滴加速度为 0.4 mL/min，浸出温度为 50℃，浸出时间为 120 min 条件下，考察 H_2O_2 体积分数对氧化浸出过程金属浸出率的影响，实验结果如图 8 所示。

从图 8 可以看出，当 H_2O_2 体积分数低于 20%时，金属浸出率呈现增长趋势，之后 Sn 浸出率基本趋于不变，Zn、Pb 呈现略微降低的趋势；当体积分数超过 30%时，Pb 的浸出率有明显的下降趋势，Cu 有少量参与反应。当 H_2O_2 体积分数为 20%时，各金属浸出率取得最高值，分别为 Zn 86.72%、Pb 83.48%、Sn 100%、Cu 1.92%；在体系中，金属与碱及氧化剂之

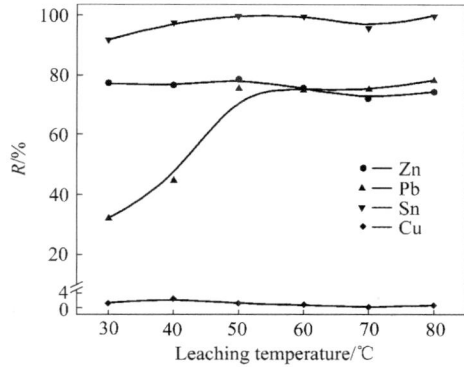

图 6 浸出温度对金属浸出率的影响

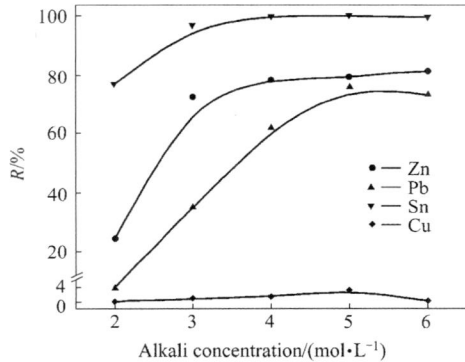

图 7 碱浓度对金属浸出率的影响

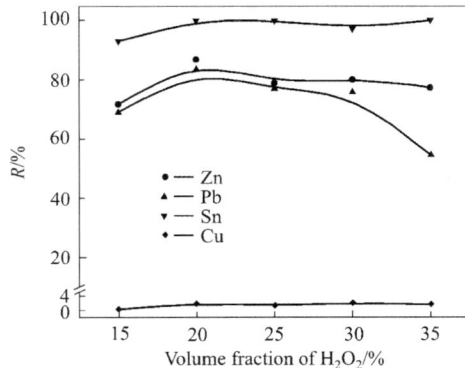

图 8 H_2O_2 体积分数对金属浸出率的影响

间的反应,可认为是 H_2O_2 在碱中分解,释放活性氧[O],金属先被氧化生成金属氧化物,氧化物再与碱反应生成钠盐的过程。增加 H_2O_2 用量,会产生更多[O]参与金属反应过程,有助于金属在碱中溶解,提高金属浸出率,但当 H_2O_2 体积分数较大时,碱溶液体积分数较少,料浆密度增加,减少了传质速率,同时用恒流泵将 H_2O_2 不断加入的过程中,会降低碱溶液浓度,导致金属浸出率降低。选择 H_2O_2 体积分数为 20%较为合适。

2.2.4 液固比对氧化浸出过程影响

在初始 NaOH 溶液浓度为 5 mol/L, H_2O_2 溶液滴加速度为 0.4 mL/min,浸出温度为50℃,浸出时间为 120 min 条件下,考察体系溶液(80%的碱溶液+20%的 H_2O_2 溶液)与低碱浸出渣液固比对氧化浸出过程金属浸出率的影响,实验结果如图 9 所示。

从图 9 可以看出,随着液固比的增加,各金属的浸出率均逐渐增加,Pb 的浸出率增长幅度较大,在液固比为 6∶1 时,Zn、Pb、Sn、Cu 浸出率分别为 72.61%、49.95%、81.77%、0.02%,当液固比增大至 10∶1 时,其值分别为 81.10%、79.21%、94.32%、3.52%;继续增大液固比,Zn、Pb、Cu 的浸出率基本保持不变,Sn 的浸出率先略微增加,然后保持不变。随着液固比的增加,溶液中碱的量逐渐增加,同时双氧水产生的活性氧,在溶液中溶解的量也不断增加,且液固比的增加,降低了料浆密度,使金属粉末在溶液中更加分散,增大了与浸出剂的接触面积,促进各金属元素的浸出。但过高的液固比会增大生产成本投入,综合物料浸出率及反应能耗,选择液固比为 10∶1 较为合适。

2.2.5 H_2O_2 滴加速度对氧化浸出过程影响

在初始 NaOH 溶液浓度为 5 mol/L,体系溶液(80%的碱溶液+20%的 H_2O_2 溶液)与低碱浸出渣液固比为 10∶1,浸出温度为 50℃,浸出时间为 120 min 条件下,考察 H_2O_2 溶液滴加速度对氧化浸出过程金属浸出率的影响,实验结果如图 10 所示。

图 10 表明,在考察的 H_2O_2 滴加速度范围内,Zn、Sn 的浸出率变化不明显,当滴加速度大于 0.8 mL/min 时,浸出率略有下降;Pb、Cu 的浸出率随 H_2O_2 滴加速度增快,浸出率不断降低。H_2O_2 溶液在碱中分解速度较快,释放活性氧[O],当滴加速度较快时,产生的活性氧远超过了其在溶液中的溶解量,大部分活性氧溢出体系外不参与反应,从而导致金属浸出率降低。但当滴加速度过慢时,反应时间也会延长,综合考虑,选择 H_2O_2 滴加速度为 0.4 mL/min 较为合适。

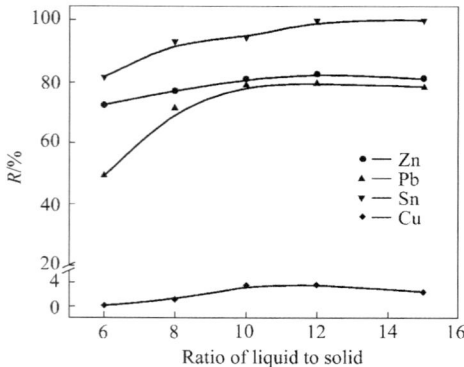

图 9　液固比对金属浸出率的影响　　图 10　H_2O_2 滴加速度对金属浸出率的影响

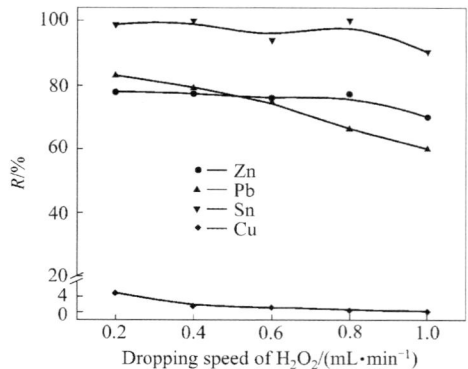

按 0.4 mL/min 滴加速度计算，双氧水加入时间为 50 min，实验发现反应进行 60 min 后，金属浸出率不再发生变化，为了降低反应能耗，选择反应时间为 60 min 较为合适。

2.3 优化条件实验

选取以上各个实验得到的最适宜条件进行多次优化条件实验验证，即低碱浸出：NaOH 溶液浓度为 1.25 mol/L，碱溶液与多金属料液固比为 10∶1，浸出温度为 30℃，浸出时间为 30 min；高碱氧化浸出：初始 NaOH 溶液浓度为 5 mol/L，体系溶液（80%的碱溶液+20%的 H_2O_2 溶液）与低碱浸出渣液固比为 10∶1，H_2O_2 溶液滴加速度为 0.4 mL/min，浸出温度为 50℃，浸出时间为 60 min。分别对两段碱浸液中金属离子进行检测，结果如表 2 所列。

表 2 优化条件实验金属分布

Cascading alkali leaching	Leaching efficiency/%				
	Cu	Pb	Sn	Al	Zn
Low alkali leaching	0.01	0.08	1.23	91.25	3.61
High alkali oxidation leaching	1.90	79.26	98.24	—	83.65

对低碱浸出渣和高碱浸出渣进行物相分析，结果如图 11 所示。

图 11 表明，多金属料中金属以单质或合金状态存在，图中没有显示 Zn 衍射特征峰，可能是因为 Zn 的含量较低，其产生的衍射特征峰强度比较弱。低碱浸出渣中存在的物相有 Cu、Pb、Zn，没有 Al 的物相，说明低碱浸出实现了 Al 的选择性分离；高碱浸出渣物相中只有 Cu，说明高碱氧化浸出实现了 Zn、Pb、Sn 与 Cu 的选择性分离，绝大部分 Cu 和贵金属在高碱渣中富集。从优化条件实验金属分布和物相分析可以得出结论，梯级碱溶能实现金属的选择性分离。

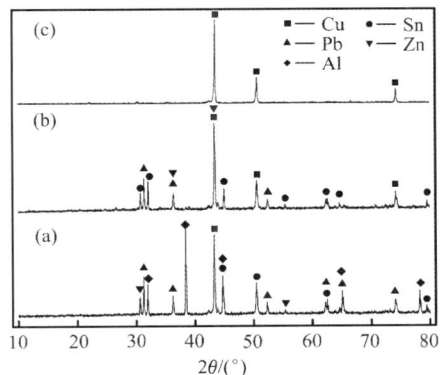

图 11 多金属料与浸出渣 XRD 谱

低碱浸出液成分简单，杂质含量少，主要为 $NaAlO_2$，采用补碱循环浸出-析晶工艺，富集回收 Al；高碱浸出液先采用 Na_2S 沉淀分离 Pb、Zn，滤渣成分主要为 PbS 和 ZnS 的混合物，滤液采用蒸发结晶，Sn 以 $Na_2SnO_3 \cdot 3H_2O$ 形式回收。Cu 在渣中以单质形态存在，可通过氧化酸浸溶 Cu，浸出液调 pH 后，可直接用于旋流电积制得阴极铜，不需净化除杂过程，贵金属在氧化酸浸渣中富集。

3 结论

（1）由低碱浸出和高碱氧化浸出两部分组成的梯级碱溶工艺，可将废弃电路板中两性金属在碱中溶解，生成可溶性钠盐与其他金属分离；低碱浸出过程能将 Al 选择性分离出来，高碱氧化能将 Zn、Pb、Sn 与 Cu 进行选择性分离；同时两段浸出后液成分简单，所含杂质少，容易回收。

（2）低碱浸出最佳工艺条件：NaOH 溶液浓度为 1.25 mol/L，与多金属料液固比为 10∶1，浸出温度为 30℃，浸出时间为 30 min；高碱氧化最佳工艺条件：初始 NaOH 溶液浓度为 5 mol/L，体系溶液（80%的碱溶液+20%的 H_2O_2 溶液）与低碱浸出渣液固比为 10∶1，H_2O_2 溶液滴加速度为 0.4 mL/min，浸出温度为 50℃，浸出时间为 60 min。两段浸出过程中，金属的浸出率较高，其值分别为 Al 91.25%，Zn 77.34%，Pb 82.53%，Sn 100%；此外，98%以上的 Cu 和 100%的贵金属在高碱渣中富集。

（3）针对两段浸出液，设计采用补碱循环浸出－析晶工艺回收低碱浸出液中的 Al 和 Na_2S 沉淀－蒸发结晶工艺回收高碱浸出液中 Zn、Pb、Sn；针对高碱浸出渣，设计采用氧化酸浸－旋流电积工艺回收其中的 Cu。

参考文献

[1] 刘小丽，杨建新，王如松. 中国主要电子废物产生量估算[J]. 中国人口·资源与环境，2005，15（5）：113−117.

[2] 梁晓辉，李光明，贺文智，黄菊文. 中国电子产品废弃量预测[J]. 环境污染与防治，2009，31（7）：82−84.

[3] 刘志峰，李辉，胡张喜，潘君齐，钟海兵. 废旧家电中印刷电路板元器件脱焊技术研究[J]. 家电科技，2007（1）：32−34.

[4] Duan C, Wen X, Shi C, Zhao Y, Wen B, He Y. Recovery of metals from waste printed circuit boards by a mechanical method using a water medium[J]. Journal of Hazardous Materials, 2009, 166(1): 478−482.

[5] 徐敏. 废弃印刷线路板的资源化回收技术研究[D]. 上海：同济大学，2008.

[6] 顾帼华，戚云峰. 废旧印刷电路板的粉碎性能及资源特征[J]. 中国有色金属学报，2004，14（6）：1037−1041.

[7] 郭学益，刘静欣，田庆华. 废弃电路板多金属粉末低温碱性熔炼过程的元素行为[J]. 中国有色金属学报，2013，23（6）：1757−1763.

[8] Flandinet L, Tedjar F, Ghetta V, Fouletier J. Metals recovering from waste printed circuit boards (WPCBs) using molten salts[J]. Journal of Hazardous Materials, 2012, 213(7): 485−490.

[9] Hageluken C. Recycling of electronic scrap at Umicore's integrated metals smelter and refinery[J]. Erzmetall, 2006, 59(3): 152−161.

[10] 刘静欣，郭学益，刘旸. 废弃电路板多金属粉末碱性熔炼产物分形浸出动力学[J]. 中国有色金属学报，2015，25（2）：545−552.

[11] Szabolcs F, Florica I, Attila E, Arpad L, Petru I. Eco-friendly copper recovery process from waste printed circuit boards using Fe^{3+}/Fe^{2+} redox system[J]. Waste Management, 2015, 40: 136−143.

[12] Ficeriova J, Peter B, Gock E. Leaching of gold, silver and accompanying metals from circuit boards (PCBs) waste[J]. Acta Montanistica Slovaca, 2011, 16(2): 128−131.

[13] 张嘉，陈亮，陈东辉. 废弃电子印刷电路板中 Cu 和 Pb 的浸出实验[J]. 环保科技，2007，13（2）：25−28.

[14] Creamer N J, Baxter V S, Potter M, Macaskie L E. Palladium and gold removal and recovery from precious metal solutions and electronic scrap leachates by desulfovibrio desulfuricans[J]. Biotechnology Letters, 2006,

28(18)：1475−1484.

[15]Pant D, Joshi D, Upreti M K, Kotnala R K. Chemical and biological extraction of metals present in E−waste：A hybrid technology[J]. Waste Management, 2012, 32(5)：979−990.

[16]吴思芬，李登新，姜佩华. 微生物浸取废电路板粉末中的铜[J]. 环境污染与防治，2008，30(11)：27−34.

[17]Brookins D G. E_h−pH diagrams for geochemistry[M]. Springer Science & Business Media, 2012：40−55.

[18]Takeno N. Atlas of E_h−pH diagrams[R]. Geological Survey of Japan Open File Report, 2005.

[19]刘伟锋. 碱性氧化法处理铜、铅阳极泥的研究[D]. 长沙：中南大学，2011.

[20]赵由才，张承龙，蒋家超. 碱介质湿法冶金技术[M]. 北京：冶金工业出版社，2009.

[21]刘静欣，郭学益，刘旸，江晓健. $NaOH−Na_2SnO_3−Na_2PbO_2−H_2O$ 四元水盐体系相平衡研究[J]. 有色金属科学与工程，2016(1)：13−16.

[22]Kyle J H, Breuer P L, Bunney K G, Pleysier R. Review of trace toxic elements (Pb, Cd, Hg, As, Sb, Bi, Se, Te) and their deportment in gold processing. Part 1：Mineralogy, aqueous chemistry and toxicity[J]. Hydrometallurgy, 2011, 107：91−100.

[23]Şahin M, Erdem M. Cleaning of high lead-bearing zinc leaching residue by recovery of lead with alkaline leaching[J]. Hydrometallurgy, 2015, 153：170−178.

（CH$_3$）$_3$COOH–NaOH 体系处理废弃电路板中焊锡技术

摘要： 研究了在（CH$_3$）$_3$COOH–NaOH 体系中，废弃电路板焊锡的锡和铅的分离富集行为。系统分析了反应温度、溶液组成、NaOH 浓度、（CH$_3$）$_3$COOH 滴加速度等因素对焊锡浸出效果的影响，得到最佳工艺参数如下：在溶液组成为 85% 的 NaOH 与 15% 的（CH$_3$）$_3$COOH，反应温度为 70℃ 条件下，当 NaOH 溶液初始浓度为 5 mol/L，（CH$_3$）$_3$COOH 滴加速度为 2.4 mL/min，浸出时间为 20 min 时，锡的浸出率为 96.21%，铅的浸出率为 92.36%。往退锡后液中加入理论量 1.5 倍的 Na$_2$S·9H$_2$O，铅的沉淀率为 98.79%，可制得纯度为 99.23% 的 PbS 产品；往沉淀后液中加入理论量 2.5 倍的 Ca(OH)$_2$，锡的沉淀率达到 93.21%，热处理后可得到 SnO$_2$ 产品，产品符合 GB/T 26013—2010 标准。

近年来，随着经济水平的提高与电子信息技术的迅猛发展，电器及电子产品的生产量与使用量急剧增加，更新换代的速度也在加快，导致电子设备的报废量也在高速增长[1-2]。据统计，2014 年全球电子废弃物总量为 4180 万 t，报废量年均增长 20%，我国电子废弃物的产生量为 603.3 万 t，约占到全球产生量的 15%，仅次于美国，位列第二[3]。废弃电路板是电子废弃物的重要组成部分，含有大量的可回收利用的有价金属，如铜、铝、铅、锌、金、银等，具有可观的潜在经济价值[4-5]。

电路板上有大量的电子元器件，通过焊料与电路板基板连接，焊锡在电路板中所占比例约为 4%[6]。电路板报废时，其上的电子元器件大多没有到达生命使用周期，进行无损拆解后，元器件仍可继续使用[7-8]；另外，如果废弃电路板不拆除元器件直接回收处理，容易造成元器件中的有毒有害物质或贵金属混入电路板废料中，影响后续电路板中金、银、铜、铝、铅、锌等有价金属的提取与富集。同时，分离焊锡也可实现废弃电路板中锡的富集，因此提取废弃电路板中的焊锡可更大程度地实现资源循环，具有较好经济与环境效益[9-10]。

目前，废弃电路板电子元件和焊锡的分离回收主要采用加热与机械联合处理方法，通常是空气被加热后与电路板的焊锡接触，使其达到熔化温度，然后使用工具来拆卸电子元件[11-12]。这种方法虽然对元器件损害较小，但焊锡快速熔化时会产生挥发性的有毒有害物质，且无法回收利用，自动化程度较低，热能利用率不高，能量损耗严重[10]。近年来，湿法回收焊锡成为研究的热点，大部分集中于采用硝酸体系的退锡剂浸泡废弃电路板，剥离废弃电路板中的焊锡，但这种方法对元器件引脚与电路板基板腐蚀严重，且退锡剂成分复杂，从退锡后液中提取有价金属难度较大[13-14]。

本文针对目前工艺中存在的问题，开发了一种从废弃电路板中提取焊锡的新工艺，本工艺在 NaOH 溶液中缓慢通入（CH$_3$）$_3$COOH，以此作为退锡剂，剥离废弃电路板中的焊锡，在退锡过程中，焊锡中的锡与铅分别以 Sn(OH)$_6^{2-}$、Pb(OH)$_4^{2-}$ 的形式进入退锡后液，然后依次分别采用 Na$_2$S·9H$_2$O 与 Ca(OH)$_2$ 沉淀提取退锡后液中的锡与铅，制得 PbS 产品与 CaSn(OH)$_6$，CaSn(OH)$_6$ 经过盐酸洗涤后热处理可得到 SnO$_2$ 产品。本研究将通过考察退锡

本文发表在《中国有色金属学报》，2019，29（1）：146–152。合作者：刘子康，黄国勇。

工艺中不同工艺参数对退锡效果的影响，得到工艺优化条件，为工业化实验提供依据。

1 实验

1.1 实验原料和设备

由于各个实际电路板中的焊锡量均不相同，为了定量研究退锡效果，采用焊锡条模拟电路板中焊锡进行实验。本实验中所用的焊锡，直径为 1.2 mm，美国世克工具（国际）有限公司生产，将其准确切成 32 条长度为 4 cm 的长条。成分如表 1 所列。

	表 1 焊锡的化学组成	%
Sn	Pb	Others
25.19	74.23	0.58

实验所用的铜片为电路板制造过程中的覆铜板边角料，准确裁成 6 cm×8 cm×0.1 cm。

实验所用氢氧化钠为分析纯，西陇化工股份有限公司生产。

实验所用的 65% 叔丁基过氧化氢为化学纯，国药集团化学试剂有限公司生产。

主要设备为上海沪西分析仪器厂有限公司生产的 HL-2B 型恒流泵，金坛市中大仪器厂生产 DF-1 集热式恒温磁力搅拌器，杭州仪表电机有限公司生产 JHS 恒数数显控制器与 JHS-2/90 恒速数显搅拌器。

1.2 实验原理

叔丁基过氧化氢是一种易溶于碱性溶液的有机强氧化剂，焊锡的主要成分为铅锡合金，不同种类的焊锡铅与锡的含量不同，由于叔丁基过氧化氢呈弱酸性，配合碱性体系的溶液退锡时，应采用缓慢加入的方式，防止反应过于剧烈，使溶液中游离的 [O] 生成氧气溢出，退锡过程的主要反应方程式如下[15-16]：

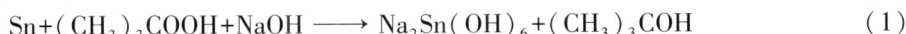
$$Sn+(CH_3)_3COOH+NaOH \longrightarrow Na_2Sn(OH)_6+(CH_3)_3COH \tag{1}$$
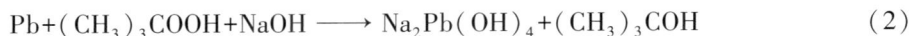
$$Pb+(CH_3)_3COOH+NaOH \longrightarrow Na_2Pb(OH)_4+(CH_3)_3COH \tag{2}$$

焊锡中的锡、铅在碱性强氧化溶液体系下以羟基配离子形式存在[17]，即 $Sn(OH)_6^{2-}$ 与 $Pb(OH)_4^{2-}$。硫化钠是碱性体系中常用的沉淀剂，对铅有良好的沉淀效果，本研究中选用 $Na_2S \cdot 9H_2O$ 为铅沉淀剂。反应方程式如下：

$$Na_2Pb(OH)_4+Na_2S \longrightarrow PbS+4NaOH \tag{3}$$

向碱性溶液中加入微溶的 $Ca(OH)_2$，沉淀锡的同时可以避免大量 Ca^{2+} 或其他杂质元素进入溶液体系，可减少对体系的干扰，简化后续金属提取工艺[18]。当溶液 pH 高于 12.5，沉淀物为 $CaSn(OH)_6$[19]。反应方程式如下：

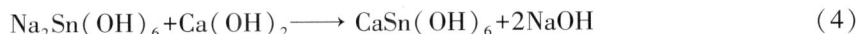
$$Na_2Sn(OH)_6+Ca(OH)_2 \longrightarrow CaSn(OH)_6+2NaOH \tag{4}$$

$CaSn(OH)_6$ 经过盐酸洗涤后热处理可得到 SnO_2 产品[20]，反应方程式如下：

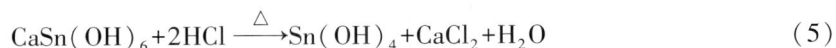
$$CaSn(OH)_6+2HCl \xrightarrow{\triangle} Sn(OH)_4+CaCl_2+H_2O \tag{5}$$

$$Sn(OH)_4 \longrightarrow SnO_2 + 2H_2O \tag{6}$$

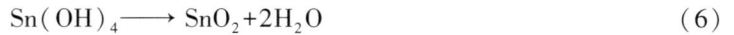

1.3 实验操作与分析方法

电子元件与焊锡湿法分离：配置一定浓度的 NaOH 溶液，将直径为 1.2 mm，长度为 4 cm 的焊锡加入溶液中，在一定温度下进行机械搅拌，同时利用恒流泵往溶液中缓慢通入叔丁基过氧化氢，反应一定时间后过滤得到退锡后液，通过测定退锡后液中金属离子浓度判断金属的浸出率（R_1），计算公式如下：

$$R_1 = \frac{\rho V}{mw} \times 100\% \tag{7}$$

式中：R_1 为金属的浸出率，%；ρ 为金属离子浓度，g/L；V 为溶液体积，L；m 为多金属料或低碱浸出渣质量，g；w 为该金属在试样中的质量分数，%。

退锡后液中有价金属的提取：取上述步骤完成之后的退锡后液，在一定温度下加入 Na_2S，反应后过滤，取滤液在一定温度下加入 $Ca(OH)_2$，反应后过滤，将滤渣用稀盐酸重复清洗三次后，在 300℃ 的马弗炉中进行热处理，获得产品。通过测定滤液中金属离子浓度判断金属的沉淀率（R_2），计算公式如式（8）所示。

$$R_2 = \frac{\rho_1 V_1 - \rho_2 V_2}{\rho_1 V_1} \times 100\% \tag{8}$$

式中：R_2 为金属的沉淀率，%；ρ_1 为沉淀前金属离子的浓度，g/L；ρ_2 为沉淀后离子的浓度，g/L；V_1 为沉淀前溶液体积，L；V_2 为沉淀后溶液体积，L。

滤液采用电感耦合等离子体–原子发射光谱仪（Optimal 5300DV，Perkin-Elmer Instruments）检测铅、锡浓度，实验流程如图 1 所示。

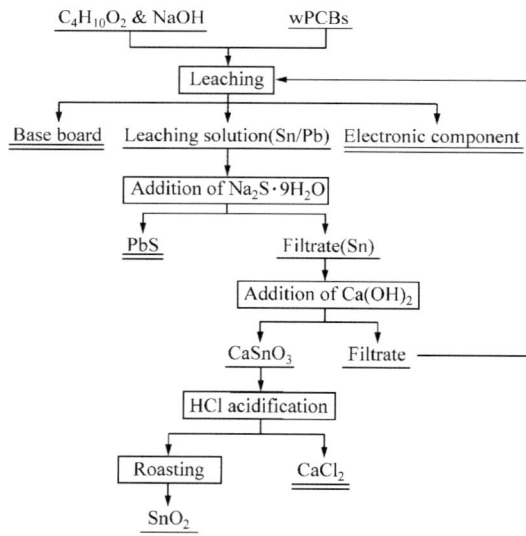

图 1 实验流程图

2 结果与分析

2.1 电子元件与焊锡湿法分离

2.1.1 浸出温度对浸出率的影响

在 NaOH 浓度为 5 mol/L，体系溶液[85%的碱溶液+15%的(CH_3)$_3$COOH 溶液]与焊锡液固比(mL/g)为 20∶1，(CH_3)$_3$COOH 溶液滴加速度 2 mL/min，浸出时间 25 min 条件下，考察浸出温度对金属浸出率的影响，实验结果如图 2 所示。

由图 2 可以看出，在反应同一时间下，随着温度的升高，铅锡的浸出率均在上升，这是因为温度升高有利于强化浸出传质过程；铅锡浸出率变化趋势一致，在 90℃下浸出率最高，70℃下铅锡的浸出率与 90℃接近，且在反应 20 min 后，70℃与 90℃浸出率基本一致，铅的浸出率为 94.83%，锡的浸出率为 97.60%，考虑能耗、溶液蒸发等因素，选取 70℃为合适的反应温度。

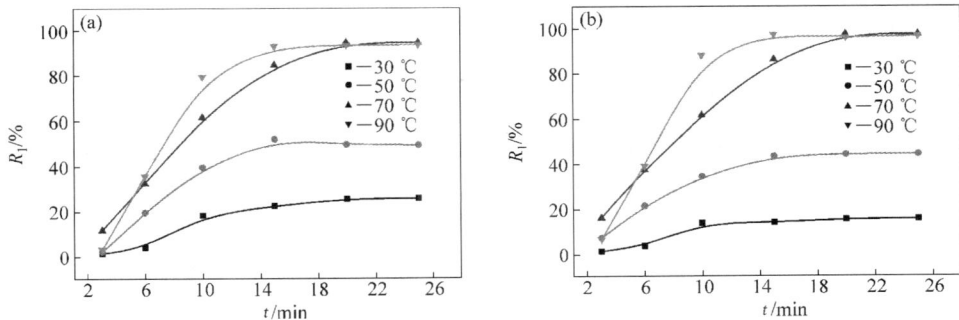

图 2　浸出温度对金属浸出率的影响

(a)Pb；(b)Sn

2.1.2 (CH_3)$_3$COOH 体积分数对浸出率的影响

在 NaOH 浓度为 5 mol/L，反应温度为 70℃，体系溶液与焊锡液固比为 20∶1，(CH_3)$_3$COOH 溶液滴加速度 2 mL/min，浸出时间 25 min 条件下，考察(CH_3)$_3$COOH 体积分数对金属浸出率的影响，实验结果如图 3 所示。

由图 3 可以看出，当(CH_3)$_3$COOH 体积分数小于 15%，铅锡的浸出率随(CH_3)$_3$COOH 体积分数的增加而增加，当(CH_3)$_3$COOH 体积分数大于 15%。铅锡的浸出率随(CH_3)$_3$COOH 体积分数的增加变化不明显，在体系中，金属与碱及氧化剂之间的反应，可认为是(CH_3)$_3$COOH 在碱中分解，释放活性氧[O][21]，金属先被氧化生成金属氧化物，氧化物再与碱反应生成钠盐的过程。增加(CH_3)$_3$COOH 用量，会产生更多[O]参与金属反应过程，有助于金属在碱中溶解，提高金属浸出率，但当(CH_3)$_3$COOH 体积分数较大时，碱溶液体积分数较少，料浆密度增加，减少了传质速率[22]，同时用恒流泵将(CH_3)$_3$COOH 不断加入过程中，会降低碱溶液浓度，导致金属浸出率降低。选择(CH_3)$_3$COOH 体积分数为 15%较为合适。

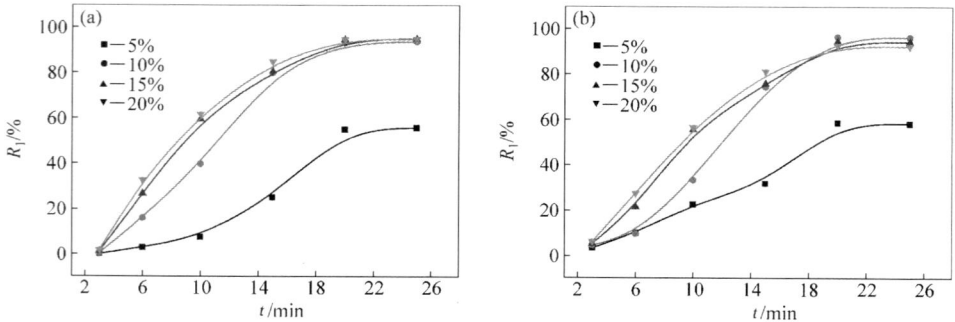

图3　(CH₃)₃COOH 体积分数对金属转化率的影响

(a)Pb；(b)Sn

2.1.3　碱浓度对浸出率的影响

反应温度为 70℃，体系溶液[85% 的碱溶液+15% 的(CH_3)₃COOH 溶液]与焊锡液固比为 20∶1，(CH_3)₃COOH 溶液滴加速度 2 mL/min，浸出时间 25 min 条件下，考察碱浓度对金属浸出率的影响，实验结果如图 4 所示。

由图 4 可知，当碱浓度为 5 mol/L 时，铅锡的浸出率最高，当碱浓度小于 5 mol/L 时，铅锡的浸出率随碱浓度的增加而增加，当碱浓度大于 5 mol/L 时，铅锡的浸出率随碱浓度的增加而降低。在碱溶液中，Pb、Sn 分别以 PbO_2^{2-}、SnO_3^{2-} 的形式存在于溶液中[22]，当碱浓度为 5 mol/L 时，OH^- 浓度不断增加，增加了金属与活性氢氧根离子的有效接触面积，导致金属的浸出率逐渐增加。由于当碱浓度大于 5 mol/L 时，PbO_2^{2-}、SnO_3^{2-} 在碱中的溶解度随碱浓度的增加而迅速降低[22]，且碱浓度的增加，会使溶液黏度增加，减少传质速率，制约了金属的浸出。综合考虑，选择碱浓度为 5 mol/L 为合适的用量。

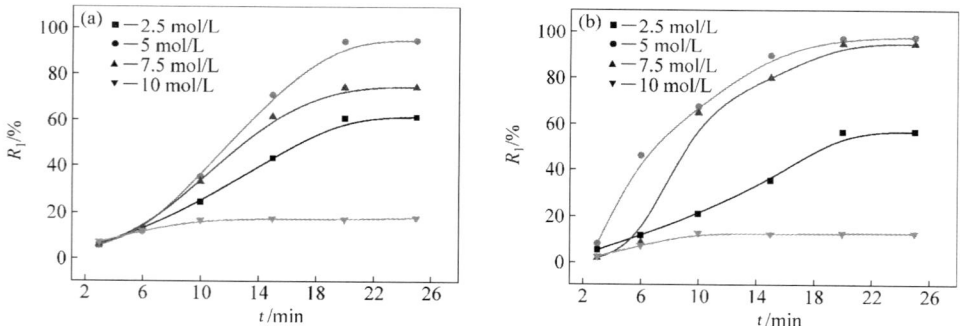

图4　碱浓度对金属浸出率的影响

(a)Pb；(b)Sn

2.1.4　(CH₃)₃COOH 滴加速度对浸出率的影响

NaOH 浓度为 5 mol/L，反应温度为 70℃，体系溶液[85% 的碱溶液+15% 的(CH_3)₃COOH 溶液]与焊锡液固比为 20∶1，浸出时间 25 min 条件下，考察(CH_3)₃COOH 溶液滴加速度对金属浸出率的影响，实验结果如图 5 所示。

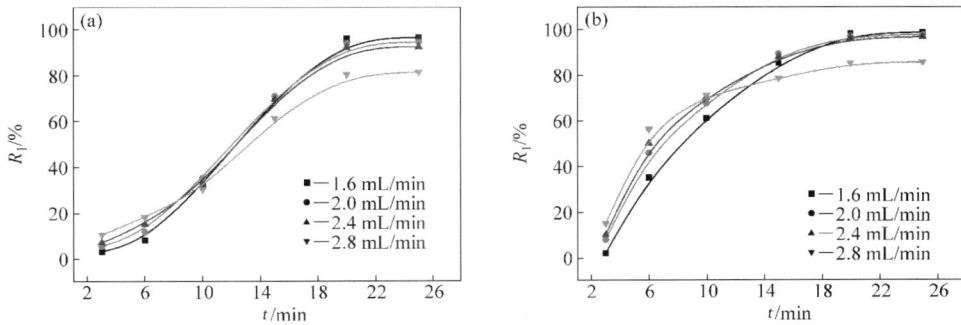

图 5　(CH$_3$)$_3$COOH 滴加速度对金属浸出率的影响

(a) Pb；(b) Sn

由图 5 可知，在考察的(CH$_3$)$_3$COOH 滴加速度范围内，Pb、Sn 的浸出率变化不明显。当滴加速度较大时，浸出率在 10 min 之前提升较快，10 min 之后浸出率增速较缓。(CH$_3$)$_3$COOH 溶液在碱中分解速度较快，释放活性氧[O][21]，反应前期，由于溶液中活性氧[O]含量较低，滴加速度越快，浸出率越高；反应后期，由于溶液中的活性氧远超过了其在溶液中的溶解量，大部分活性氧溢出体系外不参与反应，且溶液体积增加，降低了 NaOH 溶液浓度，因此滴加速度越快，浸出率越低。当滴加速度过慢时，反应时间也会延长。由于滴加的(CH$_3$)$_3$COOH 溶液体积保持固定，当滴加速度为 2.8 mL/min 时，(CH$_3$)$_3$COOH 溶液在反应 10.7 min 时就已经滴加完毕，溶液中活性氧[O]大量溢出，后续反应时间溶液中活性氧[O]不足，因此浸出率明显下降。综合考虑，选择(CH$_3$)$_3$COOH 滴加速度为 2.4 mL/min 较为合适。

(CH$_3$)$_3$COOH 溶液按 2.4 mL/min 滴加速度计算，双氧水加入时间为 12.5 min；当浸出时间达 20 min 后，随着浸出时间的增加，铅与锡的浸出率基本保持不变，分别稳定在 92.36% 与 96.21%。这是因为随着反应的不断进行，(CH$_3$)$_3$COOH 分解速率逐渐加快，产生的活性氧促进金属的浸出，反应过程速度较快，未在溶液中溶解的活性氧溢出体系外不参与反应，反应后期体系中氧化性较弱，延长反应时间，金属的浸出率不发生改变，因此选择 20 min 作为最佳的浸出时间。

2.2　退锡后液中有价金属的提取

2.2.1　铅的提取工艺研究

将电路板制造过程中的覆铜板边角料准确裁成 6 cm×8 cm×0.1 cm，质量为 487.3 g，以此模拟废弃电路板基板；将直径为 1.2 mm 的焊锡准确切成 32 条，长度为 4 cm 的长条，质量为 10.7 g，以此模拟废弃电路板中的焊锡。取上述退锡过程最佳实验条件，处理模拟废弃电路板基板与焊锡，反应后得到的浸出液成分如表 2 所列。

表 2 模拟废弃电路板退锡后液化学组成 g/L

Sn	Pb	Cu
13.48	39.71	0.37

由表 2 可知，溶液体系基本不腐蚀电路板基板中的 Cu，溶液在 200 mL 的退锡后液中加入 1.5 倍理论量的 $Na_2S \cdot 9H_2O$，即 13.81 g，温度为 20℃，搅拌速度为 200 r/min，反应时间为 15 min，铅的沉淀率达到 98.79%。将溶液真空过滤后，得到的产物置于 120℃烘箱中干燥 8 h，得到黑色粉末，对其进行 XRD 分析，其结果如图 6 所示，结果表明物相为 PbS。通过 X 射线荧光光谱分析所得检测结果如表 3 所列，其中 PbS 的纯度可达 99.23%，后续高纯化后可作为半导体材料。

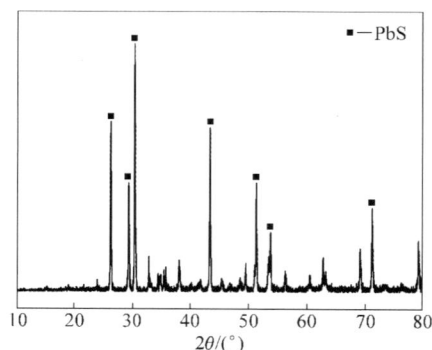

图 6 沉淀产物 XRD 谱

表 3 沉淀产物化学成分 %

Pb	S	Sn	Others
85.95	13.28	0.68	0.09

2.2.2 锡的提取工艺研究

往上述 200 mL 的沉淀后液中加入理论量 2.5 倍的 $Ca(OH)_2$，即 4.20 g，控制反应温度为 70℃，反应时间为 60 min，搅拌速度为 200 r/min，锡的沉淀率达到 93.21%，将溶液真空过滤后，将过滤产物置于 pH=1 的稀盐酸条件下洗涤，洗涤产物干燥后，置于 400℃的马弗炉中热处理 2 h 得到白色粉末，XRD 分析结果表明物相为 SnO_2，如图 7 所示。通过电感耦合等离子体-原子发射光谱仪（ICP-AES）所得检测结果如表 4 所列，产品符合 GB/T 26013—2010 标准。

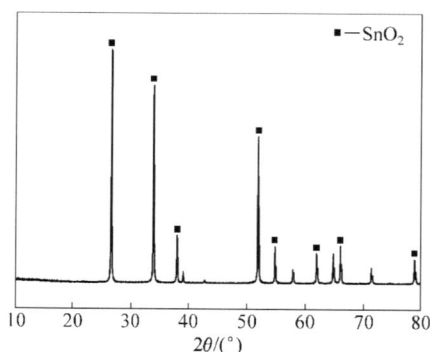

图 7 沉淀产物 XRD 谱

表 4 沉淀产物化学成分 %

Sn	O	Pb	Others
78.73	21.22	0.03	0.02

3 结论

(1)利用$(CH_3)_3COOH-NaOH$体系处理废弃电路板中的焊锡,可高效浸出焊锡中的铅和锡,且基本不腐蚀电路板基板中的Cu;在溶液中,铅锡分别以$Pb(OH)_4^{2-}$、$Sn(OH)_6^{2-}$形式存在,分别采用$Na_2S \cdot 9H_2O$与$Ca(OH)_2$沉淀提取退锡后液中的铅与锡,制得PbS产品与$CaSn(OH)_6$,$CaSn(OH)_6$经过盐酸洗涤后热处理可得到SnO_2产品。

(2)通过考察$(CH_3)_3COOH-NaOH$体系退锡过程各因素对金属转化率的影响,得到了最佳工艺条件:反应温度为70℃,体系溶液组成为85%的碱溶液+15%的$(CH_3)_3COOH$溶液,初始$NaOH$溶液为5 mol/L,$(CH_3)_3COOH$滴加速度为2.4 mL/min,浸出时间为20 min,在此条件下,铅的浸出率为92.36%,锡的浸出率为96.21%。

(3)往退锡后液中加入1.5倍理论量的$Na_2S \cdot 9H_2O$,铅的沉淀率为98.79%,可制得纯度为99.23%的PbS产品;往沉淀后液中加入理论量2.5倍的$Ca(OH)_2$后,锡的沉淀率达到93.21%,得到SnO_2产品,产品符合GB/T 26013—2010标准。

(4)本工艺实现废弃电路板中焊锡的高效提取回收,解决了目前湿法退锡工艺过程中溶液成分复杂、硝酸对元器件与基板腐蚀严重、后续过程金属提取难度大的问题,为工业化实验提供借鉴。

参考文献

[1] Tsydenova O, Bengtsson M. Chemical hazards associated with treatment of waste electrical and electronic equipment[J]. Waste Management, 2011, 31(1): 45-58.

[2] Terazono A, Murakami S, Abe N, Inanc B, Moriguchi Y. Current status and research on E-waste issues in Asia [J]. Journal of Material Cycles and Waste Management, 2006, 8(1): 1-12.

[3] Hicks C, Dietmar R, Eugster M. The recycling and disposal of electrical and electronic waste in China: Legislative and market responses[J]. Environmental Impact Assessment Review, 2005, 25(5): 459-471.

[4] 郭学益, 刘静欣, 田庆华. 废弃电路板多金属粉末低温碱性熔炼过程的元素行为[J]. 中国有色金属学报, 2013, 23(6): 1757-1763.

[5] 刘旸, 刘静欣, 郭学益. 电子废弃物处理技术研究进展[J]. 金属材料与冶金工程, 2014, 42(2): 44-49.

[6] 周益辉, 曾毅夫, 龙桂花, 湛志华. 废弃电路板电子元件和焊锡的分离回收技术[J]. 资源再生, 2011 (2): 64-67.

[7] Yoo J M, Jeong J, Yoo K, Lee J C, Kim W. Enrichment of the metallic components from waste printed circuit boards by a mechanical separation process using a stamp mill[J]. Waste Management, 2009, 29(3): 1132-1137.

[8] Zhou Yihui, Qiu Keqiang. A new technology for recycling materials from waste printed circuit boards[J]. Journal of Hazardous Materials, 2010, 175(1): 823-828.

[9] 周益辉, 丘克强. 回收废弃印刷电路板焊锡的新技术[J]. 中南大学学报(自然科学版), 2011, 42(7): 1883-1889.

[10] Duan Huabo, Hou Kun, Li Jinhui, Zhu Xiaodong. Examining the technology acceptance for dismantling of waste printed circuit boards in light of recycling and environmental concerns[J]. Journal of Environmental Management, 2011, 92(3): 392-399.

［11］Li Jia, Lu Hongzhou, Guo Jie, Xu Zhenming, Zhou Yaohe. Recycle technology for recovering resources and products from waste printed circuit boards［J］. Environmental Science & Technology, 2007, 41（6）: 1995 −2000.

［12］Huang Kui, Guo Jie, Xu Zhenming. Recycling of waste printed circuit boards: A review of current technologies and treatment status in China［J］. Journal of Hazardous Materials, 2009, 164（2）: 399-408.

［13］Jha M K, Kumari A, Choubey P K, Lee J, Kumar V, Jeong J. Leaching of lead from solder material of waste printed circuit boards (PCBs)［J］. Hydrometallurgy, 2012, 121: 28-34.

［14］Mecucci A, Scott K. Leaching and electrochemical recovery of copper, lead and tin from scrap printed circuit boards［J］. Journal of Chemical Technology and Biotechnology, 2002, 77（4）: 449-457.

［15］赵由才, 张承龙, 蒋家超. 碱介质湿法冶金技术［M］. 北京: 冶金工业出版社, 2009.

［16］刘伟锋. 碱性氧化法处理铜、铅阳极泥的研究［D］. 长沙: 中南大学, 2011.

［17］郭学益, 江晓健, 刘静欣, 刘旸, 刘子康. 梯级碱溶分步提取废弃电路板中有价金属［J］. 中国有色金属学报, 2017, 27（2）: 406-413.

［18］He Zeqiang, Li Xinhai, Liu Enhui, Hou Zhaohui, Deng Lingfeng, Hu Chuanyue. Preparation of calciumstannate by modified wet chemical method［J］. Journal of Central South University of Technology, 2003, 10（3）: 195-197.

［19］Ochs M, Vielle−Petit L, Wang Lian, Mallants D, Leterme B. Additional sorption parameters for the cementitious barriers of a near-surface repository［R］. NIROND-TR, 2010.

［20］汪秋雨, 蔡琥, 何强, 韩亚丽, 胡意文, 王日. 分银渣中锡提取工艺［J］. 有色金属（冶炼部分）, 2016 （7）: 22-25.

［21］August J, Brouard M, Docker M P, Simons J P. Vector correlations in molecular photodissociation: H_2O_2, $HONO_2$ and $(CH_3)_3COOH$［J］. Zeitschrift Für Elektrochemie Berichte Der Bunsengesellschaft Für Physikalische Chemie, 1988, 92（3）: 264-273.

［22］刘静欣, 郭学益, 刘旸, 江晓健. $NaOH-Na_2SnO_3-Na_2PbO_2-H_2O$ 四元水盐体系相平衡研究［J］. 有色金属科学与工程, 2016, 7（1）: 13-16.

硫酸体系氧化浸出清洁回收
废弃电路板中铜的研究

摘要：提出一种清洁的从废弃电路板中回收铜的工艺，绘制了 $Cu-H_2O$ 系电势-pH 图。该工艺原料为废弃电路板经物理法分离得到的多金属粉末，采用空气氧化在硫酸体系中对多金属粉末进行氧化浸出，然后采用冷却结晶法提取浸出液中的铜。结果表明：优化浸出条件为浸出温度 65℃，硫酸浓度为 1 mol/L，空气流量 80 mL/min，搅拌速度 350 r/min，液固比 20：1，浸出时间 5 h；在此条件下，铜的浸出率达 99%；采用一次冷却结晶得到的硫酸铜晶体，硫酸铜含量达 97.82%，达到 GB 437-80 一级标准。该工艺流程简单、过程清洁、具有可行性。

印刷电子电路板（printed circuit board，PCB）广泛地存在于各种电器及电子设备中，印刷电路板生产是电子工业的重要基础[1]。然而由于各种电子产品生命周期的有限及电子产品更新换代速度的加快，导致全球每年有将近 2000 至 5000 万 t 电子垃圾的产生，并每年以 3%～5% 的速率增长，大量电子垃圾的废弃对生态环境造成了巨大威胁[2-4]。废弃电路板指报废或被丢弃的电路板[5]，废弃电路板中含有大量的有价金属，其中铜 10%～25%，银 800～3300 g/t，金 80～800 g/t，钯 0～30 g/t，铁、锡、镍、铝含量分别约为：3.0%、4.0%、3.3%、4.7%[3,6]，其总金属含量约为 30%，特别是铜含量占总金属含量的 60% 以上，品位远远高于目前的含铜矿石。

近年来由于资源的短缺及环境保护的需要，世界各国对废弃电路板中金属的回收与再生工艺研究很多，目前废弃电路板中金属与非金属的分离多采用物理法并已得到工业应用，其主要研究集中在分离设备上[7]。废弃电路板经物理法分离后得到的多金属粉末，其含金属种类多、含量波动大、分离提纯难，大量学者对其进行了研究。朱萍[8] 等采用双氧水和硫酸作为反应试剂从废弃电路板中回收铜和金；L Flandineta 等[9] 使用熔融盐从废弃电路板中回收有价金属；T Oishi 等[10] 分别采用硫酸铵、氯化铵及其混合溶液浸出废弃电路板中的铜，并采用萃取、电积等工艺最终得到阴极铜；王红艳等[11] 采用盐酸/正丁胺/硫酸铜体系及盐酸浸出废弃电路板中的铜并采用亚硫酸钠还原法制备出氯化亚铜；Shengen Zhang 等[12] 采用物理法分离废弃电路板，后将得到的铜粉末浇铸成阳极板，再电解提纯得到阴极铜；张有新等[13] 提出了采用空气氧化，氨水浸出废弃电路板中的铜。由于废弃电路板中金属含量杂、铜含量高，使以上研究存在着一定的问题，如流程过长、浸出体系过于复杂、氧化剂过于昂贵、操作条件苛刻，阻碍了其工业可行性。

针对上述问题，本研究试图寻找一种高效清洁、经济合理的废弃电路板的回收工艺。故围绕废弃电路板中铜含量高的特点，充分利用空气作为氧化剂的廉价及清洁性和硫酸铜在不同温度下溶解度差异，提出了空气氧化-硫酸浸出、浸出液冷却结晶工艺。系统地考察了浸

本文发表在《金属材料与冶金工程》，2013，41（6）：25-29。合作者：秦红，刘静欣，刘旸。

出温度、硫酸浓度、空气流量、搅拌速度、液固比、浸出时间对浸出效果的影响,并采用冷却结晶得到纯度为97.82%硫酸铜晶体。

1 实验

1.1 实验原料

实验所用原料为经破碎、分选、球磨后得到的废弃电路板多金属富集活性粉末,其主要金属含量如表1所列,物相如图1所示。

表1 多金属粉末的化学组成 %

Cu	Ca	Al	Mg	Ti
78.20	8.49	5.56	0.57	0.38
Zn	Fe	Sn	Se	
0.30	0.10	0.04	0.02	

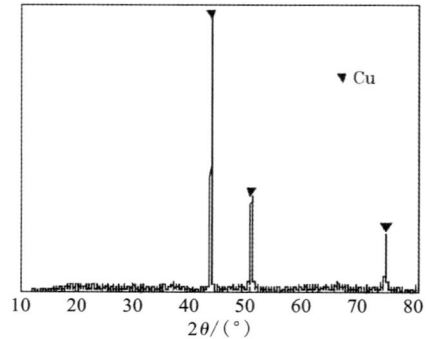

图1 原料的XRD图谱

1.2 实验原理

电势–pH图是表述电化学平衡的工具,在湿法冶金、金属腐蚀等科学领域中得到了广泛应用。傅崇说[14]等对$Cu-H_2O$系$E-pH$图进行了大量研究。本文利用相关数据和公式[15, 16]计算并绘制了25℃、65℃下各离子活度为1时的$E-pH$图,如图2所示。本实验采用空气+H_2SO_4进行浸出实验,浸出过程中主要化学反应为:$2Cu + O_2 + 2H^{2+} \Longrightarrow 2Cu^{2+} + 2H_2O$。由图2可知,只要控制一定的酸度,空气氧化、硫酸浸出废弃电路板中的铜从热力学角度分析是完全可行的。五水硫酸铜溶解度在

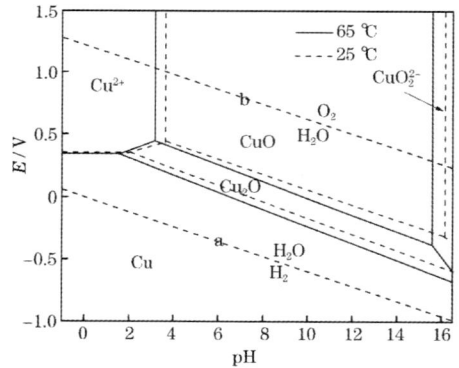

图2 25℃/65℃下$Cu-H_2O$系的$E-pH$图

不同温度下差异大[15],姜海洋[17]对五水硫酸铜冷却结晶过程进行了详尽的研究,得到了相关动力学方程。本研究利用多金属粉末中铜含量高及五水硫酸铜溶解度差异特征,进行了浸出液冷却结晶回收铜实验。

1.3 实验操作与分析方法

每次取7 g废弃电路板多金属粉末试样装入250 mL的四口烧瓶中,后加入一定量的

H_2SO_4 浸出剂，置于升到设定温度的恒温水浴锅中加热，启动搅拌并通入空气，浸出一定时间后趁热过滤；滤渣采用王水溶解后，测定其金属离子浓度从而判断金属的转化率；浸出液经冷却结晶制得硫酸铜晶体，真空干燥后送检测。

溶液中铜离子浓度采用北京瑞利分析仪器公司生产的 WEX120 型原子分光光度计检测，其他金属离子浓度用电感耦合等离子体-原子发射光谱仪（PS-6，Baird Corp）检测，采用日本理学 D/max. TTR Ⅲ型 X 射线衍射仪（XRD）分析固体物质物相。

2 结果讨论

2.1 空气氧化-硫酸浸出多金属粉末中铜的工艺研究

浸出过程行为研究重点考察了浸出过程中各因素对金属铜转化率的影响，浸出渣用王水溶解后分析检测。前期探索实验中发现浸出液中其他金属离子浓度低，其对后续铜回收影响不大，因此本研究主要探讨了各因素对铜浸出率的影响，从而获取浸出的优化条件。

2.1.1 浸出温度对铜的浸出率的影响

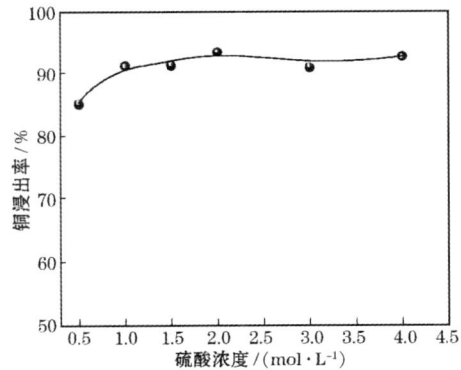

选用 H_2SO_4 浓度为 1.5 mol/L，搅拌速度 250 r/min，空气流量 80 mL/min，液固比 20∶1，反应 4 h 后过滤，分析滤渣中铜含量，得到不同温度时废弃电路板中铜的浸出率，如图 3 所示。由图 3 可知，在温度低于 80℃时，铜的浸出率随着浸出温度的升高而上升，温度是影响化学反应的一个关键因素，升高温度有利于其克服反应过程中所遇到的能量势垒，从而使其具备了动力学条件。当温度达到 95℃时，铜的浸出率略有降低，主要由于随着温度的升高水中氧溶解度下降明显[18]，从而对浸出过程造成不利影响。因此在上述条件下浸出温度最佳区间为 65~80℃。

2.1.2 硫酸浓度对铜的浸出率的影响

在浸出温度 65℃，搅拌速度 250 r/min，空气流量 80 mL/min，液固比 20∶1，反应 4 h 的条件下进行实验，考察了硫酸浓度对铜浸出率的影响，结果如图 4 所示。

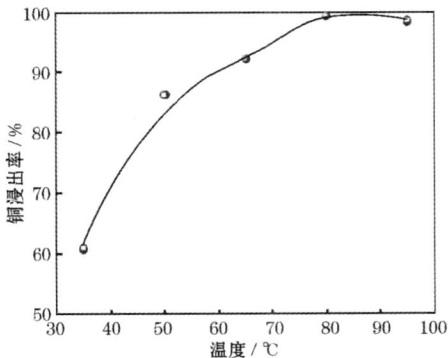

图 3　温度对浸出率的影响　　　　　图 4　硫酸浓度对浸出率的影响

从图 4 可以看出，在硫酸浓度为 0.5~2.0 mol/L 时，随着硫酸浓度的增加，粉末中铜浸出率随硫酸浓度的增加而缓慢升高，当硫酸浓度为 2 mol/L 时，铜的浸出率变化趋于平缓并略有下降趋势。这主要是由于随着硫酸浓度的升高，单位体积内的活化 H⁺ 数增加，从而加速被氧化铜的浸出，当硫酸浓度超过一定限度后这种优势就不明显，反而由于硫酸根的同离子效应而阻碍了反应产物的外扩散，导致铜的浸出率降低。由图 4 可知当硫酸浓度为 1 mol/L 和 2 mol/L 时其浸出率相差不大，且硫酸浓度过高对设备的腐蚀也将增大，因此在上述条件下确定的最佳浓度区间为 1~1.5 mol/L。

2.1.3 空气流量对铜浸出率的影响

在浸出温度 65℃，硫酸浓度为 1 mol/L，搅拌速度 250 r/min，液固比 20∶1，反应 4 h 的条件下进行实验，考察了空气流量对浸出率的影响，结果如图 5 所示。

由图 5 可知粉末中铜的浸出率随空气流量的增大而增大。随着空气流量的增大，其不能再增大空气在浸出液中的存有量，但继续增加空气流量对溶液的搅拌作用增强，强化了反应物、产物的传质过程，这一点在搅拌速度对铜浸出率的影响中得到印证。因此图 5 中平台期过后，铜的浸出率又有所增加。在实验中观察

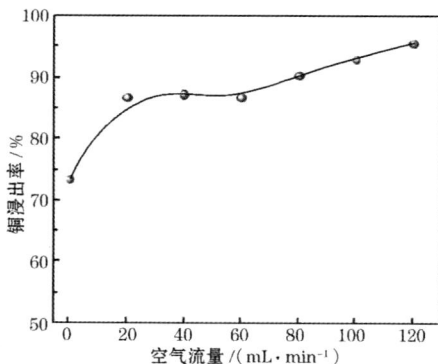

图 5 空气流量对浸出率的影响

到，当空气流量增大至 120 mL/min 时出现了冒槽现象，此外空气流量大，动力消耗也大。综合以上因素考虑空气流量应取 80~100 mL/min 为宜。

2.1.4 搅拌速度对铜浸出率的影响

在浸出温度 65℃，硫酸浓度为 1 mol/L，空气流量 80 mL/min，液固比 20∶1，反应 4 h 的条件下进行实验，考察了搅拌速度对浸出率的影响，结果如图 6 所示。

由图 6 可知，搅拌速度在 0~350 r/min 间增大时，铜浸出率上升显著，之后继续增大搅拌转速，铜浸出率增加缓慢。实验条件下，粉末中铜被空气氧化后才能与硫酸发生反应，搅拌可以增强空气中的氧在溶液中的分散度，从而使氧与铜接触更充分，因此随着搅拌速度的增加，粉末中铜的浸出率也随之升高，当转速达到一定程度后这种作用将不明显。因此在以上实验条件下搅拌速度应控制在 250~350 r/min。

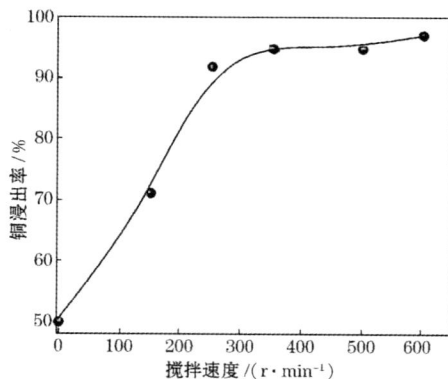

图 6 搅拌速度对浸出率的影响

2.1.5 液固比对铜浸出率的影响

在浸出温度 65℃，硫酸浓度为 1 mol/L，空气流量 80 mL/min，搅拌速度 350 r/min，反应 4 h 的条件下进行实验，考察了液固比对浸出率的影响，结果如图 7 所示。

由图 7 可知，液固比的增大，粉末中铜的浸出率随之增加，增加液固比使固体粉末在溶液中更加分散，从而固体粉末与氧及硫酸接触更加充分，同时液固比的增大将减小反应产物

浓度梯度，有利于产物的扩散。但过于增加固液比必将导致工艺能耗及废水量的增加，因此在上述条件下，液固比的最佳区间为：20∶1~25∶1。

2.1.6 浸出时间对铜浸出率的影响

在浸出温度 65℃，硫酸浓度为 1 mol/L，空气流量 80 mL/min，搅拌速度 350 r/min，液固比 20∶1 的条件下进行实验，考察了浸出时间对浸出率的影响，结果如图 8 所示。

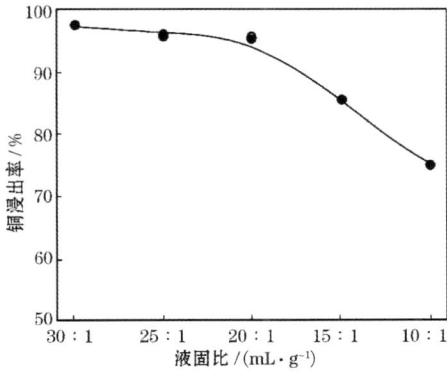

图 7　液固比对浸出率的影响

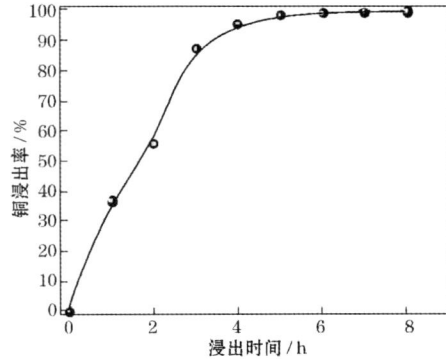

图 8　浸出时间对浸出率的影响

由图 8 可知，在实验条件下，随着浸出时间的延长，铜的浸出率也相应增大。在 4 h 之前，铜的浸出率随浸出时间的增加而增加明显，4 h 后，浸出率随时间变化趋于平缓。考虑到废弃电路板中含铜量为 70% 以上，应使铜尽可能地进入溶液，从而使渣中铜含量最小，以便后续渣中有价物的回收，因此在后面的优化实验中浸出时间采用 5 h。

2.2　空气氧化-硫酸浸出优化条件实验

取一定量废弃电路板多金属粉末，在浸出温度 65℃，硫酸浓度 1 mol/L，空气流量 80 mL/min，搅拌速度 350 r/min，液固比 20∶1，浸出时间 5 h 的条件下进行实验。对浸出液中各元素进行检测，其结果如表 2 所列，其中铜的浸出率达 99.19%，其他金属离子在浸出液中的含量很低。

表 2　浸出液中各元素浓度　　　　　　　　　　　　　　　　　　　　g/L

Cu	Al	Mg	Ti	Zn	Fe	Sn	Se
38.786	0.289	0.007	0.005	0.030	0.011	0.002	—

2.3　硫酸铜晶体的制备

对浸出实验所得的浸出液，在 90℃ 的水浴锅中恒温蒸发后冷却结晶。冷却温度控制采用图 9 所示降温曲线，不同温度下上清液所含离子浓度如图 10 所示。所得晶体在 40℃ 下真空干燥后送 XRD 检测，XRD 图谱如图 11 所示。400℃ 烘干至晶体全部变白后送 ICP 检测，结果如表 3 所列。

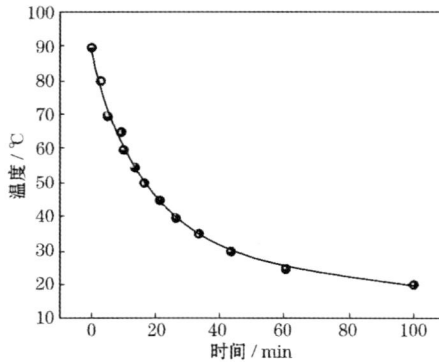

图 9　硫酸铜溶液冷却曲线

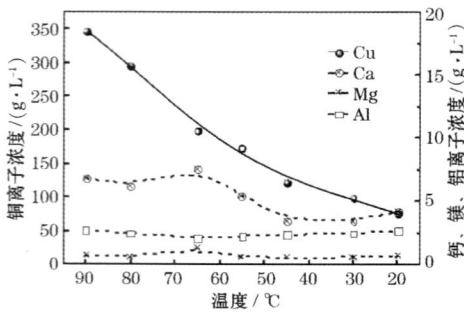

图 10　不同温度下上清液中各元素浓度

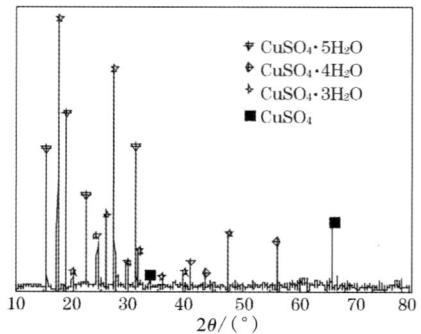

图 11　硫酸铜晶体 XRD 图谱

表 3　硫酸铜晶体的化学组成　　　　　　　　　　　　　%

$CuSO_4$	Ca	Al	Mg	K	Zn	Fe	Na	Pb
97.82	0.8	0.4	0.04	0.1	0.06	0.3	0.12	0.2

由图 11 可知，在冷却结晶的实验中，溶液中主要杂质离子并没有随着结晶的进行被夹带而进入硫酸铜晶体相，而铜离子在浸出液中的含量却下降明显，图 11 也表明所得的晶体为硫酸铜的水合物并未出现大量的杂质晶体，因此在冷却结晶中可将温度降到最低，以保证铜的最大直收率。当采用图 9 所示的降温曲线时，铜的直收率达 78%，结晶母液可返回浸出工序或结晶工序。

3　结论

（1）E-pH 图从热力学上表明空气氧化、硫酸浸出废弃电路板中的铜是可行的，但要使其顺利快速进行还需要满足一定的动力学条件。

（2）采用空气+硫酸体系浸出废弃电路板中的铜，优化条件如下：浸出温度 65℃，硫酸浓度为 1 mol/L，空气流量 80 mL/min，搅拌速度 350 r/min，液固比 20∶1，浸出时间 5 h。在此条件下铜的浸出率达 99.19%。

（3）采用冷却结晶能有效地回收浸出液中的铜，一次冷却结晶铜收率达 78.13%，结晶母液可返回浸出工序或结晶工序。结晶所得晶体为硫酸铜或硫酸铜的水合物，以硫酸铜计晶体的纯度为 97.28%，达到 GB437-80 一级标准。

参考文献

[1] Zhu P, Chen Y, Wang L Y, Zhou M, Zhou J. The separation of waste printed circuit board by dissolving bromine epoxy resin using organic solvent[J]. Waste Management, 2013(33): 484-488.

[2] Brandl H, Bosshard R, Wegmann M. Computer-munching microbes: Metal leaching from electronic scrap by bacteria and fungi[J]. Hydrometallurgy, 2001, (59): 319-326.

[3] Yanhua Zhang, Shili Liu, Henghua Xie, Xianlai Zeng, Jinhui Li. Current status on leaching precious metals from waste printed circuit boards[J]. Procedia Environmental Sciences, 2012(16): 560-568.

[4] Eun-young Kim, Min-seuk Kim, Jae-chun Lee, Jinki Jeong, B D Pandey. Leaching kinetics of copper from waste printed circuit boards by electro-generated chlorine in HCl solution[J]. Hydrometallurgy, 2011(1074): 124-132.

[5] Janet Kit Yan Chan, Ming H Wong. A review of environmental fate, body burdens, and human health risk assessment of PCCD/Fs at two typical electronic waste recycling sites in China[J]. Science of the Total Envionment, 2013, 463-464: 1111-1123.

[6] Yihui Zhou, Keqiang Qiu. A new technology for recycling materials from waste printed circuit boards [J]. Journal of Hazardous Materials, 2011(175): 823-828.

[7] 杨继平，向东，高鹏，等. 印制电路板拆解技术与拆解工艺综述[J]. 机械工程学报，2005，25(9): 126-133.

[8] 朱萍，古国榜. 从印刷电路板废料中回收金和铜的研究[J]. 稀有金属，2002，26(3): 214-216.

[9] Flandinet L, Tedjar F, Ghetta V, Fouletier J. Metals recovering from waste printed circuit boards (WPCBs) using molten salts[J]. Journal of Hazardous Materials, 2012, (213-214): 485-490.

[10] Oishi T, Koyama K, Alam S, Tanaka M, J C Lee. Recovery of high purity copper cathode from printed circuit boards using ammoniacal sulfate or chloride solutions [J]. Hydrometallurgy, 2007(89): 82-88.

[11] 王红艳. 废旧电路板中铜的清洁浸提及高效资源化利用[D]. 济南：山东大学，2011.

[12] Shengen Zhang, Bin Li, Dean Pan, Jianjun Tian, Bo Liu. Complete non-cyanogens wet process for green recycling of waste printed circuit board. United States：US 20120318681A1[P]. 2012-10-20.

[13] 张有新，李静，潘发芳. 空气氧化-氨浸出废弃电路板中的铜[J]. 有色金属(冶炼部分)，2013(1): 17-20.

[14] 傅崇说. 有色冶金原理[M]. 北京：冶金工业出版社，1984.

[15] Jame G Speight. Lange's Handbook of Chemistry[M]. New York：McGraw-Hill, 2004.

[16] 编委会. 湿法冶金新工艺详解与新技术开发及创新应用手册[M]. 北京：中国知识出版社，2005.

[17] 姜海洋. 五水硫酸铜冷却结晶过程研究[D]. 天津：天津大学，2007.

[18] 梁英教，车荫昌. 无机物热力学数据手册[M]. 沈阳：东北大学出版社，1993.

稀贵金属资源循环利用

硒资源及其提取技术研究进展

摘要：硒是一种稀散元素，主要伴生在硫化矿中，全球极少有独立的硒矿资源。硒主要从有色冶炼与化工厂的中间产物或副产物中得到富集和回收。随着科技的发展，硒在冶金、玻璃、化工、电子等领域的用途日益广泛，也产生了各种含硒废料。文中简述了全球硒的应用、生产和消费概况，介绍了以阳极泥为代表的几种提硒原料，阐述了国内外硒提取技术的原理和研究进展，指出了其各自的优缺点及适应性，探讨了硒资源开发利用的发展方向。

硒(Se)是氧族(VIA)元素，属于稀散金属的范畴，1817年由瑞典著名化学家 Berzelius 从黄铁矿制酸厂铅室底部的红色粉状物质中制得[1]。硒在自然界中极其分散，其在地壳中的丰度仅为 10^{-9}，极少有独立的硒矿床[2]。硒与硫的性质相似，通常与硫共生，易与铜、铅、银等重金属形成硒化物，并以微量的形式分散于各种硫化矿物中，因此硒主要从铜、铅等的硫化矿冶炼副产品中得到富集和回收。

1 硒的应用、生产和消费概况

1.1 硒的应用

硒是一种重要的工业原料，广泛应用于冶金、玻璃、电子、化工、农业、医药、生物等领域[3]。硒的应用概况如图1所示[4]。在冶金领域，硒的最大用途是作为电解锰工业的抗氧化添加剂，其用量占了硒总用量的60%以上；玻璃工业中，添加少量的硒可以改变玻璃的光学性能及颜色；化工行业中，硒主要用作颜料的配料以及橡胶生产硫化剂的替代品。随着科学技术的发展，硒在各领域尤其是在高科技领域的应用日益广泛。半导体器材、热电器材、太阳能电池、激光器件、红外光导材料等的制造都是硒未来应用的方向。

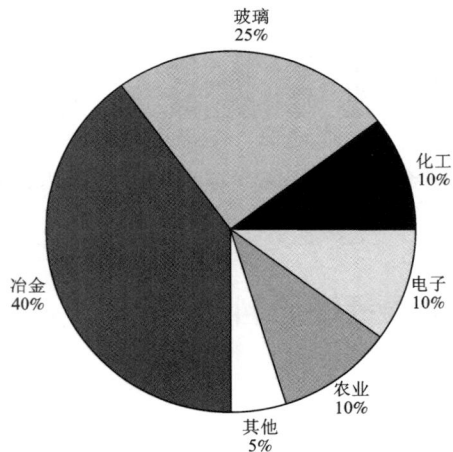

图1 全球硒应用概况

1.2 硒的生产和消费

硒的市场规模很小，目前全球硒总产量超过3000 t/a。2013年某调查表明，全球39家铜

本文发表在《有色金属科学与工程》，2015，6(1)：18-23。合作者：徐润泽，许志鹏。

157

电解精炼厂中有 37 家报道其阳极泥中含有硒，其平均品位约 8%，最高品位可达 20%[4]。应当指出，这些铜生产企业中大约只有 1/3 左右在进行硒回收，且硒的生产统计数据主要取决于大宗金属铜的统计结果，因此对硒产量的统计数据不可能十分准确。图 2 是全球主要国家和地区的硒生产和消费情况。日本和欧洲是主要的硒生产国家和地区，年产量分别在 1000 t 和 750 t 左右；我国是硒的消费大国，每年硒消费量占全球总消费量的 60%，其中电解锰行业是硒最大的需求领域。虽然我国硒产量逐年提升，但远无法满足国内对硒的需求，其供求缺口约在 1000 t。

2003—2013 年硒的价格走势如图 3 所示[4]。从 2003 年 6 月份起，由于我国在电解锰行业和玻璃行业的硒消费需求大增，硒价格从 9 美元/kg 持续上升。2005 年硒价格达到历史峰值的 125 美元/kg。2008 年世界金融危机爆发后，硒价格开始出现下跌，但从 2010 年初期开始，硒价再次持续上升，在 2011 年 3 月底达到创纪录的 165 美元/kg，原因是我国电解锰行业对硒消费的巨大需求。从 2011 年到 2013 年，硒价格急剧下降，主要是由于我国相继关闭了一部分存在能源和环境问题的电解锰厂以及我国经济的持续放缓。

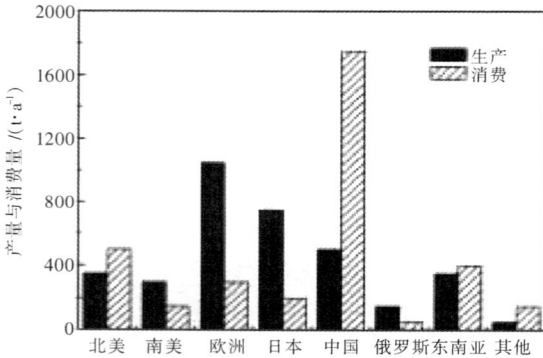

图 2　全球主要国家和地区的硒生产和消费情况

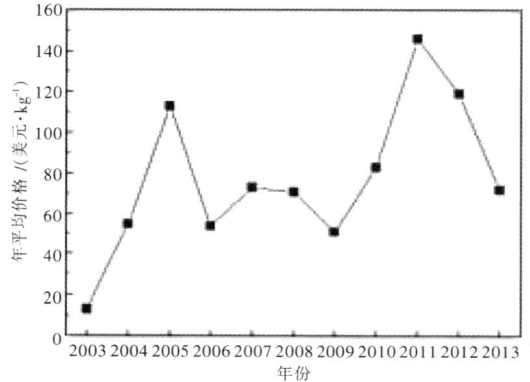

图 3　2003—2013 年硒价格走势

2　主要提硒原料

2.1　阳极泥

阳极泥是电解精炼过程产生的一类冶炼中间产物，是目前提硒的主要原料（约占 90%），其中首位的是铜阳极泥，其次是镍阳极泥和铅阳极泥。在铜冶炼过程中，铜精矿中有 85%～90% 的硒进入阳极铜，电解后全部进入铜阳极泥，另外 10%～15% 进入烟尘。铜阳极泥中硒的物理化学性质与铜冶炼矿石品位及冶炼工艺密切相关，其品位为 4%～12%，主要以 Cu_2Se、Ag_2Se、$CuAgSe$、$CuSe$ 及单质 Se 等形式存在[5]。

2.2　工业酸泥

在有色金属冶炼 SO_2 烟气生产硫酸、化工厂生产硫酸及纸浆生产过程中，从烟气中收集到的尘泥或经淋洗得到的泥渣统称为酸泥,是回收硒的重要原料(约占 10%)[6]。铜铅锌冶炼烟气制酸过程产出大量的酸泥,其硒含量主要与烟气除尘效果有关,品位在 0.5% 至 25% 之间;化工厂利用硫铁矿或硫磺生产硫酸过程产生的酸泥中硒品位在 3% 至 52% 之间;亚硫酸盐纸浆生产中所产出的酸泥,其中含硒量在 6% 至 21% 之间。

2.3 含硒废料

随着科技的不断进步,硒在电子、化工、冶金等行业的应用日益广泛,同时也产生各种含硒废料(包括含硒废水)[7]。静电复印用硒鼓、光伏电池薄膜(如铜铟镓硒薄膜)和小型低压硒整流器等在损坏或报废后,成为回收硒的部分原料。在纯硒制备、铝电解着色、硒鼓感光元件生产和旧鼓脱膜复镀过程中都产生了大量的含硒废水,其主要以 SeO_3^{2-} 存在,浓度超过排放标准数十倍,也是回收硒的资源。

2.4 富硒石煤

湖北恩施盛产富硒石煤,享有"世界硒都"之美誉,其新塘乡渔塘坝硒矿床是迄今为止"全球唯一探明独立硒矿床"[8-9]。据地质勘探结果,恩施市硒矿储量达 5×10^9 t,含硒品位为 230~6300 g/t,探明的硒矿主矿床长 10 km、宽 4 km、厚 30 m,呈板块状结构,硒平均含量 3637.5 g/t。目前,恩施硒资源的开发还停留在生产富硒农产品方面,其作为矿产资源开发还处于研究阶段。

3 酸法提硒工艺

3.1 硫酸化焙烧法

目前,全球半数以上的硒是采用硫酸化焙烧法生产,国内大多数铜冶炼厂也采用该法处理铜阳极泥[10]。该方法的主要优点有:①硒回收率高(93%~97%);②试剂消耗少(大部分硫酸可以回用);③不产生硒及其化合物的升华,烟气量小,减少了收尘压力与设施规模;④为后续铜、碲及金、银、铂族金属综合回收创造了有利条件。缺点是工艺条件控制复杂和存在 SO_2 污染。

铜阳极泥的硫酸化焙烧主要在回转窑中进行(图 4)。将铜阳极泥配以料重 80%~110% 的硫酸,在 500~750℃温度下分多段焙烧,控制窑头负压 -2500~-8000 Pa。料中的硒组分与硫酸反应,生成的 SeO_2 随烟气逸出,然后经吸收塔吸收,SeO_2 被烟气中的 SO_2 还原,以单质 Se 形式回收。吸收液温度和酸度对硒回收过程至关重要,一般

图 4 铜阳极泥硫酸化焙烧系统

控制吸收液温度高于70℃和硫酸浓度为10%~48%。主要反应如下（以Cu_2Se、Ag_2Se和Se为代表）：

$$Cu_2Se+6H_2SO_4 = SeO_2\uparrow+2CuSO_4+4SO_2\uparrow+6H_2O \tag{1}$$

$$Ag_2Se+4H_2SO_4 = SeO_2\uparrow+Ag_2SO_4+3SO_2\uparrow+4H_2O \tag{2}$$

$$Se+2H_2SO_4 = SeO_2\uparrow+2SO_2\uparrow+2H_2O \tag{3}$$

$$SeO_2+H_2O = H_2SeO_3 \tag{4}$$

$$H_2SeO_3+2SO_2+H_2O = Se\downarrow+2H_2SO_4 \tag{5}$$

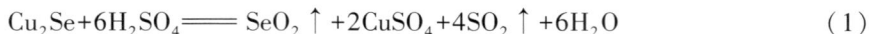

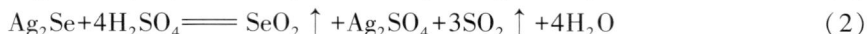

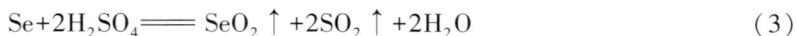

3.2　氧化焙烧法

氧化焙烧法分为低温氧化焙烧法和高温氧化焙烧法[11]。低温氧化焙烧是在350~500℃之间用空气氧化铜阳极泥中的硒单质或硒化物，使硒氧化成硒酸盐或亚硒酸盐，然后用硫酸溶解。大冶有色金属集团原生产工艺即采用低温氧化焙烧工艺处理铜阳极泥，反应在电炉中进行，温度控制在365至375℃之间。焙烧过程可以加入氧化钙以固化硒，以提高硒回收率。焙烧温度需严格控制，否则会使硒氧化不足或挥发从而降低硒回收率[12]。主要反应如下：

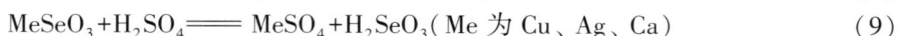

$$Cu_2Se+2O_2 = CuSeO_3+CuO \tag{6}$$

$$2Ag_2Se+3O_2 = 2Ag_2SeO_3 \tag{7}$$

$$Se+O_2+CaO = CaSeO_3 \tag{8}$$

$$MeSeO_3+H_2SO_4 = MeSO_4+H_2SeO_3（Me为Cu、Ag、Ca） \tag{9}$$

高温氧化焙烧是在700℃以上采用空气氧化铜阳极泥中的硒，使其转化为SeO_2挥发进入烟尘，再采用SO_2还原回收。日本大阪精炼厂采用回转窑进行氧化焙烧回收铜阳极泥中的硒，焙烧温度700~800℃，焙烧时间19~20 h，回转窑转速1 r/min，硒挥发率80%~90%[13]。高温氧化焙烧法存在的主要问题是焙烧过程易烧结，导致硒挥发率降低（仅90%左右），并影响后续铜和碲的浸出。

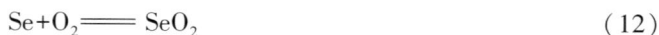

$$Cu_2Se+2O_2 = 2CuO+SeO_2 \tag{10}$$

$$Ag_2Se+O_2 = 2Ag+SeO_2 \tag{11}$$

$$Se+O_2 = SeO_2 \tag{12}$$

氧化焙烧法也用于从复印机硒鼓回收料中回收硒[14]。将一种Se-Te合金物料（Se 97%+Te 3%）在500℃下通O_2氧化3 h，硒以SeO_2形式挥发出来并在220~240℃冷凝，用去离子水收集即获得亚硒酸溶液。亚硒酸溶液经净化、还原，即制得纯度达99.999%的单质硒，直收率98%以上。

3.3　加压酸浸–熔炼挥发法

加压酸浸–熔炼挥发是指在硫酸体系中通过高温高压的方式浸出阳极泥中的铜和碲，然后再通过熔炼挥发回收浸出渣中的硒[15]。酸浸设备主要采用高压釜（见图5），熔炼设备一般采用卡尔多炉（见图6）[16]。国外对该技术的研究较早，瑞典波立登隆斯卡尔冶炼厂、加拿大诺兰达铜精炼厂等已采用该方法用于工业生产。在氧压为250~350 kPa、温度为120~130℃的条件下，铜和碲以硫酸盐形式进入浸出液，硒和银则留在浸出渣中。浸出渣经过卡尔多炉熔炼将硒以SeO_2形式挥发出来，通过SO_2还原即制得单质硒。卡尔多炉熔炼技术属于氧气顶吹转炉熔炼技术，熔炼温度1200~1250℃，单炉处理时间24~30 h，反应过程鼓入压缩空气或富氧，硒回收率在91%至95%之间。另外，昆明理工大学和云南铜业股份有限公司共同进行了铜阳极泥加压酸浸预处理工艺研究，目前已经完成半工业试验[17]。云南铜业股份有限公司的半工业试验在3.24 m^3 的钛钢反应釜中进行，温度120~130℃、硫酸浓度100~150 g/L、液固比（每升溶液中所含溶质的千克数，下同）5:1、反应釜工作压力0.8 MPa、时间100~120 min、工业纯氧或压缩空气做氧化剂，铜、碲和硒的浸出率分别为99.3%、57%和50%，渣含铜小于0.5%。

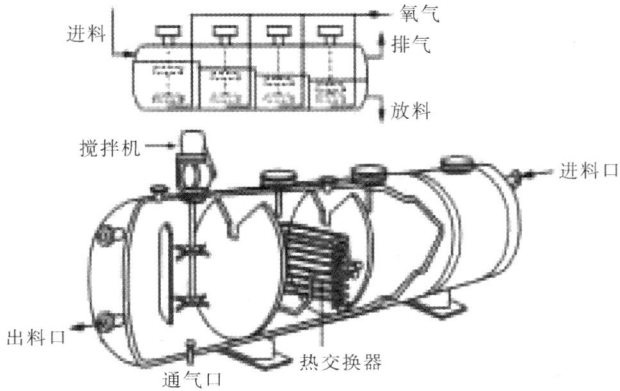

图5　工业化大型高压反应釜结构示意图

图6　瑞典波立登隆斯卡尔冶炼厂卡尔多炉

3.4　水溶液氯化法

水溶液氯化法是指在硫酸与氯化钠体系中加入氯气、氯酸钠、二氧化锰等氧化剂，使物料中的硒转化为可溶性的亚硒酸，然后再用还原剂从溶液中回收硒的方法[18]。该法的优点是硒回收率高；缺点是在处理铜阳极泥等物料时贵金属损失严重，氧化剂耗量大。相关反应如下：

$$Cl_2+H_2O \Longrightarrow HCl+HClO \tag{13}$$

$$Cu_2Se+4HClO \Longrightarrow H_2SeO_3+2CuCl_2+H_2O \tag{14}$$

$$Ag_2Se+3HClO \Longrightarrow H_2SeO_3+2AgCl+HCl \tag{15}$$

$$Se+2HClO+H_2O \Longrightarrow H_2SeO_3+2HCl \tag{16}$$

4　碱法提硒工艺

4.1　苏打焙烧法

苏打焙烧法是最早用于从铜阳极泥中回收硒的方法[19]。该方法是将脱铜阳极泥与 Na_2CO_3 或 $NaHCO_3$ 混合后在350~500℃中的电炉中进行焙烧，使硒转化为易溶于水的亚硒酸钠，然后用热水浸出，得到亚硒酸钠溶液。后续处理有2种：①溶液浓缩蒸干，干渣配入焦

炭还原得到 Na_2Se，用水溶解 Na_2Se 并向溶液中鼓入空气产出灰硒，经过水洗得到粗硒；②溶液先用硫酸中和，再用盐酸酸化，最后通入 SO_2 还原，得到粗硒粉。苏打焙烧法的优点是硒回收率高，硒碲分离效果好；缺点是流程长、试剂耗量大。相关反应如下：

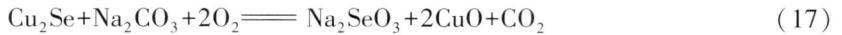

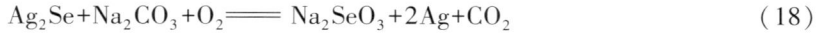

$$Cu_2Se+Na_2CO_3+2O_2 =\!=\!= Na_2SeO_3+2CuO+CO_2 \tag{17}$$

$$Ag_2Se+Na_2CO_3+O_2 =\!=\!= Na_2SeO_3+2Ag+CO_2 \tag{18}$$

$$Se+Na_2CO_3+O_2 =\!=\!= Na_2SeO_3+CO_2 \tag{19}$$

$$Na_2SeO_3+3C =\!=\!= Na_2Se+3CO \tag{20}$$

$$2Na_2Se+2H_2O+O_2 =\!=\!= 2Se+4NaOH \tag{21}$$

4.2 碱性熔炼法

碱性熔炼法是将含硒物料与碱性熔盐混合后在氧化熔融状态下反应，使物料中的硒转化为硒酸盐，并通过水浸溶解。常用的熔盐包括 $NaOH$、KOH、$NaNO_3$ 和 KNO_3。采用该法处理铜阳极泥时，硒被氧化形成相应亚硒酸盐或硒酸盐进入碱性溶液，而铜、碲、锑等有价金属全部进入渣中。Jung 等[20]将 30%～50% KNO_3 与铜阳极泥混合，在 400～450℃ 的回转窑中熔炼，熔炼产物用稀 H_2SO_4 在 80～100℃ 下浸出，浸出液通过 SO_2 气体还原产出粗硒。碱性熔炼法的优点是反应温度低，硒转化率高；缺陷在于试剂价格相对较高，且需要特制的耐强碱设备。碱性熔炼过程典型反应如下：

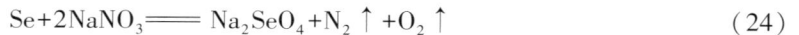

$$Cu_2Se+2NaNO_3 =\!=\!= 2CuO+Na_2SeO_4+N_2\uparrow \tag{22}$$

$$5Ag_2Se+6NaNO_3+4NaOH =\!=\!= 10Ag+5Na_2SeO_4+3N_2\uparrow+2H_2O\uparrow \tag{23}$$

$$Se+2NaNO_3 =\!=\!= Na_2SeO_4+N_2\uparrow+O_2\uparrow \tag{24}$$

4.3 加压碱浸法

20 世纪 60 年代，加拿大魁北克铜精炼厂将加压碱浸工艺应用于铜阳极泥中硒和碲的分离，并实现工业化生产。加压碱浸过程一般在高压反应釜中进行。近年来，国内外的一些冶金工作者在加压碱浸工艺方面进行了更详细的研究[21]。Saptharishi 等在碱性 $NaOH$ 体系加压氧化处理铜阳极泥，在 $NaOH$ 浓度 60%、时间 6 h、温度 200℃ 和总压力 2.0 MPa 的条件下，硒浸出率为 99% 以上；刘伟锋[17]确定了铜阳极泥碱性加压氧化浸出过程的最佳工艺条件：$NaOH$ 浓度 2.0 mol/L、温度 200℃、氧分压 0.7 MPa、时间 3 h、液固比 5∶1，硒浸出率为 99% 以上。加压碱浸的优点是硒浸出率高，硒与碲、铜、铅等有价金属分离彻底；不足之处是浸出液中常含有 10%～15% 的硒酸盐，造成后续硒回收工序流程长、还原剂用量大。

5 其他提硒工艺

5.1 真空蒸馏法

真空蒸馏技术主要用于粗硒的提纯，其设备见图 7。相比常压蒸馏，真空蒸馏可以将温度从 710～750℃ 降低到 300～400℃，蒸发的硒通过冷凝器被收集。另外，真空蒸馏技术可以从含硒的酸泥、冶炼渣及二次废料中回收硒。云南铜业公司采用真空蒸馏技术从含硒 50%～80% 的铜阳极泥处理副产品——粗硒渣中提取硒，并建成了年处理 150 t 硒渣的示范生产线，产出的粗硒品位为 98.7%，硒+碲品位在 99.8% 左右[22]。目前研究表明，单次真空蒸馏能将产品中硒含量提高到 99.9%~99.99%，粗硒经过多次真空蒸馏后可获得纯度为 99.999%~99.9999% 的高纯硒。真空蒸馏技术的最大局限性是只能处理含单质硒的物料，若含硒物料中的硒是以硒化物或者硒酸盐形态存在，则真空法不能处理。

5.2 溶剂萃取法

溶剂萃取法适宜处理低浓度含硒废水或从其他工艺得到的含硒溶液[23-24]。在 3~10 mol/L 的 HCl 介质中，采用 TBP 可以萃取分离 Se(IV) 和 Se(VI)；在 4 mol/L HCl +2 mol/L $MgCl_2$ 的溶液中，60% TBP/甲苯可定量萃取 Se(VI)；室温下可用乙酰胺(20% N503+6%正辛醇/煤油)从 3 mol/L HCl 中萃取分 Se(IV)。在 0.05~2.5 mol/L H_2SO_4 溶液中，可用二乙基二硫代磷酸钠/CCl_4 萃取 Se(VI)。迄今为止，除 TBP 在工业上用于萃取 Se (IV)外，还未见其他萃取剂用于萃取硒的工业报道。

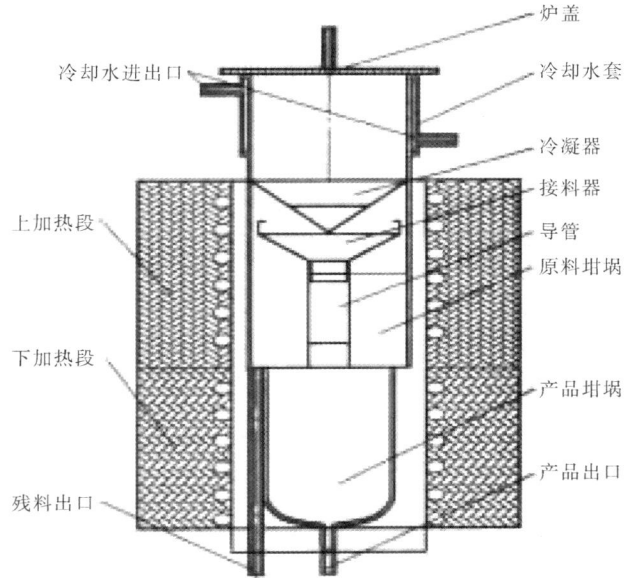

图 7　粗硒真空蒸馏示意图及成套设备现场照片

6　结论与展望

我国硒资源比较丰富，产量大，主要依靠从铜阳极泥中提取回收，同时我国在硒资源的勘探方面也有所收获，发现了如湖北恩施等独立硒矿床。但在世界范围内，硒资源仍相对短缺，供求矛盾比较突出，硒资源的开发力度还不能满足市场发展需求。因此，一方面要不断优化和完善目前硒回收工艺，进一步提高硒回收率，降低回收成本，同时积极研究开发清洁、高效、短流程的硒提取新工艺；另一方面，加大硒资源的综合开发与利用，提高从工业硒渣、含硒废料及含硒废水提取回收硒的比例，促进原生硒矿床中提硒技术的开发和工业化应用。

参考文献

[1]周国治，陈少纯. 稀散金属提取冶金[M]. 北京：冶金工业出版社，2008.

[2]雷绍荣，杨定清，周娅. 硒的总量及形态分析综述[J]. 中国测试，2009，35(5)：1-6.

[3]王晓民，孙竹贤. 硒碲的生产现状与发展前景[J]. 中国有色冶金，2009 (1)：38-43.

[4]Brown R D, Jorgenson J D, George M W. Minerals yearbook：Selenium and tellurium[R]. Reston：U. S. Geological Survey (USGS)，2000—2012.

[5]李雪娇，杨洪英，佟琳琳，等. 铜阳极泥的工艺矿物学[J]. 东北大学学报(自然科学版)，2013，34(4)：560-563.

[6]王晓武，范兴祥，李永祥. 从含硒酸泥中提取硒的试验研究[J]. 湿法冶金，2013(5)：316-318.

[7]Gustafsson A, Foreman M, Ekberg C. Recycling of high purity selenium from CIGS solar cell waste materials [J]. Waste Management，2014，34(10)：1775-1782.

[8]田欢，帅琴，徐生瑞，等. 从富硒石煤回收制备粗硒的新工艺[J]. 中国地质大学学报，2014(7)：880-888.

[9]马友平. 恩施土壤全硒含量分布的研究[J]. 核农学报，2010(3)：580-584，622.

[10]陈志华. 大冶铜阳极泥处理工艺的改进实践[J]. 中国有色冶金，2011(1)：19-21.

[11]尹善继，刘世武，张德杰. 提高铜阳极泥中硒回收率的实践[J]. 中国有色冶金，2008(3)：28-30.

[12]农大桂. 铜阳极泥处理工艺的改进[J]. 中国有色冶金，2004(6)：44-46.

[13]陈慧仙. 大阪精炼厂从铜电解阳极泥中回收硒[J]. 有色冶炼，1983(7)：14-20.

[14]高远，吴昊，顾珩，等. 从含硒废料中回收制备高纯硒[J]. 有色金属(冶炼部分)，2009(3)：42-44.

[15]Wang S, Wesstrom B, Fernandez J. A novel process for recovery of Te and Se from copper slimes autoclave leach solution [J]. Journal of Minerals & Materials Characterization & Engineering，2003，2(1)：53-64.

[16]Ludvigsson B, Larsson S. Anode slimes treatment：The boliden experience[J]. JOM，2003，55(4)：41-44.

[17]刘伟锋. 碱性氧化法处理铜/铅阳极泥的研究[D]. 长沙：中南大学，2011.

[18]章尚发，王冲，王华，等. 氯化浸出-还原法处理铜阳极泥分铜渣[J]. 稀有金属与硬质合金，2014(1)：5-8.

[19]Cooper W C. The treatment of copper refinery anode slimes [J].JOM，1990，42(8)：45-49.

[20]Hait J, Jana R K, Sanyal S K. Processing of copper electrorefining anode sline：A review [J]. Mineral Processing and Extractive Metallurgy，2009，118(4)：240-252.

[21]Liu W F, Yang T Z, Zhang D C, et al. Pretreatment of copper anode slime with alkaline pressure oxidative leaching [J]. International Journal of Mineral Processing，2014，128：48-54.

[22]张豫，华宏全. 真空冶炼提纯硒的技术研发与生产实践[J]. 有色金属(冶炼部分)，2013(10)：64-68.

[23]卫芝贤，徐春彦. 以 N503 从盐酸溶液中萃取四价硒的研究[J]. 华北工学院学报，1996，17(4)：319-322.

[24]逯宝娣. 溶剂萃取法分离提取硒碲的应用[J]. 内蒙古石油化工，2005，31(5)：12-13.

碲的分离提取工艺研究进展

摘要：总结了碲分离提取工艺的研究进展，包括火法、湿法和微生物法，并有针对性地指出其优点、不足及今后的研究方向。

1 前言

碲属于稀散元素，其丰度是所有金属及非金属元素中较小的之一。它在地壳中的平均含量约为 0.002 ppm，大致相当于金的含量。在自然界，碲矿物除了自然碲外，主要是与 Au、Ag 和铂族元素以及 Pb、Bi、Cu、Fe、Zn、Ni 等金属元素形成碲化物、碲硫(硒)化物以及碲的氧化物和含氧盐等矿物种类。

碲被誉为"现代工业、国防与尖端技术的维生素"，是"当代高技术新材料的支撑材料"。碲及其化合物广泛应用于冶金、橡胶、石油、电子电器、玻璃陶瓷、航天、军事、医药等行业和领域，如碲的化合物碲化铅是制冷的良好材料，碲化铅和碲化铋是用于制作感光器和温差发电的主要材料，碲也用于制作相变光储存材料等。

由于碲在现代高科技工业、国防与尖端技术领域中的重要地位以及碲资源短缺的现状，如何高效地分离、回收碲，成为人们关注的焦点。本文就碲的分离提取工艺研究进展进行了介绍并加以分析。

2 碲的分离提取工艺

碲的单独矿物很少，大部分伴生在铜、铅、金、银的矿物中，或以杂质状态赋存于其他硫化物矿中，尤其是硫化铜矿中。由于碲和金、银、铜有亲和力，因而碲是铜冶炼副产品之一。碲的主要来源是铜电解精炼所得的阳极泥，通常含碲 2% ~ 10%，且绝大多数以 Ag_2Te、Cu_2Te、Au_2Te 等形式存在。其他可能来源于硫酸厂的泥浆、铅阳极泥、铋碲精矿和硫酸厂与冶炼厂的静电集尘器中的尘埃等。

重金属(铜、铅、锡、镍、铋等)电解精炼阳极泥中含有金、银、铜、砷、锑、镍、铋、硒、碲及铂、钯等稀贵金属。它们在阳极泥中以不同的价态、形态和物相存在。世界各国不同精炼厂阳极泥的物相和组成不同，其采用的处理流程也各不相同，因此碲的分离提取方法也不同。目前，国内外碲的分离提取工艺大致可分为火法、湿法以及微生物法三种。

2.1 火法提取工艺

2.1.1 纯碱焙烧法[1]

将碳酸钠、水与铜阳极泥充分混合，制成浓膏，在 530 ~ 650℃下进行焙烧，在不考虑碲挥发的情况下将其完全转化为六价状态。焙烧过的球粒或团块磨细后用水浸出。铜阳极泥中

本文发表在《金属材料与冶金工程》，2014，42(2)：4-30。合作者：许志鹏。

的另一种元素硒在此过程中转变成硒酸钠。由于碲酸钠极难溶解于此种强碱性溶液而富集在渣中，此时脱硒的纯碱浸出渣用稀硫酸处理会使不溶解的碲酸钠转化为可溶解的碲酸：

$$Na_2TeO_4+H_2SO_4 =\!=\!= H_2TeO_4+Na_2SO_4 \tag{1}$$

用盐酸和二氧化硫处理可将碲酸还原为碲：

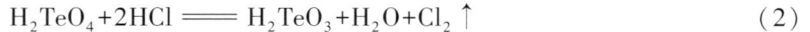

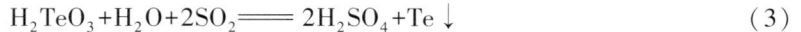

$$H_2TeO_4+2HCl =\!=\!= H_2TeO_3+H_2O+Cl_2\uparrow \tag{2}$$

$$H_2TeO_3+H_2O+2SO_2 =\!=\!= 2H_2SO_4+Te\downarrow \tag{3}$$

在一定酸度下，用亚硫酸钠可将碲酸还原成二氧化碲，从热溶液中得到致密、浅黄色二氧化碲的固体：

$$H_2TeO_4+Na_2SO_3 =\!=\!= TeO_2\downarrow +Na_2SO_4+H_2O \tag{4}$$

在氢氧化钠中溶液中，通过电解碲酸钠可获得碲：

$$Na_2TeO_3+H_2O+4e^- =\!=\!= Te+2NaOH+O_2\uparrow \tag{5}$$

纯碱焙烧法的优点是处理量大，有利于回收贵金属，在流程的第一步就能将硒、碲与贵金属分离，也不存在设备腐蚀问题。缺点是流程长、操作复杂、污染较大、回收率低。

2.1.2 硫酸化焙烧法

目前，世界上约半数的阳极泥采用硫酸化焙烧的方法来处理。该法利用硒和碲的四价氧化物在500～600℃的焙烧温度下的挥发性不同，从阳性泥中选择性提取硒，由于盐酸可溶解六价和四价碲，可直接用盐酸浸出的方法回收蒸硒后的阳极泥中的碲。

将阳极泥配以料重80%～110%的硫酸，在350～530℃温度下焙烧。在焙烧过程中，含硒、碲阳极泥中的硒反应生成易挥发的SeO_2而进入烟气后，用水吸收生成H_2SeO_3，随后被焙烧过程产生的SO_2还原生成元素硒而沉淀析出。碲则转变为TeO_2和$TeO\cdot SO_4$等留在焙砂中。发生的主要反应如下：

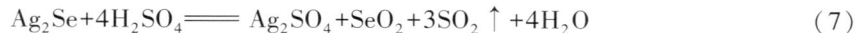

$$Se+2H_2SO_4 =\!=\!= SeO_2+2SO_2\uparrow +2H_2O \tag{6}$$

$$Ag_2Se+4H_2SO_4 =\!=\!= Ag_2SO_4+SeO_2+3SO_2\uparrow +4H_2O \tag{7}$$

$$Cu_2Te+6H_2SO_4 =\!=\!= 2CuSO_4+TeO_2+4SO_2\uparrow +6H_2O \tag{8}$$

$$SeO_2+2SO_2+2H_2O =\!=\!= Se+2H_2SO_4 \tag{9}$$

从阳极泥中选择性提取硒后，碲以氧化态形式留在焙砂中。从焙砂中提取碲的方法也较多，例如可以根据盐酸可溶解六价和四价碲的原理，直接从剩余的焙砂中用盐酸浸出的方法回收碲。

硫酸化焙烧法提硒、碲流程见图1[2]。

硫酸化焙烧的主要优点是：①硒的回收率高（>93%），且能回收碲（>70%）；②由于硫酸盐化过程中不形成硒酸盐或亚硒酸盐，故还原硒时可不需另加盐酸而比较经济；③物料呈浆状，故操作中机械损失少；④不发生硒及其化合物的升华，烟气量小，既减小了硒的毒害，也减小了收尘的压力与设施规模；⑤适合于多种原料，如 Ni、Cu、Pb、Sb、Bi 的电解阳极泥。但工业生产中并不推荐此工艺，因为盐酸浸出会导致阳极泥中的银转化为极难溶的氯化银，使银的回收更加困难，同时如果有六价碲存在，它可以氧化盐酸

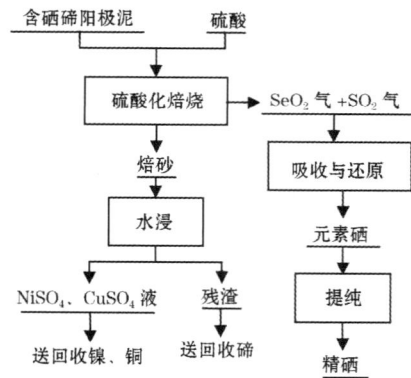

图1 硫酸化焙烧提硒、碲流程

而释放出氯气，氯气会溶解阳极泥中的金，使后续碲和金的分离困难。

2.1.3 氧化焙烧法

在低温下阳极泥经氧化焙烧，铜、镍和碲转变为相应的氧化物，而硒以二氧化硒的形式挥发。

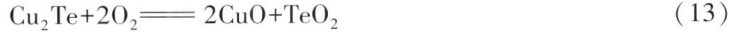

$$2Cu+O_2 \rightleftharpoons 2CuO \tag{10}$$

$$Te+O_2 \rightleftharpoons TeO_2 \tag{11}$$

$$2CuSe+3O_2 \rightleftharpoons 2CuO+2SeO_2 \tag{12}$$

$$Cu_2Te+2O_2 \rightleftharpoons 2CuO+TeO_2 \tag{13}$$

将焙烧出的焙砂，用水或酸、碱浸出，可以进一步分离碲和其他金属离子。在焙烧过程中，必须严格控制焙烧温度，否则温度过高，阳极泥可能熔化结块，致使硒丧失完全挥发所必需的疏松结构。实践表明[3]，炉温为 450~500℃时，硒的挥发率小于 25%。炉温升至 650~700℃，并在后期至 700~800℃时，硒的挥发率可达 90%。

氧化焙烧法的主要优点是：硒的回收率高，能有效实现碲和硒的分离。但该法生产周期较长，能耗较高。

2.2 湿法提取工艺

2.2.1 碱性氧化加压浸出法

碱性氧化加压浸出法是指在碱性条件下，通过提高体系反应温度和氧分压，使物料中碲完全氧化为难溶的碲酸钠，过滤，实现硒碲分离，然后利用稀硫酸浸出得到碲酸后回收碲。

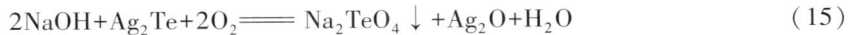

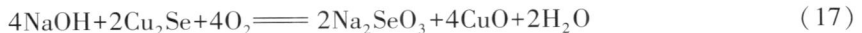

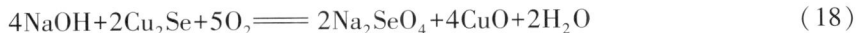

$$4NaOH+2Cu_2Te+5O_2 \rightleftharpoons 2Na_2TeO_4\downarrow+4CuO+2H_2O \tag{14}$$

$$2NaOH+Ag_2Te+2O_2 \rightleftharpoons Na_2TeO_4\downarrow+Ag_2O+H_2O \tag{15}$$

$$4NaOH+PbTe+2O_2 \rightleftharpoons Na_2TeO_4\downarrow+Na_2PbO_2+H_2O \tag{16}$$

$$4NaOH+2Cu_2Se+4O_2 \rightleftharpoons 2Na_2SeO_3+4CuO+2H_2O \tag{17}$$

$$4NaOH+2Cu_2Se+5O_2 \rightleftharpoons 2Na_2SeO_4+4CuO+2H_2O \tag{18}$$

碱性氧化加压浸出的工艺条件为：碱浓度 100~500 g/L、反应温度 200℃、氧分压 0.17~1.72 MPa、反应时间 4~12 h。工业上使用的氧化剂主要为高压氧或三氯化铁，也可以联合使用，促使反应快速进行。与硒相比，碲更易与三氯化铁反应，需要小心控制。

碱性氧化加压浸出法的优点有：腐蚀性小，无挥发性硒损失，不需要清洗或气体洗涤工序，可使硒与碲分离。该工艺的不足在于：整个工艺消耗的氧气和氢氧化钠的量较大，不仅碲的氧化需要氧，硒的氧化以及精炼铜过程中用附加物作为生长调节剂而引入的有机物的氧化也需要氧。

2.2.2 氧化酸浸法

氧化酸浸法是首先用硫酸预先脱除可溶性铜，除铜后的铜阳极泥再在酸性条件下通过氧化剂（$FeCl_3$、H_2O_2、$KMnO_4$、MnO_2、硝酸盐、氯酸盐、空气）氧化和酸性液浸出，使碲进入溶液中。刘建华等[4]采用氧化酸浸法，对某铜冶炼厂铜阳极泥回收碲过程中产生的碱浸渣、净化渣、碲电积阳极泥的混合渣料进行了富集提取碲的研究。结果表明：采用氧化酸浸法，在浸出温度 80℃、液固体积质量比 10∶1、每 50 g 物料加 1 g 氧化剂 A、残酸浓度 3.6 mol/L、浸出时间 5 h 条件下，碲浸出率达到 90.09%，铜浸出率为 97.81%，浸出液可进一步提取碲。张博亚等[5]采用加压氧化酸浸法对铜阳极泥中碲的脱除进行了研究。实验结果表明：采用加压氧化酸浸法，在温度 170℃、反应时间 120 min、酸度 125 g/L、压力 1.0 MPa、液固比 4∶1

条件下，铜浸出率达99.4%，碲浸出率为58%，银的浸出率很小，很好地实现了杂质元素与贵金属元素的分离富集。

氧化酸浸法提碲减少了焙烧工序、缩短了工艺流程和生产周期，优先除铜有利铜和碲的分离，同时尽可能避免了贵金属的分散，有利于碲和贵金属的回收。但该法试剂消耗大，硒碲分离效果较差，所得 Te 纯度不高，氯化钠腐蚀严重，在操作中会有 Cl_2 产生，目前未见工业应用的报道。

2.2.3 氯化法

氯化法是使物料中能形成可溶性氯化物的所有组分都进入溶液中而成为复杂的混合氯化物溶液。反应式如下：

$$Ag_2Se + 3Cl_2 \Longrightarrow 2AgCl + SeCl_4 \tag{19}$$

$$Cu_2Te + 4Cl_2 \Longrightarrow 2CuCl_2 + TeCl_4 \tag{20}$$

$$SeCl_4 + 3H_2O \Longrightarrow H_2SeO_3 + 4HCl \tag{21}$$

$$TeCl_4 + 3H_2O \Longrightarrow H_2TeO_3 + 4HCl \tag{22}$$

湖北大冶有色金属集团碲精矿的突出特点是硒高铜低，从碲的物相来看，碲精矿中碲有一部分以碲化物（Cu_2Te）存在，此种物料经单纯碱浸、酸浸，不能取得满意结果，而采用苏打焙烧法易造成 Se 和 Te 分散。为此，该公司以 H_2SO_4 和 NaCl 的混合溶液作浸出体系，以 $NaClO_3$ 作氧化剂氧化浸出，浸出液先采用碱中和分离硒碲，中和渣再进行碱浸，碱浸液再用酸中和得到 TeO_2，TeO_2 经净化除杂后，碱溶配成电解液，再进行电积，氯化提碲工艺流程见图2。

吴萍等[6]也采用氯化法从锡碲矿中分离回收锡和碲，取得了很好的效果。锡碲矿用盐酸加氯酸钠浸出，浸出液用亚硫酸钠还原得粗碲粉，还原后液水解回收锡。

氯化法的优点为：对含碲物料适应性强，碲浸出率高、操作简单、反应速度快、便于控制；但是，氯气具有毒性和强烈腐蚀性，导致操作环境差，另外，处理过程中会生成复杂的混合物，为了从中回收有用成分，必须对其做进一步处理。

图2 氯化提碲工艺流程

2.2.4 溶剂萃取法

溶剂萃取法是指在一定条件下利用不同萃取剂与溶液中碲离子形成配合物进入有机相，而其他元素少量或不被萃取，实现碲的分离与富集。

目前分离提取碲主要采用中性萃取剂和含氮类萃取剂，除此之外还有硫醇、醇类以及环烷酸等萃取剂。中性萃取剂常用的有三辛基氧磷（TOPO）、二甲基亚砜（$(CH_3)_2SO$）、磷酸三丁酯（TBP）和二苯基亚砜（$(C_6H_5)_2SO$）等，含氮类萃取剂包括胺类（伯胺、仲胺、叔胺、季铵盐）以及酰胺等。碲的萃取一般在盐酸介质中进行，所使用的萃取剂有 N503、N1923、N235 等含氮类萃取剂。

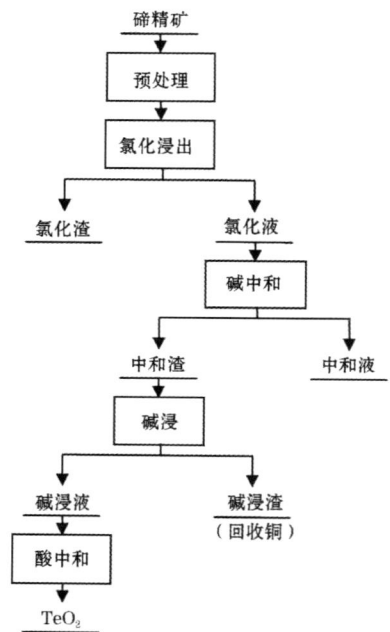

冯振华等[7]采用溶剂萃取法,对碲铋矿盐酸浸出液中分离碲(Ⅳ)与铁(Ⅲ)进行了试验研究,实验结果表明:用异丙醚萃取分离铁,萃取条件为溶液酸度 7.2 mol/L,$V_a/V_o = 3 : 4$,萃取时间 1.5 min;用蒸馏水反萃取,反萃取时间 1.0 min,反萃取相比 $V_a/V_o = 1 : 1$。铁萃取率为 99.92%,碲萃取率仅 1.60%,铁与碲分离效果很好。萃余液中的碲用 30%TBP-煤油溶液萃取,萃取条件为酸度 6 mol/L,萃取相比 $V_a/V_o = 1 : 2$,萃取时间 2 min;用蒸馏水反萃取,反萃取相比 $V_a/V_o = 1 : 1$,反萃取时间 10 min,1 次 2 级萃取碲,1 次 4 级反萃取碲,碲反萃取率接近 100%。

溶剂萃取法提取碲既节能又减少环境污染,但选择合适的萃取剂是分离提取碲的关键。

2.2.5 液膜分离法

王献科等[8]用伯胺 N1923、L113B、煤油和内相 NaOH 水溶液乳状液膜体系,研究了 Te(Ⅳ) 的迁移富集行为。液膜富集 Te^{4+} 是通过流动载体 N1923(用 RN 表示)来实现的。根据分离过程和溶剂萃取的原理,用离子缔合原理萃取元素。首先是在膜相外界外相中 HCl 生成 RNH^+Cl^-,而外相中 Te^{4+} 以 $TeBr_6^{2-}$ 形式与膜相中 RNH^+Cl^- 反应生成 $[RNH]_2^{2+}[TeBr_6]^{2-}$,溶于有机膜,并穿过液膜扩散至内相界面与 NaOH 水溶液作用、离解,$TeBr_6^{2-}$ 和 H^+ 迁入内相,这是由于 Cl^- 和 $TeBr_6^{2-}$ 与 N1923 互相竞争缔合的结果。该实验确定了膜相由 7%N1923、4% L113B 和 89%煤油(包括正辛醇)组成,内相为 0.3 mol/L NaOH 水溶液,外相为酸度为 5 mol/L HCl 介质,油内比 R_{oi} 为 1 : 1,乳水比 R_{ew} 为 20 : 50~20 : 100,室温(15~36℃)条件下,碲的回收率为 99.5%~100%,内相富集了较高浓度的碲。一般常见的阳阴离子都不被迁移富集,选择性相当高。

液膜分离法是一种高效、快速、节能的新型高技术分离方法,但此法提碲在工业上还未能得到推广。

2.2.6 吸附法

吸附法提碲是利用活性物质与溶液中碲发生作用,如物理吸附、化学共沉淀、化学还原后吸附等,使碲沉积在活性物质中,实现碲的富集。通常作为吸附剂的物质有树脂、活性炭、新制备的 MnO_2、$Fe(OH)_3$、Fe_2O_3、TiO_2 等。

在 pH 8~9 弱碱性环境下,金红石型纳米二氧化钛对 Te(Ⅳ) 具有很好的选择吸附特性[9],能与 MoO_4^{2-} 很好地分离。金红石型纳米二氧化钛对 Te(Ⅳ) 的吸附容量可达到 30 mg/g。在盐酸浓度 ≥3 mol/L 的介质中,二甲胺树脂可吸附溶液中的碲,树脂上的碲可用水直接洗脱。强碱性树脂 717(即 201×7)可吸附浓度为 4~6 mol/L 盐酸介质中的碲,有效实现 Te 与 Se、Cu、Ni、Zn、Au、Ag、Pd、Sn、Fe 等元素的分离,树脂上的碲用 0~0.5 mol/L 的 HCl 溶液即可解析。巯基棉树脂对浓度为 1~6 mol/L 盐酸溶液中碲具有很好的吸附作用,加 HNO_3 可将巯基树脂上碲解析出来。其吸附碲可能与—HS 基的还原性有关,Te(Ⅳ) 被还原为单质而吸附在巯基棉上。

吸附法能有效提取低浓度的碲,具有高效性、清洁性;但该法处理量较小,实现工业化生产比较困难。

2.3 微生物法提取工艺

微生物法提碲,主要是利用微生物在一定生长条件下,与矿石中碲的化合物发生作用(如氧化、吸附、还原),实现碲的分离回收。

亚碲酸盐对大多数真核和原核生物具有高的毒性，但 α-变形菌纲中的革兰氏阴性菌对亚碲酸盐具有高抗性，微生物对亚碲酸盐的抗性主要通过甲基化和还原作用，将亚碲酸盐还原为更难溶的单质碲。Rajwade 和 Paknikar 报道了微生物法回收碲[10]，该法以蔗糖和磷酸氢二铵作为营养素，在 pH 为 5.5~8.5、反应温度为 25~45℃、碲浓度为 10~100 mg/L、连续搅拌反应 12 h 条件下，采用假单胞菌 MCMB-180 处理含碲溶液，碲在细菌体内被还原为金属碲，碲回收率可达 99.0%。张亮[11]等研究了假单胞菌（pseudomonas sp. MBR）对亚碲酸盐的好氧还原特征。研究表明，该菌在适宜条件下可以将亚碲酸盐转化为单质碲。

微生物法提碲的优点是成本低、无污染，对开发利用低品位、难选冶的矿产资源具有广阔的工业应用前景；但该法生产周期长，生产效率低，不利于大规模生产碲。

3 结论

随着科学技术的不断发展和新技术的不断涌现，碲的分离提取发展颇为迅速，有关报道日益增多。但是碲化学性质特殊，具有较明显的两性特征，易分散，而且含碲物料化学成分复杂，给碲的分离提取带来了很大的困难，因而在碲分离提取过程中，防止碲和贵金属分散等问题有待深入研究与探讨。同时，大多数碲分离提取技术仍然处于实验研究阶段，要实现真正的实际应用尚有大量的基础研究工作待做。今后的重点应加强现有碲分离提取技术的开发研究并努力促使其工业化，大力加强理论研究特别是热力学和动力学的研究，建立较为完善的理论体系。

参考文献

[1] 谢明辉，王兴明，陈后兴，等. 碲的资源、用途与提取分离技术研究现状[J]. 四川有色金属，2005，(1)：5.

[2] 中国冶金百科全书总编辑委员会. 中国冶金百科全书(有色金属冶金)[M]. 北京：冶金工业出版社，1999：156-170.

[3] 杨天足. 贵金属冶金及产品深加工[M]. 长沙：中南大学出版社，2005.

[4] 刘建华，王瑞祥. 从铜阳极泥综合渣中浸出碲的研究[J]. 中国有色冶金，2008，(1)：48-50.

[5] 张博亚，王吉坤，彭金辉. 加压酸浸从铜阳极泥中脱除碲的研究[J]. 有色金属(冶炼部分)，2007(4)：27-29.

[6] 吴萍，马宠，李华伦. 从锡碲精矿分离回收锡碲的新工艺[J]. 矿产综合利用，2002(6)：22-24.

[7] 冯振华，安连英，刘晓元. 用溶剂萃取法从碲铋矿盐酸浸出液中分离碲(Ⅳ)与铁(Ⅲ)的试验研究[J]. 湿法冶金，2012，31(3)：165-168.

[8] 王献科，李玉萍. 液膜分离富集微量碲[J]. 化学推进剂与高分子材料，2003，1(3)：11.

[9] Zhang Lei, Zhang Min, Guo Xingjia, et al. Sorption characteristics and separation of tellurium ions from aqueous solutions using nano-TiO$_2$[J]. Talanta, 2010, 83(2)：344-350.

[10] Rajwade J M, Paknikar K M. Bioreduction of tellurite to elemental tellurium by Pseudomonas mendocina MCM B-180 and its practical application[J]. Hydrometallurgy, 2003, 71(1/2)：243-248.

[11] 张亮，何晓红，张礼霞，等. 一株假单胞菌 MBR 对亚碲酸钠的好氧还原特征[J]. 应用与环境生物学报，2011，17(1)：126-129.

从二次资源中回收铟的研究现状

摘要：稀散金属铟及其化合物由于具有独特的物理化学性能，在电子通信、国防军事、能源医药等重要领域得到广泛应用。伴随着市场对铟的需求剧增，一次富铟资源逐步走向枯竭，从二次资源中富集回收铟的技术越来越受到关注。本文简介了铟在铅锌锡等生产中的行为走向，概述了从冶炼渣、废 LCD、废 ITO 靶材等二次资源中富集回收铟的不同方法并总结其优缺点，指出了加压氧浸、微波助浸等绿色强化浸出法以及超临界流体萃取、膜分离等清洁高效分离方法是未来富集铟的发展方向。

1 前 言

铟(In)于 1863 年由德国科学家 Reich 和 Richter 在用光谱法分析氧化锌溶液时发现，是一种典型的稀散金属，在地壳中的丰度仅为 0.00001%[1]。铟及其化合物由于其独特的物理化学性质，在能源、医药、电子通信、国防军事、航空航天等领域得到了广泛的应用[2, 3]。铟最大的应用领域是制备平板显示器导电玻璃 ITO(Indium tin oxide，铟-锡氧化物)薄膜和半导体磷化铟(占整个铟用量的 70%)，第二大应用领域是用作焊料、焊料糊和低熔点(可熔)合金，铟基合金在半导体工业中也有应用，铟化合物半导体则用于红外与光学器件[4]。近年来，铟的一些新用途逐渐被开发，被应用于高速传感器、光伏电池、电脑芯片、锑化铟晶体管等产品中。

铟作为稀散金属，矿藏储量极低，主要伴生于闪锌矿等硫化矿中。伴随着市场对铟需求量的显著增加及含铟原生资源的过度开采，全球铟资源储量仅够使用 20 年，铟二次资源的开发变得尤为重要[5]。铟的二次资源主要来自冶炼过程中的废渣、废尘、废水以及"城市矿山"，目前，从冶炼过程的二次资源中回收是生产铟的主要方式。近年来，随着世界各地，尤其是我国 LCD(Liquid Crystal Display，液晶显示屏)、ITO(Indium Tin Oxide，铟锡氧化物)废靶等电子废弃物的激增，尽早实现从"城市矿山"中回收铟无论对于资源、环境、经济都显得日益重要[6, 7]。

2 从冶炼过程二次资源中回收铟

三价铟的离子半径为 0.92 Å，与二价锰、锌、钪、铁、镁以及四价锡的离子半径相近(如表 1 所示)，所以铟可能在这些元素的矿物中共生[8]。在元素地球化学分类中，铟属亲硫元素，与硫之间的亲和力很大，所以铟主要富集于闪锌矿等硫化矿中[9]。

本文发表在《金属材料与冶金工程》，2015，43(2)：42-47。合作者：曹笑。

表 1　部分离子半径表　　　　　　　　　　　　　　　　　　Å

In^{3+}	Mn^{2+}	Sc^{2+}	Zn^{2+}	Fe^{2+}	Mg^{2+}	Sn^{4+}
0.92	0.91	0.83	0.83	0.83	0.78	0.74

铟的传统生产工艺过程包括：铟等金属的酸浸过程、萃取净化过程以及电解处理过程，其生产流程较长、工序复杂、设备繁杂，铟回收率低。近年来，国内外学者对提铟技术的研究主要以优化和改进落后工艺为主，其中尤其以浸出工艺的改进为重点。

一般来说，铟含量大于 0.002% 的原料就有回收价值。提取铟的主要原料包括铅、锌和锡冶炼过程中的副产物，如湿法炼锌的浸出渣，火法炼锌的精馏渣，粗铅精炼的浮渣，铜、铅、锌、锡和钢铁冶炼的烟尘，铜铅电解的阳极泥，硫酸厂的酸泥等[10]，目前主要是从锌冶炼中回收铟[11]。

2.1　铟在冶炼过程中的行为

湿法炼锌中，锌焙砂的中性浸出所产生的渣样为中浸渣，中浸渣富集了绝大多数锌矿物中的铟[12, 13]。硫化锌精矿在焙烧过程中，铁氧化物与氧化锌作用生成铁酸锌[14]，铁酸锌为尖晶石类化合物，一般条件下不溶于绝大多数的酸碱盐以及螯合物[15]。而铟在焙烧过程中以类质同象的形式进入铁酸锌晶格，产生富铟铁酸锌（$ZnFe_2-mIn_mO_4$，Indium-bearing zinc ferrite，简写为 IBZF），是一种难浸的载铟物相[16]。锌中性浸出时，浸出液中残留的铟会在接下来的锌粉净化工序中被置换进入到铜镉渣中，在回收镉的时候一起被回收。

在锡的生产中，还原熔炼过程时铟分布在烟尘（75%）和粗锡（25%）中，粗锡含铟约 0.1%，在电解精炼过程中，铟在电解液中累积起来，其浓度可以达到 18~20 g/L，可通过萃取技术提铟。

在铅生产铅精矿的烧结焙烧过程中，铟均匀分布于粗铅和铅渣中，部分进入烟尘；铅渣中的一部分返回烧结，剩余的铅渣用回转窑进行挥发处理，此时铟会以氧化物的形式进入烟尘中；在粗铅精炼过程，大部分的铟进入到除铜渣和铅液表面的浮渣中。

2.2　低酸浸出-溶剂萃取法

对于成分复杂含有其他金属元素的冶炼渣，高酸浸出会导致其他元素浸出率提高。以含锑铟渣为例，硫酸浓度提高会使锑的浸出率升高，含量远远大于铟，不利于铟的提纯，且锑离子造成萃取时产生第三相，导致分离困难。故将浸出用 H_2SO_4 浓度降低为 2 mol/L，并用 2 段逆流萃取，这样溶液余酸含量低，可通过静置使锑离子充分水解。铟的浸出率为 80%，萃取率为 98% 以上，反萃率在 99% 以上[17]。但低酸浸出法不适用于碱处理后的渣（脱锗渣），因为碱处理后渣中含有较高的硅酸钠（Na_2SiO_3），低酸浸出过程中会有硅酸生成，难以过滤。

2.3　酸化焙烧-水浸法

对于 Pb 等重金属元素含量较高的物料，常采用硫酸化焙烧-水浸法处理，将含铟物料配以浓硫酸进行焙烧，铟和重金属氧化物几乎全部转化成硫酸盐。焙砂经水浸出后，铅以 $PbSO_4$ 形态入渣，铟以三价阴离子形式进入溶液。蒋新宇等[18]采用硫酸化焙烧-水浸工艺处理含铟 0.4%~0.7% 的烟灰，铟回收率为 88% 以上。文岳中等人[19]采用固体酸化焙烧−水浸提铟的方法提铟，在料酸比 1 : 2，焙烧时间 2 h，浸出液固比 4 : 1，浸出时间 1.5 h 条件下，铟的浸出率为 93% 以上，有效改善了硫酸化焙烧法易腐蚀设备，不易操作，硫酸用量大等一系列问题。

2.4 强化浸出−溶剂萃取

姚昌洪等人[20]利用 H_2SO_4+NaCl 浸出含铅锑烟灰，可以使浸出率达到 80%。该方法对于烟尘等含 In_2S_3 的铟二次物料有效，但由于 Cl^- 在酸性体系中具有腐蚀性，对萃取率造成了不良影响，所以应用到工业化生产中尚有难度。韦岩松等人[21]利用高锰酸钾加压氧化浸出的方法，在 400 g/L 的初始硫酸浓度、反应时间 120 min，反应温度 120℃，高锰酸钾用量为矿样 4%，液固比为 8 : 1，反应压强 0.5 MPa，400 r/min 的条件下，铟浸出率可达 90.6%。但加压氧浸的方法引入了新的杂质，适用于 In_2S_3 较少，需加氧化剂不多的实际生产。谌斯等[22]用机械活化−两段浸出的方法浸出锌渣氧粉中的铟，能获得 90% 以上的浸出率。张琳叶等[23]进行了微波助浸工艺研究，在 550 r/min、硫酸初始浓度 1.5 mol/L、液固比为 10 mL/g、浸出温度为 75℃、浸出时间为 90 min 情况下，对锌浸渣进行微波直接酸浸铟，得到了 77% 的浸出率。

2.5 回转窑烟化法

浸锌渣经焦粉或无烟煤混合均匀后，加入回转窑内，炉料中的盐类分解成氧化物，继而被还原成金属蒸气，进入气相中与窑内炉气中的氧结合，生成氧化物。绝大部分锌、铅、铟以及少部分锗挥发进入烟尘，这些金属氧化物随烟气一道进入冷却和收尘系统而被回收，产物为含铟的锌烟尘（锌渣氧粉）。从锌渣氧粉中提取铟的工艺都是直接用酸浸出，对于浸出液的处理工艺不同，包括萃取、置换、离子交换等方法。但是铟的分离都需要经过浸出处理，多采用高温高浓度高细度强搅拌长时间等方法，其共同的缺点是物料和能量消耗高、成本高和三废处理量大、浸出率低。沈丽娟等人[24]用还原挥发法从铁铟渣中回收铟，在焦渣比 0.5、还原温度 1250℃、还原时间 90 min 条件下，可以得到 89.48% 的铟回收率。

3 从城市矿产中回收铟

3.1 LCD 中回收铟

在世界范围内，70% 的铟应用于 LCD 的生产中，LCD 基板上的 ITO 薄膜厚度在 140 至 150 nm 之间，每 12 英寸的基板含铟约 0.15 g，因而从废 LCD 中回收金属铟极具资源环境效益[25]。

图 1 为 LCD 的结构图，从图中可以看出 TFT-LCD 在玻璃基板上的焊接结构。偏光滤器覆盖在玻璃基板表面，TFT-LCD 基板由低碱度和低热膨胀性的玻璃制备，滤光片嵌入在基板顶部内侧，CF 基板的结构依次为黑底、滤色片、保护层、ITO 层，不同染料作为滤色玻璃的着色剂涂刷在 LCD 玻璃上。液晶层夹在被聚酰亚胺薄膜层包覆的双 ITO 层中间，TFT-LCD

中电极在无定形硅的表面，主要成分是掺锡氧化铟，由90%的In_2O_3和10%的SnO_2组成。

目前国内外对于LCD中铟的回收方法主要分为火法、湿法两类。

（1）火法回收

火法处理LCD显示屏回收铟的技术可具体分为：加热熔融、气体无害化、分离、基板中铟的回收等工艺[27]。日本埼玉大学和横滨金属株式会针对手机的LCD屏幕，研究了高温In-Ag熔炼-酸溶的工艺，可以回收LCD中50%以上的In[28]。在熔炼工艺中，当温度在400~700℃

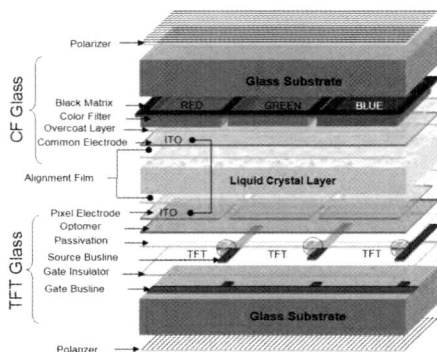

图1　LCD内部构造示意图[26]

时，可燃性物质碳化燃烧，容易导致大量二噁英等有害有机物的产生，需要严格控制。在熔炼后，LCD中的金属与渣相分离，可用氢氟酸和盐酸浸出分离ITO薄膜。Kunihiho等人[29]利用蒸汽压的不同，通过燃烧除掉塑料并将样品破碎后用浓盐酸浸出得到氯化物，在573 K温度下于氮气气氛中回收锡，在673 K的氮气气氛中蒸发回收氯化铟。Park等人[30]利用PVC作为氯化剂，回收LCD中的In，在350℃的温度下，N_2气氛中，可以得到98.7%的铟回收率。

（2）湿法回收

湿法处理LCD显示屏回收铟的方法大部分需要经过酸浸，对浸出液的处理方法包括溶剂萃取、离子交换、生物吸收等。

杨冬梅等人[31]对LCD中的10余种主要元素在不同酸性体系中的浸出特性进行了研究，发现Al、Sr在浓盐酸体系下容易被浸出、As在浓硝酸体系中容易被浸出等特性，并利用不同酸性体系的浸出特征为基础分离提纯In。日本埼玉大学[32]在将LCD酸浸后用离子交换的手段回收In，可以使In回收率达到90%。Lee等人利用HEBM（High Energy Ball Milling，高能球磨机）处理LCD的玻璃基板至微米级后[33]，再进行酸浸，有效地缩短了ITO材料的浸出时间。Hasegawa等人[34]利用高温高压和微波照射的手段，利用EDTA或NTA直接萃取LCD中的In，结果证明，当pH<5，温度高于120℃，压力为5 MPa的微波环境下，可以不经破碎等预处理流程直接萃取In，回收率可达80%。

（3）新型技术路线

Taksshi，Koshiro等人[35]首次利用生物冶金的方法，研究了Shewanella藻对水溶液中三价铟的选择吸收性，并用这种藻类在120℃，0.198 MPa的盐酸体系中对废弃LCD进行生物浸出，可以在短时间内实现In的分离。Hiroyuki等人[36]为了避免传统冶金方法导致的LCD不能重复利用等问题，在熔盐盐浴高压反应器中，用亚临界水在360℃下处理丙酮清洗后的LCD中的CF和TFT玻璃，反应5 min即可得到较高的回收率。该方法可以同时回收LCD中的玻璃基板和铟，为LCD的回收提供了一个清洁、高效、经济的处理思路。

3.2　从ITO废靶中回收铟

ITO（铟锡氧化物，Indium Tin Oxide）是一种重要的铟材料，约占铟产品总量的60%。ITO材料包括粉末、靶材、透明导电薄膜等，由于此类材料优异的光电性能，故其在信息、家电、光伏等行业应用广泛[37]。ITO靶材在制造导电玻璃时利用率不高，生产过程中产生的边角料、废品、切屑以及从废 LCD 中回收的 ITO 薄膜等称为 ITO 废靶，都是再生铟的主要资源[38]。一般先将废料用酸溶解，利用铟锡的溶解性差异可以实现初步分离[39]，滤液用锌或镁进行除杂置换得到海绵铟，碱煮提纯后铟留在固体中，锡与碱反应后可溶于水，实现铟锡分离，电解提纯后可得到 99.99% 的金属铟，回收率为 93% 以上[40]。也有文献报道 D_2EHPA、Cynaex923[41]、P507[42]、TiO_2 吸附[43]、离子交换[44]、液膜法[45]等方法从 ITO 溶液中提铟均可行。Liu 等人[46]利用超临界二氧化碳对 ITO 蚀刻液进行超临界流体萃取(supercritical fluids extraction，简称 SFE)，在 80℃，20.7 MPa 的条件下进行 15 min 静态萃取和 15 min 流体萃取，可以实现 90.8% 以上的回收率。

4 展望

近年来，学界和产业界在从二次资源中富集回收铟领域做了大量有意义的工作，但主要采用酸浸-溶剂萃取等传统工艺。酸浸过程的机械活化能有效提高浸出率，但也无法避免对设备要求高和能耗高等缺点；微波助浸、加压氧浸对浸出率有一定的提高作用，不失为强化浸出的一种选择。

溶剂萃取法在萃取过程中难以避免萃取剂随水相的损失，容易造成环境污染和资源浪费；离子交换法存在周期长，解析率不高，选择性不强，耗盐量大，易引起管道腐蚀等缺点；电解精炼法发展成熟，但酸碱用量大和高能耗也制约了其进一步发展。膜分离法和超、亚临界流体萃取法都具备环境友好性，其中超、亚临界流体萃取法生产周期短、原料成本低、回收率高仍有很大的研究空间，有潜力成为未来处理含铟"城市矿山"的发展方向。

铅锌等冶炼企业在提高产量和扩大规模的同时，也应该不断开发新的工艺，最大限度地回收伴生稀贵金属，实现资源的综合利用。

参考文献

[1] Alfantazi A M, Moskalyk R R. Processing of indium：A review[J]. Minerals Engineering, 2003, 16：687-694.

[2] 朱协彬，段学臣. 铟的应用现状及发展前景[J]. 稀有金属及硬质合金，2008, 36(1)：51-55.

[3] 段学臣，杨学萍. 新材料 ITO 薄膜的应用和发展[J]. 稀有金属与硬质合金，1999, (3)：58-60.

[4] 许冬，阮胜寿，贾荣，等. 锌冶炼废渣中铟回收技术综述[J]. 材料研究与应用，2009, 3(4)：231-234.

[5] 冯同春，杨斌，刘大春，等. 铟的生产技术进展及产业现状[J]. 冶金丛刊，2007(2)：42-46.

[6] 钟毅，王达健，刘荣佩，等. 铟锡氧化物(ITO)靶材的应用和制备技术[J]. 昆明理工大学学报，1997, 22(1)：66-70.

[7] 郭玉文，刘景洋. 废薄膜晶体管液晶显示器处理[J]. 环境工程技术学，2011, 1(2)：168-172.

[8] 云秉崑. 铟的地球化学[J]. 地质科学，1959, (11)：349-352.

[9] 蒋志建. 从工业废料中回收铟、铜、银[J]. 湿法冶金，2004, 23(2)：105-108.

[10] 易鸿飞，奚长生. 国内外稀散元素镓铟锗的提取技术[J]. 广东化工，2003(2)：62-64.

[11] 伍赠玲. 铟的资源、应用与分离回收技术研究进展[J]. 铜业工程，2011(1)：25-31.

[12] Jha M K, Kumar V, Singh R J. Review of hydrometallurgical recovery of zinc from industrail wastes [J]. Resources, Conservation and Recycling, 2001, 33(1)：1-22.

［13］杨文栋. 湿法炼锌工艺中的综合回收［J］. 湿法冶金，2009，28（2）：101-104.

［14］彭海良. 常规湿法炼锌中铁酸锌的行为研究［J］. 湖南有色金属，2004，20（5）：20-22.

［15］Graydon J W, Kirk D W. The mechanism of ferrite formation from iron sulfides during zinc roasting ［J］. Metallurgical and Materials Transactions B，1988，19（4）：777-785.

［16］Abdel-Latif M A. Fundamentals of zinc recovery from metallurgical wastes in the Enviroplas process［J］. Minerals Engineering，2002，15（11）：945-952.

［17］曾东铭，舒万艮，刘又年，等. 低酸浸出-溶剂萃取法从含铟渣中回收铟［J］. 有色金属，2002，54（3）：41-44.

［18］蒋新宇，周春山. 提高某厂铅烟灰铟浸出率的研究［J］. 稀有金属与硬质合金，2001（146）：17-19.

［19］文岳中，刘又年，舒万艮，等. 固体酸化焙烧-水浸提铟的研究［J］. 稀有金属，1999，23（3）：227-229.

［20］姚昌洪，车文婷. 对某厂铅锑烟灰提铟的研究［J］. 湖南有色金属，1996，12（3）：58-63.

［21］韦岩松，吴志鸿，张燕娟，等. 含铟锌渣氧粉加压氧化浸铟的工艺研究［J］. 2009（11）：73-75.

［22］谌斯，杨利姣，陈南春，等. 锌渣氧粉两段浸出铟的试验研究［J］. 湿法冶金，2013，32（5）：312-314.

［23］张琳叶，黎铉海，孙勇，等. 含富铟铁酸锌锌渣中铟的微波强化酸浸［J］. 金属矿山，2014，（3）：161-164.

［24］Shen Lijuan, Wu Keming, Gao Yaowen. Study on recovery of indium from In-Fe slag by reduction volatilization ［J］. Hydrometallurgy of China，2013，32（1）：35-37.

［25］武剑，黄瑛，洪锋. 废弃 LCD 的处理及其铟的回收技术［J］. 四川环境，2013，32（6）：122-127.

［26］Hiroyuki Yoshida, Shamsul Izhar, et al. Recovery of indium from TFT and CF glasses in LCD panel wastes using sub-critical water ［J］. Solar Energy Materials & Solar Cells，2014（125）：14-19.

［27］Sumimoya Iwao, Kobori Yuji. Waste component processing method for disposed liquid crystal display equipment. JP：33812342001［P］. 2001.

［28］神钢株式会研究所. 稀有资源的 3R 化回收处理的技术动向调查报告书［Z］. 日本：平成 17 年度经济产业部产业技术环境局（推进回收委托业务），2006.

［29］Kunihiko Takahashi, Atsushi Sasaki. Recovering indium from the liquid crystal display of discarded cellular phones by means of chloride-induced vaporization at relatively low temperature［J］. Metallurgical and Materials Transaction，2009（4）：891-900.

［30］Park Kyesung, Sato Wakao, et al. Recovery of indium from In_2O_3 and liquid crystal display powdervia a chloride volatilization process using polyvinyl chloride ［J］. Thermochimica Acta，2009（493）：105-108.

［31］杨东梅，郭玉文. 废液晶显示器面板中铟的回收试验研究［D］. 四川：西南交通大学，2012.

［32］夏普株式会. 手机屏幕的冶炼回收［EB/OL］. http：//www. sharp. co. jp/corporate/eco/enviroment_and_sharp/examples/sgt_Indium. html，2012.

［33］Lee Cheol-Hee, Jeong Mi-Kyung, et al. Recovery of indium from used LCD panel by a time efficient and environmentally sound method assisted HEBM［J］. Waste Management 2013，3（33）：730-734.

［34］Hasegawa Hiroshi, Rahman Ismail M M, et al. Chelant-induced reclamation of indium from the spent liquid crystal display panels with the aid of microwave irradiation［J］. Journal of Hazardous Materials，2013，（1）：10-17.

［35］Higashi Arumi, Saitoh Norizoh, et al. Recovery of indium by biosorption and its application to recycling of waste liquid crystal display panel［J］. Journal of the Japan Institute of Metals，2011，11（75）：620-625.

［36］Hiroyuki Yoshida, Shamsul Izhar, Eiichiro Nishio, Yasuhiko Utsumi, Nobuaki Kakimori, Salak Asghari Feridoun. Recovey of indium from TFT and CF glasses in LCD panel wastes using sub-critical water［J］. Solar Energy Materials & Solar Cells，2014（125）：14-19.

［37］何小虎，韦莉. 铟锡氧化物及其应用［J］. 稀有金属与硬质合金，2003，31（4）：51-55.

［38］梁杏初，姚吉升. 发挥铟资源优势发展铟的高新产业［J］. 广东有色金属学报，2002，12(有色金属专辑)：7-11.

［39］Lee C. A method for the recovery of indium-tin-oxides coating from scrap glass substrate. TW：286953［P］. 2007.

［40］韩旗英，白炜. 从 ITO 靶材废料中回收提取金属铟工艺的研究［J］. 湖南有色金属，2009，25(5)：32-36，52.

［41］Bina Gupta, Akash Deep, Poonma Malik. Liquid-liquid extraction and recovery of indium using Cyanex 923［J］. Analytica Chimica Acta, 2004, 513(2)：463-471.

［42］Liu J S, Chen H, Chen X Y, Guo Z L, Hu Y C, Liu C P, Sun Y Z. Extraction and separation of In(Ⅲ), Ga(Ⅲ) and Zn(Ⅱ) from sulfate solution using extraction resin［J］. Hydrometallurgy, 2006, 82(3-4)：137-143.

［43］Zhang L, Wang Y N, Guo X J, Yuan Z, Zhao Z Y. Seperation and preconcentration of trace indium(Ⅲ) from environmental samples with nanometer-size titanium dioxide［J］. Hydrometallurgy, 2009, 95(1-2)：92-95.

［44］M C B Fortes, A H Martins, J S Benedetto. Indium adsorption onto ion exchange polymeric resins［J］. Minerals Engineering, 2003, 16(7)：659-663.

［45］Kazuo Kondo, Yukihiro Yamamoto, Michiaki Matsumoto. Seperation of indium(Ⅲ) and gallium(Ⅲ) by a supported liquid membrane containing phosphoric acid as a carrier［J］. Journal of Membrane Science, 1997, (137)：9-15.

［46］Hui-Ming Liu, Chia-Chan Wu, Yun-Hua Lin, Chien-Kai Chiang. Recovery of indium from etching wastewater using supercritical carbon dioxide extraction［J］. Journal of Hazardous Materials, 2009, 172(2-3)：744-748.

从二次资源中回收锗的研究进展

摘要：锗及其化合物在电子工业、红外光学、光纤通信、化工催化剂等领域应用广泛。伴随着市场对锗的需求显著增加，固废资源化处置的形势严峻，从二次资源中回收锗的技术日益受到关注。概述了从湿法炼锌浸出渣、废弃光导纤维等二次资源中回收锗的方法，并总结了各自的优缺点，指出溶剂萃取法和离子交换法具有选择性好、回收率高等优点，是未来锗回收的发展方向。

锗是典型的稀散金属，在地壳中的丰度为 0.00016%[1]，极少独立成矿，主要伴生于铅锌矿、煤矿和铜矿。锗具有良好的半导体性能，是现代信息产业最重要的金属之一，被世界各国列为战略储备资源，在光纤、超导材料、太阳能电池等前沿领域正发挥着越来越重要的作用[2]。

伴随着市场对锗需求量的显著增加及锗资源短缺的现状，如何从二次资源中回收锗已成为重要的研究课题。锗的二次资源主要来自湿法炼锌过程中的浸出渣，煤燃烧过程的粉煤灰，以及现如今越来越多的废弃光导纤维等。锌浸出渣是锗二次资源的主要来源，产量巨大，若不加以有效利用，不但会造成资源浪费，还会严重污染环境。光导纤维是锗的主要应用领域，随着 5G 时代的到来，全球对 5G 应用型光纤的需求日益增加，预计到 2021 年，全球市场需求量将达到 6.5 亿芯公里[3]，由此产生的废光纤也会逐渐增多，因此开展从废光纤中回收锗的技术研发对缓解我国锗资源供求矛盾问题有着重要意义。本文综述了从湿法炼锌浸出渣、废弃光导纤维等二次资源中富集回收锗的工艺现状及各自优缺点。

1 从锌浸出渣中回收

锌浸出渣是湿法炼锌生产中采用中性-酸性复浸工艺得到的浸出过滤渣。湿法炼锌过程中锗主要集中在锌浸出渣中，平均含量为 200~300 g/t。每生产 1 t 电锌，可产生 1.0~1.05 t 锌浸出渣（表 1），全世界平均每年就会产生几百万吨这样的锌浸出渣，并且逐年增长[4]。锌浸出渣属于《国家危险废物名录》中的危废渣（编号 331-004-48），对其收集、贮存、运输、利用、处置都必须符合国家对危险废物的处理规定[5]。

表 1 某厂典型锌浸出渣化学成分[6]   %

Element	Zn	Pb	Ga	Fe	Ge	Cu	SiO$_2$
Content	16.23	3.66	0.043	23.12	0.034	0.36	11.2

由于锌浸出渣成分复杂，锗的分布分散，常与其他金属嵌布紧密，提取比较困难。针对锗的提取，大量研究者开展了不同的研究工作，主要可以概括为湿法和火法。

本文发表在《有色金属工程》，2020，10（1）：47-54。合作者：李俊、许志鹏、朱刘、李伟。

1.1 湿法分离回收工艺

1.1.1 锌浸出渣中锗的浸出

1）酸浸法

酸浸法是指对锌浸出渣进行酸溶浸出，然后从浸出液中提取各有价金属的方法。由于锌浸出渣中大部分锗以类质同象形式进入铁酸锌晶格中，采用常规工艺锗的浸出率比较低，一般为 50%~70%。为此，研究人员采用了多种方法强化锗的浸出[6-8]，如 LIU F P 等[9]发现在草酸浸出体系下添加双氧水可有效促进锗的浸出，显著改善浸出料浆的过滤性能。KUL M 和 TOPKAYA Y 的研究[10]表明，对于高硅物料则适宜采用 H_2SO_4 和 HF 混合酸浸出。郑宇等[11]研究发现，采用高压酸浸可获得比常压酸浸更好的锗浸出效果，浸出过程中通入 SO_2 可将铁酸锌分解，并将 Fe^{3+} 还原为 Fe^{2+}，减弱对后续工序的影响。阳伦庄和黄光[12]的研究表明，采用两段逆流氧压浸出，锗浸出率可超过 95%，在不需要强氧化剂的条件下，有效提高了有价金属的浸出率。但高压工艺需采用高压釜进行浸出反应，对设备要求高，成本耗费高。

2）碱浸法

碱浸法通常采用苛性钠溶液浸出锌浸出渣，原理是基于镓、锗的氧化物和盐类可以溶解在碱液中，锌、铁、铜等可以生成相应氢氧化物沉淀，从而实现镓、锗与其余金属的分离，该法具有选择性强的特点。RAO S 等[13]采用酸、碱两步浸出法选择性地浸出锗，第一阶段酸浸时锗的浸出率小于 8%，第二阶段采用碱浸，锗的浸出率约 90%。碱浸法的缺点是在处理高硅物料时，浸出后液固分离困难，且碱浸工艺与整个炼锌系统很难匹配，使后续碱性残液中的部分锌无法回收。

1.1.2 溶液中锗的分离富集

1）沉淀分离法

锌浸出渣通过酸浸、碱浸处理后由于溶液中锗的浓度较低，且往往还含有较高浓度的铁离子和砷离子，可通过沉淀法进一步分离和富集。该法可靠、选择性高、可达到富集锗的目的，在工业上应用广泛，相关研究人员对此工序进行了大量研究。

（1）丹宁沉淀法

丹宁酸是较早为国内外通用的一种有效沉锗剂。虽然对于丹宁沉锗机理已有许多研究，但至今仍未形成一致的认识[14]。一般认为，丹宁酸与锗的反应主要是通过溶液中羟基与锗离子的反应形成不溶性单宁锗络合物，从而与其他金属分离，其络合物示意图如图 1 所示。工业上丹宁酸沉锗的条件一般为：沉锗原液 pH 2.5~3，丹宁酸用量为溶液中锗含量的 25~30 倍，温度 50~70℃，反应时间 20 min，在此条件下锗的沉

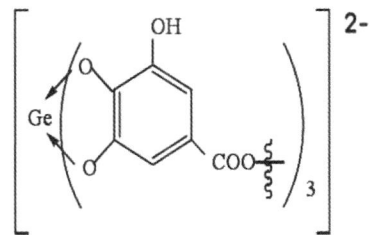

图 1 丹宁-锗的络合物示意图[14]

率可达 98%[15]。虽然丹宁沉锗具有其他沉淀剂不可替代的优点，但其价格较贵，不能循环利用，且会将有机物引入湿法炼锌系统，影响后续锌电解过程的电流效率。

（2）中和沉淀法

中和沉淀法是利用各种金属离子水解沉淀 pH 的不同，通过控制 pH 将锗从溶液中分离

出来。在温度 25℃时，Ge^{4+} 开始水解的 pH 为 2.72，在中和沉淀法中除锗自身水解外，生成的铁、硅、铝的胶体化合物对锗的吸附作用也会造成锗的沉淀[16]。采用石灰石中和，锗的沉淀率较低，且渣量大；碱中和由于不生成石膏而渣量小，但渣中锌、铁含量高，不利于后续提取工艺。

（3）置换沉淀法

置换沉淀法是利用电势较负的金属将溶液中电势较正的金属离子置换出来。对于溶液中的锗离子，常用置换剂有锌粉和铁粉。蒋应平等[17]针对锌浸出渣的 SO_2 还原浸出液开展了石灰中和—锌粉置换工艺，通过加入石灰石调节 pH 后加入锌粉置换，锗沉淀率可达 96.09%。锌粉置换法中锌粉虽可以代替丹宁，减少有机物对电解锌生产系统的影响，但存在以下不足：一是在置换时可能产生剧毒的砷化氢气体，引起环境污染；二是由于锌的电势负值很大，置换过程中会伴随其他金属的沉淀，置换渣中锗的品位相对较低且锌粉消耗量大。周兆安[18]对铁粉还原法富集锗进行了研究，在优化条件下，锗的置换沉淀率可超过 95%。此外，铁粉置换对砷也有一定的去除作用。

2）溶剂萃取法

国内外锗的萃取剂一般可分为三类，第一类是羟肟和哇啉类，有 Lix63、Kelex100 等，大多是国外产品，萃取过程要求高酸度、高萃取剂浓度条件，且合成成本高，限制了其应用；第二类是胺类萃取剂，比较常见的有 N235[19-20]，胺类萃取剂的成本较低，适应性强，缺点是必须配合络合剂使用，操作条件困难，同时络合剂的加入会对后续锌的电积工艺产生不利的影响；第三类是氧羟肟酸类，如 HGS98[21]、7815[22]、G8315[23]、YW100 等，其中 7815 萃取剂已用于工业生产。CHENG B H 等[24]采用新型羟肟萃取剂 HBL101 萃取锗，在 30% HBL101 和 70%磺化煤油的有机体系，五段逆流萃取锗 98.5%以上。该类萃取剂分离速度快、效果好，缺点是羟肟酸不能用于高酸浸出液中。

近年来，针对硫酸体系下的协同溶剂萃取研究的较多[25-26]。陈勇等[27]采用 P204+煤油+YW100 的混合介质有机相以"一步协同萃取"的方式对锌浸出渣中铟锗同时萃取再分别反萃，铟萃取率为 99.5%，锗萃取率为 99.2%。溶剂萃取法具有选择性好、回收率高、易于连续操作等优点，是未来锗回收的发展方向，但也存在萃取过程中萃取剂损失和溶液乳化等问题，因此，急需开发工业适应性更强的锗萃取剂。

3）离子交换法

离子交换法主要用于从含锗较低的溶液中回收锗，是一种固液萃取的方法，一般包括吸附和解吸两个阶段。TORRALVO F A 等[28]研究了 IRA-900 和 IRA-985 树脂在锗提取上的应用，锗的吸附率分别可达 92.5%，93.5%。VIROLAINEN S[29]报道了一种具有 n-甲基氨基葡萄糖功能的螯合离子交换树脂（IRA-743）成功地用于回收锗。PAPK H J[30]等将 Kelex-100 成功负载到介孔二氧化硅孔道中，该吸附剂可从含 As（Ⅲ）、Sb（Ⅱ）、Ni（Ⅱ）、Zn（Ⅱ）的酸性溶液中吸附 Ge（Ⅳ）。ROOSENDAEL S V[31]等研制了一种负载离子液相，可选择性地从富铁水溶液中回收锗。

近年来，针对邻苯二酚回收锗体系的研究较多[32-34]。该方法先将锗离子与邻苯二酚在均质体系中络合，锗和邻苯二酚络合物在三维空间形成稳定的对称结构，如图 2 所示，然后用大孔阴离子交换树脂或膜捕获该阴离子锗络合物。该法选择性好，可用于从硅酸盐溶液中选择性吸附锗。

离子交换法具有高选择性、环境友好等特点，避免了萃取剂进入溶液、发生乳化等问题，是今后对低含量锗提取分离的重要研究方向，但高成本和严格的分离条件限制了其应用。

4) 液膜分离工序

液膜分离法是将萃取法与离子分离法相结合的方法，液膜分离技术中萃取与反萃取是一步完成的，是一种快速、高效的分离回收方法。陈树钟和张秀娟[35]采用液膜法回收湿法炼锌系统中的锗，在以 3% LMS-2、7% P204、89%磺化煤油、1%添加剂 STR-1 为膜相，以 NH_4F 为反萃内水相的条件下，Ge^{4+} 的迁移率可达98%。石太宏等[36]研究用 C_{5-7} 羟肟酸和 P204 做协萃

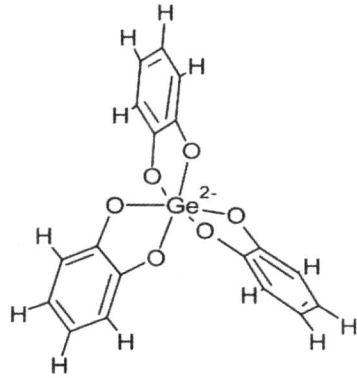

图 2　锗-邻苯二酚络合物的结构图[28]

载体，内水相试剂是 pH 为 3.2 的 NH_4F 液膜体系，使 Ge^{4+} 在溶液中以离子状态而 Ga^{3+} 以 $Ga(OH)_3$ 沉淀的形式分别在内水相中同步迁移得到回收，萃余液可以重新返回到炼锌系统，锗的回收率为 98.6%。液膜法虽然对锗具有比较高的回收率，然而由于膜的稳定性和膜组件价格高等问题没有很好地解决，还难以实现工业化生产。

1.2 火法提取工艺

1.2.1 烟化挥发法

目前，回转窑挥发法仍是我国处理锌浸出渣的典型工艺流程，此法是通过将渣中的易挥发有价金属在碳质还原剂的作用下挥发出来，不易挥发的金属元素则滞留渣中进行另行处理。该工艺过程是将含水 12%~18% 的锌浸出渣配以 45%~55% 的焦粉还原剂，加入回转窑中，在 1100~1300℃ 高温下，将渣中的锌还原挥发出来，再利用空气氧化成氧化锌粉进行回收，同时铟、锗、镓等有价金属也挥发进入烟气中，锌的挥发率能达 92%~95%，Fe、Si、Ca 等固化在窑渣中[37]。吕伯康和刘洋[38]采用高温挥发富集锗，在温度 1100℃，原料配比为锌浸出渣∶石灰∶煤粉∶碳粉∶硫化物 = 100∶20∶8∶8∶2 的条件下硫化挥发 2 h，锗的挥发率超过 90%。烟化挥发法是一种高能耗的操作过程，工作环境较差，且渣的处理工艺流程长，挥发的窑烟气中含 SO_2 需要进行净化处理，目前已逐渐被湿法工艺所取代。

1.2.2 磁选-电解法

该工艺的原理是抑制镓锗挥发，将镓锗富集在还原铁中再分别进行回收。工艺流程为：将锌浸出渣配以 30% 的煤粉投入回转窑，在 1300℃ 下进行高温还原焙烧，锌浸出渣中的锌、铅挥发，镓锗只有少量挥发，大部分镓锗富集在还原铁中。窑渣经过粉碎、磁选后将磁性矿物制成粗铁，可采取电解粗铁从阳极泥中回收镓锗或将粗铁直接酸浸。林奋生等[39]首次采用电解法对含镓锗的高铁渣进行电解，采用 $FeCl_2$-NH_4Cl 电解液体系，锗的回收率达 85% 左右。由于所得窑渣中各种化合物和合金的组成复杂，镓锗通常嵌入到另一种构造的颗粒中或形成铁合金，且磁选法获得的每种产物中都含有镓锗，富集效果并不理想，该工艺还需进一步改进[40]。

1.2.3 还原分选-锈蚀法

还原分选工艺首先通过强化锌浸出渣的还原过程，使镓、锗定向富集于铁中，进而通过

磁选从熔烧渣中分离富集镓、锗，主要由造块、还原熔烧、磁选等工序组成[41]。由于镓、锗以固溶体形式赋存于金属铁中，采用简单的物理方法很难实现镓、锗和铁的分离，由金属铁、镓、锗—H_2O 系的 E-pH 图计算与分析可知，基于金属腐蚀电化学基本原理，通过控制溶液 pH 和电势，可实现镓、锗和铁的分离。在温度 80℃、pH 1.0~1.5，H_2O_2 加入速度 0.5 mL/min，锈蚀时间 60~80 min 的条件下，可使金属铁粉中90%左右的镓、锗分别以 Ga^{3+}、H_2GeO_3 形式进入溶液，而金属铁形成针铁矿沉淀[42]。该工艺成本低、可获得较好的金属分离效果。

2 从废光导纤维中回收锗

光纤通信是信息时代的基础，将锗添加到光导纤维中，可以大大减少光纤的传输耗损，提高折射率。用高纯 $GeCl_4$ 和 $SiCl_4$ 按一定比例装入石英管中，在 1300℃ 下，管壁形成 GeO_2 膜层，通过气相沉积法制棒，然后熔融拉丝即可制得光导纤维，目前掺锗光纤行业用锗量占全球锗需求总量的30%以上[2]。由于光纤每 15 年需要更换一次，导致废弃光纤的量逐年增加，因此从废光纤中回收锗极具资源环境效益。光纤的典型成分见表 2，典型结构如图 3 所示，主要由含锗控制芯、硅熔覆层、缓冲层、强度构件和护套组成。

表 2　典型废光纤原料成分[43]　　　　　　　　　　　　　　　　　　　　　　　%

Element	Ge	Si	Fe	Mg	Ca
Content	0.11	99.48	0.23	0.04	0.13

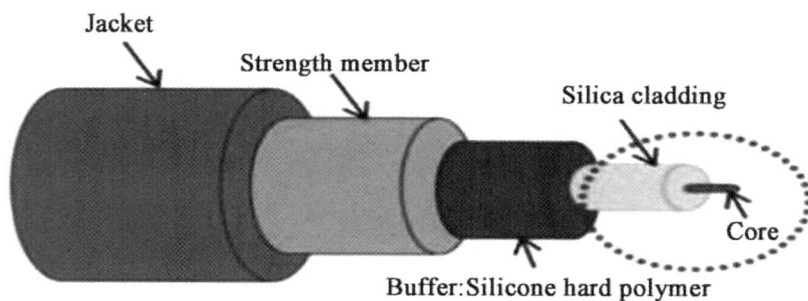

图 3　光纤的典型结构图[44]

废光纤中的锗包裹、夹杂在二氧化硅中，主要以二氧化锗的形式存在。锗硅属于同族元素，两者的分离一直是行业难题。四方晶型的 GeO_2 化学性质稳定，很难与盐酸反应，因此要回收该含锗高硅物料关键是要打破 SiO_2 的包裹及溶解四方晶型的 GeO_2。由于二氧化硅的包裹，许多方法对锗的回收率只有31%~87%，目前对于废光纤中锗的回收方法主要分为湿法和火法工艺。

2.1　湿法工艺

湿法处理废光纤回收锗一般是将锗浸出进入溶液，再采用溶剂萃取、离子交换等方法进行回收。氢氟酸浸出法能有效破坏二氧化硅对锗的包裹，可通过在酸浸时加入氟化物或直接用 HF 酸浸出。黄和明等[45]采用氢氟酸浸出处理高硅含锗二次物料，锗的浸出率超过 98%，但该法存在对设备腐蚀严重，氟离子处理麻烦等问题。此外，还可采用强碱浸出法，作者对粉碎后废光纤采用 8 mol/L NaOH 在 90℃条件下反应 2 h，锗的浸出率为 48.76%，浸出过程的反应式如式（1）至式（3）[15]。

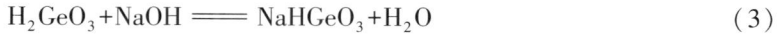

$$SiO_2 + 2NaOH = Na_2SiO_3 + H_2O \tag{1}$$

$$GeO_2 + 2NaOH = Na_2GeO_3 + H_2O \tag{2}$$

$$H_2GeO_3 + NaOH = NaHGeO_3 + H_2O \tag{3}$$

CHEN W S 等[46]采用破碎预处理、废光纤浸出、溶剂萃取的工艺回收锗，流程图如图 4 所示。在浸出过程中采用硫酸和氢氟酸溶解锗和硅，在萃取过程中，以 TOA 为萃取剂，TBP 作为改性剂，锗的提取率为 91.3%，然后用 NaOH 进行反萃，锗的反萃率可达 99.2%。该工艺可实现锗和硅的较好分离，锗的总回收率可超过 99%，硅残留量不超过 1%。

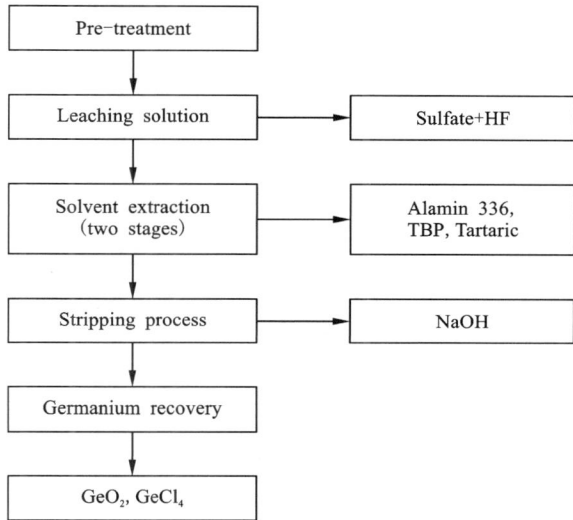

CHEN W S 等[43]还采用烧碱焙烧—酸浸—离子交换工艺回收锗。首先通过碱焙烧从光纤中提取锗，然后用稀 H_2SO_4 对光纤进行浸出。结果表明在熔烧温度为 500℃时，加

图 4　湿法分离回收锗流程图[46]

入 6 摩尔比的 NaOH 进行碱焙烧，硫酸浸出控制 pH 低于 5，液固比 40 mL/g 为最佳条件，浸出率可达 99.5%。离子交换阶段以 IRA900 为树脂，柠檬酸为新型添加剂，锗的吸附率可达 92%，硅几乎不被吸附。

2.2　火法工艺

火法处理废光纤回收锗主要是在强还原气氛下将锗挥发出来进行富集回收或将废光纤转化为可溶态以便浸出（图 5）。通过碱焙烧从光纤中提取锗，在 500℃时加入烧碱，可使二氧化硅转变为水玻璃，锗转化为锗酸钠，其水溶性好，容易浸出。黄和明等[47]采用将废光纤破碎后，在料碱质量比为 1∶4 及 820℃条件下焙烧 2.5 h，然后用硫酸酸化后再进行盐酸蒸馏，锗的回收率约 90%，但该法存在酸耗量大的缺点。作者对废光纤在 500℃，料碱比 1∶4 的条件下焙烧 1 h，再进行水浸实验，锗的回收率可达 61.79%。SONG Q M 等[48]详细研究了 GeO_2 的碳热还原动力学及反应机理，发现只有温度超过 1200 K 时反应才能明显进行，且该反应属于自催化模型。但由于金属锗蒸汽压低，蒸发速度较慢，Ge 在废渣中的回收率始终低于 70%，回收效果不理想。

ZHANG L G 等[44]对低真空磷酸盐还原法处理废光纤进行了详细研究，采用的磷酸盐为

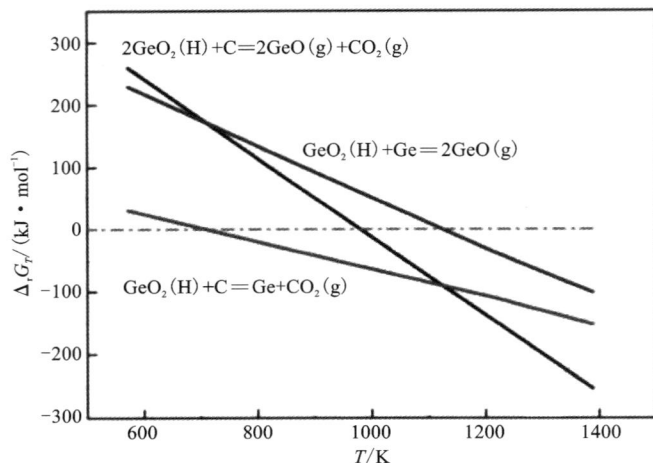

图5 碳热还原处理废光纤热力学平衡图[48]

NaH_2PO_2。热力学分析结果表明分解产物主要是 $Na_4P_2O_7$、$Na_5P_3O_{10}$、PH_3、O_2 和 H_2，PH_3（g）和 H_2（g）对 GeO_2 八面体的破坏强化了还原过程，该工艺可以取得很好的处理效果。发生的反应见式（4）至式（6）。

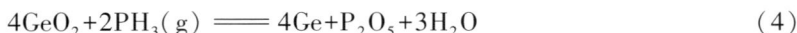

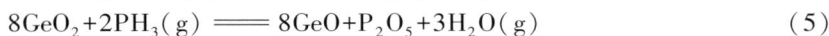

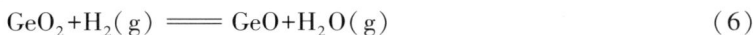

$$4GeO_2+2PH_3(g) \Longrightarrow 4Ge+P_2O_5+3H_2O \tag{4}$$

$$8GeO_2+2PH_3(g) \Longrightarrow 8GeO+P_2O_5+3H_2O(g) \tag{5}$$

$$GeO_2+H_2(g) \Longrightarrow GeO+H_2O(g) \tag{6}$$

3 结论与展望

目前，锗资源短缺的严峻形势和亟待解决的环境污染问题，对锗二次资源的绿色高值利用提出了强烈要求。锗的二次资源来源广，种类繁多，采用常规方法回收锗不仅耗费资源，还会产生环境污染问题。对于锌浸出渣的处理，应综合回收有价元素，尽量对回收过程产生的"三废"进行无害化处理。未来中国光纤到户、5G 建设及村村通工程将拉动中国光纤用锗需求快速增长，废光纤的产量也会逐年上升，因此急需更新和发展锗回收工艺，重点提高其回收率并充分利用锗资源。在锗的回收工艺方面，溶剂萃取法和离子交换法是未来发展的方向，应开发更高效、适应性强的工业用锗萃取剂。离子交换法分离锗在材料选择、回收率方面还有很大的研究空间，尤其是在复杂体系中与特定组分的选择性分离机制还需系统研究。

参考文献

[1] Holl R，Kling M，Schroll E. Metallogenesis of germanium—A review[J]. Ore Geology Reviews，2007（30）：145-180.

[2] 瞿秀静，周亚光. 稀散金属[M]. 合肥：中国科学技术大学出版社，2009.

[3]李辉，史辉，朱永刚，等.基于5G应用的新型光纤[J].现代传输，2018，186(6)：13-15.

[4]王福生，车欣.浸锌渣综合利用现状及发展趋势[J].天津化工，2010，24(3)：1-3.

[5]刘斌，王伟涛.浅谈湿法炼锌工艺的浸出渣问题[J].四川环境，2007，26(2)：105-108.

[6]吴雪兰.从锌浸出渣中回收镓锗的研究[D].长沙：中南大学，2013.

[7]徐璐，何兰军，史光大，等.从锌浸出渣中强化浸出锌锗的试验研究[J].矿产综合利用，2017(5)：85-87.

[8]Zhang L B, Guo W Q, Peng J H, et al. Comparison of ultrasonic-assisted and regular leaching of germanium from by-product of zinc metallurgy [J]. Ultrasonics Sonochemistry, 2016(31)：143-149.

[9]Liu F P, Liu Z H, Li Y H, et al. Recovery and separation of gallium (Ⅲ) and germanium (Ⅳ) from zinc refinery residues：Part Ⅰ：Leaching and iron (Ⅲ) removal[J]. Hydrometallurgy, 2017, 169：564-570.

[10]Kul M, Topkaya Y. Recovery of germanium and other valuable metals from zinc plant residues [J]. Hydrometallurgy, 2008, 92(3-4)：87-94.

[11]郑宇，邓志敢，樊刚，等.二氧化硫还原分解铁酸锌及锌浸渣工艺[J].中国有色金属学报，2019，29(1)：170-178.

[12]阳伦庄，黄光.锌冶炼稀散金属富集渣综合回收的工艺设计[J].湖南有色金属，2015，31(4)：42-46.

[13]Rao S, Wang D X, Liu Z Q, et al. Selective extraction of zinc, gallium, and germanium from zinc refinery residue using two stage acid and alkaline leaching[J]. Hydrometallurgy, 2019, 183：38-44.

[14]常连举.单宁络合提取稀有金属锗镓的研究[D].北京：中国林业科学研究院，2010.

[15]王吉坤，何蔼平.现代锗冶金[M].北京：冶金工业出版社，2005.

[16]Liang D Q, Wang J K, Wang Y H. Difference in dissolution between germanium and zinc during the oxidative pressure leaching of sphalerite [J]. Hydrometallurgy, 2009, 95(1/2)：5-7.

[17]蒋应平，赵磊，王海北，等.从高压浸出镓锗液中回收镓锗的试验研究[J].中国资源综合利用，2012，30(6)：25-27.

[18]周兆安.从湿法炼锌系统中富集回收锗的新工艺研究[D].长沙：中南大学，2012.

[19]Liu F P, Liu Z H, Li Y H, et al. Recovery and separation of gallium (Ⅲ) and germanium (Ⅳ) from zinc refinery residues：Part Ⅱ：Solvent extraction [J]. Hydrometallurgy, 2017, 171：149-156.

[20]Zhang T, Jiang T, Liu Z H. Recovery of Ge(Ⅳ) from synthetic leaching solution of secondary zinc oxide by solvent extraction using tertiary amine (N235) as extractant and trioctyl phosphate (TOP) as modifier [J]. Minerals Engineering, 2019(136)：155-160.

[21]汤淑芳，周春山，蒋新宇.锗的氧肟酸HGS98萃取分离研究[J].稀有金属，2000，24(4)：247-250.

[22]周娟.富锗硫化锌锌矿加压浸出-萃取综合回收锗的工艺研究[D].昆明：昆明理工大学，2008.

[23]楚广，周兆安，杨天足，等.G8315从湿法炼锌沉矾后液中萃取锗(Ⅳ)的性能研究[J].矿冶工程，2011，31(5)：69-72.

[24]Cheng B H, Zhang T A, Zhang K F, et al. Recovery of germanium from acid leach solutions of zinc refinery residue using an oxime extractant of HBL101 [J]. Metallurgical Research & Technology, 2018, 115(5)：1-6.

[25]Nusen S, Zhu Z W, Chairuangsri T, et al. Recovery of germanium from synthetic leach solution of zinc refinery residues by synergistic solvent extraction using LIX 63 and Ionquest 801 [J]. Hydrometallurgy, 2015(151)：122-132.

[26]Ma X H, Qin W Q, Wu X L. Extraction of germanium (Ⅳ) from acid leaching solution with mixtures of P204 and TBP[J]. Journal of Central South University, 2013, 20(7)：1978-1984.

[27]陈勇，高军，王振峰，等.锌冶炼回收金属铟锗[J].大众科技，2013，15(8)：56-57.

[28]Torralvo F A, Fernandez-pereira C. Recovery of germanium from real fly ash leachates by ion-exchange extraction[J]. Minerals Engineering, 2011, 24(1)：35-41.

［29］Virolainen S，Heinonen J，Paatero E. Selective recovery of germanium with N-methylglucamine functional resin from sulfate solutions［J］. Separation and Purification Technology，2013，104：193−199.

［30］Park H J，Tavlarides L L. Germanium（Ⅳ）adsorption from aqueous solution using a Kelex 100 functional adsorbent［J］. Industrial and Engineering Chemistry Research，2009，48(8)：4014−4021.

［31］Roosendael S V，Roosen J，Banerjee D，et al. Selective recovery of germanium from iron-rich solutions using a supported ionic liquid phase（SILP）［J］. Separation and Purification Technology，2019，221：83−92.

［32］Cruz C A，Marie S，Arrachart G，et al. Selective extraction and separation of germanium by catechol based resins［J］. Separation Science and Technology，2018，193：214−219.

［33］Nozoe A，Ohto K，Kawakita H. Germanium recovery using catechol complexation and permeation through an anion exchange membrane［J］. Separation Science and Technology，2012，47(1)：62−65.

［34］Takemura H，Morisada S，Ohto K，et al. Germanium recovery by catechol complexation and subsequent flow through membrane and bead packed bed column［J］. Journal of Chemical Technology and Biotechnology，2013，88（8）：1468−1472.

［35］陈树钟，张秀娟.液膜法提取锗的研究［J］.稀有金属，1991，15(2)：107−110.

［36］石太宏，王向德，万印华，等. P204与C5−7羟肟酸液膜体系自湿法冶锌系统中同步迁移分别回收镓和锗（Ⅳ）［J］.膜科学与技术，1999，19(4)：34−38.

［37］文剑.浸锌渣综合回收利用研究［D］.长沙：中南大学，2004.

［38］吕伯康，刘洋.锌渣浸出渣高温挥发富集铟锗试验研究［J］.南方金属，2007(3)：7−9.

［39］林奋生，周令治.电解法从铁中提取镓和锗［J］.有色金属（冶炼部分），1992(1)：18−21，12.

［40］蔡江松，杨永斌，张亚平，等.从锌浸渣中回收镓和锗的研究及实践［J］.矿产保护与利用，2002(5)：34−37.

［41］李光辉，黄柱成，郭宇峰，等.从湿法炼锌渣中回收镓和锗的研究（上）——浸锌渣的还原分选［J］.金属矿山，2004(6)：61−64.

［42］李光辉，董海刚，黄柱戚，等.从湿法炼锌渣中回收镓和锗的研究（下）——锈蚀法从铁粉提取镓与锗［J］.金属矿山，2004(8)：69−72.

［43］Chen W S，Chang B C，Chen Y J. Using ion exchange to recovery of germanium from waste optical fibers by adding citric acid［C］//IOP Conference Series：Earth and Environmental Science，2018(159).

［44］Zhang L G，Song Q M，Xu Z M. Thermodynamics，kinetics model and reaction mechanism of low vacuum phosphate reduction process for germanium recovery from optical fiber scraps［J］. ACS Sustainable Chemistry & Engineering，2019，7(2)：2176−2186.

［45］黄和明，赵立奎.高硅含锗物料中锗的提取工艺探讨［J］.广东有色金属学报，2002(增刊1)：33−35.

［46］Chen W S，Chang B C，Chiu K L. Recovery of germanium from waste optical fibers by hydrometallurgical method［J］. Journal of Environmental Chemical Engineering，2017，5(5)：5215−5221.

［47］黄和明，李国辉，杭清涛.从含锗石英玻璃废料中提取锗工艺的探讨［J］. 材料研究与应用，2006，16(1)：6−7.

［48］Song Q M，Zhang L G，Xu Z M. Kinetic analysis on carbothermic reduction of GeO_2 for germanium recovery from waste scraps［J］. Journal of Cleaner Production，2019，207：522−530.

旋流电积在有色冶金中的应用

摘要：旋流电积是指通过电解液的循环流动加强液相传质，有效消除浓差极化，实现从低浓度、复杂溶液中高效选择性提取目标金属的一种新型有色金属分离提取技术。旋流电积技术广泛应用于重金属、贵金属、稀散金属分离提取和溶液净化除杂中。文中介绍了旋流电积技术的设备组成，总结了旋流电积技术在应用中的工艺流程、工艺参数和技术指标。结果表明，旋流电积技术对电解液要求低，适用性广，可以缩短工艺流程，提高生产效率。旋流电积技术在阴极产品质量、金属回收率、电流效率、能耗和生产成本等技术指标优势明显，应用前景广阔。

电积法是湿法冶金中的常用方法，被广泛应用于金属提取、回收及精炼提纯过程中。电化学反应中金属离子传质主要靠浓差扩散，传统平板电积电解液中金属离子扩散缓慢导致电极表面附近离子浓度与本体溶液不同，产生浓差极化现象。浓差极化使槽电压升高，增加电耗，还会降低主金属析出电位，造成氢的析出和杂质离子的放电，降低电流效率，影响金属产品的质量和纯度。

传统电积工艺中，通常采用提高电解质浓度，升高电解液温度，加强搅拌等措施加强液相传质，但是浓缩、加热电解液会增加生产成本，搅拌对电积效果的提升不明显。基于此，旋流电积的概念最早在1996年的美国专利中[1]被提出，该技术主要创新点是实现电解液高速循环流动，相比搅拌，极大加强电解液传质，有效消除浓差极化，实现从低浓度、复杂溶液中高效选择性地提取目标金属，同时电解液的流动可以提高加热效率，节约成本。

旋流电积技术在有色冶金中被广泛应用，全面了解其应用方向和工艺流程有利于进一步拓宽旋流电积的应用领域，同时明晰电积工艺参数对产品纯度、金属回收率和电流效率等技术指标的影响，了解旋流电积的现有缺陷，对进一步优化工艺参数、提高产品质量、降低能耗和生产成本，增加企业经济效益具有重要意义，也对旋流电积技术的未来发展有着重要的启示作用，有利于实现旋流电积技术的工业化。

1 旋流电积技术简介

旋流电积技术利用金属离子析出电位的差异实现金属的选择性沉积。旋流电积设备示意图如图1[2]所示，一般由旋流电积槽、驱动装置、电力

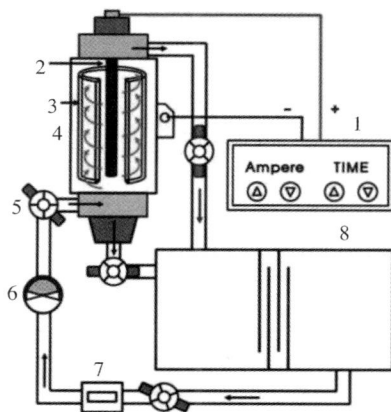

图1　旋流电积设备示意

1—电源；2—阳极；3—阴极；4—电积槽；
5—阀门；6—泵；7—流量计；8—储液槽

本文发表在《有色金属科学与工程》，2019，10（5）：1-7。合作者：黎邹江，许志鹏，李伟，朱刘。

装置、电解液分配装置和连接装置组成，其中旋流电积槽是整个设备的核心系统，设备工作时，以钛薄片或不锈钢薄片为阴极插入柱状电积槽，以涂钛层碳棒为阳极，流动的电解液高速通过电积槽，在电积槽内实现金属的沉积。工业生产中集成式旋流电积设备如图2所示。

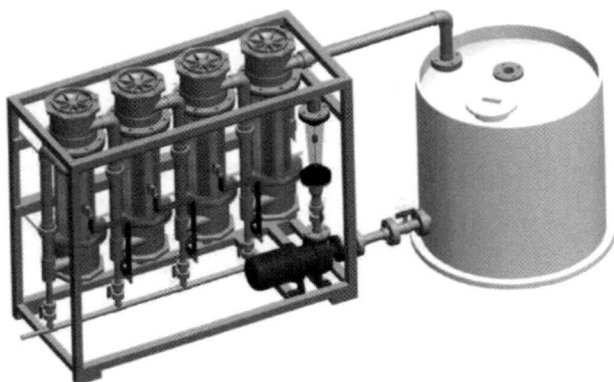

图2　工业生产集成式旋流电积设备示意

由液体动力学可知，当流速为 V_0 的流体平行于电极流动时，电极表面附近的流体均以略小于 V_0 的速度运动，离电极表面距离越远，流速越大，就会产生速度梯度的表面层。速度梯度表面层厚度、表面层外的切向液流速度、距离搅动起点的距离、溶液的动力黏滞系数分别用 $\delta_表$、V_0、x、v 表示，具有如下关系：

$$\delta_表 \approx \sqrt{\frac{vx}{V_0}} \tag{1}$$

从式(1)中可以看出，在表面层中，距离搅动点越远，$\delta_表$ 也越大。而电极表面由于扩散产生浓度梯度的扩散层厚度 δ 要比溶液速度梯度表面层厚度 $\delta_表$ 小得多，旋流电积过程中，距离电极表面大于 δ 的电解液流速较大，不会产生浓差极化。δ 和 $\delta_表$ 同属于电极表面，两者之间存在的近似关系如下：

$$\delta/\delta_表 \approx (D_i/v)^{\frac{1}{3}} \tag{2}$$

$$\delta \approx \delta_表 D_i^{\frac{1}{3}} v^{-\frac{1}{3}} \tag{3}$$

将式(1)代入式(3)，可得：

$$\delta \approx D_i^{\frac{1}{3}} v^{\frac{1}{6}} x^{\frac{1}{2}} V_0^{-\frac{1}{2}} \tag{4}$$

扩散电流密度 i_d 可表示为：

$$i_d = nFD_i(C_i^0/\delta) \tag{5}$$

根据式(4)可得：

$$i_d \approx nFD_i^{\frac{2}{3}} v^{-\frac{1}{6}} x^{-\frac{1}{2}} V_0^{\frac{1}{2}} C_i^0 \tag{6}$$

其中 D_i 为金属离子 i 扩散系数；n 为电子转移数；F 为法拉第常数；C_i^0 为离子初始浓度。由式(6)可知，扩散电流密度与切向流速的平方根成正比，因此，旋流电积技术通过加快电解液流速提高电积极限电流密度而提高电积生产效率，也可以加强液相传质，保证电极附近电解液中的金属离子始终保持较高的浓度,有效避免杂质离子的析出。

2　旋流电积在重金属冶金中的应用

在常规冶炼工艺中,几乎所有的重金属都可以用水溶液电积或电解精炼的方法进行提取和提纯[3]。因此,旋流电积技术应用于重金属的分离回收具有良好的理论基础。

2.1　铜、镍、钴的分离提取

重金属铜、镍、钴电极电位较高,适合电积生产。旋流电积技术广泛应用于铜、镍、钴分离与高值回收,并已经投入产业化[4-6]。

电镀污泥、电镀废水中铜、镍等重金属含量高,具有回收价值。其传统处理方法流程长、成本高,金属回收率低[7, 8],郭学益等[9]采用酸性浸出–旋流电积技术回收电镀污泥中的铜和镍,工艺流程如图 3 所示,硫酸浸出得到含铜、镉、镍的浸出液,两段旋流电积铜、镍纯度均大于 99.95%,电流效率分别为 80%,88%,整个流程铜直收率达到 99%,镍直收率达到 93%。韩科昌[10]旋流电积直接处理电镀废水,研究了脱铜提镍的效果,优化条件下铜脱除率超过 99%,但由于电镀废水溶液复杂,副反应多,电流效率低于 50%,镍回收率超过 90%,电流效率 80%以上。

水钴矿中铜、钴品位高,其传统处理工艺浸出选择性一般,净化工序烦琐

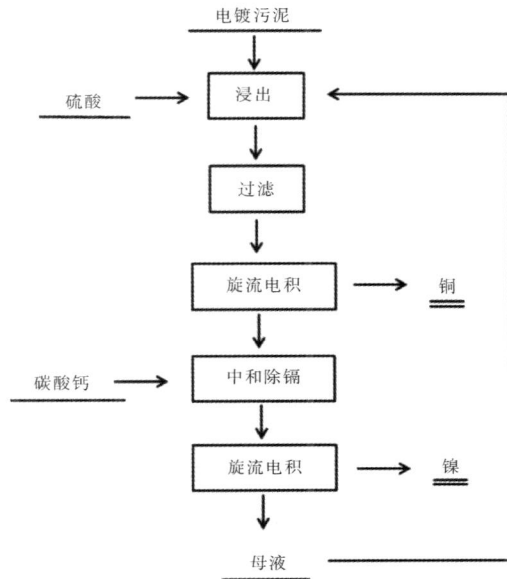

图 3　电镀污泥中回收铜、镍工艺流程

且设备复杂[11]。郭学益等[12]采用还原酸浸结合多段旋流电积提取水钴矿中的铜和钴,硫酸和亚硫酸钠为浸出剂,一段电积控制终点 Cu^{2+} 浓度 3 g/L,得到纯度99.95%的阴极铜,电流效率97.73%;电积脱铜后在电流密度 360 A/m^2,循环流量 400 L/h 条件下提取钴,阴极钴纯度99.87%,电流效率95.5%,整个工艺流程铜、钴直收率分别达到98.23%、94.55%。此工艺流程短,直收率高,省去中间除铁工序,直接得到高品质金属。

湿法炼锌过程产生的铜镉渣是一种重要的铜二次资源。Li 等[13]通过硫酸浸出–旋流电积工艺处理铜镉渣,浸出过程添加过氧化氢,不进行净化或浓缩工序,直接旋流电积含铜浸出液,电流密度 400 A/m^2,循环流量 700 L/h,可得到纯度大于99.6%的阴极铜,电流效率超过97%,此工艺处理铜镉渣流程简单、效率高、成本低。

红土镍矿是重要的镍资源,传统的火法、湿法工艺均有各自缺点[14]。Sudibyo 等[15]采用柠檬酸浸出–溶剂萃取–旋流电积新工艺处理低品位红土镍矿,工艺流程如图 4 所示,萃取分离浸出液中的镍和钴,含镍水相中加入硼酸减少析氢反应,然后直接旋流电积,可得到高品

质阴极镍产品。同样的，石文堂[16]对浸出、萃取得到的低浓度镍溶液直接旋流电积，优化条件电解液温度 60℃，电流密度 300 A/m²，循环流量 400 L/h，可得到纯度 99.96% 的阴极镍，电流效率 93.8%，镍的直收率 93.6%。

除了固体物料，旋流电积也用于高镍锍加压浸出液[17]、铜阳极泥分铜液[18]中有价金属的回收。曹康学等[17]旋流电积高镍锍加压浸出液，得到纯度 99.95% 的标准阴极铜，阳极得到当量的酸，可循环利用，全流程镍的浸出率提高 1.5%。王功强等[19]两段旋流电积处理阳极泥浸出分铜液，分别得到标准阴极铜和粗铜，电流效率分别为 93% 和 85%，整个过程铜回收率达到 99.7%。

综上可知，旋流电积技术对重金属铜、镍、钴选择性强，可提高金属回收率并缩短工艺流程，提高生产效率，得到高纯度金属产品，已投入工业化生产，但由于电极槽的封闭性阴极产品的获取难度大，自动化水平低，电解液的不断冲刷导致阳极寿命较短，因此，提升电积设备自动化水平，研发新型阳极材料有利于实现旋流电积技术的工业化。

2.2 其他重金属的分离提取

旋流电积技术对电解液中主金属与杂质金属电位差的要求更低，对金属具有广泛的适用性。因此，旋流电积也用于其他重金属如锑、铋、锌、锡的回收。

锑金矿是重要的黄金资源，也是锑的重要来源。常规工艺难以有效分离矿石中的锑和金，旋流电积技术被用于处理锑金矿浸出液[20]。Yang 等[21]开发了碱性浸出-旋流电积新技术处理锑金矿，工艺流程如图 5 所示，以硫化钠和氢氧化钠为浸出剂，固液分离后得到含锑溶液和金精矿，实验研究了不同浓度锑溶液旋流电积效果，结果表明，锑产品纯度高于 95%，电流效率最高达到 70%，电耗最低为 4269 kW·h/t。综合比较，旋流电积锑产品纯度和电流效率不高，但该工艺浸出率高、选择性好、回收率较高，技术指标优于传统电积，技术指标对比见表 1。

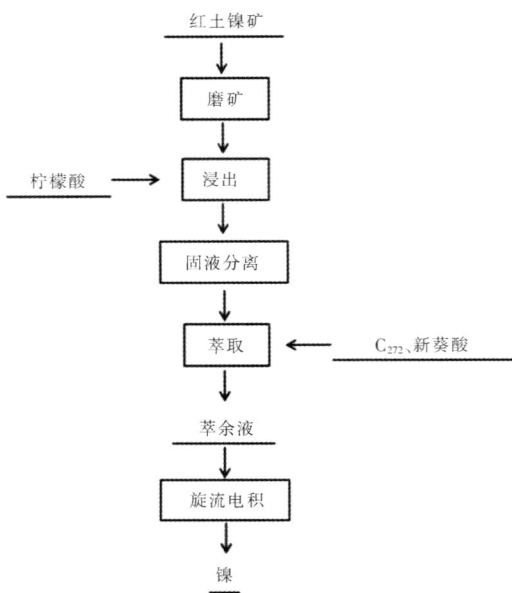

图 4 红土镍矿中提镍工艺流程

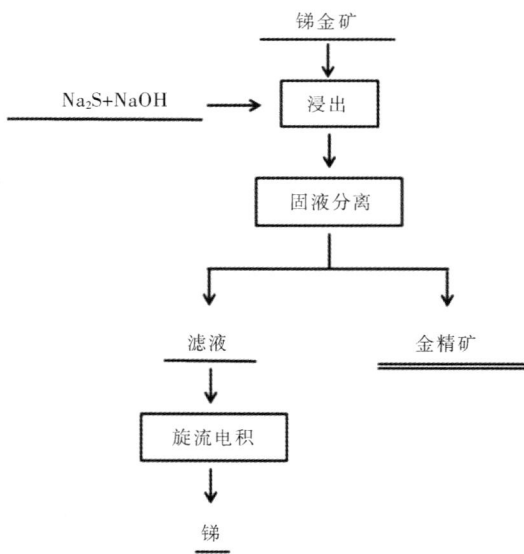

图 5 锑金矿提取锑工艺流程

表 1　旋流电积锑与传统电积技术指标对比[21]

电积类别	起始锑浓度 /(g·L⁻¹)	终点锑浓度 /(g·L⁻¹)	时间 /h	电流密度 /(A·m⁻²)	锑纯度 /%	能耗 /(kW·h·t⁻¹)
旋流电积	10.83	4.85	5	210	97.42	3579
平板电积	16.75	16.00	24	470	96.40	4467

Jin 等[22]开展了旋流电积从脱铜后的铜电解废液中回收铋的研究，以配制的硝酸铋溶液为电解液，电流密度 350 A/m² 时，电积 20 min 后 94.9% 的铋在阴极析出，电流效率为 76.7%；以铜电解废液为电解液，先在 75 A/m² 电流密度下脱除大部分铜，然后在 350 A/m² 电流密度下回收铋，可以回收 93.4% 的铋，综合电流效率达到 62%，得到纯度为 98% 的铋粉，回收效果明显提升。

此外，旋流电积技术还用于锌、锡从低浓度溶液中的提取。Treasure 等[23]以低浓度硫酸锌溶液为电解液进行旋流电积实验，在低锌浓度、高电流密度条件下，仍能保持高电流效率达到 87.7%，旋流电积一步得到高品位锌产品，大大缩短生产周期和成本。Kang 等[2]以低浓度硫酸锡溶液为电解液进行旋流电积，研究结果表明旋流电积可以从低浓度锡溶液中回收金属锡，锡回收率和电流效率均明显提升。

3　旋流电积在贵金属冶金中的应用

电积法是贵金属精炼及高纯化过程的重要工序，针对传统电积的缺点，旋流电积技术开始用于金、银、铂、钯等贵金属的提取，并已经初步实现工业化[24]。

置换法回收银电解废液中的银，尾液净化难度大，回收成本高，得到的银产品纯度低。针对一系列问题，国内开展了旋流电积处理银电解废液的研究，陈杭等[25]采用两段旋流电积回收银电解后液中的银，工艺流程如图 6 所示，一段电积得到 99.99% 银粉，电流效率 64%；为了减弱阴极枝晶生长的影响，二段电积降低电流密度，可得到 99.9% 粗银粉，平均电流效率 58.6%，两段电积银的直收率达到 96.63%。电积尾液用氢氧化钠中和沉淀，中和尾液送环保车间处理，中和渣返回铜阳极泥酸浸工序。此工艺对银离子具有良好的选择性，回收率高，尾液处理

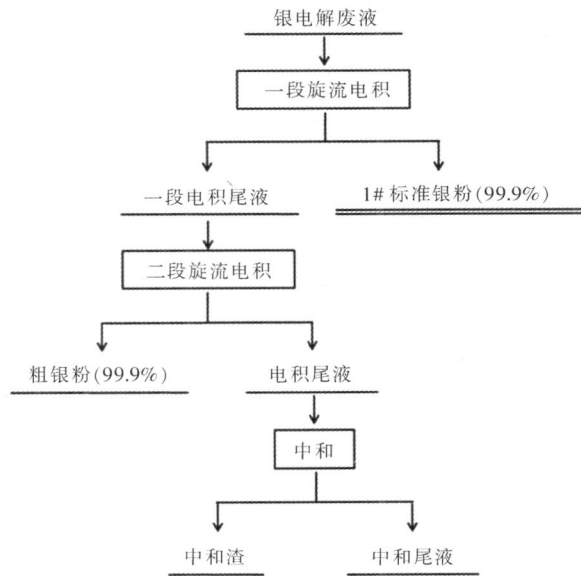

图 6　旋流电积回收银电解废液中银工艺流程

方便。

刘发存等[26]使用旋流电积技术直接处理银电解废液，为防止Pb^{2+}对银沉积的影响，先在200~400 A/m^2的电流密度下电积除杂，然后两段旋流电积回收银，得到纯度为98.72%~99.43%的阴极银，终点Ag^+浓度小于0.001 g/L，达到废水外排的标准。同样的，胡雷等[18]旋流电积银电解废液得到纯度大于98.8%的阴极银。旋流电积处理银电解废液，可以简化流程，降低成本，提高直收率。

国外学者针对铂系金属的旋流电积开展了一系列研究，Kim等[27]使用旋流电积技术从H_2PtCl_6与盐酸的混合溶液中电积单质铂，研究了电积过程的电化学行为，电解液流速3 m/s，电压2 V，pH为3的条件下，90%的铂1 h内在阴极沉积，2 h后铂沉积率达到95%。Kim等[28]以氯化钯和盐酸混合液为电解液，旋流电积1 h钯的沉积率可达到99%，阴极得到纯度大于99.9%的钯粉末，但电流效率较低仅为37%，需要进一步优化提高。

贵金属电极电位高，电积过程中会优先在阴极析出，旋流电积技术的应用可以提高电流密度和生产效率，降低尾液中浓度，得到高纯度产品，增加效益，适合工业化生产。但贵金属生产中溶液含量低，直接电积易发生析氢反应，降低电流效率，其次，贵金属电解液多为氯化盐体系，电积时阳极会发生析氯反应产生氯气污染。

4 旋流电积在稀散金属冶金中的应用

稀散金属因其优良的物理、化学性能成为半导体、电子光学等战略性新兴产业发展的基础材料。硒、碲等稀散金属元素作为类金属也可以电解生产，为了增强电解液传质，优化电积效果，旋流电积技术被用于硒、碲的分离提取，分别发生如下反应：

$$SeO_3^{2-}+6H^++4e^- \rule{1cm}{0.4pt} Se+3H_2O \qquad (7)$$

$$HTeO_2^++3H^++4e^- \rule{1cm}{0.4pt} Te+2H_2O \qquad (8)$$

现阶段，硫酸化焙烧法制备硒工艺条件控制复杂且操作环境恶劣[29]。研究者提出电积法制备硒，并研究了电沉积制备硒的电化学行为[30, 31]。Wang等[32]开展了旋流电积从含硒0.3 g/L溶液中提取硒的研究，优化条件温度25℃，循环流量5 L/min，电流密度18.75 A/m^2，90 min内成功回收97.6%的硒并得到纳米级多孔硒产品。之后旋流电积脱铜含硒铜电解液，在上述优化条件下电积90 min，硒回收率达到85%。

近年来，国内外对电积法制备碲进行了大量研究，取得了较多成果[33, 34]。但是亚碲酸钠体系中电积制备碲周期长、产能低，电流效率、碲回收率也需提高。Jin等[35]以盐酸和亚碲酸钠混合液为电解液，采用旋流电积法制备碲粉，实验结果表明，碲在盐酸体系中迁移率高，具有良好的电化学行为，旋流电积可以强化传质，减少析氯反应和TeO_2副反应，在电流密度350 A/m^2，循环流量5 L/min条件下成功获得粒径均匀的碲粉，回收率为96.1%，电流效率84.3%。

旋流电积分离提取稀散金属是一个新的研究方向，从已有文献可知，旋流电积技术可以实现稀散金属在稀溶液中的沉积且回收率较高，也可以降低对电解液中杂质含量的要求，但由于稀散金属电极电位极低，电解液中析出电位高于主金属电位的杂质含量，仍需保持较低水平，电积前净化工序烦琐，还需进行工业化试验。

5　旋流电积在溶液净化除杂中的应用

有色金属湿法冶金过程中，会产生大量的废水、废液、废酸，其中含有重金属离子及大量污染物，需净化达标后才能排放，旋流电积技术开始应用于溶液净化除杂领域。

粗铜中砷、锑、铋等杂质电位与铜相近，随着精炼的进行，电解液中砷、锑、铋不断积累，需进行净化脱杂。田庆华等[36]采用旋流电积技术对高砷铜电解废液进行脱杂，电积过程中，铜、铋首先析出，然后铜与砷、锑在阴极共沉积，发生如下反应：

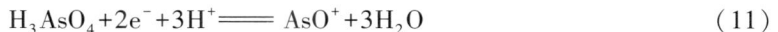

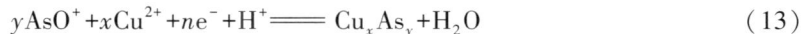

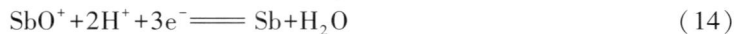

$$Cu^{2+}+2e^- \rightleftharpoons Cu \tag{9}$$
$$BiO^+ + 2H^+ + 3e^- \rightleftharpoons Bi + H_2O \tag{10}$$
$$H_3AsO_4 + 2e^- + 3H^+ \rightleftharpoons AsO^+ + 3H_2O \tag{11}$$
$$AsO^+ + 2H^+ + 3e^- \rightleftharpoons As + H_2O \tag{12}$$
$$yAsO^+ + xCu^{2+} + ne^- + H^+ \rightleftharpoons Cu_xAs_y + H_2O \tag{13}$$
$$SbO^+ + 2H^+ + 3e^- \rightleftharpoons Sb + H_2O \tag{14}$$

实验结果表明 Cu^{2+} 浓度是杂质脱除的关键，电积过程中添加硫酸铜控制 Cu^{2+} 浓度 1~3 g/L，电流密度 500 A/m²，循环流量 250 L/h 条件下，砷、锑、铋脱除率分别达到 90.56%、98.90%、99.99%。中试试验中，加入硫酸铜保持废液 Cu^{2+} 浓度为 2~3 g/L，砷、锑、铋脱除率分别为 89.30%、80.00%、99.99%，脱杂效果显著，脱杂产物黑铜渣中铜砷比为 0.5，远低于常规法，电积过程不产生砷化氢气体，安全环保。将旋流电积技术应用于铜电解液净化的工业生产中[37]，能耗、后序处理、设备维护、经济效益、环保效益等各项指标均优于传统工艺。

彭富超等[38, 39]将旋流电积技术应用于锌冶炼污酸中铜砷的脱除，研究表明，污酸中 Cu^{2+} 浓度对脱砷影响大，Cu^{2+} 的存在保证铜砷的共同析出，电解液温度 25℃，电流密度 500 A/m²，循环流量 250 L/h 时，保证初始 Cu^{2+} 浓度 3 g/L，砷脱除率可达 71.42%，脱砷产物砷渣中铜砷比为 0.65，降低渣含铜量。

综上可知，旋流电积对电解液要求低、适用性广，在溶液净化除杂应用中有着无可比拟的优势。相比传统工艺，旋流电积净化废液效果明显，杂质脱除率高且安全环保。但是，由于废液中含有多种杂质离子，溶液体系复杂，电积净化过程中杂质离子共沉积，会发生大量副反应，降低电流效率，难以得到高值化脱杂产物，产物需进一步处理。

6　结论

旋流电积技术在有色冶金尤其重金属、贵金属、稀散金属的分离提取和溶液净化除杂领域具有广泛的适用性，相比传统电积，其优点如下：

（1）电解液要求低，从低浓度、复杂溶液中高效选择性地提取金属，金属直收率高；

（2）强化电解液传质，减少杂质影响，消除或降低浓差极化，阴极产品纯度高；

（3）提高电流密度和电流效率，降低槽电压，减少能耗，降低成本。

近年来，旋流电积技术的应用领域不断拓宽，各项研究取得了较多成果，但是，对于某些应用也存在产生有害气体，副反应多，前序复杂等缺点。另外，工业生产中旋流电积设备自动化水平有待提高，阳极寿命短的问题也亟待解决，很多金属的旋流电积制备处于实验室阶段，需进行工业化试验。

未来可进一步拓宽旋流电积在有色冶金中的应用领域，如贵金属金，稀散金属镓、铟、铊等，同时致力于实现现有应用的工业化生产并针对性地研发电极材料提升电积效果，此外，提高工业设备自动化水平，延长设备使用寿命对旋流电积技术的工业化具有重要意义。

参考文献

[1] Barr N. Metal recovery apparatus. US：5529672[P]. 1996.

[2] Kang M S, Cho Y C, Ahn J W, et al. Electrowinning of tin fromacidic sulfate effluents using a cyclone electrolytic cell[J]. Journal of the Korean Institute of Resources Recycling, 2016, 25(2)：25-32.

[3] 蒋汉瀛. 冶金电化学[M]. 北京：冶金工业出版社，1983.

[4] Roux E, Gnoinski J, Ewart I, et al. Cu-removal from the Skorpion circuit using emew R technology[C]//The Southern African Institute of Mining and Metallurgy. Swakopmund：The Fourth Southern African Conference on Base Metals，2007：27-44.

[5] Escobar V, Treasureand T, Dixon R E. High current density emew R copper electrowinning[J]. Electrometallurgy and Environmental Hydrometallurgy, 2003, 2：1369-1380.

[6] Wang S J. Novel electrowinning technologies：The treatment and recovery of metals from liquid effluents[J]. JOM, 2008, 60(10)：41-45.

[7] 吴青谚，张贵清. 从镍电镀污泥回收的硫酸镍溶液的深度净化[J]. 有色金属科学与工程，2016，7(5)：26-32.

[8] 钟雪虎，焦芬，覃文庆，等. 电镀污泥处理与处置方法概述[J]. 电镀与涂饰，2017，36(17)：948-953.

[9] 郭学益，石文堂，李栋，等. 采用旋流电积技术从电镀污泥中回收铜和镍[J]. 中国有色金属学报，2010，20(12)：2425-2430.

[10] 韩昌科. 电镀废液旋流电解提镍工艺与中试试验研究[D]. 衡阳：南华大学，2018.

[11] 赵中伟，王多冬，陈爱良，等. 从铜钴合金及含钴废料中提取钴的研究现状与展望[J]. 湿法冶金，2008，27(4)：195-199.

[12] 郭学益，姚标，李晓静，等. 水钴矿中选择性提取铜和钴的新工艺[J]. 中国有色金属学报，2012，22(6)：1778-1784.

[13] Li B, Wang X B, Wei Y G, et al. Extraction of copper from copper and cadmium residues of zinc hydrometallurgy by oxidation acid leaching and cyclone electrowinning[J]. Minerals Engineering, 2018, 128：247-253.

[14] 李金辉，李洋洋，郑顺，等. 红土镍矿冶金综述[J]. 有色金属科学与工程，2015，6(1)：35-40.

[15] Sudibyo, Hermida L, Junaedi A, et al. Application of taguchi optimisation of electro metal-electro winning (emew) for nickel metal from laterite[C]//Proceedings of the 3rd International Symposium on Applied Chemistry 2017. New York：American Institute of Physics, 2017, 1904(5)：020004.

[16] 石文堂. 低品位镍红土矿硫酸浸出及浸出渣综合利用理论及工艺研究[D]. 长沙：中南大学，2011.

[17] 曹康学，李少龙，邓涛，等. 艾妙电解技术在高镍锍加压氧浸液中脱铜的试验研究[J]. 中国有色冶金，2011，40(4)：63-65.

[18] 胡雷，沈李奇，佟永明，等. 旋流电解技术在处理铜阳极泥过程中的运用[J]. 有色冶金设计与研究，2015(4)：33-35.

[19] 王功强，何桂荣. 旋流电积技术在铜陵有色稀贵分公司阳极泥浸出分铜液电积中的应用[J]. 有色金属

工程，2015，5(6)：32-35.

[20] 胡一航，孙留根，杨永强，等. 锑金矿旋流电解试验[J]. 有色金属(冶炼部分)，2018(1)：20-24.

[21] Yang W J, Sun L G, Hu Y H, et al. Cyclone electrowinning of antimony from antimonic gold concentrate ores [C]//KIM H. Rare Metal Technology 2018. Switzerland：Springer Nature, 2018：143-154.

[22] Jin W, Laforest P I, Luyima A, et al. Electrolytic recovery of bismuth and copper as a powder from acidic sulfate effluents using an emew R cell [J]. RSC Advances, 2015, 62 (5)：50372-50378.

[23] Treasure P A. Electrolytic zinc recovery in the emew R Cell [C].//STEWART D L. Minerals Metals & Materials Society. New York：John Wiley & Sons Inc, 2013：185-191.

[24] Mooiman M B, Ewart I, Robinson J. Electrowinning precious metals from cyanide solution using ewem technology [EB/OL]. https：//pdfs. semanticscholar. org/9917/d517437975f7ab2718308143a69f9706a4df. pdf.

[25] 陈杭，林泓富，衷水平，等. 银电解后液旋流电积处理工艺研究[J]. 有色金属(冶炼部分)，2018(10)：54-57.

[26] 刘发存，马玉天，张燕，等. 采用旋流电解技术从银电解废液中提取 1# 银的工艺研究[J]. 贵金属，2013，34(增刊1)：13-16.

[27] Kim S K, Lee C K, Lee J C, et al. Electrowinning of platinum using a modified cyclone reactor[J]. Resources Processing, 2004, 51(1)：48-51.

[28] Kim Y U, Cho H W, Lee H S, et al. Electrowinning of palladium using a modified cyclone reactor[J]. Journal of Applied Electrochemistry, 2002, 32(11)：1235-1239.

[29] 李栋，徐润泽，许志鹏，等. 硒资源及其提取技术研究进展[J]. 有色金属科学与工程，2015，6(1)：18-23.

[30] Lai Y Q, Liu F Y, Li J, et al. Nucleation and growth of selenium electrodeposition onto tin oxide electrode[J]. Journal of Electroanalytical Chemistry, 2010, 639(1/2)：187-192.

[31] Maranowski B, Strawski M, Osowiecki W, et al. Study of selenium electrodeposition at gold electrode by voltammetric and rotating disc electrode techniques[J]. Journal of Electroanalytical Chemistry, 2015, 752：54-59.

[32] Wang Y T, Xue Y D, Su J L, et al. Efficient electrochemical recovery of dilute selenium by cyclone electrowinning[J]. Hydrometallurgy, 2018, 179：232-237.

[33] Fan Y Y, Jiang L X, Yang J, et al. The electrochemical behavior of tellurium on stainless steel substrate in alkaline solution and the illumination effects[J]. Journal of Electroanalytical Chemistry, 2016, 771：17-22.

[34] Zhong J, Wang G, Fan J L, et al. Optimization of process on electrodeposition of 4N tellurium from alkaline leaching solutions[J]. Hydrometallurgy, 2018, 176：17-25.

[35] Jin W, Su J L, Chen S F, et al. Efficient electrochemical recovery of fine tellurium powder from hydrochloric acid media via masstransfer enhancement [J]. Separation & Purification Technology, 2018, 203：117-123.

[36] 田庆华，张镇，李晓静，等. 高砷铜电解液中旋流电积脱杂[J]. 中国有色金属学报，2018，28(8)：153-160.

[37] 邓涛，沈李奇，佟永明，等. 旋流电解技术在铜电解净化生产中的运用[J]. 有色冶金设计与研究，2013，34(5)：22-25.

[38] 彭富超. 旋流电解技术净化高砷污酸的工艺研究[D]. 北京：北京有色金属研究总院，2016.

[39] 彭富超，徐政，纪仲光，等. 旋流电解技术脱除污酸中铜砷的研究[J]. 稀有金属，2017，41(4)：410-415.

铜阳极泥处理过程中贵金属的行为

摘要：针对某有色金属公司在铜阳极泥回收处理过程中出现的铂、钯金属回收率低，金的直收率不够高等情况，应用物质流方法对其处理铜阳极泥中的金、银、铂、钯等贵金属的行为进行研究。结果表明：在目前阳极泥处理工艺中，金、银的分布比较集中，粗金粉富集了阳极泥中近88%（质量分数）的金；97%左右的银集中于粗银粉中；铂与钯分布较分散，铂钯精矿、沉氯化银后液、析铂钯后液以及分银渣中都含有金属铂和钯，其含量都分别在53%、14%、26%和8%左右。

铜阳极泥是在电解精炼粗铜时得到的不溶物，它的产率一般为电解铜产量的0.2%~1.0%[1]，因其中含有大量的贵金属和稀有元素而成为提取稀贵金属的重要原料[2]。合理综合处理铜电解阳极泥不仅可实现资源综合利用，同时具有明显的经济效益和社会效益。

众所周知，阳极泥处理的效益首先来自金银铂钯等贵金属的高效回收。某有色金属公司在铜阳极泥的处理过程中出现了铂、钯金属回收率低，金的直收率不够高等情况。为此，本文作者应用物质流方法[3-11]对该铜阳极泥处理过程中金、银、铂、钯等元素的行为进行研究，旨在明晰这些元素的分布与走向，从而为确定综合回收方案，实现铜阳极泥高效综合利用提供理论指导。

1　实验

本研究是以某有色金属公司自产的铜阳极泥为原料，通过在实验室对该公司的铜阳极泥处理工艺（见图1）的主要过程如焙烧工序、分铜工序、分金工序和分银工序等进行工艺模拟实验，准确测量各个工序所得实验产物的质量或体积，即固相产物的质量和液相产物的体积，并将所得产物进行元素含量检测，最后再对测量和元素含量检测结果进行分析、计算处理，得出金、银、铂、钯等元素的分布走向图，从而在此物质流分析研究的基础上，为铜阳极泥处理工艺的改进提供指导。

1.1　焙烧工序

铜阳极泥的成分因厂家使用的原料、生产工艺和操作不同而不同[12]。本研究所选取的铜阳极泥中金、银、铂、钯的含量如表1所列。将1000 g铜阳极泥样品配加500~600 g浓硫酸（98%），搅拌浆化2~3 h后进行焙烧，温度控制在600~700℃。焙烧后所得的蒸硒渣和粗硒的产量分别为1100 g和340 g，产物中元素成分见表1所列，由此可以分别计算出蒸硒渣和粗硒中金、银、铂、钯等元素的质量，然后再根据式（1）计算得到各元素在焙烧工序产物中的实际分配比，结果如表2所列。

本文发表在《中国有色金属学报》，2010，20(5)：990-998。合作者：肖彩梅，钟菊芽。

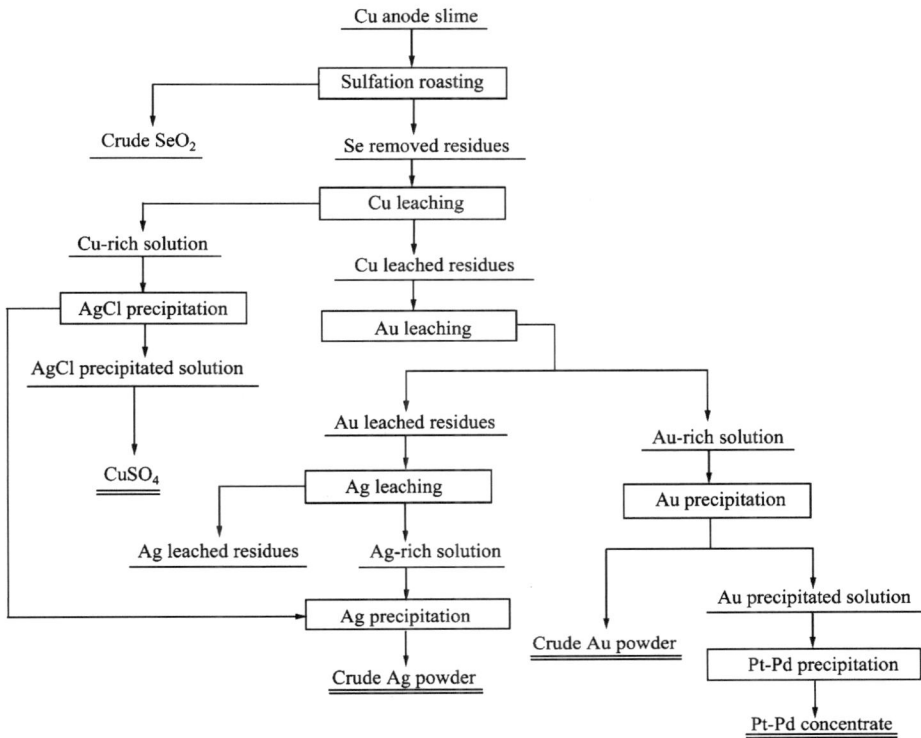

图 1　铜阳极泥处理工艺流程图

表 1　焙烧工序中元素含量

Sample	$w(Au)/(kg \cdot t^{-1})$	$w(Ag)/(kg \cdot t^{-1})$	$w(Pt)/(g \cdot t^{-1})$	$w(Pd)/(g \cdot t^{-1})$
Cu anode slime	2.3580	83.211	8.5800	97.86
Se removed residues	1.9006	67.519	7.1500	91.74
Crude SeO$_2$	0.0390	1.517	0.0001	3.59

表 2　焙烧工序中元素的分配比

Sample	Mass fraction/%			
	Au	Ag	Pt	Pd
Se removed residues	99.936	99.930	99.999	99.879
Crude SeO$_2$	0.064	0.070	0.001	0.121

$$R_i = \frac{m_i}{m_{(s+1)}} \tag{1}$$

式中：R 为分配比例；s，1 分别代表固态或液态；m 为物质的质量；i 代表 s 或 1。

1.2 铜的分离

在蒸硒渣中，大部分铜、镍、银等元素已转化成易溶性化合物，用水即可浸出。为了提高浸出率，在浸出液中加入硫酸。通常通过提供足够的氯离子，使以 Ag_2SO_4 形态进入溶液的银生成 AgCl 进入渣中[13]。

1.2.1 酸浸分铜

往烧杯内分别加入 1100 g 蒸硒渣和 150 g H_2SO_4，再加水将固液比控制在 1：4，在 90℃搅拌反应 4 h 后沉降 12 h，再过滤得 4.1 L 分离铜后的溶液。经干燥的分铜渣为 640.6 g，产物的元素含量如表 3 所列。通过结合实物量与金、银、铂、钯等元素的含量，计算得出在酸浸分铜的产物(分铜渣和分铜后液)中各元素的质量，然后再根据式(1)进一步计算出在酸浸分铜阶段各元素在反应产物中的实际分配比，结果见表 4 所列。

表 3　分铜工序中元素含量

Sample	$w(Au)/(kg \cdot t^{-1})$	$w(Ag)/(kg \cdot t^{-1})$	$w(Pt)/(g \cdot t^{-1})$	$w(Pd)/(g \cdot t^{-1})$
Se removed residues	1.90060	67.5190	7.15000	91.74000
Cu leached residues	3.05700	73.9310	15.28500	185.50200

Sample	$\rho(Au)/(g \cdot L^{-1})$	$\rho(Ag)/(g \cdot L^{-1})$	$\rho(Pt)/(mg \cdot L^{-1})$	$\rho(Pd)/(mg \cdot L^{-1})$
AgCl	0.00520	695.8970	0.00007	0.00067
Cu-rich solution	0.00004	5.6870	0.37400	4.58300
AgCl precipitated solution	0.00007	0.0002	0.00700	0.16670

表 4　分铜工序中元素的分配比

Sample	Mass fraction/%			
	Au	Ag	Pt	Pd
Cu leached residues	99.992	66.979	86.424	86.329
Cu rich solution	0.008	33.021	13.576	13.671
AgCl	27.754	99.997	0.032	0.004
AgCl precipitated solution	72.246	0.003	99.968	99.996

1.2.2 氯化沉淀银

将过量的 NaCl 加入分铜后的溶液中，搅拌反应 0.5 h，生成 AgCl 沉淀，经过滤、干燥得 36.7 g 氯化银和 3.8 L 沉氯化银后液，产物元素含量如表 5 所列。同理，根据式(1)，由实物量和元素含量可以计算得出在氯化沉淀银过程中，各元素在反应产物中的实际分配比，如表 4 所列。

1.3 分金工序

在分金工序的原料中，大部分金仍以金属态存在，除了用 NaCN 作浸出剂提金外，大多采用氯化法，即用氯气或氯酸钠作氧化剂，在 HCl-NaCl 溶液或 H_2SO_4-NaCl 溶液中溶解金。浸金后液通入 SO_2 或加入草酸或亚硫酸钠还原得到金粉[14-15]。

1.3.1 氯化分离金

将酸浸分铜所得的分铜渣(640.6 g)放入烧杯，再分别添加 75 g $NaClO_3$、75 g NaCl 和 75 g H_2SO_4(98%)，加水控制固液比在 1:3.5，在 80~90℃和 pH<3 的条件下搅拌反应 6 h 后沉降 12 h，过滤、干燥得 627.5 g 分金渣和 2.9 L 分金后液，其元素含量如表 5 所列。同理，根据式(1)，由实物量和元素含量可以计算得出在氯化分离金的过程中，各元素在分金渣和分金后液中的实际分配情况，如表 6 所列。

表 5 分金工序中元素含量

Sample	$w(Au)/(kg \cdot t^{-1})$	$w(Ag)/(kg \cdot t^{-1})$	$w(Pt)/(g \cdot t^{-1})$	$w(Pd)/(g \cdot t^{-1})$
Cu leached residues	3.0570	73.93100	15.2850	185.5020
Au leached residues	0.3670	77.91800	3.3990	12.7770
Pt-Pd concentrate	6.541	0.370	316.100	3391.450
Crude Au powder	918.0600	0.01200	0.0001	0.0001
Sample	$\rho(Au)/(g \cdot L^{-1})$	$\rho(Ag)/(g \cdot L^{-1})$	$\rho(Pt)/(mg \cdot L^{-1})$	$\rho(Pd)/(mg \cdot L^{-1})$
Au-rich solution	1.0260	0.00008	7.3190	27.5350
Au precipitated solution	0.0960	0.00010	11.6270	44.7230
Pt-Pd precipitated solution	0.00007	0.00016	1.354	14.524

表 6 分金工序中元素的分配比

Sample	Mass fraction/%			
	Au	Ag	Pt	Pd
Au leached residues	2.808	99.999	8.8270	8.8240
Au-rich solution	97.192	0.001	91.1730	91.1760
Crude Au powder	90.435	10.630	0.0001	0.0001
Au precipitated solution	9.565	89.370	99.9999	99.9999
Pt-Pd concentrate	99.868	95.528	66.9300	66.9450
Pt/Pd precipitated solution	0.132	4.472	33.070	33.0550

1.3.2 硫酸亚钠沉淀金

往氯化分金后的溶液中加入 25 g Na_2SO_3，在 28~29℃搅拌反应 30 min，过滤、干燥得到 1.85 g 粗金粉和 1.87 L 沉金后液，其成分如表 5 所列。同理，根据式(1)，由实物量和元素含量可以计算得出在硫酸亚钠沉淀金过程中，各元素在粗金粉和沉金后液中的实际分配情况，如表 7 所列。

1.3.3 置换铂钯

用 NaOH 调节沉金后液 pH 至 3.0，再添加 8 g 锌粉，常温下搅拌反应 2 h，然后沉降 2 h，过滤、干燥得到 28.5 g 铂钯精矿和 3.1 L 析铂钯后液，其元素成分如表 5 所列。同理，根据式(1)，由实物量和元素含量可以计算得出在析铂钯过程中，各元素在铂钯精矿和析铂钯后液中的实际分配情况，如表 6 所列。

1.4 分银工序

进入分银工序的原料(分金渣)中的银已基本上转化为 AgCl，凡能溶解 AgCl 的溶剂都可作为浸出剂，但工业生产上作浸出剂的只有氨和亚硫酸钠[16-17]。

1.4.1 氨浸分离银

将分金渣 627.5 g 加入烧杯中，加水搅拌 0.5 h 后再用 NaOH 调节 pH 至 7.7~13.5，然后在 2 h 内加入氨水 1.5 L，再搅拌反应 4 h。经过滤、干燥得 499.1 g 分银渣和 3.9 L 分银后液，其元素含量如表 7 所列。同理，根据式(1)，由实物量和元素含量可以计算得出在氨浸分银过程中，各元素在分银渣和分银后液中的实际情况，如表 8 所列。

表 7 分银工序中元素含量

Sample	$w(Au)/(kg \cdot t^{-1})$	$w(Ag)/(kg \cdot t^{-1})$	$w(Pt)/(g \cdot t^{-1})$	$w(Pd)/(g \cdot t^{-1})$
Ag leached residues	0.08100	6.35400	2.2430	6.7670
Crude Ag powder	0.13900	934.48000	0.00001	0.00001

Sample	$\rho(Au)/(g \cdot L^{-1})$	$\rho(Ag)/(g \cdot L^{-1})$	$\rho(Pt)/(mg \cdot L^{-1})$	$\rho(Pd)/(mg \cdot L^{-1})$
Ag-rich solution	0.00001	17.17500	0.0007	0.0007
Ag precipitated solution	0.00001	0.00001	0.00070	0

表 8 分银工序中元素的分配比

Sample	Mass fraction/%			
	Au	Ag	Pt	Pd
Ag leached residues	99.900	4.5300	99.747	99.921
Ag-rich solution	0.100	95.4700	0.253	0.079
Crude Ag powder	99.677	99.9999	0.089	0.089
Ag precipitated solution	0.323	0.0001	99.911	99.911

1.4.2 水合肼沉银

反应温度在 50~70℃时，将在分铜工序中所产生的氯化银添加到分银后液中，再用氢氧化钠来调节分银后液的 pH，调至 pH=14 后添加 60 mL 水合肼。沉淀、过滤、干燥得 75.8 g 粗银粉和 3.2 L 沉银后液，其成分如表 7 所列。同理，根据式(1)，由实物量和元素含量可以计算得出在水合肼还原过程中，各元素在粗银粉和沉银后液中的实际分配情况，如表 8 所列。

2 元素的物质流分析

结合上述铜阳极泥处理过程中各个工序的元素分配情况，可以计算出 100 g 铜阳极泥在处理过程中，每种中间产物中金、银、铂、钯等元素的质量与阳极泥中相应元素的质量之比，即可得出不同产物中各元素占总原料(阳极泥)的比例情况，结果见表 9 所列。

表 9　铜阳极泥处理过程中产物的元素分配表

Sample	Mass fraction/%			
	Au	Ag	Pt	Pd
Cu anode slime	100	100	100	100
Se removed residues	99.9364	99.93010	99.99990	99.87900
Crude SeO$_2$	0.0636	0.06990	0.00010	0.12100
Cu leached residues	99.9279	66.93250	86.42420	86.22400
Cu-rich solution	0.0085	32.99760	13.57580	13.65500
AgCl	0.0042	32.99650	0.00470	0.00050
AgCl precipitated solution	0.0042	0.00100	13.57230	13.65430
Au leached residues	2.8070	66.93200	7.62820	7.60830
Au-rich solution	97.1209	0.00050	78.79490	78.61580
Crude Au powder	87.8307	0.00010	0.00001	0.00001
Au precipitated solution	9.2902	0.00040	78.79490	78.61580
Pt-Pd concentrate	9.2775	0.00040	52.73780	52.62960
Pt-Pd precipitated solution	0.0127	0.00001	26.05710	25.98610
Ag leached residues	2.8027	3.03210	7.60960	7.60230
Ag-rich solution	0.0042	63.89990	0.01980	0.00600
Crude Ag powder	0.004 2	96.89640	0.00100	0.00010
Ag precipitated solution	0.0001	0.00001	0.02330	0.00650

2.1 金与银的元素走向

根据表 9 可绘制得金、银的元素走向分布图，分别如图 2 和图 3 所示。由图 2 可以明显看到，粗金粉富集了阳极泥中近 88% 的金，也就是说在该阳极泥的处理工艺中，金的直收率约为 88%；另外，铂钯精矿和分银渣中也分布了一部分金，分别约为 10% 和 3%。所以，为了提高金的回收率，需要加强对铂钯精矿和分银渣中金的综合回收工作。相对来说，图 3 所示的银分布比较集中，近 97% 的银富集在粗银粉中。

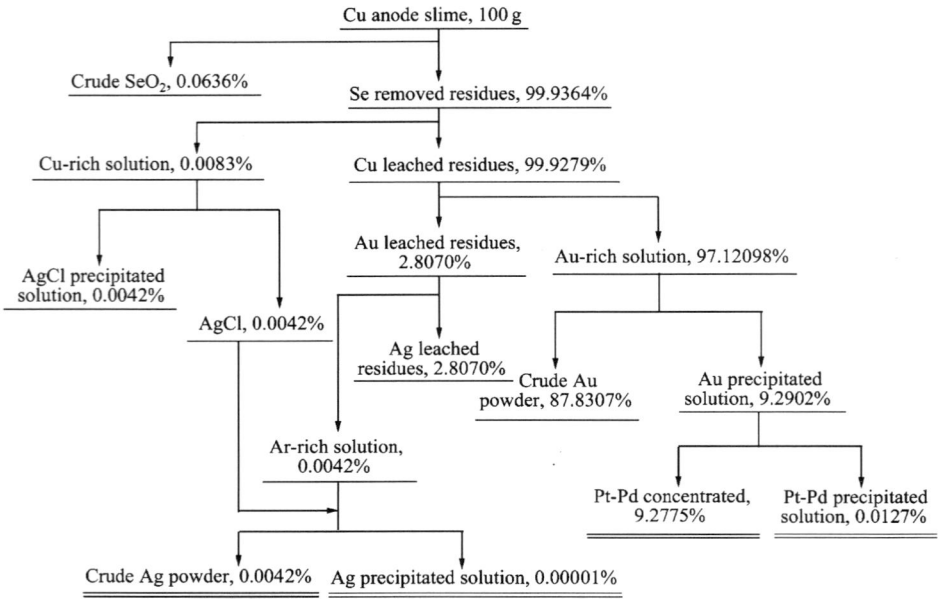

图2　铜阳极泥处理过程中金的分布

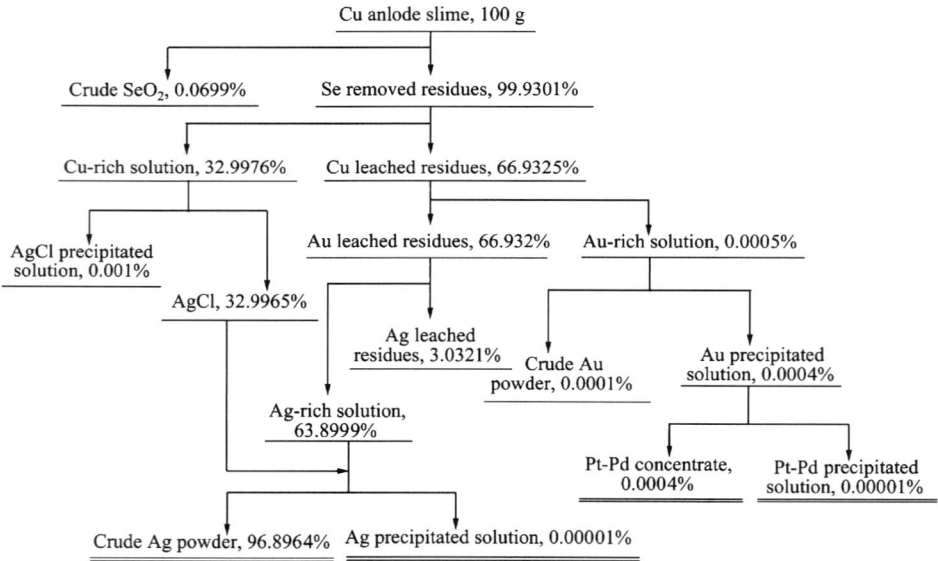

图3　铜阳极泥处理过程中银的分布

2.2　铂与钯的元素走向

　　图4和图5所示分别为铂、钯的走向分布图。由图4和5可以明显看出，铂与钯的直收率比较低，都只有53%左右，未有效回收的铂钯金属主要分散在沉氯化银后液、分银渣、析

铂钯后液中，而且在用锌粉置换铂钯的工艺过程中，铂钯的回收率只有66%。如果要提高铂钯的回收率，提高锌粉置换铂钯的效率是关键的步骤。

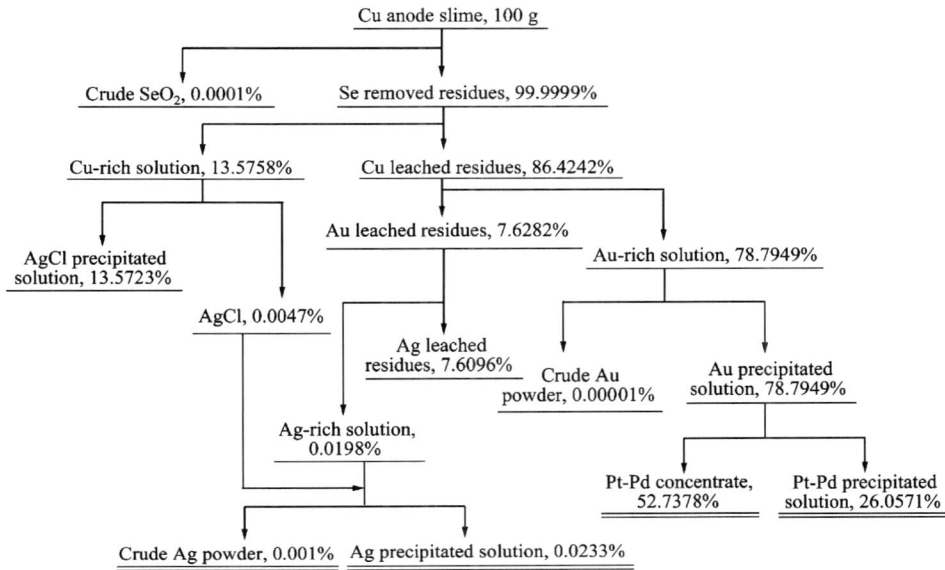

图4　铜阳极泥处理过程中铂的走向与分布

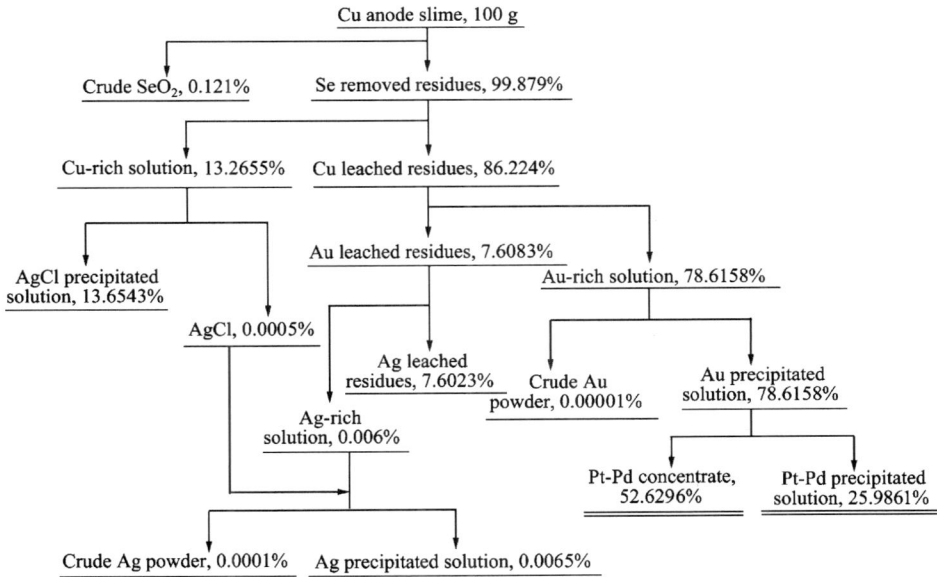

图5　铜阳极泥处理过程中钯的走向与分布

沉金后液中，铂、钯主要以 $PtCl_4^{2-}$、$PdCl_4^{2-}$ 的形式存在。置换过程中除发生式(2)、(3)的反应外，还伴随其他反应的发生[18-24]。

$$PtCl_4^{2-}+Zn \Longrightarrow Zn^{2+}+4Cl^-+Pt \tag{2}$$

$$PdCl_4^{2-}+Zn \Longrightarrow Zn^{2+}+4Cl^-+Pd \tag{3}$$

$$2AuCl_4^-+3Zn \Longrightarrow 3Zn^{2+}+8Cl^-+2Au \tag{4}$$

$$2Bi^{3+}+3Zn \Longrightarrow 3Zn^{2+}+2Bi \tag{5}$$

$$2H^++Zn \Longrightarrow Zn^{2+}+H_2 \tag{6}$$

$$Pt+H^++3Cl^-+HClO \Longrightarrow PtCl_4^{2-}+H_2O \tag{7}$$

$$Pd+H^++3Cl^-+HClO \Longrightarrow PdCl_4^{2-}+H_2O \tag{8}$$

$$Zn+HClO+H^+ \Longrightarrow Zn^{2+}+Cl^-+H_2O \tag{9}$$

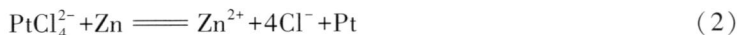

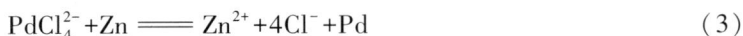

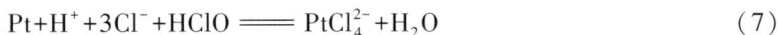

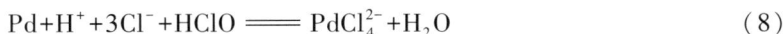

反应（5）的发生，不仅使耗锌量增加，而且使铂钯精矿品位降低。根据 Bi^{3+}、$PtCl_4^{2-}$、$PdCl_4^{2-}$ 水解时的 pH 差异，通过调节溶液酸度可将 Bi 在置换前优先分离：

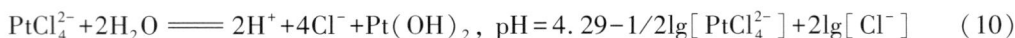

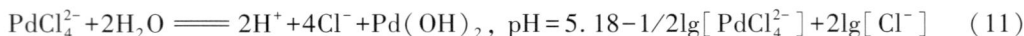

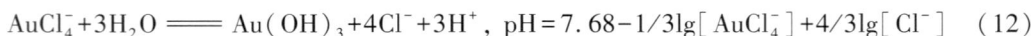

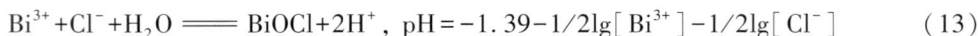

$$PtCl_4^{2-}+2H_2O \Longrightarrow 2H^++4Cl^-+Pt(OH)_2, pH=4.29-1/2lg[PtCl_4^{2-}]+2lg[Cl^-] \tag{10}$$

$$PdCl_4^{2-}+2H_2O \Longrightarrow 2H^++4Cl^-+Pd(OH)_2, pH=5.18-1/2lg[PdCl_4^{2-}]+2lg[Cl^-] \tag{11}$$

$$AuCl_4^-+3H_2O \Longrightarrow Au(OH)_3+4Cl^-+3H^+, pH=7.68-1/3lg[AuCl_4^-]+4/3lg[Cl^-] \tag{12}$$

$$Bi^{3+}+Cl^-+H_2O \Longrightarrow BiOCl+2H^+, pH=-1.39-1/2lg[Bi^{3+}]-1/2lg[Cl^-] \tag{13}$$

因此，金还原后液可先加碱水解沉 Bi，后调整酸度置换 Pt 与 Pd。这样既可优先分离 Bi，又能减慢反应（6）～（9）的反应速度，减少锌的消耗，提高置换效率，实现铂、钯的定量置换。

当然，除了金属杂质 Bi 外，还存在其他杂质元素的影响，有待进一步研究与讨论。另外，沉氯化银后液、析铂钯后液以及分银渣中都含有铂钯金属，其含量都分别在 14%、26% 和 8% 左右，应重视这部分铂钯的回收。

3 结论

（1）根据对某有色金属公司的铜阳极泥处理工艺的实验室模拟研究，得到金、银、铂、钯等元素在整个工艺过程中的分布图及各元素在工艺处理过程中的分布规律以及它们之间的联系。在目前的铜阳极泥处理工艺中，金、银、铂、钯等元素的直收率，分别为 87.83%、96.9%、52.74% 和 52.63%。

（2）金、银的分布比较集中，粗金粉中富集了阳极泥中近 88% 的金，97% 左右的银集中在粗银粉中。

（3）铂钯的分布较分散，铂钯精矿、沉氯化银后液、析铂钯后液以及分银渣中都含有铂钯金属，其含量分别在 53%、14%、26% 和 8% 左右。

（4）采用合适的技术，强化过程操作，促进金、银、铂、钯在各工序中的分离程度是提高这些元素回收的有效途径。

参考文献

[1]柳青，王吉坤. 国内主要厂家阳极泥处理工艺流程改进状况[J]. 南方金属，2008(2)：25-27.

[2]邱光文，徐远志. 高银铜阳极泥湿法处理流程研究[J]. 有色金属设计，2000，27(2)：19-24.

[3]Hansen E, Lassen C. Experience with the use of substance flow analysis in demark[J]. Applications and

Implementation，2003，6(3/4)：201-219.

[4] Lanzano T，Bertram M，Palo M D，Wagner C，Zyla K，Graedel T E．The contemporary European Silver Cycle[J]．Resources，Conservation and Recycling，2006，46(1)：27-43.

[5] Lindqvist A，Malmborg F V．What can we learn from local substance flow analyses? The review of cadmium flows in Swedish municipalities[J]．Journal of Cleaner Production，2004，12(8/10)：909-918.

[6] 郭学益，田庆华．有色金属资源循环理论与方法[M]．长沙：中南大学出版社，2008.

[7] 黄昆，陈景，陈奕然，赵家春，李奇伟，杨秋雪．加压碱浸处理-氰化浸出法回收汽车废催化剂中的贵金属[J]．中国有色金属学报，2006，16(2)：363-369.

[8] Spatari S，Bertram M，Fuse K，Graedel T E，Rechberger H．The contemporary European copper cycle：1-year stocks and flows[J]．Ecological Economics，2002，42(1/2)：27-42.

[9] Spatari S，Bertram M，Fuse K，Graedel T E，Shelov E．The contemporary European zinc cycle：1-year stocks and flows[J]．Resources，Conservation and Recycling，2003，39(2)：137-160.

[10] Daigo I，Hashimoto S，Matsuno Y，Adachi Y．Material stocks and flows accounting for copper and copper-based alloys in Japan[J]．Resources，Conservation and Recycling，2009，53(4)：208-217.

[11] Guo X Y，Song Y．Substance flow analysis of copper in China[J]．Resources，Conservation and Recycling，2008，52(6)：874-882.

[12] 吕高平．铜阳极泥湿法处理工艺的改进与优化[J]．有色冶炼，2003(4)：28-30.

[13] 胡少华．铜阳极泥中金银及有价金属的回收[J]．江西有色金属，1999，13(3)：37-39.

[14] 李运刚．湿法处理铜阳极泥工艺研究——金的选择性浸出[J]．湿法冶金，2000，19(4)：21-25.

[15] 陈庆邦，聂晓军．铜阳极泥湿法回收贵金属工艺研究[J]．黄金，1999，20(5)：38-40.

[16] 李运刚．湿法处理铜阳极泥工艺研究——银的分离[J]．湿法冶金，2001，20(1)：18-21.

[17] 王吉坤，张博亚．铜阳极泥现代综合利用技术[M]．北京：冶金工业出版社，2008.

[18] 胡建辉．从金还原后液中置换铂钯的工艺优化研究[J]．湿法冶金，2000，19(2)：22-25.

[19] 王爱荣，李春侠．从铂钯精矿中回收贵金属工艺选择[J]．安徽化工，2002(5)：11-12.

[20] 蒋志建．从含钯、铜、银等贵金属废料中回收钯和银[J]．湿法冶金，2003，22(3)：155-158.

[21] 张钦发．从铜阳极泥分金钯后的铂精矿中提取分离铂钯金新工艺及萃取机理研究[D]．长沙：中南大学，2007.

[22] 范建雄，肖志德．湿法回收铜阳极泥中的贵金属[J]．矿产综合利用，2000(3)：44-45.

[23] 郑若锋，刘川，秦渝．铜镍电解阳极泥中金、铂、钯的提取试验研究[J]．黄金，2004，25(6)：37-41.

[24] 郑雅杰，郭伟，白猛，杨兴文．氯金酸的制备及其热分解[J]．中国有色金属学报，2006，16(11)：1976-1982.

甘油碘化钾-电解联合法粗铟提纯研究

摘要：采用甘油碘化钾方法有效地除去了粗铟中电位和 In 相近的 Cd、Tl 杂质，确定合适的物料配比为 $m_{铟}$：$m_{甘油}$：$m_{碘化钾}$ = 1：0.3：0.06，按此配方进行试验，除 Cd 率可达 98.6%、除 Tl 率可达 60.3%。将所得铟铸成阳极，在合适的工艺条件下进行电解精炼，可得到纯度为 99.96% 的一次电解铟，经过二次电解后铟的纯度可达到 99.995%。

从铅锌冶炼及其他生产过程中综合回收的粗铟纯度一般在 90%~99%，其中主要的杂质是 Cd、Pb、Sn、Tl、Fe、Zn、Cu、Al 等。由于半导体、电子学等尖端领域技术的发展对铟的纯度提出了越来越高的要求，纯度达到 4N（即 99.99%）以上的铟将具有广阔的市场应用前景。为此，必须对粗铟进行精炼提纯。

目前在生产现场用到的精炼提纯粗铟方法有选择置换法、电解精炼法、化学法、真空蒸馏法等[1-2]。根据韶冶粗铟的成分特点，本研究尝试采用甘油碘化钾-电解联合法提纯粗铟，以制得纯度达 4 N 以上的高纯铟。

1　提纯原理

粗铟在电解精炼之前，须预先采用其他方法除去大部分杂质。其中，粗铟中的 Cd、Tl 是较难除去而对铟的纯度影响较大的杂质元素。在本研究中，采用甘油碘化钾方法除 Cd、Tl。该法是基于 Cd、Tl 在碘化钾的甘油溶液中，碘化钾与 Cd 反应生成 K_2CdI_4 配合物，而和 Tl 生成难溶于水的化合物 TlI，在甘油中 TlI 和 I_2 受热时会形成可溶于甘油的 TlI_3，因此可以较完全地分离铟中的 Cd 和部分的 Tl[1]。甘油碘化钾除 Cd、Tl 的主要反应如下：

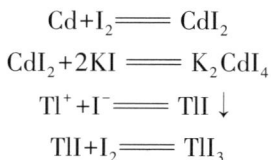

$$Cd+I_2 = CdI_2$$

$$CdI_2+2KI = K_2CdI_4$$

$$Tl^++I^- = TlI \downarrow$$

$$TlI+I_2 = TlI_3$$

铟的电解精炼是粗铟阳极在电解槽中借助直流电的作用进行电化学反应，从阴极上获得纯铟的过程。电解过程的主要反应是：

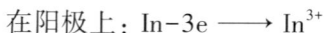

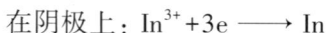

在阳极上：$In-3e \longrightarrow In^{3+}$

在阴极上：$In^{3+}+3e \longrightarrow In$

电解结果是铟在阳极上不断溶解，在阴极上不断析出，而杂质 Cu、As、Bi、Sb、Ag 等大部分进入阳极泥，少部分进入电解液，从而达到提纯铟的目的。

表 1[3] 是铟及粗铟中各金属杂质的标准电位（25℃）。从表中可见，若采用电解提纯铟，标准电位比铟正的杂质如 Cu、As、Bi、Sb、Ag 等，由于其电位值为正，阳极溶化时极化值很

本文发表在《矿冶工程》，2003，23（6）：60-61。合作者：韩翌，李琛，黄凯。

低，这些杂质不会溶解而基本全部进入阳极泥。采用隔膜袋将阳极套住，可防止阳极泥污染电解铟。而标准电位比铟负的杂质如 Al、Fe、Zn 等将与 In 一起在阳极氧化进入电解液中，由于这类杂质负电性大，且浓度较低，一般不会在阴极析出。标准电位和铟接近的杂质如 Cd、Tl、Pb、Sn 电解时难以分开，尤其是 Cd、Tl 电位和 In 相近，最难分开，因此，在电解之前应设法预先将 Cd、Tl 除去。

表 1　铟及其杂质的标准电位 ϕ（25℃）　　　　　　　　　　　　　V

Cu^{2+}/Cu	As^{3+}/As	Bi^{2+}/Bi	Sb^{3+}/Sb	H^+/H	Pb^{2+}/Pb	Sn^{2+}/Sn
0.337	0.3	0.20	0.10	0	−0.126	−0.136
In^{3+}/In	Tl^+/Tl	Cd^{2+}/Cd	Fe^{2+}/Fe	Zn^{2+}/Zn	Al^{3+}/Al	Ag^+/Ag
−0.343	−0.335	−0.403	−0.440	−0.763	−1.662	0.799

2　试验方法

2.1　试验设备和原材料

设备：电解槽、整流器、稳压器、高位槽、有机玻璃酸洗槽、水洗槽、搪瓷容器等。

原材料：粗铟，化学成分见表 2；所用硫酸、盐酸、氯化钠、甘油、碘化钾、碘、明胶等药品均为分析纯。

表 2　粗铟化学成分（质量分数）　　　　　　　　　　　　　　　　　%

In	Pb	Cd	Sn
95.82~97.62	1.63~3.05	0.08~0.23	0.05~0.254
Cu	Tl	Al	Fe
0.022~0.049	0.0024~0.004	0.0017~0.0026	0.0012~0.0023
Zn	As	Sb	Ag
0.00032~0.00036	<0.001	0.29~0.44	<0.0005

2.2　操作方法

将铟放在盛有甘油与碘化钾的平底搪瓷容器内，加热，铟熔化后，在搅拌状态下分批加入 I_2，直至熔液变成棕色且保持不变为止。加热温度控制在 160~180℃，反应时间控制在 15~30 min。反应结束后，待铟冷凝后用热水洗涤，再用稀盐酸浸洗及用蒸馏水清洗干净，烘干后称重取样，熔铸成阳极板，备一次电解用。

称取一定质量的粗铟，熔化浇铸成薄片状，放于高浓度硫酸中加热至 80℃，铟溶解完全后过滤，用蒸馏水将滤液稀释后用较高纯度的铟板置换其中的 Pb、Sn 等杂质。净化后的溶液配制成电解液。在本试验中采用的电解液基本组成为 In 70~100 g/L，NaCl 70~100 g/L。为了获得高纯电解铟，对电解液中的 Pb、Cd、Sn 等杂质的含量要严格控制在：Cd<1 g/L，Pb

<10 mg/L，Sn<10 mg/L。为了获得致密平整的阴极电解铟，电解液中还需含 0.5 g/L 的明胶。

铸好的阳极板用 pH=1 的稀盐酸泡洗后，再用蒸馏水洗净，晾干，称重后放入电解槽里准备好的隔膜袋中。阴极片则先除去表面的氧化膜后，再放入电解槽中。严格控制电流密度、槽电压、电解液温度、pH 等操作参数进行电解试验。电解结束后将阴极片洗涤、剥片、冲洗后烘干、称重，取样送分析检测，剩余部分熔铸成阳极板以供二次电解用。

2.3　分析方法

对电解铟及铟锭中 Cd、Pb、Sn、Tl、Fe、Zn、Cu、Al 等杂质的含量，采用国家标准（GB 8221.1~8221.6—87）规定的方法进行分析检测，铟含量为 100% 减去实测杂质总含量。

粗铟中的铟采用容量法直接滴定分析测定；凡低含量的铟及其杂质采用原子吸收光谱法测定。

3　试验结果与讨论

3.1　甘油、碘化钾(KI)配比的确定

每次试验称取粗铟约 300 g，加热温度为 160~180℃，搅拌反应时间为 20 min，终点以溶液变成棕色且保持不变为准。图 1、图 2 分别是甘油和 KI 用量对除 Cd 率、除 Tl 率的影响曲线。从图中可见，随着甘油和 KI 用量的增加，除 Cd、Tl 率增加。由此可以确定具有较好除 Cd、Tl 效果时铟原料与试剂用量配比约为：$m_{铟}:m_{甘油}:m_{碘化钾}=1:0.3:0.06$。按此配方进行试验，除 Cd 率可达 98.6%、除 Tl 率可达 60.3%。

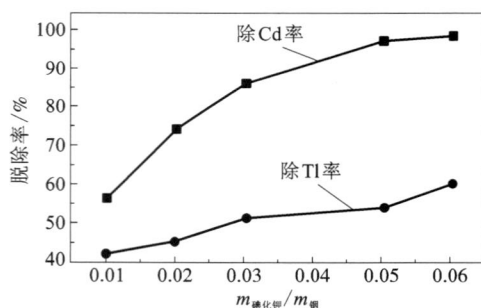

图 1　碘化钾用量对 Cd、Tl 脱除率的影响曲线
（$m_{甘油}/m_{铟}=0.3:1$）

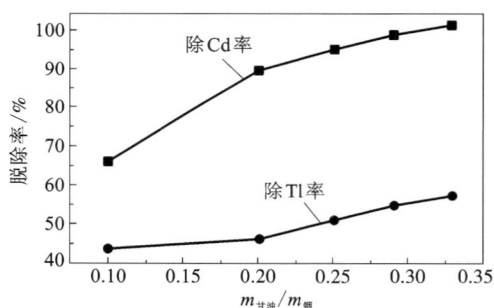

图 2　甘油用量对 Cd、Tl 脱除率的影响曲线
（$m_{碘化钾}/m_{铟}=0.05:1$）

3.2　电解条件的确定

试验控制电解液成分为：In 70~100 g/L，NaCl 70~100 g/L，Cd 0.03~0.66 g/L，Pb 1~8 mg/L，Sn 1~6 mg/L，Tl、Al、Fe 总含量低于 5 mg/L。以此考察了电流密度、电解液酸度、温度、电解液中 NaCl 含量、明胶含量、电解液的流动情况、极距、阴极材质、阳极杂质含量等

因素对电解过程以及产品质量的影响效果。

3.2.1 pH 的影响

在电解过程中发现，当电解液 pH>3.0 时，铟盐发生水解形成大量白色沉淀物，致使电流效率显著下降。电解液 pH 过低，则会使氢的析出电压降低，H_2 析出同样会使电流效率下降。综合分析后确定溶液 pH 控制在 2.0 至 2.5 之间为宜。

3.2.2 温度的影响

在实际生产现场中，进行铟电解的温度一般控制在 20~30℃。温度过高，则氢的超电压下降，使电流效率下降，且杂质扩散速度加快也容易影响阴极铟产品的纯度。若温度低于 20℃，则电解液中 Na_2SO_4 容易结晶析出，影响电解过程的正常进行。

3.2.3 阴极板材质的影响

在试验中采用了不锈钢板、钛板、钽片 3 种材料作阴极。试验中发现，不锈钢板作阴极时，阴极上的电解铟粘板严重，难以将铟片完整地剥下，且铟片中的铁含量明显增高；而采用钛板、钽片作阴极时，则不存在以上问题。为此，确定用钛板或钽片作电解阴极。

3.2.4 电流密度的影响

在相同的条件下，随着电流密度的升高，电解铟中和铟电位相近的杂质如 Cd、Tl 含量增加，反之则减少。为确保电解铟的质量和产量，综合分析结果认为，一次电解电流密度可确定为 80 A/m^2，二次电解电流密度可确定为 50~70 A/m^2。

3.2.5 电解液中 NaCl 浓度及明胶浓度的影响

加入 NaCl 可以提高电解液的导电性和提高氢的超电压，从而提高电解电流效率。一般控制其浓度在 70~100 g/L。浓度过高，则 Na^+ 过多会形成 Na_2SO_4 结晶，影响正常电解过程；若浓度过低，则不能有效地改善溶液的导电性。加入明胶作为添加剂有助于获得致密平整的电解铟，但过多的明胶会使槽电压升高，致使电解铟熔铸时的渣量增加，过少则起不到改善阴极表面状态的作用。多次试验的结果表明，溶液中含 0.5 g/L 的明胶较为合适。

3.2.6 电解液流动状态的影响

为了减少电解液的浓差极化作用，使阳极和阴极能均匀地溶解和生长，应使电解液保持适当的流动速度。本试验中发现，电解时采用循环流动(循环流量为 1~4 ml/L)或定时搅拌作用(搅拌 1~2 次/8 h)，对电解铟的杂质含量影响不大，实际采用循环流动即可。

3.2.7 极距的影响

极距的改变对电流效率无影响，但会使槽电压及电耗升高，故在不会引起阴阳极短路的情况下，应该尽量减小极距，本研究中极距控制在 70 至 80 mm 之间。

3.2.8 阳极杂质含量的影响

阳极中的杂质如 Pb、Cd、Sn、Tl 的含量越少，则电解铟的纯度越高，反之则低。在本试验研究中，阳极含 Pb~0.3%，Cd~0.1%，Sn~0.07%，Tl~0.002%。通过一次电解可得到纯度为 99.96% 的电解铟，若要得到纯度高于 4 N 的铟则还要经过二次电解。

3.2.9 综合条件试验

按照前面探索出的技术条件，进行综合条件试验，所得电解铟进行化验分析的结果如表 3 所示。从表中可见，粗铟经过一次电解之后所得的铟纯度可达到 99.96%；经过二次电解后铟的纯度可为 99.995% 以上，达到了国家标准。

表3　粗铟电解化学成分分析结果(质量分数)　　　　　　　　　　%

工序	物料	In	Pb	Cd	Sn	Tl	Cu	Al	Fe	As	Zn
一次电解	阳极	98.22	1.76	0.055	0.06	0.002	—	0.00225	0.0015	—	0.005
	一次电解铟	99.96	0.0099	0.0025	0.0028	0.00145	—	0.0014	0.0003	0.0001	0.00012
二次电解	阳极	99.96	0.007	0.0049	0.0016	0.0017	0.0239	0.00171	0.0004	0.0001	0.00016
	二次电解铟	99.995	0.0006	0.0005	0.0009	0.00142	0.0001	0.00135	0.0003	0.0001	0.0002

4　结论

(1)采用甘油碘化钾方法可以有效地除去粗铟中 Cd、Tl 杂质。随着甘油、碘化钾用量的增加，Cd、Tl 的脱除率升高。反应物合适的物料配比为 $m_{铟}:m_{甘油}:m_{碘化钾}=1:0.3:0.06$，按此配方进行试验，除 Cd 率可达 98.6%、除 Tl 率可达 60.3%。

(2)采用钛板或钽片作阴极，控制电解液 pH=2.0~2.5，温度 20~30℃，一次电解电流密度为 80 A/m², 二次电解电流密度为 50~70 A/m²，NaCl 浓度为 70~100 g/L，明胶浓度为 0.5 g/L，极距 70~80 mm，保持电解液以 1~4 ml/L 的流量循环流动，则经过一次电解后的铟纯度可达到 99.96%，经过二次电解后铟的纯度可为 99.995%以上，得到了符合预期要求的高纯铟。

参考文献

[1]周令治，邹家炎.稀散金属手册[M].长沙：中南工业大学出版社，1993.

[2]戴永年.有色金属真空冶金[M].北京：冶金工业出版社，1998.

[3]蒋汉瀛.湿法冶金过程物理化学[M].北京：冶金工业出版社，1984.

韶冶真空炉富锗渣回收锗研究

摘要：针对韶冶真空炉提锌产生的富锗渣，提出了"球磨-中性浸出-氧化焙烧-氯化蒸馏-水解"工艺回收其中的锗。通过综合试验，考察了各操作工艺条件对锗回收效果的影响，确定了合适的工艺条件参数。在试验确定的优化工艺下，真空炉渣的锗直收率为84.7%以上。

锗是一种稀散金属，主要用作制造光纤、电子器件等产品。生产中通常是将含锗原料先加工成粗氧化锗，再进一步加工成高纯四氯化锗、高纯二氧化锗或锗锭，最后制造成应用产品。真空炉锗渣是韶关冶炼厂特有的一种含锗物料，是硬锌经真空脱锌后得到的残渣，其中含锗0.5%~1.5%。韶冶真空炉锗渣的主要成分见表1。

表1　真空炉锗渣的主要成分(质量分数)　%

Ge	In	Ag	Zn	Pb
0.65	0.63	0.07	53.6	19.6

从表1可知，韶冶真空炉锗渣中含有大量的锌、铅及稀贵金属银、铟等，随着真空炉蒸锌工艺的完善，真空炉锗渣中的含锗量大大增加，为锗的富集以及生产高纯二氧化锗创造了有利的条件。因此，从真空炉锗渣中回收锗成为一个具有实际意义的课题。

1　锗回收工艺及其原理

1.1　锗的回收工艺

从含锗的渣或烟尘中回收锗的方法有经典氯化法、硫酸化-中和沉锗法、电解法、加氢氟酸浸出法、萃取法和离子交换法等[1]。由于韶冶产出的真空炉锗渣主要由金属混合物和金属间化合物组成，成分复杂，物料粗大、坚硬，经过深入探索、实践，本研究提出了适合处理真空炉锗渣的"球磨-中性浸出-氧化焙烧-氯化蒸馏-水解"工艺，流程见图1。

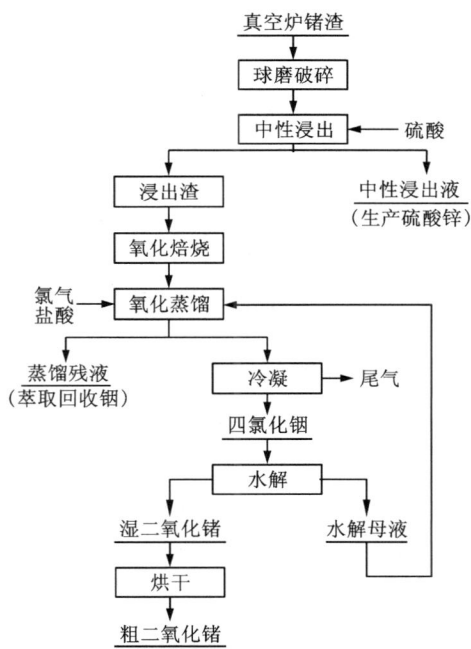

图1　韶冶真空炉锗渣中回收锗工艺流程

本文发表在《矿冶工程》，2003，23(6)：50-52。合作者：李琛，韩翌，黄凯。

1.2 工艺原理

中性浸出——球磨至-0.25 mm 的真空炉锗渣用硫酸进行中性浸出，严格控制溶液的 pH，使锌进入溶液中，而锗、铟等金属残留在浸出渣中得到富集。这样既可回收真空炉锗渣中的锌，又可使锗得到富集，有利于下一工序氯化蒸馏操作。

氧化焙烧——含锗浸出渣中仍含有一定的金属态锌、铅及单质砷，如果直接进行氯化蒸馏，与盐酸反应会产生大量的氢气，使蒸馏釜内压力突然增大，甚至造成爆炸，存在安全隐患。氧化焙烧的目的就是使含锗浸出渣中的金属锌、铅及单质砷等在高温下部分氧化以利于氯化蒸馏。

氯化蒸馏——含锗物料在盐酸介质中进行浸出，同时通入氯气进行氯化，浸出结束后直接进行升温蒸馏。在浸出蒸馏过程中，锗及许多金属元素进入溶液，难溶组分进入残渣。通过升温蒸馏，使锗（$GeCl_4$）与其他杂质元素分离。蒸馏出来的 $GeCl_4$，经冷凝吸收，得到粗 $GeCl_4$。

氯化蒸馏涉及的主要化学反应式为：

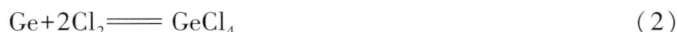

$$GeO_2 + 4HCl \Longrightarrow GeCl_4 + 2H_2O \tag{1}$$

$$Ge + 2Cl_2 \Longrightarrow GeCl_4 \tag{2}$$

水解——水解的原理是利用二氧化锗在高浓度盐酸中溶解度极小，加入水使四氯化锗发生水解反应从而得到高纯的二氧化锗。水解反应式为：

$$GeCl_4 + (2+n)H_2O \Longrightarrow GeO_2 \cdot nH_2O + 4HCl \tag{3}$$

2 试验

2.1 试验设备与原料

试验设备：球磨机 700 mm×1400 mm 2 台；浸出槽（自制）14 m³ 1 个；压滤机 1 台；焙烧炉（自制）1 座；蒸馏釜及冷凝系统 3 套；冰机 2AZ-10 1 台等。

试验原料：工业硫酸（93%）；工业盐酸（10 N）；工业用 $FeCl_3$；氯气等。

2.2 试验结果与讨论

2.2.1 中性浸出 pH 的影响

球磨至-0.25 mm 的真空炉渣与水按液固比 6∶1 加入浸出槽中，每槽约投入渣量 1.9 t。开动搅拌机，缓慢、少量地加入硫酸，防止冒槽。加酸量直至继续搅拌约 0.5 h，溶液 pH 不变时为止。然后继续搅拌 0.5 h 后，用压滤机压滤分离得到中浸液和中浸渣。中浸液和中浸渣的化学成分见表 2。

表 2 中浸液及中浸渣化学成分

物料	Zn	Pb	Ge	In	Ag
中浸液/(g·L⁻¹)	88.73	—	0.001	0.006	—
中浸渣(质量分数)/%	7.71	38.20	1.58	1.45	0.086

中性浸出时，严格控制好溶液的 pH，pH 太高则锌会浸出不完全，造成蒸馏操作困难；pH 太低，则铟、锗被浸出进入溶液，造成铟、锗的分散损失，回收困难。中浸渣是投入渣量的一半，锌的浸出率为 80%~90%。试验确定溶液 pH 控制在 3 至 5 之间是合适的。

2.2.2 氧化焙烧温度的影响

中浸渣在自制焙烧炉中进行氧化焙烧。焙烧时，若温度过低，则焙烧速度慢，金属氧化不完全，锗的浸出率低，致使锗的蒸出率降低；若温度过高，已氧化的可溶性 GeO_2 可变成不可溶的四方晶形 GeO_2，导致锗的回收率下降。把渣样烧至暗红，每隔 0.5 h 须翻动一次，直至渣样转变成稳定的淡灰色为止；然后出炉、冷却、破碎，称重包装，以供蒸馏使用。试验确定控制氧化焙烧温度在 300 至 450℃之间较为合适。

2.2.3 氯化蒸馏中主要工艺条件的影响

氯化蒸馏是本试验研究的主要环节。在试验中，氯化蒸馏时每釜加入矿样 60 kg，液固比 5：1，加料前先加入少量水及 $FeCl_3$ 约 2 kg，搅拌一段时间后，加矿，封盖后通入氯气。当釜温开始升高时，打开冷却水。打开盐酸阀，缓慢加入一定量的盐酸，加完酸后，釜内压力有时会起伏波动，应注意氯气流量控制。通氯 1 h，开始升温蒸馏，蒸馏时间约 1 h，蒸馏后期加大蒸汽和氯气流量，把锗尽量蒸出，蒸出的锗经冷凝吸收形成 $GeCl_4$ 液体。试验中发现，真空炉渣焙烧物中

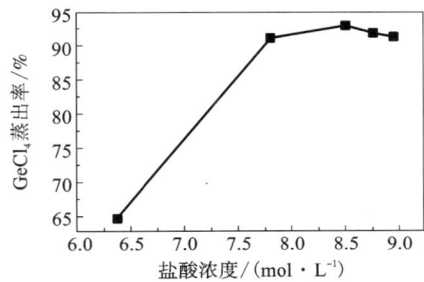

图 2 盐酸浓度对 $GeCl_4$ 蒸出率的影响

GeO_2 的溶解度受盐酸浓度的影响较大。试验得出盐酸浓度与蒸出率的关系见图 2。从图中可见，盐酸浓度升高，锗的蒸出率增加，高于 8.7 mol/L 时，蒸出率略有下降，因此应控制盐酸的浓度在 7.5 至 8.5 mol/L 之间。

在蒸馏过程中，蒸出的气流速度对 $GeCl_4$ 的冷凝效率有较大影响。逸出的气流速度过大时，气流中的 $GeCl_4$ 尚未得到充分冷却便被混合气流带走了，造成损失，且易在尾气吸收瓶中造成堵塞。生产中，氯气流量调节到 $GeCl_4$ 呈微黄色，前期控制釜内压力为微正压，尾气冒少量泡为宜；蒸馏后期才适当开大蒸汽和氯气，以加强锗的蒸出效率。部分蒸馏试验结果如表 3 所示。从表 3 中可见，平均蒸出率为 90.05%，残液中含锗约 0.1 g/L，说明大部分锗被蒸馏分离出。铟在氯化蒸馏过程中被浸出进入残液中，浓度可达 1.5 g/L，可通过萃取回收 80% 以上。

另外，冰盐水的冷凝温度对 $GeCl_4$ 的冷却效率也有较大影响。在现有的冷凝系统设备下，通过降低冷凝温度和减小气流速度可提高冷却效率。试验探索确定冰盐水的温度控制在 −10℃较为合适。

表 3　氯化蒸馏试验结果

槽次	投入矿量 /kg	锗品位 /%	通气量 /kg	产出氯化锗 体积/L	单釜蒸 出率/%	平均蒸 出率/%
1	60	1.20	23	0.78	68.3	
2	60	1.32	15	1.23	98.62	90.05
3	60	1.32	15	1.18	95.01	
4	60	1.32	12	1.23	98.26	

2.2.4　水解、烘干

在低于 0℃ 的温度下，按 $GeCl_4$ 与水的体积比为 1∶6.5 的比例进行水解，将水解产物用二次蒸馏水反复冲洗数次后，在 90℃ 下烘干，便可制得 GeO_2 产品。试验研究可确定水解过程中锗的回收率为 96% 左右。

故计算本研究中工艺全流程各个工序总的锗损失，若估算为 2%，则可以计算出锗的直收率为：98%×90.05%×96% = 84.7%。

3　结论

针对韶关冶炼厂产出的真空炉锗渣原料，本研究提出了"球磨–中性浸出–氧化焙烧–氯化蒸馏–水解"的提锗工艺。通过综合试验，考察了各主要工艺条件的影响，确定了提高真空炉锗渣回收率的主要技术条件。对含锗 1.32% 的真空炉冶炼锗渣，球磨成 −0.25 mm 的细度后，用 pH 为 3~5 的硫酸浸出，在 400℃ 左右氧化焙烧至淡灰色，蒸馏时采用的盐酸浓度在 7.5 至 8.5 mol/L 之间，再经过水解，最终可使真空炉渣的锗直收率为 84.7% 以上，综合回收效益较为显著。

参考文献

[1]周令治，邹家炎.稀散金属手册[M].长沙：中南工业大学出版社，1993.

H₂O₂/SO₂ 催化还原六价硒及硒单质形成机理

摘要： 研究采用双氧水催化二氧化硫还原六价硒获得单质硒的新方法。通过对催化还原过程中的溶液电位、离子浓度、产物形貌及晶型变化规律的研究，揭示催化还原过程中硒单质晶型转变机理。结果表明：在反应温度小于60℃时硒还原率为98%以上，六价硒还原产物为无晶型红硒单质；反应温度高于60℃时还原产物为斜方晶型的黑硒单质，其还原反应过程为 SeO_4^{2-} 还原产生红硒，红硒进一步被二氧化硫过还原为 Se^{2-} 离子，Se^{2-} 离子与还原中间产物 SeO_3^{2-} 发生归中反应最终生成斜方晶型的黑硒单质。

硒属于稀散金属元素，具有独特的半导体、光电感应特性，在冶金[1-2]、化学、光电学[3-5]、医学[6]等领域被广泛应用，我国作为全球主要硒进口国[7]，硒资源高效利用以及综合回收具有重要意义。目前，国内从铜、镍阳极泥等二次资源中回收硒占硒产量的90%以上[8]。回收技术主要利用硒化合物易被氧化分解的特性，破坏其原有结构使硒以硒单质或二氧化硒的形式分离[9-10]，后经收集或还原过程产生粗硒[11-13]。但氧化分离过程中硒极易被过氧化成六价的硒化合物[14-15]，这类高价硒化合物的存在大幅降低了现有(以四价硒为处理对象)工艺的硒回收率。

特别针对六价硒回收的技术目前有离子交换[16]、光催化还原[17]、铁离子还原[14, 18]电积[19]、金属(如铝、锌、铜)置换[20]等。但上述方法具有成本高、回收工艺流程长、技术不成熟等缺点，工业化可行性普遍较低，简单可行的六价硒回收方法仍有待开发。

人类大规模有色金属冶炼、煤炭开采与使用，使得硒污染问题日益突出[21-22]。人们很早就意识到含硒煤发电污染问题[23]，在煤燃烧过程中，硒挥发进入烟尘[24-25]，随后在烟尘脱硫过程中被氧化为六价硒酸盐。这类硒酸盐难以利用常规废水处理技术消除[26]。

目前六价硒废水处理技术有膜分离[27-28]、活性污泥吸附[29]、碳纳米管吸附[30]、零价铁离子还原[31]、层状双金属氢氧化物吸附[32]、生物还原[33-34]等。但由于硫酸根与硒酸根存在吸附竞争这一无法根除的技术缺点[35]及处理费用昂贵等原因，六价硒废水处理及硒资源回收是近年来工业生产中亟待解决的技术难题之一。

在酸性溶液中，硒酸根离子被还原为硒单质的半反应如式(1)所示[17]：

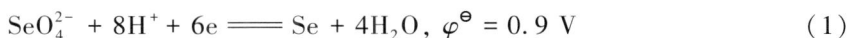

$$SeO_4^{2-} + 8H^+ + 6e \Longrightarrow Se + 4H_2O, \quad \varphi^\ominus = 0.9 \text{ V} \tag{1}$$

在酸性溶液中溶解的二氧化硫发生还原反应的半反应如式(2)所示[1]：

$$SO_4^{2-} + 4H^+ + (n-2)H_2O + 2e \Longrightarrow SO_2 \cdot nH_2O, \quad \varphi^\ominus = 0.2 \text{ V} \tag{2}$$

由式(1)和(2)可知，当二氧化硫为还原剂、SeO_4^{2-} 为氧化剂时，电池反应电势 $\varepsilon^\ominus = 0.9 - 0.2 = 0.7$ V，二氧化硫倾向于将 SeO_4^{2-} 还原为单质硒。反应总方程式及标准吉布斯自由能[36-38]如下：

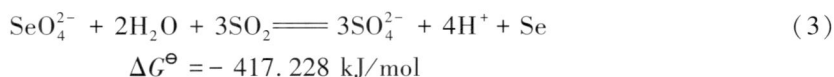

$$SeO_4^{2-} + 2H_2O + 3SO_2 \Longrightarrow 3SO_4^{2-} + 4H^+ + Se \tag{3}$$

$$\Delta G^\ominus = -417.228 \text{ kJ/mol}$$

本文发表在《中国有色金属学报》，2017，27(11)：2370-2378。合作者：徐润泽。

上述热力学分析表明，溶液中二氧化硫具有将硒酸还原为硒单质的能力。但现有研究资料证实溶液体系中二氧化硫无法还原硒酸离子，只有在温度高于130℃的条件下，二氧化硫气体可以将硒酸还原为亚硒酸[1]。

本文作者首先发现并研究了双氧水催化二氧化硫还原六价硒的新技术，用催化的方式降低了二氧化硫还原六价硒的动力学阻力，为处理与回收六价硒资源提供了一种简单高效的新方法。在此，探索了初始溶液酸度、反应水浴温度、反应时间等因素对催化还原六价硒的影响，并通过进一步研究溶液电位变化、硒还原过程中产物物相变化，论证了还原过程中硒单质生成机理。迄今为止，没有发现任何关于双氧水催化二氧化硫还原Se(VI)及还原过程中硒单质生成机理的研究报道。

1 实验

1.1 实验原料

实验用硒酸溶液为二氧化硒(湖南鑫裕公司生产，99.85%)配置，氧化后通过电感耦合等离子光谱仪检测溶液中含硒2.5 g/L，配合离子色谱确定溶液中有机玻璃全部为六价硒离子，二氧化硫用作还原剂，纯水由纯水仪(ZOOMWO，ZWL-HLPA1-60)制备，电阻率18 MΩ·cm，分析纯双氧水、浓硫酸、氢氧化钠来自国药集团。

1.2 实验方法

实验在四口瓶中进行，二氧化硫采用曝气头通入溶液中，高温反应(温度高于60℃)采用冷凝管回流水蒸气。尾气处理装置由存有氨水的广口瓶、存有氢氧化钠的广口瓶和存有活性炭的U形管组成，避免剩余二氧化硫直接排放。

反应溶液硒离子浓度均为2.5 g/L，双氧水加入量为总溶液体积的10%。酸度条件实验中控制反应温度为25℃；温度-酸度条件实验中选用200 mL溶液反应，二氧化硫通气量为0.3 L/min，实验用水浴方式控制反应温度，其中0℃采用冰水浴；温度条件实验中溶液氢离子浓度控制为2 mol/L；反应过程实验选用硒浓度为1.25 g/L，二氧化硫通气量为1 L/min，氢离子浓度为6 mol/L，反应温度为60℃，反应过程中快速取样3 mL，过滤后检测溶液中硒离子浓度，为研究催化还原过程中硒还原产物的变化情况，采用上述相同的实验条件，反应过程中取10 mL溶液，过滤后固体干燥后送XRD与SEM检测。

硒离子浓度是通过电感耦合等离子体发射光谱仪(ICP-OES，SPECTRO，SPECTROBLUE FMX26)检测，配置溶液中硒离子价态是通过离子色谱仪(IC，METROHM，861 Advanced Compact IC)检测，对比标准六价硒溶液(国药集团)得出结果的，固体产物的特性是采用扫描电镜(SEM，FEI ESEM，Quanta 200)配合X射线衍射(XRD，Rigaku，TTRAX-3)来确定的，配置溶液的酸碱度采用人工滴定的方法测得，反应过程中检测溶液电位的仪器是辰华CHI-604D电化学工作站，参比电极为汞/硫酸亚汞电极(雷磁)，工作电极为铂电极(雷磁)。

2 结果与讨论

2.1 酸度和温度影响

本实验中首先研究了溶液酸度对 Se (VI) 溶液催化还原的影响, 溶液酸度及硒还原率如表 1 所列。实验结果表明, 溶液酸度对催化还原影响较小, 硒还原率最低为 99.79%。

表 1 不同酸度溶液中硒还原率

Reaction No.	[H$^+$]	Reduction ratio/%
1	1.0	99.91
2	2.0	99.84
3	3.0	99.79
4	4.0	99.86
5	5.0	99.97
6	6.0	99.85

实验温度对反应的影响如表 2 所列。由表 2 可知, 反应水浴温度对于催化还原产物的形态影响较大。随着水浴温度上升, 还原产物的颜色逐渐加深, 20℃ 水浴时反应产物为血红色; 当温度上升至 50℃ 后, 产物颜色加深至深红色; 当温度达到 60℃ 后, 还原产物完全转变为黑色。X 射线衍射检测结果显示在水浴温度为 20~50℃ 条件下, 反应产物均为非晶体, 均未见晶型衍射峰, 而水浴温度为 60℃ 以上的反应产物均为三方偏方 (Trigonal-Trapezohedral) 晶型的黑硒单质。

表 2 不同反应温度硒还原率及还原产物情况

No.	t/℃	Color of selenium	Crystal form	Reduction ratio/%
1	20	Red	Amorphous	98.34
2	30	Red	Amorphous	97.94
3	40	Red	Amorphous	98.56
4	50	Deep red	Amorphous	98.82
5	60	Black	Crystal	98.79
6	70	Black	Crystal	98.96
7	80	Black	Crystal	98.96
8	90	Black	Crystal	99.93

对不同酸度、温度的 Se(VI) 溶液开展催化还原研究, 溶液电位变化如图 1 所示。由图 1

可知,溶液电势变化总体呈现 3 个阶段:初始平台期、还原反应下降期和末尾稳定期。

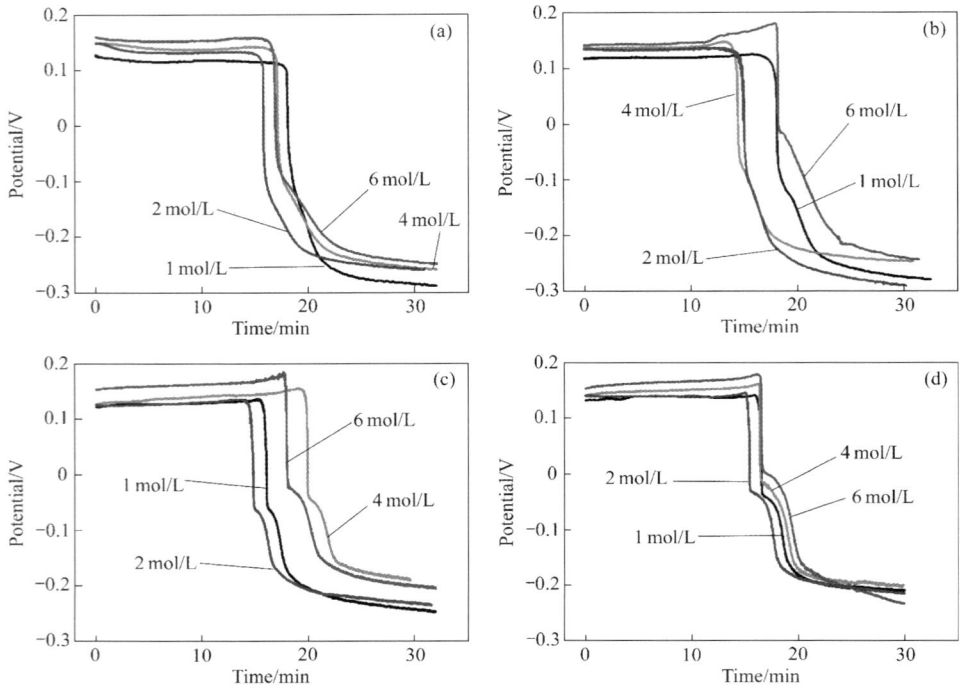

图 1 不同反应温度条件下不同酸度溶液的电位变化图
(a)0℃;(b)25℃;(c)60℃;(d)90℃

结合反应式(2)及能斯特方程的分析可知:当二氧化硫溶解后,溶液电位为 $\varphi = \varphi^{\ominus} + RT/\{nF\ln([SO_4^{2-}]/[SO_2])\}$,正比于硫酸根离子浓度,因此,在溶液电位段初始平台期,相同温度条件下,酸度较高的溶液电位较高。

在溶液电位下降期,相同反应温度不同酸度的溶液电位下降情况相似。在 0 和 25℃反应中,溶液电位匀速下降至最低。而在 60 和 90℃反应中,溶液电位下降速度出现快–慢–快的变化且反应温度越高电位变化越明显。在下降速度较慢的"平台"时间,还原产物明显地发生由红硒向黑硒的形态转变。

电位进入末尾稳定期后,还原产物颜色不再变化。此时电位下降主要是因为通入的二氧化硫继续溶解,将溶液电位拉低至接近其标准还原电位[39][$\varphi^{\ominus} = 0.33$ V(vs Hg/Hg_2SO_4)]。

由溶液酸度–反应温度系列实验发现,高温反应中还原产物并非始终是黑色,是在通入二氧化硫反应初期产生的红色产物继续转化为黑色的,对此现象,进一步研究催化还原历程中硒单质变化。

2.2 反应过程中硒浓度变化

采用间歇取样检测硒离子浓度与固体产物形态变化的方法研究了催化还原过程中黑硒单质形成机理。实验过程中溶液电位进入下降期后出现还原产物由红硒到黑硒的转变,绘制反应电位–时间与浓度–时间图,为方便讨论,将此阶段电位与硒浓度变化区域放大,并划分为

4 个区域，如图 2 所示。

图 2 中 A 区域为溶液电位初始平台期末段，部分硒开始被还原为单质，溶液转变为淡红色；B 区域为溶液电位第一次快速下降区域，区域溶液颜色逐步加深至浅红色。溶液中硒离子浓度小幅下降后平稳上升，说明此阶段还原产生的硒单质在逐渐增多的同时会发生反溶解的现象。C 区域电位下降速度变慢，产生一个明显的电位"平台"，此时溶液中红硒生成量增多，硒离子浓度快速下降，溶液颜色加深为血红色。到 C 区域中

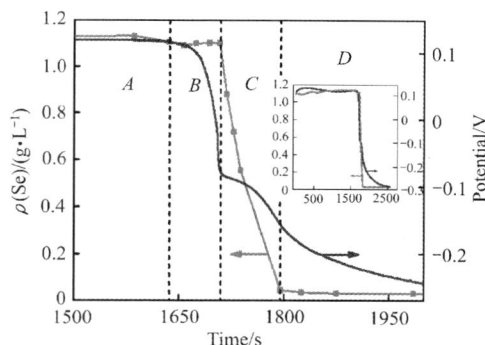

图 2　溶液电位及硒浓度随时间变化图

间阶段时，溶液中出现团聚的黑色硒单质颗粒，溶液颜色由血红色转变为深红色，在 C 区域的末段，溶液颜色突然变为无色，还原产生的红硒全部转化为黑硒，硒离子浓度达到最低点，此时硒还原率达到 98.79%。

实验现象表明：溶液中产生的黑硒并非由红硒在高温条件下晶型重排产生，而是发生了：生成红硒—红硒反溶解—黑硒再生成的过程。为验证这种硒单质转变机理，从还原产物晶型及微观形貌角度继续深入研究。重复实验并将过滤产物进行 XRD 与 SEM 检测，实验电位变化如图 3 所示，取样点名称及取样时间如图 3 中标注，对应样品检测 SEM 与 XRD 结果如图 4 和图 5 所示。

由还原产物电镜检测可以看出，硒单质为形貌不规则颗粒。图 4(a) 显示：当溶液电位开始下降时，首先出现的红硒颗粒形貌不

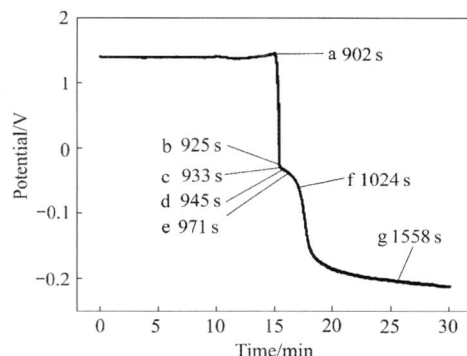

图 3　重复实验电位及取样时间图

均一，以团聚后的二次颗粒为主；图 4(b) 中颗粒形貌没有出现显著变化，颗粒的尺寸有明显的增大；图 4(c) 所示为电位下降过程中平台拐点取样产物，此时溶液为浅红色，颗粒明显团聚更为紧密，整体尺寸增大；图 4(d) 所示为电位"平台"初期时产物取样图，此时溶液中出现黑硒，溶液颜色转变为深红色。固体颗粒微观形貌发生明显改变，由原来生成的紧密团聚产物变为疏松的珊瑚状颗粒团聚体，这说明电位再次快速下降时的还原产物不是前一阶段还原产物的简单转化，而是前一阶段产物"破坏"后的重组再生；图 4(e) 所示为电位"平台"中间点，溶液颜色由红色变为无色透明，还原产物完全转变为黑硒，电镜检测显示此时取样的颗粒同样为珊瑚状；图 4(f) 所示为溶液电位再次快速下降点，产物微观形貌增长为致密的珊瑚状；最终，还原产物生长为形貌不规则的团聚颗粒，尺寸为 1~3 μm，如图 4(g) 所示。

图 5 所示为反应产物的 XRD 谱。由图 5 可以看出，a~c 取样产物主要以红硒为主，无晶型的红硒晶包从 a 到 c 逐渐凸显，其中 c 曲线在晶包中出现部分斜方黑硒的晶峰，说明 c 取样点中有一部分硒单质以黑硒的形式存在；由于取样产物较少且难以与滤纸分离，d~f 取样产物衍射峰有黑硒的峰和滤纸的纤维素的峰同时存在。d~f 变化过程中，硒衍射峰在逐渐变

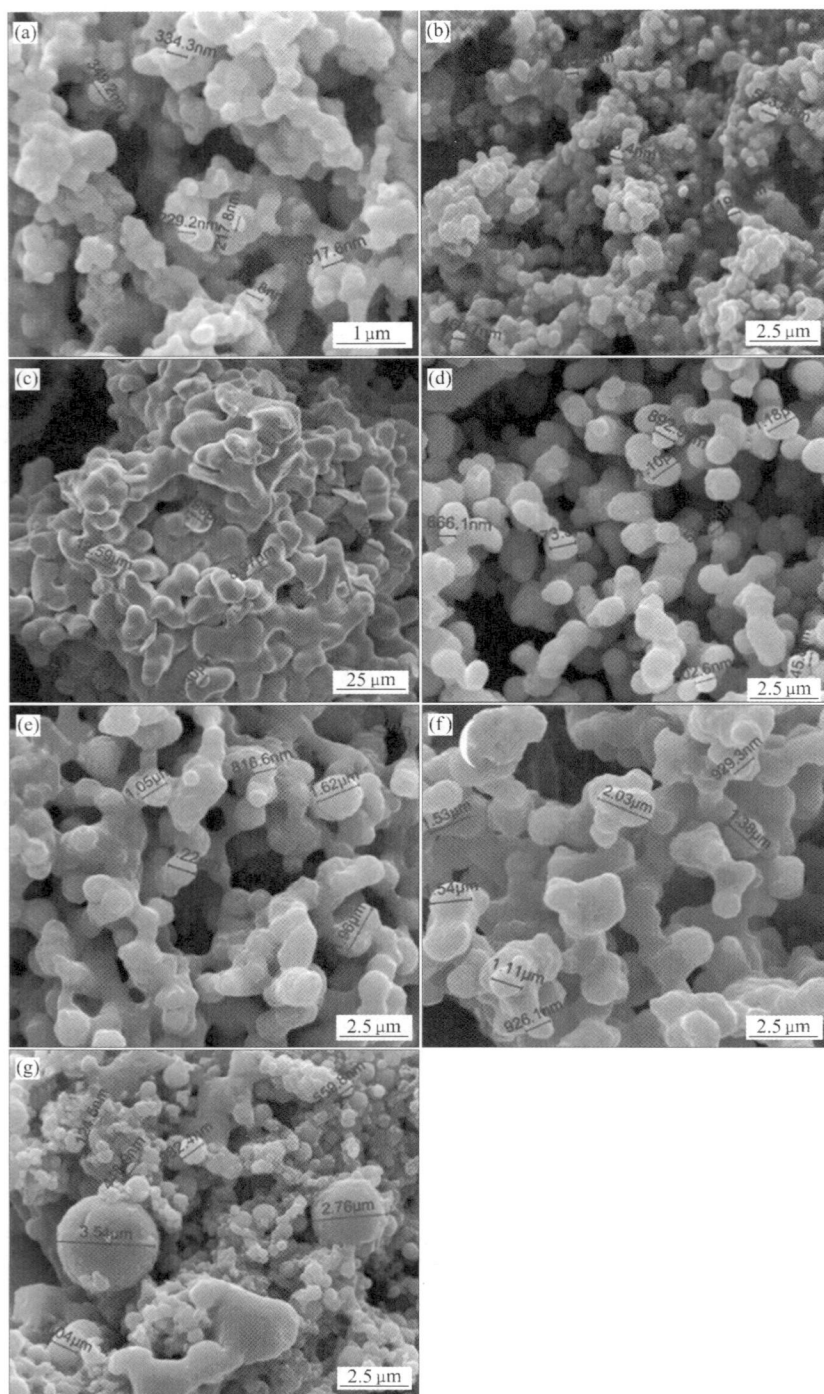

图 4　不同反应阶段固体产物的 SEM 像

（a）902 s；（b）925 s；（c）933 s；（d）945 s；（e）971 s；（f）1024 s；（g）1558 s

得更为尖锐。g 为最终产物黑硒的 XRD 检测结果，为标准的三方偏方（Trigonal - Trapezohedral）晶型黑硒（JCPDS data. ID nos. 42-1425（Se））。

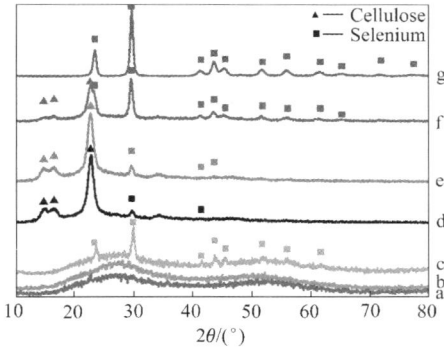

图 5　固体产物的 XRD 谱

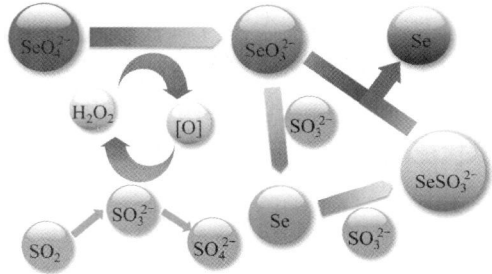

图 6　催化还原机理示意图

2.3　催化还原机理讨论

在催化还原过程中，不同水浴温度反应产生的硒单质有较大的形态改变，虽然还原过程中硒颜色转变早有报道[40]，但本文作者得出的催化还原过程硒形态改变机理与以往研究的结论不同[41-43]。本实验中发现六价硒催化还原过程会出现一个硒离子浓度稳定区（见图 1（b））和电位稳定区（见图 1（c）），这两个区域先后出现改变了硒还原产物的晶型及形貌，这一现象尚未见相关研究报道。

对此实验现象，认为催化还原机理如下：首先 Se（Ⅵ）被双氧水催化还原为 Se（Ⅳ）（见式（4）），Se（Ⅳ）被二氧化硫直接还原为红硒单质（见式（5）），红硒单质在低温条件下稳定性较高，不与二氧化硫继续反应；在高温条件下，红硒会被二氧化硫进一步还原为 Se（Ⅱ）[见式（6）]，使得溶液中不断产生的红硒单质反溶解，宏观上显示为硒离子浓度稳定区（见图 2 中 B 区），此后通入的二氧化硫全部用于过还原红硒单质，宏观上显示为溶液电位稳定区域（见图 2 中 C 区），当过还原产生的 Se（-Ⅱ）达到一定浓度后，开始与溶液中 Se（Ⅳ）发生归中反应生成黑硒单质沉淀析出[见式（7）]，此时溶液中硒离子浓度才快速下降，当溶液中红硒全部被过还原后，溶液电位再次开始下降并下降至最低点。

反应过程中可能的化学方程式如下：

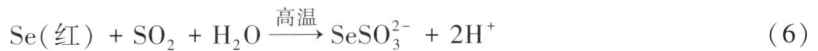

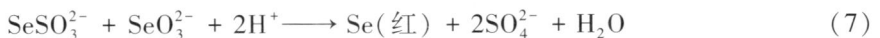

$$SeO_4^{2-} + SO_2 + H_2O \xrightarrow{H_2O_2} SeO_3^{2-} + SO_4^{2-} + 2H^+ \tag{4}$$

$$SeO_3^{2-} + 2SO_2 + H_2O \longrightarrow Se(红) + 2SO_4^{2-} + 2H^+ \tag{5}$$

$$Se(红) + SO_2 + H_2O \xrightarrow{高温} SeSO_3^{2-} + 2H^+ \tag{6}$$

$$SeSO_3^{2-} + SeO_3^{2-} + 2H^+ \longrightarrow Se(红) + 2SO_4^{2-} + H_2O \tag{7}$$

3　结论

（1）发现了双氧水催化二氧化硫还原六价硒的新方法，研究了还原产物形成机理。通过对催化还原溶液酸度及还原温度的研究发现：溶液酸度及水浴温度不影响六价硒的还原率，在本实验条件下，硒还原率均达到99%以上。进一步研究结果显示，在温度低于60℃的反应中六价硒离子还原产物为无晶型的红硒单质，在温度高于60℃的反应中六价硒离子还原产物为三方偏方晶型的黑硒单质。

（2）设计实验研究了高温还原过程的硒离子浓度、溶液电位变化、还原产物微观形貌等后认为，双氧水催化二氧化硫还原六价硒过程是：首先通过双氧水的催化作用将六价硒离子还原为四价硒离子，随后四价硒离子被二氧化硫还原为无晶型的红硒单质，在温度小于60℃反应条件下红硒单质为最终还原产物，而反应温度高于60℃时红硒单质会被二氧化硫过还原为硒代硫酸根离子，硒代硫酸根离子会与溶液中亚硒酸根离子发生归中反应生成黑硒单质。

参考文献

[1] 姚凤仪，郭德威. 无机化学丛书. 第五卷[M]. 北京：科学出版社，1998.

[2] 谭柱中，梅光贵，李维健. 锰冶金学[M]. 长沙：中南大学出版社，2004.

[3] Wallin E, Malm U, Jarmar T, Edoff O L, Stolt L. World record Cu(In, Ga)Se₂ based thin film sub module with 17.4% efficiency[J]. Progress in Photovoltaics: Research and Applications, 2012, 20(7): 851–854.

[4] Jackson P, Hariskos D, Lotter E, Paetel S, Wuerz R, Menner R, Powalla M. New world record efficiency for Cu(In, Ga)Se₂ thin-film solar cells beyond 20%[J]. Progress in Photovoltaics: Research and Applications, 2011, 19(7): 894–897.

[5] 翟秀静. 稀散金属[M]. 北京：中国科学技术大学出版社，2009.

[6] Anderson C S. Selenium and Tellurium. 2013 Minerals Yearbook[R]. US Geological Survey, 2015.

[7] 李静贤，刘家军. 硒矿资源研究现状[J]. 资源与产业，2014，16(2): 90–97.

[8] 李栋，徐润泽，许志鹏，郭学益. 硒资源及其提取技术研究进展[J]. 有色金属科学与工程，2015，6(1): 18–23.

[9] Liu W, Yang T, Zhang D, Chen L, Liu Y. Pretreatment of copper anode slime with alkaline pressure oxidative leaching[J]. International Journal of Mineral Processing, 2014, 128: 48–54.

[10] 周令冶，陈少纯. 稀散金属提取冶金[M]. 北京：冶金工业出版社，2008.

[11] 马亚赟，郑雅杰，丁光月，王俊文，董俊斐，张福元. 卤素离子催化作用下SO₂还原沉金后液及其热力学特征[J]. 中国有色金属学报，2016，26(4): 901–907.

[12] 马玉天，龚竹青，陈文汨，李宏煦，阳征会，黄坚. 从硫酸溶液中还原制取金属碲粉[J]. 中国有色金属学报，2006，16(1): 189–194.

[13] 张福元，郑雅杰，孙召明，马亚赟，董俊斐. 采用亚硫酸钠还原法从沉金后液中回收稀贵金属[J]. 中国有色金属学报，2015，25(8): 2293–2299.

[14] Subramanian K N, Illis A, Nissen N C. Recovery of selenium. US Patent 4163046[P]. 1979-07-31.

[15] Reusser Robert E. Removal of selenium from uranium leach liquors. US Patent 3239307[P]. 1966-03-08.

[16] Koshikumo F, Murata W, Akiyuki O O Y A, Imabayashi S I. Acceleration of electroreduction reaction of water-soluble selenium compounds in the presence of methyl viologen[J]. Electrochemistry, 2013, 81(5): 350–352.

[17] Tan T T Y, Yip C K, Beydoun D, Amal R. Effects of nano-Ag particles loading on TiO₂ photocatalytic reduction of selenate ions[J]. Chemical Engineering Journal, 2003, 95(1): 179–186.

[18] Peak D, Sparks D L. Mechanisms of selenate adsorption on iron oxides and hydroxides[J]. Environmental Science & Technology, 2002, 36(7): 1460–1466.

[19] Baek K, Kasem N, Ciblak A, Vesper D, Padilla I, Alshawabkeh A N. Electrochemical removal of selenate from aqueous solutions[J]. Chemical Engineering Journal, 2013, 215(15): 678-684.

[20] 胡琴, 吴展. 从铜阳极泥处理分铜后液中回收硒和碲[J]. 有色金属工程, 2014, 4(4): 41-43.

[21] 江用彬, 季宏兵, 李甜甜, 王丽新. 环境硒污染的植物修复研究进展[J]. 矿物岩石地球化学通报, 2007, 26(1): 98-104.

[22] 田贺忠, 曲益萍, 王艳, 程轲, 潘迪. 中国燃煤大气硒排放及其污染控制[J]. 中国电力, 2009, 42(8): 53-57.

[23] Rowe C L, Hopkins W A, Congdon J D. Ecotoxicological implications of aquatic disposal of coal combustion residues in United States: A review[J]. Environmental Monitoring and Assessment, 2002, 80(3): 207-276.

[24] Tian H, Wang Y, Xue Z, Qu Y, Chai F, Hao J. Atmospheric emissions estimation of Hg, As, and Se from coal-fired power plants in China, 2007[J]. Science of the Total Environment, 2011, 409(16): 3078-3081.

[25] Senior C, van Otten B, Wendt J O, Sarofim A. Modeling the behavior of selenium in pulverized-coal combustion systems[J]. Combustion and Flame, 2010, 157(11): 2095-2105.

[26] Akiho H, Ito S, Matsuda H, Yoshioka T. Elucidation of the mechanism of reaction between $S_2O_8^{2-}$, selenite and Mn^{2+} in aqueous solution and limestone-gypsum FGD liquor[J]. Environmental Science & Technology, 2013, 47(19): 11311-11317.

[27] Mariñas B J, Selleck R E. Reverse osmosis treatment of multicomponent electrolyte solutions[J]. Journal of Membrane Science, 1992, 72(3): 211-229.

[28] Mavrov V, Stamenov S, Todorova E, Chmiel H, Erwe T. New hybrid electrocoagulation membrane process for removing selenium from industrial wastewater[J]. Desalination, 2006, 201(1): 290-296.

[29] Jain R, Matassa S, Singh S, van Hullebusch E D, Esposito G, Lens P N. Reduction of selenite to elemental selenium nanoparticles by activated sludge[J]. Environmental Science and Pollution Research, 2016, 23(2): 1193-1202.

[30] Kamaraj R, Vasudevan S. Decontamination of selenate from aqueous solution by oxidized multi-walled carbon nanotubes[J]. Powder Technology, 2015, 274: 268-275.

[31] Ling L, Pan B, Zhang W. Removal of selenium from water with nanoscale zero-valent iron: Mechanisms of intraparticle reduction of Se(IV)[J]. Water Research, 2015, 71: 274-281.

[32] Zhou J, Su Y, Zhang J. Distribution of OH bond to metal-oxide in $Mg_{3-x}Ca_xFe$-layered double hydroxide (x=0-1.5): Its role in adsorption of selenate and chromate[J]. Chemical Engineering Journal, 2015, 262: 383-389.

[33] Conley J M, Funk D H, Hesterberg D H, Hsu L C, Kan J, Liu Y T, Buchwalter D B. Bioconcentration and biotransformation of selenite versus selenate exposed periphyton and subsequent toxicity to the mayfly Centroptilum triangulifer[J]. Environmental Science & Technology, 2013, 47(14): 7965-7973.

[34] Sonstegard J, Harwood J, Pickett T. Full scale implementation of GE ABmet biological technology for the removal of selenium from FGD wastwarners[C]// Proceedings of 68th International Water Conference. Pittsbursh, PA: Engineer's Society of Western Pennsylvania, 2007, 2: 580.

[35] 周瑞兴. 连续逆流离子交换法回收废水中硒的过程模拟和优化[D]. 广州: 华南理工大学, 2012.

[36] Dean J A. 魏俊发, 译. 兰氏化学手册[M]. 北京: 科学出版社, 2003.

[37] 杨显万. 高温水溶液热力学数据计算手册[M]. 北京: 冶金工业出版社, 1983.

[38] 叶大伦. 实用无机物热力学数据手册. 第2版[M]. 北京: 冶金工业出版社, 2002.

[39] 朱元保, 沈子琛, 张传福, 黄德培. 电化学数据手册[M]. 长沙: 湖南科学技术出版社, 1985.

[40] Lingane J J, Niedrach L W. Polarography of selenium and tellurium. I. The -2 states[J]. Journal of the American Chemical Society, 1948, 70(12): 4115-4120.

[41]刘东,张瀛洲. 旋转环盘电极法研究亚硒酸的电化学还原机理[J]. 厦门大学学报(自然科学版),1989,28(5):495-499.

[42]郭东红,张飞宇,卢凤丽. 旋转环-盘电极法研究磷酸溶液中亚硒酸的电化学还原机理[J]. 河南大学学报(自然科学版),1999,29(1):33-38.

铜阳极泥低温碱性熔炼浸出液中杂质分离

摘要：铜阳极泥经低温碱性熔炼–浸出处理后，铅、砷、硒等进入强碱性浸出液，其中铅和砷分别以 $Pb(OH)_n^{2-n}$ 和 AsO_4^{3-} 形式存在。为分离其中的铅、砷等主要杂质元素，通过计算 $PbS-H_2O$ 体系电势–pH 图、$Ca-As-H_2O$ 体系溶解平衡浓度–pH 图后，采用硫化沉淀和钙盐沉淀的方式有效去除铅、砷，同时保证硒的低分散度。实验结果表明：采用硫化沉淀，硫化钠过量系数 2.5，反应温度 20℃，反应时间 15 min。在此条件下，铅和铜沉淀率都达到 99.99% 以上，硒损失 5%；采用钙盐沉淀，控制溶液 pH＝10，钙砷比 3.5，反应温度 90℃，反应时间 1.5 h。在此条件下，砷沉淀率为 99% 以上，硒沉淀率为 2.81%。

铜阳极泥为铜冶炼主要产物之一，是稀贵金属回收的重要原料。随着铜冶炼近百年的发展，优质铜矿资源枯竭，贫矿、杂矿冶炼比例越来越大，现有阳极泥处理工艺中稀贵金属分散、直收率低、工艺流程复杂等缺点渐渐凸显[1]。作者所在团队长期致力于低温碱性熔炼技术的改进，研究形成了一套完整的低温碱性熔炼处理铜阳极泥新工艺，该工艺具有流程短、稀贵金属富集程度高等优点[2]。熔炼产物浸出后获得的碱性溶液中包含了砷、硒、铅、铜等元素，为充分回收溶液中的硒，有必要对溶液进行净化。

目前针对碱性溶液中铅、铜等重金属元素的分离方法有：矿物吸附法[3-6]、离子交换法[7]、生物处理法[8]、化学沉淀法[6, 9-12]等。其中吸附等物理方法去除铅、铜等重金属离子具有反应时间短、处理速度快等特点，但对于处理溶液酸碱性要求严苛等缺点，特别是对于溶液中存在的硒酸根或亚硒酸根这种理化性质与硫酸根非常相似的元素，容易发生夹杂吸附等问题；而现有的生物处理法研究结果显示：生物处理法具有处理流程长、处理量低等缺点不适用于大规模金属生产过程。

目前针对碱性溶液中砷元素的分离方法的研究有：吸附法[13-14]、离子交换法[15]、化学沉淀法[9-10, 16-22]、微生物处理法[23-24]等。其中吸附法与离子交换法具有操作简单、吸附剂种类多、效果良好等特点，但对于溶液 pH、溶液中离子种类等有较高要求；微生物处理法不仅可以将溶液中砷还原，还可以将溶液中砷富集于微生物体内，但其反应时间长等缺点难以简单克服；常见的化学沉淀法利用铁、钙、镁、硫化物等来沉淀溶液中砷离子，其具有处理量大、工艺简单等特点，但目前沉淀效率低、二次污染等问题需要克服。

本文的研究目的在于通过对杂质元素沉淀方法的理论分析及实验研究，找到一个适于处理低温碱性熔炼工艺中含硒浸出液的方法，在高效分离溶液中杂质的同时避免硒元素的分离损失，为后期硒回收提供良好的基础。

本文发表在《中国有色金属学报》，2017，27(10)：2120–2127。合作者：徐润泽。

1 理论分析

1.1 硫化沉铅理论分析

在低温碱性熔炼过程中，铅化合物会与氢氧化钠发生反应生成铅单质，随后在浸出过程中，铅以 $Pb(OH)_n^{2-n}$ 的形式溶解[25]。在碱性溶液中硫化铅的溶度积为 9.04×10^{-29}[26]，根据查找的碱性条件下铅与硫反应方程式制作 Pb-S-H₂O 系 φ-pH 图，计算过程如表 1 所示[27-29]，结果如图 1 所示。

表 1 PbS-H₂O 系反应式及 φ-pH 计算式

Reaction equation	φ-pH equation	Equation No.
$2H_2O+2e \Longrightarrow H_2+2OH^-$	$\varphi=-0.0591pH$	Eq. (1)
$2PbSO_4+H_2O \Longrightarrow PbSO_4 \cdot PbO+SO_4^{2-}+2H^+$	$pH=7.59+0.5lg[SO_4^{2-}]$	Eq. (2)
$3PbSO_4 \cdot PbO+H_2O \Longrightarrow 2PbSO_4 \cdot 2PbO+SO_4^{2-}+2H^+$	$pH=11.31+0.5lg[SO_4^{2-}]$	Eq. (3)
$PbSO_4 \cdot 2PbO+H_2O \Longrightarrow 3PbO+SO_4^{2-}+2H^+$	$pH=13.72+0.5lg[SO_4^{2-}]$	Eq. (4)
$PbO+H_2O \Longrightarrow HPbO_2^-+H^+$	$pH=15.33+lg[HPbO_2^-]$	Eq. (5)
$H_2S(aq) \Longrightarrow H^++HS^-$	$pH=6.97+lg[HS^-]/[H_2S]$	Eq. (6)
$HS^- \Longrightarrow H^++S^{2-}$	$pH=12.9+lg[S^{2-}]/[HS^-]$	Eq. (7)
$PbS+2H^++2e \Longrightarrow Pb+H_2S(aq)$	$\varphi=-0.358-0.0591pH-0.0296 lg[H_2S(aq)]$	Eq. (8)
$PbS+2e \Longrightarrow Pb+S^{2-}$	$\varphi=-0.949-0.0296lg[S^{2-}]$	Eq. (9)
$PbS+H^++2e \Longrightarrow Pb+HS^-$	$\varphi=-0.564-0.0296pH-0.0296lg[HS^-]$	Eq. (10)
$PbSO_4+8H^++8e \Longrightarrow PbS+4H_2O$	$\varphi=0.302-0.0591pH$	Eq. (11)
$HPbO_2^-+SO_4^{2-}+11H^++8e \Longrightarrow PbS+6H_2O$	$\varphi=0.567-0.0813pH+$ $0.0074lg[HPbO_2^-]+lg[SO_4^{2-}]$	Eq. (12)
$PbO+SO_4^{2-}+10H^++8e \Longrightarrow PbS+5H_2O$	$\varphi=0.454-0.074pH+0.0074lg[SO_4^{2-}]$	Eq. (13)
$PbSO_4 \cdot 2PbO+2SO_4^{2-}+28H^++24e \Longrightarrow 3PbS+14H_2O$	$\varphi=0.386-0.069pH+0.0049lg[SO_4^{2-}]$	Eq. (14)
$PbSO_4 \cdot PbO+SO_4^{2-}+18H^++16e \Longrightarrow 2PbS+9H_2O$	$\varphi=0.358-0.0665pH+0.0037lg[SO_4^{2-}]$	Eq. (15)

理论计算结果显示在碱性溶液中硫化铅有较大的可稳定存在范围，不易转化为可溶性铅离子，采用硫化沉淀的方式在理论上可以将溶液中铅以硫化铅的形式沉淀，使得溶液中铅离子与其他离子有效分离。

1.2 钙盐沉砷理论分析

经过低温碱性熔炼-浸出后，溶液中的砷主要以 AsO_4^{3-} 的形式存在[25]。采用氢氧化钙沉

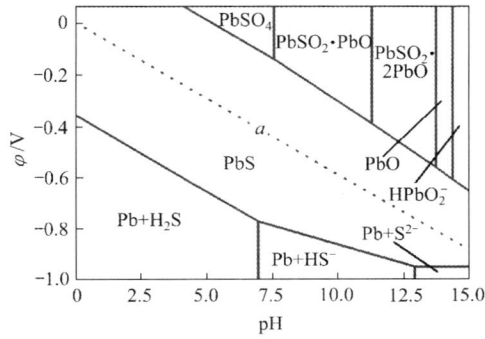

图1　PbS-H$_2$O 体系电势-pH 图（图中略去标注 SO$_4^{2-}$ 离子存在区域）

淀溶液中砷的反应如下[30]：

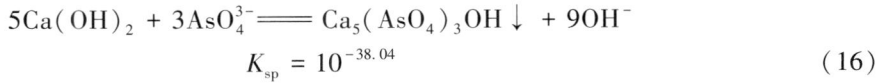

$$5Ca(OH)_2 + 3AsO_4^{3-} \Longrightarrow Ca_5(AsO_4)_3OH\downarrow + 9OH^-$$
$$K_{sp} = 10^{-38.04} \tag{16}$$

根据文献研究的热力学数据[30-32]，在加入氢氧化钙后 Ca-As-H$_2$O 体系可能发生的反应及其溶解平衡常数如表 2 所示：

表2　Ca-As-H$_2$O 体系可能反应及其溶解平衡常数

Reaction	lg$K$	Ref.	Equation No.
$Ca_5(AsO_4)_3OH(s) \Longrightarrow 5Ca^{2+} + 3AsO_4^{3-} + OH^-$	−38.04	[19]	Eq. (17)
$Ca(OH)_2(s) \Longrightarrow Ca^{2+} + 2OH^-$	−5.26	[20]	Eq. (18)
$H_3AsO_4 \Longrightarrow H^+ + H_2AsO_4^-$	−2.249	[21]	Eq. (19)
$H_2AsO_4^- \Longrightarrow H^+ + HAsO_4^{2-}$	−6.761	[21]	Eq. (20)
$HAsO_4^{2-} \Longrightarrow H^+ + AsO_4^{3-}$	−11.602	[21]	Eq. (21)

根据表 2 中的反应式及反应常数，计算各个离子浓度与 [H$^+$] 的关系，绘制 Ca-As-H$_2$O 体系溶解平衡浓度-pH 图，如图 2 所示。

图 2 中阴影部分为碱式砷酸钙的稳定区，理论分析结果显示在 pH=10 时溶液中砷浓度达到最低；当 pH>10 时，溶液中砷主要以砷酸根的形式溶解，当 pH<10 时，溶液中的砷则会以砷酸氢根的形式溶解，为使溶液中砷沉淀率达到最大，应控制 pH 稳定为 10。

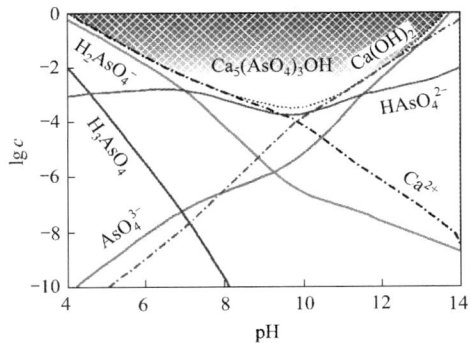

图2　Ca-As-H$_2$O 体系溶解平衡浓度-pH 图（25℃）

2 实验

2.1 原料及设备

本试验中采用的铜阳极泥来自国内某铜冶炼厂的电解精炼车间,对铜阳极泥采用低温碱性熔炼工艺处理,获得的浸出液成分见表3。经过低温碱性熔炼—浸出工艺处理后获得的碱性浸出液属于高碱度溶液,氢氧化钠含量为2.5 mol/L,主要含有铅、砷、硒,包含微量的锑、锡、铜。

沉淀实验均在三口瓶中进行,高温实验中采用蛇形冷凝管回流蒸发的溶液,反应温度采用集热式恒温加热磁力搅拌器(DF-101S,予华仪器有限公司)水浴控制,溶液pH采用0.1 mol/L稀盐酸调节,溶液pH采用pH检测仪实时监控(雷磁,PHS-3C,每次实验前均采用标准pH=4、pH=6.86、pH=9.18缓冲液校准并调节仪器温度为实验控制温度值。),实验药品均采用国药集团分析纯产品,纯水为纯水仪制备(ZOOMWO,ZWL-HLPA1-60,18 MΩ·cm),液固分离采用真空抽滤并用纯水洗涤固体3次,洗液计入滤液。

表3 低温碱性熔炼处理铜阳极泥后各元素浓度及浸出率

Element	Chemical concentration/$(g \cdot L^{-1})$	Leaching rate/%
Se	2.61	99.95
As	1.94	99.95
Cu	0.38	1.61
Sb	0.08	3.08
Sn	0.28	86.72
Pb	4.46	76.88

2.2 流程及方法

铜阳极泥低温碱性熔炼浸出液除杂流程图如图3所示。

本试验中采用Baird Corp PS-6型ICP-AES分析仪测定溶液中铅砷等元素含量,德国Bruker AXS公司的S_4-Pioneer型荧光光谱仪分析固体中元素含量,物相分析采用了日本理学的TTRAX-3型XRD衍射仪。

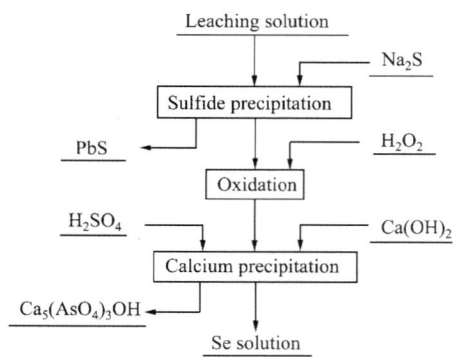

图3 工艺流程图

3 结果与讨论

3.1 硫化钠沉淀法分离回收浸出液中的铅

根据前期理论分析结论，采用添加硫化钠的方式沉淀溶液中的铅，实验获得的最优实验条件及实验结果如表 4 所示。

表 4 硫化沉淀最优实验条件及实验结果

Excess ratio of Na_2S	$\theta/℃$	t/min	Precipitation ratio of Pb/%	Precipitation ratio of Cu/%	Precipitation ratio of Se/%	Precipitation ratio of As/%	Solution contraction of lead/10^{-6}
2.5	25	15	99.99	100	5	8	<5

实验结果显示，硫化沉淀可以有效地将溶液中铜、铅杂质沉淀分离，对溶液中硒不产生影响。溶液中铜离子沉淀率高于铅离子沉淀率的主要原因是：①铜离子与硫化钠反应生成硫化铜溶度积为 $8.0×10^{-48}$，远低于硫化铅溶度积（$9.04×10^{-29}$），所以硫化钠优先沉淀铜离子，剩余的硫离子沉淀溶液中的 $Pb(OH)_n^{2-n}$；②溶液中铜离子浓度低，加入沉铅理论量 2.5 倍的硫化钠后，溶液中硫离子为硫化铜沉淀理论量的 9 倍，较大的过量系数保证了铜离子沉淀率达到 100%。

硒离子沉淀的主要原因是：①在硫离子取代原铅配合物中氢氧根离子时，会有部分 $Na_2Pb(OH)_mS_{(4-m)/2}$ 沉淀物生成，氢氧根配离子的结构使其具有胶体的性质，吸引沉淀物附近的砷、硒离子一同沉淀；②溶液中多余的硫离子会发生水解反应产生硫氰根离子，而硫氰根离子集团容易包裹在硫化铅沉淀周围[33]，吸附溶液中砷、硒离子；③硫化钠沉铅反应速度比较快，产生的沉淀物颗粒粒径比较大，具有良好的沉淀性能[34]，溶液中快速成核会夹带部分砷、硒进入沉淀物中。

3.2 氧化-钙盐脱砷研究

3.2.1 钙盐直接沉淀

在 90℃ 条件下，向沉铅后液中加入氢氧化钙进行脱砷实验，反应时间 2 h，实验条件与结果如表 5 所示。

由表 5 可知，溶液中砷离子沉淀率仅为 52%，并且有 38% 的硒损失。这是由于溶液中含有部分 As(Ⅲ)离子，这类亚砷酸根的存在难以直接去除[35]。同时，溶液中存在亚硒酸根离子，其与钙生成一种微溶的亚硒酸钙，进而引起溶液中硒离子的损失。基于以上分析，先缓慢向沉铅后液中加入 30%（体积分数）双氧水 20 mL（理论氧化量 3 倍），搅拌 3 h 后再进行后续沉砷实验。

3.2.2 pH 对钙盐脱砷效果的影响

针对氧化后的沉铅后液，在温度为 90℃，反应时间 3 h，钙砷摩尔比为 3 的条件下，研究不同 pH 对钙盐沉淀脱砷效果的影响，砷沉淀率变化结果如图 4 所示。

由图 4 可以看出，不同 pH 对砷沉淀率影响显著。当溶液 pH = 13 时，砷离子的沉淀率不足 50%，随后砷离子的沉淀率随 pH 的降低而升高，在 pH = 10 时达到 99.3%，pH = 9 时砷离子沉淀率维持在 99% 以上，但在 pH 小于 8 后，砷离子沉淀率随 pH 值的下降而大幅度降低，当调节溶液 pH = 3 时，溶液中砷离子沉淀率不足 33%，实验结果与前文中热力学分析相符，同时发现硒离子沉淀率随 pH 下降而从 2.9% 下降至 1.0%，在 pH = 10 的条件下，

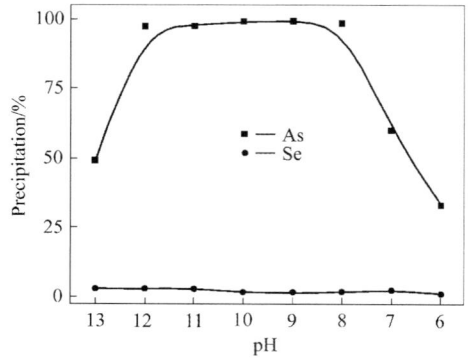

图 4 不同 pH 对脱砷效果的影响

硒沉淀率为 2.38%。综合上述实验现象，选择 pH = 10 为最优沉淀 pH 进行后续实验。

3.2.3 钙盐加入量的影响

在 pH = 10，反应温度 90℃，反应时间 3 h 的条件下，考察了不同钙砷摩尔比对钙盐沉淀脱砷效果的影响，砷沉淀率变化结果如图 5 所示。

由图 5 可以看出，钙砷摩尔比的增大有利于浸出液中砷的沉淀。砷离子在钙砷摩尔比为 3.5 时达到最大沉淀率 99.4%。溶液中硒的沉淀率也随着氢氧化钙的加入量的增大而增大：从钙砷摩尔比为 1 时的沉淀率为 0.76% 增长到钙砷摩尔比为 6 时的 6.05%。硒离子沉淀率有较明显的变化，其主要原因为：氢氧

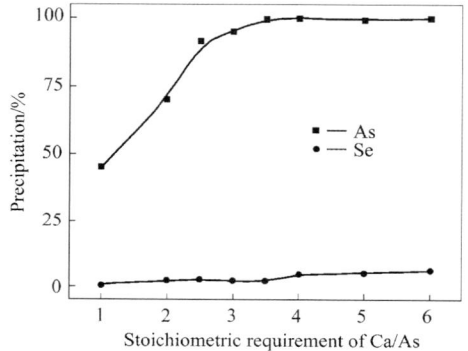

图 5 不同钙砷比对脱砷效果的影响

化钙在碱溶液中属于微溶物，会在溶液中形成以钙离子为中心的层状氢氧化物结构（Layered double hydroxides，LDH），此类结构会对溶液中硒酸根离子产生复杂的电场吸附、物理吸附等作用，产生硒的沉淀损失。为保证砷的沉淀分离效果的同时减少硒损失，选择钙砷比为 3.5 为最优氢氧化钙加入量。

表 5 钙盐沉淀砷实验中实验条件及结果

Ca-As mole ratio	$\theta/℃$	t/min	Precipitation ratio of As/%	Precipitation ratio of Se/%	Solution contraction of As/$(g \cdot L^{-1})$	Solution contraction of Se/$(g \cdot L^{-1})$
8	60	90	52	38	0.84	1.53

3.2.4 反应温度-时间影响

在 pH = 10，钙砷比为 3.5 的条件下研究了反应温度-时间对砷离子沉淀率的交互影响，实验结果如图 6 所示。

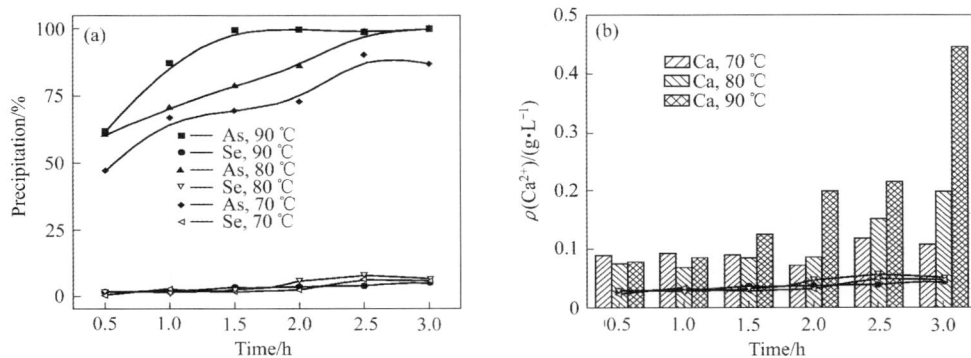

图 6   反应温度-时间对脱砷效果的影响

由图 6 可以看出，反应温度和反应时间对砷离子的沉淀率有显著影响：①提高反应温度有利于砷离子的沉淀。在反应时间为 1.5 h 时，90℃反应中砷离子沉淀率为 80℃反应中砷离子沉淀率的 1.3 倍，为 70℃的 1.6 倍。②延长反应时间有利于砷离子的沉淀。在反应温度为 80℃，2.5 h 反应中砷离子沉淀率为 2 h 反应中砷离子沉淀率的 1.1 倍，为 1 h 反应的 1.5 倍。

溶液中钙离子浓度受反应温度和反应时间的影响较为明显，在反应温度相同的实验中，溶液中钙离子的浓度随着反应时间的延长而增大；而在反应时间相同的实验中，溶液中钙离子的浓度随着反应温度的升高而增大。

根据上述实验现象得出以下结论：提高反应温度、延长反应时间促进了钙离子的溶解，在有效提高溶液中溶解的钙离子浓度后，钙盐直接沉淀的方法可以将溶液中砷充分沉淀。现有学术研究偏向于认为钙盐无法单独深度除砷，但本实验研究显示：在提高溶液中钙离子浓度后，砷离子沉淀率可以达到 99.45%。本实验通过提高反应温度、延长反应时间这两种手段有效提高了碱性溶液中溶解的钙离子浓度，进而打破了钙-砷反应中钙离子浓度低的瓶颈，提高了砷的沉淀率；这也解释了为什么以前对碱性溶液中砷离子沉淀多采用多段沉淀法或多种盐类（如钙盐-铁盐联合）沉淀法等方法才能获得良好的沉淀率。

溶液中硒离子沉淀率呈现以下规律：①温度对硒沉淀经变化没有显著影响。以反应时间为 1 h 为例，硒沉淀率分别为 2.22%（70℃）、1.64%（80℃）和 1.65%（90℃）。②延长反应时间，硒沉淀率上升。以反应温度为 90℃为例，硒沉淀率分别为 1.65%（1 h）、3.35%（2 h）和 5.03%（3 h）。硒离子沉淀规律符合钙离子氢氧化物吸附沉淀规律。综合考虑最优反应条件为 90℃，1.5 h，pH = 10，钙砷摩尔比为 3.5，此时砷沉淀率达到 99.45%，硒沉淀率为 2.81%。

4   结论

（1）采用硫化沉淀重金属、钙盐沉淀砷的工艺有效分离溶液中的铅、砷等杂质，并使硒的沉淀率达到最低。在 25℃，反应时间 15 min，硫化钠过量系数 2.5 倍的条件下，铅、铜沉淀率高于 99.99%，硒沉淀率小于 5%。

（2）采用双氧水氧化沉铅后液，控制 pH = 10，90℃，钙砷比为 3.5，反应时间 1.5 h，砷离子沉淀率达到 99.45%，剩余浓度低至 8×10^{-6}，硒沉淀率为 2.81%。采用本研究工艺可以有效分离杂质元素同时保证较小的硒元素损失，为低温碱性熔炼工艺获得浸出液回收硒元素提供了良好的基础。

参考文献

[1]李栋，徐润泽，许志鹏，郭学益. 硒资源及其提取技术研究进展[J]. 有色金属科学与工程，2015，6(1)：18-23.

[2]郭学益，许志鹏，田庆华，李栋. 低温碱性熔炼分离富集铜阳极泥中的有价金属[J]. 中国有色金属学报，2015，25(8)：2243-2250.

[3]曹伟，傅佩玉. 天然沸石处理含铅废水的试验研究[J]. 环境导报，1998(2)：20-22.

[4]孙洪良，朱利中. 表面活性剂改性的螯合剂有机膨润土对水中有机污染物和重金属的协同吸附研究[J]. 高等学校化学学报，2007，28(8)：1475-1479.

[5]何翊，牛盾，门阅. 高岭石对铅离子吸附性能的特征研究[J]. 金属矿山，2005(10)：60-64.

[6]杨津津，徐晓军，王刚，王盼，韩振宇，管堂珍，田蕊. 微电解絮凝耦合技术处理含重金属铅锌冶炼废水[J]. 中国有色金属学报，2012，22(7)：2125-2132.

[7]Srinivasa Rao K, Dash P K, Sarangi D, Dash P K, Roy Chaudhury G. Treatment of wastewater containing Pb and Fe using ion-exchange techniques[J]. Journal of Chemical Technology and Biotechnology, 2005, 80(8)：892-898.

[8]Huang Lingzhi, Zeng Guangming, Huang Danlian, Li Lifeng, Huang Pengmian, Xia Changbin. Adsorption of lead (Ⅱ) from aqueous solution onto hydrilla verticillata[J]. Biodegradation, 2009, 20(5)：651-660.

[9]Peng Y, Zheng Y, Zhou W, Chen W. Separation and recovery of Cu and As during purification of copper electrolyte[J]. Transactions of Nonferrous Metals Society of China, 2012, 22(9)：2268-2273.

[10]Zheng Y, Peng Y, Ke L, Chen W. Separation and recovery of Cu and As from copper electrolyte through electrowinning and SO_2 reduction[J]. Transactions of Nonferrous Metals Society of China, 2013, 23(7)：2166-2173.

[11]刘伟锋，杨天足，刘又年，陈霖，张杜超，唐谟堂. 脱除铅阳极泥中贱金属的预处理工艺选择[J]. 中国有色金属学报，2013，23(2)：549-558.

[12]施勇，王学谦，郭晓龙，马懿星，王郎郎，宁平. 采用硫化铵去除冶炼烟气中的重金属[J]. 中国有色金属学报，2014，24(11)：2900-2905.

[13]Chakravarty S, Dureja V, Bhattacharyya G, et al. Removal of arsenic from groundwater using low cost ferruginous manganese ore[J]. Water Research, 2002, 36(3)：625-632.

[14]喻德忠，邹菁，艾军. 纳米二氧化锆对砷(Ⅲ)和砷(Ⅴ)的吸附性质研究[J]. 武汉化工学院化工与制药学院，2004，26(3)：1-3.

[15]Korngold E, Belayev N, Aronov L. Removal of arsenic from drinking water by anion exchangers[J]. Desalination, 2001, 141(1)：81-84.

[16]郭恒萍. 冶炼含砷污酸与酸性含砷废水处理试验及应用研究[D]. 西安：长安大学，2010.

[17]Hansen H K, Nunez P, Jil C. Removal of arsenic from wastewaters by airlift electrocoagulation. Part 1：Batch reactor experiments[J]. Separation Science and Technology, 2008, 43(1)：212-224.

[18]王勇，曹龙文，罗园. 硫酸装置含砷废水处理及三氧化二砷制备[J]. 硫酸工业，2010(4)：21-25.

[19]陈维平，牛秋雅，田一庄. 铟生产过程中 AsH_3 气体污染治理的研究[J]. 环境工程，2002，20(5)：31-33.

[20]Guo X, Yi Y, Shi J, Tian Q. Leaching behavior of metals from high-arsenic dust by NaOH-Na_2S alkaline

leaching[J]. Transactions of Nonferrous Metals Society of China, 2016, 26(2): 575-580.

[21]李鹏, 唐谟堂, 鲁君乐. 由含砷烟灰直接制取砷酸铜[J]. 中国有色金属学报, 1997, 7(1): 40-42.

[22]易宇, 石靖, 田庆华, 郭学益. 高砷烟尘碱浸渣制备焦锑酸钠的新工艺[J]. 中国有色金属学报, 2015, 25(1): 241-249.

[23]Busetti F, Badoer S, Cuomo M, et al. Occurrence and removal of potentially toxic metals and heavy metals in the wastewater treatment plant of Fusina (Venice, Italy)[J]. Industrial & Engineering Chemistry Research, 2005, 44(24): 9264-9272

[24]廖敏, 王锐. 菌藻共生体去除废水中砷初探[J]. 环境污染与防治, 1997, 19(2): 11-12.

[25]郭学益, 刘静欣, 田庆华, 李栋. 有色金属复杂资源低温碱性熔炼原理与方法[J]. 有色金属科学与工程, 2013, 4(2): 8-13.

[26]郝润蓉, 方锡义, 钮少冲. 无机化学丛书第三卷: 碳硅锗分族[M]. 北京: 科学出版社, 1988.

[27]DEANJ A. 兰氏化学手册[M]. 魏俊发, 译. 北京: 科学出版社, 2003.

[28]李洪桂. 冶金原理[M]. 北京: 科学出版社, 2005.

[29]彭容秋. 铅冶金[M]. 长沙: 中南大学出版社, 2004.

[30]Bothe Jr. J V, Brown P W. The stabilities of calcium arsenates at (23±1)℃[J]. Journal of Hazardous Materials, 1999, 69(2): 197-207.

[31]Duchesne J, Reardon E J. Measurement and prediction of portlandite solubility in alkali solutions[J]. Cement and Concrete Research, 1995, 25(5): 1043-1053.

[32]Parker V B, Evans W H, Nuttall R L. The thermochemical measurements on rubidium compounds: A comparison of measured values with those predicted from the NBS tables of chemical and thermodynamic properties[J]. Journal of Physical and Chemical Reference Data, 1987, 16(1): 7-59.

[33]李静文. 硫化钠沉淀法处理含铅废水研究[J]. 赤峰学院学报(自然科学版), 2013, 29(2): 8-10.

[34]何绪文, 胡建龙, 李静文, 等. 硫化物沉淀法处理含铅废水[J]. 环境工程学报, 2013, 7(4): 1394-1398.

[35]李莉. 碱性体系下As(Ⅲ)的催化氧化及其机理研究[D]. 长沙: 中南大学, 2009.

低温碱性熔炼分离富集铜
阳极泥中的有价金属

摘要：采用低温碱性熔炼处理铜阳极泥（CAS），研究熔炼浸出过程各有价金属的分离富集行为。分析碱料比、熔炼温度、熔炼时间、浸出温度、浸出时间和液固比等6个因素对金属浸出率的影响。结果表明：优化条件为碱料比为0.5，熔炼温度为600℃，熔炼时间为60 min，浸出温度为70℃，浸出时间为60 min，液固比为12.5 mL/g。在此优化条件下，Se和As的浸出率分别达95.79%和96.83%，Cu、Pb、Sb和Te的浸出率分别为0.16%、3.36%、1.02%和0.05%，实现了铜阳极泥中有价金属的有效分离和富集。

铜阳极泥是铜电解精炼过程中产出的一种重要副产品，它是由阳极铜在电解精炼过程中不溶于电解液的各种物质所组成[1-2]，通常含有 Au、Ag、Cu、Pb、Se、Te、As、Sb、Ni、Bi、S、Sn、Fe、SiO_2、Al_2O_3、铂族金属和水分，是提取稀贵金属的重要原料[3]。铜阳极泥的处理应首先脱除部分贱金属，然后再用火法或湿法溶解的技术富集并产出贵金属合金或粉末，最后经过精炼产生贵金属产品[4]，这些处理过程环环相扣，构成一个完整的阳极泥处理工艺，相对来说预处理过程是决定铜阳极泥处理工艺优劣的最为重要的环节[5]。预处理过程的目的是尽可能脱除 Cu、Se 和 Te 等金属并进一步富集贵金属，有报道的阳极泥预处理方法很多，如纯碱焙烧法[6]、硫酸化焙烧法[7]、氧化焙烧法[8]、加压氧化酸浸法[9-10]和加压氧化碱浸法[11-12]。纯碱焙烧法的优点是处理量大、能较好地将硒、碲与贵金属分离、有利于回收贵金属，且不存在设备腐蚀问题，缺点是操作复杂、污染较大、回收率低；硫酸化焙烧法具有焙烧温度低、硒和铜脱除率高等优点，但设备腐蚀快、辅助工序长、环境污染严重、砷分散问题突出；氧化焙烧法主要优点是硒的回收率较高、能实现碲和硒的分离，但生产周期长、能耗较高；加压氧化酸浸法的优点是铜脱除率高、工艺过程短，但存在设备易腐蚀、硒碲脱除率低、砷分散问题突出等缺点；加压氧化碱浸法优点是硒、砷脱除率高、工艺过程短，但存在设备要求高、操作复杂、碲回收率低等缺点。因此，如何有效、环保地分离富集铜阳极泥中有价金属是当前亟待解决的问题。

低温碱性熔炼[13]是在碱性介质中、在相对低的熔融温度条件下，将某些难回收金属元素形态转型为易于后续分离提取的金属形态，包括熔融温度下的氧化、还原、固化和硫化等，从而应用于分解含氧酸盐矿以及从精矿或尾渣中分离酸性或者两性物质的反应过程，在处理复杂资源时表现出金属直收率高、污染小、能耗低等诸多优点，是一种具有广泛应用前景的低碳重金属清洁冶金方法[14-17]。为了选择性分离铜阳极泥中的砷、硒以及富集铜、铅、锑、碲及贵金属，避免有价金属分散，提高资源利用率以及保护环境，本文作者采用低温碱性熔炼法预处理铜阳极泥，对熔炼及浸出过程的金属行为及分离工艺条件进行系统研究，以期为铜阳极泥的清洁回收提供理论和工艺依据。

本文发表在《中国有色金属学报》，2015，25（8）：2370-2378。合作者：许志鹏。

1 实验

1.1 实验原料

实验原料为国内某铜冶炼厂的铜阳极泥,在110℃下干燥24 h,破碎后,过孔径为180 m筛。表1所列为其主要成分。

由表1可知,该阳极泥中重金属Cu、Pb和Sb,稀散金属Se、Te以及贵金属Au、Ag含量都较高,具有较高的回收价值。

为了明晰铜阳极泥中各元素的存在形态,进行了XRD分析。图1所示为铜阳极泥的XRD谱。由图1可以看出,铜阳极泥中主要的物相为$PbSO_4$、Ag_2Se、Cu_2Se和Sb_4O_6。

表1 铜阳极泥的化学成分 %

Cu	Pb	Sb	Se	Te	Ag	Au	As	S	Cl
11.91	16.16	5.09	5.22	0.58	10.45	0.21	3.55	4.88	3.69

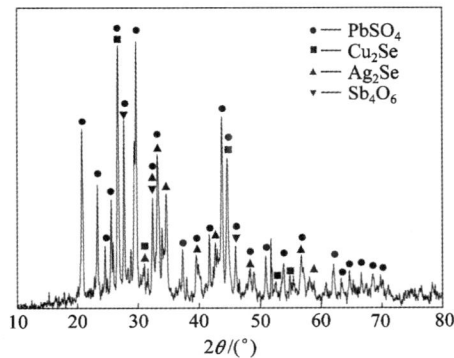

图1 铜阳极泥XRD谱

1.2 实验方法

将4 g铜阳极泥与一定量的NaOH充分混合后,置于电阻炉中恒温熔炼一定时间,冷却后粉碎,加去离子水恒温振荡浸出一定时间(振荡频率为2~3 s^{-1}),过滤后,取滤液进行检测,图2所示为实验流程图。通过测定溶液中金属离子浓度判断金属的浸出率(R),计算公式如式(1)所示:

$$R = \frac{\rho V}{mw} \times 100\% \tag{1}$$

式中:R为金属的浸出率,%;ρ为金属离子浓度,g/L;V为溶液体积,L;m为铜阳极泥质量,g;w为该金属在铜阳极泥中的质量分数,%。

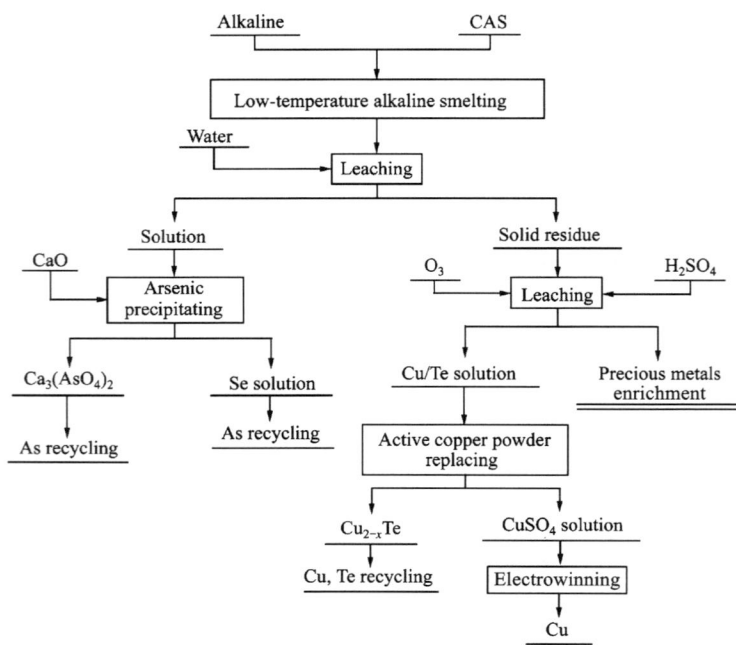

图 2 实验流程图

采用北京瑞利分析仪器公司生产的 WEX120 型原子分光光度计检测滤液中的 Cu、Pb、Sb 浓度，采用电感耦合等离子体-原子发射光谱仪（Optimal 5300DV，Perkin-Elmer 公司生产）检测 Se、As、Te 浓度。

1.3　实验原理

铜阳极泥在低温碱性熔炼过程中，其中的 Ag_2Se 和 Cu_2Se 被空气中的氧气氧化，银被氧化为 Ag_2O，而 Ag_2O 不与碱反应，在高温条件下极易分解为不溶于水的银单质[18]；Cu_2Se 易被氧化为 CuO 和 SeO_2，CuO 在低碱度条件下基本不反应，而 SeO_2 易被高活性熔融 NaOH 捕捉生成易溶于水的 Na_2SeO_3；$PbSO_4$ 与高活性熔融碱 NaOH 反应转化为 PbO，PbO 在碱度低时，不溶于碱溶液；Sb_4O_6 和 As_2O_3 与高活性熔融 NaOH 反应生成不溶于水的 $Na_2Sb_4O_7$ 和可溶的 $NaAsO_2$。浸出过程中，硒和砷大部分进入浸出液，而铜、铅、锑、碲及金银等贵金属进入浸出渣，能有效地实现铜阳极泥中有价金属的分离和富集，主要的化学反应方程式如式（2）~式（7）所示：

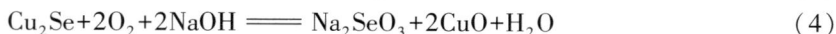

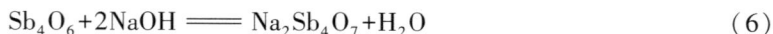

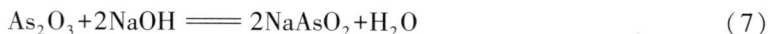

$$2Ag_2Se+4NaOH+3O_2 \Longrightarrow 2Ag_2O+2Na_2SeO_3+2H_2O \tag{2}$$

$$2Ag_2O \Longrightarrow 4Ag+O_2\uparrow \tag{3}$$

$$Cu_2Se+2O_2+2NaOH \Longrightarrow Na_2SeO_3+2CuO+H_2O \tag{4}$$

$$PbSO_4+2NaOH \Longrightarrow PbO+Na_2SO_4+H_2O \tag{5}$$

$$Sb_4O_6+2NaOH \Longrightarrow Na_2Sb_4O_7+H_2O \tag{6}$$

$$As_2O_3+2NaOH \Longrightarrow 2NaAsO_2+H_2O \tag{7}$$

2 结果与讨论

2.1 熔炼过程实验

2.1.1 碱料比对金属浸出率的影响

在熔炼温度为 500℃、熔炼时间为 60 min、浸出温度为 40℃、浸出时间为 60 min、液固比（浸出体积／铜阳极泥质量）为 12.5 mL/g 等条件下，研究了碱料比 $[m(\text{NaOH})/m(\text{CAS})]$ 分别为 0、0.25、0.5、0.75 和 1.25 时 Cu、Pb、Sb、Te、Se 和 As 的浸出率。图 3 所示为碱料比对金属浸出率的影响。

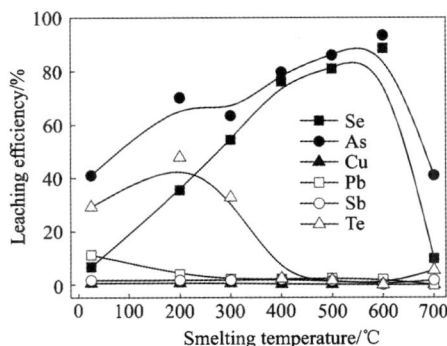

由图 3 可知，硒和砷的浸出率在碱料比小于 0.5 时，随着碱料比的增大快速上升，这是由于碱料比增大，反应体系中 OH⁻ 的活度增

图 3　碱料比对金属浸出率的影响

强，促进硒和砷转化为易溶于碱溶液的 Na_2SeO_3 和 $NaAsO_2$。在碱料比 0.5 时，硒和砷浸出率分别达到最高 90.28% 和 86.27%。当碱料比大于 0.5 时，硒和砷的浸出率基本保持稳定；而铜和铅在碱料比小的时候基本不浸出，但随着碱料比的增加缓慢上升，这是因为 Cu_2Se 和 $PbSO_4$ 在反应过程生成的 CuO 和 PbO 会与高浓度的 OH⁻ 反应，生产易溶于碱溶液的 $Cu(OH)_4^{2-}$ 和 PbO_2^{2-} 在碱料比 1.25 时，铜和铅浸出率分别达到最高 5.70% 和 15.94%，锑和碲的浸出率几乎为 0。综上所述，碱料比选 0.5 为宜。

CuO 和 PbO 溶解在高碱性溶液的反应式如式（8）和式（9）所示：

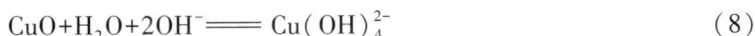

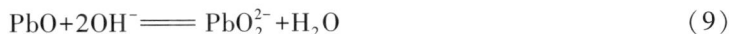

$$CuO + H_2O + 2OH^- \Longrightarrow Cu(OH)_4^{2-} \tag{8}$$

$$PbO + 2OH^- \Longrightarrow PbO_2^{2-} + H_2O \tag{9}$$

2.1.2 熔炼温度对金属浸出率的影响

在碱料比为 0.5、熔炼时间为 60 min、浸出温度为 40℃、浸出时间为 60 min、液固比为 12.5 mL/g 等条件下，研究了熔炼温度分别为 25℃、200℃、300℃、400℃、500℃、600℃ 和 700℃ 时 Cu、Pb、Sb、Te、Se 和 As 的浸出率。图 4 所示为熔炼温度对金属浸出率的影响。

由图 4 可知，硒和砷的浸出率在熔炼温度低于 600℃ 时快速上升，当熔炼温度为 600℃ 时，分别达到最高 88.84% 和 93.66%，但当熔炼温度高于 600℃ 时，浸出率急剧下降；碲的浸

图 4　熔炼温度对金属浸出率的影响

出率随着熔炼温度的升高先上升后下降，最后当熔炼温度高于 500℃ 后，浸出率几乎为 0；铅的浸出率随着熔炼温度的升高先下降然后基本维持在 2.15% 左右；铜和锑的浸出率几乎为 0。

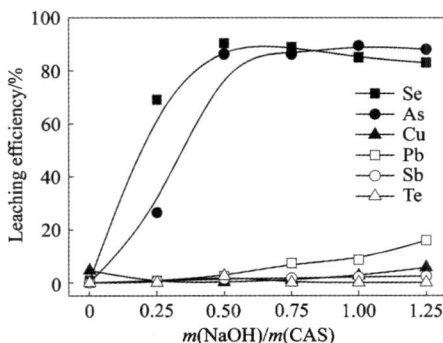

造成上述现象的可能原因是：熔炼温度升高，熔体黏度降低，流动性增强，化学反应速率及反应物、产物的扩散速率不断加快；同时，熔炼温度升高，熔体中 O_2 溶解度减小[19]，对各元素氧化作用减弱。在两种相互制约的因素作用下，各元素浸出率呈现先升高后降低的趋势。因此，适宜的熔炼温度为 600℃。

2.1.3 熔炼时间对金属浸出率的影响

在碱料比为 0.5、熔炼温度为 600℃、浸出温度为 40℃、浸出时间为 60 min、液固比为 12.5 mL/g 等条件下，研究了熔炼时间分别为 10 min、20 min、30 min、45 min、60 min、90 min 和 120 min 时 Cu、Pb、Sb、Te、Se 和 As 的浸出率。图 5 所示为熔炼时间对金属浸出率的影响。

由图 5 可知，随着熔炼时间的延长，硒的浸出率快速上升，在熔炼时间为 30 min 时达到最高 92.43%；砷的浸出率随着熔炼时间的延长先

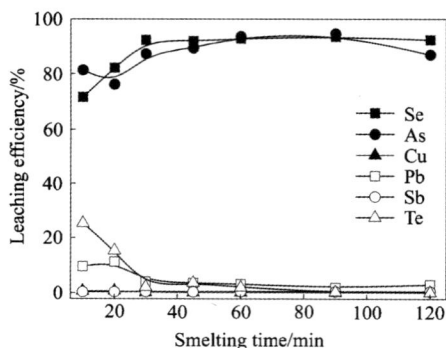

图 5　熔炼时间对金属浸出率的影响

缓慢上升，在熔炼时间为 60 min 时达到最高 91.55%。这是由于熔炼时间的延长有利于硒和砷向易溶于碱溶液的 Na_2SeO_3 和 $NaAsO_2$ 转化，当熔炼时间达到 60 min 后，硒和砷已经反应完全，因此，浸出率保持不变。而随着熔炼时间的延长，碲和铅的浸出率逐渐下降，在熔炼时间为 60 min 分别达到最低 1.89% 和 3.15%；铜和锑由于生成不溶于碱溶液的 CuO 和 $Na_2Sb_4O_7$，因此，浸出率几乎为 0，不随熔炼时间变化。综上所述，适宜的熔炼时间为 60 min。

2.1.4 熔炼产物 XRD 分析

图 6 所示为熔炼最优条件下所得产物的 XRD 谱。由图 6 可知，铜阳极泥熔炼产物中主要的物相为 Ag、$Cu_2O(SeO_3)$、$Na_2Sb_4O_7$、CuO、$CuSeO_3$ 和 $NaAsO_2$。因此，铜阳极泥在熔炼过程中，Ag_2Se 转化为 Ag_2O，Cu_2Se 被氧化为 $Cu_2O(SeO_3)$、$CuSeO_3$ 和 CuO，Sb_4O_6 转化为 $Na_2Sb_4O_7$，As_2O_3 转化为 $NaAsO_2$。

CuO、$Na_2Sb_4O_7$ 及贵金属均不溶于水，而 $NaAsO_2$ 易溶于水，且 $Cu_2O(SeO_3)$ 和 $CuSeO_3$ 在水浸过程中会与 NaOH 反应，得到 CuO 和可

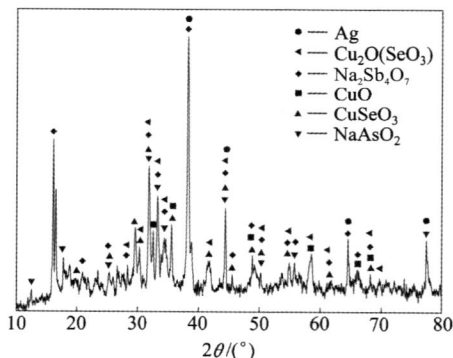

图 6　熔炼产物 XRD 谱

溶于碱溶液的 Na_2SeO_3。因此，将熔炼产物进行水浸，硒和砷进入浸出液，而铜、铅、锑、碲及金银等贵金属进入浸出渣，能实现铜阳极泥中有价金属的分离和富集。

2.2　浸出过程实验

2.2.1　浸出温度对金属浸出率的影响

在碱料比为 0.5、熔炼温度为 600℃、熔炼时间为 60 min、浸出时间为 60 min、液固比为 12.5 mL/g 等条件下，研究了浸出温度分别为 25℃、40℃、50℃、60℃、70℃ 和 80℃ 时 Cu、Pb、Sb、Te、Se 和 As 的浸出率。图 7 所示为浸出温度对金属浸出率的影响。

由图 7 可知,随着浸出温度的升高,As 的浸出率逐渐升高,在浸出温度为 80℃时达到最高,这是因为随着浸出温度的升高,$NaAsO_2$ 的溶解度增大,因此,其浸出率升高;而 Se、Cu、Pb、Sb 和 Te 的浸出率基本不变,分别为 95%、0.05%、5%、1.0% 和 0,说明浸出温度对各元素的浸出率影响不大。综合考虑能耗和浸出率,适宜的浸出温度为 70℃。

2.2.2 浸出时间对金属浸出率的影响

在碱料比为 0.5、熔炼温度为 600℃、熔炼时间为 60 min、浸出温度为 70℃、液固比为 12.5 mL/g 等条件下,研究了浸出时间分别为 10 min、20 min、30 min、45 min、60 min 和 120 min 时 Cu、Pb、Sb、Te、Se 和 As 的浸出率。图 8 所示为浸出时间对金属浸出率的影响。

由图 8 可知,随着浸出时间的延长,$NaAsO_2$ 的溶解更加充分,砷的浸出率逐渐升高,同时,Cu_2O(SeO_3)及 $CuSeO_3$ 转化为 Na_2SeO_3 更为彻底,硒的浸出率亦不断升高,在浸出时间为 60 min 时,硒和砷的浸出率分别达到最高 96.50% 和 98.59%;而铜、铅、锑和碲等由于生成了不溶于碱溶液的物质,因此,浸出时间对其浸出率基本没有影响。综合考虑,适宜的浸出时间为 60 min。

2.2.3 液固比对金属浸出率的影响

在碱料比为 0.5、熔炼温度为 600℃、熔炼时间为 60 min、浸出温度为 70℃、浸出时间为 60 min 等条件下,研究了液固比分别为 20:4 mL/g、30:4 mL/g、40:4 mL/g、50:4 mL/g、60:4 mL/g 和 70:4 mL/g 时 Cu、Pb、Sb、Te、Se 和 As 的浸出率。图 9 所示为液固比对金属浸出率的影响。

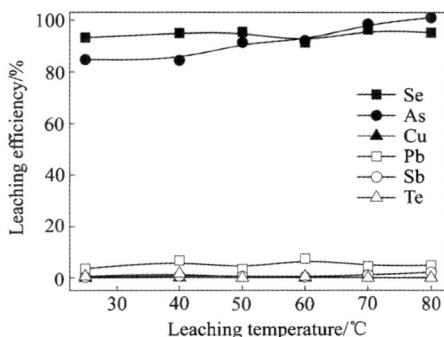

图 7 浸出温度对金属浸出率的影响

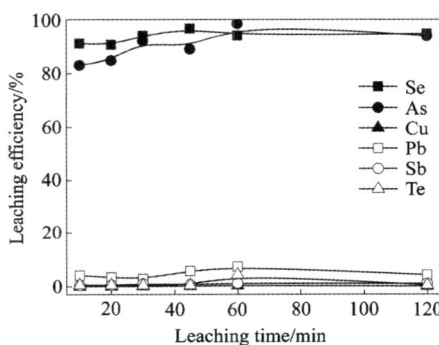

图 8 浸出时间对金属浸出率的影响

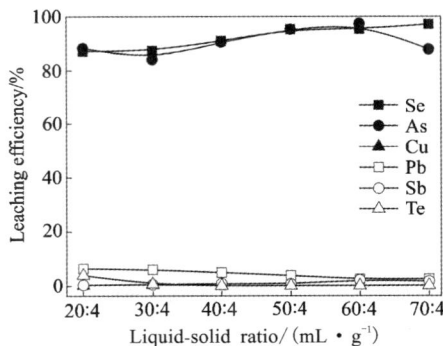

图 9 液固比对金属浸出率的影响

由图 9 可知,随着液固比的增加,熔炼产物在液体中更分散,反应物混合更均匀,有利于反应物的扩散,而且碱溶液对 $NaAsO_2$ 和 Na_2SeO_3 的溶解能力增加,因此硒和砷的浸出率先逐渐升高,当溶液中硒和砷的浓度达到平衡后浸出率基本保持不变,在液固比为 50:4 mL/g 时,达到最高 95.07% 和 95.07%;液固比对铜、铅、锑和碲的浸出率基本没有影响。一般来讲,液固比增加,钠盐间的同离子效应减弱,溶解反应更彻底,金属浸出升高;为尽量提高硒和砷的浸出率,同时又减少后续工序废液的体积,选液固比 50:4 mL/g 为宜。

2.3 优化条件实验

通过以上的系列实验研究，可得出铜阳极泥低温碱性熔炼的优化工艺条件如下：碱料比为 0.5、熔炼温度为 600℃、熔炼时间为 60 min、浸出温度为 70℃、浸出时间为 60 min、液固比为 12.5 mL/g。在此优化条件下进行验证实验。表 2 所列为优化条件的实验结果。

表 2 优化条件实验结果

元素	浸出率/%	离子浓度/($g \cdot L^{-1}$)
Se	95.79	4.0
As	96.83	2.75
Cu	0.16	0.015
Pb	3.36	0.43
Sb	1.02	0.04
Te	0.05	0.0002

由表 2 可知，在此优化条件下，铜阳极泥中大部分硒和砷进入浸出液中，硒、砷的浸出率分别为 95.79% 和 96.83%，含硒、砷的碱溶液可用生石灰对其中的砷进行固定，使硒和砷有效分离，然后采用现有工艺可对硒和砷进行回收，而铜、铅、锑和碲几乎全部进入浸出渣中，其浸出率分别为 0.16%、3.36%、1.02% 和 0.05%。因此，采用低温碱性熔炼处理铜阳极泥能实现铜阳极泥中有价金属的分离和富集。

图 10 所示为此条件下得到的浸出渣的

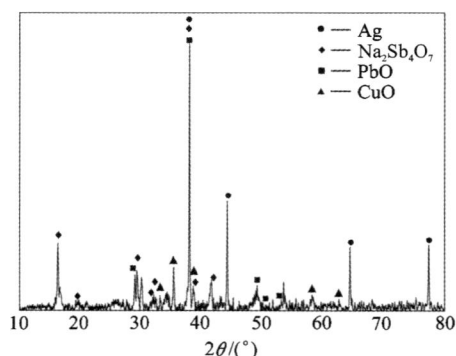

图 10 浸出渣的 XRD 谱

XRD 谱。由图 10 可以看出，浸出渣中主要物相为 Ag、$Na_2Sb_4O_7$、PbO、CuO。而 As 和 Se 由于反应充分，残留于渣中的含量低，在 XRD 谱上未能显示。该浸出渣可以采用硫酸进行浸出，使其中的 Cu、Te 进入浸出液，而其他稀贵金属进入硫酸浸出渣中，从而进一步实现铜阳极泥中有价金属的有效分离和富集。

3 结论

(1)采用低温碱性熔炼处理铜阳极泥，能避免传统工艺中有价金属的分散，使其中的硒和砷大部分进入浸出液中，而铜、铅、锑、碲和金银等金属几乎全部富集在浸出渣中，能实现铜阳极泥中有价金属的有效分离和富集。

(2)低温碱性熔炼处理铜阳极泥的适宜条件如下：碱料比为 0.5、熔炼温度为 600℃、熔炼时间为 60 min、浸出温度为 70℃、浸出时间为 60 min、液固比为 12.5 mL/g。在此条件下，Se、As、Cu、Pb、Sb 和 Te 在溶液的中浸出率分别为 95.79%、96.83%、0.16%、3.36%、

1.02%、0.05%。

（3）低温碱性熔炼处理铜阳极泥，熔炼过程占主导作用，在熔炼过程中，各金属转化为可溶性与不溶性钠盐，浸出过程实现可溶性与不溶性钠盐的分离。

（4）低温碱性熔炼处理铜阳极泥所得的含硒、砷碱溶液可利用生石灰对其中的砷进行固定，使硒和砷有效分离，然后采用现有工艺可对硒和砷进行回收，而浸出渣可采用硫酸氧化浸出，使其中的 Cu、Te 进入浸出液，而其他稀贵金属进入硫酸浸出渣中，进一步实现铜阳极泥中有价金属的有效分离和富集。

参考文献

[1]黄旺银，苏庆平. 铜湿法冶金现状及发展趋势[J]. 安徽化工，2011，37（2）：13-14.

[2]陈国宝，杨洪英，郭军，等. 铜阳极泥选冶富集金银的粗选研究[J]. 贵金属，2013，34（3）：32-33.

[3]李雪娇，杨洪英，佟琳琳，等. 铜阳极泥的工艺矿物学[J]. 东北大学学报（自然科学版），2013，34（4）：560-561.

[4]刘伟锋. 碱性氧化法处理铜/铅阳极泥的研究[D]. 长沙：中南大学，2011.

[5]郭学益，肖彩梅，钟菊芽，等. 铜阳极泥处理过程中贵金属的行为[J]. 中国有色金属学报，2010，20（5）：990-998.

[6]谢明辉，王兴明，陈后兴，等. 碲的资源、用途与提取分离技术研究现状[J]. 四川有色金属，2005（1）：5-8.

[7]谢红艳，王吉坤，路辉. 从铜阳极泥中回收碲研究现状[J]. 湿法冶金，2010，29（3）：143-146.

[8]李运刚. 湿法处理铜阳极泥工艺研究（Ⅰ）：铜、硒、碲的浸出[J]. 湿法冶金，2000，19（3）：41-45.

[9]钟清慎，贺秀珍，马玉天，等. 铜阳极泥氧压酸浸预处理工艺研究[J]. 有色金属（冶炼部分），2014（7）：5.

[10]Schlesinger M E，King M J，Sole K C，Davenport W G I. Extractive Metallurgy of Copper[M]. UK：Elsevier，2011.

[11]刘伟锋，杨天足，刘又年，等. 脱除铜阳极泥中贱金属的预处理工艺[J]. 中南大学学报（自然科学版），2013，44（4）：1332-1333.

[12]Liu Weifeng，Yang Tianzu，Zhang Duchao，et al. Pretreatment of copper anode slime with alkaline pressure oxidative leaching[J]. International Journal of Mineral Processing，2014，128：48-54.

[13]赵由才，张承龙，蒋家超. 碱介质湿法冶金技术[M]. 北京：冶金工业出版社，2009.

[14]唐谟堂，唐朝波，陈永明，等. 一种很有前途的低碳清洁冶金方法——重金属低温熔盐冶金[J]. 中国有色冶金，2010（4）：49-53.

[15]胡宇杰，唐朝波，唐谟堂，杨建广，陈永明，杨声海，何静. 一种再生铅低温清洁冶金的绿色工艺[J]. 有色金属（冶炼部分），2013，8：1-4.

[16]郭学益，刘静欣，田庆华. 废弃电路板多金属粉末低温碱性熔炼过程的元素行为[J]. 中国有色金属学报，2013，23（6）：1757-1763.

[17]刘静欣，郭学益，田庆华，等. 低温碱性熔炼分离提取废弃电路板粉末中两性金属[J]. 北京科技大学学报，2014，36（7）：875-879.

[18]钟勇. 从高含硒、碲和贵金属富料中分离提取硒、碲研究[D]. 昆明：昆明理工大学，2008.

[19]彭中，阎文艺，王少娜，等. NaOH 溶液中碱浓度、氧气压力以及温度对 Pt 电极上氧气还原反应的影响[J]. 物理化学学报，2014（1）：67-74.

基于 AOP 协同氧化浸出碲渣中的碲和有价金属

摘要：以粗铋碱性精炼产生的碲渣为原料，基于高级氧化技术（AOP），在硫酸体系中协同氧化浸出碲渣中的碲和有价金属，研究 NaCl 浓度、H_2O_2 体积分数、H_2O_2 滴加速度、H_2SO_4 浓度、浸出温度、浸出时间、气体流速和液固比等工艺参数对碲、铜、铋、锑和铅等金属浸出行为的影响，确定最佳工艺参数。结果表明：在 NaCl 浓度 0.75 mol/L、H_2O_2 体积分数 20%、H_2O_2 滴加速度 1.2 mL/min、H_2SO_4 浓度 2.76 mol/L、浸出温度 60℃、浸出时间 2.5 h、气体流速 2.5 L/min 和液固比 10 mL/g 的优化条件下，碲、铜和铋的浸出率分别达 95.75%、91.88% 和 90.23%，而锑和铅的浸出率仅分别为 4.84% 和 0.08%，实现碲渣中碲的高效浸出及有价金属的有效分离和富集。

　　碲为稀散元素，其丰度几乎是所有金属及非金属中最小的[1]。碲与其化合物具有许多优良性能，被广泛用于冶金、化工、医药卫生、电子信息、宇航、能源等工业领域，被誉为"现代工业、国防与尖端技术的维生素"[2]。工业纯碲广泛用作合金添加剂，以改良钢的力学性能[3]；碲的铋或锑的化合物是良好的制冷材料，用于制作雷达、水底导弹等特殊冷却器[4]；碲化铅和碲化铋用于制作感光材料[5]；碲汞镉合金是红外发射体和探测器的最佳材料[6]；碲锑锗合金是制作可擦写存储光盘的主要材料[7]。

　　碲虽然用途广泛，但是资源稀缺，大部分的碲伴生在铜、铅、金、银的矿物中，在四川石棉县境内的大水沟发现了世界唯一的一处独立碲矿[8]。碲渣是现今提取碲的主要原料，主要来自铜、铅阳极泥火法处理过程及粗铋碱性精炼过程。从碲渣中提取碲的方法主要有碱法工艺[9-10]和酸法工艺[11-12]：碱法工艺是目前工业上回收碲所采用的方法，其主要步骤为碱浸→净化→中和沉碲→煅烧→造液→电解[13]，该工艺原料适应强、环境污染小，但流程冗长复杂，且碲的回收率低；酸法工艺主要包括酸浸→还原→除杂→造液→电解等步骤，郑雅杰等[2]采用硫酸浸出—二氧化硫还原的方法提取中和渣中的碲，硫酸浸出中和渣时，碲浸出率达 99.99%，二氧化硫还原时，碲回收率达 99.84%，但二氧化硫还原时盐酸浓度达 3.2 mol/L，设备腐蚀严重，且存在二氧化硫和酸雾污染，操作环境较差。

　　高级氧化技术（AOP）是在光、电、催化剂、氧化剂等协同作用下，在反应体系中产生活性极强的羟基自由基，使水体中具较高化学稳定性化合物被氧化分解的技术[14]。AOP 具有氧化能力强、反应彻底、可连续操作及占地面积小等优点，尤其对难处理复杂物料具有较大的应用价值[15-16]。为高效分离碲渣中的碲，避免碲的分散，本文作者基于 AOP（O_3/H_2O_2 组合），在硫酸体系中氧化浸出碲渣中的碲和有价金属，对浸出过程的金属行为及分离工艺条件进行系统研究，以期为碲渣清洁高效回收提供理论和工艺依据。

本文发表在《中国有色金属学报》，2018，28（1）：168-174。合作者：许志鹏。

1 实验

1.1 原料

实验原料为国内某有色金属冶炼厂的碲渣，其来源于粗铋碱性精炼过程。将碲渣于 110℃ 下干燥 24 h，然后破碎至粒径小于 74 μm。碲渣的化学组成如表 1 所列。根据表 1 可知，碲渣中铋、铅、铜、锑和碲的含量分别为 35.40%、29.10%、13.70%、8.29% 和 6.38%（质量分数），具有较高的回收价值。碲渣的 XRD 谱如图 1 所示，其结果表明碲渣中晶相主要为 Bi、$PbSb_2O_4$、PbTe 和 $CuBi_2O_4$。

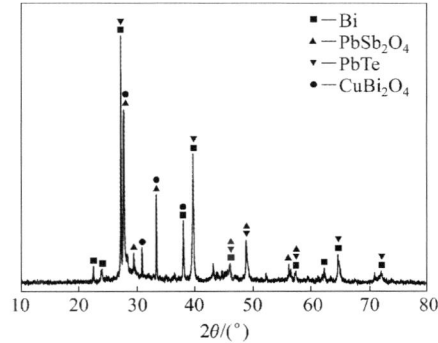

图 1 碲渣的 XRD 谱

表 1 碲渣的化学组成

元素	Bi	Pb	Cu	Sb	Te	As	Si	S
质量分数/%	35.40	29.10	13.70	8.29	6.38	2.83	1.02	0.71

1.2 实验原理

表 2 所列为常见氧化剂的氧化还原电位，由表 2 可见，·OH（羟基自由基）氧化还原电位为 2.80 V，仅次于 F_2（2.87 V），是水中氧化能力最强的氧化剂[17]。AOP 能在反应体系中产生大量活性极强的·OH，而·OH 的强氧化性能够打开碲渣的稳定结构[18-19]，使 Te、Cu、Bi 等被释放而进入浸出液中，而锑和铅则生成相应的沉淀富集于浸出渣中。该过程发生的主要化学反应如下：

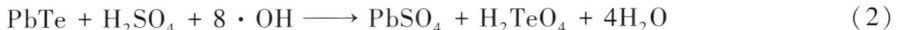

$$2O_3 + H_2O_2 \longrightarrow 2 \cdot OH + 3O_2 \tag{1}$$

$$PbTe + H_2SO_4 + 8 \cdot OH \longrightarrow PbSO_4 + H_2TeO_4 + 4H_2O \tag{2}$$

$$2Bi + 3H_2SO_4 + 6NaCl + 6 \cdot OH \longrightarrow 2BiCl_3 + 3Na_2SO_4 + 6H_2O \tag{3}$$

$$CuBi_2O_4 + 4H_2SO_4 + 6NaCl \longrightarrow CuSO_4 + 2BiCl_3 + 3Na_2SO_4 + 4H_2O \tag{4}$$

表 2 常见氧化剂氧化还原电位

氧化剂	F_2	·OH	O_3	H_2O_2	$KMnO_4$	ClO_2	Cl_2	O_2
氧化还原电位/V	2.87	2.80	2.07	1.77	1.67	1.57	1.36	1.23

1.3 实验方法

量取一定体积已配制好的 H_2SO_4 和 NaCl 混合溶液加入 700 mL 高型烧杯中，将高型烧杯置于恒温水浴锅中加热，当加热到目标温度时，向溶液中加入 40 g 碲渣和一定体积的双氧水（质量分数为 30%），其中双氧水通过恒流泵精确控制流速缓慢加入，然后再利用曝气头向溶液中通入臭氧。臭氧气体采用臭氧发生器制备，臭氧气体的流量通过流量计控制。反应结束后趁热过滤，取滤液进行检测，通过测定溶液中金属离子浓度判断金属的浸出率（R），计算公式如式（5）所示。

$$R = \frac{\rho V}{mw} \times 100\% \tag{5}$$

式中：R 为金属的浸出率，%；ρ 为金属离子浓度，g/L；V 为溶液体积，L；m 为碲渣质量，g；w 为该金属在碲渣中的质量分数，%。

采用电感耦合等离子体（Optimal 5300DV, Perkin-Elmer Instruments）检测滤液中 Te、Bi、Cu、Sb、Pb 浓度。

2 结果与讨论

2.1 NaCl 浓度的影响

图 2 所示为 NaCl 浓度对协同氧化浸出过程的影响。固定条件：H_2O_2 体积分数 15%、H_2O_2 滴加速度 0.8 mL/min、H_2SO_4 浓度 1.84 mol/L、浸出温度 30℃、浸出时间 2 h、气体流速 1 L/min、液固比 10 mL/g。

由图 2 可见，NaCl 浓度对碲、铜、铋的浸出率均有较大的影响。随着 NaCl 浓度的增大，碲和铜的浸出率均快速上升再趋于平缓。碲的浸出率增幅较铜更明显。铋的浸出率随着 NaCl 浓度的增大，先下降然后后快速升高。

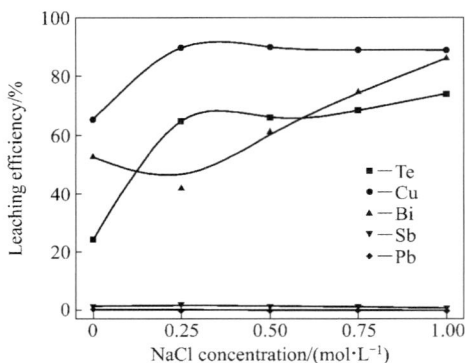

图 2 NaCl 浓度对各金属浸出率的影响

随着 NaCl 浓度从 0 增加至 0.75 mol/L，碲的浸出率由 24.30% 升高至 68.34%，铜的浸出率由 65.20% 升高为 88.88%，铋的浸出率由 52.64% 升高至 74.50%。增加 NaCl 浓度能有效促进碲、铜、铋的浸出，其原因是 Cl⁻ 具有较强的配位作用，在其作用下，碲、铜、铋与 Cl⁻ 形成相应的配离子，从而提高碲、铜、铋的浸出率[20-21]。另外，Cl⁻ 对碲的浸出具有较强催化作用[22-24]。锑、铅的浸出率则一直几乎为 0，富集于浸出渣中。综上所述，确定 NaCl 浓度为 0.75 mol/L。

2.2 H_2O_2 体积分数的影响

图 3 所示为 H_2O_2 体积分数对协同氧化浸出过程的影响。固定条件：NaCl 浓度 0.75 mol/L、H_2O_2 滴加速度 0.8 mL/min、H_2SO_4 浓度 1.84 mol/L、浸出温度 30℃、浸出时间 2 h、气体流速 1 L/min、液固比 10 mL/g。

由图 3 可见，H_2O_2 体积分数对碲、铜、铋的浸出率均有较大的影响。随着 H_2O_2 体积分数的增大，碲、铜和铋的浸出率均逐渐上升再趋于平缓。碲的浸出率增幅比铜和铋增幅更显著。随着 H_2O_2 体积分数从 0 增加至 25%，碲的浸出率由 44.35% 升高至 78.23%，铜的浸出率由 84.86% 升高至 90.53%，铋的浸出率由 68.69% 升高至 78.18%。H_2O_2 体积分数的增大有利于在反应体系中产生更多活性高的·OH，更有效破坏碲渣的稳定结构，促进碲、铜、铋等金属的浸出[25]。而锑、铅的浸出率则几乎为 0。综上所述，确定 H_2O_2 体积分数为 20%。

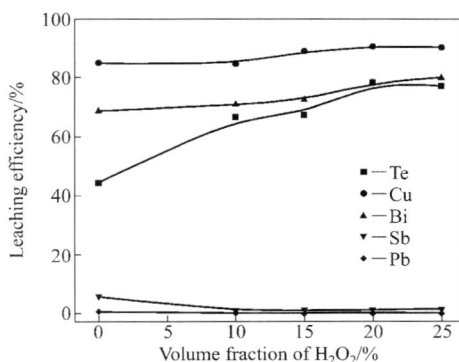

图 3　H_2O_2 体积分数对各金属浸出率的影响

2.3　H_2O_2 滴加速度的影响

图 4 所示为 H_2O_2 滴加速度对协同氧化浸出过程的影响。固定条件：NaCl 浓度 0.75 mol/L、H_2O_2 体积分数 20%、H_2SO_4 浓度 1.84 mol/L、浸出温度 30℃、浸出时间 2 h、气体流速 1 L/min、液固比 10 mL/g。

由图 4 可见，H_2O_2 滴加速度对碲、铜、铋的浸出率影响较大。随着 H_2O_2 滴加速度的增大，碲、铜、铋的浸出率缓慢降低，而锑、铅的浸出率几乎为 0。随着 H_2O_2 滴加速度由 0.8 mL/min 增加至 2.4 mL/min，碲的浸出率由 78.23% 降为 66.53%，铜的浸出率由 89.81% 降为 85.39%，铋的浸出率由 79.00% 降为 71.78%。碲、铜、铋的浸出率缓慢降低，其原因是 H_2O_2 滴加速度增大，体系中在短时间内将产生大量的·OH，而·OH 寿命短，在体系中存在时间有限[26-28]，导致部分·OH 来不及与碲渣反应就消失，使碲、铜、铋等浸出率降低。综上所述，确定 H_2O_2 滴加速度为 1.2 mL/min。

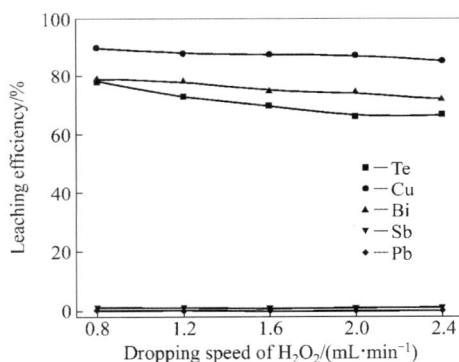

图 4　H_2O_2 滴加速度对各金属浸出率的影响

2.4　H_2SO_4 浓度的影响

图 5 所示为 H_2SO_4 浓度对协同氧化浸出过程的影响。固定条件：NaCl 浓度 0.75 mol/L、H_2O_2 体积分数 20%、H_2O_2 滴加速度 1.2 mL/min、浸出温度 30℃、浸出时间 2 h、气体流速 1 L/min、液固比 10 mL/g。

由图 5 可见，H_2SO_4 浓度对碲、铜、铋和锑的浸出率均有较大的影响。随着 H_2SO_4 浓度的增大，碲、铜、铋和锑的浸出率均快速上升再趋于平缓。其中铋的浸出率增幅较碲、铜、锑明

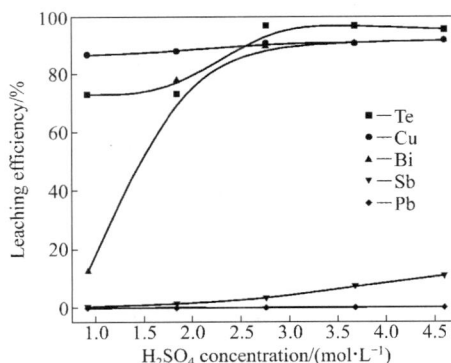

图 5　H_2SO_4 浓度对各金属浸出率的影响

显，而铅的浸出率几乎为0。随着H_2SO_4浓度由0.92 mol/L增加至2.76 mol/L，碲的浸出率由73.00%升高至96.80%，铜的浸出率由86.77%升高至90.62%，铋的浸出率由12.50%升高至89.70%，锑的浸出率由0.11%增加至3.20%。这是由于，根据勒沙特列原理，增加H_2SO_4浓度，有利于反应（1）～式（4）的正向进行，有效促进碲、铜和铋的浸出。综上所述，确定H_2SO_4浓度为2.76 mol/L。

2.5 浸出温度的影响

图6所示为浸出温度对协同氧化浸出过程的影响。固定条件：NaCl浓度0.75 mol/L、H_2O_2体积分数20%、H_2O_2滴加速度1.2 mL/min、H_2SO_4浓度2.76 mol/L、浸出时间2 h、气体流速1 L/min、液固比10 mL/g。

由图6可见，浸出温度对铜和铋的浸出率均有较大的影响。随着浸出温度的升高，铜和铋的浸出率均逐渐下降再趋于平缓。而碲、锑和铅的浸出率几乎没有变化。随着浸出温度由30℃增加至90℃，铜的浸出率由93.71%降为90.49%，铋的浸出率由89.67%降为82.08%。而碲的浸出率一直维持在96%左右。浸出温度升高，铜、铋的浸出率反而降低，其原因是O_3在水溶液中的溶解度随着温度的升高而降低[29-30]，以及H_2O_2的分解速度随着温度升高而加快[31]。锑的浸出率维持4%左右，铅的浸出率几乎为0。综上所述，确定浸出温度为60℃。

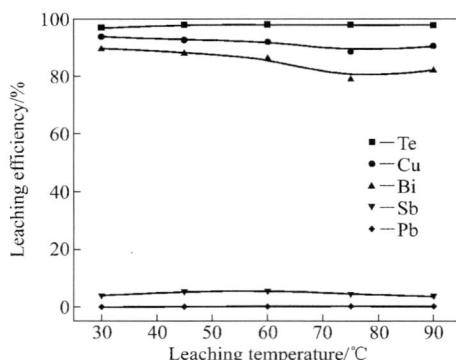

图6 浸出温度对各金属浸出率的影响

2.6 浸出时间的影响

图7所示为浸出时间对协同氧化浸出过程的影响。固定条件：NaCl浓度0.75 mol/L、H_2O_2体积分数20%、H_2O_2滴加速度1.2 mL/min、H_2SO_4浓度2.76 mol/L、浸出温度60℃、气体流速1 L/min、液固比10 mL/g。

由图7可见，随着浸出时间的延长，碲、铜和铋的浸出率逐渐升高然后趋于平缓，而锑和铅的浸出率几乎没有变化。随着浸出时间由1.5 h延长至2.5 h，碲的浸出率由95.00%升高为97.53%，铜的浸出率由90.45%升高为91.18%，铋的浸出率由79.83%升高为89.70%。延长反应时间有利于协同氧化过程

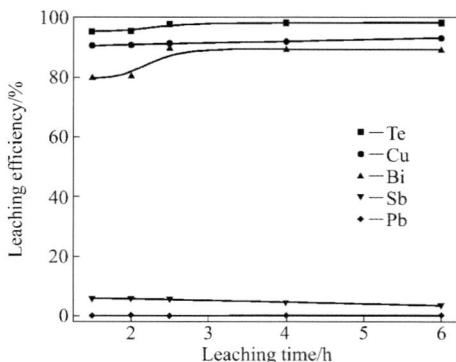

图7 浸出时间对各金属浸出率的影响

进行更加彻底，但反应时间太长不利于生产，综上所述，确定反应时间为2.5 h。

2.7 气体流速的影响

图 8 所示为气体流速对协同氧化浸出过程的影响。固定条件：NaCl 浓度 0.75 mol/L、H_2O_2 体积分数 20%、H_2O_2 滴加速度 1.2 mL/min、H_2SO_4 浓度 2.76 mol/L、浸出温度 60℃、浸出时间 2.5 h、液固比 10 mL/g。

由图 8 可见，气体流速对碲、铜、铋、锑和铅等金属的浸出率影响较小。随着气体流速的增大，碲、铜和铋有少许的升高，但不明显，而锑和铅浸出率几乎不改变，维持在较小浸出率的水平而富集在浸出渣中。气体流速增大，不但能有效增加溶液中 O_3 浓度，而且能对溶液进行搅拌，增加传质和传热，有利于各金属的浸出，但

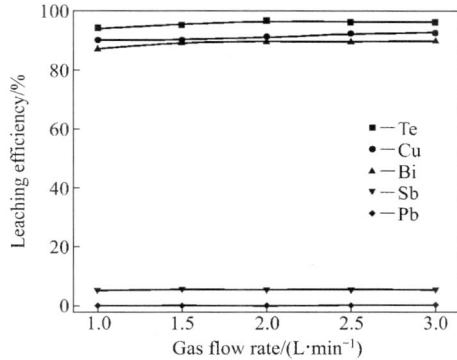

图 8　气体流速对各金属浸出率的影响

气体流速增大，导致 O_3 逸出的速率加快，O_3 在溶液中停留时间变短，不利于·OH 的生成。综合考虑，确定气体流速为 2.5 L/min。

2.8 液固比的影响

图 9 所示为液固比对协同氧化浸出过程的影响。固定条件：NaCl 浓度 0.75 mol/L、H_2O_2 体积分数 20%、H_2O_2 滴加速度 1.2 mL/min、H_2SO_4 浓度 2.76 mol/L、浸出温度 60℃、浸出时间 2.5 h、气体流速 2.5 L/min。

由图 9 可见，随着液固比的增加，铋的浸出率快速升高，当液固比由 5 mL/g 增大为 10 mL/g 时，铋的浸出率由 44.70% 升高为 89.43%；随着液固比的增加，体系中液固两相的传质得到强化[32-33]，有利于铋的浸出，而碲、铜、锑和铅的浸出率几乎没有变化。综上所述，确定液固比为 10 mL/g。

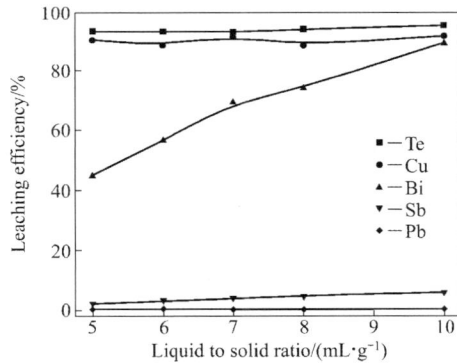

图 9　液固比对各金属浸出率的影响

2.9 优化条件实验

通过以上的系列实验研究，可得出基于 AOP 协同氧化浸出碲渣中的碲和有价金属的优化工艺条件：NaCl 浓度 0.75 mol/L、H_2O_2 体积分数 20%、H_2O_2 滴加速度 1.2 mL/min、H_2SO_4 浓度 2.76 mol/L、浸出温度 60℃、浸出时间 2.5 h、气体流速 2.5 L/min、液固比 10 mL/g。在此优化条件下进行验证实验，实验结果如表 3 所列。

表3 优化条件实验结果

元素	Te	Cu	Bi	Sb	Pb
浸出率/%	95.75	91.88	90.23	4.84	0.08

由表3可知，此优化条件下，碲、铜、铋等金属大部分进入浸出液中，碲、铜和铋的浸出率分别为95.75%、91.88%和90.23%，该浸出液可利用草酸沉铜→亚硫酸钠还原→水解沉铋分别回收其中的铜、碲和铋，而锑和铅浸出率较低富集于浸出渣中，浸出渣XRD谱如图10所示。

由图10可见，该浸出渣的主要物相为PbSO$_4$，锑由于其含量较低，XRD谱中未能显示其物相。该浸出渣可利用硫化钠浸出分离锑，分锑渣再利用还原熔炼炼铅，实现锑和铅的回收。

根据浸出液和浸出渣的特性，提出了碲渣的处理流程，如图11所示。

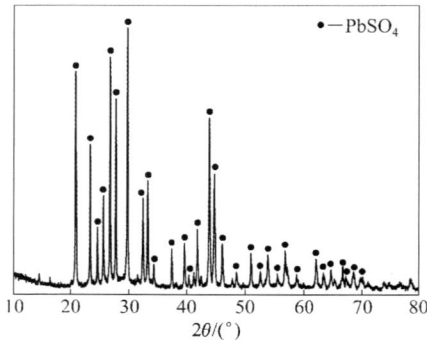

图10 浸出渣XRD谱

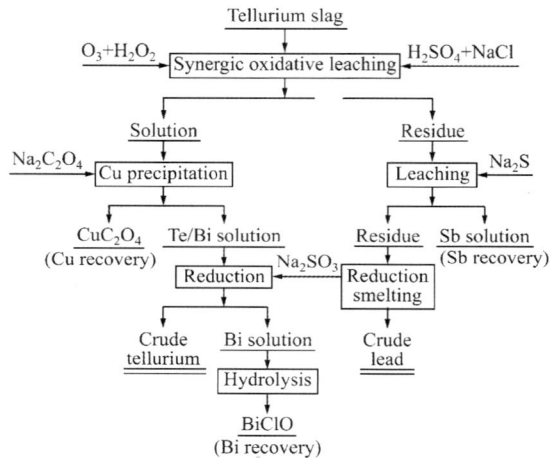

图11 碲渣回收的实验流程图

3 结论

（1）基于AOP，在硫酸体系中氧化浸出碲渣中的碲和有价金属。AOP能在反应体系中产生大量活性极强的·OH，而·OH的强氧化性能够打开碲渣的稳定结构，使Te、Cu、Bi等被释放而进入到浸出溶中，而锑和铅则富集于浸出渣中，实现了碲渣中碲的高效浸出及有价金属的有效分离和富集。

（2）基于AOP协同氧化浸出过程的适宜条件为：NaCl浓度0.75 mol/L、H$_2$O$_2$体积分数20%、H$_2$O$_2$滴加速度1.2 mL/min、H$_2$SO$_4$浓度2.76 mol/L、浸出温度60℃、浸出时间2.5 h、气体流速2.5 L/min、液固比10 mL/g。在此条件下，碲、铜和铋的浸出率分别达95.75%、91.88%和90.23%，而锑和铅的浸出率仅分别为4.84%和0.08%。

（3）基于 AOP 协同氧化浸出过程中，NaCl 浓度、H_2SO_4 浓度、H_2O_2 体积分数和液固比等因素对各金属浸出率影响显著，而 H_2O_2 滴加速度、浸出温度、浸出时间和气体流速等因数影响较小。

参考文献

［1］Wang Shijie. Tellurium, its resourcefulness and recovery[J]. JOM, 2011, 63(8)：90-93.

［2］郑雅杰, 乐红春, 孙召明. 铜阳极泥处理过程中中和渣中碲的提取与制备[J]. 中国有色金属学报, 2012, 22(8)：2360-2365.

［3］袁武华, 王峰. 国内外易切削钢的研究现状和前景[J]. 钢铁研究, 2008, 36(5)：56-57.

［4］Siciliano T, Di Giulio M, Tepore M, et al. Ammonia sensitivity of RF sputtered tellurium oxide thin films[J]. Sensors and Actuators B, 2009, 138(2)：550-555.

［5］Tsiulyanu D, Tsiulyanu A, Liess H D, et al. Characterization of tellurium-based films for NO_2 detection[J]. Thin Solid Films, 2005, 485(1)：252-256.

［6］Shenai-Khatkhate D V, Webb P, Cole-Hamilton D J, et al. Ultra-pure organotellurium precursors for the low temperature MOVPE growth of II/VI compound semiconductors[J]. Journal of Crystal Growth, 1988, 93(1)：744-749.

［7］El-Mallawany R A H. Tellurite Glasses Handbook：Physical Properties and Data[M]. New York：CRC Press, 2011.

［8］毛景文, 陈毓川, 周剑雄, 等. 四川省石棉县大水沟碲矿床地质, 矿物学和地球化学[J]. 地球学报, 1995, 16(3)：276-290.

［9］王少锋, 汪琼, 杨静静, 等. 碱浸提取碲的工艺研究[J]. 浙江理工大学学报(自然科学版), 2013, 30(2)：254-256.

［10］Fan Youqi, Yang Yongxiang, Xiao Yanping, et al. Recovery of tellurium from high tellurium-bearing materials by alkaline pressure leaching process：Thermodynamic evaluation and experimental study[J]. Hydrometallurgy, 2013, 139：95-99.

［11］陈昆昆, 郑雅杰. 采用 H_2SO_4-H_2O_2 溶液从含贵金属的富碲渣中选择性提取碲[J]. 稀有金属, 2013, 37(6)：946-951.

［12］张博亚, 王吉坤. 加压酸浸预处理铜阳极泥的工艺研究[J]. 矿冶工程, 2007, 27(5)：41-43.

［13］方锦, 王少龙, 付世继. 从碲渣中回收碲的工艺研究[J]. 材料研究与应用, 2009, 3(3)：204-206.

［14］万金泉, 朱应良, 马邕文, 等. SR-AOPs 深度处理制浆造纸废水的研究[J]. 中国造纸, 2015, 34(1)：1-5.

［15］湛雪辉, 李朝辉, 湛含辉, 等. 臭氧-过氧化氢联合浸出方铅矿[J]. 中南大学学报(自然科学版), 2012, 43(5)：1651-1655.

［16］李飞. 由方铅矿直接制备活性 PbO 粉体的新技术及基础研究[D]. 长沙：长沙理工大学, 2011.

［17］Guedes A M F M, Madeira L M P, Boaventura R A R, et al. Fenton oxidation of cork cooking wastewater—overall kinetic analysis[J]. Water Research, 2003, 37(13)：3061-3069.

［18］李进. 臭氧氧化过程中羟基自由基的氧化性能的研究[D]. 北京：北京化工大学, 2007.

［19］解明媛, 金鹏康, 王晓昌, 等. 催化臭氧化反应体系中羟基自由基的产生及影响因素[J]. 水处理技术, 2008, 34(6)：30-32.

［20］丁风华. 氯盐体系下含铋溶液净化及氧化铋制备的工艺研究[D]. 长沙：中南大学, 2014.

［21］Wen Junjie, Zhang Qixiu, Zhang Guiqing, et al. Deep removal of copper from cobalt sulfate electrolyte by ion-exchange[J]. Transactions of Nonferrous Metals Society of China, 2010, 20(8): 1534-1540.

[22] Li Dong, Guo Xueyi, Xu Zhipeng, et al. Metal values separation from residue generated in alkali fusion-leaching of copper anode slime[J]. Hydrometallurgy, 2016, 165: 290-294.

[23] 郑雅杰, 陈昆昆, 孙召明. SO_2 还原沉金后液回收硒碲及捕集铂钯[J]. 中国有色金属学报, 2011, 21(9): 2258-2264.

[24] 马玉天, 龚竹青, 陈文汩, 等. 从硫酸溶液中还原制取金属碲粉[J]. 中国有色金属学报, 2006, 16(1): 189-194.

[25] Oh B T, Seo Y S, Sudhakar D, et al. Oxidative degradation of endotoxin by advanced oxidation process(O_3/H_2O_2 & UV/H_2O_2)[J]. Journal of Hazardous Materials, 2014, 279: 105-110.

[26] 谢刚. 基于 H_2O_2 的高级氧化技术降解不同水基质中痕量农药的研究[D]. 兰州: 兰州大学, 2015.

[27] Vinals J, Juan E, Ruiz M, et al. Leaching of gold and palladium with aqueous ozone in dilute chloride media[J]. Hydrometallurgy, 2006, 81(2): 142-151.

[28] Solis Marcial O J, Lapidus G T. Chalcopyrite leaching in alcoholic acid media[J]. Hydrometallurgy, 2014, 147/148: 54-58.

[29] Tian Qinghua, Wang Hengli, Xin Yuntao, et al. Ozonation leaching of a complex sulfidic antimony ore in hydrochloric acid solution[J]. Hydrometallurgy, 2016, 159: 126-131.

[30] 王华然, 王尚, 李昀桥, 等. 臭氧在水中的溶解特性及其影响因素研究[J]. 中国消毒学杂志, 2009(5): 481-483.

[31] 张清, 应超燕, 余可娜, 等. 双氧水分解速率和稳定性研究[J]. 嘉兴学院学报, 2010, 22(3): 51-53.

[32] Aydogan S, Aras A, Canbazoglu M. Dissolution kinetics of sphalerite in acidic ferric chloride leaching[J]. Chemical Engineering Journal, 2005, 114(1): 67-72.

[33] 张淑华, 李涛, 朱炳辰, 等. 三相机械搅拌反应器气液传质[J]. 化工学报, 2005, 56(2): 220-226.

MgCl₂改性橘子皮对水溶液中镉镍的吸附性能

摘要：以橘子皮(OP)为原料通过MgCl₂改性制备新型橘子皮吸附剂MgOP。考察溶液pH、固液比、温度、吸附时间和金属离子质量浓度对其从水溶液中吸附Cd^{2+}和Ni^{2+}的性能的影响。采用扫描电镜及红外光谱仪对吸附剂进行表征。MgOP对2种金属离子的吸附率随pH和固液比的增大而增大；温度对吸附率的影响较小；吸附速度很快，能在20 min内达到吸附平衡。MgOP对Cd^{2+}和Ni^{2+}的吸附动力学均符合准二级动力学方程；MgOP对Cd^{2+}和Ni^{2+}的Langmuir最大吸附量分别为125.47 mg/g和44.58 mg/g。

近年来，随着工业化进程的发展，废水的排放量日益增加，从而导致了严重的环境污染问题。废水中溶解的重金属离子经过水体中各种生物链产生富集，最终进入人体，给人类健康带来严重的危害。如过量的镉会使肾功能受到破坏，糖、蛋白质代谢发生紊乱，引发尿蛋白症、糖尿病，进入呼吸道引发肺炎、肺气肿等；镍中毒会引发各种皮炎，慢性超量摄取或超量暴露，可导致心肌、脑、肝和肾退行性变。传统除去水中重金属离子的方法通常成本较高，且具有潜在的危害性，不宜用于所含金属离子浓度较低的情况。生物吸附法提供了一种技术可行、环境友好的方法，它利用廉价的生物材料对重金属进行吸附，具有原料来源广泛、环境友好、吸附量高、吸附速度快等优点[1-3]。据资料显示，2007年全国柑橘栽培面积达194.1亿 m²，总产量达2058.3万 t。无论在栽培总面积上，还是总产量上，中国已经成为世界柑橘第一大生产国，随之带来的则是大量的柑橘加工的副产物即柑橘皮，占柑橘总质量的25%～40%[4]。因此，柑橘果皮的综合利用对提高柑橘加工厂的经济效益和减少污染、保护环境都是十分有利的。柑橘皮中含有丰富的果胶、纤维素、半纤维素等多糖类高分子化合物和木质素，它们可提供氨基、酰胺基、羧基、羟基等官能团与金属离子结合，因此，可用作制备生物吸附剂。但直接采用柑橘皮作吸附剂不仅存在吸附容量小、性能不稳定、不易长期存放保存的缺点，而且存在着由于一些可溶性有机物质如木质素、单宁酸、果胶质和纤维素的溶解而导致水中化学耗氧量增加等问题[5-6]，因此，需通过化学改性的方法提高柑橘皮的吸附容量和化学稳定性。国内外研究者通过各种改性方法，如皂化、交联、磷酸化、接枝、硫化等，改善了其物理化学性能，制备了吸附性能良好的柑橘类生物吸附剂[7-11]。本文作者以橘子皮为基体，经乙醇、氢氧化钠和氯化镁改性处理，制备了新型改性橘子皮生物吸附剂，并研究其对Cd^{2+}和Ni^{2+} 2种金属离子的吸附性能，同时考察各种因素对吸附过程的影响，分析吸附动力学及吸附等温模型。

1 实验

1.1 仪器与试剂

仪器：3510原子吸收分光光度计，PHS-3C酸度计，SHA-C水浴恒温振荡器，DZF-300

本文发表在《中南大学学报(自然科学版)》，2011，42(7)：1841-1846。合作者：梁莎，肖彩梅，李晓静。

真空干燥箱，JSM-6360LV 扫描电镜，Nicolet 380 傅立叶变换红外光谱仪。

试剂：$3CdSO_4 \cdot 8H_2O$，$Ni(NO_3)_2 \cdot 6H_2O$，HCl，NaOH，乙醇和 $MgCl_2$ 等，均为分析纯。

1.2 改性橘子皮生物吸附剂的制备

橘子皮(OP)经自来水和蒸馏水洗净后于 70℃ 鼓风干燥箱中烘干 24 h，粉碎至粒径小于 300 μm。

取 40 g 的 OP 于 500 mL 的锥形瓶中，分别加入 200 mL 无水乙醇、100 mL NaOH (0.5 mol/L) 和 100 mL 的 $MgCl_2$ 溶液(1 mol/L)，于室温浸泡 24 h，随后抽滤并用蒸馏水洗涤至 pH 为中性，在 70℃ 鼓风干燥箱中烘干 24 h，粉碎至粒径小于 300 μm，所得橘子皮吸附剂简写为 MgOP。

1.3 吸附实验

在 50 mL 锥形瓶中加入一定固液比的改性橘子皮生物吸附剂及金属离子(Cd^{2+} 或 Ni^{2+})溶液，用 HCl 和 NaOH 调节溶液 pH，密封瓶口以防实验过程中体积的变化。将其放入一定温度的水浴恒温振荡器中振荡吸附一定时间后过滤，用原子吸收分光光度计测定滤液中金属离子的平衡质量浓度。用下式计算吸附量：

$$q = \frac{(\rho_0 - \rho_e)V}{m} \tag{1}$$

式中：V 为溶液体积，mL；ρ_0 和 ρ_e 分别为金属溶液的初始质量浓度和平衡质量浓度，mg/L；m 为所用生物吸附剂的质量，mg。

2 结果与讨论

2.1 吸附剂的表征

橘子皮改性前后表面形貌 SEM 像如图 1 所示。由图 1 可见：MgOP 比 OP 表面更为粗糙，有更多的吸附位点暴露在吸附剂表面，因此，更有利于吸附过程的进行。

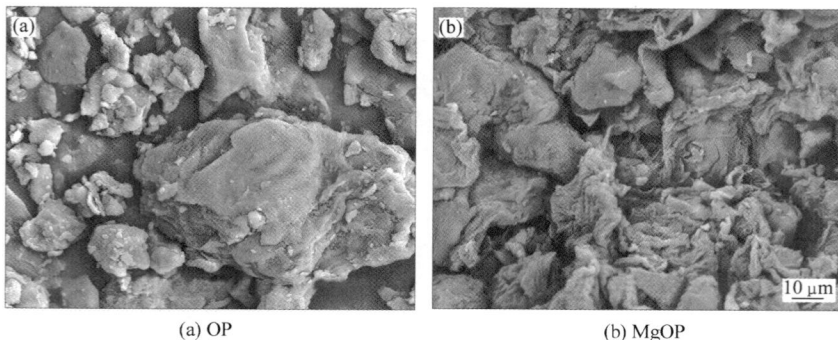

(a) OP (b) MgOP

图 1 OP 和 MgOP 的 SEM 像

图 2 所示是橘子皮改性前后的红外光谱。从图 2 可见：在 OP 的红外光谱中，3413 cm^{-1} 附近的峰表明吸附剂表面存在大量的羟基（—OH）；2923 cm^{-1} 附近的峰来自 CH，CH$_2$ 和 CH$_3$ 中 C—H 键的伸缩振动；1741 cm^{-1} 附近的峰来自自由羧基（—COOH，—COOCH$_3$）中的 C $=$ O 键的伸缩振动；1647 cm^{-1} 和 1442 cm^{-1} 附近的峰分别来自离子化羧基（—COO—）中 C $=$ O 键的不对称和对称伸缩振动；1275 cm^{-1} 附近的脂肪酸族振动峰可能来自羧酸和酚类化合物中 C $=$ O 键的变形振动和—OH 键的伸缩振动；

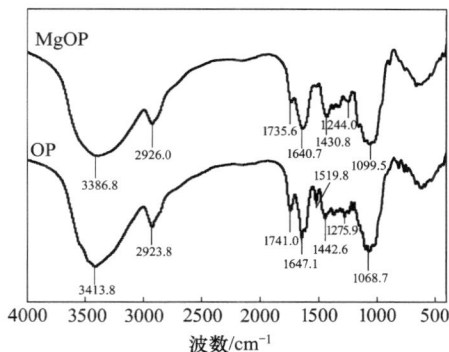

图 2　OP 和 MgOP 的红外光谱

1068 cm^{-1} 附近的峰来自醇和羧酸中 C—OH 键的伸缩振动[12]。比较 MgOP 和 OP 的光谱可以发现：OP 中 3413 cm^{-1} 和 1068 cm^{-1} 附近的羟基峰分别移动到 3386.8 cm^{-1} 和 1099 cm^{-1}，自由羧基峰（1741 cm^{-1}）减弱，离子化羧基峰（1647 cm^{-1} 和 1442 cm^{-1}）发生移动，同时，MgOP 在 1244 cm^{-1} 产生了新的峰，这些都表明改性使橘子皮上的羟基和羧基等官能团发生了变化。

对橘子皮的改性处理中，乙醇的作用是去除色素及一些可溶性小分子；氢氧化钠可以使果胶分子上甲酯化的羧基发生皂化，从而提高羧基官能团的数目[13]，同时氢氧化钠可以部分地与纤维素、半纤维素和木质素分子中的醇羟基或酚羟基反应，生成醇钠[14]；氯化镁的加入能起到交联作用，使吸附剂分子间结合得更紧密，减少有效物质的溶出。

2.2　pH 的影响

图 3 所示为溶液平衡 pH 对 MgOP 吸附的影响。由图 3 可见：随着 pH 的增大，吸附效率增大。这主要是因为当溶液 pH 较低时，吸附剂表面带正电荷，不利于金属阳离子吸附，且溶液中的 H$^+$ 会与金属阳离子进行竞争吸附，因此吸附效率较低；随着 pH 的增大，吸附剂表面负电荷增多，且阳离子与表面活性位点的静电斥力和 H$^+$ 的竞争吸附都减弱，因此，吸附效率增大[15]。从图 3 可看出：MgOP 对 Cd^{2+} 和 Ni^{2+} 的最大吸附率均出现在 pH 为 5.0 至 6.0 之间，且对 Cd^{2+} 的吸附率较大于 Ni^{2+} 的吸附率。

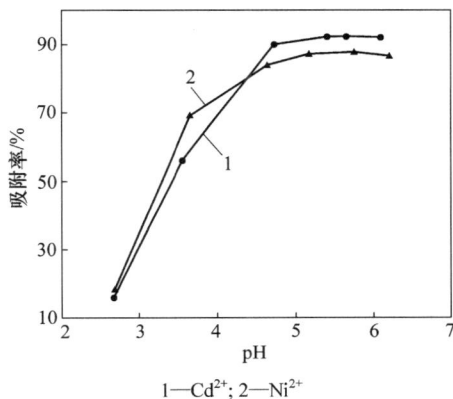

1—Cd^{2+}；2—Ni^{2+}

初始金属离子质量浓度为 50 mg/L，温度为 25℃，吸附时间为 1.5 h，固液比为 5 g/L

图 3　pH 对吸附的影响

2.3　固液比的影响

吸附剂用量与金属离子水溶液的固液比（质量与体积比）是影响重金属离子吸附效率的又一重要因素，如果吸附剂投入太少，就不能有效地去除重金属离子；反之，如果吸附剂投入太多，又会形成资源浪费，造成不必要的经济损失。考察在一定体积 M^{2+}（Cd^{2+} 或 Ni^{2+}）溶液中投加不同质量吸附剂 MgOP 对其吸附效率的影响，结果如图 4 所示。由图 4 可见：随着固液比的增大，两种金属离子的吸附率均增大并逐渐趋于平缓。这可能是由于吸附剂量的增加使溶液中吸附官能团增多，吸附位点增多，因而吸附率提高；而吸附剂量的增加同时也引起了吸附剂粒子团聚，减小了吸附剂表面积。此外，在高吸附剂质量浓度下，粒子的相互作用也可能使一些在吸附剂表面结合较为松散的金属离子解吸[16]，而造成吸附率降低。

2.4 温度对吸附过程的影响

考察了不同温度对 MgOP 吸附 Cd^{2+} 和 Ni^{2+} 的影响，结果见图 5。从图 5 可以看出：随着温度的增加，MgOP 对 Cd^{2+} 和 Ni^{2+} 的吸附率变化较小，说明 MgOP 对这两种离子的吸附过程可能为化学吸附[17]。

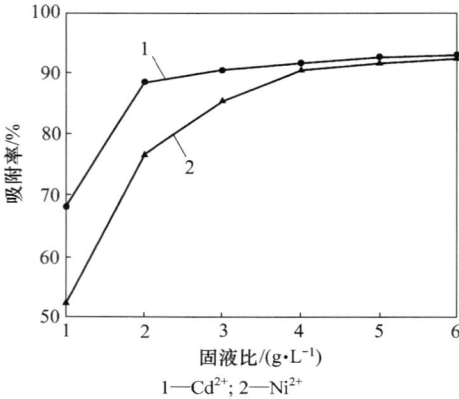

1—Cd^{2+}; 2—Ni^{2+}

初始金属离子质量浓度为 50 mg/L，pH 为 5.5，温度为 25 ℃，吸附时间为 1.5 h

图 4　固液比对吸附的影响

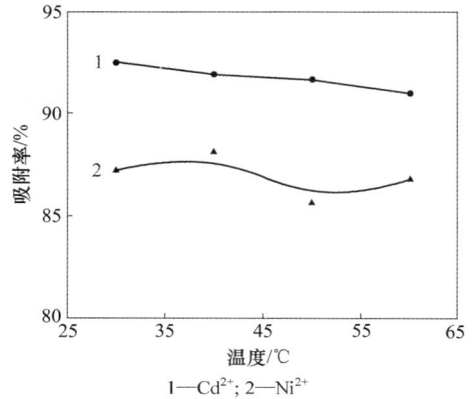

1—Cd^{2+}; 2—Ni^{2+}

初始金属离子质量浓度为 50 mg/L，pH 为 5.5，吸附时间为 1.5 h，固液比为 5 g/L

图 5　温度对吸附率的影响

2.5 吸附动力学

图 6 所示为 25℃ 时吸附时间对 MgOP 吸附 Cd^{2+} 和 Ni^{2+} 性能的影响。从图 6 可以看出：吸附速度很快，随着时间增加吸附量增大，在 20 min 时基本上达到吸附平衡。

在生物吸附动力学的研究中，通常用一级和二级动力学方程对试验数据进行模拟，以分析金属离子浓度随吸附时间的变化关系。准二级动力学方程的线性表达式为[18]：

$$\frac{t}{q_t} = \frac{1}{k_2 q_e^2} + \frac{1}{q_e} \qquad (2)$$

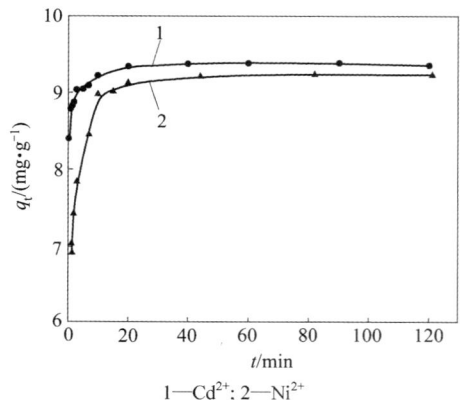

1—Cd^{2+}; 2—Ni^{2+}

初始金属离子质量浓度为 50 mg/L，pH 为 5.5，温度为 25 ℃，固液比为 5 g/L

图 6　吸附时间对吸附的影响

式中：k_2 为准二级速率常数，g/(mg·min)；q_t 和 q_e 分别为时间 t 和平衡时的吸附量，mg/g。利用上述方程对试验数据进行模拟，以 t/q 对 t 作图，可得到准二级动力学方程模拟结果，相关动力学参数如表 1 所示。可见：试验结果可以很好地用准二级动力学方程进行模拟，相关系数接近 1，且平衡时吸附量的实验值与理论值相差很小。这表示吸附过程遵循准二级反应机理，吸附速率被化学吸附所控制[19]。

表 1　准二级吸附动力学参数

金属离子	q_e实验值/(mg·g^{-1})	准二级动力学参数		
		R^2	q_e/(mg·g^{-1})	k_2/(g·mg^{-1}·min^{-1})
Cd^{2+}	9.37	1.000 00	9.37	1.08
Ni^{2+}	9.22	0.999 98	9.27	0.25

2.6　等温吸附

图 7 所示为 25℃时 OP 和 MgOP 对 Cd^{2+} 和 Ni^{2+}（初始质量浓度为 20~1000 mg/L）的吸附等温线。由图 7 可知：吸附量随溶液中金属离子质量浓度的增加而增加，经改性后的橘子皮吸附剂 MgOP 较原始橘子皮 OP 对两种金属离子的吸附能力有所提高，说明改性后的橘子皮吸附剂中含有更多能与金属离子结合的官能团。同时可以看出：在高金属离子质量浓度下，吸附剂对 Ni^{2+} 的吸附量要大于对 Cd^{2+} 的吸附量。

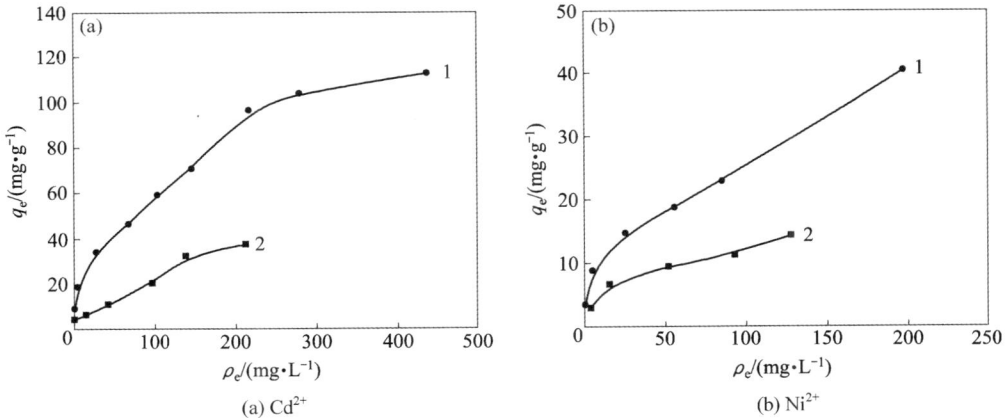

1—MgOP；2—OP

pH 为 5.5，温度为 25℃，固液比为 5 g/L，吸附时间为 1.5 h

图 7　OP 和 MgOP 吸附 Cd^{2+} 和 Ni^{2+} 的等温线

用 Langmuir 和 Freundlich 吸附等温模型对图 7 中的数据进行模拟。Langmuir 模型假设金属离子在吸附剂上的吸附为单层吸附，其方程为[20]：

$$\frac{\rho_e}{q_e} = \frac{1}{q_m b} + \frac{\rho_e}{q_m} \quad (3)$$

式中：q_m 为吸附剂最大吸附量，mg/g；b 为吸附常数，L/mg。q_m 和 b 可由 ρ_e/q_e 对 ρ_e 作直线方程的斜率 $1/q_m$ 和截距 $1/(q_m b)$ 求出。

Freundlich 模型是用来描述非均相吸附体系的经验式模型，若固体表面是不均匀的，则交换吸附平衡常数与表面覆盖度有关，其方程为[21]：

$$\lg q_e = \lg K_F + \frac{1}{n} \lg \rho_e \quad (4)$$

式中：K_F 和 $1/n$ 分别为经验常数。n 和 K_F 由 $\lg q_e$ 对 $\lg \rho_e$ 作直线方程的斜率 $1/n$ 和截距 $\lg K_F$ 求出。

表 2 列出 Langmuir 和 Freundlich 方程的模拟等温吸附常数。MgOP 吸附 Cd^{2+} 和 Ni^{2+} 的最大吸附量分别为 125.47 mg/g 和 44.58 mg/g，较 OP 的最大吸附量有较大提高，说明改性提高了吸附剂对金属离子的结合能力。同时通过比较相关系数 R^2 可以看出：OP 和 MgOP 对 Cd^{2+} 和 Ni^{2+} 的吸附等温线均更符合 Freundlich 经验模型。

表 2　Langmuir 和 Freundlich 等温吸附模型参数

金属离子	吸附剂	Langmuir 模型			Freundlich 模型		
		q_m /(mg·g⁻¹)	b /(L·mg⁻¹)	R^2	K_F	n	R^2
Cd^{2+}	OP	47.60	0.013	0.745 2	4.18	2.79	0.833 2
	MgOP	125.47	0.014	0.938 2	8.65	2.34	0.988 4
Ni^{2+}	OP	15.70	0.041	0.960 9	1.79	2.36	0.972 7
	MgOP	44.58	0.022	0.867 2	3.28	2.18	0.969 9

3　结论

（1）以橘子皮 OP 为基体，通过乙醇、氢氧化钠和氯化镁改性制备了高效橘子皮生物吸附剂 MgOP，用该改性橘子皮生物吸附剂处理含重金属废水，吸附效率高，是一种性能良好的吸附剂。

（2）改性后的橘子皮表面更粗糙，更有利于吸附重金属离子；改性使橘子皮表面的有效官能团增加。

（3）考察了溶液平衡 pH、固液比、温度、吸附时间及金属离子质量浓度对 MgOP 吸附 Cd^{2+} 和 Ni^{2+} 的影响，吸附动力学实验表明吸附 MgOP 对 2 种金属离子的吸附速度很快，能在 20 min 内达到吸附平衡，同时吸附动力学符合准二级动力学方程。MgOP 较 OP 对金属离子的吸附能力有所提高。

参考文献

［1］梁莎, 冯宁川, 郭学益. 生物吸附法处理重金属废水研究进展[J]. 水处理技术, 2009, 35(3): 13-17.

［2］Ahluwalia S S, Goyal D. Microbial and plant derived biomass for removal of heavy metals from wastewater[J]. Bioresource Technology, 2007, 98(12): 2243-2257.

［3］Bailey S E, Olin T J, Bricka R M, et al. A review of potentially lowcost sorbents for heavy metals[J]. Water Research, 1999, 33(11): 2469-2479.

［4］臧玉红. 柑橘皮的综合利用[J]. 食品与发酵工业, 2005, 31(7): 145-146.

［5］Noeline B F, Manohar D M, Anirudhan T S. Kinetic and equilibrium modelling of lead(Ⅱ) sorption from water and wastewater by polymerized banana stem in a batch reactor[J]. Separation and Purification Technology, 2005, 45(2): 131-140.

［6］Gaballah I, Goy D, Allain E, et al. Recovery of copper through decontamination of synthetic solutions using modified barks[J]. Metallurgical and Materials Transactions B, 1997, 28(1): 13-23.

［7］Liang Sha, Guo Xueyi, Feng Ningchuan, et al. Application of orange peel xanthate for the adsorption of Pb^{2+} from aqueous solutions[J]. Journal of Hazardous Materials, 2009, 170(1): 425-429.

［8］Liang Sha, Guo Xueyi, Feng Ningchuan, et al. Adsorption of Cu^{2+} and Cd^{2+} from aqueous solution by mercaptoacetic acid modified orange peel[J]. Colloids and Surfaces B: Biointerfaces, 2009, 73(1): 10-14.

［9］Ajmal M, Rao R A K, Ahmad R, et al. Adsorption studies on Citrus reticulata (fruit peel of orange): Removal and recovery of Ni(Ⅱ) from electroplating wastewater[J]. Journal of Hazardous Materials, 2000, 79(1/2): 117-131.

［10］Li X M, Tang Y R, Xuan Z X, et al. Study on the preparation of orange peel cellulose adsorbents and biosorption of Cd^{2+} from aqueous solution[J]. Separation Purification Technology, 2007, 55(1): 69-75.

［11］PérezMarín A B, Zapata V M, Ortuño J F, et al. Removal of cadmium from aqueous solutions by adsorption onto orange waste[J]. Journal of Hazardous Materials, 2007, 139(1): 122-131.

［12］Iqbal M, Saeed A, Iqbal-Zafar S. FTIR spectrophotometry, kinetics and adsorption isotherms modeling, ion exchange, and EDX analysis for understanding the mechanism of Cd^{2+} and Pb^{2+} removal by mango peel waste[J]. Journal of Hazardous Materials, 2009, 164(1): 161-171.

［13］Baig T H, Garcia A E, Tiemann K J, et al. Adsorption of heavy metal ions by the biomass of Solanum elaeagnifolium (Silverleaf nightshade)[C]//Erickson L E. Proceedings of the 10th Annual EPA Conference on Hazardous Waste Research. Washington DC: US Environmental Protection Agency, 1999: 131-139.

［14］Li X, Tang Y, Cao X, et al. Preparation and evaluation of orange peel cellulose adsorbents for effective removal of cadmium, zinc, cobalt and nickel[J]. Colloids and Surfaces A: Physicochem Eng Aspects, 2008, 317(1/3): 512-521.

［15］Khormaei M, Nasernejad B, Edrisi M, et al. Copper biosorption from aqueous solutions by sour orange residues[J]. Journal of Hazardous Materials, 2007, 149(2): 269-274.

［16］Monahar D M, Anoop Krishnan K, Anirudhan T S. Removal of mercury(Ⅱ) from aqueous solutions and chloralkal industry wastewater using 2-mercaptobenzimidazoleclay[J]. Water Research, 2002, 36(6): 1609-1619.

［17］Dang V B H, Doan H D, Dang Vu T, et al. Equilibrium and kinetics of biosorption of cadmium(Ⅱ) and copper(Ⅱ) ions by wheat straw[J]. Bioresource Technology, 2009, 100(1): 211-219.

［18］Ho Y S, Mckay G. Pseudosecondorder model for sorption processes[J]. Process Biochem, 1999, 34(5):

451-465.

[19] Kim H, Lee K. Application of cellulose xanthate for the removal of nickel ion from aqueous solution[J]. J Kor Soc Eng, 1998, 20: 247-254.

[20] Langmuir I. The adsorption of gases on plane surfaces of glass, mica and platinum[J]. Journal of American Chemistry Society, 1918, 40(9): 1361-1403.

[21] Freundlich H M F. Uber die adsorption in Losungen[J]. Z Phys Chem, 1906, 57: 385-470.

冶金过程强化及协同冶炼

造锍捕金机理及富氧熔炼过程贵金属分配行为研究

摘要: 高温熔锍捕集贵金属行为由熔炼体系和组元热力学性质决定,有利于降低体系总吉布斯自由能;Au、Ag 在渣中损失形式与 Cu 损失类似,除少量溶解外,大部分为机械夹杂,占总渣损失的 90% 以上;引入分配系数和机械悬浮率对贵金属多相平衡模型进行修正,并利用修正模型计算了富氧熔炼铜锍和炉渣中贵金属含量,铜锍中 Au、Ag 质量分数分别为 13.29 g/t、825.84 g/t,炉渣中分别为 0.53 g/t、33.29 g/t,与实际生产结果一致;入炉精矿成分(Cu、S)和工艺参数(铜锍品位、氧矿比)波动时,对 Au、Ag 在富氧熔炼过程中分配行为有影响,随着精矿中 Cu 含量升高、S 含量降低、以及铜锍品位和氧矿比升高,Au、Ag 在铜锍中分配比例降低,渣中损失增加;降低铜锍机械悬浮率,有利于减少贵金属在渣中损失、提高贵金属回收率。

贵金属回收率是铜、镍冶炼的重要指标[1-3],复杂金精矿[4,5]、废催化剂[6]和城市矿产资源[7,8]单独或搭配铜精矿进行火法熔炼,利用高温熔锍捕集作用,实现贵金属高效回收,具有广阔的应用前景。因此高温熔锍捕集贵金属机理,及贵金属在富氧熔炼过程中的分配行为和规律值得关注。

Katri Avarmaa[9]、刘时杰[10]和陈景[11]等人研究了高温熔体捕集贵金属机理,但未形成统一定论。Katri Avarmaa 等[12]测定了 1250~1350℃ 温度条件下,铜锍品位分别为 55%、65%、75% 时,贵金属在铜锍和铁橄榄石渣之间的分配比例。Katsunori Yamaguchi[13] 在 1300℃、SO_2 分压 0.1 atm 条件下,测定了铂族金属在铁硅渣和铜锍两相中分配比例。Taufiq Hidayat 等[14] 研究了 Cu-Fe-O-Si 系统在 1250 至 1300℃ 温度区间达平衡时,Ag、Bi 等微量元素在液态铁橄榄石渣和铜液中的分配比例。以上研究均在实验室条件下开展,针对富氧熔炼生产实践过程中的贵金属分配行为研究较少。

1 造锍捕金机理

针对高温熔锍捕集贵金属机理,国内外学者开展了大量研究。Katri Avarmaa[9,12]研究表明,铜锍性质决定了贵金属在铁橄榄石渣和铜锍中的分配比例,在 SO_2 分压为 0.1 atm 时,贵金属元素取代熔锍中的 Cu 或 Fe,以硫化物的形式富集于铜锍中。

刘时杰等[10,15,16]研究认为熔锍捕集贵金属,是由于贵金属与熔锍中的主要金属元素具有相似的晶格结构和晶胞参数,可以在熔融状态下形成连续固溶体合金或金属间化合物。但实际上 Cu、Ni、Fe 的原子半径为 0.126~0.128 nm、晶胞参数为 0.352~0.361 nm,而贵金属 Au、Ag 的原子半径为 0.144 nm、晶胞参数为 0.408~0.409 nm,可见贵金属与 Cu、Ni 的原子半径和晶胞参数并不相近。且高温熔锍中的主要组分 Cu_2S、FeS、Ni_3S_2 分别为立方晶系、六方晶系、三方晶系,晶胞参数分别为 0.556 nm、0.343 nm、0.408 nm[17,18],而 Au、Ag、Pt、

本文发表在《中国有色金属学报》,2020,待刊。合作者:王松松、王亲猛、王智、王拥军、彭国敏,ZHAO Baojun。

Pd 等贵金属为面心立方晶型，按照晶体结构和晶胞参数相似理论，这些物质不能形成固溶体。

陈景[11]认为熔锍捕集贵金属是因具有类金属性质。朱祖泽[19]计算了 Cu-Fe-S 熔锍导电率与温度的关系，FeS 在熔炼温度区间的导电率达 1560~1490 S/cm，温度系数为负值。何焕华[20]研究表明，高温熔体导电主要是由于内部电子定向运动，并计算了 1200~1300℃ 温度区间，工业低镍锍的导电率为 $4.4~3.8×10^3$ S/cm，高镍锍的导电率为 $9×10^3$ S/cm，且两者的温度系数更负，即比 FeS 更类似金属。文献[18]对 NiS 晶格结构研究发现，该化合物中存在一定数量的金属键，使其表现出合金或半金属的性质。由此推断，金属熔体对贵金属的捕集能力比熔锍强，Avarmaa Katri[21]和李运刚[22]的研究结果证实了该推论。文献[9, 23, 24]研究结果表明熔锍的贵金属捕集能力与铜锍品位呈正相关，但 Cu_2S 作为铜锍的主要成分，其在熔炼温度区间的导电率较低，具有正温度系数，根据熔锍类金属性质理论，贵金属捕集能力应随着熔锍品位升高而降低，与之不符。

作者认为 Au、Ag 等贵金属的多相分配行为由熔炼体系和自身热力学性质决定。熔炼体系内化学反应朝着总吉布斯自由能降低的方向进行[25]，Au、Ag 等贵金属分配在熔锍相有利于降低体系总吉布斯自由能。利用贵金属在熔锍和渣相中的活度系数[26]，并结合实际生产过程，通过元素分配多相平衡计算，可以获得其在多相间的分配比例。

2　贵金属炉渣损失形式

如图 1 所示，精矿中的贵金属通常被硅酸盐和硫化矿包裹，在造锍熔炼过程中，贵金属的迁移演化主要分为暴露、释放、捕集、富集、损失五个过程：①在精矿下落分解过程中，贵金属包裹物中 S、As、C 等物质被氧化挥发，Au、Ag 等贵金属暴露出来；②精矿落入熔渣中，脉石造渣，贵金属被释放进入熔渣中；③随着造锍反应进行，贵金属被铜锍液滴捕集；④铜锍液滴聚集长大，沉降形成熔锍，使得贵金属富集；⑤由于熔池搅拌剧烈，富集贵金属的铜锍会在渣中损失，造成贵金属夹杂损失，另外，熔渣对贵金属

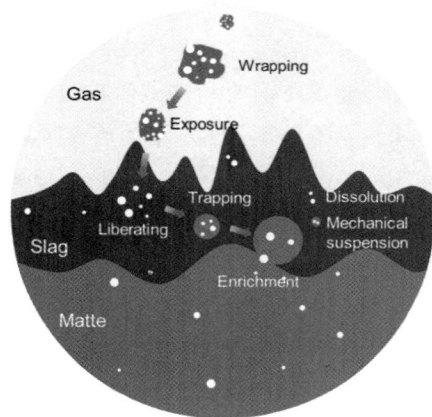

图 1　造锍熔炼过程中贵金属迁移演化规律

溶解，造成少量贵金属损失。火法熔炼过程中 Au、Pt、Pd 等贵金属主要以单原子形态溶于渣中[19]，而 Ag 在铜锍品位较低时，以 Ag_2S 的形式溶于渣中，随着铜锍品位升高、S 活度降低，渣中 Ag 逐步被氧化为 Ag_2O[27]。

文献[12]研究表明，铜锍品位从 50% 升高至 70% 时，Au 在铜锍和炉渣中的分配系数 $L_{Au}^{m/s}$ 从 1000 上升至 3000，Ag 的分配系数 $L_{Ag}^{m/s}$ 从 200 上升为 300，其中 $L_{Me}^{m/s}$ 被定义为式（1）。

$$L_{Me}^{m/s} = \frac{[wt_{Me}]_{matte}}{(wt_{Me})_{slag}} \tag{1}$$

式中：Me＝Au、Ag、Pd 等贵金属，$[wt_{Me}]_{matte}$、$(wt_{Me})_{slag}$ 分别表示铜锍、炉渣中贵金属质量分数。

表 1 列出了国内某铜冶炼企业生产原料和产物中贵金属含量，表 2 为对应的工艺参数。

表 1　国内某炼铜企业熔炼原料及产物贵金属含量生产结果

	$w(Cu)/\%$	$w(Fe)/\%$	$w(S)/\%$	$w(Au)/(g \cdot t^{-1})$	$w(Ag)/(g \cdot t^{-1})$
混合精矿	24.35	26.76	28.57	4.69	292.34
铜锍	70.31~75.84	3.74~8.32	13.25~20.14	13.24~17.46	814.92~1363.72
炉渣	3.09~3.42	39.66~44.90	0.61~0.83	0.37~0.84	32.93~43.84

表 2　国内某底吹炼铜企业熔炼工艺参数[28]

精矿加入速率 /$(t \cdot h^{-1})$	氧气鼓入速率 /$(m^3 \cdot h^{-1})$	空气鼓入速率 /$(m^3 \cdot h^{-1})$	氧矿比 /$(m^3 \cdot t^{-1})$	铜锍品位 /%
66	10885	5651	183	71

生产品位为 70.31% 的铜锍时，取 $L_{Au}^{m/s} = 3000$、$L_{Ag}^{m/s} = 300$，理论渣中 Au、Ag 含量分别约为 4.41×10^{-3} g/t、2.72 g/t，与表 1 结果相差较大，仅为生产值的 1.19% 和 6.89%，这是由于实验测定结果为平衡状态下炉渣中化学溶解的 Au、Ag[29]。实际生产中，由于富集贵金属铜锍存在机械夹杂现象，导致大量贵金属入渣[9]，使生产炉渣中贵金属含量较高。因此，通过降低铜锍机械夹杂损失，可以有效提高贵金属收率[13]。

引用文献[12,23,28]报道的 Au、Ag 多相分配系数，对笔者前期构建的多相平衡模型[28]进行修正，在表 1、表 2 所示的原料成分和工艺参数下，进行富氧熔炼过程中 Au、Ag 多相平衡分配模拟研究，模拟结果如表 3。由于 Au 和 Ag 的挥发性很小，因此假设贵金属只在铜锍和炉渣中分布，不进入烟气相。

表 3　国内某炼铜企业熔炼产物贵金属含量模拟值

	$w(Cu)/\%$	$w(Fe)/\%$	$w(S)/\%$	$w(Au)/(g \cdot t^{-1})$	$w(Ag)/(g \cdot t^{-1})$
铜锍	71.08	7.15	17.51	13.29	825.84
炉渣	3.14	42.17	0.74	0.53	33.29

由表 3 可知，铜锍品位为 71.08% 时，铜锍中 Au、Ag 含量分别为 13.29 g/t、825.84 g/t，渣中分别为 0.53 g/t、33.29 g/t。与表 1 中实际生产数据吻合良好，证明贵金属多相分配模型的可靠性。

3　贵金属分配行为

基于表 1、表 2 所示物料成分和工艺参数，研究了入炉混合精矿成分（Cu、S）和工艺参数（铜锍品位、氧矿比）变化对贵金属 Au、Ag 分配行为的影响。

3.1 精矿成分变化

3.1.1 贵金属含量不随精矿成分变化

将入炉混合铜精矿中 Cu 元素含量调整为 14.35% ~ 26.55%，控制各工艺参数和精矿中 Au、Ag 含量不变，Fe、S 等其他元素含量按比例做相应调整，Au、Ag 在铜锍和炉渣中的含量以及渣中溶解、夹杂量变化趋势如图 2 所示。

图 2(a)、图 2(b) 显示，随着精矿中 Cu 含量升高，铜锍中 Au、Ag 含量分别从 15.24 g/t、942.42 g/t 降低至 13.66 g/t、846.95 g/t，炉渣中 Au、Ag 含量分别从 0.46 g/t、32.38 g/t 缓慢升高至 0.62 g/t、40.90 g/t，这是由于精矿含 Cu 升高，使铜锍品位升高，铜锍在渣中机械夹杂损失增加，导致渣中贵金属含量升高，图 2(c)、图 2(d) 中贵金属在渣中机械夹杂量变化趋势可以佐证；提高精矿品位，铜锍产量升高，而入炉贵金属含量不变，因此铜锍中贵金属含量降低。图 2(c)、图 2(d) 中 Au、Ag 在渣中的溶解损失量随精矿品位升高从 2.41×10^{-2} g/t、5.49 g/t 降低至 4.09×10^{-3} g/t、2.79 g/t，这主要是因为铜锍中贵金属含量降低和铜锍品位升高导致分配系数 $L_{Me}^{m/s}$ 升高。

Au、Ag 在铜锍和炉渣两相分配比例随精矿 Cu 含量变化趋势如图 3 所示。随着精矿品位升高，Au、Ag 在铜锍相中分配比例分别从 94.72%、93.51% 降至 91.83% 和 91.34%，渣中贵金属分配比例缓慢升高，这主要是由于富集贵金属的铜锍在炉渣中机械夹杂量增加。

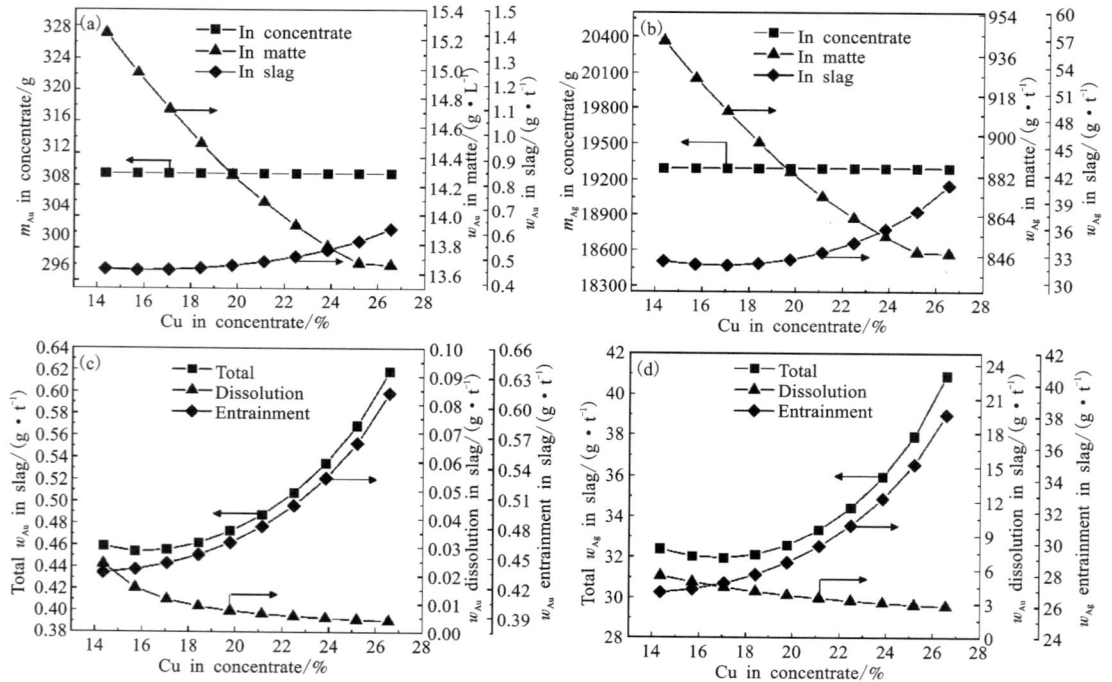

图 2 精矿中 Cu 含量对贵金属分配行为的影响

控制各工艺参数和精矿中 Au、Ag 含量不变，将精矿中的 S 元素含量调整为 26.57% ~ 40.57%，Cu、Fe 等其他元素含量做比例做相应调整，贵金属 Au、Ag 在铜锍和炉渣中的含量

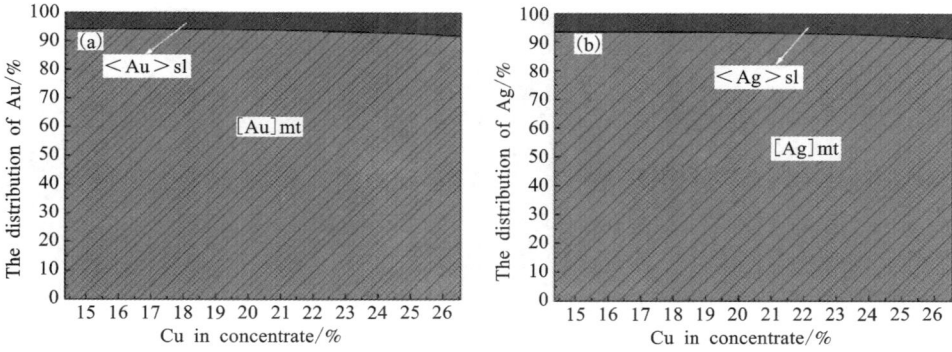

图3 精矿中 Cu 含量对贵金属多相分配比例的影响

以及渣中溶解、夹杂量变化趋势如图 4 所示。

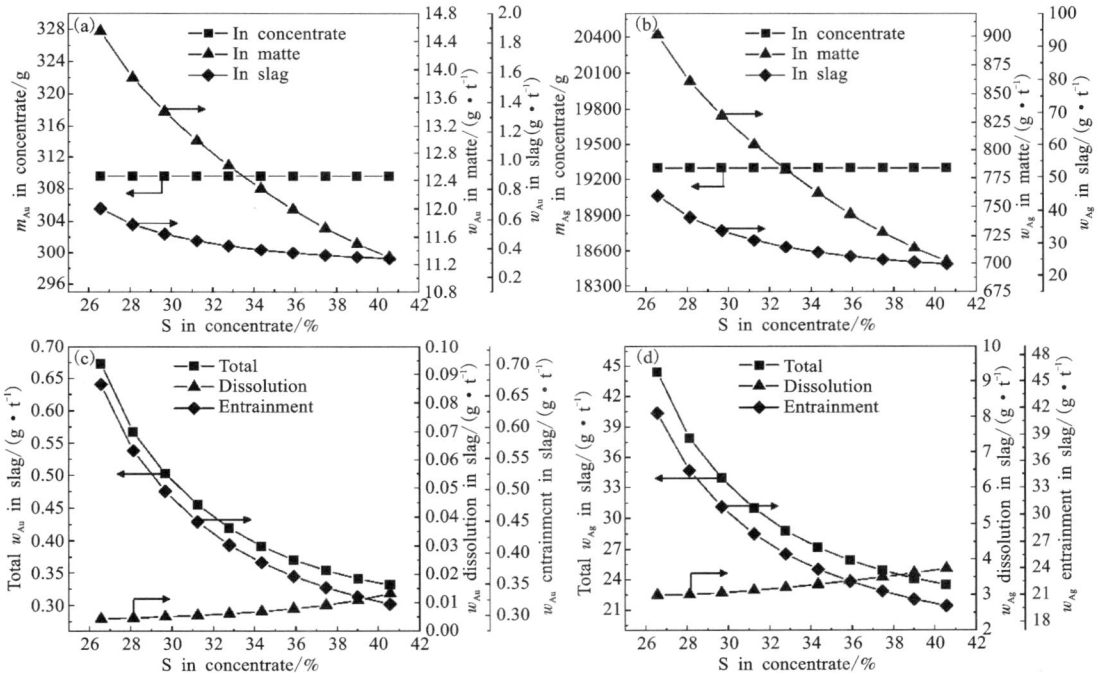

图4 精矿中 S 含量对贵金属分配行为的影响

由图 4(a)、图 4(b)所示，铜锍中 Au、Ag 含量随精矿中 S 含量升高分别从 14.54 g/t、901.05 g/t 降低至 11.31 g/t、702.03 g/t，炉渣中分别从 0.67 g/t、44.41 g/t 降至 0.33 g/t、23.49 g/t，这是由于随着 S 含量升高，铜锍品位降低、产量增加，而进入冶炼系统贵金属总量不变，所以铜锍中贵金属含量下降；铜锍品位降低，如图 4(c)、图 4(d)中贵金属 Au、Ag 夹杂损失量从 0.67 g/t、42.42 g/t 降低至 0.32 g/t、19.76 g/t，因此渣中贵金属含量降低。虽然铜锍中贵金属含量和分配系数 $L_{Me}^{m/s}$ 同时降低，但由于后者降低速度较前者快，因此 Au、Ag 溶解损失量反而从 4.37×10^{-3} g/t、3.00 g/t 升高至 1.3×10^{-2} g/t、3.74 g/t。

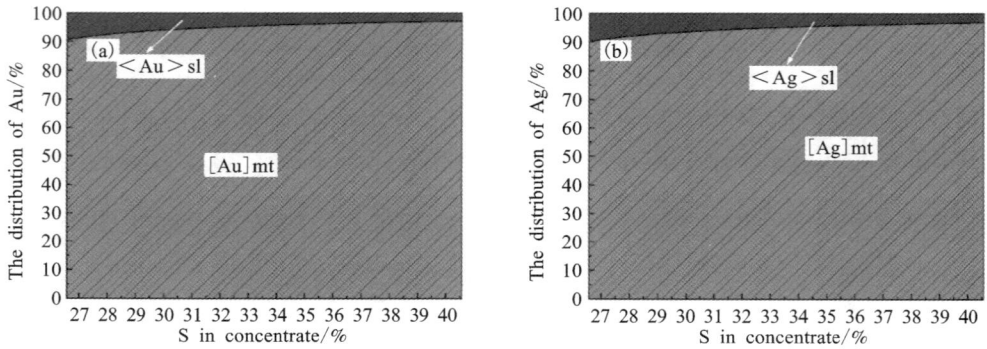

图5　精矿中S含量对贵金属多相分配比例的影响

随精矿S含量升高，Au、Ag在铜锍和炉渣两相分配变化趋势如图5所示。随着精矿S含量升高，Au、Ag在铜锍相中分配比例从90.64%、90.08%逐渐增加至97.20%、96.81%，渣中贵金属分配比例降低，这主要是由于降低了铜锍的机械夹杂量，减少了贵金属在渣中损失。

3.1.2　贵金属含量随精矿成分变化

将入炉铜精矿中Cu元素含量调整为14.35%~26.55%，Au、Ag含量分别从5.31 g/t、330.98 g/t相应降低至4.55 g/t、283.85 g/t，Fe、S等其他元素含量同样按比例做相应调整，控制各工艺参数不变，Au、Ag在铜锍和炉渣中的含量以及渣中溶解、夹杂量变化趋势如图6所示。

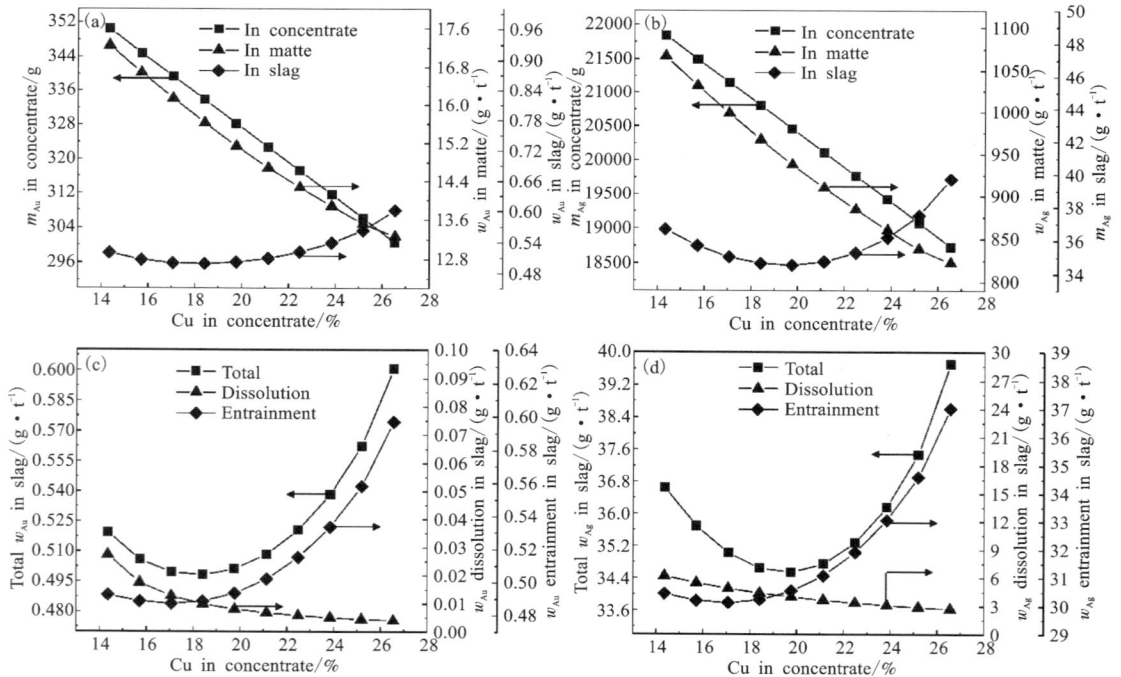

图6　精矿中Cu含量对贵金属分配行为的影响

由图 6(a)、图 6(b)可知，随着精矿中 Cu 含量升高，进入熔炼炉中的贵金属 Au、Ag 总量呈下降趋势，变化范围分别为 300.46~350.46 g、18733.83~21845.00 g；铜锍中 Au、Ag 含量从 17.26 g/t、1066.99 g/t 降低至 13.26 g/t、822.36 g/t，且变化范围较图 2(a)、图 2(b)大，其原因是熔炼系统中贵金属总量变化，铜锍产量增加，以及渣中贵金属损失增加；渣中 Au、Ag 含量先缓慢降低至 0.50 g/t、34.55 g/t，又逐渐升高到 0.60 g/t、39.72 g/t，这是由于虽然提高精矿品位会导致铜锍机械夹杂损失增加，但精矿品位较低时，铜锍中贵金属浓度较高，即使较低的铜锍损失也会使大量贵金属入渣。图 6(c)、图 6(d)中 Au、Ag 在渣中溶解损失变化趋势及原因与图 2(c)、图 2(d)类似，但变化范围较后者大，分别从 2.73×10^{-2} g/t、6.22 g/t 降低至 4.00×10^{-3} g/t、2.71 g/t，这是由于精矿中贵金属含量波动使铜锍中贵金属含量变化幅度增加，进一步导致溶解损失变化幅度增加。

Au、Ag 在铜锍和炉渣两相中分配比例随精矿 Cu 含量变化趋势如图 7 所示。由于精矿中贵金属含量比主金属低，对熔炼体系温度、氧势、硫势等影响较小，因此随着精矿品位升高，即使精矿中 Au、Ag 含量变化，对其自身在铜锍相和渣相分配比例几乎无影响，贵金属在铜锍和渣中分配比例变化趋势及原因与图 3 相同。

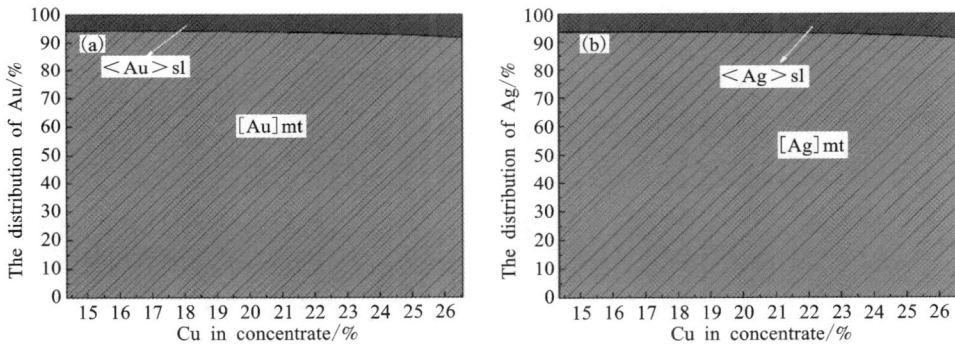

图 7　精矿中 Cu 含量对贵金属多相分配比例的影响

铜精矿中 S 元素含量从 26.57% 升高至 40.57%，对应的 Au、Ag 含量从 4.82 g/t、300.52 g/t 降低至 3.90 g/t、243.23 g/t，Cu、Fe 等其他元素含量同样按比例做相应调整，控制各工艺参数不变，研究 Au、Ag 在铜锍和炉渣中含量及损失形式变化趋势，如图 8 所示。

由图 8 所示，随着精矿中 S 含量升高，进入熔炼系统内 Au、Ag 总量降低，变化范围分别为 257.54~318.21 g、16053.04~19834.67 g；铜锍中 Au、Ag 含量降低，变化范围分别为 9.41~14.95 g/t、548.09~926.28 g/t；炉渣中 Au、Ag 含量降低，变化范围为 0.27~0.69 g/t、19.55~45.66 g/t，其中 Au 溶解损失从 4.49×10^{-3} g/t 缓慢升高至 1.10×10^{-2} g/t，Ag 从 3.08 g/t 缓慢升高至 3.11 g/t，Au 夹杂损失从 0.69 g/t 降低至 0.26 g/t，Ag 夹杂损失从 42.58 g/t 降低至 16.44 g/t；变化趋势及原因与仅改变精矿中 S 含量时相同，但变化范围较后者大，这是由于精矿中贵金属含量变化导致进入熔炼体系 Au、Ag 总量变化。

Au、Ag 在铜锍和炉渣两相中分配比例如图 9 所示，变化趋势与图 5 相同，原因也相同，这里不再赘述。

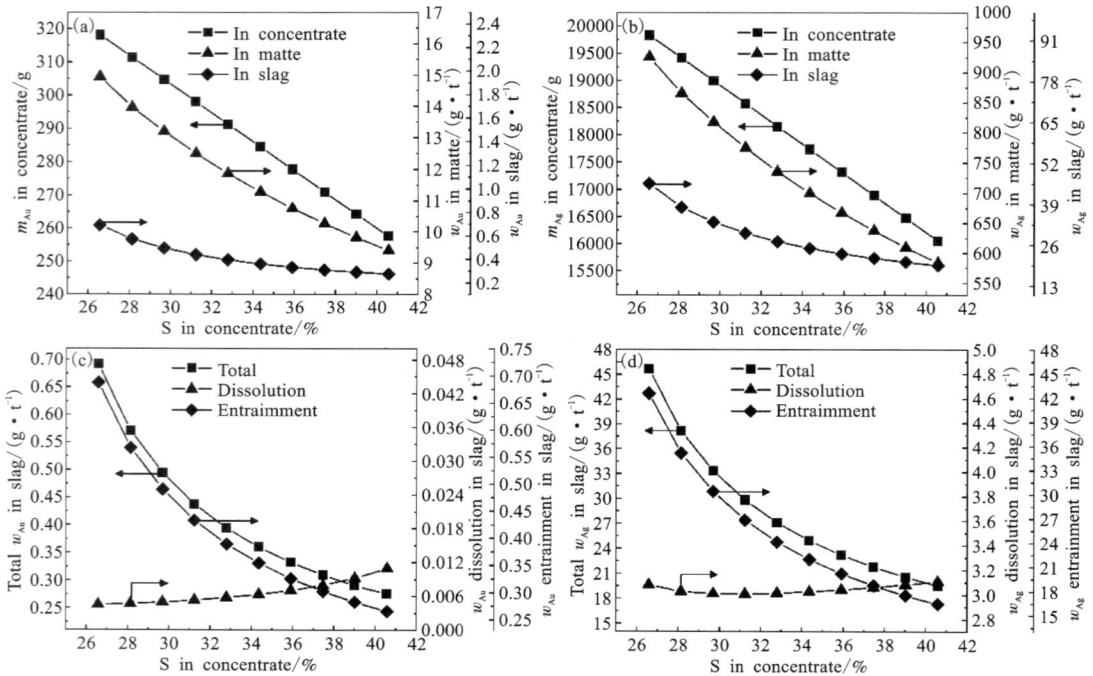

图 8　精矿中 S 含量对贵金属分配行为的影响

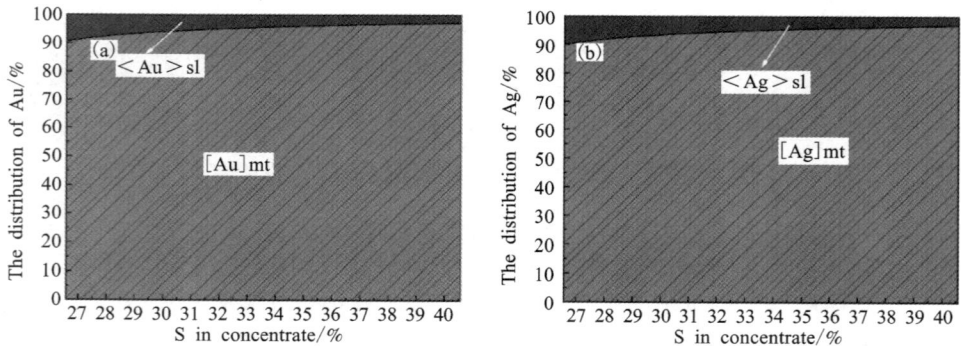

图 9　精矿中 S 含量对贵金属多相分配比例的影响

3.2　工艺参数变化

将纯氧鼓入速率调整为 5000~11635 m³/h，控制入炉精矿成分和其他工艺参数不变，对应的铜锍品位变化范围为 42.91%~76.45%，研究铜锍品位变化对 Au、Ag 在铜锍和炉渣两相中的含量和分配比例影响，如图 10 所示。

由图 10(a)、图 10(b)所示，入炉物料成分和加料量不变，因此入炉 Au、Ag 总量保持不变；铜锍和炉渣中 Au、Ag 含量随铜锍品位升高而升高，铜锍和炉渣中 Au 含量变化范围分别为 8.28~14.91 g/t、0.25~0.68 g/t，Ag 含量变化范围分别为 514.91~923.42 g/t、17.04~

45. 18 g/t，这是因为铜锍品位升高，铜锍量产出减少，使铜锍中贵金属含量升高；同时，提高铜锍品位，炉渣中铜锍夹杂损失增加，图 10(c)、图 10(d) 中 Au、Ag 机械夹杂损失分别从 0.22 g/t、13.85 g/t 升高至 0.68 g/t、42.10 g/t，因此渣中贵金属含量增加。Au 在渣中的溶解量呈下降趋势，变化范围为 $4.51 \times 10^{-3} \sim 2.79 \times 10^{-2}$ g/t，这是因为虽然铜锍中贵金属含量和分配系数 $L_{Me}^{m/s}$ 同时增加，但 $L_{Au}^{m/s}$ 受铜锍品位影响较大，升高速度较快；但铜锍中 Ag 含量前期增长较慢，当铜锍品位大于 65% 时，增长速度加快，因此渣中 Ag 溶解损失先减少后缓慢增加。

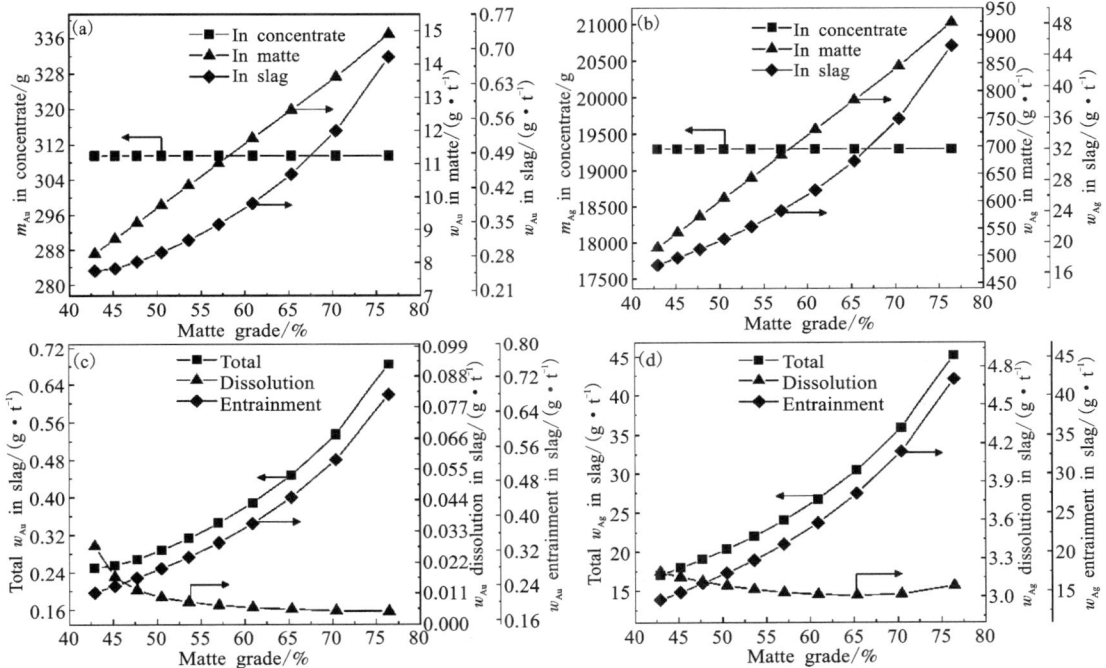

图 10　铜锍品位对贵金属分配行为的影响

随着铜锍品位升高，Au、Ag 铜锍和炉渣两相分配变化趋势如图 11 所示。Au、Ag 在铜锍相中分配比例与铜锍品位呈负相关，分别从 97.86%、97.66% 降至 90.72% 和 90.17%，而渣中贵金属分配比例与之呈正相关，分别从 2.14%、2.34% 升高至 9.28% 和 9.83%，这主要是由于较高的铜锍品位导致铜锍机械夹杂损失增加，贵金属在渣中损失增加，使渣中分配比例增加。

控制入炉精矿成分不变，将精矿加入速率调整为 62.10~76.45 t/h，其他工艺参数不变，对应的氧矿比变化范围为 157.90~194.40 m³/t，此时 Au、Ag 在铜锍和炉渣中的含量变化如图 12 所示。

由图 12(a)、图 12(b) 所示，随氧矿比增加，实际加料量逐渐降低，因此进入熔炼体系 Au、Ag 总量分别从 358.56 g、22350.19 g 降低至 291.24 g、18153.78 g；但增加氧矿比导致铜锍品位增加、体系氧势升高、铜锍量降低、渣型恶化、机械损失严重，因此铜锍和渣中贵金属含量均升高，铜锍和炉渣中 Au 含量变化范围分别为 11.80~14.99 g/t、0.39~0.70 g/t，Ag

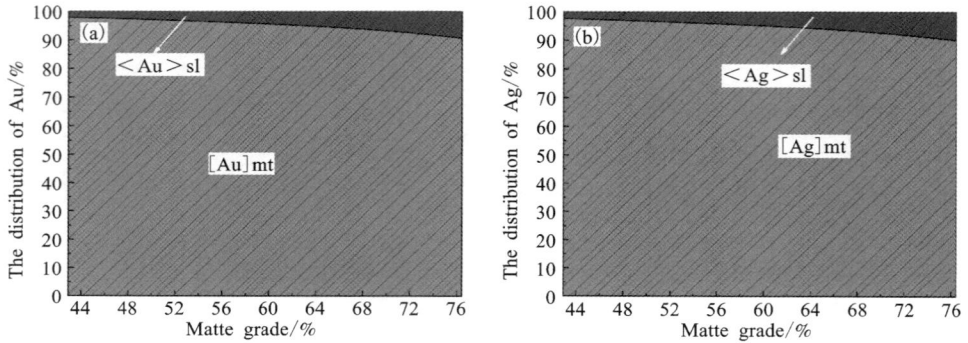

图 11　铜锍品位对贵金属多相分配比例的影响

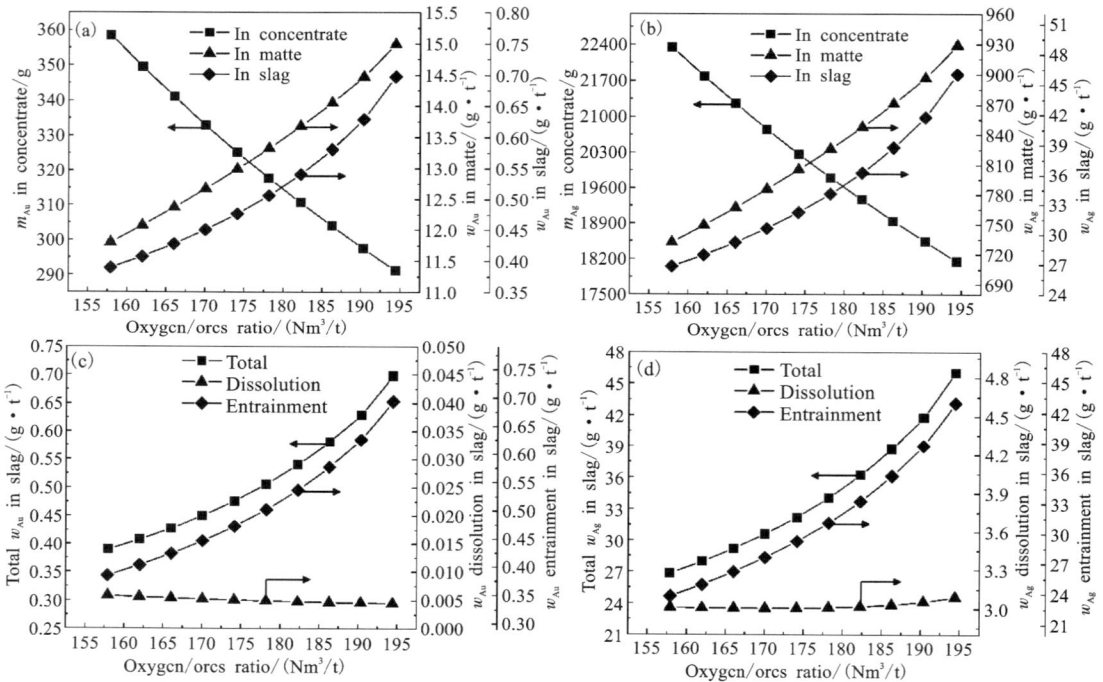

图 12　氧矿比对贵金属分配行为的影响

含量变化范围分别为 731.84~928.77 g/t、26.81~46.03 g/t。图 12(c)、图 12(d)中 Au、Ag 变化趋势和原因与受铜锍品位影响一致，其中 Au 溶解损失和机械夹杂损失变化范围分别为 $5.84 \times 10^{-3} \sim 4.50 \times 10^{-3}$ g/t、0.38~0.70 g/t。Ag 溶解损失和机械夹杂损失变化范围分别为 3.01~3.09 g/t、23.80~42.94 g/t。

　　Au、Ag 铜锍和炉渣两相分配随氧矿比变化趋势如图 13 所示。随着氧矿比升高，铜锍中 Au、Ag 分配比例从 95.55%、95.09% 逐渐降低至 90.41%、89.85%，渣中贵金属分配比例从 4.45%、4.91% 升高至 9.59%、10.15%，这与提高铜锍品位影响一致。

　　考虑到富氧熔炼高温、强氧势条件，有少量 Ag 挥发进入气相[30]，因此 Ag 在富氧熔炼铜

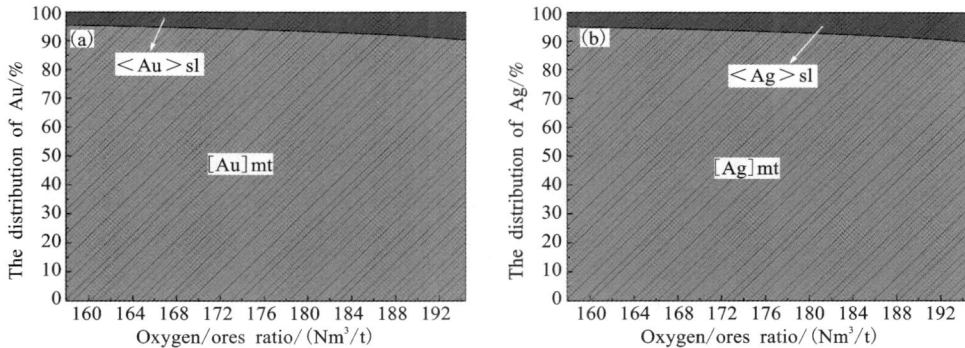

图 13　氧矿比对贵金属多相分配比例的影响

铳和炉渣两相中实际分配值应稍小于模拟结果。

4　结论

（1）基于元素分配热力学，分析了熔铳捕集贵金属机理，贵金属在熔铳中富集有利于降低体系总吉布斯自由能。

（2）富氧熔炼过程中，贵金属以化学溶解和机械夹杂两种形式在渣中损失，其中后者占绝大部分，铜铳品位为 70.31% 时，Au、Ag 在渣中溶解损失仅为总渣损失的 1.19%、6.89%。

（3）对贵金属多相平衡模型进行修正，利用修正后的模型计算了富氧熔炼达平衡时多相 Au、Ag 含量，铜铳、炉渣含 Au 分别为 13.29 g/t、0.53 g/t，含 Ag 分别为 825.84 g/t、33.29 g/t，与生产结果较为吻合。

（4）研究了入炉精矿成分 Cu、S 含量和铜铳品位、氧矿比变化对贵金属分配行为的影响，随着精矿 Cu 含量升高、S 含量降低以及铜铳品位和氧矿比升高，Au、Ag 在铜铳中的分配比例降低，在炉渣中的分配比例增加，主要是由于炉渣中机械夹杂铜铳量升高，导致贵金属在炉渣中损失增加，降低铜铳机械夹杂损失，可以有效降低炉渣贵金属含量、提高贵金属回收率。

参考文献

[1]蒋训雄. 伴生稀贵金属资源的综合回收[J]. 中国金属通报，2010(45)：17-19.

[2]Graedel T E, Bertram M, Fuse K, Gordon R B, Lifset R, Rechberger H, Spatari S. The contemporary European copper cycle: The characterization of technological copper cycles[J]. Ecological Economics, 2002, 42(1): 9-26.

[3]Cabri Louis J. The distribution of trace precious metals in minerals and mineral products[J]. Mineralogical Magazine, 1992. 56(384): 289-308.

[4]梁高喜，任飞飞，王伯义，韩战旗. 富氧底吹造铳捕金工艺处理复杂精矿的生产实践[J]. 黄金，2017. 38(11): 61-63.

[5]曲胜利. 富氧底吹熔炼处理复杂金精矿新技术的研究及应用[D]. 沈阳：东北大学，2013.

[6] Peng Zhiwei, Li Zhizhong, Lin Xiaolong, Ma Yutian, Zhang Yan, Zhang Yuanbo, Li Guanghui, Jiang Tao. Thermodynamic analysis of smelting of spent catalysts for recovery of platinum group metals [C] // : TMS Annual Meeting & Exhibition, Springer, 2018.

[7] Ebin Burçak, Mehmet Ikbal. Pyrometallurgical processes for the recovery of metals from WEEE [J]. Weee Recycling, 2016: 107-137.

[8] Khaliq Abdul, Rhamdhani Muhammad, Brooks Geoffrey, Masood Syed. Metal extraction processes for electronic waste and existing industrial routes: A review and Australian perspective [J]. Resources, 2014. 3(1): 152 -179.

[9] Avarmaa Katri, O Brien Hugh, Johto Hannu, Taskinen Pekka. Equilibrium distribution of precious metals between slag and copper matte at 1250-1350℃ [J]. Journal of Sustainable Metallurgy, 2015. 1(3): 216-228.

[10] 刘时杰. 铂族金属矿业学 [M]. 北京: 冶金工业出版社, 2001.

[11] 陈景. 火法冶金中贱金属及锍捕集贵金属原理的讨论 [J]. 中国工程科学, 2007, 9(5): 11-16.

[12] Avarmaa Katri, Johto Hannu, Taskinen Pekka. Distribution of precious metals (Ag, Au, Pd, Pt, and Rh) between copper matte and iron silicate slag [J]. Metallurgical and Materials Transactions B, 2016, 47(1): 244 -255.

[13] Yamaguchi Katsunori. Thermodynamic study of the equilibrium distribution of platinum group metals between slag and molten metals and slag and copper matte [M] // Extraction 2018, Springer, 2018, 797-804.

[14] Hidayat Taufiq, Chen Jiang, Hayes Peter C, Jak Evgueni. Distributions of Ag, Bi, and Sb as minor elements between iron-silicate slag and copper in equilibrium with tridymite in the Cu-Fe-O-Si system at T=1250℃ and 1300℃ (1523 K and 1573 K) [J]. Metallurgical and Materials Transactions B, 2019. 50(1): 229-241.

[15] 王永录, 黎鼎鑫. 贵金属提取与精炼. 修订版 [M]. 长沙: 中南大学出版社, 2003.

[16] 化学分离富集方法及应用编委会. 化学分离富集方法及应用 [M]. 长沙: 中南工业大学出版社, 1996.

[17] 周公度, 段连运. 结构化学基础. 第 4 版 [M]. 北京: 北京大学出版社, 2008.

[18] 麦松威, 周公度. 高等无机结构化学 [M]. 北京: 北京大学出版社, 2006.

[19] 朱祖泽, 贺家齐. 现代铜冶金学 [M]. 北京: 科学出版社, 2003.

[20] 何焕华, 蔡乔方. 中国镍钴冶金 [M]. 北京: 冶金工业出版社, 2000.

[21] Avarmaa Katri, Obrien Hugh, Taskinen Pekka. Equilibria of gold and silver between molten copper and FeO$_x$ – SiO$_2$ – Al$_2$O$_3$ slag in WEEE Smelting at 1300℃ [C] // Advances in Molten Slags, Fluxes, and Salts: Proceedings of the 10th International Conference on Molten Slags, Fluxes and Salts 2016, 2016. Springer.

[22] 李运刚. 金银在铅锍中的分布规律 [J]. 贵金属, 2000, 21(4): 37-39.

[23] Roghani G, Takeda Y, Itagaki K. Phase equilibrium and minor element distribution between FeO$_x$–SiO$_2$–MgO –based slag and Cu$_2$S–FeS matte at 1573 K under high partial pressures of SO$_2$ [J]. Metallurgical and Materials Transactions B, 2000, 31(4): 705-712.

[24] Celmer R S, Toguri J M. Cobalt and gold distribution in nickel—copper matte smelting [J]. Nickel Metallurgy, 1986. 1: 147-163.

[25] 郑小青, 魏江, 葛文锋, 葛铭. 通用 Gibbs 反应器的机理建模和求解方法 [J]. 计算机工程与应用, 2014, 50(19): 241-244.

[26] Nagamori M, Mackey P J. Thermodynamics of copper matte converting: part II. Distribution of Au, Ag, Pb, Zn, Ni, Se, Te, Bi, Sb and As between copper, matte and slag in the noranda process [J]. Metallurgical Transactions B, 1978, 9(4): 567-579.

[27] Takeda Y, Roghani G. Distribution equilibrium of silver in copper smelting system [C] // First International Conference on Processing Materials for Properties, 1993. TMS.

[28] Wang Qinmeng, Guo Xueyi, Wang Songsong, Liao Lile, Tian Qinghua. Multiphase equilibrium modeling of

oxygen bottom-blown copper smelting process[J]. Transactions of Nonferrous Metals Society of China, 2017, 27(11): 2503-2511.

[29]王晨. 铜熔炼过程最佳铜锍品位研究[D]. 长沙：中南大学, 2016.

[30]Nagamori M, Chaubal P C. Thermodynamics of copper matte converting: part IV. A priori predictions of the behavior of Au, Ag, Pb, Zn, Ni, Se, Te, Bi, Sb, and As in the Noranda process reactor[J]. Metallurgical Transactions B, 1982, 13(3): 331-338.

富氧底吹铜熔炼伴生元素多相平衡热力学行为研究

摘要: 采集了国内某底吹炼铜厂实际生产数据,对已建立的富氧底吹铜熔炼多相平衡模型进行验证,利用验证后的模型对底吹炼铜过程进行模拟计算,研究了入炉物料成分(Cu、Fe、S)和工艺参数(铜锍品位、富氧浓度、氧矿比)对伴生元素分配行为的影响。结果表明:提高入炉物料中 Cu 含量、降低 Fe、S 含量,适当提高铜锍品位、富氧浓度和氧矿比,有利于 Pb、Zn 伴生元素向炉渣中定向分离;为提高 Pb、Zn 脱除率,建议调控入炉物料中 Cu、Fe、S 含量分别为 25%~26%、16%~19%、27%~28.5%,控制铜锍品位、富氧浓度、氧矿比分别为 72%~73.5%、80%~81%、166~168 m³/t。

富氧底吹炼铜技术作为一种新型铜冶炼工艺,因其原料适应性广、综合能耗低、有价金属回收率高等优点[1, 2],已在国内建成十余条生产线,2019 年精炼铜产量约占我国总产量 20%,展示了良好的应用前景。随着铜冶炼原料成分日益复杂,入炉伴生元素种类多、含量高,其分配行为严重影响产品质量、作业环境和有价元素回收率[3]。面对我国愈加严格的环保标准,复杂铜资源富氧底吹熔炼过程中伴生元素分配行为值得关注[4, 5]。

富氧底吹铜熔炼过程属于典型的多相多场耦合复杂反应体系,在实验室中开展实验难以重现实际生产环境中的真实条件,研究结果对实际生产指导效果有限[6]。随着计算机技术的发展,通过计算机模拟的方法研究高温冶金过程成为可行的手段[7, 8]。

本文基于富氧底吹炼铜多相平衡原理,利用已建立的热力学模型和软件,研究了富氧底吹铜熔炼过程,入炉物料成分和操作工艺参数对典型伴生元素 Pb、Zn 分配行为的影响规律,实现伴生元素向炉渣中定向富集,提高复杂资源处理能力,为从炉渣中分离回收 Pb、Zn 金属元素奠定基础。

1 富氧底吹多相平衡数学模型

1.1 数学模型建立

基于富氧底吹铜熔炼机理与工艺特性[9]、以及最小吉布斯自由能原理,建立了富氧底吹炼铜多相平衡模型[10],自主开发了富氧底吹炼铜模拟软件(SKS simulation software,简称 "SKSSIM")[6]。利用该软件研究了富氧底吹熔炼过程中,伴生有价金属 Au、Ag 以及杂质元素 As 反应机理及分配行为[11, 12],证明了该软件可靠性,可有效模拟富氧底吹炼铜过程中元素分配行为及规律,优化工艺参数,为实际生产提供理论指导。

在包含多相、多组分以及化学反应的火法冶金过程中,多相间由于机械搅拌、澄清分离不彻底而存在机械悬浮现象[13],Pb、Zn 在铜锍和炉渣中除化学溶解外,还存在机械夹杂。

本文发表在《第四届中国铜工业科学技术发展大会论文集》,95-100。合作者:王松松,王亲猛,王智,侯鹏。

[Me/MeS/MeO]mt、[Me/MeS/MeO]sl、[Me/MeS/MeO]g 分别表示铜锍、炉渣、烟气中含Pb、Zn 单质/化合物，具体存在形式如表1所示[14]。

表 1   富氧底吹熔炼产物中含 Pb、Zn 化合物

元素	铜锍		炉渣		烟气
	溶解	夹杂	溶解	夹杂	
Pb	Pbmt、PbSmt	PbOmt	PbOsl	Pbsl、PbSsl	PbSg、PbOg
Zn	ZnSmt	ZnOmt	ZnOsl	ZnSsl	Zng、ZnSg

1.2   模型验证

（1）入炉物料成分及工艺参数

采集国内某炼铜厂底吹熔炼炉入炉精矿成分和熔炼工艺参数，如表2、表3。以此为基准条件，利用建立的富氧底吹炼铜多相平衡模型进行模拟计算，验证模型的精确性和可靠性。

表 2   富氧底吹铜熔炼入炉物料成分

成分	Cu	Fe	S	Pb	Zn	As	Bi	Sb
含量 w/%	25.06	24.44	28.22	0.88	2.17	0.26	0.081	0.047
成分	SiO$_2$	MgO	CaO	Al$_2$O$_3$	Au*	Ag*	其他	
含量 w/%	12.31	1.19	3.35	1.22	1.65	140.18	0.76	

* g/t。

表 3   富氧底吹铜熔炼工艺操作参数

工艺操作参数	生产数据
混合精矿加入速率/（t·h^{-1}）	185
精矿湿度/%	6.47
氧气鼓入速率/（m^3·h^{-1}）	29865
空气鼓入速率/（m^3·h^{-1}）	9824
富氧浓度/%	80.45
氧矿比/（Nm^3·t^{-1}）	150.77
氧气利用率/%	99

（2）模拟结果与生产数据对比

多相平衡计算铜锍、炉渣成分与实际生产样品检测结果对比如表4、表5。

表4 铜锍和炉渣模拟计算数据同工业生产数据对比表

成分/%	Cu	Fe	S	Pb	Zn	SiO$_2$
模拟铜锍	70.24	4.76	20.17	1.37	0.91	0.78
工业铜锍	70.29	4.84	20.14	1.40	0.91	0.99
模拟炉渣	3.36	43.22	0.79	0.54	2.79	22.75
工业炉渣	3.37	43.38	0.81	0.55	2.84	22.85

表5 微量杂质元素分配模拟计算数据同工业生产数据对比表

三相分配比例/%	Pb		Zn	
	模拟	工业	模拟	工业
铜锍	51.74	53.03	13.85	13.98
炉渣	32.56	31.31	67.78	68.03
气相	15.70	15.66	18.37	17.99

由表4、表5可知，模拟结果与生产值吻合良好，证明了多相平衡热力学模型可靠性。铜熔炼过程伴生元素Pb主要进入铜锍相，三相分配比例为51.74%、32.56%、15.70%。Zn主要进入炉渣相，三相分配比例为13.85%、67.78%、18.37%。

2 入炉物料成分对伴生元素分配行为的影响

以表2、表3中所示的物料成分和工艺参数为基准条件，通过调整Cu、Fe、S等物料成分和铜锍品位、富氧浓度、氧矿比等工艺参数，考察伴生元素Pb、Zn在铜锍、炉渣、烟气三相中物相、含量、分配比例变化趋势。

2.1 物料中Cu含量

物料中Cu含量从15.06%升高至27.26%，其他成分相应变化，保持基准操作工艺参数不变，研究Cu含量变化对伴生杂质金属Pb、Zn多相分配行为的影响。

图1为物料中Cu含量变化，对铜锍、炉渣、烟气中Pb、Zn化合物含量的影响。随着物料中Cu含量增加，铜锍PbSmt、ZnSmt和烟气中PbSg、Zng逐渐降低，变化范围分别为6.26~1.23 kmol、30.64~1.60 kmol、1.73~0.44 kmol、13.67~7.52 kmol，渣中PbOs、ZnOs含量分别从0.42 kmol、23.70 kmol增加至5.18 kmol、49.20 kmol。这是因为物料中Cu含量增加，使铜锍品位升高、氧化气氛增强，以PbSmt、PbSg等以硫化物形式存在的Pb，被氧化为PbOs、PbOg等氧化物分别进入炉渣和烟气相，以金属单质和硫化态形式存在的Zn、ZnS被大量氧化为ZnOs进入渣中。

图2为物料中Cu含量变化，对Pb、Zn三相元素含量的影响。随着物料中Cu含量升高，铜锍中Pb、Zn含量从2.30%、3.48%逐渐降低至0.55%、0.29%，炉渣中Pb、Zn含量逐渐升

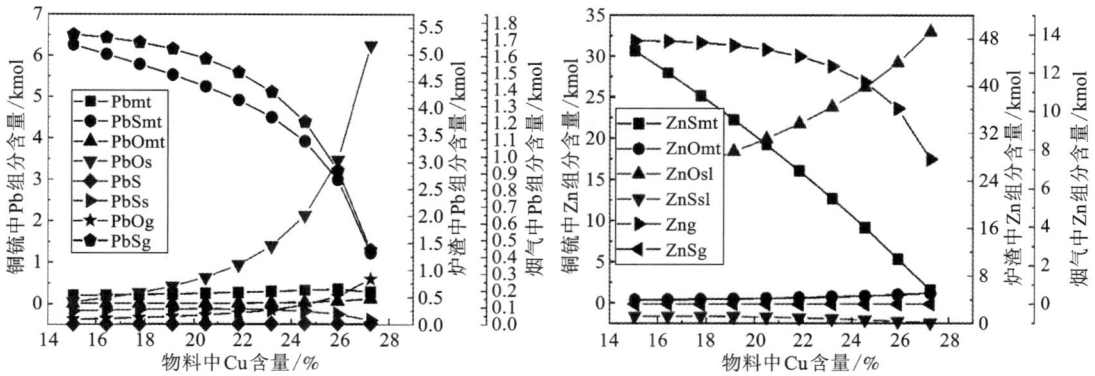

图 1 物料中 Cu 含量对三相中 Pb、Zn 化合物含量影响

高，变化范围分别为 0.15%～1.09%、1.75%～3.24%，烟气中 Pb、Zn 含量呈缓慢降低趋势，变化范围分别为 0.36%～0.16%、0.89%～0.54%。这是因为 Cu 含量升高，导致炉内氧化气氛增强，Pb、Zn 被大量氧化，以氧化态形式进入炉渣相中。

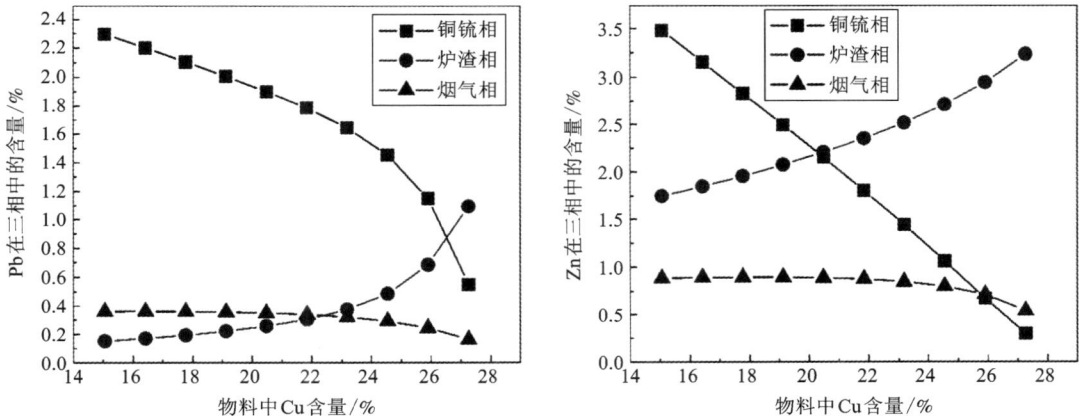

图 2 物料中 Cu 含量对三相中 Pb、Zn 元素含量影响

图 3 为物料中 Cu 含量变化，对 Pb、Zn 三相分配比例的影响。随着物料中 Cu 含量增加，铜锍和烟气 Pb 中分配比例分别从 72.63%、19.75%降低至 21.45%、9.36%，Zn 分配比例分别从 44.53%、19.66%降低至 4.65%、12.62%，Pb、Zn 逐渐向渣中富集，最高至 69.19%、82.73%。综合考虑渣中铜损失、Pb 和 Zn 向渣中定向富集率，建议控制入炉物料含 Cu 25%～26%。

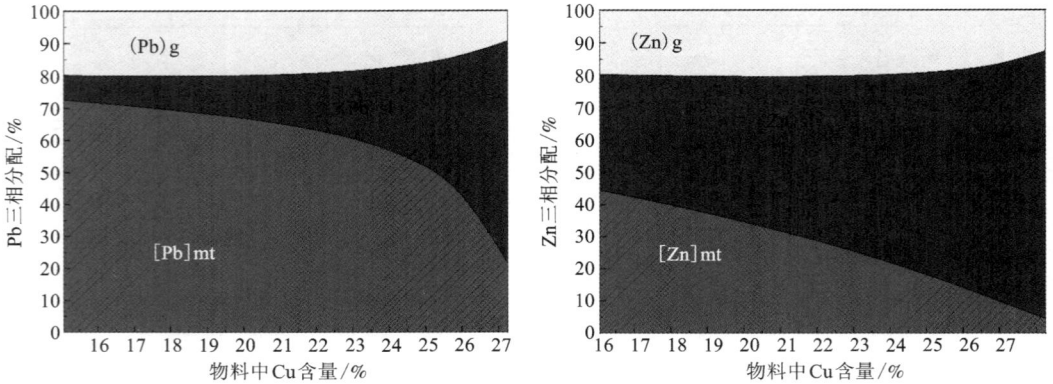

图 3　物料中 Cu 含量对三相中 Pb、Zn 分配比例影响

2.2　物料中 Fe 含量

维持基准操作工艺参数不变，调整物料中 Fe 含量从 14.44% 升高至 34.44%，其他成分相应变化，研究 Fe 含量变化对伴生杂质金属 Pb、Zn 多相分配行为的影响。

图 4 为物料中 Fe 含量变化，对铜锍、炉渣、烟气中 Pb、Zn 化合物含量的影响。随着物料中 Fe 含量升高，铜锍中 PbSmt、ZnSmt 含量分别从 2.55 kmol、4.05 kmol 升高至 3.54 kmol、8.29 kmol，烟气中 PbSg 先升高至 1.12 kmol 后逐渐降低到 0.96 kmol、Zng 从 14.10 kmol 持续降低至 7.78 kmol，炉渣和烟气中 PbOs、PbOg、ZnOs 等氧化物生成减少，炉渣中氧化物含量变化范围 4.29~1.68 kmol、49.63~36.00 kmol，烟气中氧化物含量变化范围 0.37~0.06 kmol。这是因为 Fe 含量升高，导致铜锍品位降低，氧化气氛减弱，Pb、Zn 的氧化物含量降低，硫化物增加。由于物料中 Pb、Zn 总量随着 Fe 含量升高相应降低，导致烟气中 PbSg 先升高后降低。

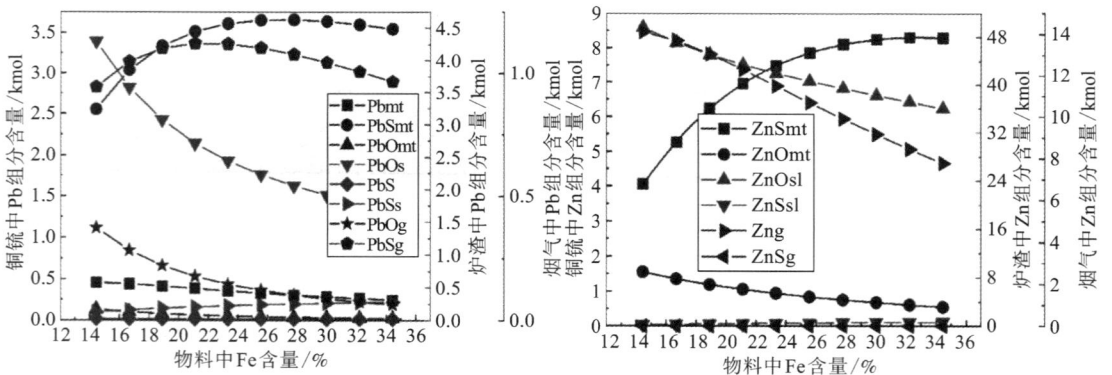

图 4　物料中 Fe 含量对三相中 Pb、Zn 化合物含量影响

图 5 为物料中 Fe 含量变化，对 Pb、Zn 三相元素含量的影响。随着物料中 Fe 含量升高，

Pb、Zn 在铜锍相中含量逐渐从 0.98%、0.55% 升高至 1.41%、1.03%，在炉渣相中含量显著降低，变化范围 0.35%~1.14%、2.08%~4.06%，烟气中 Pb、Zn 含量基本保持不变，这是因为物料中 Fe 含量升高时，Cu、S 含量相应降低，导致铜锍品位和铜锍量降低、渣量升高。

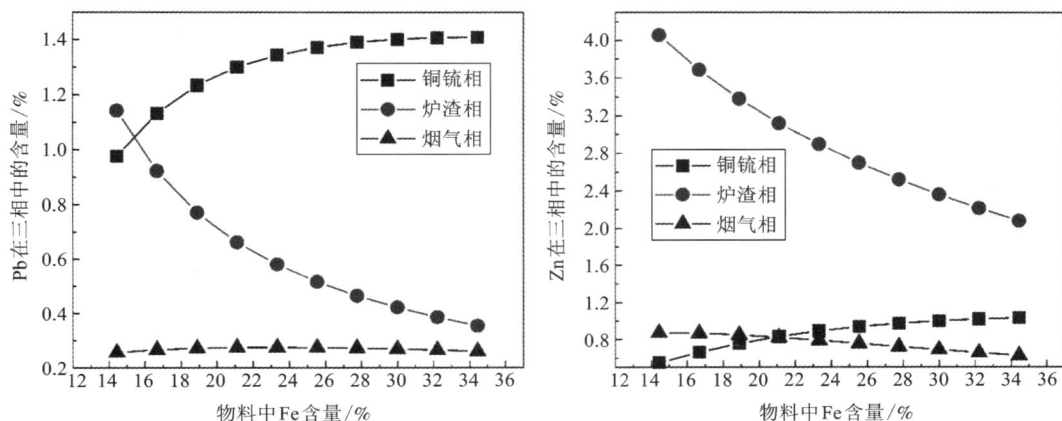

图 5　物料中 Fe 含量对三相中 Pb、Zn 元素含量影响

图 6 为物料中 Fe 含量变化，对 Pb、Zn 三相分配比例的影响。随着物料中 Fe 含量升高，铜锍中 Pb 分配比例从 35.29% 升高至 55.91%，炉渣中分配比例从 49.95% 降低至 29.01%；Fe 含量变化对 Zn 三相分配比例的影响不明显，随着物料中 Fe 含量增加，铜锍中 Zn 更不容易挥发到烟气相中，约 70%Zn 分布于炉渣中。综合考虑铜锍和炉渣产量，以及 Pb、Zn 脱除效率，建议控制物料含 Fe 16%~19%。

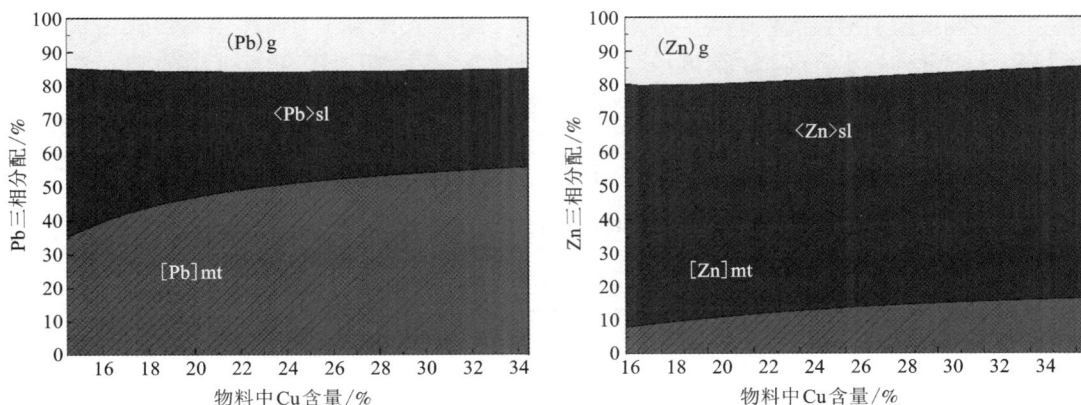

图 6　物料中 Fe 含量对三相中 Pb、Zn 分配比例影响

2.3　物料中 S 含量

维持基准操作工艺参数不变，调整物料中 S 含量变化范围 26.52%~40.22%，其他成分相应变化，研究 S 含量变化对伴生杂质金属 Pb、Zn 多相分配行为的影响。

图 7 为物料中 S 含量变化，对铜锍、炉渣、烟气中 Pb、Zn 化合物含量的影响。随着 S 含量升高，铜锍 Pb、Zn 硫化物含量升高，变化范围分别为 1.63~5.16 kmol、2.18~31.81 kmol，炉渣中 Pb、Zn 氧化物从 5.04 kmol、51.30 kmol 减少至 0.09 kmol、8.09 kmol，这是因为入炉物料中 S 含量升高，熔炼体系中硫势增强。由于物料中 Pb、Zn 总量降低，且 Zn 还原顺序为 ZnO→Zn→ZnS，所以烟气中 PbSg、Zng 含量先从 0.56 kmol、8.14 kmol 升高至 1.32 kmol、12.52 kmol，又缓慢降低至 1.02 kmol、10.37 kmol。

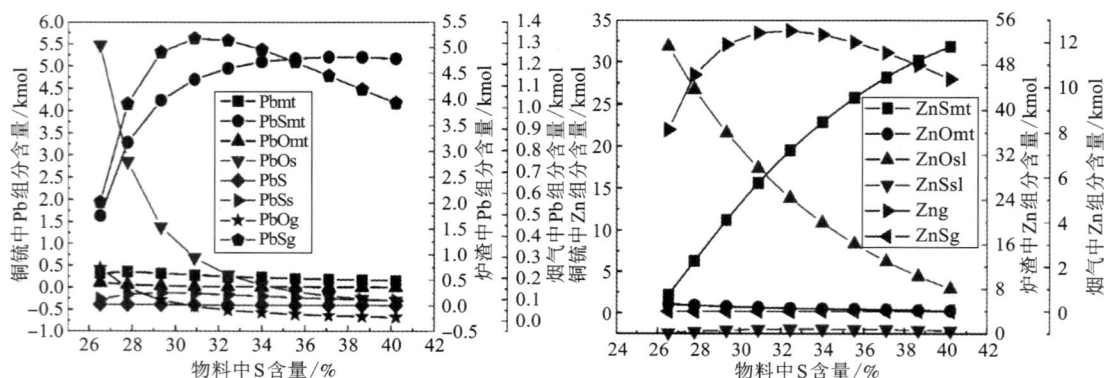

图 7　物料中 S 含量对三相中 Pb、Zn 化合物含量影响

图 8 为物料中 S 含量变化，对 Pb、Zn 三相元素含量的影响。随着物料中 S 含量升高，铜锍中 Pb 含量先从 0.73% 升高至 1.57%，又缓慢降低到 1.37%，Zn 含量从 0.37% 持续升高至 2.61%，炉渣中 Pb、Zn 含量分别从 1.02%、3.21% 降低至 0.07%、1.02%，烟气中 Pb、Zn 含量先从 0.19%、0.59% 升高到 0.29%、0.82% 又缓慢降低至 0.18%、0.58%。这是因为 S 含量升高时，熔炼体系中铜锍品位降低、硫化气氛增强，使铜锍和烟气中以硫化物形式存在的 Pb、Zn 升高，S 含量进一步升高时，铜锍和烟气产量升高，"稀释"了铜锍和烟气中的 Pb、Zn 含量。且增加物料含 S 时，体系硫势变化较 Fe 含量增加明显，因此三相中 Pb、Zn 变化更明显。

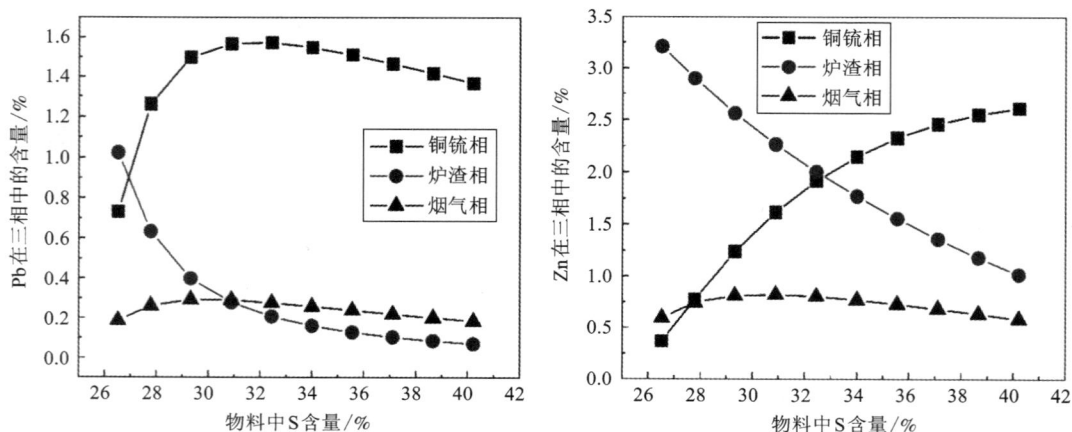

图 8　物料中 S 含量对三相中 Pb、Zn 元素含量影响

图 9 为物料中 S 含量变化,对 Pb、Zn 三相分配比例的影响。随着物料中 S 含量升高,Pb、Zn 逐渐向铜锍中富集至 81.28%、62.76%,炉渣中分配比例从 64.51%、81.87% 减少至 2.87%、16.94%,烟气中 Pb、Zn 分配比例缓慢升高。综合考虑铜锍和烟气产量,建议控制入炉物料中 S 含量 27%~28.5%。

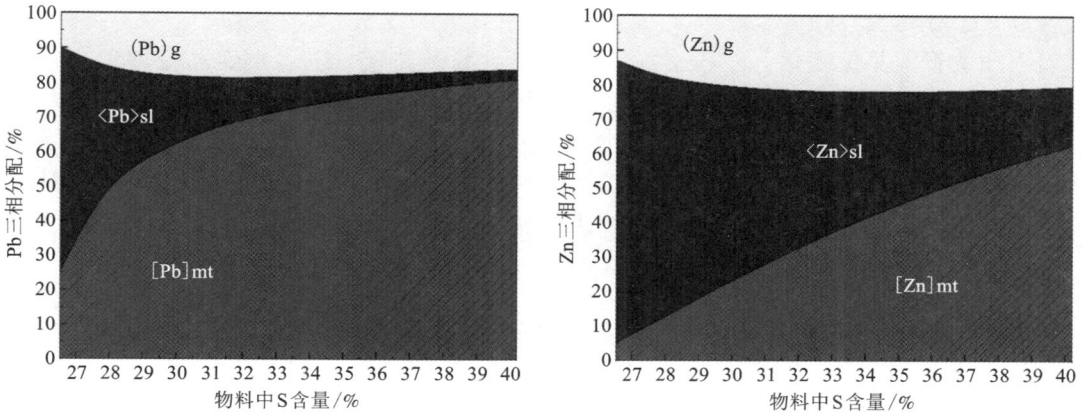

图 9 物料中 S 含量对三相中 Pb、Zn 分配比例影响

3 工艺参数对伴生元素分配行为的影响

3.1 铜锍品位

在基准入炉物料成分条件下,探究了铜锍品位变化(57.73%~73.92%),对伴生元素 Pb、Zn 多相分配行为的影响。

图 10 为铜锍品位变化,对铜锍、炉渣、烟气中 Pb、Zn 化合物含量的影响。随着铜锍品位升高,熔炼体系中氧势、温度升高,铜锍和烟气中 PbSmt、PbSg、ZnSmt、Zng 被大量氧化为 PbOs、PbOg、ZnOs 进入烟气和炉渣中,铜锍硫化物变化范围 5.79~1.89 kmol、25.71~

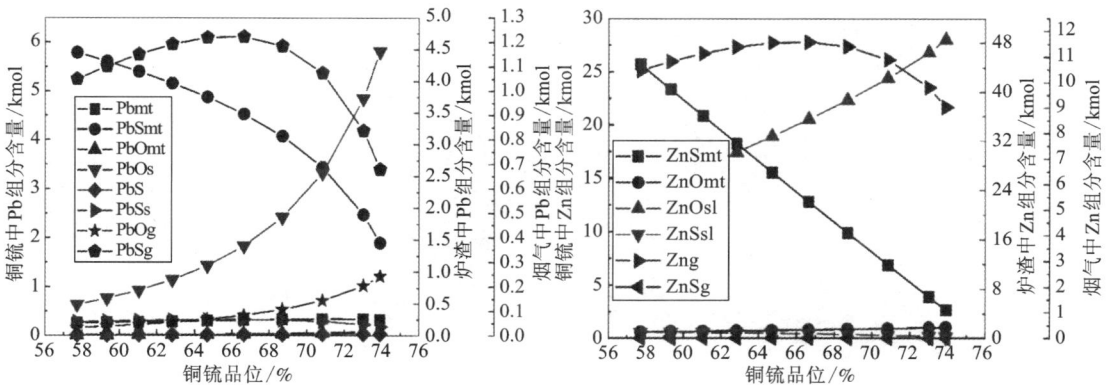

图 10 铜锍品位对三相中 Pb、Zn 化合物含量影响

2.65 kmol，烟气中硫化物和金属单质变化范围分别为 0.68～1.22 kmol、9.03～11.57 kmol，炉渣中氧化物含量变化范围为 0.49～4.47 kmol、23.68～48.51 kmol，烟气中氧化物变化范围 0.03～0.24 kmol。由于 PbS 易挥发，随着体系温度升高，迅速进入烟气中，使烟气中 PbSg 含量呈小幅升高又迅速降低的趋势。而 Zn 氧化顺序为 ZnS→Zn→ZnO，在较低氧势下，ZnS 被氧化为 Zn，使得 Zn 含量先缓慢升高，随着氧势增强，Zn 被进一步氧化为 ZnO，因此气相中 Zn 含量又缓慢降低。

图 11 为铜锍品位变化，对 Pb、Zn 三相元素含量的影响。随着铜锍品位增加，铜锍中 Pb、Zn 元素含量分别从 1.63%、2.24% 逐渐降低至 0.83%、0.42%，炉渣中 Pb、Zn 元素含量从 0.18%、1.92% 升高 0.94%、3.13%，而烟气中 Pb、Zn 元素含量小幅度下降，变化范围分别为 0.20%～0.28%、0.61%～0.85%。这是因为改变生产条件导致熔炼氧势、温度和铜锍品位升高，使铜锍和烟气中的 Pb、Zn 大量氧化入渣。

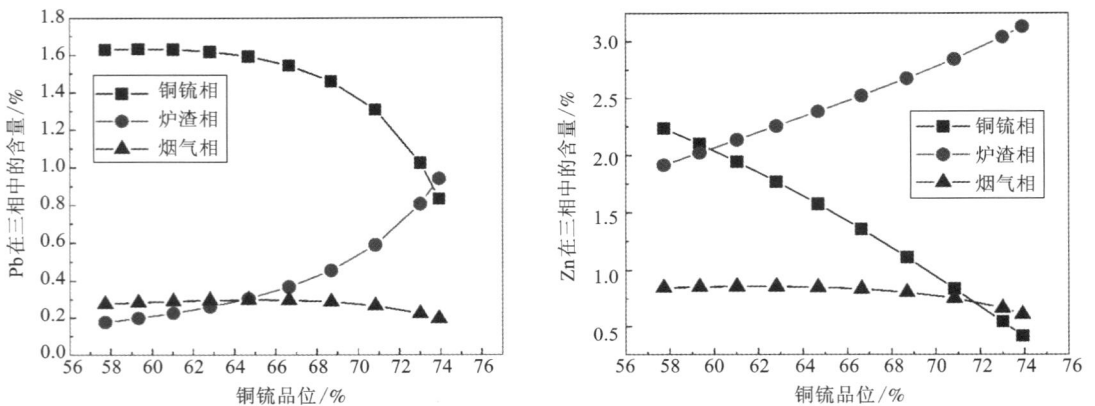

图 11　铜锍品位对三相中 Pb、Zn 元素含量影响

图 12 为铜锍品位变化，对 Pb、Zn 三相分配比例的影响。随着铜锍品位提高，Pb、Zn 逐

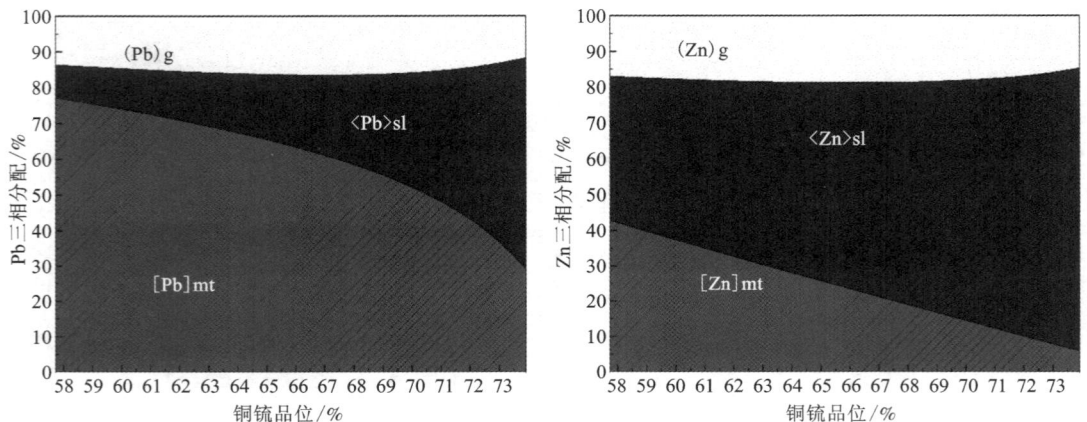

图 12　铜锍品位对三相中 Pb、Zn 分配比例影响

渐向炉渣中富集，铜锍相中 Pb、Zn 分配比例从 77.12%、42.83% 降低至 29.34%、5.98%，烟气中 Pb、Zn 分配比例变化较小，约为 15%、18%。综合考虑渣含铜和 Pb、Zn 向渣中定向富集率，建议控制铜锍品位 72%~73.5%。

3.2 富氧浓度

在基准入炉物料成分条件下，调节富氧浓度从 65.45% 升高至 81.25%，探究了富氧浓度变化对伴生元素 Pb、Zn 多相分配行为的影响。

图 13 为富氧浓度变化，对铜锍、炉渣、烟气中 Pb、Zn 化合物含量的影响。随着富氧浓度增加，铜锍中 Pb、Zn 硫化物分别从 6.92 kmol、46.24 kmol 降低至 1.71 kmol、2.33 kmol，烟气中 Pb 硫化物和 Zn 单质先增加至 1.22 kmol、11.62 kmol，又迅速降低减少，渣中氧化物逐渐增加至 4.71 kmol、49.14 kmol。其原因与铜锍品位变化类似，主要是体系氧势、熔炼温度升高，使 Pb、Zn 被氧化入渣。

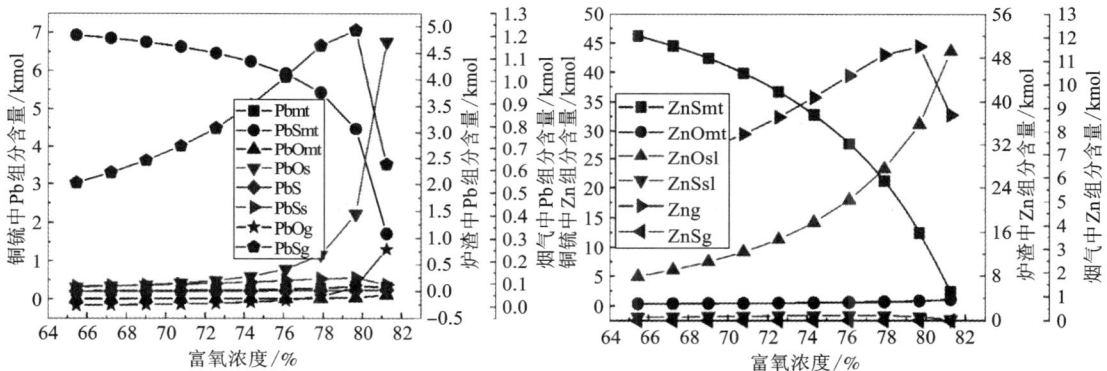

图 13　富氧浓度对三相中 Pb、Zn 化合物含量影响

图 14 为富氧浓度变化，对 Pb、Zn 三相元素含量的影响。随着富氧浓度升高，铜锍中的 Pb 先缓慢升高到 1.63%，又迅速下降至 0.77%，铜锍中 Zn 含量从 2.92% 持续下降至 0.39%，炉渣中 Pb、Zn 含量分别从 0.06%、0.92% 升高至 0.98%、3.16%，烟气中 Pb、Zn 含量先分别从 0.18%、0.65% 升高至 0.30%、0.86%，后又降低到 0.19%、0.59%。这是因为铜锍产量随富氧浓度升高而大幅减少，增加了 Pb 在铜锍中的浓度，随着 Pb、Zn 被大量氧化入渣，铜锍中的 Pb 含量开始下降；烟气中 Pb 存在形式为 PbO、PbS，前者随着富氧浓度的增加而增加，后者则逐渐降低，因此烟气中 Pb 含量先缓慢升高又逐渐降低。烟气中 Zn 含量随着 Zng 先增加后减少，呈现先缓慢升高又逐渐降低的趋势。

图 15 为富氧浓度变化，对 Pb、Zn 三相分配比例的影响。随着富氧浓度增加，Pb、Zn 主要富集在炉渣中，变化范围分别为 2.26%~61.81%、13.97%~80.32%，铜锍中分配比例从 90.73%、75.83% 降低至 26.99%、5.47%，而烟气中 Pb、Zn 分配比例先缓慢升高至 16.68%、18.93%，又迅速下降到 11.20%、14.21%。综合考虑渣含铜和 Pb、Zn 脱除率，建议控制富氧浓度 80%~81%。

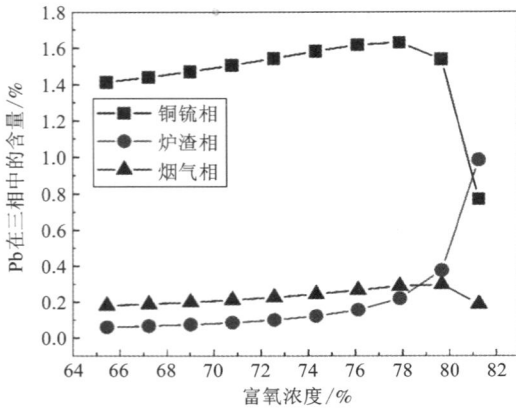

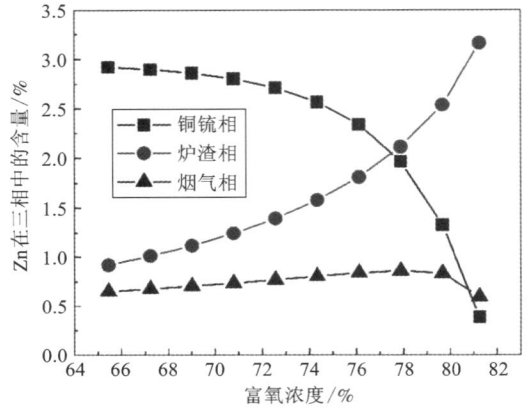

图 14　富氧浓度对三相中 Pb、Zn 元素含量影响

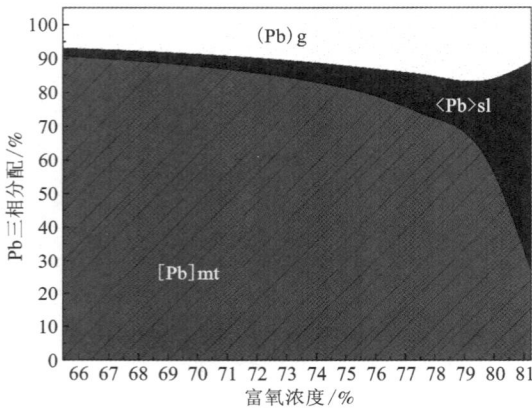

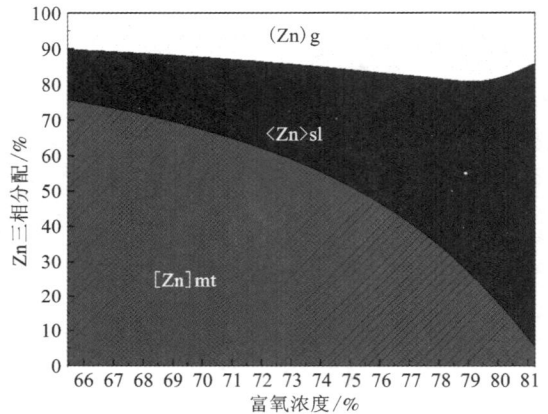

图 15　富氧浓度对三相中 Pb、Zn 分配比例影响

3.3　氧矿比

在基准入炉物料成分条件下，调节氧矿比从 136.42 Nm^3/t 升高至 168.42 Nm^3/t，探究了氧矿比变化对伴生元素 Pb、Zn 多相分配行为的影响。

图 16 为氧矿比变化，对铜锍、炉渣、烟气中 Pb、Zn 化合物含量的影响。随着氧矿比的升高，体系氧势升高，因此铜锍和烟气中 PbSmt、PbSg、ZnSmt、Zng 被大量氧化为 PbOs、PbOg、ZnOs 进入烟气和炉渣中，铜锍中 PbSmt、ZnSmt 分别从 6.53 kmol、26.31 kmol 降低至 2.11 kmol、3.13 kmol，烟气中 PbSg、Zng 分别从 1.33 kmol、12.98 kmol 降低至 0.73 kmol、9.06 kmol，炉渣中 PbOs、ZnOs 变化范围 0.76~3.90 kmol、31.51~45.48 kmol，烟气中 PbOg 变化范围 0.05~0.21 kmol。

图 17 为氧矿比变化，对 Pb、Zn 三相元素含量的影响。随着氧矿比增加，铜锍中 Pb、Zn 元素含量分别从 1.63%、2.03% 逐渐降低至 0.94%、0.48%，炉渣中 Pb、Zn 元素含量分别从 0.21%、2.07% 升高到 0.87%、3.08%，而烟气中 Pb、Zn 含量小幅度下降，变化范围分别为 0.21%~0.29%、0.64%~0.86%。这是因为改变生产条件导致熔炼氧势、温度和铜锍品位提高，使铜锍和烟气中的 Pb、Zn 大量氧化入渣。

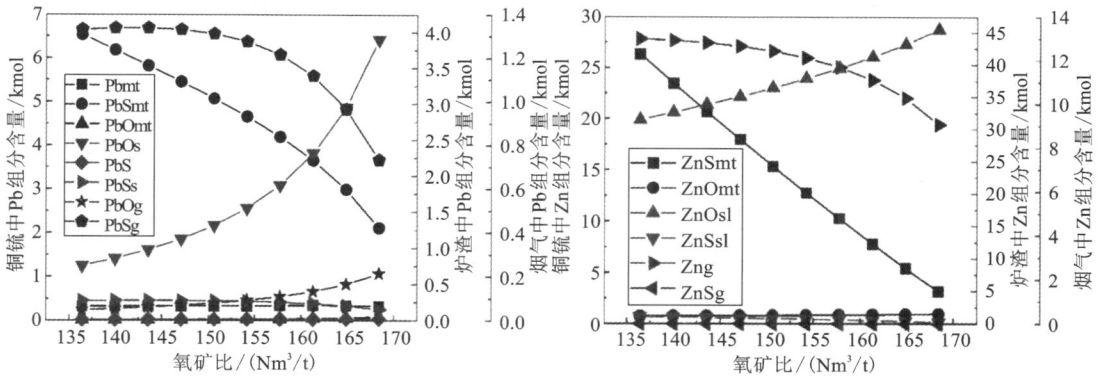

图 16 氧矿比对三相中 Pb、Zn 化合物含量影响

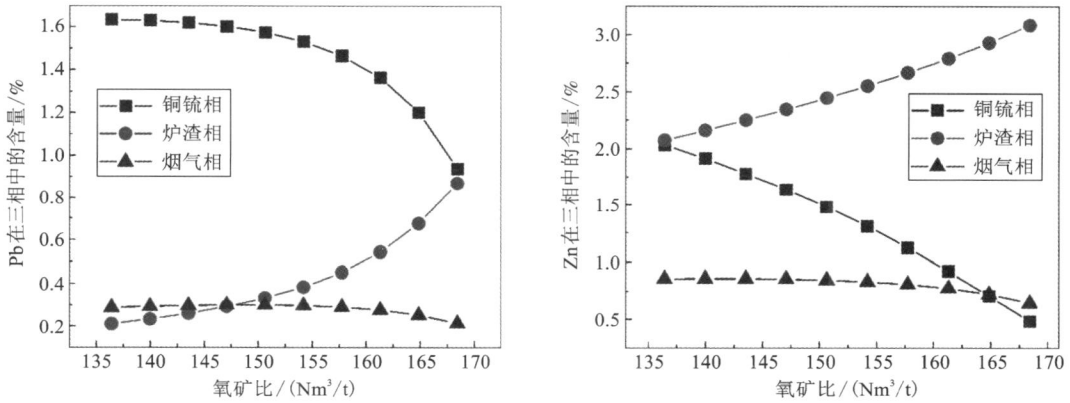

图 17 氧矿比对三相中 Pb、Zn 元素含量影响

图 18 为氧矿比变化，对 Pb、Zn 三相分配比例的影响。随着氧矿比提高，Pb、Zn 逐渐向炉渣中富集，变化范围为 11.25%～54.10%、44.89%～77.66%，铜锍和烟气相中 Pb 分配比

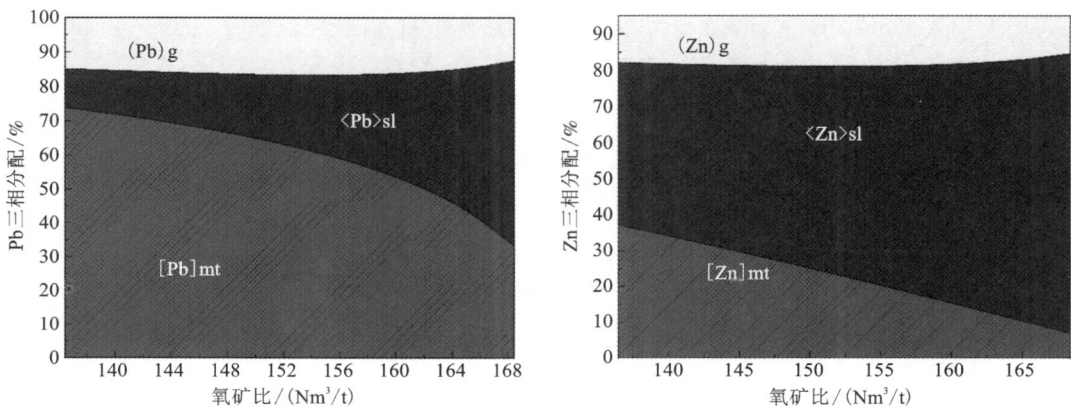

图 18 氧矿比对三相中 Pb、Zn 分配比例影响

例从 73.92%、14.83%降低至 33.34%、12.55%，Zn 分配比例从 37.24%、17.87%降低至 6.95%、15.39%。综合考虑渣含铜和 Pb、Zn 脱除率，建议控制氧矿比 166~168 Nm^3/t。

4 结论

（1）以国内某底吹炼铜厂实际生产数据为基准条件，利用已建立的富氧底吹多相平衡热力学模型进行仿真计算，计算结果与工业生产数据吻合良好，证明了模型精确性和可靠性，可有效模拟富氧底吹铜熔炼过程中元素分配行为。

（2）入炉物料中 Cu 含量、铜锍品位、富氧浓度和氧矿比升高，熔炼体系中温度升高、氧势增强，铜锍和烟气中 Pb、Zn 硫化物和单质因被大量氧化入渣；相反地，提高物料中 Fe、S 含量，熔炼铜锍品位和氧势降低，铜锍和烟气中 Pb、Zn 硫化物含量增加，渣中 Pb、Zn 氧化物含量降低。

（3）提高物料中 Cu 含量，降低 Fe、S 含量，升高熔炼铜锍品位、富氧浓度和氧矿比，有利于 Pb、Zn 向渣中定向分配，但熔炼体系氧势增加，将导致炉渣性质变差、渣中铜损失增加；综合考虑，建议调控入炉物料成分 Cu、Fe、S 分别为 25%~26%、16%~19%、27%~28.5%，控制铜锍品位、富氧浓度、氧矿比分别为 72%~73.5%、80%~81%、166~168 Nm^3/t。

参考文献

[1]蒋继穆.采用氧气底吹炉连续炼铜新工艺及其装置[J].中国金属通报，2008(17)：29-31.

[2]贾文清.浅析氧气底吹炼铜新工艺的产业化应用[J].现代制造技术与装备，2015(06)：109-110.

[3]袁永锋，刘素红.底吹连续炼铜过程中砷的走向及控制[J].中国有色冶金，2020，49(02)：37-40.

[4]刘志宏.中国铜冶炼节能减排现状与发展[J].有色金属科学与工程，2014，5(05)：1-12.

[5]曲胜利，董准勤，陈涛.富氧底吹熔炼处理复杂铜精矿过程中杂质元素的分布与走向[J].中国有色冶金，2016，45(03)：22-24.

[6]郭学益，王松松，王亲猛，田庆华.氧气底吹炼铜模拟软件 SKSSIM 开发与应用[J].有色金属科学与工程，2017，8(04)：1-6.

[7]刘燕庭，杨天足，李明周.铅富氧侧吹氧化熔炼多元多相平衡分析[J].中国有色金属学报，2020，30(5)：1110-1118.

[8]陈霖，王振虎，陈威，肖辉，刘伟锋，张杜超，杨天足.富氧底吹炼铅氧化熔炼元素分配热力学模拟[J].有色金属(冶炼部分)，2018(09)：1-6.

[9]郭学益，王亲猛，廖立乐，田庆华，张永柱.铜富氧底吹熔池熔炼过程机理及多相界面行为[J].有色金属科学与工程，2014，5(05)：28-34.

[10]Qinmeng Wang, Xueyi Guo, Songsong Wang, Lile Liao, Qinghua Tian. Multiphase equilibrium modeling of oxygen bottom-blown copper smelting process[J]. Transactions of Nonferrous Metals Society of China, 2017, 27(11).

[11]Qinmeng Wang, Xueyi Guo, Qinghua Tian, Mao Chen, Baojun Zhao. Reaction Mechanism and Distribution Behavior of Arsenic in the Bottom Blown Copper Smelting Process [J]. Metals, 2017, 7(8)：302.

[12]郭学益，王松松，王亲猛，王智，王拥军，彭国敏，曲胜利.熔体捕集贵金属机理与富氧熔炼过程贵金属分配行为调控[C].中国有色金属冶金第六届学术会议，北京，2019：81-88.

[13] Nagamori M, Mackey P J. Thermodynamics of copper matte converting: Part I. Fundamentals of the noranda process[J]. Metallurgical Transactions B, 1978, 9(2): 255-265.

[14] Tan P, Zhang C. Computer model of copper smelting process and distribution behaviors of accessory elements [J]. Journal of Central South University of Technology, 1997, 4(1): 36-41.

富氧熔炼烟气中三氧化硫的形成与抑制

摘要：富氧熔炼过程中 $SO_3(g)$ 的形成是设备腐蚀及污酸形成的主要原因。通过模拟计算，研究温度、$O_2(g)$ 和 $H_2O(g)$ 含量以及硫酸盐的存在这 4 种因素对烟气中 $SO_3(g)$、$H_2SO_4(l)$ 等含硫组分形成的影响。结果表明：温度越高，越不利于 $SO_3(g)$、$H_2SO_4(l)$ 的形成；烟气中 $O_2(g)$ 和 $H_2O(g)$ 的量越低，$SO_3(g)$ 和 $H_2SO_4(l)$ 含量也越低，这是控制烟气酸性物质生成的决定性因素；物料中硫酸盐属于不利因素，在一定温度范围内分解生成 $SO_3(g)$ 和 $O_2(g)$，导致 $SO_3(g)$ 发生率增大。分析认为，精确控制烟道漏风量，尽可能减少物料水分和硫酸盐含量，并延长物料在炉内停留时间，可抑制烟气中 $SO_3(g)$、$H_2SO_4(l)$ 的形成，对解决熔炼过程设备腐蚀及污酸问题有一定意义。

富氧熔池熔炼工艺通常包括富氧底吹熔炼、富氧顶吹熔炼以及富氧侧吹熔炼等熔炼工艺，其共同点是采用富氧空气进行喷吹，以达到强化熔炼效果。在富氧熔炼过程中，排烟系统设备的腐蚀及污酸形成问题一直是制约生产效率的重要因素[1-2]。由于采用高浓度氧气喷吹，熔炼烟气的特点[3-5]通常为 $H_2O(g)$ 分压大、$SO_2(g)$ 含量高，造成在烟气回收处理途径中，$SO_2(g)$ 与烟道漏风 $O_2(g)$ 反应生成 $SO_3(g)$，且极易在 $H_2O(g)$ 作用下形成硫酸[6-7]，从而造成烟道及电收尘等设备的腐蚀并生成大量污酸。此外，$SO_3(g)$ 与烟气烟尘中金属氧化物颗粒反应，导致烟尘硫酸盐化，使电收尘系统发生硫酸盐腐蚀与黏结堵塞情况[8-10]。

目前，关于富氧熔池熔炼工艺的理论研究工作较多[11-12]，在烟气处理、烟道腐蚀及污酸形成等方面也有相关研究报道。姜元顺等[13]和汪满清[14]对富氧侧吹熔炼烟气中单体硫进行检测，发现当单体硫含量超过 $0.5\ g/cm^3$[9]时，会在电收尘器内燃烧，造成出口烟温大于入口烟温，不利于余热回收，可通过增大炉口漏风量减少单体硫含量；丁辰星[7]在分析闪速熔炼烟气中 $SO_3(g)$ 发生率高的原因时认为，烟尘中某些金属氧化物（如 Fe_2O_3、CuO）对 $SO_2(g)$ 转化为 $SO_3(g)$ 具有催化作用，可导致 $SO_3(g)$ 发生率升高；但对烟气中各组分热力学行为的系统研究却鲜见报道。因此，本文作者从实际生产出发，结合现场生产数据，利用热力学软件 HSC6.0 模拟计算不同温度、不同 $O_2(g)$ 的量和不同 $H_2O(g)$ 的量、物料中硫酸盐对烟气中 $SO_2(g)$、$SO_3(g)$ 等含硫组分变化影响，提出降低 $SO_3(g)$ 发生率及减轻烟道腐蚀情况的相应措施，期望能为解决烟气腐蚀及污酸形成等问题提供理论指导。

1　实验

1.1　热力学分析

由生产数据可知，在铜富氧底吹熔炼过程中，烟气自熔炼炉口排出时温度达 1200~1300℃，进入烟道后经对流、辐射传热，烟气温度逐渐降至 500~800℃，随后经余热回收使烟气温度

本文发表在《中国有色金属学报》，2018（28）：2077−2085。合作者：闫书阳，王亲猛，王松松。

进一步降至 350~400℃，电收尘后烟气温度最终降至 100~200℃并形成污酸进入污酸处理系统。在该温度范围内，烟气含硫组分可能发生的主要化学反应如下：

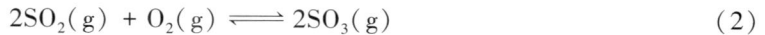

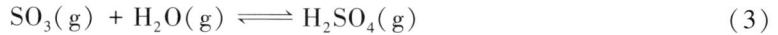

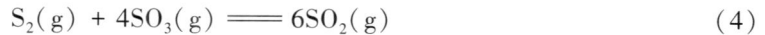

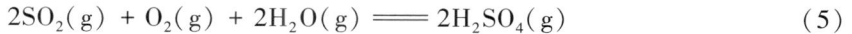

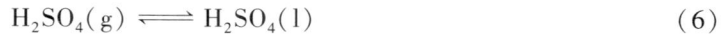

$$S_2(g) + 2O_2(g) \Longrightarrow 2SO_2(g) \tag{1}$$

$$2SO_2(g) + O_2(g) \Longrightarrow 2SO_3(g) \tag{2}$$

$$SO_3(g) + H_2O(g) \Longrightarrow H_2SO_4(g) \tag{3}$$

$$S_2(g) + 4SO_3(g) \Longrightarrow 6SO_2(g) \tag{4}$$

$$2SO_2(g) + O_2(g) + 2H_2O(g) \Longrightarrow 2H_2SO_4(g) \tag{5}$$

$$H_2SO_4(g) \Longrightarrow H_2SO_4(l) \tag{6}$$

使用 HSC 热力学软件绘制以上各反应的吉布斯自由能与温度关系曲线如图 1 所示。

图 1 所示为烟气含硫组分可能发生化学反应（1）、（2）、（3）、（4）、（5）、（6）的吉布斯自由能随温度变化图。分析可知，反应（1）、（4）曲线在该温度范围内吉布斯自由能远小于 0，反应可自发进行，且在烟气温度范围内反应平衡常数分别高达 1×10^{16} 和 1×10^{22}，说明 $S_2(g)$ 在 $O_2(g)$ 存在条件下极易被氧化为 $SO_2(g)$，且在 $S_2(g)$ 存在条件下 $SO_3(g)$ 与 $S_2(g)$ 完全反应，抑制烟气中 $SO_3(g)$ 的存在。反应（2）的吉布斯自由能在

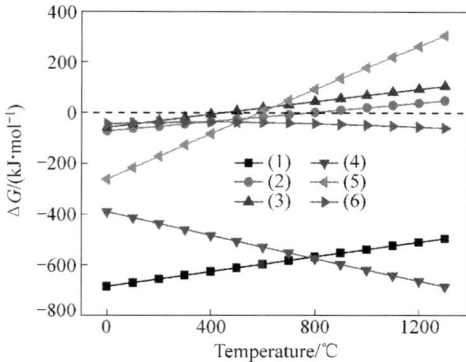

图 1 不同反应的 $\Delta G\!-\!t$ 图（$p = 101325$ Pa）

温度高于 800℃时为正值，表明温度升高不利于该反应向正方向进行；反应（3）、（5）在温度低于 600℃时吉布斯自由能小于 0，表明两种反应受温度限制；而反应（6）的吉布斯自由能在整个烟气温度范围内为负值，反应可自发进行。

干燥 $SO_3(g)$ 对金属设备无腐蚀作用，而反应（3）、（5）生成的硫酸酸雾可在反应（6）作用下形成硫酸，进而对烟气管道造成腐蚀，同时产生大量污酸。因此，烟道腐蚀主要由 $SO_2(g)$ 氧化为 $SO_3(g)$ 及 $SO_3(g)$ 与 $H_2O(g)$ 反应生成硫酸引起，对 $SO_2(g)$、$SO_3(g)$、$H_2O(g)$ 之间相互反应所受温度、$O_2(g)$ 和 $H_2O(g)$ 的量等影响进行研究，以明晰烟气中 $SO_3(g)$ 和硫酸生成机制及相应抑制措施。

1.2 计算方法

本文作者采用模拟计算方法研究烟气各组分随温度变化而发生的各化学反应及组分含量变化。为便于计算，设定研究对象为 1 kmol 烟气，其中 $O_2(g)$ 的量为 0.04 kmol，$S_2(g)$ 的量为 0.04 kmol，$SO_2(g)$ 的量为 0.3 kmol，$SO_3(g)$ 的量为 0.02 kmol，其余为 $N_2(g)$。此外，为保证与实际生产烟道漏气情形一致，设定模拟过程中 $O_2(g)$ 的量以 0.05 kmol 梯度增加。

由于烟气中组分发生化学反应导致烟气体积不断变化，而烟气硫元素总摩尔量保持不变，因此，为准确分析含硫组分含量变化，按式（7）表示含硫组分含量：

$$\eta = \frac{x}{N} \times 100\% \tag{7}$$

$$N = 0.04 \times 2 + 0.3 + 0.02 = 0.4 \text{ kmol} \tag{8}$$

式中: x 为某含硫组分中硫元素的量, kmol; N 为烟气中硫元素的总的物质的量。

当 x 为 $SO_3(g)$ 中硫元素的量时, 则 η 即为 $SO_3(g)$ 发生率。经计算, $SO_2(g)$ 摩尔分数为 75%, $SO_3(g)$ 摩尔分数为 5%, $S_2(g)$ 摩尔分数为 20%。

1.3 研究内容

在实际生产过程中, 由于富氧熔炼物料炉内分解、反应物分布不均匀等情况, 烟气中通常存在一定量的 $S_2(g)$ 和 $SO_3(g)$。为保证研究工作的准确性, 本实验中以铜富氧底吹熔池熔炼工艺为研究对象, 通过采集生产数据, 分析得出铜富氧底吹熔池熔炼烟气主要组成成分为 $H_2O(g)$、$O_2(g)$、$SO_2(g)$、$SO_3(g)$、$S_2(g)$、$N_2(g)$ 等(为方便计算, 其他气体按 $N_2(g)$ 计), 具体含量如表 1 所示。

表 1 熔炼烟气组成成分   %

$H_2O(g)$	$O_2(g)$	$SO_2(g)$	$S_2(g)$	$SO_3(g)$	$N_2(g)$
35	4	30	4	2	25

2 结果与讨论

2.1 温度对烟气 $SO_3(g)$ 含量影响

在实际生产中, 烟气 $SO_3(g)$ 的产生受到温度、烟气中 $O_2(g)$ 和 $H_2O(g)$ 含量等因素耦合作用, 为明确相关作用机制, 在此仅考虑温度和 $O_2(g)$ 的量变化对烟气中 $SO_3(g)$ 含量的影响。而对于可逆化学反应 $2SO_2(g) + O_2(g) \rightleftharpoons 2SO_3(g)$, 温度在反应方向上起决定作用, 不同温度下该化学反应平衡组分变化如图 2 所示。

由图 2 可知, 在温度低于 300℃时, SO_2 (g)几乎完全转化为 $SO_3(g)$, 随着温度逐渐升高, $SO_3(g)$ 开始分解生成 $SO_2(g)$ 与 $O_2(g)$, 且在 500 ~ 800℃ 温度区间内分解趋势最大。当温度为 1200℃ 时, 约有 99% 的 $SO_3(g)$ 分解, 因此在 1200 至 1300℃ 范围内, $SO_2(g)$ 氧化为 $SO_3(g)$ 的发生率低于 1%, 升高温度能够抑制烟气中 $SO_3(g)$ 的生成。

为了明确温度对烟气中 $S_2(g)$、$SO_2(g)$、$SO_3(g)$ 等组分含量的影响, 绘制不同温度下 $S_2(g)$、$SO_2(g)$、$SO_3(g)$ 等组分含量变化曲线。

图 3(a)所示为 700℃ 时模拟计算结果, 改

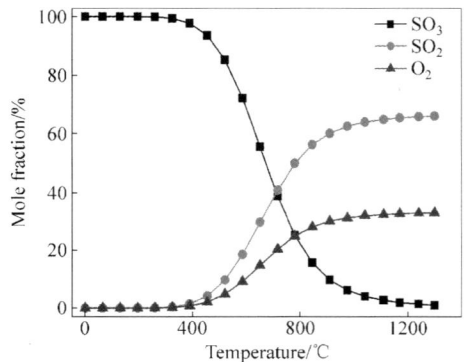

图 2 不同温度下反应(2)
平衡组分变化曲线($p = 101325$ Pa)

变温度后将所得数据按式(7)处理, 分别得到图 3(b)、(c)、(d)。由图 3(b)结合图 1 分析可知, 烟气中 $S_2(g)$ 率先氧化, 发生化学反应(1), 使 $SO_2(g)$ 含量从 75% 提高至 95%, 且温度

对反应(1)无影响。由图3(c)可知，$SO_2(g)$含量随温度的升高而增大，在1100~1300℃，烟气中$SO_2(g)$最终含量大于初始含量，表明在此温度区间主要发生反应(2)逆反应，$SO_3(g)$分解生成$SO_2(g)$。当温度为900℃时，$SO_2(g)$含量随$O_2(g)$含量增大先增大后减小，最终稳定在80%左右，表明在初期阶段，反应(2)逆反应起主导作用，随着$O_2(g)$的量增大，反应(2)正反应逐渐占据主导地位。图3(d)所示为$SO_3(g)$含量变化，在$O_2(g)$的量增大初期，$SO_3(g)$含量迅速减小，其原因在于$S_2(g)$的存在使$SO_3(g)$完全还原为$SO_2(g)$；随着$S_2(g)$含量降为0%，$SO_2(g)$逐渐氧化生成$SO_3(g)$，$SO_3(g)$含量逐渐增大直至平衡，其变化趋势与图3(c)中$SO_2(g)$相对应，保持硫元素总量一定。

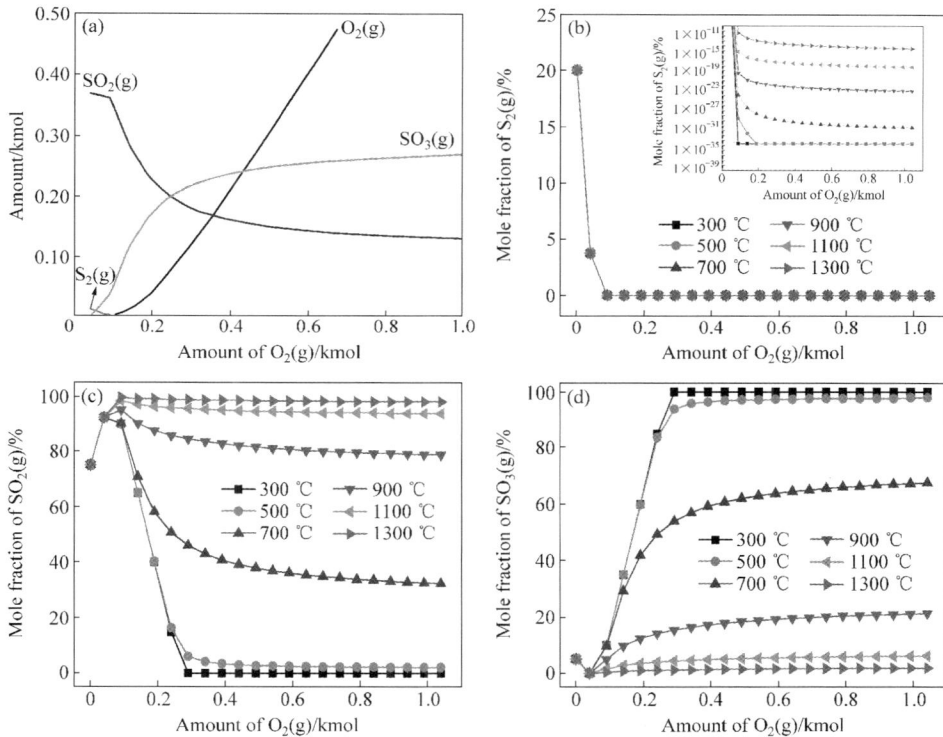

图3　不同温度下烟气各组分含量变化曲线（$p=101325\ Pa$）
(a)700℃；(b)$S_2(g)$；(c)$SO_2(g)$；(d)$SO_3(g)$

以上分析表明，温度对烟气中$SO_3(g)$发生率有重要影响。温度越低，烟气$SO_3(g)$生成量越大，发生率越高；温度越高，$SO_3(g)$的生成受到抑制，如温度为900℃、$O_2(g)$的量为0.09 kmol时，$SO_3(g)$含量即发生率为4.85%；而当温度为1100℃和1300℃时，$SO_3(g)$发生率为1.51%和0.36%。

此外，在一定温度下，烟气中$O_2(g)$的量对$SO_3(g)$发生率有重要影响。以本文数据为例，当漏风$O_2(g)$含量为0.05 kmol时，$S_2(g)$含量约为3.7%，$SO_3(g)$的量为0%；当漏风$O_2(g)$的量为0.07 kmol时，$S_2(g)$含量为0%，$SO_3(g)$最大含量约为1.3%，即$SO_3(g)$发生率在整个烟气温度范围内约为1.3%。已知空气中$O_2(g)$含量为21%，计算漏风率，则

$$\gamma_1 = \frac{0.05}{0.21 \times 1} \times 100\% = 23.8\% \tag{9}$$

$$\gamma_2 = \frac{0.07}{0.21 \times 1} \times 100\% = 33.3\% \tag{10}$$

因此，精确控制烟道漏风，使烟道漏风率处于 23.8% ~ 33.3% 范围内，可较大程度地限制 $SO_3(g)$ 发生率。

2.2 $H_2O(g)$ 对烟气 $SO_3(g)$ 含量影响

烟气中 $H_2O(g)$ 的存在是形成硫酸和酸雾的重要因素。富氧熔炼物料含有适量水分可降低熔炼烟尘率，但会导致烟气 $H_2O(g)$ 含量增大，过高则会导致烟气冷却过程中形成硫酸造成金属材质设备腐蚀及大量污酸形成。根据生产数据，烟气中 $H_2O(g)$ 体积分数约为 35%，因此，在保证 $O_2(g)$ 充足条件下研究不同温度下 $H_2O(g)$ 对烟气 $SO_3(g)$ 含量影响。

图 4 所示为 $O_2(g)$ 充足条件下 $H_2O(g)$ 存在对烟气平衡组分影响。分析可知，随着烟气温度逐渐降低，$SO_2(g)$ 持续氧化导致 $SO_3(g)$ 含量不断增大，$H_2O(g)$ 含量保持不变。当温度降至 700℃ 时，$SO_3(g)$ 开始与 $H_2O(g)$ 结合生成极少量的 $H_2SO_4(g)$；随着温度进一步降低至 600℃ 左右时，$SO_3(g)$ 含量达到一个最大值，随后 $H_2O(g)$ 和 $SO_3(g)$ 开始反应，$H_2O(g)$ 和 $SO_3(g)$ 含量迅速降低，而 $H_2SO_4(l)$ 含量迅速增大直至稳定。

图 5 所示分别为不同温度下定量 $H_2O(g)$ 对 $SO_3(g)$、$SO_2(g)$、$H_2SO_4(l)$、$H_2SO_4(g)$ 等烟气组分含量影响。由图 5(a) 所示，$SO_2(g)$ 含量随着烟气温度降低而不断减少，在 900 ~ 1100℃ 范围内，$SO_2(g)$ 含量降低趋势较弱，在 900℃ 时约有 15% 的 $SO_2(g)$ 转化为其他含硫化合物；随着温度进一步降低，$SO_2(g)$ 含量急剧减少，当温度降至 500℃ 时，随着 $O_2(g)$ 的量的增加，$SO_2(g)$ 含量约为 0%，表明 $SO_2(g)$ 基本上完全转化为 $SO_3(g)$、$H_2SO_4(l)$、$H_2SO_4(g)$ 等含硫化合物。由图 5(b) 可知，随着温度逐渐降低，$SO_3(g)$ 含量先增大后减少，在

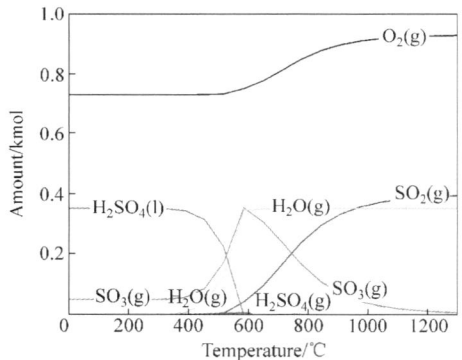

图 4 $O_2(g)$ 充足条件下 $H_2O(g)$ 对烟气平衡组分的影响（$p = 101325\ Pa$）

700℃ 时 $SO_3(g)$ 含量存在最大值，约为 65%。由图 5(c) 可知，在 700 ~ 1100℃ 范围内 $H_2SO_4(l)$ 含量为 0%，随着温度进一步降低，$H_2SO_4(l)$ 含量急剧增大，并在 100 ~ 300℃ 范围内趋于稳定，含量约为 90%。由图 5(d) 可知，$H_2SO_4(g)$ 含量随着温度降低先增大后减少，且在整个温度范围内含量很少，最大值约为 1%。

结合图 5(a)、(b)、(c)、(d) 可知，在 700 ~ 1100℃ 范围内，烟气主要发生反应(2)，$SO_2(g)$ 部分氧化为 $SO_3(g)$，并生成少量 $H_2SO_4(g)$，$H_2SO_4(g)$ 具有强烈的吸水性和腐蚀性[15]，易形成酸雾腐蚀烟道，即在高温区域烟道腐蚀主要由 $H_2SO_4(g)$ 造成。随着温度进一步降低，$H_2SO_4(l)$ 含量急剧增大，当温度为 500℃ 时，$SO_2(g)$ 被完全氧化，$H_2SO_4(l)$ 含量达到最大值约为 85% 后略微下降，与此同时 $SO_3(g)$ 含量约为 15%，表明在较低温度范围内，烟气中 $SO_2(g)$ 直接与 $O_2(g)$ 和 $H_2O(g)$ 反应生成 $H_2SO_4(l)$ 而非 $H_2SO_4(g)$，发生反应(11)：

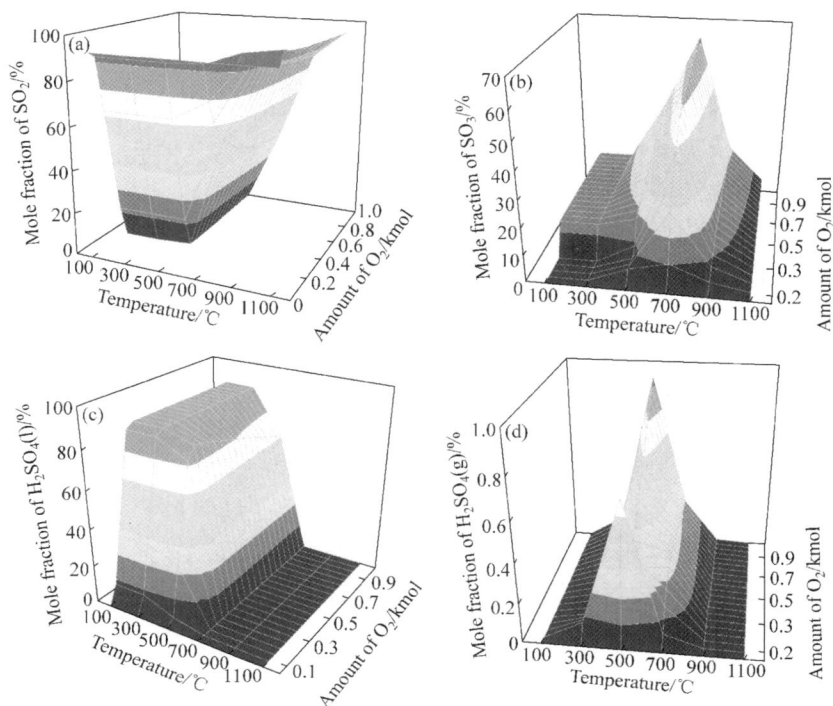

图5　不同温度下烟气各组分含量变化曲线（$p = 101325\ Pa$）

（a）$SO_2(g)$；（b）$SO_3(g)$；（c）$H_2SO_4(l)$；（d）$H_2SO_4(g)$

$$2SO_2(g) + O_2(g) + 2H_2O(g) \rightleftharpoons 2H_2SO_4(l) \tag{11}$$

由于硫元素的总的物质的量与 $H_2O(g)$ 总的物质的量之比大于1，则生成的液态硫酸应该为吸收了含量15% $SO_3(g)$ 的"发烟硫酸"，已知98%浓硫酸沸点为338℃，且硫酸沸点随溶质含量增大而增大[16]，因此，在500℃时 $SO_2(g)$ 直接生成 $H_2SO_4(l)$ 是可能的，而不是生成 $H_2SO_4(g)$。在 $100 \sim 300℃$ 范围内，$H_2SO_4(l)$ 稳定存在，与烟气系统设备发生如下反应：

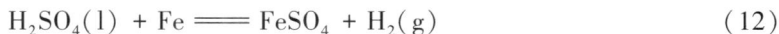

$$H_2SO_4(l) + Fe \rightleftharpoons FeSO_4 + H_2(g) \tag{12}$$

反应（12）的进行导致烟道腐蚀，即在低温区域烟道腐蚀主要由 $H_2SO_4(l)$ 导致。

进一步分析不同 $H_2O(g)$ 的量对烟气含硫组分含量影响，取 $H_2O(g)$ 的量分别为0.15 kmol、0.35 kmol 和0.55 kmol，绘制了温度为300℃和500℃时 $H_2SO_4(l)$ 含量的变化曲线。

图6所示为不同 $H_2O(g)$ 的量下 $H_2SO_4(l)$ 含量的变化曲线。由图6可知，在烟气硫元素总摩尔量一定的情况下，$H_2SO_4(l)$ 含量随着 $H_2O(g)$ 的量的增大而增大，当温度为300℃、$H_2O(g)$ 的量为0.55 kmol 时，烟气中 $SO_3(g)$ 最大发生率为1.2%，$H_2SO_4(l)$ 最大含量占总硫量的99%；而当温度为300℃、$H_2O(g)$ 含量为0.15 kmol 时，$SO_3(g)$ 最大发生率为62.5%，$H_2SO_4(l)$ 含量占总硫量的10%。结果表明，烟气中 $O_2(g)$ 和 $H_2O(g)$ 的量对 $H_2SO_4(l)$ 产生量有重要影响，在控制 $O_2(g)$ 以保证较低 $SO_3(g)$ 发生率的同时，需要降低 $H_2O(g)$ 的量以减少 $H_2SO_4(l)$ 产生，从而降低烟道腐蚀情况。烟气 $H_2O(g)$ 的量主要由熔炼物料含水量决定，因此可通过晾晒、蒸汽烘干等手段控制物料含水量，降低烟气 $H_2O(g)$ 的量，从根源上减少烟气中 $H_2SO_4(l)$ 的产生。

2.3 物料中硫酸盐对烟气 $SO_3(g)$ 含量影响

随着铜精矿富矿日趋减少，富氧熔炼处理物料成分越来越复杂，包括返炉的渣精矿和部分烟尘等。其中除含有 $CuFeS_2$ 和 FeS_2 主要成分外，还包含大量 $CuSO_4$、$FeSO_4$、$Fe_2(SO_4)_3$、$PbSO_4$、$ZnSO_4$ 等硫酸盐，在高温下会发生分解生成 $SO_3(g)$ 和 $SO_2(g)$ 等[17]，因此，研究熔炼过程中相应硫酸盐的热力学行为对分析烟气 $SO_3(g)$ 含量变化具有重要意义。

图 7 所示分别为 $CuSO_4$、$FeSO_4$、$Fe_2(SO_4)_3$、$PbSO_4$、$ZnSO_4$ 这 5 种硫酸盐在熔炼温度下的相应热力学行为。分析可知，$CuSO_4$、$FeSO_4$、$Fe_2(SO_4)_3$、$PbSO_4$、$ZnSO_4$ 等 5 种硫酸盐在熔炼温度 1180~1250℃ 范围内发生分解，生成相应金属氧化物、$SO_2(g)$、$O_2(g)$ 以及 $SO_3(g)$，一定程度上增大了烟气中 $SO_2(g)$、$SO_3(g)$ 和 $O_2(g)$ 含量。结合 3.1 和 3.2 节分析可知，$SO_2(g)$、$SO_3(g)$ 和 $O_2(g)$ 含量的增加均会导致烟气 $SO_3(g)$ 发生率增大，$H_2SO_4(l)$ 生成量增加，加剧烟道设备腐蚀。

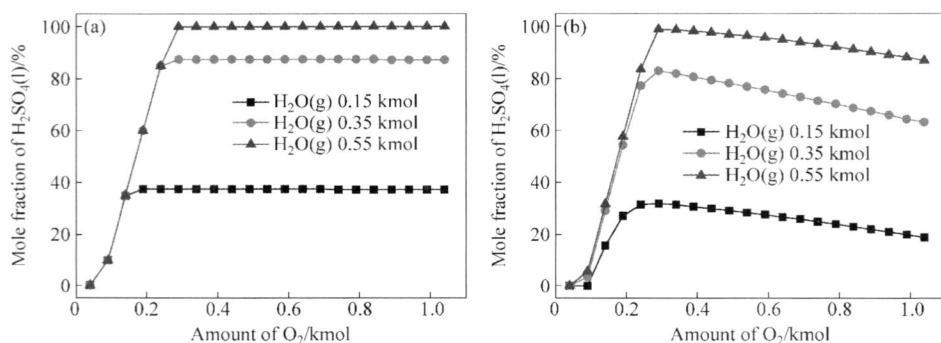

图 6 不同 $H_2O(g)$ 的量下 $H_2SO_4(l)$ 含量的变化曲线（$p=101325\ Pa$）

（a）300℃；（b）500℃

硫酸盐在高温下分解易生成低价氧化物，随着温度降低，低价氧化物被氧化为高价氧化物，如 $CuSO_4$ 分解生成的 Cu_2O 被氧化为 CuO，$FeSO_4$、$Fe_2(SO_4)_3$ 分解生成的 Fe_3O_4 被氧化为 Fe_2O_3。在较高熔炼温度 1000~1300℃ 范围内，硫酸盐主要发生的化学反应如下所示：

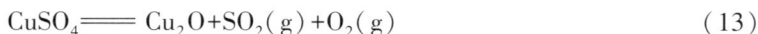

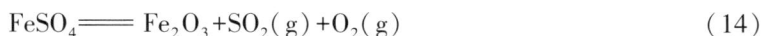

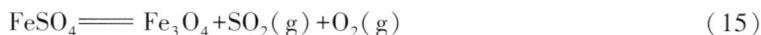

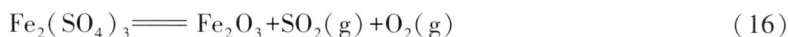

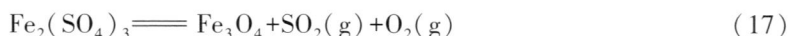

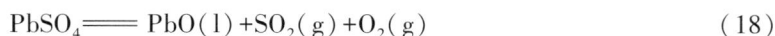

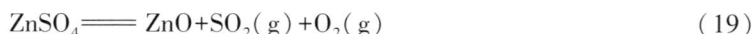

$$CuSO_4 =\!=\!= Cu_2O+SO_2(g)+O_2(g) \tag{13}$$

$$FeSO_4 =\!=\!= Fe_2O_3+SO_2(g)+O_2(g) \tag{14}$$

$$FeSO_4 =\!=\!= Fe_3O_4+SO_2(g)+O_2(g) \tag{15}$$

$$Fe_2(SO_4)_3 =\!=\!= Fe_2O_3+SO_2(g)+O_2(g) \tag{16}$$

$$Fe_2(SO_4)_3 =\!=\!= Fe_3O_4+SO_2(g)+O_2(g) \tag{17}$$

$$PbSO_4 =\!=\!= PbO(l)+SO_2(g)+O_2(g) \tag{18}$$

$$ZnSO_4 =\!=\!= ZnO+SO_2(g)+O_2(g) \tag{19}$$

在熔炼过程中硫酸盐分解产生的金属氧化物会进入烟气形成烟尘，结合相关研究结果[18-19]，Cu、Fe、Pb、Zn 等元素在造锍熔炼温度下主要以 Cu_2O、Fe_2O_3、PbO、ZnO 的形式进入烟气。研究表明，硫酸盐产生的金属氧化物对 $SO_2(g)$ 转化为 $SO_3(g)$ 有一定的催化作用，能够提高两者间转化速率，导致烟气 $SO_3(g)$ 含量增大，从而加重烟道腐蚀及污酸形成[6, 20]。

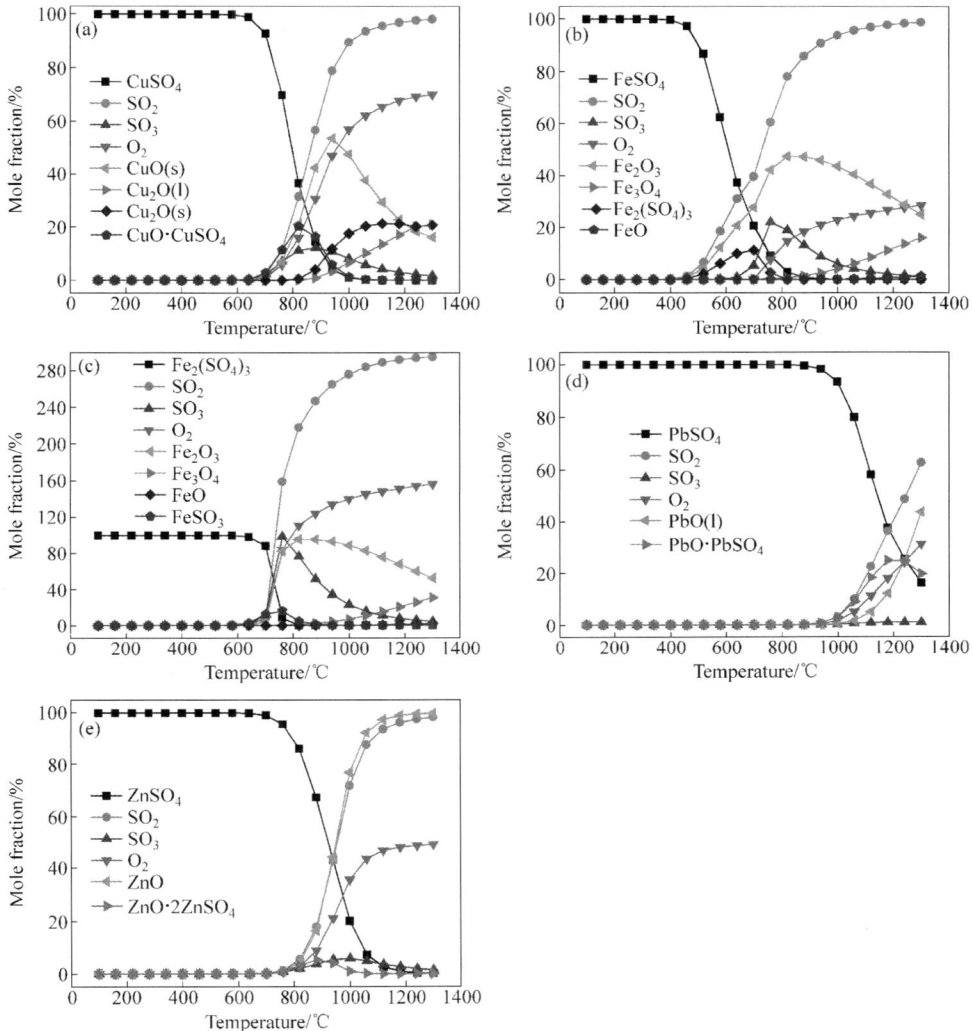

图 7 不同熔炼温度下硫酸盐的分解曲线($p = 101325 \text{ Pa}$)
（a）$CuSO_4$；（b）$FeSO_4$；（c）$Fe_2(SO_4)_3$；（d）$PbSO_4$；（e）$ZnSO_4$

综上所述可知，底吹熔炼物料中金属硫酸盐能够在一定程度上增加烟气中 $SO_2(g)$、$SO_3(g)$ 和 $O_2(g)$ 含量，属于不利因素，可采用以下两种措施抑制不利影响：①减少物料硫酸盐含量，尤其是 $FeSO_4$、$Fe_2(SO_4)_3$ 含量；②延长物料在炉内停留时间，使硫酸盐在高温区间完全分解生成 $SO_2(g)$ 而非 $SO_3(g)$，并结合精确控制漏风量等措施来降低 $SO_3(g)$ 发生率。

3 结论

（1）研究了温度、$O_2(g)$ 和 $H_2O(g)$ 的量以及物料硫酸盐等 4 个因素对烟气中 $SO_3(g)$、$H_2SO_4(l)$ 的形成影响。结果表明，温度越高，越不利于 $SO_3(g)$、$H_2SO_4(l)$ 的形成；烟气中

$O_2(g)$ 和 $H_2O(g)$ 的量越低，$SO_3(g)$、$H_2SO_4(l)$ 含量也越低，是控制烟气酸性物质生成的决定性因素；物料中硫酸盐属于不利因素，在一定温度范围内分解并产生 $SO_3(g)$ 和 $O_2(g)$，导致烟气 $SO_3(g)$ 发生率增大。

（2）通过精确控制烟道漏风量；减少物料水分和硫酸盐含量；延长物料停留时间，保证硫酸盐在炉内高温分解等措施可减少烟气 $SO_3(g)$ 与 $H_2SO_4(l)$ 的形成。

参考文献

[1] Deeming A S, Emmett E J, Richards-Taylor C S, Willis M C. Rediscovering the chemistry of sulfur dioxide: New developments in synthesis and catalysis[J]. Synthesis, 2014, 46(20): 2701-2710.

[2] 张基标, 郝卫, 赵之军, 胡兴胜, 殷国强. 锅炉烟气低温腐蚀的理论研究和工程实践[J]. 动力工程学报, 2011, 31(10): 730-734.

[3] 荆巨峰. 铜富氧澳斯麦特熔炼余热锅炉运行实践[J]. 世界有色金属, 2015, 22(2): 55-57.

[4] 朱军, 吴春高, 李世禄. 浅析冶炼烟气制酸的关键问题[J]. 矿业工程, 2010, 8(3): 52-54.

[5] 韩明霞, 孙启宏, 乔琦, 杨晓松. 中国火法铜冶炼污染物排放情景分析[J]. 环境科学与管理, 2009, 34(12): 40-44.

[6] 余齐汉. 熔炼烟气中 SO_3 发生率的研究[J]. 有色金属（冶炼部分）, 2002, 19(1): 18-21.

[7] 丁晨星. 闪速炼铜烟气 SO_3 发生率上升原因分析和对策[J]. 有色冶炼, 2000, 29(2): 53-55.

[8] 阮胜寿, 路永锁. 浅议从炼铜电收尘烟灰中综合回收有价金属[J]. 有色冶炼, 2003, 32(6): 41-44.

[9] 余齐汉, 刘海泉, 邱树华. 闪速熔炼排烟系统烟尘硫酸化技术的应用[J]. 有色冶金设计与研究, 2015, 36(2): 22-26.

[10] 刘建国, 梁清世. 非正常排空冶炼烟气的治理工艺研究[J]. 铜业工程, 2012, 19(5): 18-22.

[11] 郭学益, 王亲猛, 田庆华, Zhao Baojun. 氧气底吹铜熔炼工艺分析及过程优化[J]. 中国有色金属学报, 2016, 26(3): 689-699.

[12] 郭学益, 王亲猛, 田庆华, 张永柱. 基于区位氧势硫势梯度变化下铜富氧底吹熔池熔炼非稳态多相平衡过程[J]. 中国有色金属学报, 2015, 25(4): 1072-1079.

[13] 姜元顺, 王举良. 富氧侧吹熔池熔炼炉炼铜烟气中单体硫的产生及处理[J]. 中国有色冶金, 2011, 29(2): 17-19.

[14] 汪满清. 澳斯麦特铜冶炼炉烟气制酸生产实践[J]. 资源再生, 2009, 8(12): 47-49.

[15] 潘丹萍, 吴昊, 黄荣廷, 张亚平, 杨林军. 石灰石-石膏法烟气脱硫过程中 SO_3 酸雾脱除特性[J]. 东南大学学报（自然科学版）, 2016, 46(2): 311-316.

[16] 朱家栋. 铜造锍熔炼烟尘的处理工艺研究[D]. 武汉: 武汉科技大学, 2012.

[17] 黄丽美. 基夫赛特炉直接炼铅烟气中 SO_3 发生率的探讨[J]. 硫酸工业, 2012, 26(4): 33-36.

[18] 刘群, 谭军, 刘常青, 尹周澜, 陈启元, 廖舟, 谢富春, 张平民. 熔池熔炼中金属硫酸盐分解过程的热力学研究[J]. 中国有色金属学报, 2014, 24(6): 1629-1636.

[19] 尉继英, 张振中, 江锋, 范桂华, 陈昱. 有色金属铜镍冶炼烟气中微量氟化物的形态分析[J]. 清华大学学报（自然科学版）, 2010, 50(12): 1925-1929.

[20] 魏宏鸽, 程雪山, 马彦斌, 朱跃. 燃煤烟气中 SO_3 的产生与转化及其抑制对策讨论[J]. 发电与空调, 2012, 31(2): 1-4.

氧气底吹熔炼氧枪枪位优化

摘要：在氧气底吹熔炼过程中，合理的氧枪枪位是获得良好熔炼效果的重要因素。分别对氧气底吹炉对心异侧（Ⅰ）、对心同侧（Ⅱ）、非对心同侧（Ⅲ）3 种不同氧枪枪位布置方式进行数值模拟，研究（Ⅰ）、（Ⅱ）、（Ⅲ）3 种方式对熔池气液两相分布、熔体喷溅高度、熔池气含率、熔池速度场和熔池流线分布等影响。结果表明：相比于（Ⅰ）、（Ⅱ）2 种方式，（Ⅲ）方式下熔体喷溅高度低，熔池波动平稳，熔池平均气含率高且烟气烟尘率低，是一种适宜的氧枪枪位布置方式，对解决生产过程熔体喷溅、炉体腐蚀严重和烟尘率高等问题有积极作用。

　　氧气底吹熔池熔炼是我国自主开发的新型强化熔池熔炼工艺[1-2]，为国家工信部重点推广对象[3]，广泛应用于铜[4]、铅[5]、锑[6]等有色金属冶炼行业。有学者对氧气底吹熔池熔炼工艺进行了大量理论研究[7-10]，对推动氧气底吹熔炼工艺发展及明晰熔炼机理起到了一定指导作用，但在实际生产过程中依然存在一些问题需要解决。

　　氧枪枪位布置方式是氧气底吹熔炼工艺的关键，合理的氧枪枪位对提高熔炼生产效率、降低渣含铜、烟尘率以及减缓熔炼炉衬腐蚀程度等方面具有重要意义[11-13]。闫红杰等[14]和张振扬等[15]运用数值模拟方法研究了底吹炉氧枪倾角、氧枪间距、氧枪直径等对熔池熔炼过程影响。蓝海鹏等[16]采用 VOF 两相流模型对氧枪吹氧过程和气液两相流在熔池中的相互作用进行了模拟计算，研究了不同氧枪角度和气体流量对熔池气液两相流场影响。余跃等[17]利用水模型实验对底吹炉内流动过程进行了研究，结合数值模拟方法对比分析了 4 种不同喷口结构对氧枪搅拌区域及喷口压力波动影响。SHUI 等[18]通过底吹炉水模型实验研究了不同氧枪角度和气体喷吹流量对熔池表面波的形成、波幅及频率变化影响。

　　目前关于不同氧枪枪位布置方式对底吹熔炼过程影响研究的相关文献报道较少，为了优化底吹熔炼炉氧枪枪位布置方式，明确底吹熔炼过程气液两相流作用机制，本文作者研究了 3 种不同枪位方式下底吹熔炼炉内气液两相流流场变化，以期找出合适的底吹熔炼氧枪布置方式，为提高实际生产效率、减轻加料口物料黏结和耐火材料的腐蚀程度等问题提供指导。

1　模型建立

1.1　物理模型

　　以国内某公司底吹熔炼炉为研究对象，其简化物理模型如下图 1 所示。

　　熔炼炉体内径尺寸为 d 3.5 m×15 m，底部双排布置 9 支氧枪，上排 5 支，下排 4 支，氧枪直径为 0.06 m，熔池深度为 1.3 m，氧枪间距为 0.65 m。为对比研究 3 种氧枪枪位方式对底吹熔炼炉内各空间位点流场变化影响，以炉体左端面中心为坐标原点，沿炉体 X、Y、Z 轴

本文发表在《中国有色金属学报》，28（12）：2539-2550。合作者：闫书阳，王亲猛。

方向依次截取截面 $X_1 = -0.85$ m、$X_2 = 0$ m、$X_3 = 0.85$ m、$Y_1 = -1.1$ m、$Y_2 = -0.45$ m、$Y_3 = 0.35$ m、$Z_1 = 1.5$ m、$Z_2 = 4.2$ m、$Z_3 = 7.2$ m、$Z_4 = 9.15$ m、$Z_5 = 11.4$ m、$Z_6 = 13.35$ m。

3 种不同氧枪枪位布置方式如图 2 所示：（Ⅰ）方式为双排对心两侧布置，简称对心异侧方式，角度分别为 22° 和 7°；（Ⅱ）方式为双排对心同侧布置，简称对心同侧方式，角度与（Ⅰ）方式相同；（Ⅲ）方式为双排非对心同侧布置，简称非对心同侧方式，氧枪与截面中心线夹角分别为 35° 和 45°。结合图 1 各截面，分析气液两相分布、熔体喷溅高度、熔池气含率、流体速度场分布等，探讨熔炼过程气液两相作用机制以及（Ⅰ）、（Ⅱ）、（Ⅲ）3 种枪位布置方式的特点。

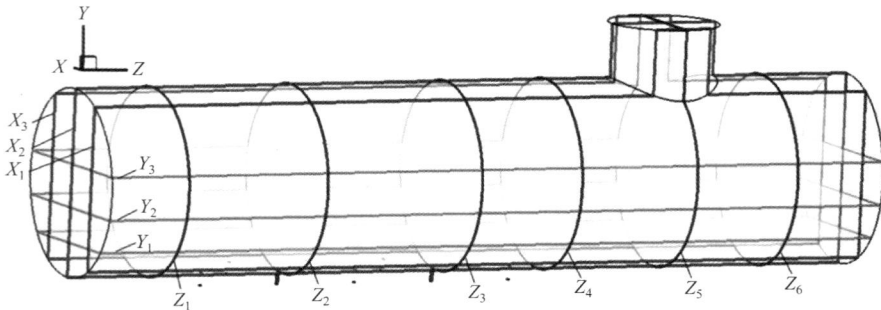

图 1　氧气底吹熔炼炉简化模型

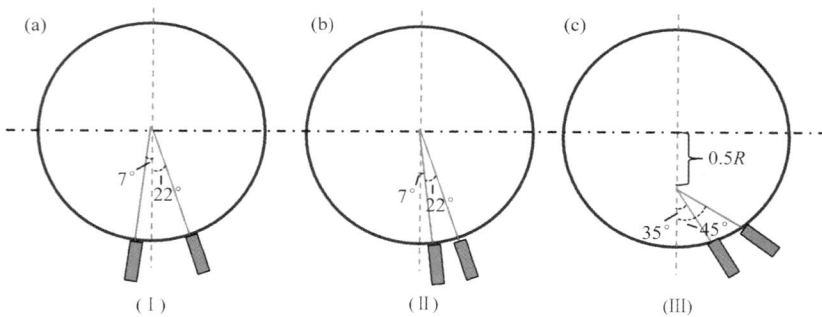

图 2　氧气底吹熔炼炉 3 种氧枪枪位布置方式

（a）Central opposite side（way Ⅰ）；（b）Central same side（way Ⅱ）；（c）Non-central same side（way Ⅲ）

1.2　数学模型

氧气底吹熔池熔炼过程涉及传热传质、相变及化学反应，过程复杂，而本文主要研究不同氧枪布置方式下熔池内部流场变化情况，因此做出以下假设：

（1）气液两相均为不可压缩流体，物性参数不随时间、空间变化。

（2）炉内熔体为铜锍相，忽略渣层影响，初始状态为静止状态。

（3）不考虑熔炼过程化学反应。

结合已有研究成果[19-23]，VOF 两相流模型能够精确模拟气泡的自由液面，对流体中大气泡运动和气液界面的稳态和瞬态处理具有优良表现。本文采用 VOF 两相流模型，该模型遵循质量守恒和动量守恒定律，基本控制方程如下。

1）连续性方程

$$\frac{\partial}{\partial t}(\alpha_q \rho_q) + \nabla \cdot (\alpha_q \rho_q v_q) = S_{\alpha_q} + \sum_{p=1}^{n}(\dot{m}_{pq} - \dot{m}_{qp}) \tag{1}$$

式中：$\dot{m}_{pq}$ 是 p 相到 q 相的质量输送，$\dot{m}_{qp}$ 是 q 相到 p 相的质量输送，kg；α_q 为第 q 相的体积分数；S_{α_q} 为源相，默认情况下为 0；v_q 为第 q 相的速度，m/s；ρ_q 为第 q 相的密度，kg/m³。

2）动量方程

$$\frac{\partial(\rho v)}{\partial t} + \nabla \cdot (\rho vv) = -\nabla P + \nabla \cdot [\mu(\nabla v + \nabla v^T)] + \rho g + F \tag{2}$$

式中：P 为压力，Pa；g 为重力加速度，m/s²；F 为作用于控制容积上的体积力，N；v 为流体速度，m/s；μ 为有效黏度，Pa·s。

2　边界条件与求解策略

2.1　边界条件

氧枪入口设置为质量流量入口边界条件，入口气体为不可压缩空气，入口质量流量为 0.5 kg/s，入口压力为 0.6 MPa；烟道口处设置为压强出口边界条件，出口压力为 -20 Pa；壁面采用无滑移边界条件，近壁面区域采用标准壁面函数处理；本文模拟熔池内部流场分布变化情况，采用空气和铜锍两种流体，具体物性参数见表 1 所列。

2.2　求解策略

求解器采用瞬态的基于压力的分离隐式算法，根据计算收敛情况调整时间步长，最大时间步长为 0.0001 s，多相流模型采用 VOF 模型，Realizable k-ε 湍流模型，压力-速度耦合方式选择 PISO 格式，离散化格式：压力选择 PRESTO，体积分率选择 Geo-reconstruct，动量方程选择二阶迎风式。

3　结果与分析

3.1　熔池气液两相分布

3.1.1　X 轴截面两相分布

图 3 所示为 t = 5.0 s 时，对心异侧（Ⅰ）、对心同侧（Ⅱ）、非对心同侧（Ⅲ）3 种方式下气液两相在 X 轴不同截面分布情况。结果表明，不同枪位布置方式对炉身在 X 轴方向气液两相分布影响不同，（Ⅰ）方式下，气相主要存在于炉体中心轴区间，两侧气相分布较少；同侧分布方式下，气相主要存在于炉体中心偏向氧枪位区间，相对侧分布较少。熔池内气体主要存在于氧枪区域，表明气液两相作用主要发生于氧枪区域，而（Ⅲ）方式下气体在炉身 X 轴方向分布范围较（Ⅰ）、（Ⅱ）方式广，主要在于（Ⅲ）方式下气相在 X 轴方向速度更大，穿透能力更强，使气体在 X 方向分布更加均匀，有利于气液两相充分反应。

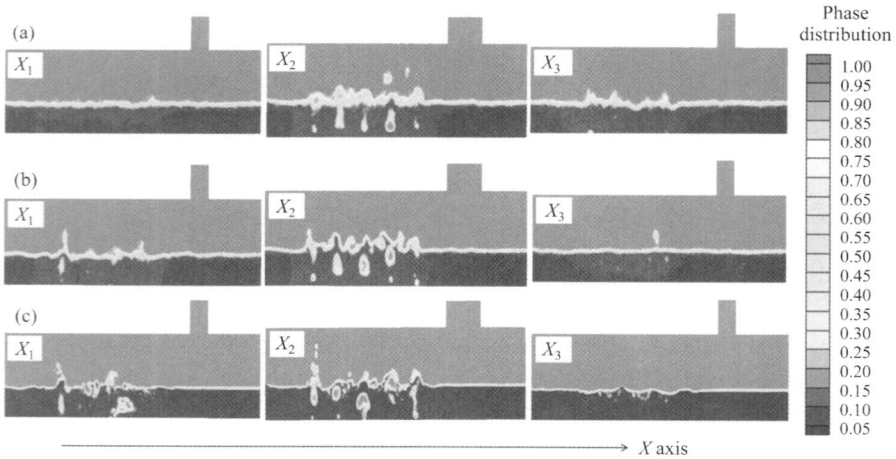

图3　3种方式下 X 轴截面气液两相分布

（a）way Ⅰ；（b）way Ⅱ；（c）way Ⅲ

3.1.2 Z 轴截面两相分布

图4所示为 $t=5.0$ s 时，对心异侧（Ⅰ）、对心同侧（Ⅱ）、非对心同侧（Ⅲ）3种方式下气液两相在 Z 轴不同截面分布情况。分析表明，位于氧枪区域的 Z_2、Z_3 截面含有较高气含率，Z_1、Z_4、Z_5、Z_6 等截面气含率很低，即气相与液相相互作用发生能量传递并逐渐衰减，导致气相在熔炼炉身两侧分布减少，在 Z 轴方向炉身右侧形成渣锍两相分离沉淀区，为渣锍沉降分离提供了有利条件。

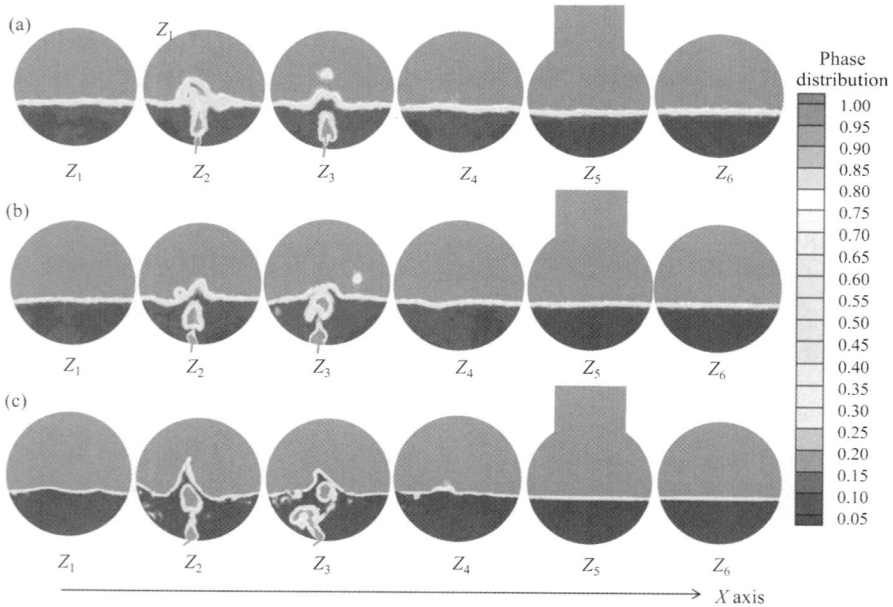

图4　3种方式下 Z 轴截面气液两相分布

（a）（Ⅰ）way；（b）（Ⅱ）way；（c）（Ⅲ）way

表 1　熔炼炉内铜锍和气体物性参数

Material	Density/ $(kg \cdot m^{-3})$	C_p/ $(J \cdot kg^{-1} \cdot K^{-1})$	Viscosity/ $(Pa \cdot s)$	Surface tension/ $(N \cdot m^{-1})$	Thermal conductivity/ $(W \cdot m^{-1} \cdot K^{-1})$
Matte	4600	628	0.004	0.33	3
Gas	1.225	952	1.9×10^{-5}	—	0.0245

为了进一步分析（Ⅰ）、（Ⅱ）、（Ⅲ）3 种枪位布置方式下气液相间作用情况，绘制出一对氧枪纵截面 L_1、L_2 矢量图，如图 5 所示。

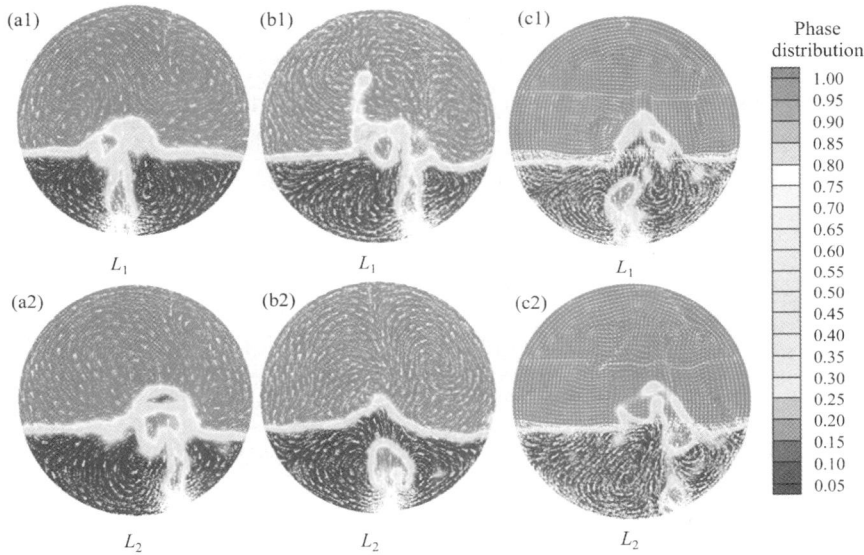

图 5　3 种方式下氧枪截面矢量图

（a1），（a2）way Ⅰ；（b1），（b2）way Ⅱ；（c1），（c2）way Ⅲ

图 5 所示为对心异侧（Ⅰ）、对心同侧（Ⅱ）、非对心同侧（Ⅲ）3 种枪位布置方式下氧枪截面矢量分布图。分析可知，气相经氧枪高速喷入液相，对液相产生作用并在氧枪两侧形成一对运动方向相反的涡漩，在涡漩卷吸作用下，熔池上部流体向下运动，与下部流体发生交互运动。涡漩的形成在富氧底吹熔炼过程中具有重要意义，熔池流体呈涡漩运动，使上方物料快速进入熔池内部，并与底部流体发生交互反应，加速物料反应以及铜锍的生成。

对比 3 种方式下矢量图发现，（Ⅲ）方式下液相内部涡漩强度最大，（Ⅱ）次之，（Ⅰ）方式涡漩强度最小；而在液面上方气体涡漩强度最大为（Ⅱ）方式，（Ⅲ）方式涡漩强度最小。上述结果表明，不同枪位布置方式下气液两相形成的涡漩强度不同，其主要原因在于：（Ⅲ）方式下气相在炉身 X 轴方向分速度大于（Ⅰ）、（Ⅱ）方式，气体在 X 轴方向对熔体具有更强烈的搅动作用，形成涡漩强度更大；在（Ⅰ）、（Ⅱ）2 种方式下，气相所形成的涡漩强度要大于（Ⅲ）方式下形成的涡漩，原因在于气相在 Y 轴方向有更大分速度，液面上方气相运动更加剧烈，涡漩强度更大，有利于炉内气相成分均匀分布。相比于（Ⅰ）、（Ⅱ）方式，（Ⅲ）方式下气体穿透熔池液面路径更长，在液相内具有更长停留时间，有利于气液两相充分反应，在实际生产上表现为熔体在 X 轴方向运动更剧烈，在涡旋作用下物料与熔池底部熔体间反应更加迅速、充分，且炉壁两侧不易存在"死区"。

3.2 熔体喷溅高度对比

熔体喷溅高度是衡量氧枪枪位布置方式好坏的重要因素，实际生产中经常存在熔体喷溅高度过高导致加料口堵塞，从而影响炉料顺利入炉、降低生产效率等问题。本文设定熔体喷溅高度以熔池静止液面为基准面，熔体在炉身 Y 轴方向最大高度减去基准面高度即为熔体最大喷溅高度。为了对比 3 种枪位方式对熔体喷溅高度影响，沿炉身 Z 轴方向每隔 0.75 m 截取纵截面，共 18 个截面，绘制不同时间下各截面熔体最大喷溅高度曲面图。

图 6 所示为对心异侧（Ⅰ）、对心同侧（Ⅱ）、非对心同侧（Ⅲ）3 种氧枪枪位布置方式下底吹熔炼炉内不同时间、不同位点熔体的喷溅高度三维曲面图。由图 6 可知，（Ⅰ）方式下熔体最大喷溅高度约为 1100 mm，（Ⅱ）方式下最大喷溅高度约为 1500 mm，（Ⅲ）方式下熔体最大喷溅高度约为 1300 mm，其中（Ⅰ）、（Ⅲ）方式下熔体波动随时间变化比较均匀、平缓，而（Ⅱ）方式下熔体波动较为紊乱、剧烈。分析表明，在总能量一定的情况下，纵向能量消耗越大，则横向传递能量较少，（Ⅱ）方式下，Y 轴方向气相存在叠加作用，则气相在 Y 轴方向对熔体作用更加强烈，气液两相间能量转化程度更高，熔体喷溅高度更大；（Ⅰ）方式下，气相存在一定抵消作用；（Ⅲ）方式下，气相在炉身 X 轴方向能量消耗大，在 Y 轴方向能量转化较低，（Ⅱ）方式波形横向传播距离最短，则沉淀区域最长，（Ⅰ）、（Ⅲ）方式下沉淀区长度基本相同。

3.3 熔池气含率对比

气含率指气相占气液混合物体积的百分率，在底吹熔炼过程中熔池气含率越大，熔池内部气体浓度越大，气液两相间化学反应越迅速、充分，是表征熔炼反应效率的重要参数。为了对比 3 种氧枪枪位布置方式下熔池气含率的变化，以熔池静止液面为基准，计算不同喷吹时间内熔池平均气含率，并绘制相关变化曲线。

图 7 所示为对心异侧（Ⅰ）、对心同侧（Ⅱ）、非对心同侧（Ⅲ）3 种方式下熔池气含率随着气体喷吹时间延长而变化的曲线图。由图 7 可知，在气相进入熔池初期阶段，3 种方式下熔池气含率均呈连续增大趋势。在氧枪喷吹作用下，气相进入液相形成气泡，随着气流量持续增大，气泡直径逐渐增大且运动速度得到发展，此时气含率逐渐增大。由于（Ⅲ）方式下气体喷吹方向与 Y 轴夹角大于（Ⅰ）、（Ⅱ）2 种方式下夹角，气体在 X 轴方向所受液相压力较大，气体速度增大趋势较（Ⅰ）、（Ⅱ）2 种方式缓慢，则（Ⅲ）方式下熔池气含率增大速率低于（Ⅰ）、（Ⅱ）2 种方式。当气泡直径增大到一定程度时气泡发生破裂，并从液面逸出导致熔池气含率降低，随着气相持续喷入熔体，熔池气含率呈现规律性变化，并在一定范围内保持稳定。

分析表明，当气体喷吹时间达到 2 s 及以后，熔池气含率呈规律性起伏变化，据此判定熔池内部气液两相运动基本处于动态平衡状态。在 2 s 以后，3 种方式下熔池气含率基本维持在 6%~8% 范围内，其中（Ⅲ）方式下熔池气含率高于（Ⅰ）、（Ⅱ）2 种方式下熔池气含率，即（Ⅲ）方式熔池反应效率要高于（Ⅰ）、（Ⅱ）2 种方式，其主要原因在于（Ⅲ）方式下气相在炉

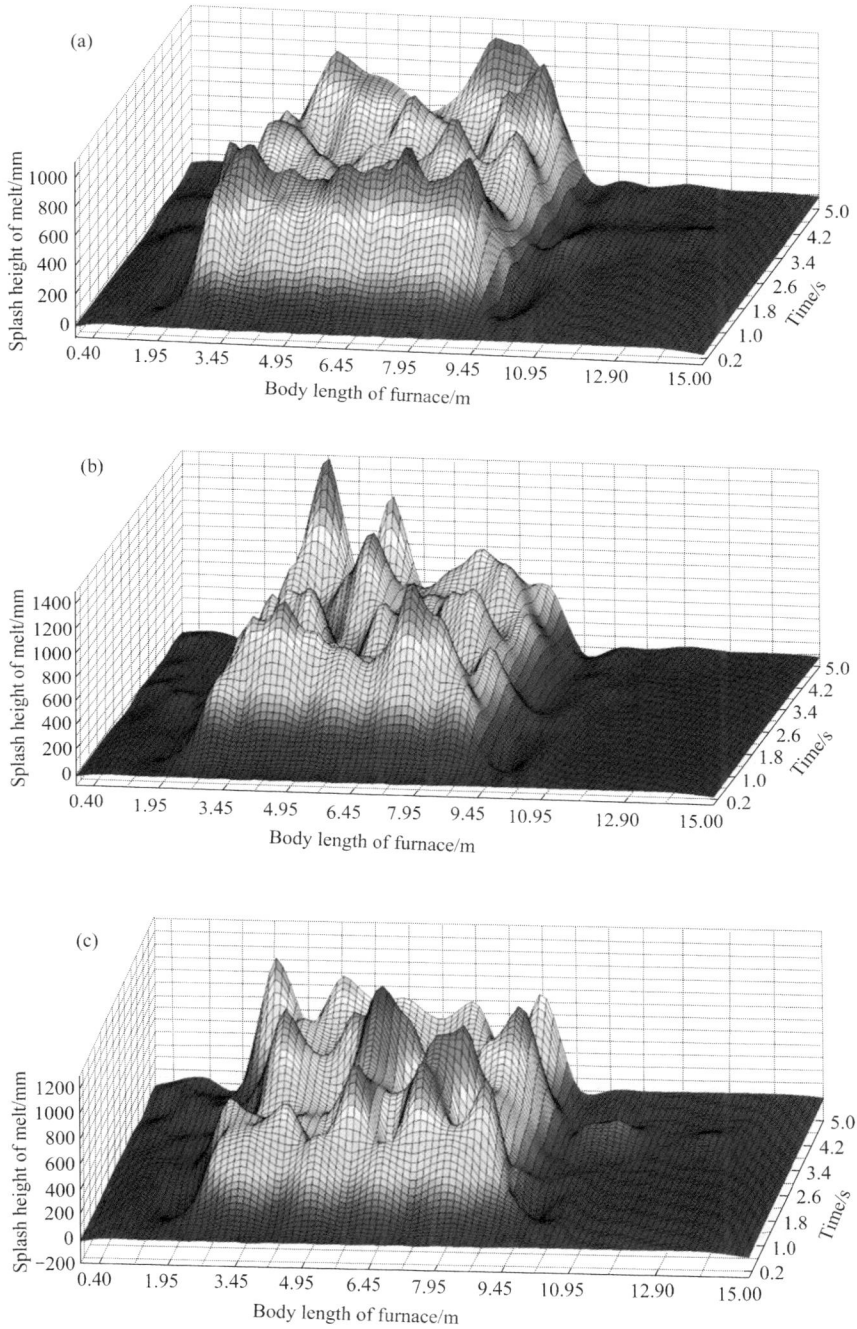

图6　3种方式下不同时间不同位点熔体喷溅高度

(a) way Ⅰ; (b) way Ⅱ; (c) way Ⅲ

身 X 轴方向运动路径更长，涡旋强度更大，致使气体在熔体内停留时间更长，对应熔池气含率更大。

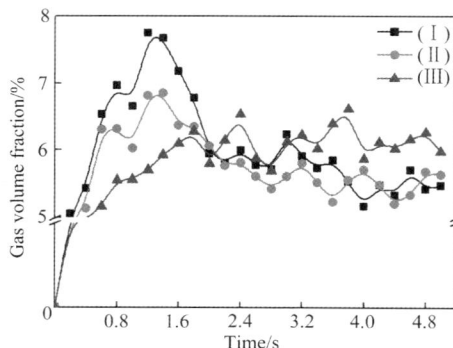

图7　3种氧气布置方式下熔池气含率

3.4　熔池速度场分布对比

　　熔池流体速度场分布表明了气相对液相的搅拌作用、炉内气液两相混合程度，对判断炉内"死区"位置、流体对炉壁冲刷腐蚀程度、烟尘率大小等方面有重要指导作用。为详细了解炉内各空间位点速度分布，分别绘制了（Ⅰ）、（Ⅱ）、（Ⅲ）3种方式下底吹熔炼炉炉壁和炉体 X 轴、Y 轴、Z 轴方向不同截面速度场分布图，如图8所示。

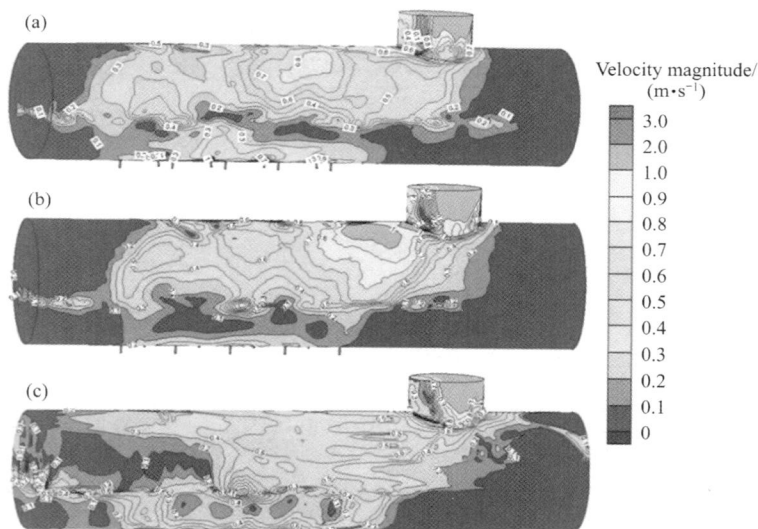

图8　3种方式下炉体壁面速度场分布（$t=5.0$ s）

（a）way Ⅰ；（b）way Ⅱ；（c）way Ⅲ

3.4.1　底吹炉壁面速度场分布

　　图8为 $t=5.0$ s时对心异侧（Ⅰ）、对心同侧（Ⅱ）、非对心同侧（Ⅲ）3种方式下底吹熔炼炉壁面速度场分布图。由图可知，在气相作用下炉体壁面速度分布主要集中在氧枪区域与烟道口处；由于熔炼烟道口一般为负压操作，存在压力差，因此该处气体速度较大，气体对该处炉壁和烟道冲刷腐蚀情况较为严重，在实际生产中应注重检测该位置腐蚀程度并使用抗冲

刷材料。铜锍熔体为高密度、高黏度流体，气液两相间发生动量传递时，转化为液相速度较小，且在能量传播过程中动能转化为内能损失较大，因此底吹熔炼炉内速度主要分布在氧枪作用区域，而在炉体两端液相速度较小，尤其在炉体右侧存在一定液相静止区域即"沉淀区"，为渣锍的沉降分离提供了有利条件。

此外，（Ⅰ）、（Ⅱ）、（Ⅲ）3种方式下炉体两侧均存在部分"死区"，其中（Ⅱ）方式下"死区"范围最大，（Ⅰ）方式次之，（Ⅲ）方式下死区范围最小。（Ⅲ）方式液面上方自由空间气相所形成的"死区"也较（Ⅰ）、（Ⅱ）2种方式小，主要原因在于枪位布置方式的不同导致流体运动条件不同，以下通过对炉身 X 轴、Y 轴及 Z 轴不同截面速度场分布具体分析解释说明。

3.4.2　X 轴方向速度场分布

图9所示为 $t=5.0$ s时，底吹熔炼炉在对心异侧（Ⅰ）、对心同侧（Ⅱ）、非对心同侧（Ⅲ）3种方式下炉体 X 轴不同截面速度分布图。由图可知，气液两相相互作用主要发生在炉体氧枪区域，且在 $X_2=0$ m 截面即炉体中心轴截面处流体速度较大，气液两相作用较为激烈，气相对液相形成强烈搅拌。由于（Ⅱ）、（Ⅲ）方式为同侧排布，位于 X 轴负方向侧，因此在 $X_1=-0.85$ m 截面上速度分布受两排氧枪所喷吹气体影响，速度值比较大，范围较广；而（Ⅰ）方式下，$X_1=-0.85$ m 截面受一排氧枪喷吹气体影响，速度值及分布范围均小于（Ⅱ）、（Ⅲ）两方式。

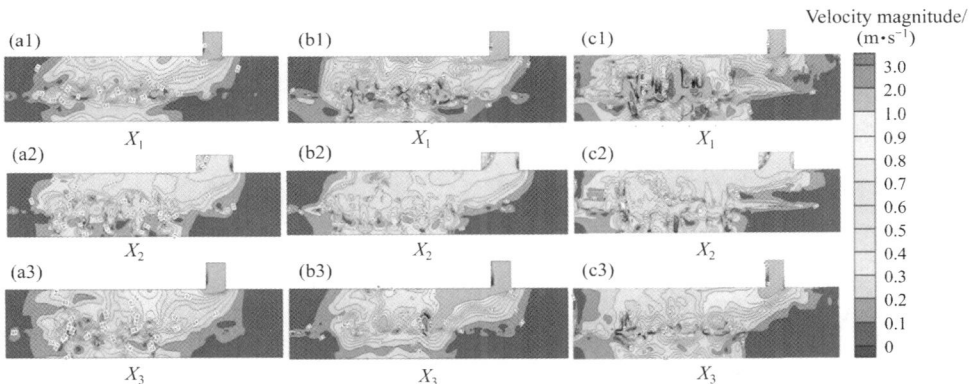

图9　3种方式下炉体 X 轴不同截面速度场分布

（$t=5.0$ s；$X_1=-0.85$ m，$X_2=0$ m，$X_3=0.85$ m）

（Ⅲ）方式下底吹炉内气相运动范围比（Ⅰ）、（Ⅱ）2种方式广，尤其在液面上方自由空间内（Ⅲ）方式气相运动范围几乎为整个自由空间范围，表明该方式下气体横向运动条件较好，而（Ⅰ）、（Ⅱ）2种方式下自由空间两侧存在一定的"死区"，在底吹熔炼生产过程中表现为烟气组分浓度分布不均匀，影响熔炼反应传热传质。

3.4.3　Y 轴方向速度场分布

图10所示为 $t=5.0$ s时，底吹熔炼炉在对心异侧（Ⅰ）、对心同侧（Ⅱ）、非对心同侧（Ⅲ）3种方式下炉体 Y 轴不同截面速度分布图。由于底吹熔炼喷吹系统采用高压操作，气相经氧枪以高速度射入液相，此时气液两相接触时间很短，气体动能来不及传递给液相，导致熔池底部流体速度较小，速度场分布范围较窄，底部铜锍波动较为平缓，结果如图中 Y_1 截面所示。随着气相继续运动，气泡逐渐增大并破裂，对液相形成强烈搅动，两相间能量迅速转化，流体速度得到充分发展，如图中 Y_2 截面所示。气液两相发生反应生成气体，气体从液面

逸出进入自由空间，带动上方气相运动，在炉内外压力差作用下向炉口运动。

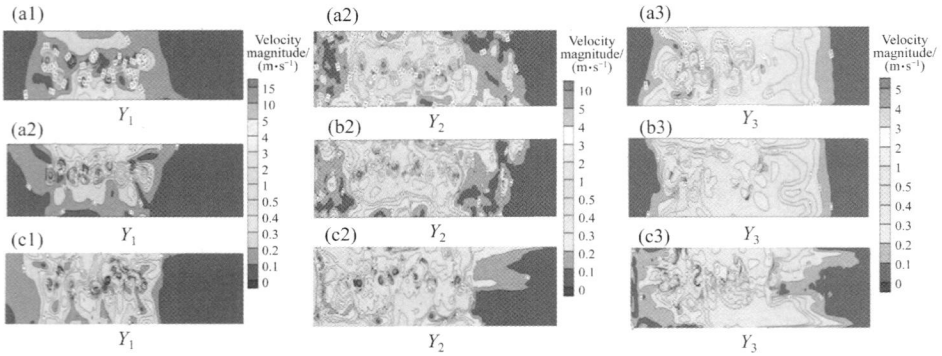

图10　3种方式下炉体 Y 轴不同截面速度场分布

($t = 5.0$ s；$Y_1 = -1.1$ m，$Y_2 = -0.45$ m，$Y_3 = 0.35$ m)

3.4.4　Z 轴方向速度分布

图11所示为 t = 5.0 s 时，底吹熔炼炉在对心异侧（Ⅰ）、对心同侧（Ⅱ）、非对心同侧（Ⅲ）3种方式下炉体 Z 轴不同截面速度分布图。由图11可知，在底吹熔炼过程中随着炉身沿 Z 轴方向延长，截面速度分布呈现先增强后减弱的趋势，其中在氧枪截面 Z_2、Z_3 上气相以大于200 m/s 的速度喷射进入液相，对液相强烈搅拌，造成该截面上速度分布波动较大且范围较广；而在截面 Z_1、Z_6 上流体速度较小，其中 Z_6 截面处于熔池的"死区"，液相速度约为0.05~0.1 m/s 范围，熔池波动弱且平缓，有利于渣锍分离。

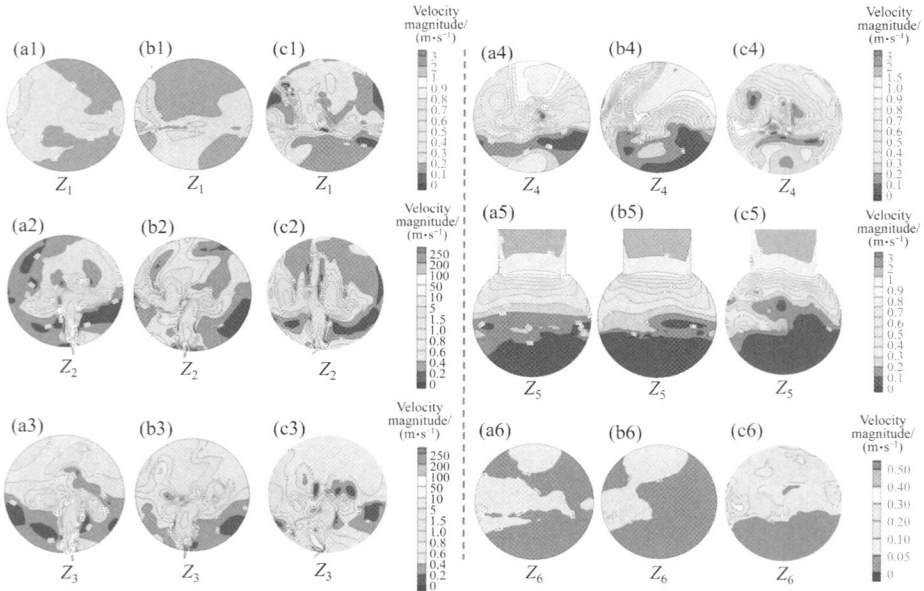

图11　3种方式下炉体 Z 轴不同截面速度场分布

($t = 5.0$ s；$Z_1 = 1.5$ m，$Z_2 = 4.2$ m，$Z_3 = 7.2$ m，$Z_4 = 9.15$ m，$Z_5 = 11.4$ m，$Z_6 = 13.35$ m)

沿着炉体 Z 轴方向延长，熔炼炉内可分为三大区域：气液两相反应区、分离过渡区和沉降区[7]。反应区位于炉内氧枪区域，约为截面 Z_1 至 Z_4 之间范围，该区域内气液两相强烈作用，快速传热传质，是底吹熔炼过程的主要反应区域。分离过渡区主要位于截面 Z_4 至 Z_5 之间范围，该区域内熔体速度约为 $0.1\sim0.3$ m/s，熔体波动较为平缓，气液两相间发生一定反应，但炉渣和铜锍开始分层，为后续渣锍沉降分离提供前提条件。沉降区位于截面 Z_5 至炉身最右端，该区域内渣锍界面明显，熔体速度约为 $0.05\sim0.1$ m/s，熔体微弱的波动可为铜锍中渣滴、渣中铜锍滴的迁移聚集以及上浮下沉提供部分动力，加快渣锍沉降分离。对比 3 种方式可知，（Ⅲ）方式下反应区气液两相速度分布更广泛，气液两相作用更剧烈，熔池反应效率更高，且沉降区液面上方自由空间气相运动速度大于（Ⅰ）、（Ⅱ）2 种方式，熔炼烟气组分分布更均匀；（Ⅱ）方式下沉淀区最长，更有利于渣锍沉降分离。

3.5 熔池流线图分布

流体流线图采用不同颜色描述质点运动轨迹，是反映计算域内质点运动情况的重要手段。为了明晰底吹熔炼过程中气体经氧枪喷入后具体运动轨迹，分别绘制（Ⅰ）、（Ⅱ）、（Ⅲ）3 种方式下气相速度流线分布图。

图 12 所示为 $t=5.0$ s 时，底吹熔炼炉在对心异侧（Ⅰ）、对心同侧（Ⅱ）、非对心同侧（Ⅲ）3 种方式下速度流线分布图。由图 12 可知，气体经氧枪喷入熔池后经气液两相间作用后充斥整个炉体，但炉内各空间位点气相浓度分布不同，其中反应区为主要作用区域，气相浓度最大，而分离过渡区和沉降区浓度分布较少。由于熔炼炉内部为负压，气体最终经底吹炉出口进入烟气烟道。

对比分析可知，（Ⅲ）方式下气相在炉内运动范围较（Ⅰ）、（Ⅱ）2 种方式更广，与上述小节研究结果相一致。从图 12 中标记区域可以看出，在（Ⅰ）、（Ⅱ）2 种方式下底吹炉两端气液两相界面处存在明显涡旋，炉体自由空间的气相与液相发生交互作用，该现象在底吹熔炼过程中可表现为：①当烟道密封性良好时，底吹炉烟气漏风氧量很低，由于熔炼烟气为高浓度 SO_2 烟气，则上方烟气对熔体尤其是位于烟道出口下方沉降分离区的熔体具有一定的还原作用；②当烟道漏风较为严重时，炉口下方烟气中氧含量大大增加，则可能对沉降分离区的熔体具有一定的氧化作用。此外，熔池表面的气流速度决定了熔炼烟尘率的大小，表面气流速度越小，熔池液面上方空间飞溅物越少；反之，表面气流速度越大，熔池液面上方空间飞溅物越多，对应烟尘率越大。图 12 中所示，（Ⅱ）方式下熔池表面气流平均速度大于（Ⅰ）、（Ⅲ）2 种方式，则（Ⅱ）方式熔炼过程中烟尘率要高于（Ⅰ）、（Ⅲ）2 种方式。

4 结论

（1）（Ⅰ）方式下气体主要作用于炉体中心轴区间，两侧气体分布少，熔体喷溅高度大，熔池平均气含率低于（Ⅲ）方式下的，熔池速度分布不均匀，烟尘率高于（Ⅲ）方式下的。

（2）（Ⅱ）方式下气体在炉体氧枪作用区域 Y 轴方向能量叠加，熔体具有最大喷溅高度，熔池平均气含率低，熔池速度分布不均匀，烟尘率最大，但具有较长沉淀区域。

（3）（Ⅲ）方式下气体在炉体 X 轴方向运动路径较长，停留时间增大，熔池平均气含率最大，熔池波动平缓，熔体喷溅高度低，速度分布均匀，烟尘率低，是一种合适的氧枪枪位布置方式。

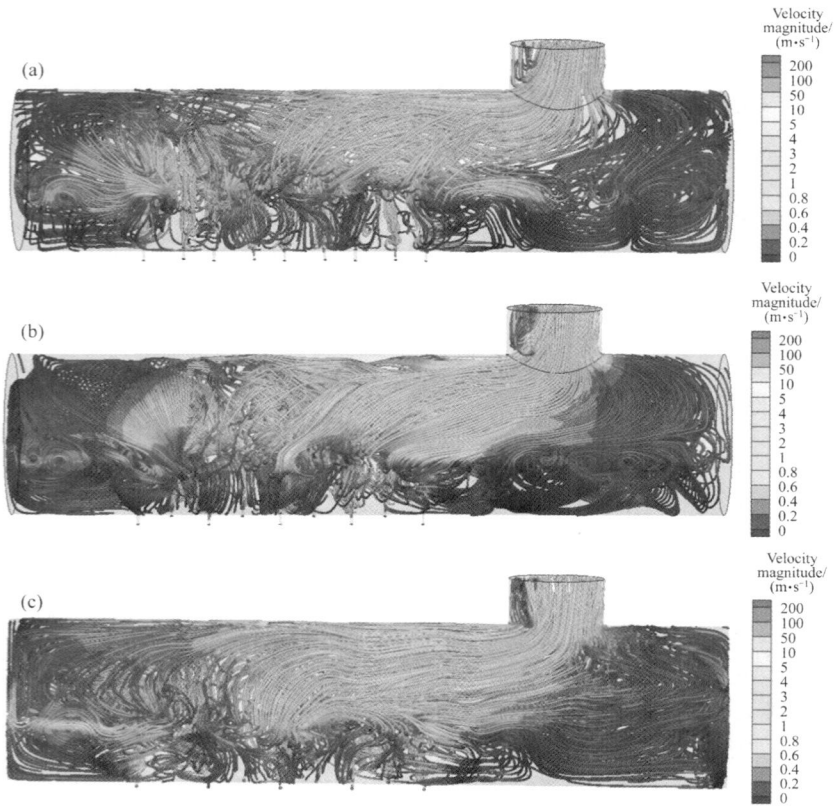

图12 （Ⅰ）、（Ⅱ）、（Ⅲ）3种方式下熔炼炉内速度流线分布（*t*=5.0 s）

（a）way Ⅰ；（b）way Ⅱ；（c）way Ⅲ

参考文献

［1］崔志祥，申殿邦，王智，李维群，边瑞民. 高富氧底吹熔池炼铜新工艺［J］. 有色金属（冶炼部分），2010 （3）：17–20.

［2］朱祖泽，贺家齐. 现代铜冶金学［M］. 北京：科学出版社，2003.

［3］中华人民共和国工业和信息化部. 铜冶炼行业规范条件［EB/OL］.［2014–04–28］. http://www. miit. gov. cn/n11293472/ n11293832/n12845605/n13916898/15976630. html.

［4］梁帅表，陈知若. 氧气底吹炼铜技术的应用与发展［J］. 有色冶金节能，2013（2）：16–19.

［5］胡立琼. 氧气底吹炼铅与炼铜新工艺产业化应用［J］. 有色冶金节能，2011（3）：6–8.

［6］Liu Weifeng, Yang Tianzu, Zhang Duchao, Chen Lin, Liu Yufeng. A new pyrometallurgical process for producing antimony white from by-product of lead smelting［J］. JOM, 2014, 9（66）：1694–1700.

［7］郭学益，王亲猛，田庆华，Zhao Baojun. 氧气底吹铜熔炼工艺分析及过程优化［J］. 中国有色金属学报，2016，26（3）：689–699.

［8］郭学益，王亲猛，田庆华，张永柱. 基于区位氧势硫势梯度变化下铜富氧底吹熔池熔炼非稳态多相平衡过程［J］. 中国有色金属学报，2015，25（4）：1072–1079.

[9]王亲猛,郭学益,廖立乐,田庆华,张永柱. 氧气底吹炼铜多组元造锍行为及组元含量的映射关系[J]. 中国有色金属学报,2016,26(1):188-196.

[10]郭学益,王亲猛,廖立乐,田庆华,张永柱. 铜富氧底吹熔池熔炼过程机理及多相界面行为[J]. 有色金属科学与工程,2014(5):28-34.

[11]Li Mingming,Li Qiang,Zou Zongshu,An Xizhong. Computational investigation of swirling supersonic[J]. Metallurgical and Materials Transaction B,2017,48B:713-725.

[12]Dong Kai,Zhu Rong,Gao Wei,Liu Fuhai. Simulation of three-phase flow and lance height effect on the cavity shape[J]. Int J Miner Metall Mater,2014,6(21):523-530.

[13]Kapusta J P T. Submerged gas jet penetration:A study of bubbling versus jetting and side versus bottom blowing in copper bath smelting[J]. JOM,2017,69(6):970-979.

[14]闫红杰,刘方侃,张振扬,高强,刘柳,崔志祥,申殿邦. 氧枪布置方式对底吹熔池熔炼过程的影响[J]. 中国有色金属学报,2012,22(8):2393-2400.

[15]张振扬,闫红杰,刘方侃,王计敏. 富氧底吹熔炼炉内氧枪结构参数的优化分析[J]. 中国有色金属学报,2013,23(5):1471-1478.

[16]蓝海鹏,温治,刘训良,苏福永,楼国锋,郝晓红. 基于CFD的喷吹气流对底吹炉熔池的搅拌作用[J]. 冶金能源,2014(6):24-27.

[17]余跃,温治,刘训良,苏福永,蓝海鹏,郝晓红. 喷枪结构对底吹炼铜炉流场影响的模拟及实验研究[J]. 中南大学学报(自然科学版),2014,45(12):4129-4137.

[18]Shui Lang,Cui Zhixiang,Ma Xiaodong,Akbarrhamdhani M,Nguyen A V,Zhao Baojun. Understanding of bath surface wave in bottom blown copper smelting furnace[J]. Metallurgical and Materials Transaction B,2016,47B:135-144.

[19]Wang Xiaoling,Dong Haifeng,Zhang Xiangping,Yu Liang,Zhang Suojiang,Xu Yan. Numerical simulation of single bubble motion in ionic liquids[J]. Chemical Engineering Science,2010,65(22):6036-6047.

[20]Chen Wenyi,Wang Jingbo,Jiang Nan,Zhao Bin,Wang Zhendong. Numerical simulation of gas-liquid two-phase jet flow in air-bubble generator[J]. Central South University of Technology,2009,16(S1):s140-s144.

[21]Wang Han,Zhang Zhenyu,Yang Yongming,Zhang Huisheng. Numerical investigation of the interaction mechanism of two bubbles[J]. International Journal of Modern Physics C,2010,21(1):33-49.

[22]Lianos C A,Garcia Hernandez H S,Ramosbanderas J A,Debarreto J,Soloriodiaz G. Multiphase modeling of the fluid dynamics of bottom argon bubbling during ladle operations[J]. ISIJ International,2010,50(3):396-402.

[23]Liu Heping,Qi Zhenya,Xu Mianguang. Numerical simulation of flow and interfacial behavior in three-phase argon-stirred ladles with one plug and dual plugs[J]. Steel Research International,2011,82(4):440-458.

[24]郭学益,闫书阳,王双,王亲猛,田庆华. 数值模拟氧气底吹熔炼工艺参数优化[J]. 有色金属科学与工程,2017,8(5):21-25.

[25]郭学益,王松松,王亲猛,田庆华. 氧气底吹炼铜模拟软件SKSSIM开发与应用[J]. 有色金属科学与工程,2017,8(4):1-6.

CFD 数值模拟在气体喷吹冶炼中的应用

摘要：随着熔池熔炼技术的发展，气体喷吹技术在金属冶炼过程中受到广泛应用。计算流体力学（CFD）模拟能够有效捕捉炉内的流动参数，并弥补物理实验中的一些不足，为科研提供新型研究方法。本文简要介绍了气体喷吹冶炼的特点、CFD 模型的选择，分析了 CFD 在气体喷吹冶炼中的应用现状、不足及发展前景。

1 前言

计算流体力学（computational fluid dynamics，CFD），也称数值模拟或流场仿真，是以质量、动量、能量守恒方程为基础，把流体流动、传质传热、化学反应及其他相关过程的规律形成数学表达式进行数值计算[1]。CFD 模拟运用普遍，从人体微血管内血液流动，到发动机、锅炉等内部反应，甚至是飞机、火箭、汽车、建筑物等内外部流场。如今，CFD 模拟技术的应用已经延伸到冶金工业，尤其是在冶金炉内流体运动和化学反应方面。

气体喷吹冶炼技术，就是在金属冶炼过程中，向炉内吹入气体（如氧气、空气、氩气等）形成气液两相或者气液固三相流动，达到冶炼或精炼金属，或者起到加强搅拌作用的一种熔炼方法。大多数气体喷吹冶炼过程都处于高温熔融状态，由于炉子封闭、"黑匣子"般的状态，炉内各种数据难以检测，熔体内气泡特性及液相流动特性的研究难度较大。另外，研究也会受到由于温度过高对检测设备要求超高的条件限制而难以开展。近年来，冷态物理模拟实验逐渐兴起[2-4]，能够为科研提供部分可参考数据，但仍然发展缓慢，甚至停滞不前，原因在于实验周期长、费用高和模型搭建耗资大等。

CFD 数值模拟不仅可以降低科研成本、加快计算速度，而且能真实有效地揭示冶金熔炼炉内速度场、温度场及化学组分浓度场的分布情况。因此 CFD 被迅速应用到气体喷吹冶炼金属工艺中，并展现出了巨大作用，主要表现在：①研究现有冶金工艺过程，加深认识该工艺的基本现象和工艺参数的关系，从而提出工艺优化的设想。②开发新工艺和新设备，可以更准确地估计预测，使工艺灵活并规划实验小试、中间、规模放大等后续工作[5-6]。

2 气体喷吹冶炼的特点

在冶炼过程中，高速喷吹的气体不仅能够提供炉内化学反应所需要的氧化性或者还原性气体，还能提供熔池内熔体流动所需的动力。按气体喷射角度可分为顶吹、侧吹、底吹冶炼，示意图如图 1 所示[7]。为了增强喷吹效果，又进一步发展了复合吹炼。按照反应器形状可分为管式、槽式及球罐型反应器[8]等。

本文发表在《全国底吹冶炼技术、装备创新与发展研讨会论文集》，158-169。合作者：王双，王亲猛，廖立乐。

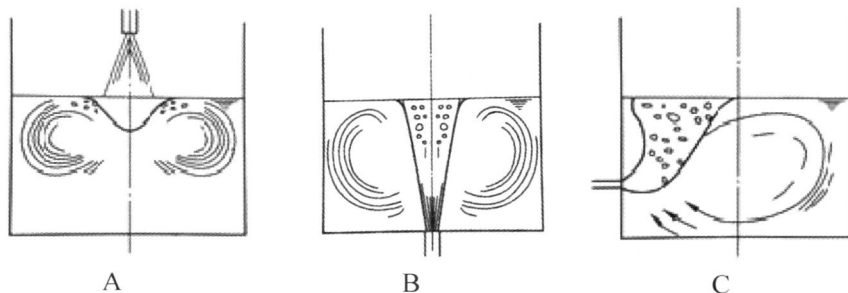

图1　顶、底、侧3种吹气方式布置示意图(A—顶吹；B—底吹；C—侧吹)[7]

喷吹气体搅拌熔体造成的混合状态是冶金炉内的重要现象，主要是利用气泡上浮驱动熔池内熔体循环流动来加快传递过程。气体鼓入熔池给高温熔体提供了动力来源，使熔体剧烈搅动、扩散均匀，强化了气液固三相之间的传质传热过程，并提高了冶金反应的速度。尤其是在高温冶金熔池熔炼过程中，熔体温度可高达 1273～1873 K，常温气体喷入熔池受到热膨胀作用，使得熔体密度与气体密度相差从几千倍达到上万倍，少量气体便可以使熔池内部得到充分搅拌[8]。

气体喷入冶金炉，形成气泡和熔体间强烈反应，这种高湍流度，用于金属冶炼或者精炼除杂，这早已被钢铁冶金行业运用得炉火纯青。近几年来，具有中国自主知识产权的以底吹氧气为主的熔池熔炼炼铜技术，由于其清洁高效的优势快速走上世界舞台，使得发展在钢铁行业的顶吹、底吹和侧吹冶炼方式火热起来，许多学者开始关注和研究三种单吹气体冶炼和复合喷吹气体冶炼方式的冶炼机理、效率等。同时，气体喷吹技术也越来越广泛地被应用在各种冶炼过程，如氧气转炉炼钢(顶底侧单吹和顶底复合吹)、底吹氩气精炼炼钢或者炼铝、艾萨炉顶吹炼铜、底吹氧气炼铜(铅、铋)、铜锍转炉吹炼等。

这些冶炼过程有许多共同点，一是喷入气体使熔池呈现高湍动状态，二是炉内温度较高，熔体处于熔融状态。不同点在于喷吹活性气体(如氧气)一般都参与熔体反应，而喷吹惰性气体(如氩气、氮气等)并不参与反应，只起到强化搅拌、促进传质的作用。此外，当有固体物料加入，熔炼的过程则为气液固三相，反之，只有气液两相。当有熔体和熔渣共同存在时，物相数又会增加。在真实冶金冶炼过程中，物相数越多，过程就越复杂，越难以通过实验或者数据检测得到炉内熔体的状态。

高速气体通过喷枪会形成一个喷射锥似的液相区，形成气液两相体系；而对于一般浸没式喷枪来说，气体流速并不高，气体通过喷枪口的瞬间就会形成一个椭球形气泡，由于受到高温、熔体阻碍、浮力等作用，气泡膨胀长大并在上浮的过程中被击散形成若干细小气泡或流股。萧泽强等[7]将此两相体系分为三个区域：氧枪喷口处的纯气流区、熔体不断被卷入气相的气体连续相区和运动剧烈的液体连续相区。在气体连续相区，由于气泡的"气泡泵"作用，气体与液体进行剧烈热交换和动量交换，气体绝大多数动能都被熔池内的熔体消耗掉，熔体的高温传递给气体；在液体连续相区，熔体内高温流体快速达到均匀混合状态，气体、液体和固体颗粒的接触面积达到最大，传质传热更快。

3 常用 CFD 软件和模型的选择

CFD 方法解决气体喷吹冶炼问题的一般模拟步骤如图 2 所示，主要包括 3 个基本环节：前处理(建模划分网格)、求解和后处理，其核心在于求解计算。因此，一系列与 CFD 相关的模拟软件如雨后春笋，随即便产生了商用 CFD 软件。它们有其独特的优势，为科研工作者提供了方便，操作者不需要编写烦琐的函数和数值求解程序，只需根据自己的物理问题建立合理的物理模型，选择合理的 CFD 数学模型、设置准确的边界类型和操作条件、判别结果的准确性，便可以获得精准度较高的流体流动分布结果。

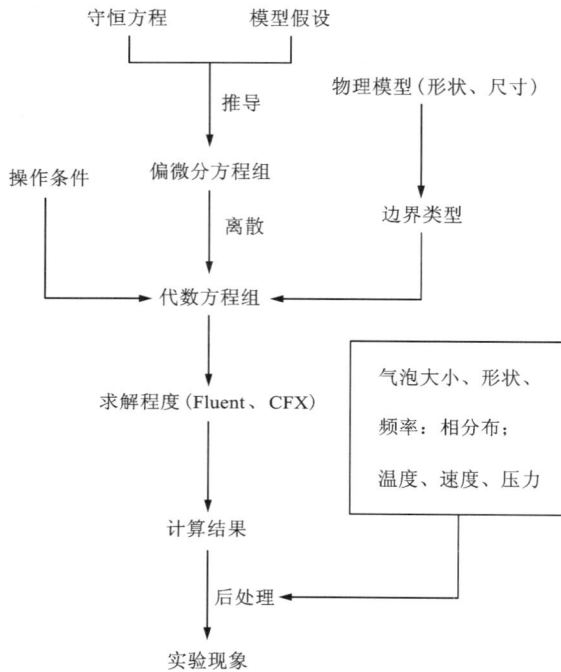

图 2 CFD 模拟一般步骤

目前使用频繁、认可度高、结果权威的求解器软件有 FLUENT、PHENTICS、CFX、FINE、COMSOL 等。软件包有很多，各有千秋，选择适合自己的软件和物理模型至关重要。比如 PHENTICS 主要以低速热流输运现象为模拟对象，多应用于暖通设计等领域；而 CFX 主要解决各种流体设备的单相和多相流动、传热问题，以及流体流动与化学反应、燃烧等耦合问题，主要用于航空航天领域；FLUENT 由于灵活的非结构化网格、自适应网格技术及成熟的物理模型，可以适应于几乎所有与流体相关的领域，从可压缩到不可压缩、低音速到超高音速、单相流到多相流、化学燃烧、气液固混合等，功能全面、适用性广。在冶金熔池喷吹冶炼过程中，应用最为广泛的流场仿真软件就是 FLUENT 软件。

冶金气体喷吹冶炼过程涉及多相流流动、热量和动量传递、复杂的化学变化等过程，要更加准确地描述其过程并为生产提供指导，常用的数学模型包括多相流模型、湍流模型、组分传输模型、传热控制模型等。

在多相流模型中,具有相同类别的物质被定义为相。材料相同但尺寸不同的固体颗粒、密度不同的液体,都要按照多相流模型来处理。多相流模型包括 VOF 模型、欧拉模型和 Mixture 模型等三种,被广泛用在冶金过程中。由于 VOF 多相流模型可以有效追踪气液交界面运动变化,包括液面移动、气泡合并、破碎等过程,是目前模拟大气团运动过程最符合实际的一种方法。在气体喷吹冶炼过程中,熔池内部气泡运动行为、气—液相界面处的气泡形态及气液界面波动情况是研究关键内容,所以选择 VOF 多相流会更加准确。雷鸣[9]等针对常用的 VOF 和 Mixture 多相流模型比较了熔融还原炉的单底吹流动。从密度图看,如图 3 所示,VOF 模型和 Mixture 模型的底吹气体上浮形式不一样,前者呈不连续气泡上浮,形成通道并冲破液面;后者以连续气柱形式向上运动。从流场变化看,VOF 模型中气液界面处流场分布不均匀,喷嘴处速度较大,而周围油相流速较小,中心和壁面处的流速差别也不大;Mixture 模型中气液界面处流场较均匀,流体从喷嘴处向四周扩散,靠近壁面处最小。与实际进行对比,发现 VOF 多相流模型可以准确模拟自由界面波动行为及规律。陈鑫[10]等对 VOF 和 Mixture 多相流模型进行了对比,研究发现 VOF 模型在考察空泡流场方面具有较好优势,而 Mixture 不利于精确捕捉相间交界面。

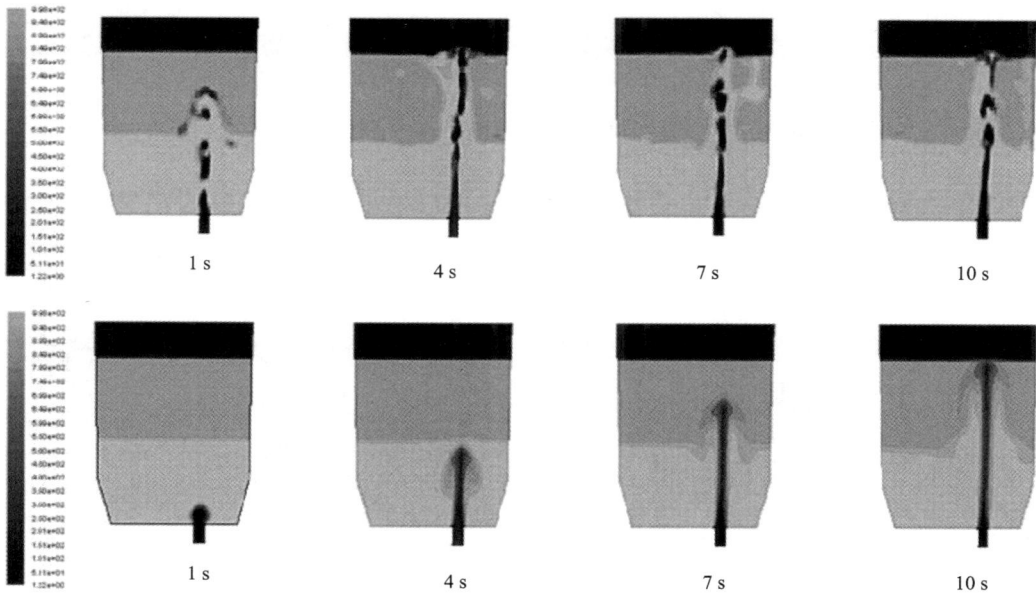

图 3　VOF 模型和 Mixture 模型 $y=0$ 截面的密度分布图[9]

湍流运动,即流动过程中流体的各种参数(如速度、温度、压力等)随时间和空间任意变化。当气体从喷枪喷入熔池并快速搅拌熔体,该过程高度复杂,具有运动不规则性、方向有旋性、空间三维性、成分扩散性和能量耗散性,这是自然界和工程技术领域中典型的湍流运动。湍流模型有多种改进方案,最常见的模型有标准 k-ε、RNG k-ε、Realizable k-ε 和雷诺应力(RSM)模型等。闫红杰等[11]针对这四种模型从氧枪根部气泡形态、气泡尺寸以及气泡上浮速度三个方面与水模型结果进行了比较，发现 RNG k-ε 模型和 RSM 模型模拟的根部气泡存在明显变形，与实际不符，如图 4 所示；Realizable k-ε 模型模拟的气泡尺寸误差最小，仅为 2.7%；标准 k-ε 和 Realizable k-ε 模型计算的气泡上浮速度最接近真实数据。所以得出 Realizable k-ε 模型计算能够更好地描述底吹熔池熔炼过程的无规则运动的结论。

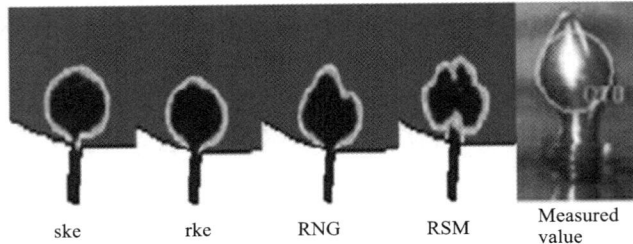

| ske | rke | RNG | RSM | Measured value |

图 4　氧枪根部气泡对比图[11]

　　CFD 软件和数学模型通过比较验证，可以非常准确和形象地描述冶金炉内的流动过程和搅拌现象，能够优化气体喷吹冶炼过程中的实际工艺操作条件和设备参数，而后为反应器的扩大化设计和工业生产控制提供合理依据。因此，工业技术不断发展，炉型设备不断更新，冶炼工艺不断改进，CFD 模拟技术在此快速前进的道路上有着不可磨灭的作用。

4　CFD 在气体喷吹冶炼中的应用现状

　　CFD 技术在冶金领域已被广泛应用，虽然时间不长，但已显现出其巨大的发展潜力，并得到了广大科研工作者的认可[6]。许多学者开始对气体喷吹冶炼炉内流动化学反应速度、流体与传质、化学元素分布现象进行数值模拟研究，以达到研究冶金反应机理、改进生产工艺和产品质量的目的。

4.1　描述冶金炉内流体流动与混合现象

　　气体喷吹冶炼过程与流体流动有密切的关系，过程中多伴随着封闭的炉型和高温多相反应体系，在实验室条件下很难完整地再现炉内实际过程。利用 CFD 模拟可以分析高炉中焦炭和气流的逆向运动、竖炉式和铁浴式的熔融还原炉内流体流动、氧气转炉炼钢内部钢液的搅拌现象及喷溅传热、艾萨顶吹炉和底吹熔池熔炼炉内的混合状况。研究熔炼炉内流线、压力、速度、规律、气相分布规律等三维瞬态现象是一切研究的基础。

　　刘方侃[12]建立底吹炼铅熔池熔炼炉的三维模型，相分布结果如图 5 所示。研究发现，底吹炉内不存在搅拌死区，搅拌效果较好，烟气出口附近流动平稳，利于烟气排出；熔炼区域搅拌强烈，利于传质传热，加速反应进行；而沉降区搅动较弱，利于渣锍分离。Li 等[13]模拟了底吹氩气时钢包内气-钢液-渣三相流动现象，渣眼结果如图 6 所示。当氩气吹进钢包，不断产生气泡，气泡上升间歇地冲击突破渣层，产生渣眼；渣层发生有规律的波动，频率随着底气流量的增加而增加。气体喷吹期间，渣层发生变形，近渣眼处变薄，近钢包壁处变厚；渣眼附近流速较大，导致部分钢渣液滴被卷入到钢液中。

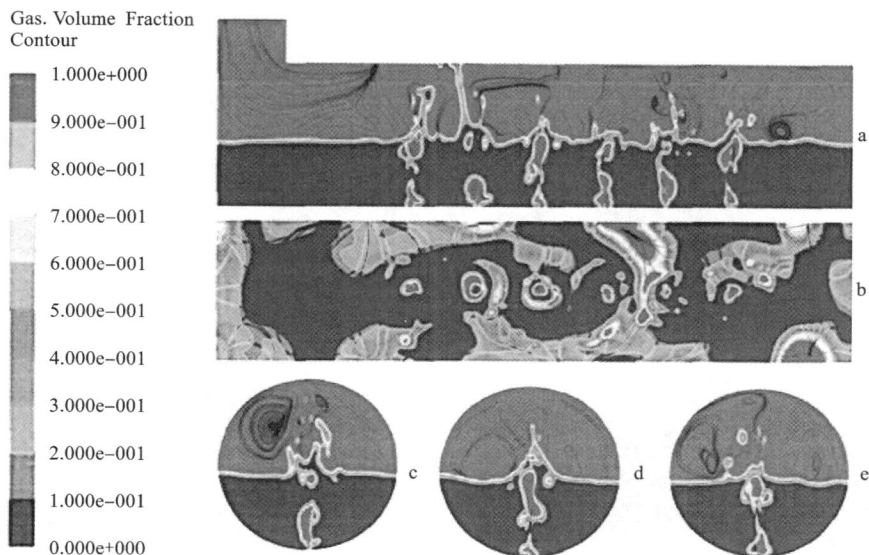

图 5　底吹炉不同截面相分布和流线图[12]

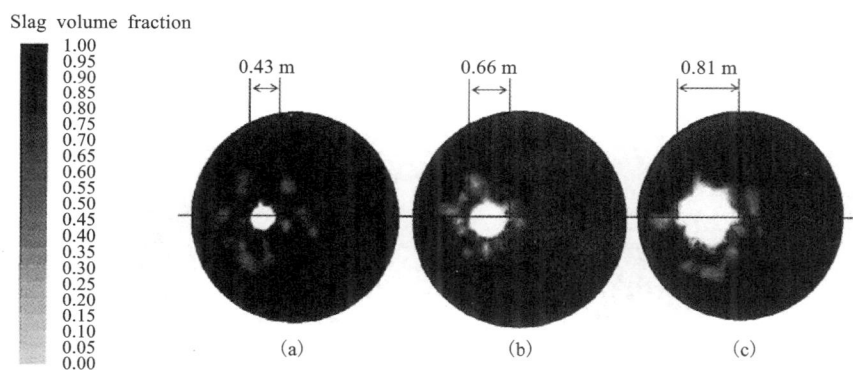

图 6　氩气喷吹流量对渣眼面积的影响

（a）100 L/min；（b）200 L/min；（c）300 L/min[13]

　　CFD 数值模拟作为一种可视化的研究工具，为炉内流场的研究提供了便利。通过模拟描述气体喷吹进入熔池对熔池的搅拌作用，可以将炉内不能真切看到的现象通过图片或者视频的方式展现出来，既可以用来解释某些物理实验和理论分析结果，也可以解析过程所不能明确解释的物理现象。

4.2　气体射流的流动特性和气泡搅拌机理

　　在气体喷吹冶炼过程中，熔池的搅拌作用程度决定了吹炼的效果，为了有效控制吹气过程并获得有利效果，有必要了解气体射流的特性及气泡搅拌机理。气体射流的流动特性是研究吹炼搅拌的理论基础，其重要性也不言而喻。

张贵[14]、来飞[15]等比较了普通氧枪和聚合射流氧枪的射流特征，结果如图7和图8所示。研究发现，聚合射流氧枪比普通超音速氧枪射流长，射流集中、轴向速度衰减慢，为集束射流氧枪的工业应用提供理论依据。刘威等[16]研究了供氧压力对熔池内流场的影响，随着供氧压力增大，O_2射流马赫数变大，高速段变长，但鼓吹O_2射流间干扰效应只有在处于设计氧压时最弱。Bisio[17]、Xia[18]等模拟了炼钢等金属熔炼过程中气体射流搅拌特性，液相区的模拟结果与实验比较吻合，但在羽流区并不理想。张振扬[19-20]等模拟了富氧底吹熔炼炉内氧气–铜锍两相流体流动，研究了炉内气泡的生长、气含率分布情况、氧枪出口处压力变化规律以及液面波动频率。

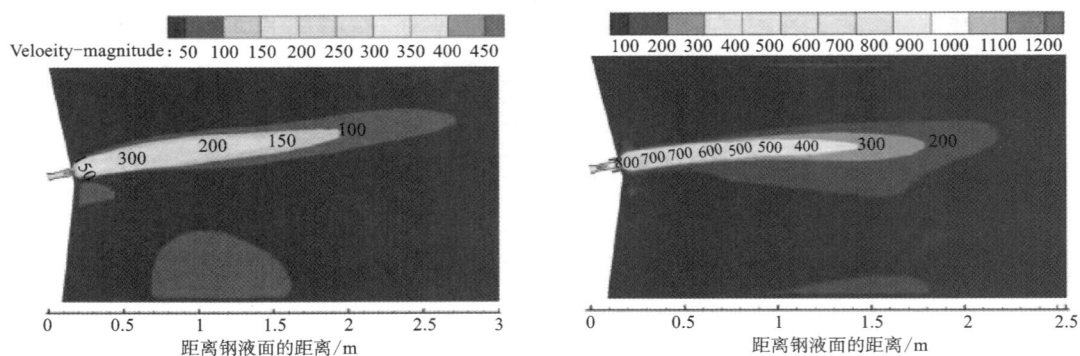

图7 普通氧枪和集束射流氧枪的单孔轴向方向的速度云图[15]

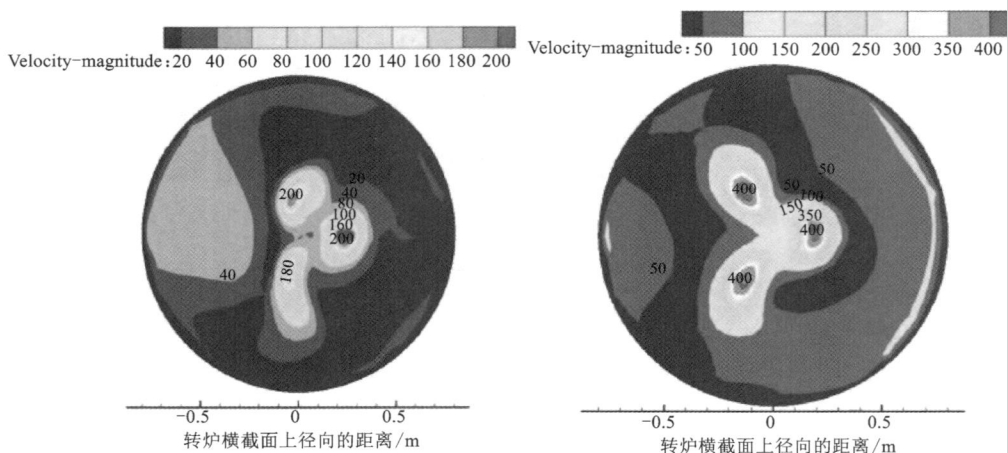

图8 普通氧枪和集束射流氧枪在距氧枪1 m截面处的速度云图[15]

射流特性及氧压的基础理论研究，有利于了解熔池内部研究特性，开发和应用吹炼工艺；钢包炉内的流体流动现象的研究，可以帮助发现喷吹搅拌作用的强弱、炉内流动死区，研究流体混匀时间等，进而提出工艺改进的方法。

4.3 喷枪结构改进和工艺参数优化

基础理论研究是科学研究的基础，能帮助直观认识气体喷吹冶炼过程中的现象并解释该现象。机理研究固然重要，但解决实际生产遇到的问题却更具有现实意义。喷枪结构改进和工艺参数的优化可以帮助降低成本以进行最大强度的搅拌，减少甚至去除死区，使得冶炼达到最佳效果。因此，考察喷枪倾斜角度和直径、流速对喷枪堵塞和熔体喷溅的影响一直都是研究的重点问题。

Ching-Wen Chen 等[21]模拟了 DIOS 炉内的流场分布，优化了底吹气喷枪的位置、数量和气体流速，为工业应用提供了一定指导。雷鸣等[22-23]模拟了熔融还原炉内浸入式侧吹流体运动，研究发现当喷吹角度为 50° 时，喷枪位置越低，炉内的喷溅越剧烈，易侵蚀炉衬。气体喷吹流速越小，喷枪越容易被堵塞。因此，气体流速适中，才能使得搅拌效果最佳。

为解决钢厂转炉冶炼钢铁时出现的实际生产问题，如氧压高、渣熔化慢、喷溅严重等，卢帝维[24]、Lai[25]等建立了喷枪的数学模型，并改进了喷头结构，优化了喷嘴数量、氧枪布置等，最终使用改进过的氧枪后，各项冶炼指标均有所改善。蓝海鹏[26]、邵品[27]等建立底吹熔炼炉数学模型，描述了气体射流搅拌过程的气液两相流行为，研究了不同氧枪角度、喷吹直径、喷吹速度、多喷嘴下熔池内形成的旋流特征，提出了氧枪工艺参数的最优结果，其流线图分布如图 9 所示。

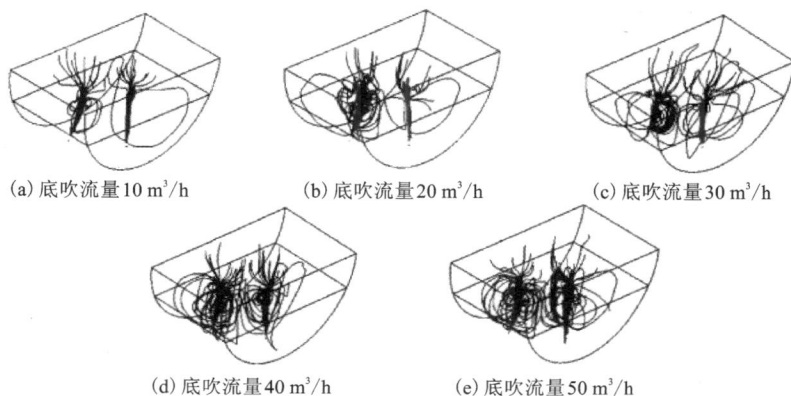

(a) 底吹流量 10 m³/h (b) 底吹流量 20 m³/h (c) 底吹流量 30 m³/h

(d) 底吹流量 40 m³/h (e) 底吹流量 50 m³/h

图 9　不同底吹流量的流线图[27]

喷枪结构改进和工艺参数优化若是通过冷态实验研究，就需要制作不同结构的氧枪、建立水模型试验台、购买其他辅助设备，将消耗大量的时间、器材和资金，而且也不一定能得到适合实际生产的研究结果。CFD 模拟可以通过软件建立不同的模型，按照实验研究方法对各种参数进行计算，再通过处理数据得出最佳参数结果。实际生产过程中可以根据 CFD 模拟的最优结果进行验证试验，大大减少了试验周期和成本。

4.4 精炼金属去除杂质

精炼过程中喷吹气体主要是利用气体上浮对钢液的搅拌作用，提高中间包内部的传热效率，强化传热并去除杂质。CFD 技术研究中间包氧气侧吹精炼、钢包吹氩精炼、RH 炉真空脱气等精炼金属过程，其研究主要集中于以下几个方面：精炼装置内气液两相流动行为、脱碳脱氮等脱气过程以及夹杂物碰撞长大行为[28]。建立三维模型研究喷吹气体对炉内液体搅拌及其流动规律对研究杂质的去除具有重要的作用。Kitamura[29]建立了真空脱碳和脱氮过程的动态数学模型，计算结果表明，脱氮反应初期和后期分别主要发生在脱碳时生成的 CO 气泡表面和真空室钢液面。赖朝彬[30]等针对精炼炉熔池流动状态进行仿真计算，描述了钢液的流动、混合及出钢过程，探讨了喷吹气体对熔池流场和混匀效果的影响。Al-Harbi[31]等使用耦合计算流体力学和热力学模型来研究精炼过程，预测了三相(钢/天然气/渣)系统和多组分元素分布。

4.5 开发新型喷气式搅拌反应器

喷吹的气体在氧枪根部形成气泡，在浮力的作用下上浮并在氧枪根部断裂，形成一个个独立的气泡，熔池中的气泡具有良好的分散性，在熔池中合并或者破裂，对熔池内的流体产生强有力的混合效果，增大气液固界面的接触面积。因此，开发新型喷气式搅拌反应器也成了许多科研工作者的重点，在冶金工业的搅拌和混合工序中应用较为广泛。但由于搅拌设备的复杂性和多样性，相关人员主要依靠经验解决搅拌反应器的设计和放大问题，往往周期长、耗费大且效果不理想[32]。这些问题依然可以通过 CFD 模拟进行解决。

曹晓畅等[33]、赵连刚等[34]模拟了冶金过程中几种圆筒式新型反应器的流动现象，研究了气体停留时间分布(residence time distribution，RTD)，分析了机械搅拌转速及气体喷吹流量等因素对 RTD 的影响，其结果如图 10 所示；Sahle-Demessie 等[35]对环形搅拌反应器的气体停留时间做了系统研究，定性了比较数值结果与实验结果，发现利用轴向或混流搅拌器可以提高剖面流量，缩小 RTD 曲线，并创建高雷诺数，避免混合不均的问题；樊俊飞等[36]针对连铸中间包等离子加热区域中温度积聚严重的现象，提出了底吹气的解决办法。在流体流动与传热耦合的基础上，自编程序，对底吹气体工艺参数进行优化，明显改善了中间包的熔蚀。

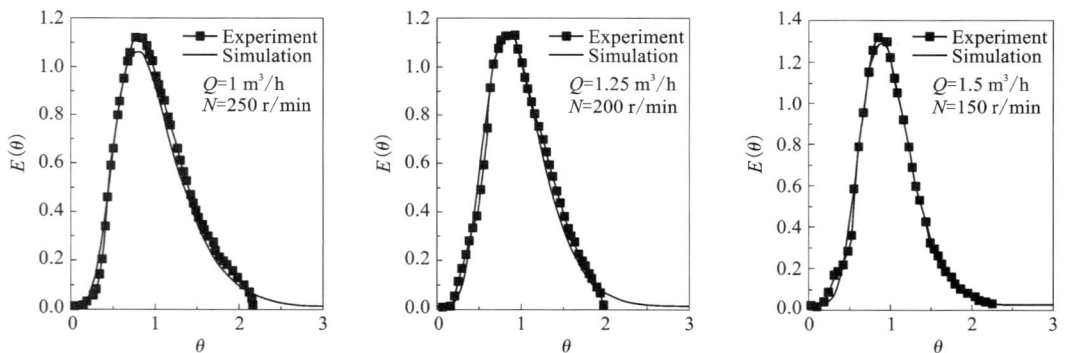

图 10 不同喷吹流量下的 TRD 曲线实验值与模拟值比较[33]

新型喷气式搅拌反应器种类较多，具有结构灵活、操作方式各异等特点，其研究也呈现多样化发展。结合机械搅拌与气流搅拌的特点和优势，不仅能够提高化学反应效率，也能够使传热传质更快。但也有弊端存在，其液体流动方向受搅拌桨的旋转方向影响较大，而受气泡上浮的无规则运动影响较小，从整体上看流体流向显现出一致性，而与纯粹的喷入气体搅拌的流动方向紊乱性差别较大。所以通入的气体主要是为了参与反应，基本不能起到搅拌的作用。有效利用气泡的运动行为对流体搅拌的作用可以减少机械搅拌的能量损耗，降低冶金成本。

5 CFD 研究气体喷吹冶炼的不足

CFD 技术为研究气体喷吹冶炼过程中复杂的流动问题和解决实际生产问题做出了巨大贡献。但不可否认的是，现阶段研究仍然只停留在表层现象，要正视这些问题然后不断地改进，对于气体喷吹冶炼技术的应用或者是冶金工业的发展都具有重要的理论和现实意义。

（1）CFD 软件包的设计缺乏针对性。对气体喷吹冶炼这种非常复杂且极不稳定的多相体系，还没有相对应的 CFD 软件包出现。现有 CFD 软件中的数学模型对化学过程具有很大限制，甚至一些模型不能结合使用。面对炉内复杂的反应状态，CFD 软件包内现有的模型研究气体喷吹与实际仍有一些差距，还需要继续改进与开发新软件。

（2）研究工作不够深入。总结 CFD 在气体喷吹冶炼中的应用，研究主要涉及流速、压强、流线等分布，对于炉内温度场分布研究却寥寥无几，并且研究都建立在大量假设的基础之上，比如简化几何模型、忽略化学反应、不考虑壁面散热等。因此建立更接近实际的几何模型、考虑复杂化学反应等，而后结合冶金化学反应机理和 CHEMKIN 化学机理分析软件，将炉内主要反应机理通过 UDF 的方式导入到 CFD 软件包中进行计算，是研究高温炉内温度场甚至是化学组分分布场的重要目标与任务。

（3）缺少热流固耦合研究。冶金炉内的熔体大多处于高温熔融状态，气体喷吹提供的动力使得流体剧烈运动，不断破坏冶金炉内壁，包括化学腐蚀和机械冲刷。冶金炉内壁受温度和流体应力的影响巨大，研究热流固耦合应力和炉壁温度场分析具有重要意义。

6 结论

（1）气体喷吹冶炼过程搅拌强度高、反应速度快、传质效果好，能够为炉内化学反应提供了良好热力学和动力学条件。它是一种优良的冶炼方式，将会被应用到更多的金属冶炼过程中。选择合适的软件和模型，对于用 CFD 方法研究气体喷吹冶炼过程至关重要。应用最广泛的 CFD 计算软件是 FLUENT，目前比较适合气液多相流运动的模型是 VOF 模型，更符合炉内不规则运动的湍流模型是 Realizable k-ε 模型。

（2）CFD 数值模拟在描述冶金炉内的流动及混合现象、研究气体射流特性和气泡特点、改进喷枪结构、优化工艺、开发新型设备等方面运用广泛，为促进科研工作者或者工厂实际操作者能够更好地理解冶金反应过程提供更多的理论依据。CFD 技术必将增加冶金工艺研究的广度和深度，对冶金设备的设计、冶金生产过程进行监控和操作。

（3）气体喷吹冶炼研究仍然不够全面，假设太多、忽略化学反应进行等，加上 CFD 软件包的设计缺乏针对性，更偏重于对喷吹现象的描述，涉及的流体流动或者传热传质都是冶金炉内流动与化学反应现象的冰山一角。系统而深入地研究气体喷吹冶炼时冶金炉内本体的传输行为、界面的化学反应、边界层内的传输现象、复杂的耦合现象(流动传热、气泡流、炉壁腐蚀等)[5]，是 CFD 模拟气体喷吹冶炼金属过程的发展趋势。

参考文献

[1]曹晓畅，张廷安，赵秋月，等. CFD 技术在冶金搅拌反应器中的应用进展[J]. 世界有色金属，2008(6).

[2]Zhou J M, Gao Q, Liu L, et al. Fluid-flow characteristics and critical phenomenon in a bottom blowing bath[J]. Advanced Materials Research, 2011, 402: 365-370.

[3]Atkinson G, Spuck D W. Characterisation of phase distribution in a Peirce-Smith converter using water model experiments and numerical simulation[J]. Mineral Processing & Extractive Metallurgy Imm Transactions, 2011, 120(3): 162-171.

[4]娄文涛，张邦琪，施哲. 艾萨炉水模型内气泡运动的模拟[J]. 中国有色冶金，2010，39(1)：48-53.

[5]朱苗勇. 过程冶金中的 CFD 应用[J]. 华东冶金学院学报，1997(03)：222-226.

[6]朱苗勇. 冶金反应器内流动和传热过程的数学物理模拟[D]. 沈阳：东北大学，2007.

[7]萧泽强. 冶金中单元过程和现象的研究(精)[M]. 北京：冶金工业出版社，2006.

[8]任鸿九. 有色金属熔池熔炼[M]. 北京：冶金工业出版社，2001.

[9]雷鸣，王周勇，张捷宇，等. 多相流模型模拟熔融还原炉内流体流动[C]//冶金反应工程学术会议. 2008：420-425.

[10]陈鑫，鲁传敬，李杰，等. VOF 和 Mixture 多相流模型在空泡流模拟中的应用[C]//全国水动力学研讨会，2009.

[11]闫红杰，刘方侃，张振扬，等. 氧枪布置方式对底吹熔池熔炼过程的影响[J]. 中国有色金属学报，2012 (8)：2393-2400.

[12]刘方侃. 底吹炼铅熔炼炉内多相流动数值模拟与优化[D]. 长沙：中南大学，2013.

[13]Li B, Yin H, Zhou C Q, et al. Modeling of three-phase flows and behavior of slag/steel interface in an argon gas stirred ladle[J]. Isij International, 2008, 48(12): 1704-1711.

[14]来飞，张芳萍，程怀吉，等. 转炉氧枪聚合射流的数值模拟[J]. 太原理工大学学报，2014，45(2)：188-190.

[15]Liu F, Zhu R, Dong K, et al. Effect of ambient and oxygen temperature on flow field characteristics of coherent jet[J]. Metallurgical & Materials Transactions B, 2015: 1-16.

[16]刘威，李京社，杨宏博，等. 供氧压力对顶吹转炉内流场影响数值模拟[J]. 中国冶金，2014(12)：19-22.

[17]Bisio G, Rubatto G. Process improvements in iron and steel industry by analysis of heat and mass transfer[J]. Energy Conversion & Management, 2002, 43(2): 205-220.

[18]Xia J L, Ahokainen T, Holappa L. Modelling of flows in a ladle with gas stirred liquid wood's metal [A]. CSIRO, Australia, 1999: 1872192.

[19]张振扬，陈卓，闫红杰，等. 富氧底吹熔炼炉内气液两相流动的数值模拟[J]. 中国有色金属学报，2012，22(6)：1826-1834.

[20]张振扬，闫红杰，刘方侃，等. 富氧底吹熔炼炉内氧枪结构参数的优化分析[J]. 中国有色金属学报，2013，23(5)：1471-1478.

[21]Chen C W, Chen C W, Liu S H. A mathematical model of fluid flow phenomena for the liquid bath in smelting reduction processes[J]. Transactions of the Iron & Steel Institute of Japan, 2003, 43: 990-996.

[22]雷鸣，张捷宇，王周勇，等. 侧顶吹对铁浴熔融还原炉内流体流动的影响[C]// 全国冶金物理化学学术

会议，2008.

[23] 雷鸣，王周勇，张捷宇，等. 铁浴式熔融还原炉侧吹的数学模拟研究[J]. 过程工程学报，2009(S1)：300-303.

[24] 卢帝维，朱荣，黄标彩，等. 三钢100 t转炉氧枪的数值模拟优化设计[C]// 全国炼钢学术会议，2008.

[25] Lai Z, Xie Z, Zhong L. Influence of bottom tuyere configuration on bath stirring in a top and bottom combined blown converter[J]. Isij International, 2008, 48(6): 793-798.

[26] 蓝海鹏，温治，刘训良，等. 基于CFD的喷吹气流对底吹炉熔池的搅拌作用[J]. 冶金能源，2014(6).

[27] 邵品，张延安，刘燕，等. 底吹铜锍吹炼炉中气-液流动状况的数学模拟[J]. 东北大学学报(自然科学版)，2012, 33(9): 1303-1306.

[28] 耿佃桥，雷洪，陈芝会，等. RH真空精炼过程数值模拟的研究现状及展望[J]. 过程工程学报，2010, 10(S1).

[29] Kitamura T, Miyamoto K, Tsujino R, et al. Mathematical model for nitrogen desorption and decarburization reaction in vacuum degasser[J]. Isij International, 1996, 36(4): 395-401.

[30] 赖朝彬. 深侧吹氩氧精炼炉熔池流动状态的数学模拟分析[J]. 江西冶金，2004, 24(4): 28-35.

[31] Al-Harbi M, Atkinson H V, Gao S, et al. Simulation of molten steel refining in a gas-stirred ladle using a coupled CFD and thermodynamic model[J]. TMS, 2006.

[32] 张永震，韩振为. 计算流体力学在搅拌混合过程模拟中的应用[J]. 科技通报，2005, 21(3): 332-336.

[33] 曹晓畅，张延安，赵秋月，等. 管式搅拌反应器停留时间分布的数值模拟[J]. 过程工程学报，2008, 8(S1).

[34] 赵连刚，朱苗勇. 柱坐标系下圆筒型反应器内三维湍流流动的数值模拟[J]. 金属学报，1996(1): 46-50.

[35] Sahle-Demessie E, Bekele S, Pillai U R. Residence time distribution of fluids in stirred annular photoreactor[J]. Catalysis Today, 2003, 88(1-2): 61-72.

[36] 樊俊飞，刘俊江，卢金雄，等. 等离子加热六流连铸中间包底吹气过程数值模拟优化研究[J]. 宝钢技术，2007(5): 67-70.

底吹"熔炼−吹炼"清洁处理高铅砷复杂铜物料

摘要: 粗铅火法精炼过程产出的铜浮渣中富含铜、铅、金、银等有价金属,是典型的高铅砷复杂含铜物料,回收价值高。但铜浮渣中砷含量较高,其安全脱除与清洁处置十分重要。本文提出采用底吹炉熔炼−吹炼法处理高铅砷铜浮渣,分析了砷在各相中的赋存形式和分布率。熔炼过程以铁屑和焦炭为还原剂,石灰石为脱砷剂,铜浮渣中主要物相为 PbO、PbS、Cu_2S 及 Cu_5As_2,熔炼产物包括熔炼渣、铅铜锍、砷铜锍、粗铅及烟气。铅铜锍与砷铜锍用底吹炉进行氧化吹炼,产出粗铜及吹炼渣。砷铜锍、粗铜中的砷为 Cu_3As,砷被碱性脱砷熔剂以稳定的砷酸钙形式脱除至熔炼渣,或以 As_2O_3 形式挥发至冶炼烟气。Pb、Cu 的直收率分别为 87%、62%,砷脱除率为 65%。通过合理调控冶炼渣碱度及操作制度,可提高砷的脱除率。

1 前言

铜浮渣是粗铅火法精炼过程中,熔析除铜工序产出的浮渣。在铅冶炼过程中,采用各种工艺生产的粗铅均含有一定量的杂质,通常含量为 2%~4%,包括 Cu、Fe、Ni、Co、Zn、As、Sb、Ag、Au、S、Se、Te、Bi 等元素,其中 Cu 杂质元素含量最高[1]。粗铅需经过精炼,除去杂质,并回收其中的有价金属。熔析除铜的原理是,铜在铅中的溶解度随温度降低而减小,当温度降低至极限值——Cu-Pb 共晶温度 326℃ 时,铅中理论含铜量为 0.06%,粗铅中的铜缓慢析出,形成浮渣漂浮于液态粗铅表面[2]。在实际生产中,粗铅中 As、Sb、Sn、S 等杂质与铜与结合生成 Cu_3As、Cu_5As_2、Cu_2Sb 和 Cu_2S,在除铜过程中一同脱除,进入铜浮渣中[3]。铜浮渣中 Cu(10%~30%)、Pb(47%~70%)、Au(20~30 g/t)、Ag(830~1050 g/t)等有价金属含量高、经济价值高,促进了铜浮渣回收处理工艺的研究与开发[4]。

铜浮渣现有处理技术分为火法、湿法工艺。湿法工艺包括酸浸、碱浸、氨浸法。酸浸、氨浸的原理是将铜溶入浸出液,铅留在浸出渣中[5],碱浸则将铅溶入浸出液,铜留在碱浸渣中,实现铅、铜的分离[6]。湿法工艺铅铜分离程度高,但适用于 As 含量较低的铜浮渣,工艺流程长,还存在固液分离及污水处理问题[7, 8]。根据冶炼设备不同,火法处理工艺分为反射炉、鼓风炉、电炉、转炉、回转窑炉,真空蒸馏法[9]。目前,国内多数工厂主要采用火法工艺处理铜浮渣,其中反射炉苏打-铁屑熔炼法应用最为广泛,将 Pb/Cu 分别富集在粗铅和铜锍中,并用苏打脱砷,达到分离回收两种金属的目的[10-12]。国外工厂多采用转炉熔炼法和电炉熔炼法。鼓风熔炼法因金属回收率较低,现很少使用[13]。真空蒸馏法处理能力较小,对设备真空度、密封性要求高,暂无工业化应用。现有火法工艺处理铜浮渣时,如反射炉、鼓风炉等,工艺流程短,易于实施,成本较低,但铅铜分离程度不高,且环境污染大,亟须开发清洁安全的工艺处理高砷铜浮渣。

富氧底吹冶炼技术是我国自主研发的新一代强化熔池熔炼技术,具有清洁高效、原料适

本文发表在《中国有色金属学会第十二届学术年会论文集》,2019(9):210−217。合作者:田苗、王亲猛、王拥军。

应性强、处理量大等优势[14]，我国河南豫光金铅、东营方圆、五矿铜业、中原黄金、山东恒邦等企业已采用该技术处理铜、铅精矿[15,16]。河南豫光金铅股份有限公司首次用富氧底吹熔炼-吹炼技术处理铅酸蓄电池，并建成世界最大再生铅生产基地[17]，展现出该技术处理复杂物料的优势。因此，本研究提出采用底吹冶炼技术处理高铅砷铜浮渣。目前，底吹冶炼技术的相关研究，主要集中于铜精矿富氧熔炼过程反应机理、热力学及动力学特性研究[18]，在处理高铅砷铜复杂资源方面的机理及应用尚未见报道，亟须开展研究。

本文研究铜浮渣底吹熔炼-吹炼过程中，Cu、Pb、As 在各阶段的反应机理及其在各物质中的赋存形式和分配率，为高砷铜浮渣中 Cu、Pb 的回收利用和 As 等危险物质的脱除提供指导，推动底吹炉冶炼技术在复杂危险物料处理方面的应用。

2 工艺介绍

2.1 高砷铜浮渣原料

高砷铜浮渣原料取自河南豫光金铅股份有限公司铅冶炼厂粗铅火法精炼车间。铜浮渣中主要物相为 PbS、PbO、Cu_5As_2、Cu_2S，如图 1。铜浮渣主要成分见表 1，可知铜浮渣中含有大量有价元素，Pb 为 70.10%，Cu 为 14.10%。其中有害元素 As 含量高达 5.53%，对铜浮渣回收工艺脱砷能力要求较高。

表 1　高铅砷铜浮渣成分 w　　　　　　　　　　　　　　　　　　　　%

元素	Pb	Cu	As	Sn	S	Ca	Na	Al	Sb	Ni
含量	70.10	14.10	5.53	3.38	2.4	1.86	1.67	1.28	0.55	0.28

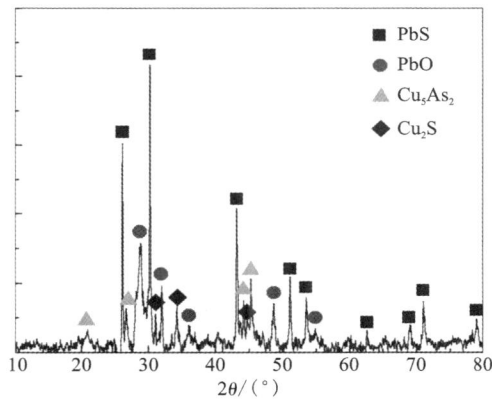

图 1　铜浮渣 XRD 物相检测成分

2.2 工艺流程

底吹熔炼-吹炼处理铜浮渣的工艺流程如图 2 所示。铜浮渣及铁屑、石英、石灰石、焦炭等辅料由底吹熔炼炉顶部加入熔池、进行熔炼，分离铜和铅，产出粗铅、砷铜锍、铅铜锍、熔炼渣及烟气。铜浮渣中 S 含量较低，熔炼放热量较少，因此向熔炼炉内鼓入天然气及富氧空气，提供熔炼过程所需热量，并搅动熔池，强化熔炼过程。采用石灰石（$CaCO_3$）作为脱砷熔剂，$CaCO_3$ 在高温下分解为 CaO 与 O_2，CaO 与其他金属氧化物形成炉渣，与部分金属硫化物如 PbS、ZnS 等发生反应转化为 CaS，CaS 与其他金属硫化物聚集形成铜锍。添加铁屑的作用是将铜浮渣中的 PbS 还原为金属铅。同时，部分铁转化为 FeO 或 Fe_2O_3 参与造渣。熔炼产出的熔炼渣密度较低，浮于熔池顶部，由底吹炉一端排出。其他熔体由炉体另一端放至沉降渣包中，冷却沉降分层。熔体由上至下分为三层，分别为铅铜锍、砷铜锍及粗铅，铅铜锍及砷铜锍快速冷却形成固体，可将其与液态粗铅分离。粗铅送至铅冶炼厂进行精炼处理。铅铜锍与砷铜锍破碎成块后送至底吹吹炼炉，经吹炼脱除杂质，产出粗铜及吹炼渣。熔炼炉、吹炼炉产出的烟气送入烟气处理系统回收余热、收集烟尘。熔炼、吹炼过程生产参数在该范围内稳定波动，以保证生产过程的正常进行。

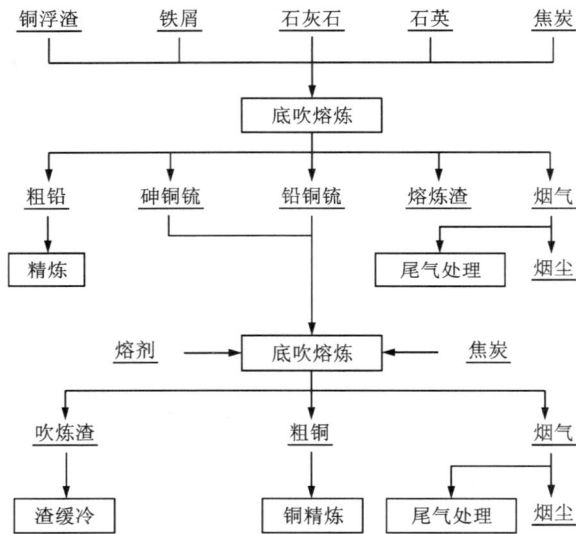

图 2　铜浮渣处理过程工艺原则流程图

2.3　样品分析

在正常熔炼、吹炼生产过程中取样，采集的样品包括熔炼渣、铅铜锍、砷铜锍、粗铅、熔炼烟灰及吹炼渣、粗铜、吹炼烟灰。在放渣口、放铜口用铁钎取高温熔融态的熔炼渣、吹炼渣、粗铜样品，在空气中冷却至室温。自沉降渣包中自然冷却的固态熔体中取铅铜锍、砷铜锍样品。从沉降渣包中的液态粗铅中取粗铅样品，并在空气中自然冷却。为保证数据可靠性，正常生产时，每天采样三次，连续采样 1 个月。样品全元素分析采用 X 射线荧光光谱仪（XRF），其中低含量元素采用电感耦合等离子体光谱仪（ICP）检测。用 X 射线衍射仪（XRD）检测矿物组成。分析样品微观结构时，用树脂镶嵌块状样品，并用水磨金相法制样、抛光。导电性差的熔炼渣、吹炼渣冶炼渣等样品，用高真空镀膜仪（日本电子 JEE-20）在样品表面喷碳,增强导电性和检测效果。用电子探针分析仪(日本电子 JXA-8530F,EPMA)及配套的波谱仪(WDS)进行样品微观结构和化学组成分析。

2.4 数据处理

根据熔炼及吹炼平衡产物中元素的含量,计算铜浮渣熔炼-吹炼过程中元素的分布行为。为尽可能减少加料速率、氧料比、温度等工艺参数波动,及取样检测等误差对结果的影响,各工序产物采集三组平行样品,采用检测含量的平均值进行研究[19]。元素在各产物中的分布量根据公式1计算:

$$D_i^E = \frac{w_i^E \cdot M_i}{\sum w_i^E \cdot M_i} \tag{1}$$

其中,D_i^E 代表元素 E 在物相 i 中的分配比例。物相 i 包括熔炼渣、铅铜锍、砷铜锍、粗铅、熔炼烟灰、吹炼渣、粗铜、吹炼烟灰。w_i^E 代表元素 E 在物相 i 中的质量分数,M_i 代表物相 i 的质量。

元素的直收率,根据该元素在可被经济回收的冶炼产物中的分配量计算,如式(2):

$$R_E = \frac{w_i^E \cdot M_i}{w_{feed}^E \cdot M_{feed}} \tag{2}$$

其中,R_E 代表元素 E 的直收率;w_{feed}^E 代表元素 E 在原料铜浮渣中的质量分数;M_{feed} 代表原料铜浮渣的质量。

3 结果与讨论

3.1 铜浮渣熔炼产物分析

3.1.1 熔炼渣

熔炼渣中主要物质为 $CaO \cdot FeO \cdot SiO_2$,大颗粒状的 $CaSiO_3$、马蹄状的 Fe_3O_4、Fe_3O_4 周围存在的少量 Fe_2O_3 及铁酸钙($CaO \cdot Fe_2O_3 \cdot SiO_2$)弥散分布在熔炼渣中,如图3。熔炼渣中夹杂少量粗铅。熔炼渣中 As 含量约为 0.2%,渣中的 As 以砷酸钙形式存在。砷酸钙中砷的性质较为稳定,在处理含砷废渣或污泥时,常用钙基稳定剂,将高毒性、迁移能力较强、高溶解性的砷转变为砷酸钙等自然条件下较稳定的金属砷酸盐,实现砷的稳定化。

3.1.2 铅铜锍与砷铜锍

冷却后的铅盖铜锍分为两层,上层为铅铜锍,下层为砷铜锍。铅铜锍主要物相为 PbS、Cu_2S,砷铜锍主要物相为 Cu_3As,夹杂少量 PbS 和 Pb,如图4。铅铜锍中 Cu 含量为 47%,Pb 含量为 30%,S 含量为 11%,As 含量为 2%。砷铜锍中 Cu 含量为 47%,Pb 含量为 23%,S 含量为 4%,As 含量约为 21%。砷铜锍中 Pb、S 含量低于铅铜锍,而 As 含量显著高于铅铜锍,Cu 含量与铅铜锍基本相同。上层铅铜锍中两种物相交织分布,下层砷铜锍中基本呈单一物相,部分铅铜锍夹杂于其中。对铅盖铜锍分层界面区域进行元素含量线性扫描,结果表明各种元素在黑、砷铜锍中的含量基本稳定,铅铜锍、砷铜锍中的 Cu 元素含量基本相同,Pb、S 主要以 PbS 形式存在于铅铜锍中,少量夹杂在砷铜锍中。因此,砷铜锍中的 Pb、S 元素含量

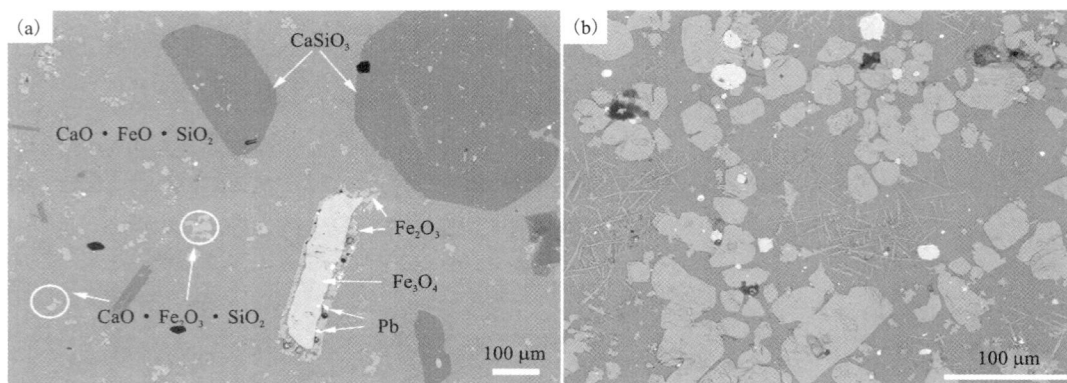

图 3　铜浮渣底吹熔炼渣

较低，铅铜锍中 Pb、S 含量较高。As 在铅铜锍、砷铜锍中均以 Cu_3As 的形式存在，铅铜锍中的 Cu_3As 为少量夹杂物，因此，砷铜锍中 As 含量较高，铅铜锍中 As 含量较低。

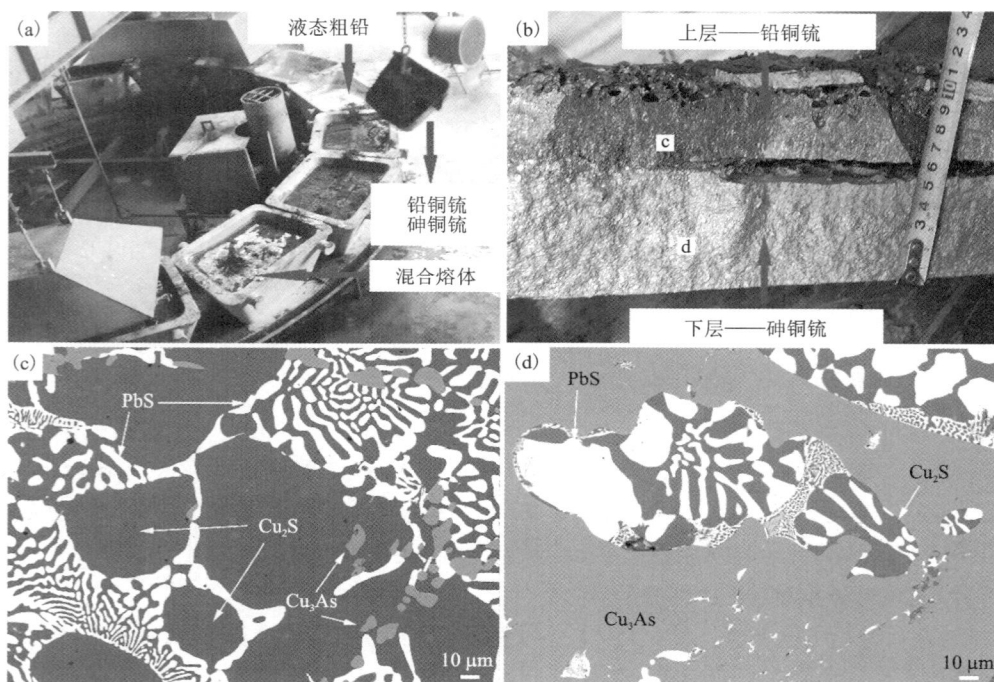

图 4　（a）铜浮渣底吹熔炼产物，（b）固态铅铜锍/砷铜锍，（c）铅铜锍，（d）砷铜锍

3.1.3　粗铅及熔炼烟灰

粗铅中主要物相为 Pb，包含少量 As、Sb、Cu、Bi 等杂质元素。粗铅品位达可达 87%~93%，可进一步精炼除杂，制取高纯度铅。熔炼烟灰中主要物相为 $PbSO_4$，以及少量 PbS、

ZnS、Cu_2S、As_2O_3、Fe_2O_3。

3.2 铅铜锍及砷铜锍吹炼产物

3.2.1 粗铜

粗铜中的主要物相为 Cu，还含有部分 As、Pb、S、Sb 等杂质元素。其中 As 以 Cu_3As 的形态弥散分布在粗铜，如图5(a)，粗铜中黑色夹杂物为 Cu_2S 颗粒，Cu_2S 颗粒中黑色区域为 Cu_2S，灰色区域为 Cu_3As 及少量 PbO。工业生产中粗铜品位约为89%~93%，后续进行精炼除杂。

3.2.2 吹炼渣及烟灰

吹炼渣包括 Fe_2SiO_4、PbO、Cu 等主要物相，及少量 PbS、SnO、Fe_3O_4 杂质。吹炼渣中 Pb 含量约为35%，As 含量为5%~10%，Cu 含量约为18%，如图5(b)，因吹炼渣冷却速度不均，不同成分在冷却过程中出现偏析，导致了吹炼渣中出现三种不同的形态结构。包括簇状、瓣状、针状三种形态的物质单元组成，每个结构单元中，簇状结构位于中心，次外层包裹瓣状结构，最外层环绕着针状结构，各结构中的物质成分和含量不同。黑色部分主要成分为 Fe_2SiO_4，白色部分主要成分为 PbO，黑色、白色小颗粒分别聚集为黑、白簇状结构，间隔分布。大量离散、细小的黑、白颗粒夹杂分布在两相之中。瓣状结构分布在簇状结构周围，黑色部分为 Fe_2SiO_4，白色部分为 PbO，与簇状结构成分相同。黑色针状物质主要是 Fe_2SiO_4，其中 Fe_2SiO_4 的含量显著高于簇状、瓣状结构，因此呈现出较深的衬度。

吹炼渣中的铜主要为夹杂的粗铜颗粒，Cu 主要分布在以 Fe_2SiO_4 为基质的黑色部分。As 主要以 As_2O_3 形式溶于吹炼渣中，且 As 在 PbO 相的含量高于 Fe_2SiO_4 相。吹炼电收尘烟灰中的物相主要为 $PbSO_4$，以及少量 Cu_2S、As_2O_3、Sb_2O_3、SnO。

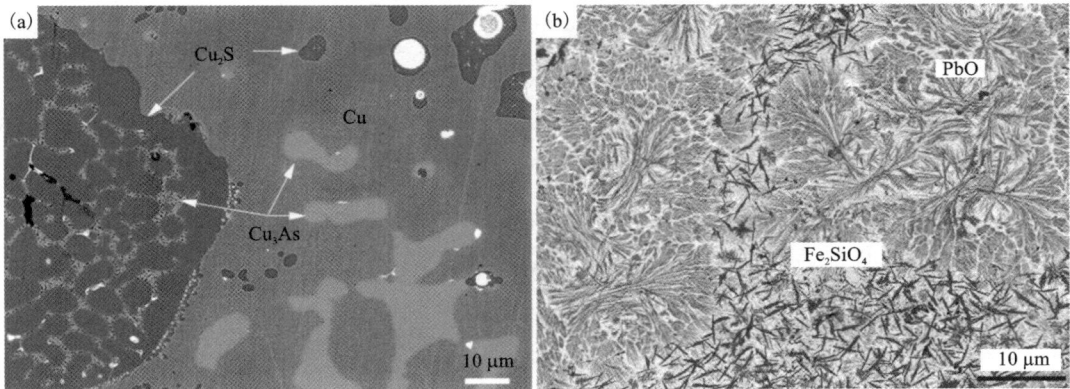

图5 吹炼产物

(a)粗铜；(b)吹炼渣

3.3 高铅砷铜浮渣底吹熔炼–吹炼机理

3.3.1 反应机理

铜浮渣中的砷通常以 Cu_5As_2、Cu_3As 的形态存在，但本研究中的铜浮渣样品中未检出

Cu_3As。在熔炼过程中，PbS 及 PbO 被铁屑和焦炭还原为 Pb，形成粗铅相。

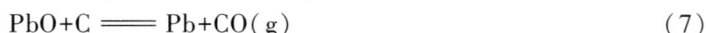

$$PbS+Fe \Longrightarrow Pb+FeS \tag{3}$$

$$PbO+Fe \Longrightarrow Pb+FeO \tag{4}$$

$$FeS+O_2 \Longrightarrow FeO+SO_2 \tag{5}$$

$$2FeO+SiO_2 \Longrightarrow 2FeO \cdot SiO_2 \tag{6}$$

$$PbO+C \Longrightarrow Pb+CO(g) \tag{7}$$

部分 As 被氧化挥发进入烟气，部分 As 与脱砷剂 $CaCO_3$ 反应形成砷酸钙类化合物进入熔炼渣。根据 Shishin[20] 等测得的 $Cu-As$ 二元系相图可知，熔炼过程中温度升高时，Cu_5As 将转化为 Cu_3As，即熔炼过程中，大部分 As 与 Cu 结合形成砷铜锍（Cu_3As）。少量 Cu_3As 夹杂进入铅铜锍和熔炼渣。

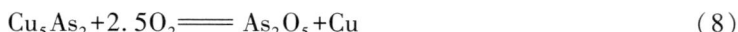

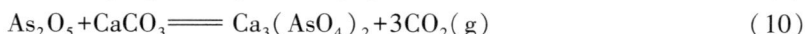

$$Cu_5As_2+2.5O_2 \Longrightarrow As_2O_5+Cu \tag{8}$$

$$Cu_5As_2+1.5O_2 \Longrightarrow As_2O_3+Cu \tag{9}$$

$$As_2O_5+CaCO_3 \Longrightarrow Ca_3(AsO_4)_2+3CO_2(g) \tag{10}$$

$$As_2O_3+CaCO_3 \Longrightarrow Ca(AsO_2)_2+CO_2(g) \tag{11}$$

$$Cu_5As_2 \longrightarrow Cu_3As+Liquid \tag{12}$$

在吹炼阶段，砷铜锍中部分砷被氧化造渣，以 As_2O_3 形式溶于吹炼渣，部分 As_2O_3 挥发进入烟气中，未分解的 Cu_3As 进入粗铜中，少量 Cu_3As 夹杂进入吹炼渣。1000℃ 以上时，$Ca_3(AsO_4)_2$ 的稳定性高于 $Ca(AsO_2)_2$，因此，渣中 As 更趋向以 $Ca_3(AsO_4)_2$ 形式存在。

3.3.2 碱性熔剂脱砷机理

铜浮渣冶炼过程中，碱性物质良好的脱砷性能表明砷的氧化物偏酸性。砷氧化物酸性强弱可根据阳离子静电场强来判断。Gilchrist[21] 提出氧化物的酸碱性与阳离子和氧离子间的作用力有关，称为阳离子的静电场强，如式（13），阳离子的电荷数越大，半径越小，则其静电场强越大，阳离子与氧离子作用时的极化能力增强时，Me—O 键的共价键成分增大，氧化物解离出氧离子的趋势减小，碱性变弱。

$$I_n = \frac{z_c}{a^2} = \frac{z_c}{(r_a+r_c)} \tag{13}$$

其中，I_n 指氧化物 n 的阳离子静电场强 I；z_c 是阳离子电荷数；a、r_c、r_a 分别为离子半径之和、阳离子半径及阴离子半径，单位为 Å（$1 Å = 10^{-10}m$）。阳离子静电场强值在 $0.4 \sim 0.9$ 间的氧化物为中性氧化物，小于 0.4 为碱性氧化物，大于 0.9 为酸性氧化物。As^{3+}、As^{5+}、O^{2-} 的离子半径分别为 0.58 Å、0.46 Å、1.4 Å[22]，计算可得，$I_{As_2O_3}$ 为 0.76，$I_{As_2O_5}$ 为 1.28，因此，As_2O_3 为中性氧化物，As_2O_5 为酸性氧化物。

砷氧化物中 As—O 键的离子键分数也可作为酸碱性判据，Pauling[23] 提出化合物中，没有纯粹的离子键和共价键，而是部分离子键与部分共价键的混合，氧化物的 Me—O 键中离子键所占的比例用离子键分数表示，与成键原子的电负性有关：

$$\text{ionic fraction} = 1-e^{-0.25(x_A-x_B)^2} \tag{14}$$

其中，x_A 和 x_B 分别表示金属（或准金属）原子和氧原子的电负性。离子键分数在 $0.35 \sim 0.55$ 间为中性氧化物，小于 0.35 为酸性氧化物。As、O 原子的电负性分别为 2.18、3.44，As—O 键的离子键分数为 0.33，砷的氧化物为酸性。

As$_2$O$_5$ 酸性强于 As$_2$O$_3$，因此，在火法冶炼过程中，以 As$_2$O$_5$ 形式存在的砷易于向碱性炉渣中脱除。

3.3.3 处理效果

综合分析底吹熔炼-吹炼工序的产物组成可知，As 在铜浮渣冶炼过程的脱除机制是：将 As 氧化为 As$_2$O$_3$，使其挥发进入气相，或加入脱砷熔剂，与 As 的氧化物反应形成炉渣。

在底吹熔炼过程中，铜浮渣中的铅富集于粗铅相，产出品位约为 87%~93% 的粗铅。铅铜锍及砷铜锍中的铜，经过底吹吹炼工序回收富集，产出品位约 89%~93% 的粗铜。铜在熔炼渣、吹炼渣中的损失率分别为 2%、20%。整体冶炼过程砷的脱除率为 65%。

底吹熔炼过程中，部分 As 被氧化挥发进入烟气，部分进入熔炼渣、铜锍、粗铅，大部分 As 以 Cu$_3$As 形式进入了砷铜锍。在吹炼阶段，部分砷通过氧化造渣，进入吹炼炉渣，小部分挥发进入烟气。吹炼过程的脱砷能力与体系氧势、渣碱度及操作方式有关，吹炼过程需控制氧势防止铜过氧化，因而操作制度波动时，易降低脱砷率，使粗铜中的 As 分配量增大。

同时，脱砷熔剂的种类和用量、加入时间、加入方式等操作制度均会影响脱砷效果。如向熔炼中添加的脱砷熔剂 CaCO$_3$，添加量或添加方式改变时，CaCO$_3$ 可能主要参与造渣反应，无法实现脱砷功能。因此需通过优化调控底吹熔炼-吹炼过程工艺条件，并配合调整生产操作制度，强化反应热力学、动力学条件，提高脱砷效果。

4 结论

本文提出采用底吹熔炼-吹炼工艺清洁处理高铅砷铜浮渣。铜浮渣熔炼产物包括粗铅（Pb）、砷铜锍（Cu$_3$As）、铅铜锍（PbS 及 Cu$_2$S）、熔炼渣（CaO·FeO·SiO$_2$）及烟气。铜浮渣中的铅在熔炼过程中分离回收，产出品位为 87%~93% 的粗铅。砷铜锍及铅铜锍进一步进行底吹吹炼，回收其中的铜，产出品位为 89%~93% 的粗铜。冶炼过程中，As 以两种方式脱除，一是与碱性脱砷剂 CaCO$_3$ 反应形成稳定的砷酸钙进入冶炼渣，二是以 As$_2$O$_3$ 形式挥发至烟气中。整体工艺过程中，Pb、Cu 的直收率分别为 87%、62%，砷的脱出率为 65%。脱砷效果与冶炼渣碱度、操作制度有关，如脱砷熔剂种类、用量、加入时间和加入方式。通过优化调控底吹熔炼-吹炼过程的工艺条件，并配合调整生产操作制度，强化反应条件，可进一步提高脱砷效果。

参考文献

[1] Rehren Thilo, Boscher Loïc, Pernicka Ernst. Large scale smelting of speiss and arsenical copper at Early Bronze Age Arisman, Iran[J]. Journal of Archaeological Science, 2012, 39(6): 1717-1727.

[2] Plascencia-Barrera G, Romero-Serrano A, Morales R D, Hallen-LOPEZ M, Chavez-Alcala F. Sulfur injection to remove copper from recycled lead[J]. Canadian Metallurgical Quarterly, 2013, 40(3): 309-316.

[3] Greenwood J Neill. The refining and physical properties of lead[J]. Metallurgical Reviews, 2013, 6(1): 279-352.

[4] Filippou Dimitrios, St-Germain Pascale, Grammatikopoulos Tassos. Recovery of metal values from copper—arsenic minerals and other related resources[J]. Mineral Processing and Extractive Metallurgy Review, 2007, 28(4): 247-298.

［5］Bates Curtis, Dimartini Carl. Sodium treatment of copper dross［J］. JOM, 1986, 38(8): 43-45.

［6］Chouzadjian Kevork A, Roden Stephen J, Davis Gary J, Laven John M. Development of a process to produce lead oxide from Imperial smelting furnace copper/lead dross［J］. Hydrometallurgy, 1991, 26(3): 347-359.

［7］Jacobi J S. Recent developments in the recovery of copper and associated metals from secondary sources［J］. JOM, 1980, 32(2): 10-14.

［8］Shibasaki T, Hasegawa N. Combined hydrometallurgical treatment of copper smelter dust and lead smelter copper dross［J］. Hydrometallurgy, 1992, 30(1): 45-57.

［9］王迎爽. 铜浮渣真空蒸馏分离铜与铅的研究［Z］. 昆明理工大学, 2012.

［10］陈海清. 提高铜浮渣反射炉熔炼金银回收率的研究［J］. 湖南有色金属, 2007, 23(5): 20-22, 72.

［11］陈海清. 铜浮渣苏打——铅精矿熔炼新工艺研究［J］. 有色金属(冶炼部分), 2007(3): 6-8, 12.

［12］包崇军, 贾著红, 吴红林. 转炉处理铜浮渣的工业试验［J］. 中国有色冶金, 2009(3): 27-28, 73.

［13］Morgan S W K, Greenwood D A. The metallurgical and economic behavior of lead in the imperial smelting furnace［J］. JOM, 1968, 20(12): 31-35.

［14］Wang Qinmeng, Guo Xueyi, Tian Qinghua. Copper smelting mechanism in oxygen bottom-blown furnace［J］. Transactions of Nonferrous Metals Society of China, 2017, 27(4): 946-953.

［15］Coursol P, Mackey P J, Kapusta J P T, Valencia N Cardona. Energy consumption in copper smelting: A new asian horse in the race［J］. JOM, 2015, 67(5): 1066-1074.

［16］Mao Chen, Cui Zhixiang, Zhao Baojun. 6th international symposium on high-temperature metallurgical processing. Springer, Cham［Z］. Springer, cham, 2015257-264.

［17］Li Weifeng, Zhan Jing, Fan Yanqing, Wei Chang, Zhang Chuanfu, Hwang Jiann Yang. Research and industrial application of a process for direct reduction of molten High-Lead smelting slag［J］. JOM, 2017, 69 (4): 784-789.

［18］Wang Qinmeng, Guo Xueyi, Tian Qinghua, Chen Mao, Zhao Baojun. Reaction mechanism and distribution behavior of arsenic in the bottom blown copper smelting process［J］. Metals, 2017, 7(8): 302.

［19］Yang Tianzu, Hui Xiao, Lin Chen, Wei Chen, Liu Weifeng, Zhang Duchao. Element distribution in the oxygen-rich side-blow bath smelting of a low-grade bismuth-lead concentrate［J］. JOM, 2018, 70(6): 1-6.

［20］Shishin Denis, Jak Evgueni. Critical assessment and thermodynamic modeling of the Cu-As system［J］. Calphad-Computer Coupling of Phase Diagrams and Thermochemistry, 2018, 60: 134-143.

［21］Gilchrist James Duncan. Extraction metallurgy［Z］. Third ed. London: Pergamon Press, 1989.

［22］Lide David R. Handbook of chemistry and physics［Z］. Boca Raton: CRC Press, 1988.

［23］Linux Pauling. The nature of the chemical bond and the structure of molecules and crystals［Z］. New York: Cornell University Press, 1960.

铜富氧顶吹熔炼搭配处理废电路板研究

摘要: 废电路板包含多种高品位贵金属,经济价值高。贵金属的有效富集与有机物的清洁处理是废电路板高温处理的关键问题。本文结合废电路板高温处理的发展现状,研究了铜富氧顶吹熔炼搭配总投料量 1%~20% 废电路板的工艺过程,并对影响废电路板富氧熔炼的关键因素:废电路板富氧搭配熔炼的方法、熔炼炉操作条件、贵金属的回收、有机物的反应行为以及烟气处理等进行了详细分析,同时展望了废电路板富氧搭配熔炼技术的发展趋势。

废印刷电路板由电子元器件、有机强化树脂、玻璃纤维、铜箔等组成,其中金属含量一般超过 40%[1],Cu 及贵金属 Au、Ag、Pt、Pd 等品位超过原生矿产资源,经济价值较高,可作为二次资源代替原生矿产资源的开采,降低原生矿产资源消耗。

废电路板的火法处理通过焚烧、烧结、熔融、熔炼、热解等方式分解废电路板中的有机物,回收有价金属[2]。废电路板中普遍含有铅、镉、汞等对人体和环境有害的物质,有机组元中的溴化阻燃剂、树脂等未能有效处理时会产生大量强毒性致癌物质[3],因此贵金属的富集回收与有机物的清洁处理是废电路板火法处理的关键问题。富氧熔炼工艺因处理量大,炉料适应性强,能高温分解有机物及有害物质等优势,逐渐用于废电路板的处理。

Umicore[4] 采用艾萨熔炼法搭配处理废电路板、阳极泥、工业残渣及其他富含贵金属的原料,回收 17 种金属,适宜处理贵金属含量较高的二次资源。格林美[5] 提出湿法脱焊-拆解分类-火法焚烧有机物和有害尾气处理废电路板的工艺,逐步湿法浸出不同元素,破碎、分选废电路板中的不同组分,回收金属组分,用高温焚烧法处理有机组分和有害尾气,需配置焚烧炉及额外的尾气燃烧室,设备、流程较为复杂。陈正等[6] 采用流态化焚烧炉熔炼处理废电路板,将破碎废电路板加入流态化焚烧炉,废电路板中的铜熔融为粗铜,玻璃纤维等形成炉渣,利用废电路板基板上无机物燃烧放热维持生产,焚烧烟气依次经过水冷、旋风除尘、布袋除尘、活性炭吸附塔、碱液吸收塔,以降低烟气温度、收集烟尘、净化尾气,防止二噁英的生成。该法原料适应性强,但流程长,设备复杂。有研究采用闪速熔炼及电炉贫化工艺处理废电路板[7],需将废电路板粉碎至 3 mm 以下,经熔炼得到液态金属与炉渣,液态金属铸锭,炉渣贫化后水淬堆存,废气急冷、脱酸、脱尘后排空。该工艺流程简单,处理量大,但对原料粒度、成分、工艺条件要求严格,预处理过程复杂、能耗高。

1 废电路板富氧搭配熔炼工艺简介

富氧搭配熔炼中以脱锡废电路板及铜精矿(包括渣精矿)作为原料,将废电路板中的铝合金散热片拆除,熔化脱除废电路板表面的焊锡,将其破碎为 50 mm×50 mm 的块状物料,采用富氧顶吹炉搭配熔炼废电路板,脱锡废电路板、铜精矿成分见表1,工艺流程如图1。

本文发表在《第三届中国有色金属资源循环论坛》,2019(9):66-72。合作者:田苗,王亲猛。

表 1　熔炼原料成分表 %

成分	Cu	Fe	S	SiO$_2$	CaO	MgO	Al$_2$O$_3$	Au	Ag	Pd	Pt
废电路板	20.79	6.46	0.15	21.83	5.50	1.14	4.16	12.19	809.70	4.46	0.08
铜精矿	23.64	25.15	26.95	8.02	1.82	2.12	1.34	4.27	183.80		

注：表中 Au、Ag、Pd、Pt 成分单位均为 g/t。

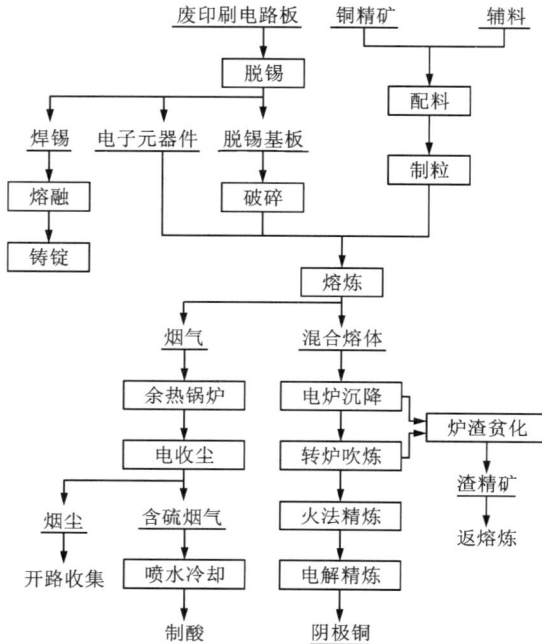

图 1　富氧熔炼搭配处理废电路板工艺流程图

富氧顶吹铜熔炼搭配处理废电路板的工序示意图见图 2。废电路板、铜精矿、熔剂及块煤等物料由炉顶加料口入炉，在高温熔池有效分解有机物，利用有机物和硫化矿氧化放热实现自热熔炼，降低能耗，喷吹二次空气分解残留的化合物，烟气经余热回收、电收尘、喷水冷却后进入制酸系统，熔炼技术指标见表 2。

表 2　熔炼工艺技术指标

项目	参数	项目	参数
炉床能力/[t·(h·m^2)$^{-1}$]	220	生产设备利用率/%	92
顶吹炉直收率/%	93	熔炼温度/℃	1250
富氧浓度/%	60	漏风率/%	50

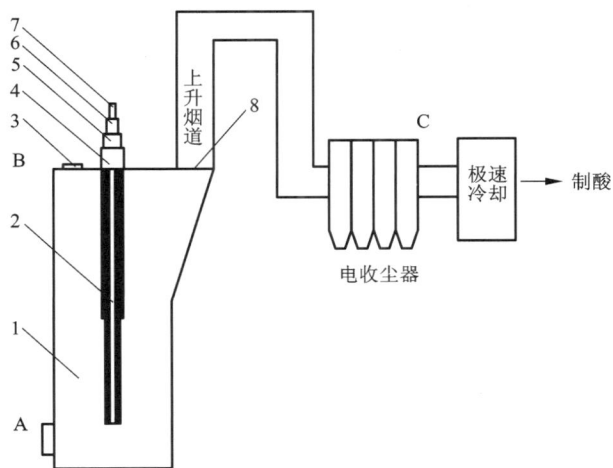

图 2　富氧顶吹熔炼工序示意图[8]

1—富氧顶吹炉；2—喷枪；3—加料口；4—套筒风；5—助燃空气；6—氧气；7—粉煤；8—烟气出炉口

2　废电路板搭配处理对富氧熔炼过程的影响

2.1　有价组元行为

图 3(a)表示搭配不同比例废电路板的熔炼铜锍产率与炉渣产率，图 3(b)为对应的熔剂高硅河沙及石灰使用率。由图 3 可知，随废电路板搭配比例的增大，铜锍率基本稳定，渣率与熔剂率降低。富氧顶吹搭配熔炼加料量恒定，铜锍品位基本稳定，炉渣铁硅比约为 1.24，废电路板含铁量低，Fe 以 $2FeO \cdot SiO_2$、Fe_3O_4 等化合物的形式造渣，搭配比例增加，入炉铁量与造渣铁量降低，所需的熔剂量和产生的渣量减少。废电路板玻璃纤维中 CaO、SiO_2 含量较高，可代替高硅沙和石灰参与造渣反应，降低熔剂添加量。废电路板中 Al_2O_3 含量较高，熔融后结合 CaO、SiO_2 等造渣[9]，这种高铝铁硅渣的相组成与性质尚不明确。

铜锍对贵金属的捕集作用较强，在铜富氧熔炼过程中搭配处理废电路板，可高效清洁地富集回收贵金属。所得阳极铜品位为 99.1%，其余 0.9% 包括金、银、铂、钯、硒、碲、镍等有价金属。贵金属在熔炼系统的反应周期较长，需在流程末端综合多种工艺分离回收[10]。

2.2　燃料用量与熔炼过程热平衡

废电路板中的有机组分在熔炼过程中氧化放热可为反应提供部分热量，减少燃料用量。还可代替焦炭，作为还原剂还原熔炼中生成的 Fe_3O_4，但其还原作用仅在有机物氧化分解反应初期显现[11]。Umicore 进行工业对比试验研究无有机物电路板与 4.5% 焦炭，6% 废电路板与 1% 焦炭两种条件对熔炼过程的影响，结果显示废电路板有机组分可部分代替焦炭的功能，作为燃料和还原剂，且对金属回收率及熔炼过程的稳定性没有消极影响[12]。在熔炼中需根据废电路板的不同组成和热值，按照实际需求添加燃料和还原剂。

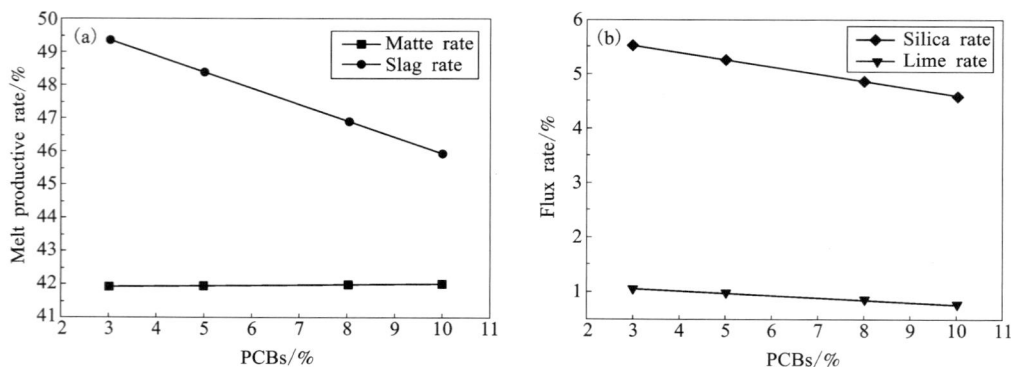

图 3　废电路板富氧搭配熔炼

(a)熔体产率；(b)熔剂率变化图

图 4 为搭配熔炼所需的还原块煤用量与燃料粉煤用量随废电路板搭配量的变化。随着废电路板搭配比例的增加，铜精矿用量减少，入炉物料中的铁含量降低，熔炼中生成的 Fe_3O_4 与炉渣量降低，因此需还原的 Fe_3O_4 减少，还原剂块煤用量有所减少。废电路板搭配量与铜精矿加料量相比仍然较少，有机物还原作用较弱，因此还原剂用量变化幅度微小[13]。废电路板中硫含量较少，入炉物料中硫化铜精矿比例降低时，硫氧化放热量减少，废电路板中有机物氧化放热量增加，在此例中，自热反应放热量降低，需加入更多粉煤补充热量，当废电路板中有机物热值可提供熔炼所需热量时，可实现完全自热熔炼过程。

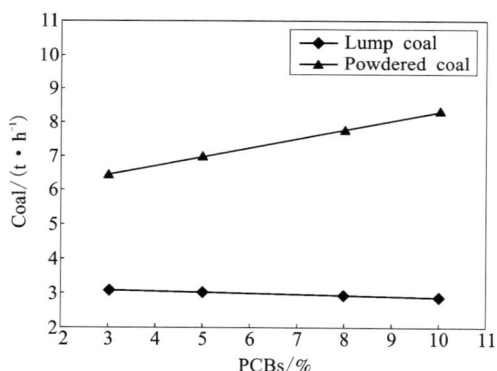

图 4　富氧搭配熔炼不同比例废电路板块煤与粉煤用量

图 5 为废电路板富氧搭配熔炼热收入与热支出比例。随废电路板搭配比例的增加，熔炼中各阶段热收入与热支出基本稳定。炉料中有机物比例增大，其氧化放热量在热收入中的比例增加，总体发热值增大。有机物部分代替块煤作还原剂，块煤用量减少，燃烧热占比减少。炉渣率与炉渣带出热减少。熔炼烟气总量随废电路板搭配比例升高而增大，烟气、烟尘带走热逐渐增加。

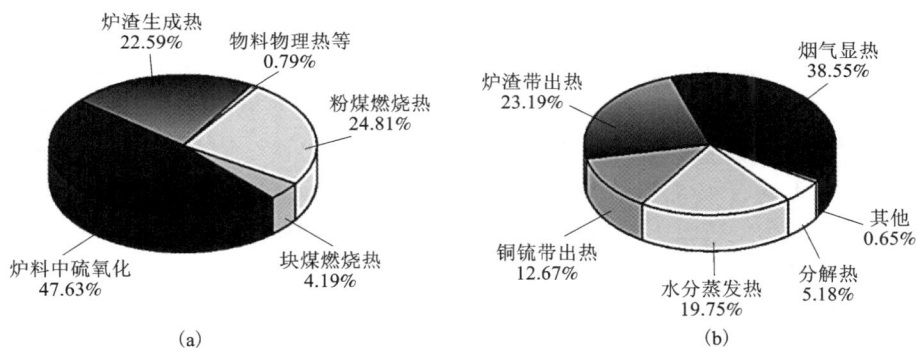

图 5　废电路板富氧搭配熔炼

(a)热量收入；(b)热量支出值比例图

2.4　有机物反应行为

　　废电路板中有机物指构成废电路板基板的环氧树脂，主要成分如表 3，常用的环氧树脂分为两种，一种是玻璃纤维增强的双酚 A 型环氧树脂复合材料(FR-4)，用于高价值的电子和电器设备；另一种是玻璃纤维增强的酚醛环氧树脂复合材料(FR-2)以及纸基线路板，用于廉价的家电行业[14]。FR-4 电路板中固化后的环氧树脂结构如图 6。

表 3　废电路板有机物成分表 w　　　　　　　　　　　　　　　%

成分	C	H	O	N	S	Cl	Br	合计
含量	54.2	6.23	18.97	3.27	0.53	0.53	16.27	100

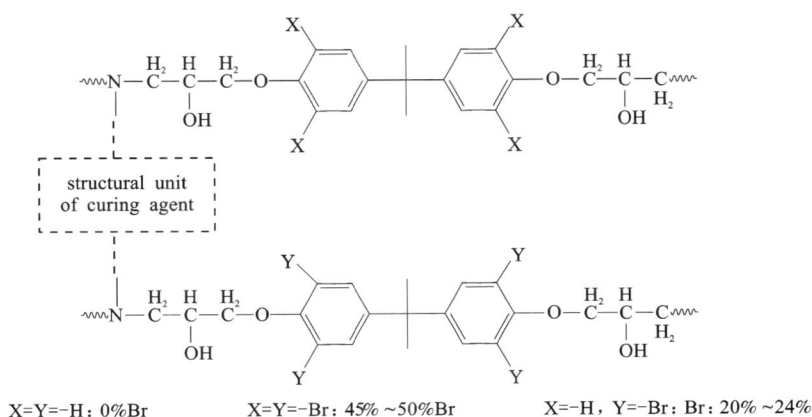

X=Y=-H: 0%Br　　　　X=Y=-Br: 45%~50%Br　　　　X=-H, Y=-Br: Br: 20%~24%

图 6　环氧树脂结构示意图[15]

废电路板中的危险物质主要是溴化阻燃剂和重金属（Pb、Be、Hg、Cd 等）。四溴双酚 A 是主要的溴化阻燃剂，占电路板行业阻燃剂使用量的 96%，焚烧时会产生大量的二噁英。环氧树脂可氧化分解为多种小分子物质，如在 300~500℃ 间，可生成酚类、溴代酚、醇类、酮类、醛类、硫酸盐、CO_2、CO、CH_4 及水蒸气等物质。在 500℃ 以上时，C、H 等氧化为 CO_2、CO、CH_4、H_2O 等气体存在[16]。富氧顶吹炉内温度高于 1200℃，有机物中的 C、H 等基本完全氧化为 CO_2 和 H_2O 进入烟气。

环氧树脂中的溴在高温下的反应有 3 类：①形成溴代酚类，在高温下氧化进入气相；②在熔池中生成挥发性气体 HBr；③生成的气体 HBr 与 Cu、Fe 及其氧化物反应，形成金属溴化物，熔融进入炉渣，以 $CuBr_2$、$FeBr_2$、$CuCl_2$ 等形式分布在熔体或烟尘中[17]。富氧熔炼熔池中温度较高，Br、Cl 主要通过第二类反应以 HBr、HCl 形式挥发进入气相。炉内保持一定的过氧量时，HBr、HCl 可结合 O_2 形成 Br_2/Cl_2，在二噁英生成反应中可作为氯源及并参与氯化催化反应。同时，Br、Cl 结合挥发性元素 Zn 等生成 $ZnBr_2$、$ZnCl_2$ 等，烟尘中的金属氯化物/溴化物颗粒可作为金属催化剂催化二噁英生成反应。

3　二噁英控制

3.1　二噁英生成机理

废电路板固有的微量二噁英在高温下几乎被完全分解，熔炼过程中二噁英（如图 7）的生成机理分两种（如图 8）：①因反应温度及时间不足，废电路板中的有机物未完全分解，生成芳香烃类物质，Br_2、Cl_2 与其中的苯环发生取代反应生成二噁英前驱物，在 200~450℃，前驱物在烟尘中 $CuCl_2$、Fe_2O_3 等催化剂的作用下生成 PCDD/Fs[18]。②在烟气处理系统的低温区内，烟气中 C、H、O、Cl 等元素通过从头合成反应（De novo Synthesis）由极少量 CO、CO_2 经催化剂的作用生成脂肪烃类前驱物，并发生环化反应，结合 Cl_2 生成 PCDD/Fs。

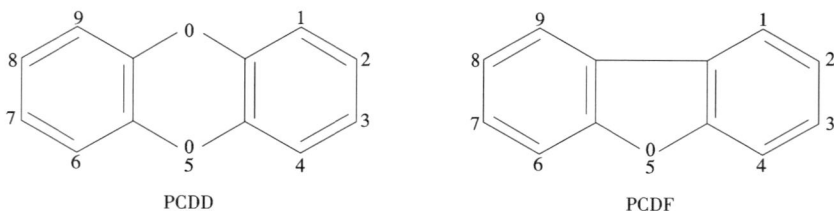

图 7　二噁英分子结构图[19]

废电路板中的氯源在充分燃烧时可全部转化为 HCl，HCl 在金属催化剂的作用下发生 Deacon 反应[20]生成 Cl_2（式 1）：

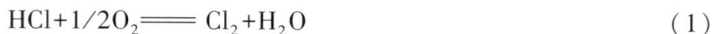

$$HCl + 1/2 O_2 \rightleftharpoons Cl_2 + H_2O \tag{1}$$

二噁英在 850℃ 时停留 2 s 以上可分解完全，但温度降低至 200~450℃ 可重新合成[21]。从头合成反应生成 PCDD/Fs 的量与反应温度相关，在 325℃ 时 PCDD/Fs 的生成量最高，常发生在焚烧炉的尾部区域，如电除尘器内[22]。

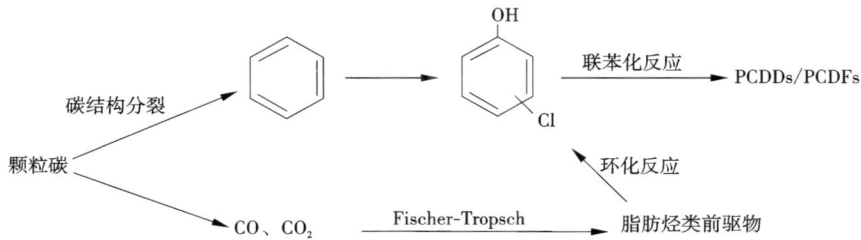

图 8 二噁英合成机理示意图[23]

3.2 检测与分析

如图 2 所示，国内某铜厂在顶吹炉散排点堰口 A、进料口 B、电收尘器出口 C 三处可能存在二噁英的位置设置二噁英浓度监测点，二噁英实际生产实验毒性检测值如图 9 所示。

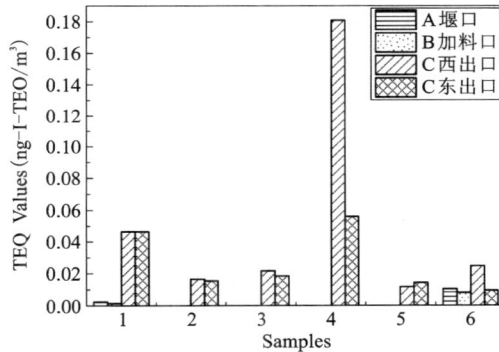

图 9 二噁英毒性检测值分布[24]

A、B 两处二噁英最大毒性当量浓度值为 0.010 ng-I-TEQ/m³，二噁英 96 h 连续监测平均值为 0.005 ng-I-TEQ/m³，顶吹炉堰口及加料口附近无组织排放的废气中二噁英浓度极低，基本无二噁英生成。C 处电收尘器东、西出口测得的二噁英毒性当量值基本相同，样本 4 电收尘器西出口二噁英检测值异常增大，可能因取样、检测误差造成二噁英检测值异常。其余样本中二噁英浓度均小于 0.06 ng-I-TEQ/m³。新建企业大气污染物二噁英类排放限值为 0.5 ng-I-TEQ/m³，二噁英生成量的最大监测值处于电收尘器出口，平均为 0.10 ng-I-TEQ/m³，满足排放标准，表明熔炼整体操作条件可有效抑制二噁英的生成。

3.3 二噁英控制条件

根据二噁英的生成机理可知，废电路板搭配熔炼过程中二噁英的生成与顶吹炉中不同位置的碳含量及其形态、反应温度、氯源、催化剂、含硫量及含氧量密切相关。

顶吹炉采用敞开连续加料方式，废电路板加料时少量有机物分解生成脂肪烃、大分子碳等，可能在炉口低温区域生成二噁英，由加料口逸出。对此可向炉膛上部鼓入二次空气，氧化烟气中残留的有机物，炉膛上部温度可达到 1300℃，远高于二噁英的生成温度区间及二噁英的分解温度，炉膛上部锥形段空间较大，烟气在炉内高温区的停留时间增长，低温区域可能生成的PCDD/Fs被彻底分解。高温气相反应条件被破坏，其对PCDD/Fs总生成量的贡献可忽略不计[25]，电收尘器出口C处所测得的二噁英可能为烟道内烟气温度降至200~450℃时经从头合成反应生成的。

原料中的Br、Cl在高温下分解为HBr、HCl、$ZnCl_2$等形态，基本无残留Cl_2。同时，搭配硫化铜精矿富氧熔炼可产生高浓度的SO_2（15%~20%）烟气，SO_2可抑制Deacon反应[26]（式2），或结合含苯环的物质生成磺酸盐酚前驱物[27]，或与铜催化剂反应[28]（式3），减少Cl_2的生成，降低二噁英生成中的氯代作用及催化作用抑制二噁英的生成。HCl、$ZnCl_2$等无机氯虽可通过置换反应与苯环物质生成二噁英，但其氯化作用极弱，远低于Cl_2。

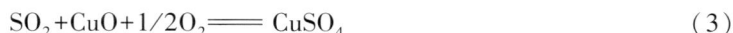

$$SO_2+Cl_2+H_2O =\!\!=\!\!= 2HCl+SO_3 \tag{2}$$

$$SO_2+CuO+1/2O_2 =\!\!=\!\!= CuSO_4 \tag{3}$$

烟尘中的金属催化剂是发生Deacon反应和从头合成反应必不可少的条件[29]，大分子碳紧密地吸附在具有多孔结构的烟尘催化表面上，仅0.01%~0.04%碳转化为PCDD/Fs，顶吹炉熔炼本身烟尘率低，若有极少量二噁英在烟尘表面生成，将吸附在烟尘表面并被电收尘器收集，极少量解吸至烟气中[30]。

富氧顶吹炉熔池温度高，废电路板在熔池中快速、充分反应分解，与热解处理相比，无有害物质的生成。采用"3T"原则控制二噁英的排放，即炉膛内温度保持在850℃以上（Temperature），向炉膛上部锥形段鼓入二次空气，充分搅拌混合增强湍流度（Turbulence），延长气体在高温区的停留时间（Time>2 s）[31]，有效分解烟气中残存的有害物质；硫化铜精矿氧化生成高浓度的SO_2烟气可抑制二噁英生成反应；采用静电收尘极大限度降低烟尘率，有效避免烟尘表面金属催化剂对二噁英生成反应的催化；烟气快速降温至200℃以下，防止二噁英二次生成[32]。通过集成以上工艺系统，整体流程不构成二噁英的生成条件，防范性地形成二噁英分解措施，无须额外添加二次燃烧室处理尾气，工艺设备简单，生产过程环境友好。

4 结论

（1）废电路板富氧搭配熔炼过程中，铜锍对贵金属有较强的捕集作用，可经济、清洁地富集回收贵金属。所得阳极铜品位为99.1%，其余0.9%包括金、银、铂、钯、硒、碲、镍等有价金属。贵金属在熔炼系统的反应周期较长，需在流程末端综合多种工艺分离回收。

（2）废电路板中的有机组分可部分代替焦炭，在熔炼过程中氧化放热可为反应提供部分热量，减少燃料用量，并作为还原剂还原熔炼中生成的Fe_3O_4，但其还原作用仅在有机物氧化分解反应初期显现。

（3）富氧顶吹搭配熔炼通过向炉膛内鼓入二次风，提高炉膛上部烟气温度，增大烟气停留时间，分解已生成的二噁英，氧化燃烧二噁英前驱物，减少二噁英在炉内的生成量。采用电收尘-急速冷却烟气处理系统收集烟尘，并利用烟气中高浓度的SO_2抑制炉外低温区二噁英的二次合成，解决废电路板熔炼中二噁英的生成与排放问题。

（4）废电路板搭配量增加时，玻璃纤维等无机物熔融进入渣相，易导致渣量增大，增加贵金属在炉渣中的损失量。

参考文献

[1] 段晨龙，王海峰，何亚群. 电子废弃物的特点[J]. 江苏环境科技，2003，16(3)：31-40.

[2] 温雪峰，李金惠，朱芬芬等. 我国废弃电路板的物理处理技术评述[J]. 矿冶，2005，14(3)：58-62.

[3] 王卓雅，温雪峰，赵跃民. 电子废弃物资源化现状及处理技术[J]. 能源环境保护，2004，18(5)：20-21.

[4] Jurgen L, Sven J. The values & benefits of umicore's process excellence model[J]. Precious Metals, 2012, 33(S1)：289-293.

[5] 曹卉，许开华. 一种处理废旧印刷电路板的方法：CN 102191383 A[P]，2011.

[6] 陈正，郭健柄. 一种处理废旧印刷电路板的装置和方法：CN 104566398 A[P]，2015.

[7] 王威平. 处理废线路板的闪速熔炼及电炉贫化工艺：CN101274329[P]，2008.

[8] 刘朝辉，吕重安. 大冶澳斯麦特熔炼炉技术创新及效果评价[J]. 中国有色冶金，2015，44(1)：5-8.

[9] Cui J, Zhang L. Metallurgical recovery of metals from electronic waste: A review[J]. Journal of Hazardous Materials, 2008, 158(2-3)：228.

[10] Brusselaers J, Hagelüken C, Mark F, et al. An eco-efficient solution for plastics-metals-mixtures from electronic waste: The integrated metals smelter[C]// Identiplast, 2005.

[11] Hagelüken C. Recycling of electronic scrap at Umicore's integrated metals smelter and refinery[J]. World of Metallurgy-ERZMETALL, 2006, 59(3)：152-161.

[12] Hagelüken C. Recycling of electronic scrap at Umicore precious metals refining[C]// Acta Metall. Slovaca, 2006：111-120.

[13] 卢斗江. 块煤对澳斯麦特炉熔炼过程的影响[J]. 有色冶炼，2003，8(4)：19-20.

[14] 刘旸，刘静欣，江晓健. 废弃电路板中非金属组分的回收利用[J]. 有色金属科学与工程，2016，7(2)：1-7.

[15] 湛志华. 废弃电路板环氧树脂真空热裂解实验及机理研究[D]. 长沙：中南大学，2011.

[16] Barontini F, Cozzani V. Formation of hydrogen bromide and organobrominated compounds in the thermal degradation of electronic boards[J]. Journal of Analytical & Applied Pyrolysis, 2006, 77(1)：41-55.

[17] Kumagai S, Grause G, Kameda T, et al. Thermal decomposition of tetrabromobisphenol-A containing printed circuit boards in the presence of calcium hydroxide[J]. Journal of Material Cycles & Waste Management, 2017, 19(1)：282-293.

[18] 罗志华. 火法冶金工艺处理电子线路板并富集贵稀金属的试验研究[D]. 上海：同济大学，2007.

[19] 周莉菊，冯家满，赵由才. 二噁英高温气相生成机理研究进展[J]. 有色冶金设计与研究，2007(2)：77-80.

[20] Ogawa H. Dioxin Reduction by Sulfur Component Addition[J]. Chemosphere, 1996, 32(1)：151-157.

[21] Hageluken C. Improving metal returns and eco-efficiency in electronics recycling-a holistic approach for interface optimisation between pre-processing and integrated metals smelting and refining[C]// IEEE International Symposium on Electronics and the Environment, IEEE, 2006：218-223.

[22] Milligan M S, Altwicker E R. Mechanistic aspects of the De novo synthesis of polychlorinated dibenzo-p-dioxins and furans in fly ash from experiments using isotopically labeled reagents[J]. Environ. Sci. Technol, 1995, 29：1353-1358.

[23] 姚艳. 垃圾焚烧过程中二噁英低温生成机理及控制研究[D]. 杭州：浙江大学，2003.

[24] 吕重安，向阳，王成国. 澳斯麦特炉处理废印刷电路板的探讨[C]. 全国底吹冶炼技术、装备创新与发展研讨会论文集，2016：221-226.

［25］Ritter E R, Bozzelli J W. Pathways to chlorinated dibenzo dioxins and dibenzofurans from partial oxidation of chlorinated aromatics by OH radical: Thermodynamics and kinetic insights ［J］. Combustion Science & Technology, 1994, 101: 153-169.

［26］ShaoKe, Yan Jianhua, Li Xiaodong. Effects of SO_2 and SO_3 on the formation of polychlorinated dibenzo-p-dioxins and dibenzofurans by denovo synthesis ［J］. Journal of Zhejiang University-SCIENCE A （Applied Physics & Engineering）, 2010, 11(5): 363-369.

［27］Ryan S P. Experimental study on the effect of SO_2 on PCDD/F emissions: Determination of the importance of gas-phase versus solid phase reactions in PCDD/F formation ［J］. Environmental Science &Technology, 2006, 40(22): 7040-7047.

［28］严密, 杨杰, 李晓东. 含硫化合物对氯苯和二噁英的抑制作用[J]. 环境污染与防治, 2014, 36(5): 5-8.

［29］Kuzuhara S, Sato H, Kasai E. Influence of metallic chlorides on the formation of PCDD/Fs during low-temperature oxidation of carbon ［J］. Environmental Science &Technology, 2003, 37(11): 2431-2435.

［30］Stlieglitz L, Vogg H. On formation conditions of PCDD/PCDF in fly ash from municipal waste incinerators ［J］. Chemosphere, 1987, 16: 1917-1922.

［31］曹玉春, 严建华, 李晓东. 垃圾焚烧炉中二噁英生成机理的研究进展[J]. 热力发电, 2005, 34(9): 15-19.

［32］Chang M B, Huang T F. The effects of temperature and oxygen content on the PCDD /PCDFs formation in MSW fly ash ［J］. Chemosphere, 2000, 40: 159-164.

亚碲酸钠体系碲旋流电积流场模拟仿真研究

摘要：本文运用 Ansys 软件对亚碲酸钠体系碲旋流电积槽建立物理模型，并建立无气泡作用条件下旋流电积槽内电解液单相流动数学模型，采用 Fluent 模块对旋流电积槽内部流场分布进行了数值计算和分析，探究旋流电积槽内部流场分布。结果表明，旋流电积槽内电解液的流速相比传统电解槽更大。旋流电解槽底部液体的流速约为 1 m/s 左右，而顶部液体的流速则降低至 0.2~0.3 m/s，流体速度总体呈现螺旋向上递减趋势。与传统电解槽中液体流速 0.05 m/s 相比，旋流电解槽中液体的流速大大增加。

碲（Te）是一种特别重要的非金属，具有金属和非金属的中间性质，能隙为 0.34 eV，是一种优良的半导体材料[1-2]。Te 具有优良的光电、热电性能，其在冶金、化工、电子、玻璃、光伏和医药等领域应用十分广泛，被认为是 21 世纪高新材料产业发展的基础材料和当代高科技性材料的支撑材料[3-5]。

目前，亚碲酸钠体系电积法是工业上制备纯碲的主要方法[6]。但是在传统电解过程中，存在着电流效率较低、电解液浓度要求高、电解过程不稳定、工作强度大、电解周期长、产能较低的缺点[7-9]。传统的电积技术严重制约了碲的规模化生产，采用旋流电积技术替代传统的电积技术，可以从亚碲酸钠溶液中高效电积得到纯碲。传统电解碲的过程中电解液保持静止或缓慢流动，阴极附近溶液中碲沉积后难以得到补充形成浓差极化阻碍电积的进行[10-12]。旋流电解技术的独特优势在于高速液流斜射入电解槽中，强化电解液的循环流动，加强传质过程，减少浓差极化对电积过程的影响[13-15]。电解液的流动方式对电解质的扩散和电流分布均有较大的影响，但是目前还未有人对旋流电积槽内的流场进行分析。

本文采用 Fluent 软件对旋流电积槽进行建模并分析了内部的流场，对电积槽内部液流的流速和流动方向进行了模拟仿真研究，为旋流电积槽的进一步优化提供理论依据。

1 模型及计算方法

1.1 物理模型

本研究以工厂采用的中试旋流电积槽为模型，旋流电积槽为圆柱体槽子，圆柱体中心为阳极棒，圆柱体外部为阴极板。电解液从下部的进液口高速斜切射入电积槽，电解液在旋流电积槽内旋流向上高速流动，最后从上部的出液口流出。

本文发表在《第七届全国湿法冶金工程技术交流会论文集》，2019。合作者：洪建邦。

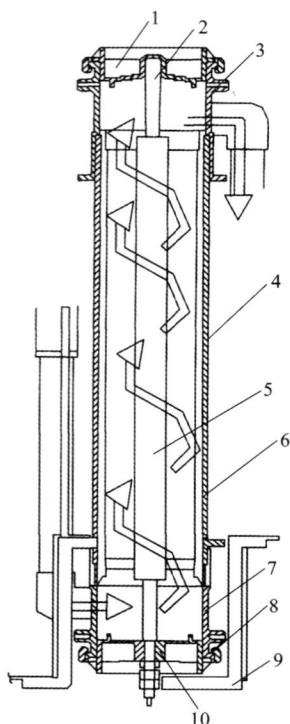

图 1　旋流电积槽模型[16]

1—上端盖；2—阳极定位杆；3—上部连接器；
4—电积旋流槽体；5—涂层阳极；6—阴极；7—下部连接器；
8—密封组件；9—电气连接组件；10—下端盖

表 1　旋流电积槽的主要相关参数

参数	参数值
旋流电积槽半径	75 mm
阳极棒半径	25 mm
高度	1120 mm
进出液口半径	12.5 mm
循环流量	8 m^3/h

1.2　数学模型

1）质量守恒方程

质量守恒方程的物理意义是任意控制体内质量的增加率等于从外界进入体系的净流量率[11]，其表达式为：

$$\frac{\partial \rho}{\partial t} + \nabla \cdot (\rho u) = 0 \tag{1}$$

式中：ρ 为流体密度；t 为时间；u 为速度矢量。

由于旋流电积槽中电解液为不可压缩流体，即密度为一恒定常数，且流动状态为稳态，所以其连续性方程可以表示为：

$$\nabla \cdot u = 0 \tag{2}$$

2）动量守恒方程

动量守恒方程是动量守恒原理在流体运动中的表达方式，它的物理意义是单位体积流体某方向动量的增加率等于该方向流体动量净流入率与该方向作用于它的外力之和[12]。动量传递方程表达式

$$\frac{\partial \rho \bar{u}}{\partial t} + \nabla \cdot (\rho \bar{u}\,\bar{u}) = \nabla \cdot (\mu\ \nabla \bar{u}) - \nabla p + \bar{f}_{\mu} + \bar{f} \tag{3}$$

式中，$\bar{f}$ 为作用于单位体积流体的体积力；P 为压力；μ 为分子黏度和湍流黏度之和，$\bar{f}_{\mu}$ 为除 $\nabla \cdot (\mu\ \nabla \bar{u})$ 之外的所有黏性力。

1.3　湍流模型

标准 k-ε 模型用湍动能 k、湍流耗散系数 ε 两个变量来确定湍流黏度系数，通过湍流系数将雷诺应力表示成时均量的线性函数形式，从而使时均湍流方程组封闭[13-14]。在该模型中 k、ε、湍流黏性系数 μ_t 的表达式为：

$$k = \frac{1}{2}(\overline{u_x^2 + u_y^2 + u_z^2}) \tag{4}$$

$$\varepsilon = \frac{\mu}{\rho} \overline{\left(\frac{\partial u_t}{\partial x_k}\right)\left(\frac{\partial u_j}{\partial x_k}\right)} \tag{5}$$

$$\mu_t = \rho C_{\mu} \frac{k^2}{\varepsilon} \tag{6}$$

k、ε 是两个基本未知量，相应的传输微分方程为：

$$\frac{\partial \rho k}{\partial t} + \nabla \cdot (\rho \bar{u} k) = \nabla(\Gamma_k\ \nabla k) + G_k - \rho \varepsilon \tag{7}$$

$$\frac{\partial \rho \varepsilon}{\partial t} + \nabla \cdot (\rho \bar{u} \varepsilon) = \nabla(\Gamma_{\varepsilon}\ \nabla \varepsilon) + \frac{\varepsilon}{k}(G_{\varepsilon 1} G_k - G_{\varepsilon 2} \rho \varepsilon) \tag{8}$$

式中：Γ_k、Γ_{ε} 分别为 k、ε 的扩散系数；G_k 是湍动能的生成率；$G_{\varepsilon 1}$、$G_{\varepsilon 2}$ 为常数，一般取 1.44 和 1.92。

1.4　计算方法

假设电沉积过程中的流体流动是稳定且不可压缩的湍流，而自由表面波动和电磁场对流体流动的影响被忽略。因此，采用时间平均质量守恒方程，时均动量守恒方程和标准 k-ε 模型来获得碲旋流电积槽的流场分布。利用软件 ICEM 对模型进行网格划分，通过使用碲旋流电解槽的约 137 万个均匀网格来分析计算域。四种类型的边界包围了计算域：墙壁，入口，出口和自由表面。应用有限体积法与边界条件相关的偏微分方程进行数值求解，变量的根均方标准化残差的收敛准则小于 10^{-5}。

2　计算结果及分析

2.1　旋流电积槽内液流流动状况

由图 2 旋流电积槽内部流场云图可知，在旋流电解槽中液体是以旋转向上的形式流动的，但是由于重力以及液体与避免碰撞损耗等原因，液体的流动速度逐渐降低。旋流电解槽底部液体的流速约为 5 m/s 左右，而顶部液体的流速则降低至 0.4~0.5 m/s。与传统电解槽中液体流速仅为 0.05 m/s 左右，旋流电解槽中液体的流速大大增加。

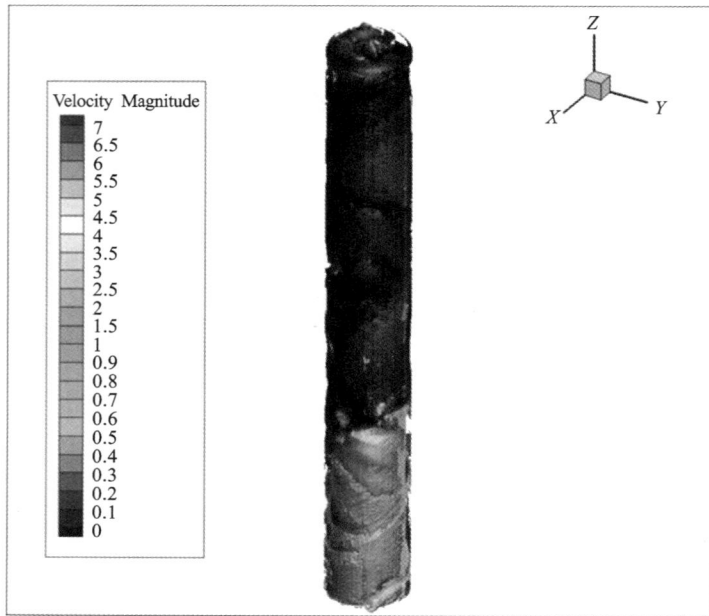

图 2 旋流电积槽内部云图

2.2 旋流电积槽内液流流体轨迹分析

图 3 显示的是旋流电积槽内部的流体轨迹图，该区域内电解液自进液口斜向上流动，越靠近阴极片的区域，其向上倾斜的角度越大，靠近阳极棒附近的区域电解液向上流动的趋势减缓，在阳极棒上电解液甚至向下流动，并出现了几个小的涡流区。

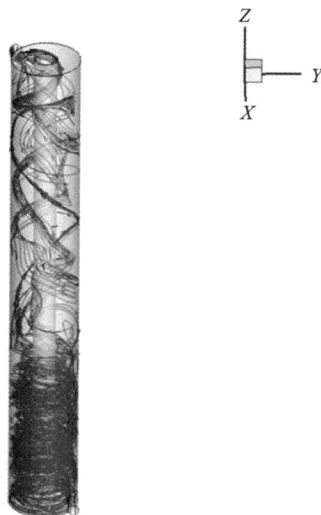

图 3 旋流电积槽内部流体轨迹图

图 4 显示的是不同 YZ、XZ 截面下的速度矢量图和流线图,通过观察电解液在两截面上的流场分布情况,可以明显看出,旋流电积槽阴阳极之间电解液的流场分布关于 XZ 面对称,电解液在 Y 截面上的流场分布与电解液在 X 截面上的流场分布呈现相似的规律,即电解液自进液口斜向上流动,越靠近阴极片的区域,其向上倾斜的角度越大,靠近阳极棒附近的区域电解液向上流动的趋势减缓,在阳极棒上电解液甚至向下流动,并出现了几个小的漩流区。结合 X、Y 截面上的流场分布,可知旋流电积槽中流场关于阳极棒轴呈现轴对称分布。

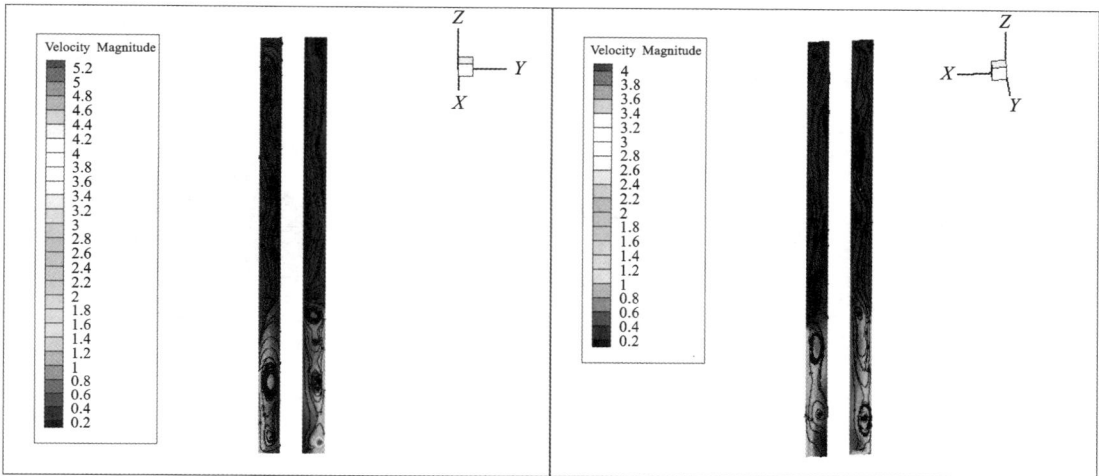

图 4 液流流线图(YZ 截面、XZ 截面)

2.3 Z 轴截面上的流场分析

图 5、6 显示的是不同 Z 截面的液流流线图和速度矢量图,由图可知,电解液在入口的速度较大,电解液与壁面直接碰撞,电解液能量损耗,电解液流速瞬间由入口速度的 5 m/s 降至 2.5 m/s 左右。由 Z 截面的速度矢量图可以明显看出,电解液速度由外向中心逐渐降低,在旋流电积槽下部,速度变化梯度尤其明显,同时由于重力因素,电解液流速自下而上逐渐降低。贴近阳极棒的区域,电解液与阳极棒的碰撞形成了大大小小的涡流,对电解液的流动造成影响。其他区域电解液的流场分布良好,呈现平行旋流的流动状态。在旋流电积槽出口处,流速急剧增加,一部分电解液直接流向出口,其余电解液在旋流电积槽内继续旋流而后再流向出口,使得旋流电积槽出口附近流场分布较为复杂。

2.4 旋流电解槽内轴向速度分布特征

图 7 为距 Z 轴各截面上的轴向速度的云图,可以看出在旋流电解槽内各区域的流动状态差异明显,在靠近阳极棒附近,旋流电解槽内流体向下呈强制涡流运动。图 8 为旋流电解槽各截面($Z = 30$ mm,280 mm,560 mm,840 mm,1090 mm)上的轴向速度,与上述各圆柱面所示的结果相吻合,最开始时在阳极棒附近轴向速度为负值,即方向向下,远离阳极棒区域内的电解液轴向速度为正值,即方向向上。到达一定高度后,截面的轴向速度均为正值,在同一截面,整体来说轴向速度是向上的。旋流电解槽内流体呈外部向上旋流和内部向下流动的流动状态。

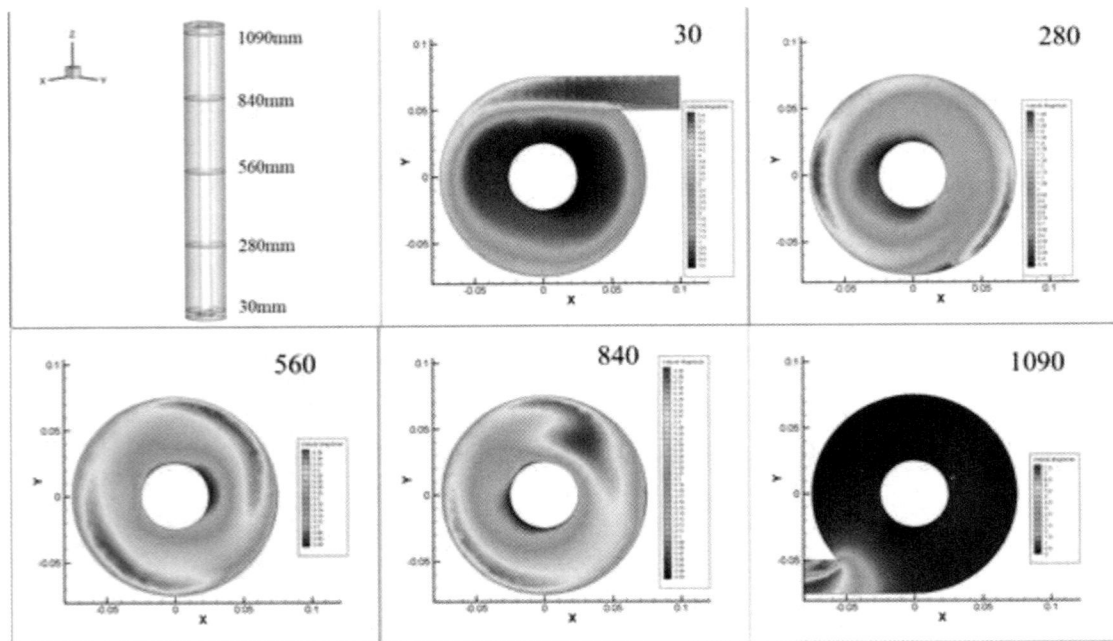

图 5　液流流线图（$Z=30$、280、560、840、1090 mm）

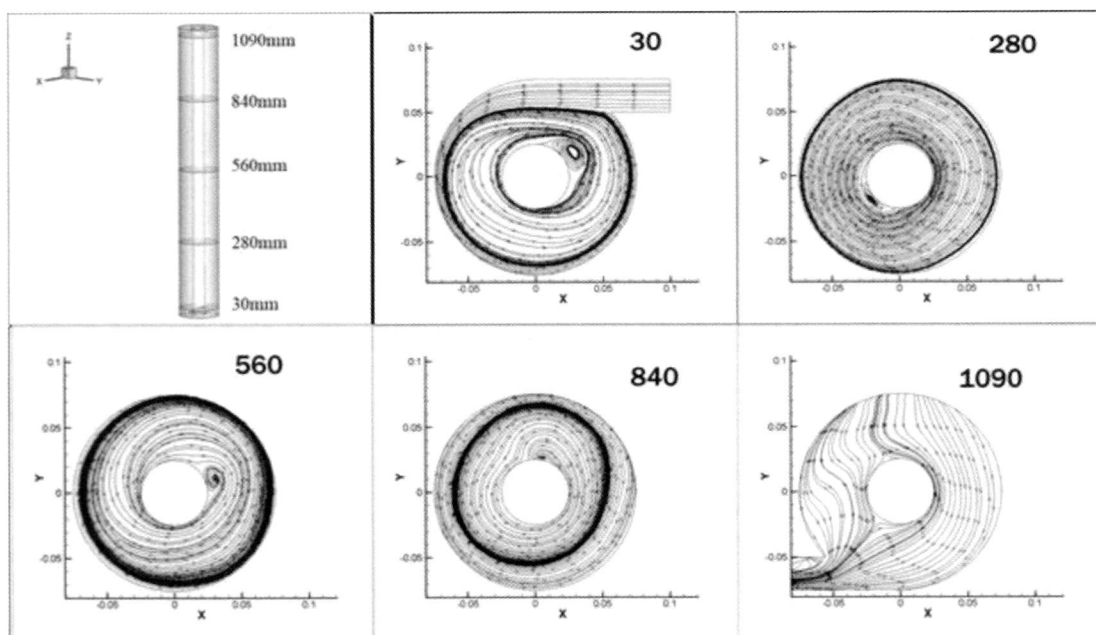

图 6　旋流电积槽速度分布图（$Z=30$、280、560、840、1090 mm）

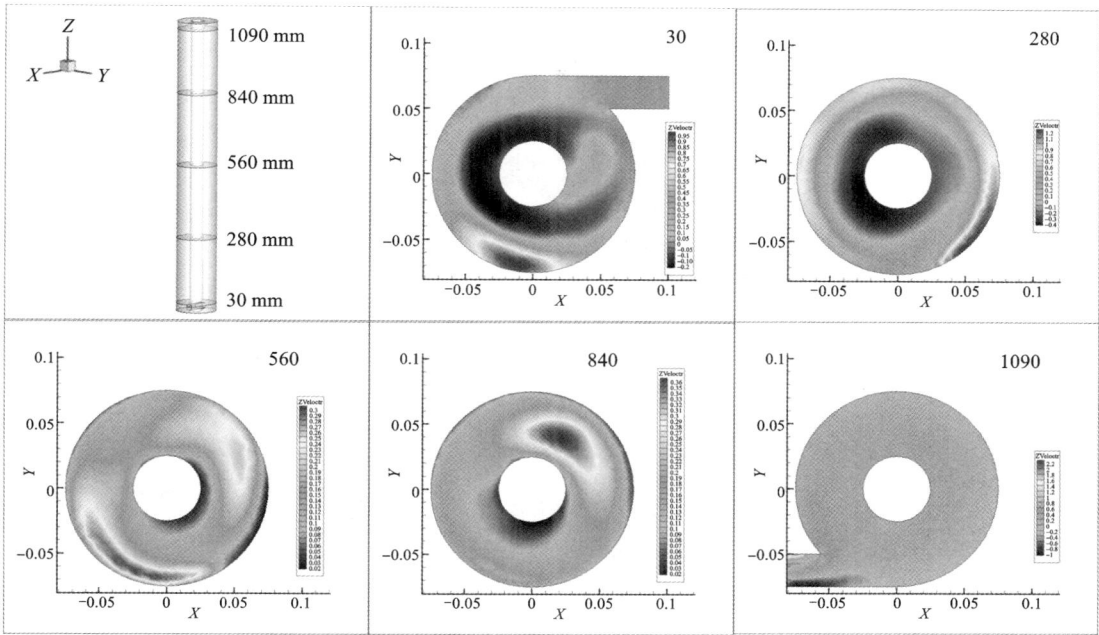

图 7　旋流电积槽轴向速度分布图（$Z = 30$、280、560、840、1090 mm）

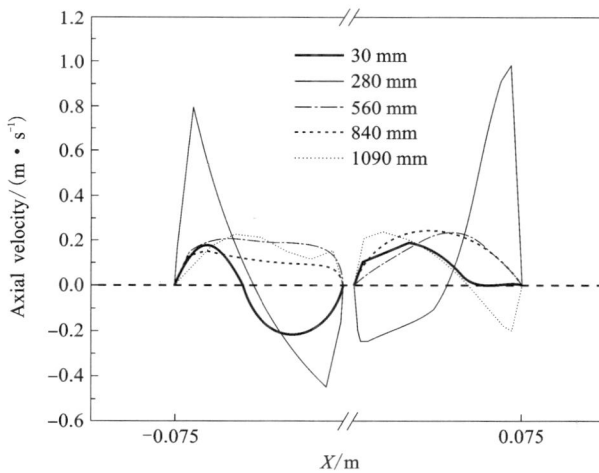

图 8　旋流电积槽各截面轴向速度

2.5　旋流电解槽内径向速度分布特征

　　图 9 为 Z 轴各截面上的径向速度的云图可以看出，径向速度在各截面上差异明显。图 10 为旋流电积槽内的径向速度分布，可以看出达到一定高度时，旋流电解槽内径向速度较小，仅为 $0 \sim 0.15$ m/s。径向速度相对 $Y = 0$ 方向相反，在不同的 Z 轴截面上，旋流电积槽内的电解液在流动的过程中总是有一侧向远离中心轴的方向流动，一侧向靠近中心轴的方向流动，

这是由于在阳极表面，流体的轴向速度和湍流强度迅速增加，带动身边流体产生方向相反，位置相对的径向流动。

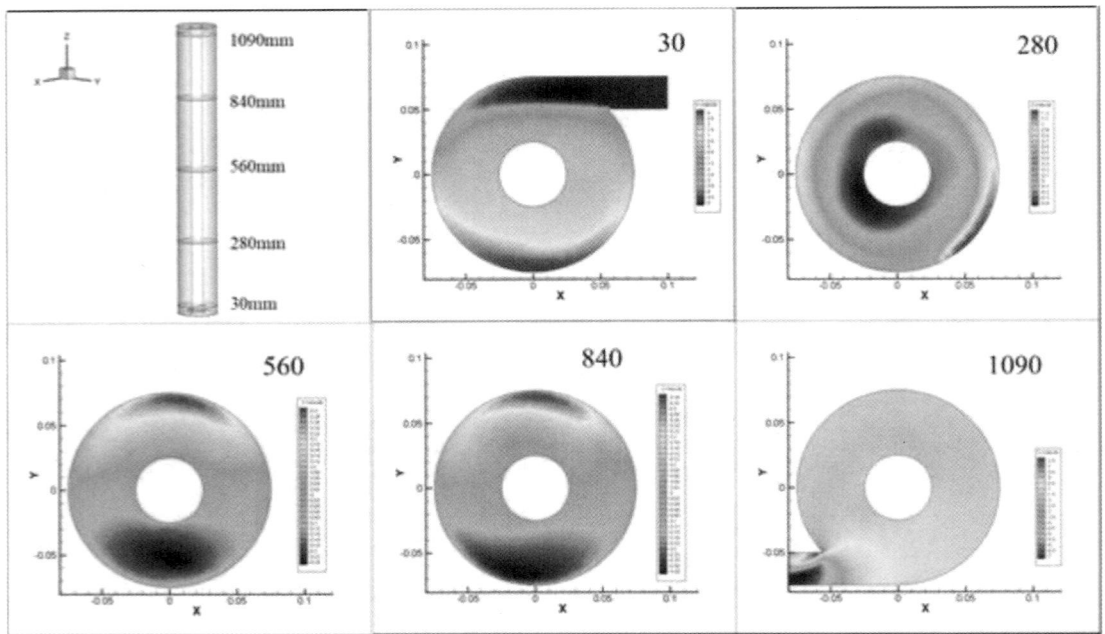

图9　旋流电积槽径向速度分布云图（$Z = 30$、280、560、840、1090 mm）

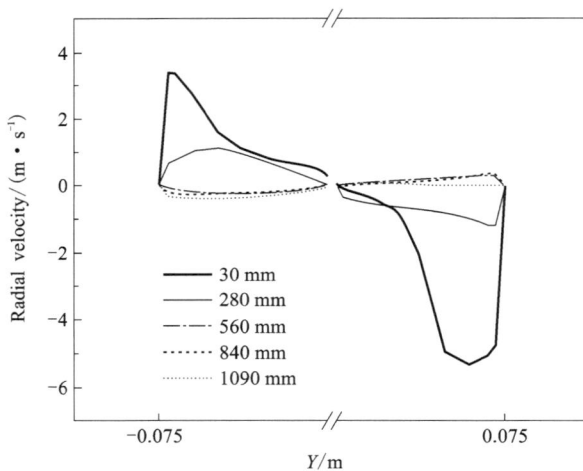

图10　旋流电积槽内径向速度分布

2.6　旋流电解槽内切向速度分布特征

切向速度是旋流电解槽中液相的主要速度，与轴向速度和径向速度相比，切向速度是最大的，在不同截面上大部分区域的切向速度大小保持在 0.5 m/s 左右。所以切向速度是电解槽中研究的主要内容。

图 11 为旋流电积槽切向速度分布云图，可以看出，切向速度分布有明显的分层现象，距离中心轴越远，切向速度大小越大。图 12 为旋流电积槽内切向速度分布图，切向速度的分布曲线由外而内均可分为两段：紧靠旋流电积槽器壁边界层的上升段以及其余部分的下降段。

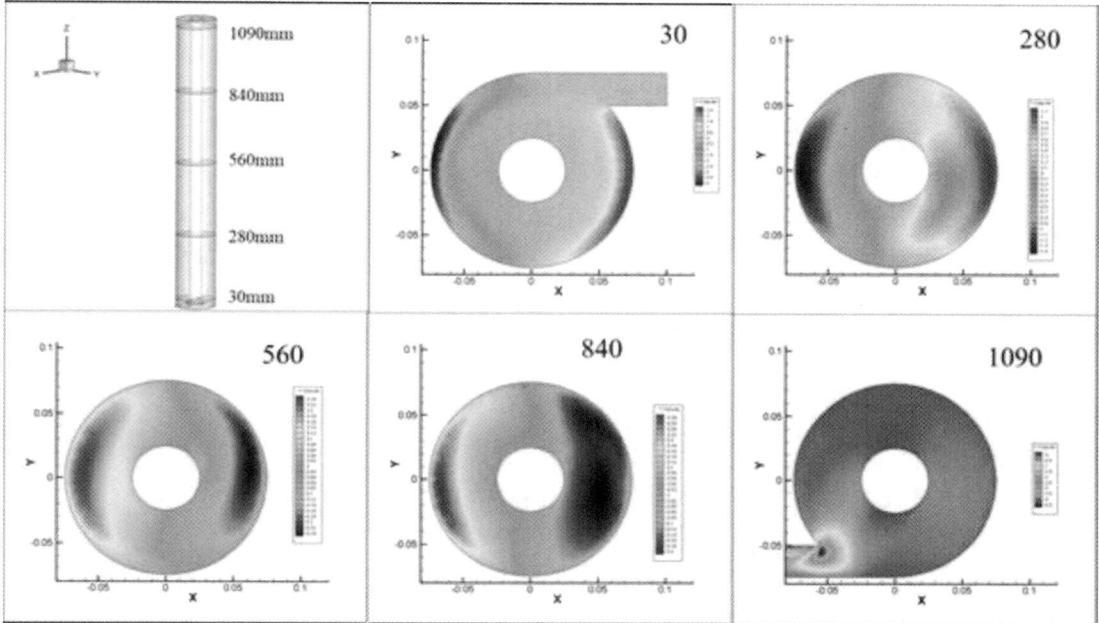

图 11　旋流电积槽切向速度分布云图(Z = 4. 5、50、100、150、200、255. 5 mm)

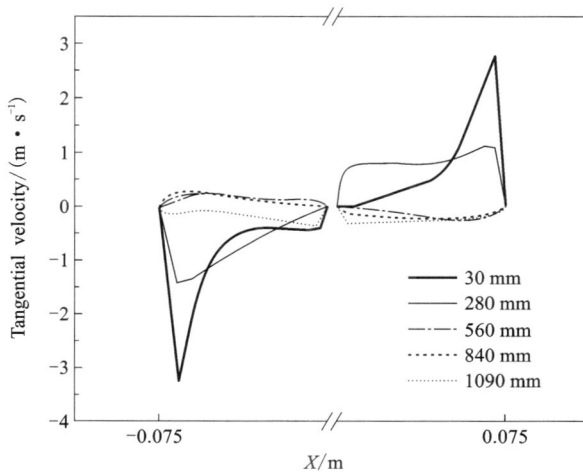

图 12　旋流电积槽内切向速度分布

3 结论

本文采用 Fluent 软件对旋流电积槽进行建模并分析了内部的流场，对电积槽内部液流的流速和流动方向进行了模拟仿真研究。结果表明：

（1）旋流电积槽内电解液的流速相比传统电解槽更大。旋流电解槽底部液体的流速约为 5 m/s 左右，而顶部液体的流速则降低至 0.4~0.5 m/s。与传统电解槽中液体流速仅为 0.05m/s 左右，旋流电解槽中液体的流速大大增加。

（2）旋流电解槽中液流的流动形式分为三种类型：一种是靠近阳极棒，流动方向自上而下的涡流运动；一种是靠近阴极壁，流动方向自下而上的旋流运动；还有一种是介于两者之间的运动。在同一 Z 轴截面，绕轴做对称旋流运动。流体速度总体呈现螺旋向上递减趋势。

旋流电积槽通过高速液流斜射入电解槽中，强化电解液的循环流动，加强传质过程，减少浓差极化对电积过程的影响。但是旋流电解槽的流场分布并不均匀，可以进一步进行反应器优化来达到优化电积过程的目的。

参考文献

［1］王培良. 世界碲资源及其提取回收和应用［J］. 世界有色金属，2012(12)：62-63.

［2］杨兴文. 不同价态含碲物料的湿法回收［J］. 中国有色冶金，1997(6)：11-12.

［3］陈杭，衷水平，张焕然，等. 旋流电积技术应用研究进展［J］. 湿法冶金，2017，36(5)：355-359.

［4］唐武军. 中国稀散金属［M］. 北京：冶金工业出版社，2014.

［5］Laitinen I S, Tanttu J T. Modelling and simulation of a copper electrolysis cell group［J］. Simulation Modelling Practice & Theory, 2008, 16(8)：900-909.

［6］符世继，李宗兴，王少龙. 从碱渣中提取碲的工艺研究［J］. 稀有金属，2011，35(1)：124-129.

［7］Helen H, Ali M, Ataallah S, et al. CFD modeling of the electrolyte flow in the copper electrorefining cell of Sarcheshmeh copper complex［J］. Hydrometallurgy, 2013, 139：54-63.

［8］Najminoori M, Mohebbi A, Arabi B G, et al. CFD simulation of an industrial copper electrowinning cell［J］. Hydrometallurgy, 2015, 153：88-97.

［9］Kawai S, Miyazawa T. CFD modelling and simulation of industrial-scale copperelectrorefining process［J］. Minerals Engineering, 2014, 63(4)：81-90.

［10］Robinson J, Ewart I, Moats M, et al. High current density electrowinning of nickel in EMEW © Cells［M］. Ni -Co 2013. Springer International Publishing, 2013：191-199.

［11］Wei J, Laforest P I, Luyima A, et al. Electrolytic recovery of bismuth and copper as a powder from acidic sulfate effluents using an emew © cell［J］. Rsc Advances, 2015, 5(62)：50372-50378.

［12］Kang M S, Cho Y C, Ahn J W, et al. Electrowinning of tin from acidic sulfate effluents using a cyclone electrolytic cell［J］. 2016, 25(2)：25-32.

［13］Kim Y U, Cho H W, Lee H S, et al. Electrowinning of palladium using a modified cyclone reactor［J］. Journal of Applied Electrochemistry, 2002, 32(11)：1235-1239.

［14］Noui-Mehidi M M N, Wimmer D I M. Free surface effects on the flow between conical cylinders［J］. Acta Mechanica, 1999, 135(1-2)：13-25.

［15］Noui-Mehidi M N, Salem A, Legentilhomme P, et al. Apex angle effects on the swirling flow between cones induced by means of a tangential inlet[J]. International Journal of Heat & Fluid Flow, 1999, 20(4): 405-413.

[16] 邓涛. 旋流电解技术及其应用[J]. 世界有色金属, 2012(12): 34-37.

[17] Hao-Lan L I, Jie H U, Zhou P, et al. Optimization of operating conditions and structure parameters of zinc electrolytic cell based on numerical simulation for electrolyte flow[J]. Transactions of Nonferrous Metals Society of China, 2014, 24(5): 1604-1609.

[18] Schwarz M P. Improving zinc processing using computational fluid dynamics modelling-Successes and opportunities[J]. Minerals Engineering, 2012, 30(1): 12-18.

[19] Zhou P, Dong-Mei L I, Chen Z. Mass transfer process in replacement-column purification device in zinc hydrometallurgy[J]. Transactions of Nonferrous Metals Society of China, 2014, 24(8): 2660-2664.

[20] 邓亦梁, 谢永芳, 李勇刚, 等. 基于液相传质的锌电解过程多物理场仿真分析[J]. 中南大学学报(自然科学版), 2017, 48(1): 119-126.

我国再生铜冶炼技术发展现状

摘要：随着我国对高品质铜需求量日益增长，优质原生铜资源逐渐匮乏，废杂铜等城市矿产循环利用已成为缓解资源供需矛盾的重要途径。随着环保标准的提高，废杂铜清洁处理已成为再生铜回收利用的关键问题。本文概述了我国废杂铜回收处理技术发展现状，着重介绍了再生铜冶炼技术及工业应用情况。

铜作为电和热的良导体，被广泛用于电子电器、设备交通、航空航天、海洋工程等大型设备及新兴电子信息领域，是国民经济发展的重要基础原料。目前我国是全球最大精炼铜生产国和消费国，2019 年我国精炼铜消费量超过 1300 万吨，接近全球消费总量的 50%，然而国内自产精炼铜产量为 978 万吨，无法满足消费需要，仍需进口精炼铜 355 万吨[1]。同时，我国铜资源储量少，不到全球的 3%，优质铜资源匮乏，每年需进口大量铜精矿，2019 年进口量达 2199 万吨[2]，原生铜资源、精炼铜产品的对外依存度均较高。

目前废杂铜蓄积量高、产生量大，因此铜二次资源的再生利用，成为缓解我国铜资源供需矛盾的重要途径。本文对我国废杂铜循环利用、再生铜冶炼生产技术的发展现状和工业应用情况进行了综述。

1 废杂铜来源及分类

废杂铜是指生产和消费领域产生的含铜废料，主要分为三类：①由报废电子电器、设备工具中拆解出的铜线、铜箔、铜米、铜管等铜合金废料，及铜和铜合金加工过程产生的屑末、残次品、边角、料头等加工余料；②报废电子电器中拆解出的电路板、电子元件等电子废料；③有色金属冶炼过程产出的含铜渣、含铜烟灰等冶炼废料。根据含铜品位高低，废杂铜可分为高品位废杂铜（Cu 品位 ≥ 90%）、中品位废杂铜（Cu 品位 40% ~ 90%）和低品位废杂铜（Cu 品位 < 40%）[3]。

针对铜品位高、杂质少、品质较高的废杂铜，2020 年 7 月 1 日实施的《再生铜原料》《再生黄铜原料》标准中，明确界定了其定义和指标要求，符合标准的废杂铜，不属于固体废物，可作为高品质铜原料进口。再生铜原料包括铜线、铜加工材、铜米和铜碎料（图 1）[4]，除 3 号铜材（Cu 96%）、3 号铜米（Cu 94%）、破碎铜及镀白紫铜（Cu 97%）外，其余铜料含 Cu 均 ≥ 99%。再生黄铜原料包括普通黄铜料、镀白黄铜料、黄铜管料及混合黄铜料（图 2）[5]，铜含量最少为 56%（1 号黄铜屑或混合黄铜），金属总量不小于 97.2%（1 号黄铜屑）。

通过制定标准，区别高品质铜原料与未处理的铜及铜合金、固体废物、危险废物[6]，规范铜原料的进口市场，严格禁止未拆除漆包线、塑料壳、含铅涂层等有害物质的低品位废杂铜进口，从源头杜绝生产过程低品质铜废料对环境的危害。

废电路板、电子元件等含铜电子废料种类繁多、来源广泛，铜品位约为 5% ~ 30%，富含

本文发表在《第四届中国铜工业科学技术发展大会论文集》，2019（9）：22-27。合作者：田苗、王亲猛。

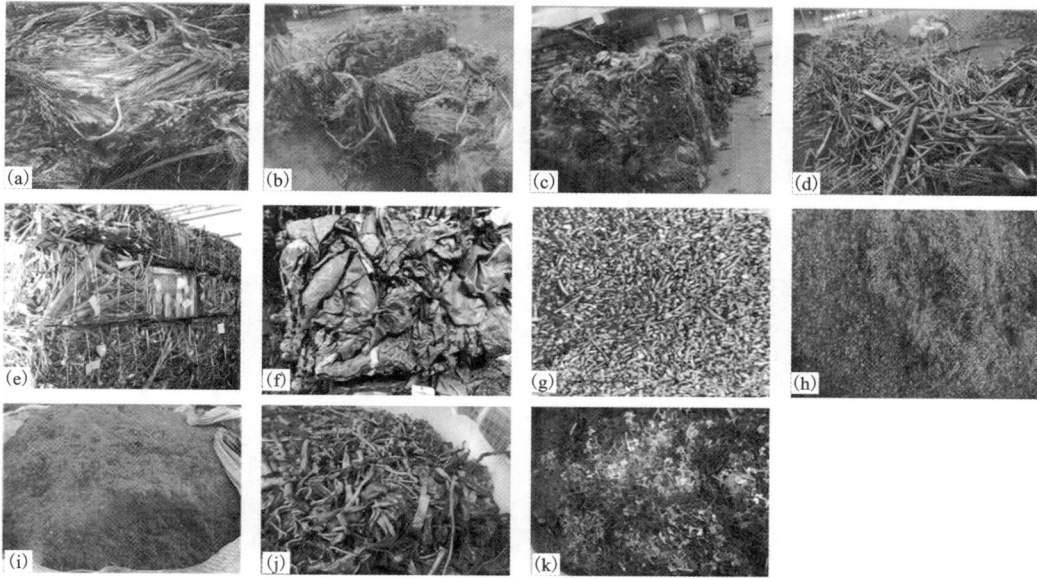

图 1　再生铜原料典型图片

（a）光亮线 RCu-1A；（b）1 号铜线 RCu-1B；（c）2 号铜线 RCu-1C；（d）1 号铜材 RCu-2A；

（e）2 号铜材 RCu-2B；（f）3 号铜材 RCu-2C；（g）1 号铜米 RCu-3A；（h）2 号铜米 RCu-3B；

（i）3 号铜米 RCu-3C；（j）破碎铜 RCu-4；（k）镀白紫铜 RCu-5

图 2　再生黄铜原料典型图片

（a）纯黄铜 RCuZn-1A；（b）黄铜丝 RCuZn-1B；（c）镀白黄铜 RCuZn-2；（d）普通黄铜管 RCuZn-3A；

（e）黄铜冷凝管 RCuZn-3B；（f）红铜 RCuZn-4A；（g）1 号黄铜屑 RCuZn-4B；（h）混合黄铜 RCuZn-4C

金、银、铂、钯、锗、铟、镓等多种稀贵金属，经济价值较高，但这类有价金属常与废电路板中的有机树脂深度混杂，处理过程易产生二噁英等剧毒物质或重金属污染，因此已被列入《国家危险废物名录》(2016)，属于毒性危废(HW49)。

有色金属冶炼过程产出的含铜渣、含铜烟灰等物料铜含量≤40%，属于低品位废杂铜。其中，铜火法冶炼过程烟气净化产生的收尘渣、压滤渣(HW22)，及铅冶炼过程粗铅精炼产出的浮渣、黄渣(HW48)等含铜物料均属于毒性危废。

2　废杂铜回收利用现状

2.1　再生铜产量

再生铜是指以废杂铜为原料，经过火法熔炼、电解精炼、铜材制造等生产工艺，获得的阳极铜、阴极铜产品。

我国废杂铜利用主要有三种途径：①与原生铜精矿协同冶炼：约38%进入铜精矿冶炼企业，作为冷料加入熔炼炉或铜锍吹炼炉，调节炉温，随铜精矿冶炼工序最终产出阴极铜；②废杂铜单独精炼：约50%进入再生铜冶炼工序，采用倾动炉、精炼摇炉、卡尔多炉、顶吹/底吹熔炼炉等进行熔炼、精炼，浇铸成阳极板后通过电解精炼制取阴极铜；③直接加工利用：约12%高品质废杂铜直接通过倾动炉等进行熔化除杂、成分调配，无须电解精炼，直接产出再生铜，加工为铜材[7, 8]。

2019年再生铜总产量达330万吨，其中直接加工产出再生铜材95万吨，经单独精炼或与原生矿协同冶炼产出再生精炼铜235万吨(图3)，71%的再生铜仍由火法冶炼工艺产出，直接加工利用比例较低。近年来，精炼铜产量逐年升高，2019年精炼铜产量达978万吨，其中矿产精炼铜、再生精炼铜分别为743万吨、235万吨[8](图4)，虽然其主要构成仍为矿产精炼铜，但再生精炼铜占比达24%，在铜冶炼生产中已占有非常重要的地位。

我国废杂铜循环利用领域起步较晚，回收利用体系尚不完善，废杂铜处理技术及装备水平参差不齐，原料及回收流程管控标准未明确，铜回收利用率低、环境风险大，与世界先进水平相比仍存在较大差距[9]。

近年来，我国针对废杂铜分类标准不明确、处理技术不规范等问题，制定发布了一系列废杂铜原料管理标准及冶炼技术规范，促进废铜资源再生利用。

2.2　废杂铜处理要求

根据《再生铜冶炼厂工艺设计规范》(2014年)、《再生铜行业清洁生产评价指标体系》(2018年)要求，再生铜生产时需选取纯净的铜废料，不含绝缘层；对漆包线等除漆需要焚烧的原料，须采用烟气治理设施完善的环保型焚烧炉处理。熔炼生产规模应≥5万吨。冶炼工艺需采用NGL炉、旋转顶吹炉、倾动式精炼炉、富氧顶吹炉、富氧底吹炉、100吨以上改进型阳极炉(反射炉)等生产效率高、能耗低、资源综合利用效果好、环保达标、安全可靠的先进生产工艺及装备。并配套良好的脱硫、除尘、除二噁英的烟气治理技术装备，废气中二噁英产生量应≤100 μg TEQ/t，铜总回收率≥97%，最终弃渣含铜量≤0.8%。

同时，处理含铜二次物料时(《铜冶炼行业规范条件》2019年)，应强化含铜二次资源的

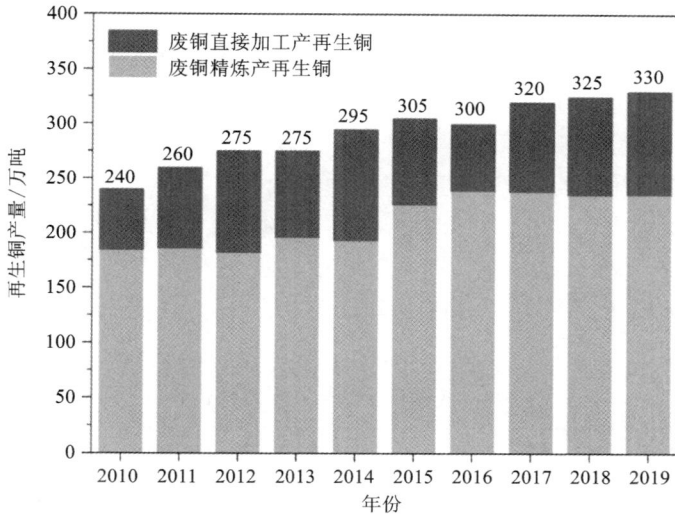

图 3　中国 2010—2019 年再生铜产量

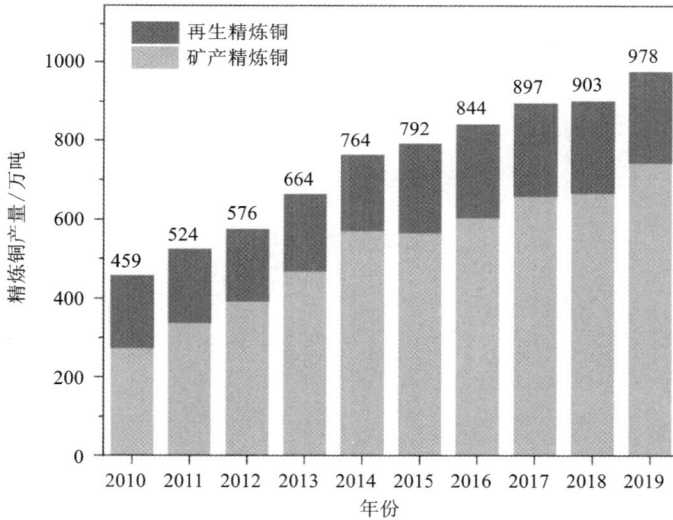

图 4　中国 2010—2019 年精炼铜产量

预处理，最大限度进行除杂、分类，禁止使用直接燃煤的反射炉熔炼含铜二次资源，禁止采用化学法以及无烟气治理设施的焚烧工艺和装备。

通过施行以上政策，我国已淘汰大批工艺落后、污染严重、金属回收率利用率低的生产技术，如鼓风炉、未改造的反射炉等。并建立多个金属回收拆解加工聚集园区，取缔零散小作坊式回收点，将其纳入废杂铜回收网络体系，统一建设符合环保要求和生产规范的工业园，逐步建立废杂铜规模化回收、拆解、分选、加工体系。

2.3 废杂铜回收利用产业分布

近年来，我国再生铜产业链不断完善，规模不断扩大，形成了珠三角、长三角和环渤海再生铜产业聚集区，以及广东清远、南海、浙江宁波、台州、山东临沂、天津静海、湖南汨罗、河南长葛、辽宁大石桥等国内废杂金属集散地，在以上代表性地区形成了废杂铜回收、进口、拆解分拣、加工利用、经营销售产业链。

目前，我国再生铜生产企业大约 2000 多家，90%以上是小企业，规模化、接轨国际先进水平的企业占比较小。表 1 为我国再生铜代表性企业，规模较大的再生铜企业主要集中在华南、华东沿海及中部地区，西部、北部地区较少[7, 9]。

表 1 我国再生铜生产代表性企业

企业	原料	关键技术	产品	产量/(万 t·a^{-1})
宁波金田铜业	多种含铜废料	电炉熔炼–保温复合炉+多头多流水平连铸	阴极铜/铜加工材	103
山东金升集团	多种含铜废料	NGL 炉–铜杆线连铸	阴极铜	32
江西铜业贵溪	混合铜废料，铜>70%	卡尔多炉熔炼+回转式阳极炉精炼	阴极铜	5
江西铜业贵溪	混合铜废料，铜≥95%	倾动炉	阴极铜	10
江铜清远长盈	含铜>94%	固定式阳极炉	阴极铜	20
广西梧州金升铜业	含铜>85%	精炼摇炉/NGL 炉	阴极铜	30
东营方圆有色金属有限公司	多种含铜废料	底吹火法精炼炉	阴极铜	25
铜陵有色–张家港联合铜业有限公司	多种含铜废料	精炼摇炉	阴极铜	10
	多种含铜废料	固定式阳极炉	阴极铜	15
天津大通铜业	多种含铜废料	NGL 炉/固定式阳极炉	阴极铜	20
安徽楚江科技新材料公司	—	—	精密铜带	27
河北大无缝铜业	—	—	铜加工材	12
宁波长振铜业	—	—	铜加工材	10
浙江巨东	—	—	再生铜	10

华东、华南沿海地区再生铜企业以废旧金属回收拆解、贸易加工为主。如广东兴奇集团每年回收拆解铜废料 40 万吨，浙江台州齐合天地金属有限公司废料综合拆解量 40 万吨/年，其中废杂铜 10%～15%、废钢铁 78%、废铝 6%～11%、废塑料等占 1%。浙江巨东主要开展废旧金属拆解和深加工，生产加工产能达 50 万吨/年。江铜、云铜、TCL 等大批企业均在广东清远地区建立废杂铜回收拆解基地，同时从事精炼铜生产，2007 年，清远被中国有色工业协会授予"中国再生铜都"称号。

沿海科技水平较高地区，涌现大批利用废杂铜直接生产精密铜材的企业。安徽楚江科技公司主要生产精密铜带、铜导体材料、铜合金线材、精密特钢、碳纤维复合材料和高端装备，精密铜带年产能超 27 万吨。宁波金龙铜业生产黄铜棒，年产能 4 万吨。宁波长振铜业生产高精度环保型铜材，年产能 10 万吨。

3 代表性废杂铜冶炼技术

3.1 直接加工利用技术

西班牙拉法格公司开发的 FRHC(fire refined, high conductivity)废杂铜精炼技术，以含铜大于 92% 的废杂铜为原料，经过熔炼、连铸、连轧，生产低氧铜杆。全球已有 20 台 FRHC 炉投产，我国有 3 家，分别是江钨新材料公司、TCL 天津公司和天津大无缝有限公司。江钨新材料有限公司于 2009 年引进 FRHC 废杂铜精炼技术，建成投产 12 万 t/a 直径 8 mm 铜杆加工厂。采用倾动炉精炼废杂铜，完成加料、熔化、氧化还原过程，产出高品位铜，用精炼炉深度净化铅、锡、锌、铁、镍、砷、锑和硫等杂质，使铅、锡和镍含量小于 0.008%、0.005% 和 0.005%，铜纯度可达 99.95% 以上，铜杆含氧量 0.013%~0.019%[7]。

3.2 一段冶炼技术

一段法指废杂铜在 1 台精炼炉中完成氧化还原除杂过程，产出合格阳极铜的技术，适合处理 Cu 品位>90% 的废杂铜。

（1）NGL 炉

NGL 炉废杂铜精炼技术是由中国瑞林工程技术有限公司在倾动炉及回转式阳极炉的基础上开发的。NGL 炉炉料平均含铜 90%，包括加料熔化、氧化、还原阶段、铜浇铸阶段，精炼渣率 5%，精炼渣含铜 35%。首次在废杂铜精炼过程采用氮气搅动技术，采用氧气卷吸燃烧方式供热，提高了热效率，缩短了生产周期，使排出烟气量减少了 65% 以上[10]。NGL 炉精炼废杂铜成套工艺装备已在山东金升集团东部铜业、梧州铜业公司、天津大通铜业公司投产。

山东金升集团是以再生铜回收、精炼、加工为主导产业的综合性大型企业，已构建再生铜生产链，包括废杂铜回收、熔化精炼、不锈钢阴极电解、铜材深加工、阳极泥综合利用、废渣废水综合处理 6 大环节。金升东部铜业采用 4 台 NGL 炉、4 台固定式阳极炉火法精炼废铜，年产阳极铜 36 万吨、阴极铜 30 万吨、高纯铜杆线 32 万吨，年可回收黄金 1.3 吨，白银210 吨，钯、铂、铑、镍等稀贵金属 350 吨。梧州金升铜业生产原料含铜>85%，年产 30 万吨高纯阴极铜[11]。

（2）底吹火法精炼炉

针对高品质废杂铜[$w(Cu)>92\%$]处理，方圆有色金属有限公司开发了"废杂铜一步冶炼新技术"，首次采用底吹炉精炼废杂铜，铜包块由炉顶加入精炼炉，由炉底 5 支氧枪通入燃料天然气和助燃富氧空气，提供热量并搅动熔体。通过控制天然气与氧气的流量与比例，实现废杂铜熔化、氧化脱杂、还原脱氧过程，产出品位 99.3% 的阳极铜浇铸为阳极板，年产阳极铜 10 万吨，后续经电解精炼制备阴极铜。产出的精炼渣含铜 20%~25%，由侧部炉口倒出，通过底吹炼渣炉捕集回收铜元素，产出品位>70%的铜锍和含铜3%~5%的冶炼渣，铜锍转运至吹炼炉生产粗铜，冶炼渣送至渣选车间浮选贫化[12]。另外，部分废杂铜作为原料或冷料，搭配至原生铜精矿熔炼、吹炼炉，产出铜锍或粗铜，后续制取电解铜，年产阴极铜15万吨[13]。

（3）倾动炉/精炼摇炉/固定式阳极炉

江西铜业贵溪冶炼厂采用倾动炉、固定式阳极炉处理废杂铜。倾动炉主要处理打包的杂铜包块、电解残极、外购粗杂铜及其他含铜物料。入炉物料含铜≥95%，加料时分批均匀加入造渣剂，氧化造渣结束后铜水中含氧约7×10^{-3}，排渣后，通过还原系统将石油液化气鼓入熔池，还原脱除铜水中的氧，产出的阳极铜[14]。清远江铜长盈铜业采用固定式阳极炉全氧燃烧技术处理品位>94%的紫杂铜，产出阳极铜，后续电解精炼产阴极铜。

铜陵有色集团张家港联合铜业公司采用精炼摇炉和固定式阳极炉两个系统处理废杂铜、电解残极等物料，目前建有2台100 t、1台200 t固定式阳极炉[15]及1台400 t精炼摇炉处理废杂铜，配套全氧燃烧系统[16]，经过加料熔化、氧化扒渣、煤粉还原、浇铸工序产出阳极板，制备电解阴极铜，年产阴极铜25万吨。

倾动炉具有环保、安全、自动化程度高等优点，但炉体没有熔体微搅动装置，传热传质能力较差，结构复杂。精炼摇炉是在倾动炉的基础上，引入了炉体透气砖氮气搅拌技术和中央式富氧燃烧系统，提高了热效率和生产效率，处理能力为350 t/炉，适合较大规模的工厂。

3.2 两段冶炼技术

两段冶炼技术将品位<90%的废杂铜，先采用火法熔炼或吹炼技术产出品位>98%的粗铜，再将粗铜火法精炼为品位>99%的阳极铜。

（1）卡尔多炉熔炼–回转式阳极炉精炼

江铜贵溪冶炼厂采用卡尔多炉熔炼–回转式阳极炉精炼–不锈钢阴极电解精炼法处理废杂铜，年产5万吨阴极铜。卡尔多炉可处理任意品位废杂铜，贵冶入炉原料含铜>70%，卡尔多熔炼过程包括加料、熔炼、倾转炉体倒渣、吹炼、出铜5个步骤，吹炼过程炉内形成固态吹炼渣，渣层下方产出粗铜，粗铜倒入精炼炉，吹炼渣留在卡尔多炉内，待下一熔炼阶段处理[17]。卡尔多炉对原料适应性强，处理低品位废杂铜经济效益更好；熔炼、还原、吹炼可在同一熔炼炉内完成，无须外加吹炼炉；可一次产出可弃渣，渣含铜<0.5%；炉体结构紧凑，可密闭操作，防止烟气低空逸散，生产环境良好。但缺点是卡尔多炉为间断作业、操作频繁，炉内气氛和烟气量呈周期变化，炉体寿命较短，造价较高[18]。

（2）电炉熔炼–保温炉精炼

宁波金田铜业研发了废杂铜冶炼核心技术与装备："大吨位有色金属电炉熔炼–潜液转流密闭管道–保温复合炉–多头多流水平连铸"，产出铜加工材。熔体在熔炼炉、保温炉、连铸结晶器间的转移始终在封闭状态下进行，基本无降温损耗，有效避免了易蒸发、易氧化金属的损耗及环境污染。同时，熔炼炉与保温炉分体操作，熔炼炉不需倾炉翻转放铜，配置"炉口固定式房罩–布袋收尘"设备，解决了烟尘污染严重的难题[19]。2018、2019年，公司铜加工材总产量分别达到93万吨、103万吨，持续保持行业领先地位。

3.3 电子废料冶炼技术

电子废料中，大部分有价金属富集于印刷电路板上，高纯铜箔作为导体包覆于废电路板基板中，金、银、铂、钯、镓、锗等贵金属以电阻材料、触点材料、高导点材料、电子浆料等形式赋存于电路板上，这些有价金属与基板材料树脂、玻璃纤维深度混杂，采用传统火法冶金方法处理时，易产生二噁英等剧毒污染物[20]，环境风险极高，对生产技术和环保设备要求较高。目前，我国再生铜企业处理的废杂铜大部分为分选好的铜废料、电解残极、不合格阳极等品质较高的废杂铜，对富含多种金属资源电子废料处理能力较弱，尚未建立成熟的生产技术与工艺装备体系，仅部分企业开展了小规模工业化生产。

（1）艾萨熔炼法

中节能汕头再生资源公司采用艾萨顶吹熔炼炉处理废电路板，将拆解破碎的废电路板搭配造渣剂一同加入艾萨炉，补充适量焦炭，同时利用废电路板自身燃烧热，控制熔池温度在 1000~1300℃。有价金属富集在粗铜合金中，粗铜合金含 Cu 85%~95%、Au 30~200 g/t、Ag 300~3000 g/t、Pd 5~38 g/t，主金属回收率达 95%。烟气回收余热后二次燃烧处理，尾气经布袋收尘和碱液吸收后达标排放，尾气二噁英含量低于 0.1 ng-I-TEQ/m³，废电路板年处理量达 1 万吨[21]。

（2）NRTS 顶吹-NRTC 侧吹熔炼法

江西华赣瑞林稀贵金属科技有限公司以电子废料、工业污泥、多金属固废为原料，采用"火法富集+湿法分离"的工艺路线。目前，已在江西丰城建设了以 NRTS 炉顶吹熔炼+NRTC 炉侧吹熔炼为主体工艺的火法冶炼平台，及全流程多金属湿法分离工艺装置，实现对铜、镍、铅、锌等基本金属和金、银、铂、铑、钯、硒、碲等稀贵金属的综合回收。年处理固废 10 万吨，建成了二噁英减控体系，排放尾气中二噁英含量<0.1 ng-I-TEQ/m³[22]。

（3）低温无氧热解法

格林美股份有限公司与中南大学联合开发了"废电路板有机物梯度控温无氧热解技术"，建立了废旧电路板六层立式旋转热解炉（MEP-Furnace）。热解炉内分为 400℃-600℃-350℃ 三个温度区间，有机物在炉内分解为热解气、热解油和固体热解碳，热解气与热解油挥发后导入二次燃烧室，高温燃烧分解有机物，尾气净化后达标排放，二噁英含量低于 0.1 ng-I-TEQ/m³。固体热解碳附着在热解时不发生反应的铜箔、玻璃纤维上，形成富炭黑铜，铜含量约为 20%，可作为铜冶炼原料。该工艺实现了废电路板有机物的清洁处理，年处理废电路板 3 万吨[23]。

（4）Ausmelt 熔炼法

湖北大冶有色集团在国内率先采用 Ausmelt 富氧顶吹熔炼炉处理电子废弃物。废电路板碎料、电镀污泥等二次物料与原生铜矿混合，作为原料直接投入 Ausmelt 炉，回收有价金属。Ausmelt 炉熔炼温度大于 1200℃，保证有机物充分燃烧。通过二次给风提高烟气氧浓，在炉膛内充分燃烧熔炼烟气中的有机物，分解二噁英类前驱物。同时，熔炼烟气 SO_2 浓度高（15%~20%），可抑制二噁英生成。产出符合顶吹熔炼要求的铜锍（品位 55%~58%），后续通过吹炼-精炼工序富集回收有价金属。废电路板熔炼工业试验中[24]，Ausmelt 炉电收尘出口，及堰口、进料口等现场散排点烟气中二噁英检测值均小于我国排放限值 0.5 ng-I-TEQ/m³。2019 年下半年，已处理电子废料 5000 吨，预计 2020 年处理量达 3 万吨[25]。

4 结论与展望

2020 年是禁止洋垃圾入境推进固体废物进口管理制度改革的收官之年，新修订的《固体废物污染环境防治法》(2020年9月1日起施行)中，明确提出禁止境外固体废物进境倾倒、堆放、处置的法律要求，并且提出，"电子电器、铅蓄电池、车用动力电池等产品的生产者应当按照规定以自建或者委托等方式建立与产品销售量相匹配的废旧产回收体系，并向社会公开，实现有效回收和利用"，指明了电子废料回收模式未来的发展方向。

我国对废杂铜等二次资源的需求量持续增长，电子废弃物等危废及低品质废杂铜将禁止进口，国外进口废杂铜将以高品质再生铜/黄铜原料为主。我国虽已建立部分代表性废旧金属回收聚集区，但尚未形成规模化有色金属二次资源回收网络，今后将充分利用互联网技术，构建废杂铜"线上申报-线下收集"的回收方式，加快创建再生铜资源回收体系。

我国废杂铜产生量大、种类成分复杂，目前废杂铜处理仍集中在精炼铜生产领域，精密高端铜材生产技术较为落后，含有机物的电子废弃物清洁处理技术与国外相比仍有较大差距。我国亟须自主开发高附加值、高性能产品生产加工技术，突破低品位铜复杂资源协同利用和清洁处理技术难题，构建铜二次资源回收分类、清洁处理、循环再造的资源化利用体系。

参考文献

[1] 国家统计局. 工业产品产量[EB/OL]. 2020-07-20. http://data.stats.gov.cn.

[2] International Copper Study Group. The world copper facebook 2019[OL]. 2019-10-06. http://www.icsg.org.

[3] GB 51030—2014. 再生铜冶炼厂工艺设计规范[S].

[4] GB/T 38471—2019. 再生铜原料[S].

[5] GB/T 38470—2019. 再生黄铜原料[S].

[6] 韩知为. 聚焦再生资源回收利用、探索废铜回收再生新出路[J]. 中国金属通报, 2020, (04): 1-4.

[7] 王海北. 我国二次资源循环利用技术现状与发展趋势[J]. 有色金属(冶炼部分), 2019, (09): 1-11.

[8] 中国有色金属工业协会. 2019年1-12月有色金属产品产量汇总[EB/OL]. 2020-01-20. http://www.chinania.org.cn/html/hangyetongji/tongji/2020/0120/37014.html.

[9] 王吉位. 再生金属产业全球化高质量发展探索与展望[J]. 资源再生, 2019, (11): 15-19.

[10] 姚素平. NGL炉精炼废杂铜工艺及其应用[J]. 有色金属(冶炼部分), 2010, (06): 13-15.

[11] 黄斌. 再生铜设备——精炼摇炉[J]. 中国有色冶金, 2014, 43 (02): 47-50.

[12] 崔志祥, 王智, 赵宝军, 等. 一种废杂铜冶炼新工艺: 中国, CN103468955A[P]. 2013-12-25.

[13] 崔志祥, 王智, 魏传兵, 等. 方圆两步炼铜工艺与生产实践[J]. 有色金属(冶炼部分), 2018, (4): 24-27.

[14] 张伟旗. 倾动式精炼炉工艺装备设计改进及优化[J]. 工业炉, 2016, 38 (06): 64-68.

[15] 曾强. 200吨固定式阳极炉重油全氧燃烧吨铜重油单耗优化[J]. 世界有色金属, 2016, (13): 27-29.

[16] 曾强. 精炼摇炉铜精炼全氧燃烧生产实践及优化[J]. 世界有色金属, 2016, (11): 163-165.

[17] 欧阳晖, 汪荣彪. 卡尔多炉处理废杂铜技术[J]. 资源再生, 2010, (05): 41-43.

[18] 吕高平, 俞鹰. 废杂铜再生综合利用工艺技术述评及展望[J]. 中国有色冶金, 2018, 47 (03): 53-58.

[19] 王永如, 方友良, 张学士, 等. 有色金属熔炼、保温复合炉: 中国, CN1967124[P]. 2007-05-23.

[20] Hadi P, Xu M, Lin C S K. Waste printed circuit board recycling techniques and product utilization[J]. Journal of Hazardous Materials, 2015, 283: 234-243.

[21] 中节能再生金属有限公司. 火法处理废印刷电路板技术应用研究及工程示范[R]. 广东省普宁市: 有色金属固废资源化技术研讨会, 2019-03-25.

［22］叶逢春．"城市矿产"领域及有色金属再生资源行业高质量发展之路［R］．第十五届固体废物管理与技术国际会议-涉重危废资源化利用技术及其环境风险管控．

［23］郭学益，田庆华，刘咏，等．有色金属资源循环研究应用进展［J］．中国有色金属学报，2019，29（09）：1859-1901．

［24］吕重安，向阳，王成国，等．澳斯麦特炉处理废印刷电路板的探讨：全国底吹冶炼技术、装备创新与发展研讨会［Z］．山东，烟台：中国有色金属学会重有色金属冶金学术委员会，2016：221-225．

［25］湖北日报．大冶有色澳炉焕发新生机 今年将处理电子垃圾 3 万吨［EB/OL］．2020-04-28．http：//www.hubei.gov.cn/hbfb/rdgz/202004/t20200428_2249988.shtml．

其他资源循环利用

铝灰中铝资源回收工艺现状与展望

摘要：铝灰是铝工业一种重要的副产品，其中的铝含量约占铝生产使用过程中总损失量的 1%~12%。回收铝灰中的铝资源能降低成本、保护环境、节约能源和提高资源利用率，有着巨大的经济和社会效益。本文总结了铝灰的来源、分类和组成，综述了铝灰中回收金属铝的回收工艺和利用铝灰合成材料工艺，展望了铝灰回收工艺的发展前景，提出了相关建议。

在铝冶炼、成型过程中会产生多种副产品。作为铝工业主要的副产品，铝灰产生于所有铝发生熔融的工序，其中的铝含量约占铝生产使用过程中总损失量的 1%~12%[2]。随着金属铝应用范围的日益扩大，铝灰的产生量也将成比例增长，如果考虑逐年的增长和历年的累积量，这个数字将更为惊人。以往人们把铝灰看作废渣而堆弃，此举不仅造成铝资源浪费，还会带来环境问题。因此，寻找经济有效的方法加以利用和治理铝灰，不仅将提高铝行业的经济效益，在实现资源的有效循环利用的同时，还将对实现经济、社会的可持续发展产生重要的影响。

1 铝灰概述

1.1 铝灰的来源

几乎所有的铝生产工序都产生铝灰，其中的铝含量 10%~80% 不等，可归纳为以下两个部分[3,4]：

（1）在氧化铝经熔盐电解生产铝的过程中，由于操作和测定器具的携带、阳极更换、出铝、铸锭以及电解槽大修，会产生一定量的铝灰。一般每生产 1 t 铝产生 30~50 kg 铝灰。

（2）在消费应用过程中，从铸锭、多次重熔、配制合金、零部件浇铸，到锻造、挤压、轧制、切削加工再到废铝再生回收，每吨铝加工应用的全过程将产生 180~290 kg 铝灰。

据估计，我国上述两部分铝灰之和，每年达 112 万 t~180 万 t。

1.2 铝灰的分类和组成

铝灰的具体成分因产生路径不同而各异，主要由金属铝单质、氧化物和盐熔剂的混合物组成。其中，金属铝在氧化铝和氮化铝的包覆下存在[5~7]。具体含 Al 10%~30%，Al_2O_3 20%~40%、Si、Mg、Fe 氧化物 7%~15%、15%~30% 的 K、Na、Ca、Mg 氯化物和微量的氟化物[8]。根据铝含量的不同，铝灰可分为以下两种[9,10]（见图 1）：

（1）一次铝灰，颜色呈灰白色故又称作白铝灰。在电解原铝及铸造等不添加盐熔剂过程中产生，是一种主要成分为铝和铝氧化物的混合物，铝含量可达 15%~70%；

本文发表在《轻金属》，2009(12)：3-8。合作者：李菲，郑磊，冀树军，苏鹏。

（2）二次铝灰，包括含 12% ~ 18%铝、盐熔剂、氧化物等的黑铝灰和废灰、废屑、边角料等经盐浴处理回收之后产生的 NaCl、KCl、氟化物和 3% ~ 5%铝的混合物，因其固结成块状被称为盐饼。

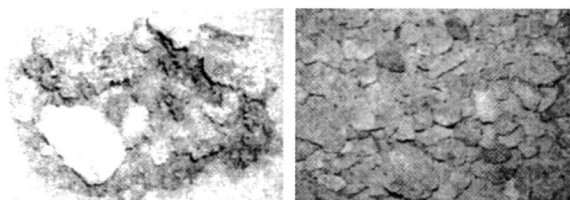

(a) 一次铝灰　　　　(b) 二次铝灰

图 1　铝灰的种类

1.3　铝灰对环境的影响

铝灰中的有毒金属元素（Se、As、Ba、Cd、Cr、Pb 等）进入土壤和地下水系统会造成重金属污染等；盐饼中的盐分积聚在土壤中会导致盐碱化[11]；接触水后会产生氨气、氢气和甲烷，容易引起火灾[12]；其中的砷和砷化铝等杂质与水发生反应后产生的砷化氢气体在生产场所中富集后不仅污染空气，还会造成密切接触者的急性砷化氢中毒[13]。

由此可见，最大限度地回收铝灰中的有价成分。不仅可以免去填埋的需要，还将消除以上诸类污染。

2　铝灰中铝资源回收利用工艺

目前铝灰中铝资源回收工艺可分为回收金属铝的回收工艺和利用铝灰合成材料工艺[14, 15]。国外科技工作者在20世纪30年代就开始了铝灰的回收再利用研究，至今已探索出了一些行之有效的工艺路线。在国内，随着人们对铝二次资源利用重视程度的增加，本方向的研究陆续开展了起来，并取得了一定成果，但与国外先进技术相比还有一定差距[16, 17]。

2.1　铝灰中回收金属铝的工艺

目前，铝灰中回收金属铝的回收工艺分为盐浴和无盐分离两种。盐浴回收法，是将以氯化盐为主要成分的熔剂与铝灰一起加热混合分离出铝灰中金属铝的方法。因铝灰浸入熔融的盐熔剂中，故而得名盐浴。盐熔剂一方面促进熔体流动，使包覆在氧化层下铝在铝冶炼的温度（低于金属铝的熔点）下融化，降低了铝的氧化损失；另一方面有助于氧化层的破裂并增加了铝熔体颗粒与氧化物杂质的界面张力，最终提高了回收率[18, 19]。利用本原理处理铝灰的方法主要有炒灰回收法、ALUREC 法和倾动回转炉回收法等。20 世纪末，针对盐浴回收法产生的盐饼处理费用较高的问题，人们开发出了少用或不用熔盐处理回收的工艺，省去了处理回收后的含盐废料环节，可以降低成本、能耗并减少环境压力。铝灰中回收金属铝的生产流程通常由冷却、破碎、过筛和熔化等工序组成。废杂铝灰先经快速冷却并反复碾压，再多次过筛，分离出其中粒度为 2~3 mm 的铝粒。再将氧化铝和其他夹杂物加入各种处理设备中，进一步分离出有价成分。产品要求铁低时，在入炉前还要先行除铁[20, 21]。

（1）炒灰回收法

该法被小型再生铝厂普遍采用，其具体过程是：将铝灰混合一定量的熔剂后放置在一个倾斜的铁锅中，利用铝灰自身的热量和铝灰中镁等物质继续氧化放热使铝灰的温度升高，用铁锹进行翻炒。翻炒之后铝熔体汇集到铁锅底部。但因为是敞开式作业，生产过程会产生大量烟雾，操作环境差。据报道，日本的一些铝灰加工企业在配套了有效的环保设备后采用此方法处理铝灰[22]。

针对目前我国小型再生铝企业的特点，笔者所在的课题组选用 $NaCl-KCl-Na_3AlF_6$ 熔盐体系作为分离剂，进行了 A356 铝合金铝灰中铝回收的研究。将经过破碎、球磨、筛分后 100 目筛上的部分与 $NaCl$、KCl 和 Na_3AlF_6 比例为 47.5 : 47.5 : 5 的分离剂均匀混合后一同放入石墨坩埚中，在电阻炉中加热到 680℃，保温 1 h 后，再经过冷却，敲碎熔盐，水洗，干燥，称量。金属铝与渣分离并以球状团聚，实验效果良好。图 2 是笔者研究中金属铝的回收效果。

图 2　铝灰中回收金属铝效果

（2）ALUREC(aluminium recycling)法

ALUREC 法由丹麦阿加公司（AGA）、霍戈文斯铝业公司（Hoogovens Aluminium）、曼公司（MAN）联合开发[23]。熔化炉为回转式的，采用富氧天然气为燃料，可在短时间内达到很高温度，铝熔化聚集于炉底，而非金属渣则浮于熔体上面。此方法热效率高，耗能少，操作环境好。

该法利用炉体的不停旋转代替了工人的翻炒，是目前大型企业处理铝灰最常见的方法，其工作程序示意图见图 3。该法还使用纯氧作助燃剂，有效减少了燃烧过程中产生的有机气体（C_nH_m），烟罩可以有效地回收其他烟尘，所以具有效率高、机械化程度高和运行环境好的优点，但金属回收率（可达 93%~94%）比炒灰低，且产生的残余铝灰还需进一步处理[24]。

与历史更久的回转窑处理法相比[25]，ALUREC 法改变了前者烧嘴和烟道分别位于炉体两端的设计。按照设计，ALUREC 法在负压下运行，但是由于实际操作中

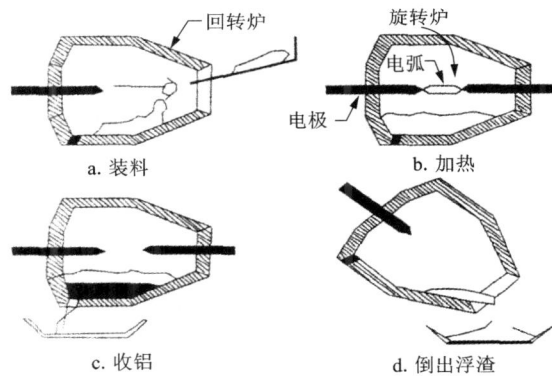

图 3　ALUREC 法工作程序示意图

会吸入炉外冷空气，导致运转过程炉内为氧化性气氛。所以 ALUREC 法也必须使用 NaCl/KCl 熔盐覆盖以减少金属损失。

（3）倾动回转炉处理法

倾动回转炉兼可用于铝屑的重熔，可实现少用或不用盐熔剂[26]。此法革新了已有 50 余年历史的固定轴回转炉，还兼具回转炉、反射炉和干式平炉的优点。采用圆柱形钢结构容器，内有耐火材料的内衬，水平安装在一个

图 4　倾动回转炉和配套的进料装置

耳轴上(见图4)。

倾动回转炉按周期运行,每一个工作周期包括:装入熔剂并熔化熔剂、装入铝灰并熔化铝灰、放出铝水并运走用过的熔剂或盐饼。与固定轴回转窑(炉)相比,倾动回转炉的炉体有一个单一的入口和卸料口,烧嘴和烟道集中在炉门上,避免了炉外空气的吸入,保证了炉内的还原性气氛,从而降低了熔盐使用的必要性[27]。另外,炉子运行时与水平面有一个夹角,提高了物料的均匀度和热传导效率,与同类的高温炉相比,倾动回转炉的热效率最高。表1是倾动回转炉与固定轴回转炉生产参数的比较[28]。

表1 倾动回转炉与固定轴回转炉生产参数的比较

生产方法	熔盐加入量/(kg·t⁻¹)	渣量/(kg·t⁻¹)	燃料消耗/(kW·h·t⁻¹)
固定轴回转炉(氧气–燃料)	200	400	500(1000*)
倾动回转炉	0~70	180~250	250~350

*空气–燃料燃烧

(4)MRM(metal recycling machine)法和改良的MRM法

MRM法较为传统,早期日本企业多采用此法。该工艺是把从熔炉中取出的热铝渣直接送入带有搅拌装置的设备中,使铝液沉积于设备底部,这时要加入能产生放热反应的熔剂,使渣保持所需温度。剩下的铝渣还可进一步进行筛选、粉碎、熔化回收铝,进行二次回收处理。在改良的MRM法中,搅拌和铝回收的全过程在氩气保护下进行。处理结果显示,该法的铝烧损率降低到4%,回收率达91%[29]。改良的MRM法生产过程如图5所示。

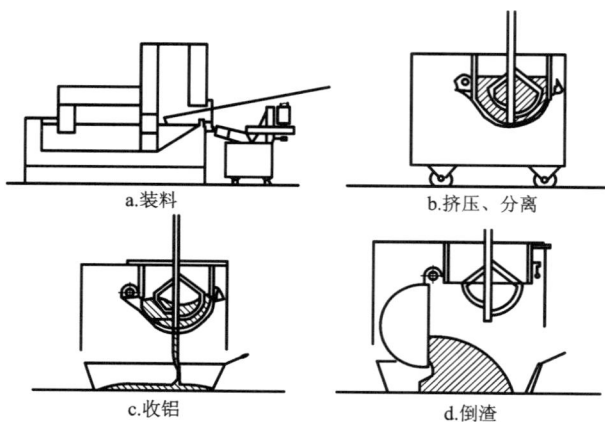

图5 改良的MRM法生产过程示意图

a.装料　b.挤压、分离　c.收铝　d.倒渣

(5)等离子体速熔法

等离子体速熔法是使用靠风流起作用的等离子喷嘴,在倾动炉内熔炼铝浮渣。在空气中适当拌入CO_2、CH_4或H_2。由于物料被快速加热至950℃,使铝珠周围的氧化皮破裂,这样铝珠就流入炉底,并通过出料口流出。炉渣含有70%的氧化铝,沉积于除尘器中的烟尘含有近99%的氧化铝。通过该方法铝的总回收率可达90%。同时加入的氧化钙,生成熔融铝的密度比铝酸钙密度低,在炉内形成界面分明的两层,定期放出,可得金属铝和铝酸钙两种产品[30]。该法的特点是铝回收率高,不使用盐熔剂,得到渣料铝酸钙可作为商品出售。

(6)压榨回收法

利用压榨回收法原理的工艺有很多,"The Press"、SPM等均属于此类。其原理是从上部将热铝渣装入机器，然后施加静压或动压，将熔融铝挤压出来[31,32]。

其中有代表性的"The Press"回收工艺由美国宾夕法尼亚州埃克斯顿市（Exton. PA）的阿尔特克国际公司（Altek International）开发。压榨回收设备如图6所示。压头上施加 15MPa 的压力，炉渣内的液体金属在压力下流向下层容器，被压榨的炉渣氧化过程迅速终止，氧化物被裹在金属壳内。同时，炉渣的金属外壳迅速把热传至压头和渣盘上，压头中的冷却水将大部分热量带走。使炉渣温度由开始的800℃以上降低至450℃以下，防止金属因高温而发生氧化。"The Press"法铝的总回收率为 62.5%。

图6　压榨回收设备

"The Press"法不需要铝灰预先冷却工序，具有装备简单、投资少、操作与维护费用低、工作周期短、工作环境好、不需集尘系统、功能完善和自动化程度高等一系列优点。日本一些企业的实践表明回收效果很好，但国内企业应用该法的效果不够理想[19]。

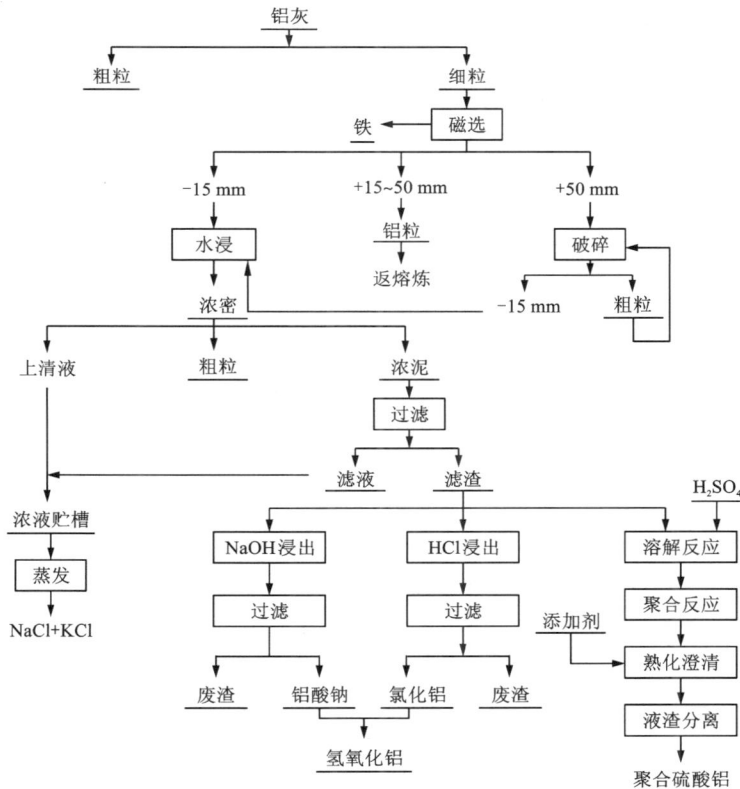

图7　利用铝灰合成材料工艺一般流程

2.2　利用铝灰制备材料工艺

纵观国内外研究机构和企业的研究，利用铝灰制备材料工艺的产品十分多样化。一般通过加入稀酸、碱、水等处理磨碎的铝灰和含盐化合沉积物，得到铝盐化合物、盐水、硅和铝氧化物等产品。从盐水提取的再生盐可作为生产中的覆盖剂、分离剂等；固体氧化物可用于生产水泥、净水剂、聚合氯化铝（PAS）和棕刚玉等。这些处理方式基本分为三个步骤：第一步，对铝灰进行破碎处理，将内含的大颗粒铝滴分离出并返回熔炼工序；第二步，对一定目数以下的铝灰在不同条件下，进行浸出以除去杂质；第三步，将提纯之后的铝灰转化为工业用的铝氧化物或铝盐[33~35]。利用铝灰合成材料工艺一般流程[36~39]见图7。

除了以上提到的一般流程，近年来，不断有人提出利用铝灰制备材料的新方法。徐晓虹等人[40]用废铝灰为主要原料，添加黏土、石英和降低烧成温度的添加剂，采用压制成型法制备了高性能的陶瓷清水砖。H. N. Yoshimura 等[11]通过对铝灰中的物相和结构进行研究后发现，由于粒度<1 mm 的铝灰中含有大量优良的耐火材料的成分：Al_2O_3，$MgAl_2O_4$，AlN 等，可用铝灰替代某些耐火材料的原料。尽管最终实验中铝灰的添加量仅为 5%，但由于此类耐火材料的市场极为广阔，对铝资源循环的意义仍然很大。B. R. Das[33] 等人将铝灰破碎筛分之后，水洗粒度小于 850 μm 的部分并回收其中的可溶性盐，再加入硫酸形成硫酸铝溶液，然后滴加氨水生成 $Al(OH)_3$ 沉淀，最后在 900℃煅烧得到表面活性很好的 η-氧化铝。专利 CN101177292A[41]，先将原铝废灰加入 1 倍~3 倍的水中浸洗过滤脱水回收 NaCl 等可溶性盐后，然后将脱水后的铝灰加入稀盐酸中，N 元素以 NH_3 的形式被除去，铝水解成为 $Al(OH)_3$，在煅烧 $Al(OH)_3$ 后得到适用于电解生产的含氟氧化铝。Junji Shibata[42] 等人用铝灰为原料合成了 $AlPO_4$-5 介孔分子筛，并得到副产品 $AlPO_4$。具体是将铝灰缓慢加入磷酸中并搅拌 1.5 h 后，按 Al_2O_3：P_2O_5：TEA：H_2O =1：1：1：40 的比例加入三乙胺，搅拌 1.5 h 后，将生成的胶体转移至高压釜中在 180℃~200℃的条件下反应 3 h 后得到 $AlPO_4$-5 介孔分子筛。

3 总结和展望

受到能源、资源和环境等因素的制约，未来的铝工业必将朝着低能耗，低污染和低成本的方向发展。如何找到铝工业的健康发展与保护环境、资源和节约能源之间的平衡点，达到铝灰中资源的"零"废弃，还需要进行多学科、跨领域共同深入的研究，这将与其他有色金属资源循环利用共同构成一个庞大的系统工程，也将是未来很长一段时间内的思考重点和努力方向。

经过世界各国学者多年的理论研究和实践检验，铝灰中金属铝的回收工艺已经趋于成熟。目前，该方面的工作仍然主要围绕在减少盐熔剂的使用、减少铝损失和提高热效率等方面。在利用铝灰合成材料方面，目前已经投入工业生产的工艺，产品附加值普遍较低。应当着力开发利用铝灰制备附加值高、对国民经济发展有重大意义的高新材料的工艺。如开发使用铝灰制备钠硫燃料电池中 β-Al_2O_3 固体电解质技术，因为铝灰中的 Mg^{2+}，Mn^{2+}，K^+ 等离子可以改善 β-Al_2O_3 的性能。此外，笔者所在的课题组正在研究铝灰提取物返回电解槽技术，此项技术若能开发成功，可以大大降低能耗、成本和环境压力。

到目前为止，我国的铝灰回收工艺仍还处于初级阶段，缺乏原创性工艺，这既是事实，也预示着其巨大的发展潜力。建议政府加大对企业铝灰回收研发的支持力度，加强相关协会的引导作用，鼓励大型原铝冶炼企业进入铝资源再循环行业，促进更适合我国国情、应用前景广阔的铝灰回收工艺的研发，在实现铝灰处理行业的跨越式发展的同时，推动我国铝工业持续、健康、稳定地发展。

参考文献

[1]郭学益, 田庆华.有色金属资源循环理论与方法[M].长沙: 中南大学出版社, 2008.

[2]R Quinkertz, G Rombach, D Liebig. A scenario to optimise the energy demand of aluminium production depending on the recycling quota[J]. Resources, Conservation and Recycling, 2001, 33(3): 217-234.

[3]Tan R B H, Khoo H H. An LCA study of a primary aluminum supply chain[J]. Journal of Cleaner Production. 2005, 13(6): 607-618.

[4]M C S hinzato, R Hypolito. Solid waste from aluminum recycling process: charact erization and reuse of it seconomically valuable constituents[J]. Waste Management, 2005, 25(1): 37-46.

[5]Mukhopadhyay, J Ramana, Y V Singh U. Extraction of value added production from aluminium dross material to achieve zero waste[C]// LIGHT METALS 2005. Warrendale: Minerals, Metals & Materials Soc, 2005: 1209 -1212.

[6]Q Hana, W Simpson, J Zeh, E Hat field, V K Sikka. Dross formation during remelting of aluminium 5182 remelt secondary ingot(RS I)[J]. Materials Science and Engineering A, 2003, 363 (1-2): 9-14.

[7]H N Yoshimura Abreu A P. Molisani A L, et al. Evaluation of aluminium dross waste as raw material for refractories[J]. Ceramics International, 2008, 34(3): 581-591.

[8]邱定蕃, 等.有色金属资源循环利用[M].北京: 冶金工业出版社, 2006.

[9]V M Kevorkijan. The quality of aluminum dross particles and costeff ective reinforcement for structural aluminium-based composites[J]. Composites Science and Technology, 1999, 59(11): 1745-1751.

[10]Drouet M G Drosrite. Extensive on-site hot dross treatmenttests. [C]// LIGHT METALS 2004. Warrendale: Minerals, Metals & Materials Soc, 2004, 931-936.

[11]Manf redi, O W Wuth, I Bohlinger. Characterizing the physical and chemical properties of aluminum dross[J]. Journal of the Minerals, Metals and Materials Society, 1997, 49(11): 48-51.

[12]S Fukumoto, T Hookabe, H Tsubakino. Hydrolysis behavior of aluminumni tride in various solutions[J]. Journal of Materials Science, 2000, 35(11): 2743-2748.

[13]任宝印, 杨捍卫.铝灰致急性砷化氢中毒调查分析[J].中国职业医学, 2000, 27(5): 59-59.

[14]R P Paw lek. V int ernational aluminium recycling seminar [J]. Light Metal Age, 2000, 58(1/2): 80-87.

[15]Y Xiao, M A Reuter. Recycling of distributed aluminium turning scrap[J]. Minerals Engineering, 2002, 15 (11S 1): 963-970.

[16]赵青.对再生铝行业的认识[J].世界有色金属, 2004, 4(4): 21-22.

[17]M S amuel. A new technique for recycling aluminium scrap[J]. Journal of Materials Processing Technology, 2003, 135(1): 117-124.

[18]Jorge Alberto Soares Tenorio, Denise Crocce Romano Espinosa. Effect of salt/ oxide int eraction on the process of aluminium recycling[J]. Journal of Light Metals, 2002, 2(2): 89-93.

[19]Jorge Alberto Soares Tenorio, Marcelo Carboneri Carboni, Denise Crocce Romao Espinosa. Recycling of aluminiumeffect of fluoride additions on the salt viscosity and on the alumina dissolution[J]. Journal of Light Metals, 2001, 1(3): 195-198.

[20]屠令海, 赵国叔, 郭青蔚.有色金属冶金、材料、再生与环保[M].北京: 化学工业出版社, 2003.

[21]A R Khoeia, I Masters, D T Gethin. Design optimisation of aluminium recycling processes using Taguchi technique[J]. Journal of Materials Processing Technology, 2002, 127(1): 96-106.

[22]南波正敏.日本再生铝产业的发展现状与展望[J].有色金属再生与利用, 2004, 11(2): 26-28.

[23] B Zhou, Y Yang, M A Reuter, et al. Process modeling of aluminium scraps in molten salt and metal bath in a rot ary furnace[J]. Minerals Engineering, 2006, 19(3): 299-308.

[24] A R Khoei, I Masters, D T Gethin. Numerical modelling of the rotary furnace in aluminium recycling processes [J]. Journal of Materials Processing Technology, 2003, 139(1-3): 567-572.

[25] G O Verran, U Kurzaw a. An experimental study of aluminum can recycling using fusion in induction furnace [J]. Resources, Conservation and Recycling, 2008, 52(5): 731-736.

[26] Zholnin A G, Zakharov A E, Norichkov S B, et al. Peculiarities of aluminium dross melting in laboratory Tilt ing Rot ary furnace[C]// LIGHT METALS 2004. Warrendale: Minerals, Metals & Materials Soc, 2004: 931-936.

[27] D Roth, A beevis. Maximizing the aluminium recovered from your dross and elimination of any waste products in dross recycling[C]//LIGHT METALS 1995. Warrendale: Minerals, Metals &Materials Soc, 1995: 815-818.

[28] Gripenberg H, Falk O, Olausson R, et al. Controlled melting of secondary aluminium in rotary furnaces [C]// LIGHT METALS 2003. Warrendale: Minerals, Metals & Materials Soc, 2003: 1083-1090.

[29] Michel G. Drouet. Comparison of saltfree aluminium dross treatment processes[J]. Resources, Conservation and Recycling, 2002, 36(1): 61-72.

[30] Hazar A B Y, Saridede M N, Cigdem M. A study on the structural analysis of aluminium drosses and processing of industrial aluminium salty slags [J]. Scandinavian Journal of Metallurgy, 2005, 34(5): 213-219.

[31] J Y Hwang, X Huang, Z Xu. Recovery of metals from aluminum dross and salt cake[J]. Journal of Minerals &Materials Characterization & Engineering, 2006, 5(1): 47-62.

[32] 李艳, 夏毅敏. 热铝炉渣处理及高效冷却压滤机研制[J]. 湖南有色金属, 2004, 20(5): 46-50.

[33] B R Das, B Dash, B C Tripathy, I N Bhat tachcharya, S C Das. Production of η-alumina from waste aluminium dross[J]. Minerals Engineering, 2007, 20(3): 252-258.

[34] Dash B, Das B R, Tripathy B C, et al. Acid dissolution of alumina from waste aluminium dross[J]. Hydrometallurgy, 2008, 92(1-2): 48-53.

[35] Reuter M, Xiao Y, Boin U. Recycling and environmental issues of metallurgical slags and salt fluxes[J]. Molten slags fluxes and salts, 2004, 16(5): 349-356.

[36] 张雷, 等. 用废铝渣制备聚合硫酸铝[J]. 化工环保, 2005, 25(5): 382-385.

[37] 乐颂光, 等. 再生有色金属生产(修订版)[M]. 长沙: 中南大学出版社, 2006.

[38] M Daviesa, P Smitha, W J Bruckardb. Treatment of salt cakes by aqueous leaching and Bayertype digestion [J]. Minerals Engineering, 2008, 21(8): 243-271.

[39] W J Bruckard, J T Woodcock. Characterisation and treatment of Australian salt cakes by aqueous leaching[J]. Minerals Engineering, 2007, 20(5): 1376-1390.

[40] 徐晓虹, 熊碧玲, 吴建锋. 废铝灰制备陶瓷清水砖的研究[J]. 武汉理工大学学报, 2006, 28(5): 15-17.

[41] 中国铝业股份有限公司. 一种利用废铝灰生产铝电解槽用含氟 β 氧化铝的方法[P]. 中国专利: CN 101177292A, 2008-05-14.

[42] Norihiro Murayama, Nobuaki Okajima, Shoichi Yamaoka, Hideki amamoto, Junji Shibata. Hydrothermal synthesis of $AlPO_4-5$ type zeolitic materials by using aluminum dross as a raw material[J]. Journal of the European Ceramic Society, 2006, 26(4-5): 459-462.

铜渣有价金属综合回收研究进展

摘要： 随着铜冶炼行业的发展，铜渣作为铜冶炼的副产物，产量呈逐年递增趋势。铜渣中含有可回收有价金属，但因现有技术回收率较低，一定程度上阻碍了冶炼企业的可持续发展。本文简要对其国内外现有综合回收技术进行了总结。分类叙述了铜渣中铜、铁和其他金属回收的相关技术和铜尾渣利用的最新研究进展，并对铜渣回收的发展前景进行了展望。

1 前言

铜的用途十分广泛，一直是电气、轻工、机械制造、交通运输、电子、邮电、军工等行业不可缺少的原材料[1]。在铜冶炼过程中，往往会伴随大量的铜渣产生。铜渣是火法冶炼时造锍熔炼和铜锍吹炼过程中的产物[2]，按照产渣设备分类可分为反射炉渣、转炉渣、闪速熔炼渣等（见表1）；根据炉渣冷却方式不同又可分为水淬渣、自然冷却渣、保温冷却渣等；根据生产工艺流程又可分为熔炼渣、吹炼渣等[2]。据统计每产生1 t金属铜则会产生2.2 t铜渣，且随着我国炼铜工业的持续发展，渣产量还在逐年递增。另外，铜冶炼渣大部分堆存在渣场，既占用了土地又污染了环境。与此同时，铜矿资源已日趋枯竭，目前正在开采的铜矿品位仅为0.2%~0.3%，而在铜冶炼过程产出的炉渣含铜量却在0.5%以上，渣中铁的品位一般在40%左右，也远大于冶炼铁矿29.1%的平均品位[3, 4]。但是目前，我国铜冶炼渣的铜利用率不超过12%，铁利用率不足1%。因此，有效地回收铜渣中有价组分，开发铜渣资源化综合利用技术，从而实现铜渣资源化，对铜冶炼行业有着经济和环保的双重意义[5, 6]。

表1　各种熔炼方法的熔渣化学成分[1]　　　　　　　　　　　　　　%

铜冶炼方法	Cu	Fe	Fe$_3$O$_4$	SiO$_2$	S	Al$_2$O$_3$	CaO	MgO
密闭鼓风炉	0.42	29	—	38	—	7.5	11	0.74
奥托昆普闪速熔炼（电炉改造）	1.5	44.4	11.8	26.6	1.6	—	—	—
奥托昆普闪速熔炼	0.78	44.06	—	29.7	1.4	7.8	0.6	—
Inco 闪速熔炼	0.9	44	10.8	33	1.1	4.72	1.73	1.61
诺兰达法	2.6	40	15	25.1	1.7	5.0	1.5	1.5
瓦纽科夫法	0.5	40	5	34	—	4.2	2.6	1.4
白银法	0.45	35	3.15	35	0.7	3.3	8	1.4
特尼恩特转炉冶炼	4.6	43	20	26.5	0.8	—	—	—
奥斯麦特熔炼	0.65	34	7.5	31	2.8	7.5	5	—
三菱法	0.6	38.2	—	32.2	0.6	2.9	5.9	—

本文发表在《金属材料与冶金工程》，2014，42(6)：50-56。合作者：王琛，王亲猛。

2 铜渣中有价金属回收

2.1 铜渣中铜的提取

从铜渣中回收金属铜，又称为铜渣的贫化。铜渣贫化方法的选择主要由渣中铜元素的损失形态和最终要求的弃渣水平所决定。现行技术主要为火法、湿法和选矿法。其中用于大规模工业化的主要分为火法贫化和浮选法，而湿法技术还未广泛应用[1]。

2.1.1 火法贫化

火法贫化主要方法为直接熔融还原法，因为渣中含有磁性 Fe_3O_4，而铜渣的黏度会因其含量的升高而增加，从而导致铜的损失。所以火法贫化的基本思路是通过降低铜渣中的 Fe_3O_4 含量，减少铜的夹杂，从而回收渣中的铜。而在火法贫化铜渣中加入还原剂 C、硫化剂 FeS 等添加剂能够达到以上目的，其基本反应如下[7]：

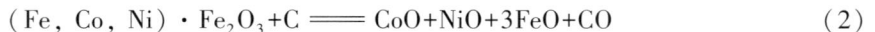

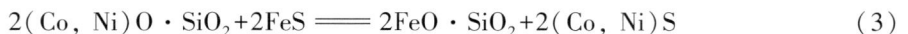

$$3Fe_3O_4+FeS =\!=\!= 10FeO+SO_2 \tag{1}$$

$$(Fe，Co，Ni) \cdot Fe_2O_3+C =\!=\!= CoO+NiO+3FeO+CO \tag{2}$$

$$2(Co，Ni)O \cdot SiO_2+2FeS =\!=\!= 2FeO \cdot SiO_2+2(Co，Ni)S \tag{3}$$

Reddy[8]等对鼓风炉铜渣进行了两步还原回收金属铜的研究，铜的回收率达85%以上。何云龙[9]提出把传统的 PS 转炉改造为还原转炉，其具有将燃料喷射进炉膛保温和固体还原剂从风口喷入熔池的功能，能在弱还原气氛下处理铜吹炼渣。该工艺能耗低，Fe_3O_4 还原彻底，铜回收率高。工业验证性试验表明，含 Fe_3O_4 为46%的转炉渣，经过还原后弃渣含 Cu 0.34%，含磁性氧化铁3.55%，铜的回收率为89.4%。陈海清等[10]采用了还原-硫化-搅拌-提温的火法强化贫化铜渣新工艺，在炉膛温度1300℃的条件下，加入一定的黄铁矿和碎煤，并采取鼓风搅拌以及澄清等措施，可使渣含铜由1.277%下降至0.466%，渣含铜基本达到了熔炼弃渣的水平。张林楠等[11]对含铜5%的铜渣进行了加炭粉通入惰性气体搅拌还原的研究，目的是降低铜渣中 Fe_3O_4 含量。随着气体搅动时间的延长，渣中的 Fe_3O_4 降低，二价铁含量增加，有效降低了铜渣的黏度，促进铜锍滴的沉降，回收铜后的弃渣含铜降至0.35%以下。

近年来也有学者进行了氯化焙烧法的相关研究。张仁杰[12]提出氯化法对铜渣进行处理，并对过程进行了热力学分析。发现渣中含铜物相在焙烧温度下可发生氯化反应，而含铁物相不可发生反应。铜的氯化物以蒸汽挥发分离同时将铁大部分留在渣相中，从而实现高效分离铜和铁。

2.1.2 浮选法

浮选法是从铜渣中回收铜的常用方法，矿石性质决定了矿物之间的解离特征与分选方法。炉渣浮选和自然矿石的浮选类似，包括碎磨、浮选、脱水、尾矿处理等操作。炉渣在熔渣冷却过程中形成了能够机械分离的硫化亚铜结晶以及金属铜的颗粒，而这些颗粒在表面物理化学性质上与其他造渣物存在一定的差异。根据上述不同，通过浮选可将铜富集于精矿中[1]。由于浮选法具有成本低，工艺流程较短等优点，广泛应用于国内外冶金企业。

黄红军等[13]进行了转炉渣中铜在浮选过程中的表面疏水性的研究。研究表明黄原酸盐、正丁胺、二硫代磷酸盐、Z-200等捕收剂能够增强铜的表面疏水性，而在强酸或强碱体系下铜的表面疏水性变差，导致回收率变低。在 pH 为10时，以正丁胺和丁基黄药作为联合捕收剂可以得到品位为 40.01% 的铜精矿，回收率为达到 95.05%，尾渣含铜量为 0.37%。姚书俊[14]针对某铜熔炼渣嵌布粒度细且共生关系紧密的性质特点，通过细磨并以碳酸钠作为调整剂，丁基黄药与 Z-200 作为联合捕收剂浮选回收铜，得到品位为 25.18% 铜精矿，回收率高达 84.06%。魏明安[15]等研究了转炉渣的特性和铜转炉渣选矿的一般特点，并在此基础上针对国内某铜转炉渣中铜赋存状态复杂、嵌布粒度细及难磨等的特点，提出处理该转炉渣的适宜技术条件为阶段磨矿阶段选别。在浮选机充气量 3.3 L/min 和高浓度浮选的条件下，到达了铜精矿品位 30.82%、回收率为 90.05% 的试验指标。叶雪均等[16]对安徽某厂的难选铜渣进行了研究，确定了先浮选铜再通过加入分散剂的方式回收选铜尾矿中的铁的工艺，获得铜精矿品位为 46.34%、回收率为 83.63%；铁精矿品位为 52.21%，回收率为 33.90% 的指标。但所得铁精矿品位仍然不高，虽基本达到了冶炼要求，但离出售还有一段差距。

对于铜元素以氧化物形式存在的铜渣，一般对其进行硫化处理。杨威等[17]对废弃氧化铜渣进行了硫化浮选实验，考察了磨矿细度、硫化剂与活化剂的比例、矿浆 pH、羟肟酸捕收剂等对选别指标的影响。闭路实验铜回收率为 61.89%，精矿平均品位达 10.5%，尾矿品位 0.76%。

2.1.3　湿法浸出

对铜渣的湿法处理有多种浸出方法，如硝酸盐浸出法、氯化浸出法、硫酸化浸出法和氰化浸出法等。而对于铜渣中铜的浸出则一般采用氯化浸出法和硫酸化浸出法[11]。湿法处理铜渣能够高效回收渣中铜，同时湿法过程可以克服火法贫化过程的高能耗以及产生废气污染的缺点，并能附带回收锌、钴、镍等有价金属，其分离的良好选择性更适合于处理低品位炼铜炉渣。

Herrtros 等[18]对反射炉渣和闪速炉渣进行了研究，采用氯气浸出的方法，发现在氯浸过程中，要限制铁的溶解，浸出时间和温度是主要影响因素。浸出后铜的浸出率达到 80% ~ 90%，而铁的浸出率仅有 4% ~ 8%。Altundogan 等[19]使用重铬酸钾和硫酸的混合浸出剂对铜转炉渣进行氧化浸出实验。发现随着浸出剂加入量的增加，铜的浸出率升高，而铁、钴、锌等元素的浸出率相对减少。刘缘缘[20]对浮选尾矿进行硫酸-双氧水体系浸出的实验研究。考察了 pH、温度、双氧水用量等对浸出的影响，结果表明，在常压条件下，pH = 2.5，浸出温度 70℃，双氧水用量 150 L/t，铜的浸出率为 54.77%。以 P204 作萃取剂，硫酸作反萃剂，铜回收率可达 84.97%。

虽然火法贫化法和浮选法已经实现了工业化，但是这两种方法铜的回收率均较低，火法残渣和浮选法残渣分别含铜 0.66%、0.51%，均大于目前我国铜矿石的可采品位[21]。湿法技术虽可获得较高的铜回收率，且在药剂选择和综合回收其他有价金属方面具有优势，但是也存在酸碱浸出剂对设备具有较强腐蚀作用，产生的污水量较大且处理困难等问题，使得其很难进行工业化。此外，由于渣中铁元素含量较高，但以上三种方法均未提出有效的方法进行铁的回收和利用，所以铜渣提铁的相关研究也非常必要。

2.2　铜渣中铁的提取

铜渣中大约有 40% 的铁，主要以铁橄榄石和磁铁矿两种物相形式存在。目前对铜渣中铁的富集研究主要分为两种：一种是利用选矿的思路，即在高温下利用空气或富氧空气将铜渣氧化，使铜渣中主要以铁橄榄石形式存在的铁转化为主要以磁铁矿形式存在的铁，此后经过冷却，对氧化后的铜渣进行破碎磁选，使富铁相与渣相分离，富铁相得到富集，从而达到富集铜渣中铁的目的；另一种则是通过还原剂直接还原铜渣中的铁组分，再以磁选的方法将铁组分与其他组分分离。

2.2.1 氧化磁选回收

张林楠[22]选用铁氧化物含量63.6%的铜渣作为研究对象，将熔融铜渣氧化，促使渣中铁组分向磁铁矿相选择性富集，再以5 K/min的降温速率使磁铁矿相晶粒长大到80~95 μm，使产物较利于磁选，且磁铁矿相富集度可从22%提高到85%以上。黄自力等[23]采用高温脱硅–磁选工艺从炼铜水淬渣中回收铁，探讨了脱硅温度、氧化钙用量、通氧时间、缓冷速率对铁回收指标的影响，可得到品位为62.8%、铁回收率为69.84%的高品质铁精矿。

由于氧化磁选回收产物为铁氧化物，提取铁元素还需进行还原操作。因此，学者创新地提出了直接还原磁选回收铁的新工艺。

2.2.2 直接还原磁选回收

李磊等[24]在铜渣还原过程中加入一定量的CaO，在实验的基础上对铜渣还原炼铁过程中各元素的反应热力学进行了理论分析，发现通过上述操作$2FeO \cdot SiO_2$的还原反应理论起始温度可由1042.23℃降低至757.47℃，铁直接还原率增高。杨慧芳等[25]基于铜渣经煤基还原后易于通过磨矿单体离解的特点，选用煤基直接还原–磨矿–磁选的方法从铜渣中回收铁组分最佳工艺条件为：褐煤配比30%，CaO配比10%，焙烧温度1250℃焙烧时间50 min，焙烧产物磨细度（85%的颗粒粒径）小于43 μm。在最佳条件下可以获得含量为90.05%、铁回收率为81.02%的直接还原铁粉。Byung-Su等[26]提出了将铜渣进行如图1所示的操作，通过一级破碎–配碳还原–二级破碎–磁选可将铁回收率提高到85%，产物中包括单质铁，铁氧化物和铁碳

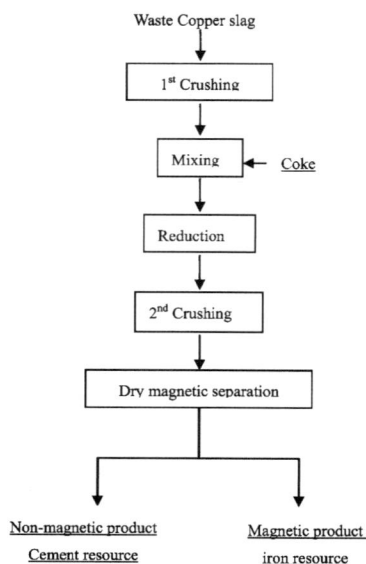

图1 离回收铁流程

化物。赵凯等[27]探索了水淬铜渣在碳氧比为1.5，熔融造渣温度为1450℃的条件下，加入CaO、Al_2O_3、CaF_2和Na_2CO_3后对铁的回收效果及渣中残铁量的影响。发现在CaO加入量约30%时，铁的回收率较高为93.85%，在此基础上，添加Al_2O_3、Na_2CO_3均会降低铁的回收效果，而对于CaF_2在添加量小于2%时回收铁的效果较好。

2.3 铜渣中其他金属的提取

铜渣中其他金属回收的研究主要集中在钴、锌、镍几个元素上。

2.3.1 钴的回收

钴在铜渣中主要是以氧化物和硫化物的物相形式存在的[28]。目前，对铜渣中钴的提取主要分为采用湿法浸出后萃取和利用碳在高温下直接还原这两种方法。影响铜渣中钴的提取率的因素主要有：铜渣的化学组成、反应温度、反应时间、还原剂的量以及电炉的功率。

王光辉[29]对转炉渣进行了回收钴的研究，首先采用硫酸直接浸出两次，钴浸出率达到

95.4%，然后采用 16%Lix973N-煤油体系进行四级错流萃取和反萃溶液中的铜离子。采用黄钠铁矾法除铁，再通过深度除杂，草酸沉钴得到草酸钴产品。Banda 等[7]研究了在利用碳直接还原从合成渣中提取钴的相关影响因素，其研究结果表明，在不添加 CaO、CaF$_2$、TiO$_2$ 等造渣剂的情况下，逐量加入还原剂量，使钴的最大还原率达到 68%。

2.3.2 镍的回收

赵红芬等[30]采用硫酸盐化焙烧的方法有效地进行了某含镍铜锍渣中的镍的回收。以硫酸作为硫酸盐化剂进行了焙烧硫酸用量、焙烧温度、焙烧时间等试验。镍回收率 92.76%，铜回收率 65.12%，渣中镍含量降为 1.32%。邓彤等[31]研究了铜渣氧化浸出时其中镍的浸出行为，探索了反应温度、硫酸浓度、氯离子浓度、浸出温度等因素对镍浸出的影响，得出以下结论：提高浸出液中氯离子浓度可不断改善镍的浸出，浸出温度以 85℃为宜。

2.3.3 多金属综合回收

铜渣中其他有价金属也常常伴随铜的富集而一同析出。

张阳[32]采用常压氧化酸浸-中和调浆的方法选择性浸出回收铜冶炼废渣中的钴、锌、铜等元素，有价金属钴、锌、铜的总回收率分别达 94.7%、92.6%、85.7%。G·布鲁特等[33]研究了从土耳其 Kure 地区堆存的老铜渣中回收铜和钴的工艺，将铜渣先浮选回收铜，浮选尾矿与黄铁矿一起焙烧，焙砂浸出。实验结果表明，在浮选阶段获得的铜精矿铜品位为 11%，铜回收率为 77%，浮选尾矿的钴回收率为 93%。在 500℃温度下和黄铁矿与铜渣重量比为 3:1 时焙烧 1 h 后，钴的溶解率为 87%，铜的溶解率为 31%。Nadirov[34]研究表明将铜渣与氯化铵按 1:2 在 320℃下反应后进行水浸，液固分离后将滤渣再次与氯化铵反应，滤液调节 pH 分步沉淀金属。Zn、Cu、Fe 三种元素分别有：91.5%、89.7%和 88.3%进入液相，回收效果优异。Rudnik[35]等对转炉铜渣进行了还原焙烧，获得了 Cu-Co-Fe-Pb 合金，再将合金在氯化铵-氨水混合液中电解，使铁沉淀进入残渣，铜、钴溶解进入溶液，并通过电解从溶液中分别析出铜、钴金属，获得了含铜 99%、含钴 92%的两种产品。Zhang[36]等利用硫酸和氯酸钠在常压下浸出铜渣中的钴、锌、铜，进入到浸出液中的硅及铁等杂质用 Ca(OH)$_2$ 沉淀去除，在最佳工艺条件下钴、锌、铜的浸出率分别达到 98%、97%、89%，而浸出液中硅、铁含量仅分别为 3.2%和 0.02%。

3 铜渣回收后残渣的再利用

通过以上方法进行回收后的铜的残渣被定义为铜尾渣，由于在贫化阶段已经提取了大部分的有价金属，使得铜尾渣的化学成分主要为铁橄榄石、SiO$_2$ 和 CaO，其余为 Fe$_3$O$_4$、Fe$_2$O$_3$、Al$_2$O$_3$ 和少量的 MgO、K$_2$O、Na$_2$O 等，另外含有 Mn、Zn、Cu、Ti 等微量元素[37]。铜尾渣的处理以堆弃为主，堆积的铜尾渣因其颗粒较小容易被风吹起造成空气污染，在自然环境下铜尾渣浸出的有害重金属会污染水体、土壤，从而影响农业、渔业和林业的生产，并造成经济损失。目前对于尾渣的研究比较有限，主要集中于水泥工业和深度提铁的研究。

3.1 铜尾渣在水泥中的应用

水泥混凝土工业为铜渣的主要使用领域，而铜尾渣在水泥中的应用研究主要集中表现在作为烧制水泥熟料的原料、作为矿化剂、作为水泥混凝土混合材等方面。由于铜尾渣中含有的 FeO 和微量元素有利于水泥熟料烧成温度的降低和 C_3S 的形成；铜尾渣作为水泥混合材或混凝土掺合料，可改善水泥和混凝土的性能[37]，详见表2。

表 2　铜尾渣用于水泥及混凝土行业[37]

用途	作用机理
铜尾渣煅烧水泥熟料	铜尾渣含有一定量的 Fe_2O_3 和 FeO，可作为水泥生产的铁质校正原料。
铜尾渣用作水泥混合材	铜尾渣中 SiO_2 与水泥熟料水化产生的 $Ca(OH)_2$ 中和，使 $Ca(OH)_2$ 不达到饱和，促进熟料水化。
铜渣用作掺合料	磨细后的铜尾渣活性高，火山灰活性促进 $Ca(OH)_2$ 反应，替代部分水泥用作混凝土掺合料加快水化反应，体系中水化产物水化硅酸钙和水化铝酸钙增加，通过改变水化过程改善混凝土的性能。
铜渣用作细集料	铜尾渣粒径尺寸小，颗粒级配好，可作为细集料用于混凝土。

3.2　铜尾渣深度提铁

将铜尾渣用于水泥混凝土工业，虽然达到了一定的经济价值。但对于铜尾渣中残留的铁元素并没有得到充分的利用。因此，如何利用铜尾渣进行深度回收有价金属，制备高附加值的产品，也成为铜渣资源循环回收的一个热点。

王爽等[38]以国内某铜渣磨矿、浮选铜尾矿为原料，以焦粉为还原剂，氧化钙为添加剂，在氧化钙用量为 6%、焦粉用量为 14%、还原温度为 1300℃、还原时间为 2 h 情况下，获得了品位为 92.96% 的金属铁粉，铁回收率为 93.49%，且产物杂质硫磷含量低，属优质炼钢辅料。

4　展望

目前对于铜渣的处理，火法与选矿法贫化技术得到了广泛的应用，其中电炉贫化法和浮选法已经实现了工业化，为我国资源回收做出了一定的贡献。但是在铜渣的利用过程中，依然存在着一些急需解决问题：

（1）国内外学者对铜渣等有价金属的单一方法研究较为深入，而对铜渣多技术综合处理研究工作尚有欠缺。

（2）在火法贫化中，对铜渣熔融后的热力学和动力学性质研究不系统，这在一定程度上影响了铜渣综合利用研究理论深度和进程。

（3）在铜尾渣中有价金属含量依然很高，而综合回收方面研究太少，需加强科研资金的投入，变废为宝。

（4）研究重点局限在有价金属的回收率上，但是经济性分析不够，新技术工业化进度过慢。

因此，深化铜渣热力学、动力学理论，加强对铜渣和铜尾渣中有价金属回收的研究和经济性分析，成为今后科研工作者的研究重点。

参考文献

[1] 朱祖泽, 贺家齐. 现代铜冶金学[M]. 北京: 科学出版社, 2003.

[2] Gorai B, Jana R K. Characteristics and utilization of copper slag-a review[J]. Resources Conservation and Recycling, 2003, 39 (4): 299-313.

[3] 陈远望. 智利铜炉渣贫化方法概述[J]. 世界有色金属, 2001, 09: 53-58.

[4] 曹景宪, 王丙恩. 中国铁矿的开发与利用[J]. 中国矿业, 1994, 05: 17-21.

[5] 李博, 王华, 胡建杭, 等. 从铜渣中回收有价金属技术的研究进展[J]. 矿冶, 2009(1): 44-48.

[6] 曹洪杨, 张力, 付念新, 等. 国内外铜渣的贫化[J]. 材料与冶金学报, 2009(1): 33-39.

[7] Banda W, Morgan N, Eksteen J J. The role of slag modifiers on the selective recovery of cobalt and copper from waste smelter slag [J]. Minerals Engineering, 2002, 15 (11): 899-907.

[8] Reddy R G, Prabhu V L, Mantha D. Recovery of copper from copper blast furnace slag [J]. Minerals & Metallurgical Processing, 2006, 23 (2): 97-103.

[9] 何云龙, 沈强华, 陈雯, 等. 铜吹炼渣侧吹贫化新工艺研究[J]. 矿冶, 2012(3): 44-47.

[10] 陈海清, 李沛兴, 刘水根, 等. 铜渣火法强化贫化工艺研究[J]. 湖南有色金属, 2006(3): 16-18.

[11] 张林楠, 张力, 王明玉, 等. 铜渣贫化的选择性还原过程[J]. 有色金属, 2005(3): 44-47.

[12] 张仁杰, 李磊, 韩文朝. 氯化焙烧法回收铜渣中铜的热力学研究[J]. 工业加热, 2014(1): 4-9.

[13] Huang H, Zhu H, Hu Y. Hydrophobic-surface of copper from converter slag in the flotation system[J]. International Journal of Mining Science and Technology, 2013, 23 (4): 613-617.

[14] 姚书俊. 某铜熔炼渣综合回收试验研究[J]. 科技视界, 2012, 17: 70-72.

[15] 魏明安. 铜转炉渣选矿回收技术研究[J]. 矿冶, 2004, 13 (1): 38-14.

[16] 叶雪均, 秦华伟, 杨俊彦, 等. 从某混合铜渣中回收铜铁的试验研究[J]. 矿业研究与开发, 2013(3): 46-49.

[17] 杨威. 从某废弃氧化铜渣中回收铜的研究[D]. 长沙: 中南大学, 2012.

[18] Herrtros O, Quiroz R, Manzano E, et al. Copper extraction from reverberatory and flash furnace slags by chlorine leaching slag[J]. Hydrometallurgy, 1998, 49(1-2): 87-101.

[19] Altundogan H S, Boyrazli M, Tumen F. A study on the sulphuric acid leaching of copper converter slag in the presence of dichromate [J]. Minerals Engineering, 2004, 17 (3): 465-467.

[20] 刘缘缘, 黄自力, 秦庆伟. 酸浸-萃取法从炉渣中回收 Cu、Zn 的研究[J]. 矿冶工程, 2012, 32 (2): 76-79.

[21] 李沛兴, 刘水根, 张振健, 等. 铜渣火法强化贫化工艺研究[J]. 湖南有色金属, 2006 (3): 16-18.

[22] 张林楠. 铜渣中有价组分的选择性析出研究[D]. 沈阳: 东北大学, 2005.

[23] 黄自力, 李倩, 李密, 等. 高温贫化-浮选法从炼铜水淬渣中回收铜[J]. 矿产综合利用, 2009(2): 37-40.

[24] 李磊, 胡建航, 王华. 铜渣熔融还原炼铁过程反应热力学分析[J]. 材料导报 B: 研究篇, 2011, 25(7): 114-117.

[25] 杨慧芬, 景丽丽, 党春阁. 铜渣中铁组分的直接还原与磁选回收[J]. 中国有色金属学报, 2011(5): 1165-1170.

[26] Byung-Su K, Seul-Ki J, Doyun S, et al. A physicochemical separation process for upgrading iron from waste copper slag[J]. International Journal of Mineral Processing, 2013, 124: 124-127.

[27] 赵凯, 程相利, 齐渊洪, 等. 配碳还原回收铜渣中铁、铜的影响因素探讨[J]. 环境工程, 2012(2): 76-

78+113.

［28］Floyd J M, Mackey P J. Developments in pyrometallurgical treatment of slag：A Review of current technology and Physical chemistry［J］. Extractive Metallurgy, 1981, 345-371.

［29］王光辉. 从富钴铜转炉渣中回收铜、钴的研究［D］.沈阳：东北大学, 2011.

［30］赵红芬. 用硫酸盐化焙烧法从含镍铜锍渣中回收镍［J］. 湿法冶金, 1998(1)：44-46.

［31］邓彤, 刘东. 铜渣浸出中镍的浸出行为研究［J］. 稀有金属, 2000(2)：81-84.

［32］张阳. 粗铜精炼废渣中钴的回收研究［D］. 长沙：中南大学, 2010.

［33］G·布罗特, 孙浩, 肖力子. 应用浮选-黄铁矿焙烧法从铜渣中回收有价金属［J］. 国外金属矿选矿, 2009, Z1：86-90.

［34］Nadirov R K, Syzdykova L I, Zhussupova A K, et al. Recovery of value metals from copper smelter slag by ammonium chloride treatment［J］. International Journal of Mineral Processing, 2013, 124：145-149.

［35］Rudnik E, Burzynska L, Gumowska W. Hydrometallurgical recovery of copper and cobalt from reduction-roasted copper converter slag［J］. Minerals Engineering, 2009, 22 (1)：88-95.

［36］Zhang Y, Man R L, Ni W D, et al. Selective leaching of base metals from copper smelter slag ［J］. Hydrometallurgy, 2010, 103 (1/2/3/4)：25-29.

［37］周婷婷, 张长森, 魏宁, 等. 铜尾渣替代黏土制备水泥熟料的试验研究［J］. 硅酸盐通报, 2014, 33(3)：691-696.

［38］王爽, 倪文, 王长龙, 等. 铜尾渣深度还原回收铁工艺研究［J］. 金属矿山, 2014(3)：156-160.

我国铜阳极泥分银渣综合回收利用研究进展

摘要: 分银渣是铜阳极泥处理工艺的尾渣, 其中含有多种有价金属锡、铅、铋、锑等, 1 t 阳极泥一般产生 0.5~0.6 t 分银渣。本文综述了国内处理分银渣提取有价金属的工艺流程, 对分银渣回收的前景进行了展望, 同时为探索一种环保型、高效型处理分银渣的工艺提出了相关建议。

1 引言

分银渣是铜阳极泥经过硫酸化焙烧、分铜浸出、氯化分金和氨浸分银等步骤处理后的主要副产品[1]。我国是铜的生产和消费大国, 精炼铜产量超过 400 万吨, 随之每年将产生数万吨阳极泥分银渣[2、3]。随着经济社会的快速发展, 国家对铜的需求量将进一步加大, 也将会产生更多的分银渣。分银渣中含有大量重金属铅, 如不妥善处理, 不但会造成资源浪费, 而且将对自然环境及人们生活造成严重影响[4、5]。同时, 分银渣还含有锡、锑、铋、铜和金、银等贵金属, 可以说, 分银渣是一种品位相当高的二次资源[6]。在矿产资源日趋枯竭的今天, 考虑以阳极泥分银渣作为二次资源, 探索开发环境友好、高效经济的工艺技术, 最大化地提取铅、锡等有价金属, 富集回收贵金属, 实现资源循环利用及有价金属材料生产, 已成为有色金属再生循环领域研究中的热点[7、8]。

2 分银渣综合回收利用工艺

传统分银渣利用工艺往往偏重单一元素的回收, 仅对分银渣中主要金属铅进行回收或对某种贵金属进行回收, 这不仅会造成资源的极大浪费, 也会使分银渣处理后的尾渣仍含有大量有害元素, 环境污染严重[9]。目前对分银渣的回收利用大多采用综合回收利用工艺, 全面回收分银渣中的绝大多数元素, 尽可能地减少有害元素的二次排放。我国在分银渣综合回收有价金属技术领域主要分为全湿法和半湿法两大类, 本文将介绍各类技术中的典型方法。

2.1 全湿法回收工艺

全湿法处理分银渣工艺常见流程为"浸出-提取-富集-提取"。湿法工艺避免了火法工艺能耗大、设备复杂等缺点。

陆凤英等[10]研究了分银渣中金、银、铅、锑、铋、碲等金属的综合利用工艺。该工艺通过先将金、银和锑、铋、碲等元素初次分离, 然后逐个提取, 以此来达到分银渣中稀贵金属综合回收的目的, 工艺流程如图 1 所示。此工艺采用三级逆流浸出法处理分银渣, 通过选择一种无毒, 选择性高, 溶解金、银速度快, 能将金、银和锑、铋、碲等杂项元素分离的溶剂, 在

本文发表在《金属材料与冶金工程》, 2011, 39 (4): 33-40。合作者: 程利振, 李翔翔, 张三佩, 袁廷刚。

最优溶剂浓度、氧化剂浓度、催化剂浓度、温度、时间、液固比等参数下浸出液金、银，金、银平均浸出率在94.5%以上；浸出渣中富集了锑、碲、铋，对其用合适的浸出剂浸出使锑、碲、铋进入溶液，再用亚硫酸钠常温还原沉淀碲，碲沉淀率在99%以上，锑、铋沉淀率小于1%，所得粗碲含量在60%左右，粗碲经氯酸钠氧化、氢氧化钠溶解、盐酸中和沉淀即得产品二氧化碲。脱碲后的含锑、铋液加水水解，控制酸度使锑先水解，锑水解沉淀率在98%左右，而铋则在2%以下，使锑和铋基本分离，水解后的沉淀用氨水中和至 pH＝8 左右，经洗涤、干燥，即得产品三氧化二锑。分碲和锑后的含铋溶液用锌粉还原，常温搅拌即得海绵铋，铋沉淀率99%左右，可进一步提炼成精铋。此工艺的优点是设备简单、操作简便、环境污染小，但是在锑、碲、铋的浸出过程中采用的碱性硫化钠法、酒石酸法、三氯化铁法、酸氧化法浸出效果均不理想，并且对含量较大的金属铅没有进行回收处理。

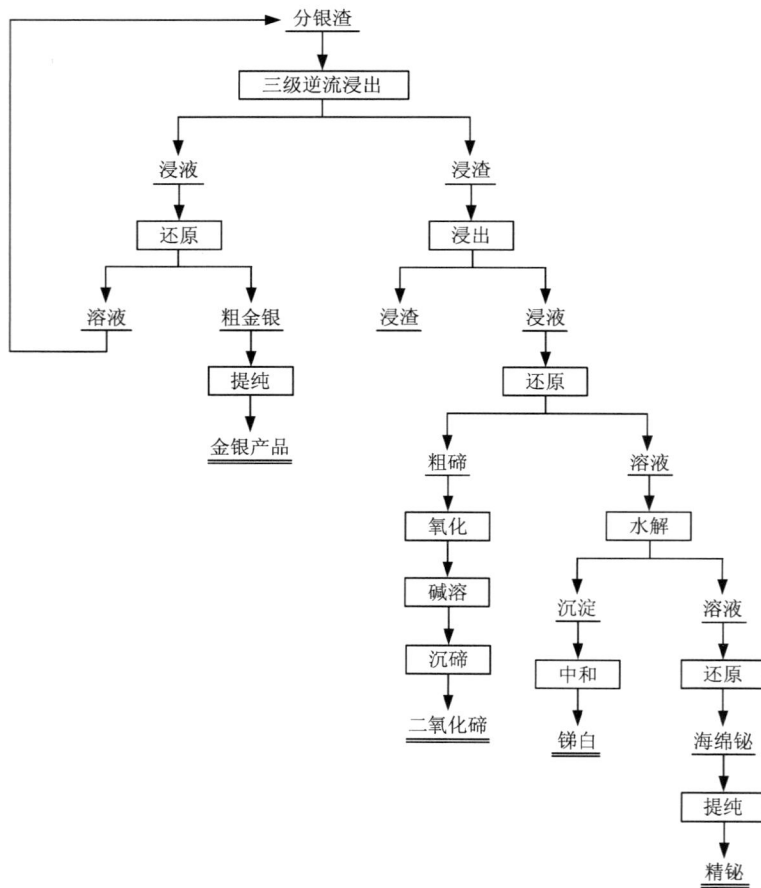

图1　三段浸出综合回收分银渣工艺

陈白珍等[11]探索了以铅、锑为主要成分的分银渣综合回收工艺。该方法是根据氯酸盐浸金、硫代硫酸盐浸银的原理，首先将金、银依次从分银渣中浸出，再向浸出液加入还原剂还原出金、银，从浸出渣中提取铅、锑等金属。但是先浸金与先浸银存在不同之处。当分银渣首先用氯酸盐浸出部分金及铂、钯，如图 2 所示，向浸出液添加适量铜片或锌粉置换出贵金属粉，同时浸出渣再用硫代硫酸盐处理浸出银，同理还原浸出液得到粗银粉，还原后液可返回浸银工序循环利用，减少废水产生。但当分银渣首先用硫代硫酸盐浸银，再用氯酸盐浸金，如图 3 所示，可以将分银渣中大部分金、银同时浸出，金的浸出率高达 90% 以上，浸出液中金、银用保险粉同时还原出来，缩短了工艺流程。因此选择具体的工艺还取决于分银渣的具体成分与物相。这两种工艺的最大缺点是部分环节需在高温条件下实现，作业环境较差，而且氯氧酸浸金、铂、钯的成本较高。

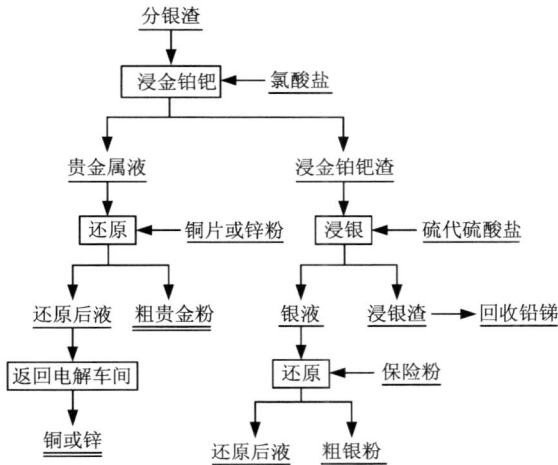

图 2　先金后银浸出回收工艺　　图 3　先银后金浸出回收工艺

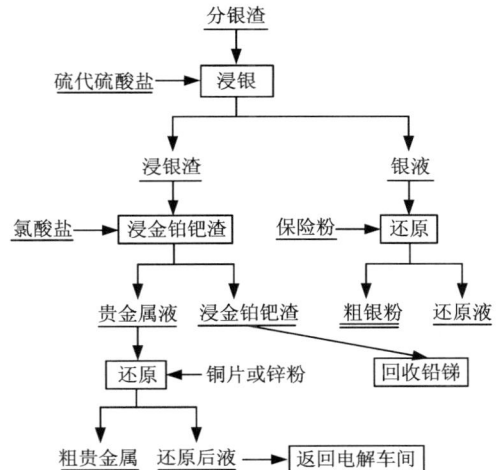

胡少华[12]对富集了大量铅、锑和少量铋的分银渣做了深入的研究。通过初步浸出分银渣使铅与锑、铋分离，铅进入浸出渣。以 $FeCl_3$、$NaCl$ 做浸出剂，在最佳 HCl 浓度、固液比、氯离子浓度、$FeCl_3$ 加入量、浸出时间和浸出温度等实验条件下浸出，这时 Sb、Bi 被浸出，且浸出率均达到了 90% 以上。浸出液直接加水稀释，$SbCl_2$ 发生水解，产生沉淀氯氧铋 BiOCl，之后控制 pH 值为 0.5 左右，高达 90% 的锑以 SbOCl 形式析出，水解沉锑后的溶液中含有少量 Bi 和 Au，可进一步处理回收 Bi 和 Au。浸出渣富集了较高品位的铅，对渣通过浸出来提取铅或直接制备相关产品，浸出铅的方法有：碳酸钠转化，硝酸溶解脱铅，氢氧化钠脱铅，盐酸——氯化钠浸出脱铅[13]。

李义兵等[14]提出从分银渣中提取贵金属的工艺，其研究的分银渣特点是金属铅锑含量较高，贵金属铂、钯等也有可观的含量，具有一定的回收价值。针对这种分银渣，首先对其通过硫代硫酸钠浸银法预处理来浸银，浸银渣再通过氯化法浸金，将富集了铂钯的浸金渣返回回收车间提取铂、钯，浸金液电解制金，浸银液用来制备硝酸银：分银液→还原→除杂→沉淀→溶解→结晶烘干→硝酸银。

张钦发等[15]研究了分段浸出分银渣工艺，如图 4 所示，利用硫代硫酸钠与银的反应机理两次浸银，在最佳实验条件下浸出率先后达到 75%、11%，两次累计浸出 86%。杨宗荣等[16]也是通过硫代硫酸钠浸银，但是其用盐酸浸煮分锑得到粗氯氧锑，浸锑渣还原熔炼得到粗锡。此工艺操作较简单，但存在金属直收率低，并且没有对有价金属综合回收的缺点。

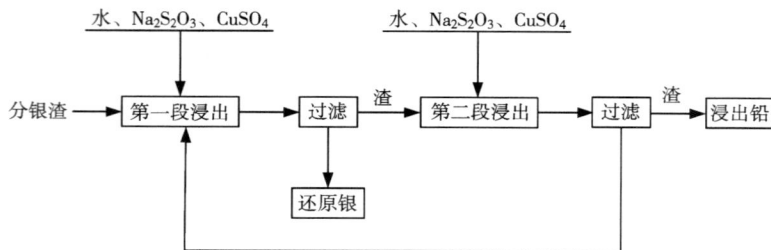

图 4　分段浸出处理分银渣

2.2　半湿法回收工艺

　　江西铜业的孙文达[17]研究了火法熔炼和湿法浸出相结合的工艺提取分银渣中的贵金属，工艺流程如图 5 所示。其通过加入粉煤、铁屑、碳酸钠，并在最优实验条件：粉煤、铁屑、碳酸钠和分银渣质量比 1∶1∶1∶5，熔炼温度 1200℃，熔炼时间 5 h 下处理分银渣，将其中的金、银等金属离子还原为单质。另外由于分银渣中铅含量较高，且铅可作为金、银、铋等的捕收剂，因此利用铅作为捕收剂将被还原后的金、银等贵金属富集于粗铅中。还原熔融液经浇铸成阳极板后进入铅、铋电解，进入阳极泥中的金、银可采用常规湿法工艺回收。通过火法还原熔

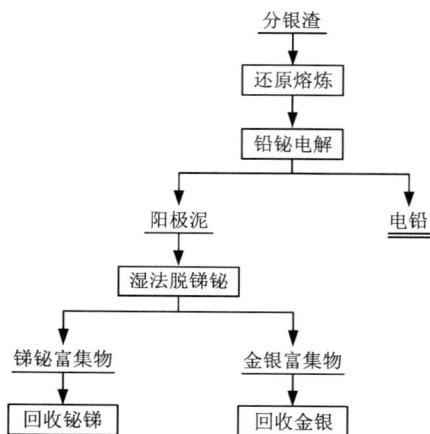

图 5　半湿法处理分银渣工艺流程图

炼富集贵金属、湿法提取锑、铋效果比较明显，其中贵金属金、银富集率分别达 98.79%、98.21%[18]。此工艺避免了全湿法处理回收率低、波动大的缺点，但是也存在熔炼温度较高，能耗高，设备要求高等方面的不足。

　　冯世钧[19]开展了分银渣中直接制取铅化、银化产品。此方法没有直接从浸出液中提取金属单质，而是控制条件直接生产各种产品。其工艺流程是低温焙烧火法预处理分银渣与湿法浸出提取有价元素的结合。湿法过程主要由浸出、置换、净化、沉铅工序组成，各个工序的主要目的是：浸出铅银(浸出率 Pb>96%，Ag>97%)、还原银、除杂、沉铅(沉铅率>99%)。通过此工艺生产铅化工产品三盐基硫酸盐、黄丹和银化产品硝酸银、氯化银，具体工艺流程如图 6 所示。

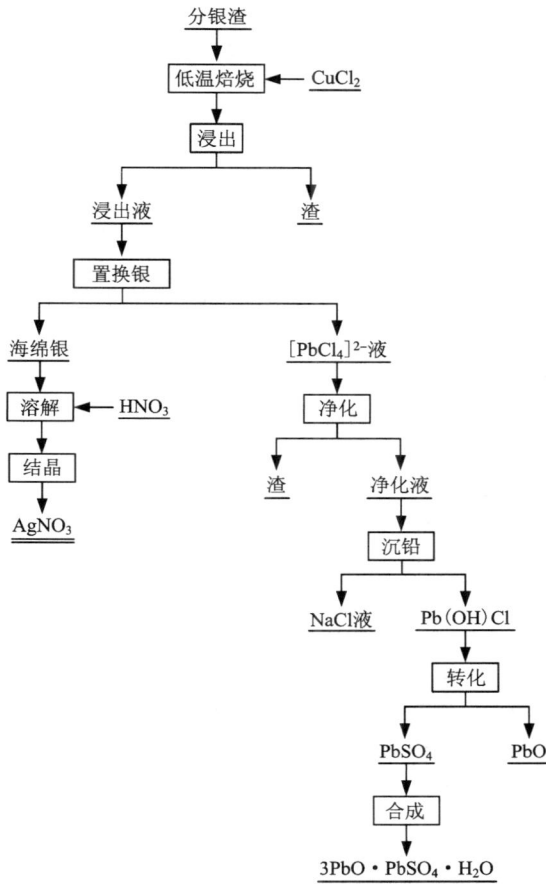

图6 半湿法处理分银渣工艺图

3 结语

分银渣作为含有多种有价金属的资源，许多学者已经对其综合利用作了许多理论与实践工作。但由于分银渣成分复杂、有价元素含量低，目前各工艺均存在不能完全回收利用有价金属或者金属直收率不高等问题，在分银渣综合利用方面有研究的巨大空间与潜力，更为行之有效的工艺方案还有待探索。结合当前资源与环保要求，应该进一步探索高效、清洁、短流程的回收工艺，综合回收铅、锑、铋、碲等产品，同时使贵金属得以富集并返回阳极泥处理系统或单独提取。

参考文献

[1]梁君飞，柳松，谢西京.铜阳极泥处理工艺的研究进展[J].黄金，2008，12(29)：32-32.

[2]周全法.贵金属二次资源的回收利用现状和无害化处置设想[J].稀有金属材料与程,2005,34(1):7-11.

[3]李卫锋,张晓国,郭学益等.阳极泥火法处理技术新进展[J].稀有金属与硬质合金,2010,38(3):63-67.

[4]任鸿九.有色金属熔池熔炼[M].北京:冶金工业出版社,2001.

[5]郭学益,肖彩梅,钟菊芽等.铜阳极泥处理过程中贵金属的行为[J].中国有色金属学报,2010,20(5):990-998.

[6]李义兵,陈白珍,龚竹青等.用亚硫酸钠从分银渣中浸出银[J].湿法冶金,2002,22(1):34-34.

[7]郭学益,田庆华.有色金属资源循环理论与方法[M].长沙:中南大学出版社,2008.

[8]王成彦,邱定蕃,徐盛明.金属二次资源循环利用意义、现状及亟须关注的几个领域[J].中国有色金属学报,2008,18(1):359-366.

[9]陈白珍,李义兵,龚竹青等.分银渣综合提取工艺研究[J].中国稀土学报,2004(22):542-545.

[10]陆凤英,魏庭贤,沈雅君等.分银渣综合利用新工艺扩大试验[J].浙江化工,2000,31(1):39-40.

[11]陈白珍,李义兵,龚竹青等.分银渣综合提取工艺研究[J].中国稀土学报,2004(22):542-545.

[12]胡少华.阳极泥中金银等有价金属的回收[J].江西有色金属,1999,13(3):37-39.

[13]余守明,左永伟,郑伸友.分金(银)渣氰化工艺的改进[J].黄金,2003,24(4):40-41.

[14]李义兵,陈白珍,龚竹青.分银渣中贵金属的提取[J].有色冶金(冶炼部分),2002(6):32-34.

[15]张钦发,龚竹青,陈白珍等.用硫代硫酸钠从分银渣中提取银[J].贵金属,2003,24(1):5-8.

[16]杨宗荣,朱素芬.从高砷铜阳极泥中综合回收金银及有价金属[J].湿法冶金,1997(4):53-57.

[17]孙文达.分银渣中贵金属的回收[J].铜业工程,2008(1):35-36.

[18]孙文达.分银渣中贵金属的回收[J].资源再生,2009(1):46-47.

[19]冯世钧,万由政.大冶铜电解阳极泥处理及技术进步[J].有色冶金(冶炼部分),1999(4):39-42.

二次铝灰低温碱性熔炼研究

摘要：研究利用低温碱性熔炼法提取二次铝灰中铝的过程。探讨碱灰质量比、盐灰质量比、熔炼温度、熔炼时间、不同添加剂和不同混料方式等因素对铝浸出率的影响。研究结果表明：优化条件为：碱灰质量比 1.3、盐灰质量比 0.7($NaNO_3$) 或 0.4(Na_2O_2)、熔炼温度 500℃、熔炼时间 60 min。湿混料可以提高铝浸出率，以 $NaNO_3$ 为添加剂干混料铝浸出率最高可达 87.52%，以 $NaNO_3$ 为添加剂湿混料铝浸出率最高可达 92.71%，以 Na_2O_2 为添加剂湿混料铝浸出率最高可达 92.76%。

铝灰产生于所有铝发生熔融的生产工序，含铝量 10%～80% 不等，其中的铝约占铝生产使用过程中总损失量的 1%～12%[1-2]。随着金属铝及铝合金生产规模不断扩大，铝灰的产生量也将成比例增长。因此，寻找经济有效的方法利用和治理铝灰，对实现铝二次资源的有效循环利用有积极的意义[3]。由于存在来源差异，铝灰可分为 2 种[4-5]：一种是一次铝灰，在电解原铝及铸造等不添加盐熔剂过程中产生，是一种主要成分为金属铝和铝氧化物的混合物，铝含量可达 15%～70%；另一种是二次铝灰，经盐浴处理回收一次铝灰或铝合金精炼产生的 NaCl、KCl、氟化物、氧化铝和铝的混合物，铝含量较一次铝灰低。碱法冶金是一种清洁冶金技术，可以实现在碱性介质中，将复杂资源中的部分两性金属转化成可溶性碱式盐，从而实现其与其他元素分离。张懿等[6-14]提出使用碱性亚熔盐体系处理钛、铬、钽、铌原生矿产资源和铝二次资源；徐盛明等[15-16]采用碱性熔炼对银精矿进行了研究。肖剑飞等[17-18]采用低温碱性熔炼法处理铅、铋、锑硫化精矿，工艺直收率、产品质量等技术指标大大优于传统熔炼工艺。本文作者通过实验研究了低温碱性熔炼法处理二次铝灰的可行性，旨在探索铝灰高效清洁处理工艺，促进铝二次资源循环利用。

1 实验

1.1 实验原料

实验所用原料为某铝厂 A356 铝合金熔铸过程中产生的二次铝灰，粒度小于 150 μm。实验所用 NaOH、$NaNO_3$ 和 Na_2O_2 等试剂均为分析纯，实验用水为去离子水。

对铝灰进行 X 荧光光谱(XRF)分析，结果如表 1 所示。铝灰中的主要元素为 Al、K、Na、F、Si、Mg 和 Cl 等，另外含有少量 V、Ti、Ca、Mn、Fe、Zn、S 和 P 等元素。

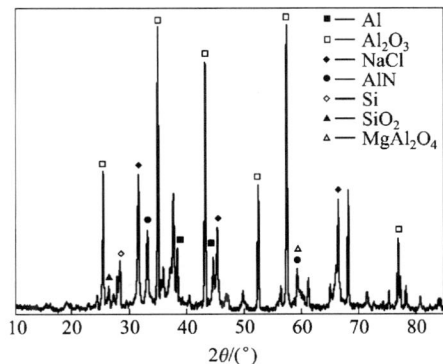

图 1　实验用铝灰的 XRD 谱

本文发表在《中南大学学报(自然科学版)》，2012，43(3)：809-814。合作者：李菲，计坤。

XRD 分析显示铝灰中的主要物相为：Al、α-Al_2O_3(刚玉)、AlN、Si、SiO_2、NaCl、KCl 和 $MgAl_2O_4$ 等，由于表 1 中其他元素组成物相的丰度太低，未能检出。

表 1　铝灰中主要元素含量(质量分数)　　　　　　　　　　　　　%

O	F	Na	Mg	Al	Si	P	S
36.984	2.975	5.721	1.685	37.497	1.230	0.019	0.057

Cl	K	Ca	Ti	V	Zn	Mn	Fe
10.111	2.367	0.353	0.307	0.143	0.009	0.289	0.194

利用 JSM-6360MV 型高低真空扫描电子显微镜(含 EDAX 能谱)对铝灰进行形貌观察和成分测定，显微形貌显示铝灰由大小、形状不一的颗粒组成，各物相形貌各异，为聚集状态，颗粒形貌呈棱片状、细粒状、类球状和长柱状等。图 2 中各微区元素含量如表 2 所示。图 2(a)中絮状结构为铝与其他元素形成的复合物，图 2(b)中较致密组织为 NaCl，图 2(c)中球状物表面为金属铝与氧化铝的混合物。

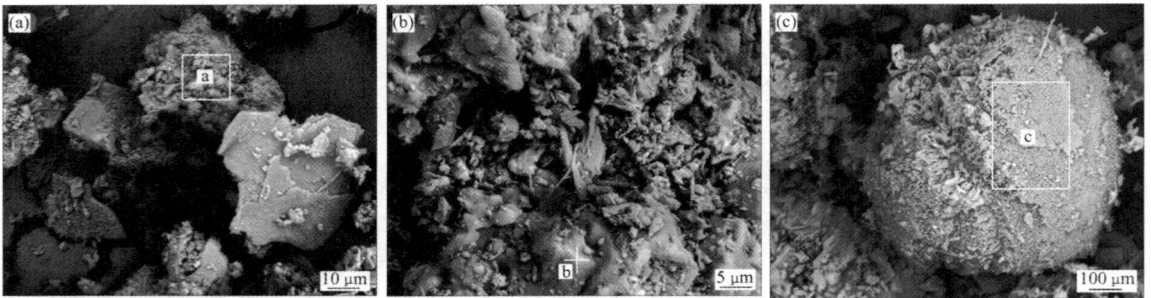

(a) 位置 A；(b) 位置 B；(c) 位置 C

图 2　实验用铝灰的 SEM 像

表 2　图 2 中对应微区元素含量 EDAX 分析结果(质量分数)　　　　　　%

区域	Na	Al	Cl	N	O	Mg	Si	K
a	7.86	42.18	16.30	4.17	19.69	2.57	2.41	3.78
b	33.40	1.96	64.64	—	—	—	—	—
c	—	72.92	—	—	27.08	—	—	—

1.2　实验原理

本研究是在 400~600℃下，使铝灰中的金属铝、氧化铝与 NaOH，添加剂 $NaNO_3$ 或 Na_2O_2 反应生成可溶于水的碱式盐，并用水将其溶出，达到铝与其他杂质分离的过程。其主要反应如下：

$$4NaNO_3 \xrightarrow{\quad} 2Na_2O + 2N_2\uparrow + 5O_2\uparrow \qquad(1)$$

$$2Na_2O_2 \xrightarrow{\quad} 2Na_2O + O_2\uparrow \qquad(2)$$

$$2Na_2O_2 + 2H_2O \xrightarrow{\quad} 4NaOH + O_2\uparrow \qquad(3)$$

$$10Al + 4NaOH + 6NaNO_3 \xrightarrow{\quad} 10NaAlO_2 + 3N_2\uparrow + 2H_2O \qquad(4)$$

$$2Al + 2NaOH + O_2 + 2Na_2O_2 \xrightarrow{\quad} 2NaAlO_2 + 2Na_2O + 2H_2O \qquad(5)$$

$$Al_2O_3 + 2NaOH \xrightarrow{\quad} 2NaAlO_2 + H_2O \qquad(6)$$

$$2AlN + 2NaOH + 2NaNO_3 + O_2 \xrightarrow{\quad} 2NaAlO_2 + 2NH_3\uparrow + 2NaNO_2 + H_2O \qquad(7)$$

$$2AlN + 2NaOH + 2Na_2O_2 + O_2 \xrightarrow{\quad} 2NaAlO_2 + 2NH_3\uparrow + 2Na_2O + H_2O \qquad(8)$$

$$Si + O_2 + NaNO_3 + 2NaOH \xrightarrow{\quad} Na_2SiO_3 + NaNO_2 + H_2O \qquad(9)$$

$$2Si + O_2 + 2Na_2O_2 \xrightarrow{\quad} 2Na_2SiO_3 \qquad(10)$$

$$SiO_2 + 2NaNO_2 \xrightarrow{\quad} Si + 2NaNO_3 \qquad(11)$$

$$Fe_2O_3 + 2NaNO_2 \xrightarrow{\quad} 2Fe(NO_3)_2 + Na_2O \qquad(12)$$

$$Fe_2O_3 + 2NaOH \xrightarrow{\quad} 2NaFeO_2 + H_2O \qquad(13)$$

$$FeO + 2NaOH \xrightarrow{\quad} Na_2FeO_2 + H_2O \qquad(14)$$

$$MnO_2 + 2NaOH \xrightarrow{\quad} Na_2MnO_3 + H_2O \qquad(15)$$

$$2V_2O_5 + 4NaNO_2 \xrightarrow{\quad} 2V_2O_3 + 2Na_2O + 4NO_2 + O_2\uparrow \qquad(16)$$

$$V_2O_3 + 2NaOH \xrightarrow{\quad} 2NaVO_2 + H_2O \qquad(17)$$

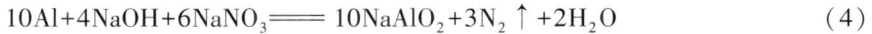

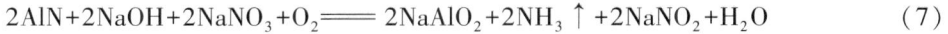

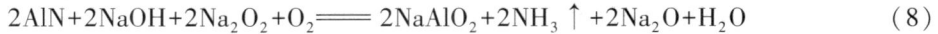

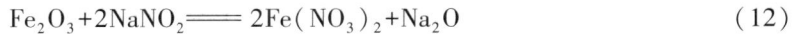

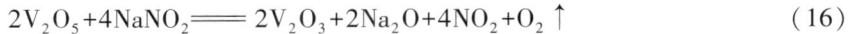

1.3 实验步骤与计算、分析方法

1.3.1 实验步骤

称取 10 g 铝灰与 NaOH、添加剂（$NaNO_3$ 或 Na_2O_2）按一定比例、一定方式混合均匀（干混料或湿混料），在一定温度下熔炼；用去离子水在一定温度下的恒温水浴中浸出熔炼产物，浸出（浸出温度 80℃、浸出时间 60 min、固液质量与体积比 1∶8 g/mL）后抽滤、固液分离。对中间产物和最终产物进行 XRD 物相分析、SEM 微观形貌观察和平均粒度分析。

干混料过程：将铝灰、NaOH 和 $NaNO_3$ 直接混合搅拌均匀；湿混料过程：先取 15 mL 水、NaOH 和 $NaNO_3$ 配成浓溶液，然后加入铝灰。以 Na_2O_2 为添加剂的实验，使用湿混料方式，由于 Na_2O_2 极易与水反应，先取 15 mL 水和 NaOH 配成浓溶液，加入铝灰后使用冷冻干燥法去除混合物中的水分，最后加入 Na_2O_2 并搅拌均匀。

1.3.2 计算方法

根据浸出液中 Al 和 Si 等元素的浓度，用下式求得各元素的浸出率：

$$R = \frac{\rho V}{mw} \times 100\% \qquad(18)$$

式中：R 为各元素的浸出率，%；ρ 为浸出液中元素的质量浓度，g/L；m 为铝灰的质量，g；w 为铝灰中各元素的含量，%。

1.3.3 分析与测试方法

使用原子吸收光谱（AAS）和真空型电感耦合等离子体原子发射光谱分析仪（ICP-AES）分析浸出液中各元素含量。SEM 和能谱分析使用日本电子公司生产 JSM-6360MV 型高低真空扫描电子显微镜（含 EDAX 能谱）。采用日本理学 3014Z 型 X 线衍射分析仪（XRD）测定物相组成，XRD 分析在 Rigaku 衍射仪上进行（Cu 靶 K_α 射线，$\lambda = 0.154\ 056$ nm，管电压为

40 kV，管电流为 300 mA，石墨单色器，扫描角度为 10°～85°，扫描速度为 4（°）/min。使用 LS-POP 型激光粒度分布仪分析产物的平均粒度（D50）。

2 结果与讨论

2.1 碱灰质量比 [m(NaOH)/m(铝灰)] 的影响

碱灰质量比系指 NaOH 与铝灰的质量比。在盐灰质量比为 0.5、熔炼温度为 500℃、熔炼时间为 60 min 的条件下，考察不同碱灰质量比条件下对铝、硅浸出率的影响，结果如图 3 所示。

由图 3 可知：在碱灰质量比小于 1.3 时，铝的浸出率随着碱灰质量比的升高迅速升高，这是由于 NaOH 的用量加大增加了体系中 OH^- 的活度，有利于 $NaAlO_2$ 的生成。当碱灰质量比大于 1.3 时，铝的浸出率有所降低，这是由于 NaOH 的用量增加使体系的黏度不断增大，降低了传质速率。碱灰质量比为 1.3 时，以 Na_2O_2 为添加剂实验的铝浸出率最大，使用 $NaNO_3$ 且湿混料的铝浸出率次之，使用 $NaNO_3$ 干混料的铝浸出率最低，这是由于加水混料可增加铝灰与碱、盐的反应接触面积。在使用 $NaNO_3$ 为氧化助剂的实验中，在碱灰质量比小于 1.7 时，硅的浸出率随着碱灰质量比的升高，体系中 OH^- 的活度迅速增加。

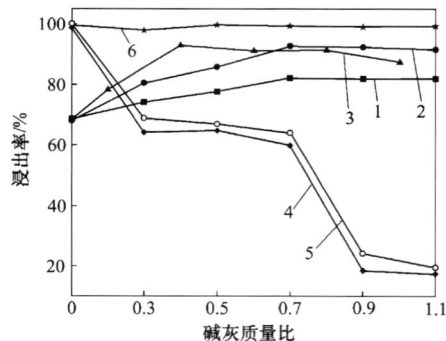

1—Al-NaNO₃(干混料)；2—Al-NaNO₃(湿混料)；
3—Al-Na₂NO₂；4—Si-NaNO₃(干混料)；
5—Si-NaNO₃(湿混料)；6—Si-Na₂O₂

图 3 碱灰质量比对铝、硅浸出率的影响

碱灰质量比大于 1.7 时，随着碱灰质量比增加硅溶出率保持相对稳定。在使用 Na_2O_2 为氧化助剂的实验中，硅浸出率随碱灰质量比的增大而迅速升高到 85% 以上，远远大于其他 2 组实验的硅浸出率。碱灰质量比为 1.3 时，铝浸出率最高，硅浸出率较低，碱灰质量比选 1.3 为宜。

2.2 盐灰质量比 [m(NaNO₃)/m(铝灰) 或 m(Na₂O₂)/m(铝灰)] 的影响

盐灰质量比指添加剂（$NaNO_3$ 或 Na_2O_2）与铝灰的质量比。在碱灰质量比为 1.3、熔炼温度为 500℃、熔炼时间为 60 min 的条件下，考察不同盐灰质量比条件下对铝、硅浸出率的影响，结果如图 4 所示。

由图 4 可知：盐灰质量比从 0 增大到 0.7 时，3 组实验铝回收率均大幅提高，这是因为

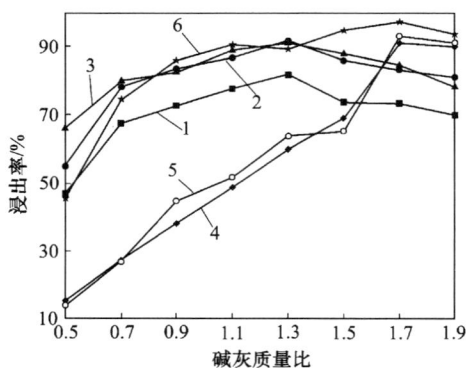

1—Al-NaNO₃(干混料)；2—Al-NaNO₃(湿混料)；
3—Al-Na₂NO₂；4—Si-NaNO₃(干混料)；
5—Si-NaNO₃(湿混料)；6—Si-Na₂O₂

图 4 盐灰质量比对铝、硅浸出率的影响

$NaNO_3$ 的强氧化作用，Na_2O_2 在反应中放出 O_2 可以增加微反应体系中的氧分压，均有利于铝灰中金属铝的氧化过程，故 $NaNO_3$ 和 Na_2O_2 在熔炼过程中起氧化助剂的作用，最终增加了铝回收率。以 $NaNO_3$ 为添加剂的实验中，在盐灰质量比小于 0.7 时，铝的浸出率随着盐灰质量比的升高而升高，当盐灰质量比大于 0.7 时，铝的浸出率基本保持不变，故选择盐灰质量比为 0.7 为宜；以 Na_2O_2 为添加剂的实验中，盐灰质量比为 0.4 时，铝浸出率最大，盐用量继续增大，铝的浸出率也保持稳定，故选择盐灰质量比为 0.4 为宜。

以 Na_2O_2 为添加剂的实验中，当盐灰质量比由 0 增加到 1.1 时，硅浸出率均保持在 99% 左右。但以 $NaNO_3$ 为添加剂时，随着盐灰质量比的不断增大，硅浸出率迅速降低。当盐灰质量比为 1.1 时，硅浸出率小于 10%。在不同氧化剂条件下，硅浸出率产生差异，这由于体系中存在 $NaNO_3$ 时，体系中的氧化还原反应较为复杂，SiO_2 可以被反应体系中的产物 $NaNO_2$ 还原，生成了与碱反应活性较低的单质 Si，从而降低了硅的浸出率。

2.3 熔炼温度的影响

在碱灰质量比为 1.3、盐灰质量比为 0.7（$NaNO_3$）或 0.4（Na_2O_2）、熔炼时间为 60 min 的条件下，考察不同熔炼温度对铝、硅浸出率的影响。

由图 5 可以看出：熔炼温度对铝回收率有明显影响。当熔炼温度低于 500℃ 时，随温度提高，铝和硅的浸出率均大幅提高。原因在于温度升高，化学反应速率及反应物、产物的扩散速率不断加快，加速了铝和硅向可溶性盐的转化。当熔炼温度高于 500℃ 时，铝和硅的浸出率有所降低，以 $NaNO_3$ 为氧化助剂干混料体系降幅最大。这是因为随着反应温度的升高，$Al_2O_3 \cdot SiO_2$ 对体系黏度增大的作用逐渐增强，反应体系黏度增大，传质速率降低，降低了浸出率 Al_2O_3、SiO_2 与 $NaOH$ 的反应效率，从而导致浸出率降低。故反应适宜的熔炼温度应在 500℃。

2.4 熔炼时间的影响

在碱灰质量比为 1.3、盐灰质量比为 0.7（$NaNO_3$）或 0.4（Na_2O_2）、熔炼温度为 500℃ 的条件下考察不同熔炼时间对铝和硅浸出率的影响。由图 6 可以看出：当熔炼时间少于 60 min 时，随熔炼时间增长铝和硅的浸出率均提高。当熔炼时间大于 60 min 时，随熔炼时间继续增长，铝的浸出率保持基本不变，

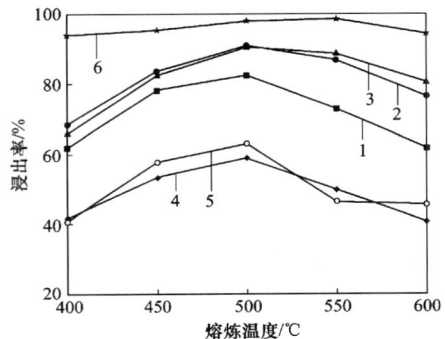

1—Al-$NaNO_3$(干混料)；2—Al-$NaNO_3$(湿混料)；
3—Al-Na_2NO_2；4—Si-$NaNO_3$(干混料)；
5—Si-$NaNO_3$(湿混料)；6—Si-Na_2O_2

图 5 熔炼温度对铝、硅浸出率的影响

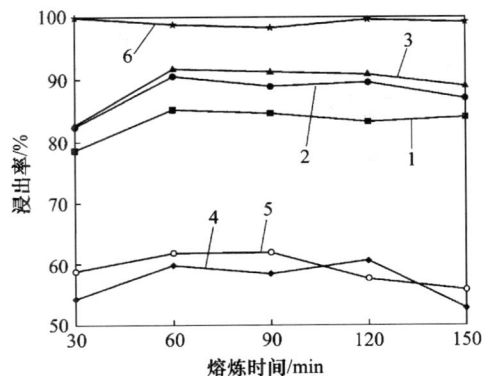

1—Al-$NaNO_3$(干混料)；2—Al-$NaNO_3$(湿混料)；
3—Al-Na_2NO_2；4—Si-$NaNO_3$(干混料)；
5—Si-$NaNO_3$(湿混料)；6—Si-Na_2O_2

图 6 熔炼时间对铝、硅浸出率的影响

硅的浸出率小幅下降。原因在于熔炼时间过短，化学反应不完全，导致铝和硅浸出率较低。熔炼时间增长，硅氧化物与体系中的其他物质生成难溶于水的复合氧化物（$2CaO \cdot SiO_2$，$Na_2O \cdot Al_2O_3 \cdot 2SiO_2$），导致硅浸出率降低，故熔炼时间为 60 min 较为适宜。

2.5　熔炼产物 XRD 分析

分别以优化条件下的熔炼产物进行了 XRD 物相分析，结果如图 7 所示。经过低温碱性熔炼，铝灰中的含铝组分转化为了 $NaAlO_2$。

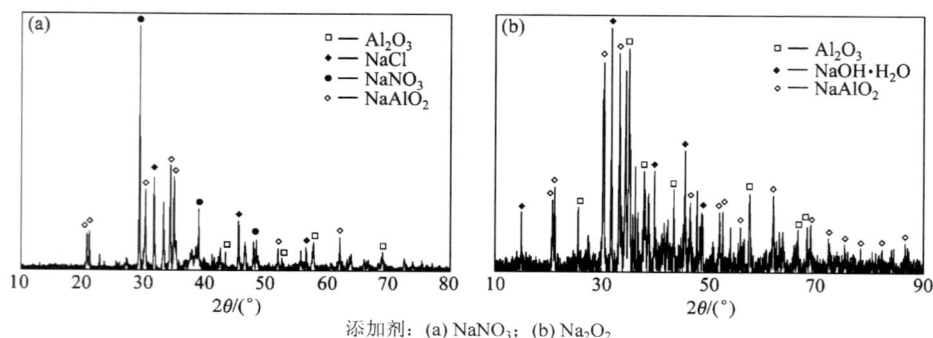

添加剂：(a) $NaNO_3$；(b) Na_2O_2

图 7　熔炼产物的 XRD 谱

2.6　浸出渣 XRD 分析

分别对优化条件下的浸出渣进行了 XRD 物相分析，结果如图 8 所示。经过低温碱性熔炼和浸出，浸出渣中除含有未被反应的刚玉，其他主要物相为 Mg、Ca 和 Al 等元素的化合物。

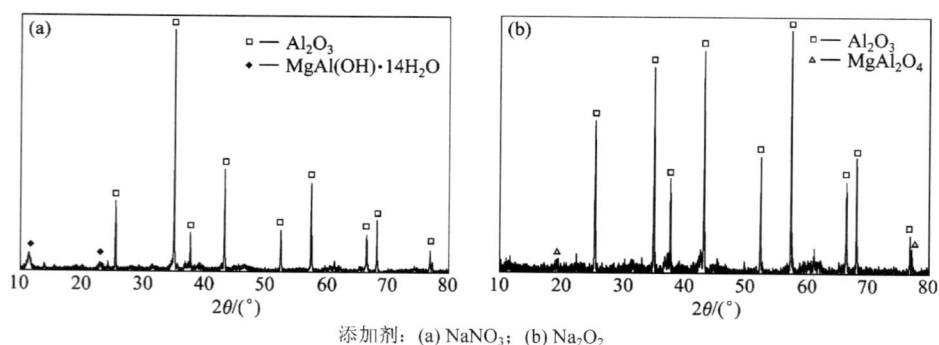

添加剂：(a) $NaNO_3$；(b) Na_2O_2

图 8　浸出渣的 XRD 谱

3　结论

（1）采用低温碱性熔炼法提取出铝灰中的铝，低温碱性熔炼过程的优化条件如下：碱灰质量比 1.3、盐灰质量比 0.7（$NaNO_3$）或 0.4（Na_2O_2）、熔炼温度为 500℃、熔炼时间为 60 min。

（2）湿混料可大幅度地提高铝的浸出率，以 $NaNO_3$ 和 Na_2O_2 为添加剂均能高效地提取铝灰中的铝；在优化条件下，以 $NaNO_3$ 为添加剂干混料实验的铝浸出率为 87.52%，以 $NaNO_3$ 为添加剂并湿混料实验的铝浸出率为 92.71%，以 Na_2O_2 为添加剂湿混料实验的铝浸出率为 92.76%。

（3）经 XRD 分析，熔炼产物和浸出渣中均有未参加反应的刚玉相。其中，熔炼产物中有 $NaAlO_2$ 生成，浸出渣中主要为 Mg、Ca 和 Al 等元素的化合物。

参考文献

[1] 乐颂光，鲁君乐，何静，等. 再生有色金属生产. 修订版[M]. 长沙：中南大学出版社，2006.

[2] Tan R B, Khoo H, An H H. LCA study of a primary aluminum supply chain[J]. Journal of Cleaner Production, 2005, 13(6)：607-618.

[3] 郭学益，田庆华. 有色金属资源循环理论与方法[M]. 长沙：中南大学出版社，2008.

[4] Shinzato M C, Hypolito R. Solid waste from aluminum recycling process：characterization and reuse of its economically valuable constituents[J]. Waste Management, 2005, 25(1)：37-46.

[5] Hazar A B Y, Saridede M N, Cigdem M. A study on the structural analysis of aluminium drosses and processing of industrial aluminium salty slags[J]. Scandinavian Journal of Metallurgy, 2005, 34(5)：213-219.

[6] 陈利斌，张亦飞，张懿. 亚熔盐法处理铝土矿工艺的赤泥常压脱碱[J]. 过程工程学报，2010, 10(3)：470-475.

[7] 张洋，孙峙，郑诗礼，等. KOH-KNO_3 三元亚熔盐分解铬铁矿的试验研究[J]. 化工进展，2008, 27(7)：1042-1047.

[8] 刘玉民，齐涛，张懿. KOH 亚熔盐法分解钛铁矿的动力学分析[J]. 中国有色金属学报，2009, 19(6)：1142-1147.

[9] 刘玉民，齐涛，王丽娜，等. KOH 亚熔盐法分解钛铁矿[J]. 过程工程学报，2009, 9(2)：319-323.

[10] 周宏明，郑诗礼，张懿. KOH 亚熔盐浸出低品位难分解钽铌矿的实验[J]. 过程工程学报，2003, 3(5)：459-463.

[11] 钟莉，张亦飞. 亚熔盐法回收赤泥[J]. 中国有色金属学报，2008, 18(1)：S70-S73.

[12] 孙旺，郑诗礼，张亦飞，等. NaOH 亚熔盐法处理拜尔法赤泥的铝硅行为[J]. 过程工程学报，2008, 8(6)：1148-1152.

[13] 王少娜，郑诗礼，张懿. 亚熔盐溶出一水硬铝石型铝土矿过程中赤泥的铝硅行为[J]. 过程工程学报，2007, 7(5)：965-972.

[14] Wang Xiaohui, Zheng Shili, Xu Hongbin, et al. Leaching of niobium and tantalum from a low-grade ore using a KOH roast-water leach system[J]. Hydrometallurgy, 2009, 98：219-223.

[15] 徐盛明，吴延军. 碱性直接炼铅法的应用[J]. 矿产保护与利用，1997(6)：31-33.

[16] 徐盛明，肖克剑，汤志军，等. 银精矿碱法熔炼工艺的扩大试验[J]. 中国有色金属学报，1998(8)：303-308.

[17] 肖剑飞. 硫化铋精矿低温碱性熔炼新工艺研究[D]. 长沙：中南大学，2009.

[18] 肖剑飞，唐朝波，唐谟堂，等. 硫化铋精矿低温碱性熔炼新工艺研究[J]. 矿冶工程，2009, 29(5)：82-85.

二次铝灰制备 α-Al$_2$O$_3$ 工艺

摘要：探索了以二次铝灰为原料，通过低温碱性熔炼—浸出—晶种分解制备 α-Al$_2$O$_3$ 工艺。研究了碱灰比、盐灰比、熔炼温度、熔炼时间、浸出温度、浸出时间和固液比等因素对铝及硅浸出率的影响。探讨了使用晶种分解法处理浸出液制取氧化铝的工艺的可行性。结果表明：优化制备条件为碱灰比 1.3，盐灰比 0.7，熔炼温度 500℃，熔炼时间 60 min，浸出温度 60℃，浸出时间 30 min，固液比 1:4；铝浸出率最高可达 92.71%；晶种分解法处理浸出液的后续工艺可行有效。

铝灰产生于所有铝发生熔融的生产工序，其主要成分是金属铝、铝氧化物和其他盐的混合物[1-2]，铝的质量分数为 10% ~ 80%，其中的铝约占铝生产使用过程中总损失量的 1% ~ 12%[3-4]。随着金属铝产量日益增长，铝灰的产生量也将增长。因此，寻找经济有效的方法利用和治理铝灰，对实现铝资源的二次循环利用有积极的意义[5]。

目前，回收利用包括回收铝灰中的金属铝和利用铝灰制备材料两个方面。其中，ALUREC(aluminium recycling)法、倾动回转炉处理法和 MRM(metal recycling machine)法[6]在实际应用中较为成功，在保证较高的金属铝收率的同时减少了分离剂的使用。当被用作材料制备时，大部分铝灰被用来制备絮凝剂[7]、棕刚玉[8]和清水瓷砖[9]，用于高附加值材料制备的实例并不多见[10-11]。以上回收利用方法铝回收均不彻底，所以开发出完全回收铝灰中铝的工艺十分必要。

笔者探索了硫酸、硝酸、煅烧-氢氟酸氧化浸出和浓碱浸出等多种方法进行铝灰资源化利用，但由于铝灰中物相组成复杂、性质特殊，铝回收率均较低。碱性熔炼是一种清洁冶金技术，可以实现在碱性熔体介质中将复杂资源中的部分金属转化成可溶性碱式盐，从而实现其与其他元素分离[12-13]。本文通过实验得到了低温碱性熔炼法回收铝灰中铝的新工艺，得到 α-Al$_2$O$_3$ 产品，并对过程的工艺条件进行了研究。

1 实验

1.1 实验原料

实验所用原料为某铝厂 A356 铝合金熔铸过程中产生的二次铝灰，粒度小于 150 μm。实验所用 NaOH、NaNO$_3$ 和 HCl 等试剂均为分析纯，用水为去离子水。

对铝灰进行 X 荧光光谱(XRF)分析(表 1)，铝灰中的主要元素为 Al、K、Na、Si、Mg、Cl 和 F 等，另外含有少量 V、Ti、Ca、Mn、Fe、Zn、S 和 P 等元素。

本文发表在《北京科技大学学报》，2012，34(4)：383-389。合作者：李菲。

表1 铝灰中主要元素的质量分数　　　　　　　　　　　　　　　　%

O	F	Na	Mg	Al	Si	P	S
36.984	2.975	5.721	1.685	37.497	1.230	0.019	0.057

Cl	K	Ca	Ti	V	Zn	Mn	Fe
10.111	2.367	0.353	0.307	0.143	0.009	0.289	0.194

X射线衍射分析如图1所示,图中显示铝灰中的主要物相为 Al、$\alpha-Al_2O_3$(刚玉)、AlN、Si、SiO_2、NaCl、KCl 和 $MgAl_2O_4$ 等。由于表1中其他元素组成物相的丰度太低,未能检出。

图1　实验用铝灰 X 射线衍射谱

1.2　实验原理

本研究是在 400~600℃ 下,使铝灰中的金属铝、氧化铝与 NaOH、$NaNO_3$ 反应生成可溶于水的金属盐,并用水将其溶出,实现铝与其他杂质分离之后使用晶种分解法处理含铝溶液,最终得到 $\alpha-Al_2O_3$。低温碱性熔炼过程主要反应如下:

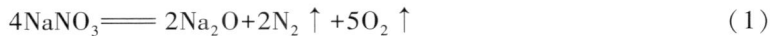

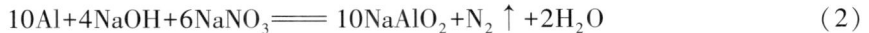

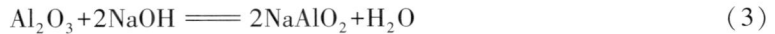

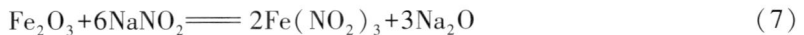

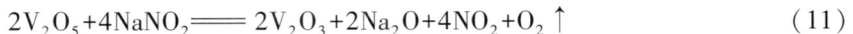

$$4NaNO_3 = 2Na_2O + 2N_2 \uparrow + 5O_2 \uparrow \tag{1}$$

$$10Al + 4NaOH + 6NaNO_3 = 10NaAlO_2 + N_2 \uparrow + 2H_2O \tag{2}$$

$$Al_2O_3 + 2NaOH = 2NaAlO_2 + H_2O \tag{3}$$

$$AlN + NaOH + H_2O = NaAlO_2 + NH_3 \uparrow \tag{4}$$

$$2Si + O_2 + 2NaNO_3 + 4NaOH = 2Na_2SiO_3 + 2NaNO_2 + 2H_2O \tag{5}$$

$$SiO_2 + 2NaNO_2 = Si + 2NaNO_3 \tag{6}$$

$$Fe_2O_3 + 6NaNO_2 = 2Fe(NO_2)_3 + 3Na_2O \tag{7}$$

$$Fe_2O_3 + 2NaOH = 2NaFeO_2 + H_2O \tag{8}$$

$$FeO + 2NaOH = Na_2FeO_2 + H_2O \tag{9}$$

$$MnO_2 + 2NaOH = Na_2MnO_3 + H_2O \tag{10}$$

$$2V_2O_5 + 4NaNO_2 = 2V_2O_3 + 2Na_2O + 4NO_2 + O_2 \uparrow \tag{11}$$

$$V_2O_3 + 2NaOH = 2NaVO_2 + H_2O \tag{12}$$

1.3　实验步骤与分析、测试方法

1.3.1　实验步骤

称取 10 g 铝灰与 NaOH、$NaNO_3$ 按一定比例混合均匀,在一定温度下熔炼;用去离子水在一定温度下的恒温水浴中浸出熔炼产物,浸出后抽滤、固液分离。浸出液经过净化、调整苛性比、晶种分解和煅烧获得氧化铝。对浸出液中的铝、硅和铁等元素进行分析,对中间产物和最终产物进行物相分析、微观形貌观察和平均粒度测量。

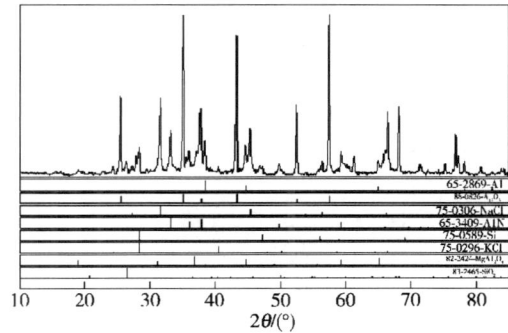

1.3.2 分析、测试方法

使用 PW2424 型 X 荧光光谱仪分析铝灰中各元素含量。使用原子吸收光谱(AAS)和真空型电感耦合等离子体原子发射光谱分析仪(ICP–AES)分析浸出液中各元素含量。采用日本理学 3014Z 型 X 射线衍射(XRD)分析仪测定物相组成,X 射线衍射分析在 Rigaku 衍射仪上进行(Cu 靶 K_α 射线,$\lambda = 0.154\ 056$ nm,管电压为 40 kV,管电流为 300 mA,石墨单色器,扫描角度为 10°~85°,扫描速度为 4°/min)。使用 LS–POP 型激光粒度分布仪分析产物的平均粒度($D50$)。场发射扫描电镜分析使用 Sirion200 高分辨场发射扫描电子显微镜。

2 实验结果与讨论

2.1 熔炼过程实验

2.1.1 碱灰比($m_{NaOH}/m_{铝灰}$)的影响

碱灰比系指 NaOH 与铝灰的质量比。在 10 g 铝灰、5 g NaNO$_3$、熔炼温度 500℃、熔炼时间 60 min、浸出温度 80℃、浸出时间 60 min 和固液比 1∶8 的条件下,考察碱灰比对铝、硅浸出率的影响,结果如图 2 所示。

由图 2 可知:铝的浸出率在碱灰比小于 1.3 时随着碱灰比的升高而升高,这是由于 NaOH 的用量大大增加了体系中 OH⁻ 的活度,有利于 NaAlO$_2$ 的生成,碱灰比为 1.3 时铝浸

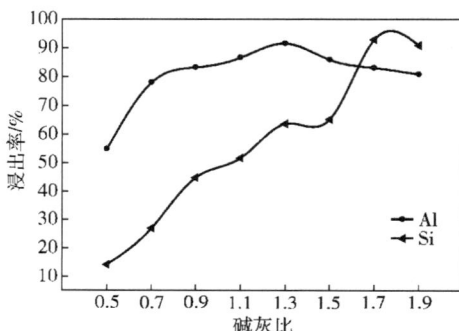

图 2　碱灰比对铝、硅浸出率的影响

出率达到最高 92.71%;当碱灰比大于 1.3 时,铝的浸出率逐渐降低,这是由于 NaOH 的用量增加使体系的黏度不断增大,降低了传质速率。硅的浸出率在碱灰比小于 1.7 时随着碱灰比的升高,体系中 OH⁻ 的活度增大而迅速升高;碱灰比大于 1.7 时,随着碱灰比增加硅溶出率大体上稳定。综合考虑,碱灰比选 1.3 为宜。

2.1.2 盐灰比($m_{NaNO_3}/m_{铝灰}$)的影响

盐灰比系指添加剂 NaNO$_3$ 与铝灰的质量比。在 10 g 铝灰、13 g NaOH、熔炼温度 500℃、熔炼时间 60 min、浸出温度 80℃、浸出时间 60 min 和固液比 1∶8 的条件下,考察盐灰比对铝、硅浸出率的影响。

如图 3 所示:盐灰比从 0 增大到 0.7 时,铝的浸出率逐渐提高,这是因为 NaNO$_3$ 的强氧化作用有利于铝灰中金属铝氧化过程的强化,故 NaNO$_3$ 在熔炼过程中起氧化助剂的作

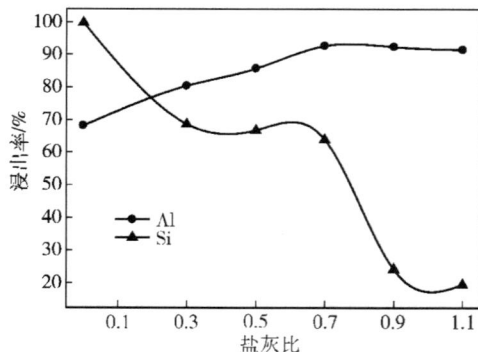

图 3　盐灰比对铝、硅浸出率的影响

用;当盐灰比达到 0.7 时,铝浸出率达到最高为 92.71%;当盐灰比大于 0.7 时,铝的浸出率保持基本不变,故选择盐灰比为 0.7 为宜。盐灰比从 0 增大到 0.3 时,硅浸出率较快降低;

盐灰比介于 0.3 和 0.5 时，硅浸出率保持基本不变；盐灰比为 1.1 时硅浸出率又迅速下降至不到 20%。这是由于体系中存在 $NaNO_3$ 时，体系中的氧化还原反应较为复杂，SiO_2 可以被反应体系中的产物 $NaNO_2$ 还原，生成了与碱反应活性较低的单质 Si，从而降低了硅的浸出率。

2.1.3 熔炼温度的影响

在铝灰 10 g、NaOH 13 g、$NaNO_3$ 7 g、熔炼时间 60 min、浸出温度 80℃、浸出时间 60 min 和固液比 1∶8 的条件下，考察熔炼温度对铝、硅浸出率的影响。

由图 4 可以看出，熔炼温度对铝回收率有明显影响。当熔炼温度低于 500℃ 时，随温度提高，铝和硅的浸出率均逐渐提高. 原因在于温度升高，化学反应速率及反应物、产物的扩散速率不断加快，加速了铝和硅向可溶性盐的转化. 当熔炼温度高于 500℃ 时，铝和硅的浸出率有所降低. 这是因为随着反应温度的升高，Al_2O_3、SiO_2 对体系黏度增大的作用逐渐增强，导致反应体系黏度增大，传质速率下降，降低了 Al_2O_3、SiO_2 与 NaOH 的反应，从而导致浸出率降低. 故反应适宜的熔炼温度应在 500℃。

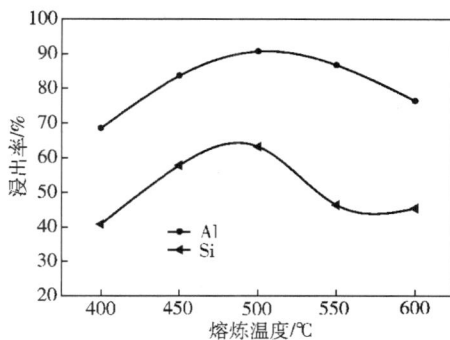

图 4 熔炼温度对铝、硅浸出率的影响

2.1.4 熔炼时间的影响

在 10 g 铝灰、13 g NaOH、7 g $NaNO_3$、熔炼温度 500℃、浸出温度 80℃、浸出时间 60 min 和固液比 1∶8 的条件下考察了熔炼时间对铝、硅浸出率的影响。

由图 5 可以看出：当熔炼时间少于 60 min 时，随熔炼时间增长铝和硅的浸出率均提高；当熔炼时间大于 60 min 时，随熔炼时间继续增长，铝的浸出率变化较小，硅的浸出率小幅下降。原因在于熔炼时间过短，化学反应不完全，导致铝和硅浸出率较低。熔炼时间过长，硅氧化物与体系中的其他物质生成难溶于水的复合氧化物，导致硅浸出率降低，故熔炼时间为 60 min 较为适宜。

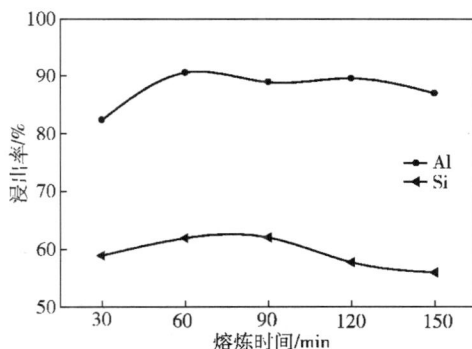

图 5 熔炼时间对铝、硅浸出率的影响

2.1.5 熔炼产物 X 射线衍射分析

对在熔炼最优化条件下所得的熔炼产物进行了物相分析，如图 6 所示。经过低温碱性熔炼，二次铝灰中的含铝组分转化为 $NaAlO_2$。

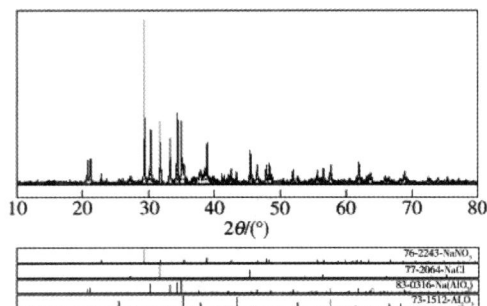

图 6 熔炼产物的 X 射线衍射谱

2.2 浸出过程实验

2.2.1 浸出温度的影响

浸出过程是将熔炼产生的可溶性铝盐溶于纯水中，从而实现铝与其他元素分离。在铝灰 10 g、NaOH 13 g、$NaNO_3$ 7 g、熔炼温度 500℃、熔炼时间 60 min、浸出时间 60 min 和固液比 1∶8 的条件下，考察了浸出温度对铝、硅浸出率的影响，如图 7 所示。

由图 7 可知：铝的浸出率基本保持不变，说明浸出温度对其影响不大；实验中硅的浸出率随着浸出温度升高降低较快，这是由于当温度升高时，硅的氧化物与其他物质生成沉淀进入渣中。综合考虑铝和硅的浸出率，选择浸出温度 60℃为宜。

2.2.2 浸出时间的影响

在铝灰 10 g、NaOH 13 g、$NaNO_3$ 7 g、熔炼温度 500℃、熔炼时间 60 min、浸出温度 60℃和固液比 1∶8 的条件下，考察了浸出时间对铝、硅浸出率的影响。如图 8 所示：当浸出反应进行了 5 min 时，铝的浸出率即可达到 80%；相反，硅的浸出率较低。随着浸出时间的增加，铝酸钠的溶解过程逐渐充分，铝的浸出率小幅度增加，并逐渐达到最大值。反应时间超过 30 min 后，铝浸出率基本不变。当浸出时间少于 60 min 时，随反应时间的增加，硅的浸出率增加较快。浸出时间大于 60 min 时，硅浸出率小幅下降。这是由于随着反应时间的增加，溶液中的 Al_2O_3、SiO_2 与其他元素生成难溶的复合化合物（钠硅渣）进入沉淀。故选择 30 min 为最佳浸出时间。

2.2.3 固液比的影响

固液比是指熔炼产物和浸出所用纯水的质量比。在 10 g 铝灰、NaOH 13 g、$NaNO_3$ 7 g、熔炼温度 500℃、熔炼时间 60 min、浸出温度 60℃和浸出时间 30 min 的条件下，考察了固液比条件对铝、硅浸出率的影响。

与一般的湿法冶金浸出过程考察固液比

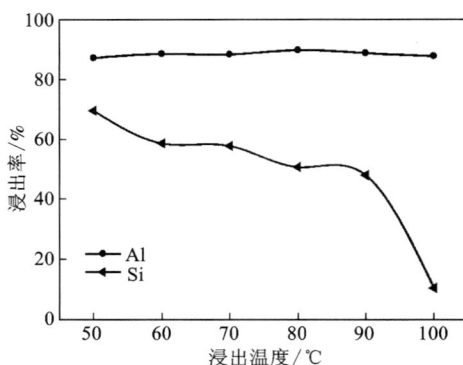

图 7 浸出温度对铝、硅浸出率的影响

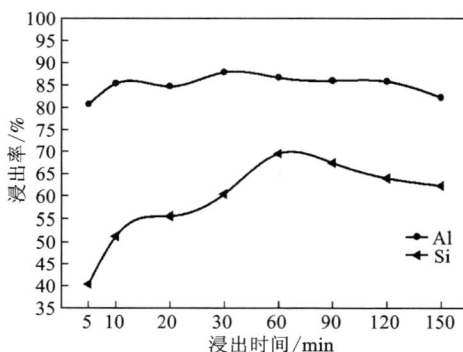

图 8 浸出时间对铝、硅浸出率的影响

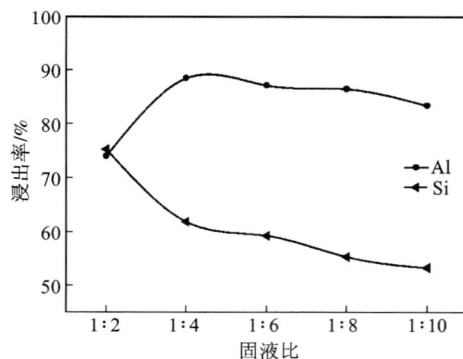

图 9 固液比对铝、硅浸出率的影响

的实验时需保持浸出液初始酸或碱浓度恒定不同，实验中熔炼产物总质量和其中的 NaOH 用量一定，所以随着固液比增大浸出液的碱浓度逐渐降低。如图 9 所示，当固液比由 1∶2 减小至 1∶4 时，铝浸出率增加较快，这是由于 NaOH 浓度降低，黏度降低，传质过程加快。当固液比小于 1∶4 时，铝浸出率略有下降但大体上稳定。随着固液比由 1∶2 减小至 1∶4 硅浸出率下降较多，固液比 1∶4~1∶10 时，NaOH 浓度不断降低，硅浸出率也逐渐下降。故选择固液比为 1∶4 为宜。

2.2.4　浸出液中金属的质量浓度

在优化条件下制得的浸出液中金属元素的质量浓度如表 2 所示。浸出液中均含有大量的 Al、K 元素和少量的 Zn、Fe、V、Mn 元素。可以看出铝灰中的 Mg、Ca 和 Ti 等金属元素几乎没有参加反应。

表 2　浸出液中金属的质量浓度　　　　　　　　　　　　　　　　　　　　mg/L

Al	Si	K	Zn	Fe	V	Mn
19 600	310	1719	6.3	7.4	86.7	19.3

2.2.5　浸出渣 X 射线衍射分析

对优化条件下的浸出渣进行了物相分析，如图 10 所示。经过低温碱性熔炼和浸出，浸出渣中除含有未被反应的刚玉外，其他物相主要为 Mg、Ca 和 Al 等元素的化合物。

2.3　浸出液净化

使用在优化条件下得到的浸出液，进行了浸出液处理的后续工艺实验研究。由于含有 Fe、V 离子，溶液呈灰绿色，静

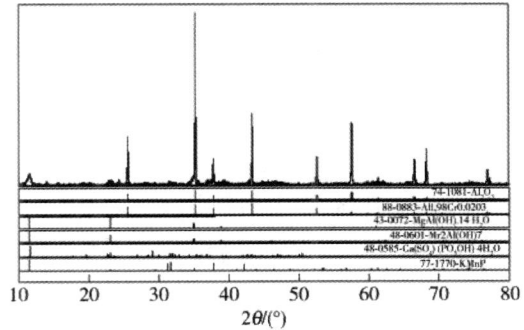

图 10　浸出渣的 X 射线衍射谱

置 12 h 左右，浸出液中即生成黄褐色的沉淀，过滤之后溶液变为浅黄色，同时溶液中的 Fe、Mn 等离子浓度降低。为了加速铁的沉淀过程，实验时滴加 H_2O_2。脱硅过程采用添加石灰脱硅法[14]，脱硅前浸出液的硅量指数为 30。在温度 90℃、搅拌速度 300 r/min、反应时间 90 min、CaO 和溶液中 SiO_2 的摩尔比为 10∶1 的条件下进行脱硅实验。脱硅后溶液的硅量指数为 446。除杂后的铝酸钠溶液的主要成分如表 3 所示。

表 3　除杂后铝酸钠溶液的主要成分　　　　　　　　　　　　　　　　　　　g/L

Al_2O_3	SiO_2	Fe_2O_3
31.01	0.094	≤0.03

由图 11 可知，浸出液中的 Si、Fe 等杂质与氧化钙、氧化铝一起生成 $Ca_3Al_2(SiO_4)(OH)_8$、

$(CaO)_3Al_2O_3(H_2O)_6$、$Ca_{2.93}Al_{1.97}(Si_{0.64}O_{2.56})(OH)_{9.44}$、$Ca_3(Fe_{0.87}Al_{0.13})_2(SiO_4)_{1.65}(OH)_{5.4}$ 和 $Al_2O_3 \cdot SiO_2 \cdot 3H_2O$ 等复合氧化物进入沉淀。

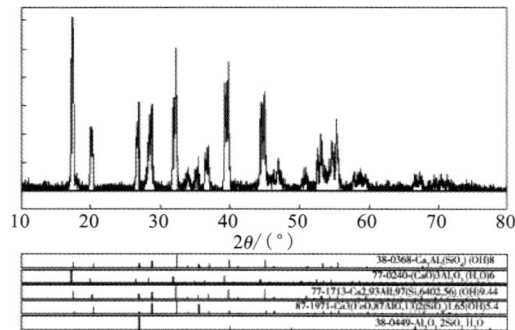

图 11   除杂后沉淀渣的 X 射线衍射谱

2.4   铝酸钠溶液晶种分解和 Al(OH)₃ 煅烧实验

由于除杂后液的苛性比(α_k)值较大，接近于晶种分解条件的上限 3。为了提高氧化铝的相对浓度，提高晶种分解率，实验中先加入一定量的质量分数为 36% ~ 38% 的 HCl 以降低其 α_k。晶种分解的实验条件为：温度 40℃，转速 200 r/min，分解时间 72 h，晶种系数（添加晶种氢氧化铝中所含氧化铝的数量与分解原液中氧化铝数量的比值）为 1。其中，晶种经过机械活化处理（振动磨中处理 2 h，140 r/min），平均粒度为 12.49 μm。实验中晶种分解率为 65.5%。晶种分解所得氢氧化铝先在 60℃下干燥 12 h，然后在 1200℃下煅烧 1 h 得到产物氧化铝。晶种分解三个阶段的苛性比变化如表 4 所示。

表 4   晶种分解液三个阶段的苛性比(α_k)

阶段	Al_2O_3 质量浓度/($g \cdot L^{-1}$)	Na_2O 质量浓度/($g \cdot L^{-1}$)	α_k
浓缩后	54.27	92.87	2.81
调整 α_k 后	48.17	48.90	1.67
晶种分解后	14.82	43.69	4.85

经 X 射线衍射物相检索，晶种分解后得到了成分单一的 Al(OH)₃ [图 12(a)]，其颗粒表面有大量的次生晶核生成 [图 13(a)]，且表面凹凸不平，有很大的空隙，所得到的附聚物十分松散，并且周围有很多细小的颗粒。根据粒度分析结果，氢氧化铝的 D50 为 17.58 μm，故可判断结晶过程中发生了富聚现象。由图 12(b)可知，煅烧后产物为 α-Al_2O_3，其粒度比氢氧化铝更小，D_{50} 为 4.52 μm。由图 13(b)可以看到，氧化铝颗粒表面仍然凹凸不平，有很大的空隙和一些松散组织。

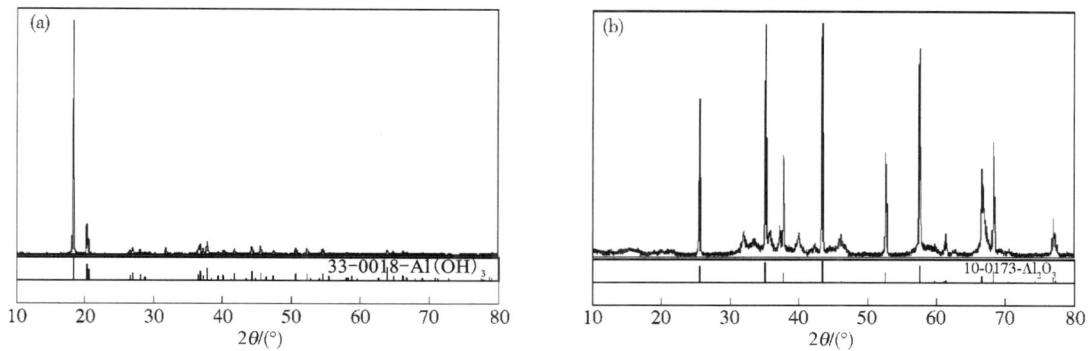

图 12 实验所得 Al(OH)$_3$ 和 Al$_2$O$_3$ X 射线衍射谱

(a) Al(OH)$_3$；(b) Al$_2$O$_3$

图 13 实验所得 Al(OH)$_3$ 与 Al$_2$O$_3$ 的场发射扫描电镜照片

(a) Al(OH)$_3$；(b) Al$_2$O$_3$

3 结论

（1）采用低温碱性熔炼法提取出铝灰中的铝的优化条件如下：碱灰比 1.3，盐灰比 0.7，熔炼温度为 500℃，熔炼时间为 60 min，浸出温度 60℃，浸出时间 30 min，固液比 1∶4。

（2）以 NaNO$_3$ 为添加剂能提高铝的提取效率，铝浸出率最高可达 92.71%。使用工艺晶种分解法作为处理浸出液的后续工艺可行、有效，晶种分解率可达 65.5%。

（3）经物相分析显示，中间产物 Al(OH)$_3$ 组成单一，煅烧后所得产物为 α-Al$_2$O$_3$。

参考文献

[1] 乐颂光，鲁君乐，何静. 再生有色金属生产. 修订版[M]. 长沙：中南大学出版社，2006.

[2] Tan R B H, Khoo H H. An LCA study of a primary aluminum supply chain[J]. Clean Prod, 2005, 13(6)：607.

[3] Shinzato M C, Hypolito R. Solid waste from aluminum recycling process：Characterization and reuse of its economically valuable constituents[J]. Waste Manage, 2005, 25(1)：37.

［4］Hazar A B Y，Saridede M N，Ci gdem M. A study on the struc-tural analysis of aluminium drosses and processing of industrial aluminium salty slags［J］. Scand J Metall，2005，34(3)：213.

［5］郭学益，田庆华. 有色金属资源循环理论与方法［M］. 长沙：中南大学出版社，2008.

［6］Ünlü N，Drouet M G. Comparison of salt-free aluminium dross treatment processes［J］. Resour Conserv Recycl，2002，36(1)：61.

［7］张雷，赵雅芝，全燮，等. 用废铝渣制备聚合硫酸铝［J］. 化工环保，2005，25(5)：382.

［8］刘大强，刘桂媛，何云龙. 铝灰生产棕刚玉的工艺［J］. 哈尔滨理工大学学报，1996，1(2)：48.

［9］徐晓虹，熊碧玲，吴建锋，等. 废铝灰制备陶瓷清水砖的研究［J］. 武汉理工大学学报，2006，28(5)：14.

［10］中国铝业股份有限公司. 一种利用废铝灰生产铝电解槽用含氟 β 氧化铝的方法：200710179676［P］. 2008－05－14.

［11］Das B R，Dash B，Tripathy B C，et al. Production of η-alumina from waste aluminum dross［J］. Miner Eng，2007，20(3)：252.

［12］张洋，孙峙，郑诗礼，等. KOH－KNO$_3$ 二元亚熔盐分解铬铁矿的试验研究［J］. 化工进展，2008，27(7)：1042.

［13］肖剑飞，唐朝波，唐谟堂，等. 硫化铋精矿低温碱性熔炼新工艺研究［J］. 矿冶工程，2009，29(5)：82.

［14］杨重愚. 氧化铝生产工艺学［M］. 北京：北京工业出版社，1993.

高效铝渣分离剂配方研究及其应用

摘要：以 NaCl、KCl 和 Na_3AlF_6 为主要原料，CaF_2 为添加剂，制备了具有高回收率的铝渣分离剂。研究结果表明：高效分离剂的最优配方为 42.5%NaCl、42.5%KCl、10%Na_3AlF_6、5%CaF_2；熔剂与铝渣最佳质量比为 5:1，温度控制在 680℃，在工业回收铝过程中，加入此高效分离剂，能将铝的回收率从 71% 提高至 92%。采用此铝渣分离剂不仅能降低铝渣系统的熔点，减少铝的损失，而且能降低铝熔滴表面张力，使铝渣中的铝能够有效分离。

铝渣产生于所有铝发生熔融的工序，其中的铝含量约占铝生产过程中总损失量的 1% ~ 3%[1, 2]。铝渣的组成相对复杂，且因产生路径不同而各异，主要成分为金属铝单质、氧化铝和少量的 AlN、KCl、NaCl、$MgAl_2O_4$、Si、SiO_2、$NaMgAlF_6$ 等[3~6]。由于产生路径不同，铝渣中铝含量也有所不同，一般在 40% ~ 70%[7~10]，这部分铝具有很高的提取价值。

目前国内铝回收最常见的过程，是使用化石燃料加热的熔炼炉[11~13]。其对铝渣中铝的回收率最大约为 71%[14, 15]，但与国际先进技术（回收率为 90% 以上）相比还有一定差距[16, 17]。本研究本着循环经济与节能减排理念[18]，使用熔点低的混合盐加入熔炼炉中回收铝渣中的铝，极大地提高了铝的回收率，将可获得显著的经济效益。

1 实验原理及方法

1.1 实验原理

NaCl 和 KCl 混合后作为熔剂，具有良好的表面性质，能很好地浸润铝金属，与金属有密度差，可把金属夹杂物随同熔剂自熔液中排除。熔融的 NaCl 和 KCl 混合熔剂借助其表面张力的作用，在铝熔液表面形成一连续、完整的覆盖层，能隔绝空气，阻止铝被空气氧化。铝渣中的铝表面几乎都附着一层氧化铝膜，阻碍了金属铝的回收。因此在分离剂中加入了少量的 Na_3AlF_6，能够有效地吸附、溶解 Al_2O_3。因此本研究制备的铝渣分离剂选用 NaCl、KCl 和 Na_3AlF_6 为主要原料。根据图 1 中的 NaCl-KCl 液相线，当 NaCl:KCl(质量比)为 1:1 时，熔盐的熔点为 680℃[19~22]，且此时熔剂与铝界面张力较小。

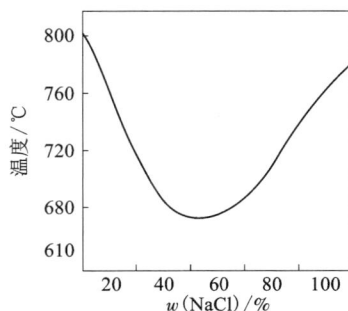

图 1　NaCl-KCl 液相线

综上所述，本研究将分离剂配方中 NaCl 与 KCl 的质量比确定为 1:1，将实验中起始温度设为 680℃。

本文发表在《轻金属》，2010(3)：21-24。合作者：郑磊，冀树军。

1.2 实验方法

本研究通过分离剂对金属铝的回收率确定高效分离剂的组成及最佳工艺条件。因工业生产等原因，铝渣中金属铝含量波动较大，根据国内某企业铝回收过程中铝的大致含量，确定用铝含量为 60% 的拟铝渣进行模拟实验。先将工业铝与氧化铝按照 3：2 的比例均匀混合，以此模拟铝渣的成分组成，称其为拟铝渣。再将一定成分配比的分离剂与拟铝渣均匀混合，经干燥等处理后，将混合物置入电阻炉中的坩埚内，升温到一定温度并保温 20 分钟，取出坩埚冷凝，混合物经破碎、水洗、回收等工序，将其中的铝回收。工艺流程如图 2 所示。

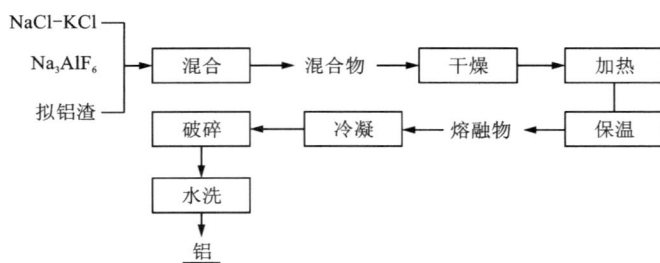

图 2　高效分离剂处理铝渣原则工艺流程

2　实验结果及讨论

2.1　熔剂加入量对铝回收率的影响

采用 NaCl-KCl 配比为 1：1 的熔剂 500 g 与拟铝渣分别按照质量比 1：1、3：1、5：1、7：1 和 9：1 的比例混合均匀，放入坩埚中，控制温度在 680℃，以此考察熔剂加入量对铝回收率的影响。结果见图 3。

随着熔剂与拟铝渣质量比的不断增大，铝回收率增加。熔剂的加入量会影响熔炼过程中铝的损失。加入的熔剂较少时，铝渣润湿不完全，产出的炉渣含氧化物高、黏度大，

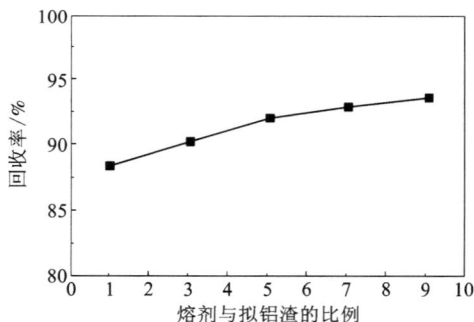

图 3　熔剂加入量对回收率的影响

铝滴分散于炉渣，不能回收；反之，熔剂量加大时，铝渣趋于完全润湿，铝回收率增加。当熔剂与拟铝渣质量比达到 5：1 时，随着质量比的继续增大，铝回收率的增大趋势变缓。综合考虑成本因素，选择熔剂与拟铝渣最佳质量比为 5：1。

2.2　温度对铝回收率的影响

将 NaCl-KCl 质量比为 1：1 的熔剂 500 g 与拟铝渣 100 g 均匀混合，放入坩埚中，控制温度在 680～850℃，以此考察温度对铝回收率的影响，结果见图 4。

由图 4 可知,温度在 680~750℃ 变化时,随着温度的升高,铝的回收率也随之提高,在 750℃ 时到达最高点。温度在 750~850℃ 变化时,铝的回收率几乎不随温度的变化而变化。

在 680℃ 和 750℃ 的条件下获得铝珠的宏观形貌如图 5 所示。温度越高,铝熔液在熔盐中越容易聚合,形成的铝珠的宏观尺寸也就越大,损失的铝也会减少。

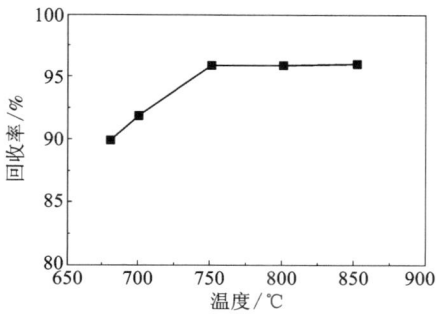

图 4　温度对铝回收率的影响

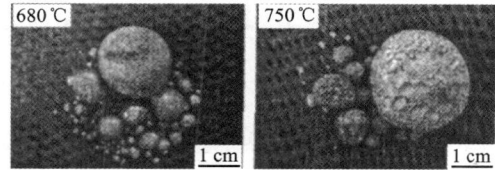

图 5　680℃ 与 750℃ 下回收铝的宏观形貌

在工业的铝渣回收中,考虑到温度过高,会导致生产成本的提高及热损失的增加,因此选择回收温度为 680℃。

2.3　Na_3AlF_6 加入量对铝回收率的影响

采用表 1 中的熔剂配方 A,将熔剂 500 g 与拟铝渣 100 g 均匀混合后放入坩埚中,控制温度在 680℃,以此考察 Na_3AlF_6 加入量对铝回收率的影响,结果见图 6。

表 1　熔剂配方 A

编号	NaCl/g	KCl/g	Na_3AlF_6/g
S1	242.5	242.5	15.0(3%)
S2	237.5	237.5	25.0(5%)
S3	225	225.0	50.0(10%)
S4	212.5	212.5	75.0(15%)
S5	200.0	200.0	100.0(20%)
S6	187.5	187.5	125.0(25%)

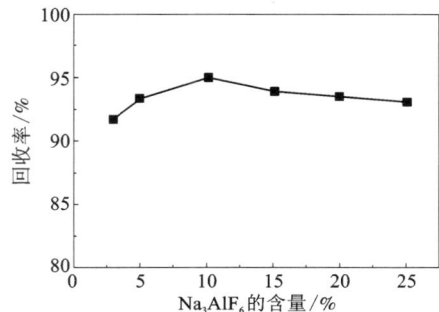

图 6　Na_3AlF_6 含量对回收率的影响

由图 6 可知:Na_3AlF_6 含量在 3%~10% 时,随着 Na_3AlF_6 含量的增加,铝的回收率显著增加,在 10% 时达到最高点。Na_3AlF_6 含量在 10%~25% 时,随着 Na_3AlF_6 含量的增加,铝的回收率下降。

熔剂中 Na_3AlF_6 含量为 10%、20% 时铝珠的宏观形貌如图 7 所示。由图 7 可知,加入 Na_3AlF_6 可以增加铝的聚合能力,加入 10% 时回收铝的宏观尺寸明显大于加入 20% 时的,这是因为 Na_3AlF_6 加入量过多,会使一小部分的铝液进入到熔剂中,造成铝的损失。因此确定

最佳的 Na_3AlF_6 加入量为 10%。

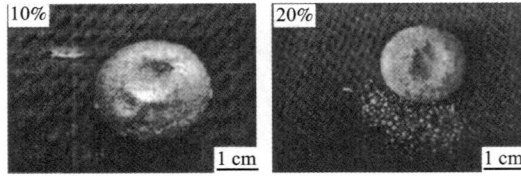

图 7　Na_3AlF_6 含量为 10%与 20%时回收铝的宏观形貌

2.4　添加剂对铝回收率的影响

按照表 2 中熔剂配方 B，将配得的熔剂 500 g 与拟铝渣 100 g 均匀混合，放入坩埚中，控制温度在 680℃，以此考察添加剂对回收率的影响，结果见图 8。

表 2　熔剂配方 B

编号	NaCl/g	KCl/g	Na_3AlF_6/g	添加剂/g
L1	222.5	222.5	50.0	5.0（1%）
L2	217.5	217.5	50.0	15.0（3%）
L3	212.5	212.5	50.0	25.0（5%）
L4	207.5	207.5	50.0	35.0（7%）
L5	202.5	202.5	50.0	45.0（9%）

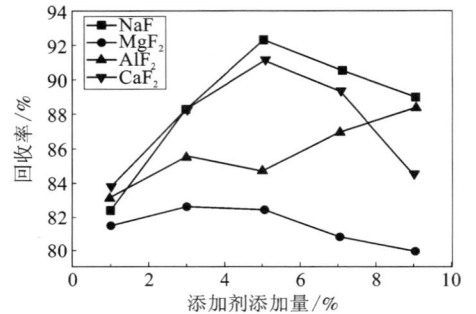

图 8　添加剂对回收率的影响

结果表明：通过对 4 种添加剂 NaF、MgF_2、AlF_3、CaF_2 的对比实验，4 种添加剂对铝的回收效果，按 1%的添加量 CaF_2>AlF_3>NaF>MgF_2；按 3%、5%、7%添加量 NaF>CaF_2>AlF_3>MgF_2；按 9%的添加量 NaF>AlF_3>CaF_2>MgF_2。其中添加剂 NaF 对实验用坩埚的腐蚀严重，不宜采用。通过加入添加剂，改变熔剂与金属铝界面的界面张力，可使金属铝随炉渣损失最小，从而有效地控制铝的损失。

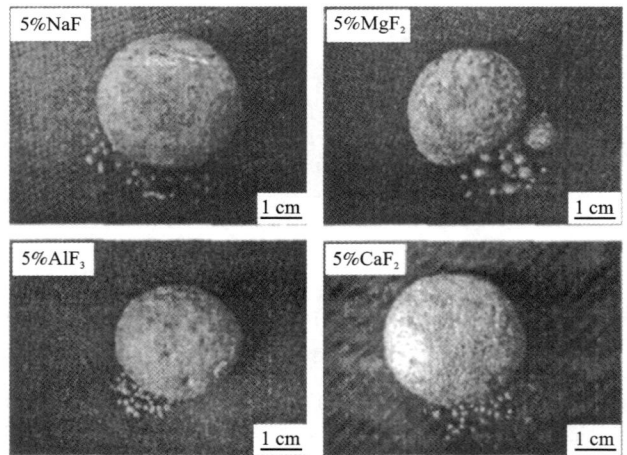

图 9　含量为 5%的不同添加剂下回收铝的宏观形貌

含量为 5%的不同添加剂下回收铝珠的宏观形貌如图 9 所示。在含量为 5%时，添加 NaF、CaF_2 对铝的聚集效果较好，因此选择 CaF_2 作为添加剂，并控制其加入量为 5%。

综合以上实验结果，确定了高效分离剂的最佳配方为 42.5% NaCl、42.5% KCl、10% Na_3AlF_6、5% CaF_2。

2.5 实际应用

将高效分离剂应用于某企业工业现场。试验结果表明：通过熔炼炉回收铝的过程中，在未加入分离剂时，铝的回收率为 71%；将此高效分离剂加入含铝 60% 的铝渣中，铝的回收率达到 92% 以上。图 10 是对加入高效分离剂得到的铝渣进行 X 射线衍射（X-ray Diffraction，XRD）分析得到的结果，图 11 是未加入分离剂得到的铝渣 XRD 分析结果，这两种情况下得到的二次铝渣成分相似，因此可继续将得到的二次铝灰用于净水剂、耐火材料、刚玉、路用材料的生产。

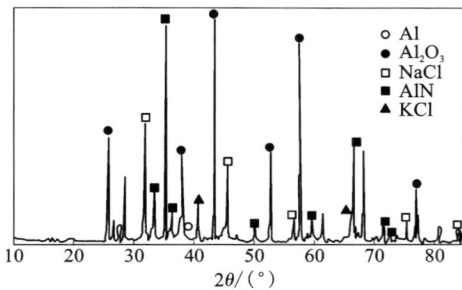

图 10　加入高效分离剂得到的铝灰 XRD

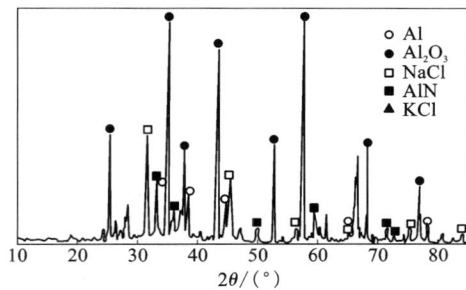

图 11　未加入高效分离剂得到的铝渣 XRD

3　结语

为了提高熔炼法回收铝渣中铝的回收率，通过熔剂与拟铝渣的模拟实验，确定了高效分离剂的配方及最佳使用条件。

（1）高效分离剂的配方为 42.5% NaCl、42.5% KCl、10% Na_3AlF_6、5% CaF_2。

（2）熔剂与铝渣最佳比例为 5∶1；铝渣回收温度控制在 680℃。

（3）在工业回收铝过程中，加入此高效分离剂，能将铝的回收率由 71% 提高至 92%。

参考文献

［1］R P Pawlek. International aluminum recycling seminar［J］. Light Metal Age，2000（2）：80-87.

［2］E Álvarez-Ayuso. Approaches for the treatment of wastest reams of the aluminium anodising industry［J］. Journal of Hazardous Materials，2009（164）：409-414.

［3］钟华萍，李坊平. 从热铝灰中回收铝［J］. 铝加工，2001，24（1）：54-55.

［4］B Dash，B R Das，B C Tripathy，etc. Aciddissolution of alumina from waste aluminium dross［J］. Hydrometallurgy，2008（92）：48-53.

［5］Y Xiao，M A Reuter. Recycling of distributed aluminium turning scrap［J］. Minerals Engineering，2002（15）：963-970.

［6］R Quinkertz，G Rombach，D Liebig. Scenario to optimise the energy demand of aluminium production depending on the recycling quota［J］. Resources Conservation and Recycling，2001(33)：217-234.

［7］赵青. 对再生铝行业的认识［J］.世界有色金属，2004(4)：23-30.

［8］金属材料开发中心，资源环境中心.平成 5 年非铁金属材料技术研究开发：基础调查研究成果报告书［R］. 1994：49.

［9］南波正敏.日本再生铝产业的发展现状与展望［J］.有色金属再生与利用，2004(11)：26-28.

［10］乐颂光，鲁君乐.再生有色金属生产［M］.长沙：中南工业大学出版社，1994.

［11］余东梅.国内外废铝回收及再生利用概况［J］.世界有色金属，1998(11)：7-10.

［12］姚磊.中国废铝资源利用简述［J］.中国资源综合利用，2000(6)：14-17.

［13］姚良军，彭如清，徐锦，等.世界铝工业［J］.中国地质科学院院报，1985(11)：79-84.

［14］Michel G Drouet. etc. Comparison of salt-free aluminium dross treatment processes［J］. Resources Conservation and Recycling，2002(36)：61-72.

［15］A Binnaz Yoruc Hazar et al. A study on the structural analysis of aluminium drosses and processing of indust rial aluminium salty slags［J］.Scandinavian Journal of Metallurgy，2005(34)：213-219.

［16］D Roth A beevis. Maximizing the aluminium recovered from your dross and elimination of any waste products in dross recycling ［A］. Light Metals［C］. 1995：815-818.

［17］H N Yoshimura et al. Evaluation of aluminium dross waste as raw material for refractories ［J］. Ceramics International，2008(34)：581-591.

［18］郭学益，田庆华.有色金属资源循环理论与方法［M］.长沙：中南大学出版社，2008.

［19］Raja R Roy，Yogeshwar Sahai. Coalescence behavior of aluminum alloy drops in molten salts ［J］. Materials Transactions JIM，1997(38)：995-1003.

［20］邱竹贤.铝电解原理与应用［M］.北京：中国矿业大学出版社，1997.

［21］Grjotheim K，Krohn C，Malinovsky Metal. Aluminium electrolysis fundamentals of the Hall-Heroult process ［M］. Disseldorf：Aluminium-Verlag，1982.

［22］徐君莉，石忠宁，高炳亮等.氧化铝在熔融冰晶石中的溶解［J］.东北大学学报，2003(9)：832-834.

从电镀污泥中回收镍、铜和铬的工艺研究

摘要：采用硫酸浸出–硫化沉铜–两段中和除铬–碳酸镍富集工艺，从电镀污泥中综合回收铜、铬和镍。考察了各工序过程中的影响因素，获得了最佳工艺条件：酸浸过程中反应时间为 0.5 h，反应温度为 50℃，硫酸加入量为理论量的 0.8 倍；沉铜过程中，沉铜剂加入量为理论量的 1.2 倍，反应时间和反应温度分别为 1 h 和 85℃；采用两段除铬工序有效降低了沉淀过程中的镍损失。整个工艺中，铜、铬和镍的回收率分别达到 98%、99% 和 94% 以上。

　　电镀污泥是电镀废水处理过程中产出的一种固体废弃物，含有大量的重金属镍、铜和铬等，是一种廉价的可再生二次资源[1]。电镀污泥是提取镍的重要原料，人们对其处理工艺进行了一定的探索[2-7]。研究表明，工艺中的除杂过程大多数选择比较成熟的化学沉淀法，相对于溶剂萃取法、离子交换法、选择性膜处理法和生物处理法等工艺来说[8-13]，其具有处理量大、处理成本低等优点。

　　本文针对我国南方某电镀厂的电镀污泥进行了资源循环处理工艺的研究，以探索出经济合理的工艺路线，实现该电镀污泥的综合利用。

1　实验

1.1　原料

　　实验用电镀污泥来自我国南方某电镀厂，外观呈绿色、泥状，含水量为 83.4%（质量分数）。干燥后其主要化学成分分析见表 1。

表 1　电镀污泥的主要化学成分（质量分数）　　　　　　　　　　　　%

Ni	Cu	Cr	Fe	Ca	Mg
12.74	6.90	14.51	0.23	3.34	1.23

　　该原料中 Ni、Cu 和 Cr 的含量较高，主要以氢氧化物的形式存在，还包含少量的碱式硫酸盐。原料中的 Ca、Mg 主要是由电镀废水沉淀处理过程中的石灰带入，以硫酸钙和氢氧化镁的形式存在。

1.2　工艺流程

　　工艺流程如图 1 所示。电镀污泥经浆化后用稀硫酸浸出，浸出液经硫化钠沉铜、碳酸钙除铬后，采用碳酸镍沉淀的方式富集镍。该流程通过化学沉淀的方法，以生产硫化铜和碳酸

本文发表在《北京科技大学学报》，2011，33（3）：328–333。合作者：石文堂。

镍的形式对 Cu 和 Ni 进行了回收。

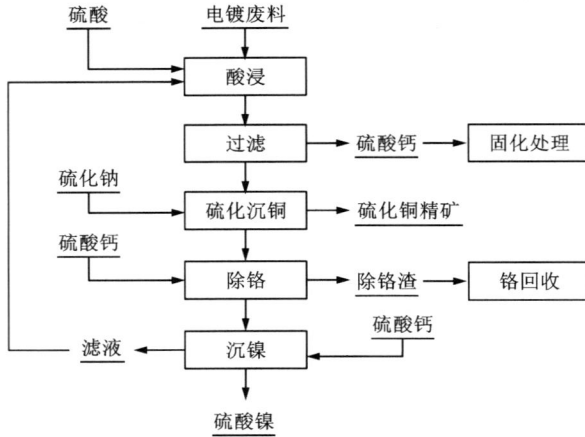

图1 从电镀污泥中综合回收镍和铜的工艺流程示意图

2 结果与讨论

2.1 酸浸

酸浸的目的主要是将 Ni、Cu 和 Cr 以硫酸盐的形式浸出,而将其他金属尽量留在浸出渣中。酸浸过程主要考察了浸出时间、硫酸加入量和浸出温度对各金属元素的浸出效果的影响。硫酸加入量以理论酸耗量的倍数加入,而理论酸耗量主要以原料中各金属元素全部浸出所需硫酸量进行计算。

(1)反应时间对浸出率的影响。考察了浸出时间对各元素的浸出效果的影响,结果见图2。由图2可知,浸出时间对原料中 Ni、Cu、Cr、Ca 和 Mg 的浸出率基本没有影响,其中 Ni、Cu 和 Cr 的浸出率可以在较短时间内达到99%以上。对于杂质Fe,其浸出率随浸出时间的延长先增大,后趋于平缓。综合考虑,原料浸出 0.5 h后已能够获得较好的浸出效果。

(2)浸出温度对浸出率的影响。考察了浸出温度对各元素的浸出效果的影响,结果如图3所示。

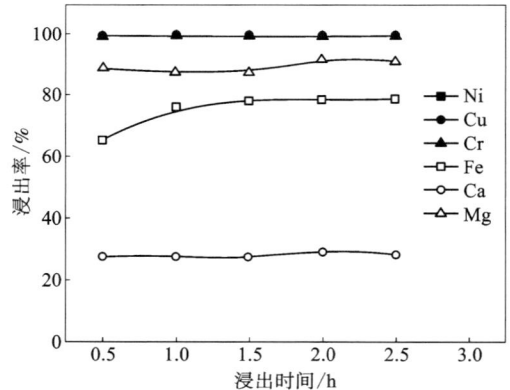

图2 浸出时间对元素浸出率的影响(其他条件:硫酸加入量为理论酸耗量,浸出温度为35℃)

由图3可知,Ni、Cu、Cr、Fe 和 Mg 的浸出率受浸出温度的影响不大,而 Ca 浸出率随温度升高而减小,这主要是由于硫酸钙的溶度积随着温度升高而减小。因此,实验可以选择常温浸出。同时,从滤液的过滤性能方面考虑，提高温度有利于降低溶液黏度，改善浸出液的过滤性能，这一点在实验过程中也得到体现。所以，选择直接加入浓硫酸的方式进行浸出，利用硫酸的稀释热将浸出温度提高到 40~50℃，而不需要额外加热。浸出渣的主要成分为硫酸钙。

（3）硫酸加入量的影响。硫酸加入量分别按照理论硫酸量 0.75~1.5 倍加入，其结果见图 4。从图 4 可以看出，在低酸浓度下，Ni、Cu 和 Cr 几乎均被浸出。当硫酸加入量小于理论量的 0.8 倍时，镍和铜的浸出率都明显下降，同时浸出矿浆的过滤性变差。这可能是由于浸出液的 pH 值大于 3 时部分溶解的铁又重新形成沉淀所致。铁的浸出率随酸度的增加而升高，当酸耗超过理论量的 0.8 倍时，其浸出率大幅升高。钙的浸出率随硫酸加入量先增大后减小，且在理论量的 0.9~1.0 倍时达到峰值，这主要是由于当溶液中的硫酸根浓度达到一定值时，溶液中的 Ca^{2+} 又重新沉淀。因此，最佳硫酸加入量为理论量的 0.8 倍。此时浸出液 pH 值为 1.5~2.5，浸出渣的过滤性能最好，Ni 浸出率可以达到 99% 以上，而铁的浸出率较低。

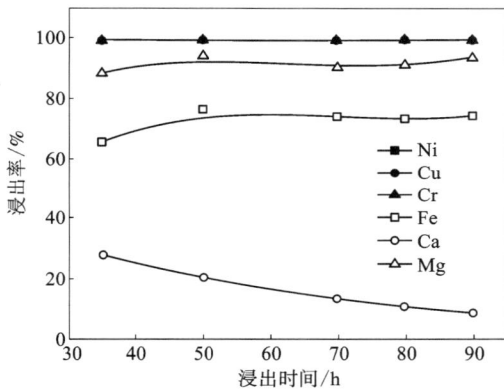

图 3　浸出温度对元素浸出率的影响（其他条件：硫酸加入量为理论酸耗量，浸出时间 0.5 h

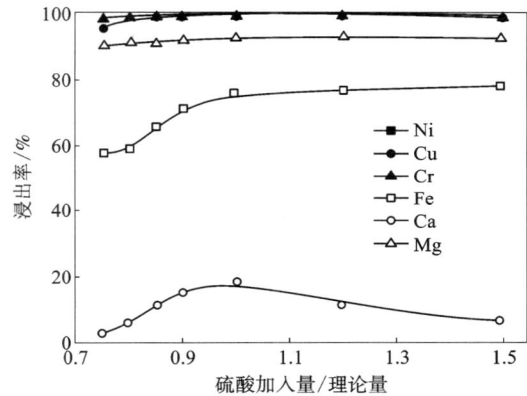

图 4　硫酸加入量对元素浸出率的影响（其他条件：浸出时间为 0.5 h，浸出温度 50℃）

2.2　沉铜

电镀污泥通过硫酸浸出，所得浸出液成分见表 2。

表 2　电镀污泥浸出液中金属含量分析

元素	Ni	Cu	Cr	Fe	Ca	Mg
质量浓度/(g·L^{-1})	14.14	7.54	15.55	0.12	1.16	1.66

由表 2 可知，浸出液中 Ni、Cu 和 Cr 含量很高，Fe、Ca 和 Mg 含量较低。根据各金属硫化物的溶度积[14]（表 3）可知，CuS 的溶度积远小于 NiS、FeS 的溶度积，并且 Cu^{2+} 完全硫化沉淀的 pH 值远低于 Ni^{2+} 和 Fe^{2+} 开始沉淀的 pH 值，因此采用硫化沉淀的方式从溶液中分离铜，具有较高的选择性。本文通过硫化沉淀的方式进行沉铜，考察了沉铜剂用量、反应温度和反应时间对沉铜效果的影响，结果分别见图 5~图 7。

表 3 某些金属硫化物和氢氧化物的溶度积 K_{sp} 和沉淀 pH 值（25℃）

金属 化合物	lgK_{sp}	开始沉淀 pH 值 （$M^{n+} = 10^{-2}$ mol/L）	完全沉淀 pH 值 （$M^{n+} = 10^{-5}$ mol/L）
CuS	34.62	6.32	4.82
NiS	20.97	0.52	2.02
FeS	18.80	1.60	3.10
Ni(OH)$_2$	15.26	7.37	8.87
Fe(OH)$_3$	38.58	1.82	2.82
Cr(OH)$_3$	30.15	4.62	5.62

从图 5 可以看出，随着沉铜剂加入量的增大，沉铜率也不断提高，当加入量达到理论量的 1.2 倍时，沉铜率可以达到 99% 以上，且 Fe、Cr 基本不沉淀，Ni 的沉淀率随沉铜剂加入量的增大而升高，Ca、Mg 沉淀率与沉铜剂加入量关系不大。因此，选择沉铜剂加入量为理论量的 1.2 倍。

从图 6 可以看出，反应时间对沉铜的效果影响较小，反应时间达到 1h 时，铜的沉淀率达到 99% 以上。随着反应时间的增加，沉淀率反而有所降低，这主

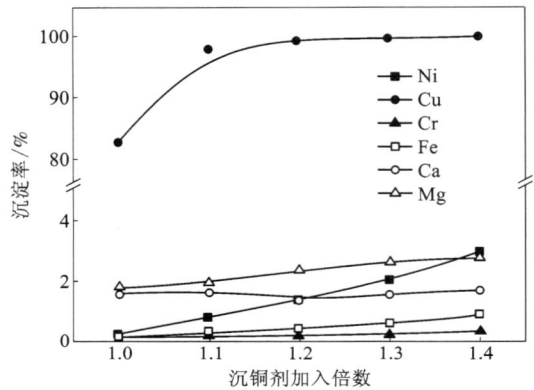

图 5 沉铜剂加入量对沉铜效果的影响

要是受溶液中离子浓度较高、强电解质较多而产生的盐效应的影响，但其影响较小。此外，反应时间对 Ni、Cr、Fe、Ca 和 Mg 的沉淀率基本没有影响。因此，选择最佳反应时间为 1 h。

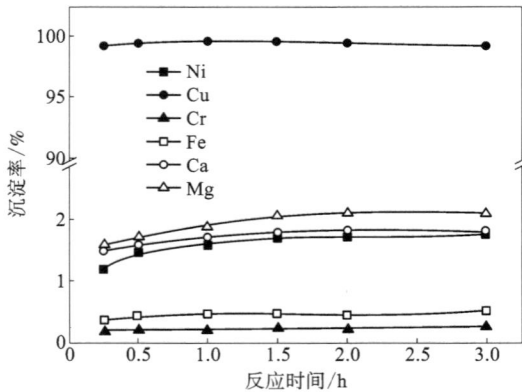

图 6 反应时间对沉铜效果的影响

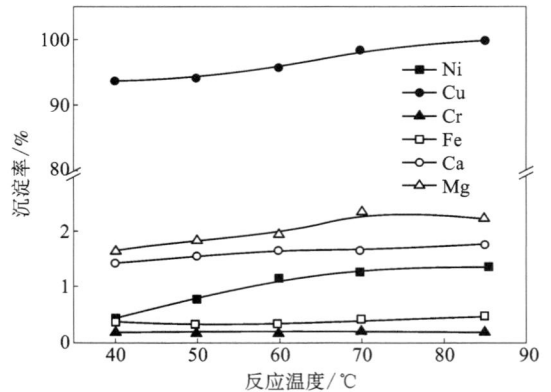

图 7 反应温度对沉铜效果的影响

从图 7 可以看出，反应温度对沉铜效果的影响较大。提高温度有利于加快反应速率，温

度越高,沉铜效果越好。当温度达到85℃时,沉铜率达99%以上。同时,反应温度对Ni、Cr、Fe、Ca和Mg的沉淀率影响较小。因此,选择反应温度为85℃。

选择沉铜剂加入量为理论量的1.2倍、反应时间为1.0 h和反应温度为85℃的条件下进行验证实验,得到沉铜液和沉铜渣的化学成分,如表4所示。

表4 沉铜液和沉铜渣的主要化学成分

元素	沉铜液中的质量浓度/(g·L⁻¹)	沉铜渣中的质量分数/%
Ni	12.63	0.96
Cu	0.03	55.11
Cr	13.81	0.85
Fe	0.08	0.14
Ca	0.93	0.17
Mg	0.91	0.11

通过表2和表4中数据计算可知,在上述工艺条件下,沉铜率可以达到99.5%,镍的回收率可以达到98.6%。产出的沉铜渣含铜达到55%以上,其他杂质含量很低,可以直接作为铜精矿生产电解铜。

2.3 除铬

由表3可知,三价铬的氢氧化物完全沉淀的pH值低于镍的氢氧化物初始沉淀pH值,因此理论上可采用水解沉淀方法从溶液中选择性地沉淀三价铬。但沉淀过程中镍的碱式盐[3NiSO₄·4Ni(OH)₂]也同时被析出[其形成的pH值为5.10[15],低于三价铬的完全沉淀pH值(5.62)]。为了避免或减少水解沉淀铬时镍的损失,采用两段除铬工艺进行除铬。

采用碳酸钙对沉铜后液进行一段除铬,碳酸钙加入量按照理论量的不同倍数进行添加,结果见图8。由图可知,碳酸钙的添加量为理论量的0.58倍时,Cr、Fe基本沉淀完全,这说明产生的沉淀主要以碱式碳酸盐为主.同时,随着碳酸钙加入量的增加,Cr、Fe的去除率也不断提高,而Ni沉淀率也在增加。所以,碳酸钙加入量为理论量的0.5倍时比较理想,此时Cr和Fe的去除率分别为93%和85%,镍的回收率达到87%。

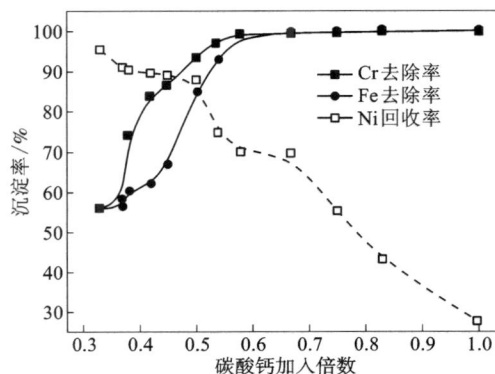

图8 碳酸钙除铬实验结果

采用酸性水洗涤除铬渣,渣中60%以上的镍被洗出,同时98%以上的铬被留在渣中,这说明浸出渣中的镍大部分为被吸附的硫酸盐。为了减少除铬过程中镍的损失,确定在一段初步除铬的基础上进行二段深度除铬,二段除铬渣返回浸出工序。实验结果表明,对沉铜后液进行两段除铬,其除铬率可以达到99%以上,Ni回收率可以达到97%以上,同时Fe去除率也达到99%以上。通过两段除铬,溶液中Cr、Fe可以降低到较低的水平;Ca、Mg的含量较高,但对后续工艺(如电积镍工艺)影响不大。二段除铬后液成分见表5。一段除铬渣的主要化学成分见表6。可以看出,一段除铬渣中钙含量较高(主要为硫酸钙),其他杂质含量较少。采用稀硫酸重溶-中和沉淀的方式处理一段除铬渣,可制得粗制氢氧化铬,其化学成分见表7。该产品中铬的质量分数大于30%,可以作为生产铬盐的原料。

表5 二段除铬后液主要化学成分

元素	Ni	Cu	Cr	Fe	Ca	Mg
质量浓度/($g \cdot L^{-1}$)	10.43	0.01	0.002	0.001	0.58	0.55

表6 一段除铬渣主要化学成分(质量分数) %

Ni	Cu	Cr	Fe	Ca	Mg
0.76	0.01	10.86	0.63	13.39	0.04

表7 粗制氢氧化铬主要化学成分(质量分数) %

Ni	Cu	Cr	Fe	Ca	Mg
0.06	0.001	32.93	0.72	0.59	0.07

2.4 镍的富集

采用工业纯碱为沉淀剂对除铬后液进行镍富集,沉淀温度为85~90℃,反应时间为4h,终点pH值为7.8~8.0,得到沉淀物的主要化学成分如表8所示。

表8 碳酸镍沉淀的主要化学成分(质量分数) %

Ni	Cu	Cr	Fe	Ca	Mg
41.43	0.03	0.006	0.002	2.32	1.53

对比表5和表8可知,通过沉淀法富集镍的同时,其他杂质如铜、铁和铬也被富集,而且富集倍数基本相同。碳酸镍经稀硫酸溶解后可用于电积镍工艺。

综合计算,整个工艺过程中,Cu总回收率可达98%以上,铬回收率可达99%以上。两段除铬工序降低了镍的损失,使镍总回收率达到94%以上,远高于相关文献[2]、[10]中的报道(80%~85%)。本研究为电镀污泥中Ni、Cu和Cr的高效回收提供了经济可行的工艺路线。

3 结论

(1)采用硫酸浸出硫化沉铜-两段中和除铬-碳酸镍富集工艺从电镀污泥中回收Cu、Cr

和 Ni，其回收率分别可达 98%、99% 和 94% 以上。

（2）酸浸过程最优条件为：酸浸时间为 0.5 h，酸浸温度为 50℃，硫酸加入量为理论量的 0.8 倍；沉铜过程最优条件为：沉铜剂加入量为理论量的 1.2 倍，反应时间和反应温度分别为 1 h 和 85℃；两段除铬过程可以使铬的去除率达到 99% 以上，获得的除铬渣经提纯后可作为生产铬盐的原料；除铬后液中的镍采用纯碱沉淀富集。

（3）该工艺过程中不产生任何有毒废气，过程中的废水基本上被循环使用，由于物料中的重金属 Ni、Cu 和 Cr 均得到了高效回收，产出的污泥中基本不含重金属，工艺过程环境友好。

参考文献

[1]陈可，石太宏，王卓超，等.电镀污泥中铬的回收及其资源化研究进展[J].电镀与涂饰，2007，26(5)：43-46.

[2]李雪飞，杨家宽.含铬污泥酸浸方法的对比研究[J].江苏技术师范学院学报，2006，12(2)：26-28.

[3]杨加定.电镀污泥中铜、镍、镉、锌的回收利用研究[J].化学工程与装备，2008(6)：138-142+132.

[4]杨振宁，陈志传，高大明，等.电镀污泥中铜镍回收方法及工艺研究[J].环境污染与防治，2008，30(7)：58-61.

[5]安显威，韩伟，房永广.回收电镀污泥中镍和铜的研究[J].华北水利水电学院学报，2007，28(1)：91-93.

[6]李岩，李亚林，郑波，等.含铬电镀废水的资源化处理[J].环境科学与技术，2009，32(6)：145-148.

[7]陈永松，周少奇.电镀污泥处理技术的研究进展[J].化工环保，2007，27(2)：144-148.

[8]于德龙，覃奇贤，刘淑兰.电解回收镀镍废水中镍的研究[J].电镀与环保，1997，17(2)：22-25.

[9]张利文，黄万抚.乳状液膜法处理含镍废水的原理与研究现状[J].电镀与涂饰，2003，22(1)：27-29.

[10]李庆伦，陈淑华，王晓鹏.电镀废水的综合处理系统[J].中国有色金属学报，1998，8(2)：551-553.

[11]祝万鹏，杨志华.溶剂萃取法回收电镀污泥中的有价金属[J].给水排水，1995，12：16-18+26-3.

[12]施燕，张太平，李木桂，等.利用硫杆菌淋滤电镀污泥中的重金属[J].生态环境，2008，17(5)：1787-1791.

[13]郭茂新，孙培德，楼菊青.钠化氧化法回收电镀污泥中铬的试验研究[J].环境科学与技术，2009，32(7)：50-53.

[14]陈家镛.湿法冶金手册[M].北京：冶金工业出版社，2005.

[15]傅崇说.有色冶金原理[M].北京：冶金工业出版社，2007.

采用旋流电积技术从电镀污泥中回收铜和镍

摘要：以电镀废水处理过程中产出的电镀污泥为研究对象，采用旋流电积技术从电镀污泥中选择性回收铜和镍，并研究旋流电积过程中 Cu^{2+} 和 Ni^{2+} 以及杂质离子的电积行为。结果表明：旋流电积技术可以从高杂质含量的低铜浸出液中直接生产电积铜，产品质量达到 GB/T467—1997 中 Cu-CATH-2 牌号标准阴极铜的要求，铜直收率达到 99% 以上；铜电积后液经除铬后，仍采用该技术从低镍溶液中直接生产电积镍，化学成分达到 GB/T6516—1997 中 Ni9990 牌号电积镍的要求，镍直收率达到 93% 以上。与传统电积技术相比，旋流电积技术具有选择性强、电流效率高和产品质量好等优点。

电镀污泥是电镀废水处理过程中产出的一种危险固体废弃物，成分复杂，含有大量的重金属镍、铜、铬等，但同时它也是一种廉价的可再生二次资源[1-4]。电镀污泥作为提取镍的重要原料，一些研究者对其处理方法进行了大量研究，主要包括化学沉淀法[5]、氨浸法[6]、熔炼法[7]、溶剂萃取法[8]、膜处理法[9] 和电解法[10-11] 等，其中，只有化学沉淀法应用于电镀污泥的工业化处理，但存在工艺流程复杂、金属回收率低、加工成本高和容易产生二次污染等不足。

旋流电积技术（cyclone electrowinning，CE）是一种新型多金属提纯与分离技术，与传统分离技术相比具有工艺流程短、试剂消耗少、产品质量高等特点。旋流电积技术原型最先出现在美国专利中[12]，但由于其装置存在析氧阳极寿命短、电解槽存在结构缺陷等问题一直未得到工业应用。近年来，随着这些问题的逐步解决，该技术在多金属的提纯与分离方面呈现出广阔的发展前景。目前，该技术已广泛应用于铜、锌、银、镍、钴等重金属的电积生产领域[13-17]。对于处理成分复杂、重金属含量高的电镀污泥，旋流电积技术具有明显的技术优势，且目前相关文献还鲜见报道。

本文作者以我国南方某电镀厂的含镍电镀污泥为原料，经硫酸浸出后，采用旋流电积技术，从高含量杂质的低铜浸出液中直接电积金属铜，以及从含一定杂质的低镍溶液中直接电积镍，实现从电镀污泥中铜和镍等重金属短流程和高效率的综合回收。

1 旋流电积技术的原理和方法

1.1 传统电积技术

传统电积技术（traditional electrowinning，TE）是将阴、阳极放置在缓慢流动或停滞的槽体内，在电场的作用下，阴离子向阳极定向移动，阳离子向阴极定向移动，通过控制一定的技术条件，目标金属阳离子在阴极得到电子而沉积析出，从而得到电积产品，其工作原理如图

本文发表在《中国有色金属学报》，2010，20(12)：2425-2430。合作者：石文堂。

1 所示[17]。在目标金属离子浓度较低的情况下，传统的电积技术易发生阴极的浓差极化现象，造成少量杂质离子与目标金属离子一起在阴极上析出，导致阴极产品质量严重下降。

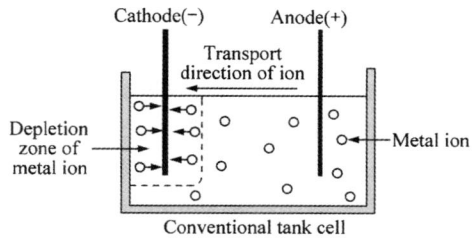

图 1　传统电积技术工作原理[17]

1.2　旋流电积技术

　　旋流电积技术是基于各金属离子理论析出电位的差异，即被提取的金属只要与溶液体系中其他金属离子有一定的电位差，则电位较正的金属易于在阴极优先析出，其关键是通过高速液流消除浓差极化等对电解的不利因素，保证目标金属优先析出；其工作原理如图 2 所示[17]。与传统电积技术相比，旋流电积技术可以在目标金属离子浓度较低的多金属溶液中进行选择电积，并且获得高纯度金属产品。旋流性电积装置如图 3 所示[17]。溶液在输液泵的作用下从槽底进入电解槽，在槽体内高速流动，阴极析出金属沉积物，阳极为惰性钛涂氧化钌阳极，在阳极上只析出气体。该气体通过槽顶的排气装置随时排除并收集以便进行后序处理。

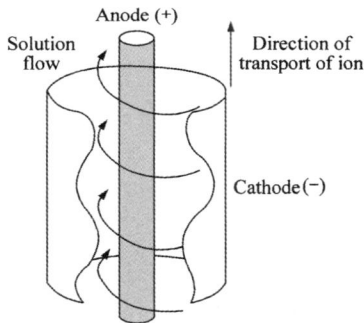

图 2　旋流电积工作的原理[17]

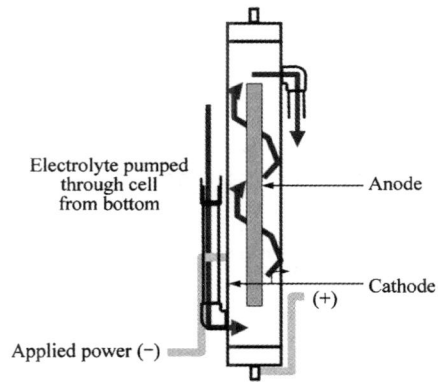

图 3　旋流电积装置示意图[17]

2　实验

2.1　原料

　　本实验用电镀污泥来自我国南方某电镀厂，外观呈绿色、泥状，干燥后其主要金属含量见表 1。

表 1　电镀污泥中主要金属元素的含量　　　　　　　　　　　　　　　%

Ni	Cu	Cr	Fe	Al	Ca	Mg
12.74	6.9	14.51	0.23	1.44	3.34	1.23

2.2 工艺流程

该电镀污泥的处理流程如图 4 所示。首先，将电镀污泥用少量水进行浆化，然后缓慢加入浓硫酸浸出；浸出液经过滤后，直接进行旋流电积铜；电积铜后液采用碳酸钙中和除铬后直接进行旋流性电积镍；电积后的母液直接返回浸出工序用于原料浆化。

浸出过程采用传统的硫酸浸出：硫酸加入量为原料中全部金属浸出理论量的 0.80 倍，浸出温度 40~50℃，浸出时间 0.5 h。浸出过程几乎可以实现 Cu、Ni 的全部浸出，所得浸出液的 pH 为 1.5~2.5，其成分见表 2。从表 2 可以看出，浸出液中 Cu^{2+} 和 Ni^{2+} 含量相对较高，但仍远低于传统电积技术所需离子浓度（Cu^{2+}：45~60 g/L，Ni^{2+}：45~70 g/L）。

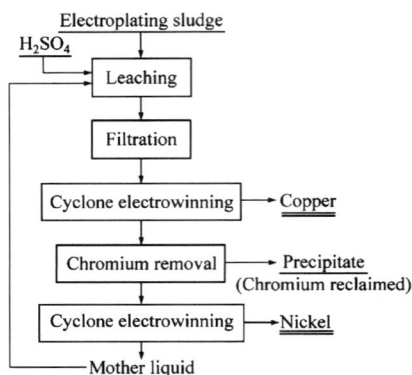

图 4　从电镀污泥中综合回收铜镍的工艺流程

	表 2　电镀污泥硫酸浸出液成分					g/L
Ni^{2+}	Cu^{2+}	Cr^{3+}	Fe^{3+}	Al^{3+}	Ca^{2+}	Mg^{2+}
14.14	7.54	15.55	0.12	1.50	1.16	1.66

2.3 旋流电积装置

本实验采用的旋流电积装置实物图如图 5 所示，其旋流电解槽的规格为 d 48 mm × 265 mm，整流器输出电流为 20 A、电压为 30 V，溶液循环流量为 300~800 L/h。

2.4 分析及检测

电积过程溶液中金属离子浓度采用原子吸收分光光度计（WFX-130B，北京瑞利）进行分析；电积铜和电积镍采用直读光谱仪（Maxx，德国斯派克）分析其各金属元素含量。

图 5　旋流电积装置实物照片

3　结果与讨论

3.1 旋流电积铜

根据表 3 中各金属的标准电极电势可知，可优先从溶液中沉积出阴极铜。溶液中的 Fe^{3+}

易在阴极上还原成 Fe^{2+}，并在阳极上又被氧化成 Fe^{3+}，从而造成阴极电流效率的降低。分别采用旋流电积技术和传统电积技术从上述溶液中进行电积铜实验，电流密度均为 $400 \, A/m^2$，电积过程不加温。各金属离子浓度和阴极电流效率随电积时间的变化情况分别见图6~图8。

表 3   一些金属的标准电极电势

Metal	Cu^{2+}/Cu	Ni^{2+}/Ni	Fe^{2+}/Fe	Cr^{3+}/Cr	Fe^{3+}/Fe^{2+}	Al^{3+}/Al	Mg^{2+}/Mg	Ca^{2+}/Ca
$\varphi^{\ominus}/V$	0.35	−0.25	−0.41	−0.41	0.77	−1.67	−2.34	−2.87

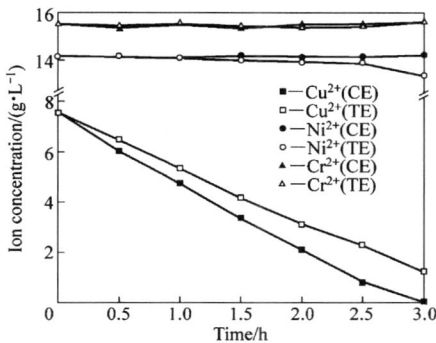

图 6   电积铜过程中 Cu^{2+}、Ni^{2+}
和 Cr^{3+} 浓度随电积时间的变化

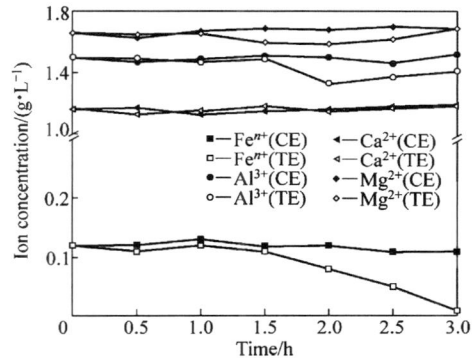

图 7   电积铜过程中 Fe^{n+}、Al^{3+}、Ca^{2+}
和 Mg^{2+} 浓度随电积时间的变化

从图6和7可以看出，采用旋流电积技术从低铜溶液中电积铜，随着电积过程的进行，溶液中的 Cu^{2+} 不断下降，而其他金属离子的浓度基本不发生变化，这说明旋流电解技术具有较高的选择性。采用传统电解槽从低铜溶液中沉积铜时，当溶液中 Cu^{2+} 降低到一定浓度时，溶液中 Ni^{2+} 和 Fe^{n+} 浓度（Fe^{n+} 浓度是指 Fe^{3+} 和 Fe^{2+} 浓度的总和）也随之下降。实验表明：在传统电积铜过程中，当电解液中 Cu^{2+} 浓度降到 2 g/L 以下时，由于受离子迁移速度的限制，阴极上只能析出铜粉，不

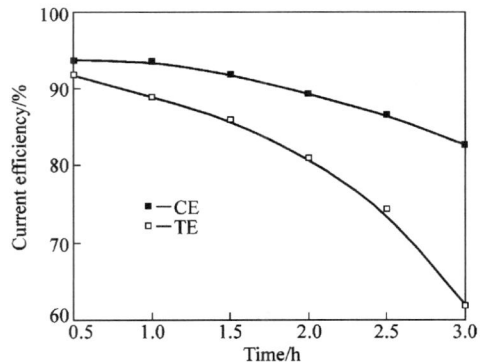

图 8 电积铜过程中阴极电流效率随电积时间的变化

能形成致密的铜板。在旋流电积铜过程中，只有当溶液中 Cu^{2+} 浓度降到 0.05 g/L 以下时，溶液中的铜才会以铜粉的形式析出。因此，相比传统电积技术，旋流电积技术在降低电积后液中目标离子浓度方面具有明显优势。

图8所示为电积铜过程中阳极电流效率随电积时间的变化。由图8可看出，在相同电积时间段内，旋流电积铜的阴极电流效率要高于传统电积铜过程的电流效率，并且电积时间越长，两者差距越大，说明采用旋流电解沉积技术可以大大降低能耗，从而降低运行成本。同

时，从图 8 还可以看出，阴极电流效率随着电积时间的延长而降低，这主要是由于溶液中存在少量的铁及其他杂质离子造成的。随着电积时间的延长，溶液中 Cu^{2+} 浓度的逐步降低，Fe^{3+} 在阴极上还原的概率逐渐增大，从而降低电流效率。

采用两种电积方法产出的电积铜的化学成分见表 4。由表 4 可以看出，采用旋流电解沉积技术产出的电积铜化学成分完全达到了 GB/T467—1997 中 Cu-CATH-2 牌号标准阴极铜的要求，而采用传统电解沉积方法产出的电积铜的杂质含量大大超过了国家标准。在旋流电积过程中，铜直收率达到 99% 以上，产出的电积后液含铜小于 1 mg/L（见表 5），完全达到回收铜的目的。

表 4　电积铜的化学成分 %

Sample	As	Sb	Bi	Fe	Pb	Sn	Ni	Zn	S	P	Cu+Ag
Copper obtained by CE	0.000 89	0.000 36	0.000 30	0.000 97	0.000 56	0.000 65	0.000 95	0.000 98	0.002 5	0.000 10	≥99.95
Copper obtained by TE	0.000 98	0.001	0.000 5	0.230	0.001 0	0.001 1	0.038 5	0.012 7	0.010 1	0.001 2	98.89
Cu-CATH-2	0.001 5	0.001 5	0.000 6	0.002 5	0.002	0.001	0.002	0.002	0.002 5	0.001	≥99.95

表 5　旋流电积铜后液成分 g/L

Ni^{2+}	Cu^{2+}	Cr^{3+}	Fe^{3+}	Al^{3+}	Ca^{2+}	Mg^{2+}
14.23	0.001	15.48	0.11	1.47	1.15	1.68

3.2　旋流电积镍

在旋流电积镍前，必须对铜电积后液进行除铬。除铬过程采用传统的中和沉淀除铬工艺，即调节溶液 pH 值使 Cr^{3+} 以 $Cr(OH)_3$ 的形式除去。除铬工艺可使铬的去除率达到 99% 以上，铝和铁的去除率也达到 99% 以上。在除铬过程中，溶液中铬、铁和铝可以降低到较低的水平；镁和钙的含量较高，但对后续电积镍工艺影响不大。除铬后液成分见表 6。

表 6　除铬后液中各金属离子的含量 g/L

Ni^{2+}	Cu^{2+}	Fe^{3+}	Cr^{3+}	Al^{3+}	Ca^{2+}	Mg^{2+}
12.38	0.000 5	0.000 3	0.002	0.003	0.68	0.59

除铬后液中标准电极电位比镍正或相近的铁、铜和铬的含量已经达到较低的水平，已满足电积镍过程中的杂质含量要求。采用旋流电积金属镍，电积温度为 55～60℃，电流密度为 350 A/m²，电积过程中电解液 pH 控制在 2.5～3.0，电解液中硼酸加入量为 6.0 g/L。旋流电积镍过程中 Ni^{2+} 浓度和电流效率随电积时间的变化见图 9。

从图 9 可以看出，采用旋流电积技术可以直接从低镍溶液中电积生产金属镍，同时具有较高的阴极电流效率。如果采用传统的隔膜电积槽，由于受隔膜渗透率的限制，在正常的电积电流密度下，电解液中 Ni^{2+} 浓度低于 45 g/L 时，阴极附近的 Ni^{2+} 贫化严重，造成阴极析氢，导致 $Ni(OH)_2$ 的产生，使镍的电积过程无法进行，无法得到致密的金属镍。因此，采用传统的隔膜电解槽不能直接从含镍较低的溶液中电积金属镍。采用旋流电积技术直接从低含镍溶解中电积金属镍，可以省去镍的富集工序，缩短了工艺流程，降低了处理成本。

旋流电积镍的化学成分见表 7。从表 7 可知，电积镍化学成分完全达到了 GB/T 6516—1997 中 Ni9990 牌号电积镍的要求。在电积镍

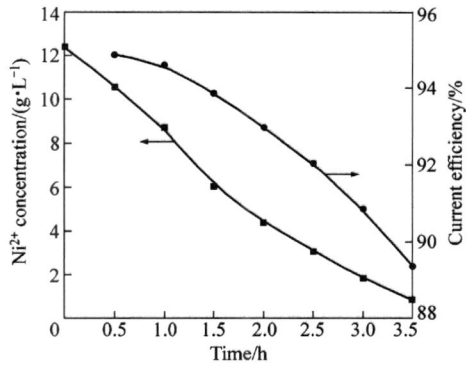

图 9 旋流电积镍过程 Ni^{2+} 浓度和电流效率随电积时间的变化

过程中，镍直收率达到 93% 以上，产出的电积后液含镍小于 1 g/L。该溶液可直接返回浸出工序用于原料浆化，从而实现废水的循环利用。

表 7 旋流电积镍的化学成分 %

Sample	Co	C	Si	P	S	Fe	Cu	Zn
Ni-CE	0.000 2	0.000 8	0.001	0.000 2	0.000 8	0.005	0.001	0.001 9
Ni9990	0.03	0.001	0.002	0.001	0.001	0.02	0.02	0.002

Sample	As	Cd	Sn	Sb	Pb	Bi	Mg	Ni+Co
Ni-CE	0.000 7	0.000 24	0.000 15	0.000 13	0.000 6	0.000 2	0.000 5	99.95
Ni9990	0.001	0.000 8	0.000 8	0.000 8	0.001	0.000 8	0.002	≥99.9

4 结论

(1)针对电镀污泥成分复杂、重金属含量相对较高的特点，在对比传统电积技术的基础上，采用旋流电积技术从电镀污泥中分别回收铜和镍。

(2)旋流电积技术具有能耗低、选择性强、金属回收率高等特点，能够从高杂质含量的低铜、低镍浸出液中选择性地回收铜和镍，生产的电铜化学成分达到了 GB/T 467—1997 中 Cu-CATH-2 牌号标准阴极铜的要求，产出的电镍达到 GB/T 6516—1997 中 Ni9990 牌号电积镍的要求。电积过程中铜和镍的直收率分别达到 99% 和 93% 以上。

(3)旋流电积过程不产生任何有毒气体，电积后液被循环利用，工艺环境友好。

参考文献

[1]陈可，石太宏，王卓超，苏瞒. 电镀污泥中铬的回收及其资源化研究进展[J]. 电镀与涂饰，2007，26(5)：43-46.

[2]安显威，韩伟，房永广. 回收电镀污泥中镍和铜的研究[J]. 华北水利水电学院学报，2007，28（1）：91-93.

[3]李岩，李亚林，郑波. 含铬电镀废水的资源化处理[J]. 环境科学与技术，2009，32（6）：145-148.

[4]彭滨. 电镀污泥中铜和镍的回收[J]. 山东化工，2006，35（1）：7-10.

[5]陈永松，周少奇. 电镀污泥处理技术的研究进展[J]. 化工环保，2007，27（2）：144-148.

[6]Silva J E, Soares D, Paiva A P. Leaching behavior of a galvanic sludge in sulphuric acid and ammoniacal media [J]. Journal of Hazard Material, 2005, 121(1/3)：195-202.

[7]李红艺，刘伟京，陈勇. 电镀污泥中铜和镍的回收和资源化技术[J]. 中国资源综合利用，2005，23（12）：7-10.

[8]祝万鹏，杨志华. 溶剂萃取法回收电镀污泥中的有价金属[J]. 给水排水，1995（12）：16-18.

[9]张利文，黄万抚. 乳状液膜法处理含镍废水的原理与研究现状[J]. 电镀与涂饰，2003，22（1）：27-29.

[10]雷英春. 电解法处理含镍废水及纯镍的回收[J]. 城市环境与城市生态，2009，22（3）：13-16.

[11]卢雄威，杜楠，赵晴，王梅丰，郑高. 射流电沉积镍工艺研究[J]. 表面技术，2007，36（5）：48-49.

[12]Barr N. Metal recovery apparatus. US：5529672[P]. 1996-06-25.

[13]Wang Shi-jie. Novel electrowinning technologies：The treatment and recovery of metals from liquid effluents [J]. Aqueous Processing, 2008, 60(10)：41-45.

[14]Michael S M. Will lead-based anodes ever be replaced in aqueous electrowinning[J]. Aqueous Processing, 2008, 60(10)：46-49.

[15]Treasure P A. Electrolytic zinc recovery in the EMEW cell[C]//Proceedings of the TMS Fall Extraction and Processing Conference. Missouri：The Minerals, Metals and Materials Society, 2000：185-191.

[16]Escobar V, Treasure T, Dixon R E. High current density EMEW copper electrowinning[C]//Proceedings of the TMS Fall Extraction and Processing Conference. Chicago：The Minerals, Metals and Materials Society, 2003：1369-1380.

[17]Ian E, Tony T. The EMEW cell—An alternative to merrill crowe[EB/OL]. http：//www. electrometals. com. au/papers/tech-paper-alternative-to-merrill-crowe. pdf

NaOH–Na$_2$S 熔盐法处理分银渣研究

摘要：分银渣是铜阳极泥处理分银工序的产物，成分复杂含有大量有价金属。采用 NaOH–Na$_2$S 熔盐体系处理分银渣，并对熔炼过程进行了研究，考察了碱渣比、盐渣比、熔炼温度和熔炼时间对金属元素锑、锡、砷的分离以及对铅、铋、金、银富集效果的影响，确定优化反应条件为：碱渣比和盐渣比分别为 0.4 和 2，熔炼温度 500℃、熔炼时间 60 min 时。在此优化条件下，熔炼产物经浸出后，金属元素锑、锡和砷浸出率分别达到了 87.7%、95.5% 和 63%，铅、铋、金和银不浸出，富集到浸出渣中。

分银渣是铜阳极泥经过提取大部分的铜、硒、金、银后留下的残渣。由于分银渣中含有大量的贱金属铅、锡、锑、铋和一部分贵金属，故处理分银渣时，不仅要回收铅、锡、锑和铋，还要使贵金属富集，从而有利于资源综合利用和环境保护[1]。

目前对于分银渣的研究主要集中在国内，普遍采用酸法浸出，即采用盐酸、硫酸、硝酸分离其中的某些金属。李义兵等[2]采用 HCl–NaCl 体系同时提取铅和锑以及采用亚硫酸钠和硫代硫酸钠从分银渣中提取银[3-4]；孙文达[5]研究了用氯化法提取金并富集铂、钯的工艺；目前研究表明酸法浸出选择性差，浸出液中杂质含量高，不利于后续工艺的提取。目前关于熔盐体系的研究，有报道采用碱浸[6-7]、碱熔[8]回收锡冶炼工艺中的锡泥、锡渣、锡中矿；国外最新研究[9-11]采用硫化碱水溶液预处理富银矿、电路板污泥、黝铜矿以及复杂辉锑矿等[12-15]，通过硫化碱解离其矿物结构，金属锡、锑和砷等进入到溶液中，浸出液成分相对单一[16-18]，贵金属富集到浸出渣中。实验研究表明碱法浸出体系选择性虽高，但金属浸出率偏低，浸出渣中待分离元素含量偏高，仍需后续处理，且碱性浸出液体积量大，后续处理困难。

低温碱性熔炼[19]是在相对低的熔融温度条件下的碱性介质中，将某些难回收金属元素形态转型为易于后续分离提取的金属形态，包括熔融温度下的氧化、还原和固化、硫化等，从而应用于分解含氧酸盐矿以及从精矿或尾渣中分离酸性或者两性物质的反应过程，过程温度低、清洁、低碳、适宜处理多金属复杂物料[19]。

为了同时分离分银渣中的锡、锑、砷以及富集铅、铋、金和银，缩短工艺流程，降低碱耗，提高资源利用率，保护环境。本研究采用 NaOH–Na$_2$S 熔炼体系处理分银渣，对熔炼过程的工艺条件进行了系统研究，以期为分银渣的清洁回收提供实验和理论依据。

1 实验

1.1 实验原料

实验所用主要原料阳极泥分银渣为国内某厂阳极泥经过硫酸化焙烧–分铜浸出–氯化分金–氨浸分银工艺提取其中金、银、铂、钯等金属后所留下残渣，其主要成分见表 1。从表 1

本文发表在《中南大学学报(自然科学版)》，2019，45(8)：2553–2558。合作者：程利振，袁廷刚，辛云涛。

可以看出，原料中铅、锡、锑、铋的品位较高，含有少量的贵金属金和银。图 1 是分银渣的 XRD 谱，由图 1 可以看出：原料中的 Pb、Sb 主要以 $Pb_7Sb_8S_{19}$、$Pb_5(AsO_4)_3Cl$、$Bi_{11}Pb_5Sb_3S_{24}$ 和 Sb_2O_3 的形式存在，金属 Sn 和 Bi 主要以 SnO_2、SnS_2 和 Bi_2O_3 的形式存在。实验所用的 NaOH，$Na_2S \cdot 9H_2O$ 以及实验分析所用的试剂均为分析纯。

表 1　实验用分银渣主要成分　　　　　　　　　　　　　　　　　　　　%

Au*	Ag	Pb	Sn	Sb	Bi	As
150	1.9	32	4.58	10	1.9	3.2

* 单位为 g/t。

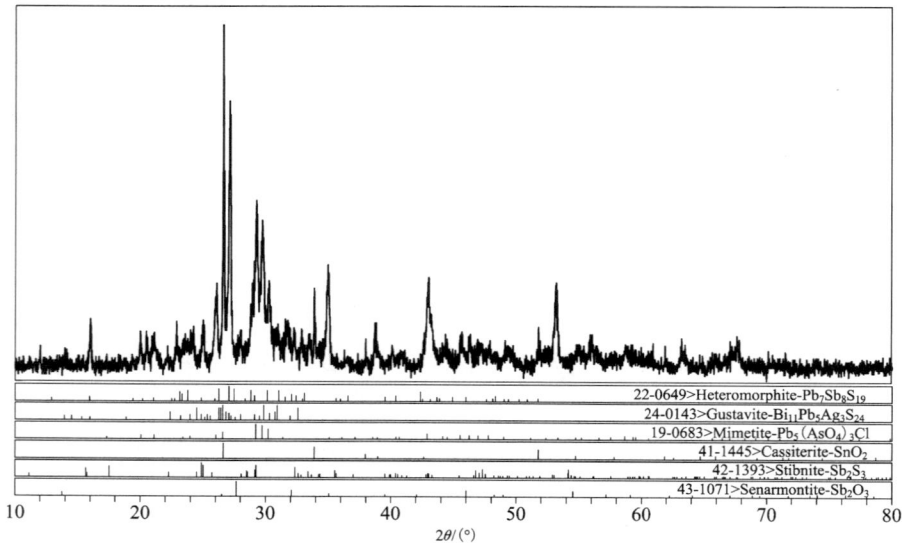

图 1　分银渣的 XRD 光谱

1.2　实验装置

实验装置主要包括 SRJX 箱式电炉、DF-101S 型集热式恒温磁力搅拌器、循环水式真空泵、电热恒温鼓风干燥箱等。

1.3　实验过程

取 10 g 烘干磨细（-100 目以下）的分银渣，与一定量的 NaOH 和 $Na_2S \cdot 9H_2O$ 浆化混匀后装入刚玉坩埚中，放进电炉中在设定温度下进行熔炼反应，反应结束后，取出刚玉坩埚在空气中自然冷却，所得熔炼产物在固定的条件下加入烧杯中水浸，固定浸出温度 80℃、浸出时间 60 min、液固比 4∶1 和搅拌速度 300 r/min，经液固分离后，量取浸出液体积，然后取样分析。

根据以下公式（1）进行熔炼过程各主要金属元素的浸出率计算：

$$R=\frac{cv}{mw}\times100\%\qquad(1)$$

式中：R 为各种元素的浸出率，%；c 为溶液中金属的质量浓度，g/L；v 为浸出液的体积，L；m 为分银渣的质量，g；w 为分银渣中各元素的百分含量，%。

1.4 分析表征

利用美国 Baird 公司生产的 PS-6 真空型电感耦合等离子体原子发射光谱仪（ICP-AES）和原子吸收分光光度计（AAS）分析浸出液中 Pb、Sn、Sb、Bi、As 和 Au、Ag 的含量，用日本理学生产的 3014Z 型 X 射线衍射分析仪（XRD）测定分银渣和浸出渣的物相及晶体结构等特征。利用德国 PW-1404 型 X-荧光光度计（XRF）分析分银渣和浸出渣各元素含量。

2 结果与讨论

2.1 碱渣比（未加硫化钠）对金属浸出率的影响

当熔炼温度 500℃和熔炼时间 90 min 时，不同碱渣比对分银渣中金属浸出率影响如图 2 所示。当碱渣比增加到 1.0 时，锡、锑和砷的浸出率分别为 84%、0.66% 和 49%，过程中铋不浸出；在碱渣比小于 1.0 时，铅的浸出率很低，在碱渣比大于 1 时，浸出率增加了 5% 左右；砷的浸出率相对稳定。熔炼过程主要发生以下反应：

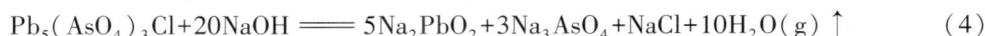

$$SnO_2+2NaOH = Na_2SnO_3+H_2O(g)\uparrow\qquad(2)$$
$$3SnS_2+6NaOH = 2Na_2SnS_3+Na_2SnO_3+H_2O(g)\uparrow\qquad(3)$$
$$Pb_5(AsO_4)_3Cl+20NaOH = 5Na_2PbO_2+3Na_3AsO_4+NaCl+10H_2O(g)\uparrow\qquad(4)$$
$$Bi_2O_3+6NaOH = 2Na_3BiO_3+3H_2O(g)\uparrow\qquad(5)$$

由式（2）和（3）可知，分银渣中 SnO_2 和 SnS_2 与熔融碱反应生成了易溶于碱性溶液的 Na_2SnO_3 和 Na_2SnS_3，且随碱渣比增加，浸出率增加。分银渣中的 Sb_2S_3 极易氧化[20]，当粒度为 0.1 mm 时，着火点为 200℃，故反应式（6）在 500℃条件下很容易进行，生成的 Sb_2O_3 微溶于碱，因此锑浸出率低。

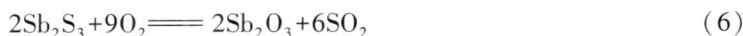

$$2Sb_2S_3+9O_2 = 2Sb_2O_3+6SO_2\qquad(6)$$

由图 2 知，当溶液中锡和砷浸出率稳定后，NaOH 才与铅和铋反应生成可溶性盐类，反应式见式（4）和式（5），生成的 Na_2PbO_2 随着溶液中碱渣比增加到 1.2 时，浸出率为 7.4%，而生成的 Na_3BiO_3 在浸出过程中很容易水解为 $Bi(OH)_3$ 沉淀进入渣中，故铋在溶液中不浸出；过程中金和银均不浸出。选择碱渣比 1.0 作为后续实验条件。

2.2 盐渣比对金属浸出率影响

根据低价锑酸盐在硫化钠碱性溶液中易于溶解，而铋酸钠和铅酸钠在硫化钠碱性溶液中生成了溶度积更小的硫化铋和硫化铅沉淀，从而使得锑、锡和砷进入溶液，而铅、铋及金、银进入渣中，后续研究拟利用添加硫化钠彻底分离铅、铋、金、银和锑、锡、砷。

固定碱渣比为 1，当熔炼温度 500℃和熔炼时间 90 min 时，考察不同盐渣比对分银渣中金属浸出率的影响如图 3 所示。当盐渣比从 0.8 增加到 1.0 时，锡的浸出率从 76% 增加到

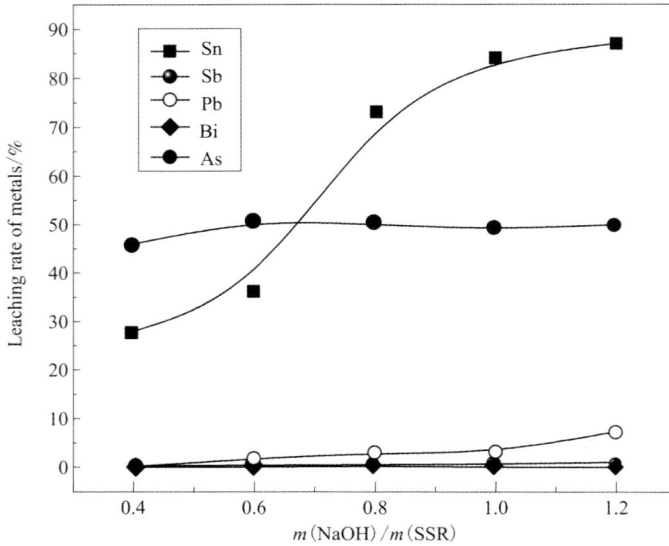

图 2   NaOH 和分银渣质量比对金属浸出率的影响

86%，原因是 $Na_2S \cdot 9H_2O$ 与分银渣中的 SnS_2 进行了反应，反应式见式（7）；继续增加 $Na_2S \cdot 9H_2O$ 用量时，锡浸出率稳定在 85% 左右；从图中也可知，随着盐渣比的增加，金属锑浸出率在盐渣比 0.8~1.8 之间快速上升，这是因为 $Na_2S \cdot 9H_2O$ 在熔炼过程中与金属锑的硫化物以及氧化物生成了 $Na3SbS_3$ 等易溶于硫化碱水溶液的钠盐，反应式见式（8）；而按照式（4）和式（5）反应生成的 Na_2PbO_2 和 Na_3BiO_3 与 $Na_2S \cdot 9H_2O$ 分别按式（9）式（10）反应生成了 PbS 和 Bi_2S_3，PbS 和 Bi_2S_3 在硫化钠碱性溶液中溶度积均在 10^{-4} 以下[20]，故在溶液中检测不到铅、铋、金和银。

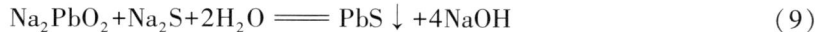

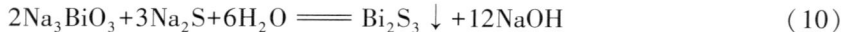

$$SnS_2+2Na_2S \Longrightarrow 2Na_4SnS_4 \tag{7}$$
$$2Sb_2O_3+6Na_2S+3H_2O \Longrightarrow 2Na_3SbS_3+6NaOH \tag{8}$$
$$Na_2PbO_2+Na_2S+2H_2O \Longrightarrow PbS \downarrow +4NaOH \tag{9}$$
$$2Na_3BiO_3+3Na_2S+6H_2O \Longrightarrow Bi_2S_3 \downarrow +12NaOH \tag{10}$$

当盐渣比为 2.0 时，锡和锑浸出率最高，分别为 90% 和 85% 左右，而砷浸出率比较稳定，为 56% 左右，铅、铋、金和银均不浸出，因此选择盐渣比 2.0 作为后续实验条件。

2.3   碱渣比（添加盐）对金属浸出率影响

为了研究分银渣中金属锡、锑、砷与铅、铋、金、银在碱性熔炼过程中与碱反应程度，进一步考察了在固定盐渣比为 2.0 的条件下，碱渣比变化对分银渣中金属浸出率的影响。

当熔炼温度 500℃ 和熔炼时间 90 min 时，考察不同碱渣比对分银渣中金属浸出率的影响如图 4 所示。当碱渣比从 0.2 增加到 0.4 时，锡、锑和砷的浸出率分别从 88%、77% 和 58% 和增加到 95%、89% 和 62%，碱渣比继续增加时，锡、锑和砷浸出率基本无变化，铅、铋、金和银均不浸出。因此选择碱渣比 0.4 作为后续实验条件。

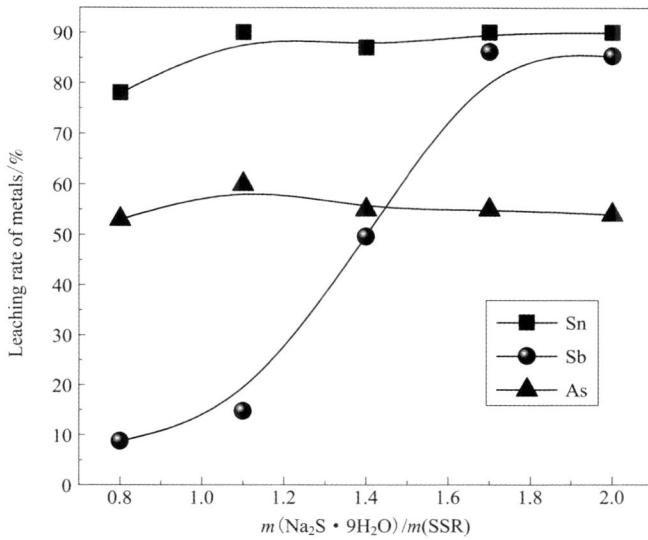

图 3　$Na_2S \cdot 9H_2O$ 和分银渣质量比对金属浸出率的影响

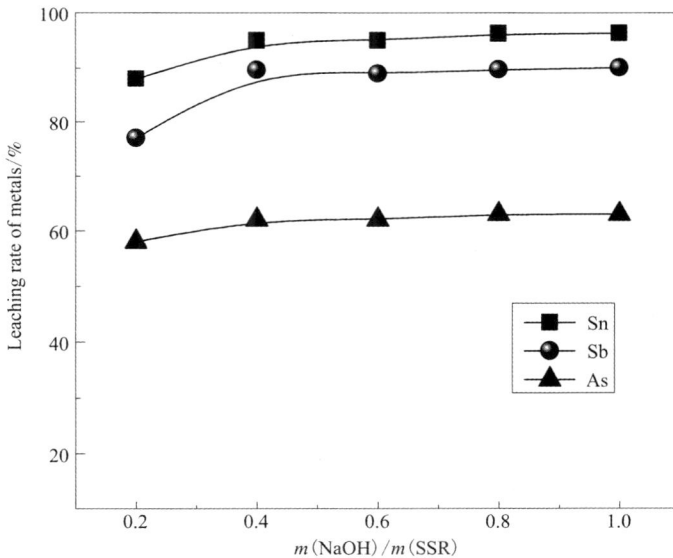

图 4　NaOH 和分银渣质量比对金属浸出率的影响(固定盐渣比 2∶1)

2.4　熔炼温度对金属浸出率的影响

固定碱渣比 0.4，盐渣比 2.0 和熔炼时间 90 min 时，考察不同熔炼温度对分银渣中金属浸出率影响如图 5 所示。当熔炼温度从 300℃升高到 500℃时，水溶液浸出后金属锡的浸出率从 87%增加到 92%，砷浸出率波动不大，浸出率在 63%左右；当熔炼温度从 300℃升高到 400℃时，锑浸出率从 82%减少到 75%，而当熔炼温度从 400℃升高到 500℃时，锑浸出率从

75%增加到89%；锑浸出率波动的原因是：分银渣中的Sb_2S_3及低价氧化锑在380℃左右时易生成Sb_2O_4，而Sb_2O_4需要更高的反应温度，才能与硫化钠碱性熔体进行反应[21]，故当熔炼温度从400℃升高到500℃时，水溶液浸出后，锑浸出率从75%增加到89%。此过程中铅、铋、金和银均不浸出，选择熔炼温度500℃作为后续实验条件。

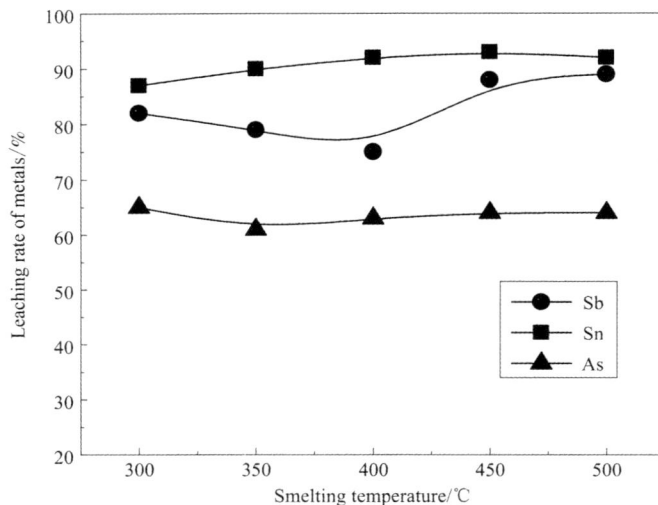

图5　熔炼温度对分银渣金属浸出率的影响

2.5　熔炼时间对金属浸出率的影响

固定碱渣比0.4、盐渣比2.0和熔炼温度500℃时，不同熔炼时间对分银渣中金属浸出率的影响如图6所示。当熔炼时间从20 min增加到60 min时，锡、锑和砷的浸出率分别从55%、77%和60%增加到94%、85%和65%，改变熔炼时间对锡浸出率影响较锑和砷明显；当熔炼时间从60 min增加到100 min时，三种金属浸出率均未得到明显提高，说明熔炼反应过程在60 min内即可以完成。此过程中铅、铋、金和银不浸出，选择熔炼时间60 min作为后续实验条件。

2.6　碱性熔炼优化条件实验

综合各因素实验的较佳条件进行5组平行优化实验，当熔炼温度500℃、熔炼时间60 min、碱渣比0.4和盐渣比2.0条件下，金属平均浸出率分别为：锑87.7%、锡95.5%、砷63.0%，从而实现锑、锡、砷和铅、铋、金、银的分离。在优化条件下浸出渣中金属百分含量分别如表2所示，浸出渣中富集了几乎全部的铅、铋、金和银；图6为在优化条件下得到的浸出渣的XRD分析结果，从图中可知，浸出渣物相结构比起原料变得更单一，主要为铅、铋的硫化物PbS、$(PbS)_x \cdot (Bi_2S_3)_y$，以及银的单质金属态。此外，固定最佳碱渣比和盐渣比直接浸出分银渣，锑、锡和砷的浸出率仅为26%、13%和51%，说明经过$NaOH-Na_2S$熔盐体系熔炼过程处理能够显著提高分银渣中金属锑和锡的浸出率。

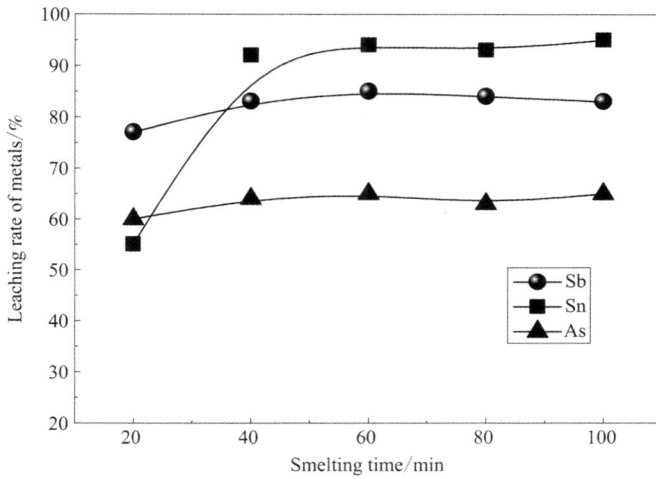

图 6 熔炼时间对分银渣金属浸出率的影响

表 2 浸出渣主要成分 %

Element	Sb	Sn	As	Pb	Ag	Bi	Au*
Mass fraction	0.13	0.21	0.48	45.71	2.71	2.75	180

* 单位为 g/t。

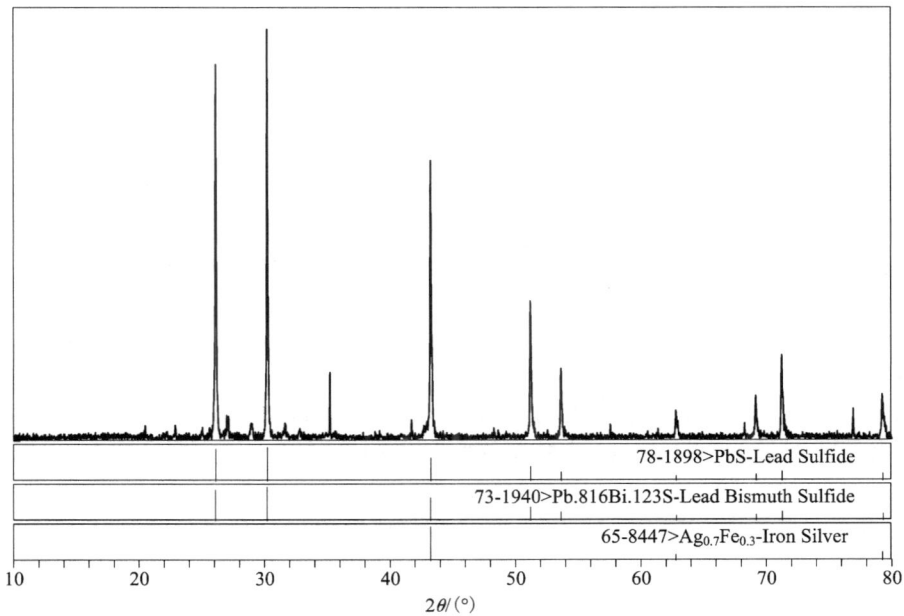

图 7 浸出渣的 XRD 光谱

3　结论

（1）采用 NaOH-Na$_2$S 熔盐体系处理分银渣，并对熔炼过程进行了详尽研究，熔炼产物经浸出后，分银渣中金属元素锑、锡、砷和铅、铋、金、银得到了高效选择性的分离，锑、锡和砷进入溶液中，铅、铋、金和银在浸出渣中富集。

（2）NaOH-Na$_2$S 熔盐体系处理分银渣最佳工艺条件如下：当熔炼温度 500℃、熔炼时间 60 min、碱渣比和盐渣比分别为 0.4 和 2 时，锑、锡和砷浸出率分别达到了 87.7%、95.5% 和 63%，铅、铋、金和银富集到浸出渣中。

（3）经物相分析表明，浸出渣主要物相主要为硫化铅、硫化铋及银单质形态。

参考文献

[1] 黎鼎鑫，王永录. 贵金属提取与精炼[M]. 长沙：中南工业大学出版社，2003.

[2] 李义兵，陈白珍，王之平，等. 分银渣铅锑浸出工艺研究[J]. 有色金属（冶炼部分），2004(5)：9-11.

[3] 李义兵，陈白珍，龚竹青，等. 用亚硫酸钠从分银渣中浸出银[J]. 湿法冶金，2003，22(1)：34-37.

[4] 张钦发，龚竹青，陈白珍. 用硫代硫酸钠从分银渣中提取银[J]. 贵金属，2003，24(1)：5-9.

[5] 孙文达. 分银渣中贵金属的回收[J]. 铜业工程，2008(1)：35-36.

[6] 张荣良，丘克强. 从含锡渣中提取锡制取锡酸钠的研究[J]. 矿冶，2008，17(1)：35-41.

[7] 曹学增，陈爱英. 电镀锡渣制备氯化亚锡和锡酸钠[J]. 应用化工，2002，31(3)：38-40.

[8] 谢克强. 锡中矿提取锡的新工艺研究[J]. 有色金属设计，1999，26(1)：20-24.

[9] Brostow W, Gahutishvili M, Gigauri R, Haley H, Japaridze S, Lekishvili N. Separation of natural trivalent oxides of arsenic and antimony[J]. Chemical Engineering Journal, 2010, 159(3): 24-26.

[10] Bala P, Achimovi O M. Selective leaching of antimony and arsenic from mechanically activated tetrahedrite, jamesonite and enargite[J]. International Journal of Mineral Processing, 2006, 81(1): 44-50.

[11] Kuchar D, Fukuta T, Onyango M S, Matsuda H. Sulfidation treatment of copper-containing plating sludge towards copper resource recovery[J]. Journal of Hazardous Materials, 2006, 138(1): 86-94.

[12] Kuchar D, Fukuta T, Onyango M S, Matsuda H. Sulfidation treatment of molten incineration fly ashes with Na$_2$S for zinc, lead and copper resource recovery[J]. Chemosphere, 2007, 67(8): 1518-1525.

[13] Ubaldini S, Veglio F, Fornari P, Abbruzzese C. Process flow-sheet for gold and antimony recovery from stibnite[J]. Hydrometallurgy, 2000, 57(3): 187-199.

[14] Li Y H, Liu Z H, Li Q H, Zhao Z W, Liu Z Y, Li Z. Removal of arsenic from Waelz zinc oxide using a mixed NaOH-Na$_2$S leach[J]. Hydrometallurgy, 2011, 108(3/4): 165-170.

[15] Celep O, Alp I, Deveci H. Improved gold and silver extraction from a refractory antimony ore by pretreatment with alkaline sulphide leach[J]. Hydrometallurgy, 2011, 105(3/4): 234-239.

[16] Tongamp W, Takasaki Y, Shibayama A. Precipitation of arsenic as Na$_3$AsS$_4$ from Cu$_3$AsS$_4$-NaHS-NaOH leach solutions[J]. Hydrometallurgy, 2010, 105(1/2): 42-46.

[17] Tongamp W, Takasaki Y, Shibayama A. Arsenic removal from copper ores and concentrates through alkaline leaching in NaHS media[J]. Hydrometallurgy, 2009, 98(3/4): 213-218.

[18] Samuel A A, Sandstrom A. Selective leaching of arsenic and antimony from a tetrahedrite rich complex[J]. Minerals Engineering, 2010, 23(15): 1227-1236.

[19]赵由才，张承龙，蒋家超.碱介质湿法冶金技术［M］.北京：冶金工业出版社，2009.

[20]赵瑞荣，石西昌.锑冶金物理化学［M］.长沙：中南工业大学出版社，2006.

[21]雷霆，朱从杰，张汉平.锑冶金［M］.北京：冶金工业出版社，2009.

低温碱性一步熔炼处理分银渣

摘要: 采用低温碱性一步熔炼处理分银渣生产贵铅合金,产出的碱浮渣再经水浸获得含锡、锑、砷溶液。考察了碱渣比、盐渣比、碳粉加入量、熔炼温度、熔炼时间对锡、锑、砷浸出率以及铅、铋回收率的影响。结果表明:熔炼过程的优化条件为:碱渣比0.6,盐渣比0.4,熔炼温度600℃,熔炼时间6 h,碳粉加入量为20%。在此优化条件下,锡、锑、砷浸出率分别为85.95%、93.06%和98.62%,铅、铋被还原为单质捕集贵金属形成贵铅合金,回收率分别为93.17%和99.99%。本工艺流程短、试剂耗量少,实现了分银渣中有价金属的高效初步分离富集。

分银渣(SSR)是铜、铅等阳极泥经过分金、分银等一系列工序后得到的成分复杂的残渣[1-3],产率约为阳极泥的50%,含有丰富的有价金属,包括铅、锡、锑、铋以及金、银、铂、钯等贵金属,具有很高的回收价值。因此,研究高效、环保、低能耗的综合回收分银渣中有价金属的方法很有必要[4-5]。

目前,分银渣的处理方法有火法工艺、湿法工艺以及半湿法工艺。火法处理工艺是将分银渣返回铜熔炼过程,进一步回收其中的贵金属,该工艺处理简便,但没有考虑锡、锑、碲的回收以及砷污染,贵金属回收率低[6]。全湿法回收过程一般是根据各个金属性质的差异,逐步将它们进行分离,该工艺能耗低、设备简单,但仍存在工艺流程长,废水处理量大,对原料适应性差等问题[7-9]。半湿法回收工艺是火法工艺与湿法工艺相结合,通过火法过程将分银渣中的铅还原出来捕集贵金属形成贵铅合金,进而回收铅和贵金属,再经过湿法过程将火法过程得到的熔炼渣中锡、锑、碲分别进行回收[10]。

低温碱性熔炼是一种以碱性熔盐为介质的半湿法工艺[11],在低于传统火法冶金的冶炼温度下进行[12]。田庆华等[13]采用$NaOH-Na_2S$熔盐体系处理了分银渣并对熔炼过程进行了研究,考察了不同熔炼条件对金属元素锑、锡、砷的分离以及铅、铋、金、银富集效果的影响。工艺通过低温碱性熔炼-水浸出的工艺,实现了锡、锑的高效分离,同时将其他金属转化为硫化物固态渣的形式,然后采用分步化学沉淀和低温碱性熔炼造贵铅制备氧化锡富集物料、锑酸钠和贵铅合金,实现了铜阳极泥分银渣中有价金属的高效分离富集。该工艺熔炼温度低、污染少、各金属回收率高,但存在一次低温碱性熔炼渣难过滤、工艺流程较长、试剂耗量大等问题。

本文作者针对该工艺中存在的问题,在前人研究的基础上,提出了分银渣低温碱性一步熔炼工艺。新工艺在熔炼过程中加入碳粉作为还原剂,在400~600℃的$NaOH-Na_2S$熔盐体系中进行一步还原熔炼,经过一步熔炼-水浸出工艺,分银渣中的锡、锑、砷形成可溶性的锡酸钠、硫代锑酸钠、砷酸钠等可溶性盐,而铅、铋则被还原形成贵铅合金并有效地捕集金、银等贵金属。本研究将通过考察分银渣低温碱性一步熔炼过程中的各工艺参数对锡、锑、砷浸出率及铅、铋回收率的影响,得到工艺优化条件,为工业化实验提供依据。

本文发表在《中国有色金属学报》,2018,28(6):1260-1267。合作者:张静、杨英。

1 实验

1.1 实验原料及装置

实验所用原料为大冶公司铜阳极泥经焙烧蒸硒-酸浸分铜-氯化分金-氨浸分银工序流程后产生的分银渣,其化学成分如表 1 所列。从表 1 可以看出,分银渣中质量分数最高的是铅,其次是锡、锑、砷、铋。对分银渣分别进行化学物相(XRD)和微观形貌(SEM)分析,如图 1 和图 2 所示。由图 1 和图 2 可见,分银渣中金属元素结晶形态不规则,存在形态复杂,其中,铅、砷主要以 $Pb_5(AsO_4)_3Cl$ 形式存在,锑主要以多金属硫化物 $Pb_5Sb_6S_{14}$ 形式存在,铋、锡分别主要以 Bi_2O_3、SnO_2 形式存在。实验所用的 NaOH、Na_2S 为分析纯,碳粉为工业级,其成分如表 2 所列。

表 1　分银渣的化学成分　　　　　　　　　　　　　　　　%

Pb	Sn	Sb	As	Bi	S	Cu	Ag	Au*
33.73	6.47	6.06	3.57	2.31	2.02	0.97	0.32	18

* Au: g/t.

表 2　碳粉的化学组分　　　　　　　　　　　　　　　　%

C	S	SiO_2	CaO	Al_2O_3	MgO	Cu
84.11	3.01	6.66	0.83	4.81	0.23	0.97

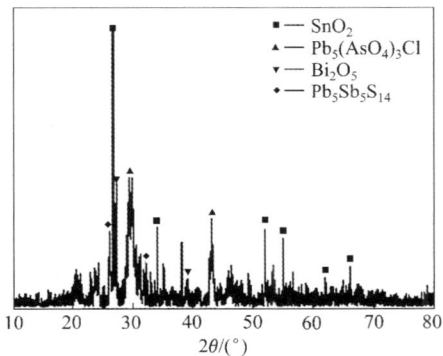

图 1　分银渣的 XRD 谱

图 2　分银渣的 SEM 像

实验装置主要包括 SRJX 箱式电炉、DF-101S 型集热式恒温磁力搅拌器、SHZ-D(Ⅲ)循环水式真空泵和 GZX-9140MBE 电热鼓风干燥箱等。

1.2 实验原理

熔炼过程中,只有熔剂 NaOH 存在时,分银渣中的 $Pb_5(AsO_4)_3Cl$ 和熔融 NaOH 在 600℃

按照(1)反应生成微溶于水的 Na_2PbO_2 和易溶于水的 Na_3AsO_4，经浸出后砷几乎完全进入溶液，而铅部分浸出；Bi_2O_3 和熔融 $NaOH$ 按照(2)反应生成 Na_3BiO_3，而 Na_3BiO_3 在浸出过程中容易水解生成 $Bi(OH)_3$ 沉淀进入浸出渣中；SnO_2 与 $NaOH$ 通过反应式(3)熔炼生成易溶于水的 Na_2SnO_3[14-16]；分银渣中锑的硫化物极易氧化生成 Sb_2O_3，如反应(7)所示，Sb_2O_3 与 $NaOH$ 通过反应式(8)生成不溶于稀碱的 Na_3SbO_3[17]。

$$Pb_5(AsO_4)_3Cl + 20NaOH = 5Na_2PbO_2 + 3Na_3AsO_4 + NaCl + 10H_2O(g) \quad (1)$$

$$Bi_2O_3 + 6NaOH = 2Na_3BiO_3 + 3H_2O(g) \quad (2)$$

$$SnO_2 + 2NaOH = Na_2SnO_3 + H_2O(g) \quad (3)$$

$$2Sb_2S_3 + 9O_2 = 2Sb_2O_3 + 6SO_2 \quad (4)$$

$$Sb_2O_3 + NaOH = Na_3SbO_3 + 3H_2O(g) \quad (5)$$

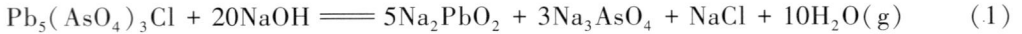

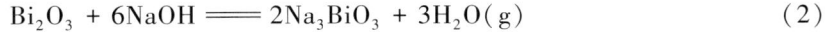

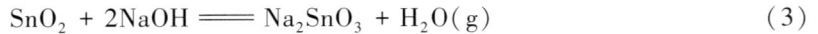

为使分银渣中的锑经低温碱性一步熔炼–水浸出工艺进入浸出液中与铅铋分离，在熔炼过程中加入 $Na_2S \cdot 9H_2O$，使锑在熔炼过程中生成易溶于碱的硫代锑化物[18-20]。熔炼过程中加入 $Na_2S \cdot 9H_2O$ 后，分银渣中的 $Pb_5(AsO_4)_3Cl$ 与熔融 $NaOH$、Na_2S 按照反应式(6)发生反应，生成难溶于水的 PbS；Bi_2O_3 和 Na_2S 按照反应式(7)生成难溶于水的 Bi_2S_3；Sb_2O_3 与 Na_2S 通过反应式(8)熔炼生成易溶于水的 Na_3SbS_3；分银渣中少量以 SnS_2 存在的锡按照反应式(9)发生反应，生成易溶于水的 Na_4SnS_4。

$$Pb_5(AsO_4)_3Cl + 5Na_2S = 3Na_3AsO_4 + NaCl + 5PbS \quad (6)$$

$$Bi_2O_3 + 3Na_2S + 3H_2O = Bi_2S_3 + 6NaOH \quad (7)$$

$$Sb_2O_3 + 6Na_2S + 6H_2O = 2Na_3SbS_3 + 6NaOH \quad (8)$$

$$SnS_2 + 2Na_2S = 2Na_4SnS_4 \quad (9)$$

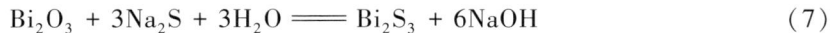

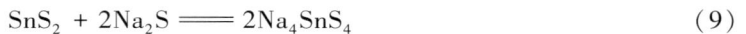

为了通过低温碱性一步熔炼–水浸出工艺实现铅铋的还原获得铅铋合金，在熔炼过程中加入碳粉，$Pb_5(AsO_4)_3Cl$ 在 $NaOH$ 熔体中被碳粉还原为单质铅，Bi_2O_3 被还原为铋单质，如反应式(10)、(11)铅铋形成贵铅合金并捕集贵金属。而随着碳粉的加入，熔炼过程中的锑也会有少部分发生还原，发生如反应式(12)~(14)所示反应。

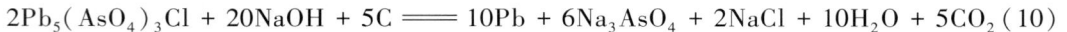

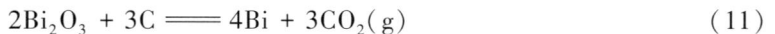

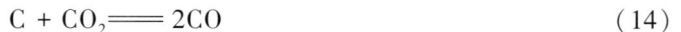

$$2Pb_5(AsO_4)_3Cl + 20NaOH + 5C = 10Pb + 6Na_3AsO_4 + 2NaCl + 10H_2O + 5CO_2 \quad (10)$$

$$2Bi_2O_3 + 3C = 4Bi + 3CO_2(g) \quad (11)$$

$$Sb_2O_3 + 3C = 2Sb + 3CO \quad (12)$$

$$Sb_2O_3 + CO = 2Sb + 3CO_2 \quad (13)$$

$$C + CO_2 = 2CO \quad (14)$$

1.3 实验流程及分析方法

称取 50 g 分银渣，加入一定量的 $NaOH$、$NaS \cdot 9H_2O$ 及磨细后的碳粉，放入箱式电阻炉中。升温至设定温度熔炼一段时间，取出不锈钢坩埚，在室温下水淬急冷降温，待熔体恢复到室温后，取出熔炼渣。在固定浸出温度 80℃、浸出时间 90 min、液固比 7：1 和搅拌速度 300 r/min 条件下加水浸出，得到浸出液和

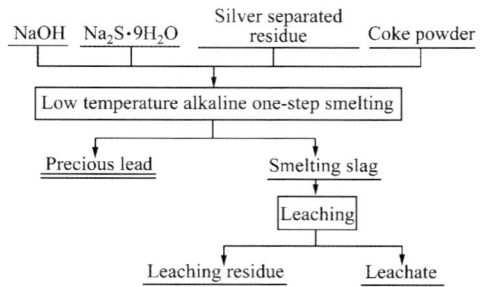

图3 分银渣低温碱性一步熔炼流程

浸出渣,浸出渣经筛分得到贵铅,分别称量,取样分析。实验过程流程图如图 3 所示。

熔炼过程中各金属的浸出率为

$$R = \frac{\rho V}{m_1 w_1} \times 100\%$$

式中:R 为各元素的浸出率,%;ρ 为溶液中金属的质量浓度,g/L;V 为浸出液的体积,L;m_1 为分银渣的质量,g;w_1 为分银渣中各元素的质量分数,%。

贵铅中铅铋的回收率为

$$R = \frac{m_2 w_2}{m_1 w_1} \times 100\%$$

式中:m_2 为贵铅的质量,g;w_2 为贵铅中各元素的质量分数,%。

采用美国 Baird 公司生产的 PS-6 真空型电感耦合等离子体原子发射光谱仪(ICP-AES)分析浸出液中铅、锡、锑、铋、砷、金和银的含量,采用日本理学生产的 3014Z 型 X 线衍射分析仪(XRD)测定分银渣和浸出渣的物相及晶体结构等特征。采用德国 PW-1404 型 X 荧光光度计(XRF)分析分银渣和浸出渣中各元素含量。

2 结果及讨论

2.1 碱渣比的影响(未添加硫化钠)

在熔炼温度为 600℃、熔炼时间为 6 h 的条件下,考察不同碱渣比对低温碱性一步熔炼-水浸出工艺各金属浸出率的影响,其结果如图 4 所示。

图 4 所示为不同碱渣比对分银渣中各金属浸出率的影响。从图 4 中可以看出,碱渣比对分银渣中锡和铅浸出率影响比较大。当碱渣比从 0.4 增加到 0.8 时,锡浸出率从 35.76% 迅速增加到 80.42%;当碱渣比增加到

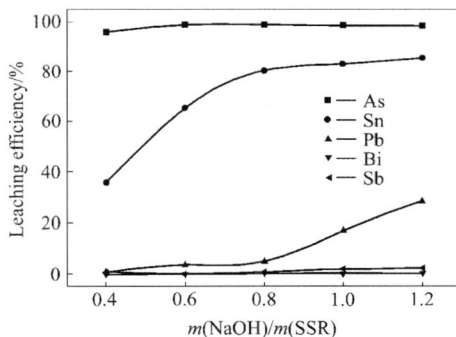

图 4 碱渣比对各金属浸出率的影响

1.0 时,锡浸出率增加比较缓慢,增加到 85.63%。碱渣比小于 0.8 时,铅浸出率增加极为缓慢,当碱渣比大于 0.8 时,铅浸出率从 4.88% 迅速增加到 28.43%,这是由于随着碱度的增加,熔炼产物中的 Na_2PbO_2 的溶解度增加。在只有 NaOH 熔剂的熔炼过程中,熔炼产物经水浸出后,砷浸出率均大于 96%,几乎完全浸出,而锑、铋浸出率几乎为 0,不浸出。这是由于熔炼后砷转化为可溶于水的 Na_3AsO_4,而锑转化为不溶于水的 Na_3SbO_3,铋经熔炼生成 Na_3BiO_3,Na_3BiO_3 极易水解生成难溶于水的 $Bi(OH)_3$ 沉淀进入浸出渣中。为了实现锡进入浸出液而铅进入浸出渣中,后续反应选碱渣比为 0.8 作为实验条件。

2.2 盐渣比的影响

在熔炼温度为 600℃、熔炼时间为 6 h、碱渣比为 0.8 的条件下,考察不同盐渣比对分银渣低温碱性一步熔炼-水浸出工艺各金属浸出率的影响,实验结果如图 5 所示。

由图 5 可以看出，盐渣比对锡、锑浸出率影响比较大，当盐渣比从 0.2 增加到 0.4 时，锡浸出率从 84.87% 增加到 91.06%，锑浸出率从 75.14% 增加到 93.71%；而当盐渣比从 0.4 增加到 0.8 时，锡和锑浸出率基本保持不变。这是由于随着 Na_2S 的加入，分银渣中的锑熔炼生成易溶于水的 Na_3SbS_3，少量以 SnS_2 存在的锡熔炼生成易溶于水的 Na_4SnS_4，使得相对于不加 Na_2S 的熔炼过程，锡浸出率稍有增加，锑浸出率显著增大。加入 Na_2S 后，铅、铋浸出率几乎为 0，这是由于随着 Na_2S 的加

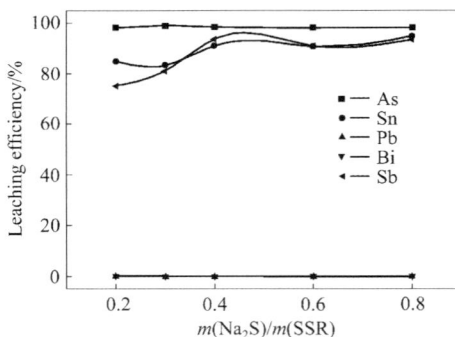

图 5　盐渣比对各金属浸出率的影响

入，分银渣中的铅经熔炼生成极难溶于水的 PbS、Bi_2S_3，从而使铅、铋进入浸出渣中。此外，砷浸出率仍保持在 98% 以上。综合考虑，选择盐渣比为 0.4 作为后续实验条件。

2.3　碱渣比的影响（添加硫化钠）

在熔炼温度为 600℃、熔炼时间为 6 h、盐渣比为 0.4 时，进一步考察碱渣比对分银渣中各金属的影响，实验结果如图 6 所示。

由图 6 可知，碱渣比对砷、锡、铋浸出率影响比较大。其中，碱度从 0.2 增加到 0.8 的过程中，砷浸出率均大于 98%；当碱度增加到 1.0 时，砷浸出率降低到 91.7%。这是因为实验过程中，碱渣比达到 0.8 以后，抽滤时滤渣表面出现明显的白色结晶物。此外，浸出液经久置后也会有结晶析出，且结晶物随着碱渣比的增大而增多，经检测分析得结晶物的主要成分为 Na_3AsO_4，检测结果如图 7 所示。由文献[21-23]可知，As_2O_5 在碱液中的浓度随着 $NaOH$ 浓度的增加而降低。当碱渣比从 0.2 增加到 0.6 的过程中，锑浸出率从 82.46% 增加到 92.09%；碱渣比从 0.6 增加到 1.0 时，锑的浸出率稍有波动，变化趋势不明显。碱渣比从 0.2 增加到 0.6，锡的浸出率从 69.55% 增加到 86.56%，碱渣比大于 0.8 后，增加的趋势趋于平缓，考虑到碱的消耗，选择碱渣比为 0.6 作为后续实验条件。

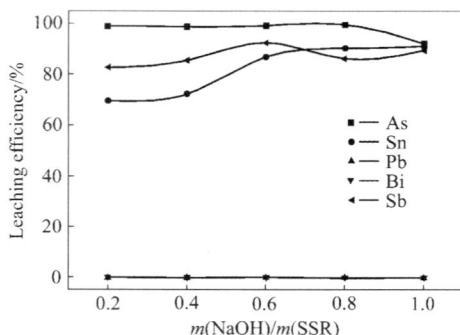

图 6　碱渣比对各金属浸出率的影响
$[m(Na_2S)/m(SSR)=0.4]$

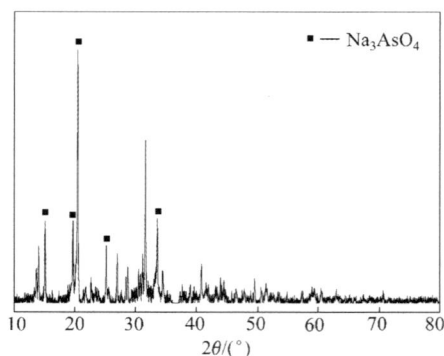

图 7　白色结晶物的 XRD 谱

2.4 碳粉加入量的影响

在熔炼温度为 600℃、熔炼时间为 6 h、碱渣比为 0.6、盐渣比为 0.4 时，考察不同碳粉加入量对各金属的浸出率的影响，实验结果如图 8 所示，浸出渣经筛分后得到贵铅合金，经计算可得铅、铋的回收率如图 9 所示。

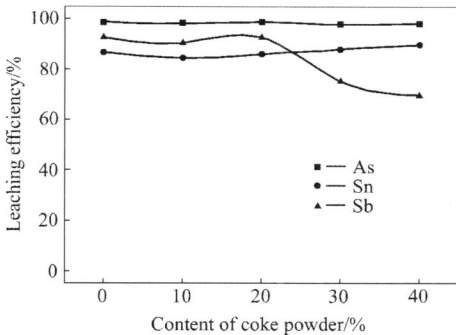

图 8　碳粉加入量对各金属浸出率的影响

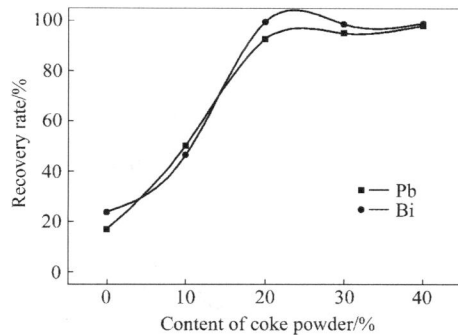

图 9　碳粉加入量对各金属回收率的影响

由图 8 可知，随着碳粉含量的增加，砷和锡浸出率基本保持不变。锑浸出率在碳粉含量从 0 增加到 20% 时保持不变；而碳粉含量从 20% 增加到 40%，锑浸出率显著下降。这是因为在熔炼过程中，锑的硫化物极易被氧化成 Sb_2O_3，而随着碳粉含量的增加，Sb_2O_3 易被炭或 CO 还原为金属锑，从而使锑的浸出率有所降低。此外随着碳粉的加入，分银渣中的铅铋也更容易还原为单质，形成贵铅合金，由图 9 可知，熔炼过程中碳粉的加入量对铅、铋的回收率有显著的影响。随着碳粉含量从 0 增加到 20%，铅和铋的回收率分别从 16.91%、23.64% 增加到 93.17%、99.99%；随着碳粉的加入量从 20% 增加到 40%，铅、铋的回收率基本保持不变。综合碳粉加入量对锡、锑、砷浸出率以及铅、铋回收率的影响，选取碳粉加入量为 20% 时作为最优条件。

2.5 熔炼时间的影响

当熔炼温度为 600℃，碱渣比为 0.6，盐渣比为 0.4，碳粉的加入量为 20% 时，考察熔炼时间对于一步熔炼–水浸出过程对锡、锑、砷浸出率及铅铋回收率的影响，各金属的浸出率以及铅铋的回收率分别如图 10 和 11 所示。

由图 10 可知，熔炼时间对砷、锑、锡浸出率的影响不大。随着熔炼时间的增加，砷浸出率保持 98% 以上。而锡、锑的浸出率在熔炼时间从 3 h 增加到 4 h 时略有上升，随后浸出率分别在 83% 和 92% 左右波动，保持平缓；熔炼时间从 6 h 增加到 7 h 时，两者浸出率略有降低。由图 11 可知，随着熔炼时间的增加，铅、铋的回收率大体上呈增大趋势，且在熔炼时间为 6 h 时，铅、铋的回收率最大，分别为 93.17%、99.99%。综上可知，选取熔炼时间为 6 h 时作为最优条件。

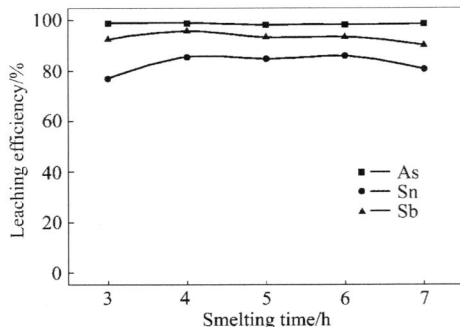

图 10　熔炼时间对各金属浸出率的影响

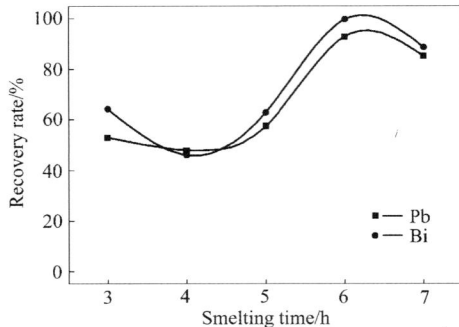

图 11　熔炼时间对各金属回收率的影响

2.6　熔炼温度的影响

在碱渣比为 0.6，盐渣比为 0.4，碳粉的加入量为 20%，熔炼时间为 6 h 时，考察熔炼温度对低温碱性一步熔炼-水浸出过程锡、锑、砷浸出率及铅铋回收率的影响，各金属的浸出率以及铅铋的回收率分别如图 12 和 13 所示。

由图 12 可知，熔炼温度对锡、锑的浸出率影响较大。熔炼温度从 400℃ 增加到 600℃ 时，锡的浸出率从 65.86% 增加到 85.95%，锑的浸出率从 75.59% 增加到 93.62%。随着熔炼温度的升高，砷的浸出率保持在 98% 以上。由图 13 可知，随着熔炼温度的升高，铅铋回收率显著升高。当温度从 400℃ 上升到 600℃ 时，铅、铋的回收率分别从 21.91%、14.19% 增加到 93.17%、99.99%。综合熔炼温度对锡、锑、砷的浸出率和铅、铋的回收率影响，可知最优温度为 600℃。

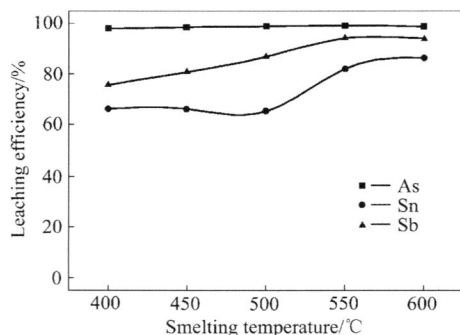

图 12　熔炼温度对各金属浸出率的影响

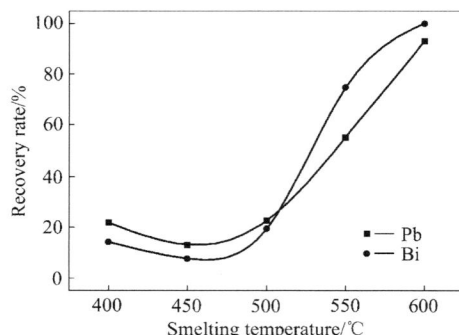

图 13　熔炼温度对各金属回收率的影响

2.7　最优工艺条件

综合各因素对分银渣低温碱性一步熔炼-水浸出工艺锡、锑、砷浸出率以及铅、铋回收率的影响，最优的实验条件如下：熔炼温度为 600℃，熔炼时间为 6 h，碱渣比为 0.6，盐渣比为 0.4，碳粉加入量为 20%。在最优条件下，锡、锑、砷的平均浸出率分别为 85.95%、93.06% 和 98.62%，铅、铋的回收率分别为 93.17%、99.99%。优化条件下，实现了分银渣中锡、锑、砷和铅、铋的高效分离，锡、锑、砷进入浸出液中，可以进一步处理得到产品，铅、铋被还原成单质捕集贵金属形成贵铅合金，贵铅合金可以进一步提取铅、铋及贵金属。在优化条件下得到的贵铅合金的成分如表3所示。

表3　贵铅的化学成分　　　　　　　　　　　　　　　　　　　　%

Pb	Bi	Ag	Au*
96.68	7.56	0.98	2

* Au：g/t。

3　结论

（1）通过对分银渣进行低温碱性一步熔炼-水浸出处理，分银渣中的锡、锑、砷和铅、铋、贵金属实现了高效选择性的分离，锡、锑、砷进入浸出液中，而铅、铋则被还原为单质并捕集贵金属形成贵铅合金。

（2）低温碱性一步熔炼-水浸出工艺处理分银渣的最佳工艺条件如下：熔炼温度600℃、熔炼时间6 h、碱渣比0.6、盐渣比0.4和碳粉加入量20%。在最佳工艺条件下，锡、锑和砷的平均浸出率达到85.95%、93.06%和98.62%，可进一步处理获得含锡、锑的化工产品，砷可集中回收脱去。铅、铋富集到贵铅合金中，回收率分别为93.17%、99.99%。贵铅中铅、铋、金、银的含量分别为96.68%、7.56%、0.0002%、0.98%，可进一步回收铅、铋及金银等贵金属。

（3）通过将分银渣两段熔炼造贵铅过程合为一步熔炼，解决了两段熔炼过程中出现的浸出渣过滤困难、工艺流程长、试剂耗量大的问题，节约了浸出渣需烘干后进入下一步熔炼工序的能耗。

参考文献

[1]宾智勇.复杂多金属物料综合回收铜铅锌锡试验研究[J].湖南有色金属，2004，20(6)：16-18.

[2]诸向东，汪洋，李仕雄，安娟，於智泉.分银渣中有价金属高效回收利用[J].矿冶工程，2012(6)：86-89.

[3]吴艳新.从铜阳极泥分银渣中综合回收利用锡的研究[D].赣州：江西理工大学，2013.

[4]程利振，李翔翔，张三佩，袁廷刚，田庆华.我国铜阳极泥分银渣综合回收利用研究进展[J].金属材料与冶金工程，2011(4)：40-43.

[5]陈白珍，李义兵，龚竹青，李改变.分银渣综合提取工艺研究[J].中国稀土学报，2004(22)：542-545.

[6]李义兵，陈白珍，王之平，倪站兵，李改变.分银渣铅锑浸出工艺研究[J].有色金属(冶炼部分)，2004(5)：9-11.

[7]陆凤英，魏庭贤，沈雅君，郑丽娟.分银渣综合利用新工艺扩大试验[J].云南冶金，2000，31(1)：39-40.

[8]孙文达.分银渣中贵金属的回收[J].铜业工程，2008(1)：35-36.

[9]胡少华.阳极泥中金银等有价金属的回收[J].江西有色金属，1999，13(3)：37-39.

[10]李义兵.分银渣综合回收利用工艺研究[D].长沙：中南大学，2003.

[11]赵由才, 张承龙, 蒋家超. 碱介质湿法冶金技术[M]. 北京: 冶金工业出版社, 2009.

[12]郭学益, 刘静欣, 田庆华, 李栋. 有色金属复杂资源低温碱性熔炼原理与方法[J]. 有色金属科学与工程, 2013(2): 8-13.

[13]田庆华, 程利振, 袁廷刚, 辛云涛, 郭学益. NaOH-Na$_2$S 熔盐法处理分银渣[J]. 中南大学学报(自然科学版), 2014(8): 2553-2558.

[14]郭学益, 刘静欣, 田庆华. 废弃电路板多金属粉末低温碱性熔炼过程的元素行为[J]. 中国有色金属学报, 2013, 23(6): 1757-1763.

[15]刘静欣, 郭学益, 刘旸. 废弃电路板多金属粉末碱性熔炼产物分形浸出动力学[J]. 中国有色金属学报, 2015, 25(2): 545-552.

[16]汪秋雨, 蔡琥, 何强, 韩亚丽, 胡意文, 王日. 分银渣中锡提取工艺[J]. 有色金属(冶炼部分), 2016(7): 22-25.

[17]赵天从. 锑[M]. 北京: 冶金工业出版社, 1987.

[18]Brostow W, Gahutishvili M, Gigauri R, Haley E, Lobland H, Japaridze S, Lekishvili N. Separation of natural trivalent oxides of arsenic and antimony[J]. Chemical Engineering Journal, 2010, 159(3): 24-26.

[19]Bala P, Achimovi O M. Selective leaching of antimony and arsenic from mechanically activated tetrahedrite, jamesonite and enargite[J]. International Journal of Mineral Processing, 2006, 81(1): 44-50.

[20]Kuchar D, Fukuta T, Onyango M S, Matsuda H. Sulfidation treatment of copper-containing plating sludge towards copper resource recovery[J]. Journal of Hazardous Materials, 2006, 138(1): 86-94.

[21]易宇, 石靖, 田庆华, 郭学益. 高砷烟尘氢氧化钠-硫化钠碱性浸出脱砷[J]. 中国有色金属学报, 2015, 25(3): 806-814.

[22]Urazov G G, Lipshits B M. The solubility isotherms of Na$_2$O-H$_2$O-As$_2$O$_5$ system at 75℃[J]. Russian Journal of Inorganic Chemistry, 1960, 5(4): 950-952. (in Russian)

[23]Guerin H, Mattrat P. Study on the alkaline arsenates of As$_2$O$_5$-Na$_2$O-H$_2$O system at 25℃[J]. French Bulletin of Chemical Society, 1957, 2: 323-329. (in French)

氧压渣非氰体系浸金及其机理

摘要：以氧压渣为原料，考察酸性硫脲体系和碱性多硫化物体系碳浸法浸金效果，对浸出过程矿相行为进行分析。结果表明：碱性多硫化物体系较酸性硫脲体系金浸出率高30%，碱性多硫化物体系包裹金得到释放和暴露，利于金的高效浸出。在碱性多硫化物体系下考察各因素对金浸出率的影响并确定最优浸出条件，在最优条件下，金的浸出率达85%以上。开展深度浸金研究，超声波强化金浸出率达89.77%，超细磨金浸出率达91.95%。

黄金是稀缺的战略性金属[1]，广泛应用于黄金饰品、货币储备和高科技产业[2]，在国民经济及社会发展中有着不可取代的作用[3-4]。据 US Geological Survey 数据报道，全世界已查明的黄金资源量为8.9万t[5]，其中约1/3的金矿资源属于难处理矿，随着优质资源的日益消耗，这一比例仍在不断增加。由于我国黄金产业技术水平较低[6-7]，对于含锑、铅、锌、硫、砷、碳等含金物料未能很好地开发利用，这已成为制约我国黄金产业发展的重要因素[8-9]。

目前含金物料火法提金方法主要为高温补集法[10]，根据黄金富集与回收的原理，通过造锍熔炼的方法来处理难处理金矿[11]。火法处理难处理的金矿，可使被包裹金进入锍或金属相，从而达到富集金的目的，处理锍或金属相以达到回收金的目的[12]。目前使用火法工艺处理难处理金矿所需成本高[13]，大范围推行火法提金仍存在问题，湿法提金较火法提金更具优势[14-15]。

湿法处理提金方法有硫脲法、石硫合剂法、卤素及其化合物法、氰化法等[16-21]。袁喜振等[22]开展了难浸金矿碘化提金研究，虽然金浸出率高，但碘消耗量大。白安平等[23]开展了碱性硫脲浸金研究，存在金浸出率不高等问题。郑成辉等[24]开展了生物浸金相关研究，在金浸出同时有效降低能耗，减少了生物浸出污染，但存在效率低等问题。氰化提金是现代黄金提取的主要方法，该工艺生产的黄金约占全国总产量的70%[25]。氰化法虽然应用广，但是氰化提金生产周期长，工作环境恶劣，环境污染严重，浸出过程中大量的含氰废水、废渣需要处理[26-27]。由环保部联合国家发改委和公安部发布的新版《国家危险废物名录》中，将"采用氰化物进行黄金选矿过程中产生的氰化尾渣"列入危险废物名录[28]，因此，研究一种新的环境友好型的非氰提金方法刻不容缓。

基于此，本文作者提出非氰浸金清洁生产工艺，采用硫脲和多硫化物作为浸金剂，针对卡林型金矿有机碳吸附金的问题，开展碳浸法浸金实验，载金碳解析后可回收金，尾液经简单处理后可作为洗水回用，尾渣可无害化堆存。重点分析氧压渣在酸性硫脲体系和碱性多硫化物体系矿相行为，同时系统研究氧压渣碱性多硫化物体系浸出过程的因素影响，开展深度浸金研究，为含金物料非氰提金提供有益指导。

本文发表在《中国有色金属学报》，2020，30（5）：1131-1141。合作者：张磊，于大伟，崔富晖。

1 实验

1.1 原料

本实验原料取自贵州某黄金冶炼公司产出卡林型金矿经高温高酸氧压预处理后生成的氧压渣。该氧压渣经 110℃ 条件下干燥磨细筛分，过孔径 <74 μm 筛。氧压渣的主要化学成分见表 1。

本实验所用硫脲、硫酸铁、氢氧化钠等均为分析纯，碱性体系浸金剂多硫化物为硫化钠与元素硫碱性溶液中混合溶解制备。氧压渣的 XRD 谱见图 1。其结果表明，该氧压渣中主要物相为 $CaSO_4$、$Fe(OH)SO_4$ 和 SiO_2。氧压渣中金赋存方式分析见表 2。

图 1 氧化渣物相图

由表 2 可知，氧压渣中的单体金、连生金占 71.40%，硫化物包裹金占 12.23%，铁氧化物包裹金占 10.17%，硅酸盐中金仅有 0.05%。

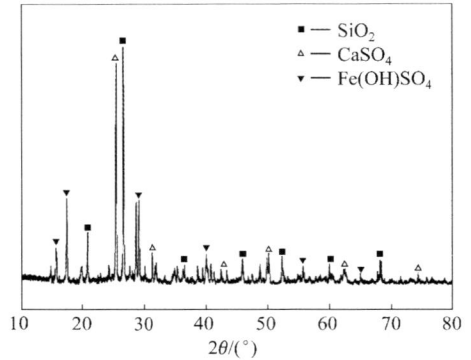

表 1 氧压渣的主要化学成分 %

Au	Fe	O	Si	Al	S	Ca	As	K
17.4*	15.8	34.8	17.1	4.46	12.8	7.54	2.77	2.08

* g/t。

表 2 氧压渣的金物相分析

Phase	Content/$(g \cdot t^{-1})$	Distribution/%
Exposed gold	12.43	71.40
Encapsulated in pyrite	2.13	12.23
Encapsulated in iron oxides	1.77	10.17
Encapsulated in arsenopyrite	0.98	5.63
Encapsulated in quartz	0.10	0.57

1.2 浸出原理和实验方法

1.2.1 浸出原理

酸性硫脲体系，硫脲在 pH 值 1.0~2.0 下可与金生成配离子 $Au(H_2NCSNH_2)_2^+$，浸金的基本反应如下所示[17]：

$$4Au + 8H_2NCSNH_2 + O_2 + 4H^+ == 4Au(H_2NCSNH_2)_2^+ + 2H_2O \tag{1}$$

$$Au + 2H_2NCSNH_2 + Fe^{3+} \Longrightarrow Au(H_2NCSNH_2)_2^+ + Fe^{2+} \tag{2}$$

碱性多硫化物体系，试剂多硫化物中有效成分 S^{2-}、S_4^{2-}、S_5^{2-} 在碱性条件下可与金发生螯合反应，生成稳定的螯合物 AuS_x^- 存在于溶液中，试剂多硫化物中还添加部分 $NaCl$、NH_4Cl 等化学成分，用以提高试剂多硫化物浸金性能。浸金的基本反应如下所示[29]：

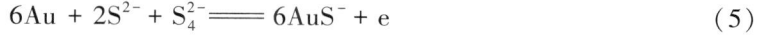

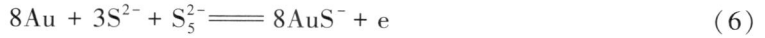

$$Au + S_4^{2-} \Longrightarrow AuS_4^- + e \tag{3}$$

$$Au + S_5^{2-} \Longrightarrow AuS_5^- + e \tag{4}$$

$$6Au + 2S^{2-} + S_4^{2-} \Longrightarrow 6AuS^- + e \tag{5}$$

$$8Au + 3S^{2-} + S_5^{2-} \Longrightarrow 8AuS^- + e \tag{6}$$

1.2.2 实验方法

氧压渣浸出实验在特定反应釜中进行，通过控制体系电位-pH，同时补加适量空气进行三相混合均匀强化浸出，具体实验过程如下：①每次称取一定质量的氧压渣置于反应釜中，加入一定量的纯水，配成一定液固比的溶液体系；②酸性体系缓慢向浸出反应釜中加入硫酸、硫酸铁调节 pH 值到 1~2 左右，搅拌均匀后加一定浓度的硫脲，并通入空气；碱性体系补加氢氧化钠调节 pH 值到 10~11，搅拌均匀后加适量浸金剂多硫化物，并通入空气；③浸出过程实时添加硫酸或者氢氧化钠控制 pH 在适宜区间，反应完成后真空过滤，取浸出液量体积，浸出渣用洗涤水分两次倾倒洗涤，滤饼在 110℃烘干后称取质量。金浸出率时金的溶解量占金总量的分数，其按式（7）计算：

$$\eta = \left(1 - \frac{m \times w}{m_0 \times w_0}\right) \times 100\% \tag{7}$$

式中：η 表示浸出率（%）；m_0 和 w_0 表示样品质量（g）和金的含量（%）；m 和 w 表示浸出渣质量（g）和金的含量（%）。

1.3 分析检测与表征

样品中金元素的分析采用火试金法，铁、硫、砷等元素的定量分析采用 ICP-AES 分析仪测定（美国热电公司 IRIS interprid Ⅲ XRS 型电感耦合等离子体发射光谱仪）。样品的微观形貌采用 SEM（Japan jeol JSM-6360LV，20 kV）进行分析。样品的物相组成采用 X 射线衍射（日本理学 TTRAX-3 型，测试电压为 50 kV，测试电流为 300 mA，扫描条件为 10（°）/min）进行分析。

2 结果与讨论

选择酸性硫脲体系和碱性非氰体系对浸的浸出进行了研究，对两个不同体系浸金率差别较大原因进行了分析，考察了碱性非氰体系温度、浸出剂浓度、液固比、活性炭浓度等因素对氧压渣中金浸出率的影响。

2.1 氧压渣浸出体系选择及机理分析

2.1.1 酸性硫脲体系金的浸出

固定试验条件如下：pH 值 1.0~2.0、常温、转速 400 r/min、时间 3.0 h、液固比 $L/S=6$、

活性炭浓度为 80 g/L、Fe^{3+} 浓度 3~5 g/L、鼓入空气，考察硫脲浓度对金浸出率的影响，结果见图 2。

从图 2 可知，随着硫脲浓度提高，金的浸出率呈先上升后下降趋势，当硫脲浓度提高至 1.5% 时，金的浸出率增加至最大值 52.4%，继续提高硫脲浓度，金浸出率开始逐渐下降，表明过量的硫脲浓度不利于氧压渣中金的浸出。因为硫脲浓度过高，部分硫脲易氧化生成元素硫附着在颗粒表面，元素硫较为稳定，很难被继续氧化[17]，阻碍了单质金与硫脲配合反应的进行，导致金浸出率下降。

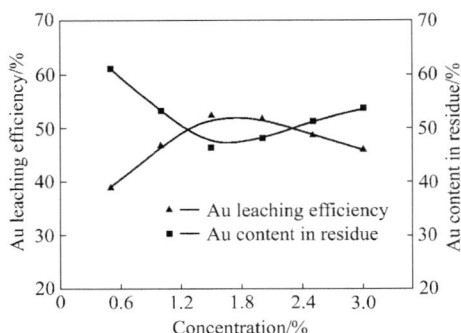

图 2　硫脲浓度对金浸出率影响

2.1.2　碱性非氰体系金的浸出

初始条件如下：pH 值 11.0~11.5、常温、转速 400 r/min、液固比 $L/S=6$、活性炭浓度为 80 g/L、时间 3.0 h、鼓入空气，考察非氰浸金剂多硫化物浓度对金浸出率的影响，结果见图 3。

从图 3 可以看出，随着非氰浸金剂多硫化物浓度的提高，金的浸出率逐渐升高，当浸金剂多硫化物浓度提高为 0.5% 时，金浸出率为 72.8%，当浸金剂多硫化物浓度提高至 1.0% 时，金浸出率增加至 81.3%，继续提高浸金剂多硫化物浓度至 3.0%，金浸出率提高不明显。在过高浸金剂多硫化物浓度条件下，渣中金浸出率并未降低，表明过高浓度浸金剂多硫化物不会阻碍渣中金的浸出。与图 2 对比可知，碱性多硫化物体系金浸出率较酸性硫脲体系高 30% 左右。

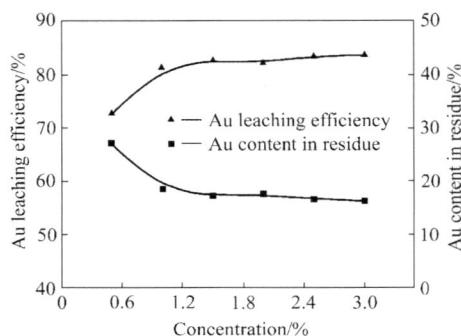

图 3　多硫化物浓度对金浸出率影响

2.1.3　氧压渣浸出体系机理分析

氧压渣、酸性体系硫脲浓度 1.5% 浸出渣和碱性体系多硫化物浓度 1.5% 浸出渣 SEM 像和 EDS 扫描结果如 4 所示。

对比图 4(a)、(b)、(c) 的 SEM 像可知，酸性体系下浸出渣颗粒表面较为完整，与氧压渣相比，未出现明显腐蚀现象，表面更为平滑致密。碱性多硫化物体系下物料颗粒表面腐蚀严重，凹凸不平，与氧压渣相比，出现明显裂痕。对比分析 EDS 扫描结果可知［见图 4(a′)、(b′)、(c′)]，氧压渣扫描区域 1 主要元素有氧、硫、钙、硅、铁，酸性硫脲体系浸出渣扫描区域 2 主要元素为硫、氧、钙，铁元素几乎没有。碱性多硫化物体系浸出渣扫描区域 3 硫、钙元素含量占比较氧压渣大幅降低，铁、硅元素占比升高。

同时，测定了酸性体系硫脲浓度 1.5% 浸出渣和碱性体系多硫化物浓度 1.5% 浸出渣相关元素化学成分，根据浸出渣重量计算铁、硅、钙的浸出率，结果分别见表 3。

由表 3 可以看出，酸性硫脲体系铁浸出率为 26.23%，硅和钙浸出率较低，氧压渣中碱式硫酸铁及夹杂硫酸铁易溶解进入溶液中，少部分硅酸盐和钙盐溶解所致。碱性多硫化物体系钙浸出率为 19.58%，铁、硅浸出率较低，氧压渣中部分硫酸钙溶解进入溶液中。

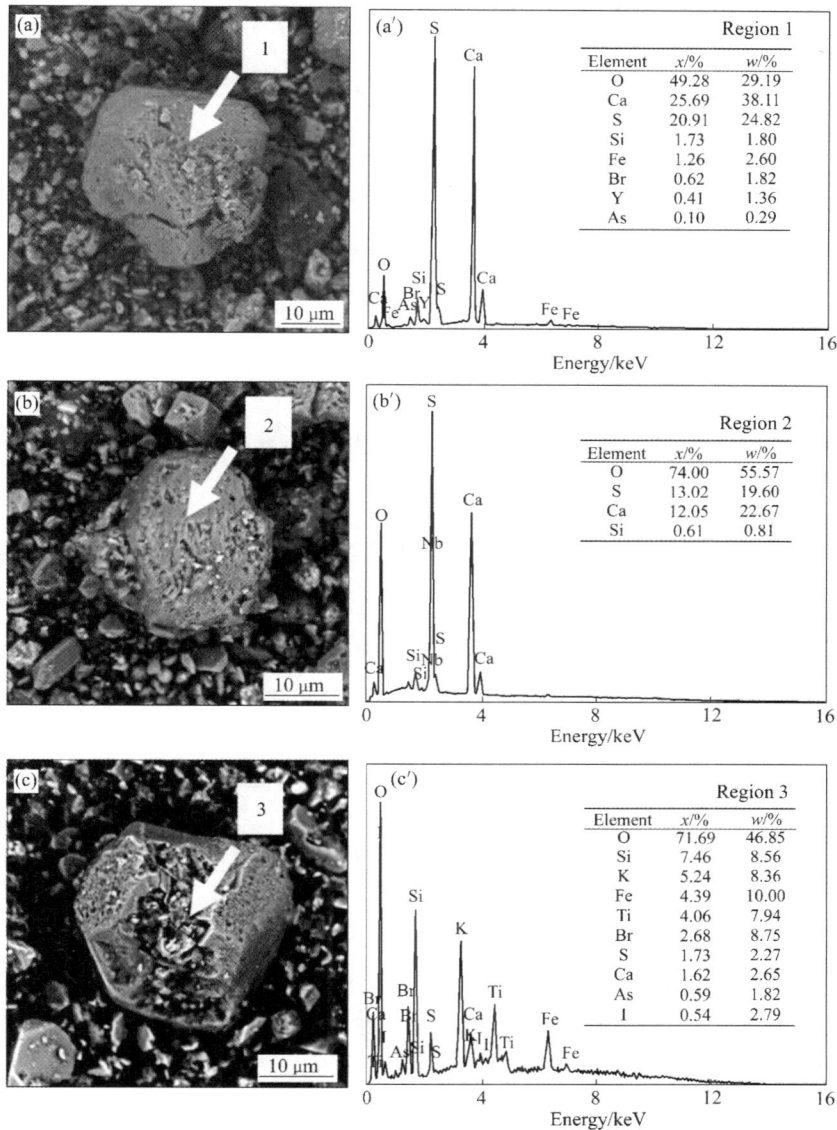

图 4　不同体系浸出渣的 SEM 像和相应区域的 EDS 谱

(a′)Region 1；(b′)Region 2；(c′)Region 3

表 3　不同体系浸出过程相关元素浸出率

System	Acid thiourea system[①]			Alkaline polysulfide system[②]		
Element	Fe	Si	Ca	Fe	Si	Ca
Distribution，w/%	14.66	21.07	9.1	17.46	18.6	6.73
Leaching efficiency/%	26.23	2.03	4.04	0.59	2.16	19.58

①Loss of residue：20.49%；②Loss of residue：10.05%。

对比可知，铁在酸性硫脲体系溶解率高，碱性多硫化物体系溶解率低，硅在酸碱体系溶解率低，钙在酸性硫脲体系溶解率低，碱性多硫化物体系溶解率高。

酸性体系硫脲浓度1.5%浸出渣和碱性体系多硫化物浓度1.5%浸出渣的 XRD 谱如图 5 所示。

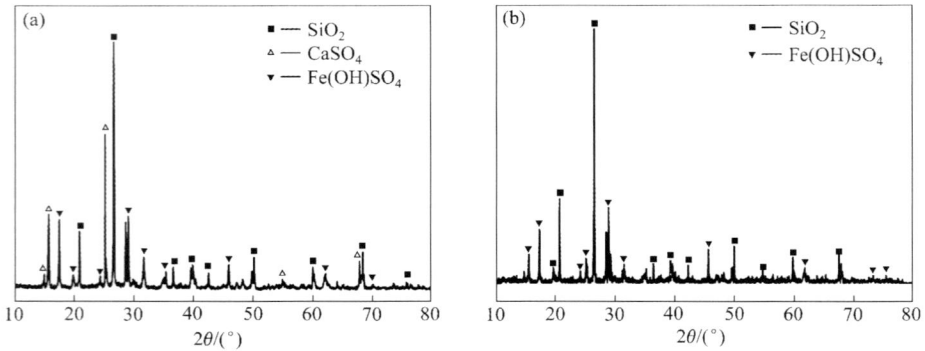

图 5 不同体系浸出渣的 XRD 谱

（a）Leaching residue of acid thiourea system；（b）Leaching residue of alkaline polysulfide system

由图 5 可知，酸性浸出渣中主要物相为 $CaSO_4$、$Fe(OH)SO_4$ 和 SiO_2，酸性浸出过程中虽然部分碱式硫酸铁溶解，但依然是主要物相。碱性浸出渣中主要物相为 $Fe(OH)SO_4$ 和 SiO_2，碱性体系部分硫酸钙溶解，衍射峰被碱式硫酸铁和二氧化硅衍射峰覆盖，XRD 检测不出来。

氧压渣为贵州卡林型难处理金矿酸性高温高压条件下生成产物，卡林型金矿中含有黄铁矿、砷黄铁矿，查阅文献分析可知，黄铁矿、砷黄铁矿在酸性高温高压预处理过程中，硫元素大多以硫酸根形式存在，部分硫元素氧化不彻底易生成元素硫形式附着在渣表面，可能发生的反应方程式如下所示[30-31]：

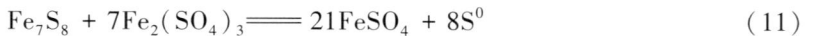

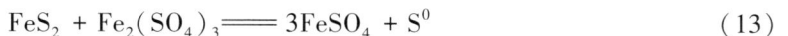

$$4FeAsS + 7O_2 + 4H_2SO_4 + 2H_2O = 4H_3AsO_4 + 4FeSO_4 + 4S^0 \qquad (8)$$

$$2FeAsS + 7Fe_2(SO_4)_3 + 8H_2O = 16FeSO_4 + 2H_2AsO_4 + 5H_2SO_4 + 2S^0 \qquad (9)$$

$$2Fe_7S_8 + 14H_2SO_4 + 7O_2 = 14FeSO_4 + 16S^0 + 14H_2O \qquad (10)$$

$$Fe_7S_8 + 7Fe_2(SO_4)_3 = 21FeSO_4 + 8S^0 \qquad (11)$$

$$FeS_2 + 2O_2 = FeSO_4 + S^0 \qquad (12)$$

$$FeS_2 + Fe_2(SO_4)_3 = 3FeSO_4 + S^0 \qquad (13)$$

酸性硫脲体系下硫酸钙和元素硫包裹在单质金表面几乎不参与反应，部分碱式硫酸铁易溶解于稀酸中，溶液中 Fe^{3+} 浓度升高，当溶液电位过高，部分硫脲易被氧化生成元素硫形成对金的二次包裹，阻碍反应的进行，可能发生的反应方程式如下所示[32-33]：

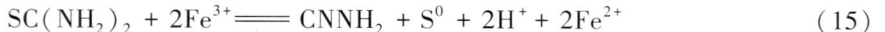

$$2Fe(OH)SO_4 + H_2SO_4 = Fe_2(SO_4)_3 + 2H_2O \qquad (14)$$

$$SC(NH_2)_2 + 2Fe^{3+} = CNNH_2 + S^0 + 2H^+ + 2Fe^{2+} \qquad (15)$$

碱性多硫化物体系下，氧压渣中硫酸钙可与碱反应生成微溶氢氧化钙，体系中钠盐、铵盐的存在可有效提高硫酸钙溶解度[34-35]，可能存在元素硫的歧化反应，元素硫在通氧条件下发生歧化反应转化为以 $S_2O_3^{2-}$ 为主的介稳态硫氧化合物[36]，可成为金的有效络合剂，继续增加反应时间元素硫转化成 SO_4^{2-}。碱性浸金过程中颗粒表面腐蚀严重，出现裂痕，包裹金减少，有利于金的高效浸出，可能发生的反应方程式如下所示[37]：

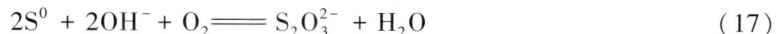

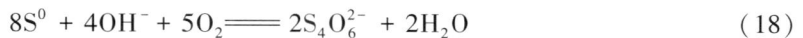

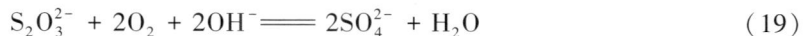

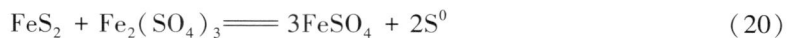

$$CaSO_4 + 2OH^- == SO_4^{2-} + Ca(OH)_2 \tag{16}$$

$$2S^0 + 2OH^- + O_2 == S_2O_3^{2-} + H_2O \tag{17}$$

$$8S^0 + 4OH^- + 5O_2 == 2S_4O_6^{2-} + 2H_2O \tag{18}$$

$$S_2O_3^{2-} + 2O_2 + 2OH^- == 2SO_4^{2-} + H_2O \tag{19}$$

$$FeS_2 + Fe_2(SO_4)_3 == 3FeSO_4 + 2S^0 \tag{20}$$

2.2　碱性多硫化物体系金的浸出

2.2.1　浸出剂浓度对金浸出率的影响

合适的浸金剂浓度有利于金的浸出。初始条件：pH 值为 11.0~11.5、反应温度 40℃、液固比 $L/S = 5$、搅拌速度 360 r/min、活性炭浓度为 80 g/L、时间 5.0 h，考察非氰浸出剂浓度对浸出过程金浸出率的影响，结果见图 6。

由图 6 可知，随着浸金剂多硫化物浓度提高，金的浸出率逐渐提高，浸出渣中金含量缓慢降低，当浸出剂浓度达到 0.9% 时，金的浸出率为 83.7%，继续提高浸出剂浓度，金的浸出率增加不明显。考虑到生产成本等因素，选择最佳浸出剂浓度为 0.9%。

图 6　多硫化物浓度对金浸出率和浸出渣中金含量的影响

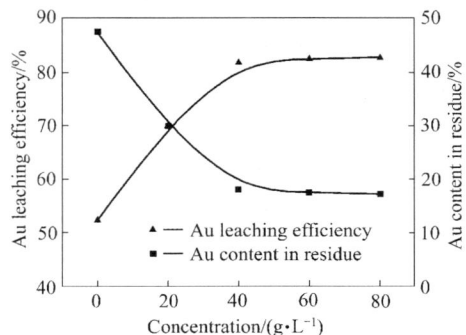

2.2.2　活性炭浓度对金浸出率的影响

活性炭吸附金强度高于有机碳的，添加活性炭可阻碍渣中有机碳对金的吸附。初始条件：pH 值为 11.0~11.5、反应温度 40℃、液固比 $L/S = 5$、搅拌速度 360 r/min、非氰浸出剂浓度为 0.9%、时间 5.0 h，考察活性炭浓度对浸出过程金浸出率的影响，结果见图 7。

从图 7 可知，随着活性炭浓度的提升，金的浸出率逐渐升高至 82.47%。当溶液中不加入活性炭时，金浸出率为 53.01%，这是由于该含金物流为高砷高硫高碳卡林型金矿，经过高温高压高酸氧化浸出后，氧压渣中有机碳并

图 7　活性炭浓度对金浸出率和浸出渣中金含量的影响

未被破坏，依旧对浸出进入到溶液中的金有较强吸附作用，使得已经浸出进入到溶液中的金被反吸附进入到渣中，使得氧化渣中金含量偏高，降低了金浸出率。当活性炭加入量逐步提升，金浸出率提升趋于缓慢，考虑到生产过程中金浸出率和生产成本等综合因素，选用活性炭用量 40 g/L 比较合适。

2.2.3　搅拌速度对金浸出率的影响

初始条件：pH 值为 11.0~11.5、反应温度 40℃、液固比 $L/S = 5$、活性炭浓度 40 g/L、非

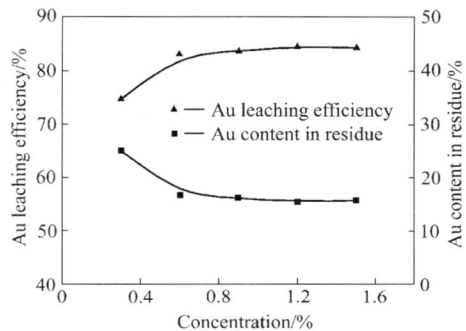

氰浸出剂浓度为 0.9%、时间 5.0 h，考察搅拌速度对金浸出率的影响，其结果见图 8。

从图 8 可知，随着搅拌速度的增加，金的浸出率变化不大。当搅拌速度较低时，有部分氧压渣沉积在烧杯底部，导致浸出剂与氧压渣的混合不够充分，影响氧压渣中金元素的浸出效率。随着搅拌速度的增加，溶液中活性炭之间碰撞剧烈，椰壳活性炭出现不同程度破损，部分破损的活性炭载金微粒在实验结束后过筛时进入渣中，使得渣中金含量增加，导致金浸出率的逐渐降低。因此，需要控制合适的搅拌速度，确保氧压渣在浸出体系中呈悬浮状态均匀分散在浸出剂中，强化颗粒表面的传质传热过程，减少溶液中活性炭之间碰撞强度。综合考虑，搅拌速度选择 280 r/min 比较合适。

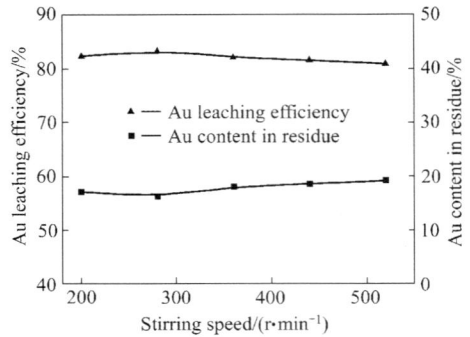

图 8　搅拌速度对浸出率和浸出渣中金含量的影响

2.2.4　浸出时间对金浸出率的影响

初始条件：pH 值为 11.0～11.5、反应温度 40℃、液固比 $L/S = 5$、非氰浸出剂浓度为 0.9%、搅拌速度 280 r/min，考察反应时间金浸出率的影响，其结果见图 9。

从图 9 可知，金的浸出率随着时间的延长缓慢上升，金的浸出率在 5 h 上升至 85.36%，而后上升幅度不大。氧化渣中大部分金存在形式为单体金和连生金，在合适的条件下易于浸出，部分铁氧化物包裹金和硫化物包裹金较难浸出，随着浸出时间的延长，氧化渣颗粒表面慢慢被腐蚀，浸出液中溶解的氧缓慢氧化硫化物等，渣中部分被包裹金裸露出来，与浸出剂生成螯合物进入到溶液中。在确保较高的金浸出率，综合考虑能耗、产能等因素，反应时间选择 5.0 h 比较合适。

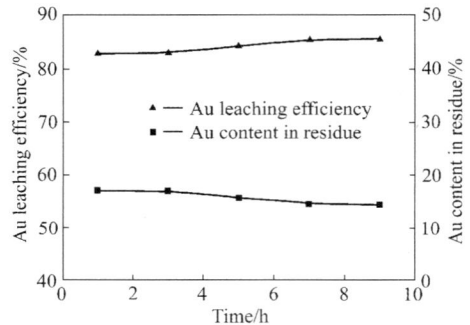

图 9　时间对浸出率和浸出渣中金含量的影响

2.2.5　液固比浓度对金浸出率的影响

初始条件：pH 值为 11.0～11.5、反应温度 40℃、活性炭浓度 40 g/L、搅拌速度 280 r/min、非氰浸出剂浓度为 0.9%、时间 5.0 h，考察液固比对金浸出率的影响，结果见图 10。

从图 10 可知，随着液固比的增加，金元素的浸出率变化较小。增加液固比到 7，金的浸出率基本保持不变。因为非氰浸出剂浓度是保持不变的，随着液固比的增加，非氰浸出剂的量逐渐增加，浸出反应达到平衡时浸出体系中浸出剂的浓度增加，进而促进了金元素的浸出；同时，液固比的增加，降低了矿浆密度，增大了浸出剂与氧化渣的接触面积，传质过程

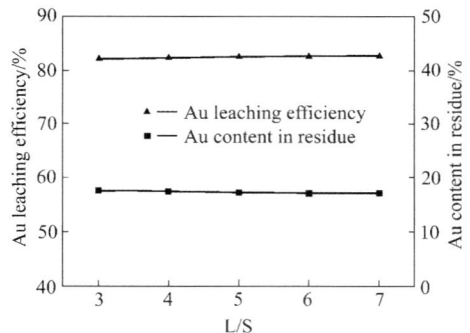

图 10　液固比对浸出率和浸出渣中金含量的影响

得以强化,进而促进了金元素的浸出。显然,液固比的增加可以促进金的浸出,但是过高的液固比将导致生产能力的降低和能耗的增加。综合考虑,液固比选择 5∶1 比较合适。

2.2.6 浸出温度对金浸出率的影响

提高反应温度有利于促进化学反应进行。初始条件:pH 值为 11.0~11.5、液固比 L/S=5、搅拌速度 280 r/min、活性炭浓度 40 g/L、非氰浸出剂浓度为 0.9%、时间 5.0 h,考察温度对金浸出率的影响,结果见图 11。

从图 11 可知,随着温度的增加金的浸出率逐渐升高。当温度 10℃上升至 20℃时,金浸出率上升至 80.52%,上升幅度明显,而后随着温度升高,金浸出率上升幅度减慢,当温度上升至 50℃时,金浸出率为达到最高值

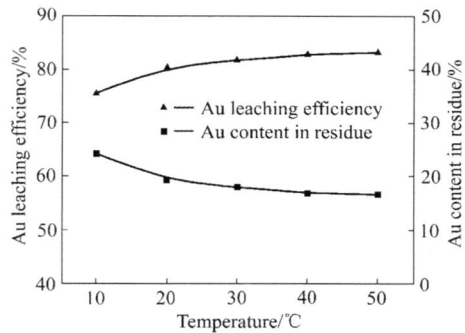

图 11　温度对浸出率和浸出渣中金含量的影响

83.18%。温度越高,分子热运动越剧烈,有利于金的快速溶解,达到强化浸出过程的效果,但是温度越高能耗也越大,考虑到浸出溶液体系各组分稳定性等因素,浸出温度选择 50℃比较合适。

2.2.7 最优条件

通过研究确定氧压渣碱性非氰浸出过程最优条件如下:pH 值为 11.0~11.5、反应温度 50℃、液固比 L/S=5、活性炭浓度 40 g/L、搅拌速度 280 r/min、非氰浸出剂浓度为 0.9%、时间 5.0 h,在最优条件下进行三组 500 g 级的扩大试验,试验结果如表 4 所示。分析 3 号浸出渣金赋存方式,结果如表 5 所示。

表 4　最优条件下金浸出率

Serial number	Content/(g·t⁻¹)	Mass/g	Leaching efficiency/%
1	2.75	456.05	85.61
2	2.82	466.15	84.82
3	2.66	453.31	86.04

表 5　浸出渣的金物相分析

Phase	Content/(g·t⁻¹)	Distribution, w/%
Exposed gold	1.48	55.64
Encapsulated in pyrite	0.43	16.17
Encapsulated in iron oxides	0.59	22.18
Encapsulated in arsenopyrite	0.11	4.14
Encapsulated in quartz	0.05	1.87

由表 4 可以看出,氧压渣在最优条件下浸出后,浸出渣含金约 2.7 g/t,计算得金浸出率

达 85%以上,表明在碱性体系下,采用非氰浸金剂多硫化物可以实现氧压渣中金的高效浸出。由表 5 可知浸出渣单体连生金占比最高为 55.64%,其次为铁氧化物包裹金占比 22.18%,硅酸盐包裹金和毒砂包裹金较少,可考虑对其开展深度浸金研究。

2.2.8 深度浸金

浸出渣烘干破碎过筛后开展了浸出渣深度浸金研究。初始条件:pH 值为 11.0~11.5、反应温度 50℃、液固比 L/S=5、活性炭浓度 40 g/L、搅拌速度 280 r/min、非氰浸出剂浓度为 0.9%、时间 5.0 h。超细磨浸出过程取样通过激光粒度分析仪测得浸出过程颗粒粒径 $D_{90}=15~25$ μm,超声波功率 100 W。根据浸出渣质量计算金浸出率,其结果见表 6。

表 6　不同浸出方法金浸出率

Serial number	Leaching method	Content/$(g \cdot t^{-1})$	Leaching efficiency/%
1	Conventional secondary leaching	2.61	87.03
2	Superfine grinding leaching	1.95	91.95
3	Ultrasonic leaching	2.28	89.77

由表 6 可知,超细磨浸出金浸出率高达 91.95%,超声波浸出金浸出率高达 89.77%,超细磨金浸出率和超声波金浸出率较常规二次浸出金浸出率高,采用超细磨技术和超声波技术可有效提高氧压渣金浸出率。

分析可知,超细磨使渣中的微细粒包裹金单体的包裹层被破坏,金裸露出来,且超细磨过程还可脱除浮选药剂及其他对单体金或裸露金产生污染的有害杂质[38]。在超声波的作用下,浸出过程中浸出渣内部的孔隙和裂隙得到进一步的扩展,且超声波具有剥离效果,使得原本在颗粒表面的物质被剥离,使得物料颗粒变细,使得浸出渣的比表面积增大。超声波降低了传质边界层,加快了矿浆中固液传质速率,破坏了浸出渣表面的纯化膜和元素硫阻力膜,形成新的反应界面,促进矿物的浸出过程[39-40]。此外,超声波的机械搅拌作用降低了固体颗粒表面的液膜层厚度,有利于溶质的扩散[41]。

3　结论

(1)酸性硫脲体系浸金效率低,碱性非氰体系浸金效率高,碱性多硫化物体系较酸性硫脲体系金浸出率高 30%。

(2)铁在酸性硫脲体系溶解率高,碱性多硫化物体系溶解率低,硅在酸碱体系溶解率低,钙在酸性硫脲体系溶解率低,碱性多硫化物体系溶解率高。酸性硫脲体系,铁易溶解,促使硫脲易氧化分解生成元素硫形成二次包裹。碱性多硫化物体系利于硫酸钙溶解,元素硫易发生歧化反应,包裹金得到释放和暴露,金浸出率高。

(3)氧压渣碱性多硫化物浸出过程最优条件:pH 值为 11.0~11.5、反应温度 50℃,液固比 L/S=5、活性炭浓度 40 g/L、搅拌速度 280 r/min、非氰浸出剂浓度为 0.9%、时间 5.0 h,浸出渣含金 2.7 g 左右,金的浸出率达 85%以上。开展了深度浸金实验,超细磨浸出和超声波浸出金浸出率可达 91.95%和 89.77%,超细磨浸出和超声波浸出可有效提高金浸出率。

参考文献

[1] 黎鼎鑫. 贵金属提取与精炼[M]. 长沙：中南工业大学出版社，1989.

[2] 康增奎. 宋鑫. 中国难处理金矿石资源及其开发利用技术[J]. 黄金，2009，30(7)：46-49.

[3] 许勇. 增加黄金储备保障金融安全[N]. 中国黄金报，2018-03-23.

[4] 张福良，方一平，李晓宇，张世洋，季洪伟. 新时期我国黄金资源战略价值浅析[J]. 中国矿业，2016，25(S1)：1-4.

[5] 刘伟锋，孙百奇，邓循博，张杜超，陈霖，杨天足. 含锑难处理金矿选择性脱除锑[J]. 中南大学学报(自然科学版)，2018，49(4)：786-793.

[6] 张炳南，冯根福. 我国黄金产业技术进步现状及对策研究[J]. 科技进步与对策，2011，28(18)：65-68.

[7] 张平安. 中国黄金资源国际竞争力研究[D]. 长春：吉林大学，2007.

[8] 殷璐，金哲男，杨洪英，张勤. 我国黄金资源综合利用现状与展望[J]. 黄金科学技术，2018(1)：17-24.

[9] 田庆华，王浩，辛云涛，郭学益. 难处理金矿预处理方法研究现状[J]. 有色金属科学与工程，2017，8(2)：83-89.

[10] 王伟晶，吕永江，王玉红. 火法炼金技术的应用[J]. 黄金，2006(7)：36-37.

[11] 陈景. 火法冶金中贱金属及锍捕集贵金属原理的讨论[J]. 中国工程科学，2007(5)：11-16.

[12] 张福元，徐亮，赵卓，郑雅杰，田勇攀，张玉明. 复杂金精矿火法冶炼高锑烟尘处理工艺[J]. 中国有色金属学报，2018，28(10)：2094-2102.

[13] 李大江，郭持皓，袁朝新，常耀超，梁东东. 熔融氯化挥发提金技术进展[J]. 世界有色金属，2018(16)：12-13.

[14] 徐盛明，张传福，赵天从. 水口山含金硫精矿的处理方案浅析[J]. 黄金，1993(7)：24-27.

[15] 何从行. 用选矿工艺回收冶炼渣中的有价金属[J]. 湖南有色金属，1997(2)：21-24.

[16] Oraby E A, Eksteen J, Tanda B C. Gold and copper leaching from gold-copper ores and concentrates using a synergistic lixiviant mixture of glycine and cyanide[J]. Hydrometallurgy, 2017, 169.

[17] Rabieh A, Eksteen J J, Albijanic B. Galvanic interaction of grinding media with arsenopyrite and pyrite and its effect on gold cyanide leaching[J]. Minerals Engineering, 2017, 56.

[18] 李骞，沈煌，张雁，齐伟，罗君，徐斌，杨永斌. 硫脲浸金研究进展[J]. 黄金，2018，39(1)：66-69.

[19] 赵留成，孙春宝，李绍英，龚道振. 石硫合剂对金精矿浸出特性的影响[J]. 中国有色金属学报，2015，25(3)：786-792.

[20] 钟晋. 云南一种金矿硫代硫酸盐提金试验研究[D]. 昆明：昆明理工大学，2013.

[21] 李怀仁，陈家辉，徐庆鑫，和晓才，翟中标. 氯化浸出铅阳极泥回收金的研究[J]. 昆明理工大学学报(自然科学版)，2011，36(5)：14-19，55.

[22] 袁喜振，李绍英，孙春宝，王海霞，赵留成，李根壮，郭林中. 浮选金精矿和难浸含铜金矿的碘化浸金[J]. 中国有色金属学报，2014，24(12)：3123-3128.

[23] 白安平，宋永胜，李文娟，屈伟. 增氧条件下的碱性硫脲浸金实验[J]. 中国有色金属学报，2017，27(11)：2363-2369.

[24] 郑成辉，白悦，严佐毅，陈伟立，李晓伟，林诚. 金精矿生物氧化反应器的离底悬浮及设计优化[J]. 中国有色金属学报，2019，29(4)：864-877.

[25] Matti L, Sipi S, Otto F, Arto L, Jari A, Mari L, Tuomas K. Mechanism and kinetics of gold leaching by cupric chloride[J]. Hydrometallurgy, 2017, 169: 103-111.

[26] Gönen N, Körpe E, Yildirim M E, Selengil U. Leaching and CIL processes in gold recovery from refractory ore

with thiourea solutions[J]. Minerals Engineering, 2007, 20(6): 559-565.
[27]胡杨甲, 贺政, 赵志强, 罗思岗, 赵杰. 非氰浸金技术发展现状及应用前景[J]. 黄金, 2018, 39(4): 53-58.
[28]赵留成. 载金硫化物中性焙烧-非氰浸金过程的研究[D]. 北京: 北京科技大学, 2016.
[29]徐涛, 赵留成, 李绍英. 响应面法优化金精矿中性焙烧产物的自浸金过程[J]. 中国有色金属学报, 2017, 27(3): 629-636.
[30]黄海威. 锌加压氧化浸出渣中闪锌矿与单质硫的浮选分离技术研究[D]. 长沙: 中南大学, 2012.
[31]黄怀国. 难处理金精矿的酸性热压预氧化研究[J]. 矿冶工程, 2007(4): 42-45.
[32]曾冠武. 高铁高硫砷金精矿焙砂除铁提金技术研究[D]. 长沙: 中南大学, 2014.
[33]杨喜云, 刘政坤, 郭孔彬, 徐徽, 石西昌. 硫脲-硫氰酸钠浸出难处理金矿及浸出剂的稳定性[J]. 中国有色金属学报, 2014, 24(8): 2164-2170.
[34]颜亚盟, 张仂. 硫酸钙在盐水中的溶解度及溶度积实验研究[J]. 天津科技, 2014, 41(10): 13-17.
[35]田萍, 宁朋歌, 曹宏斌, 李志宝. 二水硫酸钙在铵盐溶液中溶解度测定及热力学计算[J]. 过程工程学报, 2012, 12(4): 625-630.
[36]方兆珩, 李兆军, 石伟, 韩宝玲. 难处理金精矿含元素硫的酸浸渣加石灰氧压浸金[J]. 过程工程学报, 2002(1): 17-20.
[37]朱国才, 陈家镛. 碱性介质中元素硫歧化产物浸金的研 究[J]. 有色金属(冶炼部分), 1996(1): 36-39.
[38]王志江, 李丽, 刘亚川. 超细磨技术在难处理金矿中的应用[J]. 黄金, 2014(6): 54-57.
[39]唐国标. 超细磨在难浸金矿的应用[J]. 有色冶金设计与研究, 2014(1): 9-12.
[40]王贻明, 吴爱祥, 艾纯明. 低品位硫化铜矿超声强化浸出实验与机理分析[J]. 中国有色金属学报, 2013, 23(7): 2019-2025.
[41]Swamy K M, Narayana K L. Intensification of leaching process by dual-frequency ultrasound[J]. Ultrasonics Sonochemistry, 2001, 8(4): 341.

高砷铜电解液中旋流电积脱杂

摘要： 针对高砷铜电解液中砷、锑、铋等杂质含量高，铜含量低的特点，采用旋流电积技术对其进行电积脱杂。考察电流密度、循环流量和铜离子含量对砷、锑、铋等杂质脱除率的影响。4 L小试结果表明：在电流密度 500 A/m²、循环流量 250 L/h，铜离子浓度 1~3 g/L 的条件下，砷、锑和铋的脱除率分别达 90.56%、98.90%、99.99%，电积产物黑铜渣中铜–砷比低至 0.50。600 L 扩试结果表明：在电流密度 800 A/m²、循环流量 6000 L/h，铜离子浓度 0.5~3 g/L 的条件下，砷、锑和铋的脱除率分别达 89.30%、80.00%、99.99%。采用旋流电积技术进行电积脱杂可以有效降低铜的损失，避免砷化氢气体的产生，脱杂效果明显。

铜是与人类关系最为密切的金属之一，被广泛应用于电气、轻工、机械制造、建筑工业、国防工业等领域[1]。纯铜一般采用电解法制备，但是在铜电解精炼过程中，随着阳极铜的不断溶解，阳极铜中的砷、锑、铋等随着阳极的溶解部分溶出使得电解液中杂质不断富集，影响铜的电流效率以及阴极铜质量[2-4]。因此，必须定期对铜电解液进行净化除杂。

目前铜电解液净化主要方法有溶剂萃取法[5-6]、沉淀法[7-9]、离子交换法[10-11]、电积法[12-13]和铜电解液自净化法[14]等。其中，电积法使用最为广泛，传统电积法首先将待处理的电解液进行中和、浓缩、结晶。结晶母液采用不溶性阳极进行电积脱铜，当铜离子浓度降至 10 g/L 以下时砷、锑、铋等杂质开始与铜共同析出形成海绵铜或黑铜渣。海绵铜或黑铜渣返回铜熔炼系统，回收其中的铜[12]。传统电积法存在如下缺点：一方面杂质脱除率低、电积后期易产生砷化氢毒性气体、铜砷比高，铜损失严重；另一方面杂质重新回到铜系统中循环，使得杂质不断富集，影响铜的生产。针对以上问题，研究人员对传统电积法进行了改进，发明了周期反向电流电解法[15]、控制阴极电势法[16]和诱导脱砷法[17-18]。这些方法在一定程度上减少了砷化氢气体的产生，提高了杂质的脱除率，但是黑铜渣中铜砷比仍较高，铜损失严重的问题仍然存在。由于黑铜渣仍然需返回铜冶炼系统，因此杂质富集的问题也依然没有得到解决。

旋流电积技术是一种新型的电积技术，其利用液流在电解槽中的高速旋转流动，提高了溶液的流动速度，极大地增强了传质过程，降低了浓差极化，减小了过电位[19]。有研究表明，以切向方式将溶液泵入电解槽时，其物质传递速度是轴向方式的 4 倍[20]。旋流电积技术可以有效降低扩散层厚度，提高极限电流和电极表面离子浓度[21-24]，被广泛应用于废水、污泥等废弃物中有价金属的提取[25-26]。

本文作者将旋流电积技术应用于铜电解液的脱杂处理，对脱杂过程各元素行为及工艺条件进行系统研究，并进行了扩试实验，以期为铜电解液的高效脱杂提供理论和工艺依据。

本文发表在《中国有色金属学报》，2018，28（8）：1637-1644。合作者：张镇，李晓静。

1　实验

1.1　实验原料

本研究所用原料为脱铜处理后的高砷铜电解液，高砷铜电解液中主要成分见表 1。

由表 1 可以看出，经脱铜处理后电解液中铜浓度为 3 g/L 左右，杂质砷、锑、铋的浓度相对较高，其中砷浓度最高，达 13.25 g/L。锑、铋浓度分别为 0.91 g/L、0.10 g/L。

表 1　高砷铜电解液主要化学成分

Composition	Concentration/$(g \cdot L^{-1})$
Cu	3.34
As	13.25
Sb	0.91
Bi	0.10
H_2SO_4	270.00

1.2　实验原理

旋流电积高砷电解液过程中，电解液高速流动加强电解液传质过程，降低了浓差极化，使得金属可以在较低的浓度下选择性析出。根据各元素析出电位不同，铜和铋的电位较正，在旋流电积过程中首先析出。随着铜和铋的析出，电解液中其含量随之降低，此时发生铜与砷、锑的共沉积实现电解液中杂质的快速脱除[27]。电积过程中主要发生的反应式如下：

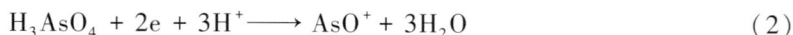

$$Cu^{2+} + 2e \longrightarrow Cu \tag{1}$$

$$H_3AsO_4 + 2e + 3H^+ \longrightarrow AsO^+ + 3H_2O \tag{2}$$

$$AsO^+ + 2H^+ + 3e \longrightarrow As + H_2O \tag{3}$$

$$BiO^+ + 2H^+ + 3e \longrightarrow Bi + H_2O \tag{4}$$

$$SbO^+ + 2H^+ + 3e \longrightarrow Sb + H_2O \tag{5}$$

$$yAsO^+ + xCu^{2+} + ne + H^+ \longrightarrow Cu_xAs_y + H_2O \tag{6}$$

1.3　实验装置与方法

以 316 L 不锈钢片作为阴极，钛涂层惰性电极为阳极。将一定体积的电解液放入循环槽中，开启离心泵进行电解液循环，调整控制阀门调节电解液的循环流量。待溶液循环稳定、无明显气泡时，调节电流进行电积试验。实验过程中采用滤布过滤电解液收集黑铜渣。通过测定电积前后各元素浓度来计算各元素的脱除率(R)，计算公式如式(7)所示：

$$R = \frac{\rho_0(Me) - \rho_1(Me)}{\rho_0(Me)} \times 100\% \tag{7}$$

式中：Me 代表电解液中的元素铜、砷、锑、铋；$\rho_0(\text{Me})$ 为初始溶液中 Me 浓度；$\rho_1(\text{Me})$ 为终点溶液中 Me 浓度。

电积过程中铜离子浓度采用碘量法分析；铜电解液中砷、锑、铋含量采用电感耦合等离子体-原子发射光谱（Optimal 5300DV，Perkin-Elmer 公司生产）测定分析；采用 X 射线荧光光谱仪（PW-1404）分析黑铜渣的化学成分。

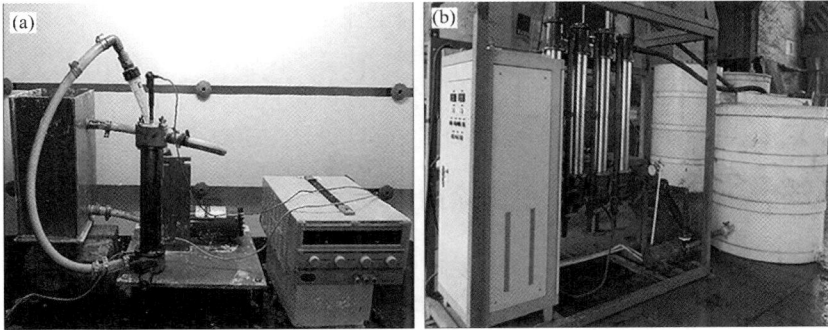

图 1　旋流电积槽

2　结果与讨论

2.1　电流密度对电积过程杂质脱除的影响

在电解液体积 4 L、电解液循环流量 250 L/h、电积时间 12 h、电积温度 25℃、电流密度分别为 400、500、600 和 700 A/m² 的条件下，研究电流密度对铜及砷、锑、铋脱除效果的影响，其结果如图 2 和 3 所示。

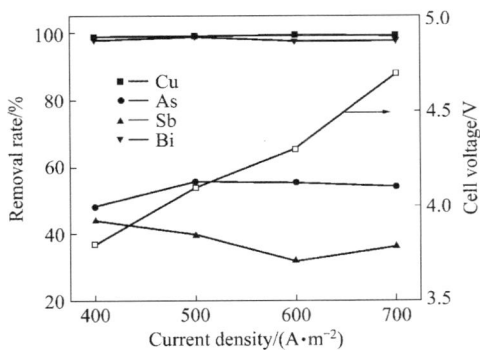

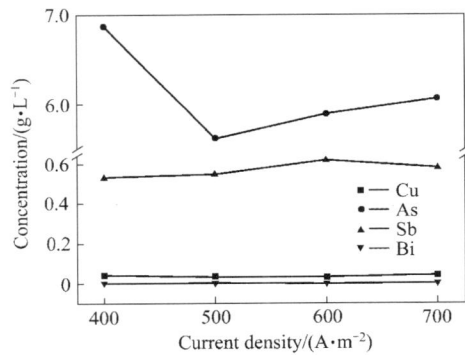

图 2　电流密度对各元素脱除率和槽电压的影响　图 3　电流密度对高砷铜电解液中各元素终点浓度的影响

由图 2 可以看出，随着电流密度的增加，砷的脱除率先增加然后保持平衡，在电流密度为 500 A/m² 时达到最大值 55.55%。这是因为随着电流密度的增加，阴极上铜析出过电位增加，铜和砷开始共同析出；当电流密度达到极限电流密度时，铜和砷共析速率达到最大，但是电流密度进一步增加，过电位升高，副反应如析氢反应等开始发生，影响铜和砷的析出[28]。而锑的脱除率则随电流密度的增加先降低后基本保持稳定，在电流密度为 400 A/m² 时最大为 43.8%。这可能是因为电解液中锑浓度较低，其极限电流密度也较低，继续增加电流密度对锑的析出增益不大，同时由于析氢反应的发生，锑的脱除率逐渐降低。电流密度对铜和铋的脱除率影响不大，对砷和锑的脱除率有一定的影响。铜和铋的脱除率基本为 99% 左右。槽电压随着电流密度的增加线性增加，槽电压的增加导致电能消耗的增加。因此，为确保较高的杂质脱除率以及较低的电能消耗，选择电流密度为 500 A/m²。

图 3 所示为不同电流密度下高砷铜电解液中各元素的终点浓度。由图 3 可知在电流密度为 500 A/m² 时各元素浓度达到最低，铜、砷、锑和铋的浓度分别降至 $0.03×10^{-2}$、$5.85×10^{-2}$、$0.55×10^{-2}$ 和 $0.08×10^{-2}$ g/L，铜、锑和铋的脱除效果较好，高砷脱铜电解液中砷浓度仍较高。

2.2　循环流量对电积过程中杂质脱除的影响

在电解液体积 4 L、电流密度 500 A/m²、电积时间 12 h、电积温度 25℃、循环流量分别为 200、250、300 和 350 L/h 的条件下，研究循环流量对高砷铜电解液中各元素的脱除效果的影响，其结果如图 4 和 5 所示。

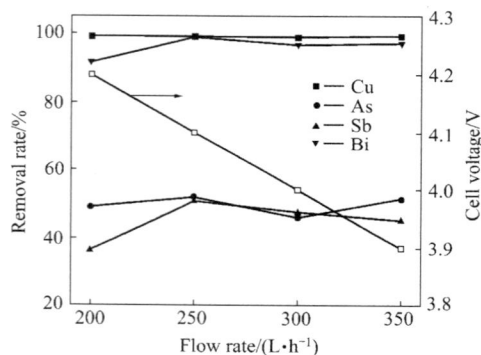

图 4　循环流量对各元素脱除率和槽电压的影响

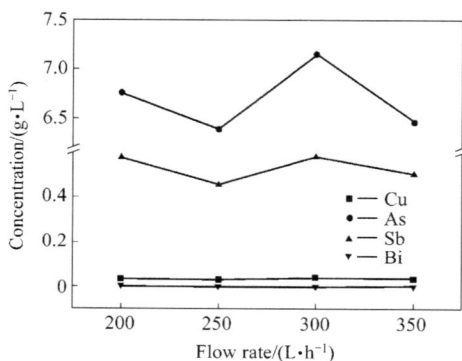

图 5　循环流量对电解液中各元素终点浓度的影响

由图 4 可以看出，随着循环流量的增加，锑和铋的脱除率先增加后基本保持，在循环流量为 250 L/h 时锑和铋的脱除率达到最大，分别为 50.6% 和 99.0%，而砷和铜的脱除率与循环流量关系不大。槽电压随着循环流量的增加而降低。这是因为循环流量的增加提高了电解液的流动速度，降低了浓差极化，减小了极化电位。但是高循环流量会增加输送溶液的动力消耗，所以选择较低的循环流量 250 L/h。

由图 5 可以看出，高砷铜电解液经过旋流电积后，电解液中杂质的含量都有了不同程度的降低，在最佳循环流量下，铜、砷、锑和铋的浓度分别降至 0.03、6.39、0.45 和 0.001 g/L，但高砷铜电解液中砷的浓度仍然较高。

通过以上实验发现，使用旋流电积能够有效脱除电解液中的杂质。铜和铋的脱除率达到 99% 以上，但砷、锑的脱除率较低，仅为 40%～50%，脱杂结束高砷铜电解液中砷浓度大于 5 g/L。这主要因为随着电积的进行，高砷铜电解液中铜离子浓度降低，电积反应由铜砷共析反应转变为单独砷的析出，使得砷的析出速率降低[28-29]。由此可以适当维持电解液中的铜浓度以提高砷、锑的脱除率。

2.3 电解液中铜浓度对脱杂效果的影响

实验条件：电流密度为 500 A/m²、循环流量 250 L/h、电解温度 25℃。当溶液中铜离子浓度为 1 g/L 以下时，添加硫酸铜调节电解液铜离子浓度在 3 g/L 左右，继续电积 12 h。砷、锑、铋脱除效果如表 2 所列。

表 2 高砷铜电解液电积前后浓度及杂质脱除率

Element	Initial concentration/（g·L⁻¹）	Finish concentration/（g·L⁻¹）	Removal rate/%
Cu	3.34	0.01	99.62
As	13.25	1.25	90.56
Sb	0.91	0.01	98.90
Bi	0.10	0	99.99

由表 2 可以看出，电积结束后，铜离子浓度降低到 0.01 g/L 以下，其脱除率达 99.62%，铋的脱除率达 99.99% 以上。同时，控制电积过程中电解液中铜离子浓度 1~3 g/L 时，砷和锑的脱除率得到了较大的提高。在铜离子的诱导作用下，砷和锑的脱除率分别提高至 90.56% 和 98.9%。

由表 3 可以看出，旋流电积脱除砷锑铋的产物黑铜渣中存在的元素主要有铜和砷以及少量的铋和锑，其中砷含量达到 59.37%，铜含量为 29.13%，锑含量为 4.55%，铋含量为 0.54%。铜砷比为 0.50，远低于常规诱导法的 5.60 和并联循环法的 3.11[15-16]。同时，由黑铜渣的成分可以看出，溶液中砷锑铋杂质基本上全部电积到渣中，无 AsH₃ 气体排出，避免了 AsH₃ 气体对环境及人体的伤害，劳动环境得到极大的改善。

表 3 黑铜渣成分　　　　　　　　　　　　　　　　　　　　%

As	Cu	O	As	Bi	S	Pb	Mg
59.37	29.13	5.08	4.55	0.96	0.54	0.25	0.12

3 扩试实验结果与讨论

采用旋流电积对高砷电解液进行扩试实验，考察电流密度、循环流量及除杂时间对除杂效果的影响。高砷铜电解液除砷、锑、铋旋流电积实验工艺条件见表 4。

每隔一定时间取样测定高砷电解液中砷、锑、铋和铜离子浓度。不同实验条件下砷、锑、铋的脱除率及铜的浓度随时间变化的关系曲线见图 6。

由图 6 可知，随着电流密度的增加，砷锑铋脱除率随之增加。在电流密度为 800 A/m² 时，电积 36 h 后，砷锑铋的脱除率分别达到最大值 59.30%、78.00% 和 99.00%。因此，为了得到较高的砷锑铋脱除率应选择较高的电流密度。

条件 3 和 4 的实验结果表明，当循环流量为 3500 L/h 时，砷的脱除率在电积 40 h 后仅达 47.00%，锑、铋在电积 40 h 后脱除率分别为 55.00%、95.00%。而在循环流量为 6000 L/h 时，砷脱除率在电积 36 h 后达 59.30%，锑、铋在电积 36 h 后脱除率分别为 78.00%，98.80%。同时在实验过程中发现，当使用高电流密度进行电积时，电解槽内会产生大量的氢气和氧气，影响电解液的正常循环流动，因此应采用较高的循环流量带走电解槽内生成的气体。

表 4　高砷铜电解液脱砷、锑、铋试验工艺条件

Condition No.	$\rho(\mathrm{Cu})$ /(g·L^{-1})	$\rho(\mathrm{As})$ /(g·L^{-1})	$\rho(\mathrm{Sb})$ /(g·L^{-1})	$\rho(\mathrm{Bi})$ /(g·L^{-1})	Time /h	J /(A·m^{-2})	Flow rate /(L·h^{-1})
1	2.10	13.26	1.05	0.10	60	600	3500
2	2.10	13.26	1.05	0.10	40	700	6000
3	2.10	13.26	1.05	0.10	36	800	6000
4	2.10	13.26	1.05	0.10	40	800	3500

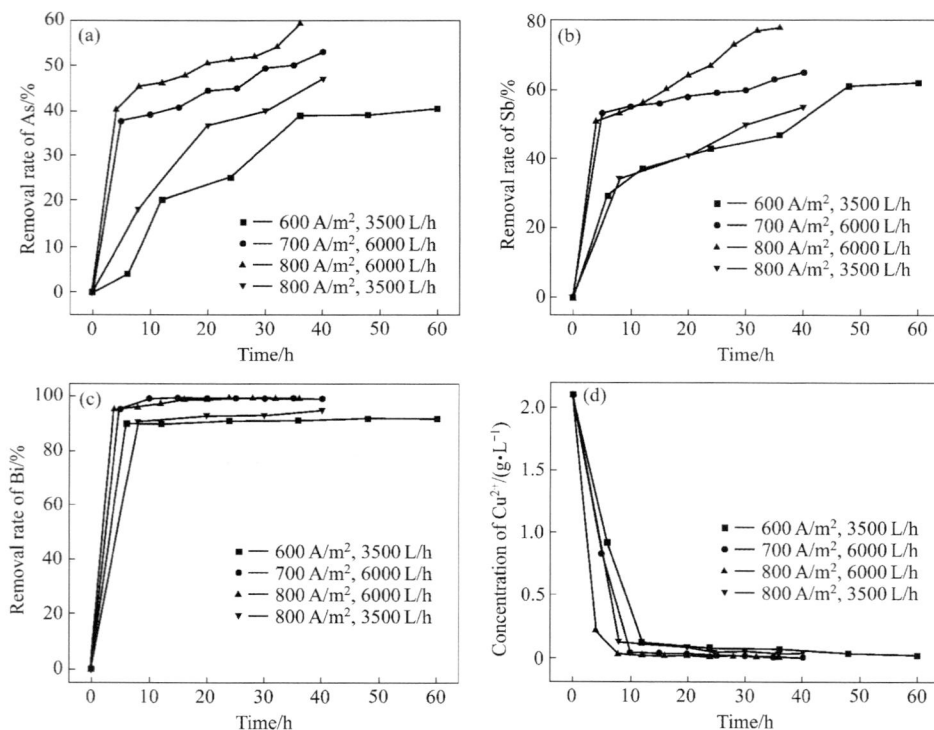

图 6　不同条件下高砷铜电解液中砷、锑、铋脱除率及铜离子浓度随时间变化曲线

（a）Condition 1；（b）Condition 2；（c）Condition 3；（d）Condition 4

由图 6（a）、（b）可以看出，砷、锑的脱除率随时间的变化曲线均呈现一开始快速上升随后缓慢增加的趋势。而由图 6（d）可以看出不同条件下随着电积的进行铜离子浓度先迅速下

降后保持不变。分析可知铜离子浓度变化的拐点与砷、锑、铋脱除率变化的拐点对应的电积时间大致相同。当铜离子浓度高于 0.5 g/L 左右时，砷、锑、铋脱除速率较快，低于 0.5 g/L 左右时，砷、锑、铋脱除速率放缓，铋脱除速率接近于 0。其主要原因为当铜离子浓度较高时，铜对砷、锑的析出有一定的诱导效应，使得脱除速率增加。相对常规诱导脱砷时，铜的浓度需控制在 2~5 g/L，使用旋流电积技术在铜浓度为 0.5 g/L 时仍可实现砷、锑的高效脱除。

在 800 A/m^2、6000 L/h 的条件下电积 8 h 后添加硫酸铜，调节溶液中铜离子浓度在 2~3 g/L 继续电积 8 h，实验结果见图 7。

由图 7 可知，在不添加硫酸铜的情况下，电积 8 h 后，电解液中的砷、锑、铋等杂质基本没有析出，杂质的脱除率增加缓慢。在电积 8 h 后添加硫酸铜的情况下，电解液中砷、锑脱除效果明显加强，铋的脱除速率基本保持不变。电积结束后砷、锑、铋的脱除率分别达到 89.30%、80.00%、99.99%。砷的浓度降低至 1.42 g/L，锑浓度降至 0.21 g/L，铋浓度小于 0.00001 g/L，溶液中杂质基本脱除完全。

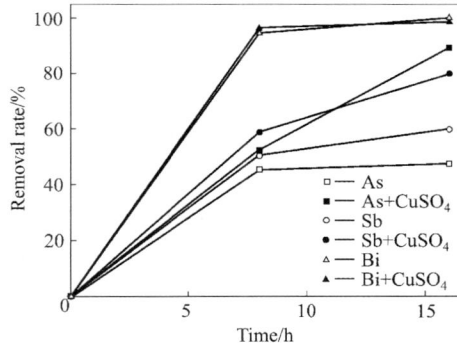

图 7　砷、锑和铋脱除率随时间的变化曲线

4　结论

(1)通过液流高速运动消除浓差极化的不利影响，旋流电积技术能够有效脱除高砷电解液中的砷、锑、铋等杂质，既没有产生 AsH$_3$ 气体，又实现了砷、锑、铋等金属的富集，避免了杂质在冶炼系统中的循环积累，降低了生产成本，提高了经济效益。

(2)确定了高砷电解液旋流电积脱砷、锑、铋的实验室优化工艺条件：电流密度为 500 A/m^2，循环流量为 250 L/h，铜离子浓度为 1~3 g/L。在此优化条件下，砷、锑、铋脱除率分别达 90.56%、98.90%、99.99%。

(3)确定了高砷电解液旋流电积脱砷锑铋的扩试优化工艺条件为：电流密度 800 A/m^2，循环流量 6000 L/h，铜离子浓度 0.5~3 g/L。在此优化工艺条件下，电积 16 h 后，砷、锑、铋脱除率分别达 89.30%、80.00%、99.99%。

(4)在旋流电积脱杂的产物黑铜渣中，铜砷比低至 0.50，高砷电解液中的杂质基本富集到渣中，净化后液可直接返回造液。黑铜渣可以直接用于砷、锑、铋的提取，避免了这些杂质在系统中的循环积累。

参考文献

[1]朱祖泽，贺家齐. 现代铜冶金学[M]. 北京：科学出版社，2003.

[2]钟点益. 国外铜电解液净化除砷、锑、铋的方法[J]. 有色冶炼，1991(5)：30-34.

[3]鲁道荣. 杂质在铜电解液精炼中的电化学行为[J]. 有色金属，2002，54(4)：51-52.

[4]崔涛.高砷脱铜电解液的净化和回用研究[D].长沙：中南大学，2012.

[5]王瑞永.C923萃取铜电解液中砷和铋的试验研究[J].黄金科学技术，2015，23(1)：90-94.

[6]武金朋.TBP-N1923协同萃取脱除铜电解液中砷锑铋的工艺试验研究[D].江西：江西理工大学，2012.

[7]许民才，单承湘，吴国荣，于少明.共沉淀法净化铜电解液中砷锑铋的研究[J].合肥工业大学学报(自然科学版)，1992，15(S1)：134-139.

[8]万黎明.化学法净化铜电解液工艺研究[D].长沙：中南大学，2010.

[9]梅光贵，钟云波，钟竹前.硫化沉淀法净化铜废电解液的热力学分析[J].中南工业大学学报，1996，27(1)：31-35.

[10]罗凯，徐洁.膜技术处理铜电解液最佳条件试验[J].矿冶工程，2006，26(1)：65-67.

[11]张素霞，程霞霞.离子交换树脂脱除铜电解液中的锑和铋[J].有色金属(冶炼部分)，2015(9)：55-56.

[12]陈崇善.提高铜电解净液脱砷效率的生产实践[J].铜业工程，2015(3)：7-8.

[13]何万年，何思郏.净化铜电解液中杂质的方法[J].江西有色金属，1996，10(1)：38-43.

[14]彭映林.砷价态调控净化铜电解液工艺及基础理论研究[D].长沙：中南大学，2013.

[15]陈少华，鲁道荣.脉冲电解铜电解液的净化[J].有色金属(冶炼部分)，2008(5)：7-9.

[16]陈白珍，仇勇海，梅显芝，赖永玲.控制阴极电势电积法脱铜砷[J].中国有色金属学报，1997，7(2)：39-41.

[17]姚素平.诱导法脱砷的工艺与实践[J].有色冶金设计与研究，1994，15(3)：18-24.

[18]郑志萍，陈崇善.诱导法和并联循环法脱铜砷的对比分析[J].铜业工程，2011(6)：29-33.

[19]Wei Jin，Laforest P L，Luyima A，Read W，Navarro L，Moats M S. Electrolytic recovery of bismuth and copper as a powder from acidic sulfate effluent using an emew cell[J]. RSC Advances，2015，5(62)：50372-50378.

[20]Legrand J，Aouabed H，Legentilhomme P，Lefebvre G. Use of electrochemical sensors for the determination of wall turbulence characteristics in annular swirling decaying flows[J]. Experimental Thermal and fluid Science，1997，15(2)：125-136.

[21]李荻.电化学原理[M].北京：北京航空航天大学出版社，2008.

[22]阿伦J巴德，拉里R福克纳.电化学方法原理和应用[M].北京：化学工业出版社，2005.

[23]Legentilhomme P，Legrand J. Overall mass transfer in swirling decaying flow in annual electrochemical cells[J]. Journal of Applied Electrochemistry，1990，20(2)：216-222.

[24]Fahidy T Z. Electrolysis in an annular flow cell with gas generation[J]. Journal of Applied Electrochemistry，1997，9(1)：101-108.

[25]郭学益，姚标，李晓静，石文堂，田庆华.水钴矿中选择性提取铜和钴的新工艺[J].中国有色金属学报，2012，22(6)：1778-1784.

[26]郭学益，石文堂，李栋，田庆华.采用旋流电积技术从电镀污泥中回收铜和镍[J].中国有色金属学报，2010，20(12)：2425-2430.

[27]张晓瑜.铜电解精炼过程中砷锑铋杂质分布及其脱除研究[D].西安：西安建筑科技大学，2014.

[28]Zheng Yajie，Peng Yinglin，Ke Lang，Chen Wenmi. Separation and recovery of Cu and As from copper electrolyte through electrowinning and SO_2 reduction[J]. Transactions of Nonferrous Metals Society of China，2013，23(7)：2166-2173.

[29]彭富超，徐政，纪仲光，杨丽梅，王巍，李岩.旋流电解技术脱除污酸中铜砷的研究[J].稀有金属，2017(4)：410-415.

二次资源高值化利用与粉体制备

工艺条件对溶液雾化氧化法制备 Co_3O_4 粉末的影响

摘要： 以 $CoCl_2 \cdot 6H_2O$ 为原料，采用溶液雾化氧化法制备 Co_3O_4 粉末，对反应温度、溶液浓度、载气压力等工艺条件对产物粒子形貌及粒度分布的影响进行系统研究。结果表明，反应温度对 Co_3O_4 粉末的形貌和粒度都有影响，高温下粉末粒度较小、球形度较好，但温度过高会导致粒子团聚；$CoCl_2 \cdot 6H_2O$ 溶液的浓度对 Co_3O_4 粉末粒度也有影响，高浓度下所得 Co_3O_4 粉末的粒径较大；雾化压力增大，有利于得到颗粒分布均匀、分散性好的 Co_3O_4 粉末，但粉末粒度随之增大。在反应温度为 850℃、$CoCl_2 \cdot 6H_2O$ 溶液浓度为 1.5 mol/L、雾化压力为 $1.5×10^5$ Pa 的条件下，反应较完全，可制备物相单一的 Co_3O_4 粉末，产物为均匀分布的球形粉末，且粒度分布较窄。

由于 Co_3O_4 具有正常尖晶石结构，Co^{3+} 占据八面体位，具有较高的晶体场稳定化能，在空气中低于800℃时，Co_3O_4 十分稳定[1]，所以被广泛应用于催化剂[2]、磁性材料[3]、电池材料[4-5]、热敏和压敏电阻[6-7]、气体传感器敏感元件[8]等领域。Co_3O_4 粉末的制备方法主要包括均匀沉淀法[9]、室温固相反应法[10]、机械球磨法[11]和水热法[12]等，但这些传统方法存在设备复杂、生产成本高、工艺过程复杂和难于控制、容易产生废气/废液从而造成环境污染等问题。

溶液雾化氧化法是一种制备 Co_3O_4 粉末的新方法，它同时具备造粒和干燥两步工艺过程，通过连续操作可使粉末的特性保持恒定[13]。采用溶液雾化氧化法可以制备质量均一、重复性良好的球形粉末，且粉料的制备过程短，也有利于自动化、连续化生产，并对环境没有危害，此法已成为一种新兴的制备优良粉末的有效方法[14-15]。本文作者以 $CoCl_2$ 溶液为原料，采用溶液雾化氧化法制备 Co_3O_4 粉末，并对产物的结构和形貌进行表征。

1 实验

用工业级 $CoCl_2 \cdot 6H_2O$ 加纯净水配制成溶液。溶液雾化氧化装置如图1所示。$CoCl_2 \cdot 6H_2O$ 溶液通过气流式喷雾器形成极细的球形雾滴，在反应炉内，溶剂迅速蒸发，干燥、氧化、成粒过程在瞬间完成，生成的粉末收集在反应炉下的积粉器中，炉内气流通过旋风分离器首先除去气体中夹带的微细粉末，使其返回积粉器中，然后进入洗涤塔吸收 HCl 气体，洗涤后的空气符合国家排放标准后排空。整个系统由排气处的废气风机保持负压。

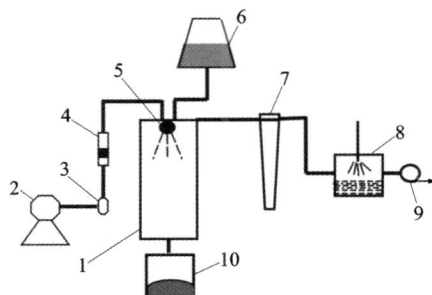

图1 溶液雾化氧化实验装置

1—Reaction furnace；2—Air compressor；3—Air filter；4—Manometer；5—Nebulizer；6—Reaction furnace；7—Tornado-type separator；8—Gas cleaning set-up；9—Air-exhaust ventilator；10—Powder collector

本文发表在《粉末冶金材料科学与工程》，2009(5)：320-325。合作者：冯庆明、郭秋松。

通过热重分析(空气气氛下,升温速率10℃/min)研究$CoCl_2 \cdot 6H_2O$的热分解机理,并确定反应温度。用扫描电镜(JSM-6360LV 日本电子公司)观察粉末的微观结构。借助 LS-POP (VI)激光粒度仪分析粉末的粒度及其分布。用 Siemens D5000 型 X 射线衍射仪(XRD)对粉末进行物相分析。

2 结果与讨论

2.1 反应原理

钴的氧化物有 3 种形式:Co_3O_4、CoO 和 Co_2O_3,其中 Co_3O_4 实际上是 CoO 和 Co_2O_3 的混合氧化物;CoO 是钴的化合物或者其他形式的氧化物在高温下煅烧的产物,它在室温下很容易和氧气发生氧化反应;Co_2O_3 常以水合物的形式存在,当温度大于 570 K 时,可完全转化为 Co_3O_4[3]。

在反应炉中,$CoCl_2 \cdot 6H_2O$ 溶液雾滴经历溶剂蒸发和溶质的浓缩、干燥,然后在高温下氧化,结晶生长为 Co_3O_4 颗粒。溶液雾化后进入反应炉内发生的化学反应为

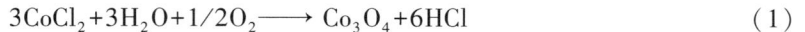

$$3CoCl_2 + 3H_2O + 1/2O_2 \longrightarrow Co_3O_4 + 6HCl \tag{1}$$

雾化氧化所得产物一般为球形颗粒,但由于工艺参数控制不当往往会导致颗粒变形,如空心球等。这是因为雾滴在高温下表面水分首先蒸发形成硬壳,壳内液体继续蒸发,如果硬壳是不透气的,壳层就会膨胀形成空心球。某些情况下,空心球会破裂,形成壳状碎片[14-15]。

2.2 原料的热重和差热分析(DSC-TGA)

图 2 所示为 $CoCl_2 \cdot 6H_2O$ 在空气气氛中的 DSC-TGA 分析曲线。DSC 曲线上有 5 个吸热峰:在 68.23℃ 和 97.97℃ 均有 1 个吸热峰,这是由 $CoCl_2 \cdot 6H_2O$ 失去吸附水分所致;温度达到 106.28℃ 时,失去全部吸附水分,而相应的 TGA 曲线上的质量损失为 27.71%;随后在 140.56℃ 和 174.02℃ 均有吸热峰,这是 $CoCl_2 \cdot 6H_2O$ 开始失去结晶水,在对应 180.05℃ 的 TGA 曲线上质量也有部分损失。最后在 710.05℃ 的时候有 1 个吸热峰,这是 $CoCl_2$ 开始受热氧化所产生的热效应,相应的

图 2 $CoCl_2 \cdot 6H_2O$ 的 DSC-TGA 曲线

TGA 曲线上有明显的质量损失,$CoCl_2$ 在 705.52℃ 的时候开始氧化,在 738.64℃ 氧化完毕。在 738.64~950℃ 温度范围内,其质量基本不变,表明形成的 Co_3O_4 在该温度区具有很好的热稳定性。

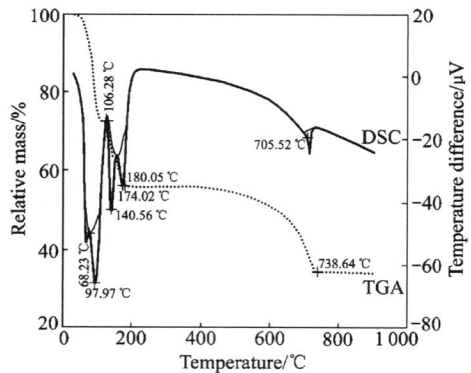

2.3 反应温度的影响

图 3 所示是在 $CoCl_2 \cdot 6H_2O$ 溶液浓度为 1.5 mol/L、雾化压力为 1.0×10^5 Pa 时，在不同反应温度下产物的 X 射线衍射谱。

由图 3 可见，当温度为 750℃时，反应不完全，产物中夹杂着 $CoCl_2$。当温度高于 800℃时，所得粉末的 X 射线衍射数据与标准立方相 Co_3O_4 中的 X 射线衍射数据基本一致，没有出现任何杂质峰，表明所得产物为单一物相的立方相 Co_3O_4，结构完整。温度对粉末粒度的影响如图 4 所示。由图可见，800℃时粉末粒径比 850℃时的粒径大，但随着温度继续升高，粒度随之变大。这是因为温度较低时，溶液雾滴达到过饱和的时间延长，瞬间成核速度降低，成核数量减少，导致所得微粒粒径较大。随着温度升高，溶剂蒸发速度加快，液滴达到过饱和态的时间缩短，故形成的颗粒粒径相应减小，粒径分布变窄。但温度继续升高时，形成的颗粒容易团聚，导致颗粒粒径反而增大[13, 16]。

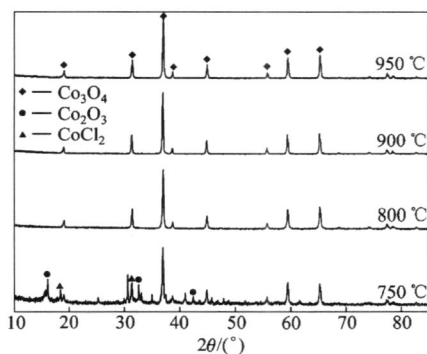

图 3 不同反应温度下 Co_3O_4 粉末的 XRD 谱

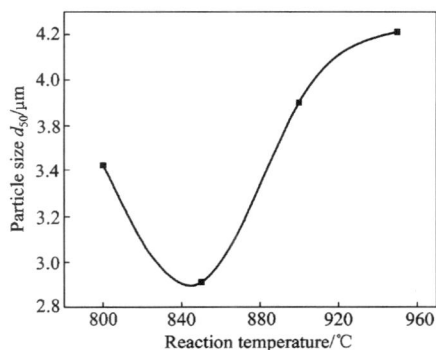

图 4 反应温度对粉末粒径的影响

图 5 所示为不同温度下粉末颗粒的 SEM 照片。由图中可以看出，当反应温度为 850℃时，产物为分布均匀的类球形粉末。

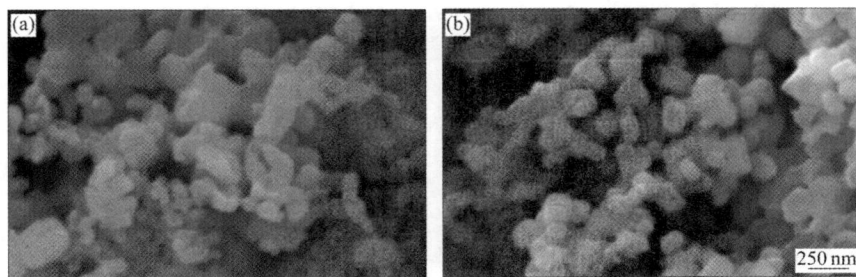

图 5 在不同反应温度下产物的 SEM 照片

(a)800℃；(b)850℃

2.4 CoCl$_2$·6H$_2$O 溶液浓度的影响

在反应温度为 850℃、雾化压力为 1.5×10^5 Pa 时，溶液浓度对 Co$_3$O$_4$ 粒径的影响如图 6 所示。从图中可以看出，随着溶液浓度增大，产物粒径（中位径 d_{50}）逐渐减小，但浓度继续增加时，产物粒径却逐渐变大。这是因为溶液浓度为 1.5 mol/L 时，雾滴中相应的溶质含量少，黏度较小，形成雾滴所需的能量较少，因而低浓度液体形成的雾滴较小，气液接触面积较大，传质效果较强，雾滴达到过饱和状态的时间较短，瞬间成核数量较多，颗粒的沉积以结晶为主要机理，所以形成的颗粒粒径较小。随着溶液浓度增加时，颗粒的沉积以生长为主要机理，因而颗粒粒径增大。但由于生成的产物粒径越小，在高温环境下越容易团聚，因此随着浓度低于 1.5 mol/L 时，产物粒径反而增大[17-18]。实验结果表明，当溶液浓度为 1.5 mol/L 时，制得的 Co$_3$O$_4$ 粉末粒度最小。

图 7 所示为不同溶液浓度下所得产物的 SEM 照片。由图 7 可以看出，当溶液浓度高的时候，产物颗粒大，形状不规则。这是因为溶液浓度太高，产物粒子碰撞、融合的概率大大增加，并且颗粒烧结熔融所需时间也较长，这表明控制溶液浓度可以有效地控制颗粒的大小及其分布。

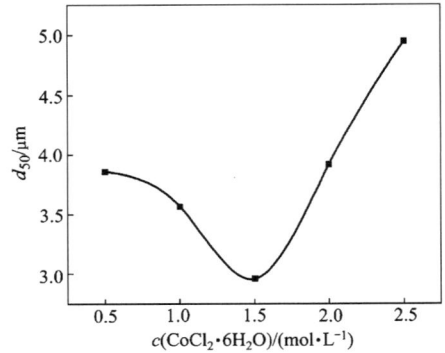

图 6 溶液浓度对 Co$_3$O$_4$ 粒径的影响

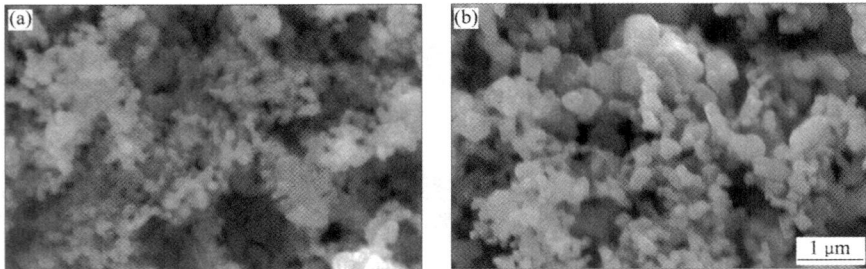

图 7 不同溶液(CoCl$_2$·6H$_2$O)浓度下制得的 Co$_3$O$_4$ 粉末 SEM 照片

(a)c(CoCl$_2$·6H$_2$O)= 1.5 mol/L; (b)c(CoCl$_2$·6H$_2$O)= 2.5 mol/L

2.5 雾化压力的影响

雾化压力是溶液雾化氧化技术的关键参数，只有达到一定的压力才能形成雾滴。图 8 所示为温度在 850℃、溶液浓度为 1.5 mol/L 时雾化压力对产物粒径的影响。从图中可以看出，雾化压力从 1.0×10^5 Pa 增加到 1.5×10^5 Pa 时，微粒粒径减小，但随着压力继续增大，微粒粒径随之增大。这是因为当压力增大时，一方面液滴中溶剂的蒸发干燥速度增大；另一方面喷嘴处压降增大，雾化液滴粒径因气流冲击能量增加而变小，增大了气液接触面积，增强了气液间传质效果，使得液滴的干燥速度增大。两者的共同作用使得液滴达到过饱和的时间缩短，瞬间成核速度加快，此时微粒的沉积以均匀析出为主。因此，所得粉末的粒径随之减小。

但粉末的粒径越小，越容易团聚，所以随着压力进一步增大粉末粒径反而增大，如果压力过大会对微粒形状产生负面影响，例如出现孔洞、凹陷等形状不规则现象，影响产品性能[13, 19-20]。此外，如图 8 显示雾化压力为 $1.5×10^5$ Pa 时，所制得的 Co_3O_4 粉末的粒度最小。

图 9 所示为不同雾化压力下得到的产物 SEM 照片。由图可见，雾化压力较大有利于制备分散性好的粉末，这是因为其他工艺条件一定时，雾化压力越大，产生的雾滴大小越均匀，越有利于得到分布均匀的颗粒，但粉末粒度也随之增大。

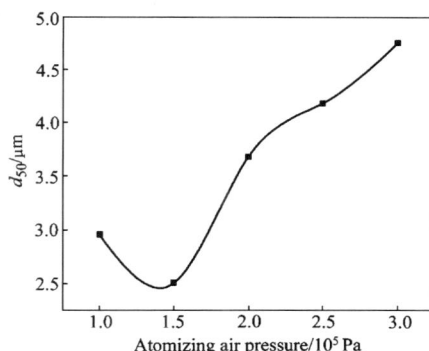

图 8 雾化压力对 Co_3O_4 粉末粒径的影响

图 9 不同雾化压力下 Co_3O_4 粉末的 SEM 照片

（b）$1.0×10^5$ Pa；（c）$2.0×10^5$ Pa

2.6 优化实验

通过系统研究各因素对 Co_3O_4 粉末的影响，确定最佳实验条件为：反应温度 850℃，雾化压力 $1.5×10^5$ Pa，$CoCl_2·6H_2O$ 溶液浓度为 1.5 mol/L。图 10 所示为在此条件下 Co_3O_4 粉末的 XRD 谱、粒度分布和 SEM 照片。从图中可以看出，在此条件下，可以制备物相单一、粒度分布均匀的球形 Co_3O_4 粉末，粉末粒径为 2.69 μm，且粒度分布较窄。

3 结论

（1）反应温度对 Co_3O_4 粉末的形貌和粒度都有影响，反应温度为 850℃时粒度较小，球形度较好，但温度过高会导致粒子团聚。

（2）$CoCl_2·6H_2O$ 溶液的浓度对 Co_3O_4 粉末的粒度也有影响，高浓度下所得 Co_3O_4 粉末的粒径较大。

（3）雾化压力增大，有利于得到颗粒分布均匀、分散性好的 Co_3O_4 粉末，但粉末粒度随之增大。

（4）最佳工艺条件为：反应温度为 850℃，原料浓度为 1.5 mol/L，雾化压力为 $1.5×10^5$

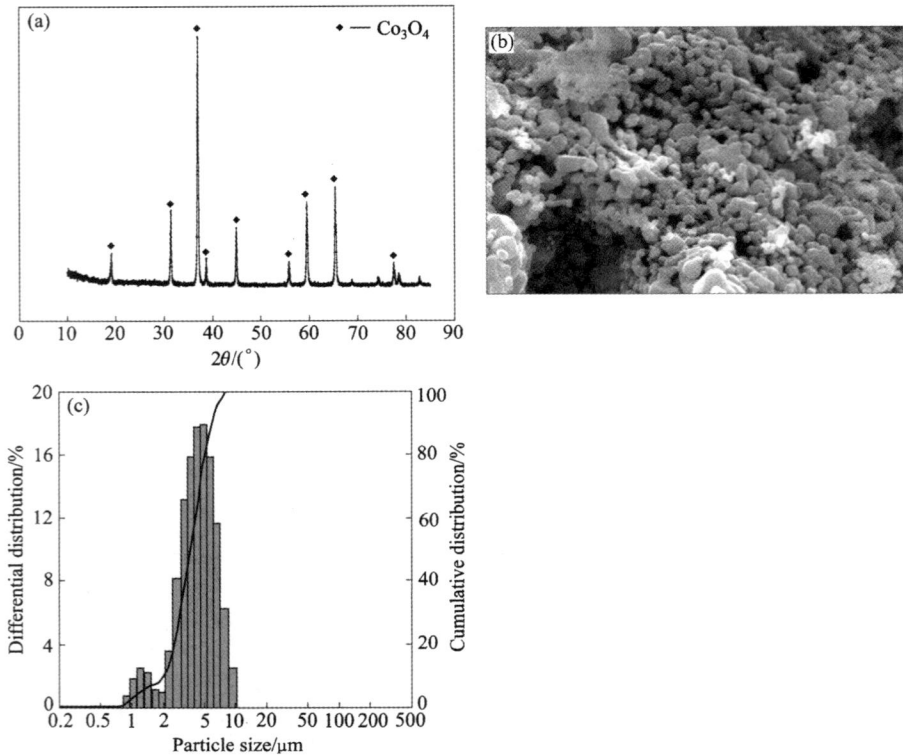

图10　最优条件下所得 Co_3O_4 粉末的表征

（a）XRD patterns of Co_3O_4 powder；（b）SEM images of Co_3O_4 powder；（c）Particle size of Co_3O_4 powder

Pa。在此条件下反应较完全，可制备出物相单一的 Co_3O_4 粉末，产物为均匀分布的球形粉末，粒度为2.69 μm且粒度分布较窄。

参考文献

［1］倪海勇，吕明钰，周绍辉，等. 超细四氧化三钴的制备［J］. 广东有色金属学报，2005，15（4）：13-15.

［2］Wang Chenbin, Tang Chiwei, Gau S J, et al. Effect of the surface area of cobaltic oxide on carbon monoxide oxidation［J］. Catalysis Letters, 2005, 101（1/2）：59-63.

［3］Ichiyanagi Y, Kimishima Y, Yamada S. Magnetic study on Co_3O_4 nanoparticles［J］. Journal of Magnetism and Magnetic Materials, 2004, 272：e1245-e1246.

［4］Wang G X, Chen Y, Konstantinov k, et al. Nanosized cobalt oxides as anode materials for lithium-ion batteries［J］. Journal of Alloys and Compounds, 2002, 340：L5-L10.

［5］Yuan Zhengyong, Huang Feng, Feng Chuanqi, et al. Synthesis and electrochemical performance of nanosized Co_3O_4［J］. Materials Chemistry and Physics, 2003, 79（3）：1-4.

［6］曹全喜，周晓华，蔡式东. Co_3O_4 在压敏陶瓷中的作用和影响［J］. 压电与声光，1996，18（4）：260-263.

［7］胡雷，刘志宏. 四氧化三钴粉末的制备与应用现状［J］. 粉末冶金科学与工程，2008，13（4）：195-200.

［8］Li Weiyang, Xu Lina, Chen Jun. Co_3O_4 nanomaterials in lithium-ion batteries and gas sensors［J］. Advanced

Functional Materials, 2005, 15(5): 851-857.

[9] 朱学文, 廖列文, 崔英德. 均匀沉淀法制备纳米四氧化三钴微粉[J]. 无机盐工业, 2002, 34(1): 3-4.

[10] 庄稼, 迟燕华, 王曦, 等. 室温固相反应制备纳米 Co_3O_4 粉体[J]. 无机材料学报, 2001, 16(6): 1203-1206.

[11] 蔡振平. 锂离子蓄电池负极材料 Co_3O_4 的制备及性能[J]. 电源技术, 2003, 27(4): 370-372.

[12] 杨幼平, 黄可龙, 刘人生, 等. 水热-热分解法制备棒状和多面体状四氧化三钴[J]. 中南大学学报: 自然科学版, 2006, 37(6): 1103-1106.

[13] 赵改琴, 王晓波, 刘维民, 等. 喷雾干燥技术在制备超微级纳米粉体中的应用及展望[J]. 2006, 20(6): 56-59.

[14] 王宝和, 王喜忠. 喷雾干燥技术的现状及展望[J]. 化工装备技术, 1997, 18(3): 46-51.

[15] 唐金鑫, 黄立新. 喷雾干燥工程的研究进展及其开发应用[J]. 南京林业大学学报, 1997(21): 10-14.

[16] He P, Davis S S, Ilium L. Chitosan microspheres prepared by spray drying [J]. Int J Pharmaceutics, 1999 (187): 60-64.

[17] Ferry Lskandar F, Gradon L, Okuyama K. Control of the morphology of nanostructured particles prepared by the spray drying of a nanopartiele sol [J]. Colloid Interf Sci, 2003(265): 296-300.

[18] Cocero M J, Ferrero S. Crystallization of carotene by a GAS process in batch effect of operating conditions [J]. Super Eritical Fluids, 2002, 22(4): 237-240.

[19] 刘智敏, 胡国荣. 超声喷雾热分解制备锂离子电池正极材料及表征[J]. 无机材料学报, 2007, 22(4): 637-641.

[20] Kim D Y, Ju S H, Koo H Y. Synthesis of nanosized Co_3O_4 particles by spray pyrolysis [J]. Journal of Alloys and Compounds, 2006, 417: 254-258.

富氧气氛下雾化氧化法制备多面体 Co_3O_4 粒子及其化学电容性能

摘要：以氯化钴水溶液为原料在富氧气氛下，采用简单雾化氧化法成功制备了纯净的多面体 Co_3O_4 粒子。由 $CoCl_2 \cdot 6H_2O$ 配制成水溶液，以净化的压缩富氧空气为载气和反应气源，应用气流式喷嘴雾化上述溶液，并直接在竖立高温管式电阻炉内进行氧化反应。采用 XRD、FT-IR 和 SEM 等手段表征样品的微观形貌结构与纯度。结果表明，在溶液浓度为 2.0 mol/L、溶液处理量为 6.0 L/h、反应温度为 800℃、雾化压力为 0.1 MPa 的反应条件下，所得样品为纯净的多面体 Co_3O_4 粒子。以所得样品为活性物质，制成电极片，通过循环伏安法和交流阻抗法测试其化学电容性能。结果表明，Co_3O_4 样品在 5.0 mol/L KOH 电解质水溶液中具有较好的电化学电容行为。

Co_3O_4 是一种微结构复杂的无机功能材料，具有独特的电化学、催化和电磁等物理化学性能，广泛应用于现代尖端工业领域。研究制备高性能的 Co_3O_4 粉体，并以此为原料，可以进一步合成能源转换材料、敏感材料、磁性材料和触媒材料[1-4]。Co_3O_4 属立方晶系，与磁性氧化铁 Fe_3O_4 异质同晶，具有正常的尖晶石结构，其中 Co^{3+} 占据八面体配位，Co^{2+} 占据四面体配位，晶格常数 $\alpha = 0.811$ nm，具有较高的晶体场稳定化能[5]。

电化学电容器也称为超级电容器，是一种新型能量存储与转移器件，具有电容的大电流快速充放电特性，重复使用寿命长，是当前研究的热点。以 KOH 为电解质，在以 Co_3O_4 为活性物质制备成的电极表面可进行快速、可逆的氧化-还原反应，呈现出典型的法拉第"准电容"效应。据报道，若整个 Co_3O_4 体相都参与反应形成超电容，其比电容值可达 2100 F/g[6]。研究表明，Co_3O_4 粉体颗粒的粒径形貌微观结构对其物理化学性能和电化学性能有重大影响[7]，而 Co_3O_4 粉体的制备方法及制备过程中各项条件的控制则是决定其微结构的最重要的因素[8]。

Co_3O_4 粉体的制备方法主要有液相湿化学沉淀煅烧法、溶胶-凝胶法和水热法等[9-11]。当前工业上得到广泛应用的是液相湿化学沉淀煅烧法。液相湿化学制粉作为一种通用制粉方法，多年来一直是国内外科研工作者的研究热点，相比其他制粉方法，它具有制粉效率高、产品品质好和过程易受控的优点；但是它也存在制备过程工艺复杂、制备成本较高、金属回收率低、操作繁杂以及原辅材料消耗大和污染等缺陷。

以 $CoCl_2$ 为钴源，采用溶液雾化氧化法制备 Co_3O_4 超细粉体粒子，有独特优势，其制备工艺简单、反应进程可控、对环境友好。

本文发表在《北京科技大学学报》，2009，31（9）：1142-1146。合作者：郭秋松，杜广荣。

1 实验

1.1 雾化氧化工艺原理

雾化方法制备粉末最初是通过喷雾干燥的方式来实现。喷雾干燥技术作为一个简单的物理过程，学者对其机理和工艺过程研究得较深入。20 世纪 50 年代，在喷雾干燥技术上发展得到了喷雾热分解技术，到 20 世纪 70 年代，奥地利人 Ruthner 首次将该技术应用于工业化生产[12]。溶液雾化氧化法也是一种以喷雾技术为实现手段的制粉新方法，与喷雾热分解相比，它的反应过程更复杂。

溶液雾化氧化制粉方法的主要特点有：原料是以氯化盐为主的各类金属盐溶液，制粉过程需要氧化气氛，氧气直接参与化学反应，而喷雾热分解通常为雾滴蒸发结晶后热分解。

溶液雾化氧化反应是将单一或复合金属盐水溶液或有机溶液，经喷嘴雾化成微米级雾滴，形成气溶胶，再在高温下快速干燥成超细粉体，同时进行氧化反应。由于反应时气相、液相和固相三相同存，是属于相界面较大的流态化反应，反应过程传热传质快、反应效率高、产品质量优异可靠。

本研究采用六水合氯化钴晶体为原料制备 Co_3O_4 粉体。过程中反应机理如下：

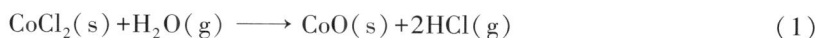

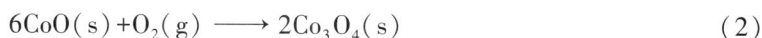

$$CoCl_2(s) + H_2O(g) \longrightarrow CoO(s) + 2HCl(g) \tag{1}$$

$$6CoO(s) + O_2(g) \longrightarrow 2Co_3O_4(s) \tag{2}$$

总反应为：

$$6CoCl_2(s) + 6H_2O(g) + O_2(g) == 2Co_3O_4(s) + 12HCl(g) \tag{3}$$

标准状态下，上述反应不能自发进行。只有当体系温度升高至一定温度时，才可以达到满足反应过程 Gibbs 自由能小于零的自发反应条件。

1.2 Co_3O_4 样品制备

在富氧空气气氛下，采用溶液雾化氧化法制备样品。实验原料为 AR 级六水合氯化钴（湖南汇虹试剂有限公司），采用去离子水（自制）配制成浓度为 2.0 mol/L 的料液。

溶液雾化氧化实验装置连接如图 1 所示。料液流入喷雾嘴的进液孔，压缩的载气经过滤后进入喷雾嘴的进气孔。采用压缩富氧空气为载气，载气压力由精密调压阀控制在 100 kPa 左右，控制料液处理量恒定为 6.0 L/h。料液与压缩气体在喷嘴内充分混合，料液被高压

图 1 溶液雾化氧化装置连接图

1—入炉溶液；2—管式电阻炉；3—喷嘴；4—气体过滤器；5—富氧空气瓶；6—粉末收集器；7—真空喷射泵；8—水循环泵；9—反应室；10—温度控制器

气雾化成均匀微细液滴喷入专用反应器中连续雾化氧化。自行制作直立管式电阻炉，微电脑程序控温。尾气经真空喷射泵机组抽取和洗涤后排空。反应所制备样品经两级串联旋风收尘

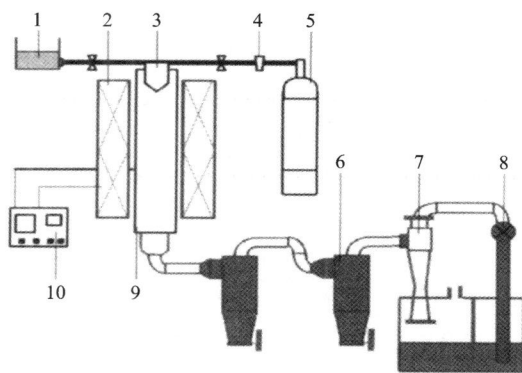

器实现收集。所得样品密封装袋后直接用于各项测试。

对溶液雾化氧化制备 Co_3O_4 粉末进行实验研究，考察一定制备条件下所得产物的结构形貌及纯度。

1.3　物相测试分析

红外光谱采用美国 Nicolet 公司（Nexus 670 型）傅立叶红外光谱仪测定，扫描背景为溴化钾，扫描范围为 $4000 \sim 400 \ cm^{-1}$。SEM 采用日本电子公司产 JSM-6360LV 型扫描电镜仪分析。采用日本理学 3014Z 型 X 射线衍射分析仪（XRD）测定物相的结构组成，XRD 分析在 Rigaku 衍射仪上进行（Cu 靶 K_α 射线，$\lambda = 0.154056 \ nm$，管电压为 40 kV，管电流为 300 mA，石墨单色器，扫描角度为 $10° \sim 85°$，扫描速度为 $4°/min$）。

1.4　电化学测试分析

以一定量样品为活性物质、乙炔黑粉末为导电材料、质量分数 5% 的聚四氟乙烯（PTFE）水溶液为黏结剂，按质量比 75：20：100 均匀混合研磨，并于室温阴干 24 h 后，采用双辊机压涂到镍网上，制成面积为 $1 \ cm^2$ 的研究电极。

以研究电极为工作电极，以面积为 $4 \ cm^2$ 的铂电极为对电极，以饱和甘汞（SCE）电极为参比电极，以 5.0 mol/L 的 KOH 水溶液作电解液构建三电极体系，于室温条件下在 Parstat 2273 电化学工作站（Princeton 公司）上进行循环伏安、交流阻抗测试。

2　结果与讨论

2.1　所得样品的 XRD 图谱分析

图 2 为在溶液浓度为 2.0 mol/L、溶液处理量为 6.0 L/h、反应温度为 800℃、雾化压力为 0.1 MPa 的反应条件下，以富氧空气为反应气，采用雾化氧化法所制备的样品 XRD 谱图。对照 JCPDS（No.43—1003）标准图卡，样品呈现立方相 Co_3O_4 的特征衍射峰，这是归属于 Fd3m 空间群的正尖晶石结构，表明产物是立方晶系 Co_3O_4，图谱中的主要衍射峰尖锐、衍射峰强度大，说明产物结晶度高、晶体结构完整。

通过以上 XRD 图谱分析，证实在控制一定的雾化氧化条件下氯化钴水溶液可以成功制备结晶度高的纯净 Co_3O_4 粉体。

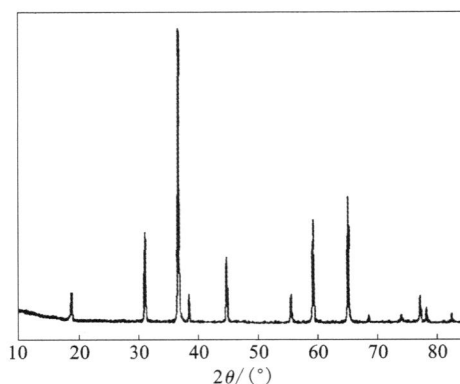

图 2　雾化氧化法制备的 Co_3O_4 粉体 XRD 谱

2.2　所得样品的红外光谱分析

为了继续验证所制备的样品为纯净的 Co_3O_4 粉体，对样品进行傅立叶红外光谱分析。图 3 为所制备产物的红外光谱图。图中可见有两个明显光谱强吸收峰，分别位于 592.4 cm^{-1} 和

674.1 cm^{-1} 处，应为 Co_3O_4 中的 Co—O 键吸收峰[13]。红外光谱中没有出现明显的 H—O 键、C=C 双键和其他官能团的吸收杂峰，说明产物是纯净的 Co_3O_4 粒子[14]。

2.3 所得样品的形貌分析

图 4 为所得样品的扫描电镜照片。由图可知，产物微观形貌大部分为多面体，以八面体和十面体为主，几何外形重复性好，粒子尺度为 100~500 nm，粒子间粘连少，可以认为所制得的样品粒子分散性好、结晶度高。

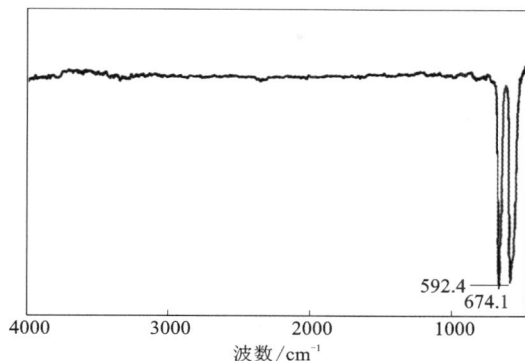

图 3 雾化氧化所得产物的红外光谱

图 4 雾化氧化制备的 Co_3O_4 粉体粒子 SEM 照片

2.4 电化学性能测试

图 5 为电极在 5.0 mol/L 的 KOH 溶液中以不同扫描速率进行扫描的循环伏安曲线。测试时设定电压扫描范围为 0~0.5 V。由图可见，由实验所得样品制得测试电极，在循环伏安测试中表现出明显的氧化-还原反应引发的化学电容特性。在设定扫描电压范围内共有一对明显氧化-还原峰，氧化峰对应的电压约为 0.38 V，还原峰对应的电压约为 0.34 V，反应机理应为 Co^{3+} 与 Co^{4+}（碱性条件下产生的 CoO_2）间的可逆氧化-还原反应。此外，仔细观察还有另外一

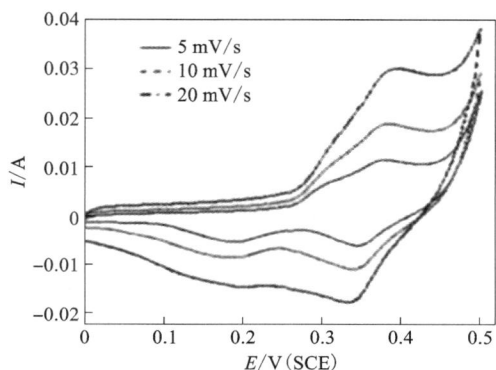

图 5 不同扫描速率下 Co_3O_4 电极的循环伏安曲线

对相对不明显的氧化-还原峰，其中氧化峰对应电压约为 0.30 V，还原峰对应电位约为 0.20 V，反应机理应为 Co^{2+} 与 Co^{3+} 间的可逆氧化-还原反应。对比不同扫描速率的循环伏安图，可以看出它们各自的峰形与位置重合性较好，没有发生明显的扭曲，说明样品晶形稳定，可方便进行大电流充、放电。随着扫描速率增加，峰电流明显增加，但出现明显极化现象时的电位依次走低。

按照文献提及的方法[9]，即利用循环伏安图，通过下式计算其相应的比电容：

$$C = I/(\mathrm{d}V/\mathrm{d}t) \tag{4}$$

$$C_s = C/W \tag{5}$$

式中：C 为电容量；C_s 为比电容；I 为平均电流；$\mathrm{d}V/\mathrm{d}t$ 为扫描速率；W 为电极活性物质的质量。

计算得出此电极在 10 mV/s 扫描速率下其比电容达到 103.5 F/g。

交流阻抗测试是表征电容行为的重要方法。图 6 为 Co_3O_4 电极在开路时的交流阻抗曲线，设定测试频率范围为 0.1～10 MHz。从图中可以看出，高频部分的小圆弧和低频部分的斜线特征。高频部分的小圆弧主要是体现电极与电解质固、液两相界面的离子交换电阻，较低的界面电阻可减少电容能量的内部损失，有利于提高电容器的性能。本测试中，电解质浓度较高，表现出图中所示的较低界面内阻。分析低频部分的斜线特征，可以

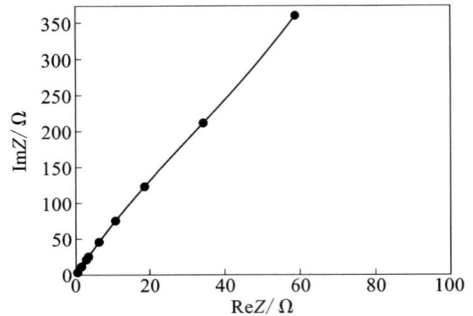

图 6　Co_3O_4 电极的交流阻抗曲线

看出它的斜率较大，说明此电极具有较好的电容行为，验证了溶液雾化氧化法在一定条件下制备的 Co_3O_4 粉体具备较好的电化学性质。

3　结论

以六水合氯化钴为钴源配制料液，采用简单的溶液雾化氧化法，通过控制以下制备条件，可成功制备得到纯净的多面体 Co_3O_4 粒子：富氧反应气氛，溶液浓度为 2.0 mol/L，溶液处理量为 6.0 L/h，反应温度为 800℃，雾化压力为 0.1 MPa。溶液雾化氧化法制备 Co_3O_4 粒子的制备效率高；产物结构形貌优，结晶度高，品质好；制备过程条件容易控制。电化学测试显示，溶液雾化氧化法制备的 Co_3O_4 样品具有较好的超电容行为，在 KOH 电解质溶液中，表现出典型的可逆氧化-还原赝电容行为，在 10 mV/s 扫描速率下，其比电容可达到 103.5 F/g。

参考文献

[1] Askarinejad A, Morsali A. Directult rasonic-assisted synthesis of sphere-like nanocryst als of spinel Co_3O_4 and Mn_3O_4[J]. Ultrason Sonochem, 2009, 16: 124.

[2] Kim D Y, Ju S H, Koo H Y, et al. Synthesis of nanosized Co_3O_4 particles by spary pyrolysis[J]. Alloys Compd, 2006, 417: 254.

[3] Ichiyanagi Y, Kimishima Y, Yamada S. Magnetic study on Co_3O_4 nanoparticles[J]. Magn Magn Mater, 2004, 272-276: e1245.

[4] Liu H C, Yen S K. Characterization of electrolytic Co_3O_4 thin films as anodes for lithium-ion batt eries[J]. Power Sources, 2007, 166: 478.

[5] Tripathy S K, Christy M, Park N H, et al. Hydrothermal synthesi s of single-cryst alline nanocubes of Co_3O_4[J]. Mater Lett, 2008, 62: 1006.

［6］Lin C，Ritter J A，Popov B N. Characterization of sol-gel-derived cobalt oxide xerogels as electrochemical capacitors［J］. J E lectrochem Soc，1998，145(12)：4097.

［7］黄可龙，刘人生，杨幼平，等.形貌可控的四氧化三钴溶剂热合成及反应机理［J］.物理化学学报，2007，23(5)：655.

［8］Zhang Y G，Liu Y，Fu S Q，et al. Morphology-cont rolled synthesis of Co_3O_4 crystals by soft chemical method ［J］. Mater Chem Phys，2007，104：166.

［9］Kandalkar S G，Gunjakar J L，Lokhande C D. Preparation of cobalt oxide thin films and its use in supercapacitor application［J］. Appl Surf Sci，2008，254：5540.

［10］Cao J Z，Zhao Y C，Yang W，et al. Sol-gel preparat ion and characterization of Co_3O_4 nano-cryst als［J］. Univ Sci Technol Beijing，2003，10(1)：54.

［11］Liu H C，Yen S K. Characterization of electrolytic Co_3O_4 thin films as anodes for lithium-ion batteries［J］. Power Sources，2007，166：478.

［12］胡国荣，刘智敏，方正升，等.喷雾热分解技术制备功能材料的研究进展［J］.功能材料，2005，36(3)：335.

［13］Zou D B，Xu C，Luo H. Synthesis of Co_3O_4 nanoparticles via anionic liquid-assisted methodology at room temperature［J］. Mater Lett，2008，62：1976.

［14］杨幼平，黄可龙，刘人生，等.水热－热分解法制备棒状和多面体状四氧化三钴［J］.中南大学学报(自然科学版)，2006，37(6)：1103.

溶液雾化氧化法制备超细 Co_3O_4 粒子及其性能表征

摘要：以氯化钴水溶液为原料采用雾化氧化法制备纯度较高的超细 Co_3O_4 粒子。采用热重-差热分析（TGA-DTA）对 $CoCl_2 \cdot 6H_2O$ 在空气中的热行为进行研究。由 $CoCl_2 \cdot 6H_2O$ 配制成原料溶液，以压缩空气为载气，采用内混合气流式喷嘴雾化溶液，并直接在竖立管式高温电阻炉内进行氧化反应，制备的产物通过X线衍射分析（XRD）、傅立叶红外光谱分析（FT-IR）和扫描电镜（SEM）等进行表征，同时对产物采用电位滴定法定量测定余氯含量，研究雾化氧化反应温度对产物的影响。实验结果表明：通过控制一定反应条件，氯化钴溶液采用直接雾化氧化法可以制备纯度较高的 Co_3O_4 粉体粒子；在雾化氧化过程中，反应温度对所得产物纯度、形貌与结晶度产生重要影响。

四氧化三钴（ Co_3O_4 ）是一种重要的过渡金属氧化物，属立方晶系，与磁性氧化铁 Fe_3O_4 异质同晶，具有正常的尖晶石结构，其中 Co^{3+} 占据八面体配位， Co^{2+} 占据四面体配位，晶格常数 $a = 8.11 \times 10^{-10}$ m，具有较高的晶体场稳定化能[1-3]。 Co_3O_4 具有独特的电化学、催化、电磁等物理化学性能，广泛应用于超硬材料[4]、搪瓷陶瓷颜料[5]、压敏气敏传感器[6-7]、催化剂[8]、超级电容器[9-10]、平板显示器[11]、磁性材料[12]和锂离子电池正极材料[13]等领域。从2003年开始，锂离子电池就成为我国 Co_3O_4 的第一大消费产品。目前，用作锂离子电池正极材料90%以上是 $LiCoO_2$[14]。 Co_3O_4 作为锂离子电池正极材料钴酸锂的基础原料，是科研人员的重要研究对象，有关研究表明， Co_3O_4 粉体颗粒形貌、粒径、微观结构对其物理化学性能和电性能有重大影响[2]，而 Co_3O_4 粉体的制备方法及制备过程中的各项条件控制则是决定其微结构最重要的因素[15]，制备品质优良的 Co_3O_4 超细粉体有着重要的应用价值[16]。制备 Co_3O_4 的常用方法有前驱体热分解法[17-18]、聚合物煅烧法[19]、气相沉淀法[20]、微乳液法[21]、溶胶-凝胶法[22]、机械球磨法[23]和水热合成法[24]等。Ke 等[25]采用熔盐法制备 Co_3O_4 粉末，该法采用将氯化钴水溶液与邻二氮杂菲水溶液混合，超声后形成二价钴配合物，然后，将 $NaBH_4$ 溶液倒入，二价钴离子被还原成钴纳米颗粒，再与氯化钠氯化钾混合，于700℃熔盐煅烧，最终制得棒状 Co_3O_4 粉末；Zhao 等[26]用有机物改性煅烧制备 Co_3O_4 粉末，将氯化钴添加到甲基苯乙醇中制备前驱体，再在不同温度下煅烧前驱体，制备出亚微米 Co_3O_4 粉末；Ni 等[27]用 $CoCl_2$ 溶液在室温下氧化-还原工艺制备了 Co_3O_4 粒子。上述以氯化钴为钴源的 Co_3O_4 粉末粒子制备方法存在工艺复杂、反应速度慢、成本较高、特殊原材料供应困难等缺陷。以氯化钴为钴源采用溶液雾化氧化法制备 Co_3O_4 超细粉体粒子，可实现从原料到产品的一步制备。其制备工艺简单、反应进程可控，应用此方法可以使 Co_3O_4 粉体制备流程实现连续化，可省去液相法制粉过程中后续过滤、洗涤、干燥、粉碎和煅烧等步骤。在此，本文作者以氯化钴水溶液为前驱体采用雾化氧化法制备纯净的超细 Co_3O_4 粒子，并采用多种测试方法对所得样品进行分析与表征。

本文发表在《中南大学学报（自然科学版）》，2010，41（1）：60-66。合作者：郭秋松，冯庆明。

1 溶液雾化氧化法制备 Co₃O₄ 反应机理

溶液雾化氧化反应是：将单一或复合金属盐水溶液或有机溶液，浓缩或稀释后，调整至一定温度，经喷嘴雾化成微米级雾滴形成气溶胶，再在高温下快速干燥成超细粉体同时进行氧化反应。由于反应时气、液、固三相共存，是属于相界面较大的流态化反应，所以，反应过程传热传质快，反应效率高。

本研究采用六水氯化钴晶体为原料，配制氯化钴水溶液，再经内混合气流式压力喷嘴雾化成雾滴，在高温竖立管式电阻炉内溶剂蒸发的同时，溶质离解并与载气中的氧气进行氧化反应。反应进行时，钴源中的 Cl—Co 键断裂所需的反应初始活化能 E 由外能提供，此后载气中的氧将部分 Co(Ⅱ) 氧化成 Co(Ⅲ)，溶剂水以蒸气态存在于反应腔，参加化学反应。过程中的正向反应方程式为：

$$6CoCl_2(s) + 6H_2O(g) + O_2(g) \Longrightarrow 2Co_3O_4(s) + 12HCl(g) \qquad (1)$$

在标准状态下，反应(1)的吉布斯自由能 $\Delta G > 0$，反应不能自发进行。当反应温度高于 597℃ 时，反应过程 $\Delta G < 0$，可以生成 Co₃O₄ 粉体。增大氧分压与水蒸气分压，减小系统总压，及时抽出氯化氢气体有利于反应进行。

2 实验

2.1 溶液配制

实验原料为 AR 级六水氯化钴(湖南汇虹试剂有限公司生产)，采用去离子水(自制)配制成一定浓度的溶液，加分析纯浓盐酸(湖南省株洲市化学工业研究所生产)调节溶液 pH 值至 1.30~1.40，于恒温水浴箱内加热溶液至 75℃ 备用。

2.2 反应装置

溶液雾化氧化反应装置如图 1 所示。氯化钴水溶液经计量后，加入喷雾嘴进液孔，液体的流速由液位高和喷嘴的载气压力共同确定与调节。压缩的载气经过滤后进入喷雾嘴的进气孔，载气压由精密调压阀控制。溶液与压缩气体在喷嘴内充分混合，并被雾化成均匀微细液滴喷入专用反应器中连续雾化氧化。非标准管式电阻炉自行设计，程序控温。专用反应器安装在管式电阻炉内。反应所制备粉体产物经连接在专用反应器下方的高效气固分离器实现收集。

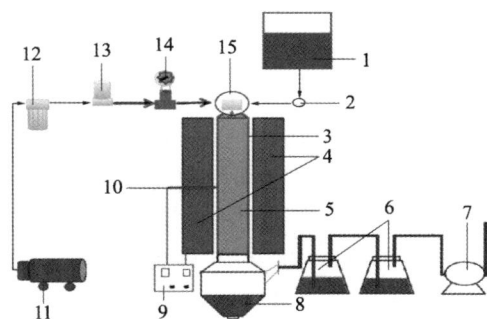

图 1 溶液雾化氧化实验装置连接图

1—原料溶液；2—流量计；3—反应管；4—管式电阻炉；5—反应腔；6—吸收瓶；7—真空泵；8—粉体收集器；9—温度控制器；10—热电偶；11—空压机；12—气体过滤器；13—调压阀；14—压力表；15—雾化喷嘴

气体经吸收瓶吸收洗涤后变成废气排空。尾气由装置尾端的双级旋片式真空泵连续抽出。

2.3　实验过程

以分析纯 $CoCl_2 \cdot 6H_2O$ 晶体为钴源，制备 pH 值为 1.30~1.40、浓度为 2.0 mol/L 的溶液，在恒温水浴箱加热至 75℃备用。将溶液加入原料槽，控制液面高度，使液体压力与流速稳定。采用空压机供给的压缩空气为载气，载气压力由精密调压阀控制为 250 kPa。液体压力与载气压力恒定不变。对溶液雾化氧化制备 Co_3O_4 粉末进行实验研究，考察不同反应温度对所得产物结构形貌及纯度的影响。为判断反应条件对产物的影响，对各次实验所得样品不经后续处理直接取样进行表征与测试。

2.4　分析与表征

红外光谱采用美国 Nicolet 公司（Nexus 670 型）傅立叶红外光谱仪测定，扫描背景为溴化钾，扫描范围为 4000~400 cm^{-1}。SEM 采用日本电子公司产（JSM-6360LV）型扫描电镜进行分析。TGA-DTA 采用 SDT-Q600 v8.0 Build95 型热分析仪进行测试。升温速率 10℃/min，测试最高温度 900℃，实验时使用空气气氛，气体流量 100 mL/s。采用日本理学 3014Z 型 X 线衍射分析仪（XRD）测定物相结构组成，XRD 分析在 Rigaku 衍射仪上进行[Cu 靶 K_α 射线，波长 $\lambda = 0.154056$ nm，管电压为 40 kV，管电流为 300 mA，石墨单色器，扫描范围为 $10° \sim 85°$，扫描速度为 4(°)/min]。采用电位滴定法测定样品中的残余氯含量。

3　结果与讨论

3.1　原料的热特性

图 2 所示为 $CoCl_2 \cdot 6H_2O$ 的 TGA-DTA 分析曲线。从图 2 可以看出：DSC 曲线上共有 5 个吸热峰。第 1 个吸热峰在 68.23℃处，在相应温度下 TGA 曲线上失重明显，表示已经开始失去结晶水；在 97.97，140.56 和 174.02℃有 3 个吸热峰，对应质量剩余率为 72.29%，63.68% 和 56.06%，即 $CoCl_2 \cdot 6H_2O$ 分别对应失去了 4 个、5 个、6 个结晶水。从 390℃开始，又出现明显失重现象，对应 DSC 曲线也在缓慢下移，说明氯化钴开始与空气中的氧发生缓慢化学反应；反应开始温度为 390℃，比理论计算温度 597℃低，原因可能

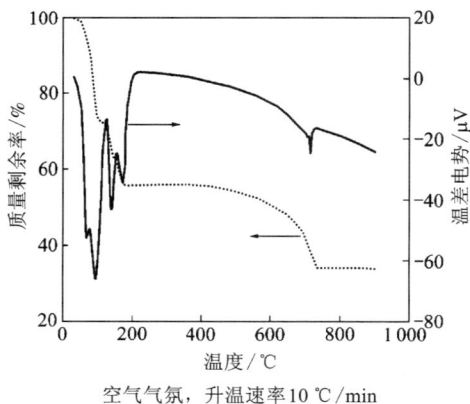

图 2　$CoCl_2 \cdot 6H_2O$ 的 TGA-DTA 分析曲线

是空气中的水蒸气参与反应的同时，还起到了反应催化作用。到 714.29℃时，DSC 曲线有 1 个吸热峰突变，而且 TGA 曲线不再变化，说明氯化钴的氧化反应已结束。

3.2 基础实验及结果分析

基于对原料 $CoCl_2 \cdot 6H_2O$ 的热特性分析，对照溶液雾化氧化反应机理，可以确定雾化氧化反应温度是影响产物生成及产物形貌和微观结构的控制因素之一。以氯化钴溶液浓度为 2.0 mol/L、载气压力为 250 kPa、雾化氧化反应温度为 $650℃$ 为实验条件，进行制备 Co_3O_4 粉末粒子的基础实验。图 3 所示为基础实验所得样品的 XRD 图谱。

采用 X 线衍射仪自带软件对图 3 进行物相标定及半定量分析。可见：立方相 Co_3O_4 特征衍射峰明显且相对尖锐，证实产物粉体大部分为四氧化三钴，说明氯化钴水溶液在 $650℃$ 的

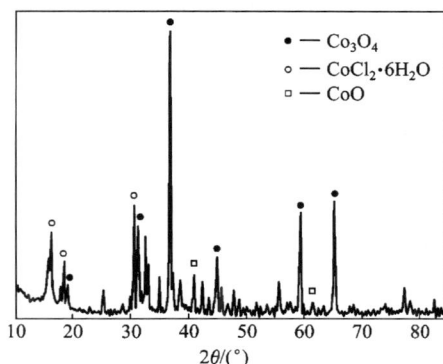

图 3 雾化氧化基础实验
制备的 Co_3O_4 粒子 XRD 图谱

雾化氧化条件下可以制备 Co_3O_4 粉体。但是，图谱中也存在微弱的 $CoCl_2 \cdot 6H_2O$ 和 CoO 特征峰，说明氯化钴的转化不完全，可以推断雾化氧化反应温度不够。对所得粉体产物进行电位滴定测试残余氯含量，氯含量为 6.93%，进一步验证了在此实验条件下，有部分氯化钴没有被离解和氧化转变成 Co_3O_4 粉体。

3.3 不同反应温度下所得产物的 XRD 图谱分析及残余氯含量分析

固定氯化钴溶液浓度为 2.0 mol/L 和载气压力为 250 kPa 的试验条件，当雾化氧化反应温度分别为 750，850 和 $950℃$ 时，进行单一条件对比实验。图 4 所示为所得样品的 XRD 图谱。

分析图 4 中 XRD 谱图，对照 JCPDS(No. 43−1003)标准图卡可知，各温度下的产物 Co_3O_4 粉体均归属于 Fd3m 空间群的正尖晶石结构，并且没有其他杂质相显现，表明产物是纯净的立方晶系 Co_3O_4。图谱中各衍射峰异常尖锐，说明雾化氧化法制备的粉体结晶性好，晶体结构比较完整。从图 4 可知：随着反应温度升高，各衍射峰强度有增加趋势，说明反应温度对产物微观结构产生重要影响；当反应温度为 $950℃$ 时，相应峰强有所下降，说明高于此温度 Co_3O_4 粒子有转晶趋势，与文献[28]中提到的"大于 $950℃$ 时会转化成 CoO"一致。

采用 Scherrer 公式计算 Co_3O_4 粉体晶粒粒径[29]：

$$D_c = \frac{k^* \lambda}{\theta_{1/2} \cos\theta} \tag{2}$$

其中：λ 为 X 线波长；θ 为衍射角；D_c 为 Co_3O_4 粉体的晶粒粒径；修正系数 k^* 为常数(计算值为 0.9)；$\theta_{1/2}$ 为衍射峰半峰宽。经计算得出：在 750，850 和 $950℃$ 时，雾化氧化所制备 Co_3O_4 粉体的晶粒粒径分别为 24，28 和 25 nm。

采用电位滴定法对 3 个样品测试残余氯含量，在 750，850 和 $950℃$ 时，雾化氧化所制备的 Co_3O_4 粉体粒子的氯元素含量分别为 0.72%，0.41% 和 0.37%，说明上述条件所制备的 Co_3O_4 粉体纯度较高。

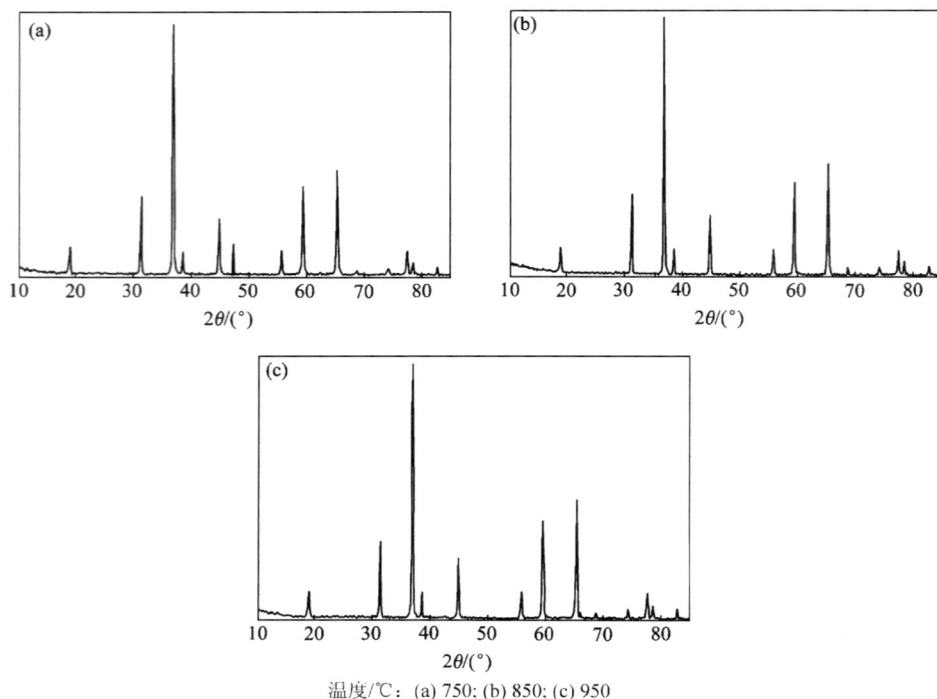

温度/℃：(a) 750; (b) 850; (c) 950

图 4   不同温度下制备的 Co₃O₄ 粉体 XRD 谱

3.4   样品的红外光谱分析

为了验证在 750℃时就可以制备纯净 Co_3O_4 粉体，对样品进行傅立叶红外光谱分析。图 5 所示为反应温度为 750℃时所制备产物的红外光谱。从图 5 可见：有 2 个明显光谱强吸收峰，分别位于 584.9 cm^{-1} 和 668.9 cm^{-1} 处，应为 Co_3O_4 中的 Co—O 键吸收峰[28-30]。红外光谱没有出现明显 H—O 键、C =C 双键和其他官能团吸收杂峰，说明产物是纯净的 Co_3O_4 纳米晶粒子[31]。

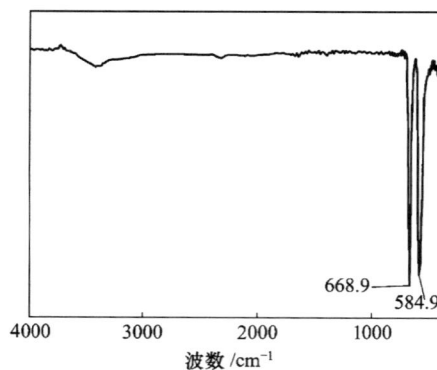

图 5   温度为 750℃时产物的红外光谱图

3.5   不同反应温度下所得产物的 SEM 分析

图 6 所示为不同温度下制备的 Co_3O_4 扫描电镜照片。由图 6 可知，在雾化氧化温度为 650℃时，产物形貌为明显的破壳空心球状，此时，氯化钴转化率不完全有以下原因：反应过程中空心球内部缺氧，溶液雾化过程没有足够的氧化条件；氯化氢分压高，有氯化氢吸附性逆反应；存在部分空心球粒子，空心球球壳阻断内部粒子离解氧化。当雾化氧化温度为 750℃时，产物形貌没有出现明显空心球，但存在部分粒子粘连，有部分粒子呈规则几何外

形；当雾化氧化温度为 850℃时，产物形貌以多面体为主，粒子间粘连减少，可以认为此时的粒子分散性好，结晶度高，微观形貌固定；当雾化氧化温度为 950℃时，产物分散性更好，粒子均一性好，但是，此时的超细粒子边角部分变得圆润，有球化趋势，可以认为此时的产物存在烧结融熔现象，在高于该温度时 Co_3O_4 粉体粒子会发生晶形转变与重组。

从图 6 可见：在不同温度下，制备所得的 Co_3O_4 粉体存在明显的差别，但从中可很清晰找出微观形貌跟随温度的变化规律，说明温度是影响产物粒子微观形貌结构的关键因素。温度越高，产物的纯度、结晶性与粒度均一性越好，但是，当雾化氧化法制备超细 Co_3O_4 粉体粒子反应温度超过 950℃时，产物会发生相变。

图 6 不同反应温度下制备的 Co_3O_4 粉体粒子 SEM 照片
（a）650℃；（b）是（a）的局部放大照片；（c）750℃；（d）850℃；（e）950℃

4 结论

（1）以六水氯化钴为钴源配制原料溶液，采用溶液雾化氧化法，控制适当雾化氧化条件易制备纯度较高的超细 Co_3O_4 粉体。

（2）溶液雾化氧化反应温度是影响产物纯度、微观结构和形貌的重要因素。当反应温度在 750℃以上时就可以制备纯净的超细 Co_3O_4 粒子；在 850℃时，所制备的产品结晶性较好，粒度均一性也较好；在 950℃以上时，所制备的产物存在晶形调整与转变。

（3）由氯化钴水溶液雾化氧化法制备超细 Co_3O_4 粒子方法简单，产物分散性好，结晶度高，品质好，制备过程条件容易控制。

参考文献

[1]Suraj K T, Maria C, Park N H, et al. Hydrothermal synthesis of single-crystalline nanocubes of Co_3O_4[J]. Materials Letters, 2008, 62(6/7): 1006-1009.

[2]黄可龙, 刘人生, 杨幼平, 等. 形貌可控的四氧化三钴溶剂热合成及反应机理[J]. 物理化学学报, 2007, 23(5): 655-658.

[3]王新喜, 吕光烈, 曾跃武, 等. 湿法制备纳米晶 Co_3O_4 及其微观结构研究[J]. 化学学报, 2003, 61(11): 1849-1853.

[4]饶岩岩, 张久兴, 王澈, 等. 钨/钴氧化物 SPS 直接碳化原位合成超细 WC-Co 硬质合金[J]. 稀有金属与硬质合金, 2006, 34(1): 18-21.

[5]徐勇. 蓝色料生产的技术与应用[J]. 玻璃与搪瓷, 2006, 34(1): 19-20.

[6]曹全喜, 周晓华, 蔡式东, 等. Co_3O_4 在压敏陶瓷中的作用和影响[J]. 压电与声光, 1996, 18(4): 260-263.

[7]Petitto S C, Marsh E M, Carson G A, et al. Cobalt oxide surfacechemistry: The interaction of CoO(100), Co_3O_4(110) and Co_3O_4(111) with oxygen and water[J]. Journal of Molecular Catalysis A: Chemical, 2008, 281(1/2): 49-58.

[8]Hidero U, Youichi S, Kunio W. Preparation of Co_3O_4 thin films by a modified chemical-bath method[J]. Thin Solid Films, 2004, 468(1/2): 4-7.

[9]陈金华, 孙峰, 樊桢, 等. 氧化钴多孔薄膜的电化学制备及其超电容性能[J]. 湖南大学学报(自然科学版), 2007, 34(6): 44-48.

[10]Kandalkar S G, Gunjakar J L, Lokhande C D. Preparation of cobalt oxide thin films and its use in supercapacitor application[J]. Applied Surface Science, 2008, 254(17): 5540-5544.

[11]Kim D Y, Ju S H, Koo H Y, et al. Synthesis of nanosized Co_3O_4 particles by spary pyrolysis[J]. Journal of Alloys and Compounds, 2006, 417(1/2): 254-258.

[12]Ichiyanagi Y, Kimishima Y, Yamada S. Magnetic study on Co_3O_4 nanoparticles[J]. Journal of Magnetism and Magnetic Materials, 2004, 272/276: e1245-e1246.

[13]Liu Han-chang, Yen S K. Characterization of electrolytic Co_3O_4 thin films as anodes for lithium-ion batteries[J]. Journal of Power Sources, 2007, 166(2): 478-484.

[14]张宝, 张明, 李新海, 等. 锂离子电池正极材料 LiNi0.45Co0.10Mn0.45O$_2$ 的合成及电化学性能[J]. 中南大学学报(自然科学版), 2008, 39(1): 75-79.

[15]Zhang Yuanguang, Liu Yi, Fu Shengquan, et al. Morphology-controlled synthesis of Co_3O_4 crystals by soft chemical method[J]. Materials Chemistry and Physics, 2007, 104(1): 166-171.

[16]廖春发, 梁勇, 陈辉煌. 由草酸钴热分解制备 Co_3O_4 及其物性表征[J]. 中国有色金属学报, 2004, 14(12): 2131-2136.

[17]Ardizzone S, Spinolo G, Trasatti S. The point of zero charge of Co_3O_4 prepared by thermal decomposition of basic cobalt carbonate[J]. Electrochimca Acta, 1995, 40(16): 2683-2686.

[18]Wang Weiwei, Zhu Yingjie. Microwave-assisted synthesis of cobalt oxalate nanorods and their thermal conversion to Co_3O_4 rods[J]. Materials Research Bulletin, 2005, 40(11): 1929-1935.

[19]Jiu Jin-ting, Ge Yue, Lin Xiaoning, et al. Preparation of Co_3O_4 nanoparticles by a polymer combustion route[J]. Materials Letters, 2002, 54(4): 260-263.

[20]Naoufal B, Edgar F R E, Katharina K H, et al. Characterization and test s of planar Co_3O_4 model catalysts

prepared by chemical vapor deposition[J]. Applied Catalysis B: Environmental, 2004, 53(4): 245-255.

[21] 关荐伊, 赵元, 侯士法. CoO 纳米粒子的制备及催化性能初探[J]. 河北师范大学学报(自然科学版), 1999, 23(1): 90-93.

[22] Cao Jin-zhang, Zhao Yanchun, Yang Wu, et al. Sol-gel preparation and characterization of Co_3O_4 nano-crystals [J]. Journal of University of Science and Technology Beijing, 2003, 10(1): 54-57.

[23] 蔡振平. 锂离子蓄电池负极材料 Co_3O_4 的制备及性能[J]. 电源技术, 2003, 27(4): 370-372.

[24] 曾雯雯, 黄可龙, 杨幼平, 等. 溶剂热法合成不同形貌的 Co_3O_4 及其电容特性[J]. 物理化学学报, 2008, 24(2): 263-268.

[25] Ke Xingfei, Cao Jieming, Zheng Mingbo, et al. Molten salt synthesis of single-crystal Co_3O_4 nanorods[J]. Materials Letters, 2007, 61(18): 3901-3903.

[26] Zhao Z W, Guo Z P, Liu H K. Non-aqueous synthesis of crystalline Co_3O_4 powders using alcohol and cobalt chloride as a versatile reaction system for controllable morphology[J]. Journal of Power Sources, 2005, 147 (1/2): 264-268.

[27] Ni Yonghong, Ge Xuewu, Zhang Zhicheng, et al. A simple reduction-oxidation route to prepare Co_3O_4 nanocrystals[J]. Materials Research Bulletin, 2001, 36(13/14): 2383-2387.

[28] Tang Chihwei, Wang Chenbin, Chien Shuhua. Characterization of cobalt oxides studied by FT-IR, Raman, TPR and TG-MS[J]. Thermochimica Acta, 2008, 473(1/2): 68-73.

[29] Sung W O, Hyun J B, Young C B, et al. Effect of calcination temperature on morphology, crystallinity and electrochemical properties of nano-crystalline metal oxides (Co_3O_4, CuO, and NiO) prepared via ultrasonic spray pyrolysis[J]. Journal of Power Sources, 2007, 173(1): 502-509.

[30] Zou Dingbing, Xu Chao, Luo Hao. Synthesis of Co_3O_4 nanoparticles via an ionic liquid-assisted methodology at room temperature[J]. Materials Letters, 2008, 62(12/13): 1976-1978.

[31] 杨幼平, 黄可龙, 刘人生, 等. 水热-热分解法制备棒状和多面体状四氧化三钴[J]. 中南大学学报(自然科学版), 2006, 37(6): 1103-1106.

溶液雾化焙烧法制备氧化亚镍超细粉体

摘要： 为研究雾化焙烧法制备氧化亚镍超细粉体过程原理与工艺控制，以六水合氯化镍配制水溶液，以压缩空气为载气，利用双通道内混合气流式喷嘴雾化前驱体溶液，获得微细雾滴直接在竖立管式高温电阻炉内焙烧，制备得到超细氧化亚镍粉体。采用热重－差热分析（TGA-DTA）对 $NiCl_2 \cdot 6H_2O$ 在空气气氛中的热行为进行研究，利用 X 射线衍射分析（XRD）、傅立叶红外光谱分析（FT-IR）、扫描电镜（SEM）和 X 射线光电子能谱（EDAX）等技术对制备的样品进行物相、纯度及形貌表征。研究表明：通过控制 750℃ 以上的反应温度条件，氯化镍溶液直接雾化焙烧可以成功制备高纯度的氧化亚镍粉体，样品粒子呈类球形，粒度均一性好，结晶度高；不同的载气条件均制备得到单一相氧化亚镍粉体；与传统的煅烧碳酸镍高温分解制备工艺相比，雾化焙烧法具有工艺简单，过程可控，无温室气体排放等优点。

氧化亚镍（NiO）具有良好的催化活性、铁磁性、电化学、热敏气敏及电致发光性能[1-2]，是一种重要的无机功能材料，广泛应用于电子信息、冶金、化学化工等国防安全和社会生活领域[3-7]。此外，它还是制造镍盐、镍高价氧化物的基础原料，如可在低温下加热，通过吸收空气中的氧得到氧化镍（Ni_2O_3），进一步将氧化镍加热到 400~500℃ 分解可获得四氧化三镍（Ni_3O_4）[8]。

氧化亚镍的合成方法很多，主要有固相合成法[9]、均匀沉淀法[10]、溶胶凝胶法[11]、微乳液法[12]、草酸盐热分解法[13]等，目前，工业上普遍采用液相湿化学沉淀煅烧法，即碳酸镍高温分解生产氧化亚镍，具体流程为经净化合格的镍溶液，加入碳酸钠，沉淀得到碳酸镍经过滤、洗钠、烘干后，在大于 600℃ 的条件下进行煅烧热分解，获得目标产物氧化亚镍。

采用液相湿化学法生产氧化亚镍粉体，存在工艺复杂、成本较高、操作繁杂、原辅材料消耗大、有三废排放等缺陷，尤其是煅烧过程中需要大量消耗能源，排放二氧化碳等温室气体，影响人居环境。以 $NiCl_2$ 为镍源，采用溶液雾化焙烧法制备氧化亚镍超细粉体，可实现从原料到产品的一步制备，工艺简单，可省去液相法制粉过程中后续过滤、洗涤、干燥、粉碎和煅烧等步骤、反应进程可控、环境友好，制备过程无温室气体排放。

1 溶液雾化焙烧法制备氧化亚镍反应机理

雾化方法制备粉末最初是通过喷雾干燥的方式来实现。喷雾干燥技术作为一个简单的物理过程，学者对其机理和工艺过程研究较为深入。20 世纪 50 年代，在喷雾干燥技术上发展得到了喷雾热分解技术，到 20 世纪 70 年代，奥地利人 Ruthner 首次将该技术应用于工业化生产。溶液雾化焙烧法也是一种以喷雾技术为实现手段的制粉新方法，与喷雾热分解相比，它的反应过程更复杂。

溶液雾化焙烧反应是将氯化镍溶液，经喷嘴雾化成微米级雾滴，形成气溶胶，再在高温

本文发表在《材料科学与工艺》，2011，19（2）：47-51。合作者：郭秋松。

下快速干燥成超细粉体,同时进行化学反应。由于反应时气、液、固三相同存,是属于相界面较大的流态化反应,反应过程传热传质快、反应效率高、产品质量优异可靠。过程中反应机理为:

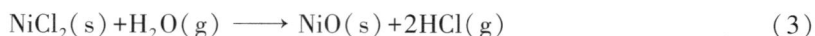

$$NiCl_2(s) + H_2O(g) \longrightarrow NiO(s) + 2HCl(g) \tag{3}$$

利用高温环境供给活化能,氯化镍进行离解,体现在镍氧间化学键断裂,此后镍原子与水离解产生的氧原子进行氧化反应得到氧化亚镍。标准状态下,上述反应不能自发进行。当体系温度升高至一定时,达到满足反应过程 Gibbs 能小于零的自发反应热力学条件,则氧化亚镍的生成反应可以实现。

分析 Ni-O 系二元相图(图1)可以看到,1984℃以下,氧化亚镍以固态形式稳定存在,镍的氧化态为单一氧化亚镍。相图的结构表明,低于镍的熔点温度条件下,当镍氧化不完全时,表现为部分氧化成氧化亚镍,并与镍共存不共溶;当氧值增加到一定时,镍可完全氧化为氧化亚镍,即体现在相图中的氧镍原子摩尔比等于1时,镍与氧的稳定结合态为单一的面心立方氧化亚镍。此

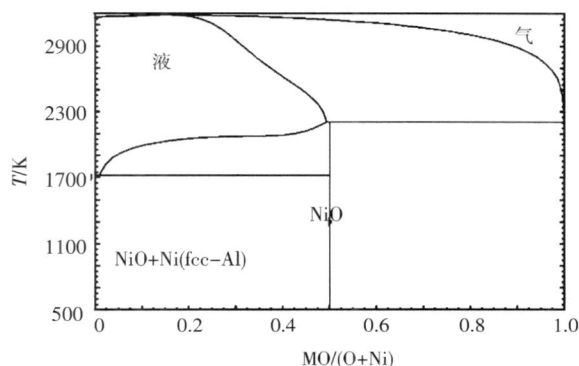

图1　Ni-O 系二元相图

后,氧值增加不会改变镍的氧化状态,表现为不会稳定产生镍的其他亚稳定态高价氧化物。

通过相图分析可知,雾化焙烧过程载气中的氧含量不会影响产物镍氧化物化学组成结构,无论是采用氮气、空气还是采用氧气作溶液雾化载气,所得镍氧化态物质均为低温有序结构氧化亚镍。

2　实验

2.1　溶液配制

实验原料为工业级六水合氯化镍(甘肃金川有色金属集团公司),采用去离子水(自制)配制成浓度为 1 M 的溶液,利用同离子效应,加分析纯浓盐酸(湖南省株洲市化学工业研究所)调节溶液 pH 值至 1.00～1.50,抑制镍离子水解沉淀。恒温水浴箱内加热溶液至 60℃备用。

2.2　反应装置

采用文献[14]报道的制备钴氧化物的实验装置进行实验研究。实验装置连接图如图2所示。

氯化镍溶液流入喷雾嘴的进液孔,压缩的载气经过滤后进入喷雾嘴的进气孔。采用不同的压缩气为载气,载气压力由精密调压阀控制在 1.0×10^5 Pa 左右,控制料液处理量恒定为 10.0 L/h。料液与压缩空气在喷嘴内充分混合,料液被高压气雾化成均匀微细液滴喷入专用

反应器中连续雾化焙烧。自行制作直立管式电阻炉，微电脑程序控温。含氯化氢的尾气经真空喷射泵机组抽取和充分洗涤后达标排放。洗水中盐酸浓度达到规定值时进行开路，开路所得盐酸应用于含镍废料的浸出过程，实现阴离子循环利用。反应所制备粉体样品经两级串联旋风收尘器实现收集，密封装袋后直接用于测试表征。

对溶液雾化焙烧法制备氧化亚镍粉末进行实验研究，考察不同反应温度条件下和不同的载气对所得产物的结构形貌及纯度的影响。

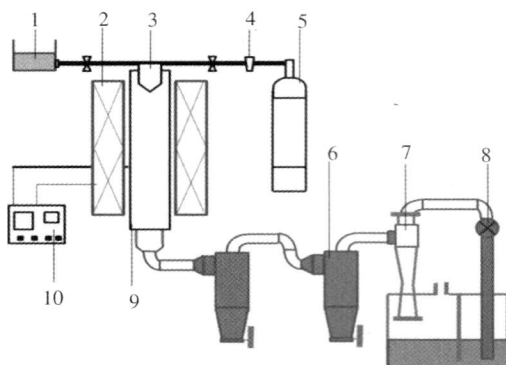

图 2　溶液雾化焙烧装置连接图

1—料液；2—管式电阻炉；3—喷嘴；4—气体过滤器；5—压缩气瓶；6—旋风收粉器；7—真空喷射泵；8—水循环泵；9—反应管；10—温控器

2.3　分析与表征

采用美国 Nicolet 公司（Nexus 670 型）傅立叶红外光谱仪进行红外光谱测定，扫描背景为溴化钾，扫描范围为 4000～400 cm^{-1}。SEM 采用日本电子公司产（JSM-6360LV）型扫描电镜仪分析，采用加装的能谱仪（EDX, GENESIS 60S from EDAX Inc. Corp. USA）进行 EDAX 分析。TGA-DTA 采用 SDT-Q600 v8.0 Build95 型热分析仪，升温速率 10℃/min，测试最高温度 900℃，实验时采用空气气氛，气体流量 100 mL/s。采用日本理学 3014Z 型 X-射线衍射分析仪（XRD）测定物相结构组成，XRD 分析在 Rigaku 衍射仪上进行（Cu 靶 Kα 射线，λ = 0.154056 nm，管电压 40 kV，管电流 300 mA，石墨单色器，扫描角度范围为 10°～90°，扫描速度为 4°/min）。

3　结果与讨论

3.1　原料的热特性

图 3 为 $NiCl_2 \cdot 6H_2O$ 的 TGA-DTA 分析曲线。从图 3 中可以看出，DSC 曲线上共有 4 个吸热峰。第 1 个吸热峰处在 88.03℃，相应温度下 TGA 曲线上失重明显，对应失重 28.71%，通过分子量简单计量结果推测，表明热重差热分析研究对象已经失去 4 个结晶水。在 194.13℃ 和 232.12℃ 有 2 个吸热峰，对应总失重 15.51%，表明在温度升高过程中，$NiCl_2 \cdot 6H_2O$ 分别

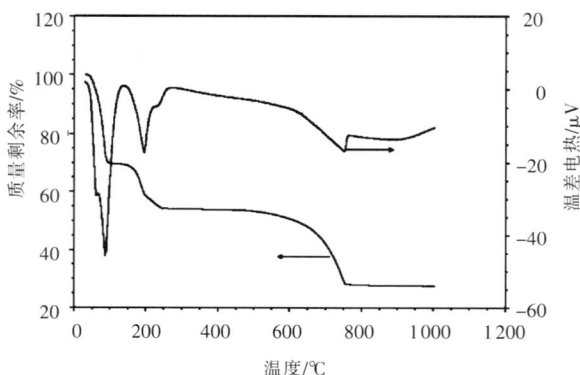

图 3　$NiCl_2 \cdot 6H_2O$ 的 TGA-DTA 分析曲线
（空气气氛，升温速率 10℃/min）

对应失去了第 5 个、第 6 个结晶水。从 280℃ 开始，又出现明显失重现象，对应 DSC 曲线也在缓慢下移，说明氯化镍开始与空气中的水分发生缓慢化学反应。到达 748.92℃ 时，DSC 曲线有一吸热峰突变，且 TGA 曲线开始走平，质量损失完全，说明氯化镍的高温条件下反应已结束，此时对应失重 26.39%，与氯化镍完全转化为氧化亚镍导致的失重量基本符合。当温度大于 748.92℃ 时，TGA 曲线保持水平，说明生成的产物在该温度区具有很好的热稳定性。

基于对原料的热分析，可知雾化焙烧过程中，反应温度是重要影响因素，此外，原料热分析结果表明，要使原料的化学反应进行完全，得到较高的原料转化率，反应温度应控制在 750℃ 以上。

3.2 所得样品的 XRD 谱分析

图 4 为在溶液浓度 1.0 mol/L、溶液处理量 10.0 L/h、雾化压力 0.1 MPa、反应温度分别为 750℃、800℃、850℃、900℃ 的反应条件下，以压缩空气为载气，采用雾化焙烧法所制备的样品 XRD 谱图。

对照 JCPDS(No.44-1159) 标准图卡，不同温度下所得样品均呈现面心立方氧化亚镍的特征衍射峰，4 个样品的 XRD 谱图非常相似，均有 5 个明显衍射峰，衍射峰对应 2θ 角分别位于 37.2°、43.3°、62.9°、75.4°、79.4°，分别对应 (111)、(200)、(220)、(311) 和 (222) 晶面，说明 4 个不同温度条件下所得样品是标准立方晶系的单一相氧化亚镍，没有其他杂质相存在，谱图中主要衍射峰尖锐、说明产物结晶度高、晶体结构完整。而且，反应温度升高，相应样品 XRD 谱衍射峰强度增大，半高宽减小，表明反应温度越高，样品结晶度越高，晶形越完整，晶粒尺度呈增大趋势。

对图 4 的 XRD 谱分析结果表明，采用溶液雾化焙烧法可成功制备氧化亚镍，控制大于 750℃ 的反应温度条件，可制备得到无杂相的高纯度的氧化亚镍粉体。

图 5 为在溶液浓度 1.0 mol/L、溶液处理量 10.0 L/h、雾化压力 0.1 MPa、反应温度为 800℃ 的反应条件下，分别以压缩氧气和压缩氮气为载气，采用雾化焙烧法所制备的样品 XRD 谱图。

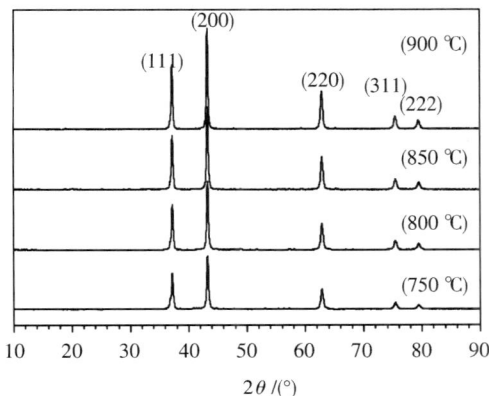

图 4　不同温度条件下制备样品的 XRD 谱图

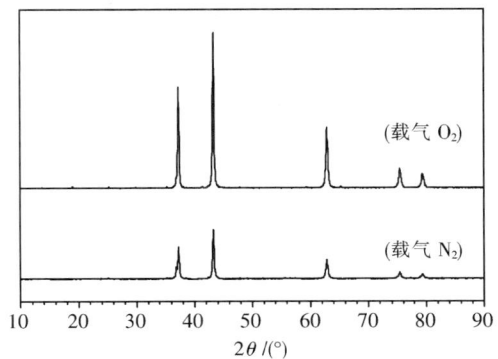

图 5　不同载气条件下制备样品的 XRD 谱图

从图 5 可知，载气为氧气和氮气的制备条件下，所得样品均为纯净的氧化亚镍。谱图中也可明显看出，氧气作载气时，样品的 XRD 谱衍射峰强度大，样品的结晶度大。图 5 的 XRD 表征结果与 Ni-O 相图的机理分析结果一致，进一步验证了载气中的氧量不会影响产物氧化态镍的化学组成与结构。

3.3 所得样品的 FT-IR 分析

为了继续验证在采用溶液雾化焙烧法可以制备纯净的氧化亚镍粉体，以溶液浓度 1.0 mol/L、溶液处理量 10.0 L/h、雾化压力 0.1 MPa、压缩空气为载气、反应温度 800℃的反应条件下制备的样品为对象，进行傅立叶红外光谱分析。图 6 为所制备产物的红外光谱。

图 6 中可见有 3 个明显光谱强吸收峰，位于 3410、1631 和 443 cm^{-1} 处，与文献资料报道的结果相符合[15-16]，分别属于氧化亚镍粉体的吸附水伸缩振动峰 $\nu(H_2O)$、吸附水的弯曲振动峰 $\delta(H_2O)$ 和 Ni-O 晶格的伸缩振动峰 $\nu(Ni-O)$。光谱曲线没有出现其他官能团吸收杂峰，考虑到氧化亚镍粉体的易吸水性[17]，排除在制样或测试过程吸附了少量水所带来的杂峰影响，可以确定产物是纯净的氧化亚镍。

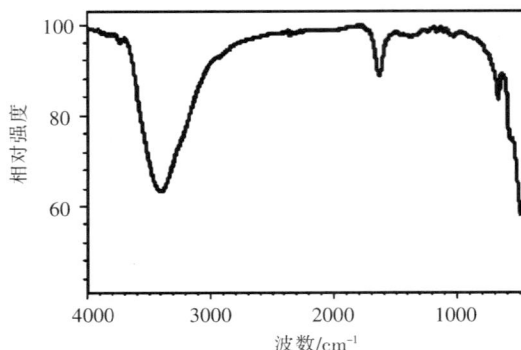

图 6 反应温度为 800℃时所得产物的红外光谱图

对于红外光谱中的特征吸收峰的峰位总是存在细微偏离，即光谱图上吸收峰存在蓝移或红移现象，何则强等[18]认为，是由于粒子较小的所带来的微观效应造成。王艳萍等[19]研究认为，纳米材料红外光谱产生漂移，是由于量子尺寸效应与表面效应共同作用的结果，如果量子尺寸效应占优，则发生红外光谱蓝移，否则发生红移。

3.4 所得样品的 SEM 分析及 EDAX 分析

采用溶液雾化焙烧法，选取在溶液浓度 1.0 mol/L、溶液处理量 10.0 L/h、雾化压力 0.1 MPa、压缩空气为载气、反应温度为 800℃的反应条件下制备样品为对象，进行 SEM 和 EDAX 分析，图 7 为样品扫描电镜照片。

由图 7 可知，在反应温度为 800℃的条件下，产物形貌为明显的颗粒状，其粒子大小介于 200 nm 到 500 nm 间，粒子均一性好，但粒子与粒子之间有轻微粘连和团聚现象，一方面因为粉末本身具有磁性属性，另一方面归因于样品粉体粒度较细，表面能较大，粒子之间产生软团聚。

进一步验证样品的化学元素组成，检验所含杂质元素状况，采用扫描电镜附带的 X 射线能谱仪对该样品表面微区进行元素成分分析，结果如图 8 所示，谱图中除镍元素、氧元素以及样品检测过程中为增加导电率所添加的合金元素外，未见氯元素及其他金属元素的明显特征峰，说明样品纯度很高。

图 7　反应温度为 800℃时所得产物的 SEM 图

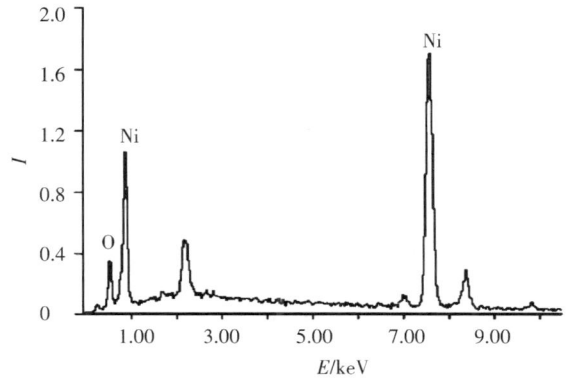

图 8　800℃反应温度时所得产物的 EDAX 图

4　结论

（1）以六水氯化镍为镍源配制料液，采用溶液雾化焙烧法，成功制备了高纯度的超细氧化亚镍粉体。

（2）溶液雾化焙烧反应温度是氧化亚镍超细粉末制备过程中的重要影响因素。750℃以上的反应温度即可以制备得到纯净的超细氧化亚镍粉体，产品结晶性较好，反应温度越高，样品结晶度越高，晶形越完整，晶粒尺度呈增大的趋势。在 800℃的反应温度条件下制备所得粉体粒子形貌呈现颗粒状，粒度介于亚微米尺度范围。

（3）采用空气、氧气、氮气作溶液雾化载气，均能制备得到单一相氧化亚镍粉体，载气中的氧含量不改变产物的化学组成结构。

（4）由氯化镍水溶液雾化焙烧法制备超细氧化亚镍粉体，方法简单，产物结晶度高、品质好，制备过程条件容易控制。

参考文献

[1] Ju Seo Hee, Kim Do Youp, Jo Eun Byul, et al. The characteristics of Li (Co$_x$Ni$_{1-x}$)O$_2$ cathode powders formed from the fine-sized Co$_3$O$_4$/NiO precursor powders[J]. Journal of Alloys and Compounds, 2008(450): 457-462.

[2] Sung W O, Hyun J B, Young C B, et al. Effect of calcination temperature on morphology, crystallinity and electrochemical properties of nano-crystalline metal oxides (Co$_3$O$_4$, CuO, and NiO) prepared via ultrasonic spray pyrolysis [J]. Journal of Power Sources, 2007, 173: 502-509.

[3] Ku T W, Kim Y, Kang B S. Design and modification of tool to manufacture rectangular cup of Ni-MH battery for hybrid cars [J]. J Mater Process Technol, 2007, 187-188(2): 197-201.

[4] Hotovy I, Huran J, Siciliano P, et al. Enhancement of H$_2$ semingproperties of NiO-based thin films with a Pt surface modification [J]. Sensors and Actuators B, 2004, 103(1/2): 300-311.

[5] Li Songli, Guo Ruisong, Li Jingou, et al. Synthesis of NiO-ZrO$_2$ powders for solid oxide fuel cells [J]. Ceramies Intenational, 2003, (29): 883-886.

[6] Blju V, Abdul Khadar M. Analysis of AC electrical properties of nanocrystalline nickel oxide [J]. Materials

Science and Engineering A, 2001, 304-306(5): 814-817.

[7] Nam Kyungwan, Kimz Kwangbum. A study of the preparation of NiO$_x$ electrode via electrochemical route for supercapacitor applications and their charge storage [J]. Mechanism Journal of the Electrochemical Society, 2002, 149(3): A346-A354.

[8] 何焕华, 蔡乔方. 中国镍钴冶金[M]. 北京: 冶金工业出版社, 2000.

[9] 周立群, 杨念华, 周丽荣. 纳米氧化镍的固相合成[J]. 应用化学, 2006, 23(6): 682-684.

[10] Huang Kai, Guo Xueyi. Prediction of powder characteristics of uniform NiO precursor prepared by homogeneous precipitation [J], Transactions of Nonferrous Metals Society of China, 2004, 14(5): 1023-1028.

[11] Thota S, Kumar J. Sol-gel synthesis and anomalous magnetic behavior of NiO nanoparticles [J]. Journal of Physics and Chemistry of Solids, 2007, 68: 1951-1964.

[12] Han D Y, Yang H Y, Shen C B, et al. Synthesis and size control of NiO nanoparticles by water-in-oil microemulsion [J]. Powder Technology, 2004, 147: 113-116.

[13] Li Guojun, Huang Xiaoxian, Shi Ying, et al. Preparation and characteristics of nanocrystalline NiO by organic solvent method[J]. Materials Letters, 2001(51): 325-330.

[14] 郭秋松, 郭学益, 田庆华, 等. 富氧气氛下雾化氧化法制备多面体 Co$_3$O$_4$ 粒子及其化学电容性能[J]. 北京科技大学学报, 2009, 31(9): 1142-1146.

[15] 邓建成, 邓晶晶, 刘博, 等. 不同形貌纳米氧化镍的制备及其电容特性研究[J]. 湘潭大学自然科学学报, 2009, 31(1): 47-52.

[16] 李建芬, 肖波, 杜丽娟, 等. 氧化镍纳米晶体的制备及其过程分析[J]. 人工晶体学报, 2007, 36(5): 1045-1051.

[17] 管小艳, 邓晶晶, 邓建成. 配位均匀沉淀法制备纳米氧化镍[J]. 工业技术, 2008, 11: 28-29.

[18] 何则强, 孙新阳, 熊利芝, 等. 均匀沉淀法制备 NiO 超细粉末及其电化学性能[J]. 中国有色金属学报, 2008, 18(S1): S301-S304.

[19] 王艳萍, 朱俊武, 张莉莉, 等. 纳米 NiO 的制备及其谱学特性研究[J]. 光谱学与光谱分析, 2006, 26(14): 690-693.

喷雾焙烧制备 Co_3O_4 粉体过程雾化参数对产物氯含量的影响

摘要：以 $CoCl_2$ 水溶液为原料，采用单步喷雾氧化焙烧直接制备 Co_3O_4 高品质粉体，考察制备过程中雾化参数对产物氯含量的影响。为研究提高原料转化率的控制方法，实现降低 Co_3O_4 粉体残氯量及提升产物化学品质的目标，通过对样品残留氯进行分析测试，研究不同雾化参数条件对产物氯含量的影响关系。讨论氯离子的存在机理，认为氯离子可能因吸附行为产生逆反应及原料局部不完全反应而存在。实验结果表明：雾化参数中喷雾压力、气液比及料液浓度均对产物氯含量产生显著影响。实验中通过控制适当条件，同时对产物增加脱氯后处理来降低产物 Co_3O_4 粉体氯含量，并制得了氯含量小于 0.1%(质量分数)的 Co_3O_4 高品质超细粉体。

四氧化三钴(Co_3O_4)是一种具备特殊结构与性能和有广泛用途的重要过渡金属氧化物[1-6]，其化学纯度和物理性质(包括粒度分布、微观形貌、堆积密度、比表面积、晶格缺陷等)对产品的性能有较大影响，如用在锂离子电池领域，作为重要原料的 Co_3O_4 粉体中杂质氯会对电池的综合性能产生不利影响；用在玻陶工业领域，杂质氯影响到粉体本身的附着力和终端产品的发色性能；同时，阴离子杂质氯还会在 Co_3O_4 进一步加工利用过程中污染环境，腐蚀损坏设备。控制制备具有较高化学纯度的产物，是进行材料理化性能研究的物质基础，是实现功能材料各项物理指标调控的前提，因此，研究提高 Co_3O_4 粉体产物的纯度，降低产物氯含量，对制备后续高性能产品及扩大其应用领域有着重要意义。以 $CoCl_2$ 水溶液为原料，采用喷雾氧化焙烧是一种以喷雾技术为实现手段的制备 Co_3O_4 粉体的新方法，具有显著的优点，其制备工艺简单，反应进程可控，对环境友好，对于该方法的反应机理、过程控制与所得样品性能，作者已进行了研究[7]。单步喷雾氧化焙烧制备 Co_3O_4 粉体，在制备过程中不需要添加其他辅料，没有外来杂质污染，有较强的提高样品化学品质的潜力，是一条制备高纯粉体的可行途径。在通用的 Co_3O_4 粉体的制备过程中，影响 Co_3O_4 化学品质的因素很多，而采用单步喷雾氧化焙烧制备高纯 Co_3O_4 粉体，对产物化学品质的影响主要取决于制备过程中原料到产物的实际转化率。目前，为减少各类粉体中氯离子的毒害，一般采用单独后处理的办法对其除氯纯化，如氢气还原脱氯[8]、水洗除氯[9]、高温灼烧除氯、电渗析法对氯离子进行归集[10]等，尽管它们的除氯效果很好，可是，均需要繁杂的操作流程、昂贵的设备投资以及消耗一定的处理成本。本文作者将讨论单步喷雾氧化焙烧制备过程中氯离子的可能存在形态与行为，研究反应过程中雾化参数对产物残氯含量的影响，通过过程控制降低产物中氯离子含量，实现有效提高产物品质的研究目标。

本文发表在《中南大学学报(自然科学版)》，2011，42(8)：2215−2220。合作者：郭秋松。

1 实验

1.1 样品制备

选用六水合氯化钴（AR级，广州化学试剂厂）为原料，在室温下加去离子水溶解，并配制成实验所需不同浓度的原料溶液备用。溶液单步喷雾氧化焙烧实验装置连接如图1所示。采用气流式喷嘴为原料雾化源，配制好的原料溶液流入喷雾嘴的进液孔，压缩的载气经过滤后进入喷雾嘴的进气孔。采用压缩氧气为载气及氧化反应气源，载气量由精密调压阀控制。料液与氧气在喷嘴内充分混合，同时，被高压氧气雾化成均匀微细液滴，再直接喷入反应器中连续氧化焙烧。以自制的立式电阻炉为氧化焙烧炉，炉温由带微电脑程序的自控装置调控。尾气经真空喷射泵机组抽取和洗涤吸收后排空。反应所制备样品经收集后，直接装袋密封用于各项测试。

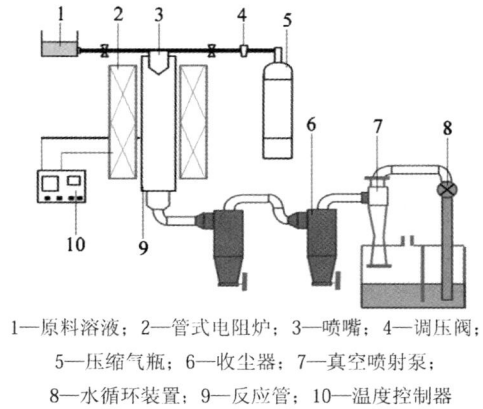

1—原料溶液；2—管式电阻炉；3—喷嘴；4—调压阀；
5—压缩气瓶；6—收尘器；7—真空喷射泵；
8—水循环装置；9—反应管；10—温度控制器

图1 雾化氧化焙烧装置连接图

1.2 雾化参数调控

雾化制粉技术作为一种新型技术，是一步成粉的高效粉体制备方法。从溶液到雾滴后，比表面积迅速增大，对过程中传热传质和化学反应非常有利，溶液雾化制粉的技术难点是查找不同状态下雾滴时空分布规律及雾化过程控制，建立喷雾特性与产品品质的联系[11]。研究高品质 Co_3O_4 粉体制备过程中原料转化率的影响因素，进行雾化参数的测试与控制是重要途径。表征喷嘴雾化效果的一个重要指标是雾化液滴的粒度分布，一般采用邵特平均直径（SMD，D_{32}）进行评价。SMD是一种以喷雾产生的表面积来表示喷雾精细度的方法，它的意义是一颗为邵特平均直径的液滴，该液滴的体积与表面积之比和所有液滴的总体积与总表面积之比相等。液体通过喷嘴雾化是个非常复杂的物理过程，喷雾液滴粒度分布影响非常复杂，多年的研究还无法从机理上推导出雾滴粒度分布的数学模型，许多研究关系式是由实验结果经验关联而成[12-13]。

影响 D_{32} 的雾化参数主要有：雾化液体和雾化介质的理化性质（温度、浓度、黏度、密度、表面张力等）、气液质量比、雾流速、工作负荷等。

实验中通过精密调压阀调节进气压力来调控气流速度与雾流速。气液质量比，即喷嘴工作时所消耗的载气量与所处理溶液量的质量比，溶液流量由阀门调节。实验中还研究溶液浓度变化对产物氯含量的影响。

1.3 样品测试方法

Volhard法分析测试样品残氯含量：分析天平准确称取0.5 g于120℃干燥4 h的样品至烧杯中，加蒸馏水洗涤后过滤，滤液及洗水全部转入100 mL容量瓶定容混匀，再从中移取

10 mL 到三角瓶，加 1 mL 稀释 1 倍的浓硝酸（AR）后，再加 10 mL 经准确标定的硝酸银标准溶液（约为 0.1 mol/L）沉淀氯离子，然后，以铁铵钒液为指示剂，用经准确标定的约为 0.1 mol/L 的硫氰酸钾反滴定银离子，溶液由白色变为土红色为滴定终点，最后计算得到样品残氯含量。

1.3.1 EDTA 络合滴定样品的钴含量

用分析天平准确称取 0.5 g 于 120℃ 干燥 4 h 的样品至烧杯中，加稀释 1 倍的浓盐酸（AR）30 mL，盖表面皿，在电热板上缓慢加热煮沸至接近蒸干，撤离加热，加去离子水溶解杯中晶体，将溶液和洗水全部转至 100 mL 容量瓶定容混匀，再从中移取 10 mL 到三角瓶，加氨水（AR）中和至 pH 约为 7，用经准确标定约为 0.3 mol/L 的 EDTA 滴定大部分钴离子后，加 pH 为 10 的氨水氯化铵缓冲溶液 10 mL，然后，加紫脲酸铵为指示剂，在碱性条件下 EDTA 继续滴定，溶液由浅黄色变为紫红色为滴定终点，最后根据公式计算样品钴含量。

1.3.2 SEM 测试与表面微区元素成分分析

采用日本电子公司产带 X 线能谱仪的（JSM-6360LV）型扫描电镜分析。

1.3.3 XRD 测试

采用日本理学 3014Z 型 X 线衍射分析仪（XRD）测定物相结构组成，XRD 分析在 Rigaku 衍射仪上进行（Cu 靶 Kα 射线，$\lambda = 0.154056$ nm，管电压为 40 kV，管电流为 300 mA，石墨单色器，扫描角度范围为 $10° \sim 85°$，扫描速度为 $4°/min$）。

2 结果与讨论

2.1 喷雾压力对样品含氯量的影响

在高温及开放的体系环境中，溶液雾化是一个湍流的、三维的、多相的、流动的复杂物理过程，将喷雾压力作为基本参数，研究其对产品品质的影响非常重要。当喷嘴孔径固定时，随喷雾压力增大，过程所消耗载气量则越多，由于喷雾压力与喷雾量和气流速度呈比例关系，本研究只取直观的喷雾压力作雾化基本参数研究对象。在喷雾压力为 0.05，0.10，0.15，0.20 和 0.25 MPa 下进行实验研究。

焙烧温度为 800℃、气液比为 0.5、原料浓度为 1 mol/L 时，不同喷雾压力下制得样品的主元素与杂质氯离子含量如图 2 所示。

由图 2 可知：随雾化压力增加，样品主含量（质量分数，下同）元素钴的变化规律不明显，其含量位于 72.80% 与 73.20% 之间，但氯离子含量先减少后逐渐增加，喷雾压力为 0.05，0.10，0.15，0.20 和 0.25 MPa 时制备样品对应的氯含量（质量分数，下同）分别为：0.279%，0.121%，0.195%，0.213% 和 0.220%，这是因为气液比固定后，在喷雾压力增加的同时，溶液的处理量随之增加。并不是压力

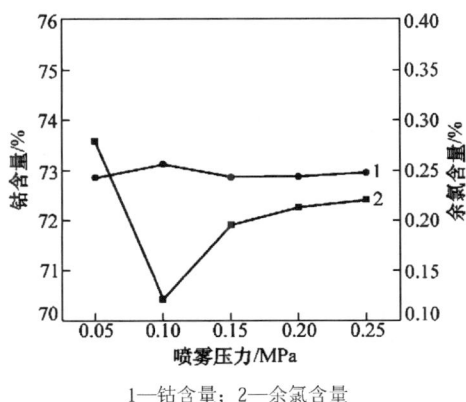

1—钴含量；2—余氯含量

图 2 不同喷雾压力下样品的余氯含量与主元素钴的含量

越小，溶液加入量越少含氯越低。可能是因为压力小时，雾化溶液的动力减小，在气流破碎溶液过程中，液量很少时为液滴破碎，视喷嘴性能只有液流量达到一定临界值时才转化成液膜破碎，液滴由于界面能大，破碎难度较大，这个临界值对应点为最优雾化点。当喷雾压力超越临界点继续增大时，溶液的处理量随之增加，样品残氯含量增加，可能是由于不断增大的高速气流雾化溶液能力满足不了溶液增量对雾化能力的需要。这与实际雾化机理相符合[14]。

实验表明：在制备过程中不能仅依靠减小溶液处理量来降低样品残余氯离子含量，而固定气液比后预期通过不断增加喷雾压力来降低残氯含量，不但能源消耗越来越大，而且样品残氯含量会不断增加，所以，要选择适当的压力并控制合适的溶液流量才可使所得样品残氯含量为最低。

2.2　气液比对样品氯含量的影响

气液比是雾化过程的基本研究参数，主要影响雾化过程的平均雾滴直径。理论上，气液比增加，平均雾滴直径减小；当气液比小于 0.1 时，雾化状态迅速恶化，而当气液比增大到接近 10 时，对液滴平均粒度的影响很小，意味着通过继续增大气液比以便将微细雾滴破碎成更小的方法不可取。改变气液比可选择下列 3 种方法之一，即固定气量调节进液量、固定液量调节进气量和气液量同时调节。本实验采取固定溶液进量调节不同进气量的方式。考虑到平均液滴直径对样品品质存在影响行为，故需要研究不同气液比对原料转化率的影响。

实验过程中控制焙烧温度为 800℃，喷雾压力为 0.1 MPa，原料浓度为 1 mol/L，在气液比分别为 0.3，0.4，0.5，0.6 和 0.7 条件下进行实验。不同气液比下样品的余氯含量与钴含量如图 3 所示。

由图 3 可知：随气液比增加，产品主含量元素钴含量变化无明显规律，氯离子含量则随之减少，在气液比分别为 0.3，0.4，0.5，0.6 和 0.7 条件下所得样品对应的氯含量分别为 0.273%，0.199%，0.121%，0.109% 和 0.104%。这是因为气液比直接影响到雾化性能，气液比增加，雾滴平均直径减小，促使雾滴氧化焙烧过程的反应速率加快，改善了反

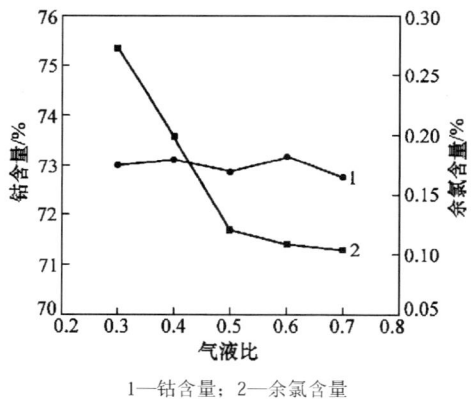

1—钴含量；2—余氯含量

图 3　不同气液比条件下样品的余氯含量与主元素钴的含量

应过程控制性步骤的行为。但是，气液比对含氯量的影响力随气液比增加逐渐递减，所以，通过不断增大气液比来增强过程的反应性，效果逐渐不明显。

2.3　原料液浓度对样品氯含量的影响

原料溶液的浓度是雾化过程的重要参数之一。浓度对雾化过程的影响主要体现在：溶液随溶质浓度增大，其黏度会发生改变，从而影响雾化性能。此外，溶液的浓度实际也是雾化过程及后续化学反应的负荷因素。研究不同的溶液浓度对雾化制粉过程所得产物品质的关系，关系到反应过程速率、反应装置加工处理效率，甚至决定了反应能否顺利进行。

实验在溶液浓度 0.50～1.50 mol/L 范围内进行研究，研究过程的步进浓度为 0.25 mol/L，其他实验条件如下：焙烧温度为 800℃，喷雾压力为 0.1 MPa，气液比为 0.5。各浓度下实验样品所测得的主元素与杂质元素含量如图 4 所示。

由图 4 可看出：溶液浓度同时对主元素钴含量与杂质元素氯含量均产生明显影响。在溶液浓度为 0.50、0.75、1.00、1.25 及 1.50 mol/L 时，所制备的样品钴含量分别为 73.68%，73.46%，73.12%，72.51% 和 71.93%，氯含量分别为 0.094%，0.105%，0.121%，0.332% 和 0.657%。当浓度较低时，所得样品主元素品位高，杂质元素含量较低，随着溶液浓度递增，主元素钴明显降低，杂质氯显著升高。当溶液浓度超过 1.00 mol/L 时，所得样品主元素钴的含量已达不到 YS/T 633—2007（四氧化三钴）有色行业推荐标准规定的"钴元素的含量下限不低于 72.6%"的要求。实验还发现当

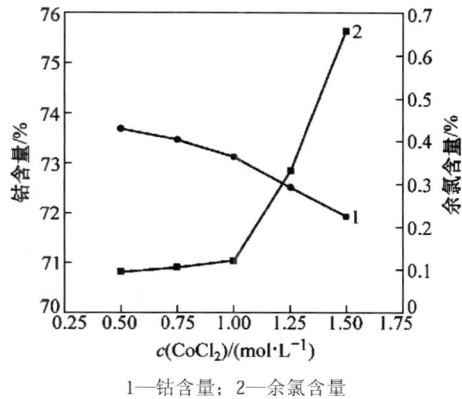

1—钴含量；2—余氯含量

图 4　不同溶液浓度条件下样品的
氯离子含量与主元素钴的含量

溶液浓度超过 1.75 mol/L 时，喷嘴出口开始出现雾化过程的结晶现象，即溶液快速蒸发失水结晶，形成不断长大的不规则固体堵塞喷头，造成雾化作用失效，进料不能连续进行，粉体制备实验进而中断。所以，要综合衡量，选择合适的溶液浓度，既要稳定样品化学品质，又能保障过程中的粉体制备效率，降低能耗成本。

2.4　样品氯离子行为机理

探索喷雾氧化焙烧法直接制备 Co_3O_4 高品质粉体过程中氯离子行为机理，调查条件参数影响，优化控制过程，是提高原料到成品转化率的有效途径。理论上，转化率既受化学热力学影响，又受反应动力学影响，在制备过程中，各种对结果产生明显影响的控制参数关联性大，对雾化质量及产品品质的影响呈加和性。

尽管有关雾化参数对反应过程原料转化率的影响显著，但是，不断改变并优化控制条件，氯的残留含量依然会维持在 0.1% 以上。这是因为反应过程中存在局部未反应完全，此外，反应所得的粉末在流程中可能对氯元素产生吸附[16]。实验中原料氯化钴高温态氧化焙烧得到成品四氧化三钴，同时产生氯化氢气体，由于样品粒度小，比表面积大，在系统中流动时，在存在水蒸气的条件下，不断产生对环境中高浓度氯化氢的吸附与解吸行为，直至相互平衡。随着样品从流程中分离并降温至常态，表面吸附的氯化氢会与样品产生逆向反应重新生成氯化钴。这是因为常态下，氯化氢与 Co_3O_4 反应生成氯化钴是一个热力学自发过程。粉体样品在系统中的沉降分离是一个脱离高浓度氯化氢环境的过程，这时对分离器进行保温，阻止逆反应的发生，能够有效增强样品对氯化氢气体的解吸行为，是降低样品残氯含量的一个有效措施。对实验装置中的粉体收集器进行保温处理后，以焙烧温度为 800℃、喷雾压力为 0.1 MPa、气液比为 0.5、溶液浓度为 0.75 mol/L 的实验条件进行溶液喷雾氧化焙烧实验，实验所得样品主元素与杂质元素检测结果如下：钴元素含量为 73.16%，残氯含量为 0.083%。同时对该样品进行 XRD 物相测试分析与 SEM 表征。

喷雾氧化焙烧法制备 Co_3O_4 粉体的 XRD 谱如图 5 所示。对照 JCPDS（No. 43—1003）标准图卡，完全符合立方相 Co_3O_4 的衍射峰特征，是归属于 Fd3m 空间群的正尖晶石结构，表明产物是立方晶系 Co_3O_4，图谱中未发现氯化钴及其他物相的杂质峰出现，说明原料转化率很高，样品纯度高。

SEM 像如图 6 所示。由图 6 可见：样品微观形貌呈颗粒状，粒子粒度介于 100~500 nm，粒子均一性较好，大部分颗粒粒径大约为 200 nm，粒子间没有出现严重的团聚，是归属于亚微米体系的超细粉体。

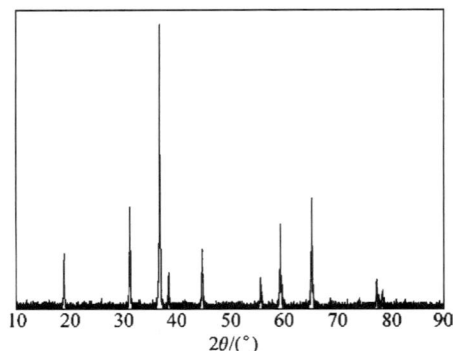

图 5　喷雾氧化焙烧法制备的
Co_3O_4 粉体的 XRD 谱

为进一步验证样品的纯度，采用扫描电镜附带的 X 线能谱仪对样品表面微区元素成分进行分析，结果如图 7 所示。图谱中未见氯元素及其他金属元素的特征峰，说明样品纯度很高，包括实验所关注的杂质氯含量很低，已低于 X 线能谱仪的检测最低限度。

图 6　喷雾氧化焙烧法制备的
Co_3O_4 粉体的 SEM 像

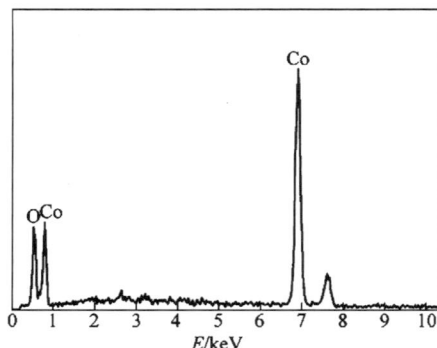

图 7　喷雾氧化焙烧法制备的
Co_3O_4 粉体的 EDS 谱

实现研究表明：通过对氯离子行为机理的推测，并采取对应措施，进一步提高了原料到产品的转化率，有效降低了样品中氯离子的残留，提升了样品化学品质，为该制备方法工程化技术条件的确定提供了有价值的实验参考。

3　结论

（1）雾化参数中雾化压力会对制备过程中产品品质产生明显影响。随雾化压力增加，样品主含量元素钴的变化规律不明显，但是，氯离子含量呈先减少后逐渐增加的趋势。

（2）雾化参数中气液质量比同样会对制备过程中产品品质产生明显影响。随气液比增加，产品主含量元素钴含量变化无明显规律，氯离子含量则随之减少，但是，气液比对杂质氯含量的影响力随气液比增加逐渐递减。

（3）原料溶液浓度影响雾化性能，也会对制备过程中产品品质产生明显影响。随着溶液浓度递增，主元素钴含量明显降低，杂质氯含量显著升高。

（4）样品中氯残留的原因为：极少部分原料存在不完全反应与样品在装置内流动过程中存在对氯的吸附行为并发生了自发进行的逆反应。

（5）以焙烧温度为800℃、喷雾压力为0.1 MPa、气液比为0.5、溶液浓度为0.75 mol/L的条件进行优化实验，并在过程中对样品采取保温措施，得到了氯含量仅为0.083%的Co_3O_4高品质超细粉体。

参考文献

[1] Xie Xiaowei, Li Yong, Liu Zhiquan, et al. Low-temperature oxidation of CO catalysed by Co_3O_4 nanorods[J]. Nature, 2009, 458：746-749.

[2] Chen Youcun, Hu Lin, Wang Min, et al. Self-assembled Co_3O_4 porous nanostructures and their photocatalytic activity[J]. Colloids and Surfaces A：Physicochem Eng Aspects, 2009, 336：64-68.

[3] Sun Lingna, Li Huifeng, Ren Ling, et al. Synthesis of Co_3O_4 nanostructures using a solvothermal approach[J]. Solid State Sciences, 2009, 11：108-112.

[4] Ai Lunhong, Jiang J. Rapid synthesis of nanocrystalline Co_3O_4 by a microwave-assisted combustion method[J]. Powder Technology, 2009, 195：11-14.

[5] 杨幼平, 黄可龙, 刘人生, 等. 水热-热分解法制备棒状和多面体状四氧化三钴[J]. 中南大学学报（自然科学版）, 2006, 37(6)：1103-1106.

[6] Dong Zhao, Xu Yingying, Zhang Xiongjian, et al. Novel magnetic properties of Co_3O_4 nanowires[J]. Solid State Communications, 2009, 149：648-651.

[7] 郭秋松, 郭学益, 田庆华, 等. 富氧气氛下雾化氧化法制备多面体 Co_3O_4 粒子及其化学电容性能[J]. 北京科技大学学报, 2009, 31 (9)：1142-1146.

[8] Zeng H S, Inazu K, Aika K. Dechlorination process of active carbon-supported, barium nitrate-promoted ruthenium trichloride catalyst for ammonia synthesis[J]. Applied Catalysis A：Genera, 2001, 219：235-247.

[9] Wu Xi, Gerstein B C, King T S. The effect of chlorine on hydrogen chemisorption by silica-supported Ru catalysts：A proton NMR study[J]. Journal of Catalysis, 1992, 135：68-80.

[10] 刘恒, 李大成, 陈朝珍. 电渗析法除氯离子制高纯碳酸钙的研究[J]. 成都科技大学学报, 1996(5)：42-47.

[11] 李清廉, 田章福, 王振国. 模型三组元喷嘴雾化 SMD 变化规律[J]. 国防科技大学学报, 2001, 23(6)：9-12.

[12] 赵忠祥, 凌毅, 王姣娜, 等. 小型二流式喷嘴雾化性能研究[J]. 化学工程, 2000, 28(6)：22-24.

[13] Payri R, Salvador F J, Gimeno J L D. Zapata Diesel nozzle geometry influence on spray liquid-phase fuel penetration in evaporative conditions[J]. Fuel, 2008, 87：1165-1176.

[14] 马峥, 周哲玮. 气流雾化问题中的流动稳定性研究[J]. 应用数学和力学, 1999, 20(10)：991-996.

[15] 柴海芳, 韩文锋, 朱虹, 等. 氯对钌基氨合成催化剂的影响[J]. 化学进展, 2006, 18(10)：1262-1269.

工艺条件对硝酸银溶液雾化热分解制备超细银粉的影响

摘要：以 $AgNO_3$ 溶液为原料、柠檬酸为添加剂，在空气气氛下采用溶液雾化热分解法制备超细银粉。采用扫描电镜、激光粒度仪、振实密度测试仪、X 射线衍射仪等对银粉进行了表征，系统地研究了反应温度、硝酸银溶液浓度、硝酸银溶液 pH 值、压缩空气流量、柠檬酸用量等工艺条件对产物银粉形貌、振实密度和平均粒径的影响。结果表明：在反应温度为 700℃、硝酸银溶液浓度为 2.0 mol/L、柠檬酸的添加量为 2.5%（摩尔比）、压缩空气流量为 1.0 m^3/h、硝酸银溶液 pH 值为 6.0 的条件下，可制备得到物相单一、表面光滑、分散性好的球形银粉，银粉的振实密度为 4.24 g/cm^3，平均粒径为 3.16 μm。

金属银粉是一种重要的无机功能材料，被广泛应用于装饰材料、电接触材料、感光材料、催化剂、医药和抗菌材料等众多领域[1-2]；同时因其具有优异的导电性和较强的抗氧化能力，是制备电子浆料的主要原料。随着微电子和光伏产业的高速发展，市场对银粉需求量不断增加，且对其性能、形貌、粒径等的要求亦越来越高[3]。一般来说，采用分散性良好、球形度好、结晶度高、振实密度高、表面光洁、粒度分布窄的银粉配制成的导电浆料才能具备良好的丝网印刷性能，经过印刷烧结后才能得到具有较低方阻和较细栅线的正面银电极[4]。

目前，银粉的制备方法比较多，已经报道的制备方法主要有熔体雾化法[5]、水热还原法[6]、等离子体蒸发冷凝法[7]、微乳液法[8]、激光法[9]、沉淀转换法[10]、多元醇法[11]、电化学法[12]、光诱导法[13]等。工业生产中采用的方法主要是液相还原法[14-15]，即在控制反应温度、pH 值以及加入分散剂等条件下，以水合肼、葡萄糖、次磷酸钠、双氧水以及抗坏血酸等作为还原剂，将含银前驱体还原成单质银，然后经过滤、水洗、醇洗、真空干燥等后期处理得到超细银粉。液相还原法具有设备简单、工艺可控、低成本、低能耗等优点，且通过对前驱体、还原剂、制备工艺与设备的调控，可制备出尺度从纳米级至微米级，形貌为球形或多面体形的金属银粉，在银粉工业生产上得到了广泛的应用。化学液相还原法的不足在于工艺过程较长，制备的银粉结晶度、球形度偏低，表面欠光洁等。

本文作者在溶液雾化氧化法制备镍钴精细粉体材料[16-18]的研究基础上，开发了一种硝酸银溶液雾化热分解制备导电浆料用超细银粉的方法，即将硝酸银溶液雾化为微小液滴，然后通过压缩空气送入高温反应炉中；硝酸银液滴进入反应炉后，经过溶剂蒸发、溶质沉淀、颗粒干燥、分解和烧结等一系列物理化学过程，最后形成所需的超细银粉颗粒。系统地研究硝酸银溶液的浓度、pH 值、反应温度、压缩空气流量和柠檬酸用量等工艺条件对产品的形貌、振实密度和平均粒径的影响。

本文发表在《有色金属科学与工程》，2015，6（3）：6-15。合作者：易宇，石靖。

1 实验材料及方法

所用原料为分析纯硝酸银，采用去离子水配制成溶液。自行设计制作的实验装置如图1所示。

预先配制好的硝酸银溶液经超声波雾化器(鱼跃402A型超声雾化器，1.7 MHz±10%)雾化成微细的雾滴，随载流空气(由空气压缩机提供)进入置于管式电阻炉内的石英玻璃管(内径100 mm，长2200 mm)中，硝酸银雾滴在向下运动过程中，迅速蒸发、结晶、干燥及分解生成金属银粉；生成的银粉收集于与石英管下端连接的粉末收集器中，以甘油水溶液作为收集介质；反应过程产生的氮氧化物在尾气吸收器内被碱液吸附，处理后的尾气经水环式真空泵排空。将收集的粉末水洗3次，冷冻干燥后取样分析。

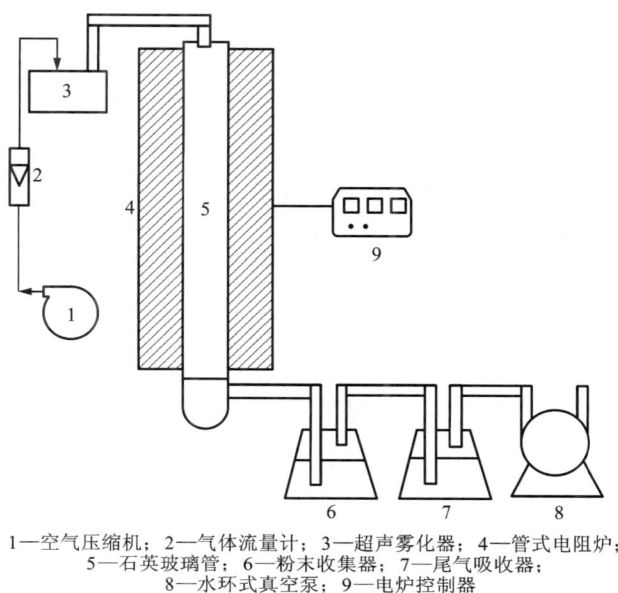

1—空气压缩机；2—气体流量计；3—超声雾化器；4—管式电阻炉；
5—石英玻璃管；6—粉末收集器；7—尾气吸收器；
8—水环式真空泵；9—电炉控制器

图1 实验设备连接图

采用JSM-6360LV型扫描电镜(SEM)观察银粉颗粒的表面形貌，采用日本理学3014Z型X射线衍射仪(XRD)分析银粉的物相组成，采用欧美克LSPOP(VI)激光粒度仪测量银粉的粒度及其分布，使用ZS-202型振实密度测试仪测量银粉的振实密度。

2 结果及讨论

2.1 反应温度对超细银粉形貌和粒径的影响

实验考察了硝酸银溶液浓度为2.0 mol/L、压缩空气流量为0.5 m³/h、石英反应管内负压为-200 Pa的条件下，反应温度分别为500℃、600℃、700℃、800℃和900℃时，对产物的形貌、振实密度和平均粒径的影响，实验结果如图2、图3所示。

从图2可知，在反应温度为500℃和600℃时得到的银粉为不规则的球形，且颗粒间可以看到明显的烧结颈和烧结融合痕迹；在反应温度为700℃时，得到的银粉表面光滑、分散性好，且球形度高；当反应温度进一步增加到800℃和900℃时，得到的银粉粒子为不规则的球形，且可以观察到明显的烧结痕迹。在远低于单质银熔点的温度下，$AgNO_3$溶液雾化热分解银粉颗粒的熔融收缩、烧结等过程即已开始，且随着反应温度的升高，银粉离子之间因碰撞、融合而长大的趋势更加明显。因此，通过控制反应温度，可以有效地控制银粉颗粒的形状和粒径。

从图3(a)中可得，银粉的振实密度随着反应温度的增加先增加然后降低，在700℃时振

(a)500℃

(b)600℃

(c)700℃

(d)800℃

(e)900℃

图2　不同反应温度下制备的超细银粉的 SEM 像

实密度达到最大；从图 3(b)中可得，随着反应温度的增加，银粉粒子的平均粒径逐渐增加。反应温度直接影响反应速度，随着反应温度的提高，硝酸银溶液的雾化分解反应速度加快，同时颗粒在高温下熔融、收缩而更加密实，从而使得振实密度增加；当反应温度增加至700℃以后，聚并在一起的银粉颗粒由软团聚逐渐转化为硬团聚，从而导致颗粒间的孔隙度增加，粉末的振实密度降低。随着反应温度的增加，大量的一次银粉颗粒之间发生黏连、团聚、熔融，从而使得银粉的平均粒径逐渐增加。

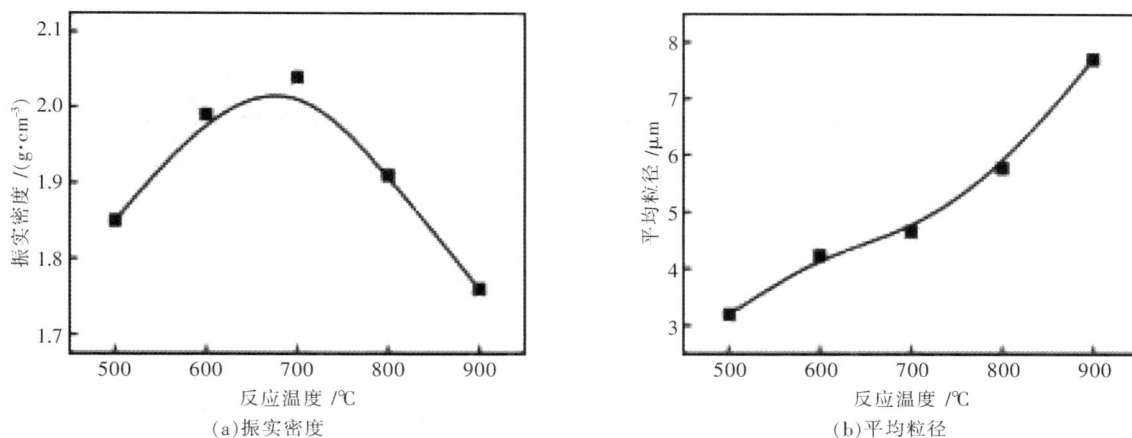

图3 反应温度对振实密度和平均粒径的影响

综合考虑，要制备球形度高、表面光洁，且振实密度较高、平均粒径较小的银粉，反应温度选择700℃比较合适。

2.2 硝酸银溶液浓度对超细银粉形貌和粒径的影响

考察了反应温度为700℃、压缩空气流量为0.5 m³/h、石英反应管内负压为-200 Pa的条件下，硝酸银溶液浓度分别为1.0 mol/L、1.5 mol/L、2.0 mol/L、2.5 mol/L和3.0 mol/L时，对产物的形貌、振实密度和平均粒径的影响，实验结果如图4、图5所示。

从图5(a)中可得，银粉的振实密度随着硝酸银溶液浓度的增加先增加然后降低，在2.0 mol/L时振实密度达到最大；从图5(b)中可得，随着硝酸银溶液浓度的增加，银粉粒子的平均粒径逐渐增加。随着硝酸银溶液浓度的增加，一方面，溶液的密度和表面张力增加，使得雾化后的单个雾滴直径增加[19]；另一方面，单个雾滴内的溶质银的质量增加，因为反应的继承性，一个雾滴形成一个银粉颗粒，因此使得银粉的平均粒径逐渐增加。从图4中也可以观察到产物银粉的平均粒径随着硝酸银溶液浓度的增加而增加。当硝酸银溶液的浓度达到2.0 mol/L之后，银粉晶核的填充密度增加，导致晶核之间凝并生长的趋势增大，银粉粒子之间黏连、团聚、烧结，使得颗粒间的孔隙度增加，粉末的振实密度降低。

综合考虑，要制备球形度高、表面光洁，且振实密度较高、平均粒径较小的银粉，硝酸银溶液浓度选择2.0 mol/L比较合适。

2.3 压缩空气流量对超细银粉形貌和粒度的影响

考察了反应温度为700℃、硝酸银溶液浓度为2.0 mol/L、石英反应管内负压为-200 Pa的条件下，压缩空气流量分别为0.1 m³/h、0.3 m³/h、0.5 m³/h、0.7 m³/h和1.0 m³/h时，对产物的形貌、振实密度和平均粒径的影响，实验结果如图6、图7所示。

从图6可知，随着载气流量的增加，大颗粒的银粉消失，得到的银粉的粒径逐渐变小，且银粉的分散性明显得到改善。从图7(a)中可得，银粉的振实密度随着载气流量的增加而增加；从图7(b)中可得，随着载气流量的增加，银粉粒子的平均粒径逐渐降低。随着载气流量的增加，单位体积内的雾滴数量减少，雾滴之间碰撞长大的概率降低，导致大颗粒银粉产

(a)1.0 mol/L

(b)1.5 mol/L

(c)2.0 mol/L

(d)2.5 mol/L

(e)3.0 mol/L

图4　不同硝酸银溶液浓度下制备的超细银粉的 SEM 像

生的概率降低；同时，载气流量的增加降低了石英反应管内气流的回旋返混[1]，避免了银粉颗粒之间因碰撞聚集而产生的黏连、团聚，改善了银粉的分散性。

综合考虑，要制备球形度高、表面光洁，且振实密度较高、平均粒径较小的银粉，载气流

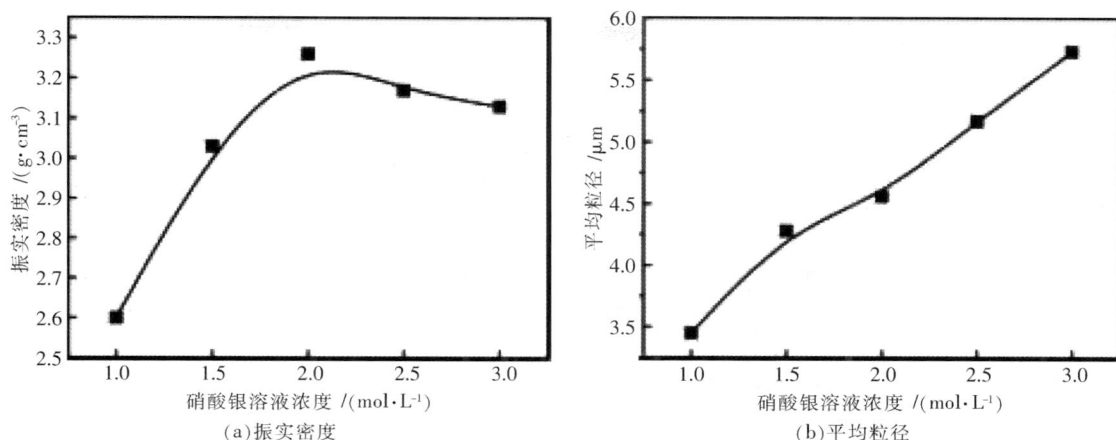

(a)振实密度

(b)平均粒径

图5 硝酸银溶液浓度对振实密度和平均粒径的影响

量选择 $1.0 \ m^3/h$ 比较合适。

2.4 硝酸银溶液 pH 值对超细银粉形貌和粒度的影响

将 150 mL 浓度为 2.0 mol/L 的硝酸银溶液用浓硝酸分别调至 pH=1.0、2.0、3.0、4.5 和 6.0(用纯水配置的 2.0 mol/L 的硝酸银溶液的 pH 值约为 6.0),在反应温度为 700℃、压缩空气流量为 $1.0 \ m^3/h$、石英反应管内负压为 -200 Pa 的条件下,考察了硝酸银溶液 pH 值对产物的形貌、振实密度和平均粒径的影响,实验结果如图8、图9所示。

从图8可知,硝酸银溶液的 pH 值对银粉的形貌影响很大。当溶液的 pH=1.0 和 2.0 时,得到的银粉表面比较光滑,一次颗粒的粒径比较小,呈不规则的变形球体,颗粒之间有明显的烧结融合痕迹;当溶液的 pH=3.0 和 4.5 时,得到的银粉表面虽然比较光滑,但是黏连、硬团聚的现象很严重,可以看到明显的烧结颈和烧结融合痕迹;当溶液的 pH=6 时,得到的银粉为表面光滑的规则球形颗粒,分散性较好。从图9中可得,随着硝酸银溶液 pH 值的逐渐降低,银粉的平均粒径逐渐增加,而银粉的振实密度逐渐降低。在溶液雾化过程中,雾滴体积随着雾化溶液表面张力的降低而降低[20],往硝酸银溶液中加入浓硝酸会降低溶液的表面张力[21],且浓硝酸加入的量越多,溶液的表面张力越低,雾滴的体积越小,因反应的继承性从而产物银粉颗粒的粒径亦随之减小。银粉颗粒的尺寸越小,其自由能越高,大量小颗粒银粉越容易聚集在一起,在高温下发生烧结而形成硬团聚。另一方面,随着硝酸银溶液 pH 值的逐渐降低,溶液中硝酸的浓度逐渐增加,硝酸银溶液雾化热分解反应后炉气中的 HNO_3 浓度越来越高,在高温潮湿有氧存在的环境中,小颗粒银粉开始溶解,迁移至大颗粒银粉表面析出,从而小颗粒逐渐缩小或消失,大颗粒长大,由此导致了晶粒的长大[22],且颗粒更加靠拢,颗粒外形逐渐趋于多面体形。随着硝酸银溶液 pH 值逐渐降低,银粉的一次颗粒粒径有所降低,但是大量粒径很小的一次颗粒因为烧结而黏结、团聚,形成了孔隙度很高的二次颗粒,导致银粉的分散性变差,以及振实密度急剧降低;同样地,硬团聚的粉末因其无法超

(a)0.1 m³/h

(b)0.3 m³/h

(c)0.5 m³/h

(d)0.7 m³/h

(e)1.0 m³/h

图 6　不同压缩空气流量下制备的超细银粉的 SEM 像

声分散,故银粉的平均粒径急剧增加。

综合考虑,硝酸银溶液 pH 值选择 6.0 才能够制备球形度高、表面光洁,振实密度较高的微米级超细银粉。

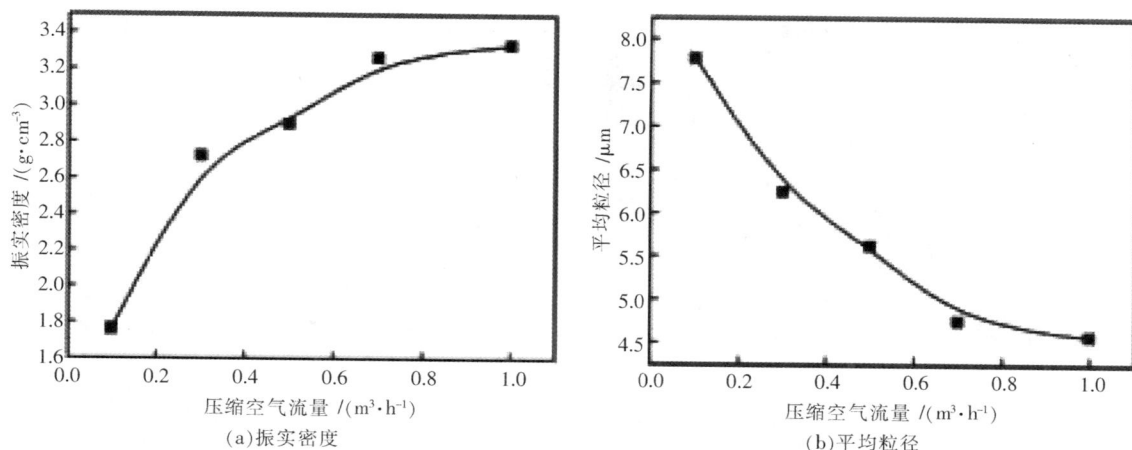

(a)振实密度　　　　　　　　　　　　　(b)平均粒径

图7　压缩空气流量对振实密度和平均粒径的影响

2.5　柠檬酸用量对超细银粉形貌和粒度的影响

在溶液雾化焙烧过程中很容易出现因为溶剂蒸发太快而导致溶质在雾滴内来不及扩散，使溶质在液滴表面沉淀而形成空心或者不规则粒子，通过向前驱体溶液中加入一定量的特定物质，改变前驱体的物理化学性质，可以制备密实、光滑的球形粉体材料[23]。考察了反应温度为700℃、硝酸银溶液浓度为2.0 mol/L、载气流量为1.0 m³/h、硝酸银溶液 pH 值为6.0、石英反应管内负压为-200 Pa 的条件下，在硝酸银溶液中分别添加0.85%、1.7%和2.5%(摩尔比)的柠檬酸时对产物的形貌、振实密度和平均粒径的影响，实验结果如图10、图11所示。

从图10和图11可知，随着柠檬酸加入量的增加，银粉颗粒的表面变得更加光滑，得到的银粉的分散性得到改善，振实密度得到提高，平均粒径有所降低。柠檬酸的分子结构中存在1个羟基和3个羧基，具有配位和螯合作用，且羟基和羧基中的双键氧容易形成较强的氢键，脱氢后的羧基氧可与金属离子螯合形成三维网状聚合物[24]，在雾滴快速干燥过程中，柠檬酸与溶液中的 Ag⁺ 螯合形成一个聚合网，从而使得体系发生体相沉淀而避免了表面沉积，$AgNO_3$ 实心颗粒经焙烧分解而形成表面光滑的球形颗粒，促使得到的产物银粉颗粒的球形度、分散性和致密度得到大大改善。

综合考虑，选择向硝酸银溶液中添加2.5%(摩尔比)的柠檬酸可以制备球形度高、表面光洁，振实密度较高的微米级超细银粉。

2.6　优化实验

通过以上的系列实验研究，确定的优化实验条件为：反应温度为700℃、硝酸银溶液浓度为2.0 mol/L、柠檬酸的添加量为2.5%(摩尔比)、压缩空气流量为1.0 m³/h、硝酸银溶液 pH 值为6.0。图12所示优化实验条件下制备的银粉的 X 射线衍射谱、扫描电镜照片和粒度分布图。从图12中可以看出：XRD 谱中各衍射峰的位置与标准卡片 JCPDS(No.65-2871)中

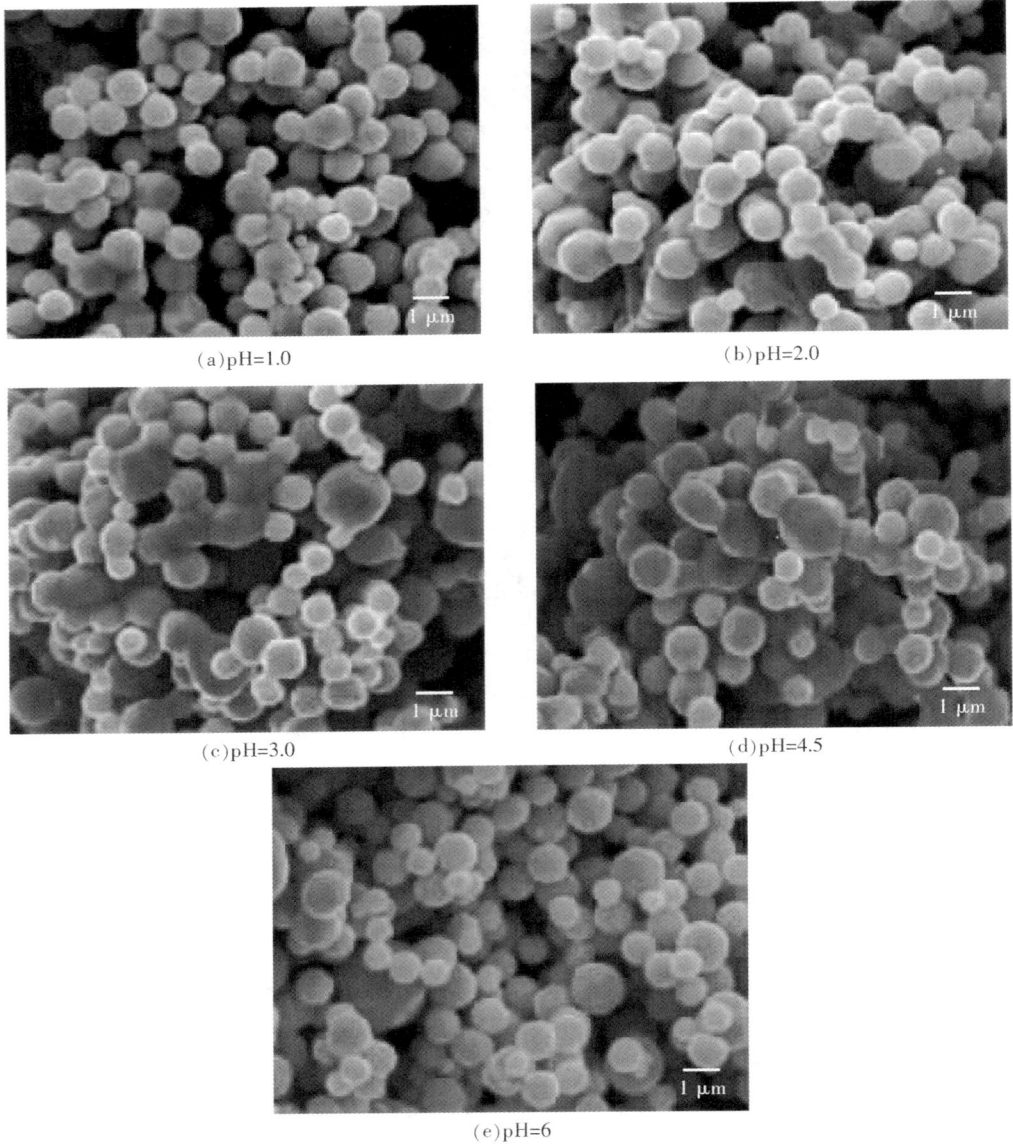

(a)pH=1.0

(b)pH=2.0

(c)pH=3.0

(d)pH=4.5

(e)pH=6

图 8　不同硝酸银溶液 pH 值下制备的超细银粉的 SEM 像

的一致，且图 12 中各衍射峰十分尖锐，说明制备的银粉为纯净的单一物相、晶型完整的面心立方晶系的单质银；制备的银粉为表面光滑、分散性好的球形颗粒，颗粒粒径主要分布在 0.65~8.92 μm，呈正态分布，其分布较窄，平均粒径为 3.16 μm。按照 GB/T 5162《金属粉末振实密度的测定》提供的方法，测得银粉的振实密度为 4.24 g/cm^3。

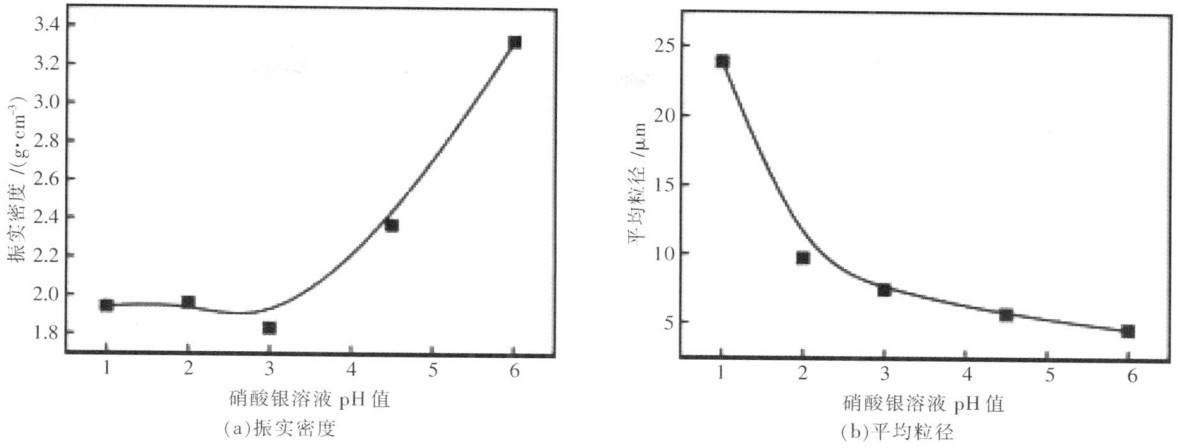

（a）振实密度

（b）平均粒径

图 9　硝酸银溶液 pH 值对振实密度和平均粒径的影响

（a）0%

（b）0.85%

（c）1.7%

（d）2.5%

图 10　不同柠檬酸用量（摩尔比）下制备的超细银粉的 SEM 像

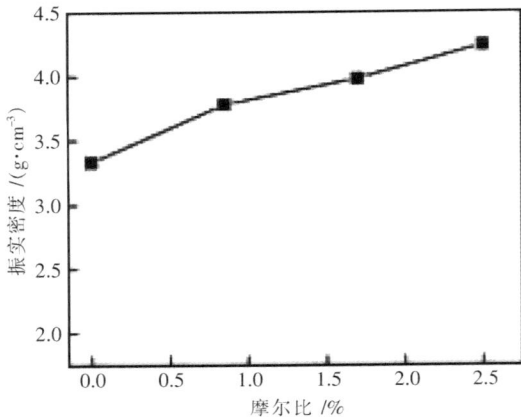

(a)振实密度

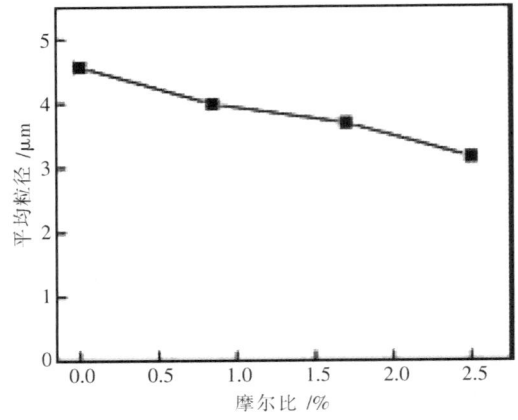

(b)平均粒径

图 11 柠檬酸用量对振实密度和平均粒径的影响

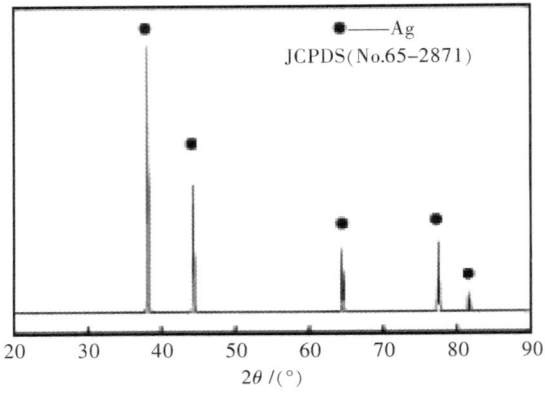

(a)X 射线衍射谱

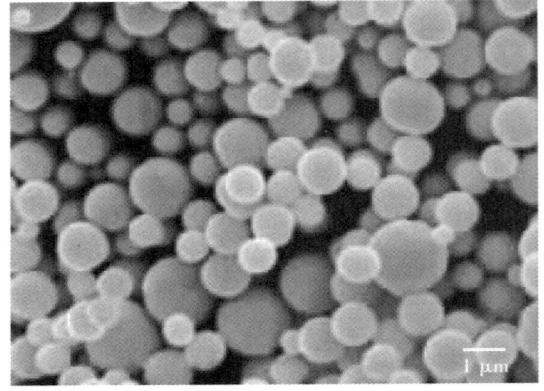

(b)SEM 像

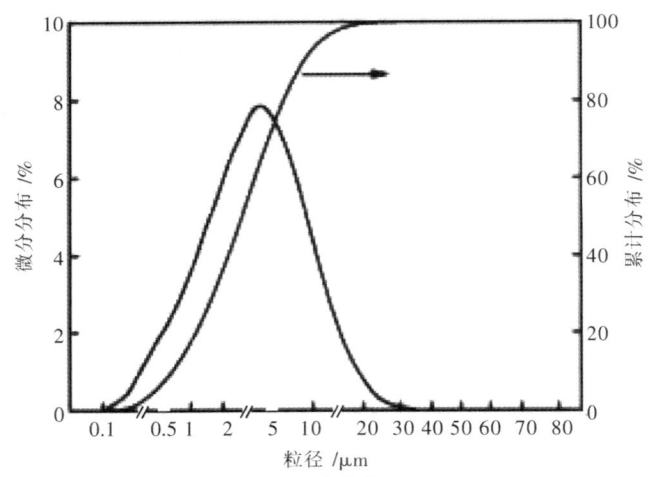

(c)粒度分布

图 12 优化条件下制备的超细银粉的表征

3 结论

以硝酸银溶液为原料，柠檬酸为添加剂，在空气气氛下采用溶液雾化-热分解法可以制得粒径微小、分散性好的球形超细银粉，研究得到以下结论：

（1）银粉的振实密度随反应温度和硝酸银浓度的增加先增加后降低，随压缩空气流量和柠檬酸用量的增加而增加，随溶液 pH 值的降低而减小。

（2）银粉的平均粒径随反应温度和硝酸银浓度的增加而增加，随压缩空气流量和柠檬酸用量的增加而降低，随溶液 pH 值的降低而增加。

（3）在反应温度为 700℃、硝酸银溶液浓度为 2.0 mol/L、柠檬酸的添加量为 2.5%（摩尔比）、压缩空气流量为 1.0m³/h、硝酸银溶液 pH 值为 6.0 时，可得到物相单一、表面光滑、分散性好的球形银粉，其平均粒径为 3.16 μm，振实密度为 4.24 g/cm³。

参考文献

[1]刘志宏，刘智勇，李启厚，等. 喷雾热分解法制备超细银粉及其形貌控制[J]. 中国有色金属学报，2007，17(1)：149-155.

[2]郭学益，焦翠燕，邓多，等. 硝酸银溶液性质对超细银粉形貌与粒径的影响[J]. 粉末冶金材料科学与工程，2013，18(6)：912-919.

[3]甘卫平，甘梅，刘妍. 高能球磨对片状银粉的改性研究[J]. 材料导报，2007，21(增刊1)：325-327.

[4]甘卫平，张金玲，张超，等. 化学还原制备太阳能电池正极浆料用超细银粉[J]. 粉末冶金材料科学与工程，2009，14(6)：412-416.

[5]谢明，刘建良，邓忠民，等. 快速凝固制造贵金属微细粉末[J]. 贵金属，2000，21(3)：12-17.

[6]Li R, Kim D J, Yu K, et al. Study of fine silver powder from AgOH slurry by hydrothermal techniques[J]. Journal of Materials Processing Technology, 2003, 137: 55-59.

[7]魏智强，马军，冯旺军，等. 等离子体制备银纳米粉末的研究[J]. 贵金属，2004，25(3)：29-32.

[8]Zhang J L, Han B X, Liu M H, et al. Ultrasonication-induced formation of silver nanofibers in reverse micelles and small-angle X-ray scattering studies[J]. Journal of Plysical Chemistry B, 2003(107): 3679-3683.

[9]Nersisyan H H, Lee J H, Son H T, et al. A new and effective chemical reduction method for preparation of nanosized silver powder and colloid dispersion [J]. Materials Research Bulletin, 2003, 38: 949-956.

[10]陈建波，李启厚，李玉虎，等. 以丙三醇为还原剂的沉淀转化法制备超细银粉[J]. 粉末冶金材料科学与工程，2013，18(6)：874-881.

[11]Chen D L, Gao L. Large-scale growth and end-to-end assembly of silver nanorods by PVP-directed polyol process[J]. Journal of Crystal Growth, 2004, 264: 216-222.

[12]Zhang J J, Liu X H, Zhao X N, et al. Preparation of silver nanorods by electrochemical methods[J]. Materials Letters, 2001(49): 91-101.

[13]Zou K, Zhang X H, Duan X F, et al. Seed-mediated synthesis of silver nanostructures and polymer/silver nanocables by UV irradiation[J]. Journal of Crystal Growth, 2004, 273: 285-291.

[14]Deivaraj T C, Lala N L, Lee J Y. Solvent-induced shape evolution of PVP protected spherical silver nanoparticles into triangular nanoplates and nanorods[J]. Journal of Colloid and Interface Science, 2005, 289: 402-409.

［15］张健，吴贤，李程，等. 水合联氨还原制备超细银粉［J］. 稀有金属材料与工程，2007，36（3）：399-403.

［16］郭学益，易宇，田庆华. 溶液雾化氧化法制备四氧化三钴粉末［J］. 北京科技大学学报，2012，34（3）：322-328.

［17］郭学益，郭秋松，冯庆明，等. 溶液雾化氧化法制备超细 Co_3O_4 粒子及其性能表征［J］. 中南大学学报（自然科学版），2010，41（1）：60-66.

［18］郭秋松，郭学益，田庆华. 溶液雾化焙烧法制备氧化亚镍超细粉体［J］. 材料科学与工艺，2011，19（2）：47-51.

［19］Janackvic D J，Jokanovic V，Kostic-Gvozdenovic L J，et al. Synthesis of mullite nanostructured spherical powder by ultrasonic spray pyrolysis［J］. Nanostructured Material，1998，10（3）：341-348.

［20］赵辉，宋坚利，曾爱军，等. 喷雾液动态表面张力与雾滴粒径关系［J］. 农业机械学报，2009，40（增刊1）：74-79.

［21］张平民. 工科大学化学［M］. 长沙：湖南教育出版社，2002.

［22］蔡智慧，周伟，曾军，等. 烧结工艺对 SiC-Y_2O_3-Al_2O_3 液相烧结的影响［J］. 厦门大学学报（自然科学版），2006，45（4）：525-529.

［23］吴希桃. 喷雾热分解法制备 Ni-$BaTiO_3$ 复合粉的研究［D］. 长沙：中南大学，2010.

［24］Yang Z，Liu Q H，Yang L. The effects of addition of citric acid on the morphologies of ZnO nanorods［J］. Materials Research Bulletin，2007，42（2）：221-227.

硝酸银溶液性质对超细银粉形貌与粒径的影响

摘要：以 AgNO₃ 为原料，抗坏血酸为还原剂制备高分散性超细银粉，采用扫描电镜、ζ 电位分析仪、紫外－可见光谱分析仪等手段对银粉进行表征，研究硝酸银溶液性质如硝酸银溶液浓度、初始 pH 值以及表面活性剂的加入对超细银粉形貌与粒径的影响。结果表明，采用快速加料法，在硝酸银溶液浓度小于 0.2 mol/L，初始 pH=5.0，不添加任何表面活性剂的条件下可制备出分散性好、表面光滑、形貌规则的球形银粉。此外，考察了 5 种常用表面活性剂对银粉形貌粒径的影响，并对其作用机理进行研究。通过实验对比分析，抗坏血酸分子在还原过程中具有自分散作用。

金属银粉由于具有良好的导电导热性能优异和化学稳定性高，作为导体、电阻、介质电子浆料的重要导电功能材料，其用量不断增加，并且对其性能、形貌、粒径等要求亦日趋严格[1]。高品质电子浆料用球形银粉要求其分散性良好、平均粒径 1~2 μm，若银粉粒度太大，印刷时不能通过丝网，会严重影响电池的电性能；若粒径太小，则银粉电导率降低。

银粉的制备方法包括喷雾热分解法、等离子体蒸发冷凝法[4]、激光法[5]、沉淀转换法[6]、水热法[7]、微乳液法[8]、电化学法[9]、光诱导法[10]等，但液相还原法由于设备简单、操作方便、成本低、节能等优点而得到广泛研究，目前国内大量供货生产的银粉大多采用液相还原法制备。常用的还原剂包括甲醛[11]，水合肼，葡萄糖[13]，次磷酸钠[14]，双氧水[15]，抗坏血酸等。采用液相还原法制备银粉的过程中，离散颗粒间存在不同程度的团聚，严重妨碍粉末的性能，因此，有效地阻止聚集体形成，使粉末得到最大限度的分散，是超细银粉制备技术的关键。

目前常用的防止银粉团聚的方法是在反应过程中加入适当的分散剂，如明胶[16]，PVA[17]，阿拉伯树胶[19]，吐温[24]，丁二酸（PAA）[25]，柠檬酸三钠[26]，甲基纤维素等[27]，其分散机理大都是由于其大分子结构造成的空间位阻作用，抑制银粉颗粒的团聚。Fukuyo[24]在未加入任何分散剂的条件下，将抗坏血酸溶液在一定条件下快速加入硝酸银溶液中得到不同形貌的高分散性银粉，并对其成核生长机理进行了深入研究，但并未对溶液体系的分散机理进行探讨。

因此，本文作者在大量关于用抗坏血酸还原硝酸银制备银粉的实验基础上，研究硝酸银溶液的性质如浓度、初始 pH 和分散剂对高分散性银粉制备过程的影响，进一步探讨该还原体系的分散机理。探索出以抗坏血酸为还原剂，通过适当调整硝酸银溶液的物化参数，即可清洁、高效、低成本地制备高分散性球形银粉的工艺条件。

本文发表在《粉末冶金材料科学与工程》，2013，18(6)：912-919。合作者：焦翠燕，邓多，易宇。

1 实验

1.1 原料与设备

试剂：硝酸银($AgNO_3$，株洲冶炼集团有限责任公司)，抗坏血酸(西陇化工股份有限公司)，浓氨水(西陇化工股份有限公司)，无水乙醇(天津市恒兴化学试剂制造有限公司)，浓硝酸(长沙市岳麓精良高纯试剂厂)，去离子水(自制，电阻率为 16.25 $M\Omega \cdot cm$)。

实验设备：DF-101S 型集热式恒温加热磁力搅拌器，DZ-2BC Ⅱ型真空干燥箱，Starter 3C 型 pH 计，TDL-40B 型低速台式离心机，JY3002 型电子天平。

1.2 超细银粉的制备

取适量硝酸银，配制成 100 mL 溶液，硝酸银的浓度 $c(AgNO_3)$ 分别为 0.05、0.10、0.20、0.30、1.00 和 1.50 mol/L，采用稀氨水或稀硝酸将其调至一定的 pH 值；根据理论计算，取质量为对应硝酸银质量 0.6 倍的抗坏血酸，配置成 100 mL 溶液作为还原剂。在 25℃ 的水浴温度下，将抗坏血酸溶液快速加入硝酸银溶液中，并以 140 r/min 的转速恒速电动搅拌反应 10 min。反应完全后，离心分离，用去离子水和无水乙醇分别洗涤 3 次，然后放入真空干燥箱恒温 50℃ 干燥 5~8 h 得到超细银粉。

1.3 分析与测试

借助 JSM-6360LV 型扫描电镜(SEM)观察银粉的表面形貌；对 SEM 照片中银粉的粒径进行统计得到产物平均粒径、粒径分布和分布标准差；采用马尔文 Zetasizer Nano ZS 型分析仪对银粉表面的 ζ 电位进行测试；使用 Hitachi U-4100 型紫外-可见光谱仪测定硝酸银溶液的吸光度。

2 结果与讨论

2.1 硝酸银浓度的影响

图 1 所示为硝酸银溶液的浓度 $c(AgNO_3)$ 分别为 0.05、0.10、0.20、0.30、1.00 和 1.50 mol/L、反应时间为 10 min 条件下制备的银粉的 SEM 形貌。从图 1 可以看出，当 $c(AgNO_3)$ 为 0.10~0.20 mol/L 时，银粉表面光滑、形貌规则、分散性较好；当 $c(AgNO_3) > 0.30$ mol/L 时，银粉表面粗糙、形貌变得不规则且分散性变差。同时从图中可看出，银粉的平均粒径随 $c(AgNO_3)$ 增加而增大。

本实验采用快速加料的方式，在瞬间形成较大的溶液过饱和度，从而符合 Lamer 模型生长机理[28]。从液相中析出单分散颗粒，必须控制溶质的过饱和度，尽可能地阻止二次成核或者颗粒生长阶段中成核现象的出现，使沉淀过程按"爆发成核，缓慢生长"的模式进行，最终的颗粒数目与颗粒粒径取决于成核阶段。根据 Weimarn 法则[29]，沉淀时新相的形成包括成核与生长 2 个过程，这 2 个过程的相对速率决定沉淀粒子的大小，而晶核的成核速率和生长

图 1　不同硝酸银浓度下制备的超细银粉 SEM 图

(a)0.05 mol/L；(b)0.10 mol/L；(c)0.20 mol/L；(d)0.30 mol/L；

(e)1.00 mol/L；(f)1.50 mol/L

速率均与反应物的浓度有关。当 $AgNO_3$ 溶液浓度低，并且过饱和度大于其成核临界值时，成核速率大于晶核的生长速率，在单位时间内晶体成核消耗的物质量多于晶核生长所消耗物质量，因此晶核的生长受到抑制；而且稀溶液的离子分散程度较高，因而被还原出来的银粒子向晶核表面扩散迁移的距离大大增加，从而在一定程度上抑制晶核的生长，导致银粉平均粒径较小。随着 $AgNO_3$ 溶液浓度增加，晶核的生长速率大于成核速率，因此在反应开始生成大量晶核后，被还原出来的银粒子大部分都消耗在银晶核的生长上；加之晶核的填充密度很大，导致晶核之间凝并生长的趋势增加[11]。所以随硝酸银溶液浓度升高，银粉的平均粒径增大。

2.2 硝酸银溶液初始 pH 值的影响

将 100 mL 浓度为 0.2 mol/L 的硝酸银溶液分别调至 pH=1.0，3.0，5.0 和 7.0。硝酸银溶液初始 pH 值对银粉形貌的影响如图 2 所示。反应体系的终点 pH 与银粉平均粒径随硝酸银溶液初始 pH 值的变化关系如图 3 所示。银粉的 Zeta 电位随 pH 值得变化曲线如图 4 所示。

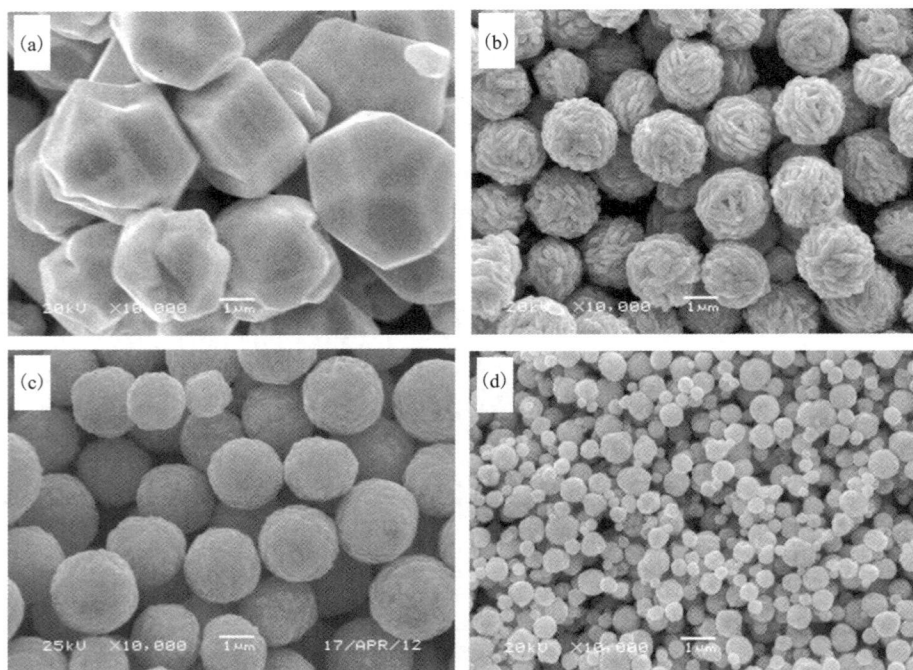

图 2　不同硝酸银溶液 pH 值下制备的超细银粉 SEM 图
（a）pH=1.0；（b）pH=3.0；（c）pH=5.0；（d）pH=7.0

从图 2 可以看出，硝酸银溶液初始 pH 对银粉的形貌和粒径影响很大。当硝酸银溶液的 pH=1.0 时，银粉呈不规则多面体，有团聚现象；当硝酸银初始 pH=3.0 时，得到的银粉表面不光滑，由大量一次颗粒聚集而成，但为规则的球形形貌规则，分散性良好；当 pH=5.0 时，得到的银粉不仅形貌为规则球形，分散性良好，且表面光滑；当硝酸银初始 pH 增大到 7.0 时，银粉为类球形，团聚现象较严重。由图 3 可知银粉平均粒径随硝酸银溶液的 pH 值增大而减小。

实验过程中发现，抗坏血酸溶液快速加入硝酸银溶液后，溶液迅速由无色变为黑色，然后变为棕黄色，最后变为灰色，这与 Tomoyuki Fukuyo[24] 的报道相符，黑色物质是生成的中间产物抗坏血酸银，为后续银粉的生长提供了晶核储备，该过程及后续银粉的生长规律均受硝酸银溶液 pH 值的影响，因为溶液 pH 直接影响其中的抗坏血酸的电离度，从而导致银粉还原的驱动力不同。抗坏血酸电离出的抗坏血酸根离子 AsA^- 对银离子的还原起主要作用。在硝

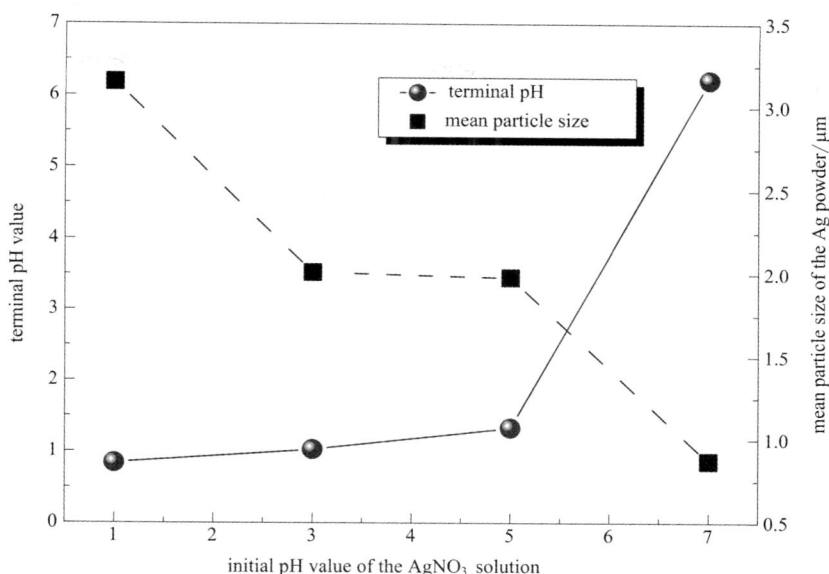

图 3   反应体系的终点 pH 与银粉粒径随硝酸银溶液初始 pH 的变化关系

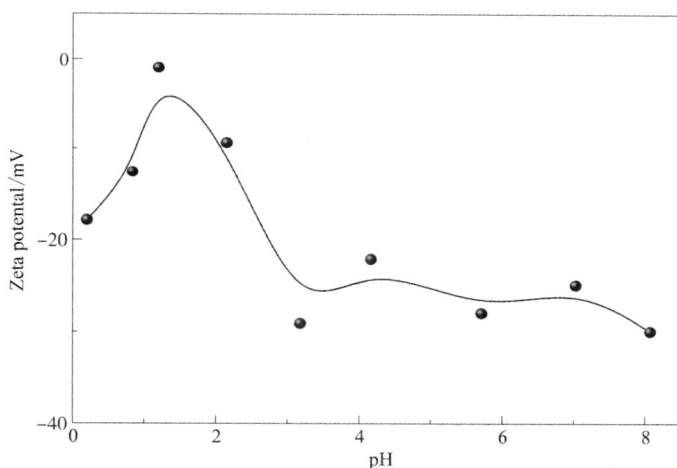

图 4   纯水中超细银粉的 Zeta 电位随 pH 值的变化曲线

酸银溶液 pH=1.0 的强酸性条件下，抗坏血酸的电离受到抑制，使得还原反应的驱动力减小，从而缓慢生长形成相对规则的多面体形貌的银粉颗粒；在 pH=3.0~5.0 的条件下，抗坏血酸的电离度适中，可以保证形核生长所需的驱动力，从而使得银粉的生长规律按照"爆发成核-聚集生长"的模式进行，形成分散性良好的球形银颗粒。随着反应过程中 H⁺ 离子的产生，吸附在银离子表面的大量 H⁺ 离子在银粉表面形成强烈的静电斥力，从而抑制银粒子的聚集生长，使得银粒子扩散生长，当银粉表面的 ζ 电位迅速降低至等电点附近时，银粒子间的静电斥力大大减弱，迅速聚集生长为球形二次颗粒；在 pH=7.0 的条件下，有利于抗坏血酸的电离，生成大量抗坏血酸银，为银粉的生长提供晶核，使银粉形核数增加。在一个封闭体系中，形核数目和颗粒粒径成反比[28]，故银粉粒径减小。

2.3 表面活性剂的作用

在浓度为 0.1mol/L 的硝酸银溶液中分别加入质量分数为 4% 的吐温 80、PVP、PVA、丁二酸和明胶，以及未加入任何添加剂的硝酸银溶液做对照，考察表面活性剂对银粉形貌粒径的影响。所得银粉的 SEM 图形貌如图 5 所示。由图可见未加入表面活性剂的银粉粒径分布较均匀，表面较光滑；吐温 80 和 PVP 的加入使银粉粒径变小，丁二酸和明胶的加入使银粉表面变得粗糙，PVA 对银粉形貌影响不大。其工作机理有待进一步考察。

图 5 使用不同表面活性剂制备的银粉 SEM 形貌

（a）no surfactant；（b）Tween 80；（c）PVP；（d）PVA；（e）succinic acid；（f）gelatin

　　将浓度为 0.01 mol/L 的 AgNO$_3$ 溶液与质量分数为 1%的不同表面活性剂各 10 mL 进行充分混合,置于阳光下暴晒 2 h,测试该混合溶液的紫外－可见光谱,结果如图 6 所示。

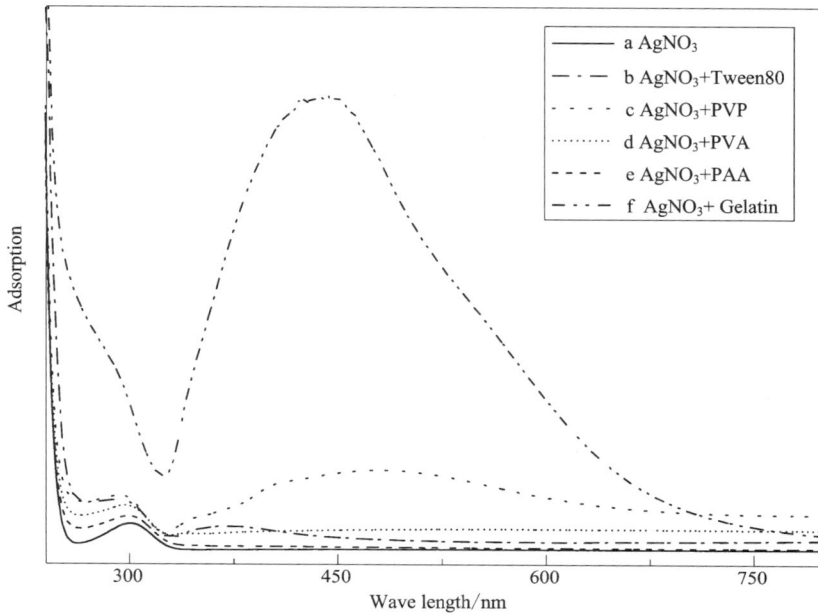

图 6　0.01 mol/L 的 AgNO$_3$ 溶液加入不同表面活性剂后的紫外－可见光谱

　　由图 6 可见,相对于纯 AgNO$_3$ 溶液的紫外－可见吸收光谱,加入 PVP 或明胶的 AgNO$_3$ 溶液的紫外－可见吸收光谱在 450 nm 处的峰谷明显升高。270 nm 处峰谷异常的主要原因是 Ag$^+$ 与 PVP 或明胶形成的配合物代替了 Ag$^+$ 与水形成的配合物,使得 450 nm 处 Ag$^+$ 的特征吸收峰产生了变化,即峰谷明显升高。PVP、明胶与 AgNO$_3$ 混合溶液的紫外－可见吸收光谱在 450nm 处金属 Ag 颗粒的吸收峰要明显强于纯 AgNO$_3$ 溶液,表明 PVP 和明胶加速了 Ag$^+$ 的光还原反应。PVP 和明胶加速 Ag$^+$ 还原的效应与传统配位化学中形成配位化合物使溶液中有效 Ag$^+$ 浓度降低,从而降低 Ag$^+$ 还原电极电位使 Ag$^+$ 难以还原的效应恰好相反。但从化学键角度考虑,加入 PVP 或明胶后发生配位体的变化,使 Ag$^+$ 与水形成的配合物被 Ag$^+$ 与 PVP 或明胶形成的配合物所代替,后者中 C 原子比 H 原子能够提供更多的电子给 N 和 O,所以 Ag$^+$ 可以得到更多的电子云密度,即更容易得到电子而被还原。

　　而加入 Tween80、PVA 或 PAA 后 AgNO$_3$ 混合溶液的紫外－可见吸收光谱与纯 AgNO$_3$ 溶液的紫外－可见吸收光谱基本相似,前者在 270 nm 处的峰谷要稍高于后者,可能是由 PVA、PAA 和 Tween80 本身的吸收造成的。在 490 nm 处基本一致也表明 PVA、PAA 和 Tween80 对银的还原反应速率无影响。另外,PVP 在水中的溶解性远强于 PVA、PAA、明胶和 Tween80 在水中的溶解性,所以 PVP 在溶液中的分散更均匀。当银颗粒生成时,PVP 保护剂扩散到颗粒表面所消耗的时间明显小于 PVA、PAA、明胶和 Tween80,使银颗粒在形成的早期就受到保护剂的保护,减缓了银颗粒的生长速度,达到减小一次粒子粒径的效果。

　　由图 5 看出未加任何表面活性剂的硝酸银溶液,采用抗坏血酸还原,仍可得到分散性良好、表面光滑的超细银粉，是由于抗坏血酸自身起到了还原剂和分散剂的双重作用。抗坏血酸分子在水溶液中处于酮的 2 种互变异构体(酮－烯醇)的动态平衡中，酮型结构较烯醇的稳定性差。其互变异构的动态平衡如下式所示：

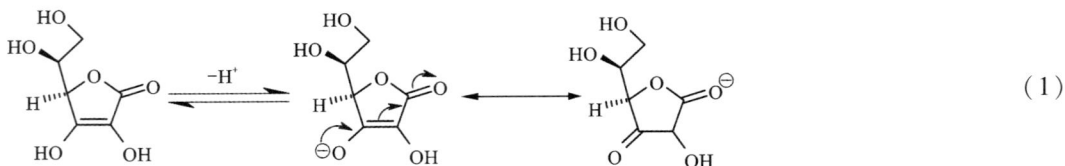

$$\tag{1}$$

由于抗坏血酸的烯醇式结构具有较强的亲核性，容易受到亲电试剂的进攻，从而发生氧化还原反应。反应初期前驱体抗坏血酸银内部电子传输发生氧化还原反应生成银晶核并扩散生长，反应体系中银晶核表面带负电(见图4)，溶液中生成的氢离子吸附于银晶核表面，同时抗坏血酸的环状结构起到空间位阻的作用，抑制其扩散生长而进行快速聚集生长，从而使得形成的二次颗粒为球形且不发生团聚。抗坏血酸的自分散作用机理如图 7 所示。

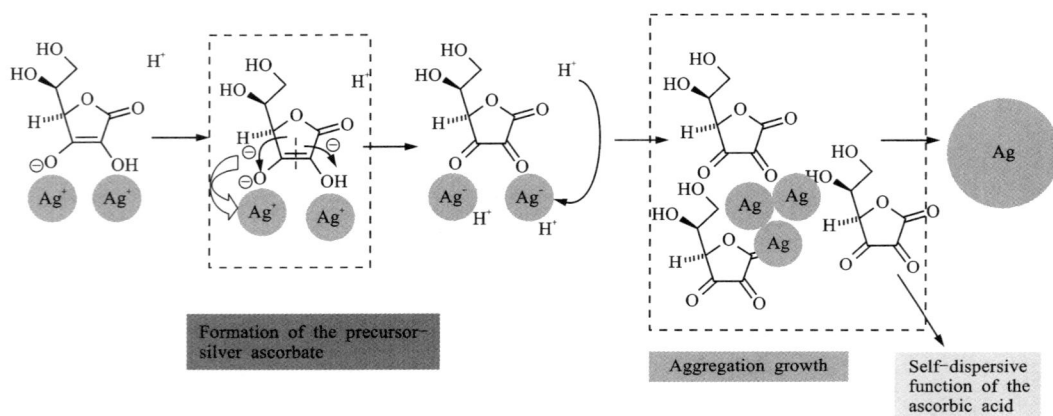

图 7　抗坏血酸的自分散作用机理图

3　结论

(1)在 $AgNO_3$ 溶液浓度≤0.20 mol/L，初始 pH=5.0，采用等体积、质量为硝酸银 0.6 倍的抗坏血酸溶液做还原剂，无须任何表面活性剂，正向快速加料以提供较高的溶液过饱和度，可得到分散性良好、表面光滑的规则球形银粉。

(2)硝酸银溶液浓度对超细银粉形貌粒径的影响较大，浓度过低，晶核生长受到抑制，从而使得银粉粒径变小；浓度过高，形核数目增加，且生长速率大于形核速率，二次颗粒聚集生长，得到花状银粉颗粒。

(3)硝酸银初始 pH 决定了还原反应的驱动力，初始 pH 越高，还原反应驱动力越大，银粉成核数目增多，粒径减小。

(4)在硝酸银溶液中加入分散剂 PVP 可适当减小银粉粒径；加入丁二酸、吐温 80、PEG、PAA 和明胶等分散剂对银粉形貌的改善效果不大。研究发现，抗坏血酸分子本身起到了还原剂和分散剂的双重作用。

参考文献

[1] 甘卫平, 甘梅, 刘妍. 高能球磨对片状银粉的改性研究[J]. 材料导报, 2007, 21(F05): 325-327.

[2] 刘志宏, 刘智勇, 李启厚, 等. 喷雾热分解法制备超细银粉及其形貌控制[J]. 中国有色金属学报, 2007, 17(1): 149-155.

[3] Yang S Y, Kim S G. Characterization of silver and silver / nickel composite particles prepared by spray pyrolysis [J]. Powder Technology, 2004, (146): 185-192.

[4] 魏智强, 马军, 冯旺军, 等. 等离子体制备银纳米粉末的研究[J]. 贵金属, 2004, 25(3): 29-32.

[5] Nersisyan H H, Lee J H, Son H T, et al. A new and effective chemical reduction method for preparation of nanosized silver powder and colloid dispersion[J]. Materials Research Bulletin, 2003, (38): 949-956.

[6] 蒋伟燕, 配位沉淀-热分解法制备纤维状银粉[D]. 长沙: 中南大学, 2010.

[7] 尹荔松, 阳素玉, 何鑫, 等. 球形纳米银粒子制备新方法及其表征[J]. 纳米技术与精密工程, 2010, 8(4): 295-299.

[8] Z Jianling, H Buxing, L Minghua, et al. Ultrasonication-induced formation of silver nanofibers in reverse micelles and small-angle x-ray scattering studies[J]. J. Phys. Chem. B, 2003, (107): 3679-3683.

[9] Z Junjie, L Xuehong, Z Xiaoning, et al. Preparation of silver nanorods by electrochemical methods[J], Materials Letters, 2001, (49): 91-101.

[10] K Zou, X H Zhang, X F Duan, et al. Seed-mediated synthesis of silver nanostructures and polymer/silver nanocables by UV irradiation[J], Journal of crystal growth, 2004, (273): 285-291.

[11] 秦智, 张为军, 匡加才, 等. 高分散性球形银粉的制备研究[J]. 电工材料, 2010, (3): 12-15.

[12] 张健, 吴贤, 李程, 等. 水合联氨还原制备超细银粉[J]. 稀有金属材料与工程, 2007, 36(3): 399-403.

[13] 江建军, 谈定生, 刘久苗, 等. 葡萄糖还原制取超细银粉[J]. 上海有色金属, 2004, 25(1): 5-8.

[14] 顾大明, 高农, 程谨宁. 次磷酸盐液相还原法快速制备纳米银粉[J]. 精细化工, 2002, 19(11): 634-635.

[15] 谭松庭, 周建萍, 蒋忠民, 等. 微乳液法制备超细金属银粉的研究[J]. 湘潭大学自然科学学报, 2001, 23(4): 60-62.

[16] 甘卫平, 张金玲, 张超, 等. 化学还原制备太阳能电池正极浆料用超细银粉[J], 粉末冶金材料科学与工程, 2009, 14(6): 412-416.

[17] G Guo, W Gan, J Luo, F Xiang, J Zhang, H Zhou, H Liu. Preparation and dispersive mechanism of highly dispersive ultrafine silver powder[J]. Applied Surface Science, 2010, (256): 6683-6687.

[18] Y Qin, X Ji, J Jing, H Liu, H Wu, W Yang. Size control over spherical silver nanoparticles by ascorbic acid reduction[J]. Colloids and Surfaces A: Physicochemical and Engineering Aspects, 2010, (372): 172-176.

[19] Z Liu, X Qi, H Wang. Synthesis and characterization of spherical and mono-disperse micro-silver powder used for silicon solar cell electronic paste[J]. Advanced Powder Technology, 2012, 23(2): 250-255.

[20] A N Bing, C A I Xionghui, W U Fengshun, W U Yiping. Preparation of micro-sized and uniform spherical Ag powders by novel wet-chemical method[J]. Transactions of Nonferrous Metals Society of China, 2009(20): 1550-1554.

[21] X Sun, S Dong, E Wang. Rapid preparation and characterization of uniform, large, spherical Ag particles through a simple wet-chemical route[J]. Journal of Colloid and Interface Science, 2005, (290): 130-133.

[22] N H Williams, J K Yandell, Outer-sphere electron-transfer reactions of ascorbate anions[J]. Australian Journal

of Chemistry, 1982, (35): 1133-1144.

[23] T Fukuyo, H Imai. Morphological evolution of silver crystals produced by reduction with ascorbic acid[J]. Journal of Crystal Growth, 2002, (241): 193-199.

[24] 魏丽丽, 徐盛明, 徐刚, 等. 表面活性剂对超细银粉分散性能的影响[J]. 中国有色金属学报, 2009, 19(3): 595-600.

[25] 秦智, 张为军, 匡加才, 李文焕, 杨鹏彪. 丁二酸作分散剂制备球形银粉的研究[J]. 电子元件与材料, 2010, 29(12): 11-13.

[26] 甘卫平, 罗贱, 郭桂全, 等. 化学还原法制备电子浆料用超细银粉[J]. 电子元件与材料, 2010, 29(11): 15-18.

[27] 甘卫平, 陈迎龙, 郭桂全, 等. 以甲基纤维素做分散剂制备高分散超细银粉[J]. 粉末冶金材料科学与工程, 2012, 17(4): 522-528.

[28] T Sugimoto. Monodispersed particles[M]. Ansterdam: Elsevier, 2001.

[29] 黄凯, 郭学益, 张多默. 超细粉末湿法制备过程中粒子粒度和形貌控制的基础理论[J]. 粉末冶金材料科学与工程, 2005, 10(6): 319-324.

阿拉伯树胶作分散剂制备超细球形银粉

摘要：以硝酸银为原料，氨水为络合剂，抗坏血酸为还原剂，采用液相还原法及连续加料方式制备了球形超细银粉。采用扫描电子显微镜（SEM）、X射线衍射仪（XRD）、紫外-可见光谱仪（UV-Vis）等对银粉进行表征，考察了分散剂种类、抗坏血酸溶液初始pH值、温度以及加料速度对于银粉形貌、粒径、分散性和振实密度的影响，并讨论了阿拉伯树胶的分散机制。结果表明：阿拉伯树胶相比于其他分散剂具有更优的分散性能；抗坏血酸溶液初始pH值对银粉的粒径及其分布有较大的影响，pH≤4.0时，银粉粒径为0.6 μm左右且粒径分布较窄，pH>4.0时，银粉粒径为0.7 μm左右且粒径分布较宽；加料速度对银粉粒径和振实密度影响较大，随着加料速度的增加，银粉粒径减小，振实密度先增大后减小；在抗坏血酸溶液初始pH值为2.45，反应温度30℃，加料速度133.3 mL/min的条件下，制备出了分散性好，平均粒径为0.73 μm，振实密度为4.3 g/cm³的球形超细银粉。

金、银、铂等贵金属除了具有优良的导电、导热性能，还因其独特的光、电、磁以及催化性能而广泛应用于电子、催化、冶金等工业[1]。特别是粒度在100 nm～6 μm的超细银粉作为导电浆料广泛用于太阳能电池正面电极、等离子体显示器、多层陶瓷电容器以及低温共烧陶瓷内电极[2]。随着微电子技术和电子元件制造业在我国的迅速发展，印刷电路及电子元件的精密化和小型化要求银粉向高纯、高分散和极细方向发展，对银粉的需求量也随之增加。

目前，超细银粉的制备方法主要为化学法，包括液相还原法[3-6]、电化学沉积法[7]、微乳液法[8]等。其中，液相还原法由于工艺流程简便可行、生产成本低、生产规模大等优势而广泛用于工业生产中[9]。液相还原法常用的还原剂有：抗坏血酸[10-12]、葡萄糖[13]、水合肼[14]等。常用的分散剂有：聚乙烯吡咯烷酮[15]、明胶[16]、吐温-80[17]等。目前，大多数文献的研究重点集中于纳米银粉，而工业应用中则主要以微米、亚微米级银粉为主。制备电子浆料用粒径均一、高分散性的微米、亚微米级超细银粉仍是当前的研究重点。

本文以抗坏血酸为还原剂，阿拉伯树胶为分散剂，采用连续加料方式还原银氨溶液制备高振实密度、高分散性的亚微米级超细银粉，该工艺稳定、操作简便、绿色无污染、产率高、且具有工业化应用前景。阿拉伯树胶相对分子质量22万～30万，相对密度1.35～1.49，主要由多糖组成，糖基种类包括D-半乳糖、L-阿拉伯糖、L-鼠李糖和D-葡萄糖醛酸[18]。其作为乳化剂主要用于食品、制药等工业，而作为分散剂用于超细银粉制备在文献中鲜有报道。本研究考察了分散剂、抗坏血酸溶液pH值、温度和加料速度对于银粉形貌、粒径、分散性以及振实密度的影响，探究了阿拉伯树胶的分散机制并制备出了振实密度为4.3 g/cm³、分散性好可用于电子浆料的亚微米级球形银粉。

本文发表在《稀有金属》，2015，39（9）：818-825。合作者：李宇，邓多。

1 实验

1.1 试剂

实验试剂：硝酸银（AR），浓氨水（AR，25%~28%），抗坏血酸（AR），无水乙醇（AR），浓硝酸（AR），阿拉伯树胶粉（GA，gum arabic），聚乙烯吡咯烷酮（PVP），聚乙二醇-2000（PEG-2000），明胶（gelatin），吐温-80（TW-80），聚乙烯醇-124（PVA-124），去离子水（自制，电阻率为 16.25 mΩ·cm）。

实验仪器：KW-1000DC 型恒温水浴锅，LZB-6F 型浮子流量计，JHS-2/90 型恒速数显搅拌机，Starter 3C 型 pH 计，YP-B5002 型电子天平，TDL-40B 型台式离心机，DZ-2BC II 型真空干燥箱，TB110-B 型超纯水器，KQ-100B 型超声波清洗器，ZS-202 型振实密度仪。

1.2 超细银粉的制备

称取 25 g 硝酸银溶解于水，量取 24 mL 浓氨水加入，用去离子水配制成一定浓度的银氨溶液。称取 25 g 抗坏血酸，配制成溶液，取质量分数为 10% 的阿拉伯树胶溶液 20 mL 加入其中。将烧杯置于设定温度的恒温水浴锅中，用流量计控制流速，将银氨溶液以一定的加料速度加入抗坏血酸溶液中，并以 300 r/min 的转速恒速搅拌。加料结束后，继续搅拌 5 min。将还原液离心分离，用去离子水洗涤 4 次，再用无水乙醇洗涤 3 次，最后放入真空干燥箱恒温 50℃ 干燥 5~8 h 得到超细银粉。

1.3 分析与测试

采用 JSM-6360LV 型扫描电镜（SEM）观察银粉的表面形貌和分散性；采用 Nanomeasure 软件统计得到 SEM 图片中银粉的平均粒径和粒径分布；使用 Rigaku-TTR III 型 X 射线衍射仪来检测银粉的物相（XRD，Cu Kα 靶，管电压 40 kV，管电流 250 mA）；采用 Hitachi U-4100 型紫外-可见光谱仪（UV-Vis）测定溶液的吸光度；采用 ZS-202 型振实密度仪测量银粉的振实密度。

2 结果与讨论

2.1 分散剂的选取

在 AgNO$_3$ 浓度为 50.0 g/L，抗坏血酸浓度为 50.0 g/L，温度为 30℃，加料速度为 66.7 mL/min 的条件下，向抗坏血酸底液中分别加入硝酸银质量为 8% 的 PVP、PEG-2000、明胶、TW-80、PVA-124 和阿拉伯树胶。不同分散剂对银粉的形貌和分散性的影响如图 1 所示。银粉均为球形，但在 PVP、PEG-2000、明胶、TW-80 和 PVA-124 的分散作用下所制备的银粉团聚严重，而阿拉伯树胶的分散作用明显优于其他分散剂。在阿拉伯树胶的作用下，银粉颗粒的成球形好，团聚较少，分散性较好。因此选取阿拉伯树胶作分散剂。

图1 分散剂对银粉分散性的影响

(a)PVP；(b)PEG-2000；(c)gelatin；(d)TW-80；(e)PVA-124；(f)GA

图2为不同的分散剂所制备的超细银粉的 XRD 图谱，所得样品均在 38.12°，44.30°，64.44°和 77.40°处有明显的衍射峰，分别对应银的(111)，(200)，(220)和(311)面，与标准晶态银卡片 No.04-0783 完全符合，说明所得的样品是单质银。

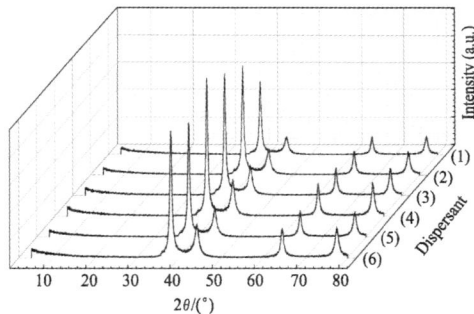

图2 不同的分散剂所制备的超细银粉的 XRD 图谱

(1)PVP；(2)PEG-2000；(3)gelatin；(4)TW-80；(5)PVA-124；(6)GA

2.2 抗坏血酸溶液初始 pH 值对银粉粒径和分散性的影响

当 $AgNO_3$ 浓度为 50.0 g/L，抗坏血酸浓度为 50.0 g/L，温度 30℃，加料速度 66.7 mL/min 时，不同抗坏血酸溶液初始 pH 值对银粉分散性的影响如图3所示，所制备银粉的粒径分布图如图4所示。

结合图3和4可以看出，当抗坏血酸底液 pH≤4.00 时，银粉粒径较小，平均粒径为 0.6 μm 左右，粒径分布窄且分散性较好；当抗坏血酸底液 pH>4.00 时，银粉粒径增大，平均

图 3　不同抗坏血酸溶液初始 pH 值下所制备的银粉 SEM 图

（a）pH = 1.00；（b）pH = 2.45；（c）pH = 4.00；（d）pH = 6.00；（e）pH = 8.00；（f）pH = 10.00

粒径为 0.7 μm 左右，粒径分布较宽并且团聚严重。抗坏血酸底液初始 pH 值为 2.45，通过向其中滴加硝酸和氨水来实现的 pH 值的调节。由于对银离子还原起主要作用的是抗坏血酸电离出的酸根离子 AsA^-，向底液中加入 HNO_3 控制 pH = 1.00 时，抗坏血酸的电离受到抑制，使得还原反应的驱动力减小，反应速率降低，溶液中银粒子的过饱和度下降，因此晶核的成核速率和生长速率均下降[19]。同样当 pH = 2.45 和 pH = 4.00 时，由于 $[Ag(NH_3)_2]^+$ 配离子的形成对还原反应的抑制作用占主导

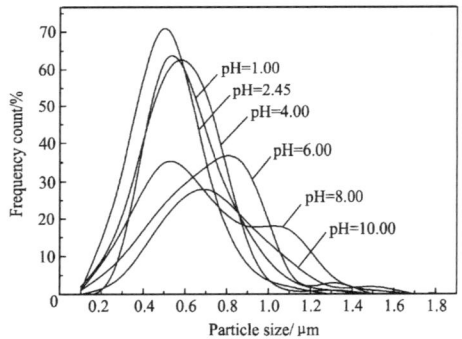

图 4　不同 pH 条件下所制备银粉的粒径分布图

地位，导致在银氨溶液加入抗坏血酸底液中一小段时间内只还原了相当少的 Ag^+，此时银晶核的分散程度较高，被还原出来的银粒子向晶核表面扩散迁移的距离大大增加，以致在一定程度上抑制晶核生长，导致银粉平均粒径较小，同时粒径分布较窄，分散性较好；随着 $NH_3 \cdot H_2O$ 加入量的增多，还原体系的 pH 值不断增大，当还原体系的 pH 值超过 4.00 后，抗坏血酸的还原电位降低，抗坏血酸还原能力的增强对还原反应的加速作用占主导地位，此时反应速率较为迅速，在瞬间大量成核，溶液中的过饱和度迅速降低，这便抑制了二次成核及粒子的生长。在这种情况下，碰撞凝并生长是粒子生长的主要方式。形核过多使得颗粒相互碰撞更多，聚集更为容易，继而凝并生长也就越多。从而导致粒径较大，分布较宽且团聚较严重。

通过以上分析结合振实密度值选取 pH = 2.45 为最优条件，即不需要调节抗坏血酸底液 pH 值。

2.3 温度对银粉粒径和分散性的影响

在抗坏血酸浓度为 25.0 g/L，硝酸银浓度为 75.0 g/L，pH 值为 2.45，分散剂为硝酸银质量 8% 的条件下，通过控制反应温度分别为 20，30，40 和 50℃，探讨不同反应温度对于银粉的形貌及粒径的影响。不同温度条件下，银粉的微观形貌见图 5。

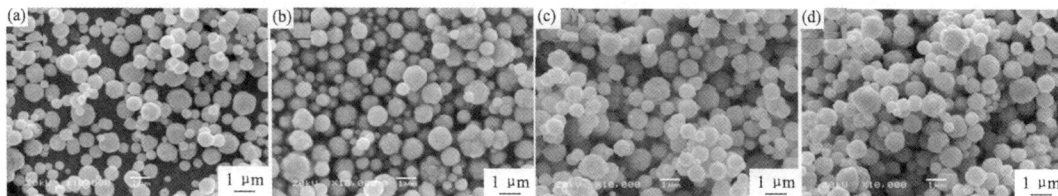

图 5　不同温度所得银粉的 SEM 图

(a)20℃；(b)30℃；(c)40℃；(d)50℃

从图 5 可以看出，不同温度下所得银粉分散性均较好。温度为 20℃ 时，银粉表面光滑，粒径较均一；当温度升高到 30℃ 时，银粉表面变得粗糙，粒径有所增大，呈现出较为明显的大、小粒径的两极化现象，因此粒径分布较宽；温度继续升高导致粒径进一步增大。

一方面，温度影响还原反应速率，温度升高，反应速率加快，形核速度加快，有利于形成小粒径颗粒；另一方面，温度的升高将使生成的银晶核的布朗运动加剧，相互碰撞频率增加，从而导致生长速度加快。但在本体系实验条件下温度升高导致的生长速度加快大于形核速度的加快。其结果是较低温度利于晶核的生成，不利于晶核的长大，所以在温度相对较低时，一般会获得较小的粒子；相反，较高温度时会获得较大的粒子[20]。由于较高的反应温度往往意味着更多的经济投入，所以选择 30℃ 作为最佳反应温度。

2.4 加料速度对银粉粒径和分散性的影响

温度为 30℃ 条件下，通过调节流量计控制加料速度分别为 12.0，41.7，66.7，133.3 和 200.0 mL/min，得到不同加料速度下银粉的 SEM 图如图 6 所示，加料速度对银粉粒度和振实密度的影响如图 7。

从图 6 可以看出，加料速度对银粉的分散性影响较小，不同加料速度下所制备的银粉分散性均较好。根据图 7，平均粒径随加料速度的增大而减小，这是因为当加料速度较慢时，溶液生成银晶核的过饱和度较低[21]，不利于银原子的成核，使得用于银晶核长大的银原子较多，银晶核的长大较容易，因此银粉的粒径较大，但此时银粉的振实密度却比较低。并且加料速度较慢时，反应时间长，成核与生长同时进行，加之反应初期和后期处于不同的浓度环境而使粒度分布往往较宽。随着 $AgNO_3$ 溶液滴加速度的增加，溶液中瞬间生成银晶核的过饱和度逐渐增大，成核速率加快，成核过程中消耗了更多的银原子，使用于晶核生长的银原子相对减少，因此制得的银粉粒径会有一定的减小。综合以上分析可知，较优的加料速度为 133.3 mL/min。

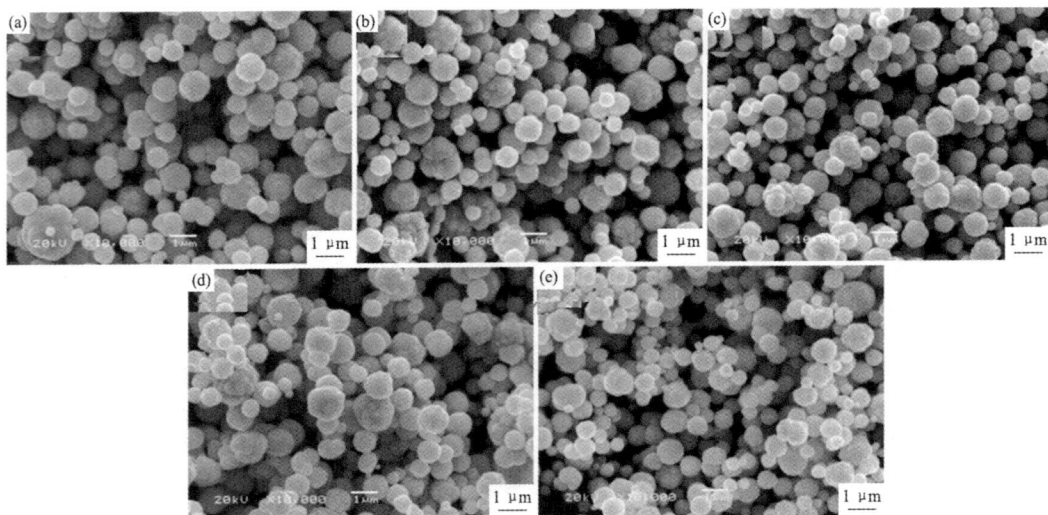

图 6　不同加料速度下银粉的 SEM 图

（a）12.0 mL/min；（b）41.7 mL/min；（c）66.7 mL/min；（d）133.3 mL/min；（e）200.0 mL/min

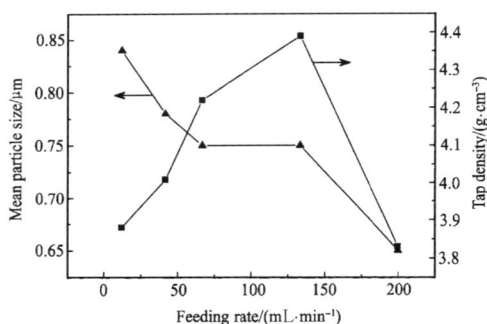

图 7　加料速度对银粉粒度和振实密度的影响

2.5　阿拉伯树胶分散机制

配制浓度为 10 g/L 的 $AgNO_3$ 溶液，滴加 $NH_3 \cdot H_2O$ 至溶液刚好澄清得到银氨溶液，将所得银氨溶液与浓度为 2 g/L 的不同分散剂各 5 mL 进行充分混合，置于阳光下暴晒 1 h，测试该混合溶液的紫外-可见光谱，结果如图 8 所示。

从图 8 中可以看出，所有样品均在 300 nm 处有吸收峰，而相对于银氨溶液和加入其他分散剂的银氨溶液的紫外-可见吸收

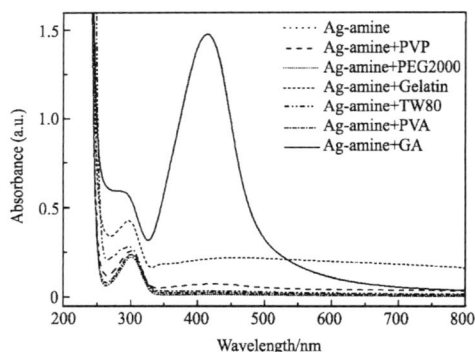

图 8　银氨和不同分散剂混合溶液的紫外-可见光谱

光谱，加入阿拉伯树胶的银氨溶液在 300 nm 和 415 nm 处吸收峰明显升高。300 nm 处吸收峰的升高可能是由于阿拉伯树胶与 Ag^+ 形成的配合物 $GA-Ag^+$ 取代了 NH_3-Ag^+ 和 H_2O-Ag^+ 的配合，这是因为 Ag^+ 的 sp 杂化轨道可以接受阿拉伯树胶中的羟基 O 原子的孤电子对从而形成更

强的配合键[22-23]。在银氨体系中，银氨配离子的形成使得其他分散剂难以与 Ag$^+$ 发生配合。阿拉伯树胶与 Ag$^+$ 形成的这种化学吸附则致使其更充分地防止银粒子的团聚，阿拉伯树胶带有孤电子对的 O 原子吸附溶液中的银粒子，并随着反应的进行，使 Ag 粒子互相碰撞发生晶粒长大。可见阿拉伯树胶相对于其他分散剂有着更优良的分散作用。加入 PVP 和 gelatin 的银氨溶液分别在 415 和 460 nm 处存在吸收峰，但是它们的吸收峰都比较低，而阿拉伯树胶与银氨混合溶液的紫外

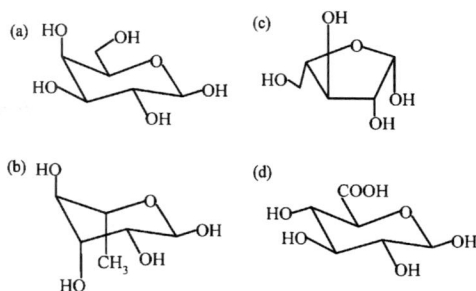

图 9 阿拉伯树胶主要化学组成

（a）D-galactopyranose；（b）L-arabinofuranose；
（c）L-rhamnopyranose；（d）D-glucopyranosuronic acid

–可见吸收光谱在 415 nm 处较明显的吸收峰是纳米银粒子的米氏散射所造成的，表明阿拉伯树胶可以很好地加速 Ag$^+$ 的光还原反应[24]。

阿拉伯树胶的主要化学组成如图 9，其多糖是以 1，3-糖苷键相连的聚半乳糖链为主链的高度分支结构，分支链侧链中的阿拉伯糖、鼠李糖和葡萄糖醛酸以 1，3-糖苷键、1，6-糖苷键与主链上的半乳糖基相连[18, 25]。阿拉伯树胶大分子化学结构上有较多的支链而形成粗短的螺旋结构，因此它的水溶液具有较强的黏稠性和黏着性，较高的溶液黏度不利于银粒子的扩散从而影响粒子的生长或聚集过程；另外其长链结构的空间位阻可以有效地阻止银粒子相互靠近，减少银粒子间的碰撞机会，从而防止银粉颗粒的团聚达到分散效果。

3 结论

（1）以银氨为原料，抗坏血酸为还原剂，阿拉伯树胶为分散剂，采用连续加料方式在抗坏血酸溶液 pH = 2.45，反应温度 30℃，加料速度 133.3 mL/min 的条件下可制备出平均粒径 0.73 μm，分散性好，振实密度 4.3 g/cm^3 的球形亚微米级超细银粉。

（2）阿拉伯树胶可以对银氨溶液中的银离子进行化学吸附，并且可以加速其光还原反应，结合其较强的水溶液黏度以及巨大的空间位阻作用可以有效地影响粒子的生长或聚集过程，从而阻止银粒子的团聚，具有很好的分散作用。

参考文献

［1］Goia D V. Preparation and formation mechanisms of uniformmetallic particles in homogeneous solutions［J］. Journal of Materials Chemistry, 2004, 14(4): 451.

［2］Irizarry R, Burwell L, León-Velázquez M S. Preparation and formation mechanism of silver particles with spherical open structures［J］. Industrial & Engineering Chemistry Research, 2011, 50(13): 8023.

［3］甘卫平，张金玲，张超，叶肖鑫，张鹿. 化学还原制备太阳能电池正极浆料用超细银粉［J］. 粉末冶金材料科学与工程，2009，14(6): 412.

［4］Gu S S, Wang W, Tan F T, Gu J, Qiao X L, Chen J G. Facile route to hierarchical silver microstructures with high catalytic activity for the reduction of p-nitrophenol［J］. Materials Research Bulletin, 2014, 49(1): 138.

［5］Gu S S, Wang W, Wang H, Tan F T, Qiao X L, Chen J G. Effect of aqueous ammonia addition on the morphology and size of silver particles reduced by ascorbic acid [J]. Powder Technology, 2013, 233: 91.

[6] 黄惠, 赖耀斌, 付仁春, 陈步明, 郭忠诚. 太阳能电池浆料用亚微米球形银粉的制备工艺研究[J]. 稀有金属材料与工程, 2014, 43(6): 1497.

[7] Maksimović V M, Pavlović M G, Pavlović L J, Tomić M V, Jović V D. Morphology and growth of electrodeposited silver powder particles[J]. Hydrometallurgy, 2007, 86(1): 22.

[8] Zhang J L, Han B X, Liu M H, Liu D X, Dong Z X, Liu J, Li D. Ultrasonication-induced formation of silver nanofibers in reverse micelles and small-angle X-ray scattering studies [J]. The Journal of Physical Chemistry B, 2003, 107(16): 3679.

[9] 郭桂全, 甘卫平, 罗贱, 向锋, 张金玲, 周华, 刘欢. 正交设计法优化高分散超细银粉的制备工艺[J]. 稀有金属材料与工程, 2011, 40(10): 1827.

[10] Wu S P, Meng S Y. Preparation of ultrafine silver powder using ascorbic acid as reducing agent and its application in MLCI [J]. Materials Chemistry and Physics, 2005, 89(2): 423.

[11] Wu S P. Preparation of micron size flake silver powders for conductive thick films [J]. Journal of Materials Science: Materials in Electronics, 2007, 18(4): 447.

[12] Qin Y Q, Ji X H, Jing J, Liu H, Wu H L, Yang W S. Size control over spherical silver nanoparticles by ascorbic acid reduction [J]. Colloids and Surfaces A: Physicochemical and Engineering Aspects, 2010, 372(1): 172.

[13] Nersisyan H H, Lee J H, Son H T, Won C W, Maeng D Y. A new and effective chemical reduction method for preparation of nanosized silver powder and colloid dispersion [J]. Materials Research Bulletin, 2003, 38(6): 949.

[14] 孟新昊, 姚骋, 杨振国, 李志东, 陈蓓. 化学沉积法制备用于印制电子的超细银粉[J]. 复旦学报(自然科学版), 2011, 50(5): 541.

[15] 覃涛, 叶红齐, 吴超, 董虹, 刘贡钢, 郝梦秋. PVP 对液相还原法制备微米级银粉颗粒性能的影响[J]. 中南大学学报(自然科学版), 2013, 44(7): 2675.

[16] 陈忠文, 甘国友, 严继康, 刘杰. 明胶作分散剂制备球形超细银粉[J]. 稀有金属材料与工程, 2011, 40(4): 741.

[17] 魏丽丽, 徐盛明, 徐刚, 陈崧哲, 李林艳. 表面活性剂对超细银粉分散性能的影响[J]. 中国有色金属学报, 2009, 19(3): 595.

[18] 姚日生, 董岸杰, 刘永琼. 药用高分子材料[M]. 北京: 化学工业出版社, 2008.

[19] 郭学益, 焦翠燕, 邓多, 田庆华, 易宇. 硝酸银溶液性质对超细银粉形貌与粒径的影响[J]. 粉末冶金材料科学与工程, 2013, 18(6): 912.

[20] 郭桂全. 太阳能电池用高振实密度银粉的制备和表征[J]. 稀有金属, 2013, 37(6): 922.

[21] 陈建波, 李启厚, 李玉虎, 刘智勇, 刘志宏. 以丙三醇为还原剂的沉淀转化法制备超细银粉[J]. 粉末冶金材料科学与工程, 2013, 18(6): 874.

[22] Guo G Q, Gan W P, Luo J, Xiang F, Zhang J L, Zhou H, Liu H. Preparation and dispersive mechanism ofhighly dispersive ultrafine silver powder [J]. Applied Surface Science, 2010, 256(22): 6683.

[23] Ao Y W, Yang Y X, Yuan S L, Ding L H, Chen G R. Preparation of spherical silver particles for solar cell electronic paste with gelatin protection [J]. Materials Chemistry and Physics, 2007, 104(1): 158.

[24] Zhang Z T, Zhao B, Hu L M. PVP protective mechanism of ultrafine silver powder synthesized by chemical reduction processes[J]. Journal of Solid State Chemistry, 1996, 121(1): 105.

[25] Gils P S, Ray D, Sahoo P K. Designing of silver nanoparticles in gum arabic based semi-IPN hydrogel [J]. International Journal of Biological Macromolecules, 2010, 46(2): 237.

液相还原法制备微米级球形银粉及其分散机理

摘要：采用液相还原法，以硝酸银为原料、抗坏血酸为还原剂制备银粉。系统探索加料方式、分散剂、反应温度、分散剂用量和 $AgNO_3$ 溶液浓度等工艺参数对银粉形貌、粒径的影响，并对分散机理进行研究。结果表明：聚乙烯吡咯烷酮（PVP）与 Ag^+ 和银粉的相互作用有利于银粉形貌和分散性的提高。采用正向快速加料法，在 PVP 用量为硝酸银的 5%～20%（质量分数），硝酸银溶液浓度为 0.1～0.3 mol/L 的条件下，可制备出分散性较好、表面光滑的球形银粉，其振实密度可达 4.9 g/cm³；通过调节分散剂的用量，能够实现银粉平均粒径在 1.02 至 2.72 μm 之间的可控制备。

银粉具有优良的导电性和化学稳定性，因此，被广泛运用在电工、电子和电气等领域中。作为一种贵金属功能材料，银粉主要应用于导电浆料、导电胶、印刷电路、电工用合金等材料中。其中，导电浆料对银粉的需求量最大。

一般要求应用于导电浆料中的银粉具有较好的分散性，以及较为合适的粒径。由于纳米银粉经烧结后的表面电阻比微米级（1～10 μm）或亚微米级（0.1～1 μm）银粉的大[1]，又存在固液分离困难的问题，导致其应用受到了限制。因此，目前应用于电子浆料中的银粉，粒径一般为微米或亚微米级。对于更高要求应用的银粉，比如太阳能电池正面银浆用银粉，还要求银粉有着较高的振实密度，以减少银浆在烧结过程中的收缩。银粉的振实密度与银粉的形貌、粒径、分散性甚至是银粉表面的光滑度等都有很大的关系。一般来说，分散性好、形貌规则、颗粒表面光滑的银粉振实密度往往更高[2]。

目前制备银粉的方法很多，包括液相还原法[3]、喷雾热分解法[4]、沉淀转换法[5]、水热法[6]、微乳液法[7]、电化学法[8]等，其中液相还原法因其设备简单、工艺条件温和以及成本相对较低而得到广泛运用。液相还原法常用的还原剂包括抗坏血酸[9]、水合肼[10]、葡萄糖[11]、丙酮[12]等，常用分散剂则包括聚乙烯吡咯烷酮（PVP）[13]、明胶[14]、十六烷基三甲基溴化铵（CTAB）[15]等。以 PVP 为分散剂的研究往往集中于纳米银粉的制备，而对其在微米级银粉制备方面的机理等研究则比较欠缺。甘卫平等[16]进行以 PVP 为保护剂制备微细银粉的研究，但也并未对其分散机理进行深层次的探讨。

基于以上原因，本文作者以硝酸银为原料，以抗坏血酸为还原剂制备银粉，旨在寻求一种制备高分散性、高振实密度的微米球形银粉的简单工艺。研究发现通过改变分散剂的类型，可实现不同形貌银粉的制备，并研究分散剂影响银粉形貌和分散性的机理。通过控制适当的工艺参数，可制备出分散性好、振实密度高的球形银粉，实现银粉粒径可控。本工艺简单高效、可操作性强，具备批量化生产前景。

本文发表在《中国有色金属学报》，2015，25（9）：2484-2491。合作者：邓多、李宇。

1 实验

1.1 实验原料与设备

实验试剂：硝酸银、抗坏血酸、无水乙醇、聚乙烯吡咯烷酮（PVP）、吐温-80、聚丙烯醇（PVA-124）、聚乙二醇（PEG-6000）等，均为分析纯；去离子水（自制，电阻率 16.25 MΩ·cm）。

实验设备：DF-10IS 型集热式恒温加热磁力搅拌器、DZ.2BC Ⅱ型真空干燥箱、Starter 3C 型 pH 计、TDL-40B 型低速台式离心机、JY3002 型电子天平。

1.2 超细银粉的制备

取适量的硝酸银，配制成一定浓度的硝酸银溶液；称取一定量的分散剂，配制成分散剂溶液，并将其加入硝酸银溶液中；配制 100 g/L 的抗坏血酸溶液；调节水浴温度为 20℃，在充分搅拌下，采用不同的加料方式将硝酸银溶液和抗坏血酸溶液混合使二者完全反应。反应完全后，离心分离，用去离子水和无水乙醇分别洗涤 3 次，然后放入真空干燥箱恒温 50℃ 干燥 5~8 h 得到超细银粉。

1.3 分析与测试

采用 JSM-6360LV 型扫描电镜（SEM）观察银粉的表面形貌和分散性；对 SEM 像中银粉的粒径进行统计得到产物平均粒径和粒径分布；使用 Rigaku-TTR Ⅲ 型 X 射线衍射仪来检测银粉的物相（Cu-K$_\alpha$ 靶，管电压 40 kV，管电流 250 mA）；使用 Hitachi U-4100 型紫外-可见光分光光度计测定硝酸银溶液及分散剂溶液的吸光度；采用 ZS-202 型振实密度仪对银粉的振实密度进行测试。

2 结果与分析

2.1 加料方式对制备银粉的影响

以用量为硝酸银 10%（质量分数）的 PVP 为分散剂，在 AgNO$_3$ 溶液浓度为 0.3 mol/L 的条件下，采用正向快速加入法（将还原剂快速倒入硝酸银溶液中）、正向滴加法（将还原剂滴加到硝酸银溶液中）和并流滴加法（还原剂溶液和硝酸银溶液同时加入底液中）3 种不同加料方式将 AgNO$_3$ 溶液和还原剂溶液混合，考察加料方式对制备银粉的影响。所得银粉的微观形貌如图 1 所示。

从图 1 可以看出，采用正向快速加入法制备的银粉为表面光滑的球形，分散性较好；采用并流滴加法制备的银粉为多面体的类球形；而采用正向滴加法制备的银粉形貌极不规则。

根据 Lamer 模型，要想得到单分散的固体颗粒，必须控制产物溶质的过饱和浓度，使成核过程尽可能缩短，让沉淀过程按照"爆发成核，缓慢生长"的模式进行[17]，将成核过程和生长过程分离。采用正向快速加入法进行加料时，反应物快速混合并迅速反应，发生爆发成核，并进而生成大量一次粒子，该过程消耗了大量溶质。之后，反应物的浓度大大降低，反

图1　使用不同加料方式制备银粉的 SEM 像

应速率减缓,进入不形核、只生长的过程,使得成核和生长过程基本分离。由于反应初期溶质浓度较高,大量一次粒子趋向于聚集生长形成球形颗粒,加上 PVP 分散剂在生长过程中所起的分散作用,因此,最终可以制备出分散性较好的球形银粉。

采用并流滴加法进行加料时,硝酸银溶液和抗坏血酸溶液同时缓慢滴加到底液中,从而使反应体系中的银离子和抗坏血酸一直维持在一个比较低的浓度,反应速率较慢,溶液中的溶质浓度很低,形核速率和长大速率都比较小。在这种情况下,银粒子的生长趋向于扩散生长,从而生长成如图1(b)所示的多面体形貌。而采用正向滴加法时,抗坏血酸缓慢滴加到硝酸银溶液中,在这个持续时间较长的反应过程中,体系中的抗坏血酸浓度一直较低,而银离子的浓度则从初始浓度慢慢降低至0。因此,在整个反应过程中,银离子的浓度变化较大,导致反应速率变化较大。在反应的不同阶段,晶体的形核速率和长大速率会有较大的差别,生成的银粉形貌也会有很大的差别,从而导致生成了不规则形貌的银粉。

因此,为了制备出超细球形银粉,适宜采用的加料方式为正向快速加料。对采用该加料方式制备的银粉进行 XRD 分析,其结果如图2所示。从图2可以看出,银粉在38.12°、44.30°、64.44°和77.40°处有明显的衍射峰,分别对应银的(111)、(200)、(220)和(311)面,与标准晶态银卡片65-2871完全符合,说明所得的样品是单质银。从图2中还可以看出,各个样品的衍射峰相当尖锐,说明制备的银粉结晶度较高。

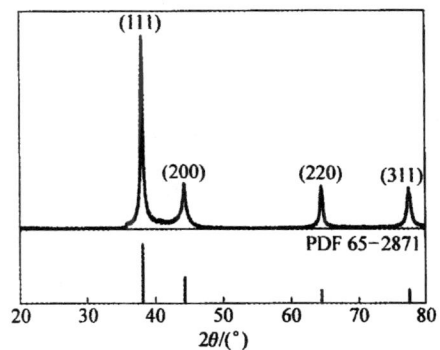

图2　正向快速加料法制备银粉的 XRD 谱

2.2 分散剂对制备银粉的影响及机理

在 AgNO₃ 溶液浓度为 0.3 mol/L、分散剂用量为硝酸银质量 10% 的条件下，将抗坏血酸溶液快速加入 AgNO₃ 溶液中，考察 PVP、吐温-80、PVA-124 和 PEG-6000 等 4 种分散剂对银粉的形貌和分散性的影响。使用不同分散剂制备的银粉微观形貌如图 3 所示。

图 3　加入不同分散剂制得银粉的 SEM 像

（a）Without dispersant；（b）TW-80；（C）PVP；（d）PVA-1 24；（e）PEG-6000

从图 3 可知，不加入分散剂时，制备的银粉为粗糙球形银粉；而加入分散剂后，银粉的分散性和表面形貌都有所改变。使用 PVP 制备的银粉分散性较好，颗粒表面比较光滑；使用吐温-80 制备的银粉粒径有所减小，颗粒表面比较粗糙，且从 SEM 像上来看，有一定程度的团聚；使用 PEG-6000 和 PVA-124 制备的银粉为花状球形，表面较粗糙，从更高倍数的 SEM 像〔分别见图 3(d) 和 (e) 右上角插图〕可以看出，使用这两种分散剂制备的球形花状银粉颗粒是由很多厚度约为 100～200 nm 的片状一次颗粒聚集生长而成。由于银粉表面越粗糙，其比表面积越大，颗粒间的摩擦力也越大，从而导致银粉的振实密度下降，综合考虑可知，在本体系中，适宜选用的分散剂为 PVP。

将浓度为 0.05 mol/L 硝酸银溶液和 2 g/L 的不同分散剂溶液各 10 mL 混合，日光下光照 1 h 后进行紫外–可见光吸收光谱测试，其结果如图 4 所示。

从图 4 可以看出，硝酸银溶液的吸收光谱在 300 nm 处存在吸收峰，这是银离子的特征吸收峰；而加入了不同分散剂的硝酸银溶液在 300 nm 处的吸收均有所增强，说明分散剂与银离子之间存在某种相互作用，这可能是由于分散剂与银离子之间形成了配合作用[18]。由于分散剂吐温–80、PVP、PVA–124 和 PEG–6000 的

图 4　AgNO₃ 溶液及加入不同表面活性剂后 AgNO₃ 溶液的紫外–可见光吸收光谱

分子内存在大量 C—N 和 C=O 键，其中的氮原子和氧原子均含有孤电子对，可以给银离子的空 sp 杂化轨道提供电子云形成配位键。分散剂提供的电子云密度越高，其与银离子形成配位键的能力越强，对应图 4 在 300 nm 处的吸收也就越强，由此可知，这 4 种分散剂与银离子配合时可提供的电子云密度由大到小依次为 PVP、吐温–80、PVA–124、PEG–6000。PVP 给 A 矿的空 sp 杂化轨道提供的更高的电子云密度导致了 Ag⁺ 更容易得到电子，从而促进了 A 矿的光还原生成纳米银，图 4 中加入 PVP 的 AgNO₃ 溶液在 470 nm 处的吸收峰即是生成的纳米银粒子的米氏散射造成的吸收峰[19]。

同时，分散剂与银离子的配合能力越强，银离子被还原后分散剂在银颗粒上的吸附也就越充分，对银粉表面形貌的影响也应越大。由图 3(a)可知，不加分散剂制备的银粉表面较粗糙。对比图 3 中的各分图可以看出，图 3(a)所示银粉与图 3(d)和(e)的形貌更相似，说明 PVA–124 和 PEG–6000 对银粉表面形貌影响较小；而图 3(c)所示银粉表面较光滑，说明 PVP 对银粉的表面形貌影响较大，由此可知，不同分散剂对银粉表面形貌的影响由大到小依次为 PVP、吐温–80、PVA–124 和 PEG–6000，这与图 4 所示各溶液的光谱吸收强弱顺序是一致的。

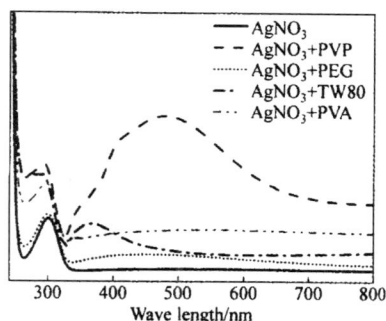

PVP 是 N–乙烯基–2–吡咯烷酮的聚合物，其结构 ，其中，n 表示聚合度。由之前的分析可知，PVP 容易与 Ag⁺ 配合形成配合物，当银被还原出来，PVP 又会吸附在银表面，从而对银粉生长产生影响。PVP 与 Ag⁺ 以及 Ag 的吸附可以表示如式(1)所示[20]：

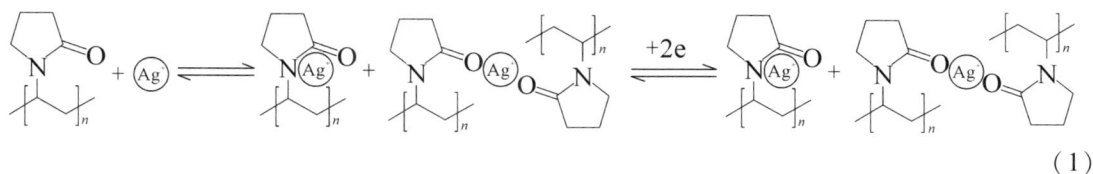

$$(1)$$

随着反应的进行，晶体成核和生长形成二次颗粒，在这个过程中，PVP 将优先吸附在二次颗粒表面的尖锐部位[21]，改变其比表面能，降低该部分的生长速率，从而促进银原子在非尖锐部位沉积，并生长成为表面较光滑的球形颗粒。球形颗粒生成后，PVP 均匀吸附在颗粒表面，其长链结构形成的空间位阻不仅会阻碍后续还原的银原子继续在银颗粒上生长，防止

银粉粒径过大，又能减少银粉颗粒与颗粒之间的碰撞，减少银粉的团聚，最终制备出表面较为光滑、分散性良好的球形银粉。PVP 对银粉形貌和分散性的影响机理如图 5 所示。

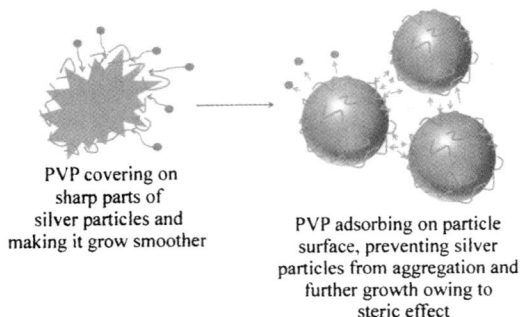

PVP covering on sharp parts of silver particles and making it grow smoother

PVP adsorbing on particle surface, preventing silver particles from aggregation and further growth owing to steric effect

图 5　PVP 对银粉形貌和分散性的影响

2.3　分散剂用量对制备银粉的影响

在 AgNO$_3$ 溶液浓度为 0.3 mol/L，以 PVP 为分散剂，考察分散剂的用量对银粉形貌和粒径的影响。加入的分散剂用量分别为硝酸银的 5%、10%、15% 和 20%（质量分数）。使用不同的分散剂用量制备所得银粉的微观形貌如图 6 所示。图 7 所示为各银粉的粒径分布。

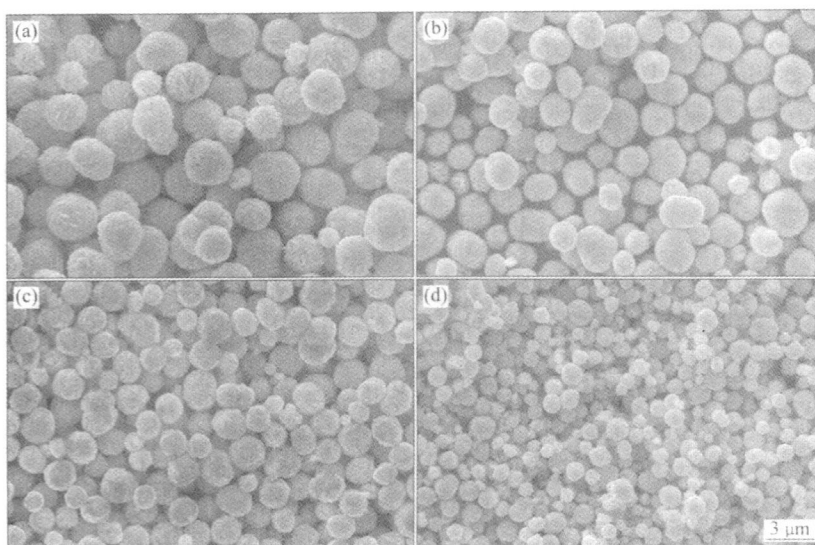

图 6　不同分散剂用量制得银粉的 SEM 像

从图 6 可以看出，随着分散剂用量的增加，银粉的分散性都比较好，且形貌并没有太大变化。随着分散剂用量的增加，银粉的平均粒径分别为 2.72、1.95、1.72 和 1.02 μm，即银粉的平均粒径随着分散剂用量的增加而减小，这也可以从图 7 的粒径分布图中反映出来。这是由于 PVP 能与银粉颗粒表面吸附，随着其用量的增加，吸附在银粉颗粒表面上的 PVP 的量也随之增加，颗粒表面的空间位阻变大，阻碍了随后还原出的银原子与银粉颗粒表面的接触，从而阻碍了其进一步生长；另一方面，由于 PVP 可促进 $AgNO_3$ 的光还原反应从而生成纳米银粒子，纳米银粒子可作为晶体生长的晶核，PVP 用量越多，促进生成的晶核也越多，在一定程度上导致了银粉粒径的减小。因此，随着 PVP 用量的增加，银粉的粒径减小。

从以上结果可以说明，通过调节分散剂的用量可以对银粉的粒径实施调控。

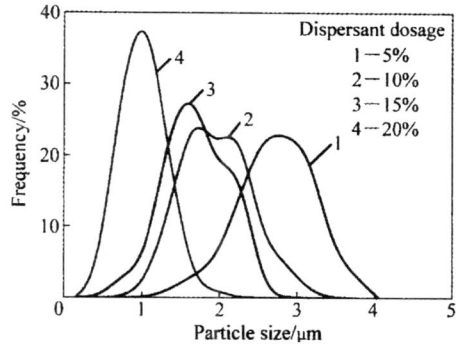

图 7　不同分散剂用量制得银粉的粒径分布

2.4　硝酸银溶液浓度对制备银粉的影响

选择 PVP 用量为 10%，考察 $AgNO_3$ 溶液浓度对银粉形貌和粒径的影响。考察的 $AgNO_3$ 溶液浓度分别为 0.1、0.2、0.3 和 0.5 mol/L，不同浓度下所制备银粉的 SEM 像如图 8 所示。

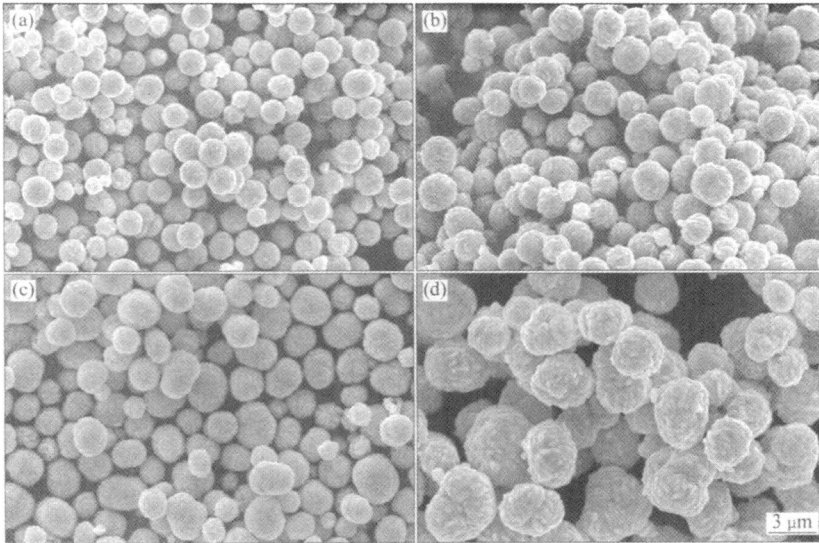

图 8　不同硝酸银浓度制得银粉的 SEM 像

从图 8 可以看出，当 $AgNO_3$ 溶液浓度为 0.1~0.3 mol/L 时，制备的银粉分散性较好，形貌较规则；当浓度上升到 0.5 mol/L，银粉的表面变得更粗糙，并且分散性也相对更差。此外，银粉的平均粒径随着 $AgNO_3$ 溶液浓度的增大而增大，随着 $AgNO_3$ 溶液浓度的提高，银粉的平均粒径分别为 1.54、1.84、1.95 和 3.32 μm。各银粉的粒径分布如图 9 所示。

根据 Weimam 法则[22]，沉淀生成粒子的粒径大小取决于晶核的成核速率和生长速率的相对大小，而这二者均与反应物的浓度有关。当 $AgNO_3$ 溶液浓度较低且过饱和度大于其成核的最低过饱和浓度时，成核速率大于晶核的生长速率，在单位时间内晶体成核消耗的物质量多于晶核生长所消耗物质量，从而使得晶核的生长受到抑制。且稀溶液的银离子分散程度较高，因而被还原出来的银粒子向晶核表面扩散迁移的距离也大大增加，从而也一定程度上抑制了晶核的生长，导致银粉平均粒径较小。随着 AgNO₃ 溶液浓度的增加，晶核生长速率将最终超过成核速率，在反应开始迅速生成了大量晶核后，随后被还原出来的银粒子大部分都消耗在银晶核的生长上；加之晶核的填充密度很大，导致晶核之间凝聚生长的趋势增加[23]。因此，随着硝酸银溶液浓度的升高，银粉的平均粒径增大。

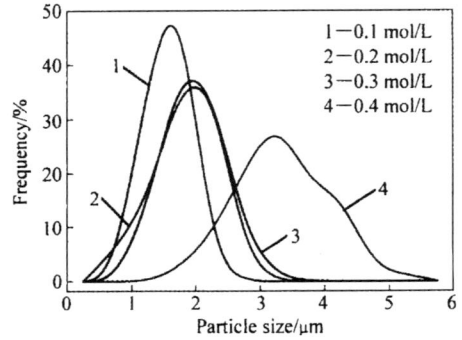

图9 硝酸银浓度对银粉粒径分布的影响

对不同硝酸银浓度制备的银粉进行振实密度测试，所得结果如表1所列。从表1中可以看出，当 AgNO₃ 溶液浓度为 0.1~0.3 mol/L 时，制备的银粉振实密度均较高（>4 g/cm³）；当 AgNO₃ 浓度为 0.5 mol/L 时，由于银粉的团聚更严重，使得其振实密度偏低。由此可知，适宜的 AgNO₃ 溶液浓度为 0.1~0.3 mol/L。

表1 不同硝酸银浓度下制得银粉的振实密度

AgNO₃ concentration/($mol \cdot L^{-1}$)	0.1	0.2	0.3	0.5
Tap density/($g \cdot cm^{-3}$)	4.9	4.3	4.2	3.3

3 结论

（1）优化条件为：采用正向快速加料法，在硝酸银溶液浓度为 0.1~0.3 mol/L、PVP 用量在 5%~20% 的条件下，可以制备出表面光滑、分散性较好的球形银粉。当硝酸银溶液浓度为 0.1 mol/L、分散剂用量为 10% 的条件下，银粉的振实密度可达 4.9 g/cm³。

（2）加入 PVA-124 和 PEG-6000，制备得到花状球形银粉，加入 PVP 制备得到表面光滑的球形银粉，加入 TW80 制备的银粉粒径有所减小，表面较粗糙。PVP 能与 Ag⁺ 配合，并能有效吸附在银颗粒表面，从而使银粉的形貌趋于光滑，控制银粉的粒径，并有效减少颗粒团聚。

（3）随着硝酸银浓度的提高，银粉粒径增大；随着分散剂用量的增加，银粉粒径减小。可通过调节分散剂的用量，在保证银粉分散性和形貌的前提下，有效调节银粉粒径（1.02~2.72 μm）。

参考文献

[1]郭挂全，甘卫平，罗贱，向锋，张金玲，周华，刘欢.正交设计法优化高分散超细银粉的制备工艺[J].稀有金属材料与工程，2011，40(10)：1827-1831.

[2]欧阳鸿武，刘咏，王海兵，黄伯云.球形粉末堆积密度的计算方法[J].粉末冶金材料科学与工程，2002，7(2)：87-92.

[3]Gu Sasa, Wang Wei, Tan Fatang, Gu Jian, Qiao Xueliang, Chen Jianguo. Facile route to hierarchical silver microstructures with high catalytic activity for the reduction of p-nitrophenol[J]. Materials Research Bulletin,

2013，49：138-143.

[4]刘志宏，刘智勇，李启厚，吴厚平，张多默.喷雾热分解法制备超细银粉及其形貌控制[J].中国有色金属学报，2007，17(1)：149-155.

[5]蒋伟燕.配位沉淀-热分解法制备纤维状银粉[D].长沙：中南大学，2010.

[6]尹荔松，阳索玉，何鑫，范海陆，安科云，龚青.球形纳米银粒子制备新方法及其表征[J].纳米技术与精密工程，2010，8(4)：295-299.

[7]Zhang Jianling, Han Buxing, Liu Minghua, Liu Dongxia, Dong Zexuan, Liu Jun, Li Dan. Ultrasonication-induced formation of silver nanofibers in reverse micelles and small-angle X-ray scattering studies[J]. Journal of Physical Chemistry B, 2003, 107(16)：3679-3683.

[8]Zhu Junjie, Liao Xuehong, Zhao Xiaoning, Chen Hongyuan. Preparation of silver nanorods by electrochemical methods[J]. Materials Letters, 2001, 49(2)：91-101.

[9]Guo Xueyi, Deng Duo, Tian Qinghua, Jiao Cuiyan. One-step synthesis of micro-sized hexagon silver sheets by the ascorbic acid reduction with the presence of H_2SO_4[J]. Advanced Powder Technology, 2014, 25(3)：865-870.

[10]宋永辉，梁工英，张秋利，卢学刚，魏春阳.球形纳米银粉的制备研究[J].稀有金属材料与工程，2007，36(4)：709-712.

[11]江建军，谈定生，刘久苗，韩月香，陈华，余仲兴.葡萄糖还原制取超细银粉[J].上海有色金属，2004，25(1)：5-8.

[12]Halaciuga I, Laplante S, Goia D V. Precipitation of dispersed silver particles using acetone as reducing agent[J]. J Colloid Interface Sci, 2011, 354(2)：620-623.

[13]魏丽丽，徐盛明，徐刚，陈崧哲，李林艳.表面活性剂对超细银粉分散性能的影响[J].中国有色金属学报，2009，19(3)：595-600.

[14]甘卫平，张金玲，张超，叶肖鑫，张鹿.化学还原制备太阳能电池正极浆料用超细银粉[J].粉末冶金材料科学与工程，2009，14(6)：412-416.

[15]刘晓刚，甘卫平，杨超，林涛，黎应芬.太阳能电池用微细银粉的制备[J].中国有色金属学报，2014，24(4)：987-992.

[16]甘卫平，林涛，刘晓刚，黎应芬，黄蓓.二元分散体系制备高分散性微细银粉[J].兵器材料科学与工程，2014，37(2)：50-54.

[17]王岳俊，周康根，蒋志刚.加料方式对超细氧化亚铜粉体分散性与粒度稳定性的影响[J].无机材料学报，2012，27(2)：195-200.

[18]Ao Yiwei, Yang Yunxia, Yuan Shuanglong, Ding Lihua, Chen Guorong. Preparation of spherical silver particles for solar cell electronic paste with gelatin protection[J]. Materials Chemistry and Physics, 2007, 104(1)：158-161.

[19]Gils P S, Ray D, Sahoo P K. Designing of silver nanoparticles in gum arabic based semi-ipn hydrogel[J]. International Journal of Biological Macromolecules, 2010, 46(2)：237-244.

[20]Zhang Zongtan, Zhao Bin, Hu Liruing. PVP protective mechanism of ultrafine silver powder synthesized by chemical reduction processes[J]. Journal of Solid State Chemistry, 1996, 121(1)：105-110.

[21]覃涛，叶红齐，吴超，董虹，刘贡钢，郝梦秋.PVP对液相还原法制备微米级银粉颗粒性能的影响[J].中南大学学报(自然科学版)，2013，44(7)：2675-2680.

[22]黄凯，郭学益，张多默.超细粉末湿法制备过程中粒子粒度和形貌控制的基础理论[J].粉末冶金材料科学与工程，2005，10(6)：319-324.

[23]秦智，张为军，匡加才，堵永国，李文换，杨鹏彪.高分散性球形银粉的制备研究[J].电工材料，2010(3)：12-15.

银氨体系抗坏血酸还原制备超细球形银粉

摘要：以银氨为原料，抗坏血酸为还原剂制备超细球形银粉。考察加料速度、溶液初始 pH、反应温度、$AgNO_3$ 溶液浓度等工艺参数对银粉形貌、粒径的影响，对银粉进行扫描电镜、X 线衍射和 ζ 电位分析等表征，研究银粉的分散和生长机理。研究结果表明：采用快速加料法，在硝酸银溶液浓度不大于 0.5 mol/L，反应温度低于 60℃，银氨溶液初始 pH 为 12.0，不使用分散剂的条件下，可制备出分散性好，形貌规则的球形银粉。银粒子在该体系中具有自分散作用，银粉的生长符合二段生长模型。

银粉由于其优异的导电、导热性和化学稳定性而在电子工业中得到了广泛的应用。超细银粉作为电子浆料的重要功能相，其需求与日俱增。电子浆料用银粉要求为微米级、分散性好的球形银粉，而分散性差一直是银粉生产过程中存在的重要问题。目前制备银粉的方法很多，包括喷雾热分解法[1]、等离子体蒸发冷凝法[2]、激光法[3]、沉淀转换法[4]、水热法[5]、微乳液法[6]、电化学法[7]、光诱导法[8]等，但这些方法需要特殊气氛环境或专业的设备，或能耗高，难以实现大规模生产。液相还原法因其设备简单、操作方便、成本低、节能等优点成为目前银粉制备的主要方法。目前的研究多针对纳米银粉的制备，对电子工业用微米或亚微米级的银粉研究较少，并且研究者一般通过大量使用分散剂来解决银粉制备过程中的团聚问题，但分散剂的使用不仅会增加生产成本，还会造成银粉清洗困难。本文作者以银氨为原料，以抗坏血酸为还原剂，通过选择合适的加料速度和调节银氨溶液的物化参数，在不使用分散剂的条件下制备高品质超细银粉，研究加料速度、溶液初始 pH、反应温度和硝酸银溶液浓度等因素对银粉形貌和粒径的影响，确定了优化的工艺条件，并对反应体系中银粒子的生长和分散机理进行了研究。

1 实验

1.1 原料与设备

实验试剂为硝酸银(株洲冶炼集团有限责任公司)、抗坏血酸(西陇化工股份有限公司)、浓氨水(西陇化工股份有限公司)、无水乙醇(天津市恒兴化学试剂制造有限公司)、浓硝酸(长沙市岳麓精良高纯试剂厂)和去离子水(自制，电阻率为 16.25 MΩ·cm)。

实验设备为 DF-101S 型集热式恒温加热磁力搅拌器、DZ-2BCⅡ型真空干燥箱、Starter 3C 型 pH 计、TDL-40B 型低速台式离心机和 JY3002 型电子天平。

1.2 超细银粉的制备

称取适量的硝酸银，配制成一定浓度的溶液，量取 50 mL 溶液，用浓氨水将其配制成一

本文发表在《中国有色金属学报》，46(12)：4404-4410。合作者：邓多，焦翠燕。

定 pH 的银氨溶液；称取硝酸银质量 0.8 倍的抗坏血酸，配制成 0.23 mol/L 的抗坏血酸溶液；在一定温度下，将抗坏血酸溶液加入银氨底液中，并以 120 r/min 的转速恒速电动搅拌 10 min，使反应充分进行。反应完全后，离心分离，用去离子水和无水乙醇分别洗涤 3 次，然后放入真空干燥箱恒温 50℃ 干燥 5~8 h 得到超细银粉。

1.3 分析与测试

采用 JSM-6360LV 型扫描电镜（SEM）来观察超细银粉的表面形貌；对 SEM 图片中银粉的粒径进行统计，得到产物平均粒径、粒径分布和分布标准差；使用 Rigaku-TTR Ⅲ 型 X 线衍射仪来检测银粉的物相（Cu-K$_\alpha$ 靶，管电压 40 kV，管电流 250 mA）；使用马尔文 Zetasizer Nano ZS 型分析仪对银粉表面的 ζ 电位进行测试。

2 结果与讨论

2.1 加料速度的选择

在 AgNO$_3$ 浓度为 0.3 mol/L，银氨溶液初始 pH 为 11.0，反应温度为 20℃ 的条件下，分别采用滴加（0.42 mL/s）和快速加入（50.0 mL/s）2 种加料速度，考察加料速度对银粉制备的影响。采用不同加料速度制备所得银粉的微观形貌如图 1 所示。

图 1 使用不同加料速度时制得银粉的 SEM 照片

（a）滴加；（b）快速加入

从图 1 可以看出：采用滴加法制备所得银粉团聚较严重，形貌不规则；而采用快速加入法制备所得银粉分散性较好，形貌较为规则。因此，适宜采用快速加入法加料。

对快速加料制备的银粉进行 XRD 分析，所得结果如图 2 所示。从图 2 可以看出：制备所得银粉在 38.12°，44.30°，64.44°，77.40° 和 81.54° 处有明显的吸收峰，与标准卡片 65-2871 完全符合，说明所得样品为单质银。

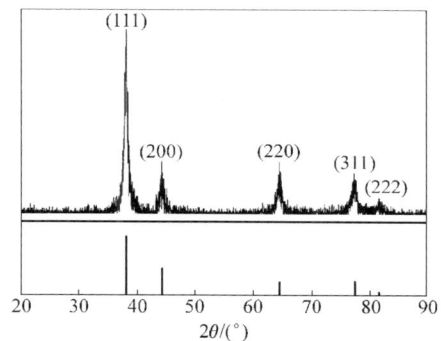

图 2 快速加入法制备所得银粉 XRD 图谱

2.2 银氨溶液初始 pH 的选择

在硝酸银浓度为 0.3 mol/L，反应温度为 20℃的条件下，考察银氨溶液初始 pH 对银粉形貌粒径的影响。银粉平均粒径与银氨溶液初始 pH 的关系以及银粉的 ζ 电位测试结果如图 3 所示。从图 3 可以看出：随着 pH 的增加，银粉的粒径先减小后增大。

抗坏血酸还原银离子的反应为

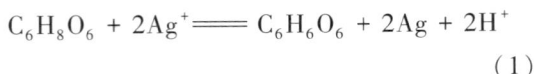

$$C_6H_8O_6 + 2Ag^+ \rightleftharpoons C_6H_6O_6 + 2Ag + 2H^+ \tag{1}$$

抗坏血酸的电极反应式为

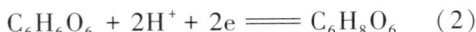

$$C_6H_6O_6 + 2H^+ + 2e \rightleftharpoons C_6H_8O_6 \tag{2}$$

其中，$C_6H_6O_6/C_6H_8O_6$ 的标准电极电势 $\varphi^{\ominus} = 0.08$ V，根据能斯特方程可知：$C_6H_6O_6/C_6H_8O_6$ 电极电势与 pH 关系为

$$\varphi = \varphi^{\ominus} - \frac{0.0591}{n}\lg\frac{c(C_6H_8O_6)}{c(C_6H_6O_6)c(H^+)^2} \tag{3}$$

其中：$c(C_6H_8O_6)$ 和 $c(C_6H_6O_6)$ 为 $C_6H_8O_6$ 和 $C_6H_6O_6$ 的浓度；$n = 2$。

当 $c(C_6H_6O_6) = c(C_6H_8O_6) = 1$，有

$$\varphi = \varphi^{\ominus} - 0.0591\text{pH} \tag{4}$$

图 3 银粉平均粒径和 ζ 电位变化
1—平均粒径；2—ζ 电位

随着体系 pH 的升高，抗坏血酸的电极电势降低，还原性增强，反应速率上升，成核阶段生成了更多银原子，银原子过饱和度增大，加快了其成核速率。同时，氨水又可以中和抗坏血酸还原过程中生成的 H^+，从而促进反应(1)向右移动，因此，随着银氨溶液初始 pH 的升高，反应能在较短时间内生成更多晶核，银粉的粒径也就随之减小；但当银氨溶液 pH 继续升高，反应体系中的过量氨水会使银氨离子更加稳定，溶液中游离的银离子浓度更低，从而抑制反应(1)向右进行，使得反应速率下降，银的成核速率也下降，银粉的粒径又会随着 pH 的继续升高而增大。因此，银粉的粒径随着银氨溶液初始 pH 的升高先减小后增大。

图 4 所示为不同 pH 下制备所得银粉的 SEM 图，从图 4 可以看出：当 pH 为 12.0 时，制备的银粉分散性较好，形貌为球形。

在不同 pH 的 0.001 mol/L 的 KCl 溶液中，对反应制备的银粉进行 ζ 电位测试，所得结果见图 3。从图 3 可以看出：在碱性 pH 范围内，银粉的 ζ 电位在 pH 为 9.5～10.0 时达到最大负值，表明在该 pH 范围内银粒子间的排斥力较大，不易发生团聚。表 1 所示为不同初始 pH 银氨溶液制备银粉后的溶液终点 pH。对比表 1 和图 3 可知：当银氨溶液初始 pH 为 12.0 时，反应终点 pH 为 9.89，银粉的 ζ 电位达到最大负值。由此也可推断出，该 pH 条件下制备出的银粉分散性更好。

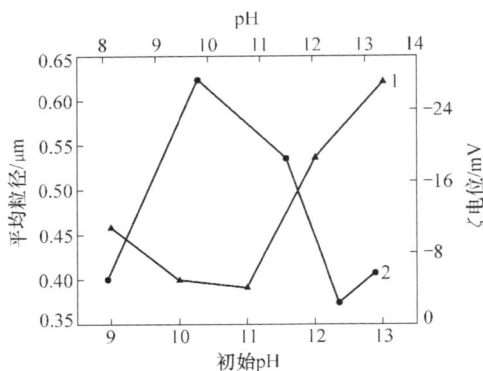

表 1 体系终点 pH 变化

初始 pH	9.0	10.0	11.0	12.0	13.0
终点 pH	8.51	8.61	8.83	9.89	11.34

图 4 不同初始 pH 制得银粉的 SEM 照片

初始 pH：(a)9.0；(b)10.0；(c)11.0；(d)12.0；(e)13.0

2.3 反应温度的影响

在银氨溶液初始 pH 为 12.0 的条件下考察反应温度对银粉形貌和粒径的影响。不同反应温度下制备的银粉微观形貌如图 5 所示。

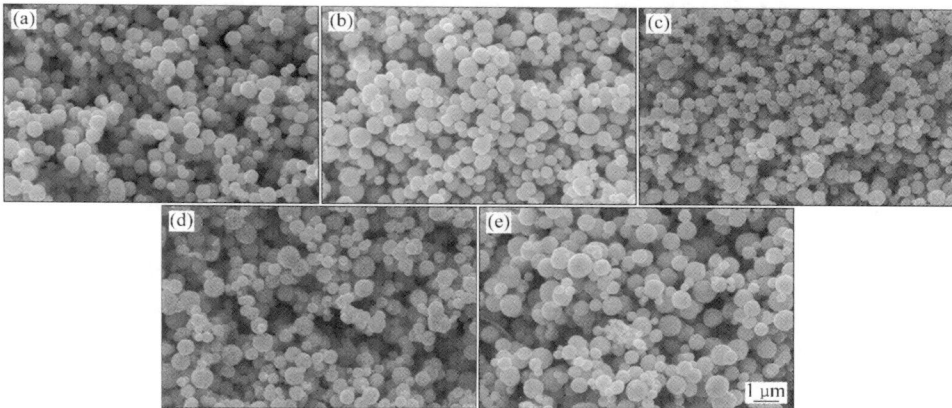

图 5 不同反应温度制得银粉的 SEM 照片

温度/℃：(a)20；(b)30；(c)40；(d)50；(e)60

从图 5 可以看出：不同反应温度下，均制备出了形貌较为规则的球形银粉。只是当反应温度上升到 50℃和 60℃时，银粉团聚略有加剧，但形貌并没有太大的区别。说明在本实验设计的温度范围内，温度对银粉的形貌影响不大。

图 6 所示为反应温度对银粉平均粒径的影响。从图 6 可知：随着反应温度的升高，银粉的粒径增大。说明随着反应温度的提高，

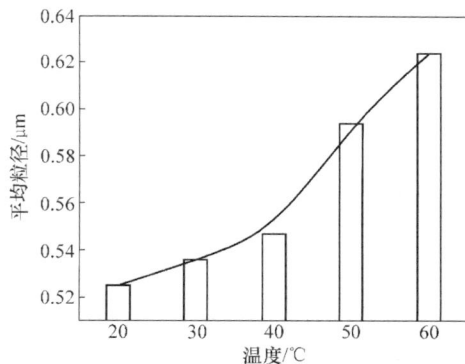

图 6 反应温度对银粉平均粒径的影响

银粉的生长速率相对于成核速率增长更快；同时，反应温度的提高导致粒子的布朗运动加剧，粒子间的碰撞更加频繁，使晶核长大的概率增加。因此，随着反应温度的提高，银粉的粒径增大。

2.4 硝酸银浓度的影响

在银氨溶液初始 pH 为 12.0，反应温度为 20℃的条件下考察 $AgNO_3$ 浓度对银粉形貌和粒径的影响。不同浓度 $AgNO_3$ 溶液所得银粉微观形貌如图 7 所示。

从图 7 可以看出：当 $AgNO_3$ 溶液浓度不大于 0.5 mol/L 时，制备所得银粉分散性较好，形貌较为规则；当硝酸银浓度过大时，银粉团聚变得严重，形貌也变得更不规则。

图 7　不同浓度的 $AgNO_3$ 溶液制得银粉的 SEM 照片

$AgNO_3$ 浓度/(mol·L^{-1})：(a)0.1；(b)0.3；(c)0.5；(d)1.0；(e)1.5

在银粉分散性较好的硝酸银浓度(0.1~0.5 mol/L)范围内，银粉的粒径分布如图 8 所示。从图 8 可以看出：银粉的粒径随着 $AgNO_3$ 浓度的增加而增大。

根据 Weimarn 法则[17]，沉淀时新相的形成包括成核与生长 2 个过程，这 2 个过程的相对速率将决定了所得沉淀的粒子粒径，而晶核的成核速率和生长速率均与反应物的浓度有关。当 $AgNO_3$ 溶液浓度低(相应的银氨离子浓度也低)，并且生成的银原子过饱和度大于其最低过饱和度时，成核速率大于晶核的生长速率，在单位时间内晶体成核消耗的物质的量多于晶核生长

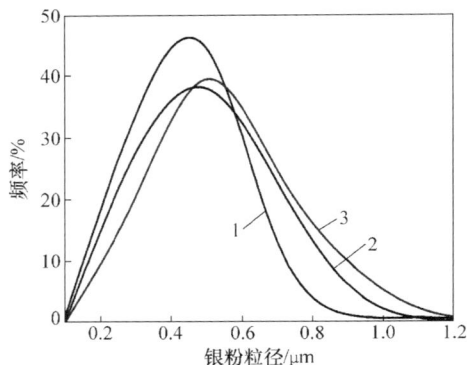

图 8　$AgNO_3$ 溶液浓度对银粉粒径分布的影响

$AgNO_3$ 浓度/(mol·L^{-1})：1—0.1；2—0.3；3—0.5

所消耗的物质的量，因此晶核的生长受到抑制；而且稀溶液的离子分散程度较高，因而被还原出来的银原子向晶核表面扩散迁移的距离也大大增加，从而也一定程度上抑制了晶核

的生长，导致银粉平均粒径较小。随着 AgNO₃ 溶液浓度的增加(相应的银氨离子浓度也增加)，晶核的生长速率将大于成核速率，在反应开始生成大量晶核后，随后被还原出来的银原子大部分消耗在银晶核的生长上；加之晶核的填充密度很大，导致晶核之间凝并生长的趋势增加[18]，因此，随着硝酸银溶液浓度的升高，银粉的粒径增大。

2.5　分散及生长机理分析

在本研究体系中，不添加分散剂的情况下，可以制备出分散性较好的超细银粉，这是因为该体系本身具有较好的分散作用。

首先，本研究使用抗坏血酸作为还原剂，对抗坏血酸的结构进行研究可知，抗坏血酸具有五元环的结构，该分子处于酮的 2 种互变异构体(酮–烯醇)的动态平衡中，酮型结构的稳定性比烯醇式结构的差。在水溶液中，其互变异构的动态平衡如下式所示：

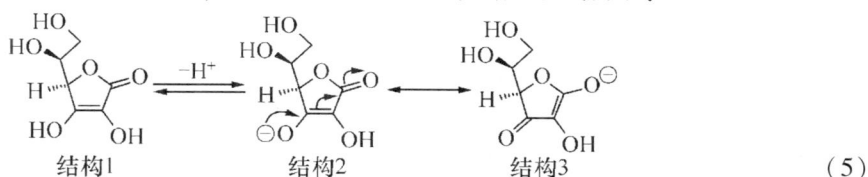

$$\text{结构1} \quad \text{结构2} \quad \text{结构3} \tag{5}$$

抗坏血酸的结构 1 中，形成 2 个双键的 3 个 C 原子和 1 个 O 原子均为 sp² 杂化，2 个双键形成了 π，π-共轭结构。结构 1 电离出 1 个 H⁺，形成结构 2，电离出 H⁺ 的羟基氧具有 1 对未共用电子对，该未共用电子位所占据的 p 轨道与双键 π 轨道在侧面相互交盖形成 p，π-共轭体系，电子可在 3 个 C 原子和 2 个 O 原子之间迁移，形成结构 3。结构 2 和结构 3 都具有带负电荷的 O 原子，该 O 原子容易受到亲电试剂的进攻，从而发生氧化还原反应。Ag⁺ 可作为亲电试剂，分别进攻抗坏血酸结构 2 和结构 3 的这 2 个 O 原子，从而发生氧化还原反应。抗坏血酸的另一个烯醇式结构的羟基也可电离出氢离子，并与 Ag⁺ 反应。最终，抗坏血酸被氧化成为脱氢抗坏血酸，银离子被还原为单质银。

脱氢抗坏血酸也具有五元环的结构，五元环以及五元环上连接的碳链，使其具有一定的空间位阻。Ag⁺ 与抗坏血酸接触发生反应后，还原出来的银吸附在脱氢抗坏血酸周围，可以在一定程度上减少银粒子团聚的发生。这种抗坏血酸的自分散作用机理如图 9 所示。

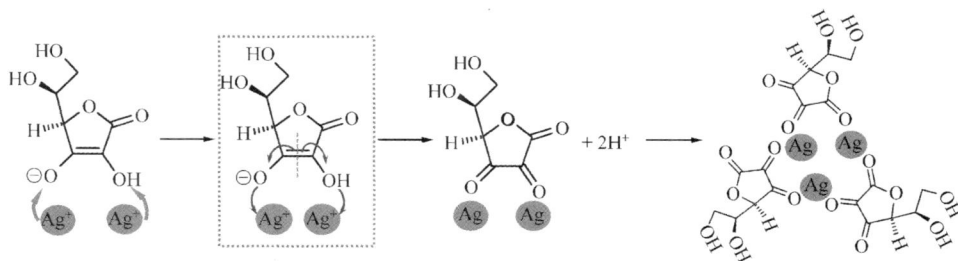

图 9　抗坏血酸的自分散作用机理示意图

其次，本研究采用快速加入法加入还原剂，在充分搅拌下还原剂与银氨溶液充分混合，可以使反应在整个体系中均匀发生。反应初期，反应物浓度较高，瞬间生成大量银原子，形成较大的过饱和度，从而发生爆发成核。在经历了初期的爆发成核后，反应物的浓度降低。

加之体系中银氨离子的存在控制了银离子的释放速度，可以使沉淀反应的各个过程能在整个体系的各个部位同步、均匀地进行[19]，因此反应速率减缓，溶质浓度降低，进入不形核、只生长的过程。这样，便实现了 Lamer 模型[20]的"爆发成核、缓慢生长"，使形核过程和生长过程分离，从而得到粒径均一、分散性较好的颗粒。

最后，通过对反应体系 pH 的调控，使得反应终点 pH 处于 9.5~10.0 之间，在该 pH 范围内银粉的 ζ 电位较高(如图 3 所示)，粒子间的排斥力较大，可抑制团聚的发生。

因此，在不使用分散剂的条件下，利用体系的自分散作用，可以制备出分散性较好的超细银粉。

观察实验现象发现，还原剂快速加入后，溶液迅速发生反应，反应液由无色迅速变成黑色，此时体系中发生了爆发成核，生成大量晶核，并进一步生成大量的银一次颗粒；数秒过后，溶液的颜色慢慢变浅，由黑色渐渐变成黄色，说明在此过程中，银粉一次颗粒聚集生长成为较大的二次颗粒，因此溶液颜色变浅，一次颗粒最终生长成为制备所得的超细银粉。对优化条件下制备的银粉进行 XRD 分析，由 Scherrer 公式计算得到银粉的晶粒粒径约为 14 nm，说明银粉为由粒径约 14 nm 的一次颗粒聚集生长而成。上述银粉的生长过程如图 10 所示，这与 Park 等[21]提出的"爆发成核-聚集生长"二段生长模型相符合。

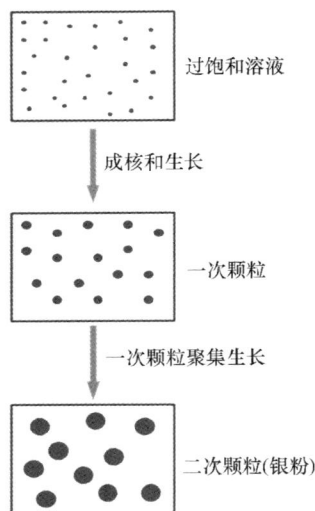

图 10　银粉的二段生长过程示意图

3　结论

(1)银氨体系抗坏血酸还原剂制备超细球形银粉的优化条件为：采用快速加料，$AgNO_3$ 浓度不大于 0.5 mol/L，反应温度低于 60℃，银氨溶液初始 pH 为 12.0。

(2)抗坏血酸在体系中具有还原剂和分散剂的双重作用；采用快速加入法，并采用氨水将银离子络合，可以使银粉的生长符合"爆发成核-缓慢生长"的 Lamer 模型；通过调节体系 pH 在银粉 ζ 电位较大的区间，增大粒子间的排斥力，可以有效减小团聚。

参考文献

[1]刘志宏,刘智勇,李启厚,等. 喷雾热分解法制备超细银粉及其形貌控制[J]. 中国有色金属学报,2007,17(1):149-155.

[2]魏智强,马军,冯旺军,等. 等离子体制备银纳米粉末的研究[J]. 贵金属,2004,25(3):29-32.

[3]Nersisyan H H, Lee J H, Son H T, et al. A new and effective chemical reduction method for preparation of nanosized silver powder and colloid dispersion[J]. Materials Research Bulletin, 2003, 38(6): 949-956.

[4]蒋伟燕. 配位沉淀-热分解法制备纤维状银粉[D]. 长沙：中南大学,2010.

[5]尹荔松,阳素玉,何鑫,等. 球形纳米银粒子制备新方法及其表征[J]. 纳米技术与精密工程,2010,8(4):295-299.

[6]Zhang Jianling, Han Buxing, Liu Minghua, et al. Ultrasonication-induced formation of silver nanofibers in

reverse micelles and small-angle X-ray scattering studies[J]. Journal of Physical Chemistry B, 2003, 107 (16): 3679-3683.

[7]Zhu Junjie, Liao Xuehong, Zhao Xiaoning, et al. Preparation of silver nanorods by electrochemical methods[J]. Materials Letters, 2001, 49(2): 91-101.

[8]Zou K, Zhang X H, Duan X F, et al. Seed-mediated synthesis of silver nanostructures and polymer/silver nanocables by UV irradiation[J]. Journal of Crystal Growth, 2004, 273(1): 285-291.

[9]Liu Zhao, Qi Xueliang, Wang Hui. Synthesis and characterization of spherical and mono-disperse micro-silver powder used for silicon solar cell electronic paste[J]. Advanced Powder Technology, 2012, 23(2): 250-255.

[10]Gu Sasa, Wang Wei, Wang Hui, et al. Effect of aqueous ammonia addition on the morphology and size of silver particles reduced by ascorbic acid[J]. Powder Technology, 2013, 233(2): 91-95.

[11]Li C C, Chang S J, Su F J, et al. Effects of capping agents on the dispersion of silver nanoparticles[J]. Colloids and Surfaces A: Physicochemical and Engineering Aspects, 2013, 419: 209-215.

[12]刘素琴, 樊新, 黄健涵, 等. 规则球形纳米银粉的制备及表征[J]. 中南大学学报(自然科学版), 2007, 38(3): 497-501.

[13]Meng X K, Tang S C, Vongehr S. A review on diverse silver nanostructures[J]. Materials Science, 2010, 26 (6): 487-522.

[14]Sharma P, Baek I H, Cho T, et al. Enhancement of thermal conductivity of ethylene glycol based silver nanofluids[J]. Powder Technology, 2011, 208(1): 7-19.

[15]Vidyapati V, Kheiripour Langroudi M, Sun J, et al. Experimental and computational studies of dense granular flow: Transition from quasi-static to intermediate regime in a couette shear device[J]. Powder Technology, 2012, 220(1): 7-14.

[16]Zaheer Z, Rafiuddin. Crystal growth of different morphologies (nanospheres, nanoribbons and nanoplates) of silver nanoparticles[J]. Colloids and Surfaces A: Physicochemical and Engineering Aspects, 2012, 393(1): 1-5.

[17]黄凯, 郭学益, 张多默, 等. 超细粉末湿法制备过程中粒子粒度和形貌控制的基础理论[J]. 粉末冶金材料科学与工程, 2005, 10(6): 319-324.

[18]秦智, 张为军, 匡加才, 等. 高分散性球形银粉的制备研究[J]. 电工材料, 2010(3): 12-15.

[19]黄凯, 郭学益, 张多默. 超细粉末湿法制备工艺的粒子粒度和形貌控制[J]. 粉末冶金材料科学与工程, 2005, 10(5): 268-276.

[20]Sugimoto T. Monodispersed particles[M]. Amsterdam: Elsevier Science B V, 2001.

[21]Park J, Privman V, Matijević E. Model of formation of monodispersed colloids[J]. The Journal of Physical Chemistry B, 2001, 105(47): 11630-11635.

银氨体系双氧水还原法制备超细银粉

摘要： 硝酸银溶液中加入浓氨水配制成一定 pH 的银氨溶液，加入双氧水作还原剂制备超细银粉，对加料方式、银氨溶液 pH 值、$AgNO_3$ 溶液浓度、双氧水浓度等参数以及分散剂对银粉的影响进行研究。结果表明，采用正向快速加料法可制备出分散性好的银粉；调节银氨溶液 pH 值可改变银颗粒的 Zeta 电位，进而改变银粉的分散性；银粉粒径随双氧水浓度提高先增大后减小，随 $AgNO_3$ 溶液浓度提高而增大；分散剂对银粉形貌有较大影响。在硝酸银溶液浓度为 0.1~0.3 mol/L，银氨溶液 pH 值为 10.0~11.0，双氧水浓度（质量分数）为 3% 的条件下，不使用任何分散剂可制备出分散性较好、平均粒径 1.9~2.3 μm 的类球形银粉。

银粉凭借优良的导电性和化学稳定性，在导电浆料、导电胶及介质电子浆料中得到广泛应用。随着电子工业的发展，导电浆料对银粉的形貌、粒径等的要求日趋严格。高品质的导电浆料要求银粉的形貌规则、粒径适中，分散性好，以保证浆料具有良好的印刷性能。

当前对银粉制备工艺的研究大部分都是制备纳米银粉[1-5]，但纳米银粉经烧结后，表面电阻比微米级（1~10 μm）或亚微米级（0.1~1 μm）银粉大[6]，又存在固液分离困难的问题，因此，目前应用于导电浆料的银粉一般为微米或亚微米级的超细银粉。银粉的制备方法包括喷雾热分解法[7-8]、沉淀转换法[9]、水热法[10]、微乳液法[11]、电化学法[12]、光诱导法[13]等，液相还原法[14]因设备简单、工艺条件温和以及相对较低的成本而得到广泛研究，常用的还原剂包括抗坏血酸[15]、水合肼[16]、葡萄糖[17]、丙酮[18]等。双氧水是一种清洁的还原剂，但目前对双氧水作还原剂制备银粉的报道并不多，宋建恒等[19]采用双氧水做还原制备超细银粉，研究了添加剂、还原剂等对银粉粒径的影响，但对于影响机理并未进行深入的探讨。并且为了保证银粉具有较好的分散性，大都需要添加大量分散剂，这不仅增加了生产成本，也给银粉的清洗和固液分离带来一定困难。

本文作者以银氨为原料，以双氧水为还原剂制备超细银粉，研究加料方式、银氨溶液 pH 值、双氧水浓度、硝酸银溶液浓度以及分散剂等因素对银粉形貌与粒径的影响，并分析反应体系的分散机理。研究结果对于导电浆料用超细银粉的制备具有指导作用。

1 实验

1.1 原料与设备

所用试剂为硝酸银，双氧水，浓氨水，无水乙醇，聚乙烯吡咯烷酮（PVP），吐温 80（TW80），丁二酸，明胶（均为分析纯），去离子水（自制，电阻率 16.25 MΩ·cm）。

实验设备包括：DF-101S 型集热式恒温加热磁力搅拌器，DZ-2BC Ⅱ 型真空干燥箱，Starter 3C 型 pH 计，TDL-40B 型低速台式离心机，JY3002 型电子天平。

本文发表在《粉末冶金材料科学与工程》，2015，20(6)：928-936。合作者：邓多，李宇。

1.2 超细银粉的制备

双氧水还原银氨溶液制备银粉的化学反应方程式如下：

$$2Ag^+ + H_2O_2 === 2Ag + 2H^+ + O_2 \tag{1}$$

该反应在酸性和中性条件下不能发生，但由于银氨体系呈碱性，可以中和反应中生成的 H^+，促进反应向右进行，使得反应得以持续进行。

银粉制备过程如下：称取 5 g 硝酸银，用去离子水配制浓度分别为 0.05、0.1、0.3、0.6 和 1.0 mol/L 的硝酸银溶液，加入浓氨水配制成一定 pH 的银氨溶液；取 30% 的双氧水 10 mL，用去离子水配制成一定浓度的双氧水溶液；调节水浴温度为 30℃，将双氧水溶液和银氨溶液用不同的加料方式混合，以 120 r/min 的转速磁力搅拌 10 min，使反应充分进行。加料方式包括正向滴加法(将还原剂滴加到银氨溶液中)、正向快速加入法(将还原剂快速倒入银氨溶液中)和并流滴加法(双氧水溶液和银氨溶液同时加入 100 mL 去离子水中)。反应完全后，离心分离，用去离子水和无水乙醇各洗涤 3 次，然后放入真空干燥箱于 50℃ 温度下恒温干燥 5~8 h，得到超细银粉。

1.3 分析与测试

用 JSM-6360LV 型扫描电镜(SEM)观察超细银粉的表面形貌与分散性；对 SEM 照片中银粉的粒径进行统计，得到平均粒径和粒径分布；用 Rigaku-TTR Ⅲ 型 X 射线衍射仪分析银粉的物相组成，Cu-K$_\alpha$ 靶，管电压 40 kV，管电流 250 mA；利用 Hitachi U-4100 型紫外-可见光分光光度计测定硝酸银溶液与分散剂溶液的吸光度；利用马尔文 Zetasizer Nanozs 型分析仪对银粉表面的 ξ 电位进行测试。

2 结果与讨论

2.1 加料方式

在 AgNO$_3$ 溶液浓度 $c(AgNO_3)$ 为 0.3 mol/L、银氨溶液 pH 值为 11.0 的条件下，以质量分数为 3% 的双氧水溶液为还原剂，分别采用 3 种不同的加料方式制备超细银粉，研究加料方式对银粉结构与形貌的影响。图 1 与图 2 所示分别为银粉的 XRD 谱和 SEM 形貌。

从图 1 可知，采用不同的加料方式制备的银粉均在 38.12°、44.30°、64.44° 和 77.40° 处有明显的衍射峰，分别对应银的 (111)、(200)、(220) 和 (311) 晶面，与标准晶态银卡片 65-2871 完全符合，说明粉末是单质银。并且衍射峰都相当尖锐，表明银粉的结晶度较高。

图 1 采用不同加料方式制备的银粉 XRD 谱

从图 2 可见，采用正向滴加法和并流滴加法制备的银粉形貌不规则，颗粒间的凝并生长

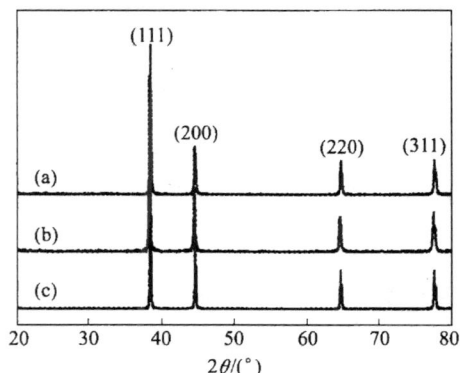

图 2　使用不同加料方式制备的银粉 SEM 形貌

较严重；采用正向快速加入法时，银粉呈类球形，其分散性较好。

　　根据 Lamer 模型[20]，要想得到单分散的固体颗粒，必须控制产物的过饱和浓度，使成核过程尽可能缩短，让沉淀过程按照"爆发成核，缓慢生长"的模式进行，将成核过程和生长过程分离。采用滴加法加料时，反应持续时间较长，成核和生长伴随整个反应过程，使得成核和生长过程长时间共存，容易发生各晶核的共基元生长，因此难以得到分散性较好的银粉。加之加料过程中，后续生成的银粒子还可能在已长大的银颗粒上生长，从而导致银粉颗粒大小不均，而且团聚更加严重。

　　采用正向快速加入法加料时，反应物快速混合并迅速反应，瞬间产生大量银原子，发生爆发成核。形核消耗大量银原子，同时，在经历了前期的爆发成核后，反应物的浓度降低，反应速度减缓，溶质浓度降低，进入不形核、只生长的过程，成核和生长过程基本分离。加之体系中银氨离子的存在控制了银离子的释放速度[21]，反应过程中的充分搅拌又使得溶质均匀分布，因此沉淀反应的各个过程能在整个体系同步、均匀地进行，最终得到分散性较好、粒径均一的银粉。

2.2　银氨溶液的 pH 值

　　图 3 所示为硝酸银溶液的浓度为 0.3 mol/L，以质量分数为 3% 的双氧水为还原剂，银氨溶液 pH 值分别为 9.0、10.0、11.0、12.0 和 13.0 条件下所制备的银粉表面扫描电镜（SEM）形貌。从图 3 可看出，当银氨溶液 pH 值为 10.0 和 11.0 时，银粉分散性较好，形貌较规则。而在其他 pH 值下制备的银粉形貌不规则，并且存在凝并生长。因此，适宜的 pH 值为 10.0~11.0。

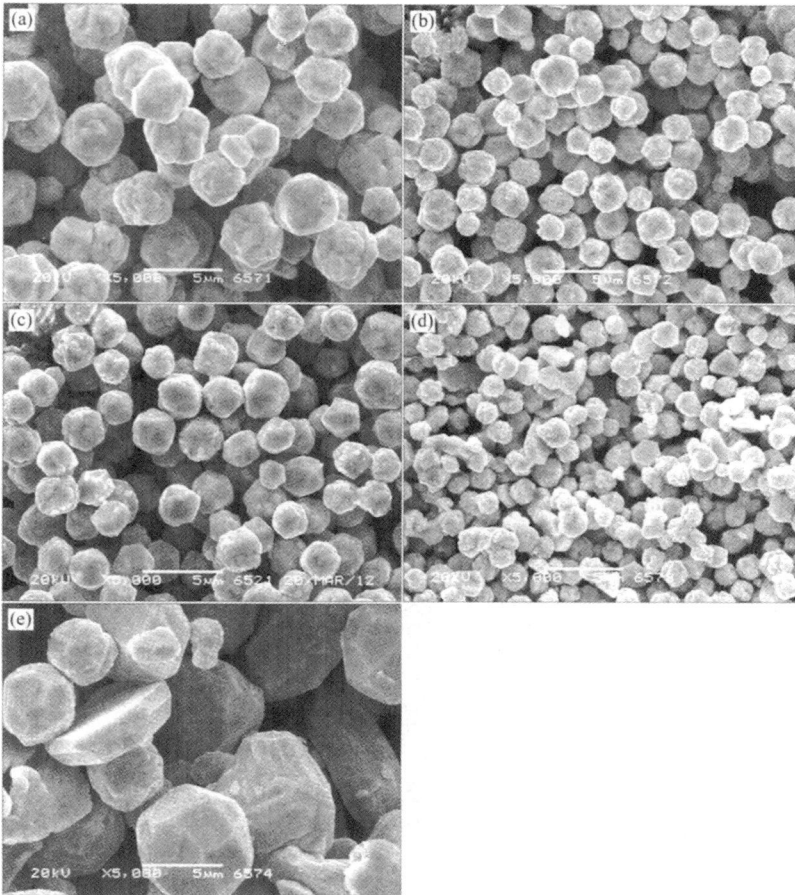

图 3 银氨溶液不同 pH 值下制备的银粉 SEM 形貌

(a)9.0；(b)10.0；(c)11.0；(d)12.0；(e)13.0

pH 值对银粉分散性的影响在于其能够影响银粉的 Zeta 电位。配制 $c(KCl)$ 为 0.001 mol/L 的溶液，并将其调节成不同的 pH 值，取少量银粉分散在 KCl 溶液中进行 Zeta 电位测试，结果如图 4 所示。从图 4 可看出，银粉的 Zeta 电位为负值，在 pH 值为 8.2~9.4 时，银粉的 Zeta 电位较大(<30 mV)。对各 pH 值条件下的反应终点 pH 进行测量，发现当银氨溶液 pH 值分别为 10.0 和 11.0 时，反应终点的 pH 值分别为 8.7 和 9.3，对比图 4 可知，在 8.7~9.3 的 pH 值范围内，银粒子之间的

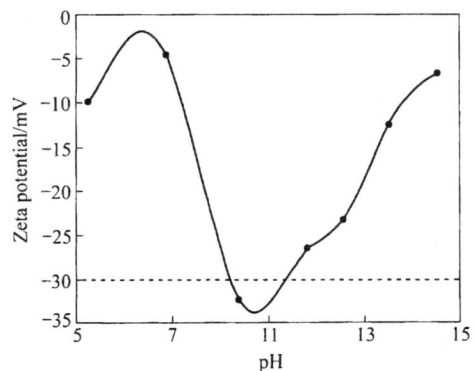

图 4 银粉的 Zeta 电位随 pH 值的变化

Zeta 电位较大，此时粒子之间的排斥力较大，可有效减少反应过程中银颗粒的凝并生长和团聚。

2.3 双氧水浓度

在硝酸银溶液的浓度为 0.3 mol/L，银氨溶液 pH 值为 11.0，双氧水溶液中双氧水的质量分数 $w(H_2O_2)$ 分别为 1%、3%、5%、10% 和 20% 条件下，制备的银粉表面形貌如图 5 所示，粉末平均粒径分别如图 6 所示。

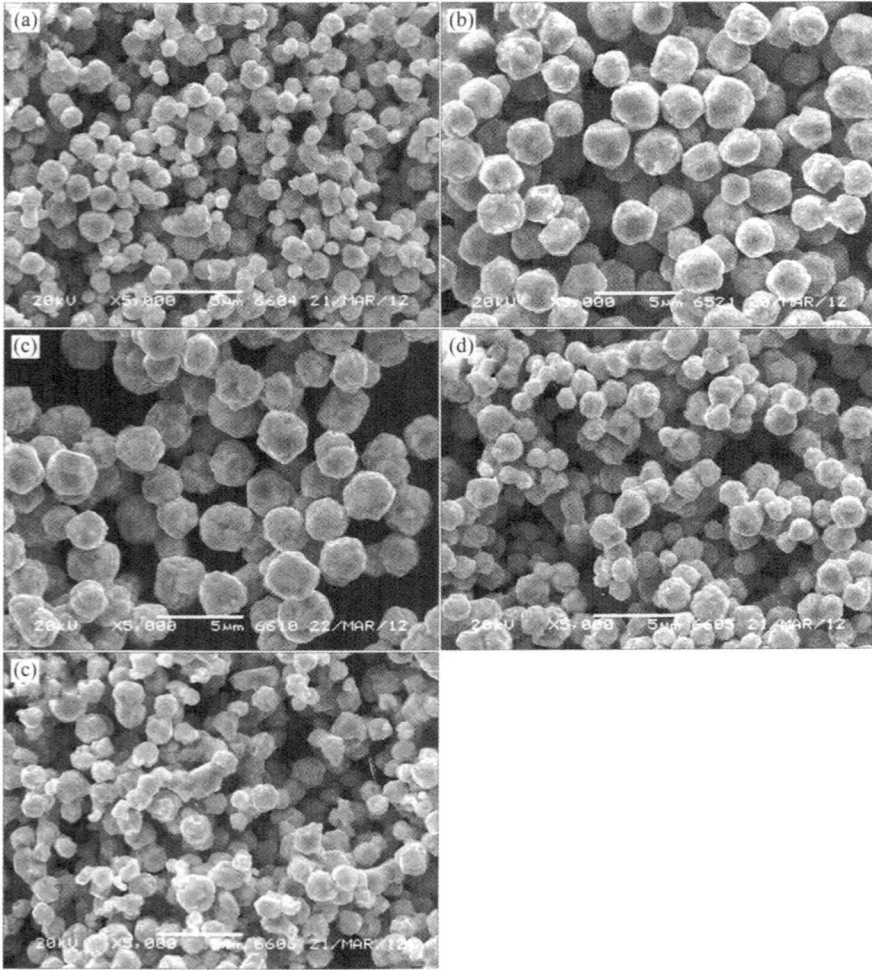

图 5　用不同浓度的双氧水做还原剂制备的银粉 SEM 形貌

(a)1%；(b)3%；(c)5%；(d)10%；(e)20%

由图 5 可看出，$w(H_2O_2)$ 为 3% 时银粉的分散性较好，形貌较规则；而其他银粉均发生一定程度的凝并生长。

双氧水浓度对银粉平均粒径的影响如图 6 所示。由图可见，随双氧水浓度增加，银粉粒径先增大后减小。双氧水浓度较低时(1%~5%)，双氧水浓度越小，则需要加入稀释的水越多，会间接降低反应溶液中反应物的浓度，使得还原出来的银原子的分散程度增加，其向晶核表面迁移的距离也增大,从而抑制晶核的生长,导致银粉粒径减小;当双氧水浓度较高时(5%~20%),随双氧水浓度增加,银的成核速率增加,单位体积形成的晶核越多,导致银粉的粒径减小;同时,成核过程中消耗的银原子增加,势必导致用于银晶核长大银原子减少,从而导致银粉粒径减小。因此,随双氧水浓度增加,银粉的粒径呈现先增大后减小的变化。

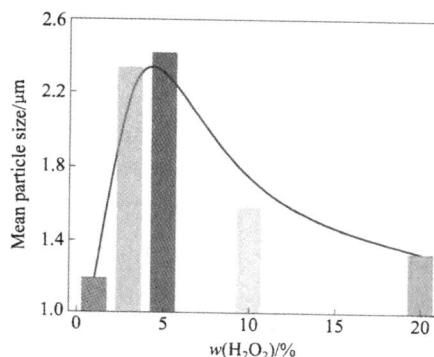

图 6　双氧水溶液的浓度对银粉粒径的影响

2.4　硝酸银溶液浓度

以质量分数为3%的双氧水做还原剂,将银氨溶液 pH 调至 11.0,考察 $AgNO_3$ 溶液的浓度 $c(AgNO_3)$ 对银粉形貌和粒径的影响,结果如图 7 和图 8 所示。从图 7 可看出,当 $c(AgNO_3)$ 为 0.1 mol/L 和 0.3 mol/L 时,银粉的分散性

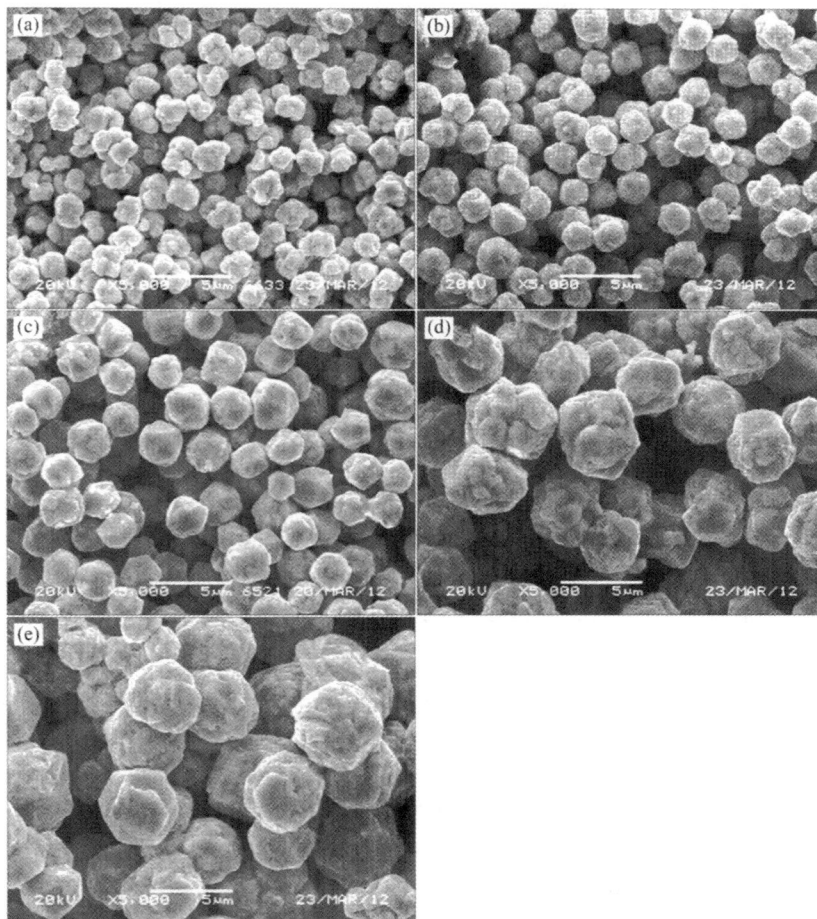

图 7　用不同浓度的硝酸银溶液制得的银粉 SEM 形貌

(a)0.05 mol/L;(b)0.1 mol/L;(c)0.3 mol/L;(d)0.6 mol/L;(e)1.0 mol/L

较好，形貌较规则，而在其他浓度下制备的银粉形貌不规则。从图 8 可见银粉的平均粒径随 $AgNO_3$ 溶液浓度增大而增大。

根据 Weimarn 法则，沉淀粒子的粒径取决于晶核的成核速率和生长速率的相对大小，而这二者均与反应物的浓度有关。当 $AgNO_3$ 溶液浓度较低且过饱和度大于其成核的最低过饱和浓度时，成核速率大于晶核的生长速率，在单位时间内成核消耗的银原子多于晶核生长所消耗的银原子，晶核的生长受到抑制；而且低浓度的溶液中银氨离子分散程度较高，被还原出来的银原子向晶核表面扩散迁移的距离也大大增加，从而在一定程度上抑制晶核的生长，导致银粉平均粒径

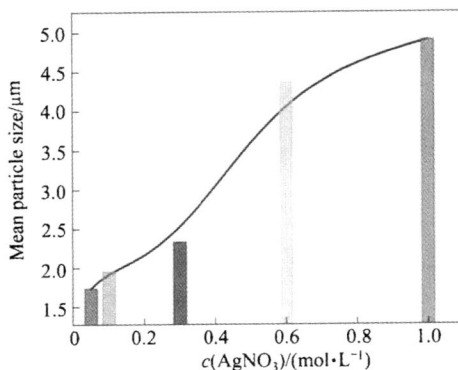

图 8　硝酸银溶液浓度对银粉粒度的影响

较小。随 $AgNO_3$ 溶液浓度增加，晶核生长速率最终超过成核速率，在反应开始阶段迅速生成大量晶核，随后被还原出来的银原子大部分消耗于银晶核的长大；加之晶核的填充密度很大，导致晶核之间凝并生长的趋势增加[22]，所以银粉平均粒径增大。

综合以上结果与分析可知，适宜的 $AgNO_3$ 溶液浓度为 0.1~0.3 mol/L。

2.5　分散剂

向银氨溶液中分别加入 0.2 g PVP、吐温 80、丁二酸和明胶作为分散剂（添加量为硝酸银质量的 4%），所得银粉的 XRD 谱与 SEM 形貌分别如图 9 和图 10 所示。由图 9 可知，加入不同分散剂制备的银粉在 38.12°、44.30°、64.44°、77.40° 和 81.54° 处都有明显的衍射峰，与标准晶态银 PDF 卡片 65-2871 完全符合，说明所得粉末是单质银。从图 10 看出分散剂对银粉形貌影响较大：当分别加入了 PVP、吐温 80 和明胶等分散剂时，所得银粉表面相对未加任何分散剂制备的银粉表面更加光滑，其中，加入吐温 80 制备的银粉趋向于生长

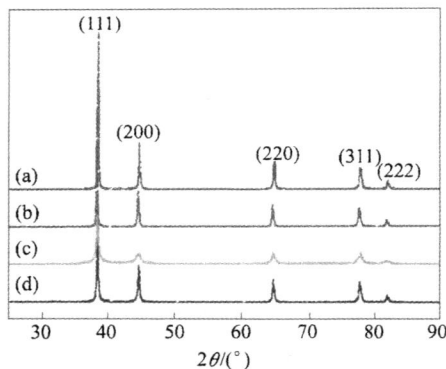

图 9　加入不同分散剂制备的银粉 XRD 谱

（a）PVP；（b）TW80；（c）Succinic acid；（d）Gelatin

成为多面体，而加入 PVP 和明胶制备的银粉趋于球形；当加入的分散剂为丁二酸时，银粉为球形，表面较粗糙。

分散剂对银粉形貌产生影响，是因为分散剂与 Ag^+ 和银颗粒之间的相互作用。将质量浓度为 10 g/L 的银氨溶液和质量浓度为 2 g/L 的分散剂溶液各 10 mL 混合，光照 1 h 后，进行紫外-可见光吸收光谱测试，结果如图 11 所示。由图 11 可知，银氨溶液在 300 nm 处存在吸收峰。银氨溶液中加入分散剂后，由于 PVP、吐温 80、丁二酸和明胶分子内存在 C—N 或 C＝O 键，其中的氮原子与氧原子均含有孤电子对，可与银离子的空 sp 杂化轨道形成共用电子对而配合，这种配合导致银氨溶液在 300 nm 处的吸收有所增强。同样，当银颗粒生成后，

图 10 加入不同分散剂制备的银粉 SEM 形貌

（a）Without any dispersants；（b）PVP；（c）TW80；（d）Succinic acid；（e）Gelatin

分散剂通过这种配合吸附在银颗粒表面，从而盖住晶粒表面的特定生长活性点，影响粒子界面的生长状况。由于分散剂的 C—N 与 C—O 键供电子能力不同（这可由图 11 中各溶液在 300 nm 处的吸收强度不一致体现出来），分散剂的分子结构也不同，导致分散剂在晶粒表面的特定吸附也不尽相同，因此采用不同的分散剂，得到形貌各异的银粉。而 PVP 和明胶的银氨溶液分别在 415 nm 和 450 nm 处的吸收峰是纳米银粒子的米氏散射造成的吸收峰[23]，这表明 PVP 和明胶促进了银氨溶液的光致还原[24]。

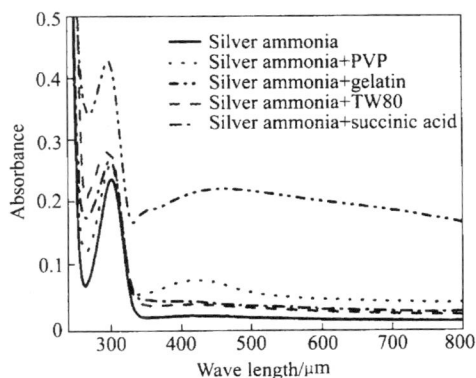

图 11 银氨溶液及其加入不同表面活性剂后的紫外-可见光吸收光谱

从以上结果可以看出，在优化条件下，不使用分散剂也可制备出分散性较好的银粉，这与文献[24]的报道一致，可有效降低生产成本。分析认为，除了控制适当的 pH 值使体系处于银粉 Zeta 电位较大的状态之外，反应过程中生成的大量气体也起到一定的分散作用。随着银的生成及 O_2 分子释放，在发生成核和生长的同时，O_2 分子汇聚形成气泡，并迅速从溶液中逸出。这些气泡在溶液中起到阻碍层的作用，不仅减少银颗粒之间的接触，减少团聚的发生，还可阻碍后续还原出的银原子在已生成的银颗粒上生长，从而避免银粉粒径过大，最终得到粒径较均一、分散性较好的银粉。

3 结论

（1）用双氧水还原银氨溶液制备超细银粉，采用正向快速加料法，在 $AgNO_3$ 溶液浓度为 0.1~0.3 mol/L，银氨溶液 pH 值为 10.0~11.0，双氧水质量分数为 3%的条件下，可制备出平均粒径 1.9~2.3 μm、分散性较好的类球形银粉。

（2）采用正向滴加法和并流滴加法制备的银粉形貌不规则，而采用正向快速加料法得到分散性较好的类球形银粉；银粉的粒径随双氧水浓度提高先增大后减小，随硝酸溶液的浓度提高而增大。

（3）在不使用分散剂的条件下可制备出分散性较好的银粉。PVP、吐温 80 和明胶的加入使银粉表面更加光滑，其中，加入吐温 80 制备的银粉趋向于生长成为多面体，而加入 PVP 和明胶制备的银粉趋于球形；丁二酸的加入则得到表面粗糙的球形银粉。

参考文献

[1] Gonzalez-Macia L, Smyth M R, Morrin A, et al. Enhanced electrochemical reduction of hydrogen peroxide on silver paste electrodes modified with surfactant and salt[J]. Electrochimica Acta, 2011, 56(11): 4146-4153.

[2] Li Shuming, Jia Ning, Ma Minggno, et al. Cellulose-silver nanocomposites: Microwave-assisted synthesis, characterization, their thermal stability, and antimicrobial property[J]. Carbohydrate Polymers, 2011, 86(2): 441-447.

[3] Sharma P, Baek I H, Cho T, et al. Enhancement of thermal conductivity of ethylene glycol based silver nanofluids[J]. Powder Technology, 2011, 208(1): 7-19.

[4] Vidyapati V, Langroudi M K, Sun J, et al. Experimental and computational studies of dense granular flow: Transition from quasi-static to intermediate regime in a couette shear device[J]. Powder Technology, 2012, 220: 7-14.

[5] Li C C, Chang S J, Su F J, et al. Effects of capping agents on the dispersion of silver nanoparticles[J]. Colloids and Surfaces A: Physicochemical and Engineering Aspects, 2013, 419: 209-215.

[6] 郭桂全, 甘卫平, 罗贱, 等. 正交设计法优化高分散超细银粉的制备工艺[J]. 稀有金属材料与工程, 2011, 40(10): 1827-1831.

[7] 刘志宏, 刘智勇, 李启厚, 等. 喷雾热分解法制备超细银粉及其形貌控制[J]. 中国有色金属学报, 2007, 17(1): 149-155.

[8] Yang S Y Kim S G. Characterization of silver and silver/nickel composite particles prepared by spray pyrolysis [J]. Powder Technology, 2004(146): 185-192.

[9]蒋伟燕.配位沉淀-热分解法制备纤维状银粉[D].长沙，中南大学，2010.

[10]尹荔松，阳素玉，何鑫，等.球形纳米银粒子制备新方法及其表征[J].纳米技术与精密工程，2010，8（04）：295-299.

[11]Zhang Jianling, Han Buxing, Liu Minghua, et al. Ultrasonication-induced formation of silver nanofibers in reverse micelles and small-angle x-ray scattering studies[J]. Journal of Physical Chemistry B, 2003, 107(16): 3679-3683.

[12]Zhu Junjie, Liao Xuehong, Zhao Xiaoning, et al. Preparation of silver nanorods by electrochemical methods [J]. Materials Letters, 2001, 49(2): 91-101.

[13]Zou K, Zhang X H, Duan X F, et al. Seed-mediated synthesis of silver nanostructtres and polymer/silver nanocables by uv irradiation[J]. Journal of Crystal Growth, 2004, 273: 285-291.

[14]Guo Xueyi, Deng Duo, Tian Qinghua, et al. One-step synthesis of micro-sized hexagon silver sheets by the ascorbic acid reduction with the presence of H_2SO_4[J]. Advanced Powder Technology, 2014, 25(3): 865-870.

[15]Liu Zhao, Qi Xueliang, Wang Hui. Synthesis and characterization of spherical and mono-disperse micro-silver powder used for silicon solar cell electronic paste[J]. Advanced Powder Technology, 2012, 23(2): 250-255.

[16]宋永辉，梁工英，张秋利，等.球形纳米银粉的制备研究[J].稀有金属材料与工程，2007，36(4)：709-712.

[17]江建军，谈定生，刘久苗，等.葡萄糖还原制取超细银粉[J].上海有色金属，2004，25(1)：5-8.

[18]Halaciuga I, Laplante S, Goia D V. Precipitation of dispersed silver particles using acetone as reducing agent [J]. J Coiloid Interface Sci, 2011, 354(2): 620-623.

[19]宋建恒，郑学军.双氧水还原制备超细银粉[J].中国有色金属学报，1998，8(S2)：242-243.

[20]王岳俊，周康根，蒋志刚.加料方式对超细氧化亚铜粉体分散性与粒度稳定性的影响[J].无机材料学报，2012，27(2)：195-200.

[21]黄凯，郭学益，张多默.超细粉末湿法制备工艺的粒子粒度和形貌控制[J].粉末冶金材料科学与工程，2005，10(5)：268-276.

[22]秦智，张为军，匡加才，等.高分散性球形银粉的制备研究[J].电工材料，2010(3)：12-15.

[23]Gils P S, Ray D, Sahoo P K. Designing of silver nanoparticles in gum arabic based semi. ipn hydrogel[J]. International Journal of Biological Macromolecules, 2010, 46(2): 237-244.

[24]郭学益，焦翠燕，邓多，等.硝酸银溶液性质对超细银粉形貌与粒径的影响[J].粉末冶金材料科学与工程，2013，18(6)：912-919.

镁还原高钛渣直接制备钛合金粉的工艺研究

摘要：钛及其合金具有比强度高、密度小、抗腐蚀性强、生物相容性好等优点，已被用于航空航天、化工、生物等领域，但生产成本高严重限制了钛产品的广泛应用。目前钛合金产品主要经过高钛渣获得钛白粉后再经过氯化还原得到海绵钛，再经过精炼加工等获得钛合金产品。高钛渣是钛矿经过电炉熔炼后二氧化钛含量高的富集物，另外还含有少量 Fe、Si、Cr、Al、Mn 等元素的氧化物，高钛渣通常被用于硫酸法和氯化法生产钛白粉，硫酸法生产时间长、过程复杂，二氧化钛品质不高，产生污染严重的 $FeSO_4$ 废液和稀 H_2SO_4 废液；氯化法生化过程会产生具有毒性和腐蚀性的物质。近年来，金属热还原 TiO_2 制备钛金属成为研究热点，但因为 Ti-O 固溶体中的 O 难以去除，单纯的金属还原 TiO_2 制备金属得到的钛粉中的氧含量未能达到工业上对氧含量的要求而受到制约，但犹他大学 Z. Z. Fang 等人提出来的氢气辅助镁热还原 TiO_2 粉末制备钛粉的工艺打破了镁粉单独还原 TiO_2 的氧含量极限，得到了氧含量低于 0.15wt.% 的 Ti 金属粉末。金属热还原法以氧化物为前驱体，不需要经过冗长的氯化程序，具有流程短、污染小、清洁的优点，是未来重要的研究方向。基于高钛渣现有冶炼方法存在的工艺流程长、过程复杂等缺点、高钛渣本身的元素组成特点和金属热还原法的优势等，本文提出不去除高钛渣中的金属元素，利用镁粉还原高钛渣中钛及其他元素氧化物直接制备钛合金粉末的新思路，元素 Ti、Fe、Si、Al、Mn、Cr 等的氧化物均可被金属 Mg 还原成单质，金属单质在加热过程中形成金属间化合物，还原后的钛中含有一定含量的固溶氧，采用深度脱氧将其中的氧含量降到最低，因此本文采用还原-热处理-脱氧三步过程实现低氧钛合金粉末的制备。以 Rio Tinto 矿业公司某冶炼厂的高钛渣为原料，将高钛渣球磨后，分别在 Ar 和 H_2 气氛，温度为 750℃ 下利用 Mg 粉和高钛渣混合后还原高钛渣，考察了不同还原气氛条件下产品的元素含量变化，特别是氧含量的差异及物相组成的区别，对还原后的产品进行 900~1200℃、Ar 条件下的热处理，探究热处理温度对于不同气氛下还原产品形貌的影响规律，结果发现，Ar 气氛下还原产品形貌不规律，孔隙率高，需要更高的温度才能降低孔隙率，H_2 气氛下的还原产品形貌密实规整，孔隙率低。利用 Mg 粉对氢气还原后的热处理产品进行深度脱氧，脱氧实验在 H_2 气氛、750℃ 温度下进行实验结果表明，在第一步 Mg 还原后，Ar 和 H_2 条件下产品的氧含量分别为 4.32wt.% 和 0.96wt.%，H_2 条件下还原产品由于具有更低的氧含量而更有利于热处理。还原、热处理和脱氧实验均在管式气氛炉中进行。对氢气条件下还原后热处理的产品进行深度脱氧后得到了氧含量为 0.047wt.% 的氢化合金粉末产品，产品的主要物相为 $TiH_{1.924}$，此外还含有少量的 HFe_2Ti、$Ti_5Si_3H_{0.9}$ 和 $Cr_{1.8}TiH_{5.3}$。本研究为高钛渣的综合利用提供一种新的思路，但高钛渣中的元素分布规律、氧含量与其他金属含量的关系有待于进一步探究。

高钛渣是一种富含 TiO_2、伴有少量的 Fe、Si、Al、Mn、Cr 等元素氧化物的钛富集物，工业上高钛渣的利用分两种，一是利用硫酸法生产钛白粉，硫酸法生产钛白粉需经过原矿准备、硫酸盐溶液制备、偏钛酸制备、煅烧和二氧化钛后处理五个步骤，该法所产生的废弃副产物较多。另外一种方法是氯化法，主要由三个步骤：氯化、精馏和氧化。氯化法生产钛白粉的优点是过程短、生产能力强、废渣较少和产品质量高。但是原料来源困难，价格比较昂贵，氯气参与的反应具有一定的毒性和腐蚀性，废物更难于处理[1-8]。

金属热还原法还原 TiO_2 制备 Ti 一直受到人们关注，金属热还原法避开了冗长的酸化氯

本文发表在《稀有金属》，2020，待刊。合作者：董朝望、夏阳、曾广、郑泽邦。

化过程，使钛工艺流程变短，但金属还原 TiO_2 时，不能降低 Ti-O 固溶体中的氧，且均和电解工艺有所关联[9-14]。近年来，犹他大学等人提出来氢气辅助镁热还原 TiO_2 的新思路[15-20]，有效地降低了钛中的固溶氧含量。基于此并考虑高钛渣的组成成分，不完全去除高钛渣中的杂质元素，而是以其为前驱体，直接利用镁粉还原高钛渣制备钛合金粉的思路，本文开展了 Ar 和 H_2 条件下的还原实验，探究了不同气氛下对元素含量和物相组成的影响，为了更好地控制产品形貌，降低形貌和孔隙对还原产品的影响，对还原产品进行了热处理，考察了热处理温度的影响规律，对氢气条件下的还原产品进行进一步脱氧处理，最终得到了氧含量为 0. 032wt. % 的钛合金产品粉末。本研究为高钛渣的综合利用提供一种新思路和方法，也为粉末冶金制备技术提供新的技术原型。

1 实验

1.1 实验方法

将高钛渣球磨至 200 目以下，按照镁粉：渣为（1.5~2）：1，镁粉：无水氯化镁为 1：0.4 将配比好的物料混合十分钟后放入钼坩埚中，随后放入管式炉中通入气体，升温至 700~800℃后保温 4 h，冷却至室温后取出还原后的产品进行酸洗，除去过量的镁粉和氧化镁副产物，烘干后测定其中的元素含量和物相组成，为了控制粉末的形貌和孔隙，对还原后的产品进行热处理，热处理温度分别为 950℃、1000℃、1050℃和 1100℃，气氛为 Ar，保温时间为 2 h，利用扫描电镜观察其形貌。对氢气条件下的还原产品热处理后进行进一步脱氧处理，以制备出氧含量极低的钛合金粉末。本实验元素含量分析均结合 XRF 和 EDTA 定量分析，物相分析采用 X 射线衍射分析仪（D8 Discover 2500），形貌观察采用电子扫描电镜及能谱分析，氧含量测定采用氧氮氢分析仪（LECO TCH600），此外采用 HSC 对热力学进行了分析。

1.2 实验原料

本实验采用的原料为澳大利亚 Rio Tinto 公司生产的高钛渣，镁粉和氯化镁均由阿拉丁购买，高钛渣的化学成分如表 1 所示。

表 1　高钛渣主要化学元素百分含量 w %

Element	Ti	O	Fe	Si	Al	Cr	Mn	V	S	P
Content	54.08	40.30	3.142	0.80	0.246	0.62	0.44	0.073	0.026	0.006

由表 1 可以看出，高钛渣原料中的主要金属元素为 Ti，此外还含有 Fe、Si、Al、Cr、Mn、V 等金属元素，非金属元素主要为氧化物中的 O 元素和极其少量的 S 和 P 元素。

2 结果与讨论

2.1 还原后元素含量分析

在管式炉中用镁粉在氩气气氛和氢气气氛下第一步还原后，产品中主要元素含量变化如

图 1 所示。

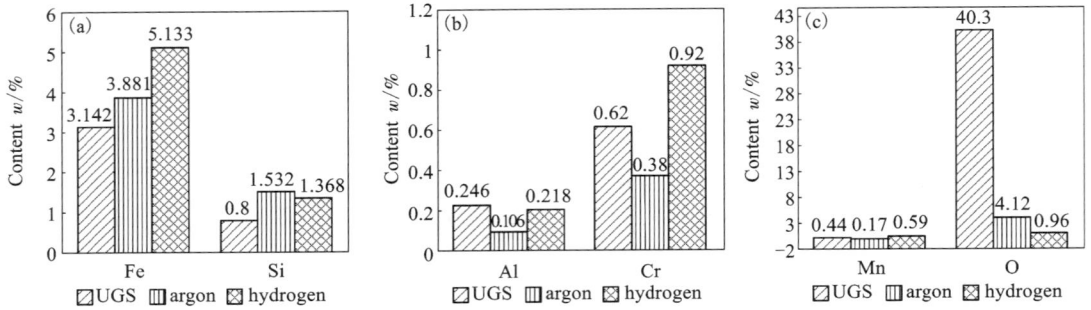

图 1 氩气和氢气下还原后产品元素含量图

图 1(a)，(b)和(c)分别为不同元素在原料及氩气和氢气条件下的含量变化，由图 1 可知，元素 Fe 含量在经过第一步还原后上升较为明显，是除钛之外含量最高的金属元素，在氩气条件下含量为 3.881%，氢气条件下为 5.133%，此外还原产品中含量由高到低依次为 Si，Cr，Al，Mn 等。由图 1 中 c 图可以看出，在氩气中产品的第一步还原产品的氧含量为 4.12%，在氢气中产品的氧含量为 0.96%。氢气条件下还原产品中的氧含量明显低于氩气条件下的氧含量，说明氢气存在条件下更有利于钛氧化物的还原，可以脱除钛氧固溶体中的氧。

2.2 还原后物相分析

为了明确原料，氩气气氛下还原后产品及氢气气氛下还原后产品的物相组成，对产品进行 X 射线衍射分析，其结果如图 2 所示。

图 2 中 a，b，c 分别为原料、氩气和氢气条件下还原产物的 XRD 结果，由图可知，高钛渣中存在的主要氧化物为 TiO_2，Ar 条件下的还原产物为主要为 Ti，氢气条件下的还原产物为 $TiH_{1.924}$，另外还含有少量的 $Cr_{1.8}TiH_{5.3}$，$Ti_5Si_3H_{0.9}$ 和 H_2FeTi。对还原后的产品进行 SEM-EDS 分析，结果如

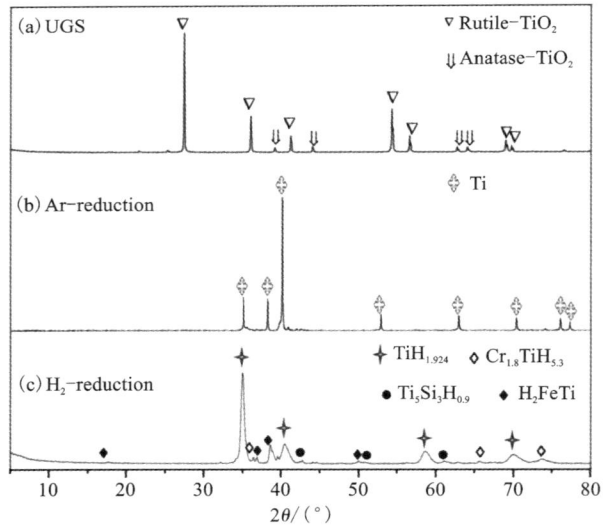

图 2 原料及还原产品 XRD 结果

图 3 所示，图中(a)，(b)，(c)和(d)分别为氩气条件下和氢气条件下放大 3000 倍和 20000 倍的 SEM 图，同为放大 3000 倍的 a 图和 c 图比较可以看出，氩气条件下的还原产物成型差，粉末呈分散絮状且具有较多的孔隙，产品表面附着有海绵状的未烧结成块的形貌。氢气条件下还原产品成骨状或球状，产品表面较为纯净。通过 EDS 可以看出，氩气条件下还原的产物表面氧含量高于氢气条件下的产品。

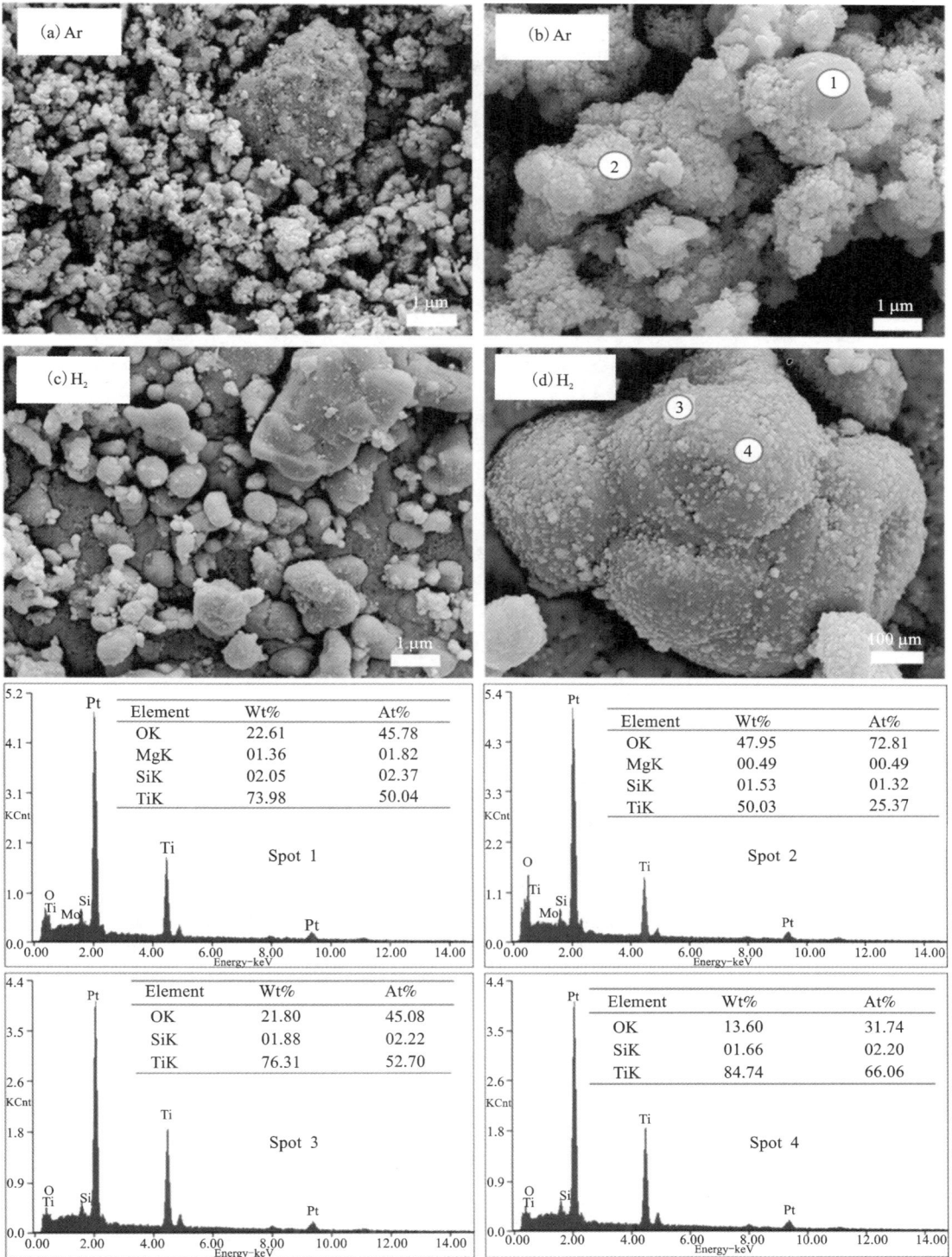

图 3 氩气和氢气条件下还原产品的 SEM-EDS 结果

2.3 热处理实验分析

为了减小形貌和孔隙率对产品含氧量的影响，需通过进一步的热处理工艺对还原产品进行热处理，本实验探究了热处理温度对产品影响，在氩气气氛下分别在 900℃、1000℃、1100℃和1150℃下对产品进行保温两小时的热处理实验，对氩气和氢气还原产品进行 SEM 分析，结果如图 4 所示。

图 4　不同温度下热处理产品 SEM 图

通过图 4 可知，在 900~1100℃范围内，第一步氢气条件下的还原产品更容易烧结，特别是在1000℃，由图（b）可以明显看到，氩气条件下的产品中有较多的孔隙，而氢气条件下的还原产品孔隙较少，产品呈密实的块状。在 1100℃时，氩气条件下的还原产品仍有少量的孔隙，但氢气条件下的产品已经几乎完全闭合，几乎没有孔隙出现，呈密实的块状存在。这是因为氩气条件下的还原产品钛中的固溶氧含量更多，导致在热处理烧结过程中，产品中孔隙率高。

2.4 脱氧处理

基于氢气条件下的还原产品在热处理后呈密实块状，因此选择对其进行进一步脱氧处理，得到含氧量更低的产品，继续采用镁粉作为还原剂，将镁粉和热处理产品及氯化镁按照一定的比例混合。放入钼坩埚炉中，通入氢气，加热至 700~800℃，保温 4 h 进行深度脱氧处理，冷却至室温后取出产品，酸洗水洗并干燥后得到粉末状产品，对其进行氧含量测定，其氧含量为 0.047%。对脱氧后的产品进行 SEM-EDS 检测，结果如图 5 所示。

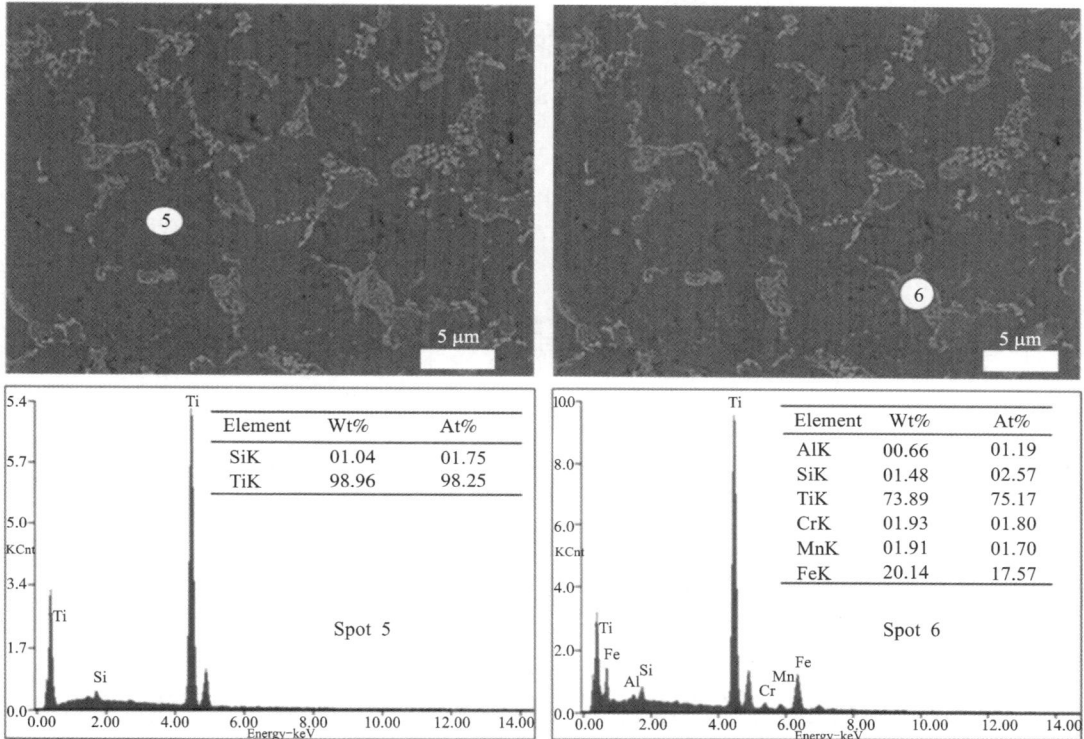

图 5　脱氧产品 SEM-EDS 结果

由图 5 的 SEM-EDS 可以看出，背散射图像中灰色为富 Ti 相，均匀分布在产物中，而白色部分为富 Fe 相，呈富集不均与状态分布于产物中。为确定最终钛合金粉末产品中的物相组成，对最终产品进行 XRD 分析，结果如图 6 所示。

由图 6 可知，最终产品的主要物相为 $TiH_{1.924}$，此外还含有少量的 HFe_2Ti、$Ti_5Si_3H_{0.9}$ 和 $Cr_{1.8}TiH_{5.3}$。由上述分析可知，本研究由高钛渣经过一步氢气条件下的还原，热处理和第二步氢气条件下的脱氧，实现了制备低氧钛合金粉的目的，对最终产品进行全元素分析，结果如表 2 所示。

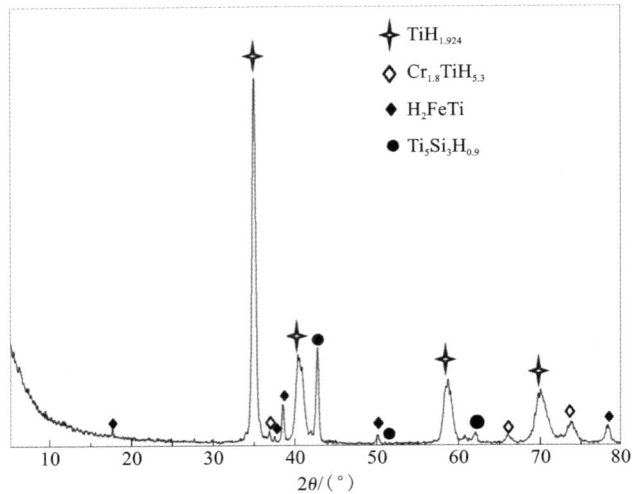

图6　脱氧产品 XRD 结果

表2　钛合金粉中主要化学元素百分含量 %

Element	Content	Element	Content
Ti	91.04	Fe	5.21
O	0.047	Si	1.69
Al	0.3	Mg	0.13
Cr	0.70	Mn	0.59
N	0.008	V	0.04
S	<0.001	P	<0.001
Ni	0.112	Cu	0.092

　　由表2可知，经过该工艺处理获得的钛合金粉含有主要元素为 Ti、Fe、Si、Mn、Cr、Al 等金属元素，由于原料中的 V、P、S 元素含量极低，在产品中 V 的含量仅为 0.04wt.%，非金属元素 S、P、N 的含量均特别低，因为还原和脱氧过程均在 H_2 条件下进行、热处理过程在高纯 Ar 条件下进行，所以该过程均不会引入新的 N、O 等杂质元素。

3　热力学分析

　　对镁还原高钛渣中可能出现的元素氧化物进行吉布斯自由能计算，结果如图7所示。由图7中吉布斯自由能生成图可以看出，Mg 和 O_2 生成 MgO 的吉布斯自由能均小于其他氧化物，说明通过镁粉是可以还原其他氧化物，但是元素钛和氧容易形成钛-氧固溶体，当氧在钛固溶体中的含量低于2%时，镁粉将不能还原固溶氧，但 H_2 的引入可以降低 Ti-O 固溶体间作用力，使镁粉可以还原固溶氧[20]。

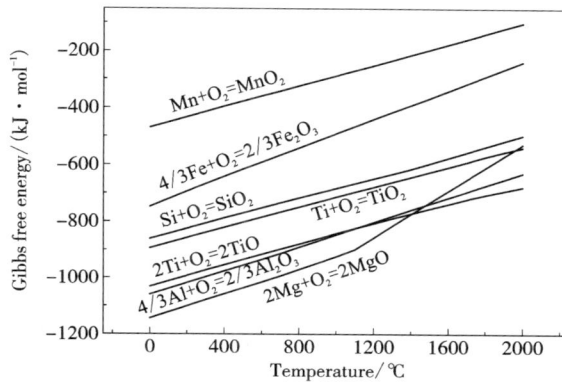

图 7　氧化物生成吉布斯自由能图

4　结论

通过不同气氛下镁粉还原高钛渣制备钛合金粉的实验研究可得到以下结论：

（1）在一步还原过程中，氢气气氛下更有利于氧的去除，得到了氧含量为 0.96% 的还原产品，氩气气氛下还原产品的氧含量为 4.12%，且氢气条件下的产品更加密实，孔隙率低；

（2）氢气条件才的还原产品氧含量低，更有利于热处理，当温度为 1100℃，保温时间为 4 h 时，可以得到密实的热处理粉末；

（3）氢气条件下的还原产品深度脱氧，得到氧含量为 0.047% 的以氢化物为主的钛合金粉末，其他元素存在于最终产品中，形成合金化合物，产品中主要物相为 $TiH_{1.924}$，此外还含有少量的 HFe_2Ti，$Ti_5Si_3H_{0.9}$ 和 $Cr_{1.8}TiH_{5.3}$。产品中的 N、P、S 等杂质元素含量极低。

参考文献

[1] Liang B，Li C，Zhang C G，Zhang Y H. Leaching kinetics of Panzhihua ilmenite in sulfuric acid[J]. Hydrometallurgy，2005，76(3-4)：173.

[2] 廖鑫，杨绍利，马兰，李宏，黄栋. 钛白粉制备技术的研究及发展[J]. 粉末冶金技术，2019（2）：147.

[3] 邓国珠. 钛冶金的进展和发展方向探讨[J]. 稀有金属，2002(05)：74.

[4] 黑月，孙雪，付雅君，王立娟，李娜. 由高钛渣制备钛白粉的研究进展[J]. 化工管理，2016，（13）：167.

[5] 龚家竹. 钛白粉生产工艺技术进展[J]. 无机盐工业，2012，44(8)：1.

[6] 崔佳娜，任慧莉. 我国钛白粉生产工艺技术的发展及比较[J]. 稀有金属与硬质合金，2013，（4）：14.

[7] 赵小红，梁柏林，韦学丰，谢复清. 钛白粉生产中的污染问题与防治研究进展[J]. 贺州学院学报，2008，（1）：135.

[8] 王碧侠，兰新哲，赵西成，吴晓松. 二氧化钛直接还原制取金属钛的工艺进展[J]. 稀有金属，2006，30（5）：671.

[9] 郭胜惠，彭金辉，张世敏，张利波，范兴祥. $CaCl_2$ 体系中电解还原 TiO_2 制取钛的研究[J]. 稀有金属，2004，（6）：1091.

[10] Oosthuizen S. In search of low cost titanium：the Fray Farthing Chen（FFC）Cambridge process[J]. Journal of

the Southern African Institute of Mining & Metallurgy, 2010, 111(3): 199.

[11]Schwandt C, Doughty R R, Fray R J. The FFC-cambridge process for titanium metal winning[J]. Key Engineering Materials, 2010, 436: 13.

[12]Suzuki R O. Direct reduction processes for titanium oxide in molten salt[J]. JOM, 2007, 59(1): 68.

[13]Uda T, Okabe T H, Kasai E, Waseda Y, Direct evidence of electronically mediated reaction during TiCl$_4$ reduction by magnesium[J]. Journal of the Japan Institute of Metals, 1997, 61(7): 602.

[14]Okabe T H, Oda T, Mitsuda Y. Titanium powder production by preform reduction process (PRP)[J]. Journal of Alloys and Compounds, 2004, 364 (1-2): 156.

[15]Fang Z Z, Middlemas S, Guo J, Fan P. A new, energy-efficient chemical pathway for extracting Ti metal from Ti minerals[J]. Journal of the American Chemical Society, 2013, 135 (49): 18248.

[16]Zhang Y, Fang Z Z, Sun P, Zhang T, Xia Y, Zhou C, Huang Z. Thermodynamic destabilization of Ti−O solid solution by H$_2$ and deoxygenation of Ti using Mg[J]. Journal of the American Chemical Society, 2016, 138 (22): 6916.

[17]Xia Y, Fang Z Z, Zhang Y, Lefler H, Zhang T, Sun P, Huang Z. Hydrogen assisted magnesiothermic reduction (HAMR) of commercial TiO$_2$ to produce titanium powder with controlled morphology and particle size [J]. Materials Transactions, 2017, 58 (3): 355.

[18]Xia Y, Fang Z Z, Fan D, Sun P, Zhang Y, Zhu J. Hydrogen enhanced thermodynamic properties and kinetics of calciothermic deoxygenation of titanium-oxygen solid solutions[J]. International Journal of Hydrogen Energy 2018, 43(27): 11939.

[19]Li Q, Zhu X, Zhang Y, Fang Z Z, Zheng S, Sun P, Xia Y, Li P, Zhang Y, Zou X. An investigation of the reduction of TiO$_2$ by Mg in H$_2$ atmosphere[J]. Chemical Engineering Science, 2019, 195: 484.

[20]Zhang Y, Fang Z Z, Xia Y, Sun P, Van Devener B, Free M, Zheng S L. Hydrogen assisted magnesiothermic reduction of TiO$_2$[J]. Chemical Engineering Journal, 2017, 308: 299.